2026 픽리멤버

별책부록

토목산업기사 4주완성
PICK REMEMBER 300

별책부록 구성
- 국제단위계 변환규정
- Pick Remember 활용법
- Pick Remember 300선

 홈페이지 : www.inup.co.kr
인터넷서점 : www.bestbook.co.kr

한솔아카데미

CBT 대비 별책부록
토목산업기사 4주완성
Pick REMEMBER 300

[CONTENTS]

- 국제단위계 변환규정 ·········· 2
- 1Pick 60선 ·········· 5
- 2Pick 60선 ·········· 39
- 3Pick 60선 ·········· 71
- 4Pick 60선 ·········· 103
- 5Pick 60선 ·········· 137

토목산업기사

국제단위계 변환규정

■ 응력 또는 압력(단위면적당 하중)

- $1kgf/cm^2 = 9.8N/cm^2 = 10N/cm^2 = 0.1N/mm^2$
  $= 0.1MPa = 100kPa = 100kN/m^2$
- $1kN/mm^2 = 1GPa = 1000N/mm^2 = 1000MPa$
- $1kgf/cm^2 = 9.8N/m^2 = 10N/m^2 = 10Pa(pascal)$
- $1tf/m^2 = 9.8kN/m^2 = 10kN/m^2 = 10kPa$
- 탄성계수
  $E = 2.1 \times 10^5 kg/cm^2 \Rightarrow E = 2.1 \times 10^4 MPa$
  $E = 2.1 \times 10^4 MPa = 21 \times 10^3 N/mm^2$
  $E = 21 \times 10^3 MPa = 21kN/mm^2 = 21GPa$

■ 단위 부피당 하중(단위중량)

- $1kgf/cm^3 = 9.8N/cm^3 = 10N/cm^3$
- $1kgf/m^3 = 9.8N/m^3 = 10N/m^3$
- $1tf/m^3 = 9.8kN/m^2 = 10kN/m^3$
- $1t/m^3 = 1g/cm^3 = 9.8kN/m^3 = 10kN/m^3$
- 물의 단위중량 $\gamma_w = 9.8kN/m^3 = 9.81kN/m^3$
- 물의 밀도 $\rho_w = 1g/cm^3 = 1000kg/m^3$
- $1N/cm^2 = 10kN/m^2 = 0.010N/mm$

有備無患

Pick Remember 300선 활용법
시작이 빠르면 빠를수록 합격도 빠릅니다.

❶ 신분증 지참은 반드시 필수입니다.

❷ Pick Remember 300선은 반드시 알아야 할 문제
- 늘 곁에 소지하세요.
- 수없이 반복하다보면 익숙해집니다.
- 외우려 하지 말고 자연스럽게 학습하세요.

❸ 문제를 학습하는 방법
- ☑☐☐ 틀린 문제를 확인합니다.
- ☑☑☐ 마킹된 문제를 확인합니다.
- ☑☑☑ 마킹된 문제를 최종 확인합니다.

❹ 본 교재 토목산업기사 4주완성
- 반복학습이 최선입니다.
- 최단시간에 마스터할 수 있습니다.
- 고득점으로 최단기 합격하시길 바랍니다.

Pick Remember

Remember

1 Pick

60

선

01 1Pick Remember 60선

구조설계

CBT 대비

1 역학적인 개념 및 건설 구조물의 해석

□□□ 산 95,05,07,15

01 그림과 같은 사각형 단면을 가지는 기둥의 핵 면적은?

① $\dfrac{bh}{9}$

② $\dfrac{bh}{18}$

③ $\dfrac{bh}{16}$

④ $\dfrac{bh}{36}$

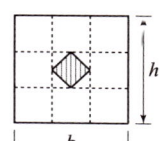

|해설| ②

$$A = \left(\dfrac{b}{6} \times \dfrac{h}{6} \times \dfrac{1}{2}\right) \times 4 = \dfrac{bh}{18}$$

> **Remember**
>
> 단주의 핵
>
>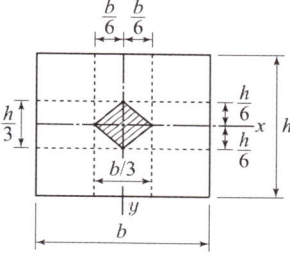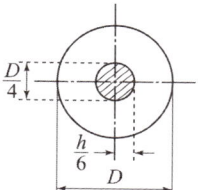

□□□ 산 99,04,07,13,16,18②④

02 변형에너지(Strain Energy)에 속하지 않는 것은?

① 외력의 일(External Work) ② 축방향 내력의 일
③ 휨모멘트에 의한 내력의 일 ④ 전단력에 의한 내력의 일

| 해답 | ①

- ■ 변형에너지의 일(내력의 일)
  - 축방향 내력의 일
  - 휨모멘트에 의한 내력의 일
  - 전단력에 의한 내력의 일
- ■ 외력의 일
  - 축방향력에 의한 일
  - 휨모멘트에 의한 일

□□□ 산 15

03 다음 도형에서 X 축에 대한 단면2차모멘트는?

① 376cm^4
② 432cm^4
③ 484cm^4
④ 538cm^4

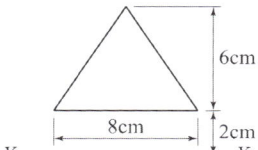

| 해답 | ②

$$I_X = I_x + A y_o^2$$

- $I_x = \dfrac{bh^3}{36} = \dfrac{8 \times 6^3}{36} = 48\,\text{cm}^4$
- $A = \dfrac{bh}{2} = \dfrac{8 \times 6}{2} = 24\,\text{cm}^2$
- $y_o = 6 \times \dfrac{1}{3} + 2 = 4\,\text{cm}$

∴ $I_X = 48 + 24 \times 4^2 = 432\,\text{cm}^4$

□□□ 산 11④,15①,19①
04 그림과 같은 직사각형 단면에 전단력 $S=45\text{kN}$가 작용할 때 중립축에서 5cm 떨어진 $a-a$면에서의 전단응력은?

① 0.7MPa
② 0.8MPa
③ 0.9MPa
④ 1MPa

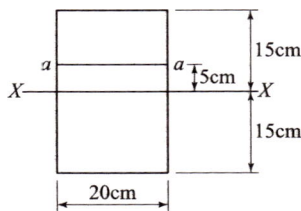

| 해답 | ④

$$\tau = \frac{S \cdot G_x}{I \cdot b}$$

• $S = 45\text{kN} = 45 \times 10^3 \text{N}$
• $G_x = 20 \times (15-5) \times 10 = 2000 \text{cm}^3$
• $I = \dfrac{bh^3}{12} = \dfrac{20 \times 30^3}{12} = 45000 \text{cm}^4$

$$\therefore \tau = \frac{45 \times 10^3 \times 2000}{45000 \times 20} = 100 \text{N/cm}^2$$
$$= 1 \text{N/mm}^2 = 1 \text{MPa}$$

□□□ 산 86,00,04,05,13④,19④
05 그림과 같은 음영 부분의 단면적 A인 단면에서 도심 y를 구한 값은?

① $\dfrac{5D}{12}$
② $\dfrac{6D}{12}$
③ $\dfrac{7D}{12}$
④ $\dfrac{8D}{12}$

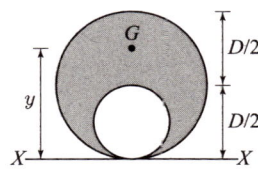

| 해답 | ③

도심 $y = \dfrac{G_X}{A}$

- $G_X = \dfrac{\pi D^2}{4} \times \dfrac{D}{2} - \dfrac{\pi \left(\dfrac{D}{2}\right)^2}{4} \times \dfrac{D}{4} = \dfrac{7\pi D^3}{64}$

- $A = \dfrac{\pi D^2}{4} - \dfrac{\pi \left(\dfrac{D}{2}\right)^2}{4} = \dfrac{3\pi D^2}{16}$

$\therefore y = \dfrac{\dfrac{7\pi D^3}{64}}{\dfrac{3\pi D^2}{16}} = \dfrac{7D}{12}$

□□□ 산 05,14,16[1]

06 그림과 같이 ABC의 중앙점에 100kN의 하중을 달았을 때 정지하였다면 장력 T의 값은 몇 kN인가?

① 100
② 86.6
③ 50
④ 150

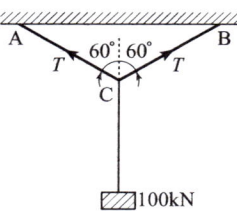

| 해답 | ①

sin법칙(라미의 정리)에 의해서

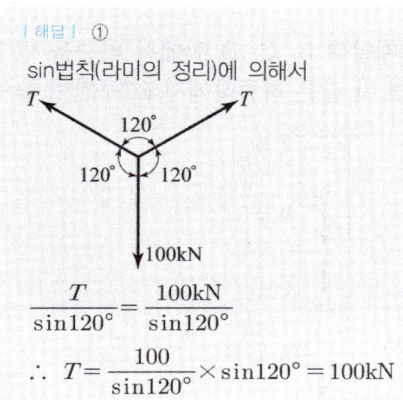

$\dfrac{T}{\sin 120°} = \dfrac{100\text{kN}}{\sin 120°}$

$\therefore T = \dfrac{100}{\sin 120°} \times \sin 120° = 100\text{kN}$

산 09,14,15,18

07 그림과 같은 구조물은 몇 차 부정정 구조물인가?

① 7차
② 8차
③ 9차
④ 11차

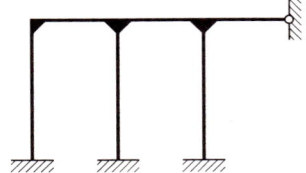

| 해답 | ②

$N = R + m + S - 2P$
- 반력수 $R = 11$
- 부재수 $m = 6$
- 강접합수 $S = 5$
- 절점수 $P = 7$

∴ $N = 11 + 6 + 5 - 2 \times 7 = 8$차 부정정

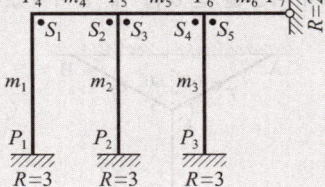

 산 00,07,13,16

08 다음 그림과 같은 봉(棒)이 천장에 매달려 B, C, D 점에서 하중을 받고 있다. 전 구간의 축강도 EA가 일정할 때 이 같은 하중하에서 BC구간이 늘어나는 길이는?

① $-\dfrac{2PL}{3EA}$

② $-\dfrac{PL}{3EA}$

③ $-\dfrac{3PL}{2EA}$

④ 0

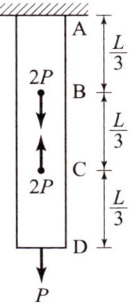

| 해답 : ②

자유도

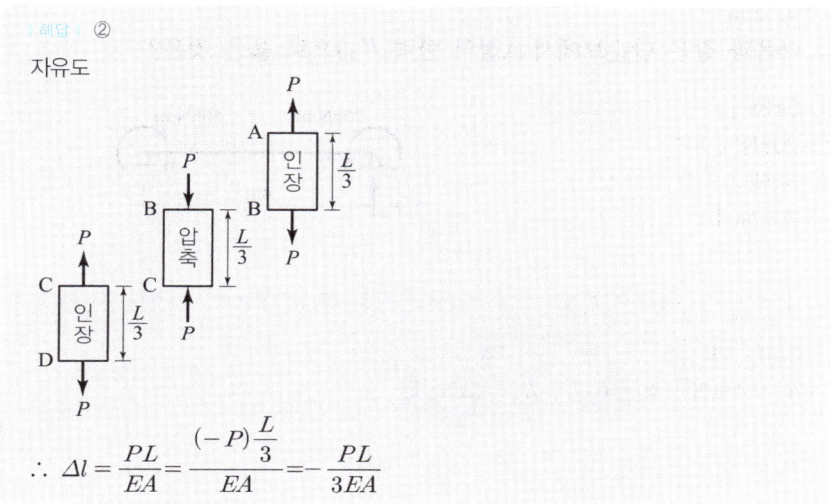

$$\therefore \Delta l = \frac{PL}{EA} = \frac{(-P)\frac{L}{3}}{EA} = -\frac{PL}{3EA}$$

□□□ 산 09,13

09 그림과 같은 겔버보의 C점에서 전단력의 절대값 크기는?

① 0N
② 500N
③ 1000N
④ 2000N

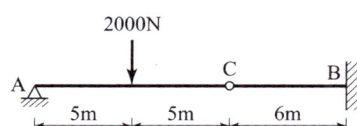

| 해답 : ③

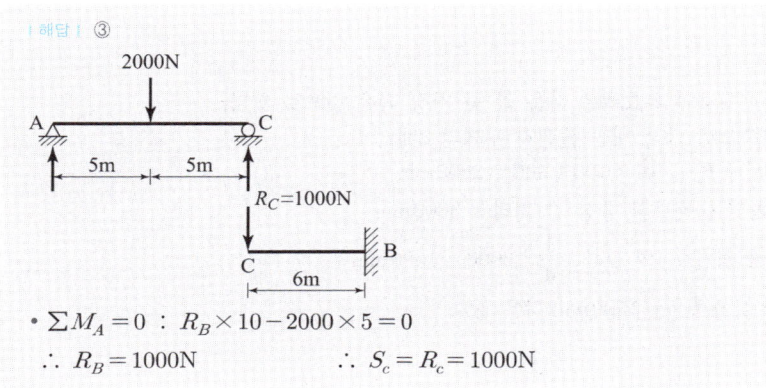

- $\sum M_A = 0$: $R_B \times 10 - 2000 \times 5 = 0$
- $\therefore R_B = 1000N$ $\qquad \therefore S_c = R_c = 1000N$

□□□ 산 14,16

10 다음과 같은 단순보에서 A점의 반력(R_A)으로 옳은 것은?

① 5kN(↓)
② 20kN(↓)
③ 5kN(↑)
④ 20kN(↑)

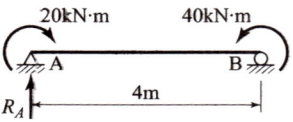

| 해답 | ③

$\sum M_B = 0$
$R_A \times 4 + 20 - 40 = 0$ ∴ $R_A = 5\text{kN}(↑)$

2 철근콘크리트 및 강구조

□□□ 산 11,13,14,16,19④

11 대칭 T형보에서 플랜지 두께(t)는 100mm, 복부폭(b_w)은 400mm, 보의 경간이 6m이고 슬래브의 중심간 거리가 3m일 때 플랜지 유효폭은 얼마인가?

① 1000mm
② 1500mm
③ 2000mm
④ 3000mm

| 해답 | ②

대칭 T형보의 유효폭은 다음 값 중 가장 작은 값으로 한다.
- (양쪽으로 각각 내민 플랜지 두께의 8배씩 :
  $16t_f) + b_w$: $16 \times 100 + 400 = 2000\text{mm}$
- 양쪽의 슬래브의 중심 간 거리 : 3000mm
- 보의 경간(L)의 1/4 : $\frac{1}{4} \times 6000 = 1500\text{mm}$

∴ 유효폭 $b = 1500\text{mm}$(작은 값)

□□□ 산 11,13,14,19②

12 아래의 표에서 설명하고 있는 프리스트레스트 콘크리트의 개념은?

> 콘크리트에 프리스트레스를 도입하면 콘크리트가 탄성체로 전환된다는 생각으로서, 가장 널리 통용되고 있는 PSC의 기본적인 개념이다.

① 내력 모멘트의 개념
② 외력 모멘트의 개념
③ 균등질 보의 개념
④ 하중 평형의 개념

|해답| ③

PSC의 기본 개념
- 응력개념(균등질보의 개념) : 프리스트레스가 도입되면 콘크리트 부재를 탄성이론으로 해석할 수 있다는 개념
- 하중 평형 개념(등가 하중 개념) : 프리스트레시에 의한 작용과 부재에 작용하는 하중을 평형이 되도록 하는 개념
- 강도 개념(내력 모멘트 개념) : PSC보를 RC보처럼 생각하여 콘크리트는 압축력을 받고 긴장재는 인장력을 받게 하여 두 힘의 우력 모멘트로 외력에 의한 휨모멘트에 저항시킨다는 개념

□□□ 산 94,97,14,15,17,18①

13 프리텐션 PSC 부재의 단면이 300mm×500mm이고 120mm²의 PS 강선 5개가 단면의 도심에 배치되어 있다. 초기 프리스트레스가 1000MPa이고 $n=6$일 때 콘크리트의 탄성수축에 의한 프리스트레스 감소량은?

① 24MPa
② 27MPa
③ 32MPa
④ 35MPa

|해답| ①

$$\Delta f_p = n \frac{P_i}{A_c}$$

- $P_i = A_p n f_y = 120 \times 5 \times 1000 = 600000 \text{N}$

$$\therefore \Delta f_p = 6 \times \frac{600000}{300 \times 500} = 24 \text{MPa}$$

□□□ 산 11,13,14,16④,19④,20②

14 철근콘크리트가 성립하는 이유에 대한 설명으로 틀린 것은?

① 철근과 콘크리트와의 부착력이 크다.
② 콘크리트 속에 묻힌 철근은 부식하지 않는다.
③ 철근과 콘크리트의 탄성계수는 거의 같다.
④ 철근과 콘크리트는 온도에 대한 팽창계수가 거의 같다.

| 해답 | ③

철근의 탄성 계수 E_s는 콘크리트의 탄성 계수 E_c보다 n배 크다.

즉, $n = \dfrac{E_s}{E_c}$, $nE_c = E_s$

Remember

철근콘크리트가 성립되는 조건
- 철근과 콘크리트 사이의 부착강도가 크다.
- 철근과 콘크리트의 열팽창계수가 거의 같다.
- 콘크리트 속에 묻힌 철근은 부식하지 않는다.
- 압축은 콘크리트가 인장은 철근이 부담한다.
- 철근의 탄성 계수 E_s는 콘크리트의 탄성 계수 E_c보다 n배 크다.

□□□ 산 14,16

15 경간이 8m인 캔틸레버 보에서 처짐을 계산하지 않는 경우 보의 최소 두께로서 옳은 것은? (단, 보통중량 콘크리트를 사용한 경우로서 $f_{ck} = 28$MPa, $f_y = 400$MPa이다.)

① 1000mm ② 800mm
③ 600mm ④ 500mm

| 해답 | ①

캔틸레버보 : 최소 두께 $h = \dfrac{l}{8}$

$\therefore\ h = \dfrac{8000}{8} = 1000\,\mathrm{mm}$

Remember

처짐을 계산하지 않는 경우의 최소 두께
보통콘크리트($m_c = 2300\,\mathrm{kg/m^3}$)와 설계기준항복강도
400MPa철근을 사용한 부재값

부재	단순지지	1단 연속	양단 연속	캔틸레버
• 1방향슬래브	$\dfrac{l}{20}$	$\dfrac{l}{24}$	$\dfrac{l}{28}$	$\dfrac{l}{10}$
• 보 • 리브가 있는 1방향 슬래브	$\dfrac{l}{16}$	$\dfrac{l}{18.5}$	$\dfrac{l}{21}$	$\dfrac{l}{8}$

□□□ 산 14, 16

16 아래 그림과 같은 단면의 보에서 콘크리트가 부담하는 공칭전단강도(V_c)는? (단, $f_{ck} = 28\mathrm{MPa}$, $f_y = 400\mathrm{MPa}$, $A_s = 1540\mathrm{mm^2}$)

① 103.78kN
② 119.06kN
③ 132.29kN
④ 156.62kN

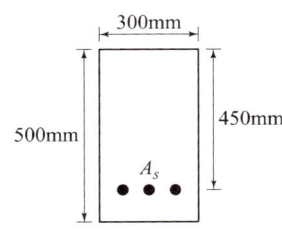

| 해답 | ②

$V_c = \dfrac{1}{6}\lambda\sqrt{f_{ck}}\,b_w d$

$= \dfrac{1}{6} \times 1 \times \sqrt{28} \times 300 \times 450$

$= 1190594\,\mathrm{N} = 119.06\,\mathrm{kN}$

□□□ 산 12,14,16,18②,19④,20③

17 옹벽의 설계에 대한 일반적인 설명으로 틀린 것은?

① 활동에 대한 저항력은 옹벽에 작용하는 수평력의 1.5배 이상이어야 한다.
② 전도에 대한 저항휨모멘트는 횡토압에 의한 전도모멘트의 2.0배 이상이어야 한다.
③ 캔틸레버식 옹벽의 전면벽은 저판에 지지된 캔틸레버로 설계할 수 있다.
④ 뒷부벽은 직사각형보로 설계하여야 한다.

| 해답 | ④

뒷부벽은 T형보로 설계하여야 하며, 앞부벽은 직사각형보로 설계하여야 한다.

□□□ 산 11,12,14,19①

18 그림에 나타난 직사각형 단철근보의 공칭 전단강도 V_n을 계산하면?
(단, 철근 D10을 수직스터럽(stirrup)으로 사용하며, 스터럽 간격은 200mm, 철근 D10 1본의 단면적은 71mm², $f_{ck}=28\text{MPa}$, $f_y=350\text{MPa}$이다.)

① 119kN
② 176kN
③ 231kN
④ 287kN

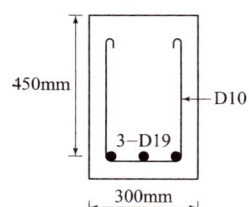

| 해답 | ③

공칭전단강도 $V_n = V_c + V_s$

• 콘크리트의 공칭전단강도

$$V_c = \frac{1}{6}\lambda\sqrt{f_{ck}}\,b_w d = \frac{1}{6}\times 1 \times \sqrt{28}\times 300 \times 450 = 119059\text{N} = 119\text{kN}$$

• 전단철근이 부담하는 전단강도

$$V_s = \frac{f_{yt}A_v d}{s}$$

$$= \frac{350\times 71\times 2\times 450}{200} = 111825\text{N} = 112\text{kN}$$

∴ $V_n = 119 + 112 = 231\text{kN}$

□□□ 산 11,12,13④,14①,15①,16④,19④

19 휨부재에서 $f_{ck}=28\text{MPa}$, $f_y=400\text{MPa}$일 때 인장철근 D29(공칭지름 28.6mm, 공칭단면적 642mm²)의 기본정착길이(l_{bd})는 약 얼마인가?

① 1200mm
② 1250mm
③ 1300mm
④ 1350mm

| 해답 | ③

인장 이형철근의 정착(D35 이하의 철근의 경우)

$$l_{db} = \frac{0.6\,d_b f_y}{\lambda\sqrt{f_{ck}}} = \frac{0.6 \times 28.6 \times 400}{1 \times \sqrt{28}} = 1297.17\text{mm} \fallingdotseq 1300\text{mm}$$

□□□ 산 04,08,10,11,14,17①,19②

20 그림과 같은 판형(Plate Girder)의 각부 명칭으로 틀린 것은?

① A - 상부판(Flange)
② B - 보강재(Stiffener)
③ C - 덮개판(Cover Plate)
④ D - 횡구(Bracing)

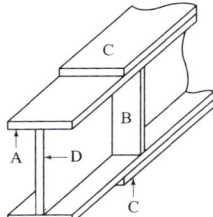

| 해답 | ④

판형(Plate Girder)의 명칭

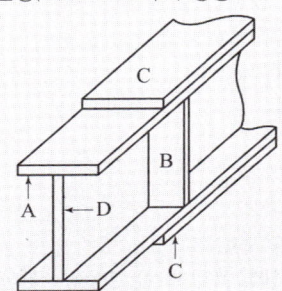

- A : 상부판(Flange)
- B : 보강재(Stiffener) : 복부판의 좌굴을 방지하기 위하여
- C : 덮개판(Cover plate)
- D : 복부판(Web plate)

02 1Pick Remember 60선 — 측량 및 토질 CBT 대비

1 측량학

□□□ 산 14,18②

21 면적 1km²인 지역이 도상면적 16cm²의 도면으로 제작되었을 경우 이 도면의 축적은?

① $\dfrac{1}{2500}$
② $\dfrac{1}{6250}$
③ $\dfrac{1}{25000}$
④ $\dfrac{1}{62500}$

| 해답 | ③

$$\text{축척} = \frac{\text{도상거리}}{\text{실제거리}} = \sqrt{\frac{\text{도상면적}}{\text{실면적}}} = \frac{1}{m}$$

$$= \sqrt{\frac{16}{1 \times 10^{10}}} = \frac{1}{25000}$$

□□□ 산 10,14,19①④

22 수준측량에서 도로의 종단측량과 같이 중간시가 많은 경우에 현장에서 주로 사용하는 야장기입법은?

① 기고식
② 고차식
③ 승강식
④ 회귀식

| 해답 | ①

- 기고식 : 종단측량과 같이 중간점(I.P)이 많을 때 사용한다.
- 승강식 : 중간점이 많은 수준측량의 경우에는 계산이 복잡해지는 단점이 있다.
- 고차식 : 가장 간단한 방법으로 두 점 사이의 표고차만을 구하는 것이 주목적이다.

□□□ 산 11,14①,19④,20③

23 거리측량의 오차를 $\dfrac{1}{10^5}$ 까지 허용한다면 지구상에 평면으로 간주할 수 있는 거리는? (단, 지구의 곡률반지름은 6300km로 가정)

① 약 22km
② 약 44km
③ 약 59km
④ 약 69km

| 해답 | ④

$\dfrac{d-D}{D} = \dfrac{D^2}{12R^2}$ 에서

- $\dfrac{1}{100000} = \dfrac{D^2}{12 \times 6300^2}$

∴ 평면으로 볼 수 있는 한계

$D = \sqrt{\dfrac{12 \times 6300^2}{100000}} = 69.01\,\text{km}$

□□□ 산 12,14,16

24 축척 1:25000 지형도에서 어느 산정으로부터 산 밑까지의 수평거리가 5.6cm이고, 산정의 표고가 335.75m, 산 밑의 표고가 102.50m이었다면 경사는?

① $\dfrac{1}{3}$
② $\dfrac{1}{4}$
③ $\dfrac{1}{6}$
④ $\dfrac{1}{7}$

| 해답 | ③

경사 $i = \dfrac{\text{연직거리}(H)}{\text{수평거리}(D)}$

- $H = 335.75 - 102.50 = 233.25\,\text{m}$
- $D = 25000 \times 0.056 = 1400\,\text{m}$

∴ $i = \dfrac{233.25}{1400} = \dfrac{1}{6}$

□□□ 산 10,14,15
25 삼각측량의 선점을 위한 고려사항으로 옳지 않은 것은?

① 삼각점은 측량구역 내에서 한 쪽에 편중되지 않도록 고른 밀도로 배치하는 것이 좋다.
② 배치는 정삼각형의 형태로 하는 것이 좋다.
③ 삼각점은 발견이 쉽고 견고한 지점, 항공사진 상에 판별될 수 있는 위치에 선정하는 것이 좋다.
④ 측점의 수는 될 수 있는 대로 많게 하고, 이동이 편리한 구조로 설치하는 것이 좋다.

| 해답 | ④
삼각점은 될 수 있는 대로 측점수를 적게 하고, 지반이 견고하여 이동이나 침하가 되지 않는 곳이 좋다.

> **Remember**
>
> 삼각점의 선점
> - 지반이 견고하고 이동이나 침하가 되지 않는 곳을 택한다.
> - 삼각점 상호간의 시준이 잘되고 기상의 영향을 받지 않는 곳이라야 한다.
> - 삼각형은 정삼각형에 가깝고, 삼각형 내각은 30°~120° 이내에 있도록 한다.
> - 가능한 측점수가 적고, 세부측량 등 후속 측량에 이용가치가 큰 점이어야 한다.
> - 높은 시준표와 관측대를 만들어 불필요한 노력과 경비를 낭비하지 않도록 한다.

□□□ 산 04,05,06,07,09,10,12,14,16,19①,20③
26 교호수준측량을 실시하여 A점 근처에 레벨을 세우고 A점을 관측하여 1.57m, 강 건너편 B점을 관측하여 2.15m를 얻고, B점 근처에 레벨을 세워 B점의 관측값 1.25m, A점의 관측값 0.69m를 얻었다. A점의 지반고가 100m라면 B점의 지반고는?

① 98.86m
② 99.43m
③ 100.57m
④ 101.14m

| 해답 | ②

• 고저차 $H = \dfrac{1}{2}[(a_1 - b_1) + (a_2 - b_2)]$

$\quad\quad\quad\quad = \dfrac{1}{2}[(1.57 - 2.15) + (0.69 - 1.25)]$

$\quad\quad\quad\quad = -0.57\text{m}$

• B점의 지반고 $H_B = H_A + H$

$\quad \therefore H_B = 100 + (-0.57) = 99.43\text{m}$

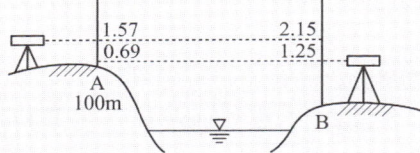

□□□ 산 94,96,98,04,05,07,09,14,15

27 2점 간의 거리를 관측한 결과가 아래 표와 같을 때, 최확값은?

구분	관측값	측정횟수
A	150.18m	3
B	150.25m	3
C	150.22m	5
D	150.20m	4

① 150.18m
② 150.21m
③ 150.23m
④ 150.25m

| 해답 | ②

같은 관측값은 관측 회수가 다르게 측정했으므로 경중률은 관측 회수에 비례한다.

$P_1 : P_2 : P_3 : P_4 = 3 : 3 : 5 : 4$

최확치 $M_o = \dfrac{L_1P_1 + L_2P_2 + L_3P_3 + L_4P_4}{P_1 + P_2 + P_3 + P_4}$

$150 + \dfrac{0.18 \times 3 + 0.25 \times 3 + 0.22 \times 5 + 0.20 \times 4}{3 + 3 + 5 + 4} = 150.21\text{m}$

□□□ 산 10,11,14,16

28 각 점의 좌표가 표와 같을 때 $\triangle$ABC의 면적은?

점명	X(m)	Y(m)
A	7	5
B	8	10
C	3	3

① 9m^2
② 12m^2
③ 15m^2
④ 18m^2

|해답| ①

측점	X	Y	배면적$(X_{i-1} - X_{i+1})Y_i$
A	7	5	$(3-8) \times 5 = -25$
B	8	10	$(7-3) \times 10 = 40$
C	3	3	$(8-7) \times 3 = 3$
계			18m^2

• 배면적 $2A = 18$m^2

$\therefore$ 면적 $A = \dfrac{배면적}{2} = \dfrac{18}{2} = 9$m^2

□□□ 산 10,11,14

29 평면 직각 좌표에서 삼각점의 좌표가 $X(N) = -4500.36$m, $Y(E) = -654.25$m일 때 좌표원점을 중심으로 한 삼각점의 방위각은?

① 8°16′30″
② 81°44′12″
③ 188°16′18″
④ 261°44′26″

|해답| ③

XY의 방위 $\theta = \tan^{-1}\dfrac{Y_B - Y_A}{X_B - X_A} = \tan^{-1}\dfrac{-654.25}{-4500.36} = 8°16′18″$

($\therefore$ 3상한)

$\therefore XY$의 방위각 $= 180° + 8°16′18″ = 188°16′18″$

□□□ 산 03,08,14,16

30 도로의 단곡선 계산에서 노선기점으로부터 교점까지의 추가거리와 교각을 알고 있을 때 곡선시점의 위치를 구하기 위해서 계산되어야 하는 요소는?

① 접선장(T.L) ② 곡선장(C.L)
③ 중앙종거(M) ④ 접선에 대한 지거(Y)

[해답] ①

곡선시점 B.C = I.P − T.L
- I.P = 노선기점으로부터 교점까지의 거리
- 접선장 $T.L = R \tan \dfrac{I}{2}$

2 토질 및 기초

□□□ 산 98,03,11,14

31 다음 그림에서 점토 중앙 단면에 작용하는 유효압력은?
(단, $\gamma_w = 9.81 \text{kN/m}^3$)

① 12kN/m^2
② 25kN/m^2
③ 28kN/m^2
④ 44kN/m^2

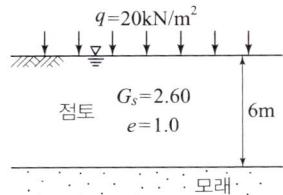

[해답] ④

유효압력 $p = (\gamma_{sat} - \gamma_w)z + q$

- $\gamma_{sat} = \dfrac{G_s + e}{1 + e}\gamma_w = \dfrac{2.60 + 1.0}{1 + 1.0} \times 9.81 = 17.66 \text{kN/m}^3$

∴ $p = (17.66 - 9.81) \times \dfrac{6}{2} + 20 = 43.55 \text{kN/m}^2$

□□□ 산 04,05,07,14①,18①,19④
32 기초의 구비조건에 대한 설명으로 틀린 것은?

① 기초는 상부하중을 안전하게 지지해야 한다.
② 기초의 침하는 절대 없어야 한다.
③ 기초는 최소 동결깊이보다 깊은 곳에 설치해야 한다.
④ 기초는 시공이 가능하고 경제적으로 만족해야 한다.

| 해답 | ②
침하가 허용치를 초과하지 않을 것

Remember

기초의 구비 조건
- 최소 기초 깊이를 유지해야 한다.
- 상부 하중을 안전하게 지지해야 한다.
- 침하가 허용치를 넘지 않아야 한다.
- 사용성, 경제성이 좋아야 한다.
- 기초의 시공이 가능해야 한다.

□□□ 산 90,97,14,19②
33 압밀계수가 $0.5 \times 10^{-2} \mathrm{cm}^2/\mathrm{sec}$이고, 일면배수 상태의 5m 두께 점토층에서 90% 압밀이 일어나는데 소요되는 시간은? (단, 90% 압밀도에서의 시간계수 (T)는 0.848이다.)

① $2.12 \times 10^7 \mathrm{sec}$
② $4.24 \times 10^7 \mathrm{sec}$
③ $6.36 \times 10^7 \mathrm{sec}$
④ $8.48 \times 10^7 \mathrm{sec}$

| 해답 | ②

$$t_{90} = \frac{0.848 H^2}{C_v} = \frac{0.848 \times 500^2}{0.5 \times 10^{-2}} = 4.24 \times 10^{-7} \mathrm{sec}$$

□□□ 산 92,97,99,05,10,12,13,14

34 아래 그림과 같이 정수위 투수시험을 실시하였다. 30분 동안 침투한 유량이 $500cm^3$일 때 투수계수는?

① 6.13×10^{-3} cm/sec
② 7.41×10^{-3} cm/sec
③ 9.26×10^{-3} cm/sec
④ 10.02×10^{-3} cm/sec

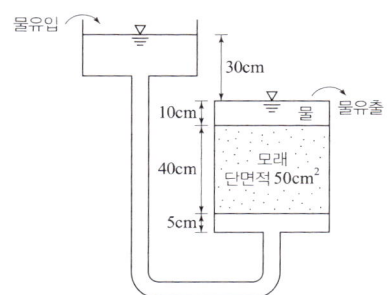

┊해답┊ ②

$$K = \frac{Q \cdot L}{h \cdot A \cdot t}$$
$$= \frac{500 \times 40}{30 \times 50 \times (30 \times 60)} = 7.41 \times 10^{-3} \text{cm/sec}$$

□□□ 산 97,00,05,07,09,12,14,15

35 다음 중 사질지반의 개량공법에 속하지 않는 것은?

① 다짐 말뚝공법
② 다짐 모래말뚝공법
③ 생석회 말뚝공법
④ 폭파다짐공법

┊해답┊ ③

생석회 말뚝공법 : 점성토 개량공법

■ 연약지반개량공법

모래질 지반	점성토 지반
• 다짐 모래말뚝공법	• 치환공법
• Compozer공법	• 프리로딩공법
• Vibro floatation공법	• 샌드 드레인공법
• 폭파다짐공법	• 페이퍼 드레인공법
• 전기 충격공법	• 침투압공법
• 약액 주입공법	• 생석회 말뚝공법

□□□ 산 92,99,00,01,03,04,10,12,13,14
36 점토의 예민비(sensitivity ration)는 다음 시험 중 어떤 방법으로 구하는가?

① 삼축압축시험　　　　　　② 일축압축시험
③ 직접전단시험　　　　　　④ 베인시험

| 해답 | ②

예민비 $S_t = \dfrac{q_u}{q_{ur}}$

- q_u : 불교란시료의 일축압축강도
- q_{ur} : 교란시료의 일축압축강도

∴ 점성토의 예민비는 일축압축시험에서 구할 수 있다.

□□□ 산 09,12,14,15
37 흙의 다짐에서 최적 함수비는?

① 다짐에너지가 커질수록 커진다.
② 다짐에너지가 커질수록 작아진다.
③ 다짐에너지에 상관없이 일정하다.
④ 다짐에너지와 상관없이 클 때도 있고 작을 때도 있다.

| 해답 | ②

다짐에너지가(E_c)가 클수록 최대건조밀도($\gamma_{d\max}$)는 증가하고 최적 함수비(W_{opt})는 작아진다.

□□□ 산 92,99,04,05,08,12,14,16,18②
38 건조한 흙의 직접 전단시험 결과 수직응력이 0.4MPa일 때 전단저항은 0.3MPa이고 점착력은 0.05MPa이었다. 이 흙의 내부마찰각은?

① 30.2°　　　　　　　　　② 32°
③ 36.8°　　　　　　　　　④ 41.2°

| 해답 | ②

$\tau = c + \sigma \tan\phi$ 에서

$\phi = \tan^{-1}\dfrac{\tau - c}{\sigma} = \tan^{-1}\dfrac{0.3 - 0.05}{0.4} = 32°$

□□□ 산 91,95,99,01,10,14,17,20③

39 포화점토에 대해 베인전단시험을 실시하였다. 베인의 직경과 높이는 각각 75mm와 150mm이고 시험 중 사용한 최대회전모멘트는 30N·m이다. 점성토의 비배수전단강도는?

① 194kN/m²
② 16.2kN/m²
③ 19.4kN/m²
④ 162kN/m²

| 해답 | ③

$C_u = \dfrac{M_{\max}}{\pi D^2 \left(\dfrac{H}{2} + \dfrac{D}{6}\right)} = \dfrac{30 \times 1000}{\pi \times 75^2 \times \left(\dfrac{150}{2} + \dfrac{75}{6}\right)}$

$= 0.0194 \text{N/mm}^2 = 19.4 \text{kN/m}^2$

□□□ 산 02,08,13②,14①,19②

40 사면안정해석법에 대한 설명으로 틀린 것은?

① 해석법은 크게 마찰원법과 분할법으로 나눌 수 있다.
② Fellenius방법으로 주로 단기안정해석에 이용된다.
③ Bishop 방법은 주로 장기안정해석에 이용된다.
④ Bishop 방법은 절편의 양측에 작용하는 수평방향의 합력이 0이라고 가정하여 해석한다.

| 해답 | ④

Bishop의 간편법은 절편의 양측에 작용하는 연직방향의 합력이 0이라고 가정한다.

수자원설계

03 1Pick Remember 60선 — CBT 대비

1 수리학

□□□ 산 94,09,14①,19④

41 지하수의 유수 이동에 적용되는 다르시(Darcy)의 법칙은? (단, v : 유속, k : 투수계수, I : 동수경사, h : 수심, R : 동수반경, C : 유속계수)

① $v = -kI$
② $v = C\sqrt{RI}$
③ $v = -kCI$
④ $v = -kh$

해답 ①

Darcy의 법칙

• 유속 $v = -k\dfrac{\Delta h}{\Delta L} = -kI$

여기서, dl : 지하수 이동거리, dh : dl 구간의 손실수두

∴ $v = -kI$

□□□ 산 05,09,12,13,14,17,18

42 수리학적으로 유리한 단면의 조건으로 옳은 것은?

① 경심(R)이 최소이어야 한다.
② 윤변(P)이 최대가 되어야 한다.
③ 경심(R)과 윤변(P)의 곱이 최대가 되어야 한다.
④ 경심(R)이 최대가 되거나 윤변(P)이 최소가 되어야 한다.

해답 ④

수리상 유리한 단면 조건은 경심(R)이 최대가 되거나 윤변(P)이 최소일 때의 단면

□□□ 산 07,14,15
43 개수로의 흐름을 상류(常流)와 사류(射流)로 구분할 때 기준으로 사용할 수 없는 것은?

① 후루드 수(Froude Number)
② 한계유속(critical velocity)
③ 한계수심(critical depth)
④ 레이놀즈 수(Reynolds number)

| 해답 | ④

- 후루드수 $F_r = \dfrac{V}{\sqrt{gh}}$
  - $F_r < 1$: 상류, $F_r > 1$: 사류
    $F_r = 1$: 한계류(이 때의 수심을 한계수심, 유속을 한계유속)
- 레이놀즈 수 $R_e = \dfrac{VR}{\nu}$
  - $R_e < 500$: 층류, $R_e > 500$: 난류
    ∴ 레이놀즈 수(R_e)는 층류와 난류를 구별할 때 사용

□□□ 산 99,12,14,16,20③
44 유량 Q, 유속 V, 단면적 A, 도심거리 h_G라 할 때 충력치(M)의 값은? (단, 충력치는 비력이라고도 하며, η : 운동량 보정계수, g : 중력가속도, W : 물의 중량, w : 물의 단위중량)

① $\eta \dfrac{Q}{g} + W h_G A$
② $\eta \dfrac{Q}{g} V + h_G A$
③ $\eta \dfrac{gV}{Q} + h_G A$
④ $\eta \dfrac{Q}{g} V + \dfrac{1}{2} w^2$

| 해답 | ②

충력치 $M = \eta \dfrac{Q}{g} V + h_G A = \eta \dfrac{Q^2}{gA} + h_G A$

□□□ 산 05,07,13,14,15,17

45 지름이 D인 관수로에서 만관으로 흐를 때 경심 R은?

① D
② $D/2$
③ $D/4$
④ $2D$

| 해답 | ③

경심 $R = \dfrac{단면적(A)}{윤변(P)}$

- 단면적 $A = \dfrac{\pi D^2}{4}$, 윤변 $P = \pi D$

$\therefore R = \dfrac{\dfrac{\pi D^2}{4}}{\pi D} = \dfrac{D}{4}$

□□□ 산 92,97,14①,19④

46 에너지선에 대한 설명으로 옳은 것은?

① 유선 상의 각 점에서의 압력수두와 위치수두의 합을 연결한 선이다.
② 유체의 흐름방향을 결정한다.
③ 이상유체 흐름에서는 수평기준면과 평행하다.
④ 유량이 일정한 흐름에서는 동수경사선과 평행하다.

| 해답 | ③

에너지선
- 기준면에서 전수두까지의 높이를 연결한 선
- 에너지 선 : $Z + \dfrac{P}{w} + \dfrac{V^2}{2g}$
- 완전유체(이상유체)는 손실에너지가 없으므로 에너지선과 수평기준면은 평행하다.

□□□ 산 96,05,14

47 폭이 4m, 수심 2m인 직사각형 수로에 등류가 흐르고 있을 때 조도계수 $n=0.02$라면 Chezy의 평균유속계수 C는?

① 0.05
② 0.5
③ 5
④ 50

| 해답 | ④

Chezy의 유속계수 $C = \dfrac{1}{n} R^{\frac{1}{6}}$

· 경심 $R = \dfrac{A}{P} = \dfrac{bh}{b+2h} = \dfrac{4 \times 2}{2+4+2} = 1\mathrm{m}$

$\therefore C = \dfrac{1}{0.02} \times 1^{\frac{1}{6}} = 50$

□□□ 산 05,14①,19①,20②

48 개수로에서 한계수심에 대한 설명으로 옳은 것은?

① 최대 비에너지에 대한 수심이다.
② 최소 비에너지에 대한 수심이다.
③ 상류 흐름에 대한 수심이다.
④ 사류 흐름에 대한 수심이다.

| 해답 | ②

한계수심(h_c)
· 유량이 일정할 때 비에너지(h_e)가 최소로 되는 수심
· 비에너지(h_e)가 일정할 때 유량이 최대로 되는 수심
· 비에너지(h_e)에 대한 한계수심 $h_c = \dfrac{2}{3} h_e$

수자원설계

□□□ 산 05,09,10,14,16

49 베르누이(Bernoulli)정리가 성립될 수 있는 조건이 아닌 것은?

① 임의의 두 점은 같은 유선 위에 있다.
② 마찰을 고려한 실제유체이다.
③ 비압축성은 유체의 흐름이다.
④ 흐름은 정류이다.

| 해답 | ②

유체는 완전유체(이상유체)이다.

□□□ 산 12,14,15,16

50 완전유체일 때 에너지선과 기준수평면과의 관계는?

① 위치에 따라 변한다.   ② 흐름에 따라 변한다.
③ 서로 평행하다.   ④ 압력에 따라 변한다.

| 해답 | ③

완전유체(이상유체, 등류)는 손실에너지가 없으므로 에너지선과 수평기준면은 서로 평행하다.

2 상하수도 계획

□□□ 산 97,07,08,10,12,14,16,18④

51 유량이 10m³/s, BOD 30mg/L인 하천에 유량 300m³/day, BOD 100mg/L인 하수가 유입되고 있다. 하류의 완전 혼합 지점에서 BOD농도는?

① 10mg/L   ② 20mg/L
③ 30mg/L   ④ 40mg/L

| 해답 | ③

$$C_m = \frac{Q_1 C_1 + Q_w C_w}{Q_1 + Q_w}$$

- 유량 $10\text{m}^3/\text{s} = 10 \times 60 \times 60 \times 24 = 864000\text{m}^3/\text{day}$

$$\therefore C_m = \frac{864000 \times 30 + 300 \times 100}{846000 + 300} = 30.0\text{mg/L}$$

□□□ 산 03,07,14,18

52 침전지에서 침전 효율을 크게 하기 위한 조건으로서 옳은 것은?

① 유량을 적게 하거나 표면적을 크게 한다.
② 유량을 많게 하거나 표면적을 크게 한다.
③ 유량을 적게 하거나 표면적을 적게 한다.
④ 유량을 많게 하거나 표면적을 적게 한다.

| 해답 | ①

침전효율 $E = \dfrac{V_s}{V_o} = \dfrac{V_s}{\frac{Q}{A}} = \dfrac{A}{Q} V_s$

- 표면부하율 $\left(\dfrac{Q}{A}\right)$을 작게 하여야 한다.
- 침전지 표면적(A)을 크게 하여야 한다.
- 유량(Q)을 작게 한다.

□□□ 산 97,02,03,07,10,11,13,14,16
53 하수관거의 길이가 1.8km인 하수관거 내에서 우수가 1.5m/s의 유속으로 흐르고, 유입시간이 8분일 때 유달 시간은?

① 8분 ② 18분
③ 28분 ④ 38분

| 해답 | ③

유달시간 $T = t_1 + \dfrac{L}{V}$

- $L = 1.8 \times 1000 = 1800 \text{m}$
- $V = 1.5 \times 60 = 90 \text{m/min}$

$\therefore T = 8 + \dfrac{1800}{90} = 28$분

□□□ 산 03,08,12,14,15,19
54 어느 도시의 총 인구가 5만명이고, 급수 인구는 4만명일 때 1년간 총 급수량이 200만m³이었다. 이 도시의 급수 보급률(%)과 1인 1일 평균 급수량(m³/인·일)은?

① 125%, 0.110m³/인·일   ② 125%, 0.137m³/인·일
③ 80%, 0.110m³/인·일   ④ 80%, 0.137m³/인·일

| 해답 | ④

- 급수 보급률 $= \dfrac{\text{급수 인구}}{\text{급수 구역 내 총 인구}} \times 100$

  $= \dfrac{40000}{50000} \times 100 = 80\%$

- 1인 일 평균 급수량 $= \dfrac{\text{연간 총 급수량}}{\text{급수인구} \times 365}$

  $= \dfrac{2000000}{40000 \times 365} = 0.137 \text{ m}^3/\text{인·일}$

□□□ 산 07,14,15④,16④,17④,19④

55 취수구를 상하에 설치하여 수위에 따라 좋은 수질을 선택, 취수할 수 있으며, 수심이 일정 이상 되는 지점에 설치하면 연간 안정적인 취수가 가능한 시설은?

① 취수보
② 취수탑
③ 취수문
④ 취수관거

| 해답 | ②

취수탑의 특징
- 다단수문형식의 취수구를 적당히 배치한 철근콘크리트구조이다.
- 연간의 수위변화가 크더라도 하천이나 호소, 댐에서의 취수시설로서 알맞고 또한 유지관리도 비교적 용이하다.
- 수위변화가 많은 저수지에서도 계획취수량을 안정되게 취수할 수 있다.

□□□ 산 96,04,07,14,19

56 활성슬러지 공정의 2차 침전지를 설계하는데 다음과 같은 기준을 사용하였다. 이 침전지의 수리학적 체류시간은? (단, 유입수량=5000m³/day, 표면부하율=30m³/m²day, 수심 5.4m)

① 2.8시간
② 3.5시간
③ 4.3시간
④ 5.2시간

| 해답 | ③

[방법1] 표면부하율 $= \dfrac{Q}{A} = \dfrac{h}{t}$ 에서

- $A = \dfrac{유입유량(Q)}{표면부하율} = \dfrac{5000}{30} = 166.67\,\mathrm{m}^2$

$\therefore\ t = \dfrac{Ah}{Q} = \dfrac{166.67 \times 5.4}{5000} \times 24(\mathrm{hr}) = 4.3$ 시간

[방법2]

체류시간 $t = \dfrac{V}{Q} = \dfrac{수심(H)}{표면부하율(Q)} = \dfrac{5.4}{30} \times 24(\mathrm{hr})$
$= 4.3$ 시간

☐☐☐ 산 06,11,14

57 지름 300mm, 길이 100m인 주철관을 사용하여 0.15m³/s의 물을 20m 높이에 양수하기 위한 펌프의 소요 동력은? (단, 펌프의 효율은 70%이다.)

① 21kW   ② 42kW   ③ 60kW   ④ 86kW

[해답] ②

$$P_s = \frac{1000QH_p}{102\eta} = \frac{1000 \times 0.15 \times 20}{102 \times 0.70} = 42.0 \, kW$$

☐☐☐ 산 99,02,06,07,12,14,15

58 하수관거 설계 시 계획 오수량을 산정할 때 지하수량은 1인 1일 최대 오수량의 어느 정도로 가정하여 산정하는가?

① 20%   ② 30%
③ 40%   ④ 50%

[해답] ①

지하수량은 1인1일최대오수량의 20% 이하를 원칙으로 한다.

☐☐☐ 산 99,13,14, 17

59 도시하수가 하천으로 유입할 때 하천 내에서 발생하는 변화 중 틀린 것은?

① 부유물의 증가   ② COD의 증가
③ BOD의 증가   ④ DO의 증가

[해답] ④

DO(용존산소)
- 물속에 녹아있는 산소를 말한다.
- 도시의 하수가 하천에 유입하면 미생물의 섭취, 분해 등으로 DO가 소모되어 DO 농도가 감소하게 된다.
- 오염도가 높을수록 BOD, COD, SS 농도는 증가하고, DO 농도는 감소한다.

□□□ 산 97,12,14,15

60 저수조식(탱크식)급수 방식이 바람직한 경우에 대한 설명으로 옳지 않은 것은?

① 역류에 의하여 배수관의 수질을 오염시킬 우려가 없는 경우
② 배수관의 수압이 소요 압력에 비해 부족할 경우
③ 항시 일정한 급수량을 필요로 할 경우
④ 일시에 많은 수량을 사용할 경우

| 해답 | ①
역류에 의하여 배수관의 수질을 오염시킬 우려가 있는 경우

Remember

2
Pick

60

선

01 구조설계
2Pick Remember 60선
CBT 대비

1 역학적인 개념 및 건설 구조물의 해석

□□□ 산 14④,18①,19①

01 길이 1m, 지름 1.5cm의 강봉을 80kN으로 당길 때 이 강봉은 얼마나 늘어나겠는가? (단, $E=2.1\times10^5\text{MPa}$)

① 2.2mm ② 2.6mm
③ 2.8mm ④ 3.1mm

> **해답** ①
> - $\Delta l = \dfrac{Pl}{EA}$
> - $P = 80\text{kN} = 80\times10^3\text{N}$
> - $A = \dfrac{\pi d^2}{4} = \dfrac{\pi\times15^2}{4} = 176.71\text{mm}^2$
> - $l = 1\text{m} = 1000\text{mm}$
> - $\therefore \Delta l = \dfrac{80\times10^3\times1000}{2.1\times10^5\times176.71} = 2.2\text{mm}$

□□□ 산 15,16,17,19①

02 "여러 힘의 모멘트는 그 합력의 모멘트와 같다."라는 것은 무슨 원리인가?

① 가상(假想)일의 원리 ② 모멘트 분배법
③ Varignon의 원리 ④ 모어(Mohr)의 정리

> **해답** ③
> Varignon의 원리
> - 여러 힘의 한 점에 대한 모멘트의 대수합은 합력의 그 점에 대한 모멘트와 같다.
> - 분력의 모멘트 합은 합력의 모멘트와 같다.
> - 합력의 작용점을 구할 때 사용한다.

□□□ 산 02,06,13④,19④
03 어떤 재료의 탄성계수가 E, 포와송비가 ν일 때 이 재료의 전단 탄성계수 G는?

① $G = \dfrac{E}{1+\nu}$ ② $G = \dfrac{E}{2(1+\nu)}$

③ $G = \dfrac{E}{1-\nu}$ ④ $G = \dfrac{E}{2(1-\nu)}$

| 해답 | ②

$$G = \frac{E}{2(1+\nu)} = \frac{mE}{2(m+1)} = \frac{E}{2\left(1+\dfrac{1}{m}\right)}$$

□□□ 산 97,14,16,18,19①
04 다음 그림과 같은 구조물에서 부재 AB가 받는 힘은 약 얼마인가?

① 2000N
② 2145N
③ 2345N
④ 2828N

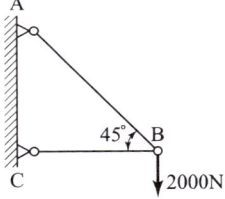

| 해답 | ④

시력도법에서 sin법칙 적용

$$\frac{2000N}{\sin 45°} = \frac{AB}{\sin 90°}$$

$$\therefore AB = \frac{2000}{\sin 45°} \times \sin 90° = 2828N$$

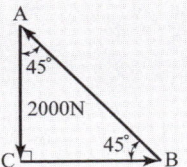

☐☐☐ 산 14,18②
05 다음 중 힘의 3요소가 아닌 것은?

① 크기 ② 방향
③ 작용점 ④ 모멘트

[해답] ④
힘의 3요소 : 힘의 크기, 힘의 방향, 힘의 작용점

☐☐☐ 산 11,13,16,19①
06 직사각형 단면의 단순보가 등분포하중 w를 받을 때 발생되는 최대처짐에 대한 설명으로 옳은 것은?

① 보의 폭에 비례한다.
② 보의 높이의 3승에 비례한다.
③ 보의 길이의 2승에 비례한다.
④ 보의 탄성계수에 반비례한다.

[해답] ④
단순보의 등분포하중

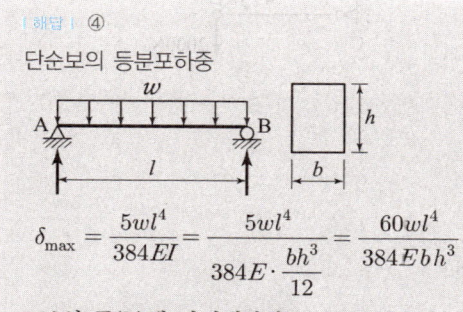

$$\delta_{max} = \frac{5wl^4}{384EI} = \frac{5wl^4}{384E \cdot \frac{bh^3}{12}} = \frac{60wl^4}{384Ebh^3}$$

- 보의 폭(b)에 반비례한다.
- 보의 높이(h)의 3승에 반비례한다.
- 보의 길이(l)의 4승에 비례한다.
  ∴ 보의 탄성계수(E)에 반비례한다.

□□□ 산 08,14,18②

07 다음 그림에서 지점 A의 반력이 영(零)이 되기 위해 C점에 작용시킬 집중하중의 크기(P)는?

① 120kN
② 160kN
③ 200kN
④ 240kN

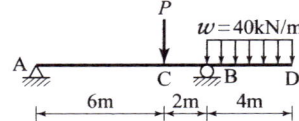

| 해답 | ②

$\sum M_B = 0$
$R_A \times 8 - P \times 2 + (40 \times 4) \times 2 = 0$ ($\because R_A = 0$)
$0 \times 8 - P \times 2 + (40 \times 4) \times 2 = 0$ ∴ $P = 160\text{kN}$

□□□ 산 83,14,16

08 단면이 30cm×30cm인 정사각형 단면의 보에 18kN의 전단력이 작용할 때 이 단면에 작용하는 최대전단응력은?

① 0.15MPa
② 0.30MPa
③ 0.45MPa
④ 0.60MPa

| 해답 | ②

최대전단응력 $\tau_{max} = \dfrac{3}{2} \dfrac{S}{A}$

- $S = 18\text{kN} = 18 \times 1000 = 18 \times 10^3 \text{N}$
- $A = 300 \times 300 = 90000 \text{mm}^2$

∴ $\tau_{max} = \dfrac{3 \times 18 \times 10^3}{2 \times 90000} = 0.30 \text{N/mm}^2 = 0.30\text{MPa}$

□□□ 산 15

09 다음과 같은 단순보에 모멘트하중이 작용할 때 지점 B에서의 수직반력은? (단, (−)는 하향)

① 50kN
② −50kN
③ 100kN
④ −100kN

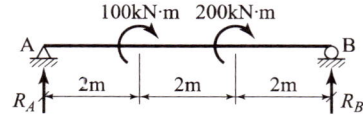

| 해답 | ①

$\sum M_A = 0 \ : \ R_B \times 6 - 100 - 200 = 0$

$\therefore R_B = \dfrac{1}{6}(100+200) = 50\,\text{kN}(\uparrow)$

□□□ 산 02,05,11,14,18②

10 단면의 성질에 대한 다음 설명 중 잘못된 것은?

① 단면2차 모멘트의 값은 항상 "0"보다 크다.
② 단면2차 극모멘트의 값은 항상 극을 원점으로 하는 두 직교좌표축에 대한 단면 2차 모멘트의 합과 같다.
③ 단면1차 모멘트의 값은 항상 "0"보다 크다.
④ 단면의 주축에 관한 단면 상승모멘트의 값은 항상 "0"이다.

| 해답 | ③

• 단면1차 모멘트의 값은 +, −, 0 값으로 산출된다.
• 도심축에 대한 단면 1차 모멘트는 0이다.

2 철근콘크리트 및 강구조

□□□ 산 06,11④,14②,19④

11 다음 그림의 고장력 볼트 마찰이음에서 필요한 볼트 수는 몇 개인가? (단, 볼트는 M24(= ϕ24mm), F10T를 사용하며, 마찰이음의 허용력은 56kN 이다.)

① 5개
② 6개
③ 7개
④ 8개

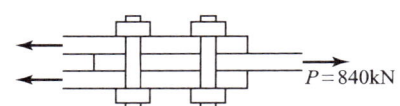

| 해답 | ④

$$n = \frac{P}{2\rho_a} = \frac{840}{2 \times 56} = 7.5$$

∴ 8개

□□□ 산 11①②,12②,15①,19④

12 전체 깊이가 900mm를 초과하는 휨부재 복부의 양 측면에 부재 축방향으로 배치하는 철근은?

① 수직스터럽
② 표피철근
③ 배력철근
④ 옵셋굽힘철근

| 해답 | ②

- 표피철근(skin reinforecment)의 정의이다.
- 옵셋굽힘철근(offset bent bar) : 상하 기둥 연결부에서 단면치수가 변하는 경우에 구부린 주철근
- 배력철근(distributing bar) : 하중을 분포시키거나 균열을 제어할 목적으로 주철근과 직각에 가까운 방향으로 배치한 보조철근

☐☐☐ 산 12,13,14,15,19④

13 아래 그림과 같은 단면의 보에서 해당 지속 하중에 대한 탄성처짐이 30mm이었다면 크리프 및 건조수축에 따른 추가적인 장기처짐을 고려한 최종 전체 처짐량은 몇 mm인가? (단, 하중 재하기간은 10년으로 $\xi = 2.0$이다.)

① 42.6mm
② 54.7mm
③ 67.5mm
④ 78.3mm

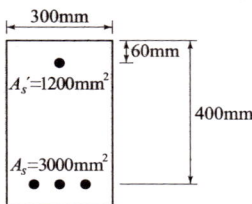

{ 해답 } ③

- $\lambda = \dfrac{\xi}{1 + 50\rho'}$

  $\rho' = \dfrac{A_s'}{bd} = \dfrac{1200}{250 \times 400} = 0.012$

  $\therefore \lambda = \dfrac{2}{1 + 50 \times 0.012} = 1.25$ (∵ 10년으로 $\xi = 2.0$)

- 장기처짐 = 순간처짐(탄성침하) × 장기처짐계수(λ)
  $= 30 \times 1.25 = 37.5 \text{mm}$

  ∴ 총처짐량 = 순간 처짐 + 장기 처짐
  $= 30 + 37.5 = 67.5 \text{mm}$

☐☐☐ 산 97,00,08,09,12,13,14,15,18②,19②,20②

14 아래 그림과 같은 맞대기 용접의 용접부에 생기는 인장응력은?

① 180MPa
② 141MPa
③ 200MPa
④ 223MPa

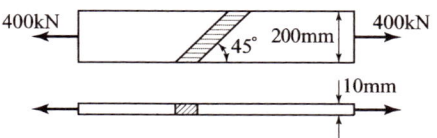

{ 해답 } ③

$f = \dfrac{P}{A} = \dfrac{P}{\sum a \cdot l_e} = \dfrac{400 \times 10^3}{10 \times 200} = 200 \text{MPa}$

□□□ 산 11,14,15
15 단철근 직사각형보의 자중이 15kN/m이고 활하중이 23kN/m일 때 계수 휨모멘트는 얼마인가? (단, 이 보는 지간 8m인 단순보이다.)

① 416.2kN·m
② 438.4kN·m
③ 452.4kN·m
④ 511.2kN·m

| 해답 | ②

계수모멘트 $M_u = \dfrac{wl^2}{8}$

- 계수하중
$w = 1.2w_d + 1.6w_l$
$= 1.2 \times 15 + 1.6 \times 23 = 54.8 \text{kN/m}$

$\therefore M_u = \dfrac{wl^2}{8} = \dfrac{54.8 \times 8^2}{8} = 438.4 \text{kN} \cdot \text{m}$

□□□ 산 11,12,13,14,15,16,18②,19④
16 프리스트레스의 손실원인 중 프리스트레스 도입 후에 시간의 경과에 따라 생기는 것은?

① 콘크리트의 탄성변형
② 정착단의 활동
③ 콘크리트의 크리프
④ PS강재와 쉬스 사이의 마찰

| 해답 | ③

- 도입손실=즉시 손실
  - 정착장치의 활동
  - 콘크리트의 탄성수축(변형)
  - 포스트텐션 긴장재와 덕트 사이의 마찰
- 도입 후 손실=시간적 손실
  - 콘크리트의 크리프
  - 콘크리트의 건조수축
  - 긴장재 응력의 릴랙세이션

□□□ 산 11,12,14,15①,18②,20③

17 다음 철근 중 철근콘크리트 부재의 전단철근으로 사용할 수 없는 것은?

① 주인장 철근에 45°의 각도로 설치되는 스터럽
② 주인장 철근에 30°의 각도로 설치되는 스터럽
③ 주인장 철근에 30°의 각도로 구부린 굽힘철근
④ 주인장 철근에 45°의 각도로 구부린 굽힘철근

| 해답 | ②

주인장 철근에 45° 또는 그 이상의 각도로 배치하는 스터럽

Remember

- 전단철근의 형태
  - 부재축에 직각인 스터럽
  - 스터럽과 굽힘철근의 조합
  - 부재의 축에 직각으로 배치된 용접철망
  - 나선철근, 원형, 띠철근, 또는 후프철근
  - 주안장 철근에 45° 이상의 각도로 설치되는 스터럽
  - 주안장 철근에 30° 이상의 각도로 구부린 굽힘철근
- 전단철근의 설계기준항복강도는 500MPa을 초과할 수 없다.

□□□ 산 12,13,14,15,16,18,19②

18 강도설계법에서 강도감소계수에 관한 규정 중 틀린 것은?

① 인장지배단면 : 0.85
② 나선철근으로 보강된 철근콘크리트 부재의 압축지배 단면 : 0.70
③ 전단력 : 0.75
④ 콘크리트의 지압력 : 0.70

| 해답 | ④

콘크리트의 지압력 : $\phi = 0.65$

Remember

강도감소계수 ϕ

부재		강도감소 계수
인장지배단면		0.85
압축지배단면	나선철근으로 보강된 철근 콘크리트 부재	0.70
	그 외의 철근콘크리트 부재	0.65
	변화구간단면(전이구역)	0.65(0.70) ~ 0.85
전단력과 비틀림 모멘트		0.75
콘크리트의 지압력 (포스트텐션 정착부나 스트럿–타이 모델은 제외)		0.65
포스트텐션 정착구역		0.85
스트럿–타이 모델	스트럿, 절점부 및 지압부	0.75
	타이	0.85
무근콘크리트의 휨모멘트, 압축력, 전단력, 지압력		0.55

□□□ 산 12,13,15,20③

19 그림과 같은 지간 6m인 단순보의 직사각형 단면에 계수하중 $w=30\text{kN/m}$이 작용한다. 하연의 콘크리트 응력이 0이 될 때 PS강재에 작용하는 긴장력은? (단, PS 강재는 단면의 도심에 위치함)

① 1654kN
② 1957kN
③ 2025kN
④ 3152kN

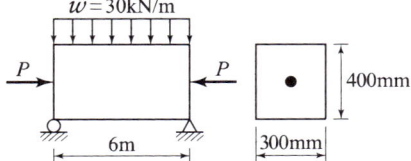

| 해답 | ③

$f = \dfrac{P}{A} - \dfrac{M}{I}y = 0$ 에서 $P = \dfrac{M \cdot A}{I}y$

- $M = \dfrac{wl^2}{8} = \dfrac{30 \times 6^2}{8} = 135\,\text{kN}\cdot\text{m}$
- $A = bh = 0.3 \times 0.4 = 0.12\,\text{m}^2$
- $I = \dfrac{bh^3}{12} = \dfrac{0.3 \times 0.4^3}{12} = 0.0016\,\text{m}^4$
- $\therefore P = \dfrac{135 \times 0.12}{0.0016} \times \dfrac{0.4}{2} = 2025\,\text{kN}$

☐☐☐ 산 12,13,15,16,18①②④

20 폭 300mm, 유효깊이는 500mm의 단철근 직사각형보에서 콘크리트의 설계전단강도(ϕV_c)는? (단, $f_{ck}=28\text{MPa}$이고, 전단과 휨만을 받는 부재이다.)

① 75.4kN
② 89.3kN
③ 99.2kN
④ 113.1kN

|해답| ③

$$\phi V_c = \phi \frac{1}{6} \lambda \sqrt{f_{ck}} b_w d$$

- 전단력과 비틀림 모멘트의 강도감소계수 $\phi = 0.75$

$$\therefore \phi V_c = 0.75 \times \frac{1}{6} \times 1 \times \sqrt{28} \times 300 \times 500$$
$$= 99216\,\text{N} = 99.2\,\text{kN}$$

측량 및 토질

02 2Pick Remember 60선   CBT 대비

1 측량학

☐☐☐ 산 12,13,14,15,18②

21 캔트(C)인 원곡선에서 곡선반지름을 3배로 하면 변화된 캔트(C')는?

① $\dfrac{C}{5}$ ② $\dfrac{C}{3}$

③ $3C$ ④ $9C$

| 해답 | ②

캔트 $C = \dfrac{DV^2}{gR} = \dfrac{DV^2}{3gR}$

- 반경(R)이 3배로 증가하면 캔트(C)는 $\dfrac{1}{3}$배로 줄어든다.

$\therefore C' = \dfrac{C}{3}$

☐☐☐ 산 11,12,13,15

22 축척이 1:25000인 지형도 1매를 1:5000 축척으로 재편집할 때 제작되는 지형도의 매수는?

① 25매   ② 20매

③ 15매   ④ 10매

| 해답 | ①

$\dfrac{A_2}{A_1} = \left(\dfrac{M_2}{M_1}\right)^2 = \left(\dfrac{5000}{1000}\right)^2 = 25$ 매

□□□ 산 92,98,07,10,11,15

23 수준측량에서 담장 PQ가 있어, P점에서 표척을 QP방향으로 거꾸로 세워 아래 그림과 같은 결과를 얻었다. A점의 표고 $H_A = 51.25$m일 때 B점의 표고는?

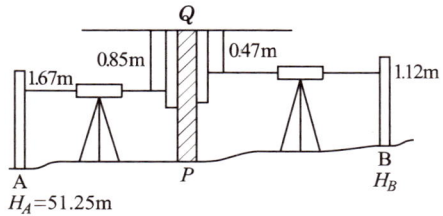

① 50.32m ② 52.18m
③ 53.30m ④ 55.36m

| 해답 | ②

$H_B = H_A + (\Sigma B.S - \Sigma F.S)$
- 전시 : $\Sigma B.C = 1.67 + (-0.47) = +1.20$m
- 후시 : $\Sigma F.S = -0.85 + 1.12 = +0.27$m
  $\therefore H_B = 51.25 + (1.20 - 0.27) = 52.18$m

□□□ 산 10,13,15,18②

24 캔트(cant)의 크기가 C인 곡선에서 곡선반지름과 설계속도를 모두 2배로 하면 새로운 캔트의 크기는?

① $\dfrac{1}{2}C$ ② $2C$
③ $4C$ ④ $8C$

| 해답 | ②

캔트 $C = \dfrac{DV^2}{gR} \Rightarrow C' = \dfrac{D(2V)^2}{2gR} = \dfrac{2DV^2}{gR}$
$\therefore$ 반경(R)과 설계속도(V)가 2배로 증가하면 캔트(C)는 2배로 증가한다.

□□□ 산 13,15④,20③

25 그림과 같이 A점에서 B점에 대하여 장애물이 있어 시준을 못하고 B'점을 시준하였다. 이때 B점의 방향각 T_B를 구하기 위한 보정각(x)을 구하는 식으로 옳은 것은? (단, $e<1.0\text{m}$, $\rho=206265''$, $S=4\text{km}$)

① $x=\rho\dfrac{e}{S}\sin\phi$

② $x=\rho\dfrac{e}{S}\cos\phi$

③ $x=\rho\dfrac{S}{e}\sin\phi$

④ $x=\rho\dfrac{S}{e}\cos\phi$

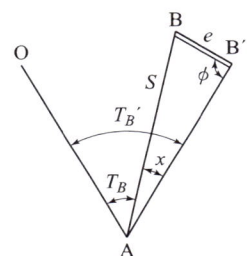

| 해답 | ①

$\dfrac{e}{\sin x}=\dfrac{S}{\sin\phi}$ 에서

$x=\sin^{-1}\dfrac{e}{S}\sin\phi$

$\therefore x=\rho\dfrac{e\sin\phi}{S}$

□□□ 산 10,15,16

26 삼각망 중 조건식이 가장 많아 가장 높은 정확도를 얻을 수 있는 것은?

① 단열삼각망　　② 사변형삼각망
③ 유심다각망　　④ 트래버스망

| 해답 | ②

사변형망의 특징
- 조건식의 수가 가장 많아 정확도가 가장 높다.
- 조정이 복잡하고 포함면적이 적으며 시간과 비용이 많이 요하는 것이 결점이다.
- 가장 높은 정밀도를 얻을 수 있으며, 특별히 높은 정밀도를 필요로 하는 측량이나 기선 삼각망 등에 사용된다.

□□□ 산 92,96,03,10,11,12,13,14,16,18,19①

27 양수표의 설치 장소로 적합하지 않은 곳은?

① 상·하류 최소 300m 정도 곡선인 장소
② 교각이나 기타 구조물에 의한 수위변동이 없는 장소
③ 홍수 시 유실 또는 이동이 없는 장소
④ 지천의 합류점에서 상당히 상류에 위치한 장소

| 해답 | ①
하상변화가 작고 상·하류 약 100m 정도의 직선인 장소일 것

Remember

수위관측소(양수표)의 설치장소
• 하상과 하안이 세굴, 퇴적이 안되는 곳
• 상하류 100m가량 직선인 곳
• 수위가 교각 등 구조물의 영향을 받지 않는 곳
• 홍수 때에도 쉽게 양수표를 읽을 수 있는 곳
• 홍수 때 관측소가 유실, 파손될 염려가 없는 곳
• 지천의 합류점과 같이 불규칙한 변화가 없는 곳
• 소용돌이, 역류 및 저수가 적은 곳이어야 한다.
• 양수표는 5~10km 마다 배치

□□□ 산 12,14,18①

28 그림과 같은 삼각형의 정점 A, B, C의 좌표가 A(50,20), B(20,50), C(70,70)일 때, 정점 A를 지나며 △ABC의 넓이를 $m : n = 4 : 3$으로 분할하는 P점의 좌표는? (단, 좌표의 단위는 m이다.)

① (58.6, 41.4)
② (41.4, 58.6)
③ (50.6, 63.4)
④ (50.4, 65.6)

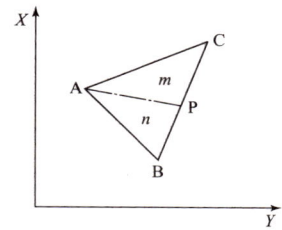

[해답] ②

$$\overline{BP} = \overline{BC} \frac{n}{m+n}$$

- $X_P = X_B + \overline{BC}_X \times \frac{n}{m+n}$

   $= 20 + (70-20) \times \frac{3}{4+3} = 41.4\,\text{m}$

- $Y_P = Y_B + \overline{BC}_Y \times \frac{n}{m+n}$

   $= 50 + (70-50) \times \frac{3}{4+3} = 58.6\,\text{m}$

∴ $P(41.4,\ 58.6)$

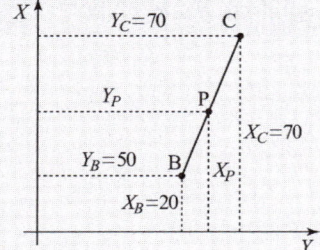

□□□ 산 10,12①,15②,16①,19④

29 축척 1 : 1000의 도면에서 면적을 측정한 결과 5cm²이었다. 이 도면이 전체적으로 1% 신장되어 있었다면 실제면적은?

① $510\,\text{m}^2$
② $505\,\text{m}^2$
③ $495\,\text{m}^2$
④ $490\,\text{m}^2$

[해답] ④

$A_o = A(1 \pm \epsilon)^2$

- $A = 5 \times 1000^2 = 5000000\,\text{cm}^2 = 500\,\text{m}^2$

∴ $A_o = 500 \times \left(1 - \frac{1}{100}\right)^2 = 490\,\text{m}^2$

[∴ 도면이 줄면 면적이 늘고(+), 도면이 늘면 면적이 준다.(−)]

측량 및 토질

□□□ 산 10,14,15

30 삼각측량을 위한 삼각점의 위치선정에 있어서 피해야 할 장소로서 중요도가 가장 적은 것은?

① 편심관측을 하여야 하는 곳
② 나무를 벌목하여야 하는 곳
③ 습지와 같은 연약지반인 곳
④ 측표의 높이를 높게 설치하여야 되는 곳

{ 해답 } ①

정삼각형에 가깝게 선점하기 위하여 무리하게 나무를 많이 베거나, 높은 시준표와 관측대를 만들어 불필요한 노력과 경비를 낭비하지 않도록 한다.

Remember

삼각점의 선점
- 가능한 측점수가 적어야 한다.
- 삼각형은 가능한 정삼각형이 되게 한다.
- 나무를 벌목하여야 하는 곳은 피한다.
- 삼각점 상호간의 시준이 잘 되어야 한다.
- 한 내각의 크기를 30° ~ 120° 내에 있도록 한다.
- 높은 시준표와 관측대를 설치하는 곳은 피한다.
- 지반이 견고하고 이동이나 침하가 되지 않는 곳을 택한다.

2 토질 및 기초

□□□ 산 13,14②,15①,16④,19④

31 다음 중 흙속의 전단강도를 감소시키는 요인이 아닌 것은?

① 공극수압의 증가
② 흙다짐의 불충분
③ 수분증가에 따른 점토의 팽창
④ 지반에 약액 등의 고결제를 주입

[해답] ④
전단강도의 감소 요인
- 공극수압의 증가
- 흙 다짐의 불충분
- 느슨한 사질토 진동
- 흡수에 의한 점토지반의 팽창
- 수축, 팽창, 인장에 의한 미세한 균열
- 불안정한 흙 속에 발생하는 변형
- 동결된 흙이나 아이스렌즈의 융해

□□□ 산 91,06,09,14

32 직경 60mm, 높이 20mm인 점토시료의 습윤중량이 250g, 건조로에서 건조시킨 후의 중량이 200g이었다. 함수비는?

① 20%   ② 25%
③ 30%   ④ 40%

[해답] ②

$$w = \frac{물의\ 중량}{흙입자만의\ 중량} = \frac{W_w}{W_s} \times 100$$
$$= \frac{250-200}{200} \times 100 = 25\%$$

□□□ 산 90,96,07,10,14,17②

33 그림에서 수두차 h가 최소 얼마 이상일 때 모래시료에 분사현상이 발생하겠는가? (단, 모래의 비중 $G_s = 2.7$, 공극률 $n = 50\%$, 모래시료 높이 15cm로 가정)

① 12.75cm
② 13.45cm
③ 14.30cm
④ 15.40cm

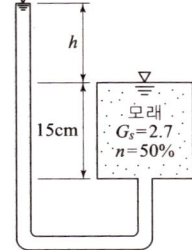

｜해답｜ ①

$i = \dfrac{h}{L}$ 에서 $h = L \cdot i_c$

• $e = \dfrac{n}{100-n} = \dfrac{50}{100-50} = 1.0$

• $i_c = \dfrac{G_s - 1}{1+e} = \dfrac{2.70 - 1}{1+1.0} = 0.85$

∴ $h = 15 \times 0.85 = 12.75\,\text{m}$

□□□ 산 86,89,96,00,02,08,09,14,19②

34 어떤 유선망도에서 상하류의 수두차가 3m, 투수계수가 2.0×10^{-3}cm/sec, 등수두면의 수가 9개, 유로의 수가 6개일 때 단위폭 1m당 침투량은?

① 0.0288m³/hr
② 0.1440m³/hr
③ 0.3240m³/hr
④ 0.3436m³/hr

｜해답｜ ②

$Q = KH \dfrac{N_f}{N_d}$

$= (2 \times 10^{-5}) \times 3 \times \dfrac{6}{9} = 4 \times 10^{-5}\,\text{m}^3/\text{sec}$

$= 0.1440\,\text{m}^3/\text{hr}$

□□□ 산 95,00,08,14,19②

35 현장도로 토공에서 모래치환에 의한 흙의 단위무게 시험을 했다. 파낸 구멍의 부피가 1980cm³이었고 이 구멍에서 파낸 흙무게가 3420g이었다. 이 흙의 토질 실험결과 함수비가 10%, 비중이 2.7, 최대 건조 밀도가 1.65g/cm³이었을 때 이 현장의 다짐도는?

① 약 85%
② 약 87%
③ 약 91%
④ 약 95%

| 해답 | ④

다짐도 $C_d = \dfrac{\rho_d}{\rho_{d\max}} \times 100$

- $\rho_t = \dfrac{W}{V} = \dfrac{3420}{1980} = 1.73\,\text{g/cm}^3$
- $\rho_d = \dfrac{\rho_t}{1+w} = \dfrac{1.73}{1+0.10} = 1.57\,\text{g/cm}^3$

∴ $C_d = \dfrac{1.57}{1.65} \times 100 = 95.15\,\%$

□□□ 산 90,96,01,03,06,10,12,14,15,16,17,20③

36 간극률 50%, 비중이 2.50인 흙에 있어서 한계동수 경사는?

① 1.25
② 1.50
③ 0.50
④ 0.75

| 해답 | ④

한계동수경사 $i = \dfrac{G_s - 1}{1 + e}$

- $e = \dfrac{n}{100 - n} = \dfrac{50}{100 - 50} = 1.0$

∴ $i = \dfrac{2.50 - 1}{1 + 1.0} = 0.75$

□□□ 산 00,11,14,15
37 흐트러지지 않은 시료의 정규압밀 점토의 압축지수(C_c) 값은? (단, 액성한계는 45%이다.)

① 0.25　　　　　　　　　② 0.27
③ 0.30　　　　　　　　　④ 0.315

> |해답| ④
> 압축지수
> $C_c = 0.009(W_L - 10) = 0.009 \times (45 - 10) = 0.315$

□□□ 산 92,99,01,03,06,07,14,15
38 현장에서 직접 연약한 점토의 전단강도를 측정하는 방법으로 흙이 전단될 때의 회전저항 모멘트를 측정하여 점토의 점착력(비배수 강도)을 측정하는 시험방법은?

① 표준관입시험　　　　　② 더치콘(Dutch Cone)
③ 베인시험(Vane Test)　　④ CBR Test

> |해답| ③
> 베인시험(vane test)
> 연약한 점토 또는 대단히 예민한 점토지반의 점착력을 측정하는 시험으로 회전저항모멘트를 측정하여 비배수 점착력을 직접측정하는 전단시험

□□□ 산 90,92,99,01,05,09,14,16,19①
39 다음 중에서 동해가 가장 심하게 발생하는 토질은?

① 점토　　　　　　　　　② 실트
③ 콜로이드　　　　　　　④ 모래

> |해답| ②
> • 동해가 가장 심하게 발생하는 토질은 실트질이다.
> • 동해가 심한 순서 : 실트 > 점토 > 모래 > 자갈

□□□ 산 05,14

40 점토 광물 중에서 3층 구조로 구조결합 사이에 치환성 양이온이 있어서 활성이 크고, sheet 사이에 물이 들어가 팽창, 수축이 크고 공학적 안정성은 제일 약한 점토 광물은?

① kaolinite
② illite
③ montmorillonite
④ vermiculite

| 해답 | ③

주요 점토광물의 특징

점토 광물	안전성	특징
montmorillonite	제일 약하다	수축 팽창이 크다
kaolinite	대단히 안전	수축 팽창이 없다
illite	중간 정도	수축 팽창이 거의 없다

03 2Pick Remember 60선

수자원설계 — CBT 대비

1 수리학

□□□ 산 92,03,05,09,11,14,16

41 그림과 같은 오리피스를 통과하는 유량은? (단, 오리피스 단면적 $A = 0.02\text{m}^2$, 손실계수 $C = 0.78$이다.)

① $0.36\text{m}^3/\text{s}$
② $0.46\text{m}^3/\text{s}$
③ $0.56\text{m}^3/\text{s}$
④ $0.66\text{m}^3/\text{s}$

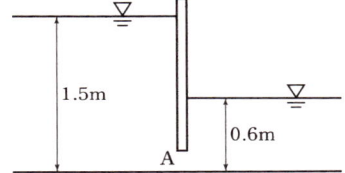

[해답] ④

$$Q = CA\sqrt{2g(h_1 - h_2)}$$
$$= 0.78 \times 0.2 \times \sqrt{2 \times 9.8 \times (1.5 - 0.6)} = 0.66\text{m}^3/\text{sec}$$

□□□ 산 99,12,14,16,20③

42 유량 Q, 유속 V, 단면적 A, 도심거리 h_G라 할 때 충력치(M)의 값은? (단, 충력치는 비력이라고도 하며, η : 운동량 보정계수, g : 중력가속도, W : 물의 중량, w : 물의 단위중량)

① $\eta \dfrac{Q}{g} + Wh_G A$
② $\eta \dfrac{Q}{g} V + h_G A$
③ $\eta \dfrac{gV}{Q} + h_G A$
④ $\eta \dfrac{Q}{g} V + \dfrac{1}{2} w^2$

[해답] ②

충력치 $M = \eta \dfrac{Q}{g} V + h_G A = \eta \dfrac{Q^2}{gA} + h_G A$

□□□ 산 92,99,14

43 지름이 40cm인 주철관에 동수경사 1/100로 물이 흐를 때 유량은? (단, 조도계수 $n=0.013$이다.)

① $0.208 \text{m}^3/\text{s}$
② $0.253 \text{m}^3/\text{s}$
③ $0.184 \text{m}^3/\text{s}$
④ $1.654 \text{m}^3/\text{s}$

해답 ①

$$Q = AV = \frac{\pi D^2}{4} \cdot \frac{1}{n} R^{2/3} I^{1/2}$$

- $D = 40\text{cm} = 0.4\text{m}$
- 경심 $R = \dfrac{D}{4} = \dfrac{0.4}{4}$
- $V = \dfrac{1}{0.013} \times \left(\dfrac{0.4}{4}\right)^{\frac{2}{3}} \times \left(\dfrac{1}{100}\right)^{\frac{1}{2}} = 1.657 \text{m}^3/\text{sec}$

$$\therefore Q = \frac{\pi \times 0.4^2}{4} \times 1.657 = 0.208 \text{m}^3/\text{sec}$$

□□□ 산 96,05,14

44 폭이 4m, 수심 2m인 직사각형 수로에 등류가 흐르고 있을 때 조도계수 $n=0.02$라면 Chezy의 평균유속계수 C는?

① 0.05
② 0.5
③ 5
④ 50

해답 ④

Chezy의 유속계수 $C = \dfrac{1}{n} R^{\frac{1}{6}}$

- 경심 $R = \dfrac{A}{P} = \dfrac{bh}{b+2h} = \dfrac{4 \times 2}{2+4+2} = 1\text{m}$

$$\therefore C = \frac{1}{0.02} \times 1^{\frac{1}{6}} = 50$$

□□□ 산 92,02,04,05,13,14
45 부체의 중심을 G, 부심을 C, 경심을 M이라 할 때 불안정한 상태를 표시한 것은?

① $\overline{CM} = \overline{CG}$ 일 때
② M이 G보다 위에 있을 때
③ M과 C가 연직축 상에 있을 때
④ M이 G보다 아래에 있고 C보다 위에 있을 때

[해답] ④
- 부체가 안정한 조건 : 경심(M)이 중심(G)보다 위에 있을 때
- 부체가 불안정한 조건 : 경심(M)이 중심(G)보다 아래에 있을 때

□□□ 산 92,98,03,05,06,13,14
46 수심이 3m, 유속이 2m/s인 개수로의 비에너지 값은? (단, 에너지 보정계수는 1.1이다.)

① 1.22m　　　② 2.22m
③ 3.22m　　　④ 4.22m

[해답] ③
$$H_e = h + \alpha \frac{v^2}{2g} = 3 + 1.1 \times \frac{2^2}{2 \times 9.8} = 3.22\text{m}$$

□□□ 산 94,08,14,18②④
47 오리피스에 있어서 에너지 손실은 어떻게 보정할 수 있는가?

① 이론유속에 유속계수를 곱한다.
② 실제유속에 유속계수를 곱한다.
③ 이론유속에 유량계수를 곱한다.
④ 실제유속에 유량계수를 곱한다.

| 해답 | ①

유속계수 $C_v = \dfrac{실제유속}{이론유속}$

∴ 실제유속 = 이론유속 × 유속계수

□□□ 산 04,06,14,18

48 그림과 같이 물이 수문의 최상단까지 차있을 때, 높이 6m, 폭 1m의 수문에 작용하는 전수압의 작용점(h_c)은?

① 3m
② 3.5m
③ 4m
④ 4.3m

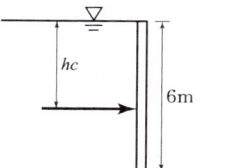

| 해답 | ③

연직 평판 전수압의 작용점

$h_c = \dfrac{2}{3}h = \dfrac{2}{3} \times 6 = 4\,\text{m}$

□□□ 산 07,14,15,16

49 내경 15cm의 관에 10℃의 물이 유속 3.2m/s로 흐르고 있을 때 흐름의 상태는? (단, 10℃ 물의 동점성계수(ν) = 0.0131cm²/s이다.)

① 층류
② 한계류
③ 난류
④ 부정류

| 해답 | ③

• 레이놀즈수 $R_e = \dfrac{Vd}{\nu}$, $R_e < 2000$: 층류, R_e : 난류

• 유속 $V = 3.2\,\text{m/sec} = 320\,\text{cm/sec}$

∴ $R_e = \dfrac{320 \times 15}{0.0131} = 366412 > 4000$ ∴ 난류

□□□ 산 06,07,09,11,13,14,16
50 Darcy의 법칙에 대한 설명으로 틀린 것은?

① 정상류 흐름에서 적용될 수 있다.
② 층류 흐름에서만 적용 가능하다.
③ Reynolds수가 클수록 안심하고 적용할 수 있다.
④ 평균유속이 손실수두와 비례관계를 가지고 있는 흐름에 적용될 수 있다.

| 해답 | ③
Darcy 법칙 조건
- $R_e < 4$인 층류에서 적용된다.
- 흙은 균질이며 흐름은 정상이다.
- 난류가 되면 실측치와 일치하지 않는다.
- 투수계수(K)는 유속(V)과 같은 차원(cm/sec)이다.

2 상하수도 계획

□□□ 산 96,03,06,10,14
51 용존산소(DO)에 대한 설명으로 옳지 않은 것은?

① 오염된 물은 용존산소량이 적다.
② BOD가 큰 물은 용존산소도 많다.
③ 용존산소량이 적은 물은 혐기성 분해가 일어나기 쉽다.
④ 용존산소가 극히 적은 물은 어류의 생존에 적합하지 않다.

| 해답 | ②
- 오염된 물은 BOD가 높고 용존산소(DO)가 낮다.
- BOD가 큰 물은 용존산소(DO)가 적다.
- 용존산소(DO)가 증가하면 BOD는 감소한다.

□□□ 산 95,00,03,10,14,16

52 배수면적이 $0.05km^2$, 하수관거의 길이 480m, 유입시간이 4분, 유출계수 $C=0.6$, 재현기간 7년에 대한 강우강도 $I=3250/(t+18.2)$mm/h, 하수관 내 유속이 27m/min인 경우 이 하수관거내의 우수량은? (단, t 의 단위 : 분)

① $0.68m^3/s$
② $2.45m^3/s$
③ $3.65m^3/s$
④ $6.77m^3/s$

| 해답 | ①

우수량 $Q = \dfrac{1}{360} CIA$

- $T = t_1 + \dfrac{L}{V} = 4 + \dfrac{480}{27} = 21.8 \min$
- $I = \dfrac{3250}{t+18.2} = \dfrac{3250}{21.8+18.2} = 81.25 \text{mm/hr}$
- $A = 0.05 km^2 = 5ha$ ($\because 1km^2 = 100ha$)

$\therefore Q = \dfrac{1}{360} CIA = \dfrac{1}{360} \times 0.6 \times 81.25 \times 5$
$= 0.68 m^3/sec$

□□□ 산 99,01,02,10,14

53 급수인구 추정법에서 등비급수법에 해당되는 식은? (단, $P_n = n$년 후 추정 인구, $P_o =$ 현재 인구, $n =$ 경과 년 수, $a, b =$ 상수, $k =$ 포화인구, $r =$ 년 평균증가율)

① $P_n = P_o + rn^2$
② $P_n = \dfrac{k}{1+e^{(a-b^a)}}$
③ $P_n = P_o + rn$
④ $P_n = P_o(1+r)^n$

| 해답 | ④

등비 급수 방법 : $P_n = P_o(1+r)^n$

□□□ 산 99,01,06,14

54 그림에서 간선하수거 DA의 길이는 600m이고 유역내 가장 먼 지점 E에서 간선하수거의 입구 D까지 우수가 유하하는데 걸리는 시간은 5분이다. 간선하수거 내 유속이 1m/s라면 유달시간은?

① 5분
② 11분
③ 15분
④ 20분

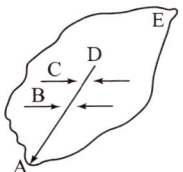

| 해답 | ③

유달시간 $T = t_1 + \dfrac{L}{V}$

• 유속 $V = 1\,\text{m/s} = 1 \times 60 = 60\,\text{m/min}$

∴ $T = 5 + \dfrac{600}{60} = 15$ 분

□□□ 산 00,10,14,16

55 MLSS 2000mg/L의 포기조 혼합액을 매스실린더에 1L를 정확히 취한 뒤 30분간 정치하였다. 이때 계면위치가 320mL를 가리켰다면 이 슬러지의 SVI는?

① 160mL/g
② 260mL/g
③ 440mL/g
④ 640mL/g

| 해답 | ①

$$\text{SVI} = \dfrac{30분\ 침전후의\ 슬러지\ 부피(\text{mL})}{\text{MLSS 농도}(\text{mg})} \times 1000$$

$$= \dfrac{320}{2000} \times 1000 = \text{mL/g}$$

□□□ 산 99,01,09,14
56 정수시설에서 배출수 처리단계 중 가장 첫 단계에 속하는 것은?

① 처분시설
② 농축단계
③ 조정단계
④ 탈수단계

| 해답 | ③

배출수 처리단계
조정단계 – 농축단계 – 탈수단계 – 처분단계

□□□ 산 99,00,01,08,14,16③,19②,20②
57 취수장에서부터 가정에 이르는 상수도계통을 옳게 나열한 것은?

① 취수시설 – 정수시설 – 도수시설 – 송수시설 – 배수시설 – 급수시설
② 취수시설 – 도수시설 – 송수시설 – 정수시설 – 배수시설 – 급수시설
③ 취수시설 – 도수시설 – 정수시설 – 송수시설 – 배수시설 – 급수시설
④ 취수시설 – 도수시설 – 송수시설 – 배수시설 – 정수시설 – 급수시설

| 해답 | ③

취수시설 – 도수시설 – 정수시설 – 송수시설 – 배수시설 – 급수시설

□□□ 산 96,97,02,13,14,18④
58 정수시설의 계획정수량을 결정하는 기준이 되는 것은?

① 계획시간최대급수량
② 계획1일최대급수량
③ 계획시간평균급수량
④ 계획1일평균급수량

| 해답 | ②

계획정수량은 계획1일 최대 급수량을 기준으로 한다.

□□□ 산 96,98,08,12,14,16
59 하천이나 호소에서 부영양화(Eutrophication)의 주된 원인 물질은?

① 질소 및 인
② 탄소 및 유황
③ 중금속
④ 염소 및 질산화물

| 해답 | ①
부영양화의 주된 원인 물질
질소(N), 인(P), 염류 등과 같은 조류의 번식에 양분이 될 물질들이 유입 축척될 때 일어난다.

□□□ 산 14④,19④
60 유입하수량 30000m³/day, 유입 BCD 200mg/L, 유입 SS 150mg/L이고, BOD제거율이 95%, SS 제거율이 90%일 경우 유출 BOD와 유출 SS의 농도는 각각 얼마인가?

① 10mg/L, 15mg/L
② 10mg/L, 30mg/L
③ 16mg/L, 15mg/L
④ 16mg/L, 30mg/L

| 해답 | ①
- 유출 BOD농도 = 유입 BOD농도 × (1−BOD제거량)
  $= 200 \times (1-0.95) = 10\,mg/L$
- 유출 SS농도 = 유입 SS농도 × (1−SS 제거율)
  $= 150 \times (1-0.90) = 15\,mg/L$

Remember
3 Pick
60
선

01 3Pick Remember 60선   구조설계   CBT 대비

1 역학적인 개념 및 건설 구조물의 해석

□□□ 산 11,13,14,15,16

01 그림 (A)의 양단힌지 기둥의 탄성좌굴하중이 100kN이었다면, 그림 (B)기둥의 좌굴하중은?

① 25kN
② 100kN
③ 200kN
④ 400kN

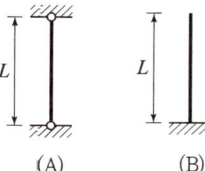

(A)   (B)

해답 ①

$$P_{cr} = \frac{n\pi^2 EI}{L^2}$$

• 양단힌지 : $P_{cr} = 1\left(\dfrac{\pi^2 EI}{L^2}\right) = 100\text{kN}$

$\therefore \dfrac{\pi^2 EI}{L^2} = 100\text{kN}$

• 일단고정 타단자유

$P_{cr} = \dfrac{1}{4}\left(\dfrac{\pi^2 EI}{L^2}\right) = \dfrac{1}{4} \times 100 = 25\text{kN}$

일단고정 타단자유	$n = \dfrac{1}{4}$
양단힌지	$n = 1$
일단힌지 타단고정	$n = 2$
양단고정	$n = 4$

□□□ 산 91,94,02,04,06,08,14,16
02 반지름이 r인 원형단면의 단주에서 도심에서의 핵거리 e는?

① $\dfrac{r}{2}$

② $\dfrac{r}{4}$

③ $\dfrac{r}{6}$

④ $\dfrac{r}{8}$

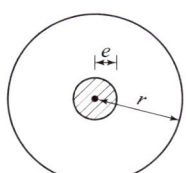

| 해답 | ②

$$e = \frac{D}{8} = \frac{2r}{8} = \frac{r}{4}$$

Remember

원형단면의 핵

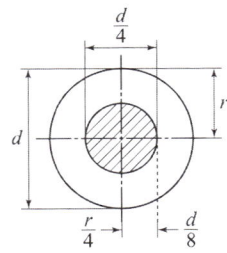

- 단주의 핵은 응력이 0가 되는 점들을 연결한 선

$\sigma = \dfrac{P}{A} - \dfrac{M}{Z} = 0$ 일 때

$= \dfrac{P}{\dfrac{\pi D^2}{4}} - \dfrac{P \cdot e}{\dfrac{\pi D^3}{32}} = 0$

$\therefore e = \dfrac{d}{8}$

03 다음 그림에서 힘들의 합력 R의 위치(x)는 몇 m인가?

① $5\dfrac{2}{3}$

② $5\dfrac{1}{3}$

③ $4\dfrac{2}{3}$

④ $4\dfrac{1}{3}$

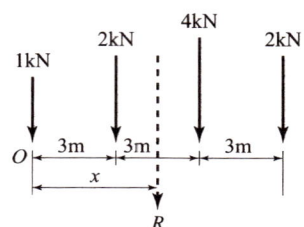

| 해답 | ②
- 합력 $R = 1+2+4+2 = 9\text{kN}(\downarrow)$
- 작용 위치 : $R \cdot x = 2\times3 + 4\times6 + 2\times9 = 48\,\text{kN}\cdot\text{m}$

$\therefore x = \dfrac{48}{9} = \dfrac{16}{3} = 5\dfrac{1}{3}\,\text{m}(\rightarrow)$

04 그림의 삼각형 단면의 X축에 대한 단면2차모멘트는 얼마인가?

① $\dfrac{bh^3}{4}$

② $\dfrac{bh^3}{5}$

③ $\dfrac{bh^3}{6}$

④ $\dfrac{bh^3}{8}$

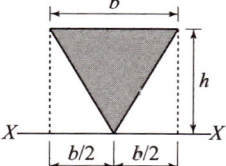

| 해답 | ①

$$I_X = I_x + Ay_0^2 = \dfrac{bh^3}{36} + \dfrac{bh}{2}\times\left(h\times\dfrac{2}{3}\right)^2 = \dfrac{bh^3}{4}$$

□□□ 산 12,13
05 그림과 같은 보기에서 C점의 휨모멘트는?

① 10kN·m
② −20kN·m
③ 20kN·m
④ −20kN·m

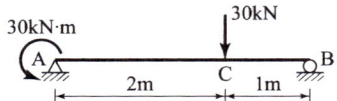

| 해답 | ①

- $M_A = 0$:
  $R_B \times 3 - 30 \times 2 + 30 = 0$ ∴ $R_B = 10$kN
  ∴ $M_C = 10 \times 1 = 10$kN·m
  ∵ (+) (−)

□□□ 산 11,13,14,16
06 다음과 같은 부재에 발생할 수 있는 최대 전단응력은?

① 0.75MPa
② 0.88MPa
③ 0.85MPa
④ 0.90MPa

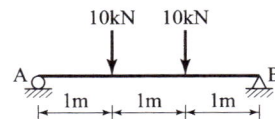 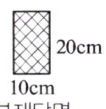

부재단면

| 해답 | ①

최대전단응력 $\tau_{max} = \dfrac{3}{2}\dfrac{S}{A}$

- $R_A = R_B = \dfrac{10+10}{2} = 10\text{kN} = 10 \times 10^3 \text{N}$
  (∵ 좌우 대칭)
  ∴ 최대전단력 $S_{max} = R_A = 10\text{kN} = 10 \times 10^3 \text{N}$
- $A = 100 \times 200 = 20000 \text{mm}^2$
  ∴ $\tau_{max} = \dfrac{3 \times 10 \times 10^3}{2 \times 20000} = 0.75\text{MPa}$

□□□ 산 91,06,09,14,15,18

07 그림과 같은 구조물은 몇 차 부정정 구조물인가?

① 3
② 4
③ 5
④ 6

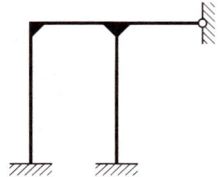

해답: ③

$N = R + m + S - 2P$
- 반력수 $R = 8$
- 부재수 $m = 4$
- 강접합수 $S = 3$
- 절점수 $P = 5$

∴ $N = 8 + 4 + 3 - 2 \times 5 = 5$차 부정정

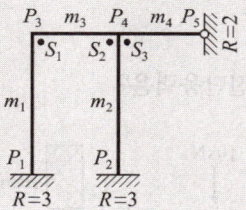

□□□ 산 11,13,14,16

08 그림과 같이 무게 10000N의 물체가 두 부재 AC 및 BC로서 지지되어 있을 때 각 부재에 작용하는 장력 T는?

① 6961N
② 7071N
③ 7961N
④ 8071N

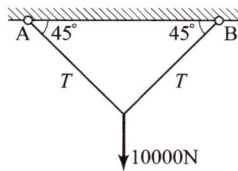

| 해답 | ②

sin법칙(라미의 정리)에 의해서

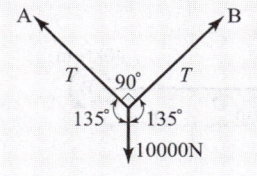

• $\dfrac{10000}{\sin 90°} = \dfrac{T}{\sin 135°}$

∴ $T = \dfrac{10000}{\sin 90°} \times \sin 135° = 7071N$

□□□ 산 96,12①,14④,19①

09 직경 20mm, 길이 2m인 봉에 200kN의 인장력을 작용시켰더니 길이가 2.08m, 직경이 19.8mm로 되었다면 포아송비는 얼마인가?

① 0.5　　　　　　　　② 2
③ 0.25　　　　　　　 ④ 4

| 해답 | ③

• $l = 2m = 2000mm$
• $\Delta l = 2.08 - 2 = 0.08m = 80mm$
• $d = 20mm$, $\nu = \dfrac{\beta}{\varepsilon} = \dfrac{\frac{\Delta d}{d}}{\frac{\Delta l}{l}} = \dfrac{l \cdot \Delta d}{d \cdot \Delta l}$
• $\Delta d = 20 - 19.8 = 0.20mm$

$\nu = \dfrac{2000 \times 0.20}{20 \times 80} = 0.25$

□□□ 산 13,16

10 그림과 같은 보에서 D점의 전단력은?

① +28kN
② -28kN
③ +32kN
④ -32kN

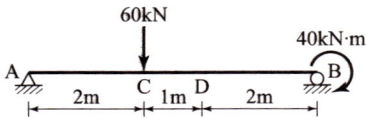

| 해답 | ④

$$\sum M_B = 0 \;:\; R_A \times 5 - 60 \times 3 + 40 = 0$$
$$\therefore R_A = \frac{1}{5}(180 - 40) = 28\text{kN}$$
$$\therefore S_D = 28 - 60 = -32\text{kN}$$

2 철근콘크리트 및 강구조

□□□ 산 11,13,15,16

11 아래 그림과 같은 보에 D13(1본 단면적 127mm²)철근으로 수직스터럽을 250mm의 간격으로 설치하였다면, 전단철근에 의한 전단강도(V_s)는?

(단, $f_{ck} = 28\text{MPa}$, $f_y = 400\text{MPa}$)

① 164.8kN
② 186.3kN
③ 208.6kN
④ 223.5kN

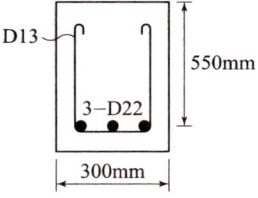

| 해답 | ④

부재축에 직각인 전단철근(수직스터럽)

$$V_s = \frac{A_v f_{yt} d}{s} = \frac{(127 \times 2) \times 400 \times 550}{250}$$
$$= 223520\,\text{N} = 223.5\,\text{kN}$$

□□□ 산 02,09,15④,19④

12 다음 중 용접이음을 한 경우 용접부의 결함을 나타내는 용어가 아닌 것은?

① 언더컷(undercut) ② 필렛(fillet)
③ 크랙(crack) ④ 오버랩(overlap)

| 해답 | ②

- 용접부의 결함
  - 언더컷(undercut) : 용접속도가 너무 빨라 용접의 면 끝을 따라 모재가 파이고, 용착 금속이 채워지지 않고 홈이 발생
  - 크랙(crack) : 가열된 용접 부위가 냉각되어 수축, 변형, 균열 발생
  - 오버랩(overlap) : 용접 전류에 비해 아크 전압이 너무 낮거나, 용접속도가 너무 느려 용착 금속이 기준이상으로 홈이 발생
- 필렛(fillet) : 용접방법이다.

□□□ 산 11,15,17②,19①

13 그림과 같이 경간 20m인 PSC 보가 프리스트레스힘(P) 1000kN을 받고 있을 때 중앙단면에서의 상향력(U)을 구하면?

① 30kN
② 40kN
③ 50kN
④ 60kN

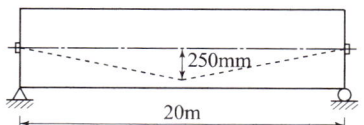

| 해답 | ③

긴장재가 절곡으로 배치된 경우
$U = 2P\sin\theta$

- $\sin\theta = \dfrac{0.25}{\sqrt{(0.25^2 + 10^2)}}$

$\therefore U = 2 \times 1000 \times \left(\dfrac{0.25}{\sqrt{0.25^2 + 10^2}} \right)$
$= 49.98\text{kN} \approx 50\text{kN}$

□□□ 산 14①,16①,19④

14 옹벽의 안정조건 중 활동에 대한 안정에 관한 설명으로 옳은 것은?

① 활동에 대한 저항력은 옹벽에 작용하는 수평력의 1.5배 이상이어야 한다.
② 전도에 대한 저항 휨모멘트는 횡토압에 의한 전도모멘트의 1.5배 이상이어야 한다.
③ 옹벽에 작용하는 수평력은 활동에 대한 저항력의 2.0배 이상이어야 한다.
④ 횡토압에 의한 전도 모멘트는 전도에 대한 저항 휨모멘트의 2.0배 이상이어야 한다.

| 해답 | ①

옹벽의 안정조건
• 활동에 대한 저항력은 옹벽에 작용하는 수평력의 1.5배 이상이어야 한다.
• 전도에 대한 저항 휨모멘트는 횡토압에 의한 전도모멘트의 2.0배 이상이어야 한다.
• 지반지지력에 대한 안정은 기초지반에 작용하는 지반반력이 지반의 허용지지력을 넘지 않도록 해야 한다.
• 횡토압에 의한 저항 휨모멘트 전도에 대한 전도모멘트는의 2.0배 이상이어야 한다.

□□□ 산 14,16①,19④

15 단면의 폭 400mm, 보의 유효깊이 600mm, 콘크리트의 설계기준강도 25MPa로 설계된 전단철근이 있는 보가 있다. 이 보의 콘크리트가 받을 수 있는 전단력(V_c)은?

① 50kN
② 100kN
③ 150kN
④ 200kN

| 해답 | ④

$$V_c = \frac{1}{6}\lambda\sqrt{f_{ck}}\,b_w d$$
$$= \frac{1}{6}\times 1 \times \sqrt{25}\times 400 \times 600 = 200000\text{N} = 200\,\text{kN}$$

□□□ 산 12,14,16

16 길이 6m의 단순 철근콘크리트보에서 처짐을 계산하지 않아도 되는 보의 최소 두께는 얼마인가? (단, 보통콘크리트($m_c = 2300$kg/m³)를 사용하며, f_{ck}= 21MPa, f_y = 400MPa)

① 356mm
② 403mm
③ 375mm
④ 349mm

|해답| ③

최소 두께 $h = \dfrac{l}{16}$ ∴ $h = \dfrac{6000}{16} = 375$mm

> **Remember**
>
> 처짐을 계산하지 않는 경우의 최소 두께
> 보통콘크리트($m_c = 2300$kg/m³)와 설계기준항복강도 400MPa철근을 사용한 부재값
>
> | 부재 | 단순지지 | 1단 연속 | 양단 연속 | 캔틸레버 |
> |---|---|---|---|---|
> | • 1방향슬래브 | $\dfrac{l}{20}$ | $\dfrac{l}{24}$ | $\dfrac{l}{28}$ | $\dfrac{l}{10}$ |
> | • 보
• 리브가 있는 1방향 슬래브 | $\dfrac{l}{16}$ | $\dfrac{l}{18.5}$ | $\dfrac{l}{21}$ | $\dfrac{l}{8}$ |

□□□ 산 11,12,13,16,20②

17 길이가 10m인 PSC보에서 포스트텐션 공법으로 설계할 때 강선에 1000MPa의 인장력을 가했더니 강선이 2.0mm 풀렸다. 이 때 프리스트레스의 감소량은?(단, $E_D = 2.0 \times 10^5$MPa이고 일단정착이다.)

① 20MPa
② 30MPa
③ 40MPa
④ 50MPa

|해답| ③

$$\Delta f_p = E_p \cdot \dfrac{\Delta l}{l} = 2 \times 10^5 \times \dfrac{2}{10 \times 10^3} = 40\text{MPa}$$

□□□ 산 16,18②
18 복철근 단면으로 설계하는 이유에 대한 설명으로 틀린 것은?

① 처짐을 억제하여야 할 경우
② 연성을 극소화시켜야 할 경우
③ 정(+), 부(-) 모멘트가 한 단면에서 반복되는 경우
④ 보의 높이가 제한되어 단철근 단면으로는 설계모멘트를 감당할 수 없을 경우

| 해답 | ②
복철근 직사각형으로 설계하는 이유
- 처짐을 최소화하기 위한 경우
- 압축응력의 깊이를 감소시켜서 연성의 증대
- 정(+), 부(-) 모멘트가 한 단면에서 반복되는 경우
- 보의 높이가 제한되어 단철근 단면으로는 설계모멘트를 견딜 수 없는 경우

□□□ 산 03,10,13,16
19 강교량에 주로 사용되는 판형(plate girder)의 보강재에 대한 설명으로 옳지 않은 것은?

① 보강재는 복부판의 전단력에 따른 좌굴을 방지하는 역할을 한다.
② 보강재는 단보강재, 중간보강재, 수평보강재가 있다.
③ 수평보강재는 복부판이 두꺼운 경우에 주로 사용된다.
④ 보강재는 지점 등의 이음부분에 주로 설치한다.

| 해답 | ③
- 수평보강재는 복푸판이 얇은 경우에 주로 사용된다.
- 보강재는 판 두께가 얇은 경우에 발생하는 좌굴을 방지하기 위해서 일어난다.

산 12①, 16①, 19①④, 20③

20 철근콘크리트 1방향 슬래브에 대한 설명으로 틀린 것은?

① 마주보는 두 변에만 지지되는 슬래브는 1방향 슬래브로 설계하여야 한다.
② 4변이 지지되고 장변의 길이가 단변의 길이의 2배를 초과하는 경우 1방향 슬래브로 해석한다.
③ 슬래브의 두께는 최소 50mm 이상으로 하여야 한다.
④ 슬래브의 정모멘트 철근 및 부모멘트 철근의 중심간격은 위험단면에서는 슬래브 두께의 2배 이하이어야 하고, 또한 300mm 이하로 하여야 한다.

|해답| ③

- **1방향 슬래브의 구조 상세**
  - 마주보는 두 변에만 지지되는 슬래브는 1방향 슬래브로 설계하여야 한다.
  - 4변이 지지되고 장변의 길이가 단변의 길이의 2배를 초과하는 경우 1방향 슬래브로 해석한다.
  - 1방향 슬래브의 두께는 100mm 이상이어야 한다.
  - 1방향 슬래브의 정철근 및 부철근의 중심간격은 최대휨모멘트가 일어나는 단면에서 슬래브 두께의 2배 이하, 300mm 이하이어야 한다.
  - 전단에 대한 위험한 단면은 보와 같이 지점으로 부터 d 만큼 떨어진 단면이다.
- **2방향 슬래브의 구조 상세**
  - 위험단면에서 철근의 간격은 슬래브 두께의 2배 이하, 또한 300mm 이하이어야 한다.
  - 전단에 대한 위험단면은 집중하중이나 집중 반력을 받는 면의 주변에서 $\dfrac{d}{2}$ 만큼 떨어진 주변 단면이다.

측량 및 토질

02 3Pick Remember 60선   CBT 대비

1 측량학

□□□ 산 10,15,19①

21 축척 1 : 1200 지형도 상에서 면적을 측정하는데 축척을 1 : 1000으로 잘못 알고 면적을 산출한 결과 12000m²를 얻었다면 정확한 면적은?

① 8333m²
② 12368m²
③ 15806m²
④ 17280m²

해답 ④

$\dfrac{A_o}{A} = \left(\dfrac{M_o}{M}\right)^2$ 에서

$A_o = \left(\dfrac{M_o}{M}\right)^2 \cdot A = \left(\dfrac{1200}{1000}\right)^2 \times 12000 = 17280\,\text{m}^2$

□□□ 산 98,08,10,16

22 그림과 같은 지형도에서 저수지(빗금친 부분)의 집수면적을 나타내는 경계선으로 가장 적합한 것은?

① ①과 ③ 사이
② ①과 ② 사이
③ ②와 ③ 사이
④ ④와 ⑤ 사이

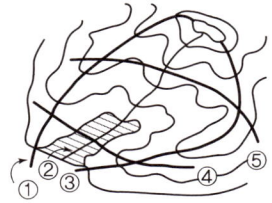

해답 ①

능선(V형) : ① 과 ③, 계곡선(A형) : ②
∴ ①과 ③사이가 집수면적의 경계선이 된다.

□□□ 산 12,14,15,18②,19①

23 삼각측량에서 B점의 좌표 $X_B = 50.000$m, $Y_B = 200.000$m, BC의 길이 25.478m, BC의 방위각 $77°11'56''$일 때 C점의 좌표는?

① $X_C = 55.645$m, $Y_C = 175.155$m
② $X_C = 55.645$m, $Y_C = 224.845$m
③ $X_C = 74.845$m, $Y_C = 194.355$m
④ $X_C = 74.845$m, $Y_C = 205.645$m

| 해답 | ②

- $X_C = X_B + \overline{BC} \cos\alpha$
  $= 50.000 + 25.478\cos 77°11'56'' = 55.645$m(위거)
- $Y_C = Y_B + \overline{BC} \sin\alpha$
  $= 200 + 25.478\sin 77°11'56'' = 224.845$m(경거)

∴ $C(55.645, 224.845)$

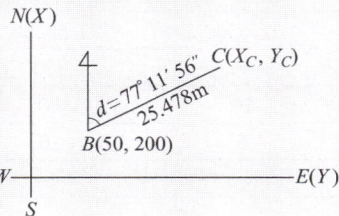

□□□ 산 10,11④,13④,16②,17①②,19④,20②

24 매개변수(A)가 90m인 클로소이드 곡선상의 시점에서 곡선길이(L)가 30m일 때 곡선의 반지름(R)은?

① 120m　　　　② 150m
③ 270m　　　　④ 300m

| 해답 | ③

$A^2 = RL$에서 $R = \dfrac{A^2}{L} = \dfrac{90^2}{30} = 270$m

□□□ 산 10,11,12,16,18②,19①

25 1 : 50000 지형도에서 표고 521.6m인 A점과 표고 317.3m인 B점 사이에 주곡선의 개수는?

① 7개
② 11개
③ 21개
④ 41개

| 해답 | ②

$$n = \frac{520-320}{20} + 1 = 11개$$

[주곡선 : 320m, 340m, 360m, 380m, 400m, 420m, 440m, 460m, 480m, 500m, 520m]

Remember

등고선의 종류   (단위 : m)

곡선의 종류	1/10000	1/25000	1/50000
계곡선	25	50	100
주곡선	5	10	20
간곡선	2.5	5	10
조곡선	1.25	2.5	5

□□□ 산 10,11,15,16

26 그림과 같이 △ABC의 토지를 한 변 BC에 평행한 DE로 분할하여 면적의 비율이 △ADE : □BCED = 2 : 3이 되게 하려고 한다면 AD의 길이는? (단, AB의 길이는 50m)

① 32.52m
② 31.62m
③ 30m
④ 20m

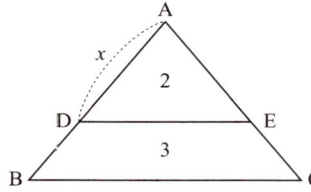

|해답| ②

$$AD = AB\sqrt{\dfrac{m}{m+n}}$$
$$= 50 \times \sqrt{\dfrac{2}{2+3}} = 31.62\,m$$

$[\because \overline{AB}^2 : \overline{AD}^2 = (m+n) : m]$

□□□ 산 10,16,18②

27 동일 지점간 거리 관측을 3회, 5회, 7회 실시하여 최확값을 구하고자 할 때 각 관측값에 대한 보정값의 비(3회 : 5회 : 7회)로 옳은 것은?

① $\dfrac{1}{3^2} : \dfrac{1}{5^2} : \dfrac{1}{7^2}$
② $\dfrac{1}{3} : \dfrac{1}{5} : \dfrac{1}{7}$
③ $3 : 5 : 7$
④ $3^2 : 5^2 : 7^2$

|해답| ②

- 경중률은 관측횟수에 비례한다.
- 관측값에 대한 보정값은 관측횟수의 반비례한다.

즉, $\dfrac{1}{3} : \dfrac{1}{5} : \dfrac{1}{7}$

Remember

경중률
- 경중률은 관측횟수에 비례한다.
- 경중률은 측정 거리에 반비례한다.
- 경중률은 표준편차의 제곱과 반비례한다.
- 경중률은 관측값의 측정오차 제곱에 반비례한다.
- 경중률은 분산과 반비례한다.

☐☐☐ 산 10,12,13,15,17①,19①,20③

28 우리나라의 노선측량에서 고속도로에 주로 이용되는 완화곡선은?

① 클로소이드 곡선
② 렘니스케이트 곡선
③ 2차 포물선
④ 3차 포물선

| 해답 | ①

완화곡선

종 류	용 도
클로소이드 곡선	고속도로 IC
렘니스케이트 곡선	지하철
3차 포물선	철도 이용
반파장 sin체감곡선	고속철도

☐☐☐ 산 12,13,16,18

29 종단면도를 이용하여 유토곡선(mass curve)을 작성하는 목적과 가장 거리가 먼 것은?

① 토량의 배분
② 교통로 확보
③ 토공장비의 선정
④ 토량의 운반거리 산출

| 해답 | ②

토적곡선의 작성 목적
- 토량의 분배
- 평균운반거리 산출
- 토공기계의 선정
- 시공방법 결정

□□□ 산 16
30 GPS 위성의 기하학적 배치상태에 따른 정밀도 저하율을 뜻하는 것은?

① 다중경로(Multipath)   ② DOP
③ A/S   ④ 사이클 슬립(Cycle Slip)

| 해답 | ②

위성의 배치 상태에 따른 정밀도 저하율(DOP : Dilution Of Precision)

2 토질 및 기초

□□□ 산 98,03,08,10,13,14
31 입도시험 결과 균등계수가 6이고 입자가 둥근 모래흙의 강도시험 결과 내부 마찰각이 32°이었다. 이 모래지반의 N 치는 대략 얼마나 되겠는가? (단, Dunham식 사용)

① 12   ② 18
③ 22   ④ 24

| 해답 | ③

토립자가 둥글고 입도분포가 불량
$\phi = \sqrt{12N} + 15 = \sqrt{12 \times N} + 15 = 32°$
$\therefore N = 24$

Remember

모래의 내부마찰각과 N의 관계(Dunham공식)

• 토립자가 둥글고 균일한 입경일 때	$\phi = \sqrt{12N} + 15$
• 토립자가 둥글고 입도분포가 좋을 때 • 토립자가 모나고 균일한 입경일 때	$\phi = \sqrt{12N} + 20$
• 토립자가 모나고 입도분포가 좋을 때	$\phi = \sqrt{12N} + 25$

□□□ 산 09,12,14,19①

32 연약점토지반($\phi=0$)의 단위중량이 $16kN/m^3$, 점착력 $20kN/m^2$이다. 이 지반을 연직으로 2m 굴착하였을 때 연직사면의 안전율은?

① 1.5
② 2.0
③ 2.5
④ 3.0

| 해답 | ③

안전율 $F = \dfrac{H_c}{H}$

- $H_c = \dfrac{4c}{\gamma_t}\tan\left(45° + \dfrac{\phi}{2}\right)$ (∵ $\phi = 0°$일 때)

　$= \dfrac{4c}{\gamma_t} = \dfrac{4 \times 20}{16} = 5\,m$

∴ $F = \dfrac{5}{2} = 2.5$

□□□ 산 95,11,14,18

33 어느 흙의 자연함수비가 그 흙의 액성한계보다 높다면 그 흙은 어떤 상태인가?

① 소성상태에 있다.
② 액체상태에 있다.
③ 반고체상태에 있다.
④ 고체상태에 있다.

| 해답 | ②

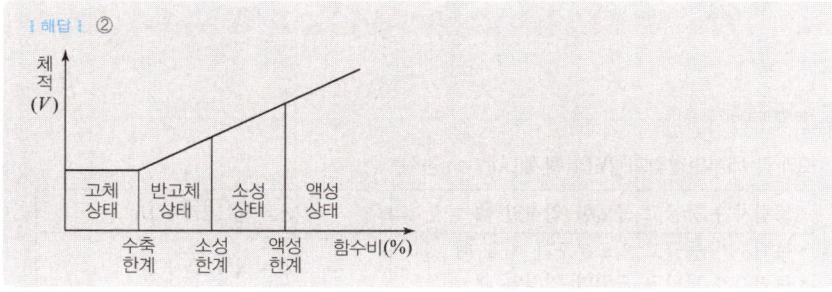

□□□ 산 85,92,98,03,12,14,15,18②
34 평판재하시험이 끝나는 다음 조건 중 옳지 않은 것은?

① 침하량이 15mm에 달할 때
② 하중강도가 현장에서 예상되는 최대 접지압력을 초과할 때
③ 하중강도가 그 지반의 항복점을 넘을 때
④ 흙의 함수비가 소성한계에 달할 때

| 해답 | ④

평판재하 시험의 끝나는 조건
- 침하량이 15mm에 달할 때
- 하중강도가 그 지반의 항복점을 넘을 때
- 하중강도가 현장에서 예상되는 최대 접지압력을 초과할 때

□□□ 산 92,96,99,05,06,07,08,09,13,14,15
35 점성토 지반에 있어서 강성기초의 접지압 분포에 관한 다음 설명 중 옳은 것은?

① 기초의 모서리 부분에서 최대응력이 발생한다.
② 기초의 중앙부에서 최대응력이 발생한다.
③ 기초의 밑면 부분에서는 어느 부분이나 동일하다.
④ 기초의 모서리 및 중앙부에서 최대응력이 발생한다.

| 해답 | ①

강성기초의 접지압 분포

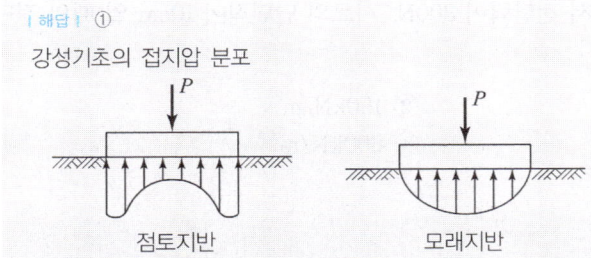

- 점토지반 : 기초의 모서리 부분에서 최대응력 발생
- 모래지반 : 기초의 중앙부분에서 최대응력 발생

□□□ 산 94,00,06,12,14,19②

36 어떤 흙의 전단실험 결과 $c=18\text{kN/m}^2$, $\phi=35°$, 토립자에 작용하는 수직응력이 $\sigma=36\text{kN/m}^2$일 때 전단강도는?

① 48.9kN/m^2
② 43.2kN/m^2
③ 63.3kN/m^2
④ 38.6kN/m^2

| 해답 | ②

$$\tau = c + \sigma\tan\phi = 18 + 36\tan35° = 43.2\text{kN/m}^2$$

□□□ 산 11,14,16

37 말뚝의 직경이 50cm, 지중에 관입된 말뚝의 길이가 10m인 경우 무리말뚝의 영향을 고려하지 않아도 되는 말뚝의 최소간격은?

① 2.37m
② 2.75m
③ 3.35m
④ 3.75m

| 해답 | ①

$$D_o = 1.5\sqrt{r \cdot L} = 1.5\sqrt{\frac{0.50}{2} \times 10} = 2.37\text{m}$$

□□□ 산 93,99,05,14,20

38 2면 직접전단실험에서 전단력이 300N, 시료의 단면적이 10cm^2일 때의 전단응력은?

① 75kN/m^2
② 150kN/m^2
③ 300kN/m^2
④ 600kN/m^2

| 해답 | ②

$$\tau = \frac{S}{2A} = \frac{300}{2 \times 10} = 15\text{N/cm}^2 = 150\text{kN/m}^2$$

□□□ 산 90,00,05,14,15,16

39 부피 100cm³의 시료가 있다. 젖은 흙의 무게가 180g인데 노건조 후 무게를 측정하니 140g이었다. 이 흙의 간극비는? (단, 이 흙의 비중은 2.65이다.)

① 1.472
② 0.893
③ 0.627
④ 0.470

| 해답 | ②

간극비 $e = \dfrac{G_s \cdot \rho_w}{\rho_d} - 1$

- $\rho_d = \dfrac{W_s}{V} = \dfrac{140}{100} = 1.40\,\text{g/cm}^3$

∴ $e = \dfrac{2.65 \times 1}{1.40} - 1 = 0.893$

□□□ 산 93,01,03,06,09,12,14,19①

40 그림에서 주동토압의 크기를 구한 값은? (단, 흙의 단위중량은 18kN/m³이고 내부마찰각은 30°이다.)

① 56kN/m
② 108kN/m
③ 158kN/m
④ 236kN/m

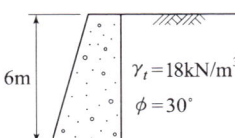

| 해답 | ②

$P_A = \dfrac{1}{2}\gamma_t H^2 \tan^2\left(45° - \dfrac{\phi}{2}\right)$

$= \dfrac{1}{2} \times 18 \times 6^2 \tan^2\left(45° - \dfrac{30°}{2}\right) = 108\,\text{kN/m}$

03 3Pick Remember 60선 — 수자원설계 (CBT 대비)

1 수리학

산 07,14,15
41 층류와 난류를 구분할 수 있는 것은?

① Reynolds수 ② 한계구배
③ 한계수심 ④ Mach수

| 해답 | ①

- 후루드수 $F_r = \dfrac{V}{\sqrt{gh}}$
  - $F_r < 1$: 상류, $F_r > 1$: 사류
    $F_r = 1$: 한계류(이 때의 수심을 한계수심, 유속을 한계유속)
- 레이놀즈 수 $R_e = \dfrac{VR}{\nu}$
  - $R_e < 500$: 층류, $R_e > 500$: 난류
  ∴ 레이놀즈 수(R_e)는 층류와 난류를 구별할 때 사용

산 06,07,09,11,13,14,16
42 다음 중 지하수 수리에서 Darcy법칙이 가장 잘 적용될 수 있는 Reynolds 수(R_e)의 범위로 옳은 것은?

① $R_e < 2000$ ② $R_e < 500$
③ $R_e < 45$ ④ $R_e < 4$

| 해답 | ④

Darcy 법칙
$R_e < 1 \sim 10$ (특히, $R_e < 4$)인 층류인 경우에 적용한다.

□□□ 산 00,11,15

43 폭 1.2m인 양단수축 직사각형 위어 정상부로부터의 평균수심이 42cm일 때 Francis의 공식으로 계산한 유량은? (단, 접근유속은 무시한다.)

참고 : Francis의 공식
$$Q = 1.84\left(b - \frac{nh}{10}\right)h^{\frac{3}{2}}$$

① $0.427\text{m}^3/\text{s}$
② $0.462\text{m}^3/\text{s}$
③ $0.504\text{m}^3/\text{s}$
④ $0.559\text{m}^3/\text{s}$

| 해답 | ④

Francis공식
$$Q = 1.84\left(b - \frac{nh}{10}\right)h^{\frac{3}{2}}$$
$$= 1.84 \times \left(1.2 - \frac{2 \times 0.42}{10}\right) \times 0.42^{\frac{3}{2}} = 0.559\,\text{m}^3/\text{sec}$$
(∵ 양단수축 $n = 2$)

□□□ 산 07,11,14,15

44 도수(跳水)에 관한 설명으로 옳지 않은 것은?

① 상류에서 사류로 변화될 때 발생된다.
② 사류에서 상류로 변화될 때 발생된다.
③ 도수 전후의 충력치(비력)는 동일하다.
④ 도수로 인해 때로는 막대한 에너지 손실도 유발된다.

| 해답 | ①

도수
• 사류에서 상류로 변할 때 수면이 불연속적으로 뛰어 오르는 현상
• 도수 전후의 충력치(비력)는 동일하다.
• 파상도수와 완전도수는 Froude 수로 구분한다.

□□□ 산 83,91,93,99,01,12,15,19②
45 그림과 같은 불투수층에 도달하는 집수암거의 집수량은?
(단, 투수계수는 k, 암거의 길이는 l 이며 양쪽 측면에서 유입됨)

① $\dfrac{kl}{R}(h_0^2 - h_w^2)$

② $\dfrac{kl}{2R}(h_0^2 - h_w^2)$

③ $\dfrac{\pi k(h_0^2 - h_w^2)}{2.3\log R}$

④ $\dfrac{2\pi k(h_0^2 - h_w^2)}{2.3\log R}$

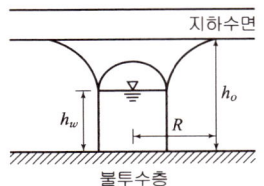

| 해답 | ①

불투수층에 달하는 집수암거

집수량 $Q = \dfrac{kl}{R}(h_0^2 - h_w^2)$

□□□ 산 88,12,15,19②
46 유체의 기본성질에 대한 설명으로 틀린 것은?

① 압축률과 체적탄성계수는 비례관계에 있다.
② 압력변화와 체적변화율의 비를 체적탄성계수라 한다.
③ 액체와 기체의 경계면에 작용하는 분자 인력을 표면장력이라 한다.
④ 액체 내부에서 유체분자가 상대적인 운동을 할 때, 이에 저항하는 전단력이 작용한다. 이 성질을 점성이라 한다.

| 해답 | ①

체적탄성계수 $E = \dfrac{1}{압축률(C)}$

∴ 압축률(C)과 체적탄성계수(E)는 반비례관계에 있다.

□□□ 산 97,09,15

47 그림에서 (a), (b) 바닥이 받는 총수압을 각각 P_a, P_b라 표시할 때 두 총수압의 관계로 옳은 것은? (단, 바닥 및 상면의 단면적은 그림과 같고, (a), (b)의 높이는 같다.)

① $P_a = 2P_b$
② $P_a = P_b$
③ $2P_a = P_b$
④ $4P_a = P_b$

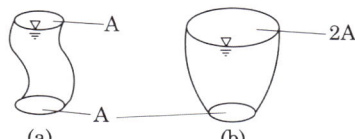

| 해답 | ②

(a)와 (b)의 단면적(A)과 수심(h) 같다.
즉 전수압 $P = wh_G A$
∴ $P_a = P_b = whA$

□□□ 산 00,06,15

48 그림과 같은 완전 수중 오리피스에서 유속을 구하려고 할 때 사용되는 수두는?

① $H_2 - H_1$
② $H_1 - H_o$
③ $H_2 - H_o$
④ $H_1 - \dfrac{H_2}{2}$

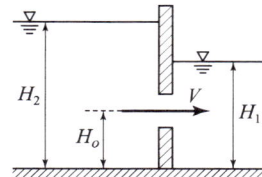

| 해답 | ①

$V = \sqrt{2gH}$
• 수두 $H = H_2 - H_1$
∴ $V = \sqrt{2g(H_2 - H_1)}$

□□□ 산 12,14,15,16

49 에너지선과 동수경사선이 항상 평행하게 되는 흐름은?

① 등류
② 부등류
③ 난류
④ 상류

| 해답 | ①

등류
• 흐름특성이 어느 단면에서나 같은 흐름
• 완전유체(등류)일 때는 유속수두가 동일하므로 에너지선과 동수경사선이 서로 평행하게 된다.

□□□ 산 02,05,11,13,15,16

50 직사각형 단면수로에서 폭 $B=2m$, 수심 $H=6m$이고 유량 $Q=10m^3/s$ 일 때 Froude 수와 흐름의 종류는?

① 0.217, 사류
② 0.109, 사류
③ 0.217, 상류
④ 0.109, 상류

| 해답 | ④

Froude 수 $F_r = \dfrac{V}{\sqrt{gH}}$

• 상류 : $F_r < 1$, 사류 : $F_r > 1$
• $V = \dfrac{Q}{A} = \dfrac{10}{2 \times 6} = 0.83 \, \text{m/sec}$
• $F_r = \dfrac{0.833}{\sqrt{9.8 \times 6}} = 0.109 < 1$ ∴ 상류

2 상하수도 계획

□□□ 산 99,06,08,15,19②

51 배수면적 0.35km^2, 강우강도 $I=\dfrac{5200}{t+40}$ mm/h, 유입시간 7분, 유출계수 $C=0.7$, 하수관내 유속 1m/s, 하수관길이 500m인 경우 우수관의 통수 단면적은? (단, t의 단위는 [분]이고, 계획우수량은 합리식에 의함)

① 8.5m^2 ② 6.4m^2
③ 5.1m^2 ④ 4.2m^2

|해답| ②

$A=\dfrac{Q}{V}$, $Q=\dfrac{1}{360}CIA$

- $t=7+\dfrac{L}{V}=7+\dfrac{500}{1\times 60}=15.33\,\text{min}$
- $I=\dfrac{5200}{t+40}=\dfrac{5200}{15.33+40}=93.98\,\text{mm/hr}$
- $A=0.35\text{km}=35\,\text{ha}\;(\because 1\text{km}=100\,\text{ha})$
- $Q=\dfrac{1}{360}\times 0.7\times 93.98\times 35=6.4\,\text{m}^3/\text{sec}$

∴ 통수단면적 $A=\dfrac{Q}{V}=\dfrac{6.4}{1}=6.4\,\text{m}^2$

□□□ 산 99,01,02,13④,19④

52 현재 인구가 20만명이고 연평균 인구증가율이 4.5%인 도시의 10년 후 추정 인구는? (단, 등비급수법에 의한다.)

① 226202명 ② 290000명
③ 310594명 ④ 324571명

|해답| ③

$P_n = P_o(1+r)^n$
$= 200000(1+0.045)^{10} = 310594$명

□□□ 산 96,98,11,12,14,15
53 펌프에 대한 설명으로 옳지 않은 것은?

① 펌프는 가능한 최고효율점 부근에서 운전하도록 대수 및 용량을 정한다.
② 펌프의 설치대수는 유지관리상 편리하도록 될 수 있는 대로 적게 하고 동일 용량의 것으로 한다.
③ 과잉운전방지와 과잉운전에 따른 에너지소비량이 절감될 수 있도록 한다.
④ 펌프의 용량이 작을수록 효율이 높으므로 가능한 소용량의 것으로 한다.

|해답| ④

펌프는 용량이 클수록 효율이 높으므로 가능한 대용량의 것을 사용한다.

□□□ 산 96,98,02,04,07,09,11,15①,16①②,19④
54 하수관거의 관정부식(crown corrcsion)의 주된 원인물질은?

① N 화합물
② S 화합물
③ Ca 화합물
④ Fe 화합물

|해답| ③

- 황화합물(S)이 원인이 되어 관정부식이 발생한다.
- 황화수소(H_2S)가 하수관내의 공기 중으로 솟아오르면서 콘크리트관을 부식파괴 하는 현상을 관정부식이라 한다.

□□□ 산 97,07,09,11,13,15,16
55 활성슬러지법에서 MLSS에 대한 설명으로 옳은 것은?

① 방류수 중의 부유물질
② 폐수 중의 부유물질
③ 폭기조 중의 부유물질
④ 반송슬러지 중의 부유물질

|해답| ③

MLSS
폭기조내의 혼합액 부유물질로서 폭기조내의 미생물을 말한다.

□□□ 산 96,97,99,00,01,04,08,14④,15②,19②
56 상수도 계통도의 순서로 옳은 것은?

① 집수 및 취수→도수→정수→송수→배수→급수
② 집수 및 취수→배수→정수→송수→도수→급수
③ 집수 및 취수→도수→정수→급수→배수→송수
④ 집수 및 취수→배수→정수→급수→도수→송수

| 해답 | ①
집수 및 취수→도수→정수→송수→배수→급수

□□□ 산 97,00,03,11,15,20②
57 오수관거 설계시 계획시간최대오수량에 대한 최소 및 최대유속은?

① 최소 : 0.6m/s, 최대 : 3.0m/s
② 최소 : 0.6m/s, 최대 : 5.0m/s
③ 최소 : 0.8m/s, 최대 : 3.0m/s
④ 최소 : 0.8m/s, 최대 : 5.0m/s

| 해답 | ①
오수관거
계획시간최대오수량에 대하여 유속을 최소 0.6m/s, 최대 3.0m/s로 한다.

□□□ 산 99,02,06,10,11,12,15,16
58 수원의 구비조건으로 옳지 않은 것은?

① 수질이 양호해야 한다.
② 최대갈수기에도 계획수량의 확보가 가능해야 한다.
③ 오염 회피를 위하여 도심에서 멀리 떨어진 곳일수록 좋다.
④ 수리권의 획득이 용이하고, 건설비 및 유지관리가 경제적이어야 한다.

| 해답 | ③
소비자로부터 가까운 곳에 위치하여야 한다.

□□□ 산 97,98,02,08,15

59 지름이 0.2m, 길이 50m의 주철관으로 하수유량 $2.4m^3/min$을 15m의 높이까지 양수하기 위한 펌프의 축동력은? (단, 전체 손실수두는 1.0m이고, 펌프의 효율은 85%)

① 9.9kW ② 7.4kW
③ 6.3kW ④ 5.4kW

| 해답 | ②

$$P_s = \frac{1000 Q H_p}{102 \eta}$$

- $H_p = 15 + 1 = 16\,m$
- $Q = 2.4\,m^3/min = \dfrac{2.4}{60}\,m^3/sec$

$\therefore P_s = \dfrac{1000 \times 2.4 \times 16}{102 \times 0.85 \times 60} = 7.4kW$

□□□ 산 97,00,02,08,09,11,15

60 상수도에서 펌프가압으로 배수할 경우에 펌프의 급정지, 급가동 등으로 수격작용이 일어날 경우 배수관의 손상을 방지하기 위하여 설치하는 밸브는?

① 안전밸브 ② 배수밸브
③ 가압밸브 ④ 자동지밸브

| 해답 | ①

안전밸브
펌프 가압으로 배수할 경우 펌프의 급정지, 급가동 등에 의한 수격작용 발생으로 인한 배수관의 손상을 방지 위한 부속설비

Remember
4 Pick
60
선

01 4Pick Remember 60선

구조설계

CBT 대비

1 역학적인 개념 및 건설 구조물의 해석

□□□ 산 86,97,15

01 재질 및 단면이 같은 다음의 2개의 외팔보에서 자유단의 처짐을 같게 하는 의 값이 바른 것은?

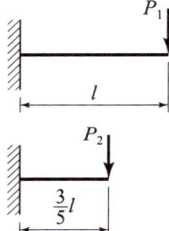

① 0.216
② 0.325
③ 0.437
④ 0.546

| 해답 | ①

$$y = \frac{Pl^3}{3EI}$$

- $y_A = \dfrac{P_1 l^3}{3EI}$, $y_B = \dfrac{P_2 \left(\dfrac{3l}{5}\right)^3}{3EI}$

- $P_1 = \left(\dfrac{3}{5}\right)^3 P_2$ ∴ $\dfrac{P_1}{P_2} = 0.216$

Remember

캔틸레버보의 처짐

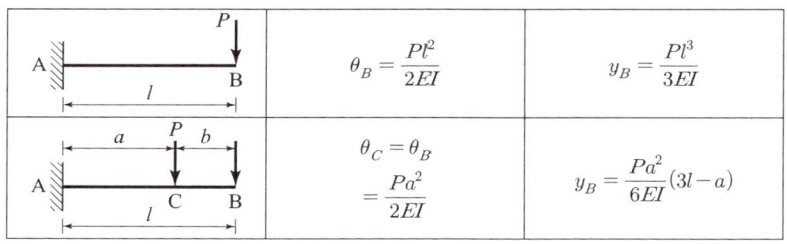

☐☐☐ 산 11,13,14

02 반지름 r인 원형 단면의 보가 전단력 S를 받고 있을 때 이 단면에 발생하는 최대 전단응력의 크기는?

① $\dfrac{3}{2} \cdot \dfrac{S}{\pi r^2}$ ② $\dfrac{3}{4} \cdot \dfrac{S}{\pi r^2}$

③ $\dfrac{4}{3} \cdot \dfrac{S}{\pi r^2}$ ④ $\dfrac{2}{3} \cdot \dfrac{S}{\pi r^2}$

| 해답 | ③

원형단면의 최대전단응력

$\tau_{max} = \dfrac{4}{3} \dfrac{S}{A} = \dfrac{4}{3} \cdot \dfrac{S}{\pi r^2} = \dfrac{4}{3} \cdot \dfrac{S}{\pi r^2}$

($\because A = \dfrac{\pi d^2}{4} = \pi r^2$)

☐☐☐ 산 01,14

03 정사각형의 중앙에 지름 20cm의 원이 있는 그림과 같은 도형에서 빗금친 부분의 X축에 대한 단면 2차 모멘트를 구한 값은?

① $205479 cm^4$
② $215479 cm^4$
③ $225479 cm^4$
④ $235479 cm^4$

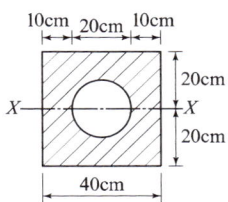

| 해답 | ①

$I_X = \dfrac{bh^3}{12} - \dfrac{4d^4}{64}$

$= \dfrac{40 \times 40^3}{12} - \dfrac{\pi \times 20^4}{64}$

$= 205479 \ cm^4$

□□□ 산 04, 09, 15

04 그림과 같은 구조물에서 BC 부재가 받는 힘은 얼마인가?

① 18kN
② 24kN
③ 37.5kN
④ 50kN

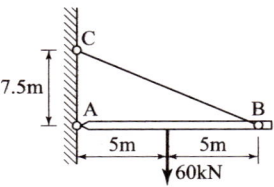

| 해답 | ④

A점에서 모멘트를 잡으면

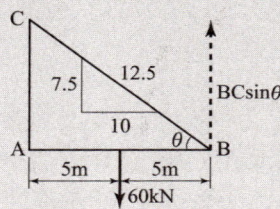

- $BC = \sqrt{7.5^2 + 10^2} = 12.5\,m$
- $\sin\theta = \dfrac{AC}{BC} = \dfrac{7.5}{12.5}$
- $\sum M_A = 0$

  $60 \times 5 - BC\sin\theta \times 10 = 0$

  $\therefore BC = \dfrac{60 \times 5}{\sin\theta \times 10} = \dfrac{300}{\dfrac{7.5}{12.5} \times 10} = 50\,kN$

□□□ 산 08, 09, 10, 15, 18②

05 재료의 역학적 성질 중 탄성계수를 E, 전단탄성계수를 G, 포아송수를 m이라 할 때 각 성질의 상호관계식으로 옳은 것은?

① $G = \dfrac{m}{2E(m+1)}$ ② $G = \dfrac{mE}{2(m+1)}$

③ $G = \dfrac{E}{2(m-1)}$ ④ $G = \dfrac{E}{2(m+1)}$

| 해답 | ②

$$G = \frac{E}{2(1+\nu)} = \frac{mE}{2(m+1)} = \frac{E}{2\left(1+\frac{1}{m}\right)}$$

□□□ 산 82, 86, 97, 99, 15

06 다음과 같은 단순보에서 최대 휨응력은?
(단, 단면은 폭 40cm, 높이 50cm의 직사각형이다.)

① 7.2MPa
② 8.7MPa
③ 13.5MPa
④ 15.0MPa

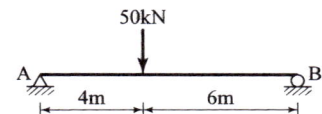

| 해답 | ①

최대휨응력 $\sigma = \dfrac{M_{max}}{I} y = \dfrac{M_{max}}{Z}$

- $M_{max} = \dfrac{Pab}{l}$
  $= \dfrac{50 \times 1000 \times 400 \times 600}{1000} = 12 \times 10^6 \text{N} \cdot \text{cm}$

- $Z = \dfrac{bh^2}{6} = \dfrac{40 \times 50^2}{6} = 16666.67 \text{cm}^3$

$\therefore \sigma = \dfrac{12 \times 10^6}{16666.67} = 720 \text{N/cm}^2 = 7.2 \text{N/mm}^2 = 7.2 \text{MPa}$

Remember

단순보(집중하중)의 해석

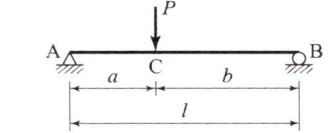

$R_A = \dfrac{P \cdot b}{l},\ R_B = \dfrac{P \cdot a}{l}$

$M_C = M_{max} = \dfrac{P \cdot a \cdot b}{l}$

□□□ 산 92,02,07,09,16,18

07 그림과 같은 3-Hinge 아치의 수평반력 H_A는 몇 kN인가?

① 60
② 80
③ 100
④ 120

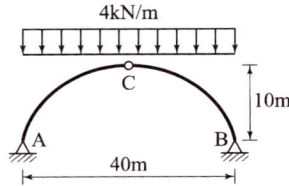

해답 : ②

- $\sum M_B = 0$
  $V_A \times 40 - 4 \times 40 \times 20 = 0$ ∴ $V_A = 80\,\text{kN}$
- $\sum M_C = 0$
  $80 \times 20 - H_A \times 10 - 4 \times 20 \times 10 = 0$ ∴ $H_A = 80\,\text{kN}(\rightarrow)$

□□□ 산 12①,16②,20②

08 아래 그림과 같은 단순보의 중앙점의 휨모멘트는?

① $\dfrac{Pl}{2} + \dfrac{wl^2}{8}$

② $\dfrac{Pl}{2} + \dfrac{wl^2}{4}$

③ $\dfrac{Pl}{4} + \dfrac{wl^2}{8}$

④ $\dfrac{Pl}{4} + \dfrac{wl^2}{4}$

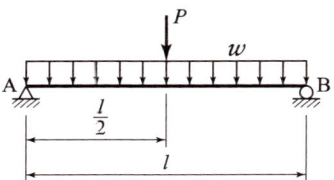

해답 : ③

$R_A = R_B = \dfrac{P}{2} + \dfrac{wl}{2}$ (∵ 대칭)

∴ $M_{\max} = \left(\dfrac{P}{2} + \dfrac{wl}{2}\right) \times \dfrac{l}{2} - \dfrac{wl}{2} \times \dfrac{l}{2} \times \dfrac{1}{2} = \dfrac{Pl}{4} + \dfrac{wl^2}{4} - \dfrac{wl^2}{8} = \dfrac{Pl}{4} + \dfrac{wl^2}{8}$

□□□ 산 14,16,17,19①

09 아래 그림과 같은 원형 단주의 단면에서 핵(core)의 반지름(e)는?

① 15mm
② 25mm
③ 50mm
④ 65mm

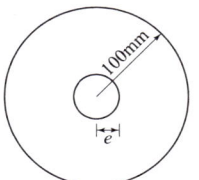

| 해답 | ②

단면의 핵거리(반지름)

$$e = \frac{d}{8} = \frac{2r}{8} = \frac{2 \times 100}{8} = 25\,mm$$

Remember

■ 원형단면의 핵
[방법1]

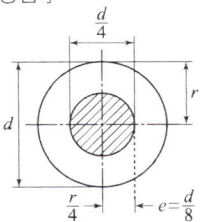

• 단주의 핵은 응력이 0가 되는 점들을 연결한 선

$$\sigma = \frac{P}{A} - \frac{M}{Z} = 0 \text{ 일 때}$$

$$\frac{P}{\frac{\pi d^2}{4}} - \frac{P \cdot e}{\frac{\pi d^3}{32}} = 0 \quad \therefore e = \frac{d}{8}$$

[방법2]

$$\sigma = \frac{P}{A} - \frac{M}{Z} = \frac{P}{A} - \frac{P \cdot e}{Z} = 0$$

$$\therefore e = \frac{Z}{A} = \frac{\frac{\pi d^3}{32}}{\frac{\pi d^2}{4}} = \frac{d}{8}$$

□□□ 산 86,00,05,09,15,18②

10 그림과 같은 단주에서 편심거리 e에 $P=300\text{kN}$이 작용할 때 단면에 인장력이 생기지 않기 위한 e의 한계는?

① 3.3cm
② 5cm
③ 6.7cm
④ 10cm

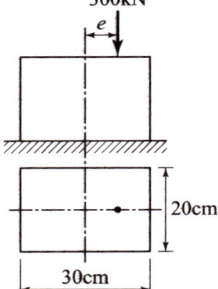

| 해답 | ②

구형단면의 핵 : $\dfrac{h}{6} = \dfrac{30}{6} = 5\text{cm}$

Remember

핵거리

$$\sigma = \frac{P}{A} - \frac{M}{Z} = \frac{P}{A} - \frac{P \cdot e}{\dfrac{bh^2}{6}} = \frac{P}{A} - \frac{6Pe}{Ah} = 0$$

$$= \frac{P}{A}\left(1 - \frac{6e}{h}\right) = 0$$

$\sigma = 0$이 되려면 $e = \dfrac{h}{6}$

2 철근콘크리트 및 강구조

□□□ 산 11①,16①,19④

11 그림과 같은 단순보에서 자중을 포함하여 계수하중이 30kN/m 작용하고 있다. 이 보의 위험단계에서 전단력은?

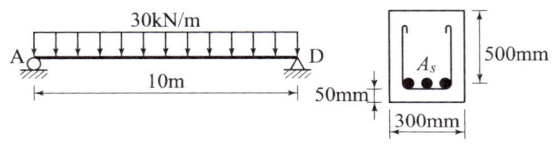

① 90kN ② 115kN
③ 120kN ④ 135kN

| 해답 | ④

지점에서 유효높이 d 만큼 떨어진 곳에서 위험한 계수 전단력

$$V_u = R_A - w_u d = \frac{w_u l}{2} - w_u d$$
$$= \frac{30 \times 10}{2} - 30 \times 0.5 = 135 \text{kN}$$

□□□ 산 11,16,19①,20③

12 판형에서 보강재(stiffener)의 사용목적은?

① 보 전체의 비틀림에 대한 강도를 크게 하기 위함이다.
② 복부판의 전단에 대한 강도를 높이기 위함이다.
③ flange angle의 간격을 넓게 하기 위함이다.
④ 복부판의 좌굴을 방지하기 위함이다.

| 해답 | ④

판형에서 보강재의 사용목적
복부판의 좌굴을 방지

□□□ 산 12,13,14,15,16,18,19②

13 압축지배단면으로서 띠철근으로 보강된 철근콘크리트부재에 적용하는 강도감소계수(ϕ)는?

① 0.80　　　　　　　② 0.75
③ 0.70　　　　　　　④ 0.65

[해답] ④
강도감소계수 ϕ

부재		강도감소 계수
인장지배단면		0.85
압축지배단면	나선철근으로 보강된 철근 콘크리트 부재	0.70
	그 외의 철근콘크리트 부재	0.65
전단력과 비틀림 모멘트		0.75
콘크리트의 지압력 (포스트텐션 정착부나 스트럿-타이 모델은 제외)		0.65

∴ 압축지배단면으로서 띠철근 : $\phi = 0.65$

□□□ 산 13,16,18

14 강재의 연결부 구조 사항으로 옳지 않은 것은?

① 응력집중이 없어야 한다.
② 응력의 전달이 확실해야 한다.
③ 각 재편에 가급적 편심이 없어야 한다.
④ 부재의 변형에 따른 영향을 고려하지 않는다.

[해답] ④
부재의 변형에 따른 영향을 고려하여야 한다.

> **Remember**
>
> 강재의 연결부 구조
> - 응력의 전달이 확실할 것
> - 경제적이고도 시공이 쉬울 것
> - 각재편에 가급적 편심이 없을 것
> - 부재의 변형에 따른 영향을 고려할 것
> - 해로운 응력집중이 생기지 않도록 할 것
> - 잔류응력이나 2차 응력이 생기지 않도록 할 것

□□□ 산 13,16②,19④

15 강판을 리벳이음할 때 지그재그(zigzag)형으로 리벳을 배치할 경우 재편의 순폭은 최초의 리벳구멍에 대하여 그 지름을 빼고 다음 것에 대하여는 다음 중 어느 식을 사용하여 빼주는가? (단, g : 리벳선간거리, p : 리벳의 피치)

① $d - \dfrac{g^2}{4p}$　　② $d - \dfrac{4p^2}{g}$

③ $d - \dfrac{p^2}{4g}$　　④ $d - \dfrac{4g}{p^2}$

| 해답 | ③

판형이 지그재그 배열일 때

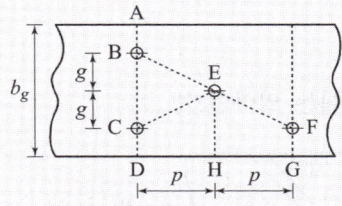

- 순폭은 생각하고 있는 단면의 최초 리벳구멍에서는 그 지름(d)을 빼고, 이하 순차적으로 w를 한다.

$$\therefore w = d - \dfrac{p^2}{4g}$$

□□□ 산 11,12,13,16

16 PS강재를 긴장할 때 강재의 인장응력을 다음 어느 값을 초과하면 안 되는가?
(단, f_{pu} : 긴장재의 설계기준인장강도, f_{py} : 긴장재의 설계기준항복강도)

① $0.80f_{pu}$ 또는 $0.82f_{py}$ 중 작은 값
② $0.80f_{pu}$ 또는 $0.94f_{py}$ 중 작은 값
③ $0.74f_{pu}$ 또는 $0.82f_{py}$ 중 작은 값
④ $0.74f_{pu}$ 또는 $0.94f_{py}$ 중 작은 값

| 해답 | ②

긴장을 할 때 긴장재의 인장응력은 $0.80f_{pu}$ 또는 $0.94f_{py}$ 중 작은 값 이하로 하여야 한다.

Remember

긴장재의 허용응력
- 긴장을 할 때 긴장재의 인장응력은 $0.80f_{pu}$ 또는 $0.94f_{py}$ 중 작은 값 이하로 하여야 한다.
- 프리스트레스 도입 직후에 긴장재의 인장응력은 $0.74f_{pu}$ 또는 $0.82f_{py}$ 중 작은 값 이하로 하여야 한다.
- 정착구와 커플러의 위치에서 프리스트레스 도입 직후 포스트텐션 긴장재의 응력은 $0.70f_{pu}$ 이하로 하여야 한다.

□□□ 산 97,00,08,09,12,13,14,15,16,19

17 그림과 같은 맞대기 용접이음의 유효길이는 얼마인가?

① 150mm
② 300mm
③ 400mm
④ 600mm

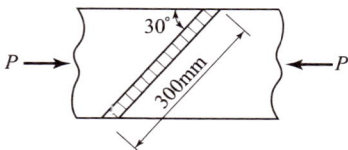

| 해답 | ①

$l_e = l\sin\theta = 300\sin 30° = 150\,mm$

□□□ 산 13,14,15,16

18 $f_{ck}=28\text{MPa}$, $f_y=400\text{MPa}$인 경우 표준갈고리를 갖는 인장이형철근의 기본정착길이(l_{hb})로 옳은 것은? (단, 사용 철근은 D25(공칭지름 = 25.4mm)이고, 도막되지 않은 철근이고, 사용하는 콘크리트는 보통중량 콘크리트이다.)

① 389mm
② 423mm
③ 461mm
④ 514mm

| 해답 | ③

표준갈고리를 갖는 인장 이형철근의 정착
철근의 설계기준항복강도가 400MPa인 경우 기본정착길이 다음 식으로 구한다.

$$\therefore l_{dh}=\frac{0.24\beta d_b f_y}{\lambda\sqrt{f_{ck}}}=\frac{0.24\times1\times25.4\times400}{1\times\sqrt{28}}=461\text{mm}\geq150\text{mm}$$

□□□ 산 12,14,15,17,18,19①②,20②

19 강도설계법에서 $f_{ck}=35\text{MPa}$인 경우 β_1의 값은?

① 0.795
② 0.801
③ 0.823
④ 0.85

| 해답 | ②

$f_{ck}\leq40\text{MPa}$일 때
$\beta_1=0.80$

| Remember |

계수 $\eta(0.85f_{ck})$와 β_1

f_{ck}	≤40	50	60	70	80	90
η	1.00	0.97	0.95	0.91	0.87	0.84
β_1	0.80	0.80	0.76	0.74	0.72	0.70

□□□ 산 12,14,16,18②

20 뒷부벽식 옹벽을 설계할 때 뒷부벽에 대한 설명으로 옳은 것은?

① T형보로 설계하여야 한다.
② 캔틸레버보로 설계하여야 한다.
③ 직사각형보로 설계하여야 한다.
④ 3변 지지된 2방향 슬래브로 설계하여야 한다.

| 해답 | ①
뒷부벽은 T형보로 설계하여야 하며, 앞부벽은 직사각형보로 설계하여야 한다.

측량 및 토질

02 4Pick Remember 60선   CBT 대비

1 측량학

□□□ 산 04,07,16

21 어느 지역의 측량 결과가 그림과 같다면 이 지역의 전체 토량은? (단, 각 구역의 크기는 같다.)

① 200m³
② 253m³
③ 315m³
④ 353m³

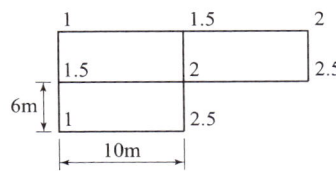

해답 ③

- $V = \dfrac{a \cdot b}{4}(\Sigma h_1 + 2\Sigma h_2 + 3\Sigma h_3 + 4\Sigma h_4)$
- $\Sigma h_1 = 1 + 2 + 2.5 + 2.5 + 1 = 9\text{m}$
- $\Sigma h_2 = 1.5 + 1.5 = 3\text{m}$
- $\Sigma h_3 = 2\text{m}$

$\therefore V = \dfrac{6 \times 10}{4} \times (9 + 2 \times 3 + 3 \times 2) = 315\text{m}^3$

□□□ 산 14,17

22 교각 $I = 60°$, 반지름 $R = 200\text{m}$인 단곡선의 중앙종거는?

① 26.8m
② 30.9m
③ 100.0m
④ 115.5m

해답 ①

$M = R\left(1 - \cos\dfrac{I}{2}\right) = 200\left(1 - \cos\dfrac{60°}{2}\right) = 26.8\text{m}$

□□□ 산 11,16,19②

23 완화곡선에 대한 설명 중 옳지 않은 것은?

① 완화곡선의 접선은 시점에서 원호에 중점에서 직선에 접한다.
② 곡선의 반지름은 완화곡선의 시점에서 무한대, 종점에서 원곡선의 반지름으로 된다.
③ 완화곡선에 연한 곡선반경의 감소율은 캔트의 증가율과 같다.
④ 종점의 캔트는 원곡선의 캔트와 같다.

| 해답 | ①
완화곡선의 접선은 시점에서 직선에, 종점에서 원호에 접한다.

Remember

완화 곡선의 성질
- 완화곡선의 접선은 시점에서 직선에, 종점에서 원호에 접한다.
- 곡선지름은 완화곡선의 시점에서 무한대, 종점에서 원곡선 R로 한다.
- 완화곡선의 접선은 시점에서 직선에 접하고, 종점에서 원호에 접한다.
- 완화곡선에 연한 곡선 반지름의 감소율은 캔트의 증가율과 동률로 된다.
- 완화곡선은 이정(shift)의 중간점을 통과 한다.

□□□ 산 03,07,17

24 500m의 거리를 50m의 줄자로 관측하였다. 줄자의 1회 관측에 의한 오차가 ±0.01m라면 전체 거리 관측값의 오차는?

① ±0.03m
② ±0.05m
③ ±0.08m
④ ±0.10m

| 해답 | ①
우연오차 $E = \pm e\sqrt{n} = \pm 0.01\sqrt{\dfrac{500}{50}} = \pm 0.03\text{m}$

산 93,99,06,07,11,12,13,16,18

25 그림과 같이 O점에서 같은 정확도로 각을 관측하여 오차를 계산한 결과 $x_3 - (x_1 + x_2) = -36''$의 식을 얻었을 때 관측값 x_1, x_2, x_3에 대한 보정값 V_1, V_2, V_3는?

① $V_1 = -9''$, $V_2 = -9''$, $V_3 = +18''$
② $V_1 = -12''$, $V_2 = -12''$, $V_3 = +12''$
③ $V_1 = +9''$, $V_2 = +9''$, $V_3 = -18''$
④ $V_1 = +12''$, $V_2 = +12''$, $V_3 = -12''$

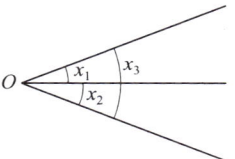

| 해답 | ②

- 각오차 = $x_3 - (x_1 + x_2) = -36''$
- 조정량 = $\dfrac{36''}{3} = 12''$ (각 관측값에 ±12″ 해준다.)
- 각오차 $x_3 < (x_1 + x_2)$이므로 작은 측정값에는 (+), 큰 측정값에는 (−)
  ∴ 작은 측정값 $V_1 = -12''$, $V_2 = -12''$
  큰 측정값 $V_3 = +12''$ 해준다.

산 11,13,16④,20③

26 A점으로부터 폐합 다각측량을 실시하여 A점으로 되돌아 왔을 때 위거와 경거의 오차는 각각 20cm, 25cm이었다. 모든 측선 길이의 합이 832.12m이라 할 때 다각측량의 폐합비는?

① 약 1/2200
② 약 1/2600
③ 약 1/3300
④ 약 1/4200

| 해답 | ②

폐합비 $R = \dfrac{\sqrt{\sum(\text{위거})^2 + \sum(\text{경거})^2}}{\text{거리총합}}$

∴ $R = \dfrac{\sqrt{0.20^2 + 0.25^2}}{832.12} = \dfrac{1}{2599} ≒ \dfrac{1}{2600}$

측량 및 토질

□□□ 산 10,11,13①,15④,16④,17②,19④,20③

27 수준측량에서 전시와 후시의 시준거리를 같게 하여 소거할 수 있는 기계오차로 가장 적합한 것은?

① 거리의 부등에서 생기는 시준선의 대기 중 굴절에서 생긴 오차
② 기포관측과 시준선이 평행하지 않기 때문에 생긴 오차
③ 온도 변화에 따른 기포관의 수축팽창에 의한 오차
④ 지구의 곡률에 의해서 생긴 오차

> |해답| ②
> 전시와 후시의 거리를 되도록 같게 하면 시준선과 기포관축이 평행하지 않을 때 생기는 오차를 제거할 수 있다.
> • 시준선과 기포관축이 평행하지 않을 때 생기는 오차
> • 구차(球差)의 영향 제거
> • 기차(氣差)의 영향 제거

□□□ 산 13,17

28 그림은 편각법에 의한 트래버스 측량 결과이다. DE 측선의 방위각은?
(단, ∠A = 48°50′40″, ∠B = 43°30′30″,
∠C = 46°50′00″, ∠D = 60°12′45″)

① 139°11′10″
② 96°31′10″
③ 92°21′10″
④ 105°43′55″

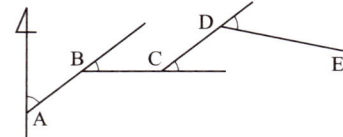

> |해답| ④
> AB의 방위각 = 48°50′40″
> BC의 방위각 = 48°50′40″ + 43°30′30″ = 92°21′10″
> CD의 방위각 = 92°21′10″ − 46°50′00″ = 45°31′10″
> ∴ DE의 방위각
> = 45°31′10″ + 60°12′45″ = 105°43′55″

□□□ 산 10,12,17
29 삼각형 3변의 길이가 25.0m, 40.8m, 50.6m일 때 면적은?

① $431.57m^2$
② $495.25m^2$
③ $505.49m^2$
④ $551.27m^2$

| 해답 | ③

$A = \sqrt{s(s-a)(s-b)(s-c)}$

- $s = \dfrac{1}{2}(a+b+c) = \dfrac{1}{2} \times (25.0+40.8+50.6)$
  $= 58.2m$

$\therefore A = \sqrt{58.2(58.2-25.0)(58.2-40.8)(58.2-50.6)}$
$= 505.49m^2$

□□□ 산 94,06,17,20③
30 노선의 횡단측량에서 No.1+15m 측점의 절토 단면적이 $100m^2$, No.2 측점의 절토 단면적이 $40m^2$일 때 두 측점 사이의 절토량은? (단, 중심말뚝 간격=20m)

① $350m^3$
② $700m^3$
③ $1200m^3$
④ $1400m^3$

| 해답 | ①

양단면 평균법

$V = \dfrac{A_1+A_2}{2} \times L = \dfrac{100+40}{2} \times (20-15) = 350m^3$

2 토질 및 기초

□□□ 산 91,96,99,00,01,05,08,10,11,12,15
31 함수비 20%의 자연상태의 흙 2400g을 함수비 25%로 하고자 한다면 추가해야 할 물의 양은?

① 100g ② 120g
③ 400g ④ 500g

| 해답 | ①

- 함수비 20%인 흙의 물 양
$$W_W = \frac{w \cdot W}{100+w} = \frac{20 \times 2400}{100+20} = 400g$$
- 함수비 25%인 흙의 물 양
$$20\% : 400g = 25\% : x$$
$$x = \frac{400 \times 25}{20} = 500g$$
∴ 추가해야할 물의 양 : $500 - 400 = 100g$

□□□ 산 90,98,99,12,15,18②
32 그림과 같이 2개층으로 구성된 지반에 대해 수평방향 등가투수계수는?

① 3.89×10^{-4} cm/sec
② 7.78×10^{-4} cm/sec
③ 1.57×10^{-3} cm/sec
④ 3.14×10^{-3} cm/sec

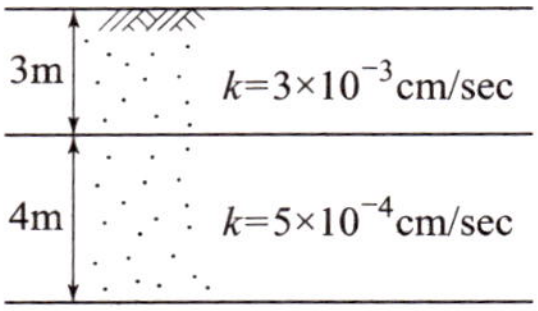

3m $k = 3 \times 10^{-3}$ cm/sec
4m $k = 5 \times 10^{-4}$ cm/sec

| 해답 | ③

$$K_h = \frac{1}{H}(k_1 h_1 + k_2 h_2)$$
$$= \frac{1}{300+400}(3 \times 10^{-3} \times 300 + 5 \times 10^{-4} \times 400)$$
$$= 1.57 \times 10^{-3} \text{cm/sec}$$

□□□ 산 96,97,01,03,04,07,14,15,18②
33 다음 중 얕은 기초는?

① Footing기초 ② 말뚝기초
③ Caisson기초 ④ Pier기초

| 해답 | ①
- 직접(얕은)기초 : footing기초(독립기초, 복합기초, 연속기초), 전면기초
- 깊은 기초 : 말뚝기초, 피어기초, 케이슨 기초

□□□ 산 92,15,19④
34 다음의 흙 중에서 2차 압밀량이 가장 큰 흙은?

① 모래 ② 점토
③ Silt ④ 유기질토

| 해답 | ④
유기질토일수록 가장 크고, 소성이 큰 흙일수록, 점토층의 두께가 두꺼울수록 2차 압밀량은 크지만 토질에서는 2차 압밀은 고려하지 않는다.

□□□ 산 90,95,03,04,06,12,15,16,17,18,20②③
35 주동토압계수를 K_A, 수동토압계수를 K_P, 정지토압계수를 K_o라 할 때 그 크기의 순서로 옳은 것은?

① $K_A > K_o > K_P$ ② $K_P > K_o > K_A$
③ $K_o > K_A > K_P$ ④ $K_o > K_P > K_A$

| 해답 | ①
- 토압계수 크기 : $K_P > K_o > K_A$
- 토압의 크기 : $P_P > P_o > P_A$

☐☐☐ 산 13,14,15①,16④,19④

36 전단응력을 증가시키는 외적인 요인이 아닌 것은?

① 간극수압의 증가
② 지진, 발파에 의한 충격
③ 인장응력에 의한 균열의 발생
④ 함수량 증가에 의한 단위중량 증가

|해답| ①
간극수압의 증가는 전단강도의 감소 요인이다.

☐☐☐ 산 99,04,09,10,15

37 그림과 같은 지표면에 100kN의 집중하중이 작용했을 때 작용점의 직하 3m 지점에서 이 하중에 의한 연직응력은?

① 4.22kN/m²
② 5.31kN/m²
③ 6.41kN/m²
④ 7.08kN/m²

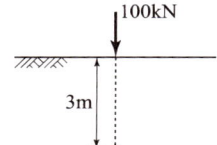

|해답| ②

$$\sigma_z = \frac{3Q}{2\pi Z^2} = \frac{3 \times 100}{2\pi \times 3^2} = 5.31 \text{kN/m}^2$$

☐☐☐ 산 90,96,99,03,07,12,15,20②

38 10개의 무리 말뚝기초에 있어서 효율이 0.8, 단항으로 계산한 말뚝 1개의 허용지지력이 100kN일 때 군항의 허용지지력은?

① 500kN
② 800kN
③ 1000kN
④ 1250kN

|해답| ②

$$R_{ag} = E \cdot N \cdot R_a = 0.8 \times 10 \times 100 = 800 \text{kN}$$

□□□ 산 12,15,20②

39 다음 투수층에서 피에조미터를 꽂은 두 지점 사이의 동수경사(i)는 얼마인가? (단, 두 지점간의 수평거리는 50m이다.)

① 0.063
② 0.079
③ 0.126
④ 0.162

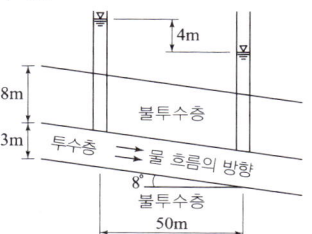

해답 ②

$$i = \frac{\Delta h}{L} = \frac{\Delta h}{\dfrac{D}{\cos \alpha}}$$

- $L = \dfrac{50}{\cos 8°} = 50.49\,\mathrm{m}$

∴ $i = \dfrac{4}{50.49} = 0.079$

□□□ 산 83,05,09,11,13,15

40 어떤 점성토에 수직응력 4MPa를 가하여 전단시켰다. 전단면상의 간극수압이 1MPa이고 유효응력에 대한 점착력, 내부마찰각이 각각 0.02MPa, 20°이면 전단 강도는?

① 0.64MPa
② 1.04MPa
③ 1.11MPa
④ 1.84MPa

해답 ③

$\tau = c + (\sigma - u)\tan\phi$
  $= 0.02 + (4-1) \times \tan 20° = 1.11\,\mathrm{MPa}$

03 4Pick Remember 60선

1 수리학

□□□ 산 92,03,05,09,11,14,15,16

41 그림과 같은 오리피스에서 유출되는 유량은?
(단, 이론 유량을 계산한다.)

① $0.12 \text{m}^3/\text{s}$
② $0.22 \text{m}^3/\text{s}$
③ $0.32 \text{m}^3/\text{s}$
④ $0.42 \text{m}^3/\text{s}$

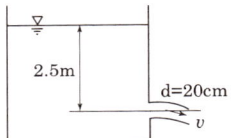

| 해답 | ②

$$Q = CA\sqrt{2gH}$$
$$= 1 \times \frac{\pi \times 0.2^2}{4} \times \sqrt{2 \times 9.8 \times 2.5} = 0.22 \text{m}^3/\text{sec}$$

□□□ 산 05,07,13,14,15,17

42 지름 100cm의 원형단면 관수로에 물이 만수되어 흐를 때의 동수반경(hydraulic radius)은?

① 50cm
② 75cm
③ 25cm
④ 20cm

| 해답 | ③

$$R = \frac{D}{4} = \frac{100}{4} = 25 \text{cm}$$

□□□ 산 07,15,18②

43 대수층의 두께 2m, 폭 1.2m이고 지하수 흐름의 상·하류 두 점 사이의 수두차는 1.5m, 두 점 사이의 평균거리 300m, 지하수 유량이 2.4m³/d일 때 투수계수는?

① 200m/d
② 225m/d
③ 267m/d
④ 360m/d

| 해답 | ①

$$Q = kiA = k\frac{h}{L}A$$

$$\therefore k = \frac{Q \cdot L}{h \cdot A} = \frac{2.4 \times 300}{1.5 \times (2 \times 1.2)} = 200 \text{m/d}$$

□□□ 산 10,13,15

44 굴착정의 유량 공식으로 옳은 것은?
(여기서 C : 피압대수층의 두께, K : 투수계수, h : 압력수면의 높이, h_0 : 우물안의 수심, R : 영향원의 반지름, r_0 : 우물의 반지름)

① $\dfrac{2\pi CK(h-h_0)}{\ln\left(\dfrac{R}{r_0}\right)}$
② $\dfrac{2\pi CK(h-h_0)}{\ln\left(\dfrac{r_0}{R}\right)}$
③ $\dfrac{2\pi CK(h+h_0)}{\ln\left(\dfrac{r_0}{R}\right)}$
④ $\dfrac{2\pi CK(h+h_0)}{\ln\left(\dfrac{R}{r_0}\right)}$

| 해답 | ①

- 굴착정의 양수량 구하는 식

$$Q = \frac{2\pi CK(h-h_o)}{2.3\log(R/r_o)} = \frac{2\pi CK(h-h_0)}{\ln\left(\dfrac{R}{r_0}\right)}$$

- 심정(깊은 우울)의 양수량 구하는 식

$$Q = \frac{\pi k(H^2 - H_0^2)}{2.3\log(R/r_o)} = \frac{\pi k(H^2 - H_0^2)}{\ln(R/r_o)}$$

□□□ 산 10①,15④,19④

45 그림과 같이 지름 3m, 길이 8m인 수문에 작용하는 수평분력의 작용점까지 수심(h_c)은?

① 2.00m
② 2.12m
③ 2.34m
④ 2.43m

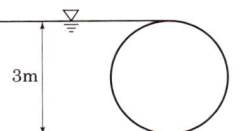

┃해답┃ ①

$$h_c = h_G + \frac{I_G}{h_G A}$$

- $h_G = \dfrac{h}{2} = \dfrac{3}{2} = 1.5\,\text{m}$
- $I_c = \dfrac{bh^3}{12} = \dfrac{8 \times 3^3}{12} = 18\,\text{m}^4$
- $A = bh = 8 \times 3 = 24\,\text{m}$

∴ $h_c = 1.5 + \dfrac{18}{1.5 \times 24} = 2.00\,\text{m}$

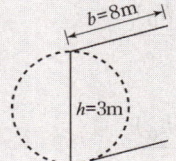

□□□ 산 04,08,11,13,15

46 한계수심 h_c와 비에너지 h_e와의 관계로 옳은 것은? (단, 광폭직사각형 단면인 경우)

① $h_c = \dfrac{1}{2} h_e$
② $h_c = \dfrac{1}{3} h_e$
③ $h_c = \dfrac{2}{3} h_e$
④ $h_c = 2 h_e$

| 해답 | ③
- 비에너지(h_e)가 최소일 때 수심을 한계수심(h_c)이라 한다.
- 비에너지에 대한 한계수심 $h_c = \dfrac{2}{3} h_e$ 이다.

□□□ 산 86,91,06,08,15
47 개수로에 대한 설명으로 옳은 것은?

① 동수경사선과 에너지경사선은 항상 평행하다.
② 에너지경사선은 자유수면과 일치한다.
③ 동수경사선은 에너지경사선과 항상 일치한다.
④ 동수경사선과 자유수면은 일치한다.

| 해답 | ④
- 개수로의 흐름은 언제나 자유수면에 노출되어 동수경사선은 자유수면과 항상 일치한다.
- 완전유체(등류)일 때는 유속수두가 동일하므로 에너지선과 동수경사선이 서로 평행하게 된다.

□□□ 산 05,08,11,15
48 2초에 10m를 흐르는 물의 속도수두는?

① 1.18m
② 1.28m
③ 1.38m
④ 1.48m

| 해답 | ②

속도수도 $= \dfrac{V^2}{2g}$

- $V = \dfrac{10}{2} = 5 \, \text{m/sec}$ ∴ 속도수도 $= \dfrac{5^2}{2 \times 9.8} = 1.28 \, \text{m}$

□□□ 산 06,14,15④,20③

49 뉴턴유체(Newtonian fluid)에 대한 설명으로 옳은 것은?

① 전단속도 $\left(\dfrac{dv}{dy}\right)$의 크기에 따라 선형으로 점도가 변한다.
② 전단응력(τ)과 전단속도 $\left(\dfrac{dv}{dy}\right)$의 관계는 원점을 지나는 직선이다.
③ 물이나 공기 등 보통의 유체는 비뉴턴유체이다.
④ 유체가 압력의 변화에 따라 밀도의 변화를 무시할 수 없는 상태가 된 유체를 의미한다.

| 해답 | ②

전단응력 $\tau = \mu \dfrac{dv}{dy}$ 은 중심에서는 0이고, 중심으로부터의 거리에 비례하는 직선형이다.

□□□ 산 82,91,15

50 물의 성질에 대한 설명으로 옳지 않은 것은?
(단, C_w : 물의 압축률, E_w : 물의 체적탄성률, 0℃에서의 일정한 수온 상태)

① 물의 압축률이란 압력변화에 대한 부피의 감소율을 단위부피당으로 나타낸 것이다.
② 기압이 증가함에 따라 E_w는 감소하고 C_w는 증가한다.
③ C_w와 E_w의 상관식은 $C_w = 1/E_w$ 이다.
④ E_w는 C_w 값보다 대단히 크다.

| 해답 | ②

체적 탄성계수 $E = \dfrac{dp}{\dfrac{dV}{V}} = \dfrac{1}{C}$

∴ 기압이 증가함에 따라 탄성계수는 E_w는 증가하고 압축률 C_w는 감소한다.

2 상하수도 계획

□□□ 산 97,98,03,07,10,15,16

51 함수율 99%인 침전 슬러지를 농축하여 함수율 94%로 만들었다. 원 슬러지(함수율 99%)의 유입량이 1500m³/d 일 때 농축 후 슬러지의 양은? (단, 농축 전·후 슬러지의 비중은 모두 1.0으로 가정)

① 200m³/d
② 250m³/d
③ 750m³/d
④ 960m³/d

| 해답 | ②

$$\frac{V_1}{V_2} = \frac{100 - W_2}{100 - W_1} \text{ 에서}$$

$$\therefore V_2 = \frac{V_1(100 - W_1)}{100 - W_2}$$

$$= \frac{1500(100 - 99)}{100 - 94} = 250 \, m^3/d$$

□□□ 산 99,02,06,07,14,15

52 계획오수량 산정방법에 대한 설명으로 틀린 것은?

① 생활오수량의 1인1일 최대오수량은 상수도계획상의 1인1일 최대급수량을 감안하여 결정한다.
② 지하수량은 1인1일 평균오수량의 5~10%로 한다.
③ 계획시간 최대오수량은 계획1일 최대오수량의 1시간당 수량의 1.3~1.8배를 표준으로 한다.
④ 합류식에서 우천시 계획오수량은 원칙적으로 계획시간 최대오수량의 3배 이상으로 한다.

| 해답 | ②
지하수량은 1인1일최대오수량의 20% 이하를 원칙으로 한다.

□□□ 산 06,11,15,18②

53 슬러지 반송비가 0.4, 반송슬러지의 농도가 1%일 때 포기조 내의 MLSS 농도는?

① 1234mg/L
② 2857mg/L
③ 3325mg/L
④ 4023mg/L

| 해답 | ②

MLSS 농도 $X = \dfrac{R \times X_R}{(1+R)}$

• 슬러지 반송비 $R = 0.4$
• 반송슬러지 농도 $X_R = 1\% = 0.01$

$\therefore X = \dfrac{0.4 \times 0.01}{1 + 0.4}$

$= 0.002857\text{ppm} = 0.002857 \times 10^6 = 2857\text{mg/L}$

□□□ 산 97,00,02,08,14,15

54 처리수량이 5000m³/d인 정수장에서 8mg/L의 농도로 염소를 주입하였다. 잔류염소농도가 0.3mg/L이었다면 염소요구량은? (단, 염소의 순도는 75%이다.)

① 38.5kg/d
② 51.3kg/d
③ 63.3kg/d
④ 69.5kg/d

| 해답 | ②

염소 요구량 = 염소 요구 농도 × 유량 × $\dfrac{1}{\text{순도}}$

$= (8 - 0.3) \times 10^{-6} \times 5000 \times 10^3 \times \dfrac{1}{0.75}$

$= 51.3\text{kg/d}$

($\because$ $1\text{mg} = 1 \times 10^{-6}\text{L}$, $1\text{m}^3 = 10^3\text{kg}$)

□□□ 산 00,01,03,04,08,15
55 다음 중 상수의 일반적인 정수과정 순서로서 옳은 것은?

① 침전→응집→소독→여과
② 침전→여과→응집→소독
③ 응집→여과→침전→소독
④ 응집→침전→여과→소독

| 해답 | ④

정수과정
혼화→응집→침전→여과→소독

□□□ 산 99,06,15
56 계획1일최대오수량과 계획1일평균오수량 사이에는 일정한 관계가 있다. 계획1일평균오수량은 대체로 계획1일최대오수량의 몇 %를 표준으로 하는가?

① 45~60%
② 60~75%
③ 70~80%
④ 80~90%

| 해답 | ③

- 계획1일평균오수량은 계획1일최대오수량의 70~80%를 표준으로 한다.
- 계획1일최대오수량은 1인1일최대오수량에 계획인구를 곱한 후 여기에 공장폐수량, 지하수량, 기타 배수량을 더한 것으로 한다.

□□□ 산 99,00,01,04,06,08,11,15
57 하수관거가 갖추어야 할 특성에 대한 설명으로 옳지 않은 것은?

① 외압에 대한 강도가 충분하고 파괴에 대한 저항이 커야 한다.
② 유량의 변동에 대해서 유속의 변동이 큰 수리특성을 지닌 단면형이 좋다.
③ 산 및 알칼리의 부식성에 대해서 강해야 한다.
④ 이음의 시공이 용이하고, 그 수밀성과 신축성이 높아야 한다.

| 해답 | ②

유량의 변동에 대해서 유속의 변동이 적은 수리특성을 지닌 단면형이 좋다.

□□□ 산 07,14,15④,16④,17④,19④
58 취수시설을 선정할 때 수원(水源)이 하천, 호소, 댐(저수지)인 경우에 적용할 수 있으며 보통 대량 취수에 적합하고 비교적 안정된 취수가 가능한 것은?

① 취수탑
② 깊은 우물
③ 취수틀
④ 취수관거

| 해답 | ①

취수탑의 특징
• 다단수문형식의 취수구를 적당히 배치한 철근콘크리트구조이다.
• 연간의 수위변화가 크더라도 하천이나 호소, 댐에서의 취수시설로서 알맞고 또한 유지관리도 비교적 용이하다.
• 수위변화가 많은 저수지에서도 계획취수량을 안정되게 취수할 수 있다.

□□□ 산 95,98,99,01,07,15
59 우수조정지를 설치하는 위치로서 적절하지 않은 것은?

① 오수발생량이 많은 곳
② 하류관거 유하능력이 부족한 곳
③ 방류수로 유하능력이 부족한 곳
④ 하류지역 펌프장 능력이 부족한 곳

| 해답 | ①

우수 조정지의 설치 장소(위치)
• 하수관거의 유하 능력이 부족한 곳
• 하류지역의 펌프장 능력이 부족한 곳
• 방류수역의 유하 능력이 부족한 곳

□□□ 산 95,96,08,12,13,15,18④

60 펌프에 대한 설명으로 틀린 것은?

① 수격현상은 펌프의 급정지 시 발생한다.
② 손실수두가 작을수록 실양정은 전양정과 비슷해진다.
③ 비속도(비교회전도)가 클수록 같은 시간에 많은 물을 송수할 수 있다.
④ 흡입구경은 토출량과 흡입구의 유속에 의해 결정된다.

[해답] ③

비교회전도(N_s)
- 비속도(비교회전도)가 클수록 펌프는 흡입성능이 나쁘고 공동현상이 발생되기 쉽다.
- 비교회전도가 클수록 같은 시간에 많은 물을 송수할 수 있는 것은 아니다.

Remember
5 Pick
60 선

01 5Pick Remember 60선

구조설계 | CBT 대비

1 역학적인 개념 및 건설 구조물의 해석

 산 03,08,10,15

01 다음 그림과 같이 직교좌표계 위에 있는 사다리꼴 도형 OABC 도심의 좌표 ($\bar{x}$, $\bar{y}$)는? (단, 좌표의 단위는 cm)

① (2.54, 3.46)
② (2.77, 3.31)
③ (3.34, 3.21)
④ (3.54, 2.74)

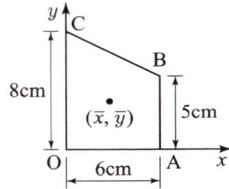

해답 ②

도심 $\bar{x} = \dfrac{G_y}{A}$, 도심 $\bar{y} = \dfrac{G_x}{A}$

- $A = \dfrac{5+8}{2} \times 6 = 39\,cm^2$

- $G_y = \dfrac{3 \times 6}{2} \times \dfrac{6}{3} + (5 \times 6) \times \dfrac{6}{2} = 108\,cm^3$

  $\therefore \bar{x} = \dfrac{108}{39} = 2.77\,cm$

- $G_x = \dfrac{3 \times 6}{2} \times \left(\dfrac{3}{3} + 5\right) + (5 \times 6) \times \dfrac{5}{2} = 129\,cm^3$

  $\therefore \bar{y} = \dfrac{129}{39} = 3.31\,cm$

  (2.77, 3.31)

□□□ 산 89,08,13,15

02 그림과 같은 3활절 라멘에 일어나는 최대휨모멘트는?

① 90kN·m
② 120kN·m
③ 150kN·m
④ 180kN·m

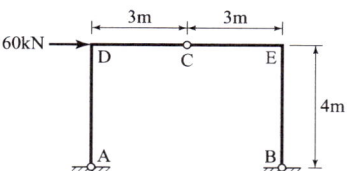

| 해답 | ②

- $\sum M_B = 0$
  $V_A \times 6 + 60 \times 4 = 0$ ∴ $V_A = -40\text{kN}(\downarrow)$
- $\sum V = -40 + V_B = 0$ ∴ $V_B = 40\text{kN}(\uparrow)$
- $\sum M_C = 0$
  $-40 \times 3 - H_A \times 4 = 0$ ∴ $H_A = -30\text{kN}(\leftarrow)$
- $\sum H = 60 - 30 - H_B = 0$ ∴ $H_B = 30\text{kN}(\leftarrow)$

∴ $M_{max} = M_D = M_E = 30 \times 4 = 120\text{kN}\cdot\text{m}$

□□□ 산 15,16

03 반지름 r인 원형단면 보에 휨모멘트 M이 작용할 때 최대 휨응력은?

① $\dfrac{64M}{\pi r^3}$
② $\dfrac{32M}{\pi r^3}$
③ $\dfrac{4M}{\pi r^3}$
④ $\dfrac{M}{\pi r^3}$

| 해답 | ③

원형단면의 최대 휨응력
$\sigma = \dfrac{M}{I} y$

- $I = \dfrac{\pi D^4}{64} = \dfrac{\pi (2r)^4}{64} = \dfrac{\pi r^4}{4}$
- $y = r$ ∴ $\sigma = \dfrac{M}{\dfrac{\pi r^4}{4}} r = \dfrac{4M}{\pi r^3}$

□□□ 산 90,98,15,16
04 트러스 해석시 가정을 설명한 것 중 틀린 것은?

① 하중으로 인한 트러스의 변형을 고려하여 부재력을 산출한다.
② 하중과 반력은 모두 트러스의 격점에만 작용한다.
③ 부재의 도심축은 직선이며 연결핀의 중심을 지난다.
④ 부재들은 양단에서 마찰이 없는 핀으로 연결되어 진다.

|해답| ①
트러스의 변형은 미소하여 무시하고 하중이 작용한 후에도 격점의 위치에는 변화가 없다.

Remember
트러스의 가정
• 격점을 연결하는 직선은 부재의 축과 일치한다.
• 격점은 전혀 마찰력이 작용하지 않는 힌지(활절)로 결합되어 있다.
• 외력인 하중은 모두 격점에만 작용하므로 부재응력은 축력만 생긴다.
• 각 부재는 직선재이며, 격점의 중심을 맺는 직선은 부재축과 일치한다.
• 트러스의 변형은 미소하여 무시하고 하중이 작용한 후에도 격점의 위치에는 변화가 없다.

□□□ 산 16
05 다음 그림과 같이 한 점에 작용하는 세 힘의 합력의 크기는 얼마인가?

① 3742N
② 4264N
③ 5137N
④ 5974N

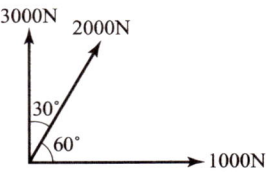

|해답| ③

$$R = \sqrt{(\sum V)^2 + (\sum H)^2}$$
• 연직력의 총합 $\sum V = 3000 + 2000\cos 30° = 4732.05\,N$
• 수평력의 총합 $\sum H = 1000 + 2000\cos 60° = 2000\,N$
∴ $R = \sqrt{(4732.05)^2 + (2000)^2} = 5137.34\,N$

□□□ 산 11,13,14,15,16

06 그림 (A)의 양단힌지 기둥의 탄성좌굴하중이 100kN이었다면, 그림 (B)기둥의 좌굴하중은?

① 25kN
② 100kN
③ 200kN
④ 400kN

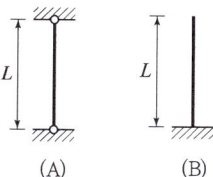

(A)   (B)

| 해답 | ①

$$P_{cr} = \frac{n\pi^2 EI}{L^2}$$

• 양단힌지 : $P_{cr} = 1\left(\frac{\pi^2 EI}{L^2}\right) = 100\text{kN}$

  ∴ $\frac{\pi^2 EI}{L^2} = 100\text{kN}$

• 일단고정 타단자유 : $P_{cr} = \frac{1}{4}\left(\frac{\pi^2 EI}{L^2}\right) = \frac{1}{4} \times 100 = 25\text{kN}$

일단고정 타단자유	$n = \frac{1}{4}$
양단힌지	$n = 1$
일단힌지 타단고정	$n = 2$
양단고정	$n = 4$

□□□ 산 93,00,06,08,09,16

07 아래 그림과 같은 삼각형에서 $X-X$축에 대한 단면 2차 모멘트는?

① 2592cm^4
② 2845cm^4
③ 3114cm^4
④ 3426cm^4

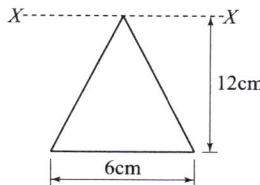

| 해답 | ①

[방법1]

$I_X = I_x + A \cdot y_o^2$

- $I_x = \dfrac{bh^3}{36} = \dfrac{6 \times 12^3}{36} = 288 \text{ cm}^4$
- $A = \dfrac{bh}{2} = \dfrac{6 \times 12}{2} = 36 \text{ cm}^2$
- $y_o = \dfrac{2}{3} \times 12 = 8 \text{ cm}$

$\therefore I_X = 288 + 36 \times 8^2 = 2592 \text{ cm}^4$

[방법2]

$I_X = \dfrac{bh^3}{4} = \dfrac{6 \times 12^3}{4} = 2592 \text{ cm}^4$

□□□ 산 91,02,04,06,15,16

08 지름이 D인 원형 단면의 기둥에서 핵(Core)의 직경은?

① $\dfrac{D}{2}$ ② $\dfrac{D}{3}$

③ $\dfrac{D}{4}$ ④ $\dfrac{D}{6}$

| 해답 | ③

원형단면에서의 핵의 직경

- $\sigma = \dfrac{P}{A} - \dfrac{M}{Z} = 0$ 일 때

$\dfrac{P}{\dfrac{\pi D^2}{4}} - \dfrac{P \cdot e}{\dfrac{\pi D^3}{32}} = 0$

$\therefore$ 핵거리 $e = \dfrac{D}{8}$

$\therefore$ 핵의 직경 $= \dfrac{D}{8} \times 2 = \dfrac{D}{4}$

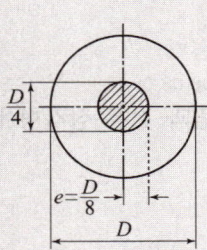

□□□ 산 14

09 그림과 같은 단면의 x축에 대한 단면 1차 모멘트는 얼마인가?

① 128cm^3
② 138cm^3
③ 148cm^3
④ 158cm^3

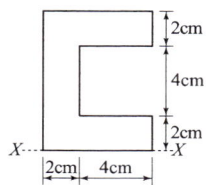

| 해답 | ①

$$G_x = A_1 y_1 - A_2 y_2$$
$$= (6 \times 8) \times 4 - (4 \times 4) \times 4 = 128\text{cm}^3$$

□□□ 산 15, 16

10 그림과 같은 역계에서 합력 R의 위치 x의 값은?

① 6cm
② 8cm
③ 10cm
④ 12cm

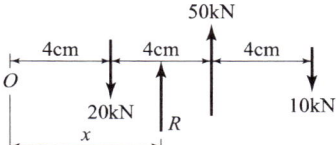

| 해답 | ③

- 합력 $R = -20 + 50 - 10 = 20\text{kN}(\uparrow)$
- 작용 위치
  $R \cdot x = -20 \times 4 + 50 \times 8 - 10 \times 12$
  $20 \cdot x = 200\text{kN} \cdot \text{cm}$
  $\therefore x = \dfrac{200}{20} = 10\text{cm}(\rightarrow)$

2 철근콘크리트 및 강구조

□□□ 산 13,14,15,16,17

11 $b_w = 300mm$, $d = 700mm$인 단철근 직사각형 보에서 균형철근량을 구하면? (단, $f_{ck} = 21MPa$, $f_y = 240MPa$)

① $11219mm^2$
② $10219mm^2$
③ $9483mm^2$
④ $9163mm^2$

| 해답 | ④

철근량 $A_s = \rho_b bd$
- $f_{ck} \leq 40MPa$일 때까지 $\eta = 1.0$, $\beta_1 = 0.80$
- 균형철근비 $\rho_b = \dfrac{\eta(0.85 f_{ck})\beta_1}{f_y} \cdot \dfrac{660}{660 + f_y}$

$\rho_b = \dfrac{1 \times 0.85 \times 21 \times 0.80}{240} \times \dfrac{660}{660 + 240} = 0.043633$

∴ $A_s = 0.043633 \times 300 \times 700 = 9163 mm^2$

□□□ 산 91,02,03,04,05,13,16,17

12 다음 중 스터럽을 쓰는 이유로 옳은 것은?

① 보의 강성(剛性)을 높이고 사인장 응력을 받게 하기 위하여
② 콘크리트의 탄성을 높이기 위하여
③ 콘크리트가 옆으로 튀어 나오는 것은 방지하기 위하여
④ 철근의 조립을 위하여

| 해답 | ①

스터럽(stirrup)사용하는 목적(이유)
- 보의 주철근을 둘러싸고 이에 직각되게 또는 경사지게 배치한 복부보강근으로서 전단력 및 비틀림모멘트에 저항하도록 배치한 보강철근
- 보의 강성(剛性)을 높이고 사인장 응력을 받게 하기 위하여
- 균열증대 억제효과와 주철근의 위치 보존

□□□ 산 11,13,17,18

13 강도설계법에서 휨모멘트 또는 휨모멘트와 축력을 동시에 받는 부재의 콘크리트 압축연단의 극한변형률은 얼마로 가정하는가?

① 0.0011
② 0.0022
③ 0.0033
④ 0.0044

|해답| ③

강도설계법에서 휨모멘트 또는 휨모멘트와 축력을 동시에 받는 부재의 콘크리트 압축연단의 최대변형률은 0.0033으로 가정한다.

□□□ 산 05,05,15①,17④,18①

14 강도설계법에서 사용하는 강도감소계수의 사용목적으로 거리가 먼 것은?

① 재료강도와 치수가 변동할 수 있으므로 부재의 강도 저하 확률에 대비한 이유를 두기 위해서
② 부정확한 설계 방정식에 대비한 여유를 반영하기 위해서
③ 구조물에서 차지하는 부재의 중요도 등을 반영하기 위해서
④ 구조해석 할 때의 가정 및 계산의 실수로 인해 야기될지 모르는 초과하중의 영향에 대비하기 위해서

|해답| ④

주어진 하중조건에 대한 부재의 연성도와 소요 신뢰도를 위해서

Remember

강도감소계수(ϕ)의 목적
- 재료강도와 치수가 변동할 수 있으므로 부재의 강도 저하 확률에 대비한 여유를 위해
- 부정확한 설계 방정식에 대비한 여유를 반영하기 위해서
- 주어진 하중조건에 대한 부재의 연성도와 소요 신뢰도를 위해서
- 구조물에서 차지하는 부재의 중요도 등을 반영하기 위해서

□□□ 산 12,15,16,17,20②

15 PS 강재에 요구되는 일반적인 성질로 틀린 것은?

① 인장강도가 클 것
② 항복비가 클 것
③ 직선성이 좋을 것
④ 릴랙세이션(Relaxation)이 클 것

| 해답 | ④

PS강재가 가져야 할 성질
- 인장강도가 커야 한다.
- 부착강도가 커야 한다.
- 항복비가 커야 한다.
- 릭랙세이션이 적을 것
- 적당한 연성(늘음)과 인성이 커야 한다.
- 응력 부식에 대한 저항성이 커야 한다.
- 곧게 퍼지는 신직선(직진성)이 좋아야 한다.
- 어느 정도의 피로강도를 가져야 한다.

□□□ 산 14,15,16,17,19,20③

16 그림과 같은 직사각형 단면에서 등가 직사각형 응력블록의 깊이(a)는? (단, $f_{ck}=21\text{MPa}$, $f_y=400\text{MPa}$이다.)

① 107mm
② 112mm
③ 118mm
④ 125mm

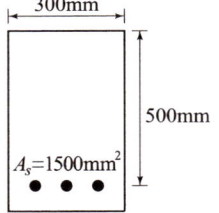

| 해답 | ②

$$a = \frac{A_s f_y}{\eta(0.85 f_{ck})b} = \frac{1500 \times 400}{1 \times 0.85 \times 21 \times 300} = 112\text{mm}$$

□□□ 산 11,12,17

17 아래 그림과 같은 띠철근 기둥에서 띠철근으로 D10(공칭지름 9.5mm) 및 축방향 철근으로 D32(공칭지름 31.8mm)의 철근을 사용할 때, 띠철근의 최대 수직간격은?

① 450mm
② 456mm
③ 500mm
④ 509mm

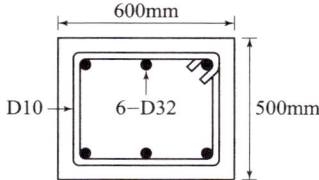

| 해답 | ②

띠철근의 간격은 다음 값 중 최소값 사용
• 축방향 철근직경의 16배 이하 : $31.8 \times 16 = 508.8$mm
• 띠철근 직경의 48배 이하 : $9.5 \times 48 = 456$mm
• 기둥단면의 최소 치수 이하 : 500mm 이하
  ∴ 최대 수직간격 : 456mm(최소값)

□□□ 산 11,12,15,18①

18 나선철근 또는 띠철근의 배근된 압축부재에서 축방향 철근의 순간격에 대한 설명으로 옳은 것은?

① 40mm 이상, 또한 철근 공칭지름의 1.5배 이상으로 하여야 한다.
② 50mm 이상, 또한 철근 공칭지름 이상으로 하여야 한다.
③ 50mm 이상, 또한 철근 공칭지름의 1.5배 이상으로 하여야 한다.
④ 40mm 이상, 또한 철근 공칭지름 이하로 하여야 한다.

| 해답 | ①

나선철근 또는 띠철근이 배근된 압축부재에서 축방향 철근의 순간격은 40mm 이상, 또한 철근 공칭지름의 1.5배 이상으로 하여야 한다.

□□□ 산 96,00,05,10,14,18①
19 합성형 교량에서 콘크리트 슬래브와 강재보의 상부 플랜지를 일체화시키기 위해 사용하는 것은?

① 브레이싱
② 스티프너
③ 전단 연결재
④ 리벳

| 해답 | ③

전단 연결재
접합면의 수평 전단 응력에 저항하여 판형과 슬래브가 일체로 작용하도록 하기 위하여 설치한 것으로 판형의 상부 플랜지에 소요의 간격으로 용접하여 설치한다.

□□□ 산 11,12,13,16,17
20 콘크리트의 설계기준강도 $f_{ck} = 35\text{MPa}$, 콘크리트의 압축강도 $f_c = 8\text{MPa}$일 때 콘크리트의 탄성변형에 의한 PS강재의 프리스트레스 감소량은? (단, n은 7)

① 40MPa
② 48MPa
③ 56MPa
④ 64MPa

| 해답 | ③

$$\Delta f_p = E_p \cdot \frac{f_c}{E_c} = n \cdot f_c = 7 \times 8 = 56\,\text{MPa}$$

02 5Pick Remember 60선

측량 및 토질　　　CBT 대비

1 측량학

□□□ 산 12②, 14④, 18①

21 그림과 같은 삼각형의 꼭지점 A, B, C의 좌표가 A(50, 20), B(20, 50), C(70, 70)일 때, A를 지나며, △ABC의 넓이를 $m : n = 4 : 3$으로 분할하는 P점의 좌표는? (단, 좌표의 단위는 m이다.)

① (58.6, 41.4)
② (41.4, 58.6)
③ (50.6, 63.4)
④ (50.4, 65.6)

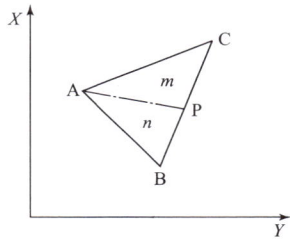

| 해답 | ②

$$\overline{BP} = \overline{BC}\, \frac{n}{m+n}$$

- $X_P = X_B + \overline{BC}_X\, \dfrac{n}{m+n} = 20 + (70-20) \times \dfrac{3}{4+3} = 41.4\,\text{m}$
- $Y_P = Y_B + \overline{BC}_Y\, \dfrac{n}{m+n} = 50 + (70-50) \times \dfrac{3}{4+3} = 58.6\,\text{m}$

∴ $P(41.4,\ 58.6)$

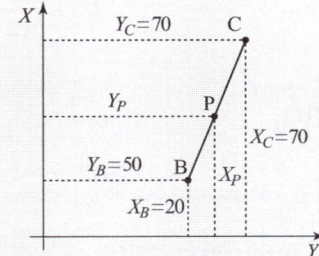

□□□ 산 13,17
22 삼변측량에서 $\cos A$를 구하는 식으로 옳은 것은?

① $\dfrac{a^2+c^2-b^2}{2ac}$

② $\dfrac{b^2+c^2-a^2}{2bc}$

③ $\dfrac{a^2+b^2-c^2}{2bc}$

④ $\dfrac{a^2-c^2+b^2}{2ac}$

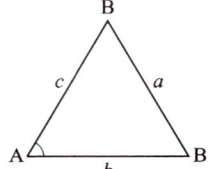

| 해답 | ②

cosine 제2법칙

- $\cos A = \dfrac{b^2+c^2-a^2}{2bc}$
- $\cos B = \dfrac{a^2+c^2-b^2}{2ac}$
- $\cos C = \dfrac{a^2+b^2-c^2}{2ab}$

□□□ 산 12,13,17,20②
23 도로와 철도의 노선 선정 시 고려해야 할 사항에 대한 설명으로 옳지 않은 것은?

① 성토를 절토보다 많게 해야 한다.
② 가급적 급경사 노선은 피하는 것이 좋다.
③ 기존 시설물의 이전비용 등을 고려한다.
④ 건설비·유지비가 적게 드는 노선이어야 한다.

| 해답 | ①

토공량이 적도록 하고 절토와 성토가 균형을 이루도록 한다.(경제성)

□□□ 산 14,17

24 교점(I.P)는 도로의 기점에서 187.94m의 위치에 있고 곡선반지름 250m, 교각 43°57′20″인 단곡선의 접선길이는?

① 87.046m
② 100.894m
③ 288.834m
④ 350.447m

| 해답 | ②

접선길이 $T.L = R\tan\dfrac{I}{2}$

$\qquad = 250\tan\dfrac{43°57′20″}{2} = 100.894\,\text{m}$

□□□ 산 12,14,17,19①

25 도로의 노선측량에서 종단면도에 나타나지 않는 항목은?

① 각 관측점에서의 계획고
② 각 관측점의 기점으로부터의 누적거리
③ 지반고와 계획고에 대한 성토, 절토량
④ 각 관측점의 지반고

| 해답 | ③

종단면도 기입사항
측점, 거리(추가거리), 지반고, 계획고, 성토고, 절토고, 계획선의 구배

□□□ 산 13②,18①

26 그림과 같은 개방 트래버스에서 CD측선의 방위는?

① N50°W
② S30°E
③ S50°W
④ N30°E

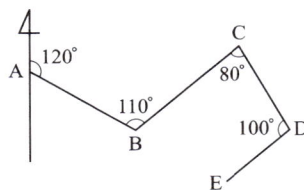

| 해답 | ②
AB측선의 방위각 =120°
BC측선의 방위각 =120°−180°+110°=50°
CD측선의 방위각 =50°+180°−80°=150°
CD측선의 방위 : S(180°−150°)E =S30°E

□□□ 산 11,17
27 하천측량을 실시할 경우 수애선의 기준이 되는 것은?

① 고수위　　　　　　② 평수위
③ 갈수위　　　　　　④ 홍수위

| 해답 | ②
수애선
수면과 하애와의 경계선으로 하천 수위의 변화에 따라 다르며 평수위(O.W.L)에 의하여 결정된다.

□□□ 산 12①,18①
28 하천 양안의 고저차를 관측할 때 교호수준측량을 하는 가장 주된 이유는?

① 개인오차를 제거하기 위하여
② 기계오차(시준측 오차)를 제거하기 위하여
③ 과실에 의한 오차를 제거하기 위하여
④ 우연오차를 제거하기 위하여

| 해답 | ②
교호 수준 측량
• 목적 : 높은 정밀도를 필요로 할 경우
• 이유 : 하천을 횡단할 때 기계(시준)오차 및 광선의 굴절에 의한 오차를 소거하기 위하여

□□□ 산 11①,18①,20③
29 등고선의 성질에 대한 설명으로 옳지 않은 것은?

① 어느 지점의 최대경사 방향은 등고선과 평행한 방향이다.
② 경사가 급한 지역은 등고선 간격이 좁다.
③ 동일 등고선 위의 지점들은 높이가 같다.
④ 계곡선(합수선)은 등고선과 직교한다.

|해답| ①
어느 지점의 최대경사의 방향은 등고선과 직각으로 교차한다.

□□□ 산 10,12,14,18②
30 거리관측의 정밀도와 각관측의 정밀도가 같다고 할 때 거리관측의 허용오차를 1/3000로 하면 각관측의 허용오차는?

① $4''$
② $41''$
③ $1'9''$
④ $1'2$

|해답| ③
$$\frac{\Delta l}{l} = \frac{1}{3000} = \frac{\alpha}{206265''}$$
$$\therefore \alpha = \frac{1 \times 206265''}{3000} = 69'' = 1'9''$$

2 토질 및 기초

□□□ 산 92,10,12,13,15,17,18

31 다음 중 표준관입시험으로부터 추정하기 어려운 항목은?

① 극한지지력
② 상대밀도
③ 점성토의 연경도
④ 투수성

| 해답 | ④

N치로부터 추정되는 사항

모래지반	점토지반
• 상대밀도 • 탄성계수 • 내부마찰각 • 지지력계수 • 침하량에 대한 허용지지력	• 점착력 • 일축압축강도 • 컨시스턴시(연경도) • 기초에 대한 허용지지력 • 파괴에 대한 극한지지력

□□□ 산 00,02,06,12,15,16,19①

32 다음 그림과 같은 모래지반에서 $X-X$ 단면의 전단강도는?
(단, $\gamma_w = 9.81\text{kN/m}^3$, $\phi = 30°$, $c = 0$)

① 15.6kN/m^2
② 21.4kN/m^2
③ 31.4kN/m^2
④ 42.7kN/m^2

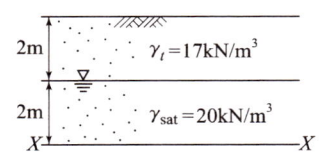

| 해답 | ③

$\tau = c + \overline{\sigma} \tan\phi$
• $\overline{\sigma} = \gamma_t h_1 + (\gamma_{sat} - \gamma_w) h_2$
  $= 17 \times 2 + (20 - 9.81) \times 2 = 54.38\text{kN/m}^2$
∴ $\tau = 0 + 54.38\tan 30° = 31.4\text{kN/m}^2$

□□□ 산 90,96,01,03,06,10,12,14,15,16,17,20③
33 어느 모래층의 간극률이 20%, 비중이 2.65이다. 이 모래의 한계 동수경사는?

① 1.32
② 1.38
③ 1.42
④ 1.48

| 해답 | ①

한계동수경사 $i_c = \dfrac{G_s - 1}{1 + e}$

- $e = \dfrac{n}{1-n} = \dfrac{0.20}{1-0.20} = 0.25$

∴ $i_c = \dfrac{2.65 - 1}{1 + 0.25} = 1.32$

□□□ 산 86,92,93,01,03,09,14,17,20③
34 4m×6m크기의 직사각형 기초에 $100kN/m^2$의 등분포 하중이 작용할 때 기초 아래 5m 깊이에서의 지중응력 증가량을 2:1 분포법으로 구한 값은?

① $14.2kN/m^2$
② $18.2kN/m^2$
③ $24.2kN/m^2$
④ $28.2kN/m^2$

| 해답 | ③

$$\Delta\sigma_z = \dfrac{q \cdot B \cdot L}{(B+Z)(L+Z)}$$

$$= \dfrac{100 \times 4 \times 6}{(4+5)(6+5)} = 24.24 kN/m^2$$

□□□ 산 95,99,03,06,13,15,18②④
35 자연상태 흙의 일축압축강도가 $50kN/m^2$고 이 흙을 교란시켜 일축압축강도 시험을 하니 강도가 $10kN/m^2$이였다. 이 흙의 예민비는 얼마인가?

① 50
② 10
③ 5
④ 1

| 해답 | ③

예민비 $S_t = \dfrac{q_u}{q_{ur}} = \dfrac{50}{10} = 5$

- q_u : 불교란시료의 일축압축강도
- q_{ur} : 교란시료의 일축압축강도

□□□ 산 92,98,00,05,11,15
36 원주상의 공시체에 수직응력이 $100kN/m^2$, 수평응력이 $50kN/m^2$일 때 공시체의 각도 30° 경사면에 작용하는 전단응력은?

① $17kN/m^2$
② $22kN/m^2$
③ $35kN/m^2$
④ $43kN/m^2$

| 해답 | ②

$$\tau = \dfrac{\sigma_1 - \sigma_3}{2}\sin 2\theta$$
$$= \dfrac{100-50}{2}\sin(2 \times 30°) = 22kN/m^2$$

□□□ 산 90,98,01,15
37 지표면이 수평이고 옹벽의 뒷면과 흙과의 마찰각이 0°인 연직옹벽에서 Coulomb의 토압과 Rankine의 토압은 어떻게 되는가?

① Coulomb의 토압은 항상 Rankine의 토압보다 크다.
② Coulomb의 토압은 Rankine의 토압보다 클 때도 있고, 작을 때도 있다.
③ Coulomb의 토압과 Rankine의 토압은 같다.
④ Coulomb의 토압은 항상 Rankine의 토압보다 작다.

| 해답 | ③

지표면이 수평 $i=0$, 마찰각 $\phi=0°$인 연직 옹벽에서 Coulomb의 토압과 Rankine의 토압은 같다.

□□□ 산 93,01,03,10,15,18②④
38 다음 중 사면의 안정해석방법이 아닌 것은?

① 마찰원법
② 비숍(Bishop)의 방법
③ 펠레니우스(Fellenius) 방법
④ 카사그란데(Casagrande)의 방법

| 해답 | ④

- 사면의 안정해석법
  분할법(비숍(Bishop)의 방법, 펠레니우스(Fellenius) 방법), 마찰원법, Taylor의 해법
- 카사그란데(Casagrande) : 통일분류법 고안

□□□ 산 92,99,01,03,06,07,14,15
39 현장 토질조사를 위하여 베인 테스트(Vane Test)를 행하는 경우가 종종 있다. 이 시험은 다음 중 어느 경우에 많이 쓰이는가?

① 연약한 점토의 점착력을 알기 위해서
② 모래질 흙의 다짐도를 측정하기 위해서
③ 모래질 흙의 내부마찰각을 알기 위해서
④ 모래질 흙의 투수계수를 측정하기 위하여

| 해답 | ①

베인시험(vane test)
연약한 점토 또는 대단히 예민한 점토지반의 점착력을 측정하는 시험으로 회전저항모멘트를 측정하여 비배수 점착력을 직접측정하는 전단시험

□□□ 산 90,91,96,01,13,15,20③
40 어떤 퇴적지반의 수평방향 투수계수가 4.0×10^{-3} cm/s이고, 수직방향 투수계수가 3.0×10^{-3} cm/s일 때 등가투수계수는 얼마인가?

① 3.46×10^{-3} cm/s
② 5.0×10^{-3} cm/s
③ 6.0×10^{-3} cm/s
④ 6.93×10^{-3} cm/s

| 해답 | ①

$$K = \sqrt{K_h \cdot K_v} = \sqrt{4 \times 10^{-3} \times 3 \times 10^{-3}} = 3.46 \times 10^{-3} \text{cm/sec}$$

03 5Pick Remember 60선

수자원설계 / CBT 대비

1 수리학

 산 13①, 16②, 19④

41 단면적이 200cm²인 90° 굽어진 관(1/4원의 형태)을 따라 유량 $Q = 0.05\text{m}^3/\text{s}$의 물이 흐르고 있다. 이 굽어진 면에 작용하는 힘(P)은? (단, 무게 $1\text{kg} = 9.8\text{N}$)

① 157N
② 177N
③ 1570N
④ 1770N

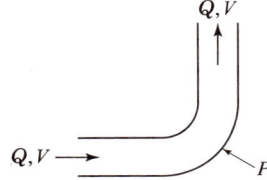

| 해답 | ②

$$P = \sqrt{P_x + P_y}$$

- $P_x = \dfrac{wQ}{g}(V_1 - V_2)$
- $V = \dfrac{Q}{A} = \dfrac{0.05}{200 \times 10^{-4}} = 2.5\,\text{m/sec}$
- 물의 단위중량 $w = 9.8\text{kN/m}^3$
- $F_x = \dfrac{9.80 \times 0.05}{9.8}(2.5 - 0) = 0.125\text{kN}$

- $F_y = \dfrac{wQ}{g}(V_2 - V_1)$

$= \dfrac{9.8 \times 0.05}{9.8}(0 - 2.5) = -0.125\text{kN}$

$\therefore F = \sqrt{(0.125)^2 + (-0.125)^2} = 0.1768\text{kN} = 177\text{N}$

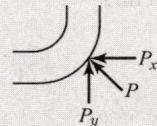

□□□ 산 94,99,08,12,13,16

42 안지름 0.5m, 두께 20mm의 수압판이 15N/cm²의 압력을 받고 있을 때, 관벽에 작용하는 인장응력은?

① 46.8N/cm² ② 93.7N/cm²
③ 140.6N/cm² ④ 187.5N/cm²

해답 ④

인장응력 $\sigma_{ta} = \dfrac{PD}{2t}$

- 관내 수압 $P = 15\,\text{N/cm}^2$
- 관의 내경 $D = 0.5\,\text{m} = 50\,\text{cm}$
- 관의 두께 $t = 20\,\text{mm} = 2\,\text{cm}$

$\therefore \sigma_{ta} = \dfrac{15 \times 50}{2 \times 2} = 187.5\,\text{N/cm}^2$

□□□ 산 95,96,12,16

43 직각 삼각위어(weir)에서 월류 수심이 1m이면 유량은? (단, 유량계수 $C = 0.59$이다.)

① 1.0m³/s ② 1.4m³/s
③ 1.8m³/s ④ 2.2m³/s

해답 ②

$Q = \dfrac{8}{15} C \tan\dfrac{\theta}{2} \sqrt{2g}\, h^{5/2}$

$= \dfrac{8}{15} \times 0.59 \times \tan\dfrac{90°}{2} \times \sqrt{2 \times 9.8} \times 1^{5/2}$

$= 1.4\,\text{m}^3/\text{sec}$

□□□ 산 04,06,15,16
44 관수로의 마찰손실수두에 관한 설명으로 틀린 것은?

① 관의 조도에 반비례한다.
② 관수로의 길이에 정비례한다.
③ 층류에서는 레이놀즈수에 반비례한다.
④ 관내의 직경에 반비례한다.

| 해답 | ①

$$f = \phi''\left(\frac{1}{R_e}, \frac{e}{D}\right) \quad \therefore \text{관의 내면조도}\left(\frac{e}{D}\right)\text{에 비례한다.}$$

□□□ 산 04,10,16
45 관수로에 물이 흐르고 있을 때 유속을 구하기 위하여 적용할 수 있는 식은?

① Torricelli 정리 ② 파스칼의 원리
③ 운동량 방정식 ④ 물의 연속 방정식

| 해답 | ④

연속방정식(수류연속방정식)
• $Q = A_1 V_1 = A_2 V_2 = \text{const}$
• 연속방정식은 질량불변의 법칙을 의미한다.

□□□ 산 94,95,00,12,16,17,19①
46 유속 20m/s, 수평면과의 각 60°로 사출된 분수가 도달하는 최대 연직높이는? (단, 공기 및 기타 저항은 무시한다.)

① 12.3m ② 13.3m
③ 14.3m ④ 15.3m

| 해답 | ④

$$H_{max} = \frac{V^2}{2g}\sin^2\theta = \frac{20^2}{2 \times 9.8}\sin^2 60° = 15.3\,\text{m}$$

☐☐☐ 산 11,14,16
47 Darcy의 법칙에 대한 설명으로 옳은 것은?

① 점성계수를 구하는 법칙이다.
② 지하수의 유속은 동수경사에 비례한다는 법칙이다.
③ 관수로의 흐름에 대한 상사법칙이다.
④ 개수로의 흐름에 대한 상사법칙이다.

| 해답 | ②

Darcy의 법칙 : $v = ki = k\dfrac{\Delta h}{l}$

∴ 지하수의 유속(v)은 동수경사$\left(\dfrac{\Delta h}{l}\right)$에 비례한다는 법칙이다.

☐☐☐ 산 00,01,04,11,12,16
48 대수층이 두께 3.8m, 폭 1.5m일 때 지하수의 유량은? (단, 상·하류 두 지점 사이의 수두차 1.6m, 수평거리 520m, 투수계수 $K = 300$m/d)

① $4.28\text{m}^3/\text{d}$ ② $5.26\text{m}^3/\text{d}$
③ $6.38\text{m}^3/\text{d}$ ④ $7.46\text{m}^3/\text{d}$

| 해답 | ②

$Q = VA = kIA = k\dfrac{h}{L}A = 300 \times \dfrac{1.6}{520} \times (3.8 \times 1.5) = 5.26\,\text{m}^3/\text{day}$

☐☐☐ 산 05,09,11,16
49 직사각형 단면 개수로의 수리상 유리한 형상의 단면에서 수로의 수심이 2m라면 이 수로의 경심(R)은?

① 0.5m ② 1m
③ 2m   ④ 4m

| 해답 | ②

직사각형의 유리한 단면 : $B=2H$, $R=\dfrac{H}{2}$

∴ 경심 $R=\dfrac{H}{2}=\dfrac{2}{2}=1\text{m}$

□□□ 산 05,11,16

50 양쪽의 수위가 다른 저수지를 벽으로 차단하고 있는 상태에서 벽의 오리피스를 통하여 ①에서 ②로 물이 흐르고 있을 때 하류측에서의 유속은?

① $\sqrt{2gz_1}$
② $\sqrt{2gz_2}$
③ $\sqrt{2g(z_1-z_2)}$
④ $\sqrt{2g(z_1+z_2)}$

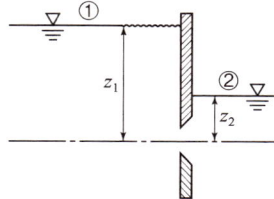

| 해답 | ③

상하류의 수문에서 유속
$V=\sqrt{2gh}=\sqrt{2g(h_1-h_2)}=\sqrt{2g(z_1-z_2)}$

2 상하수도 계획

□□□ 산 95,98,09,13,16①,19④

51 하천에 오수가 유입될 때 하천의 자정작용 중 최초의 분해지대에서 BOD가 감소하는 주원인은?

① 유기물의 침전
② 탁도의 증가
③ 온도의 변화
④ 미생물의 번식

| 해답 | ④

분해지대의 BOD 감소 원인
호기성 미생물(박테리아)의 활동과 번식, 오염물질의 분해활동

□□□ 산 16②, 19④
52 하수관거의 경사와 유속에 대한 설명으로 틀린 것은?

① 관거의 경사는 하류로 갈수록 감소시켜야 한다.
② 유속이 너무 크면 관거를 손상시키고 내용년수를 줄어들게 한다.
③ 유속을 너무 크게 하면 경사가 급하게 되어 굴착 깊이가 점차 깊어져서 시공이 곤란하고 공사비용이 증대된다.
④ 오수관거의 최대유속은 계획시간 최대 오수량에 대하여 1.0m/s로 한다.

|해답| ④

오수관거는 계획시간 최대 오수량에 대하여 유속을 최소 0.6m/sec, 최대 3.0m/sec로 한다.

□□□ 산 98, 16
53 배출수 처리시설 중 농축조 용량의 표준으로 옳은 것은?

① 계획슬러지량의 3~6시간분
② 계획슬러지량의 6~12시간분
③ 계획슬러지량의 12~24시간분
④ 계획슬러지량의 24~48시간분

|해답| ④

농축조
- 용량 : 계획슬러지량의 24~48시간분을 표준
- 고형물 부하 : $10~20kg/(m^2 \cdot day)$을 표준
- 농축조 : 2지 이상으로 한다.

□□□ 산 97, 04, 07, 14, 16
54 상수의 소독방법 중 염소살균과 오존살균에 대한 설명으로 옳지 않은 것은?

① 오존의 살균력은 염소보다 우수하다.
② 오존살균은 배오존처리설비가 필요하다.
③ 오존살균은 염소살균에 비하여 잔류성이 강하다.
④ 염소살균은 발암물질인 트리할로메탄(THM)을 생성시킬 가능성이 있다.

| 해답 | ③
- 염소살균은 오존살균에 비하여 잔류성이 강하다.
- 염소소독의 장점은 소독효과가 우수하고 대량의 물에 대해서도 용이하게 소독이 강하며 소독효과가 잔류하는 점을 들 수 있다.
- 오존처리의 단점은 효과의 지속성이 없다.

□□□ 산 01,03,07,16
55 펌프의 양수량을 조절하는 방식이 아닌 것은?

① 펌프의 회전 방향을 변경하는 방법
② 토출밸브의 개폐 정도를 변경하는 방법
③ 펌프의 회전수를 변화하는 방법
④ 펌프의 운전대수를 증감하는 방법

| 해답 | ①
Pump의 양수량(토출량) 조절방법
- 펌프의 회전수를 바꾸는 방법
- 펌프의 운전대수의 제어
- 펌프 토출밸브의 개폐제어
- 왕복펌프의 플랜지 스트로크를 변경

□□□ 산 97,04,07,08,16,18④
56 활성슬러지법에서 유입하수의 BOD5가 180mg/L, SS가 200mg/L, 폭기조 체류시간 6시간, 폭기조의 MLSS가 2000mg/L일 때 BOD-SS부하(F/M비)는?

① 0.02kg/kg·MLSS·d   ② 0.36kg/kg·MLSS·d
③ 0.40kg/kg·MLSS·d   ④ 0.76kg/kg·MLSS·d

| 해답 | ②

$$F/M비 = \frac{BOD}{MLSS \cdot t} = \frac{180}{2000 \times \frac{6}{24}} = 0.36 \, kg/kg \cdot MLSS \cdot d$$

□□□ 산 04,06,16,18②

57 펌프장 설계 시 검토하여야 할 비정상 현상으로 아래에서 설명하고 있는 것은?

> 만관 내에 흐르고 있는 물의 속도가 급격히 변화하여 압력변화가 발생하는 현상이다. 이에 의한 압력 상승 및 압력 강하의 크기는 유속의 변화정도, 관로 상황, 유속, 펌프의 성능 등에 따라 다르지만, 펌프, 밸브, 배관 등에 이상 압력이 걸려 진동, 소음을 유발 하고, 펌프 및 전동기가 역회전 하는 경우도 있으므로 충분한 검토가 필요하다.

① 서어징(surging)
② 캐비네이션(cavitation)
③ 수격작용(water hammer)
④ 팽화 현상(bulking)

|해답| ③

수격작용(water hammer)
- 관내를 충만히 흐르고 있는 물의 속도가 급격히 변화하면 수압도 심한 변화를 일으키는 현상
- 관로유속의 급격한 변화로 인한 충격현상으로 관내압력이 급상승 또는 급강하는 현상으로 관로의 파손사고 등을 일으킨다.

□□□ 산 01,08,09,10,11,15,16①②,19④

58 하수관거내의 침전물에서 방출하는 가스 중 관정부식의 주요 원인이 되는 것은?

① CH_4
② H_2S
③ Cl^-
④ CO_2

|해답| ②

- 황화합물(S)이 원인이 되어 관정부식이 발생한다.
- 황화수소(H_2S)가 하수관내의 공기 중으로 솟아오르면서 콘크리트관을 부식파괴 하는 현상을 관정부식이라 한다.

□□□ 산 96,98,00,02,04,07,08,09,11,15,16
59 하수관거에서 관정부식(crown corrosion)의 주된 원인 물질은?

① 황화합물 ② 질소화합물
③ 철화합물 ④ 인화합물

> **해답** ①
> - 황화합물(S)이 원인이 되어 관정부식이 발생한다.
> - 황화수소(H_2S)가 하수관내의 공기 중으로 솟아오르면서 콘크리트관을 부식파괴 하는 현상을 관정부식이라 한다.

□□□ 산 96,98,08,12,14,16
60 호수의 부영양화 현상을 일으키는 주된 물질로 짝지어진 것은?

① 산소, 탄소 ② 인, 질소
③ 수은, 니켈 ④ 카드뮴, 납

> **해답** ②
> 부영양화의 주된 원인 물질
> 질소(N), 인(P), 염류 등과 같은 조류의 번식에 양분이 될 물질들이 유입 축척될 때 일어난다.

[별책부록]

토목산업기사 4주완성

별책부록

저 자	이상도 · 정경동 고길용 · 안광호 한응규 · 홍성협
발행인	이 종 권

2018年　1月　17日　초 판 발 행
2019年　2月　12日　1차개정발행
2020年　2月　 5日　2차개정발행
2021年　1月　12日　3차개정발행
2022年　1月　10日　4차개정발행
2023年　1月　18日　5차개정발행
2024年　1月　 5日　6차개정발행
2025年　1月　24日　7차개정발행
2026年　1月　13日　8차개정발행

發行處　(주) 한솔아카데미

(우)06775 서울시 서초구 마방로10길 25 트윈타워 A동 2002호
TEL : (02)575-6144/5　　FAX : (02)529-1130
〈1998. 2. 19 登錄 第16-1608號〉

※ 본 교재의 내용 중에서 오타, 오류 등은 발견되는 대로 한솔아카데미 인터넷 홈페이지를 통해 공지하여 드리며 보다 완벽한 교재를 위해 끊임없이 최선의 노력을 다하겠습니다.

※ 파본은 구입하신 서점에서 교환해 드립니다.

www.inup.co.kr / www.bestbook.co.kr

ISBN 979-11-6654-747-8 13530

Hansol Academy

수학의 마술(2권)
아서 벤저민 저, 이경희, 윤미선,
김은현, 성지현 옮김
206쪽 | 24,000원

**스트레스,
과학으로 풀다**
그리고리 L. 프리키온, 애너이브
코비치, 앨버트 S.융 저
176쪽 | 20,000원

행복충전 50Lists
에드워드 호프만 저
272쪽 | 16,000원

지치지 않는 뇌 휴식법
이시카와 요시키 저
188쪽 | 12,800원

지능형홈관리사
김일진, 이익신, 송한춘, 황준호,
장우성 공저
500쪽 | 35,000원

**스마트 건설,
스마트 시티, 스마트 홈**
김선근 저
436쪽 | 19,500원

**e-Test 엑셀
ver.2016**
임창인, 조은경, 성대근, 강현권
공저
268쪽 | 17,000원

**e-Test 파워포인트
ver.2016**
임창인, 권영희, 성대근, 강현권
공저
206쪽 | 15,000원

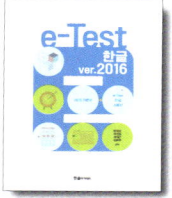

**e-Test 한글
ver.2016**
임창인, 이권일, 성대근, 강현권
공저
198쪽 | 13,000원

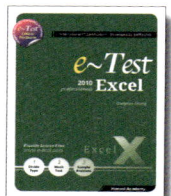

**e-Test 엑셀
2010(영문판)**
Daegeun-Seong
188쪽 | 25,000원

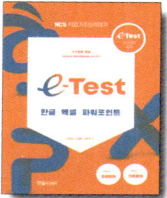

**e-Test
한글+엑셀+파워포인트**
성대근, 유재휘, 강현권 공저
412쪽 | 28,000원

**재미있고 쉽게 배우는
포토샵 CC2020**
이영주 저
320쪽 | 23,000원

토목기사 4주완성

이상도, 고길용, 안광호, 한웅규, 홍성협, 김지우
1,054쪽 | 45,000원

토목기사 실기

김태선, 박광진, 홍성협, 김창원, 김상욱, 이상도, 한웅규
1,540쪽 | 52,000원

※ 구입처는 **전국대형서점**에서 구매하실 수 있습니다.

www.bestbook.co.kr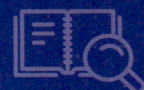

건축시공학
이찬식, 김선국, 김예상, 고성석, 손보식, 유정호, 김태완 공저
776쪽 | 30,000원

현장실무를 위한 토목시공학
남기천,김상환,유광호,강보순, 김종민,최준성 공저
1,212쪽 | 45,000원

알기쉬운 토목시공
남기천, 유광호, 류명찬, 윤영철, 최준성, 고준영, 김연덕 공저
818쪽 | 28,000원

Auto CAD 오토캐드
김수영, 정기범 공저
364쪽 | 25,000원

친환경 업무매뉴얼
정보현, 장동원 공저
352쪽 | 30,000원

건축시공기술사 기출문제
배용환, 서갑성 공저
1,146쪽 | 69,000원

합격의 정석 건축시공기술사
조민수 저
904쪽 | 67,000원

건축시공기술사 용어해설
조민수 저
1,438쪽 | 70,000원

건축전기설비기술사 (상,하)
서학범 저
1,584쪽 | 70,000원(각 권)

디테일 기본서 PE 건축시공기술사
백종엽 저
730쪽 | 62,000원

디테일 마법지 PE 건축시공기술사
백종엽 저
504쪽 | 50,000원

용어설명1000 PE 건축시공기술사(상,하)
백종엽 저
2,148쪽 | 70,000원(각권)

역학의 정석
김성민, 김성범 공저
788쪽 | 52,000원

합격의 정석 토목시공기술사
김무섭, 조민수 공저
874쪽 | 60,000원

건설안전기술사
이태엽 저
776쪽 | 60,000원

소방기술사 上
윤정득, 박견용 공저
656쪽 | 55,000원

소방기술사 下
윤정득, 박견용 공저
730쪽 | 55,000원

소방시설관리사 1차 (상,하)
김흥준 저
1,630쪽 | 63,000원

건축에너지관계법해설
조홍호 저
614쪽 | 27,000원

ENERGYPULS
이광호 저
236쪽 | 25,000원

Hansol Academy

BIM 기본편
(주)알피종합건축사사무소
402쪽 | 32,000원

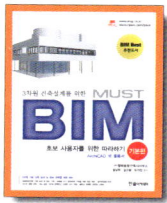
BIM 기본편 2탄
(주)알피종합건축사사무소
380쪽 | 28,000원

BIM 건축계획설계 Revit 실무지침서
BIMFACTORY
607쪽 | 35,000원

전통가옥에서 BIM을 보며
김요한, 함남혁, 유기찬 공저
548쪽 | 32,000원

BIM 주택설계편
(주)알피종합건축사사무소
박기백, 서창석, 함남혁, 유기찬 공저
514쪽 | 32,000원

BIM 활용편 2탄
(주)알피종합건축사사무소
380쪽 | 30,000원

BIM 건축전기설비설계
모델링스토어, 함남혁
572쪽 | 32,000원

BIM 토목편
송현혜, 김동욱, 임성순, 유자영, 심창수 공저
278쪽 | 25,000원

디지털모델링 방법론
이나래, 박기백, 함남혁, 유기찬 공저
380쪽 | 28,000원

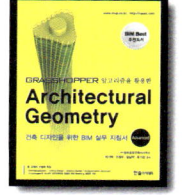
건축디자인을 위한 BIM 실무 지침서
(주)알피종합건축사사무소
박기백, 오정우, 함남혁, 유기찬 공저
516쪽 | 30,000원

BIM 전문가 건축 2급자격(필기+실기)
모델링스토어
760쪽 | 36,000원

BIM 전문가 토목 2급 실무활용서
채재현, 김영휘, 박준오, 소광영, 김소희, 이기수, 조수연
614쪽 | 35,000원

BE Architect
유기찬, 김재준, 차성민, 신수진, 홍유찬 공저
282쪽 | 20,000원

BE Architect 라이노&그래스호퍼
유기찬, 김재준, 조준상, 오주연 공저
288쪽 | 22,000원

BE Architect AUTO CAD
유기찬, 김재준 공저
400쪽 | 25,000원

건축관계법규(전3권)
최한석, 김수영 공저
3,544쪽 | 110,000원

건축법령집
최한석, 김수영 공저
1,490쪽 | 60,000원

건축법해설
김수영, 이종석, 김동화, 김용환, 조영호, 오호영 공저
918쪽 | 32,000원

건축설비관계법규
김수영, 이종석, 박호준, 조영호, 오호영 공저
790쪽 | 34,000원

건축계획
이순희, 오호영 공저
422쪽 | 23,000원

www.bestbook.co.kr

소방설비기사
전기분야 필기
김홍준, 신면순 공저
1,148쪽 | 40,000원

공무원 건축계획
이병억 저
800쪽 | 37,000원

7·9급 토목직
응용역학
정경동 저
1,192쪽 | 42,000원

응용역학개론 기출문제
정경동 저
686쪽 | 40,000원

측량학(9급 기술직/
서울시·지방직)
정병노, 염창열, 정경동 공저
756쪽 | 29,000원

응용역학(9급 기술직/
서울시·지방직)
이국형 저
628쪽 | 23,000원

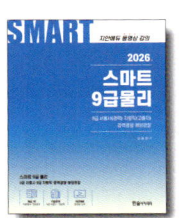
스마트 9급 물리
(서울시·지방직)
신용찬 저
422쪽 | 23,000원

7급 공무원
스마트 물리학개론
신용찬 저
996쪽 | 45,000원

1종 운전면허
도로교통공단 저
110쪽 | 13,000원

2종 운전면허
도로교통공단 저
110쪽 | 13,000원

지게차 운전기능사
건설기계수험연구회 편
216쪽 | 15,000원

굴삭기 운전기능사
건설기계수험연구회 편
224쪽 | 15,000원

지게차 운전기능사
3주완성
건설기계수험연구회 편
338쪽 | 12,000원

굴삭기 운전기능사
3주완성
건설기계수험연구회 편
356쪽 | 12,000원

초경량 비행장치
무인멀티콥터
권희춘, 김병구 공저
258쪽 | 22,000원

시각디자인 산업기사
4주완성
김영애, 서정술, 이원범 공저
1,102쪽 | 36,000원

시각디자인
기사·산업기사 실기
김영애, 이원범 공저
508쪽 | 35,000원

토목 BIM 설계활용서
김영휘, 박형순, 송윤상, 신현준,
안서현, 박진훈, 노기태 공저
388쪽 | 30,000원

BIM 전문가
토목 2급자격(필기+실기)
BIM전문가 토목연구회 공저
324쪽 | 32,000원

BIM 구조편
(주)알피종합건축사사무소
(주)동양구조안전기술 공저
536쪽 | 32,000원

Hansol Academy

조경기능사 실기
한상엽 저
823쪽 | 30,000원

산림기사 · 산업기사 1권
이윤진 저
888쪽 | 27,000원

산림기사 · 산업기사 2권
이윤진 저
974쪽 | 27,000원

전기기사시리즈(전6권)
대산전기수험연구회
2,240쪽 | 131,000원

전기기사 5주완성
전기기사수험연구회
2,140쪽 | 43,000원

전기산업기사 5주완성
전기산업기사수험연구회
1,964쪽 | 43,000원

전기공사기사 5주완성
전기공사기사수험연구회
2,096쪽 | 43,000원

전기공사산업기사 5주완성
전기공사산업기사수험연구회
1,606쪽 | 43,000원

전기(산업)기사 실기
대산전기수험연구회
766쪽 | 43,000원

전기기사 실기 20개년 과년도문제해설
대산전기수험연구회
992쪽 | 38,000원

전기기사시리즈(전6권)
김대호 저
3,230쪽 | 136,000원

전기기사 실기 기본서
김대호 저
964쪽 | 39,000원

전기기사 실기 기출문제
김대호 저
1,340쪽 | 43,000원

전기산업기사 실기 기본서
김대호 저
920쪽 | 39,000원

전기산업기사 실기 기출문제
김대호 저
1,076쪽 | 41,000원

전기기사/전기산업기사 실기 마인드 맵
김대호 저
232쪽 | 15,000원

CBT 전기기사 단기완성
이승원, 김승철, 윤종식 공저
1,244쪽 | 42,000원

전기기능사 3단계 핵심 및 과년도
김승철, 신면순, 오용환, 이승원 공저
876쪽 | 28,000원

전기기능사 3주완성
이승원, 김승철, 윤종식 공저
532쪽 | 27,000원

소방설비기사 기계분야 필기
김흥준, 윤중오 공저
1,212쪽 | 40,000원

 www.bestbook.co.kr

콘크리트기사 · 산업기사
4주완성(필기)
정용욱, 고길용, 전지현, 김지우 공저
856쪽 | 39,000원

콘크리트기사
과년도(필기)
정용욱, 고길용, 김지우 공저
684쪽 | 30,000원

콘크리트기사 · 산업기사
3주완성(실기)
정용욱, 한웅규, 홍성협, 전지현 공저
784쪽 | 33,000원

건설재료시험기사
4주완성(필기)
박광진, 이상도, 김지우, 전지현 공저
742쪽 | 39,000원

건설재료시험기사
과년도(필기)
고길용, 정용욱, 홍성협, 전지현 공저
692쪽 | 32,000원

건설재료시험기사
3주완성(실기)
고길용, 홍성협, 전지현, 김지우 공저
728쪽 | 33,000원

콘크리트기능사
3주완성(필기+실기)
고길용, 염창열, 전지현 공저
538쪽 | 27,000원

지적기능사(필기+실기)
3주완성
염창열, 정병노 공저
640쪽 | 30,000원

측량기능사 3주완성
염창열, 정병노, 고길용 공저
580쪽 | 29,000원

전산응용토목제도기능사
필기 3주완성
염창열, 김지우, 최진호 공저
644쪽 | 29,000원

건설안전기사 4주완성
필기
지준석, 조태연 공저
1,388쪽 | 38,000원

산업안전기사 4주완성
필기
지준석, 조태연 공저
1,560쪽 | 38,000원

공조냉동기계기사 필기
조성안, 이승원, 강희중 공저
1,358쪽 | 41,000원

공조냉동기계산업기사
필기
조성안, 이승원, 강희중 공저
1,236쪽 | 36,000원

공조냉동기계기사 실기
조성안, 강희중 공저
1,040쪽 | 38,000원

조경기사 · 산업기사
필기
이윤진 저
1,464쪽 | 49,000원

조경기사 · 산업기사
실기
이윤진 저
784쪽 | 45,000원

조경기능사 필기
이윤진 저
682쪽 | 29,000원

조경기능사 실기
이윤진 저
360쪽 | 29,000원

조경기능사 필기
한상엽 저
712쪽 | 28,000원

Hansol Academy

건축사 과년도출제문제
1교시 대지계획
한솔아카데미 건축사수험연구회
346쪽 | 33,000원

건축사 과년도출제문제
2교시 건축설계1
한솔아카데미 건축사수험연구회
192쪽 | 33,000원

건축사 과년도출제문제
3교시 건축설계2
한솔아카데미 건축사수험연구회
436쪽 | 33,000원

건축물에너지평가사
①건물 에너지 관계법규
건축물에너지평가사 수험연구회
852쪽 | 32,000원

건축물에너지평가사
②건축환경계획
건축물에너지평가사 수험연구회
516쪽 | 30,000원

건축물에너지평가사
③건축설비시스템
건축물에너지평가사 수험연구회
708쪽 | 32,000원

건축물에너지평가사
④건물 에너지효율설계·평가
건축물에너지평가사 수험연구회
648쪽 | 32,000원

건축물에너지평가사
2차실기(상)
건축물에너지평가사 수험연구회
940쪽 | 45,000원

건축물에너지평가사
2차실기(하)
건축물에너지평가사 수험연구회
905쪽 | 50,000원

토목기사시리즈
①응용역학
안광호, 김창원, 염철열, 정용욱 공저
540쪽 | 28,000원

토목기사시리즈
②측량학
남수영, 정경동, 고길용 공저
392쪽 | 28,000원

토목기사시리즈
③수리학 및 수문학
심기오, 노재식, 한웅규 공저
396쪽 | 28,000원

토목기사시리즈
④철근콘크리트 및 강구조
정경동, 정용욱, 고길용, 김지우 공저
464쪽 | 28,000원

토목기사시리즈
⑤토질 및 기초
안진수, 박광진, 김창원, 홍성협 공저
588쪽 | 28,000원

토목기사시리즈
⑥상하수도공학
노재식, 이상도, 한웅규, 정용욱 공저
544쪽 | 28,000원

10개년 핵심 토목기사
과년도문제해설
김창원 외 5인 공저
1,076쪽 | 46,000원

토목기사 4주완성
핵심 및 과년도문제해설
이상도, 고길용, 안광호, 한웅규, 홍성협, 김지우 공저
1,054쪽 | 45,000원

토목산업기사 4주완성
과년도문제해설
이상도, 정경동, 고길용, 안광호, 한웅규, 홍성협 공저
752쪽 | 42,000원

토목기사 실기
김태선, 박광진, 홍성협, 김창원, 김상욱, 이상도, 한웅규 공저
1,540쪽 | 52,000원

토목기사 실기
과년도문제해설
김태선, 이상도, 한웅규, 홍성협, 김상욱, 김지우 공저
892쪽 | 38,000원

한솔아카데미 발행도서

건축기사시리즈
①건축계획
이종석, 이병억 공저
432쪽 | 27,000원

건축기사시리즈
②건축시공
김형중, 한규대, 이명철 공저
570쪽 | 27,000원

건축기사시리즈
③건축구조
안광호, 홍태화, 고길용 공저
796쪽 | 27,000원

건축기사시리즈
④건축설비
오병칠, 권영철, 오호영 공저
564쪽 | 27,000원

건축기사시리즈
⑤건축법규
현정기, 조영호, 한웅규, 김주석 공저
622쪽 | 27,000원

건축기사 필기
(The Bible)
안광호, 백종엽, 이병억 공저
1,192쪽 | 45,000원

건축기사 4주완성
남재호, 송우용 공저
1,412쪽 | 47,000원

건축산업기사 4주완성
남재호, 송우용 공저
1,136쪽 | 44,000원

7개년 기출문제
건축산업기사 필기
한솔아카데미 수험연구회
868쪽 | 38,000원

건축설비기사 4주완성
남재호 저
1,088쪽 | 46,000원

건축설비산업기사
4주완성
남재호 저
872쪽 | 40,000원

10개년 핵심
건축설비기사 과년도
남재호 저
1,148쪽 | 40,000원

건축기사 실기
한규대, 김형중, 안광호, 이병억 공저
1,708쪽 | 53,000원

건축기사 실기
(The Bible)
안광호, 백종엽, 이병억 공저
1,000쪽 | 41,000원

건축기사 실기 14개년
과년도
안광호, 백종엽, 이병억 공저
688쪽 | 34,000원

건축산업기사 실기
한규대, 김형중, 안광호, 이병억 공저
696쪽 | 33,000원

건축산업기사 실기
(The Bible)
안광호, 백종엽, 이병억 공저
300쪽 | 30,000원

실내건축기사 4주완성
남재호 저
1,320쪽 | 39,000원

실내건축산업기사
4주완성
남재호 저
1,096쪽 | 32,000원

시공실무
실내건축(산업)기사 실기
안동훈, 이병억 공저
422쪽 | 30,000원

Speed Master
토목산업기사 4주완성

定價 42,000원

저 자 이상도 · 정경동
        고길용 · 안광호
        한웅규 · 홍성협

발행인 이 종 권

2018年 1月 17日 초 판 발 행
2019年 2月 12日 1차개정발행
2020年 2月   5日 2차개정발행
2021年 1月 12日 3차개정발행
2022年 1月 10日 4차개정발행
2023年 1月 18日 5차개정발행
2024年 1月   5日 6차개정발행
2025年 1月 24日 7차개정발행
2026年 1月 13日 8차개정발행

發行處 **(주) 한솔아카데미**

(우)06775 서울시 서초구 마방로10길 25 트윈타워 A동 2002호
TEL : (02)575-6144/5   FAX : (02)529-1130
〈1998. 2. 19 登錄 第16-1608號〉

※ 본 교재의 내용 중에서 오타, 오류 등은 발견되는 대로 한솔아
카데미 인터넷 홈페이지를 통해 공지하여 드리며 보다 완벽한
교재를 위해 끊임없이 최선의 노력을 다하겠습니다.

※ 파본은 구입하신 서점에서 교환해 드립니다.
www.inup.co.kr / www.bestbook.co.kr

ISBN 979-11-6654-747-8 13530

□□□ 산 96,98,10,11,16,17,20③

60 오수관거 및 우수관거의 최소관경에 대한 표준으로 옳은 것은?

① 오수관거 100mm, 우수관거 150mm
② 오수관거 150mm, 우수관거 100mm
③ 오수관거 200mm, 우수관거 250mm
④ 오수관거 250mm, 우수관거 200mm

하수도의 최소관경
- 오수관거 : 200mm를 표준
- 우수 및 합류관거 : 250mm를 표준

Remember

하수도관거

관거의 종류	최소 관경	최소 유속	최대유속
오수관거	200mm	0.6m/sec	3.0m/sec
우수 및 합류관거	250mm	0.8m/sec	3.0m/sec

□□□ 산 95,98,09,13,16①,19④
54 하천에 오수가 유입될 때 하천의 자정작용 중 최초의 분해지대에서 BOD가 감소하는 주원인은?

① 유기물의 침전 ② 탁도의 증가
③ 온도의 변화 ④ 미생물의 번식

> 분해지대의 BOD 감소 원인
> 호기성 미생물(박테리아)의 활동과 번식, 오염물질의 분해활동

Remember
미생물의 변화 4단계

4단계	용존산소(DO) 상태
분해지대	• 용존산소(DO)량이 크게 줄어드는 대신 CO_2가 많아진다.
활발한 분해지대	• 용존산소(DO)가 없으며 부패상태에 도달하게 된다.
회복지대	• DO농도가 포화될 정도로 증가되고 CO_2농도는 감소한다.
정수지대	• DO량도 많아서 오염된 물속에 살 수 없는 식물·동물이 번식한다.

□□□ 산 01,08,09,10,11,15,16①②,19④
55 하수관거내의 침전물에서 방출하는 가스 중 관정부식의 주요 원인이 되는 것은?

① CH_4 ② H_2S
③ Cl^- ④ CO_2

> • 황화합물(S)이 원인이 되어 관정부식이 발생한다.
> • 황화수소(H_2S)가 하수관내의 공기 중으로 솟아오르면서 콘크리트관을 부식파괴하는 현상을 관정부식이라 한다.

□□□ 산 02,07,11,15,17
56 Jar-test의 시험목적으로 옳은 것은?

① 응집제 주입량 결정 ② 염소 주입량 결정
③ 염소 접촉시간 결정 ④ 총 수처리 시간의 결정

> Jar test에 의해서 응집제 주입량과 최적 pH를 결정한다.

□□□ 산 97,02,03,07,10,11,13,14,16
57 어느 지역에 내린 강수가 하수관거에 유입되는 시간이 7min이고 하수관거의 길이는 540m이며 관내의 유속이 0.9m/s이라면 하수관거내의 유달시간은?

① 607min ② 600min
③ 17min ④ 10min

> 유달시간 $T = t_1 + \dfrac{L}{V}$
> • $V = 0.9 \times 60 = 54 \, m/min$
> $\therefore T = 7 + \dfrac{540}{54} = 17 \, min$

□□□ 산 10,15,16
58 상수 원수의 냄새·맛 제거에 이용되는 일반적인 방법이 아닌 것은?

① 오존 처리
② 입상활성탄 처리
③ 폭기(aeration)
④ 마이크로스트레이너(microstrainer)

> 맛과 냄새의 제거
> 폭기, 염소처리, 입상 및 활성탄 처리, 오존처리, 오존 입상활성탄처리

□□□ 산 97,04,07,08,16,18④
59 활성슬러지법에서 유입하수의 BOD_5가 180mg/L, SS가 200mg/L, 폭기조 체류시간 6시간, 폭기조의 MLSS가 2000mg/L일 때 BOD-SS부하(F/M비)는?

① 0.02kg/kg·MLSS·d ② 0.36kg/kg·MLSS·d
③ 0.40kg/kg·MLSS·d ④ 0.76kg/kg·MLSS·d

> $F/M비 = \dfrac{BOD}{MLSS \cdot t}$
> $= \dfrac{180}{2000 \times \dfrac{6}{24}} = 0.36 \, kg/kg \cdot MLSS \cdot d$

정답 54 ④ 55 ② 56 ① 57 ③ 58 ④ 59 ②

□□□ 산 86,91,06,08,15
50 개수로에 대한 설명으로 옳은 것은?

① 동수경사선과 에너지경사선은 항상 평행하다.
② 에너지경사선은 자유수면과 일치한다.
③ 동수경사선은 에너지경사선과 항상 일치한다.
④ 동수경사선과 자유수면은 일치한다.

> • 개수로의 흐름은 언제나 자유수면에 노출되어 동수경사선은 자유수면과 항상 일치한다.
> • 완전유체(등류)일 때는 유속수두가 동일하므로 에너지선과 동수경사선이 서로 평행하게 된다.

② 상하수도 계획

□□□ 산 97,08,09,13,17
51 ( )안에 들어갈 수치가 순서대로 바르게 짝지어진 것은?

> 침전이나 퇴적방지를 위하여 설정하는 최소허용 유속은 도수관에서는 ( )m/s, 우수관에서는 ( )m/s, 오수관에서는 ( )m/s를 적용한다.

① 0.3, 0.3, 0.3
② 0.3, 0.6, 0.6
③ 0.3, 0.8, 0.6
④ 0.6, 0.8, 3.0

> • 도수관에서는 모래 입자의 침전을 방지하기 위해서 최소유속은 0.3m/s
> • 우수관거 및 합류관거 내에서의 부유물 침전을 막기 위하여 계획우수량에 대하여 최소 유속은 0.8m/s
> • 오수관거 내에서 부유물 침전방지를 위해 계획하수량에 대해 최소유속은 0.6m/sec

□□□ 산 96,98,08,12,14,16
52 호수의 부영양화 현상을 일으키는 주된 물질로 짝지어진 것은?

① 산소, 탄소
② 인, 질소
③ 수은, 니켈
④ 카드뮴, 납

> 부영양화의 주된 원인 물질
> 질소(N), 인(P), 염류 등과 같은 조류의 번식에 양분이 될 물질들이 유입 축척될 때 일어난다.

□□□ 산 97,07,09,11,13,15,16
53 활성슬러지법에서 MLSS가 의미하는 것은?

① 폐수 중의 고형물
② 방류수 중의 부유물질
③ 폭기조 중의 부유물질
④ 침전지 상등수 중의 부유물질

> MLSS
> 폭기조내의 혼합액 부유물질로서 폭기조내의 미생물을 말한다.

44 층류와 난류를 구분할 수 있는 것은?

① Reynolds수 ② 한계구배
③ 한계수심 ④ Mach수

> ■ 후루드수 $F_r = \dfrac{V}{\sqrt{gh}}$
> - $F_r < 1$: 상류, $F_r > 1$: 사류
> $F_r = 1$: 한계류(이 때의 수심을 한계수심, 유속을 한계유속)
> ■ 레이놀즈 수 $R_e = \dfrac{VR}{\nu}$
> - $R_e < 500$: 층류, $R_e > 500$: 난류
> ∴ 레이놀즈 수(R_e)는 층류와 난류를 구별할 때 사용

45 유체의 기본성질에 대한 설명으로 틀린 것은?

① 압축률과 체적탄성계수는 비례관계에 있다.
② 압력변화와 체적변화율의 비를 체적탄성계수라 한다.
③ 액체와 기체의 경계면에 작용하는 분자 인력을 표면장력이라 한다.
④ 액체 내부에서 유체분자가 상대적인 운동을 할 때, 이에 저항하는 전단력이 작용한다. 이 성질을 점성이라 한다.

> 체적탄성계수 $E = \dfrac{1}{\text{압축률}(C)}$
> ∴ 압축률(C)과 체적탄성계수(E)는 반비례관계에 있다.

46 2초에 10m를 흐르는 물의 속도수두는?

① 1.18m ② 1.28m
③ 1.38m ④ 1.48m

> 속도수두 = $\dfrac{V^2}{2g}$
> - $V = \dfrac{10}{2} = 5\text{m/sec}$
> ∴ 속도수두 = $\dfrac{5^2}{2 \times 9.8} = 1.28\text{m}$

47 뉴턴유체(Newtonian fluid)에 대한 설명으로 옳은 것은?

① 전단속도 $\left(\dfrac{dv}{dy}\right)$의 크기에 따라 선형으로 점도가 변한다.
② 전단응력(τ)과 전단속도 $\left(\dfrac{dv}{dy}\right)$의 관계는 원점을 지나는 직선이다.
③ 물이나 공기 등 보통의 유체는 비뉴턴유체이다.
④ 유체가 압력의 변화에 따라 밀도의 변화를 무시할 수 없는 상태가 된 유체를 의미한다.

> 전단응력 $\tau = \mu \dfrac{dv}{dy}$은 중심(원점)에서는 0이고, 중심으로부터의 거리에 비례하는 직선형이다.

48 직각 삼각위어(weir)에서 월류 수심이 1m이면 유량은? (단, 유량계수 $C = 0.59$이다.)

① $1.0\text{m}^3/\text{s}$ ② $1.4\text{m}^3/\text{s}$
③ $1.8\text{m}^3/\text{s}$ ④ $2.2\text{m}^3/\text{s}$

> $Q = \dfrac{8}{15} C \tan\dfrac{\theta}{2} \sqrt{2g}\, h^{5/2}$
> $= \dfrac{8}{15} \times 0.59 \times \tan\dfrac{90°}{2} \times \sqrt{2 \times 9.8} \times 1^{5/2}$
> $= 1.4\text{m}^3/\text{sec}$

49 어떠한 경우라도 전단응력 및 인장력이 발생하지 않으며 전혀 압축되지도 않고, 마찰저항 $h_L = 0$인 유체는?

① 소성유체 ② 점성유체
③ 탄성유체 ④ 완전유체

> 완전유체(이상유체)
> 전단응력 및 인장력이 발생하지 않으며 압력증감에 따른 체적변화율이 없고 손실수두가 0인 유체

정답 44 ① 45 ① 46 ② 47 ② 48 ② 49 ④

□□□ 산 96,02,04,09,11,12,16

38 도로포장 두께 설계시 필요한 시험은?

① 표준관입시험   ② CBR시험
③ 콘관입시험   ④ 현장베인시험

CBR시험(노상토의 지지력비 시험)은 아스팔트 포장과 같은 연성포장 두께 결정에 사용되는 시험이다.

□□□ 산 11,16

39 다음 중 직접전단시험의 특징이 아닌 것은?

① 배수조건에 대한 완벽한 조절이 가능하다.
② 시료의 경계에 응력이 집중된다.
③ 전단면이 미리 정해진다.
④ 시험이 간단하고 결과 분석이 빠르다.

배수조건에 대한 배수조절이 어렵다.

□□□ 산 85,95,99,02,10①,20②

40 비교란 점토($\phi = 0$)에 대한 일축압축강도(q_u)가 36kN/m²이고 이 흙을 되비빔을 했을 때의 일축압축강도(q_{ur})가 12kN/m²이었다. 이 흙의 점착력(c_u)과 예민비(S_t)는 얼마인가?

① $c_u = 24$kN/m², $S_t = 0.3$
② $c_u = 24$kN/m², $S_t = 3.0$
③ $c_u = 18$kN/m², $S_t = 0.3$
④ $c_u = 18$kN/m², $S_t = 3.0$

• 내부 마찰각 $\phi = 0$인 점토의 일축압축강도 $q_u = 2c$
∴ 점착력 $c = \dfrac{q_u}{2} = \dfrac{36}{2} = 18\,\text{kN/m}^2$
• 예민비 $S_t = \dfrac{q_u}{q_{ur}} = \dfrac{36}{12} = 3.0$

제3과목 : 수자원설계

1 수리학

□□□ 산 96,99,12

41 어떤 선박의 배수용량이 3000kN(300ton)이며, 갑판에서 20kN(2ton)의 하중을 선박길이 방향의 직각방향으로 7m 이동시켰을 때 1/30radian 각도 만큼 기울어졌을 때의 경심고는? (단, 무게 1kg=10N, 1/30radian ≒ 1.91°)

① 1.20m   ② 1.30m
③ 1.40m   ④ 1.50m

$\overline{MG} = \dfrac{P \cdot l}{W \cdot \theta} = \dfrac{20 \times 7}{3000 \times \left(\dfrac{1}{30}\right)} = 1.40\text{m}$

□□□ 산 04,10,16

42 관수로에 물이 흐르고 있을 때 유속을 구하기 위하여 적용할 수 있는 식은?

① Torricelli 정리   ② 파스칼의 원리
③ 운동량 방정식   ④ 물의 연속 방정식

연속방정식(수류연속방정식)
• $Q = A_1 V_1 = A_2 V_2 = \text{const}$
• 연속방정식은 질량불변의 법칙을 의미한다.

□□□ 산 05,15,17

43 레이놀즈수가 1500인 관수로 흐름에 대한 마찰손실계수 f의 값은?

① 0.030   ② 0.043
③ 0.054   ④ 0.066

$R_e < 2000$: 층류, $R_e > 4000$: 난류
• 층류일 때의 마찰손실계수 $f = \dfrac{64}{R_e}$
∴ $f = \dfrac{64}{R_e} = \dfrac{64}{1500} = 0.043$

정답 38 ② 39 ① 40 ④ 41 ③ 42 ④ 43 ②

❷ 토질 및 기초

□□□ 산 90,97,14
31 두께 2m의 포화 점토층의 상하가 모래층으로 되어 있을 때 이 점토층이 최종 침하량의 90%의 침하를 일으킬 때까지 걸리는 시간은? (단, 압밀계수(C_v)는 1.0×10^{-5}cm²/sec, 시간계수(T_{90})는 0.848이다.)

① 0.788×10^9 sec ② 0.197×10^9 sec
③ 3.392×10^9 sec ④ 0.848×10^9 sec

$$t_{90} = \frac{T_v H^2}{C_v} = \frac{0.848\left(\frac{H}{2}\right)^2}{C_v}$$

$$= \frac{0.848 \times \left(\frac{200}{2}\right)^2}{1 \times 10^{-5}} = 0.848 \times 10^9 \text{ sec}$$

□□□ 산 97,00,05,07,09,12,14,15
32 다음의 지반개량공법 중 모래질 지반을 개량하는데 사용되는 것은?

① 다짐모래말뚝 공법 ② 페이퍼 드레인 공법
③ 프리로딩 공법 ④ 생석회말뚝 공법

다짐모래말뚝 공법
진동이나 충격을 이용한 공법으로 느슨한 사질토 지반에 널리 사용되고 점성토 지반에도 적용이 가능한 공법으로 시공관리가 까다롭다.

□□□ 산 80,84,86,90,91,93,96,97,12,13,16,17
33 유선망에 대한 설명으로 틀린 것은?

① 유선망은 유선과 등수두선(等水頭線)으로 구성되어 있다.
② 유로를 흐르는 침투수량은 같다.
③ 유선과 등수두선은 서로 직교한다.
④ 침투속도 및 동수구배는 유선망의 폭에 비례한다.

침투속도 및 동수구배는 유선망의 폭에 반비례한다.

□□□ 산 09,12,14,15,17①,19②
34 다짐에 대한 설명으로 틀린 것은?

① 조립토는 세립토보다 최적함수비가 작다.
② 조립토는 세립토보다 최대건조밀도가 높다.
③ 조립토는 세립토보다 다짐곡선의 기울기가 급하다.
④ 다짐에너지가 클수록 최대건조밀도는 낮아진다.

다짐에너지가(E_c)가 클수록 최대건조밀도($\gamma_{d\max}$)는 증가하고 최적함수비(W_{opt})는 작아진다.

□□□ 산 04,12,15
35 활동면위의 흙을 몇 개의 연직 평행한 절편으로 나누어 사면의 안정을 해석하는 방법이 아닌 것은?

① Fellenius 방법 ② 마찰원법
③ Spencer 방법 ④ Bishop의 간편법

마찰원법
동일한 토층중의 원호 활동에 적용한 것으로 원형 활동면상에 적용한 마찰력의 합력의 작용선이 활동으로 활동면상과 같은 중심의 적은 원에 접한 것을 고려한다.

□□□ 산 85,92,98,03,12,14,15
36 평판재하시험이 끝나는 조건에 대한 설명으로 잘못된 것은?

① 침하량이 15mm에 달할 때
② 하중강도가 현장에서 예상되는 최대 접지압을 초과할 때
③ 하중강도가 그 지반의 항복점을 넘을 때
④ 완전히 침하가 멈출 때

평판재하 시험의 끝나는 조건 : ①, ②, ③

□□□ 산 95,08,12
37 흙의 애터버그(Atterberg)한계는 어느 것으로 나타내는가?

① 공극비 ② 상대밀도
③ 포화도 ④ 함수비

애터버그 한계 : 함수비(%)로 표시한다.

□□□ 산 15

26 반지름 35km 이내 지역을 평면으로 가정하여 측량했을 경우 거리관측값의 정밀도는?
(단, 지구반지름 6370km이다.)

① 약 $\dfrac{1}{10^4}$ ② 약 $\dfrac{1}{10^5}$

③ 약 $\dfrac{1}{10^6}$ ④ 약 $\dfrac{1}{10^7}$

$\dfrac{d-D}{D} = \dfrac{D^2}{12R^2} = \dfrac{\Delta l}{l}$ 에서

$\therefore \dfrac{\Delta l}{l} = \dfrac{(2 \times 35)^2}{12 \times 6370^2} = \dfrac{1}{99372} \fallingdotseq \dfrac{1}{10^5}$

□□□ 산 13,16

27 갑, 을 두 사람이 A, B 두 점간의 고저차를 구하기 위하여 서로 다른 표척으로 왕복측량한 결과가 갑은 38.994m±0.008m, 을은 39.003m±0.004m일 때, 두 점간 고저차의 최확값은?

① 38.995m ② 38.999m
③ 39.001m ④ 39.003m

최확치 $H_o = \dfrac{P_A H_A + P_B H_B}{P_A + P_B}$

• 경중률은 측정오차의 제곱에 반비례한다.

$A : B = \dfrac{1}{8^2} : \dfrac{1}{4^2} = 16 : 64 = 1 : 4$

$\therefore H_o = \dfrac{1 \times 38.994 + 4 \times 39.003}{1+4} = 39.001\text{m}$

□□□ 산 10④,11④,13④,16②,17①②,19④,20②

28 매개변수 $A = 100\text{m}$인 클로소이드 곡선길이 $L = 50\text{m}$에 대한 반지름은?

① 20m ② 150m
③ 200m ④ 500m

$A^2 = RL$ 에서

$R = \dfrac{A^2}{L} = \dfrac{100^2}{50} = 200\text{m}$

□□□ 산 10①,18④

29 삼각측량에서 사용되는 대표적인 삼각망의 종류가 아닌 것은?

① 단열삼각망 ② 귀심삼각망
③ 사변형망   ④ 유심다각망

삼각망의 종류와 특징
• 단열삼각망 : 폭이 좁고 길이가 긴 지역에 적합하며 하천측량, 노선측량, 터널측량에 이용된다.
• 사변형 삼각망 : 특별히 높은 정밀도를 필요로 하는 측량이나 기선 삼각망 등에 사용된다.
• 유심삼각망 : 넓은 지역의 측량에 적당하며, 정밀도는 단열 삼각망과 사변형 삼각망의 중간이다.

□□□ 산 10,11,14,16

30 평면 직각 좌표에서 삼각점의 좌표가 $X(N) = -4500.36\text{m}$, $Y(E) = -654.25\text{m}$일 때 좌표원점을 중심으로 한 삼각점의 방위각은?

① 8° 16′ 30″   ② 81° 44′ 12″
③ 188° 16′ 18″ ④ 261° 44′ 26″

X, Y의 방위 $\theta = \tan^{-1} \dfrac{Y_B - Y_A}{X_B - X_A}$

$= \tan^{-1} \dfrac{-654.25}{-4500.36} = 8° 16′ 18″$

($\therefore$ 3상한)

$\therefore X, Y$의 방위각 $= 180° + 8° 16′ 18″ = 188° 16′ 18″$

$\dfrac{y_B - y_X}{x_B - x_a}$의 부호	상한
$\dfrac{+}{+}$	제1상한
$\dfrac{+}{-}$	제2상한
$\dfrac{-}{-}$	제3상한
$\dfrac{-}{+}$	제4상한

정답 26 ② 27 ③ 28 ③ 29 ② 30 ③

제2과목 : 측량 및 토질

1 측량학

□□□ 산 11①,17②,20②

21 삼각점으로부터 출발하여 다른 삼각점에 결합시키는 형태로써 측량결과의 검사가 가능하며 높은 정확도의 다각측량이 가능한 트래버스의 형태는?

① 결합 트래버스　② 개방 트래버스
③ 폐합 트래버스　④ 기지 트래버스

결합 트래버스
어느 기지점으로부터 출발하여 다른 기지점으로 연결하는 측량방법으로 높은 정확도를 요구하는 대규모 지역의 측량에 이용되며 주로 삼각점을 사용한다.

Remember
트래버스 측량의 종류
- 결합 트래버스 : 측량 결과의 검사가 가능하며 가장 높은 정확도의 다각 측량을 할 수 있고 대규모 지역의 정확성을 요하는 측량에 좋다.
- 폐합 트래버스 : 측량 결과가 검사는 되나 결합 트래버스보다 정확도가 낮고 소규모 지역 측량에 좋다.
- 개방 트래버스 : 연속된 측점에 있어서 출발점과 종점간에 아무런 관련이 없는 것으로 측량결과의 점검이 안되어 높은 정확도의 측량에는 사용하지 않으나 노선 측량의 답사에는 편리한 방법이다.

□□□ 산 12④,13④,14④,15①,18②

22 캔트(C)인 원곡선에서 곡선반지름을 3배로 하면 변화된 캔트(C')는?

① $\dfrac{C}{9}$　② $\dfrac{C}{3}$
③ $3C$　④ $9C$

캔트 $C = \dfrac{DV^2}{gR} = \dfrac{DV^2}{3gR}$

- 반경(R)이 3배로 증가하면 캔트(C)는 $\dfrac{1}{3}$배로 줄어든다.

∴ $C' = \dfrac{C}{3}$

□□□ 산 11②,12④,16①,19①

23 A점의 표고가 179.45m이고 B점의 표고가 223.57m이면, 축척 1 : 5000의 국가기본도에서 두 점 사이에 표시되는 주곡선 간격의 등고선 수는?

① 7개　② 8개
③ 9개　④ 10개

$n = \dfrac{220 - 180}{5} + 1 = 9$개 (∵ 주곡선 간격 5m)

[주곡선 : 180m, 185m, 190m, 195m, 200m, 205m, 210m, 215m, 220m]

Remember
등고선의 종류(단위 : m)

등고선의 종류	1 : 1000	1 : 5000	1 : 10000	1 : 25000	1 : 50000
계곡선	5	25	25	50	100
주곡선	1	5	5	10	20
간곡선	0.5	2.5	2.5	5	10
조곡선	0.25	1.25	1.25	2.5	5

□□□ 산 94,06,17,20③

24 노선의 횡단측량에서 No.1+15m 측점의 절토 단면적이 100m², No.2 측점의 절토 단면적이 40m²일 때 두 측점 사이의 절토량은? (단, 중심말뚝 간격=20m)

① 350m³　② 700m³
③ 1200m³　④ 1400m³

양단면 평균법
$V = \dfrac{A_1 + A_2}{2} \times L = \dfrac{100 + 40}{2} \times (20 - 15) = 350 \, \text{m}^3$

□□□ 산 14①,18②

25 1km²의 면적이 도면상에서 4cm²의 일 때의 축척은?

① 1 : 2500　② 1 : 5000
③ 1 : 25000　④ 1 : 50000

축척 $= \dfrac{\text{도상거리}}{\text{실제거리}} = \sqrt{\dfrac{\text{도상면적}}{\text{실면적}}} = \dfrac{1}{m}$

$= \sqrt{\dfrac{4}{1 \times 10^{10}}} = \dfrac{1}{50000}$ (∵ $1 \, \text{km}^2 = 10^{10} \, \text{cm}^2$)

정답 21 ① 22 ② 23 ③ 24 ① 25 ④

□□□ 산 12①④,14①④,15①,17,18②④

15 강도 설계법에서 등가직사각형 응력블록의 깊이(a)는 아래 표와 같은 식으로 구할 수 있다. 여기서, f_{ck}가 38MPa인 경우 β_1의 값은?

$$a = \beta_1 c$$

① 0.74 ② 0.76
③ 0.78 ④ 0.80

$f_{ck} \leq 40\text{MPa}$일 때
$\beta_1 = 0.80$

Remember

계수 $\eta(0.85f_{ck})$와 β_1

f_{ck}	≤40	50	60	70	80	90
η	1.00	0.97	0.95	0.91	0.87	0.84
β_1	0.80	0.80	0.76	0.74	0.72	0.70

□□□ 산 11,12,14,16,17

16 옹벽의 구조해석에서 앞부벽의 설계에 대한 설명으로 옳은 것은?

① 3변 지지된 2방향 슬래브로 설계하여야 한다.
② 저판에 지지된 캔틸레버로 설계하여야 한다.
③ T형보로 설계하여야 한다.
④ 직사각형보로 설계하여야 한다.

앞부벽은 직사각형보로 설계하여야 하며, 뒷부벽은 T형보로 설계하여야 한다.

□□□ 산 15

17 D-25(공칭직경 : 25.4mm)를 사용하는 압축이형철근의 기본정착길이는?
(단, $f_{ck} = 30\text{MPa}$, $f_y = 400\text{MPa}$이다.)

① 413mm ② 447mm
③ 464mm ④ 487mm

압축이형철근의 기본정착길이
$$l_{dh} = \frac{0.25 d_b f_y}{\lambda \sqrt{f_{ck}}} = \frac{0.25 \times 25.4 \times 400}{1 \times \sqrt{30}} = 464\text{mm}$$

□□□ 산 12④,15①,18②,20③

18 전단철근으로 사용될 수 있는 것이 아닌 것은?

① 스터럽과 굽힘철근의 조합
② 부재축에 직각인 스터럽
③ 부재축에 직각으로 배치된 용접철망
④ 주인장 철근에 15°의 각도로 구부린 굽힘철근

- 전단철근의 종류
- 주인장 철근에 45° 또는 그 이상의 각도로 배치하는 스터럽(굽힘철근)
- 주인장 철근에 30° 또는 그 이상의 각도로 구부린 굽힘철근(절곡철근)
- 스터럽과 굽힘철근의 병용(조합)
- 부재축에 직각인 스터럽
- 부재축에 직각으로 배치한 용접철망
- 나선철근, 원형 띠철근 또는 후프철근
- 전단철근의 설계기준항복강도는 500MPa을 초과할 수 없다.

□□□ 산 14①,15①④,16①,17④,19④,20③

19 그림과 같은 직사각형 단면의 보에서 등가직사각형 응력블록의 깊이(a)는? (단, $A_s = 2382\text{mm}^2$, $f_y = 400\text{MPa}$, $f_{ck} = 28\text{MPa}$)

① 58.4mm
② 62.3mm
③ 66.7mm
④ 72.8mm

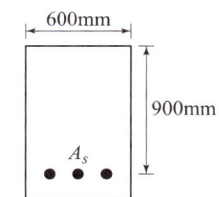

$$a = \frac{A_s f_y}{\eta(0.85 f_{ck}) b} = \frac{2382 \times 400}{1 \times 0.85 \times 28 \times 600} = 66.7\text{mm}$$

□□□ 산 97,00,08,09,12,13,14,15,16,19②

20 다음 그림에서 인장력 $P = 400\text{kN}$이 작용할 때 용접이음부의 응력은 얼마인가?

① 96.2MPa
② 101.2MPa
③ 105.3MPa
④ 108.6MPa

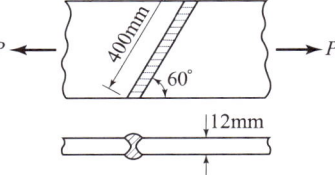

$$f = \frac{P}{A} = \frac{P}{\sum a \cdot l_e} = \frac{400 \times 10^3}{12 \times 400 \sin 60°} = 96.2\text{MPa}$$

❷ 철근콘크리트 및 강구조

□□□ 산 05,05,15①,17④,18①

11 강도설계법에서 사용하는 강도감소계수의 사용목적으로 거리가 먼 것은?

① 재료강도와 치수가 변동할 수 있으므로 부재의 강도 저하 확률에 대비한 이유를 두기 위해서
② 부정확한 설계 방정식에 대비한 여유를 반영하기 위해서
③ 구조물에서 차지하는 부재의 중요도 등을 반영하기 위해서
④ 구조해석 할 때의 가정 및 계산의 실수로 인해 야기될지 모르는 초과하중의 영향에 대비하기 위해서

주어진 하중조건에 대한 부재의 연성도와 소요 신뢰도를 위해서

Remember
강도감소계수(ϕ)의 목적
- 재료강도와 치수가 변동할 수 있으므로 부재의 강도 저하 확률에 대비한 여유를 위해
- 부정확한 설계 방정식에 대비한 여유를 반영하기 위해서
- 주어진 하중조건에 대한 부재의 연성도와 소요 신뢰도를 위해서
- 구조물에서 차지하는 부재의 중요도 등을 반영하기 위해서

□□□ 산 16①,19④,23②

12 그림과 같은 보에서 전단력과 휨모멘트만을 받는 경우 보통 중량콘크리트가 받을 수 있는 전단강도 V_c는 얼마인가? (단, $f_{ck}=28\text{MPa}$, $f_y=400\text{MPa}$)

① 211.7kN
② 229.3kN
③ 248.3kN
④ 265.1kN

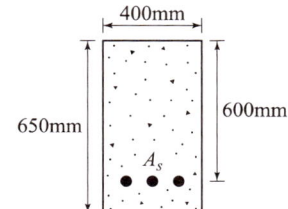

$$V_c = \frac{1}{6}\lambda\sqrt{f_{ck}}b_w d = \frac{1}{6}\times 1 \times \sqrt{28}\times 400 \times 600$$
$$= 211660\,\text{N} = 211.7\,\text{kN}$$

□□□ 산 12②,16②,20②

13 처짐을 계산하지 않는 경우 단순 지지로 길이 l인 1방향 슬래브의 최소 두께(h)로 옳은 것은? (단, 보통콘크리트($m_c=2300\text{kg/m}^3$)와 설계기준항복강도 400MPa의 철근을 사용한 부재이다.)

① $\dfrac{l}{20}$ ② $\dfrac{l}{24}$
③ $\dfrac{l}{28}$ ④ $\dfrac{l}{34}$

최소 두께 $h = \dfrac{l}{20}$

Remember
처짐을 계산하지 않는 경우의 최소 두께
보통콘크리트($m_c=2300\text{kg/m}^3$)와 설계기준항복강도 400MPa철근을 사용한 부재값

부재	단순지지	1단 연속	양단 연속	캔틸레버
• 1방향슬래브	$\dfrac{l}{20}$	$\dfrac{l}{24}$	$\dfrac{l}{28}$	$\dfrac{l}{10}$
• 보 • 리브가 있는 1방향 슬래브	$\dfrac{l}{16}$	$\dfrac{l}{18.5}$	$\dfrac{l}{21}$	$\dfrac{l}{8}$

□□□ 산 11②,15④,17②,19①,23②

14 다음 그림과 같은 PSC 단순보에 프리스트레스 힘(P)을 4000kN 작용했을 때 프리스트레스에 의한 상향력은?

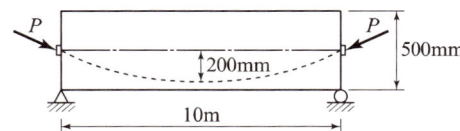

① 48kN/m   ② 64kN/m
③ 80kN/m   ④ 400kN/m

긴장재가 포물선으로 배치된 경우
상향력 $u = \dfrac{8P\cdot s}{l^2}$
$= \dfrac{8\times 4000 \times 0.20}{10^2} = 64\,\text{kN/m}$

정답 11 ④   12 ①   13 ①   14 ②

 산 03,16,19①,20③,23②

05 아래 그림과 같은 단면에서 도심의 위치 $\bar{y}$로 옳은 것은?

① 2.21cm
② 2.64cm
③ 2.96cm
④ 3.21cm

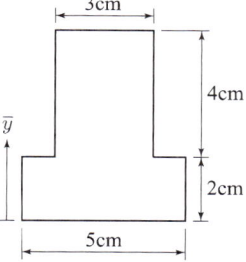

$\bar{y} = \dfrac{G_x}{A}$

• $G_x = A_1 \times y_1 + A_2 \times y_2$
$= 5 \times 2 \times \dfrac{2}{2} + 3 \times 4 \times \left(\dfrac{4}{2}+2\right) = 58\,\text{cm}^3$

• $A = 5 \times 2 + 3 \times 4 = 22\,\text{cm}^2$

∴ $\bar{y} = \dfrac{58}{22} = 2.64\,\text{cm}$

□□□ 산 14②,20②

06 지름이 6cm, 길이가 100cm의 둥근막대가 인장력을 받아서 0.5cm 늘어나고 동시에 지름이 0.006cm 만큼 줄었을 때 이 재료의 푸아송 비(ν)는?

① 0.2   ② 0.5
③ 2.0   ④ 5.0

$\nu = \dfrac{\beta}{\varepsilon} = \dfrac{\frac{\Delta d}{d}}{\frac{\Delta l}{l}} = \dfrac{l \cdot \Delta d}{d \cdot \Delta l} = \dfrac{100 \times 0.006}{6 \times 0.5} = 0.2$

□□□ 산 89,13,17,20③

07 양단이 고정되어 있는 길이 10m의 강(鋼)이 15℃에서 40℃로 온도가 상승할 때 응력은?
(단 $E = 2.1 \times 10^5$MPa, 선팽창계수 $\alpha = 0.00001/℃$)

① 47.5MPa   ② 50.0MPa
③ 52.5MPa   ④ 53.8MPa

$\sigma_T = E\alpha\Delta t$
$= 2.1 \times 10^5 \times 0.00001 \times (40-15) = 52.5\,\text{N/mm}^2$
$= 52.5\,\text{MPa}$

□□□ 산 19①④

08 직사각형 단면 보에 발생하는 전단응력 τ와 보에 작용하는 전단력 S, 단면 1차 모멘트 G, 단면 2차 모멘트 I, 단면의 폭 b의 관계로 옳은 것은?

① $\tau = \dfrac{GI}{Sb}$ ② $\tau = \dfrac{Sb}{GI}$
③ $\tau = \dfrac{SG}{Ib}$ ④ $\tau = \dfrac{Gb}{SI}$

전단응력 $\tau = \dfrac{S \cdot G}{I \cdot b}$

□□□ 산 19④

09 그림과 같은 단순보에서 B점의 수직반력 R_B가 50kN까지의 힘을 받을 수 있다면 하중 80kN은 A점에서 몇 m까지 이동할 수 있는가?

① 2.823m
② 3.375m
③ 3.823m
④ 4.375m

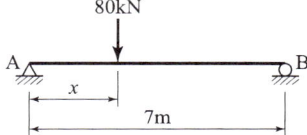

$\sum M_A = 0$
$50 \times 7 - 80x = 0$
∴ $x = \dfrac{50 \times 7}{80} = 4.375\,\text{m}$

□□□ 산 12,16,23④

10 다음 그림과 같이 한 점에 작용하는 세 힘의 합력의 크기는 얼마인가?

① 3742N
② 4264N
③ 5137N
④ 5974N

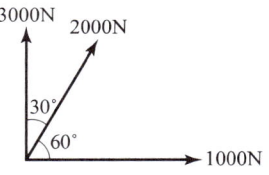

$R = \sqrt{(\sum V)^2 + (\sum H)^2}$
• 연직력의 총합 $\sum V = 3000 + 2000\cos 30° = 4732\,\text{N}$
• 수평력의 총합 $\sum H = 1000 + 2000\cos 60° = 2000\,\text{N}$
∴ $R = \sqrt{(4732)^2 + (2000)^2} = 5137\,\text{N}$

정답 05 ② 06 ① 07 ③ 08 ③ 09 ④ 10 ③

국가기술자격 필기시험문제

제3회 실전 모의고사

자격종목	코 드	시험시간	형 별
토목산업기사 온라인TEST	1048	2시간	A

※ 2023년도부터 토목산업기사 필기 출제기준이 변경되었음을 알려드립니다. (필기 120문항에서 60문항으로 변경)
※ 각 문항은 4지택일형으로 질문에 가장 적합한 보기 항을 선택하시면 됩니다.

제1과목 : 구조설계

1 역학적인 개념 및 건설 구조물의 해석

□□□ 산 11,12,13,15,18①

01 지름이 50mm, 길이가 200cm인 탄성체 강봉을 15mm 만큼 늘어나게 하려면 얼마의 힘이 필요한가? (단, 탄성계수 $E = 2.1 \times 10^5$ MPa)

① 약 20613kN ② 약 2061kN
③ 약 30913kN ④ 약 3093kN

$\Delta l = \dfrac{Pl}{EA}$ 에서 $P = \dfrac{EA \Delta l}{l}$

• $A = \dfrac{\pi d^2}{4} = \dfrac{\pi \times 50^2}{4} = 1963.5 \text{mm}^2$

∴ $P = \dfrac{2.1 \times 10^5 \times 1963.5 \times 15}{2000} = 3092513 \text{N}$
$= 3093 \text{kN}$

□□□ 산 15,21②

02 그림과 같은 직사각형 단면의 단면계수는?

① 800cm³
② 1000cm³
③ 1200cm³
④ 1400cm³

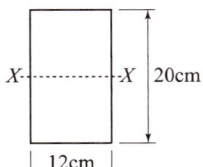

단면계수 $Z = \dfrac{I}{y}$

• $I = \dfrac{bh^3}{12} = \dfrac{12 \times 20^3}{12} = 8000 \text{cm}^4$

• $y = \dfrac{h}{2} = \dfrac{20}{2} = 10 \text{cm}$

∴ $Z = \dfrac{8000}{10} = 800 \text{cm}^3$

□□□ 산 14①,15①④,19④

03 지지조건이 양단힌지인 장주의 좌굴하중이 1000kN 인 경우 지점조건이 일단힌지, 타단고정으로 변경되면 이때의 좌굴하중은? (단, 재료성질 및 기하학적 형상은 동일하다.)

① 500kN ② 1000kN
③ 2000kN ④ 4000kN

$P_{cr} = \dfrac{n\pi^2 EI}{L^2}$

• 양단힌지 : $P_{cr} = 1 \times \left(\dfrac{\pi^2 EI}{L^2}\right) = 1000 \text{kN}$

∴ $\dfrac{\pi^2 EI}{L^2} = 1000 \text{kN}$

• 일단힌지 타단고정 :
$P_{cr} = 2\left(\dfrac{\pi^2 EI}{L^2}\right) = 2 \times 1000 = 2000 \text{kN}$

일단고정 타단자유	$n = \dfrac{1}{4}$
양단힌지	$n = 1$
일단힌지 타단고정	$n = 2$
양단고정	$n = 4$

□□□ 산 15

04 그림에서 지점 C의 반력이 영(零)이 되기 위해 B점에 작용시킬 집중하중의 크기는?

① 80kN
② 100kN
③ 120kN
④ 140kN

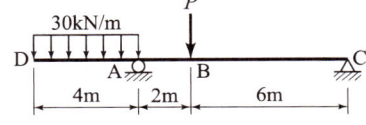

$\sum M_A = 0 : R_C \times 8 - P \times 2 + (30 \times 4) \times 2 = 0$

$R_C = \dfrac{1}{8} \times (2P - 240) = 0$ ∴ $P = 120 \text{kN}$

정답 01 ④ 02 ① 03 ③ 04 ③

□□□ 산 95,98,99,01,07,15
60 우수조정지를 설치하는 위치로서 적절하지 않은 것은?

① 오수발생량이 많은 곳
② 하류관거 유하능력이 부족한 곳
③ 방류수로 유하능력이 부족한 곳
④ 하류지역 펌프장 능력이 부족한 곳

우수 조정지의 설치 장소(위치)
• 하수관거의 유하 능력이 부족한 곳
• 하류지역의 펌프장 능력이 부족한 곳
• 방류수역의 유하 능력이 부족한 곳

□□□ 산 99,00,01,04,06,08,11,15

54 하수관거가 갖추어야 할 특성에 대한 설명으로 옳지 않은 것은?

① 외압에 대한 강도가 충분하고 파괴에 대한 저항이 커야 한다.
② 유량의 변동에 대해서 유속의 변동이 큰 수리특성을 지닌 단면형이 좋다.
③ 산 및 알칼리의 부식성에 대해서 강해야 한다.
④ 이음의 시공이 용이하고, 그 수밀성과 신축성이 높아야 한다.

> 유량의 변동에 대해서 유속의 변동이 적은 수리특성을 지닌 단면형이 좋다.

□□□ 산 97,00,01,03,06,11,12

55 90% 효율을 가진 전동기에 의해 가동되는 효율 80%의 펌프를 가지고 250L/sec의 물을 20m의 총수두로 퍼 올릴 때 요구되는 전동기의 출력은? (단, 여유율은 없는 것으로 가정한다.)

① 61.27kW　② 68.08kW
③ 82.23kW　④ 91.37kW

> $P_s = \dfrac{1000QH_p}{102\eta}$
> • $Q = 250\text{L/sec} = 0.250\text{m}^3/\text{sec}$
> • $\eta = \eta_1 \times \eta_2 = 0.90 \times 0.80 = 0.72$
> ∴ $P_s = \dfrac{1000 \times 0.250 \times 20}{102 \times 0.72} = 68.08\text{kW}$

□□□ 산 95,96,08,12,13,15,17

56 펌프의 비교회전도(N_s)에 대한 설명으로 옳지 않은 것은?

① N_s가 클수록 높은 곳까지 양정할 수 있다.
② N_s가 클수록 유량은 많고 양정은 작은 펌프이다.
③ 유량과 양정이 동일하면 회전수가 클수록 N_s가 커진다.
④ N_s가 같으면 펌프의 크기에 관계없이 대체로 형식과 특성이 같다.

> N_s가 클수록 유량은 많고 저양정 펌프를 의미한다.

□□□ 산 97,00,03,11,15,20②

57 오수관거 설계시 계획시간최대오수량에 대한 최소 및 최대유속은?

① 최소 : 0.6m/s, 최대 : 3.0m/s
② 최소 : 0.6m/s, 최대 : 5.0m/s
③ 최소 : 0.8m/s, 최대 : 3.0m/s
④ 최소 : 0.8m/s, 최대 : 5.0m/s

> 오수관거
> 계획시간최대오수량에 대하여 유속을 최소 0.6m/s, 최대 3.0m/s로 한다.

Remember
하수관거의 요구조건
• 이음공을 포함해서 가격이 저렴할 것
• 관거내면이 매끈하여 조도계수가 낮을 것
• 접속 시공이 용이하고, 그 수밀성과 신축성이 높을 것
• 중량이 작고, 운반 및 설치공사에 지장이 생기지 않을 것
• 외압에 대한 강도가 충분하고 파괴에 대한 저항력이 클 것
• 유량의 변동에 대해서 유속의 변동이 적은 수리특성을 가진 단면형일 것
• 산 및 알칼리에 대한 내부식성과 모래의 유하에 대한 내마모성이 강할 것

□□□ 산 96,98,99,09,11,13

58 수심 4m이고 체류시간이 2시간인 침사지의 표면부하율은?

① $24\text{m}^3/\text{m}^2 \cdot \text{day}$　② $36\text{m}^3/\text{m}^2 \cdot \text{day}$
③ $48\text{m}^3/\text{m}^2 \cdot \text{day}$　④ $56\text{m}^3/\text{m}^2 \cdot \text{day}$

> $V = \dfrac{Q}{A} = \dfrac{H}{t} = \dfrac{4 \times 24(\text{hr})}{2(\text{hr})} = 48\text{m}^3/\text{m}^2 \cdot \text{day}$

□□□ 산 98,01,04,07,13,15①,18④,19④

59 우리나라 하수도 계획의 목표연도는 원칙적으로 몇 년을 기준으로 하는가?

① 20년　② 15년
③ 10년　④ 5년

> 하수도계획의 목표년도는 원칙적으로 20년 후로 한다.

☐☐☐ 산 93,00,07,10,11

47 단위폭당 0.8m³/sec로 흐르는 직사각형 수로의 개수로에서 한계수심은? (단, 에너지 보정계수 $\alpha = 1.1$이다.)

① 0.278m　　② 0.416m
③ 0.682m　　④ 0.814m

직사각형 수로의 한계수심

$$h_c = \left(\frac{\alpha Q^2}{g d^2}\right)^{\frac{1}{3}} = \left(\frac{1.1 \times 0.8^2}{9.8 \times 1^2}\right)^{\frac{1}{3}} = 0.416\,m$$

☐☐☐ 산 05,09,12,13,14

48 수리학적으로 유리한 단면의 조건으로 옳은 것은?

① 경심(R)이 최소이어야 한다.
② 윤변(P)이 최대가 되어야 한다.
③ 경심(R)과 윤변(P)의 곱이 최대가 되어야 한다.
④ 경심(R)이 최대가 되거나 윤변(P)이 최소가 되어야 한다.

수리상 유리한 단면 조건은 경심(R)이 최대가 되거나 윤변(P)이 최소일 때의 단면

☐☐☐ 산 05,09,10,14,16

49 Bernoulli 정리의 적용 조건이 아닌 것은?

① Bernoulli 방정식이 적용되는 임의의 두 점은 같은 유선 상에 있다.
② 정상상태의 흐름이다.
③ 압축성 유체의 흐름이다.
④ 마찰이 없는 흐름이다.

흐름은 정류이며 유체는 비압축성이다.

☐☐☐ 산 07,12,17

50 물의 밀도에 대한 차원으로 옳은 것은?

① $[FL^{-4}T^2]$　　② $[FL^{-1}T^2]$
③ $[FL^{-2}T]$　　④ $[FL]$

물의 밀도 $\rho = \dfrac{m}{V} = \dfrac{g}{cm^3} = [ML^{-3}]$

• $M = [FL^{-1}T^2]$

∴ $[ML^{-3}] = [FL^{-1}T^2L^{-3}] = [FL^{-4}T^2]$

② 상하수도 계획

☐☐☐ 산 95,11,13②,19②

51 수원에 대한 설명 중 틀린 것은?

① 천층수는 지표면에서 깊지 않은 곳에 위치함으로써 공기의 투과가 양호하므로 산화작용이 활발하게 진행된다.
② 심층수는 대지의 정화작용으로 무균 또는 거의 이에 가까운 것이 보통이다.
③ 용천수는 지하수가 자연적으로 지표로 솟아나온 것으로 그 성질은 대개 지표수와 비슷하다.
④ 복류수는 대체로 수질이 양호하며 정수공정에서 침전지를 생략하는 경우도 있다.

용천수
• 지하수가 종종 자연적으로 지표로 분출하는 것으로 그 성질도 지하수와 비슷하다.
• 얕은 층의 물이 솟아 나오는 경우가 많으므로 수질이 불량한 경우도 있다.

☐☐☐ 산 00,10,14,16

52 MLSS 2000mg/L의 포기조 혼합액을 매스실린더에 1L를 정확히 취한 뒤 30분간 정치하였다. 이때 계면위치가 320mL를 가리켰다면 이 슬러지의 SVI는?

① 160mL/g　　② 260mL/g
③ 440mL/g　　④ 640mL/g

$$SVI = \frac{30분\,침전후의\,슬러지\,부피(mL)}{MLSS\,농도(mg)} \times 1000$$

$$= \frac{320}{2000} \times 1000 = 160\,mL/g$$

☐☐☐ 산 99,01,02,13④,19④

53 현재 인구가 20만명이고 연평균 인구증가율이 4.5%인 도시의 10년 후 추정인구는? (단, 등비급수법에 의한다.)

① 324571명　　② 310594명
③ 290000명　　④ 226202명

$$P_n = P_o(q+r)^n = 200000(1+0.045)^{10} = 310594\,명$$

정답 47 ②　48 ④　49 ③　50 ①　51 ③　52 ①　53 ②

제3과목 : 수자원설계

1 수리학

□□□ 산 04,06,11,12,15,16
41 부체의 경심(M), 부심(C), 무게중심(G)에 대하여 부체가 안정되기 위한 조건은?

① $\overline{MG} > 0$ ② $\overline{MG} = 0$
③ $\overline{MG} < 0$ ④ $\overline{MG} = \overline{CG}$

- 부체가 안정한 조건 : 경심(M)이 중심(G)보다 위에 있을 때
  즉 $\overline{MG} > 0$, $\overline{CM} > \overline{CG}$
- 부체가 불안정한 조건 : 경심(M)이 중심(G)보다 아래에 있을 때
  즉 $\overline{MG} < 0$, $\overline{CM} < \overline{CG}$

□□□ 산 07,14,15,16
42 안지름 15cm의 관에 10℃의 물이 유속 3.2m/s로 흐르고 있을 때 흐름의 상태는? (단, 10℃ 물의 동점성계수(ν)=0.0131cm³/s)

① 층류 ② 한계류
③ 난류 ④ 부정류

레이놀즈수 $R_e = \dfrac{Vd}{\nu}$

$R_e < 2000$: 층류, $R_e > 4000$: 난류
- 유속 $V = 3.2 \text{m/sec} = 320 \text{cm/sec}$
- $\therefore R_e = \dfrac{320 \times 15}{0.0131} = 366412 > 4000$ ∴ 난류

□□□ 산 15
43 수면 아래 30m 지점의 압력을 수은주 높이로 표시한 것으로 옳은 것은? (단, 수은의 비중 = 13.596)

① 0.285m ② 2.21m
③ 22.1m   ④ 28.5m

$h = \dfrac{P}{w_o}$
- 압력 $P = wh = 1(\text{t/m}^3) \times 30 = 30 \text{t/m}^2$
- $\therefore h = \dfrac{P}{w_o} = \dfrac{30}{13.596} = 2.21\text{m}$

□□□ 산 07,08,16④,20③
44 수축단면에 관한 설명으로 옳은 것은?

① 오리피스의 유출수맥에서 발생한다.
② 상류에서 사류로 변화할 때 발생한다.
③ 사류에서 상류로 변화할 때 발생한다.
④ 수축단면에서의 유속을 오리피스의 평균유속이라 한다.

수축단면(vena contracta)
- 오리피스 유출수맥이 단축되었다가 확대되는데 이 때 가장 축소된 단면적
- 오리피스로부터 $\dfrac{d}{2}$ 정도의 위치에서 발생

□□□ 산 97,09,15,20④
45 그림에서 (a), (b) 바닥이 받는 총수압을 각각 P_a, P_b라 표시할 때 두 총수압의 관계로 옳은 것은? (단, 바닥 및 상면의 단면적은 그림과 같고, (a), (b)의 높이는 같다.)

① $P_a = 2P_b$
② $P_a = P_b$
③ $2P_a = P_b$
④ $4P_a = P_b$

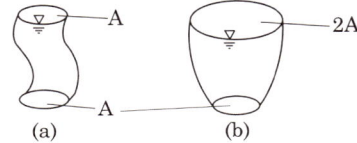

전수압 $P = wh_G A$에서 (a), (b)의 단면적(A)은 같고, 수심($h_G = h$)도 같으므로 총수압도 서로 같다.
즉 $P_a = P_b$

□□□ 산 94,08,14
46 오리피스에 있어서 에너지 손실은 어떻게 보정할 수 있는가?

① 이론유속에 유속계수를 곱한다.
② 실제유속에 유속계수를 곱한다.
③ 이론유속에 유량계수를 곱한다.
④ 실제유속에 유량계수를 곱한다.

유속계수 $C_v = \dfrac{\text{실제유속}}{\text{이론유속}}$

∴ 실제유속 = 이론유속 × 유속계수

정답 41 ① 42 ③ 43 ② 44 ① 45 ② 46 ①

□□□ 산 93,98,03,04,15

34 어떤 점토시료를 일축압축 시험한 결과 수평면과 파괴면이 이루는 각이 48°였다. 점토시료의 내부마찰각은?

① 3° ② 6°
③ 18° ④ 30°

$$\theta = 45° + \frac{\phi}{2}$$
$$\therefore \phi = 2\theta - 90° = 2 \times 48° - 90° = 6°$$

□□□ 산 09,12

35 랭킨 토압론의 가정 중 맞지 않는 것은?

① 흙은 비압축성이고 균질이다.
② 지표면은 무한히 넓다.
③ 흙은 입자간의 마찰에 의하여 평형조건을 유지한다.
④ 토압은 지표면에 수직으로 작용한다.

토압은 지표면에 평행하게 작용한다.

□□□ 산 97,04,07,10,12,16

36 흙의 다짐효과에 대한 설명으로 옳은 것은?

① 부착성이 양호해지고 흡수성이 증가한다.
② 투수성이 증가한다.
③ 압축성이 커진다.
④ 밀도가 커진다.

흡수성, 투수성, 압축성이 감소한다.

□□□ 산 83,12②,20②

37 Sand Drain 공법에서 U_v(연직방향의 압밀도)= 0.9, U_h(수평방향의 압밀도)=0.15인 경우, 수직 및 수평방향을 고려한 압밀도(U_{vh})는 얼마인가?

① 99.15% ② 96.85%
③ 94.5% ④ 91.5%

$$U = 1 - (1 - U_v)(1 - U_h)$$
$$= 1 - (1 - 0.9)(1 - 0.15) = 0.915 = 91.5\%$$

□□□ 산 83,86,95,03,10

38 함수비가 18.0%, 습윤단위중량이 17.2kN/m³인 현장토(現場土)의 건조단위중량은?

① 14.6kN/m³ ② 17.5kN/m³
③ 19.4kN/m³ ④ 20.6kN/m³

건조단위중량 $\gamma_d = \dfrac{\gamma_t}{1+w} = \dfrac{17.2}{1+0.18} = 14.6\text{kN/m}^3$

□□□ 산 87,04,05,07,14,18①,19④

39 일반적인 기초의 필요조건으로 거리가 먼 것은?

① 지지력에 대해 안정할 것
② 시공성, 경제성이 좋을 것
③ 침하가 전혀 발생하지 않을 것
④ 동해를 받지 않는 최소한의 근입 깊이를 가질 것

침하가 허용치를 초과하지 않을 것

> **Remember**
> 기초의 구비 조건
> • 최소 기초 깊이를 유지할 것
> • 상부 하중을 안전하게 지지해야 한다.
> • 침하가 허용치를 넘지 않을 것
> • 사용성, 경제성이 좋을 것
> • 기초의 시공이 가능할 것

□□□ 산 92,99,00,01,03,04,10,12,13,14,17①,19①

40 점토의 예민비(sensitivity ratio)는 다음 시험 중 어떤 방법으로 구하는가?

① 삼축압축시험 ② 일축압축시험
③ 직접전단시험 ④ 베인시험

예민비 $S_t = \dfrac{q_u}{q_{ur}}$

• q_u : 불교란시료의 일축압축강도
• q_{ur} : 교란시료의 일축압축강도
∴ 점성토의 예민비는 일축압축시험에서 구할 수 있다.

□□□ 산 12,14,17
30 축척 1 : 50000 지형도에서 A점에서 B점까지의 도상거리가 50mm이고, A점의 표고가 200m, B점의 표고가 10m라고 할 때, 이 사면의 경사는?

① 1/18.4
② 1/20.5
③ 1/22.3
④ 1/13.2

경사 $i = \dfrac{\text{연직거리}(H)}{\text{수평거리}(D)}$
- $H = 200 - 10 = 190\text{m}$
- $D = 50000 \times 0.05 = 2500\text{m}$

∴ $i = \dfrac{190}{2500} = \dfrac{1}{13.2}$

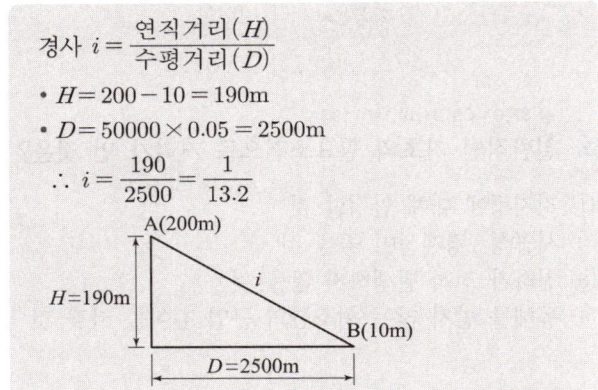

② 토질 및 기초

□□□ 산 90,98,99,12,15,18②
31 그림과 같이 2개층으로 구성된 지반에 대해 수평방향 등가투수계수는?

① 3.89×10^{-4} cm/sec
② 7.78×10^{-4} cm/sec
③ 1.57×10^{-3} cm/sec
④ 3.14×10^{-3} cm/sec

3m $k = 3 \times 10^{-3}$ cm/sec
4m $k = 5 \times 10^{-4}$ cm/sec

$K_h = \dfrac{1}{H}(k_1 h_1 + k_2 h_2)$
$= \dfrac{1}{300 + 400}(3 \times 10^{-3} \times 300 + 5 \times 10^{-4} \times 400)$
$= 1.57 \times 10^{-3}$ cm/sec

□□□ 산 92,98,00,05,11,15
32 원주상의 공시체에 수직응력이 0.1MPa, 수평응력이 0.05MPa일 때 공시체의 각도 30° 경사면에 작용하는 전단응력은?

① 17kN/m²
② 22kN/m²
③ 35kN/m²
④ 43kN/m²

$\tau = \dfrac{\sigma_1 - \sigma_3}{2} \sin 2\theta$
$= \dfrac{0.1 - 0.05}{2} \sin(2 \times 30°) = 0.022\text{MPa} = 22\text{kN/m}^2$

참고 $1\text{N/mm}^2 = 1\text{MPa} = 1000\text{kN/m}^2$

□□□ 산 97,00,05,07,09,12,14,15,17,19①②
33 다음 중 점성토 지반의 개량 공법으로 적합하지 않은 것은?

① 샌드드레인 공법
② 치환 공법
③ 바이브로플로테이션 공법
④ 프리로딩 공법

바이브로플로테이션 공법
모래지반에 봉상의 진동기를 삽입하여 진동시키면서 물을 분산시켜 물다짐과 진동에 의해 지반을 다지는 공법

정답 30 ④ 31 ③ 32 ② 33 ③

□□□ 산 99,07,10,11

24 측지학 및 측지측량에 대한 설명으로 옳지 않은 것은?

① 측지학이란 지구 내부의 특성, 지구의 형상, 지구표면의 상호위치 관계를 정하는 학문이다.
② 기하학적 측지학에는 천문측량, 위성측지, 높이의 결정 등이 있다.
③ 물리학적 측지학에는 지구의 형상 해석, 중력의 측정, 지자기 측정 등을 포함한다.
④ 측지측량이란 지구의 곡률을 고려하지 않은 측량으로서 20km 이내를 평면으로 취급한다.

> 평면측량(평지측량)이란 지구의 곡률을 고려하지 않은 측량으로서 11km 이내를 평면으로 취급한다.

□□□ 산 14①,18②

25 원곡선에 의한 종단곡선 설치에서 상향 기울기 $\frac{4.5}{1000}$, 하향 기울기 $\frac{35}{1000}$ 의 종단선형에 반지름 3000m의 원곡선을 설치할 때, 종단곡선의 길이(L)는?

① 240.5m　② 150.2m
③ 118.5m　④ 60.2m

> $L = R\left(\frac{m}{1000} + \frac{n}{1000}\right)$
> $= 3000\left(\frac{4.5}{1000} + \frac{35}{1000}\right) = 118.5\text{m}$

□□□ 산 12①,15,16,17,18②

26 삼각망 중 정확도가 가장 높은 삼각망은?

① 단열삼각망　② 단삼각망
③ 유심다각망　④ 사변형삼각망

> ■ 정밀도가 가장 높은 순서 : 사변형삼각망 > 유심삼각망 > 단열삼각망
> • 단열삼각망 : 폭이 좁고 길이가 긴 지역에 적합하며 하천측량, 노선측량, 터널측량에 이용된다.
> • 사변형 삼각망 : 특별히 높은 정밀도를 필요로 하는 측량이나 기선 삼각망 등에 사용된다.
> • 유심삼각망 : 넓은 지역의 측량에 적당하며, 정밀도는 단열 삼각망과 사변형 삼각망의 중간이다.

□□□ 산 93,99,06,07,11①,12②,13②,16④,18④

27 그림과 같이 O점에서 같은 정확도로 각 x_1, x_2, x_3를 관측하여 $x_3 - (x_1 + x_2) = +45''$의 결과를 얻었다면 보정값으로 옳은 것은?

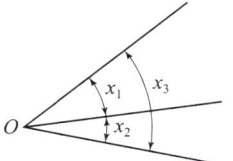

① $x_1 = +15''$, $x_2 = +15''$, $x_3 = +15''$
② $x_1 = -15''$, $x_2 = -15''$, $x_3 = +15''$
③ $x_1 = +15''$, $x_2 = +15''$, $x_3 = -15''$
④ $x_1 = -10''$, $x_2 = -10''$, $x_3 = -10''$

> • 각오차 $= x_3 - (x_1 + x_2) = +45''$
> • 조정량 $= \frac{+45''}{3} = +15''$ (각 관측값에 $\pm 15''$ 해준다.)
> ∴ 작은 측정값 x_1, x_2에 $+15''$, 큰 측정값 x_3에 $-15''$ 해준다.
> $x_1 = +15''$, $x_2 = +15''$, $x_3 = -15''$

□□□ 산 12,13②,17④,20②

28 노선측량에서 노선선정을 할 때 가장 중요한 요소는?

① 곡선의 대소(大小)　② 수송량 및 경제성
③ 곡선설치의 난이도　④ 공사기일

> • 토공량이 적도록 하고 절토와 성토가 균형을 이루도록 한다.
> • 노선의 효율성, 즉, 경제성과 수송량

□□□ 산 12①,14②,17④,19①

29 노선의 종단측량 결과는 종단면도에 표시하고 그 내용을 기록해야 한다. 이때 종단면도에 포함되지 않는 내용은?

① 지반고와 계획고의 차　② 측점의 추가거리
③ 계획선의 경사　④ 용지 폭

> 종단면도 기입사항
> 측점, 거리(추가거리), 지반고, 계획고, 성토고, 절토고, 계획선의 경사

정답: 24 ④　25 ③　26 ④　27 ③　28 ②　29 ④

□□□ 산 02,03,18②
19 고장력 볼트를 사용한 이음의 종류가 아닌 것은?

① 압축이음 ② 마찰이음
③ 지압이음 ④ 인장이음

> 고장력 볼트이음의 종류
> 마찰이음, 지압이음, 인장이음

Remember
고장력 이음의 종류
- 마찰이음 : 편재 사이에서 일어나는 마찰력에 의해 응력을 전달하는 이음
- 지압이음 : 볼트 원통부의 전단저항이나 볼트 원통부와 볼트구멍 사이의 지압에 의해 저항하는 이음
- 인장이음 : 볼트의 축방향으로 외력이 작용하게 되는 이음

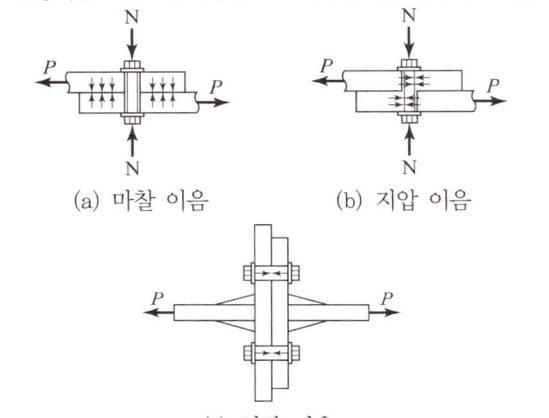

(a) 마찰 이음 (b) 지압 이음

(c) 인장 이음

□□□ 산 02,05,07,08,13②,16①,19①
20 그림과 같이 용접이음을 했을 경우 전단응력은?

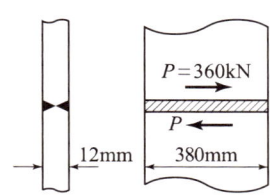

① 78.9MPa ② 67.5MPa
③ 57.5MPa ④ 45.9MPa

> $f = \dfrac{P}{A} = \dfrac{P}{\sum a \cdot l_e} = \dfrac{360 \times 10^3}{12 \times 380} = 78.94\,\text{MPa}$

제2과목 : 측량 및 토질

1 측량학

□□□ 산 10②,18①
21 직접고저측량을 하여 그림과 같은 결과를 얻었다. 이때 B점의 표고는? (단, A점의 표고는 100m이고 단위는 m임)

① 101.1m
② 101.5m
③ 104.1m
④ 105.2m

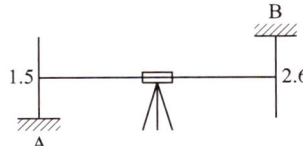

> $H_B = H_A + (\sum 전시 - \sum 후시)$
> $= 100 + 1.5 - (-2.6) = 104.1\,\text{m}$

□□□ 산 16,19
22 GPS 위성의 기하학적 배치상태에 따른 정밀도 저하율을 뜻하는 것은?

① 다중경로(Multipath) ② DOP
③ A/S ④ 사이클 슬립(Cycle Slip)

> 위성의 배치 상태에 따른 정밀도 저하율(DOP : Dilution Of Precision)

□□□ 산 11,13,16④,20③
23 A점으로부터 폐합 다각측량을 실시하여 A점으로 되돌아 왔을 때 위거와 경거의 오차는 각각 20cm, 25cm이었다. 모든 측선 길이의 합이 832.12m이라 할 때 다각측량의 폐합비는?

① 약 1/2200 ② 약 1/2600
③ 약 1/3300 ④ 약 1/4200

> 폐합비 $R = \dfrac{\sqrt{\sum(위거)^2 + \sum(경거)^2}}{거리총합}$
> $\therefore R = \dfrac{\sqrt{0.20^2 + 0.25^2}}{832.12} = \dfrac{1}{2599} ≒ \dfrac{1}{2600}$

정답 19 ① 20 ① 21 ③ 22 ② 23 ②

□□□ 산 13①②,15②,18④

14 단철근 직사각형보에 하중이 작용하여 10mm의 탄성처짐이 발생하였다. 모든 하중이 5년 이상의 장기하중으로 작용한다면 총처짐량은 얼마인가?

① 20mm ② 30mm
③ 35mm ④ 45mm

- $\lambda = \dfrac{\xi}{1+50\rho'}$
  $= \dfrac{2}{1+50\times 0} = 2.0$
- (∵ 단철근직사각형보 $\rho' = 0$, 5년 이상 ξ : 2.0)
- (∵ ξ : 시간 경과 계수(5년 이상 : 2.0, 12개월 : 1.4, 6개월 : 1.2, 3개월 : 1.0)
- 장기처짐=순간처짐(탄성침하)×장기처짐계수(λ)
  $= 10 \times 2.0 = 20$mm
- ∴ 총처짐량=순간 처짐+장기 처짐
  $= 10 + 20 = 30$mm

□□□ 산 19①

15 연직하중 1800kN을 받는 독립확대기초를 정사각형으로 설계하고자 한다. 지반의 허용지지력이 200kN/m² 라면 독립확대기초 1변의 길이는?

① 2m   ② 2.5m
③ 3m   ④ 3.5m

$q_a = \dfrac{P}{A}$ 에서

- $A = a^2 = \dfrac{P}{q_a} = \dfrac{1800}{200} = 9\text{m}^2$
- ∴ $a = \sqrt{A} = \sqrt{9} = 3\text{m}$

□□□ 산 11,12,13,16,17,20③

16 콘크리트의 설계기준강도 $f_{ck} = 35$MPa, 콘크리트의 압축강도 $f_c = 8$MPa일 때 콘크리트의 탄성변형에 의한 PS강재의 프리스트레스 감소량은? (단, n은 7)

① 40MPa ② 48MPa
③ 56MPa ④ 64MPa

$\Delta f_p = E_p \cdot \dfrac{f_c}{E_c} = n \cdot f_c = 7 \times 8 = 56$MPa

□□□ 산 13,14,15,16

17 $f_{ck} = 28$MPa, $f_y = 400$MPa인 경우 표준갈고리를 갖는 인장이형철근의 기본정착길이(l_{hb})로 옳은 것은? (단, 사용 철근은 D25(공칭지름=25.4mm)이고, 도막되지 않은 철근이고, 사용하는 콘크리트는 보통중량 콘크리트이다.)

① 389mm ② 423mm
③ 461mm ④ 514mm

표준갈고리를 갖는 인장 이형철근의 정착 철근의 설계기준항복강도가 400MPa인 경우 기본정착길이는 다음 식으로 구한다.

∴ $l_{dh} = \dfrac{0.24\beta d_b f_y}{\lambda \sqrt{f_{ck}}}$

$= \dfrac{0.24 \times 1 \times 25.4 \times 400}{1 \times \sqrt{28}} = 461\text{mm} \geq 150\text{mm}$

□□□ 산 15④,18②

18 강도 설계법에서 1방향 슬래브(slab)의 구조상세에 관한 사항 중 틀린 것은?

① 1방향 슬래브의 두께는 최소 100mm 이상이어야 한다.
② 슬래브의 정모멘트 철근 및 부모멘트 철근의 중심 간격은 위험단면에서는 슬래브 두께의 2배 이하이어야 하고, 또한 300mm 이하로 하여야 한다.
③ 슬래브의 정모멘트 철근 및 부모멘트 철근의 중심 간격은 위험단면 이외의 단면에서는 슬래브 두께의 4배 이하이어야 하고, 또한 600mm 이하로 하여야 한다.
④ 1방향 슬래브에서는 정모멘트 철근 및 부모멘트 철근에 직각방향으로 수축·온도철근을 배치하여야 한다.

- **1방향 슬래브의 구조 상세**
- 1방향 슬래브의 두께는 100mm 이상이어야 한다.
- 1방향 슬래브의 정철근 및 부철근의 중심간격은 최대 휨모멘트가 일어나는 단면에서 슬래브 두께의 2배 이하, 300mm 이하이어야 한다.
- 전단에 위험한 단면은 1방향 슬래브는 보와 같으므로 전단에 위한 단면은 받침부에서 d 만큼 떨어진 곳이다.
- **2방향 슬래브의 구조 상세**
- 위험단면에서 철근의 간격은 슬래브 두께의 2배 이하, 또한 300mm 이하이어야 한다.
- 전단에 대한 위험단면은 집중하중이나 집중 반력을 받는 면의 주변에서 $\dfrac{d}{2}$ 만큼 떨어진 주변 단면이다.

정답 14 ② 15 ③ 16 ③ 17 ③ 18 ③

□□□ 산 13,17,20③,23②

10 단면이 100mm×100mm인 정사각형이고, 길이 1m인 강재에 100kN의 압축력을 가했더니 길이가 1mm 줄어들었다. 이 강재의 탄성계수는?

① 1000MPa
② 10000MPa
③ 5000MPa
④ 50000MPa

> $\Delta l = \dfrac{Pl}{EA}$ 에서 $E = \dfrac{Pl}{A \Delta l}$
> • $A = bh = 100 \times 100 = 10000 \text{mm}^2$
> ∴ $E = \dfrac{100 \times 10^3 \times 1000}{10000 \times 1} = 10000 \text{N/mm}^2 = 10000 \text{MPa}$

❷ 철근콘크리트 및 강구조

□□□ 산 12②,15②,16①,17①,20②,23④

11 PS강재에 요구되는 일반적인 성질로 틀린 것은?

① 인장강도가 클 것
② 릴랙세이션이 작을 것
③ 늘음과 인성이 없을 것
④ 응력부식에 대한 저항성이 클 것

> PS강재가 가져야 할 성질
> • 인장강도가 커야 한다.
> • 부착강도가 커야 한다.
> • 항복비가 커야 한다.
> • 릴랙세이션이 적을 것
> • 적당한 연성(늘음)과 인성이 커야 한다.
> • 응력 부식에 대한 저항성이 커야 한다.
> • 곧게 퍼지는 신직선(직진성)이 좋아야 한다.
> • 어느 정도의 피로강도를 가져야 한다.

□□□ 산 15

12 다음 중 유효깊이의 정의로 옳은 것은?

① 콘크리트의 인장 연단부터 모든 인장철근군의 도심까지 거리
② 콘크리트의 압축 연단부터 모든 인장철근군의 도심까지 거리
③ 콘크리트의 인장 연단부터 최외단 인장철근의 도심까지의 거리
④ 콘크리트의 압축 연단부터 최외단 인장철근의 도심까지 거리

> 유효깊이(effective depth of section) : 콘크리트의 압축 연단부터 모든 인장철근군의 도심까지 거리

□□□ 산 14,15,16

13 고정하중 10kN/m, 활하중 20kN/m의 등분포하중을 받는 경간 8m의 단순지지보에서 하중계수와 하중조합을 고려한 계수모멘트는?

① 352kN·m
② 408kN·m
③ 449kN·m
④ 497kN·m

> $U = 1.2D + 1.6L = 1.2 \times 10 + 1.6 \times 20 = 44 \text{kN/m}$
> ∴ $M_u = \dfrac{U \cdot l^2}{8} = \dfrac{44 \times 8^2}{8} = 352 \text{kN·m}$

05 그림과 같은 단면의 x축에 대한 단면 1차 모멘트는 얼마인가?

① $1.28 \times 10^5 \text{mm}^3$
② $1.38 \times 10^5 \text{mm}^3$
③ $1.48 \times 10^5 \text{mm}^3$
④ $1.58 \times 10^5 \text{mm}^3$

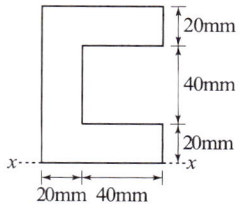

$$G_x = A_1 y_1 - A_2 y_2$$
$$= (60 \times 80) \times 40 - (40 \times 40) \times 40$$
$$= 128000 \text{mm}^3 = 1.28 \times 10^5 \text{mm}^3$$

06 그림과 같이 지름 $2R$인 원형단면의 단주에서 핵지름 k의 값은?

① $\dfrac{R}{4}$
② $\dfrac{R}{3}$
③ $\dfrac{R}{2}$
④ R

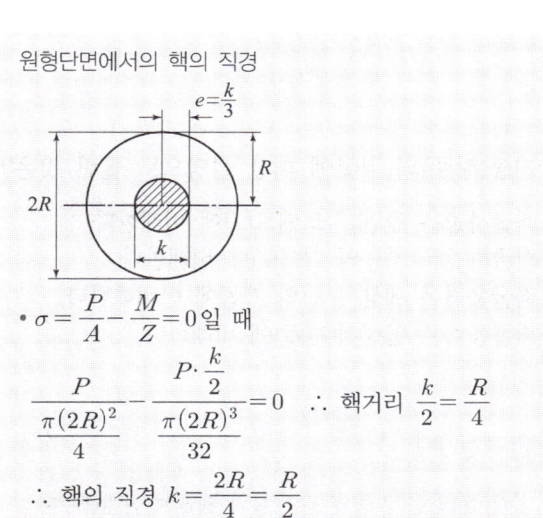

원형단면에서의 핵의 직경

- $\sigma = \dfrac{P}{A} - \dfrac{M}{Z} = 0$ 일 때

$\dfrac{P}{\dfrac{\pi(2R)^2}{4}} - \dfrac{P \cdot \dfrac{k}{2}}{\dfrac{\pi(2R)^3}{32}} = 0$ ∴ 핵거리 $\dfrac{k}{2} = \dfrac{R}{4}$

∴ 핵의 직경 $k = \dfrac{2R}{4} = \dfrac{R}{2}$

07 지름이 D인 원형 단면의 도심 축에 대한 단면 2차 극모멘트는?

① $\dfrac{\pi D^4}{64}$
② $\dfrac{\pi D^4}{32}$
③ $\dfrac{\pi D^4}{4}$
④ $\dfrac{\pi D^4}{2}$

단면2차 극모멘트 $I_P = I_x + I_y$

∴ $I_P = \dfrac{\pi D^4}{64} + \dfrac{\pi D^4}{64} = \dfrac{\pi D^4}{32}$

08 어떤 재료의 탄성계수가 E, 푸아송 비가 ν일 때 이 재료의 전단탄성계수(G)는?

① $\dfrac{E}{1+\nu}$
② $\dfrac{E}{1-\nu}$
③ $\dfrac{E}{2(1+\nu)}$
④ $\dfrac{E}{2(1-\nu)}$

$$G = \dfrac{E}{2(1+\nu)} = \dfrac{mE}{2(m+1)} = \dfrac{E}{2\left(1+\dfrac{1}{m}\right)}$$

09 다음 그림과 같은 단순보에서 전단력이 0이 되는 점은 A점에서 얼마만큼 떨어진 곳인가?

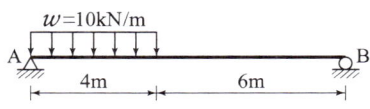

① 3.2m
② 3.5mm
③ 4.2m
④ 4.5m

- $\sum M_B = 0$: $R_A \times 10 - 10 \times 4 \times 8 = 0$

  ∴ $R_A = \dfrac{320}{10} = 32 \text{kN}(\uparrow)$

- $S_x = 32 - 10 \times x = 0$

  ∴ $x = 3.2 \text{m}$

국가기술자격 필기시험문제

제2회 실전 모의고사

자격종목	코 드	시험시간	형 별
토목산업기사 온라인TEST	1048	2시간	A

※ 2023년도부터 토목산업기사 필기 출제기준이 변경되었음을 알려드립니다. (필기 120문항에서 60문항으로 변경)
※ 각 문항은 4지택일형으로 질문에 가장 적합한 보기 항을 선택하시면 됩니다.

제1과목 : 응용역학

1 역학적 개념 및 건설 구조물의 해석

□□□ 산 12,15,16,17,19,20②

01 동일 평면상의 한 점에 여러 개의 힘이 작용하고 있을 때, 여러 개의 힘의 어떤 점에 대한 모멘트의 합은 그 합력의 동일점에 대한 모멘트와 같다는 것은 다음 중 어떤 정리인가?

① Mohr의 정리 ② Lami의 정리
③ Castigliano의 정리 ④ Varignon의 정리

> **Varignon의 원리**
> • 여러 힘의 한 점에 대한 모멘트의 대수합은 합력의 그 점에 대한 모멘트와 같다.
> • 분력의 모멘트 합은 합력의 모멘트와 같다.
> • 합력의 작용점을 구할 때 사용한다.

□□□ 산 15

02 그림과 같은 내민보에서 지점 A에 발생하는 수직반력은?

① 150kN
② 200kN
③ 250kN
④ 300kN

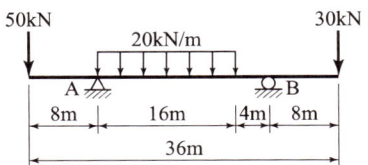

$\sum M_B = 0$:
$R_A \times 20 - 50 \times 28 - 20 \times 16 \times 12 + 30 \times 8 = 0$
$\therefore R_A = \frac{1}{20}(50 \times 28 + 20 \times 16 \times 12 - 30 \times 8)$
$= 250 \text{kN}$

□□□ 산 17

03 그림과 같은 길이가 l인 캔틸레버보에서 최대 처짐각은?

① $\theta_{\max} = \dfrac{Pl^2}{2EI}$

② $\theta_{\max} = \dfrac{Pl^3}{2EI}$

③ $\theta_{\max} = \dfrac{Pl^2}{3EI}$

④ $\theta_{\max} = \dfrac{Pl^3}{3EI}$

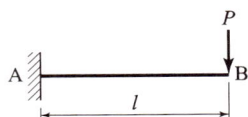

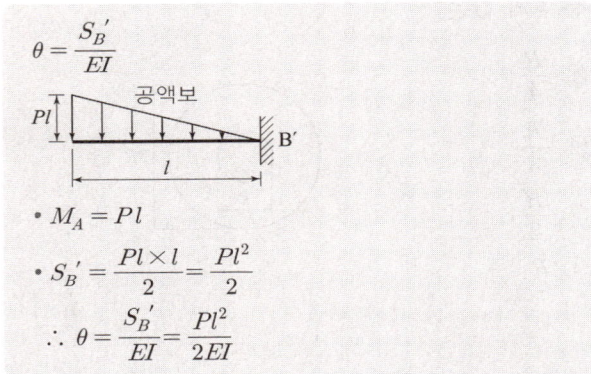

$\theta = \dfrac{S_B'}{EI}$

• $M_A = Pl$
• $S_B' = \dfrac{Pl \times l}{2} = \dfrac{Pl^2}{2}$
$\therefore \theta = \dfrac{S_B'}{EI} = \dfrac{Pl^2}{2EI}$

□□□ 산 18④

04 기둥(장주)의 좌굴에 대한 설명으로 틀린 것은?

① 좌굴하중은 단면2차모멘트(I)에 비례한다.
② 좌굴하중은 기둥의 길이(l)에 비례한다.
③ 좌굴응력은 세장비(λ)의 제곱에 반비례한다.
④ 좌굴응력은 탄성계수(E)에 비례한다.

> 좌굴하중 $P = \dfrac{n\pi^2 EI}{l^2} = \dfrac{n\pi^2 E}{\lambda^2}$
> ∴ 좌굴하중은 기둥의 길이(l)의 제곱에 반비례한다.

정답 01 ④   02 ③   03 ①   04 ②

□□□ 산 11,13,16

58 송수관의 유속에 대하여 ( )에 알맞은 수로 짝지어진 것은?

> 자연유하식인 경우에는 허용최대한도를 ( )m/s로 하고, 송수관의 평균유속의 최소한도는 ( )m/s로 한다.

① 3.0, 0.3 ② 3.0, 0.6
③ 6.0, 0.3 ④ 6.0, 0.6

도수·송수관의 평균 유속
자연유하식인 경우 허용최대한도 3.0m/s, 평균유속의 최소한도는 0.3m/s로 한다.

□□□ 산 96,06,08,12,15

59 비중이 2.0인 모래입자의 침전속도를 V라 할 때, 비중이 2.6인 입자의 침전속도는?

① 1.0V ② 1.3V
③ 1.6V ④ 2.6V

침전속도 $V_s = \dfrac{g(\rho_o - \rho_w)d^2}{18\mu}$

$\dfrac{V_{2.6}}{V} = \dfrac{\rho_{o1} - \rho_w}{\rho_{o2} - \rho_w} = \dfrac{2.6 - 1}{2.0 - 1} = 1.6$

∴ $V_{2.6} = 1.6V$

□□□ 산 97,00,02,07,08,14,15

60 유량이 3000m³/day인 처리수에 5.0mg/L의 비율로 염소를 주입시켰더니 잔류 염소량이 0.2mg/L이었다. 이 처리수의 염소 요구량은?

① 14.4kg/day ② 19.4kg/day
③ 20.4kg/day ④ 24.4kg/day

염소 요구량 = 유량 × 염소의 주입농도
= $3000(\text{m}^3/\text{day}) \times (5.0 - 0.2)(\text{mg/L}) \times 10^{-3}(\text{kg/g})$
= 14.4 kg/day

정답 58 ① 59 ③ 60 ②

2 상하수도 계획

산 97,07,08,10,12,14,16

51 하수처리장에서 하천에 방류되는 방수류가 BOD 30mg/L, 유량 20000m³/day이고, 방류되기 전 하천의 BOD와 유량이 3mg/L, 0.4m³/s일 때 방류수가 하천에 완전 혼합된다면 합류지점의 BOD 농도는?

① 약 13mg/L   ② 약 23mg/L
③ 약 30mg/L   ④ 약 33mg/L

$$C_m = \frac{Q_1 C_1 + Q_w C_w}{Q_1 + Q_w}$$

• $Q_w = 0.4\,\text{m}^3/\text{s} = 0.4 \times 60 \times 60 \times 24 = 34560\,\text{m}^3/\text{day}$

∴ $C_m = \dfrac{20000 \times 30 + 34560 \times 3}{20000 + 34560} = 13\,\text{mg/L}$

산 99,02,06,12,13,15,16,17,20②

52 수원을 선택할 때 갖추어야 할 구비요건에 해당되지 않는 것은?

① 수량이 풍부하여야 한다.
② 수질이 좋아야 한다.
③ 가능한 한 낮은 곳에 위치하여야 한다.
④ 상수 소비지에서 가까운 곳에 위치하여야 한다.

수원은 정수장이나 도시보다 높은 곳에 위치함으로써 도수, 송수 및 배수가 자연류하식이 되도록 해야 한다.

산 99,02,06,07,14,15

53 계획오수량 산정방법에 대한 설명으로 틀린 것은?

① 생활오수량의 1인1일 최대오수량은 상수도계획상의 1인1일 최대급수량을 감안하여 결정한다.
② 지하수량은 1인1일 평균오수량의 5~10%로 한다.
③ 계획시간 최대오수량은 계획1일 최대오수량의 1시간당 수량의 1.3~1.8배를 표준으로 한다.
④ 합류식에서 우천시 계획오수량은 원칙적으로 계획시간 최대오수량의 3배 이상으로 한다.

지하수량은 1인1일최대오수량의 약 10~20% 정도로 한다.

산 97,98,02,03,07,08,10,15,16

54 수분 98%인 슬러지 30m³을 농축하여 수분 94%로 했을 때의 슬러지량은?

① 10m³   ② 12m³
③ 15m³   ④ 18m³

$$V_2 = \frac{V_1(100-w_1)}{100-w_2} = \frac{30(100-98)}{100-94} = 10\,\text{m}^3$$

산 96,98,10,11,13

55 계획배수량은 원칙적으로 해당 배수구역의 계획시간최대배수량으로 하고, 이 계획시간최대배수량은 $q = K \times \dfrac{Q}{24}$로 구한다. 이 때 Q에 해당되는 것은?

① 1일평균사용수량   ② 계획1일최대급수량
③ 계획1일평균급수량   ④ 계획시간최대급수량

Q : 계획1일최대급수량(m³/d)

산 99,00,01,04,08,14,16,17,19②

56 상수도의 구성 순서로 옳은 것은?

① 수원 – 송수 – 정수 – 취수 – 도수 – 배수
② 수원 – 취수 – 송수 – 정수 – 도수 – 배수
③ 수원 – 취수 – 도수 – 정수 – 송수 – 배수
④ 수원 – 배수 – 취수 – 도수 – 정수 – 송수

수원-취수시설-도수시설-정수시설-송수시설-배수시설-급수시설

산 96,98,00,02,04,07,08,09,11,15①,16①②,19④

57 하수관거에서 관정부식(crown corrosion)의 주된 원인 물질은?

① 황화합물   ② 질소화합물
③ 철화합물   ④ 인화합물

• 황화합물(S)이 원인이 되어 관정부식이 발생한다.
• 황화수소(H_2S)가 하수관내의 공기 중으로 솟아오르면서 콘크리트관을 부식파괴 하는 현상을 관정부식이라 한다.

정답 51 ① 52 ③ 53 ② 54 ① 55 ② 56 ③ 57 ①

☐☐☐ 산 94,99,12,13,16

47 안지름 0.5m, 두께 20mm의 수압판이 15N/cm²의 압력을 받고 있을 때, 관벽에 작용하는 인장응력은?

① 46.8N/cm² ② 93.7N/cm²
③ 140.6N/cm² ④ 187.5N/cm²

$$t = \frac{PD}{2\sigma_{ta}}$$
$$\therefore \sigma_{ta} = \frac{PD}{2t} = \frac{15 \times 50}{2 \times 2} = 187.5\,\text{N/cm}^2$$

☐☐☐ 산 02,05,11,13,15,16,17

48 수로 폭 4m, 수심 1.5m인 직사각형 단면수로에 유량 24m³/s가 흐를 때, 후르드수(Froude number)와 흐름의 상태는?

① 1.04, 상류 ② 1.04, 사류
③ 0.74, 상류 ④ 0.74, 사류

Froude 수 $F_r = \dfrac{V}{\sqrt{gH}}$

- 상류 : $F_r < 1$ 사류 : $F_r > 1$
- $V = \dfrac{Q}{A} = \dfrac{24}{4 \times 1.5} = 4\,\text{m/sec}$
- $F_r = \dfrac{4}{\sqrt{9.8 \times 1.5}} = 1.04 > 1$ $\therefore$ 사류

☐☐☐ 산 92,03,05,09,11,14,16

49 그림과 같은 오리피스를 통과하는 유량은? (단, 오리피스 단면적 $A = 0.2\,\text{m}^2$, 손실계수 $C = 0.78$이다.)

① 0.36m³/s
② 0.46m³/s
③ 0.56m³/s
④ 0.66m³/s

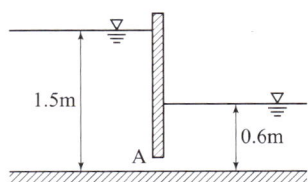

$Q = CA\sqrt{2g(h_1 - h_2)}$
$= 0.78 \times 0.2 \times \sqrt{2 \times 9.8 \times (1.5 - 0.6)}$
$= 0.66\,\text{m}^3/\text{sec}$

☐☐☐ 산 01,09,11,13,15

50 정류에 대한 설명으로 옳지 않은 것은?

① 어느 단면에서 지속적으로 유속이 균일해야 한다.
② 흐름의 상태가 시간에 관계없이 일정하다.
③ 유선과 유적선이 일치한다.
④ 유선에 따라 유속이 일정하게 변한다.

한 단면을 지나는 물이 시간에 따라 속도, 압력, 밀도 등 유동 특성이 변하지 않는 흐름

제3과목 : 수자원설계

1 수리학

□□□ 산 03,13,14,15,17
41 물의 성질에 대한 설명으로 옳지 않은 것은?

① 물의 점성계수는 수온이 높을수록 작아진다.
② 동점성계수는 수온에 따라 변하며 온도가 낮을수록 그 값은 크다.
③ 물은 일정한 체적을 갖고 있으나 온도와 압력의 변화에 따라 어느 정도 팽창 또는 수축을 한다.
④ 물의 단위중량은 0℃에서 최대이고 밀도는 4℃에서 최대이다.

> 점성계수 $\mu = \nu \rho$
> • 점성계수(μ)와 동점성계수(ν)는 비례한다.
> • 점성계수는 수온이 낮을수록 커지고 0℃에서 최대가 된다.
> • 물의 단위중량과 밀도는 4℃에서 최대이다.

□□□ 산 06,07,15
42 지름 20cm, 길이가 100m인 관수로 흐름에서 손실 수두가 0.2m라면 유속은? (단, 마찰손실 계수 $f = 0.03$이다.)

① 0.61m/s ② 0.57m/s
③ 0.51m/s ④ 0.48m/s

> $h_L = f \dfrac{l}{D} \dfrac{V^2}{2g}$ 에서
> $0.2 = 0.03 \times \dfrac{100}{0.20} \times \dfrac{V^2}{2 \times 9.80}$
> 참고 SOLVE 사용 ∴ $V = 0.51$ m/sec

□□□ 산 05,07,13,14,15,17
43 지름 100cm의 원형단면 관수로에 물이 만수되어 흐를 때의 동수반경(hydraulic radius)은?

① 50cm ② 75cm
③ 25cm ④ 20cm

> $R = \dfrac{D}{4} = \dfrac{100}{4} = 25$ cm

□□□ 산 06,12,13,14,17
44 정상적인 흐름 내의 1개의 유선상의 유체입자에 대하여 그 속도수두 $\dfrac{V^2}{2g}$, 압력수두 $\dfrac{P}{w_0}$, 위치수두 Z에 대하여 동수경사로 옳은 것은?

① $\dfrac{V^2}{2g} + \dfrac{P}{w_0}$ ② $\dfrac{V^2}{2g} + Z + \dfrac{P}{w_0}$
③ $\dfrac{V^2}{2g} + Z$ ④ $\dfrac{P}{w_0} + Z$

> 동수경사선
> 위치수두(Z)와 압력수두$\left(\dfrac{P}{w_o}\right)$를 연결한 선을 말한다.
> 즉, $\dfrac{P}{w_0} + Z$

□□□ 산 86,91,06,08,15
45 개수로에 대한 설명으로 옳은 것은?

① 동수경사선과 에너지경사선은 항상 평행하다.
② 에너지경사선은 자유수면과 일치한다.
③ 동수경사선은 에너지경사선과 항상 일치한다.
④ 동수경사선과 자유수면은 일치한다.

> • 개수로의 흐름은 언제나 자유수면에 노출되어 동수경사선은 자유수면과 항상 일치한다.
> • 완전유체(등류)일 때는 유속수두가 동일하므로 에너지선과 동수경사선이 서로 평행하게 된다.

□□□ 산 12②,13①,19④
46 비중 0.87인 기름이 용기에 들어 있을 때 이 기름 용기 속 자유표면으로부터 7m 깊이에 있는 지점의 계기압력은? (단, 무게 1kg = 9.8N)

① 51kPa ② 60kPa
③ 71kPa ④ 80kPa

> $P = wh = 0.87 \times 7 = 6.09$ t/m² $= 6090$ kg/m²
> $= 6090 \times 9.8 = 59682$ N/m² $= 60$ kN/m² $= 60$ kPa
> (∵ 1t/m² $= 9.8$ kN/m² $= 9.8$ kPa)

정답 41 ④ 42 ③ 43 ③ 44 ④ 45 ④ 46 ②

□□□ 산 90,96,00,01,02,06,07,10,13②,16④,19②④
34 예민비가 큰 점토란 무엇을 의미하는가?

① 다시 반죽했을 때 강도가 증가하는 점토
② 다시 반죽했을 때 강도가 감소하는 점토
③ 입자의 모양이 날카로운 점토
④ 입자가 가늘고 긴 형태의 점토

> 예민비는 점성토에 이용되며 흐트러진 시료의 일축 압축 강도가 감소하는 성질 관계의 감소비를 말한다. 예민비가 클수록 강도의 변화가 크므로 공학적 성질이 나쁘다.

□□□ 산 90,91,96,01,13,15
35 어떤 퇴적지반의 수평방향 투수계수가 4.0×10^{-3} cm/s이고, 수직방향 투수계수가 3.0×10^{-3} cm/s일 때 등가투수계수는 얼마인가?

① 3.46×10^{-3} cm/s   ② 5.0×10^{-3} cm/s
③ 6.0×10^{-3} cm/s   ④ 6.93×10^{-3} cm/s

> $K = \sqrt{K_h \cdot K_v}$
> $= \sqrt{4 \times 10^{-3} \times 3 \times 10^{-3}} = 3.46 \times 10^{-3}$ cm/sec

□□□ 산 94,00,06,12,14④,19②
36 어떤 흙의 전단실험 결과 $c = 0.18$ MPa, $\phi = 35°$, 토립자에 작용하는 수직응력이 $\sigma = 0.36$ MPa일 때 전단강도는?

① 0.489MPa   ② 0.432MPa
③ 0.633MPa   ④ 0.386MPa

> $\tau = c + \sigma \tan\phi$
> $= 0.18 + 0.36 \tan 35° = 0.432$ MPa

□□□ 산 90,95,03,04,06,12,15,16
37 주동토압계수를 K_A, 수동토압계수를 K_P, 정지토압계수를 K_o라 할 때 그 크기의 순서로 옳은 것은?

① $K_A > K_o > K_P$ ② $K_P > K_o > K_A$
③ $K_o > K_A > K_P$ ④ $K_o > K_P > K_A$

> 토압계수 크기 : $K_P > K_o > K_A$

□□□ 산 90,98,99,01,15④
38 지표면이 수평이고 옹벽의 뒷면과 흙과의 마찰각이 0인 연직옹벽에서 Coulomb의 토압과 Rankine의 토압은 어떻게 되는가?

① Coulomb의 토압은 항상 Rankine의 토압보다 크다.
② Coulomb의 토압은 Rankine의 토압보다 클 때도 있고, 작을 때도 있다.
③ Coulomb의 토압과 Rankine의 토압은 같다.
④ Coulomb의 토압은 항상 Rankine의 토압보다 작다.

> 지표면이 수평 $i = 0$, 마찰각 $\phi = 0$인 연직 옹벽에서 Coulomb의 토압과 Rankine의 토압은 같다.

□□□ 산 91,95,99,01,10,14,17②,20③
39 포화 점토지반에 대해 베인전단시험을 실시하였다. 베인의 직경은 60mm, 높이는 120mm, 흙이 전단파괴될 때 작용시킨 회전모멘트는 18N·m일 때, 점착력(c_u)은?

① 13kN/m²   ② 23kN/m²
③ 32kN/m²   ④ 42kN/m²

> $c_u = \dfrac{M_{max}}{\pi D^2 \left(\dfrac{H}{2} + \dfrac{D}{6}\right)} = \dfrac{18 \times 10^3}{\pi \times 60^2 \times \left(\dfrac{120}{2} + \dfrac{60}{6}\right)}$
> $= 0.023$ N/mm² $= 0.023$ MPa $= 23$ kN/m²

□□□ 산 90,96,99,03,07,12,15④, 20②
40 10개의 무리 말뚝기초에 있어서 효율이 0.8, 단항으로 계산한 말뚝 1개의 허용지지력이 100kN일 때 군항의 허용지지력은?

① 500kN   ② 800kN
③ 1000kN   ④ 1250kN

> $R_{ag} = E \cdot N \cdot R_a = 0.8 \times 10 \times 100 = 800$ kN

□□□ 산 13,17
30 도상에 표고를 숫자로 나타내는 방법으로 하천, 항만, 해안측량 등에서 수심측량을 하여 고저를 나타내는 경우에 주로 사용되는 것은?

① 음영법　　　　② 등고선법
③ 영선법　　　　④ 점고법

> 점고법
> 하천, 항만, 해양 등에서 심천측량을 하여 1점에 숫자를 기입하여 높이를 표시하는 방법

❷ 토질 및 기초

□□□ 산 00,05,07,09,10,13
31 모래 치환법에 의한 현장 흙의 밀도시험 결과 흙을 파낸 부분의 체적이 1800cm³이고 질량이 3870g이었다. 함수비가 10.8%일 때 건조밀도는?

① 1.94g/cm³　　　② 2.94g/cm³
③ 1.84g/cm³　　　④ 2.84g/cm³

> • 건조밀도 $\rho_d = \dfrac{\rho_t}{1+w}$
> • 습윤밀도 $\rho_t = \dfrac{W}{V} = \dfrac{3870}{1800} = 2.15\,\text{g/cm}^3$
> ∴ $\rho_d = \dfrac{2.15}{1+0.108} = 1.94\,\text{g/cm}^3$
> 　　 $= 19.4\,\text{kN/m}^3$

□□□ 산 97,02,07,09,12,13,16,17
32 점토지반에 과거에 시공된 성토제방이 이미 안정된 상태에서, 홍수에 대비하기 위해 급속히 성토시공을 하고자 한다. 안정검토를 위해 지반의 강도정수를 구할 때, 가장 적합한 시험방법은?

① 직접전단시험　　② 압밀 배수시험
③ 압밀 비배수시험　④ 비압밀 비배수시험

> 압밀 비배수(CU)시험
> • Pre-loading후(압밀진행 후)갑자기 파괴 예상될 때
> • 성토하중에 의해 압밀된 후 다시 추가하중을 재하한 후의 안정검토하는 경우

□□□ 산 19②
33 흙의 다짐에 관한 설명 중 옳지 않은 것은?

① 최적 함수비로 다질 때 건조단위중량은 최대가 된다.
② 세립토의 함유율이 증가할수록 최적 함수비는 증대된다.
③ 다짐에너지가 클수록 최적 함수비는 커진다.
④ 점성토는 조립토에 비하여 다짐곡선의 모양이 완만하다.

> 다짐에너지가 증가하면 최적함수비는 감소하고 최대 건조밀도는 증가한다.

정답 30 ④　31 ①　32 ③　33 ③

신 12,17,18②

24 하천측량 중 유속의 관측을 위하여 2점법을 사용할 때 필요한 유속은?

① 수면에서 수심의 20%와 60%인 곳의 유속
② 수면에서 수심의 20%와 80%인 곳의 유속
③ 수면에서 수심의 40%와 60%인 곳의 유속
④ 수면에서 수심의 40%와 80%인 곳의 유속

- 1점법 : 수심 $\frac{6}{10}H$가 되는 곳의 유속을 평균유속으로 한다.
  $V_m = V_{0.6}$
- 2점법 : 수심 $\frac{1}{5}H$, $\frac{4}{5}H$가 되는 곳의 유속을 평균유속으로 한다.
  $V_m = \frac{1}{2}(V_{0.2} + V_{0.8})$
- 3점법 : 수면에서 $\frac{1}{5}H$, $\frac{3}{5}H$, $\frac{4}{5}H$ 되는 곳의 유속을 평균유속으로 한다.
  $V_m = \frac{1}{4}(V_{0.2} + 2V_{0.6} + V_{0.8})$
- 4점법 : 수면에서 $\frac{1}{5}H$, $\frac{2}{5}H$, $\frac{3}{5}H$, $\frac{4}{5}H$ 되는 곳의 유속을 평균유속으로 한다.
  $V_m = \frac{1}{5}\left[(V_{0.2} + V_{0.4} + V_{0.6} + V_{0.8}) + \left(\frac{1}{2}V_{0.2} + \frac{1}{2}V_{0.8}\right)\right]$

신 12②,15④,18②,19①

25 평면직교좌표계에서 P점의 좌표가 $X=500$m, $Y=1000$m이다. P점에서 Q점까지의 거리가 1500m이고 PQ 측선의 방위각이 240°라면 Q점의 좌표는?

① $X=-750$m, $Y=-1299$m
② $X=-750$m, $Y=-299$m
③ $X=-250$m, $Y=-1299$m
④ $X=-250$m, $Y=-299$m

- $X_Q = X_P + \overline{PQ}\cos\alpha = 500 + 1500\cos 240°$
  $= -250$m (위거)
- $Y_Q = Y_P + \overline{PQ}\sin\alpha$
  $= 1000 + 1500\sin 240° = -299$m (경거)
- ∴ $Q(-250, -299)$

신 19②

26 다각측량에서는 측각의 정도와 거리의 정도가 균형을 이루어야 한다. 거리 100m에 대한 오차가 ±2mm일 때 이에 균형을 이루기 위한 측각의 최대 오차는?

① ±1″ ② ±4″
③ ±8″ ④ ±10″

$\Delta\alpha = \frac{\Delta l}{l} \times 206265″$
$= \pm\frac{2}{100000} \times 206265″ = \pm 4″$

신 13②,18①

27 그림과 같은 개방 트래버스에서 CD측선의 방위는?

① N50° W
② S30° E
③ S50° W
④ N30° E

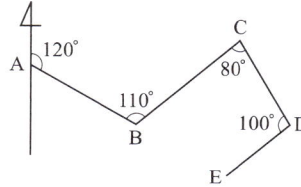

AB측선의 방위각 = 120°
BC측선의 방위각 = 120° − 180° + 110° = 50°
CD측선의 방위각 = 50° + 180° − 80° = 150°
CD측선의 방위 : S(180° − 150°)E = S30° E

신 11,16

28 다음 중 물리학적 측지학에 속하지 않는 것은?

① 지구의 극운동과 자전운동
② 지구의 형상해석
③ 하해 측량
④ 지구조석측량

하해 측량 : 기하학적 측지학

신 17

29 1회 관측에서 ±3mm의 우연오차가 발생하였다. 10회 관측하였을 때의 우연오차는?

① ±3.3mm ② ±0.3mm
③ ±9.5mm ④ ±30.2mm

우연오차 $E = \pm e\sqrt{n} = \pm 3\sqrt{10} = \pm 9.5$mm

정답 24 ② 25 ④ 26 ② 27 ② 28 ③ 29 ③

☐☐☐ 산 15,17

19 위험단면에서 1방향 슬래브의 정모멘트 철근 및 부모멘트 철근의 중심 간격 규정으로 옳은 것은?

① 슬래브 두께의 2배 이하이어야 하고, 또한 300mm 이하로 하여야 한다.
② 슬래브 두께의 2배 이하이어야 하고, 또한 400mm 이하로 하여야 한다.
③ 슬래브 두께의 3배 이하이어야 하고, 또한 300mm 이하로 하여야 한다.
④ 슬래브 두께의 3배 이하이어야 하고, 또한 400mm 이하로 하여야 한다.

> 슬래브의 정모멘트 철근 및 부모멘트 철근의 중심간격은 위험단면에서 슬래브 두께의 2배 이하, 300mm 이하로 한다. 기타의 단면에서는 슬래브 두께의 3배 이하이고, 450mm 이하로 한다.

☐☐☐ 산 11,13,15,16

20 아래 그림과 같은 보에 D13(1본 단면적 $127mm^2$)철근으로 수직스터럽을 250mm의 간격으로 설치하였다면, 전단철근에 의한 전단강도(V_s)는? (단, $f_{ck}=28MPa$, $f_y=400MPa$)

① 164.8kN
② 186.3kN
③ 208.6kN
④ 223.5kN

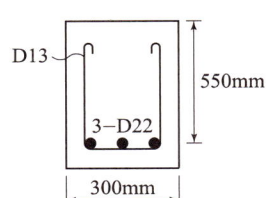

> 부재축에 직각인 전단철근(수직스터럽)
> $$V_s = \frac{A_v f_{yt} d}{s}$$
> $$= \frac{(127 \times 2) \times 400 \times 550}{250} = 223520\,N = 223.5\,kN$$

제2과목 : 측량 및 토질

1 측량학

☐☐☐ 산 19②

21 삼각측량시 삼각망 조정의 세 가지 조건이 아닌 것은?

① 각 조건 ② 변 조건
③ 측점 조건 ④ 구과량 조건

> 삼각망 조정의 3가지 조건
> • 각 조건 : 삼각형 내각의 합은 180°이다.
> • 변 조건 : 삼각망 중의 한 변의 길이는 계산 순서에 관계없이 일정하다.
> • 측점 조건 : 한 점 주위의 모든 각의 합은 360°이다.

☐☐☐ 산 16

22 지구전체를 경도 6° 씩 60개의 횡대로 나누고, 위도 8° 씩 20개(남위 80° ~ 북위 84°)의 횡대로 나타내는 좌표계는?

① UPS 좌표계 ② 평면직각 좌표계
③ UTM 좌표계 ④ WGS 84 좌표계

> UTM 좌표계
> • 경도 : 동경 180° 기준 6° 간격으로 60구분으로 나누고 경도원점은 중앙 자오선이다.
> • 위도 : 8° 간격으로 20구분, 위도원점은 적도상에 있다.

☐☐☐ 산 12,13,17,20②

23 도로와 철도의 노선 선정 시 고려해야 할 사항에 대한 설명으로 옳지 않은 것은?

① 성토를 절토보다 많게 해야 한다.
② 가급적 급경사 노선은 피하는 것이 좋다.
③ 기존 시설물의 이전비용 등을 고려한다.
④ 건설비·유지비가 적게 드는 노선이어야 한다.

> 토공량이 적도록 하고 절토와 성토가 균형을 이루도록 한다. (경제성)

□□□ 산 14④,15④,16②④,18④,19②

14 다음 중 강도설계법에서 적용되는 부재별 강도감소 계수가 잘못된 것은?

① 인장지배단면 : 0.85
② 압축지배단면 중 나선철근으로 보강된 철근콘크리트 부재 : 0.70
③ 무근콘크리트의 휨모멘트, 압축력, 전단력, 지압력을 받는 부재 : 0.55
④ 콘크리트의 지압력을 받는 부재 : 0.80

콘크리트의 지압력 : 0.65

Remember

강도감소계수 ϕ

부재		강도감소계수
인장지배단면		0.85
압축지배단면	나선철근으로 보강된 철근콘크리트 부재	0.70
	그 외의 철근콘크리트 부재	0.65
	변화구간단면(전이구역)	0.65(0.70)~0.85
전단력과 비틀림 모멘트		0.75
콘크리트의 지압력 (포스트텐션 정착부나 스트럿-타이 모델은 제외)		0.65
포스트텐션 정착구역		0.85
스트럿-타이 모델	스트럿, 절점부 및 지압부	0.75
	타이	0.85
무근콘크리트의 휨모멘트, 압축력, 전단력, 지압력		0.55

□□□ 산 02,04,06,10,11,14

15 다음 그림은 필릿(Fillet) 용접한 것이다. 목두께 a를 표시한 것으로 옳은 것은?

① $a = S_2 \times 0.70$
② $a = S_1 \times 0.70$
③ $a = S_2 \times 0.60$
④ $a = S_1 \times 0.60$

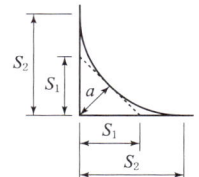

용접부의 목두께(필릿용접)
필릿용접의 유효 목두께(a)는 모살치수의 0.7배로 한다.
∴ $a = S_1 \times 0.70$

□□□ 산 12①,19④

16 단철근 직사각형 보에서 인장철근량이 증가하고 다른 조건은 동일할 경우 중립축의 위치는 어떻게 변하는가?

① 인장철근 쪽으로 중립축이 내려간다.
② 중립축의 위치는 철근량과는 무관하다.
③ 압축부 콘크리트 쪽으로 중립축이 올라간다.
④ 증가된 철근량에 따라 중립축이 위 또는 아래로 움직인다.

• 인장철근이 증가($\rho > \rho_b$: 과다철근보)하면 중립축 위치는 인장쪽으로 이동한다.
• 균형철근량이 증가($\rho < \rho_b$: 과소철근보)하면 중립축 위치는 압축쪽으로 이동한다.

□□□ 산 18②

17 인장을 받는 이형철근의 기본정착길이(l_{db})를 계산하기 위해 필요한 요소가 아닌 것은?

① 철근의 공칭지름
② 철근의 설계기준 항복강도
③ 전단철근의 간격
④ 콘크리트의 설계기준 압축강도

인장 이형철근의 기본정착길이

$$l_{db} = \frac{0.6 d_b f_y}{\lambda \sqrt{f_{ck}}}$$

• d_b : 정착철근의 공칭지름
• f_y : 철근의 설계기준 항복강도
• f_{ck} : 콘크리트의 설계기준 압축강도
• λ : 보정계수

□□□ 산 15

18 철근의 이음에 대한 설명으로 틀린 것은?

① 이음이 부재의 한 단면에 집중되도록 하는 것이 좋다.
② 철근은 이어대지 않는 것을 원칙으로 한다.
③ 최대 인장응력이 작용하는 곳에서는 이음을 하지 않는 것이 좋다.
④ D35를 초과하는 철근은 겹침이음 할 수 없다.

철근의 이음에서 이음이 부재의 한 단면에 집중되지 않도록 해야 한다. 엇갈리게 두는 것이 좋다.

□□□ 산 02,05,11,14,18②
09 단면의 성질에 대한 다음 설명 중 잘못된 것은?

① 단면 2차 모멘트의 값은 항상 "0"보다 크다.
② 단면 2차 극모멘트의 값은 항상 극을 원점으로 하는 두 직교좌표측에 대한 단면2차 모멘트의 합과 같다.
③ 단면 1차 모멘트의 값은 항상 "0"보다 크다.
④ 단면의 주축에 관한 단면 상승모멘트의 값은 항상 "0"이다.

> 단면 1차 모멘트
> • 도심축에 대한 단면 1차 모멘트는 0이다.
> • 도심 1차 모멘트는 좌표축에 따라 (+),(−)의 부호를 갖는다.

□□□ 산 16
10 단면적 A 인 도형의 중립축에 대한 단면 2차 모멘트를 I_G라 하고 중립축에서 y만큼 떨어진 축에 대한 단면 2차 모멘트를 I라 할 때 I로 옳은 것은?

① $I = I_G + Ay^2$
② $I = I_G + A^2y$
③ $I = I_G - Ay^2$
④ $I = I_G - A^2y$

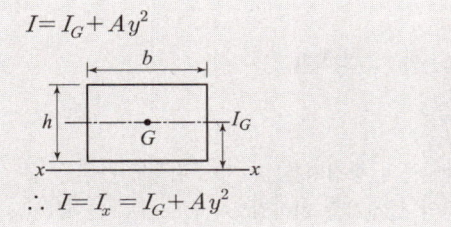

❷ 철근콘크리트 및 강구조

□□□ 산 14,20②
11 강도설계법에서 콘크리트가 부담하는 공칭전단강도를 구하는 식은? (단, 전단력과 휨모멘트만을 받는 부재이다.)

① $V_c = \frac{1}{6}\lambda\sqrt{f_{ck}}\,b_w d$
② $V_c = \frac{1}{2}\lambda\sqrt{f_{ck}}\,b_w d$
③ $V_c = \frac{2}{3}\lambda\sqrt{f_{ck}}\,b_w d$
④ $V_c = 3.5\lambda\sqrt{f_{ck}}\,b_w d$

> 공칭전단강도 $V_n = V_c + V_s$
> • 콘크리트에 의한 전단강도 $V_c = \frac{1}{6}\lambda\sqrt{f_{ck}}\,b_w d$
> • 전단철근에 의한 공칭전단강도 $V_s = \dfrac{A_v \cdot f_{yt} \cdot d}{s}$

□□□ 산 13,16,18④
12 강재의 연결 시 주의사항에 대한 설명으로 틀린 것은?

① 잔류응력이나 2차응력을 일으키지 않아야 한다.
② 각 재편에 가급적 편심이 없어야 한다.
③ 여러 가지의 연결 방법을 병용하도록 한다.
④ 응력집중이 없어야 한다.

> 강재의 연결부 구조
> • 응력의 전달이 확실할 것
> • 경제적이고도 시공이 쉬울 것
> • 각 재편에 가급적 편심이 없을 것
> • 부재의 변형에 따른 영향을 고려할 것
> • 해로운 응력집중이 생기지 않도록 할 것
> • 잔류응력이나 2차 응력이 생기지 않도록 할 것

□□□ 산 13,14,16
13 철근콘크리트의 성립요건에 대한 설명으로 틀린 것은?

① 철근과 콘크리트의 부착강도가 크다.
② 부착면에서 철근과 콘크리트의 변형률은 같다.
③ 철근의 열팽창계수는 콘크리트의 열팽창계수보다 매우 크다.
④ 압축은 콘크리트가 인장은 철근이 부담한다.

> 철근과 콘크리트의 열팽창계수가 거의 같다.

□□□ 산 14④,15①②,16②,20②

06 지름 D인 원형 단면보에 휨모멘트 M이 작용할 때 최대 휨응력은?

① $\dfrac{6M}{\pi D^3}$ ② $\dfrac{16M}{\pi D^3}$

③ $\dfrac{32M}{\pi D^3}$ ④ $\dfrac{64M}{\pi D^3}$

원형단면의 최대 휨응력

$\sigma = \dfrac{M}{I}y$

• $I = \dfrac{\pi D^4}{64}$, $y = \dfrac{D}{2}$

∴ $\sigma = \dfrac{M}{\dfrac{\pi D^4}{64}} \dfrac{D}{2} = \dfrac{32M}{\pi D^3}$

Remember

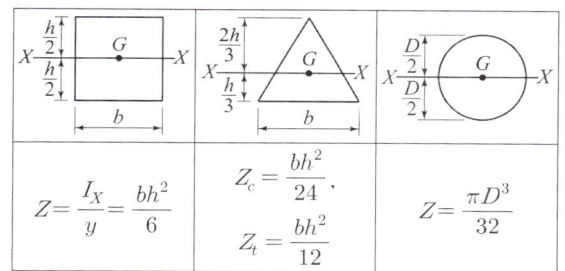

□□□ 산 15,18②

07 지름 10mm, 길이 1m, 탄성계수 1000MPa의 철선에 무게 100N의 물건을 매달았을 때 철선의 늘어나는 양은?

① 1.27mm ② 1.60mm
③ 2.24mm ④ 2.63mm

$\Delta l = \dfrac{Pl}{EA}$

• $l = 1\text{m} = 1000\text{mm}$

• $A = \dfrac{\pi d^2}{4} = \dfrac{\pi \times 10^2}{4} = 78.54\text{mm}^2$

∴ $\Delta l = \dfrac{100 \times 1000}{1000 \times 78.54} = 1.27\text{mm}$

□□□ 산 18④,19④

08 아래 그림과 같이 단순보의 중앙에 하중 $3P$가 작용할 때 이 보의 최대 처짐은?

① $\dfrac{PL^3}{4EI}$

② $\dfrac{PL^3}{8EI}$

③ $\dfrac{PL^3}{16EI}$

④ $\dfrac{PL^3}{24EI}$

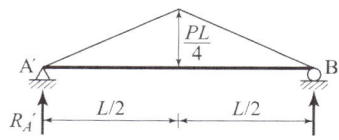

$y_{max} = \dfrac{PL^3}{48EI} = \dfrac{(3P)L^3}{48EI} = \dfrac{PL^3}{16EI}$

Remember

■ 보의 처짐과 처짐각

하중상태	처짐각	처짐
(P at center, L)	$\theta_A = -\theta_B$ $\dfrac{PL^2}{16EI}$	$y_{max} = \dfrac{PL^3}{48EI}$
(w 분포하중, L)	$\theta_A = -\theta_B$ $\dfrac{wL^3}{24EI}$	$y_{max} = \dfrac{5wL^4}{384EI}$

■ 공액보에서

$y_c = \dfrac{M_c'}{EI}$

• $R_A' = \dfrac{PL}{4} \times \dfrac{L}{2} \times \dfrac{1}{2} = \dfrac{PL^2}{16}$

• $M_c' = \dfrac{PL^2}{16} \times \dfrac{L}{2} - \dfrac{PL^2}{16} \times \dfrac{L}{6} = \dfrac{PL^3}{48}$

∴ $y_c = \dfrac{M_c'}{EI} = \dfrac{PL^3}{48EI} = \dfrac{(3P) \times L^3}{48EI} = \dfrac{PL^3}{16EI}$

국가기술자격 필기시험문제

제1회 실전 모의고사

자격종목	코 드	시험시간	형 별	수험번호	성 명
토목산업기사 온라인TEST	1048	2시간	A		

※ 2023년도부터 토목산업기사 필기 출제기준이 변경되었음을 알려드립니다. (필기 120문항에서 60문항으로 변경)
※ 각 문항은 4지택일형으로 질문에 가장 적합한 보기 항을 선택하시면 됩니다.

제1과목 : 구조설계

1 역학적인 개념 및 건설 구조물의 해석

□□□ 산 02,07,09,12④,17④,19④
01 그림에서 두 힘($P_1 = 50$kN, $P_2 = 40$kN)에 대한 합력(R)의 크기와 방향(θ) 값은?

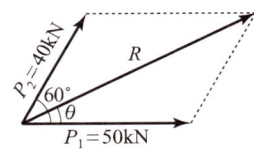

① $R = 78.10$kN, $\theta = 26.3°$
② $R = 78.10$kN, $\theta = 28.5°$
③ $R = 86.97$kN, $\theta = 26.3°$
④ $R = 86.97$kN, $\theta = 28.5°$

$R = \sqrt{P_1^2 + P_2^2 + 2P_1P_2\cos\alpha}$
$= \sqrt{50^2 + 40^2 + 2 \times 50 \times 40\cos 60°} = 78.10$kN
$\theta = \tan^{-1}\dfrac{P_2\sin\alpha}{P_1 + P_2\cos\alpha}$
$= \tan^{-1}\dfrac{40\sin 60°}{50 + 40\cos 60°} = 26.3°$

□□□ 산 15①,20③
02 다음 중 단면계수의 단위로서 옳은 것은?

① cm
② cm^2
③ cm^3
④ cm^4

단면계수 $Z = \dfrac{I(\text{cm}^4)}{y_o(\text{cm})} = \text{cm}^3$

□□□ 산 15
03 다음과 같은 단순보에 모멘트하중이 작용할 때 지점 B에서의 수직반력은? (단, (−)는 하향)

① 50kN
② −50kN
③ 100kN
④ −100kN

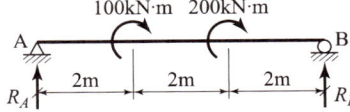

$\sum M_A = 0 : R_B \times 6 - 100 - 200 = 0$
$\therefore R_B = \dfrac{1}{6}(100 + 200) = 50$kN(↑)

□□□ 산 19②
04 원형 단면인 보에서 최대 전단응력은 평균 전단응력의 몇 배인가?

① $\dfrac{1}{2}$
② $\dfrac{3}{2}$
③ $\dfrac{4}{3}$
④ $\dfrac{5}{3}$

원형 단면인 보
$\tau_{\max} = \dfrac{4}{3}\dfrac{S}{A}$

□□□ 산 14,18②,23②
05 다음 중 힘의 3요소가 아닌 것은?

① 크기
② 방향
③ 작용점
④ 모멘트

힘의 3요소 : 힘의 크기, 힘의 방향, 힘의 작용점

정답 01 ① 02 ③ 03 ① 04 ③ 05 ④

4단계

Pick Remember
CBT 실전 모의고사

01 제1회 실전 모의고사
02 제2회 실전 모의고사
03 제3회 실전 모의고사

산 97,04,07,08,16,18④,21,25③

60 활성슬러지법에서 유입하수의 BOD_5가 180mg/L, SS가 200mg/L, 폭기조 체류시간 6시간, 폭기조의 MLSS가 2000mg/L일 때 BOD-SS부하(F/M비)는?

① 0.02kg/kg·MLSS·d
② 0.36kg/kg·MLSS·d
③ 0.40kg/kg·MLSS·d
④ 0.76kg/kg·MLSS·d

$$F/M비 = \frac{BOD}{MLSS \cdot t} = \frac{180}{2000 \times \frac{6}{24}} = 0.36 \text{kg/kg} \cdot MLSS \cdot d$$

□□□ 산 12②,19④,25③

55 호기성 소화와 혐기성 소화를 비교할 때, 혐기성 소화에 대한 설명으로 틀린 것은?

① 처리 후 슬러지 생성량이 적다.
② 유효한 자원인 메탄이 생성된다.
③ 높은 온도를 필요로 하지 않는다.
④ 공정 영향인자에는 체류시간, 온도, pH, 독성물질, 알칼리도 등이 있다.

혐기성 소화의 장·단점	
장점	단점
• 유효한 자원인 메탄이 생성된다. • 처리 후 슬러지 생성량이 적다. • 동력비 및 유지관리비가 적게 든다.	• 높은 온도를 요구한다. • 미생물의 성장속도가 느리다. • 상징액의 농도가 높다. • 악취문제 발생한다.

□□□ 산 03,15,22①,25③

56 응집제로서 가격이 저렴하고 탁도, 세균 조류 등의 거의 모든 현탁성 물질 또는 부유물의 제거에 유효하며, 무독성 때문에 대량으로 주입할 수 있으며 부식성이 없는 결정을 갖는 응집제는?

① 황산알루미늄
② 암모늄 명반
③ 황산 제1철
④ 폴리염화 알루미늄

황산알루미늄
• 결정은 부식성, 자극성이 없고 취급이 용이하다.
• 가격이 저렴하고 무독성 때문에 대량 주입이 가능하다.
• 탁도, 색도, 세균, 조류 등 대부분의 현탁물 또는 부유물 제거에 효과가 있다.
• 최적의 pH범위는 5.5~7.5이다.

□□□ 산 96,98,02,17,25③

57 유역면적 $2km^2$, 유출계수 0.6인 어느 지역에서 2시간 동안에 70mm의 호우가 내렸다. 합리식에 의한 이 지역의 우수유출량은?

① $10.5m^3/s$
② $11.7m^3/s$
③ $42.0m^3/s$
④ $70.0m^3/s$

$Q = \dfrac{1}{360} CIA$

• $I = 70mm/2hr = 35mm/hr$
• $A = 2km^2 = 200ha$

∴ $Q = \dfrac{1}{360} \times 0.6 \times 35 \times 200 = 11.7\,m^3/sec$

□□□ 산 99,01,06,14,20,23④,25③

58 그림에서 간선하수거 DA의 길이는 600m이고 유역 내 가장 먼 지점 E에서 간선하수거의 입구 D까지 우수가 유하하는데 걸리는 시간은 5분이다. 간선하수거 내 유속이 1m/s라면 유달시간은?

① 5분
② 11분
③ 15분
④ 20분

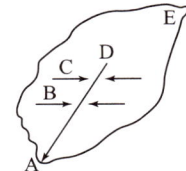

유달시간 $T = t_1 + \dfrac{L}{V}$

• 유속 $V = 1m/s = 1 \times 60 = 60m/min$

∴ $T = 5 + \dfrac{600}{60} = 15$분

□□□ 산 97,07,08,10,12,14,16,18④,25③

59 BOD 200mg/L, 유량 $70000m^3/day$의 오수가 하천에 방류될 때 합류지점의 BOD농도는? (단, 오수와 하천수는 완전 혼합된다고 가정하고, 오수유입 전 하천수의 BOD=30mg/L, 유량=$3.6m^3/s$이다.)

① 43.6mg/L
② 57.3mg/L
③ 61.2mg/L
④ 79.3mg/L

$C_m = \dfrac{Q_1 C_1 + Q_w C_w}{Q_1 + Q_w}$

• $Q_1 = 3.6m^3/s = 3.6 \times 60 \times 60 \times 24 = 311040 m^3/day$

∴ $C_m = \dfrac{70000 \times 200 + 311040 \times 30}{70000 + 311040} = 61.2mg/L$

□□□ 산 99,12,14,16,18③,25③

49 유량 Q, 유속 V, 단면적 A, 도심거리 h_G라 할 때 충력치(M)의 값은? (단, 충력치는 비력이라고도 하며, η : 운동량 보정계수, g : 중력가속도, W : 물의 중량, w : 물의 단위중량)

① $\eta \dfrac{Q}{g} + Wh_G A$ ② $\eta \dfrac{Q}{g} V + h_G A$

③ $\eta \dfrac{gV}{Q} + h_G A$ ④ $\eta \dfrac{Q}{g} V + \dfrac{1}{2} w^2$

충력치 $M = \eta \dfrac{Q}{g} V + h_G A = \eta \dfrac{Q^2}{gA} + h_G A$

□□□ 산 09,10,11,12,21,25③

50 오리피스에서의 유량 관계식을 $Q = KH^{1/2}$라 할 경우, 유량 Q에 1%의 오차가 있었다면 수두 H의 측정 오차는?

① 0.5%   ② 1%
③ 2%   ④ 4%

오리피스의 유량오차 : $\dfrac{dQ}{Q} = \dfrac{1}{2} \dfrac{dH}{H}$

• 수두 H의 측정 오차 : $\dfrac{dH}{H} = 2 \dfrac{dQ}{Q}$

• $\dfrac{dQ}{Q} = 1\%$ ∴ $\dfrac{dH}{H} = 2\dfrac{dQ}{Q} = 2 \times 1 = 2\%$

제6과목 : 상하수도계획

□□□ 산 97,07,09,11,13,15,16,25③

51 활성슬러지법에서 MLSS가 의미하는 것은?

① 폐수 중의 고형물
② 방류수 중의 부유물질
③ 폭기조 중의 부유물질
④ 침전지 상등수 중의 부유물질

MLSS
폭기조 내의 혼합액 부유물질로서 폭기조 내의 미생물을 말한다.

□□□ 산 99,00,01,08,14,16③,19②,25③

52 취수장에서부터 가정에 이르는 상수도계통을 옳게 나열한 것은?

① 취수시설 – 정수시설 – 도수시설 – 송수시설 – 배수시설 – 급수시설
② 취수시설 – 도수시설 – 송수시설 – 정수시설 – 배수시설 – 급수시설
③ 취수시설 – 도수시설 – 정수시설 – 송수시설 – 배수시설 – 급수시설
④ 취수시설 – 도수시설 – 송수시설 – 배수시설 – 정수시설 – 급수시설

취수시설 – 도수시설 – 정수시설 – 송수시설 – 배수시설 – 급수시설

□□□ 산 99,02,06,07,14,15,25③

53 계획오수량 산정방법에 대한 설명으로 틀린 것은?

① 생활오수량의 1인1일 최대오수량은 상수도계획상의 1인1일 최대급수량을 감안하여 결정한다.
② 지하수량은 1인1일 평균오수량의 5~10%로 한다.
③ 계획시간 최대오수량은 계획1일 최대오수량의 1시간당 수량의 1.3~1.8배를 표준으로 한다.
④ 합류식에서 우천시 계획오수량은 원칙적으로 계획시간 최대오수량의 3배 이상으로 한다.

지하수량은 1인1일최대오수량의 20% 이하를 원칙으로 한다.

□□□ 산 98,01,09,15,16,25③

54 하수도 계획의 기본적 사항에 대한 설명으로 틀린 것은?

① 하수도계획의 목표년도는 원칙적으로 10년으로 한다.
② 하수의 배제방식에는 분류식과 합류식이 있으며, 지역특성과 방류수역의 여건 등을 고려하여 결정한다.
③ 하수도의 계획구역은 처리구역과 배수구역으로 구분하여 고려 사항을 충분히 검토하여 결정한다.
④ 하수도계획은 구상, 조사, 예측, 시설계획 등의 절차로 수립한다.

하수도계획의 목표년도는 원칙적으로 20년으로 한다.

정답 49 ② 50 ③ 51 ③ 52 ③ 53 ② 54 ①

□□□ 산 92,13②,19④,25③

44 그림과 같이 단면 ①에서 관의 지름이 0.5m, 유속이 2m/s이고, 단면 ②에서 관의 지름이 0.2m일 때 단면 ②에서의 유속은?

① 10.5m/s
② 11.5m/s
③ 12.5m/s
④ 13.5m/s

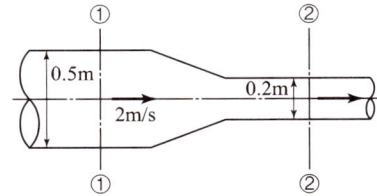

연속방정식 $Q = A_1 V_1 = A_2 V_2$

$\therefore V_2 = \dfrac{A_1}{A_2} V_1 = \left(\dfrac{d_1}{d_2}\right)^2 V_1 = \left(\dfrac{0.5}{0.2}\right)^2 \times 2 = 12.5 \text{m/s}$

□□□ 산 17②,20③,25③

45 Chezy 공식의 평균유속계수 C와 Manning 공식의 조도계수 n 사이의 관계는?

① $C = nR^{\frac{1}{3}}$
② $C = nR^{\frac{1}{6}}$
③ $C = \dfrac{1}{n} R^{\frac{1}{3}}$
④ $C = \dfrac{1}{n} R^{\frac{1}{6}}$

- Manning : $V = \dfrac{1}{n} R^{\frac{2}{3}} I^{\frac{1}{2}}$
- Chezy : $V = C\sqrt{RI}$
- $V = \dfrac{1}{n} R^{\frac{2}{3}} I^{\frac{1}{2}} = C\sqrt{RI}$
- $\therefore$ 평균유속계수 $C = \dfrac{1}{n} R^{1/6}$

□□□ 산 04,06,11,16,18④,25③

46 부체에 관한 설명 중 틀린 것은?

① 수면으로부터 부체의 최심부(가장 깊은 곳)까지의 수심을 흘수라 한다.
② 경심은 물체 중심선과 부력 작용선의 교점이다.
③ 수중에 있는 물체는 그 물체가 배제한 배수량만큼 가벼워진다.
④ 수면에 떠 있는 물체의 경우 경심이 중심보다 위에 있을 때는 불안정한 상태이다.

수면에 떠 있는 물체의 경우 경심(M)이 중심(G)보다 아래에 있을 때는 불안정한 상태이다.

Remember

부체의 안정판별

안정	M이 G보다 위에 있을 때	$\overline{MG} > 0$	$\overline{CM} > \overline{CG}$
불안정	M이 G보다 아래에 있을 때	$\overline{MG} < 0$	$\overline{CM} < \overline{CG}$
중립	M과 G가 일치할 때	$\overline{MG} = 0$	$\overline{CM} = \overline{CG}$

□□□ 산 06,08,09,14④,19④,22④,25③

47 지름 0.3cm의 작은 물방울에 표면장력 $T_{15} = 0.00075$N/cm가 작용할 때 물방울 내부와 외부의 압력차는?

① 30Pa
② 50Pa
③ 80Pa
④ 100Pa

물방울 내외부의 압력차 $P = \dfrac{4T}{d}$

- $T_{15} = 0.00075 \text{N/cm} = 0.075 \text{N/m}$
- $d = 0.3 \text{cm} = 0.003 \text{m}$
- $\therefore p = \dfrac{4 \times 0.075}{0.003} = 100 \text{N/m}^2 = 100 \text{Pa}$

참고 $1\text{N/m}^2 = 1\text{Pa}$

□□□ 산 98,03,13,17,25③

48 물의 점성계수(coefficient of viscosity)에 대한 설명 중 옳은 것은?

① 수온에는 관계없이 점성계수는 일정하다.
② 점성계수와 동점성계수는 반비례한다.
③ 수온이 낮을수록 점성계수는 크다.
④ 4℃에서의 점성계수가 가장 크다.

점성계수 $\mu = \nu \rho$
- 점성계수(μ)와 동점성계수(ν)는 비례한다.
- 점성계수는 수온이 낮을수록 커지고 0℃에서 최대가 된다.

☐☐☐ 산 92,96,99,05,06,07,08,09,13,14,15,17,25③

39 접지압의 분포가 기초의 중앙부분에 최대응력이 발생하는 기초형식과 지반은 어느 것인가?

① 연성기초, 점성지반　② 연성기초, 사질지반
③ 강성기초, 점성지반　④ 강성기초, 사질지반

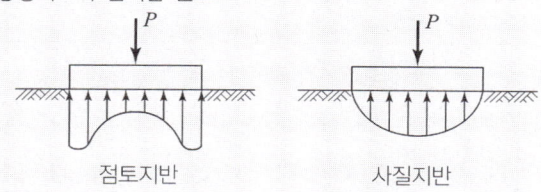

- 사질지반 : 기초의 중앙 부분에서 최대응력이 발생
- 점토지반 : 기초의 모서리 부분에서 최대응력이 발생

☐☐☐ 산 12①,16①,19④,25③

40 일축압축강도가 32kN/m², 흙의 단위중량이 16kN/m³이고, $\phi=0$인 점토지반을 연직굴착할 때 한계고는 얼마인가?

① 2.3m　② 3.2m
③ 4.0m　④ 5.2m

연직 절취고 $H_c = \dfrac{4c}{\gamma}$ ($\because \phi=0$ 일 때)

- $c = \dfrac{q_u}{2}$ ($\because \phi=0$ 일 때)

  $= \dfrac{32}{2} = 16\,\text{kN/m}^2$

$\therefore H_c = \dfrac{4 \times 16}{16} = 4.0\,\text{m}$

제3과목 : 수자원설계

1 수리학

☐☐☐ 산 02,05,11,13,16,18②,25③

41 수로폭 4m, 수심 1.5m인 직사각형 수로에서 유량 24m³/sec가 흐를 때 후르드수(Froude number)와 흐름의 상태는?

① 1.04, 사류　② 1.04, 상류
③ 0.74, 사류　④ 0.74, 상류

$F_r = \dfrac{V}{\sqrt{gh}}$

- $V = \dfrac{Q}{A} = \dfrac{24}{4 \times 1.5} = 4\,\text{m/sec}$

$\therefore F_r = \dfrac{4}{\sqrt{9.8 \times 1.5}} = 1.04 > 1$　∴ 사류

☐☐☐ 산 92,98,03,05,06,13,14,25③

42 수심이 3m, 유속이 2m/s인 개수로의 비에너지 값은? (단, 에너지 보정계수는 1.1이다.)

① 1.22m　② 2.22m
③ 3.22m　④ 4.22m

$H_e = h + \alpha \dfrac{v^2}{2g} = 3 + 1.1 \times \dfrac{2^2}{2 \times 9.8} = 3.22\,\text{m}$

☐☐☐ 산 07,15,25③

43 지름 20cm, 길이가 100m인 관수로 흐름에서 손실수두가 0.2m라면 유속은? (단, 마찰손실 계수 $f=0.03$이다.)

① 0.61m/s　② 0.57m/s
③ 0.51m/s　④ 0.48m/s

$h_L = f \dfrac{l}{D} \dfrac{V^2}{2g}$

$\therefore V = \sqrt{\dfrac{2gDh_L}{fl}} = \sqrt{\dfrac{2 \times 9.8 \times 0.20 \times 0.2}{0.03 \times 100}}$

$= 0.51\,\text{m/s}$

정답　39 ④　40 ③　41 ①　42 ③　43 ③

$i = \dfrac{h}{L}$ 에서 $h = L \cdot i_c$

- $e = \dfrac{n}{100-n} = \dfrac{60}{100-60} = 1.50$
- $i_c = \dfrac{G_s - 1}{1+e} = \dfrac{2.68-1}{1+1.50} = 0.672$

∴ $h = 30 \times 0.672 = 20.16\text{cm}$

□□□ 산 92,99,00,01,02,07,09,18①,20,25③

34 어떤 흙 시료에 대하여 일축압축시험을 실시한 결과, 일축압축강도(q_u)가 300kN/m^2, 파괴면과 수평면이 이루는 각은 45°이었다. 이 시료의 내부마찰각(ϕ)과 점착력(c)은?

① $\phi = 0$, $c = 150\text{kN/m}^2$
② $\phi = 0$, $c = 300\text{kN/m}^2$
③ $\phi = 90°$, $c = 150\text{kN/m}^2$
④ $\phi = 45°$, $c = 0$

- 내부마찰각
  $\theta = 45° + \dfrac{\phi}{2}$
  ∴ $\phi = 2\theta - 90° = 2 \times 45° - 90° = 0$
- 점착력
  $c = \dfrac{q_u}{2}\tan\left(45° - \dfrac{\phi}{2}\right)$
  $= \dfrac{300}{2}\tan\left(45° - \dfrac{0}{2}\right) = 150\text{kN/m}^2$

□□□ 산 97,00,06,09,12,14,15,18④,25③

35 다음의 지반개량공법 중 모래질 지반을 개량하는데 적합한 공법은?

① 다짐모래말뚝 공법   ② 페이퍼 드레인 공법
③ 프리로딩 공법   ④ 생석회 말뚝 공법

연약지반개량공법	
모래질 지반	점성토 지반
· 다짐모래말뚝공법	· 치환공법
· Compozer공법	· 프리로딩공법
· Vibro flotation공법	· 샌드 드레인공법
· 폭파다짐공법	· 페이퍼 드레인공법
· 전기 충격공법	· 전기침투 공법
· 약액 주입공법	· 생석회 말뚝공법

□□□ 산 90,00,06,07,12,13②,18④,19①,25③

36 다음 중 말뚝의 정역학적 지지력공식은?

① Sander공식
② Terzaghi공식
③ Engineering News공식
④ Hiley공식

말뚝의 지지력	
정역학적 공식	동역학적 공식
· Terzaghi 공식	· Sander 공식
· Meyerhof 공식	· Hiley 공식
· Dörr의 공식	· Weisbach 공식
· Dunham 공식	· Engineering-News 공식

□□□ 산 98,03,11,14,22①,25③

37 다음 그림에서 점토 중앙 단면에 작용하는 유효압력은? (단, $\gamma_w = 9.81\text{kN/m}^3$)

① 12kN/m^2
② 25kN/m^2
③ 28kN/m^2
④ 44kN/m^2

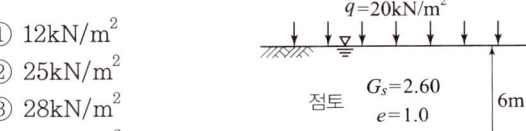

유효압력 $p = (\gamma_{sat} - \gamma_w)z + q$

$\gamma_{sat} = \dfrac{G_s + e}{1+e}\gamma_w = \dfrac{2.60 + 1.0}{1+1.0} \times 9.81 = 17.66\text{kN/m}^3$

∴ $p = (17.66 - 9.81) \times \dfrac{6}{2} + 20 = 43.55\text{kN/m}^2$

□□□ 산 97,00,04,10,13,18④,21,25③

38 어떤 흙의 간극비(e)가 0.52이고, 흙 속에 흐르는 물의 이론 침투속도(v)가 0.214cm/s일 때 실제의 침투유속(v_s)은?

① 0.424cm/s   ② 0.525cm/s
③ 0.626cm/s   ④ 0.727cm/s

실제 침투유속 $v_s = \dfrac{v}{n}$

$n = \dfrac{e}{1+e} = \dfrac{0.52}{1+0.52} = 0.342$

∴ $v_s = \dfrac{0.214}{0.342} = 0.626\text{cm/s}$

정답 34 ①   35 ①   36 ②   37 ④   38 ③

산 10④,11④,13④,16②,17①②,19④,25③

27 매개변수 $A=60m$인 클로소이드 곡선길이가 30m일 때 종점에서의 곡선반지름은?

① 60m ② 90m
③ 120m ④ 150m

$A^2 = RL$에서
$R = \dfrac{A^2}{L} = \dfrac{60^2}{30} = 120\,m$

산 19②,25③

28 두 변이 각각 82m와 73m이며, 그 사이에 낀 각이 67°인 삼각형의 면적은?

① 1169m² ② 2339m²
③ 2755m² ④ 5510m²

$A = \dfrac{1}{2}ab\sin\alpha = \dfrac{1}{2} \times 82 \times 73 \sin 67° = 2755\,m^2$

산 12,17,21,25③

29 표고 236.42m의 평탄지에서 거리 500m를 평균 해면상의 값으로 보정하려고 할 때, 보정량은? (단, 지구 반지름은 6370km로 한다.)

① $-1.656\,cm$ ② $-1.756\,cm$
③ $-1.856\,cm$ ④ $-1.956\,cm$

$C_h = -\dfrac{D \cdot h}{R}$
$= -\dfrac{500 \times 236.42}{6370 \times 1000} = -0.01856\,m = -1.856\,cm$

산 15④,19④,22④,25③

30 지형도를 작성할 때 지형 표현을 위한 원칙과 거리가 먼 것은?

① 기복을 알기 쉽게 할 것
② 표현을 간결하게 할 것
③ 정량적 계획을 엄밀하게 할 것
④ 기호 및 도식을 많이 넣어 세밀하게 할 것

기호 및 도식을 가급적 적게 넣어 간결하게 할 것

❷ 토질 및 기초

산 91,96,99,10,11,14,15,25③

31 단위중량이 $16kN/m^3$인 연약지반($\phi=0°$) 지반에서 연직으로 2m까지 보강없이 절취할 수 있다고 한다. 이 점토지반의 점착력은?

① $4kN/m^2$ ② $8kN/m^2$
③ $14kN/m^2$ ④ $18kN/m^2$

$H_c = \dfrac{4c}{\gamma_t}\tan\left(45° + \dfrac{\phi}{2}\right)$
$= \dfrac{4c}{\gamma_t}(\because \phi=0)$

∴ 점착력 $c = \dfrac{H_c \gamma_t}{4} = \dfrac{2 \times 16}{4} = 8\,kN/m^2$

산 90,96,00,01,02,06,07,10,13,16,19②④,25③

32 예민비가 큰 점토란 다음 중 어떠한 것을 의미하는가?

① 점토를 교란시켰을 때 수축비가 큰 시료
② 점토를 교란시켰을 때 수축비가 적은 시료
③ 점토를 교란시켰을 때 강도가 증가하는 시료
④ 점토를 교란시켰을 대 강도가 많이 감소하는 시료

예민비 $S_t = \dfrac{q_u}{q_{ur}}$
- q_u : 불교란시료의 일축압축강도
- q_{ur} : 교란시료의 일축압축강도

∴ 예민비(S_t)가 큰 점토는 흙을 다시 이겼을 때의 일축압축강도(q_{ur})가 감소하는 점토

산 90,96,07,10,14,19②,25③

33 그림에서 모래층에 분사현상이 발생하는 경우는 수두 h가 몇 cm 이상일 때 일어나는가? (단, $G_s=2.68$, $n=60\%$)

① 20.16cm
② 10.52cm
③ 13.73cm
④ 18.05cm

정답 27 ③ 28 ③ 29 ③ 30 ④ 31 ② 32 ④ 33 ①

□□□ 산 10,11,15,16,25③

22 한 변이 36m인 정삼각형(△ABC)의 면적을 BC변에 평행한 선($\overline{de}$)으로 면적비 $m:n=1:1$로 분할하기 위한 $\overline{Ad}$의 거리는?

① 18.0m
② 21.0m
③ 25.5m
④ 27.5m

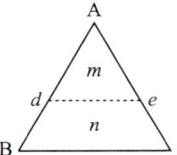

$$Ad = AB\sqrt{\frac{m}{m+n}}$$
$$= 36 \times \sqrt{\frac{1}{1+1}} = 25.5\text{m}$$
$$[\because \overline{AB}^2 : \overline{Ad}^2 = (m+n) : m]$$

Remember

Ae의 거리
$$Ae = AC\sqrt{\frac{m}{m+n}}$$

□□□ 산 11②,13②,15④,18②,25③

23 삼각점 A에 기계를 세웠을 때, 삼각점 B가 보이지 않아 P를 관측하여 $T'=65°42'39''$의 결과를 얻었다면 $T=\angle DAB$는? (단, $S=2$km, $e=40$cm, $\phi=256°40'$)

① 65°39'58''
② 65°40'20''
③ 65°41'59''
④ 65°42'20''

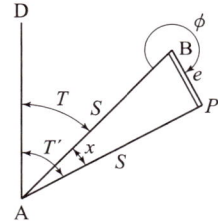

$T = T' - x$
• $\dfrac{e}{\sin x} = \dfrac{S}{\sin(360°-\phi)}$ 에서
• $x = \dfrac{e}{S}\sin(360°-x) \times \rho''$
$= \dfrac{40}{200000}\sin(360°-256°40') \times 206265''$
$= 40.14''$
∴ $T = 65°42'39'' - 40.14'' = 65°41'59''$

□□□ 산 11,14①,19④,20③,25③

24 거리측량의 오차를 $\dfrac{1}{10^5}$까지 허용한다면 지구상에 평면으로 간주할 수 있는 거리는? (단, 지구의 곡률반지름은 6300km로 가정)

① 약 22km
② 약 44km
③ 약 59km
④ 약 69km

$\dfrac{d-D}{D} = \dfrac{D^2}{12R^2}$ 에서
• $\dfrac{1}{100000} = \dfrac{D^2}{12 \times 6300^2}$
∴ 평면으로 볼 수 있는 한계
$D = \sqrt{\dfrac{12 \times 6300^2}{100000}} = 69.01\text{km}$

□□□ 산 10④,16①,20③,25③

25 교점(I.P.)의 위치가 기점으로부터 200.12m, 곡선반지름 200m, 교각 45°00'인 단곡선의 시단현의 길이는? (단, 측점간 거리는 20m로 한다.)

① 2.72m
② 2.84m
③ 17.16m
④ 17.28m

시단현 길이 $l_1 = BC$앞말뚝 $-BC$
• $T.L = R\tan\dfrac{I}{2} = 200\tan\dfrac{45°00'}{2} = 82.84$m
• $BC = IP$의 거리 $-TL = 200.12 - 82.84 = 117.28$m
∴ $l_1 = 120 - 117.28 = 2.72$m

□□□ 산 12②,13②,16①,18④,21,25③

26 종단면도를 이용하여 유토곡선(mass curve)을 작성하는 목적과 가장 거리가 먼 것은?

① 토량의 운반거리 산출
② 토공장비의 선정
③ 토량의 배분
④ 교통로 확보

토적곡선의 작성 목적
• 토량의 분배
• 평균운반거리 산출
• 토공기계의 선정
• 시공방법 결정

17 복철근 단면으로 설계하는 이유에 대한 설명으로 틀린 것은?

① 처짐을 억제하여야 할 경우
② 연성을 극소화시켜야 할 경우
③ 정(+), 부(-) 모멘트가 한 단면에서 반복되는 경우
④ 보의 높이가 제한되어 단철근 단면으로는 설계모멘트를 감당할 수 없을 경우

복철근 직사각형으로 설계하는 이유
• 처짐을 최소화하기 위한 경우
• 압축응력의 깊이를 감소시켜서 연성의 증대
• 정(+), 부(-) 모멘트가 한 단면에서 반복되는 경우
• 보의 높이가 제한되어 단철근 단면으로는 설계모멘트를 견딜 수 없는 경우

18 강도설계법에 의한 나선철근 압축부재의 공칭 축강도 (P_n)의 값은? (단, $A_g = 160000\text{mm}^2$, $A_{st} = 6-\text{D}32 = 4765\text{mm}^2$, $f_{ck} = 22\text{MPa}$, $f_y = 350\text{MPa}$이다.)

① 3567kN
② 3885kN
③ 4428kN
④ 4967kN

$P_n = \alpha[0.85f_{ck}(A_g - A_{st}) + f_y \cdot A_{st}]$
∴ $P_n = 0.85[0.85 \times 22(160000 - 4765) + 350 \times 4765]$
   $= 3885048\text{N} = 3885\text{kN}$

분류	보정계수 α	강도감소계수 ϕ
나선철근	0.85	0.70
띠철근	0.80	0.65

19 강도설계법으로 부재를 설계할 때 사용하중에 하중계수를 곱한 하중을 무엇이라 하는가?

① 작용하중
② 기준하중
③ 지속하중
④ 계수하중

계수하중=사용하중×하중계수

20 $A_s' = 1400\text{mm}^2$로 배근된 그림과 같은 복철근보의 탄성처짐이 10mm라 할 때 1년 후 장기처짐을 고려한 총 처짐량은? (단, 1년 후 지속하중 재하에 따른 계수 $\xi = 1.4$이다.)

① 10mm
② 13.25mm
③ 16.43mm
④ 18.24mm

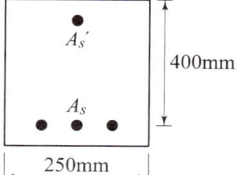

• $\lambda = \dfrac{\xi}{1 + 50\rho'}$
  $\rho' = \dfrac{A_s'}{bd} = \dfrac{1400}{400 \times 250} = 0.014$
  ∴ $\lambda = \dfrac{1.4}{1 + 50 \times 0.014} = 0.824$ (∵ 1년 : $\lambda = 1.4$)
• 장기처짐 = 순간처짐(탄성침하)×장기처짐계수(λ)
  $= 10 \times 0.824 = 8.24\text{mm}$
  ∴ 총처짐량 = 순간 처짐+장기 처짐
  $= 10 + 8.24 = 18.24\text{mm}$

제2과목 : 측량 및 토질

1 측량학

21 원곡선 설치에 이용되는 식으로 틀린 것은?
(단, R : 곡선반지름, I : 교각[단위 : 도(°)])

① 접선길이 $T.L = R\tan\dfrac{I}{2}$
② 곡선길이 $C.L = \dfrac{\pi}{180°}RI$
③ 중앙종거 $M = R\left(\cos\dfrac{I}{2} - 1\right)$
④ 외할 $E = R\left(\sec\dfrac{I}{2} - 1\right)$

중앙종거 $M = R\left(1 - \cos\dfrac{I}{2}\right)$

☐☐☐ 산 12,13,14,15,16,18,19②,25③

12 강도설계법에서 강도감소계수에 관한 규정 중 틀린 것은?

① 인장지배단면 : 0.85
② 나선철근으로 보강된 철근콘크리트 부재의 압축지배단면 : 0.70
③ 전단력 : 0.75
④ 콘크리트의 지압력 : 0.70

콘크리트의 지압력 : $\phi = 0.65$

Remember

강도감소계수 ϕ

부재			강도감소 계수
인장지배단면			0.85
압축지배단면	나선철근으로 보강된 철근 콘크리트 부재		0.70
	그 외의 철근콘크리트 부재		0.65
	변화구간단면(전이구역)		0.65(0.70) ~ 0.85
전단력과 비틀림 모멘트			0.75
콘크리트의 지압력 (포스트텐션 정착부나 스트럿-타이 모델은 제외)			0.65
포스트텐션 정착구역			0.85
스트럿-타이 모델	스트럿, 절점부 및 지압부		0.75
	타이		0.85
무근콘크리트의 휨모멘트, 압축력, 전단력, 지압력			0.55

☐☐☐ 산 16②,23①,25③

13 고정하중 10kN/m, 활하중 20kN/m의 등분포하중을 받는 경간 8m의 단순지지보에서 하중계수와 하중조합을 고려한 계수모멘트는?

① 352kN·m   ② 408kN·m
③ 449kN·m   ④ 497kN·m

$U = 1.2D + 1.6L = 1.2 \times 10 + 1.6 \times 20 = 44 \text{kN/m}$
$\therefore M_u = \dfrac{U \cdot l^2}{8} = \dfrac{44 \times 8^2}{8} = 352 \text{kN·m}$

☐☐☐ 산 11,14,15,25③

14 $f_{ck} = 24$MPa, $f_y = 300$MPa, $b_w = 400$mm, $d = 500$mm인 직사각형 철근콘크리트보에서 콘크리트가 부담하는 공칭전단강도(V_c)는 얼마인가?

① 105.7kN   ② 110.1kN
③ 142.7kN   ④ 163.3kN

$V_c = \dfrac{1}{6} \lambda \sqrt{f_{ck}} b_w d$
$= \dfrac{1}{6} \times 1 \times \sqrt{24} \times 400 \times 500$
$= 163299 \text{N} = 163.3 \text{kN}$

☐☐☐ 산 14①,15①④,16①,17④,19④,20③,25③

15 그림과 같은 직사각형 단면의 보에서 등가직사각형 응력블록의 깊이(a)는? (단, $A_s = 2382$mm², $f_y = 400$MPa, $f_{ck} = 28$MPa)

① 58.4mm
② 62.3mm
③ 66.7mm
④ 72.8mm

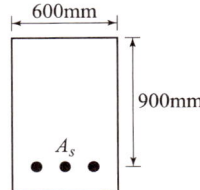

$a = \dfrac{A_s f_y}{\eta(0.85 f_{ck})b} = \dfrac{2382 \times 400}{1 \times 0.85 \times 28 \times 600} = 66.7 \text{mm}$

☐☐☐ 산 94,97,14,15,17,18①,21,25③

16 프리텐션 PSC 부재의 단면이 300mm×500mm이고 120mm²의 PS 강선 5개가 단면의 도심에 배치되어 있다. 초기 프리스트레스가 1000MPa이고 $n=6$일 때 콘크리트의 탄성수축에 의한 프리스트레스 감소량은?

① 24MPa   ② 27MPa
③ 32MPa   ④ 35MPa

$\Delta f_p = n \dfrac{P_i}{A_c}$
• $P_i = A_p n f_y = 120 \times 5 \times 1000 = 600000 \text{N}$
$\therefore \Delta f_p = 6 \times \dfrac{600000}{300 \times 500} = 24 \text{MPa}$

정답 12 ④   13 ①   14 ④   15 ③   16 ①

□□□ 산 11④,12②,15②,25③

08 기둥이 길이가 6m이고, 단면의 지름은 300mm일 때 이 기둥의 세장비는?

① 50
② 60
③ 70
④ 80

세장비 $\lambda = \dfrac{\text{부재길이 } l}{\text{회전반경 } r}$

• 회전반경 $r = \dfrac{D}{4}$

∴ $\lambda = \dfrac{6 \times 1000}{\dfrac{300}{4}} = 80$

Remember

원형단면의 세장비

$r = \sqrt{\dfrac{I}{A}} = \sqrt{\dfrac{\dfrac{\pi D^4}{64}}{\dfrac{\pi D^2}{4}}} = \dfrac{D}{4}$

□□□ 산 12,23①,25③

09 최대 휨모멘트가 생기는 위치에서 휨응력이 120MPa 이라고 하면 단면계수는?

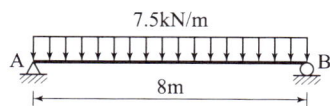

① $3.5 \times 10^5 \text{mm}^3$
② $4.0 \times 10^5 \text{mm}^3$
③ $4.5 \times 10^5 \text{mm}^3$
④ $5.0 \times 10^5 \text{mm}^3$

최대휨응력 $\sigma_{max} = \dfrac{M_{max}}{I} y = \dfrac{M_{max}}{Z}$

• 단면계수 $Z = \dfrac{M_{max}}{\sigma_{max}}$

• $M_{max} = \dfrac{wl^2}{8} = \dfrac{7.5 \times 8^2}{8} = 60 \text{kN} \cdot \text{m}$
  $= 60 \times 10^6 \text{N} \cdot \text{mm}$

∴ $Z = \dfrac{60 \times 10^6}{120} = 500000 \text{mm}^3 = 5.0 \times 10^5 \text{mm}^3$

□□□ 산 18④,25③

10 다음 그림과 같이 O점에 P_1, P_2, P_3의 3힘이 작용하고 있을 때 점 A를 중심으로 한 모멘트의 크기는?

① $80 \text{N} \cdot \text{cm}$
② $100 \text{N} \cdot \text{cm}$
③ $150 \text{N} \cdot \text{cm}$
④ $180 \text{N} \cdot \text{cm}$

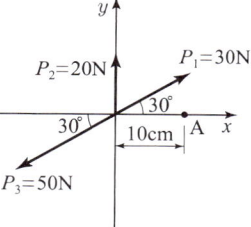

$M_A = (30 \times \sin 30°) \times 10 + 20 \times 10 - (50 \times \sin 30°)$
$\times 10 = 100 \text{N} \cdot \text{cm}$

---

❷ 철근콘크리트 및 강구조

□□□ 산 11,17,25③

11 그림과 같은 T형보에서 $f_{ck} = 21\text{MPa}$, $f_y = 400\text{MPa}$, $A_s = 3212\text{mm}^2$일 때 공칭 휨강도(M_n)는?

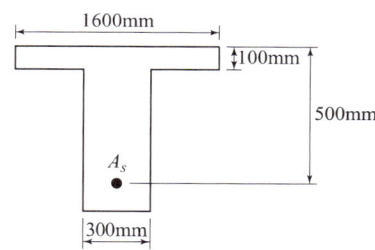

① $463.7 \text{kN} \cdot \text{m}$
② $521.6 \text{kN} \cdot \text{m}$
③ $578.4 \text{kN} \cdot \text{m}$
④ $613.5 \text{kN} \cdot \text{m}$

$M_n = f_y A_s \left(d - \dfrac{a}{2} \right)$

• T형보의 판별
$a = \dfrac{A_s f_y}{\eta(0.85 f_{ck})b} = \dfrac{3212 \times 400}{1 \times 0.85 \times 21 \times 1600}$
$= 45 \text{mm} < t = 100 \text{mm}$

∴ 직사각형보로 해석

$M_n = 400 \times 3212 \left(500 - \dfrac{45}{2} \right)$
$= 613492000 \text{N} \cdot \text{mm} = 613.5 \text{kN} \cdot \text{m}$

□□□ 산 11,13,14,15,16,18①,25③
04 그림 (A)의 양단힌지 기둥의 탄성좌굴하중이 200kN 이었다면, 그림 (B)기둥의 좌굴하중은?

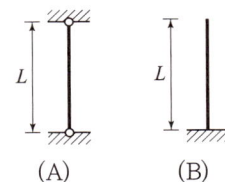

① 12.5kN
② 25kN
③ 50kN
④ 100kN

$$P_{cr} = \frac{n\pi^2 EI}{L^2}$$

- 양단힌지 : $P_{cr} = 1\left(\frac{\pi^2 EI}{L^2}\right) = 200\text{kN}$

  ∴ $\frac{\pi^2 EI}{L^2} = 200\text{kN}$

- 일단고정 타단자유 :
  $P_{cr} = \frac{1}{4}\left(\frac{\pi^2 EI}{L^2}\right) = \frac{1}{4} \times 200 = 50\text{kN}$

일단고정 타단자유	$n = \frac{1}{4}$
양단힌지	$n = 1$
일단힌지 타단고정	$n = 2$
양단고정	$n = 4$

□□□ 산 12,25③
05 아래 그림과 같은 캔틸레버보의 점 B에 연직하중 P가 작용할 때 점 B와 점 C의 처짐각 θ_B와 θ_C의 비는?

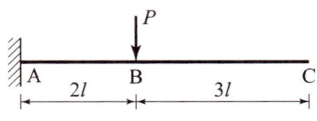

① 1 : 1
② 2 : 3
③ 4 : 7
④ 4 : 9

처짐각은 B지점과 C지점의 서로 같다.
$\theta_B = \theta_C$
∴ $\theta_B : \theta_C = 1 : 1$

Remember
내민보의 처짐

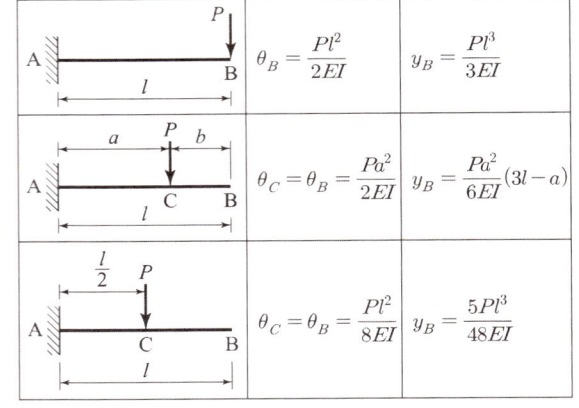

□□□ 산 11②,15①,25③
06 다음과 같은 단순보에 모멘트 하중이 작용할 때 각 지점에서의 수직반력을 구한 값은? (단, (-)는 하향)

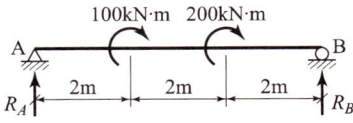

① $R_A = 40\text{kN}$, $R_B = -40\text{kN}$
② $R_A = 50\text{kN}$, $R_B = -50\text{kN}$
③ $R_A = -40\text{kN}$, $R_B = 40\text{kN}$
④ $R_A = -50\text{kN}$, $R_B = 50\text{kN}$

- $\sum M_B = 0$: $R_A \times 6 + 100 + 200 = 0$
  ∴ $R_A = \frac{1}{6}(-100 - 200) = -50\text{kN}(\uparrow)$
- $\sum M_A = 0$: $R_B \times 6 - 100 - 200 = 0$
  ∴ $R_B = \frac{1}{6}(100 + 200) = 50\text{kN}(\uparrow)$

□□□ 산 04③,14①,25③
07 모든 도형에서 도심을 지나는 축에 대한 단면1차모멘트 값의 범위로 옳은 설명은?

① 0이다.
② 0보다 크다.
③ 0보다 적다.
④ 0에서 1사이의 값을 갖는다.

도심축에 대한 단면 1차 모멘트는 0이다.

국가기술자격 필기시험문제

2025년도 기사 3회 필기시험

자격종목	코 드	시험시간	형 별	수험번호	성 명
토목산업기사	1048	2시간	A		

※ 2023년도부터 토목산업기사 필기 출제기준이 변경되었음을 알려드립니다. (필기 120문항에서 60문항으로 변경)
※ 각 문항은 4지택일형으로 질문에 가장 적합한 보기 항을 선택하시면 됩니다.

제1과목 : 구조설계

1 역학적인 개념 및 건설 구조물의 해석

☐☐☐ 산 18④,20③,25③
01 그림에서 최대 전단응력은?

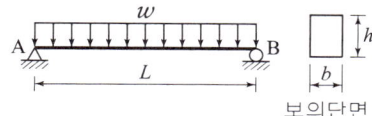

① $\tau = \dfrac{3wL}{2bh}$ ② $\tau = \dfrac{2wL}{3bh}$

③ $\tau = \dfrac{4wL}{3bh}$ ④ $\tau = \dfrac{3wL}{4bh}$

$\tau_{max} = \dfrac{3}{2} \dfrac{S_{max}}{A}$

• $S_{max} = R_A = R_B = \dfrac{wL}{2}$

• $A = bh$

$\therefore \tau_{max} = \dfrac{3}{2} \times \dfrac{\frac{wL}{2}}{bh} = \dfrac{3wL}{4bh}$

Remember

최대전단응력
• 직사각형 단면
  $\tau_{max} = \dfrac{3}{2} \dfrac{S_{max}}{A} = \dfrac{S_{max}}{bh}$
• 원형 단면
  $\tau_{max} = \dfrac{4}{3} \dfrac{S_{max}}{A} = \dfrac{4}{3} \dfrac{S_{max}}{\pi r^2}$

☐☐☐ 산 23②,25③
02 단면 150mm×150mm인 정사각형이고, 길이 1m인 강재에 120kN의 압축력을 가했더니 1mm가 줄어들었다. 이 강재의 탄성계수는?

① 5333MPa ② 6333MPa
③ 7333MPa ④ 8333MPa

$\Delta l = \dfrac{PL}{EA}$ 에서 $E = \dfrac{Pl}{\Delta l A}$

$E = \dfrac{120 \times 10^3 \times 1000}{1 \times 150 \times 150}$

$= 5333.33 \, N/mm^2 = 5333.33 \, MPa$

☐☐☐ 산 14,16②,20②,25③
03 그림과 같이 ABC의 중앙점에 100kN의 하중을 달았을 때 정지하였다면 장력 T의 값은 몇 kN인가?

① 100
② 86.6
③ 50
④ 150

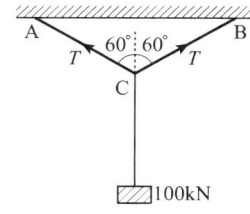

sin법칙(라미의 정리)에 의해서

$\dfrac{T}{\sin 120°} = \dfrac{100kN}{\sin 120°}$

$\therefore T = \dfrac{100kN}{\sin 120°} \times \sin 120° = 100kN$

정답 01 ④ 02 ① 03 ①

산 08,11,15,16,17,25②
56 다음과 같은 조건에서의 급속여과지 면적은?

- 계획급수인구 : 5000인
- 1인 1일 최대급수량 : 200L
- 여과속도 : 120m/일

① $5.0m^2$ ② $8.33m^2$
③ $12.5m^2$ ④ $14.58m^2$

$$A = \frac{Q}{V \times n} = \frac{1인1일\ 최대급수량 \times 계획급수인구}{여과속도}$$
$$= \frac{0.2 \times 5000}{120 \times 1} = 8.33m^2$$

산 06,11,15,18②,25②
57 슬러지 반송비가 0.4, 반송슬러지의 농도가 1%일 때 포기조 내의 MLSS 농도는?

① 1234mg/L   ② 2857mg/L
③ 3325mg/L   ④ 4023mg/L

MLSS 농도 $X = \dfrac{R \times X_R}{1+R}$

- 슬러지 반송비 $R = 0.4$
- 반송슬러지 농도 $X_R = 1\% = 0.01$

$\therefore X = \dfrac{0.4 \times 0.01}{1+0.4}$
$= 0.002857ppm = 0.002857 \times 10^6 mg/L$
$= 2857mg/L$

산 19②,25②
58 취수탑에 대한 설명으로 옳지 않은 것은?

① 부대설비인 관리교, 조명설비, 유목제거기, 협잡물제거설비 및 피뢰침을 설치한다.
② 하천의 경우 토사유입을 적게 하기 위하여 유입속도 15~30cm/s를 표준으로 한다.
③ 취수구 시설에 스크린, 수문 또는 수위조절판을 설치하여 일체가 되어 작동한다.
④ 취수탑의 설치 위치에서 갈수수심이 최소 2m 이상이 아니면, 계획 취수량의 취수에 필요한 취수구의 설치가 곤란하다.

취수문의 기능과 목적
취수구시설에는 스크린, 수문 또는 수위조절판 등으로 구성되며, 유사시설 등과 일체가 되어 작동한다.

산 96,98,10,11,16,17②,20③,25②
59 하수도설계기준의 관로시설 설계기준에 따른 관로의 최소관경으로 옳은 것은?

① 오수관로 200mm, 우수관로 및 합류관로 250mm
② 오수관로 200mm, 우수관로 및 합류관로 400mm
③ 오수관로 300mm, 우수관로 및 합류관로 350mm
④ 오수관로 350mm, 우수관로 및 합류관로 400mm

하수도의 최소관경
- 오수관거 : 200mm를 표준
- 우수 및 합류관거 : 250mm를 표준

Remember

하수도관거

관거의 종류	최소 관경	최소 유속	최대유속
오수관거	200mm	0.6m/sec	3.0m/sec
우수 및 합류관거	250mm	0.8m/sec	3.0m/sec

산 97,98,02,08,15,21,25②
60 지름이 0.2m, 길이 50m의 주철관으로 하수유량 2.4m³/min을 15m의 높이까지 양수하기 위한 펌프의 축동력은? (단, 전체 손실수두는 1.0m이고, 펌프의 효율은 85%)

① 9.9kW   ② 7.4kW
③ 6.3kW   ④ 5.4kW

$P_s = \dfrac{1000QH_p}{102\eta}$

- $H_p = 15 + 1 = 16m$
- $Q = 2.4 m^3/min = \dfrac{2.4}{60} m^3/sec$

$\therefore P_s = \dfrac{1000 \times 2.4 \times 16}{102 \times 0.85 \times 60} = 7.4kW$

정답 56 ② 57 ② 58 ③ 59 ① 60 ②

□□□ 산 95,96,12,16,25②

50 직각 삼각위어(weir)에서 월류 수심이 1m이면 유량은? (단, 유량계수 $C=0.59$이다.)

① $1.0 m^3/s$
② $1.4 m^3/s$
③ $1.8 m^3/s$
④ $2.2 m^3/s$

$$Q = \frac{8}{15} C \tan\frac{\theta}{2} \sqrt{2g}\, h^{5/2}$$
$$= \frac{8}{15} \times 0.59 \times \tan\frac{90°}{2} \times \sqrt{2 \times 9.8} \times 1^{5/2}$$
$$= 1.4 m^3/sec$$

❷ 상하수도 계획

□□□ 산 96,98,11,12,14,15,25②

51 펌프에 대한 설명으로 옳지 않은 것은?

① 펌프는 가능한 최고효율점 부근에서 운전하도록 대수 및 용량을 정한다.
② 펌프의 설치대수는 유지관리상 편리하도록 될 수 있는 대로 적게 하고 동일 용량의 것으로 한다.
③ 과잉운전방지와 과잉운전에 따른 에너지소비량이 절감될 수 있도록 한다.
④ 펌프의 용량이 작을수록 효율이 높으므로 가능한 소용량의 것으로 한다.

펌프는 용량이 클수록 효율이 높으므로 가능한 대용량의 것을 사용한다.

□□□ 산 96,98,08,12,14,16,25②

52 하천이나 호소에서 부영양화(Eutrophication)의 주된 원인 물질은?

① 질소 및 인
② 탄소 및 유황
③ 중금속
④ 염소 및 질산화물

부영양화의 주된 원인 물질
질소(N), 인(P), 염류 등과 같은 조류의 번식에 양분이 될 물질들이 유입 축적될 때 일어난다.

□□□ 산 95,11,13③,19②,25②

53 수원에 대한 설명 중 틀린 것은?

① 천층수는 지표면에서 깊지 않은 곳에 위치함으로써 공기의 투과가 양호하므로 산화작용이 활발하게 진행된다.
② 심층수는 대지의 정화작용으로 무균 또는 거의 이에 가까운 것이 보통이다.
③ 용천수는 지하수가 자연적으로 지표로 솟아나온 것으로 그 성질은 대개 지표수와 비슷하다.
④ 복류수는 대체로 수질이 양호하며 정수공정에서 침전지를 생략하는 경우도 있다.

용천수
• 지하수가 종종 자연적으로 지표로 분출하는 것으로 그 성질도 지하수와 비슷하다.
• 얕은 층의 물이 솟아 나오는 경우가 많으므로 수질이 불량한 경우도 있다.

□□□ 산 01,08,09,10,11,15,16①②,19④,25②

54 하수관거내의 침전물에서 방출하는 가스 중 관정부식의 주요 원인이 되는 것은?

① CH_4
② H_2S
③ Cl^-
④ CO_2

• 황화합물(S)이 원인이 되어 관정부식이 발생한다.
• 황화수소(H_2S)가 하수관내의 공기 중으로 솟아오르면서 콘크리트관을 부식파괴하는 현상을 관정부식이라 한다.

□□□ 산 07,11,18②,22②,25②

55 수질검사에서 대장균을 검사하는 이유는?

① 대장균이 병원체이기 때문이다.
② 물을 부패시키는 세균이기 때문이다.
③ 수질오염을 가져오는 대표적인 세균이기 때문이다.
④ 대장균을 이용하여 다른 병원체의 존재를 추정할 수 있기 때문이다.

대장균은 인체에 유해하지 않으나 음료수에서 검출되면 병원성 세균의 존재 추정이 가능하다.

정답 50 ② 51 ④ 52 ① 53 ③ 54 ② 55 ④

45 그림과 같은 오리피스를 통과하는 유량은? (단, 오리피스 단면적 $A=0.2m^2$, 손실계수 $C=0.78$이다.)

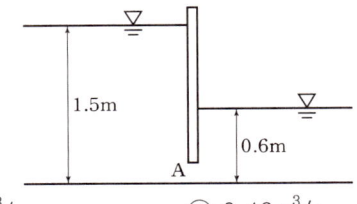

① $0.36m^3/s$
② $0.46m^3/s$
③ $0.56m^3/s$
④ $0.66m^3/s$

$$Q=CA\sqrt{2g(h_1-h_2)}$$
$$=0.78\times0.2\times\sqrt{2\times9.8\times(1.5-0.6)}=0.66m^3/sec$$

46 비에너지(Specific Energy)에 관한 설명으로 옳지 않은 것은?

① 한계류인 경우 비에너지는 최대가 된다.
② 상류인 경우 수심의 증가에 따라 비에너지가 증가한다.
③ 사류인 경우 수심의 감소에 따라 비에너지가 증가한다.
④ 어느 수로단면의 수로 바닥을 기준으로 하여 측정한 단위 무게의 물이 가지는 흐름의 에너지이다.

유량이 일정할 때 비에너지(H_e)가 최소인 경우의 수심을 한계수심(h_e)이라 한다.
∴ 한계류인 경우 비에너지(H_e)는 최소가 된다.

47 그림과 같은 피토관에서 A점의 유속을 구하는 식으로 옳은 것은?

① $V=\sqrt{2gh_1}$
② $V=\sqrt{2gh_2}$
③ $V=\sqrt{2gh_3}$
④ $V=\sqrt{2g(h_1+h_2)}$

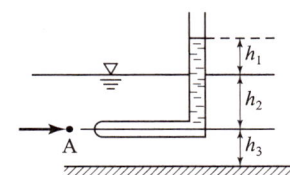

$$h_1=\frac{V^2}{2g} \quad \therefore V=\sqrt{2gh_1}$$

48 지름 100cm의 원형단면 관수로에 물이 만수되어 흐를 때의 동수반경(hydraulic radius)은?

① 50cm
② 75cm
③ 25cm
④ 20cm

$$R=\frac{D}{4}=\frac{100}{4}=25cm$$

Remember

원형관의 경심

· 경심 $R=\dfrac{\text{단면적}(A)}{\text{윤변}(P)}$

· 단면적 $A=\dfrac{\pi D^2}{4}$, 윤변 $P=\pi D$

$$\therefore R=\dfrac{\dfrac{\pi D^2}{4}}{\pi D}=\dfrac{D}{4}$$

49 Bernoulli 정리의 적용 조건이 아닌 것은?

① Bernoulli 방정식이 적용되는 임의의 두 점은 같은 유선 상에 있다.
② 정상상태의 흐름이다.
③ 압축성 유체의 흐름이다.
④ 마찰이 없는 흐름이다.

흐름은 정류이며 유체는 비압축성이다.

Remember

Bernoulli의 정리의 기본 조건
· 흐름은 정류이며 유체는 비압축성이다.
· 마찰에 의한 에너지 불변의 법칙에 근거한다.
· 일반적으로 하나의 유관 또는 유선에 대하여 성립한다.
· 하나의 유선에 대하여 총에너지는 일정하다.
· 임의의 두 점은 같은 유선상에 있다.

정답 45 ④ 46 ① 47 ① 48 ③ 49 ③

제3과목 : 수자원설계

1 수리학

□□□ 산 09,11,14,17②,19④,25②
41 개수로의 흐름이 사류일 때를 나타내는 것은?
(단, h : 수심, h_c : 한계수심, F_r : Froude 수)

① $h < h_c$, $F_r < 1$ ② $h < h_c$, $F_r > 1$
③ $h > h_c$, $F_r < 1$ ④ $h > h_c$, $F_r > 1$

상류 조건
- 유속 : $V < V_c$
- 후르드수 : $F_r < 1$
- 구배 : $I < I_c$
- 수심 : $h > h_c$

Remember

상류와 사류의 조건

구분	상류	사류	공식
수심 h	$h > h_c$	$h < h_c$	$h_c = \left(\dfrac{\alpha Q^2}{gb^2}\right)$
유속 V	$V < V_c$	$V > V_c$	$V_c = \sqrt{gh}$
구배 I	$I < I_c$	$I > I_c$	$I_c = \dfrac{g}{\alpha C^2}$
Fr	$Fr < 1$	$Fr > 1$	$F_r = \dfrac{V}{\sqrt{gh}}$

□□□ 산 05,10,18①②,25②
42 개수로의 지배 단면(control section)에 대한 설명으로 옳은 것은?

① 홍수시 하천흐름이 부정류인 경우에 발생한다.
② 급경사의 흐름에서 배수곡선이 나타나면 발생한다.
③ 상류흐름에서 사류흐름으로 변화할 때 발생한다.
④ 사류흐름에서 상류흐름으로 변화하면서 도수가 발생할 때 나타난다.

지배단면
개수로에서 한계수심이 생기는 단면으로 상류로부터 사류로 변할 때의 단면이다.

□□□ 산 04,06,10,14,25②
43 Manning 공식의 조도계수 n과 마찰손실계수 f와의 관계식으로 옳은 것은? (단, 지름 D인 원관의 경우)

① $12.7n^2 D^{\frac{1}{3}}$ ② $124.5n^2 D^{-\frac{1}{3}}$
③ $12.7n D^{-\frac{1}{3}}$ ④ $124.5n D^{\frac{1}{3}}$

$$f = \frac{8gn^2}{R^{1/3}}, \quad R = \frac{D}{4}$$

$$\therefore f = \frac{8gn^2}{R^{1/3}} = \frac{8 \times 9.8 n^2}{\left(\dfrac{D}{4}\right)^{1/3}} = \frac{124.5 n^2}{D^{1/3}} = 124.5 n^2 D^{-\frac{1}{3}}$$

Remember

유속공식
- Chezy 공식

$$C = \frac{1}{n} R^{1/6}, \quad C = \sqrt{\frac{8g}{f}},$$

$$\frac{1}{n} R^{\frac{1}{6}} = \sqrt{\frac{8g}{f}} \text{에서 } f = \frac{8gn^2}{R^{1/3}}, \quad R = \frac{D}{4}$$

- Manning 공식
- $V = \dfrac{1}{n} R^{\frac{2}{3}} I^{\frac{1}{2}}$
- $f = \dfrac{8gn^2}{R^{1/3}} = \dfrac{8 \times 9.8 n^2}{\left(\dfrac{D}{4}\right)^{1/3}} = \dfrac{124.5 n^2}{D^{1/3}} = 124.5 n^2 D^{-\frac{1}{3}}$

□□□ 산 05,14①,19①,20②,25②
44 한계 수심에 관한 설명으로 옳은 것은?

① 유량이 최소이다.
② 비에너지가 최소이다.
③ Reynolds 수가 1이다.
④ Froude 수가 1보다 크다.

한계수심(h_c)
- 유량이 일정할 때 비에너지(h_e)가 최소로 되는 수심
- 비에너지(h_e)가 일정할 때 유량이 최대로 되는 수심
- 비에너지(h_e)에 대한 한계수심 $h_c = \dfrac{2}{3} h_e$

정답 41 ②   42 ③   43 ②   44 ②

34 말뚝재하시험 시 연약점토지반인 경우는 pile의 타입 후 20여일이 지난 다음 말뚝재하실험을 한다. 그 이유로 가장 타당한 것은?

① 주면 마찰력이 너무 크게 작용하기 때문에
② 부마찰력이 생겼기 때문에
③ 타입시 주변이 교란되었기 때문에
④ 주위가 압축되었기 때문에

> 연약 점토 지반에 말뚝을 타입하면 지반이 교란되어 강도가 저하되므로 이 강도가 회복(thixotrophy)되는 20일 이상 지난 후 말뚝재하실험을 실시한다.

35 어떤 흙의 간극비(e)가 0.52이고, 흙 속에 흐르는 물의 이론 침투속도(v)가 0.214cm/s일 때 실제의 침투유속(v_s)은?

① 0.424cm/s
② 0.525cm/s
③ 0.626cm/s
④ 0.727cm/s

> 실제 침투유속 $v_s = \dfrac{v}{n}$
> • $n = \dfrac{e}{1+e} = \dfrac{0.52}{1+0.52} = 0.342$
> ∴ $v_s = \dfrac{0.214}{0.342} = 0.626 \text{cm/s}$

36 아래 그림과 같은 옹벽에 작용하는 전 주동토압은 얼마인가?

① 162kN/m
② 172kN/m
③ 182kN/m
④ 192kN/m

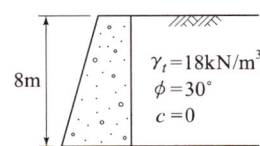

$\gamma_t = 18\text{kN/m}^3$
$\phi = 30°$
$c = 0$
8m

> $P_A = \dfrac{1}{2}\gamma_t H^2 \tan^2\left(45° - \dfrac{\phi}{2}\right)$
> $= \dfrac{1}{2} \times 18 \times 8^2 \tan^2\left(45° - \dfrac{30°}{2}\right) = 192\text{kN/m}$

37 어느 흙의 액성한계는 35%, 소성한계가 22%일 때 소성지수는 얼마인가?

① 12
② 13
③ 15
④ 17

> 소성지수 = 액성한계 - 소성한계
> ∴ $I_P = W_L - W_P = 35 - 22 = 13\%$

38 다짐 에너지(Energy)에 관한 설명 중 틀린 것은?

① 다짐 에너지는 램머(Rammer)의 중량에 비례한다.
② 다짐 에너지는 다짐층수에 반비례한다.
③ 다짐 에너지는 시료의 부피에 반비례한다.
④ 다짐 에너지는 다짐 횟수에 비례한다.

> 다짐 에너지(E_c)는 다짐층수(N_L)에 비례한다.

39 느슨하고 포화된 사질토에 지진이나 폭파, 기타 진동으로 인한 충격을 받았을 때 전단강도가 급격히 감소하는 현상은?

① 액상화 현상
② 분사 현상
③ 보일링 현상
④ 다일러턴시 현상

> 액상화 현상(Liquefaction)의 정의이다.

40 Sand Drain 공법에서 U_v(연직방향의 압밀도)=0.9, U_h(수평방향의 압밀도)=0.15인 경우, 수직 및 수평방향을 고려한 압밀도(U_{vh})는 얼마인가?

① 99.15%
② 96.85%
③ 94.5%
④ 91.5%

> $U = 1 - (1-U_v)(1-U_h)$
> $= 1 - (1-0.9)(1-0.15) = 0.915 = 91.5\%$

□□□ 산 14, 25②

28 GNSS 측량으로 측점의 표고를 구하였더니 89.123m이었다. 이 지점의 지오이드 높이가 40.150m 라면 실제표고(정표고)는?

① 129.273m ② 48.973m
③ 69.048m   ④ 89.123m

정표고 = 타원체고(h) − 지오이드고(N)
= 89.123 − 40.150 = 48.973m

□□□ 산 12④, 25②

29 측선길이가 100m, 방위각이 240°일 때 위거와 경거는?

① 위거 : 80.6m, 경거 : 50.0m
② 위거 : 50.0m, 경거 : 86.6m
③ 위거 : −86.6m, 경거 : −50.0m
④ 위거 : −50.0m, 경거 : −86.6m

• 위거 = 측선거리 × $\cos\theta$ = $100\cos 240° = -50.0$m
• 경거 = 측선거리 × $\sin\theta$ = $100\sin 240° = -86.6$m

□□□ 산 14, 25②

30 곡선반지름 $R = 250$m, 곡선길이 $L = 40$m인 클로소이드에서 매개변수 A는?

① 20m   ② 50m
③ 100m ④ 120m

$A^2 = RL$에서
$A = \sqrt{RL} = \sqrt{250 \times 40} = 100$m

❷ 토질 및 기초

□□□ 산 05, 14, 25②

31 점토 광물 중에서 3층 구조로 구조결합 사이에 치환성 양이온이 있어서 활성이 크고, sheet 사이에 물이 들어가 팽창, 수축이 크고 공학적 안정성은 제일 약한 점토 광물은?

① kaolinite   ② illite
③ montmorillonite ④ vermiculite

주요 점토광물의 특징

점토 광물	안전성	특징
montmorillonite	제일 약하다	수축 팽창이 크다
kaolinite	대단히 안전	수축 팽창이 없다
illite	중간 정도	수축 팽창이 거의 없다

□□□ 산 97, 99, 00, 08, 10, 11, 17, 25②

32 다음 그림에서 $X-X$ 단면에 작용하는 유효응력은?

① 42.6kN/m²
② 52.4kN/m²
③ 63.6kN/m²
④ 72.1kN/m²

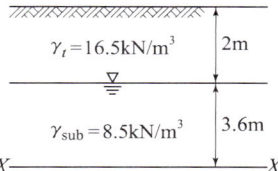

$\bar{\sigma} = \gamma_t h_1 + \gamma_{sub} h_2$
$= 16.5 \times 2 + 8.5 \times 3.6 = 63.6$kN/m²

□□□ 산 95, 98, 17, 25②

33 얕은기초의 근입심도를 깊게 하면 일반적으로 기초 지반의 지지력은?

① 증가한다.
② 감소한다.
③ 변화가 없다.
④ 증가할 수도 있고, 감소할 수도 있다.

$q_u = \alpha c N_c + \beta \gamma B N_r + \gamma D_f N_g$
근입심도(D_f)를 깊게 하면 기초지반의 지지력(q_u)은 증가한다.

정답 28 ② 29 ④ 30 ③ 31 ③ 32 ③ 33 ①

22 시간과 경비가 많이 들고 조건식수가 많아 조정이 복잡하지만 정확도가 높은 삼각망은?

① 단열 삼각망
② 유심 삼각망
③ 사변형 삼각망
④ 단 삼각형

> **사변형망의 특징**
> - 조건식의 수가 가장 많아 정확도가 가장 높다.
> - 조정이 복잡하고 포함면적이 적으며 시간과 비용이 많이 요하는 것이 결점이다.
> - 가장 높은 정밀도를 얻을 수 있으며, 특별히 높은 정밀도를 필요로 하는 측량이나 기선 삼각망 등에 사용된다.

23 반지름 150m의 단곡선을 설치하기 위하여 교각을 측정한 값이 57°36′일 때 접선장과 곡선장은?

① 접선장 = 82.46m, 곡선장 = 150.80m
② 접선장 = 82.46m, 곡선장 = 75.40m
③ 접선장 = 236.36m, 곡선장 = 75.40m
④ 접선장 = 236.36m, 곡선장 = 150.80m

> - 접선장 $T.L = R\tan\dfrac{I}{2} = 150\tan\dfrac{57°36′}{2} = 82.46\,m$
> - 곡선장 $C.L = \dfrac{\pi}{180°}RI° = \dfrac{\pi}{180°} \times 150 \times 57°36′$
> $= 150.80\,m$

24 하천 양안의 고저차를 관측할 때 교호수준측량을 하는 가장 주된 이유는?

① 개인오차를 제거하기 위하여
② 기계오차(시준측 오차)를 제거하기 위하여
③ 과실에 의한 오차를 제거하기 위하여
④ 우연오차를 제거하기 위하여

> **교호 수준 측량**
> - 목적 : 높은 정밀도를 필요로 할 경우
> - 이유 : 하천을 횡단할 때 기계(시준)오차 및 광선의 굴절에 의한 오차를 소거하기 위하여

25 축척 1 : 200과 축척 1 : 600에서 1변이 3cm인 정사각형 실제 면적비는?

① 1 : 3
② 1 : 6
③ 1 : 9
④ 1 : 12

> $\dfrac{A_o}{A} = \dfrac{m_o^2}{m^2} = \dfrac{200^2}{600^2} = \dfrac{1}{9}$
>
> ∴ 축척 $\dfrac{1}{200}$ 인 도면을 축척 $\dfrac{1}{600}$ 로 축척했을 때 도면의 면적은 $\dfrac{1}{9}$ 이 된다.

26 등고선의 성질에 대한 설명으로 옳지 않은 것은?

① 어느 지점의 최대경사 방향은 등고선과 평행한 방향이다.
② 경사가 급한 지역은 등고선 간격이 좁다.
③ 동일 등고선 위의 지점들은 높이가 같다.
④ 계곡선(합수선)은 등고선과 직교한다.

> 어느 지점의 최대경사의 방향은 등고선과 직각으로 교차한다.

27 거리측량에서 발생하는 오차 중에서 착오(과오)에 해당되는 것은?

① 줄자의 눈금이 표준자와 다를 때
② 줄자의 눈금을 잘못 읽었을 때
③ 관측시 줄자의 온도가 표준온도와 다를 때
④ 관측시 장력이 표준장력과 다를 때

> **착오(과실)**
> - 관측자의 부주의에 의해서 발생하는 오차
> - 기록 및 계산의 잘못, 눈금 읽기의 잘못, 숙련부족 등

정답 22 ③ 23 ① 24 ② 25 ③ 26 ① 27 ②

□□□ 산 16②,20②,25②

18 최소철근량 보다 많고 균형철근량 보다 적은 인장철근량을 가진 철근콘크리트 보가 휨에 의해 파괴되는 경우에 대한 설명으로 옳은 것은?

① 연성파괴를 한다.
② 취성파괴를 한다.
③ 사용철근량이 균형철근량 보다 적은 경우는 보로서 의미가 없다.
④ 중립축이 인장 측으로 내려오면서 철근이 먼저 항복한다.

- 연성파괴 : 철근비가 균형 철근비보다 작을 때, 철근이 항복한 후에 상당한 연성을 나타내기 때문에 파괴가 갑작스럽게 일어나지 않고 단계적으로 서서히 일어난다.
- 취성 파괴 : 철근비가 균형 철근비보다 클 때, 보의 파괴가 압축측 콘크리트의 파쇄로 시작되는 파괴 형태

□□□ 산 11,13,14,19②,25②

19 아래의 표에서 설명하고 있는 프리스트레스트 콘크리트의 개념은?

> 콘크리트에 프리스트레스를 도입하면 콘크리트가 탄성체로 전환된다는 생각으로서, 가장 널리 통용되고 있는 PSC의 기본적인 개념이다.

① 내력 모멘트의 개념 ② 외력 모멘트의 개념
③ 균등질 보의 개념   ④ 하중 평형의 개념

PSC의 기본 개념
- 응력개념(균등질보의 개념) : 프리스트레스가 도입되면 콘크리트 부재를 탄성이론으로 해석할 수 있다는 개념
- 하중 평형 개념(등가 하중 개념) : 프리스트레시에 의한 작용과 부재에 작용하는 하중을 평형이 되도록 하는 개념
- 강도 개념(내력 모멘트 개념) : PSC보를 RC보처럼 생각하여 콘크리트는 압축력을 받고 긴장재는 인장력을 받게하여 두 힘의 우력 모멘트로 외력에 의한 휨모멘트에 저항시킨다는 개념

□□□ 산 91,02,03,04,05,13,16,17,25②

20 다음 중 스터럽을 쓰는 이유로 옳은 것은?

① 보의 강성(剛性)을 높이고 사인장 응력을 받게 하기 위하여
② 콘크리트의 탄성을 높이기 위하여
③ 콘크리트가 옆으로 튀어 나오는 것을 방지하기 위하여
④ 철근의 조립을 위하여

스터럽(stirrup)사용하는 목적(이유)
- 보의 주철근을 둘러싸고 이에 직각되게 또는 경사지게 배치한 복부보강근으로서 전단력 및 비틀림모멘트에 저항하도록 배치한 보강철근
- 보의 강성(剛性)을 높이고 사인장 응력을 받게 하기 위하여
- 균열증대 억제효과와 주철근의 위치 보존

제2과목 : 측량 및 토질

1 측량학

□□□ 산 13,25②

21 트래버스측량의 오차 조정으로 컴퍼스법칙을 사용하는 경우로 옳은 것은?

① 각관측과 거리관측의 정밀도가 거의 같을 경우
② 각관측의 정밀도가 거리관측의 정밀도보다 좋은 경우
③ 거리관측의 정밀도가 각관측의 정밀도보다 좋은 경우
④ 각관측과 거리관측의 정밀도가 현저하게 나쁜 경우

- 컴퍼스 법칙 : 각과 거리측량의 정밀도가 대략 같을 경우 이용되는 것으로 위거, 경거의 오차를 각 측선의 길이에 비례하여 배분한다.
- 트랜싯 법칙 : 각 측량의 정밀도가 거리의 정밀도보다 높다고 생각될 때 이용되는 것으로 위거, 경거의 오차를 각 측선의 위거 및 경거에 비례하여 배분한다.

□□□ 산 12④,13,14,15,16,18②,25②

13 강도설계법의 가정으로 틀린 것은?

① 철근과 콘크리트의 변형률은 중립축으로부터의 거리에 비례한다.
② 콘크리트 압축측 연단에서 콘크리트의 설계기준압축강도가 40MPa 이하인 경우에는 최대변형률은 0.0033으로 가정한다.
③ 휨응력 계산에서 콘크리트의 인장강도는 무시한다.
④ 극한강도 상태에서 콘크리트의 응력은 그 변형률에 비례한다.

콘크리트의 압축응력은 등가직사각형으로 $0.85f_{ck}$가 압축연단에서 $a=\beta_1 c$ 깊이까지 등분포 한다.

Remember

강도설계법에서의 기본 가정
- 철근과 콘크리트의 변형률은 중립축에서의 거리에 비례한다.
- 콘크리트 압축측 연단에서 콘크리트의 설계기준압축강도가 40MPa 이하인 경우에는 극한변형률은 0.0033으로 가정한다.
- 항복강도 f_y 이하에서의 철근의 응력은 그 변형률의 E_s배로 취한다.
- 휨응력계산에서 콘크리트의 인장강도는 무시한다.
- 콘크리트의 압축응력 분포도는 사각형, 사다리꼴, 포물선 또는 기타 다른 형상으로 가정할 수 있다.

□□□ 산 12,14②,15①,16④,17②④,18②,20③,25②

14 강도설계법에서 단철근 직사각형 보의 균형철근비 (ρ_b)는? (단, $f_{ck}=25$MPa, $f_y=400$MPa이다.)

① 0.026
② 0.030
③ 0.033
④ 0.036

균형철근비 $\rho_b = \dfrac{\eta(0.85f_{ck})\beta_1}{f_y} \cdot \dfrac{660}{660+f_y}$

- $f_{ck} \leq 40$MPa일 경우
  $\eta = 1$, $\beta_1 = 0.80$
  $\therefore \rho_b = \dfrac{1 \times 0.85 \times 25 \times 0.80}{400} \times \dfrac{660}{660+400} = 0.026$

□□□ 산 20②,25②

15 프리스트레스트 콘크리트 부재의 제작과정 중 프리텐션 공법에서 필요하지 않는 것은?

① 콘크리트 치기 작업
② PS강재에 인장력을 주는 작업
③ PS강재에 준 인장력을 콘크리트 부재에 전달시키는 작업
④ PS강재와 콘크리트를 부착시키는 그라우팅 작업

- 포스트텐션 공법
  콘크리트가 경화한 후 PS강재를 긴장하여 그 끝을 콘크리트에 정착함으로써 프리스트레스를 주는 방법
- 프리텐션 공법
  PS강재에 인장력을 주어 긴장해 놓은 후 콘크리트를 타설하고 콘크리트가 경화한 후 PS강재의 인장력을 서서히 풀어 콘크리트에 프리스트레스를 주는 방법

□□□ 산 16④,20,25②

16 뒷부벽식 옹벽을 설계할 때 뒷 부벽에 대한 설명으로 옳은 것은?

① T형보로 설계하여야 한다.
② 캔틸레버보로 설계하여야 한다.
③ 직사각형보로 설계하여야 한다.
④ 3변 지지된 2방향 슬래브로 설계하여야 한다.

뒷부벽은 T형보로 설계하여야 하며, 앞부벽은 직사각형보로 설계하여야 한다.

□□□ 산 02,02,05,07,08,13②,16①,19①,25②

17 그림과 같이 용접이음을 했을 경우 전단응력은?

① 78.9MPa
② 67.5MPa
③ 57.5MPa
④ 45.9MPa

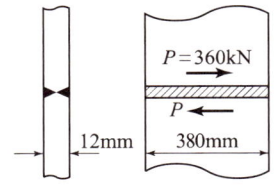

$f = \dfrac{P}{A} = \dfrac{P}{\sum a \cdot l_e}$
$= \dfrac{360 \times 10^3}{12 \times 380} = 78.94$ MPa

□□□ 산 25①②

09 탄성계수 $E=2\times10^5$MPa인 지름 100mm 원형 단면의 그림과 같은 기둥에서 길이 $L=20$m일 경우, 이 기둥의 이론적인 좌굴응력은? (단, EI는 일정하다.)

① 6.29MPa
② 6.92MPa
③ 7.17MPa
④ 7.92MPa

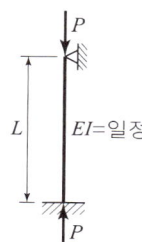

좌굴응력(임계응력) $\sigma_{cr}=\dfrac{P_{cr}}{A}$

- $P_{cr}=\dfrac{\pi^2 EI}{(KL)^2}$
- $E=2\times10^5$MPa
- $I=\dfrac{\pi\times d^4}{64}=\dfrac{\pi\times 100^4}{64}$
- 1단 고정 타단힌지 : 유효길이계수 $K=0.7$
- $L=20\times10^3$(mm)
- $A=\dfrac{\pi\times 100^2}{4}$
- $P_{cr}=\dfrac{\pi^2\times 2\times 10^5\times \dfrac{\pi\times 100^4}{64}}{(0.7\times 20\times 10^3)^2}=49436$N
- $\therefore \sigma_{cr}=\dfrac{P_{cr}}{A}=\dfrac{49436}{\dfrac{\pi\times 100^2}{4}}=6.29$MPa

□□□ 산 14,18②,24①,25②

10 등분포하중(w)이 재하된 단순보의 최대 처짐에 대한 설명 중 틀린 것은?

① 하중(w)에 비례 한다.
② 탄성계수(E)에 반비례 한다.
③ 지간(l)의 제곱에 반비례 한다.
④ 단면 2차 모멘트(I)에 반비례 한다.

처짐각 $y_{max}=\dfrac{5wl^4}{384EI}$
$\therefore$ 지간 l의 4제곱에 비례한다.

Remember

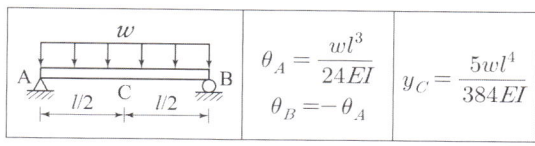

② 철근콘크리트 및 강구조

□□□ 산 15,25②

11 다음 중 일반적인 철근의 정착방법 종류가 아닌 것은?

① 묻힘길이에 의한 정착
② 갈고리에 의한 정착
③ 약품에 의한 정착
④ 철근의 가로 방향에 T형이 되도록 철근을 용접해 붙이는 정착

철근의 정착방법
- 묻힘길이에 의한 정착
- 갈고리에 의한 정착
- T형이 되도록 철근을 용접에 의한 정착
- 특별장치를 사용하는 방법

□□□ 산 11,13,14,16,17②④,19④,25②

12 경간 $l=10$m인 대칭 T형보에서 양쪽 슬래브의 중심간격 2100mm, 플랜지의 두께 $t=100$mm, 플랜지가 있는 부재의 복부폭 $b_w=400$mm일 때 플랜지의 유효폭은 얼마인가?

① 2000mm
② 2100mm
③ 2300mm
④ 2500mm

T형보(대칭)의 유효 폭(b_e)결정
- $16t+b_w=16\times 100+400=2000$mm
- 양쪽 슬래브의 중심간 거리 : $b_c=2100$mm
- 보의 경간$\times\dfrac{1}{4}$: $10000\times\dfrac{1}{4}=2500$mm
$\therefore b_e=2000$mm($\because$ 작은 값)

05 그림과 같은 단면에서 직사각형 단면의 최대 전단응력은 원형단면의 최대 전단응력의 몇 배인가? (단, 두 단면적과 작용하는 전단력의 크기는 동일하다.)

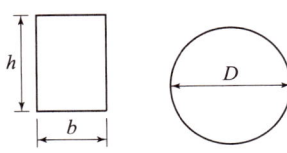

① $\dfrac{6}{5}$ 배   ② $\dfrac{7}{6}$ 배

③ $\dfrac{8}{7}$ 배   ④ $\dfrac{9}{8}$ 배

- 직사각형 단면 : $\tau_{max1} = \dfrac{3S}{2A}$
- 원형단면 : $\tau_{max2} = \dfrac{4S}{3A}$

$$\therefore \dfrac{\dfrac{3S}{2A}}{\dfrac{4S}{3A}} = \dfrac{9AS}{8AS} = \dfrac{9}{8} \text{ 배}$$

∵ 두 단면의 면적 A과 전단력 S는 같다.

06 그림과 같은 단면 도형의 x, y축에 대한 단면 상승 모멘트(I_{xy})는?

① $\dfrac{bh^3}{3}$

② $\dfrac{b^3h}{3}$

③ $\dfrac{b^2h^2}{4}$

④ $\dfrac{bh^3 + b^3h}{3}$

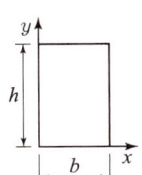

$I_{xy} = A \cdot x_0 \cdot y_0$
- $A = bh$
- $x_0 = \dfrac{b}{2}$
- $y_0 = \dfrac{h}{2}$

$\therefore I_{xy} = b \cdot h \times \dfrac{b}{2} \times \dfrac{h}{2} = \dfrac{b^2h^2}{4}$

07 그림과 같은 직사각형 단면에 휨모멘트 M, 전단력 S가 작용할 때 $a-a$단면에서의 휨응력(σ_b)과 전단응력(τ)은?

① $\sigma_b = \dfrac{2M}{bh^2}$, $\tau = \dfrac{3}{2} \cdot \dfrac{S}{bh}$

② $\sigma_b = \dfrac{3M}{bh^2}$, $\tau = \dfrac{3}{2} \cdot \dfrac{S}{bh}$

③ $\sigma_b = \dfrac{2M}{bh^2}$, $\tau = \dfrac{9}{8} \cdot \dfrac{S}{bh}$

④ $\sigma_b = \dfrac{3M}{bh^2}$, $\tau = \dfrac{9}{8} \cdot \dfrac{S}{bh}$

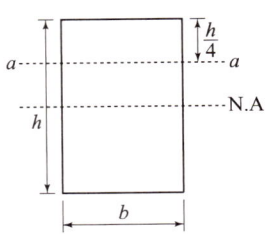

- 휨응력 $\sigma_b = \dfrac{M}{I} \cdot y = \dfrac{M}{\dfrac{bh^3}{12}} \cdot \dfrac{h}{4} = \dfrac{3M}{bh^2}$

- 전단응력 $\tau = \dfrac{S \cdot G_x}{I \cdot b}$

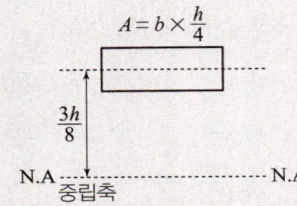

- 단면 1차 모멘트 $G_x = \left(b \times \dfrac{h}{4}\right) \times \dfrac{3h}{8} = \dfrac{3bh^2}{32}$
- 단면 2차 모멘트 $I = \dfrac{bh^3}{12}$

$\therefore$ 전단응력 $\tau = \dfrac{S \times \dfrac{3bh^2}{32}}{\dfrac{bh^3}{12} \times b} = \dfrac{9}{8}\dfrac{S}{b}$

08 양단이 고정되어 있는 길이 10m의 강(鋼)이 15℃에서 40℃로 온도가 상승할 때 응력은? (단, $E = 2.1 \times 10^5$ MPa, 선팽창계수 $\alpha = 0.00001/℃$)

① 47.5MPa   ② 50.0MPa
③ 52.5MPa   ④ 53.8MPa

$\sigma_T = E \alpha \Delta T$
$= 2.1 \times 10^5 \times 0.00001 \times (40-15) = 52.5$ MPa

국가기술자격 필기시험문제

2025년도 기사 2회 필기시험

자격종목	코 드	시험시간	형 별
토목산업기사	1048	2시간	A

※ 2023년도부터 토목산업기사 필기 출제기준이 변경되었음을 알려드립니다. (필기 120문항에서 60문항으로 변경)
※ 각 문항은 4지택일형으로 질문에 가장 적합한 보기 항을 선택하시면 됩니다.

제1과목 : 구조설계

1 역학적인 개념 및 건설 구조물의 해석

□□□ 산 13,15,16,17,18①,25②

01 다음 그림과 같은 세 힘에 대한 합력(R)의 작용점은 O점에서 얼마의 거리가 있는가?

① 1m
② 2m
③ 3m
④ 4m

- 합력 $R = 10 + 40 + 20 = 70\text{kN}(\uparrow)$
- 작용 위치 : $\Sigma P \cdot l = 10 \times 1 + 40 \times 3 + 20 \times 4$
  $= 210\text{kN} \cdot \text{m}$

∴ $x = \dfrac{\Sigma P \cdot l}{R} = \dfrac{210}{70} = 3\text{m}(\rightarrow)$

□□□ 산 14①④,25②

02 아래 그림과 같은 3힌지 라멘의 지점반력 H_A는?

① -40kN
② 40kN
③ -80kN
④ 80kN

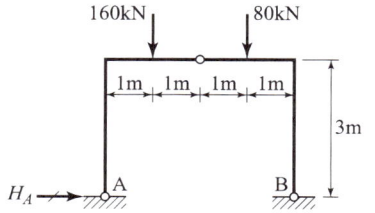

$\Sigma M_B = 0$
$V_A \times 4 - 160 \times 3 - 80 \times 1 = 0$ ∴ $V_A = 140\text{kN}(\uparrow)$
$\Sigma M_C = 0$(힌지를 C점)
$-H_A \times 3 + 140 \times 2 - 160 \times 1 = 0$ ∴ $H_A = 40\text{kN}(\rightarrow)$

□□□ 산 17,25②

03 다음 중 단면 1차 모멘트와 같은 차원을 갖는 것은?

① 단면 2차 모멘트   ② 회전반경
③ 단면 상승 모멘트   ④ 단면계수

- 단면 1차 모멘트
  $G = $ 면적 × 도심축에서 축까지의 거리
  $= \text{cm}^2 \times \text{cm} = \text{cm}^3$
- 단면 2차 모멘트
  $I_X = I_x + A \cdot y_0^2 = \text{cm}^2 \times (\text{cm})^2 = \text{cm}^4$
- 회전반경
  $r = \sqrt{\dfrac{I(\text{cm}^4)}{A(\text{cm}^2)}} = \text{cm}$
- 단면 상승 모멘트
  $I_{xy} = A \cdot x_0 \cdot y_0 = \text{cm}^2 \times \text{cm} \times \text{cm} = \text{cm}^4$
- 단면계수
  $Z = \dfrac{I(\text{cm}^4)}{y_o(\text{cm})} = \text{cm}^3$

□□□ 산 05④,18①,25②

04 그림과 같은 단순보에서 C점의 휨모멘트는?

① $40\text{kN} \cdot \text{m}$
② $60\text{kN} \cdot \text{m}$
③ $80\text{kN} \cdot \text{m}$
④ $100\text{kN} \cdot \text{m}$

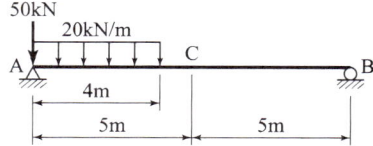

$\Sigma M_A = 0$
$R_B \times 10 - (20 \times 4) \times \dfrac{4}{2} = 0$ ∴ $R_B = 16\text{kN}$
∴ $M_c = 16 \times 5 = 80\text{kN} \cdot \text{m}$

정답 01 ④ 02 ② 03 ④ 04 ③

□□□ 산 97,04,07,14,16,25①
56 상수의 소독방법 중 염소살균과 오존살균에 대한 설명으로 옳지 않은 것은?

① 오존의 살균력은 염소보다 우수하다.
② 오존살균은 배오존 처리설비가 필요하다.
③ 오존살균은 염소살균에 비하여 잔류성이 강하다.
④ 염소살균은 발암물질인 트리할로메탄(THM)을 생성시킬 가능성이 있다.

- 염소살균은 오존살균에 비하여 잔류성이 강하다.
- 염소소독의 장점은 소독효과가 우수하고 대량의 물에 대해서도 용이하게 소독이 강하며 소독효과가 잔류하는 점을 들 수 있다.
- 오존(O_3)처리의 단점은 효과의 지속성이 없다.

□□□ 산 96,11,13②,20②,25①
57 수리학적 체류시간이 4시간, 유효수심이 3.5m인 침전지의 표면부하율은?

① $8.75 m^3/m^2 \cdot day$
② $17.5 m^3/m^2 \cdot day$
③ $21.0 m^3/m^2 \cdot day$
④ $24.5 m^3/m^2 \cdot day$

$$표면부하율 = \frac{유입유량(m^3/day)}{수면적(m^2)} = \frac{유효수심(m)}{체류시간(hr)}$$
$$= \frac{Q}{A} = \frac{h}{t}$$
$$= \frac{3.5(m)}{4(hr)} = 0.875 m/hr = 21.0 m/day$$
$$= 21.0 m^3/m^2 \cdot day$$

□□□ 산 97,01,06,13,17,25①
58 합류식 하수관거의 설계 시 사용하는 유량은?

① 계획 우수량 + 계획 시간 최대오수량의 3배
② 계획 우수량 + 계획 시간 최대오수량
③ 계획 시간 최대오수량의 3배
④ 계획 1일 최대오수량

관거별 계획 하수량
- 오수관거 : 계획 시간 최대오수량
- 우수관거 : 계획 우수량
- 차집관거 : 우천시 계획 오수량
- 합류식관거 : 계획 시간 최대오수량 + 계획 우수량

□□□ 산 99,02,06,10,11,12,15,16,25①
59 수원의 구비조건으로 옳지 않은 것은?

① 수질이 양호해야 한다.
② 최대갈수기에도 계획수량의 확보가 가능해야 한다.
③ 오염 회피를 위하여 도심에서 멀리 떨어진 곳일수록 좋다.
④ 수리권의 획득이 용이하고, 건설비 및 유지관리가 경제적이어야 한다.

소비자로부터 가까운 곳에 위치하여야 한다.

Remember
수원의 구비조건
- 수량이 풍부해야 한다.
- 수질이 좋아야 한다.
- 가능한 한 높은 곳에 위치해야 한다.
- 수돗물 소비지에서 가까운 곳에 위치해야 한다.

□□□ 산 17,21,25①
60 1일 정수량이 10000 m^3/d인 정수장에서, 염소소독을 위하여 100kg/d를 주입한 후 잔류염소 농도를 측정하였을 때, 0.2mg/L였다면 염소요구량 농도는?

① 0.8mg/L
② 1.2mg/L
③ 9.8mg/L
④ 10.2mg/L

염소 요구량 = 염소 주입농도 - 잔류 염소량
$$주입농도 = \frac{염소의 양}{유량}$$
$$= \frac{100(kg/d) \times 10^3(g/kg)}{10000(m^3/d)} = 10 mg/L$$
∴ 염소 요구량 = 10 - 0.2 = 9.8 mg/L

정답 56 ③　57 ③　58 ②　59 ③　60 ③

❷ 상하수도 계획

☐☐☐ 산 95,08,16,18①,25①

51 합류식 배제방식의 특성과 관계없는 것은?

① 폐쇄의 염려가 없다.
② 우수에 의한 관거 내의 자연세척이 이루어진다.
③ 우천 시 월류가 없다.
④ 검사 및 수리가 비교적 용이하다.

> 합류식 하수도
> 우천 시 계획 하수량 이상이 되면 하수를 공공수역에 방류한다. 즉, 우천 시 일정량 이상이 되면 월류한다.

Remember

하수의 배제방식

분류식	합류식
오수관거와 우수관거의 2계통으로 배제하는 방식이다.	단일관거로 오수와 우수를 배제하는 방식이다.
우천 시 월류가 없다.	일정량 이상이 되면 오수가 월류한다.
수세효과는 기대할 수 없다.	우천 시에 수세효과가 있다.
관거의 오접에 철저한 감시가 필요하다.	관거의 오접에 대해 감시가 필요 없다.

☐☐☐ 산 03,08,12,14,15,19,25①

52 어느 도시의 총 인구가 5만명이고, 급수 인구는 4만명일 때 1년간 총 급수량이 200만m^3이었다. 이 도시의 급수 보급률(%)과 1인 1일 평균 급수량(m^3/인·일)은?

① 125%, 0.110m^3/인·일
② 125%, 0.137m^3/인·일
③ 80%, 0.110m^3/인·일
④ 80%, 0.137m^3/인·일

• 급수 보급률 = $\dfrac{급수\ 인구}{급수\ 구역\ 내\ 총\ 인구} \times 100$
 = $\dfrac{40000}{50000} \times 100 = 80\%$

• 1인 1일 평균 급수량 = $\dfrac{연간\ 총\ 급수량}{급수인구 \times 365}$
 = $\dfrac{2000000}{40000 \times 365} = 0.137\ m^3$/인·일

☐☐☐ 산 97,08,09,13,17,25①

53 ( ) 안에 들어갈 수치가 순서대로 바르게 짝지어진 것은?

> 침전이나 퇴적방지를 위하여 설정하는 최소허용 유속은 도수관에서는 ( )m/s, 우수관에서는 ( )m/s, 오수관에서는 ( )m/s를 적용한다.

① 0.3, 0.3, 0.3
② 0.3, 0.6, 0.6
③ 0.3, 0.8, 0.6
④ 0.6, 0.8, 3.0

• 도수관에서는 모래 입자의 침전을 방지하기 위해서 최소 유속은 0.3m/s
• 우수관거 및 합류관거 내에서의 부유물 침전을 막기 위하여 계획우수량에 대하여 최소 유속은 0.8m/s
• 오수관거 내에서 부유물 침전방지를 위해 계획하수량에 대해 최소유속은 0.6m/sec

☐☐☐ 산 96,04,07,14,19①,25①

54 활성슬러지 공정의 2차 침전지를 설계하는데 다음과 같은 기준을 사용하였다. 이 침전지의 수리학적 체류시간은? (단, 수심=5.4m, 유입수량=50000m^3/d, 표면부하율=30$m^3/m^2 \cdot d$)

① 2.8시간
② 3.5시간
③ 4.3시간
④ 5.2시간

체류시간 $t = \dfrac{V}{Q} = \dfrac{수심(H)}{표면부하율(Q)} = \dfrac{5.4}{30} \times 24(hr)$
 = 4.32(hr)

☐☐☐ 산 02,07,09,16,22④,25①

55 하수도의 관거시설 중 역사이펀에 관한 설명으로 틀린 것은?

① 역사이펀실에는 수문설비 및 이토실을 설치한다.
② 역사이펀 관거는 일반적으로 복수로 한다.
③ 역사이펀의 양측에 수직으로 역사이펀실을 설치한다.
④ 역사이펀 관거 내의 유속은 상류측 관거 내의 유속보다 작게 한다.

> 역사이펀 관거 내의 유속은 상류측 관거 내의 유속을 20~30% 증가시킨 것으로 한다.

정답 51 ③ 52 ④ 53 ③ 54 ③ 55 ④

산 07,13②,20②,25①

47 어느 하천에서 H_m 되는 곳까지 양수하려고 한다. 양수량을 $Q(\text{m}^3/\text{sec})$, 모든 손실수두의 합을 $\sum h_e$, 펌프와 모터의 효율을 각각 η_1, η_2라 할 때, 펌프의 동력을 구하는 식은?

① $\dfrac{9.8Q(H+\sum h_e)}{75\eta_1\eta_2}$ [kW]

② $\dfrac{9.8Q(H+\sum h_e)}{\eta_1\eta_2}$ [kW]

③ $\dfrac{9.8Q(H+\sum h_e)}{75\eta_1\eta_2}$ [kW]

④ $\dfrac{13.33Q(H+\sum h_e)}{\eta_1\eta_2}$ [kW]

양수에 필요한 동력

• $E = \dfrac{1000QH_e}{102\eta_1\eta_2} = \dfrac{9.8Q(H+\sum h_e)}{\eta_1\eta_2}$ [kW]

• $E = \dfrac{1000QH_e}{75\eta_1\eta_2} = \dfrac{13.33Q(H+\sum h_e)}{\eta_1\eta_2}$ [HP]

산 81,96,09,18①,25①

48 정상류의 흐름에 대한 설명으로 가장 적합한 것은?

① 모든 점에서 유동특성이 시간에 따라 변하지 않는다.
② 수로의 어느 구간을 흐르는 동안 유속이 변하지 않는다.
③ 모든 점에서 유체의 상태가 시간에 따라 일정한 비율로 변한다.
④ 유체의 입자들이 모두 열을 지어 질서 있게 흐른다.

흐름의 분류

• 정류(steady flow) 유체가 운동할 때, 한 단면을 지나는 물이 시간에 따라 속도, 압력, 밀도, 유량 등 유동 특성이 시간에 따라 변하지 않는 흐름을 정류 또는 정상류라 한다.

$\dfrac{\partial v}{\partial t}=0,\ \dfrac{\partial p}{\partial t}=0,\ \dfrac{\partial Q}{\partial t}=0$

• 부정류(unsteady flow) : 유체가 운동할 때, 한 단면에서 속도, 압력, 밀도, 유량 등 유동특성이 시간에 따라 변하는 흐름을 부정류 또는 비정상류라 한다.

$\dfrac{\partial v}{\partial t}\neq 0,\ \dfrac{\partial p}{\partial t}\neq 0,\ \dfrac{\partial Q}{\partial t}\neq 0$

산 00,11,15,21,25①

49 폭 1.2m인 양단수축 직사각형 위어 정상부로부터의 평균수심이 42cm일 때 Francis의 공식으로 계산한 유량은? (단, 접근유속은 무시한다.)

참고 : Francis의 공식

$Q = 1.84\left(b-\dfrac{nh}{10}\right)h^{\frac{3}{2}}$

① 0.427m³/s ② 0.462m³/s
③ 0.504m³/s ④ 0.559m³/s

Francis공식

$Q = 1.84\left(b-\dfrac{nh}{10}\right)h^{\frac{3}{2}}$

$= 1.84 \times \left(1.2 - \dfrac{2\times 0.42}{10}\right) \times 0.42^{\frac{3}{2}} = 0.559\text{m}^3/\text{sec}$

(∵ 양단수축 $n=2$)

산 87,97,13,19①,22①,25①

50 부피가 5.8m³인 액체의 중량이 62.2kN일 때, 이 액체의 비중은?

① 0.951 ② 1.094
③ 1.117 ④ 1.195

비중 $= \dfrac{\text{액체의 단위중량}(w)}{\text{물의 단위중량}(\gamma_w)}$

• 물의 단위중량 $w = 9.8\text{kN/m}^3$

• $w = \dfrac{W}{V} = \dfrac{62.2}{5.8} = 10.724\text{N/m}^3$

∴ 비중 $= \dfrac{10.724}{9.80} = 1.094$

정답 47 ② 48 ① 49 ④ 50 ②

제3과목 : 수자원설계

1 수리학

☐☐☐ 산 02,05,11,13,15,16,17,18②,25①

41 폭 20m인 직사각형단면수로에 30.6m³/sec의 유량이 0.8m의 수심으로 흐를 때 Froude수와 흐름은?

① 0.683, 상류
② 0.683, 사류
③ 1.464, 상류
④ 1.464, 사류

Froude 수 $F_r = \dfrac{V}{\sqrt{gH}}$

• 상류 : $F_r < 1$, 사류 : $F_r > 1$
• $V = \dfrac{Q}{A} = \dfrac{30.6}{20 \times 0.8} = 1.913 \, \text{m/sec}$
• $F_r = \dfrac{1.913}{\sqrt{9.8 \times 0.8}} = 0.683 < 1$ ∴ 상류

☐☐☐ 산 05,09,12,13,14,17,18,25①

42 수리학적으로 유리한 단면의 조건으로 옳은 것은?

① 경심(R)이 최소이어야 한다.
② 윤변(P)이 최대가 되어야 한다.
③ 경심(R)과 윤변(P)의 곱이 최대가 되어야 한다.
④ 경심(R)이 최대가 되거나 윤변(P)이 최소가 되어야 한다.

수리상 유리한 단면 조건은 경심(R)이 최대가 되거나 윤변(P)이 최소일 때의 단면

☐☐☐ 산 00,16,25①

43 그림에서 곡면 AB에 작용하는 전수압의 수평분력은? (단, 곡면의 폭은 1m이고, γ는 물의 단위중량임.)

① $4.7\gamma \, \text{m}^3$
② $3.5\gamma \, \text{m}^3$
③ $3\gamma \, \text{m}^3$
④ $1.5\gamma \, \text{m}^3$

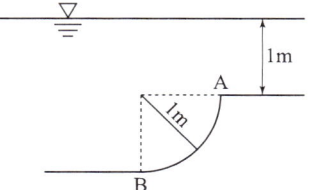

$P_H = w h_G A = \gamma \times \left(1 + \dfrac{1}{2}\right)\text{m} \times (1 \times 1)\,\text{m}^2 = 1.5\gamma \, \text{m}^3$

☐☐☐ 산 83,91,93,99,01,12,15,19②,25①

44 그림과 같은 불투수층에 도달하는 집수암거의 집수량은? (단, 투수계수는 k, 암거의 길이는 l이며 양쪽 측면에서 유입됨)

① $\dfrac{kl}{R}(h_0^2 - h_w^2)$
② $\dfrac{kl}{2R}(h_0^2 - h_w^2)$
③ $\dfrac{\pi k(h_0^2 - h_w^2)}{2.3 \log R}$
④ $\dfrac{2\pi k(h_0^2 - h_w^2)}{2.3 \log R}$

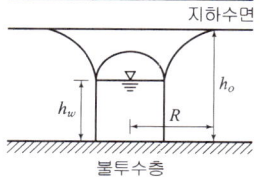

불투수층에 달하는 집수암거
집수량 $Q = \dfrac{kl}{R}(h_0^2 - h_w^2)$

☐☐☐ 산 13,17,25①

45 다음 중 차원이 틀리게 표시된 것은?

① 점성계수 $\mu = [\text{ML}^{-1}\text{T}^{-1}]$
② 운동량 $M = [\text{MLT}^{-1}]$
③ 표면장력 $T = [\text{MT}^{-1}]$
④ 에너지 $E = [\text{ML}^2\text{T}^{-2}]$

표면장력 : $[\text{MT}^{-2}]$

☐☐☐ 산 12①,15②,19①,25①

46 흐름의 연속방정식은 어떤 법칙을 기초로 하여 만들어진 것인가?

① 질량 보존의 법칙
② 에너지 보존의 법칙
③ 운동량 보존의 법칙
④ 마찰력 불변의 법칙

연속 방정식
정류속의 유관에서 유입하는 질량과 유출하는 질량은 같아야 한다는 질량 불변의 법칙(질량 보존의 법칙)을 기초로 하는 방정식
∴ 연속 방정식은 질량보존의 법칙을 의미한다.

정답 41 ① 42 ④ 43 ④ 44 ① 45 ③ 46 ①

□□□ 산 90,91,96,01,13,16,20③,25①

37 어떤 퇴적지반의 수평방향 투수계수가 4.0×10^{-3} cm/s, 수직방향 투수계수가 3.0×10^{-3} cm/s일 때 이 지반의 등가 등방성 투수계수는 얼마인가?

① 3.46×10^{-3} cm/s
② 5.0×10^{-3} cm/s
③ 6.0×10^{-3} cm/s
④ 6.93×10^{-3} cm/s

$$K = \sqrt{K_h \cdot K_v}$$
$$= \sqrt{4 \times 10^{-3} \times 3 \times 10^{-3}}$$
$$= 3.46 \times 10^{-3} \text{ cm/sec}$$

□□□ 산 86,89,96,00,02,08,09,14,19②,21,25①

38 어떤 유선망도에서 상하류의 수두차가 3m, 투수계수가 2.0×10^{-3} cm/sec, 등수두면의 수가 9개, 유로의 수가 6개일 때 단위폭 1m당 침투량은?

① $0.0288 \text{m}^3/\text{hr}$
② $0.1440 \text{m}^3/\text{hr}$
③ $0.3240 \text{m}^3/\text{hr}$
④ $0.3436 \text{m}^3/\text{hr}$

$$Q = KH \frac{N_f}{N_d}$$
$$= (2 \times 10^{-5}) \times 3 \times \frac{6}{9} = 4 \times 10^{-5} \text{m}^3/\text{sec}$$
$$= 0.1440 \text{m}^3/\text{hr}$$

□□□ 산 06,17,22④,25①

39 미세한 모래와 실트가 작은 아치를 형성한 고리모양의 구조로써 간극비가 크고, 보통의 정적 하중을 지탱할 수 있으나 무거운 하중 또는 충격하중을 받으면 흙구조가 부서지고 큰 침하가 발생되는 흙의 구조는?

① 면모구조
② 벌집구조
③ 분산구조
④ 단립구조

벌집구조(봉소구조)
아주 가는 모래와 실트가 아치형태로 결합되어 있어 비교적 충격에 약하며, 실트나 clay가 물속에 침강할 때 생기는 구조

□□□ 산 85,95,99,02,10①,20②,23④,25①

40 비교란 점토($\phi = 0$)에 대한 일축압축강도(q_u)가 36kN/m^2이고 이 흙을 되비빔을 했을 때의 일축압축강도(q_{ur})가 12kN/m^2이었다. 이 흙의 점착력(c_u)과 예민비(S_t)는 얼마인가?

① $c_u = 24 \text{kN/m}^2$, $S_t = 0.3$
② $c_u = 24 \text{kN/m}^2$, $S_t = 3.0$
③ $c_u = 18 \text{kN/m}^2$, $S_t = 0.3$
④ $c_u = 18 \text{kN/m}^2$, $S_t = 3.0$

• 내부 마찰각 $\phi = 0$인 점토의 일축 압축 강도 $q_u = 2c$
∴ 점착력 $c = \dfrac{q_u}{2} = \dfrac{36}{2} = 18 \text{kN/m}^2$

• 예민비 $S_t = \dfrac{q_u}{q_{ur}} = \dfrac{36}{12} = 3$

정답 37 ① 38 ② 39 ② 40 ④

2 토질 및 기초

☐☐☐ 산 90,97,14,19②,25①

31 압밀계수가 $0.5 \times 10^{-2} \text{cm}^2/\text{sec}$이고, 일면배수 상태의 5m 두께 점토층에서 90% 압밀이 일어나는데 소요되는 시간은? (단, 90% 압밀도에서의 시간계수(T)는 0.848이다.)

① $2.12 \times 10^7 \text{sec}$
② $4.24 \times 10^7 \text{sec}$
③ $6.36 \times 10^7 \text{sec}$
④ $8.48 \times 10^7 \text{sec}$

$$t_{90} = \frac{0.848 H^2}{C_v} = \frac{0.848 \times 500^2}{0.5 \times 10^{-2}} = 4.24 \times 10^7 \text{sec}$$

☐☐☐ 산 01,04,06,08,09,15,25①

32 다음 그림과 같은 샘플러(sampler)에서 면적비는? (단, $D_s = 7.2\text{cm}$, $D_e = 7.0\text{cm}$, $D_w = 7.5\text{cm}$)

① 5.9%
② 12.7%
③ 5.8%
④ 14.8%

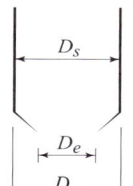

면적비

$$A_r = \frac{D_w^2 - D_e^2}{D_e^2} \times 100 = \frac{7.5^2 - 7^2}{7^2} \times 100 = 14.8\%$$

☐☐☐ 산 00,02,06,12,16,19①,25①

33 그림과 같은 모래지반의 토질실험결과 내부마찰각 $\phi = 30°$, 점착력 $c = 0$일 때 깊이 4m되는 A점에서의 전단강도는? (단, $\gamma_w = 9.81 \text{kN/m}^3$)

① 12.5kN/m^2
② 17.2kN/m^2
③ 21.7kN/m^2
④ 28.6kN/m^2

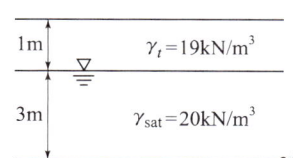

- $\tau = c + \bar{\sigma} \tan\phi$
- $\bar{\sigma} = \gamma_t h_1 + (\gamma_{sat} - \gamma_w) h_2$
  $= 19 \times 1 + (20 - 9.81) \times 3 = 49.57 \text{kN/m}^2$
- $\therefore \tau = 0 + 49.57 \tan 30° = 28.6 \text{kN/m}^2$

☐☐☐ 산 92,00,01,03,05,07,08,11,17,20,25①

34 절편법에 의한 사면의 안정해석 시 가장 먼저 결정되어야 할 사항은?

① 가상활동면
② 절편의 중량
③ 활동면상의 점착력
④ 활동면상의 내부마찰각

분할법(절편법) 해석 순서
- 가장 먼저 가상활동면을 결정한다.
- 반경 R인 원호인 가상활동면을 안전율이 될 때까지 변화하여 결정한다.
- 여러 개의 가상활동면으로부터 분할세편으로 분할하여 해석한다.

☐☐☐ 산 98,01,03,09,15,17,18①,25①

35 10m×10m의 정사각형 기초 위에 60kN/m^2의 등분포하중이 작용하는 경우 지표면 아래 10m에서의 수직응력을 2 : 1분포법으로 구한 값은?

① 12kN/m^2
② 15kN/m^2
③ 18.8kN/m^2
④ 21.1kN/m^2

2 : 1 분포법에서

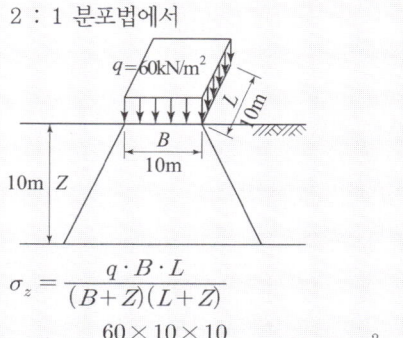

$$\sigma_z = \frac{q \cdot B \cdot L}{(B+Z)(L+Z)}$$
$$= \frac{60 \times 10 \times 10}{(10+10)(10+10)} = 15 \text{kN/m}^2$$

☐☐☐ 산 93,99,05,14,19①,25①

36 2면 직접전단실험에서 전단력이 300N, 시료의 단면적이 10cm^2일 때의 전단응력은?

① 0.15MPa
② 0.3MPa
③ 0.6MPa
④ 0.75MPa

$$\tau = \frac{S}{2A} = \frac{300}{2 \times 10 \times 10^2} = 0.15 \text{N/mm}^2 = 0.15 \text{MPa}$$

정답 31 ② 32 ④ 33 ④ 34 ① 35 ② 36 ①

□□□ 산 12④,16②,19①,25①

28 삼각측량의 삼각점에서 행해지는 각관측 및 조정에 대한 설명으로 옳지 않은 것은?

① 한 측점의 둘레에 있는 모든 각의 합은 360°가 되어야 한다.
② 삼각망 중 어느 1변의 길이는 계산순서에 관계없이 동일해야 한다.
③ 삼각형 내각의 합은 180°가 되어야 한다.
④ 각관측 방법은 단측법을 사용하여야 한다.

- 1측점에서 측정한 여러 각의 합은 그 전체를 한 각으로 관측한 각과 같다.
- 각 관측법(조합각 관측법)은 가장 정확한 값을 얻을 수 있다.

□□□ 산 06,10④,11①,14①,16④,20②,25①

29 측량결과 그림과 같은 지역의 면적은?

① 66m²
② 80m²
③ 132m²
④ 160m²

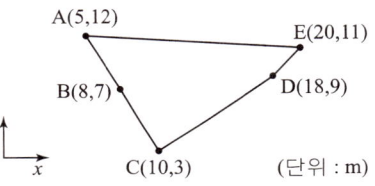

배면적 계산

측점	합위거	합경거	배면적 $(X_{i-1}-X_{i+1})Y_i$
A	5	12	(20−8)×12=144
B	8	7	(5−10)×7=−35
C	10	3	(8−18)×3=−30
D	18	9	(10−20)×9=−90
E	20	11	(18−5)×11=143
계			132m²

- 배면적 $2A = |132|$ m²
- ∴ 면적 $A = \dfrac{배면적}{2} = \dfrac{132}{2} = 66\,\text{m}^2$

□□□ 산 05,07,08,10②,12②,19④,25①

30 그림의 등고선에서 AB의 수평거리가 40m일 때 AB의 기울기는?

① 10%
② 20%
③ 25%
④ 30%

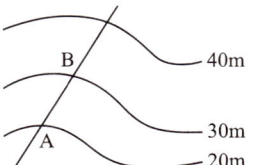

기울기 $i = \dfrac{h}{D} \times 100 = \dfrac{30-20}{40} \times 100 = 25\%$

□□□ 산 92,98,03,10,11,12,13,14,16,18④,19①,25①

23 수위표의 설치장소로 적합하지 않은 곳은?

① 상·하류 최소 300m 정도 곡선인 장소
② 교각이나 기타 구조물에 의한 수위변동이 없는 장소
③ 홍수시 유실 또는 이동이 없는 장소
④ 지천의 합류점에서 상당히 상류에 위치한 장소

상·하류 최소 100m 정도 곡선인 장소

Remember
수위관측소(양수표)의 설치장소
• 상하류 100m 가량 직선인 곳
• 하상과 하안이 세굴, 퇴적이 안되는 곳
• 수위가 교각 등 구조물의 영향을 받지 않는 곳
• 홍수 때에도 쉽게 양수표를 읽을 수 있는 곳
• 홍수 때 관측소가 유실, 파손될 염려가 없는 곳
• 지천의 합류점과 같이 불규칙한 변화가 없는 곳
• 소용돌이, 역류 및 저수가 적은 곳이어야 한다.
• 양수표는 5~10km 마다 배치

□□□ 산 04,05,06,07,09,10,12,14,16,17,19,20③,25①

24 교호수준측량의 결과가 그림과 같을 때, A점의 표고가 55.423m라면 B점의 표고는? [$a=2.665$m, $b=3.965$m, $c=0.530$m, $d=1.816$m]

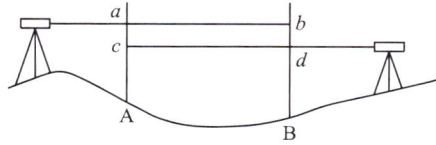

① 52.930m   ② 53.281m
③ 54.130m   ④ 54.137m

• 고저차 $H = \frac{1}{2}[(a-b)+(c-d)]$
  $= \frac{1}{2}[(2.665-3.965)+(0.530-1.816)]$
  $= -1.293$m
• B점의 지반고 $H_B = H_A + H$
  ∴ $H_B = 55.423 + (-1.293) = 54.130$m

□□□ 산 10,12,13,15,17①,19①,20③,25①

25 우리나라의 노선측량에서 고속도로에 주로 이용되는 완화곡선은?

① 클로소이드 곡선   ② 렘니스케이트 곡선
③ 2차 포물선   ④ 3차 포물선

완화곡선

종류	용도
클로소이드 곡선	고속도로 IC
렘니스케이트 곡선	지하철
3차 포물선	철도 이용
반파장 sin체감곡선	고속철도

□□□ 산 11①,13①,19④,25①

26 편각법에 의하여 원곡선을 설치하고자 한다. 곡선 반지름이 500m, 시단현이 12.3m일 때 시단현의 편각은?

① 36′27″   ② 39′42″
③ 42′17″   ④ 43′43″

$\delta = 1718.87' \frac{l}{R} = 1718.87' \times \frac{12.3}{500} = 0°42'17''$

또는 $\delta = \frac{180°}{\pi} \frac{l}{2R} = \frac{180°}{\pi} \times \frac{12.3}{2 \times 500} = 0°42'17''$

□□□ 산 10,15,25①

27 노선의 길이가 2.5km인 결합트래버스 측량에서 폐합비를 1/2500로 제한할 때 허용되는 최대 폐합차는?

① 0.2m   ② 0.4m
③ 0.5m   ④ 1.0m

축척(폐합비) $M = \frac{E}{\sum L}$

$\frac{E}{\sum L} = \frac{E}{2.5 \times 1000} = \frac{1}{2500}$

∴ 폐합차 $E = \frac{2.5 \times 1000}{2500} = 1.0$m

정답 23 ①   24 ③   25 ①   26 ③   27 ④

□□□ 산 04,08,10,11,14,17,25①

19 아래 그림과 같은 판형에서 stiffener(보강재)의 사용 목적은?

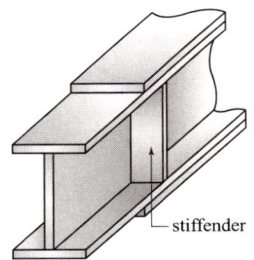

① web plate의 좌굴을 방지하기 위하여
② flange angle의 간격을 넓게 하기 위하여
③ flange의 강성을 보강하기 위하여
④ 보 전체의 비틀림에 대한 강도를 크게 하기 위하여

판형(Plate Girder)의 명칭

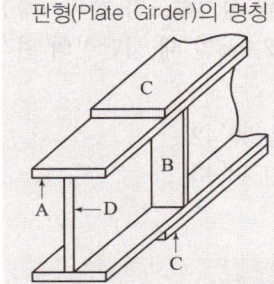

A : 상부판(Flange)
B : 보강재(Stiffener) : 복부판의 좌굴을 방지하기 위하여
C : 덮개판(Cover plate)
D : 복부판(Web plate)

□□□ 산 13①,14①,15①,16②④,25①

20 일반 콘크리트에서 인장철근 D19(공칭직경 : 19.1mm)를 정착시키는데 필요한 기본 정착길이(l_{db})는?(단, $f_{ck}=21\text{MPa}$, $f_y=300\text{MPa}$이다.)

① 542mm ② 751mm
③ 987mm ④ 1125mm

인장 이형철근의 정착(D35 이하의 철근의 경우)

$$l_{db} = \frac{0.6\,d_b f_y}{\lambda \sqrt{f_{ck}}}$$

$$= \frac{0.6 \times 19.1 \times 300}{1 \times \sqrt{21}} = 750.23\text{mm} \fallingdotseq 751\text{mm}$$

제2과목 : 측량 및 토질

1 측량학

□□□ 산 93,99,06,07,11,12,13,16,18,25①

21 그림과 같이 0점에서 같은 정확도로 각을 관측하여 오차를 계산한 결과 $x_3-(x_1+x_2)=-36''$의 식을 얻었을 때 관측값 x_1, x_2, x_3에 대한 보정값 V_1, V_2, V_3는?

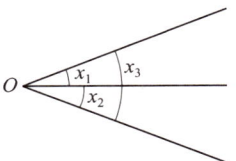

① $V_1=-9''$, $V_2=-9''$, $V_3=+18''$
② $V_1=-12''$, $V_2=-12''$, $V_3=+12''$
③ $V_1=+9''$, $V_2=+9''$, $V_3=-18''$
④ $V_1=+12''$, $V_2=+12''$, $V_3=-12''$

- 각오차 $= x_3-(x_1+x_2)=-36''$
- 조정량 $=\dfrac{36''}{3}=12''$ (각 관측값에 ±12″ 해준다.)
- 각오차 $x_3<(x_1+x_2)$이므로 작은 측정값에는 (+), 큰 측정값에는 (−)
  ∴ 작은 측정값 $V_1=-12''$, $V_2=-12''$
  큰 측정값 $V_3=+12''$ 해준다.

□□□ 산 15,16,17,25①

22 시간과 경비가 많이 들고 조건식수가 많아 조정이 복잡하지만 정확도가 높은 삼각망은?

① 단열 삼각망   ② 유심 삼각망
③ 사변형 삼각망 ④ 단 삼각형

사변형망의 특징
- 조건식의 수가 가장 많아 정확도가 가장 높다.
- 조정이 복잡하고 포함면적이 적으며 시간과 비용이 많이 요하는 것이 결점이다.
- 가장 높은 정밀도를 얻을 수 있으며, 특별히 높은 정밀도를 필요로 하는 측량이나 기선 삼각망 등에 사용된다.

정답 19 ① 20 ② 21 ② 22 ③

☐☐☐ 산 11,12,13,14,15,16,18②,19④,21,25①

14 프리스트레스의 손실원인 중 프리스트레스 도입 후에 시간의 경과에 따라 생기는 것은?

① 콘크리트의 탄성변형
② 정착단의 활동
③ 콘크리트의 크리프
④ PS강재와 쉬스 사이의 마찰

- 도입손실=즉시 손실
  • 정착장치의 활동
  • 콘크리트의 탄성수축(변형)
  • 포스트텐션 긴장재와 덕트 사이의 마찰
- 도입 후 손실=시간적 손실
  • 콘크리트의 크리프
  • 콘크리트의 건조수축
  • 긴장재 응력의 릴랙세이션

☐☐☐ 산 14,16,19④,25①

15 아래 그림과 같은 보에서 콘크리트가 부담할 수 있는 공칭전단강도(V_c)는? (단, $f_{ck}=28$MPa, $f_y=400$MPa이고, 보통 중량 콘크리트를 사용한 경우)

① 111.1kN
② 134.6kN
③ 165.2kN
④ 194.3kN

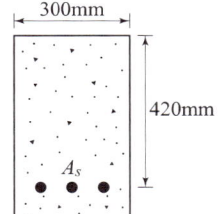

$$V_c = \frac{1}{6}\lambda\sqrt{f_{ck}}\,b_w d$$
$$= \frac{1}{6}\times 1\times\sqrt{28}\times 300\times 420 = 111122\text{N} = 111.1\text{kN}$$

☐☐☐ 산 12,14,15,17,18,19①②,20②,25①

16 강도설계법에서 $f_{ck}=35$MPa인 경우 β_1의 값은?

① 0.795
② 0.801
③ 0.823
④ 0.85

$f_{ck} \leq 40$MPa일 때
$\beta_1 = 0.80$

Remember

계수 $\eta(0.85f_{ck})$와 β_1

f_{ck}	≤40	50	60	70	80	90
η	1.00	0.97	0.95	0.91	0.87	0.84
β_1	0.80	0.80	0.76	0.74	0.72	0.70

☐☐☐ 산 02,04,06,10,11②,14①,18②,20,22④,25①

17 다음 그림은 필릿(Fillet) 용접한 것이다. 목두께 a를 표시한 것으로 옳은 것은?

① $a = S_2 \times 0.70$
② $a = S_1 \times 0.70$
③ $a = S_2 \times 0.60$
④ $a = S_1 \times 0.60$

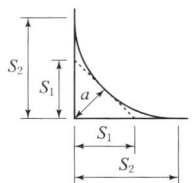

용접부의 목두께(필릿용접)
필릿용접의 유효 목두께(a)는 모살치수의 0.7배로 한다.
∴ $a = S_1 \times 0.70$

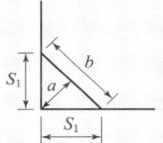

☐☐☐ 산 05,17,18①④,25①

18 철근콘크리트 부재 설계에서 강도감소계수(ϕ)를 사용하는 이유에 해당하지 않는 것은?

① 설계 방정식을 적용 중 계산오차 및 오류에 대비한 여유
② 재료 강도와 치수가 변동할 수 있으므로 부재의 강도 저하 확률에 대비
③ 부정확한 설계 방정식에 대비한 여유
④ 구조물에서 차지하는 부재의 중요도 등을 반영

강도감소계수의 목적
• 부정확한 설계 방정식에 대비한 여유
• 구조물에서 차지하는 부재의 중요도 등을 반영
• 주어진 하중조건에 대한 부재의 연성도와 소요 신뢰도를 반영
• 재료 강도와 치수가 변동할 수 있으므로 부재의 강도 저하 확률에 대비

정답 14 ③ 15 ① 16 ② 17 ② 18 ①

□□□ 산 14②,16①,19①,25①

10 그림과 같은 구조물에서 부내 AB가 받는 힘은?

① 2.00kN
② 2.15kN
③ 2.35kN
④ 2.83kN

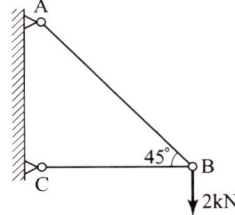

시력도에서 sin법칙 적용

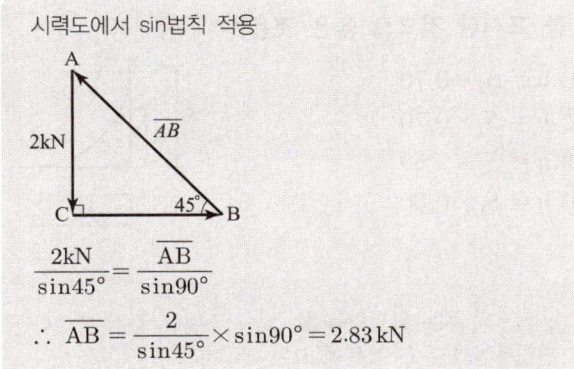

$$\frac{2kN}{\sin 45°} = \frac{\overline{AB}}{\sin 90°}$$

$$\therefore \overline{AB} = \frac{2}{\sin 45°} \times \sin 90° = 2.83 \, kN$$

❷ 철근콘크리트 및 강구조

□□□ 산 12,14,16,18②,25①

11 뒷부벽식 옹벽을 설계할 때 뒷부벽에 대한 설명으로 옳은 것은?

① T형보로 설계하여야 한다.
② 캔틸레버보로 설계하여야 한다.
③ 직사각형보로 설계하여야 한다.
④ 3변 지지된 2방향 슬래브로 설계하여야 한다.

뒷부벽은 T형보로 설계하여야 하며, 앞부벽은 직사각형 보로 설계하여야 한다.

□□□ 산 25①

12 시간과 더불어 진행되는 장기처짐은 탄성처짐에 λ_Δ 계수를 곱하여 사용한다. 이때 λ_Δ의 값으로 옳은 것은? (단, 재하기간은 1년이며, ρ'(압축철근비)=0.01)

① 0.63
② 0.73
③ 0.83
④ 0.93

$$\lambda_\Delta = \frac{\xi}{1+50\rho'}$$

• ξ : 시간 경과 계수(5년 이상 : 2.0, 12개월 : 1.4, 6개월 : 1.2, 3개월 : 1.0)

$$\therefore \lambda_\Delta = \frac{\xi}{1+50\rho'} = \frac{1.4}{1+50\times 0.01} = 0.93$$

□□□ 산 25①

13 다음은 프리스트레스트 콘크리트에 관한 설명이다. 옳지 않은 것은?

① 탄력성과 복원성이 강한 구조부재이다.
② RC 부재보다 경간을 길게 할 수 있고 단면을 작게 할 수 있어 구조물이 날렵하다.
③ RC에 비해 강성이 작아서 변형이 크고 진동하기 쉽다.
④ RC 보다 내화성에 있어서 유리하다.

고강도 강재는 고온에 접하면 강도가 감소되므로 RC보다 내화성에서 불리하다.

□□□ 산 25①

05 그림과 같은 반원의 x축에 대한 단면1차모멘트는?

① $\dfrac{\pi r^2}{3}$

② $\dfrac{2\pi r^2}{3}$

③ $\dfrac{\pi r^3}{3}$

④ $\dfrac{2\pi r^3}{3}$

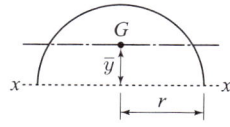

- x축에 대한 단면1차모멘트
  G_x = 면적 × 도심거리
- 반원의 면적 $A = \pi(2r)^2 \times \dfrac{1}{2} = 2\pi r^2$, $\bar{y} = \dfrac{r}{3}$

∴ $G_x = 2\pi r^2 \times \dfrac{r}{3} = \dfrac{2\pi r^3}{3}$

□□□ 산 89,00,12①,20②,23①,25①

06 지름이 D인 원목을 직사각형 단면으로 제재하고자 한다. 휨모멘트에 대한 저항을 크게 하기 위해 최대 단면계수를 갖는 직사각형 단면을 얻으려면 적당한 폭 b는?

① $b = \dfrac{1}{2}D$

② $b = \dfrac{1}{\sqrt{3}}D$

③ $b = \dfrac{\sqrt{3}}{2}D$

④ $b = \sqrt{\dfrac{2}{3}}D$

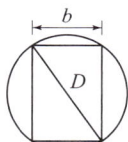

피타고라스 정리에 의해서

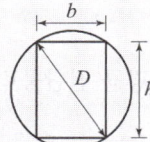

- $h = \sqrt{D^2 - b^2}$
- $Z = \dfrac{bh^2}{6} = \dfrac{bD^2 - b^3}{6}$
- $\dfrac{dZ}{db} = \dfrac{1}{6}(D^2 - 3b^2) = 0$
- $D^2 - 3b^2 = 0$, $D^2 = 3b^2$, $D = \sqrt{3}\,b$

∴ $b = \dfrac{1}{\sqrt{3}}D$

□□□ 산 02,06,13④,19④,25①

07 어떤 재료의 탄성계수가 E, 푸아송 비가 ν일 때 이 재료의 전단탄성계수(G)는?

① $\dfrac{E}{1+\nu}$

② $\dfrac{E}{1-\nu}$

③ $\dfrac{E}{2(1+\nu)}$

④ $\dfrac{E}{2(1-\nu)}$

$G = \dfrac{E}{2(1+\nu)} = \dfrac{mE}{2(m+1)} = \dfrac{E}{2\left(1+\dfrac{1}{m}\right)}$

□□□ 산 18②,25①

08 폭이 200mm이고, 높이가 300mm인 직사각형 단면 보가 최대 휨모멘트(M) 20kN·m를 받을 때 최대 휨응력은?

① 3.33MPa

② 4.44MPa

③ 6.67MPa

④ 7.78MPa

최대휨응력 $\sigma = \dfrac{M_{\max}}{I}y = \dfrac{M_{\max}}{Z}$

- $M_{\max} = 20\text{kN}\cdot\text{m} = 20 \times 10^6 \text{N}\cdot\text{mm}$
- $Z = \dfrac{bh^2}{6} = \dfrac{200 \times 300^2}{6} = 3000000\text{mm}^3$

∴ $\sigma = \dfrac{20 \times 10^6}{3000000} = 6.67\text{N/mm}^2 = 6.67\text{MPa}$

□□□ 산 25①

09 다음과 같은 구조물에서 지점 A의 수평반력은?

① 10kN

② 15kN

③ 20kN

④ 25kN

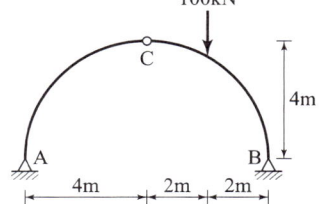

- $\sum M_B = 0$
  $V_A \times 8 - 100 \times 2 = 0$ ∴ $V_A = \dfrac{200}{8} = 25\text{kN}(\uparrow)$

- $\sum M_A = 0$
  $V_B \times 8 - 100 \times 6 = 0$ ∴ $V_B = \dfrac{600}{8} = 75\text{kN}(\uparrow)$

정답 05 ④ 06 ② 07 ③ 08 ③ 09 ④

국가기술자격 필기시험문제

2025년도 기사 1회 필기시험

자격종목	코 드	시험시간	형 별
토목산업기사	1048	2시간	A

※ 2023년도부터 토목산업기사 필기 출제기준이 변경되었음을 알려드립니다. (필기 120문항에서 60문항으로 변경)
※ 각 문항은 4지택일형으로 질문에 가장 적합한 보기 항을 선택하시면 됩니다.

제1과목 : 구조설계

1 역학적인 개념 및 건설 구조물의 해석

□□□ 산 14,18①,25①
01 단순보에 하중이 작용할 때 다음 설명 중 옳지 않은 것은?

① 등분포하중이 만재될 때 중앙점의 처짐각이 최대가 된다.
② 등분포하중이 만재될 때 최대처짐은 중앙점에서 일어난다.
③ 중앙에 집중하중이 작용할 때의 최대처짐은 하중이 작용하는 곳에서 생긴다.
④ 중앙에 집중하중이 작용하면 양지점에서의 처짐각이 최대로 된다.

- 등분포하중이 만재될 때 중앙점의 처짐각은 0가 된다.
- 등분포하중이 만재될 때 중앙점의 처짐은 최대가 된다.

□□□ 산 25①
02 단순보에 작용하는 하중, 전단력, 휨모멘트와의 관계를 나타내는 설명으로 틀린 것은?

① 하중이 없는 구간에서의 전단력의 크기는 일정하다.
② 등분포하중이 작용하는 구간에서의 전단력도는 2차곡선이다.
③ 하중이 없는 구간에서의 휨모멘트선도는 직선이다.
④ 전단력이 0인 점에서의 휨모멘트는 최대 또는 최소이다.

하중, 전단력, 휨모멘트와의 관계
등분포하중이 작용하는 부분의 전단력도는 1차식이고, 휨모멘트는 2차 포물선이다.

□□□ 산 19②,22②,25①
03 그림과 같은 장주의 강도를 옳게 관계시킨 것은? (단, 동질의 동단면으로 한다.)

① A > B > C
② A > B = C
③ A = B = C
④ A = B < C

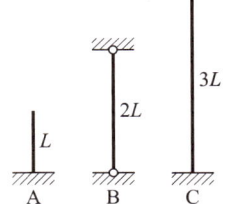

$P_{cr} = \dfrac{n\pi^2 EI}{L^2}$ 에서 $\pi^2 EI$은 동일

$P_{cr(A)} = \dfrac{n}{L^2} = \dfrac{1}{4L^2}$

$P_{cr(B)} = \dfrac{n}{L^2} = \dfrac{1}{(2L)^2} = \dfrac{1}{4L^2}$

$P_{cr(C)} = \dfrac{n}{L^2} = \dfrac{4}{(3L)^2} = \dfrac{4}{9L^2}$

∴ $A = B < C$

일단고정 타단자유	$n = \dfrac{1}{4}$
양단힌지	$n = 1$
일단힌지 타단고정	$n = 2$
양단고정	$n = 4$

□□□ 산 14②,18②,19④,20,25①
04 직사각형 단면의 최대 전단응력은 평균 전단응력의 몇 배인가?

① 1.5
② 2.0
③ 2.5
④ 3.0

- 직사각형 단면 : $\tau_{\max 1} = \dfrac{3S}{2A} = 1.5\dfrac{S}{A}$
- 원형단면 : $\tau_{\max 2} = \dfrac{4S}{3A}$

정답 01 ① 02 ② 03 ④ 04 ①

부영양화
질소(N), 인(P), 염류 등과 같은 조류의 번식에 양분이 될 물질들이 유입 축척될 때 일어난다.

□□□ 산 04,06,16,18②,24③

57 펌프장 설계 시 검토하여야 할 비정상 현상으로 아래에서 설명하고 있는 것은?

> 만관 내에 흐르고 있는 물의 속도가 급격히 변화하여 압력변화가 발생하는 현상이다. 이에 의한 압력 상승 및 압력 강하의 크기는 유속의 변화정도, 관로 상황, 유속, 펌프의 성능 등에 따라 다르지만, 펌프, 밸브, 배관 등에 이상 압력이 걸려 진동, 소음을 유발하고, 펌프 및 전동기가 역회전하는 경우도 있으므로 충분한 검토가 필요하다.

① 서어징(surging)
② 캐비네이션(cavitation)
③ 수격작용(water hammer)
④ 팽화 현상(bulking)

수격작용(water hammer)
- 관내를 충만히 흐르고 있는 물의 속도가 급격히 변하면 수압도 심한 변화를 일으키는 현상
- 관로유속의 급격한 변화로 인한 충격현상으로 관내압력이 급상승 또는 급강하하는 현상으로 관로의 파손사고 등을 일으킨다.

□□□ 산 19④,24③

58 하수배제방식 중 분류식과 비교하여 합류식이 갖는 특징으로 옳지 않은 것은?

① 폐쇄될 염려가 적다.
② 검사 및 수리가 비교적 쉽다.
③ 관로의 접합, 연결 등 시공이 복잡하다.
④ 강우 시 초기우수의 처리대책이 필요하다.

대구경 관거가 되면 1계통으로 건설되어 오수관거와 우수관거의 2계통을 건설하는 것보다는 관로의 접합, 연결 등 시공이 간단하다.

□□□ 산 20②,24③

59 관로의 접합방법에 관한 설명으로 옳지 않은 것은?

① 관정접합 : 유수는 원활한 흐름이 되지만 굴착깊이가 증가되어 공사비가 증대된다.
② 관중심접합 : 수면접합과 관저접합의 중간적인 방법이나 보통 수면접합에 준용된다.
③ 수면접합 : 수리학적으로 대개 계획수위를 일치시켜 접합시키는 것으로서 양호한 방법이다.
④ 관저접합 : 수위상승을 방지하고 양정고를 줄일 수 있으나 굴착깊이가 증가되어 공사비가 증대된다.

관저접합
굴착깊이를 얕게 함으로 공사비용을 줄일 수 있으며 수위상승을 방지하고 양정고를 줄일 수 있어 펌프로 배수하는 지역에 적합하다.

□□□ 산 06,11,16,24③

60 반송슬러지의 SS농도가 6000mg/L이다. MLSS 농도를 2500mg/L로 유지하기 위한 슬러지 반송비는?

① 25%
② 55%
③ 71%
④ 100%

$$r = \frac{MLSS농도 - SS}{반송슬러지의\ 농도 - MLSS농도} \times 100$$
$$= \frac{2500 - 0}{6000 - 2500} \times 100 = 71\%$$

정답 57 ③ 58 ③ 59 ④ 60 ③

2 상하수도 계획

51 취수시설을 선정할 때 수원(水源)이 하천, 호소, 댐(저수지)인 경우에 적용할 수 있으며 보통 대량 취수에 적합하고 비교적 안정된 취수가 가능한 것은?

① 취수탑
② 깊은 우물
③ 취수틀
④ 취수관거

취수탑의 특징
- 다단수문형식의 취수구를 적당히 배치한 철근콘크리트 구조이다.
- 연간의 수위변화가 크더라도 하천이나 호소, 댐에서의 취수시설로서 알맞고 또한 유지관리도 비교적 용이하다.
- 수위변화가 많은 저수지에서도 계획취수량을 안정되게 취수할 수 있다.

Remember

캔틸레버보의 처짐

취수탑	• 호소나 댐의 대량취수시설로서 많이 사용 • 저수지 등에서도 안정되게 취수할 수 있다.
취수틀	• 호소의 중소량 취수시설로 많이 사용 • 비교적 소량취수에 사용된다.
취수문	• 일반적으로 소규모 호소 등에 사용 • 수위변동이 작은 호소 등에 알맞다.

52 하수관로에 대한 설명 중 적합하지 않는 것은?

① 우수관로 및 합류식관로는 계획우수량에 대하여 유속을 최소 0.8m/s, 최대 3.0m/s로 한다.
② 우수관로 및 합류식관로의 최소관경은 250mm를 표준으로 한다.
③ 관로의 최소 흙두께는 원칙적으로 1m로 한다.
④ 관로경사는 하류로 갈수록 증가시켜야 한다.

- 관로경사는 하류로 감에 따라 점차 작아지도록 한다.
- 관로경사는 상류에서 급하고 하류로 갈수록 완만하게 한다.

53 우리나라의 상수도 시설을 기본계획할 때 계획(목표)년도는 몇 년을 표준으로 하는가?

① 2~3년
② 15~20년
③ 30~40년
④ 50년 이상

계획(목표)년도
기본계획에서 대상이 되는 기간으로 계획 수립시부터 15~20년간을 표준으로 한다.

54 복류수에 대한 설명으로 옳은 것은?

① 비교적 양호한 수질을 얻을 수 있다.
② 지표수의 한 종류로 하천수보다 수질이 양호하다.
③ 정수공정에 이용시 침전지를 반드시 확보해야 한다.
④ 조류 등의 부유 생물 농도가 높다.

복류수
- 어느 정도 여과된 것이므로 지표수에 비해 수질이 양호하며 정수공정에서 침전지를 생략하는 경우도 있다.
- 취수원으로서 하천이나 호수의 바닥 또는 측면부의 자갈 및 모래층에 포함되어 있는 지하수

55 다음의 소독방법 중 발암물질인 THM 발생 가능성이 가장 높은 것은?

① 염소소독
② 오존소독
③ 자외선소독
④ 이산화염소소독

염소 살균은 발암물질인 트리할로메탄(THM)을 생성시킬 가능성이 있다.

56 하천이나 호소에서 부영양화(eutrophication)의 주된 원인 물질은?

① 질소 및 인
② 탄소 및 유황
③ 중금속
④ 염소 및 질산화물

정답 51 ① 52 ④ 53 ② 54 ① 55 ① 56 ①

산 92,03,07,13,24③

46 안지름 200mm의 관에 대한 조도계수 $n=0.012$일 때, 마찰손실계수(f)는?

① 0.0255 ② 0.0307
③ 0.0410 ④ 0.0442

$$f = \frac{124.5n^2}{D^{\frac{1}{3}}}$$
$$= \frac{124.5 \times 0.012^2}{0.2^{\frac{1}{3}}} = 0.0307$$

산 92,98,03,05,06,13,14,24③

47 수심이 3m, 유속이 2m/s인 개수로의 비에너지 값은? (단, 에너지 보정계수는 1.1이다.)

① 1.22m ② 2.22m
③ 3.22m ④ 4.22m

$$H_e = h + \alpha \frac{v^2}{2g}$$
$$= 3 + 1.1 \times \frac{2^2}{2 \times 9.8} = 3.22\,\text{m}$$

산 15②,20③,24③

48 베르누이 정리를 압력의 항으로 표시할 때, 동압력(dynamic pressure) 항에 해당되는 것은?

① P ② $\rho g z$
③ $\frac{1}{2}\rho V^2$ ④ $\frac{V^2}{2g}$

총압력 = 정압력 + 동압력
$$\therefore P = wh + \frac{1}{2}\rho V^2$$

산 13,17,24③

49 그림과 같이 단면적 A_1, A_2인 두 관이 연결되어 있고 관내 두 점의 수두차가 H일 때 유량을 계산하는 식은?

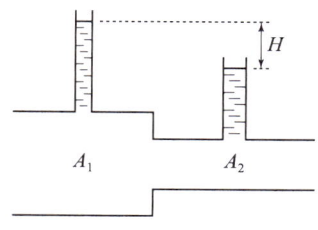

① $Q = \dfrac{A_1 - A_2}{\sqrt{A_1^2 - A_2^2}}\sqrt{2gH}$

② $Q = \dfrac{A_1 \cdot A_2}{\sqrt{A_1^2 + A_2^2}}\sqrt{2gH}$

③ $Q = \dfrac{A_1 - A_2}{\sqrt{A_1^2 + A_2^2}}\sqrt{2gH}$

④ $Q = \dfrac{A_1 \cdot A_2}{\sqrt{A_1^2 - A_2^2}}\sqrt{2gH}$

피에조미터를 설치하여 수두차 H를 측정하는 경우
$$Q = \frac{A_1 \cdot A_2}{\sqrt{A_1^2 - A_2^2}}\sqrt{2gh}$$

산 09,19①④,24③

50 개수로에서 파상도수가 일어나는 범위는?
(단, Fr_1 : 도수 전의 Froude number)

① $Fr_1 = \sqrt{3}$ ② $1 < Fr_1 < \sqrt{3}$
③ $2 > Fr_1 > \sqrt{3}$ ④ $\sqrt{2} < Fr_1 < \sqrt{3}$

• 완전도수 : $\sqrt{3} \leq Fr_1$
• 파상도수 : $1 < Fr_1 < \sqrt{3}$

제3과목 : 수자원설계

1 수리학

41 물의 성질에 관한 설명 중 틀린 것은?

① 물은 압축성을 가지며 온도, 압력 및 물에 포함되어 있는 공기의 양에 따라 다르다.
② 물의 단위중량이란 단위체적당 무게로 담수, 해수를 막론하고 항상 동일하다.
③ 물의 밀도는 단위 체적당 질량으로 비질량(比質量)이라고도 한다.
④ 물의 비중은 그 질량에 최대밀도가 생기게 하는 온도에서 그것과 같은 체적을 갖는 순수한 물의 질량과의 비이다.

> 물의 단위중량과 밀도
> • 물의 단위중량과 밀도는 압력과 온도에 따라 차이가 있다.
> • 표준대기압상태에서는 4℃일 때 가장 크다.
> • 단위중량 : 담수($1t/m^3$), 해수($1.025t/m^3$)이다.

42 정상적인 흐름 내의 1개의 유선상에서 각 단면의 위치수두와 압력수두를 합한 수두를 연결한 선은?

① 총 수두(Total Head)
② 에너지선(Energy Line)
③ 유압 곡선(Pressure Curve)
④ 동수경사선(Hydraulic Grade Line)

> ■ 동수경사선
> • 위치수두(Z)와 압력수두($\frac{P}{w_o}$)를 연결한 선을 말한다.
> 즉 $\frac{P}{w_o}+Z$
> ■ 에너지선
> • 압력수두($\frac{P}{w_o}$)+위치수두(Z)+속도수두($\frac{V^2}{2g}$)
> 즉 $\frac{V^2}{2g}+Z+\frac{P}{w_o}$

43 10m 깊이의 해수 중에서 작업하는 잠수부가 받는 계기 압력은? (단, 해수의 비중은 1.025)

① 약 1기압
② 약 2기압
③ 약 3기압
④ 약 4기압

> $p = w'h = 1.025(t/m^3) \times 10(m)$
> $= 10.25\,t/m^2 = 102.5\,kN/m^2 = 102.5\,kPa$
> ($\because$ 1 기압 : $10t/m^2 = 100kN/m^2 = 100kPa$)

44 그림과 같은 완전 수중 오리피스에서 유속을 구하려고 할 때 사용되는 수두는?

① $H_2 - H_1$
② $H_1 - H_o$
③ $H_2 - H_o$
④ $H_1 - \dfrac{H_2}{2}$

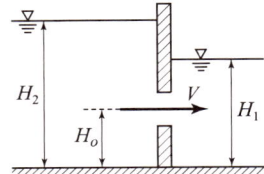

> $V = \sqrt{2gH}$
> • 수두 $H = H_2 - H_1$
> $\therefore V = \sqrt{2g(H_2 - H_1)}$

45 관수로에서 발생하는 손실수두 중 가장 큰 것은?

① 유입손실
② 유출손실
③ 만곡손실
④ 마찰손실

> • 관의 마찰에 의한 손실이 주 손실(major loss)이고 나머지 손실은 소손실이다.
> • 주 손실수두
> 마찰손실수두 : $h_L = f\dfrac{l}{D}\dfrac{V^2}{2g}$
> • 소손실(마찰이외의 손실수두)
> 유입 손실수두, 유출 손실수두, 급확대 손실수두

정답 41 ② 42 ④ 43 ① 44 ① 45 ④

□□□ 산 12,18④,24③
37 다짐에 대한 설명으로 틀린 것은?

① 점토를 최적함수비보다 작은 함수비로 다지면 분산구조를 갖는다.
② 투수계수는 최적함수비 근처에서 거의 최소값을 나타낸다.
③ 다짐에너지가 클수록 최대건조단위중량은 커진다.
④ 다짐에너지가 클수록 최적함수비는 작아진다.

> 점성토에서 흙은 최적함수비보다 작은 함수비로 다지면 면모구조를, 큰 함수비로 다지면 이산구조를 보인다.

□□□ 산 08,24③
38 점성토 지반에 사용되는 연약지반 개량공법이 아닌 것은?

① 치환공법
② 침투압 공법
③ 바이브로 플로테이션 공법
④ 생석회 말뚝공법

점성토 지반	사질토 지반
• 치환공법	• 다짐 말뚝공법
• Pre-loading공법	• Compozer공법
• Sand drain공법	• Vibro flotation공법
• Paper drain공법	• 폭파다짐공법
• 침투압 공법	• 전기 충격공법
• 생석회 말뚝공법	• 약액 주입공법

□□□ 산 94,00,18④,24③
39 점착력(c)이 $4kN/m^2$, 내부마찰각(ϕ)이 30°, 흙의 단위중량(γ)이 $16kN/m^3$인 흙에서 인장균열이 발생하는 깊이(z_o)는?

① 1.73m ② 1.28m
③ 0.87m ④ 0.29m

> $z_o = \dfrac{2c}{\gamma}\tan\left(45° + \dfrac{\phi}{2}\right)$
> $= \dfrac{2 \times 4}{16}\tan\left(45° + \dfrac{30°}{2}\right) = 0.87m$

□□□ 산 90,96,99,03,07,12④,15④,20②,24③
40 10개의 무리 말뚝기초에 있어서 효율이 0.8, 단항으로 계산한 말뚝 1개의 허용지지력이 100kN일 때 군항의 허용지지력은?

① 500kN ② 800kN
③ 1000kN ④ 1250kN

> $R_{ag} = E \cdot N \cdot R_a$
> $= 0.8 \times 10 \times 100 = 800kN$

❷ 토질 및 기초

□□□ 산 03,06,11,18①,24③

31 어떤 흙의 입경가적곡선에서 $D_{10}=0.05mm$, $D_{30}=0.09mm$, $D_{60}=0.15mm$ 이었다. 균등계수 C_u와 곡률계수 C_g의 값은?

① $C_u=3.0, C_g=1.08$
② $C_u=3.5, C_g=2.08$
③ $C_u=3.0, C_g=2.45$
④ $C_u=3.5, C_g=1.82$

• 균등계수 $C_u = \dfrac{D_{60}}{D_{10}} = \dfrac{0.15}{0.05} = 3.0$

• 곡률 계수 $C_g = \dfrac{D_{30}^2}{D_{10} \times D_{60}} = \dfrac{0.09^2}{0.05 \times 0.15} = 1.08$

□□□ 산 00,02,06,12,16,24③

32 그림과 같은 모래지반의 토질실험결과 내부마찰각 $\phi=30°$, 점착력 $c=0$일 때, 깊이 4m되는 A점에서의 전단강도는? (단, 물의 단위중량 $\gamma_w=9.81kN/m^3$)

① $12.5kN/m^2$
② $17.2kN/m^2$
③ $21.7kN/m^2$
④ $28.6kN/m^2$

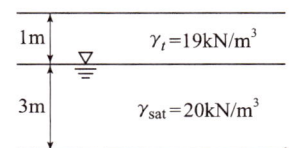

$\tau = c + \bar{\sigma}\tan\phi$
• $\bar{\sigma} = \gamma_t h_1 + (\gamma_{sat} - \gamma_w)h_2$
  $= 19 \times 1 + (20 - 9.81) \times 3 = 49.57 kN/m^2$
∴ $\tau = 0 + 49.57\tan30° = 28.6 kN/m^2$

□□□ 산 16①,24③

33 압밀계수(c_v)의 단위로서 옳은 것은?

① cm/sec
② cm^2/kg
③ kg/cm
④ cm^2/sec

압밀계수 $C_v : cm^2/sec$

□□□ 산 99,05,06,07,08,09,13,14,15,20③,24③

34 다음 점토질 흙 위에 강성이 큰 사각형 독립 기초가 놓여졌을 때 기초 바닥 면에서의 응력의 상태를 설명한 것 중 옳은 것은?

① 기초 밑면에서의 응력은 일정하다.
② 기초의 중앙부분에서 최대응력이 발생한다.
③ 기초의 모서리 부분에서 최대응력이 발생한다.
④ 기초 밑면에서의 응력은 점토질과 모래질의 흙 모두 동일하다.

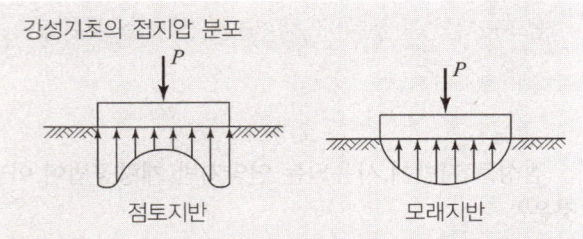

• 점토지반 : 기초의 모서리 부분에서 최대응력이 발생
• 모래지반 : 기초의 중앙부분에서 최대응력이 발생

□□□ 산 04②,16②,24③

35 어떤 시료가 조밀한 상태에 있는가, 느슨한 상태에 있는가를 나타내는 데 쓰이며, 주로 모래와 같은 조립토에서 사용되는 것은?

① 상대밀도
② 건조밀도
③ 포화밀도
④ 수중밀도

상대밀도 : 사질토의 느슨하고 조밀한 정도를 나타내는 것으로 사질토의 다짐정도를 나타낸다.

□□□ 산 93,03,04,06,08,11,16②,24③

36 내부 마찰각이 영(零, zero)인 점토질 흙의 일축압축시험시 압축 강도가 $40kN/m^2$이었다면 이 흙의 점착력은?

① $10kN/m^2$
② $20kN/m^2$
③ $30kN/m^2$
④ $40kN/m^2$

$c = \dfrac{q_u}{2\tan\left(45° + \dfrac{\phi}{2}\right)} = \dfrac{40}{2\tan(45° + 0°)} = 20 kN/m^2$

정답 31 ① 32 ④ 33 ④ 34 ③ 35 ① 36 ②

□□□ 산 18①, 24③

25 수심 h인 하천의 유속측정에서 수면으로부터 $0.2h$, $0.6h$, $0.8h$의 유속이 각각 0.625m/sec, 0.564m/sec, 0.382m/sec일 때 3점법에 의한 평균유속은?

① 0.498m/sec ② 0.505m/sec
③ 0.511m/sec ④ 0.533m/sec

$$V_m = \frac{1}{4}(V_{0.2} + 2V_{0.6} + V_{0.8})$$
$$= \frac{1}{4}(0.625 + 2 \times 0.564 + 0.382) = 0.533\,\text{m/sec}$$

□□□ 산 17, 24③

26 폐합 트래버스에서 전 측선의 길이가 900m이고 폐합비가 1/9000일 때, 도상 폐합오차는? (단, 도면의 축척 1 : 500)

① 0.2mm ② 0.3mm
③ 0.4mm ④ 0.5mm

폐합비 $R = \dfrac{E}{\sum l} = \dfrac{1}{m}$

폐합오차 $E = R \cdot \sum l = \dfrac{1}{9000} \times 900 = 0.1\,\text{m} = 100\,\text{mm}$

∴ 도상폐합오차 $= \dfrac{1}{500} \times 100 = 0.2\,\text{mm}$

□□□ 산 10②, 24③

27 GPS 위성체계에서 이용하는 지구질량 중심을 원점으로 하는 좌표계는?

① 천문 좌표계 ② TUM 좌표계
③ WGS84 좌표계 ④ UPS 좌표계

GPS는 WGS84 라고하는 기준좌표계를 이용하며, 여러 가지 관측장비를 가지고 전 세계적으로 측정해온 지구의 중력장과 지구모양을 근거로 해서 만들어진 좌표이다.

□□□ 산 11, 24③

28 단곡선 설치에서 교각이 60°이고 곡선반지름이 500m이면 접선길이는?

① 250.000m ② 288.675m
③ 523.598m ④ 866.025m

접선장 $T \cdot L = R \tan \dfrac{I}{2}$

$= 500 \tan \dfrac{60°}{2} = 288.675\,\text{m}$

□□□ 산 24③

29 삼변측량에 대한 설명으로 잘못된 것은?

① 전자파거리측량기(E.D.M)의 출현으로 그 이용이 활성화 되었다.
② 관측값의 수에 비해 조건식이 많은 것이 장점이다.
③ 코사인 제2법칙과 반각공식을 이용하여 각을 구한다.
④ 조정방법에는 조건방정식에 의해 조정과 관측방정식에 의한 조정방법이 있다.

관측값의 수에 비해 조건식 수가 적고 측정값의 기상 보정이 애매한 점이 있다.

□□□ 산 13④, 24③

30 도로설계에 있어서 곡선의 반지름과 설계속도가 모두 2배가 되면 캔트(cant)의 크기는 몇 배가 되는가?

① 2배 ② 4배
③ 6배 ④ 8배

캔트 $C = \dfrac{DV^2}{gR} \Rightarrow C' = \dfrac{D(2V)^2}{2gR} = \dfrac{2DV^2}{gR}$

∴ 반경(R)과 설계속도(V)가 2배로 증가하면 캔트(C)는 2배로 증가한다.

정답 25 ④ 26 ① 27 ③ 28 ② 29 ② 30 ①

제2과목 : 측량 및 토질

1 측량학

21 폐합다각형의 관측결과 위거오차 -0.005m, 경거오차 -0.042m, 관측길이 327m의 성과를 얻었다면 폐합비는?

① $\dfrac{1}{20}$
② $\dfrac{1}{330}$
③ $\dfrac{1}{770}$
④ $\dfrac{1}{7730}$

폐합비 $R = \dfrac{E}{\sum l} = \dfrac{1}{m}$

• 폐합오차 $E = \sqrt{(위거오차량)^2 + (경거오차량)^2}$
$= \sqrt{(E_L)^2 + (E_D)^2}$
$= \sqrt{(-0.005)^2 + (-0.042)^2} = 0.0423$m

∴ 폐합비 : $R = \dfrac{E}{\sum l} = \dfrac{1}{m} = \dfrac{0.0423}{327} = \dfrac{1}{7730}$

22 기하학적 측지학에 속하지 않는 것은?

① 측지학적 3차원 위치의 결정
② 면적 및 체적의 산정
③ 길이 및 시(時)의 결정
④ 지구의 극운동과 자전운동

지구의 극운동과 자전운동 : 물리학적 측지학
■ 측지학의 대상한도

물리학적 측지학	기하학적 측지학
• 중력측정	• 3차원 위치결정
• 지자기의 관측	• 길이 및 시간의 측정
• 탄성파 관측	• 수평위치의 결정
• 지각변동 및 균형	• 높이의 결정
• 지구의 열측정	• 천문측량
• 대륙의 부동	• 사진측량
• 해양의 조류	• 위성측지
• 지구의 조석측량	• 하해측량
• 지구의 형상 해석	• 지도제작(지도학)
• 지구의 극운동 및 자전운동	• 면적 및 체적 계산

23 수준점 A, B, C에서 수준측량을 하여 P점의 표고를 얻었다. 관측거리를 경중률로 사용한 P점 표고의 최확값은?

노선	P점 표고값	노선거리
A → P	135.487m	1km
B → P	135.563m	2km
C → P	135.603m	3km

① 135.529m
② 135.551m
③ 135.563m
④ 135.570m

최확치 $H_P = \dfrac{P_A H_A + P_B H_B + P_C H_C}{P_A + P_B + P_C}$

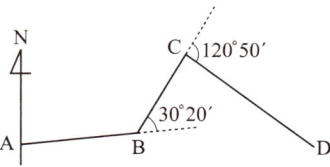

• 경중률은 거리에 반비례한다.
$P_A : P_B : P_C = \dfrac{1}{1} : \dfrac{1}{2} : \dfrac{1}{3} = 6 : 3 : 2$

∴ $H_P = 135 + \dfrac{6 \times 0.487 + 3 \times 0.563 + 2 \times 0.603}{6 + 3 + 2}$
$= 135.529$ m

24 $\overline{AB}$ 측선의 방위각이 $50°30'$이고 그림과 같이 각 관측을 실시하였다. $\overline{CD}$ 측선의 방위각은?

① $139°00'$
② $141°00'$
③ $151°40'$
④ $201°40'$

어느 측선의 방위각
= 하나 앞의 측선의 방위각 + 그 측점의 편각
• BC의 방위각 = $50°30' - 30°20' = 20°10'$
• CD의 방위각 = $20°10' + 120°50' = 141°00'$

□□□ 산 19②, 24③

17 그림과 같은 판형(Plate Girder)의 각부 명칭으로 틀린 것은?

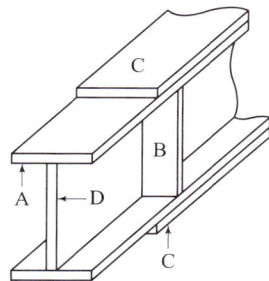

① A – 상부판(Flange)
② B – 보강재(Stiffener)
③ C – 덮개판(Cover plate)
④ D – 횡구(Bracing)

판형(Plate Girder)의 명칭

A : 상부판(Flange)
B : 보강재(Stiffener) : 복부판의 좌굴을 방지하기 위하여
C : 덮개판(Cover plate)
D : 복부판(Web plate)

□□□ 산 19②, 24③

18 그림과 같이 단순 지지된 2방향 슬래브에 집중 하중 P가 작용할 때, ab 방향에 분배되는 하중은 얼마인가?

① 0.059P
② 0.111P
③ 0.667P
④ 0.889P

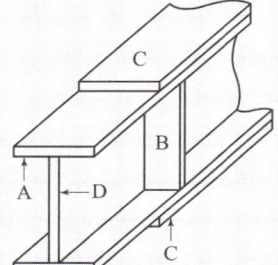

$$P_{ab} = \frac{L^3}{L^3+S^3}P = \frac{L^3}{L^3+(0.5L)^3}P$$
$$= \frac{1}{1+(0.5)^3}P = 0.889P$$

□□□ 산 11①, 16①, 24③

19 그림과 같은 단순보에서 자중을 포함하여 계수하중이 30kN/m 작용하고 있다. 이 보의 위험단계에서 전단력은?

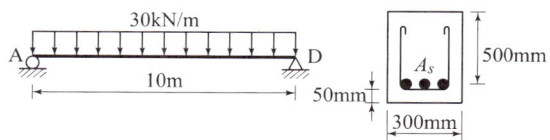

① 90kN
② 115kN
③ 120kN
④ 135kN

지점에서 유효높이 d만큼 떨어진 곳에서 위험한 계수 전단력

$$V_u = R_A - w_u d = \frac{w_u l}{2} - w_u d$$
$$= \frac{30 \times 10}{2} - 30 \times 0.5 = 135kN$$

□□□ 산 11④, 12①④, 13④, 14①, 15①, 16②④, 18①, 19④, 24③

20 강도설계법에서 D25(공칭직경 25.4mm)인 인장철근의 기본정착 길이는 얼마인가? (단, $f_{ck} = 21MPa$, $f_y = 300MPa$이고, 보통중량 콘크리트를 사용한다.)

① 800mm
② 917mm
③ 998mm
④ 1038mm

인장 이형철근의 기본정착길이(D35 이하의 철근의 경우)

$$l_{db} = \frac{0.6 d_b f_y}{\lambda \sqrt{f_{ck}}}$$
$$= \frac{0.6 \times 25.4 \times 300}{1 \times \sqrt{21}} = 998mm$$

정답 17 ④ 18 ④ 19 ④ 20 ③

□□□ 산 14,16,17,24③

13 경간이 8m인 캔틸레버 보에서 처짐을 계산하지 않는 경우 보의 최소 두께로서 옳은 것은? (단, 보통중량 콘크리트를 사용한 경우로서 $f_{ck}=28\text{MPa}$, $f_y=400\text{MPa}$이다.)

① 1000mm ② 800mm
③ 600mm   ④ 500mm

최소 두께 $h = \dfrac{l}{8}$

∴ $h = \dfrac{8000}{8} = 1000\,\text{mm}$

> **Remember**
>
> 처짐을 계산하지 않는 경우의 최소 두께
> 보통콘크리트($m_c = 2300\text{kg/m}^3$)와 설계기준항복강도 400MPa철근을 사용한 부재값
>
> | 부재 | 단순지지 | 1단 연속 | 양단 연속 | 캔틸레버 |
> |---|---|---|---|---|
> | • 1방향슬래브 | $\dfrac{l}{20}$ | $\dfrac{l}{24}$ | $\dfrac{l}{28}$ | $\dfrac{l}{10}$ |
> | • 보
• 리브가 있는
  1방향 슬래브 | $\dfrac{l}{16}$ | $\dfrac{l}{18.5}$ | $\dfrac{l}{21}$ | $\dfrac{l}{8}$ |

□□□ 산 91,02,03,04,05,13,16,17,24③

14 다음 중 스터럽을 쓰는 이유로 옳은 것은?

① 보의 강성(剛性)을 높이고 사인장 응력을 받게 하기 위하여
② 콘크리트의 탄성을 높이기 위하여
③ 콘크리트가 옆으로 튀어 나오는 것은 방지하기 위하여
④ 철근의 조립을 위하여

> 스터럽(stirrup)사용하는 목적(이유)
> • 보의 주철근을 둘러싸고 이에 직각되게 또는 경사지게 배치한 복부보강근으로서 전단력 및 비틀림모멘트에 저항하도록 배치한 보강철근
> • 보의 강성(剛性)을 높이고 사인장 응력을 받게 하기 위하여
> • 균열증대 억제효과와 주철근의 위치 보존

□□□ 산 14④,15④,16②④,18④,19②,24③

15 다음 중 강도설계법에서 적용되는 부재별 강도감소계수가 잘못된 것은?

① 인장지배단면 : 0.85
② 압축지배단면 중 나선철근으로 보강된 철근콘크리트 부재 : 0.70
③ 무근콘크리트의 휨모멘트, 압축력, 전단력, 지압력을 받는 부재 : 0.55
④ 콘크리트의 지압력을 받는 부재 : 0.80

콘크리트의 지압력 : 0.65

> **Remember**
>
> 강도감소계수 ϕ
>
> | 부재 | | 강도감소계수 |
> |---|---|---|
> | 인장지배단면 | | 0.85 |
> | 압축지배단면 | 나선철근으로 보강된 철근 콘크리트 부재 | 0.70 |
> | | 그 외의 철근콘크리트 부재 | 0.65 |
> | | 변화구간단면(전이구역) | 0.65(0.70) ~ 0.85 |
> | 전단력과 비틀림 모멘트 | | 0.75 |
> | 콘크리트의 지압력 (포스트텐션 정착부나 스트럿-타이 모델은 제외) | | 0.65 |
> | 포스트텐션 정착구역 | | 0.85 |
> | 스트럿-타이 모델 | 스트럿, 절점부 및 지압부 | 0.75 |
> | | 타이 | 0.85 |
> | 무근콘크리트의 휨모멘트, 압축력, 전단력, 지압력 | | 0.55 |

□□□ 산 19②,24③

16 콘크리트의 크리프에 영향을 미치는 요인들에 대한 설명으로 틀린 것은?

① 물-결합재비가 클수록 크리프가 크게 일어난다.
② 단위 시멘트량이 많을수록 크리프가 증가한다.
③ 습도가 높을수록 크리프가 증가한다.
④ 온도가 높을수록 크리프가 증가한다.

습도가 높을수록 크리프가 작게 발생한다.

정답 13 ① 14 ① 15 ④ 16 ③

□□□ 산 17①,19④,24③

10 외력을 받으면 구조물의 일부나 전체의 위치가 이동 될 수 있는 상태를 무엇이라 하는가?

① 안정
② 불안정
③ 정정
④ 부정정

- 안정 : 어떤 외력을 받더라도 항상 비김상태에 있고 외력에 대해서 구조물 전체가 위치를 옮기지 않는 상태
- 불안정 : 외력을 받으면 구조물의 일부 또는 전체가 위치를 옮기는 상태
- 정정 : 정역학적 평형 3조건으로 해석할 수 있는 구조물
- 부정정 : 평형 3조건으로 해석할 수 없는 보

❷ 철근콘크리트 및 강구조

□□□ 산 12④,13,14,15,16,18②,24③

11 강도설계법의 가정으로 틀린 것은?

① 철근과 콘크리트의 변형률은 중립축으로부터의 거리에 비례한다.
② 콘크리트 압축측 연단에서 콘크리트의 설계기준압축 강도가 40MPa 이하인 경우에는 최대변형률은 0.0033으로 가정한다.
③ 휨응력 계산에서 콘크리트의 인장강도는 무시한다.
④ 극한강도 상태에서 콘크리트의 응력은 그 변형률에 비례한다.

콘크리트의 압축응력은 등가직사각형으로 $0.85f_{ck}$가 압축 연단에서 $a = \beta_1 c$ 깊이까지 등분포한다.

Remember

강도설계법에서의 기본 가정
- 철근과 콘크리트의 변형률은 중립축에서의 거리에 비례한다.
- 콘크리트 압축측 연단에서 콘크리트의 설계기준압축강도가 40MPa 이하인 경우에는 극한변형률은 0.0033으로 가정한다.
- 항복강도 f_y 이하에서의 철근의 응력은 그 변형률의 E_s 배로 취한다.
- 휨응력계산에서 콘크리트의 인장강도는 무시한다.
- 콘크리트의 압축응력 분포도는 사각형, 사다리꼴, 포물선 또는 기타 다른 형상으로 가정할 수 있다.

□□□ 산 14,24③

12 옹벽설계시의 안정 조건이 아닌 것은?

① 전도에 대한 안정
② 지반 지지력에 대한 안정
③ 활동에 대한 안정
④ 마찰력에 대한 안정

옹벽의 안정 조건
- 전도에 대한 안정
- 활동에 대한 안정
- 지반지지력(침하)에 대한 안정

정답 10 ② 11 ④ 12 ④

05 다음 그림에서 사선부분의 도심축 x에 대한 단면 2차 모멘트는?

① 3.19cm^4
② 2.19cm^4
③ 1.19cm^4
④ 0.19cm^4

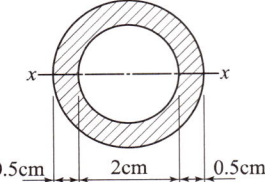

$I_x = \dfrac{\pi}{64}(D^4 - d^4)$
- $D = 0.5 + 2 + 0.5 = 3\text{cm}$
- $d = 2\text{cm}$

$\therefore I_x = \dfrac{\pi}{64}(3^4 - 2^4) = 3.19\text{cm}^4$

06 그림에서 길이가 4m이고 한 변이 20mm인 정사각형 단면의 강재(鋼材)에 하중 80kN을 매달았을 때 강재가 늘어난 양은? (단, 탄성계수 $E = 2 \times 10^5 \text{MPa}$이고 강재의 자중은 무시함)

① 2mm
② 4mm
③ 6mm
④ 8mm

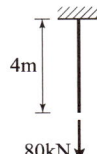

$\Delta l = \dfrac{Pl}{EA}$

$= \dfrac{(80 \times 10^3) \times (4 \times 1000)}{2 \times 10^5 \times (20 \times 20)} = 4\text{mm}$

07 그림과 같은 내민보에서 B점의 휨모멘트는?

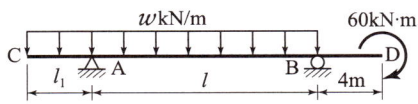

① $\dfrac{wl^2}{2}$
② wl^2
③ $-60\text{kN}\cdot\text{m}$
④ $-24\text{kN}\cdot\text{m}$

$M_B = -60\text{kN}\cdot\text{m}$

08 그림과 같은 라멘에서 C점의 휨모멘트는?

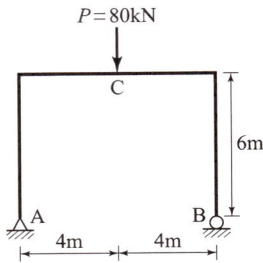

① $120\text{kN}\cdot\text{m}$
② $160\text{kN}\cdot\text{m}$
③ $240\text{kN}\cdot\text{m}$
④ $320\text{kN}\cdot\text{m}$

$R_A = R_B = \dfrac{80}{2} = 40\text{kN}$ (∵ 대칭)

$\therefore M_C = R_A \times 4$
$= 40 \times 4 = 160\text{kN}\cdot\text{m}$

09 장주에서 오일러의 좌굴하중(P)을 구하는 공식은 아래의 표와 같다. 여기서 n값이 1이 되는 기둥의 지지조건은?

$$P = \dfrac{n\pi^2 EI}{l^2}$$

① 양단 힌지
② 1단 고정, 1단 자유
③ 1단 고정, 1단 힌지
④ 양단 고정

$P = \dfrac{n\pi^2 EI}{l^2}$

일단고정 타단자유	$n = \dfrac{1}{4}$
양단힌지	$n = 1$
일단고정 타단힌지	$n = 2$
양단고정	$n = 4$

∴ 양단 힌지일 때 $n = 1$

국가기술자격 필기시험문제

2024년도 기사 3회 필기시험

자격종목	코 드	시험시간	형 별
토목산업기사	1048	2시간	A

※ 2023년도부터 토목산업기사 필기 출제기준이 변경되었음을 알려드립니다. (필기 120문항에서 60문항으로 변경)
※ 각 문항은 4지택일형으로 질문에 가장 적합한 보기 항을 선택하시면 됩니다.

제1과목 : 구조설계

1 역학적인 개념 및 건설 구조물의 해석

□□□ 산 06,15,16②,20③,24③

01 그림과 같은 역계에서 합력 R의 위치 x의 값은?

① 6cm
② 8cm
③ 10cm
④ 12cm

- 합력 $R = -20 + 50 + 10 = 80\text{kN}(\uparrow)$
- 작용 위치 :
  $R \cdot x = -20 \times 4 + 50 \times 8 - 10 \times 12$
  $= 200 \text{kN} \cdot \text{cm} = 20 \times x$
  $\therefore x = \dfrac{200}{20} = 10\text{cm} (\rightarrow)$

□□□ 산 19②,24③

02 그림과 같이 D점에 하중 P를 작용하였을 때, C점에 $\Delta_C = 0.2\text{cm}$의 처짐이 발생하였다. 만약 D점의 P를 C점에 작용시켰을 경우 D점에 생기는 처짐 Δ_D의 값은?

① 0.1cm
② 0.2cm
③ 0.4cm
④ 0.6cm

베티(Betti)의 법칙
$P_1 \delta_{12} = P_2 \delta_{21}$
$150 \times \Delta_D = 150 \times 0.2$ $\therefore \Delta_D = 0.2\text{cm}$

□□□ 산 19④,24③

03 그림과 같은 단순보에서 B점의 수직반력 R_B가 50kN까지의 힘을 받을 수 있다면 하중 80kN은 A점에서 몇 m까지 이동할 수 있는가?

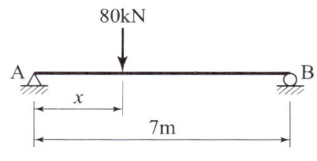

① 2.823m
② 3.375m
③ 3.823m
④ 4.375m

$\Sigma M_A = 0$
$50 \times 7 - 80x = 0$
$\therefore x = \dfrac{50 \times 7}{80} = 4.375\text{m}$

□□□ 산 15①②,16②,19①,24③

04 지름 D인 원형 단면보에 휨모멘트 M이 작용할 때 휨응력은?

① $\dfrac{16M}{\pi D^3}$
② $\dfrac{6M}{\pi D^3}$
③ $\dfrac{32M}{\pi D^3}$
④ $\dfrac{64M}{\pi D^3}$

원형단면의 최대 휨응력
$\sigma = \dfrac{M}{I} y$

- $I = \dfrac{\pi D^4}{64}, y = \dfrac{D}{2}$

$\therefore \sigma = \dfrac{M}{\dfrac{\pi D^4}{64}} \dfrac{D}{2} = \dfrac{32M}{\pi D^3}$

정답 01 ③ 02 ② 03 ④ 04 ③

□□□ 산 02,07,09,11,14,24②

60 상수도관 내의 수격현상(water hammer)을 경감시키는 방안으로 적합하지 않은 것은?

① 펌프의 급정지를 피한다.
② 에어챔버(air-chamber)를 설치한다.
③ 운전 중 관내 유속을 최대로 유지한다.
④ 관로에 압력조정 수조(surge tank)를 설치한다.

> 수격 현상의 발생을 경감시키지 위해서는 관내의 유속을 경감시켜야 한다.
>
> ■ 부압(수주분리)발생의 방지법
> • 펌프에 플라이휠(fly-wheel)을 붙인다.
> • 토출측 관로에 조압수조(surge tank)를 설치한다.
> • 토출측 관로에 한 방향 조압수조를 설치한다.
> • 압력수조(air-chamber)를 설치한다.
>
> ■ 압력상승 경감방법
> • 완폐식 체크밸브에 의한 방법
> • 급폐식 체크밸브에 의한 방법
> • 콘밸브 또는 니들밸브나 볼밸브에 의한 방법

☐☐☐ 산 97,11,13,14,16,17,24②

54 하수관거의 길이가 1.8km인 하수관거 내에서 우수가 1.5m/s의 유속으로 흐르고, 유입시간이 8분일 때 유달시간은?

① 18분
② 20분
③ 28분
④ 38분

유달시간 $T = t_1 + \dfrac{L}{V}$
- $L = 1.8 \times 1000 = 1800\text{m}$
- $V = 1.5 \times 60 = 90\text{m/min}$
∴ $T = 8 + \dfrac{1800}{90} = 28$ 분

☐☐☐ 산 08,16,24②

55 원수조정지에 대한 설명으로 옳지 않은 것은?

① 정수시설과 배수시설 사이에 설치한다.
② 용량은 갈수시나 수질사고 등을 고려하여 적절한 용량으로 한다.
③ 필요에 따라 펌프 및 그 외의 부속설비를 설치한다.
④ 필요에 따라서 오염방지 및 위험방지를 위한 조치를 강구하도록 한다.

원수조정지는 취수시설과 정수시설과의 사이에 설치한다.

☐☐☐ 산 19②,24②

56 인구 20만 도시에 계획1인1일최대급수량 500L, 급수보급률 85%를 기준으로 상수도시설을 계획할 때 이 도시의 계획1일최대급수량은?

① 85000m³/일
② 100000m³/일
③ 120000m³/일
④ 170000m³/일

계획1일최대급수량
= 계획1인1일최대급수량 × 계획 급수인구 × 급수보급율
= $500 \times 10^{-3} \times 200000 \times 0.85$
= $85000\text{m}^3/\text{day}$
(∴ $1\text{m}^3 = 1000\text{L}$)

☐☐☐ 산 96,98,02,17①,19②,20③,24②

57 유역면적 100ha, 유출계수 0.6, 강우강도 2mm/min인 지역의 합리식에 의한 우수량은?

① 2m³/s
② 3.3m³/s
③ 20m³/s
④ 33m³/s

$Q = \dfrac{1}{360} CIA$
- $I = 2\text{mm/min} = 2 \times 60 = 120\text{mm/hr}$
∴ $Q = \dfrac{1}{360} \times 0.6 \times 120 \times 100 = 20\text{m}^3/\text{sec}$
(∵ 강우강도 단위 조심 : $I = \text{mm/hr}$)

☐☐☐ 산 97,00,03,11,15,20②,24②

58 오수관거 설계시 계획시간최대오수량에 대한 최소 및 최대유속은?

① 최소 : 0.6m/s, 최대 : 3.0m/s
② 최소 : 0.6m/s, 최대 : 5.0m/s
③ 최소 : 0.8m/s, 최대 : 3.0m/s
④ 최소 : 0.8m/s, 최대 : 5.0m/s

오수관거
계획시간최대오수량에 대하여 유속을 최소 0.6m/s, 최대 3.0m/s로 한다.

☐☐☐ 산 06,11,15,19①,24②

59 반송슬러지 농도를 X_R, 슬러지반송비를 R이라고 할 때, 반응조 내의 MLSS 농도 X를 구하는 식은? (단, 유입수의 SS는 무시함)

① $X = \dfrac{X_R}{(1-R)}$
② $X = \dfrac{R \times X_R}{(1+R)}$
③ $X = R \times (X_R + 1)$
④ $X = \dfrac{R \times X_R}{(1-R)}$

$X = \dfrac{R \times X_R}{(1+R)}$

정답 54 ③ 55 ① 56 ① 57 ③ 58 ① 59 ②

□□□ 산 04,06,14,18④,24②

50 수심이 3m, 폭이 2m인 직사각형 수로를 연직으로 가로 막을 때 연직판에 작용하는 전수압의 작용점($\bar{y}$)의 위치는? (단, $\bar{y}$는 수면으로부터의 거리)

① 2m
② 2.5m
③ 3m
④ 6m

[방법1]
연직 평판 전수압의 작용점 위치
$$\bar{y} = h_G + \frac{I_G}{h_G A}$$

- $h_G = \frac{h}{2} = \frac{3}{2} = 1.5\,\text{m}$, $A = bh = 2 \times 3 = 6\,\text{m}^2$
- $I_G = \frac{bh^3}{12} = \frac{2 \times 3^3}{12} = 4.5\,\text{m}^4$

$$\therefore \bar{y} = 1.5 + \frac{4.5}{1.5 \times 6} = 2.00\,\text{m}$$

[방법2]
$$\bar{y} = \frac{2}{3}h = \frac{2}{3} \times 3 = 2\,\text{m}$$

제6과목 : 상하수도계획

□□□ 산 97,07,08,10,12,14,16,18④,24②

51 BOD 200mg/L, 유량 70000m³/day의 오수가 하천에 방류될 때 합류지점의 BOD농도는? (단, 오수와 하천수는 완전 혼합된다고 가정하고, 오수 유입 전 하천수의 BOD=30mg/L, 유량=3.6m³/s이다.)

① 43.6mg/L
② 57.3mg/L
③ 61.2mg/L
④ 79.3mg/L

$$C_m = \frac{Q_1 C_1 + Q_w C_w}{Q_1 + Q_w}$$

- $Q_1 = 3.6\,\text{m}^3/\text{s} = 3.6 \times 60 \times 60 \times 24 = 311040\,\text{m}^3/\text{day}$

$$\therefore C_m = \frac{70000 \times 200 + 311040 \times 30}{70000 + 311040} = 61.2\,\text{mg/L}$$

□□□ 산 08,11,15,16,17,24②

52 다음과 같은 조건에서의 급속여과지 면적은?

- 계획급수인구 : 5000인
- 1인 1일 최대급수량 : 200L
- 여과속도 : 120m/일

① 5.0m²
② 8.33m²
③ 12.5m²
④ 14.58m²

$$A = \frac{Q}{V \times n} = \frac{1인1일\,최대급수량 \times 계획급수인구}{여과속도}$$
$$= \frac{0.2 \times 5000}{120 \times 1} = 8.33\,\text{m}^2$$

□□□ 산 10,12,15,16,24②

53 수원의 구비조건으로 옳지 않은 것은?

① 수질이 좋아야 한다.
② 가능한 한 높은 곳에 위치한 것이 좋다.
③ 계절적으로 수량 변동이 큰 것이 유리하다.
④ 소비지로부터 가까운 곳에 위치하여야 한다.

계절적으로 수량변동이 적고 수량이 풍부해야 한다.

□□□ 산 01,09,11,13,15,24②

44 정류에 대한 설명으로 옳지 않은 것은?

① 어느 단면에서 지속적으로 유속이 균일해야 한다.
② 흐름의 상태가 시간에 관계없이 일정하다.
③ 유선과 유적선이 일치한다.
④ 유선에 따라 유속이 일정하게 변한다.

정류
- 한 단면을 지나는 물이 시간에 따라 속도, 압력, 밀도 등 유동 특성이 변하지 않는 흐름
- 정류인 경우 유선과 유적선은 일치한다.
- 하나의 유선은 다른 유선과 교차하지 않는다.
- 일반적으로 평상시 하천의 흐름은 정류로 취급한다.

□□□ 산 07,14,15,16,24②

45 안지름 15cm의 관에 10℃의 물이 유속 3.2m/s로 흐르고 있을 때 흐름의 상태는? (단, 10℃ 물의 동점성계수(ν)=0.0131cm³/s)

① 층류 ② 한계류
③ 난류 ④ 부정류

레이놀즈수 $R_e = \dfrac{Vd}{\nu}$

$R_e < 2000$: 층류, $R_e > 4000$: 난류
- 유속 $V = 3.2 \text{m/sec} = 320 \text{cm/sec}$
- $\therefore R_e = \dfrac{320 \times 15}{0.0131} = 366412 > 4000$ $\therefore$ 난류

□□□ 산 08①,24②

46 그림과 같은 단면에서 측면의 기울기가 양쪽이 같을 경우 수로에 평균 유속이 3m/sec라 하면 유량은?

① 0.5m³/sec
② 1.0m³/sec
③ 2.0m³/sec
④ 3.0m³/sec

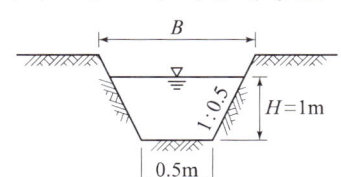

$Q = AV$
- $A = \dfrac{0.5 + (1 \times 0.5 \times 2 + 0.5)}{2} \times 1 = 1\text{m}^2$
- $\therefore Q = 1 \times 3 = 3.0 \text{m}^3/\text{sec}$

□□□ 산 92,95,05,16,24②

47 삼각위어의 유량공식으로 옳은 것은?
(단, 위어의 각 : θ, 유량계수 : C, 월류 수심 : H)

① $Q = \dfrac{8}{15} C \tan \dfrac{\theta}{2} \sqrt{2g} H^{\frac{5}{2}}$

② $Q = \dfrac{1}{15} C \tan \dfrac{\theta}{2} \sqrt{2gH}$

③ $Q = \dfrac{4}{15} C \tan \dfrac{\theta}{2} \sqrt{2gH}$

④ $Q = \dfrac{2}{3} C \tan \dfrac{\theta}{2} \sqrt{2g} H^{\frac{1}{3}}$

- 삼각형 위어 : $Q = \dfrac{8}{15} C \tan \dfrac{\theta}{2} \sqrt{2g} H^{5/2}$
- 사각 위어 : $Q = \dfrac{2}{3} Cb \sqrt{2g} h^{\frac{3}{2}}$

□□□ 산 07,11,14,15,17,24②

48 도수(hydraulic jump)에 대한 설명으로 옳은 것은?

① 수로의 곡선부에 있어서 요안(凹岸)측으로 수면이 상승하는 현상
② 사류에서 상류로 변할 때 수면이 불연속적으로 뛰어오르는 현상
③ 정수면의 외부충격에 의한 표면파의 전파현상
④ 수로를 갑자기 막았을 때 수면상승이 상류로 전파되는 현상

도수
사류에서 상류로 변할 때 수면이 불연속적으로 뛰어 오르는 현상

□□□ 산 04,10,16,24②

49 관수로에 물이 흐르고 있을 때 유속을 구하기 위하여 적용할 수 있는 식은?

① Torricelli 정리   ② 파스칼의 원리
③ 운동량 방정식   ④ 물의 연속 방정식

연속방정식(수류연속방정식)
- $Q = A_1 V_1 = A_2 V_2 = \text{const}$
- 연속방정식은 질량불변의 법칙을 의미한다.

□□□ 산 97,00,04,10,13,18④,24②

40 어떤 흙의 간극비(e)가 0.52이고, 흙 속에 흐르는 물의 이론 침투속도(v)가 0.214cm/s일 때 실제의 침투유속(v_s)은?

① 0.424cm/s ② 0.525cm/s
③ 0.626cm/s ④ 0.727cm/s

실제 침투유속 $v_s = \dfrac{v}{n}$

• $n = \dfrac{e}{1+e} = \dfrac{0.52}{1+0.52} = 0.342$

∴ $v_s = \dfrac{0.214}{0.342} = 0.626$cm/s

제3과목 : 수자원설계

1 수리학

□□□ 산 19②,24②

41 밀도의 차원을 공학단위[FLT]로 올바르게 표시한 것은?

① $[FL^{-3}]$ ② $[FL^4T^2]$
③ $[FL^4T^{-2}]$ ④ $[FL^{-4}T^2]$

물의 밀도 $\rho = \dfrac{m}{V} = \dfrac{g}{cm^3} = [ML^{-3}]$

• $M = [FL^{-1}T^2]$

∴ $[ML^{-3}] = [FL^{-1}T^2L^{-3}] = [FL^{-4}T^2]$

□□□ 산 10①,24②

42 그림과 같이 높이 4m, 폭 4m인 수문이 있다. 상류 수심 5m에서 하류로 물이 흐를 때 이 수문에 작용하는 전수압의 작용점 위치는? (단, 수면을 기준으로 한 위치)

① 3.444m
② 4.333m
③ 4.777m
④ 4.875m

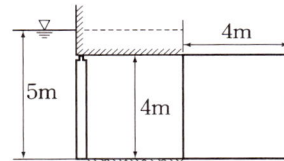

$$h_c = h_G + \dfrac{I_G}{h_G A}$$

$$= \left(1 + \dfrac{4}{2}\right) + \dfrac{\dfrac{4 \times 4^3}{12}}{\left(1 + \dfrac{4}{2}\right) \times (4 \times 4)} = 3.444\,m$$

□□□ 산 95,97,09②,19④,24②

43 수축계수 0.45, 유속계수 0.92인 오리피스의 유량계수는?

① 0.414 ② 0.489
③ 0.643 ④ 2.044

유량계수$(C) = C_a \times C_v = 0.45 \times 0.92 = 0.414$

□□□ 산 92,99,00,01,02,07,09,18①,24②

34 어떤 흙 시료에 대하여 일축압축시험을 실시한 결과, 일축압축강도(q_u)가 0.3MPa, 파괴면과 수평면이 이루는 각은 45°이었다. 이 시료의 내부마찰각(ϕ)과 점착력(c)은?

① $\phi=0$, $c=0.15\text{MPa}$
② $\phi=0$, $c=0.3\text{MPa}$
③ $\phi=90°$, $c=0.15\text{MPa}$
④ $\phi=45°$, $c=0$

- 내부마찰각
  $\theta = 45° + \dfrac{\phi}{2}$
  $\therefore \phi = 2\theta - 90° = 2 \times 45° - 90° = 0$
- 점착력
  $c = \dfrac{q_u}{2}\tan\left(45° - \dfrac{\phi}{2}\right)$
  $= \dfrac{0.3}{2}\tan\left(45° - \dfrac{0}{2}\right) = 0.15\text{MPa}$

□□□ 산 96,97,01,03,04,07,14,15,17,18①,19②,24②

35 다음의 기초형식 중 직접기초가 아닌 것은?

① 말뚝기초
② 독립기초
③ 연속기초
④ 전면기초

- 직접기초(얕은 기초) : 푸팅기초(독립, 연속, 확대기초), 전면기초(Mat기초)
- 깊은기초 : 말뚝기초, 피어기초, 케이슨기초

□□□ 산 90,91,93,08,18①,19①,24②

36 모래치환법에 의한 현장 흙의 단위무게 시험에서 모래를 사용하는 이유는?

① 시료의 부피를 알기 위해서
② 시료의 무게를 알기 위해서
③ 시료의 입경을 알기 위해서
④ 시료의 함수비를 알기 위해서

표준모래(No.10~No.200)를 사용하여 시험구멍(흙을 파낸 구멍)의 체적(V)을 구한다.

□□□ 산 07,18④,24②

37 포화 점토층의 두께가 6.0m이고 점토층 위와 아래는 모래층이다. 이 점토층이 최종 압밀침하량의 70%를 일으키는데 걸리는 기간은? (단, 압밀계수(C_v)=$3.6 \times 10^{-3}\text{cm}^2/\text{s}$이고, 압밀도 70%에 대한 시간계수($T_v$)=0.403이다.)

① 116.6일
② 342일
③ 233.2일
④ 466.4일

$t_{90} = \dfrac{T_{90} H^2}{C_v}$

$= \dfrac{0.403 \times \left(\dfrac{600}{2}\right)^2}{3.6 \times 10^{-3}} \times \dfrac{1}{60 \times 60 \times 24} = 116.6$일

□□□ 산 89,99,08,10,12,13,17,24②

38 Rod에 붙인 어떤 저항체를 지중에 넣어 타격관입, 인발 및 회전할 때의 저항으로 흙의 전단강도 등을 측정하는 원위치 시험을 무엇이라 하는가?

① 보링(boring)
② 사운딩(sounding)
③ 시료채취(sampling)
④ 비파괴시험(NDT)

사운딩(sounding)
Rod에 붙인 어떤 저항체를 지중에 넣어 타격 관입, 인발 및 회전할 때의 흙의 전단강도를 측정하는 원위치 시험

□□□ 산 92,00,01,03,05,07,08,11,17,20,24②

39 절편법에 의한 사면의 안정해석 시 가장 먼저 결정되어야 할 사항은?

① 가상활동면
② 절편의 중량
③ 활동면상의 점착력
④ 활동면상의 내부마찰각

분할법(절편법) 해석 순서
- 가장 먼저 가상활동면을 결정한다.
- 반경 R인 원호인 가상활동면을 안전율이 될 때까지 변화하여 결정한다.
- 여러 개의 가상활동면으로부터 분할세편으로 분할하여 해석한다.

정답 34 ① 35 ① 36 ① 37 ① 38 ② 39 ①

28. 우리나라의 축척 1 : 50000 지형도에 있어서 등고선의 주곡선 간격은?

① 5m ② 10m
③ 20m ④ 100m

등고선의 종류	1:1000	1:5000	1:10000	1:25000	1:50000
계곡선	5	25	25	50	100
주곡선	1	5	5	10	20
간곡선	0.5	2.5	2.5	5	10
조곡선	0.25	1.25	1.25	2.5	5

등고선의 종류(단위 m)

29. 양 단면의 면적이 $A_1 = 80\text{m}^2$, $A_2 = 40\text{m}^2$, 중간 단면적 $A_m = 70\text{m}^2$이다. A_1, A_2 단면 사이의 거리가 30m이면 체적은? (단, 각주공식 사용)

① 2000m³ ② 2060m³
③ 2460m³ ④ 2640m³

$$V = \frac{l}{6}(A_1 + 4A_m + A_2)$$
$$= \frac{30}{6}(80 + 4 \times 70 + 40) = 2000 \text{m}^3$$

30. 거리관측의 정밀도와 각관측의 정밀도가 같다고 할 때 거리관측의 허용오차를 1/3000로 하면 각관측의 허용오차는?

① 4″ ② 41″
③ 1′ 9″ ④ 1′ 23″

$$\frac{\Delta l}{l} = \frac{1}{3000} = \frac{\alpha}{206265''}$$
$$\therefore \alpha = \frac{1 \times 206265''}{3000} = 69'' = 1'9''$$

2 토질 및 기초

31. 아래 그림과 같은 옹벽에 작용하는 전 주동토압은 얼마인가?

① 162kN/m
② 172kN/m
③ 182kN/m
④ 192kN/m

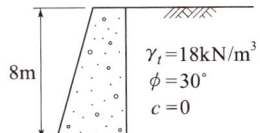

$$P_A = \frac{1}{2}\gamma_t H^2 \tan^2\left(45° - \frac{\phi}{2}\right)$$
$$= \frac{1}{2} \times 18 \times 8^2 \tan^2\left(45° - \frac{30°}{2}\right) = 192\text{kN/m}$$

32. 모래 치환법에 의한 현장 흙의 밀도시험 결과 흙을 파낸부분의 체적이 1800cm³이고 질량이 3.87kg 이었다. 함수비가 10.8% 일 때 건조밀도는?

① 1.94g/cm³ ② 2.94g/cm³
③ 1.84g/cm³ ④ 2.84g/cm³

건조밀도 $\rho_d = \dfrac{\rho_t}{1+w}$

• 습윤밀도 $\rho_t = \dfrac{W}{V} = \dfrac{3870}{1800} = 2.15\,\text{g/cm}^3$

$\therefore \rho_d = \dfrac{2.15}{1+0.108} = 1.94\,\text{g/cm}^3$

33. 다음 그림에서 $X-X$단면에 작용하는 유효응력은? (단, 물의 단위중량은 9.81kN/m³이다.)

① 41.79kN/m²
② 51.40kN/m²
③ 62.40kN/m²
④ 70.73kN/m²

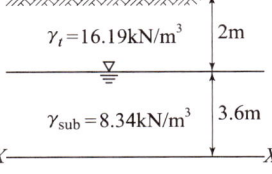

$$\bar{\sigma} = \gamma_t h_1 + \gamma_{sub} h_2$$
$$= 16.19 \times 2 + 8.34 \times 3.6 = 62.40\,\text{kN/m}^2$$

정답 28 ③ 29 ① 30 ③ 31 ④ 32 ① 33 ③

□□□ 산 12④, 20②, 24②

23 수준측량의 오차 최소화 방법으로 틀린 것은?

① 표척의 영점오차는 기계의 설치 횟수를 짝수로 세워 오차를 최소화 한다.
② 시차는 망원경의 접안경 및 대물경을 명확히 조절한다.
③ 눈금오차는 기준자와 비교하여 보정값을 정하고 온도에 대한 온도보정도 실시한다.
④ 표척 기울기에 대한 오차는 표척을 앞뒤로 흔들 때의 최대값을 읽음으로 최소화 한다.

표척 기울기에 대한 오차는 표척을 앞뒤로 흔들 때의 최소값을 읽음으로 최소화 한다.

□□□ 산 10④, 16①, 20③, 24②

24 교점(I.P.)의 위치가 기점으로부터 200.12m, 곡선반지름 200m, 교각 45°00′인 단곡선의 시단현의 길이는? (단, 측점간 거리는 20m로 한다.)

① 2.72m   ② 2.84m
③ 17.16m ④ 17.28m

시단현 길이 $l_1 = BC$ 앞말뚝 $- BC$
- $T.L = R\tan\dfrac{I}{2} = 200\tan\dfrac{45°00′}{2} = 82.84\,m$
- $BC = IP$의 거리 $- TL = 200.12 - 82.84 = 117.28\,m$
- $\therefore l_1 = 120 - 117.28 = 2.72\,m$

□□□ 산 11, 13, 16④, 20③, 24②

25 A점으로부터 폐합 다각측량을 실시하여 A점으로 되돌아 왔을 때 위거와 경거의 오차는 각각 20cm, 25cm이었다. 모든 측선 길이의 합이 832.12m이라 할 때 다각측량의 폐합비는?

① 약 1/2200   ② 약 1/2600
③ 약 1/3300   ④ 약 1/4200

폐합비 $R = \dfrac{\sqrt{\sum(위거)^2 + \sum(경거)^2}}{거리총합}$

$\therefore R = \dfrac{\sqrt{0.20^2 + 0.25^2}}{832.12} = \dfrac{1}{2599} \fallingdotseq \dfrac{1}{2600}$

□□□ 산 11①, 14①, 20③, 24②

26 거리측량의 허용정밀도를 $\dfrac{1}{10^5}$ 이라 할 때, 반지름 몇 km 까지를 평면으로 볼 수 있는가? (단, 지구반지름 $r = 6400\,km$ 이다.)

① 11km   ② 22km
③ 35km   ④ 70km

$\dfrac{d-D}{D} = \dfrac{D^2}{12R^2}$ 에서

- $\dfrac{1}{100000} = \dfrac{D^2}{12 \times 6400^2}$
- 평면으로 볼 수 있는 한계
  $D = \sqrt{\dfrac{12 \times 6400^2}{100000}} = 70.11\,km$
- $\therefore$ 반지름 $R = \dfrac{D}{2} = \dfrac{70.11}{2} = 35\,km$

□□□ 산 15, 24②

27 방대한 지역의 측량에 적합하며 동일 측점 수에 대하여 포괄면적이 가장 넓은 삼각망은?

① 유심 삼각망   ② 사변형 삼각망
③ 단열 삼각망   ④ 복합 삼각망

유심 삼각망
- 넓은 지역의 측량에 적당하다.
- 정확도가 단열 삼각망과 사변형 삼각망의 중간 정도이다.
- 동일 측점수에 비하여 피복 면적이 다른 삼각망에 비하여 넓다.

Remember

삼각망의 종류
- 단열삼각망 : 노선측량, 하천측량, 터널측량 등과 같이 폭이 좁고 거리가 먼 지역에 적합하다.
- 사변형 삼각망 : 조건식의 수가 가장 많기 때문에 가장 높은 정확도를 얻을 수 있어 삼각 측량이나 기선 삼각망 등에 사용된다.
- 유심 삼각망 : 측점수에 비하여 피복 면적이 가장 넓기 때문에 광대한 지역의 측량에 적당한 삼각망

정답 23 ④ 24 ① 25 ② 26 ③ 27 ①

□□□ 산 14④,15①②④,16①②,19④,24②

19 프리스트레스 도입 시의 프리스트레스 손실 원인이 아닌 것은?

① 정착장치의 활동
② 콘크리트의 탄성수축
③ 긴장재와 덕트 사이의 마찰
④ 콘크리트의 크리프와 건조수축

- 도입 손실 = 즉시 손실
  - 정착장치의 활동
  - 콘크리트의 탄성수축
  - 포스트텐션 긴장재와 덕트 사이의 마찰
- 도입 후 손실 = 시간적 손실
  - 콘크리트의 크리프
  - 콘크리트의 건조수축
  - 긴장재 응력의 릴랙세이션

□□□ 산 24②

20 인장이형철근의 최소 정착길이는 얼마 이상이어야 하는가?

① 200mm   ② 300mm
③ 400mm   ④ 500mm

인장이형철근의 최소 정착길이 300mm 이상이어야 한다.

제2과목 : 측량 및 토질

1 측량학

□□□ 산 11①,18①,20③,24②

21 등고선의 성질에 대한 설명으로 틀린 것은?

① 등고선은 도면 내·외에서 반드시 폐합한다.
② 최대 경사방향은 등고선과 직각방향으로 교차한다.
③ 등고선은 급경사지에서는 간격이 넓어지며, 완경사지에서는 간격이 좁아진다.
④ 등고선은 경사가 같은 곳에서는 간격이 같다.

등고선의 간격
- 경사가 급한 지역은 등고선 간격이 좁다.
- 경사가 완만한 지역은 등고선 간격이 넓다.

Remember
등고선의 성질
- 동일 등고선상에 있는 모든 점은 같은 높이이다.
- 최대경사의 방향은 등고선과 직각으로 교차한다.
- 등고선은 반드시 도면 안이나 밖에서 서로가 폐합한다.
- 분수선(능선)과 곡선(합수선)은 등고선과 직각으로 만난다.
- 등고선은 도중에 없어지거나 엇갈리거나 합쳐지거나 갈라지지 않는다.
- 등고선은 경사가 급한 곳에서는 간격이 좁고, 완만한 경사에서는 넓다.
- 높이가 다른 두 등고선은 동굴이나 절벽을 제외하고는 교차하지 않는다.

□□□ 산 10,18,24②

22 범세계적 위치결정체계(GPS)에 대한 설명으로 옳지 않은 것은?

① 기상에 관계없이 위치결정이 가능하다.
② NNSS의 발전형으로 관측소요시간 및 정확도를 향상시킨 체계이다.
③ 우주부분, 제어부분, 사용자부분으로 구성되어 있다.
④ 사용되는 좌표계는 WGS72이다.

세계 측지 기준계(WGS84)좌표계를 사용하므로 지역 기준계를 사용하는 사용자에게는 다소 번거로움이 있다.

□□□ 산 19②,24②

14 그림과 같은 띠철근 기둥의 공칭축강도(P_n)는 얼마인가? (단, $f_{ck}=24\text{MPa}$, $f_y=300\text{MPa}$, 종방향 철근의 전체 단면적 $A_{st}=2027\text{mm}^2$이다.)

① 2145.7kN
② 2279.2kN
③ 3064.6kN
④ 3492.2kN

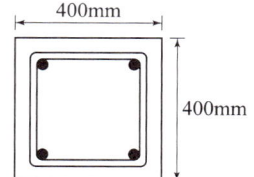

$P_n = \alpha[0.85f_{ck}(A_g - A_{st}) + f_y \cdot A_{st}]$
- $A_g = 400 \times 400 = 160000\text{mm}^2$
- $A_{st} = 2027\text{mm}^2$

∴ $P_{n,max} = 0.80[0.85 \times 24(160000-2027) + 300 \times 2027]$
$= 3064599\text{N} = 3064.6\text{kN}$

분류	보정계수 α	강도감소계수 ϕ
나선철근	0.85	0.70
띠철근	0.80	0.65

□□□ 산 11①,13②,14①,16④,19④,20②,24②

15 철근콘크리트가 하나의 구조체로서 성립하는 이유로서 틀린 것은?

① 콘크리트 속에 묻힌 철근은 녹슬지 않는다.
② 철근과 콘크리트 사이의 부착강도가 크다.
③ 철근과 콘크리트의 열에 대한 팽창계수는 거의 비슷하다.
④ 철근과 콘크리트의 탄성계수는 거의 비슷하다.

철근의 탄성계수 E_s는 콘크리트의 탄성계수 E_c보다 n배 크다.

Remember
철근콘크리트가 성립되는 조건
- 철근과 콘크리트 사이의 부착강도가 크다.
- 철근과 콘크리트의 열팽창계수가 거의 같다.
- 콘크리트 속에 묻힌 철근은 부식하지 않는다.
- 압축은 콘크리트가 인장은 철근이 부담한다.
- 철근의 탄성계수 E_s는 콘크리트의 탄성계수 E_c보다 n배 크다.

□□□ 산 13①,20②,24②

16 프리스트레스트 콘크리트에서 콘크리트의 건조수축 변형률이 19×10^{-5}일 때 긴장재 인장응력의 감소량은? (단, 긴장재의 탄성계수는 $2.0 \times 10^5\text{MPa}$이다.)

① 38MPa
② 41MPa
③ 42MPa
④ 45MPa

$\Delta f_p = E_{ps} \cdot \epsilon_{sh}$
$= 2.0 \times 10^5 \times 19 \times 10^{-5} = 38\text{MPa}$

□□□ 산 14,24②

17 전단설계의 원칙에 대한 설명으로 틀린 것은?

① 공칭전단강도(V_n)에 강도감소계수를 곱한 값이 계수전단력(V_u)보다 크게 설계하여야 한다.
② 공칭전단강도(V_n)는 콘크리트에 의한 전단강도에서 전단철근에 의한 공칭전단강도(V_s)를 뺀 값이다.
③ 공칭전단강도(V_n)를 결정할 때, 부재에 개구부가 있는 경우에는 그 영향을 고려하여야 한다.
④ 콘크리트에 의한 전단강도(V_c)를 결정할 때, 구속된 부재에서 크리프와 건조수축으로 인한 축방향 인장력을 고려하여야 한다.

공칭전단강도 $V_n = V_c + V_s$
- 콘크리트에 의한 전단강도 $V_c = \frac{1}{6}\lambda\sqrt{f_{ck}}b_w d$
- 전단철근에 의한 공칭전단강도 $V_s = \frac{A_v \cdot f_{yt} \cdot d}{s}$

□□□ 산 14②,24②

18 옹벽설계 시의 안정 조건이 아닌 것은?

① 전도에 대한 안정
② 지반 지지력에 대한 안정
③ 활동에 대한 안정
④ 마찰력에 대한 안정

옹벽의 안정 조건
- 전도에 대한 안정
- 활동에 대한 안정
- 지반지지력(침하)에 대한 안정

□□□ 산 12,16,23④,24②

09 다음 그림과 같이 한 점에 작용하는 세 힘의 합력의 크기는 얼마인가?

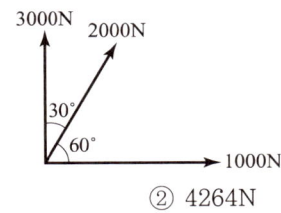

① 3742N
② 4264N
③ 5137N
④ 5974N

$R = \sqrt{(\sum V)^2 + (\sum H)^2}$
- 연직력의 총합 $\sum V = 3000 + 2000\cos 30° = 4732.05$N
- 수평력의 총합 $\sum H = 1000 + 2000\cos 60° = 2000$N
- $\therefore R = \sqrt{(4732.05)^2 + (2000)^2} = 5137.34$N

□□□ 산 82,88,00,07,11,12,17,24②

10 "탄성체가 가지고 있는 탄성변형 에너지를 작용하고 있는 하중으로 편미분하면 그 하중점에서의 작용방향의 변위가 된다"는 것은 어떤 이론인가?

① 맥스웰(Maxwell)의 상반정리이다.
② 모아(Mohr)의 모멘트-면적정리이다.
③ 카스틸리아노(Castigliano)의 제2정리이다.
④ 클래페이론(Clapeyron)의 3연 모멘트법이다.

카스틸리아노(Castigliano)
- 제1정리 : 변형에너지를 임의 점의 변위로 편미분하면 그 점의 힘(또는 모멘트)으로 된다.
- 변형에너지를 임의 점의 힘(하중 또는 모멘트)으로 편미분하면 그 점의 변위(처짐 또는 처짐각)가 된다.

❷ 철근콘크리트 및 강구조

□□□ 산 18④,24②

11 지름 30mm인 고장력볼트를 사용하여 강판을 연결하고자 할 때 강판에 뚫어야 할 구멍의 지름은? (단, 표준적인 경우)

① 27mm
② 31.5mm
③ 33.5mm
④ 35mm

- 리벳 구멍의 지름(mm)
  $d < 20 : d + 1.0$
  $d \geq 20 : d + 1.5$
  $\therefore d = 30 + 1.5 = 31.5$mm

□□□ 산 24②

12 콘크리트의 설계기준강도가 40MPa인 경우 콘크리트의 탄성계수 E_c는? (단, 보통골재를 사용한 콘크리트이다.)

① 2.76×10^4MPa
② 2.86×10^4MPa
③ 2.91×10^4MPa
④ 3.00×10^4MPa

콘크리트의 탄성계수
$E_c = 8500 \sqrt[3]{f_{cu}}$
- $f_{cu} = 40$MPa이면 $+4$MPa
- $\therefore f_{cu} = 40 + 4 = 44$MPa
- $\therefore E_c = 8500 \sqrt[3]{44} = 3.00 \times 10^4$MPa

□□□ 산 19①,24②

13 연직하중 1800kN을 받는 독립확대기초를 정사각형으로 설계하고자 한다. 지반의 허용지지력이 200kN/m² 라면 독립확대기초 1변의 길이는?

① 2m
② 2.5m
③ 3m
④ 3.5m

$q_a = \dfrac{P}{A}$ 에서
- $A = a^2 = \dfrac{P}{q_a} = \dfrac{1800}{200} = 9$m²
- $\therefore a = \sqrt{A} = \sqrt{9} = 3$m

□□□ 산 86,00,04,05,09,13④,19④,24②

05 그림과 같은 음영 부분의 단면적이 A인 단면에서 도심 y를 구한 값은?

① $\dfrac{5D}{12}$
② $\dfrac{6D}{12}$
③ $\dfrac{7D}{12}$
④ $\dfrac{8D}{12}$

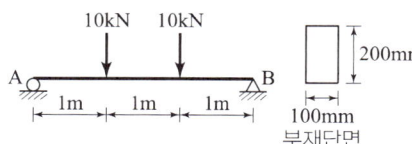

도심 $y = \dfrac{G_X}{A}$

• $G_X = \dfrac{\pi D^2}{4} \times \dfrac{D}{2} - \dfrac{\pi\left(\dfrac{D}{2}\right)^2}{4} \times \dfrac{D}{4} = \dfrac{7\pi D^3}{64}$

• $A = \dfrac{\pi D^2}{4} - \dfrac{\pi\left(\dfrac{D}{2}\right)^2}{4} = \dfrac{3\pi D^2}{16}$

∴ $y = \dfrac{\dfrac{7\pi D^3}{64}}{\dfrac{3\pi D^2}{16}} = \dfrac{7D}{12}$

□□□ 산 11,13,14,16④,24②

06 다음과 같은 부재에 발생할 수 있는 최대 전단응력은?

① 750kPa
② 800kPa
③ 850kPa
④ 900kPa

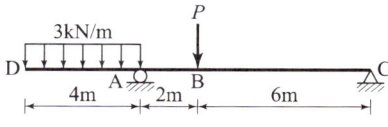

최대전단응력 $\tau_{\max} = \dfrac{3}{2}\dfrac{S}{A}$

• $R_A = R_B = \dfrac{10+10}{2} = 10\text{kN}$ (∵ 좌우 대칭)

 ∴ 최대전단력 $S_{\max} = R_A = 10\text{kN}$

• $A = 100 \times 200 = 20000\text{mm}^2$

 ∴ $\tau_{\max} = \dfrac{3 \times 10 \times 10^3}{2 \times 20000} = 0.75\text{N/mm}^2 = 750\text{kPa}$

 (∵ $1\text{N/mm}^2 = 1000\text{kPa}$)

□□□ 산 91,02,04,06,15,16,18①,19②,20②,24②

07 지름이 D인 원형 단면의 기둥에서 핵(Core)의 직경은?

① $\dfrac{D}{2}$
② $\dfrac{D}{3}$
③ $\dfrac{D}{4}$
④ $\dfrac{D}{6}$

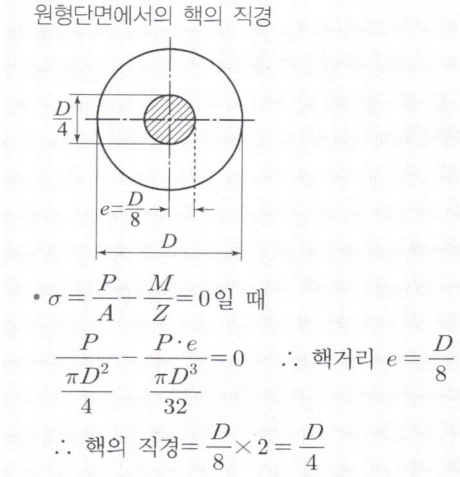

원형단면에서의 핵의 직경

• $\sigma = \dfrac{P}{A} - \dfrac{M}{Z} = 0$ 일 때

 $\dfrac{P}{\dfrac{\pi D^2}{4}} - \dfrac{P \cdot e}{\dfrac{\pi D^3}{32}} = 0$ ∴ 핵거리 $e = \dfrac{D}{8}$

∴ 핵의 직경 $= \dfrac{D}{8} \times 2 = \dfrac{D}{4}$

□□□ 산 20②,24②

08 아래 그림에서 지점 C의 반력이 영(零)이 되기 위해 B점에 작용시킬 집중하중(P)의 크기는?

① 8kN
② 10kN
③ 12kN
④ 14kN

$R_C = 0$가 되기 위한 조건

• $\sum M_A = 0$

$3 \times 4 \times \dfrac{4}{2} - 2 \times P - R_C = 0$

$3 \times 4 \times \dfrac{4}{2} - 2 \times P - 0 = 0$

∴ $P = 12\text{kN}$

국가기술자격 필기시험문제

2024년도 기사 2회 필기시험

자격종목	코 드	시험시간	형 별
토목산업기사	1048	2시간	A

※ 2023년도부터 토목산업기사 필기 출제기준이 변경되었음을 알려드립니다. (필기 120문항에서 60문항으로 변경)
※ 각 문항은 4지택일형으로 질문에 가장 적합한 보기 항을 선택하시면 됩니다.

제1과목 : 구조설계

1 역학적인 개념 및 건설 구조물의 해석

□□□ 산 12,14,15,19①,24②

01 길이 1m, 지름 1cm의 강봉을 80kN으로 당길 때 강봉의 늘어난 길이는? (단, 강봉의 탄성계수는= 2.1×10^5 MPa)

① 4.26mm ② 4.85mm
③ 5.14mm ④ 5.72mm

- $\Delta l = \dfrac{Pl}{EA}$
- $P = 80\,\text{kN} = 80000\,\text{N}$
- $l = 1\,\text{m} = 1000\,\text{mm}$
- $A = \dfrac{\pi d^2}{4} = \dfrac{\pi \times 10^2}{4} = 78.54\,\text{mm}^2$

$\therefore \Delta l = \dfrac{80000 \times 1000}{2.1 \times 10^5 \times 78.54} = 4.85\,\text{mm}$

□□□ 산 10,15④,19①,20,24②

02 그림과 같은 세 개의 힘이 평형상태에 있다면 C점에서 작용하는 힘 P와 BC사이의 거리 x는?

① $P=4\text{kN},\ x=3\text{m}$
② $P=6\text{kN},\ x=3\text{m}$
③ $P=4\text{kN},\ x=2\text{m}$
④ $P=6\text{kN},\ x=2\text{m}$

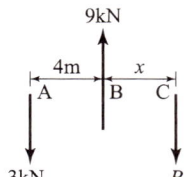

- 합력 $R = 3 - 9 + P = 0$ ∴ $P = 6\text{kN}$
- 작용 위치 :
  $3(4+x) - 9x = 12 + 3x - 9x = 12 - 6x = 0$
  ∴ $x = 2\text{m}$

□□□ 산 11,14,16④,24②

03 경간(Span) 10m인 단순보에 그림과 같은 하중이 작용할 때 최대 휨응력은? (단, 자중은 무시한다.)

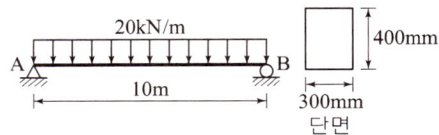

① 2.26MPa ② 4.31MPa
③ 31.25MPa ④ 61.59MPa

최대휨응력

$\sigma_{\max} = \dfrac{M_{\max}}{I}y = \dfrac{M_{\max}}{Z}$

- $M_{\max} = \dfrac{wl^2}{8} = \dfrac{20 \times 10^2}{8}$
  $= 250\,\text{kN}\cdot\text{m} = 250000000\,\text{N}\cdot\text{mm}$
  (∵ $w = 20\text{kN/m} = 20\text{N/mm}$)

- $Z = \dfrac{bh^2}{6} = \dfrac{300 \times 400^2}{6} = 8000000\,\text{mm}^3$

$\therefore \sigma_{\max} = \dfrac{250000000}{8000000} = 31.25\,\text{N/mm}^2 = 31.25\,\text{MPa}$

□□□ 산 02,05,11,14,18②,24②

04 단면의 성질에 대한 다음 설명 중 잘못된 것은?

① 단면2차 모멘트의 값은 항상 "0"보다 크다.
② 단면2차 극모멘트의 값은 항상 극을 원점으로 하는 두 직교좌표측에 대한 단면2차 모멘트의 합과 같다.
③ 단면1차 모멘트의 값은 항상 "0"보다 크다.
④ 단면의 주축에 관한 단면 상승모멘트의 값은 항상 "0"이다.

단면 1차 모멘트
- 도심축에 대한 단면 1차 모멘트는 0이다.
- 도심 1차 모멘트는 좌표축에 따라 (+),(−)의 부호를 갖는다.

정답 01 ② 02 ④ 03 ③ 04 ③

□□□ 산 97,98,02,03,07,08,10②,15②,16④,24①

54 함수율 99%인 침전 슬러지를 농축하여 함수율 94%로 만들었다. 원 슬러지(함수율 99%)의 유입량이 1500m³/d 일 때 농축 후 슬러지의 양은? (단, 농축 전·후 슬러지의 비중은 모두 1.0으로 가정)

① 200m³/d   ② 250m³/d
③ 750m³/d   ④ 960m³/d

$\dfrac{V_1}{V_2} = \dfrac{100-W_2}{100-W_1}$ 에서

$\therefore V_2 = \dfrac{V_1(100-W_1)}{100-W_2}$

$= \dfrac{1500(100-99)}{100-94} = 250\,m^3/d$

□□□ 산 96,08,24①

55 살수여상(Tricking filter)에 의한 하수처리의 원리는?

① 하수내의 고형물이 산소와 결합하여 침전물을 형성한다.
② 쇄석내의 재질에 의하여 BOD가 여과된다.
③ 하수내의 고형물이 쇄석에 의해 흡수된다.
④ 쇄석 표면에 번식하는 미생물이 하수와 접촉하여 고형물을 섭취 분해한다.

침전 유출수를 미생물 점막으로 덮인 쇄석 등의 여재위에 뿌려서 미생물과 하수 중의 유기물을 접촉시켜 고형물을 섭취 분해한다.

□□□ 산 06,08①,16④,24①

56 다음 하수량 산정에 관한 설명 중 틀린 것은?

① 계획 오수량은 생활 오수량, 공장 폐수량 및 지하수량으로 구분된다.
② 계획 오수량 중 지하수량은 1인1일 최대오수량의 약 10~20% 정도로 한다.
③ 우수량의 산정 공식 중 합리식($Q=CIA$)에서 I는 동수경사이다.
④ 계획 1일 최대오수량은 처리시설의 용량을 결정하는 데 기초가 된다.

I는 유달시간 내의 강우강도(mm/hr)이다.

□□□ 산 12④,24①

57 하수용 펌프 비교회전도(Ns)에 관한 설명으로 틀린 것은?

① 비교회전도가 크게 될수록 흡입 성능이 나쁘고 공동현상이 발생하기 쉽다.
② 양수량 및 전양정이 같으면 회전수가 많을수록 비교회전도가 크게 된다.
③ 비교회전도가 작으면 유량이 많은 저양정 펌프가 된다.
④ 펌프의 회전수, 양수량 및 전양정으로부터 비교회전도가 구해진다.

비교회전도가 작으면 유량이 적고 고양정 펌프를 의미한다.

□□□ 산 13,14,19①,24①

58 하천을 수원으로 하는 경우에 하천에 직접 설치할 수 있는 취수시설과 가장 거리가 먼 것은?

① 취수탑   ② 취수틀
③ 집수매거   ④ 취수문

집수매거
• 하천부지의 하상 밑이나 구하천 부지 등의 땅속에 매설하여 집수기능을 갖는 관거
• 복류수나 자유수면을 갖는 지하수(자유지하수)를 취수하는 시설이다.

□□□ 산 02,07,11,15④,24①

59 상수의 응집침전에서 응집제의 주입률을 시험하는 시험법은?

① Sedimentation test   ② Coulmn test
③ Water quality test   ④ Jar test

Jar test에 의해서 응집제 주입량을 결정한다.

□□□ 산 96,24①

60 하수관거 내에서의 가장 적합한 유속은?

① 0.1m/sec   ② 0.5m/sec
③ 1.0m/sec   ④ 5.0m/sec

하수관거의 이상적인 유속은 1.0~1.8(m/sec)

48 그림과 같이 수조에서 관을 통하여 물을 분출시킬 때 관에 의한 수두 손실이 2m라면 물의 분출 속도는? (단, 유속 계수는 무시함)

① 11.7m/sec
② 13.3m/sec
③ 15.2m/sec
④ 17.1m/sec

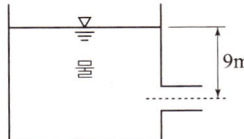

분출속도
$V = C\sqrt{2gh} = \sqrt{2 \times 9.8 \times (9-2)} = 11.71 \, \text{m/sec}$

---

49 수로 폭이 10m인 직사각형 수로에 15m³/sec의 유량이 1m의 수심으로 흐를 때 비에너지와 흐름의 상태는? (단, 에너지 보정계수는 1.0 이다.)

① 0.115m, 사류
② 0.115m, 상류
③ 1.115m, 사류
④ 1.115m, 상류

• 비에너지
$H_e = h + \alpha \dfrac{v^2}{2g} = 1 + 1.0 \times \dfrac{\left(\dfrac{15}{10 \times 1}\right)^2}{2 \times 9.8} = 1.115 \, \text{m}$

• Froude수 $F_{r1} = \dfrac{V_1}{\sqrt{gh_1}} = \dfrac{\dfrac{15}{10 \times 1}}{\sqrt{9.8 \times 1}} = 0.479 < 1$

∴ 상류

■ $F_r = \dfrac{V}{\sqrt{gH}} > 1$: 사류, $F_r = \dfrac{V}{\sqrt{gH}} < 1$: 상류

---

50 개수로의 수리학적으로 유리한 단면 조건으로 옳은 것은?

① 경심(R)이 최소, 또는 윤변(P)이 최소가 되어야 한다.
② 경심(R)이 최소, 또는 윤변(P)이 최대가 되어야 한다.
③ 경심(R)이 최대, 또는 윤변(P)이 최대가 되어야 한다.
④ 경심(R)이 최대, 또는 윤변(P)이 최소가 되어야 한다.

수리상 유리한 단면 조건은 경심(R)이 최대일 때나 윤변(P)이 최소인 단면

---

② 상하수도 계획

51 다음의 수원 중에서 일반적으로 오염 가능성이 가장 높은 것은?

① 천층수
② 지표수
③ 복류수
④ 심층수

지표 수원은 대규모 상수도의 수원으로 가장 많이 이용되고 있지만 오염물질의 노출에 주의해야 한다.

---

52 침전지의 침전효율을 높이기 위한 사항으로 틀린 것은?

① 침전지의 표면적을 크게 한다.
② 침전지 내 유속을 크게 한다.
③ 유입부에 정류벽을 설치한다.
④ 지(池)의 길이에 비하여 폭을 좁게 한다.

침전효율 $E = \dfrac{V_s}{V_o} = \dfrac{V_s}{\dfrac{Q}{A}} = \dfrac{A}{Q}V_s$

• 표면부하율 $\left(\dfrac{Q}{A}\right)$을 작게 하여야 한다.
• 침전지 표면적(A)을 크게 하여야 한다.
• 유량(Q)을 작게 한다.
• 침전지내의 유속을 너무 크게 하면 침전을 저해하거나 침전된 슬러지가 다시 떠오를 염려가 있으므로 경험적으로 침전지내 평균유속을 30cm/분 이하를 표준으로 한다.

---

53 상수도관 내의 수격현상(water hammer)을 경감시키는 방안으로 적합하지 않은 것은?

① 펌프의 급정지를 피한다.
② 에어챔버(air chamber)를 설치한다.
③ 운전 중 관내 유속을 최대로 유지한다.
④ 관로에 압력 조절 탱크(surge tank)를 설치한다.

수격현상의 발생을 경감시키기 위해서는 관내의 유속을 경감시켜야 한다.

정답 48 ① 49 ④ 50 ④ 51 ② 52 ② 53 ③

□□□ 산 20②,24①
43 위어에 있어서 수맥의 수축에 대한 일반적인 설명으로 옳지 않은 것은?

① 정수축은 광정위어에서 생기는 수축현상이다.
② 연직수축이란 면수축과 정수축을 합한 것이다.
③ 단수축은 위어의 측벽에 의해 월류폭이 수축하는 현상이다.
④ 면수축은 물의 위치에너지가 운동에너지로 변화하기 때문에 생긴다.

수맥의 수축
- 정수축 : 위어 마루부의 노치(noch)가 날카롭기 때문에 발생하는 수축
- 단수축 : 노치(noch)의 언저리가 날카로워서 그 폭이 수축하는 현상
- 면수축 : 수류가 위어(weir)에 접근함에 따라 접근 유속으로 인하여 일어나는 수축
- 연직수축 : 면수축과 마루부 수축을 합한 것
- 정수축은 예연위어에서 생기며 광정위에서는 면수축이 생긴다.

Remember
수맥의 수축

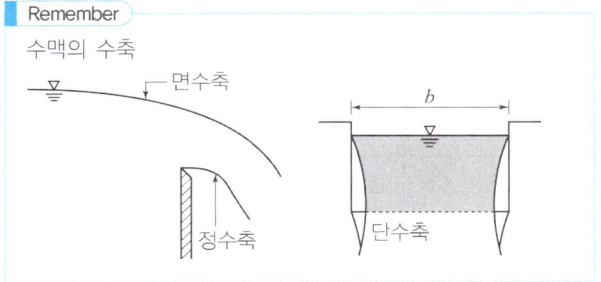

□□□ 산 97,09②,24①
44 그림과 같은 단면 A, B, C, D, E, F에 작용하는 전수압은?

① 2.5kN
② 4.9kN
③ 24.5kN
④ 29.4kN

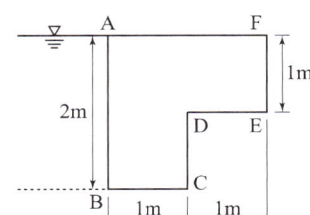

$$P = wh_G A$$
$$= 9.81 \times 1 \times (2 \times 2) - 9.81 \times \left(1 + \frac{1}{2}\right) \times (1 \times 1)$$
$$= 24.5 \text{kN}$$

□□□ 산 05②,24①
45 수면이 부체를 절단하는 가상면을 무엇이라 하는가?

① 부력면　　　② 부심면
③ 부양면　　　④ 흘수면

- 부력 : 주위의 밀도체에 의한 힘
- 부심 : 수중에 잠긴 물체가 배제한 물 체적의 중심으로 부력의 작용점
- 흘수 : 부양면에서 부체의 최하단까지의 깊이
- 부양면 : 부체가 수면에 의하여 절단되는 가상면

□□□ 산 13②,24①
46 Darcy–Weisbach의 마찰손실 수두공식
$h_L = f \cdot \dfrac{l}{D} \cdot \dfrac{v^2}{2g}$ 에서 층류인 경우 f는? (단, Re는 레이놀즈수(Reynolds Number)이다.)

① $\dfrac{Re}{64}$　　　② $\dfrac{64}{Re}$
③ $\dfrac{1}{Re}$　　　④ $\dfrac{32}{Re}$

층류 : $R_e \leq 2000$
$f = \dfrac{64}{R_e}$

□□□ 산 04②,24①
47 수면 차가 항상 20m인 수조를 지름 30cm, 길이 500m인 관으로 연결되었다면 관속의 유속은? (단, 관의 마찰 손실계수 $f = 0.03$, 입구 손실계수 $f_i = 0.5$, 출구 손실계수 $f_o = 1.0$이다.)

① 2.76m/sec　　　② 4.72m/sec
③ 5.76m/sec　　　④ 6.72m/sec

관속의 유속
$$V = \sqrt{\dfrac{2gh}{f_i + f\dfrac{l}{D} + f_o}}$$
$$= \sqrt{\dfrac{2 \times 9.8 \times 20}{0.5 + 0.03 \times \dfrac{500}{0.3} + 1.0}} = 2.76 \text{ m/sec}$$

정답　43 ①　44 ③　45 ③　46 ②　47 ①

39 테르쟈기(Terzaghi)압밀이론에서 설정한 가정으로 틀린 것은?

① 흙은 균질하고 완전히 포화되어 있다.
② 흙입자와 물의 압축성은 무시한다.
③ 흙속의 물의 이동은 Darcy의 법칙을 따르며 투수계수는 일정하다.
④ 흙의 간극비는 유효응력에 비례한다.

> 흙의 간극비는 유효응력에 반비례한다.

Remember
Terzaghi의 압밀 이론
• 흙입자와 물의 압축성은 무시한다.
• 흙은 균질하고 완전 포화되어 있다.
• 흙의 압축은 1축압축으로 행하여진다.
• 유효 응력이 증가할수록 압축 토층의 간극비는 감소한다.
• 흙속의 물의 이동은 Darcy의 법칙에 따르며 투수계수는 일정하다.

40 그림에서 $b-b$면 바로 아래에서의 유효응력은 얼마인가? (단, 물의 단위중량 $\gamma_w = 9.81 \text{kN/m}^3$)

① 20.5kN/m^2
② 35.3kN/m^2
③ 40.3kN/m^2
④ 62.7kN/m^2

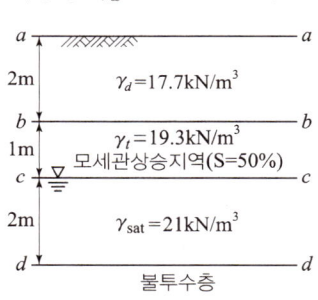

> 유효응력 $\bar{\sigma} = \sigma - u$
> $\sigma = \gamma_d h = 17.7 \times 2 = 35.40 \text{ kN/m}^2$
> $u = \gamma_w h_c S = -9.81 \times 1 \times \dfrac{50}{100} = -4.91 \text{kN/m}^2$
> $\bar{\sigma} = 35.40 - (-4.91) = 40.31 \text{kN/m}^2$

제3과목 : 수자원설계

1 수리학

41 다음 중 표면장력의 차원으로 옳은 것은?

① $[MLT^{-3}]$
② $[FL^{-2}]$
③ $[MT^{-1}]$
④ $[FL^{-1}]$

표면장력 차원

방정식	단위	LMT계	LFT계
$T=\dfrac{F}{L}$	g/cm	MT^{-2}	FL^{-1}

Remember
수리학에서 취급하는 주요 차원

물리량	방정식		LMT계		LFT계
밀도	$\rho = \dfrac{m}{V}$	g/cm³	ML^{-3}	g·sec²/cm⁴	$FL^{-4}T^2$
힘	$F = m \cdot a$	g·cm/sec²	MLT^{-2}		F
가속도		m/sec²	LT^{-2}		LT^{-2}
점성계수	$\mu = \tau\dfrac{dl}{dv}$	g/cm·sec	$ML^{-1}T^{-1}$	kg·sec/m²	$FL^{-2}T$
동점성계수	$\nu = \dfrac{\mu}{\rho}$	cm²/sec	L^2T^{-1}	cm²/sec	L^2T^{-1}
투수계수		cm/sec	LT^{-1}	cm/sec	LT^{-1}
탄성계수	$E = \dfrac{F}{l^2}$	kg/cm²	$ML^{-1}T^{-2}$		FL^{-2}
표면장력	$T = \dfrac{F}{l}$	g/cm	MT^{-2}		FL^{-1}

42 5m/sec의 속도로 흐르는 물의 속도 수두는?

① 1.28m
② 3.56m
③ 0.64m
④ 0.32m

> 속도 수두
> $h_c = \dfrac{V^2}{2g} = \dfrac{5^2}{2 \times 9.80} = 1.28 \text{ m}$

□□□ 산 94,08,11,16,24①

34 표준관입시험(S.P.T) 결과 N치가 25이었고, 그 때 채취한 교란시료로 입도시험을 한 결과 입자가 모나고, 입도분포가 불량할 때 Dunham공식에 의해서 구한 내부 마찰각은?

① 약 32°   ② 약 37°
③ 약 40°   ④ 약 42°

> 토립자가 모나고 입도분포가 불량일 때
> $\phi = \sqrt{12N} + 20 = \sqrt{12 \times 25} + 20 = 37.3°$

Remember

모래의 내부마찰각과 N의 관계(Dunham공식)

• 토립자가 둥글고 균일한 입경일 때	$\phi = \sqrt{12N} + 15$
• 토립자가 둥글고 입도 분포가 좋을 때 • 토립자가 모나고 균일한(불량) 입경일 때	$\phi = \sqrt{12N} + 20$
• 토립자가 모나고 입도 분포가 좋을 때	$\phi = \sqrt{12N} + 25$

□□□ 산 91,96,97,02,03,06,07,12,17,18①,20③,24①

35 흙의 다짐 에너지에 대한 설명으로 틀린 것은?

① 다짐 에너지는 램머(rammer)의 중량에 비례한다.
② 다짐 에너지는 램머(rammer)의 낙하고에 비례한다.
③ 다짐 에너지는 시료의 체적에 비례한다.
④ 다짐 에너지는 타격수에 비례한다.

> 다짐 에너지(E_c)는 시료의 체적(V)에 반비례한다.

Remember

다짐에너지

다짐에너지 $E_c = \dfrac{W_R \cdot H \cdot N_B \cdot N_L}{V}$

여기서, E_c : 다짐에너지
W_R : 램머의 중량
N_B : 타격수
H : 낙하고
N_L : 다짐층수
V : 시료의 체적

□□□ 산 95,11,14,18④,24①

36 자연함수비가 액성한계보다 큰 흙은 어떤 상태인가?

① 고체상태이다.   ② 반고체 상태이다.
③ 소성상태이다.   ④ 액체상태이다.

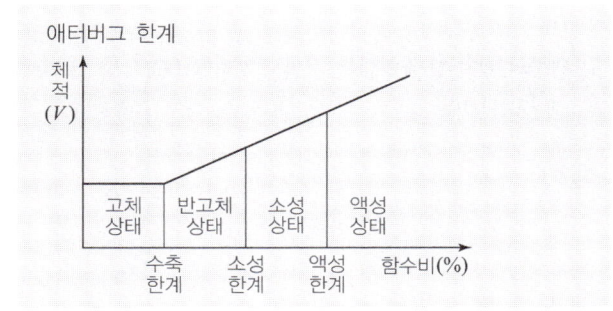

□□□ 산 97,24①

37 흙의 상대밀도를 구하는 식은?

① $D_r = \dfrac{e_{\max} - e_{\min}}{e - e_{\min}} \times 100(\%)$

② $D_r = \dfrac{e_{\max} - e}{e_{\max} - e_{\min}} \times 100(\%)$

③ $D_r = \dfrac{e - e_{\min}}{e_{\max} - e_{\min}} \times 100(\%)$

④ $D_r = \dfrac{e_{\max} - e_{\min}}{e_{\max} - e} \times 100(\%)$

> $D_r = \dfrac{e_{\max} - e}{e_{\max} - e_{\min}} \times 100$
> $= \dfrac{\gamma_d - \gamma_{d\min}}{\gamma_{d\max} - \gamma_{d\min}} \cdot \dfrac{\gamma_{d\max}}{\gamma_d} \times 100$

□□□ 산 19②,24①

38 느슨하고 포화된 사질토에 지진이나 폭파, 기타 진동으로 인한 충격을 받았을 때 전단강도가 급격히 감소하는 현상은?

① 액상화 현상   ② 분사 현상
③ 보일링 현상   ④ 다일러턴시 현상

> 액상화 현상(Liquefaction)의 정의이다.

□□□ 산 16,19,24①

30 GPS 위성의 기하학적 배치상태에 따른 정밀도 저하율을 뜻하는 것은?

① 다중경로(Multipath)   ② DOP
③ A/S   ④ 사이클 슬립(Cycle Slip)

> 위성의 배치 상태에 따른 정밀도 저하율(DOP : Dilution Of Precision)

2 토질 및 기초

□□□ 산 90,96,01,03,06,10,12,14,15,16,17,20③,24①

31 비중이 2.65, 간극률이 40%인 모래지반의 한계 동수경사는?

① 0.99   ② 1.18
③ 1.59   ④ 1.89

> 한계동수경사 $i = \dfrac{G_s - 1}{1 + e}$
>
> • $e = \dfrac{n}{100-n} = \dfrac{40}{100-40} = 0.667$
>
> ∴ $i = \dfrac{2.65 - 1}{1 + 0.667} = 0.99$

□□□ 산 03,07,11,12④,24①

32 암석시편을 얻기 위하여 시추조사를 실시하여 1.5m를 굴진하였다. 회수된 암석시편의 길이가 0.8m이며 그 중 길이 10cm 이상되는 시편길이의 합이 0.5m라고 할 때 이 암석시편의 회수율(rock recovery)는?

① 47%   ② 53%
③ 33%   ④ 67%

> 회수율 = $\dfrac{\text{회수된 코어 길이}}{\sum \text{시추코어 길이}}$
>
> $= \dfrac{0.8}{1.5} \times 100 = 53\%$

□□□ 산 24①

33 흙의 단위중량이 17kN/m³, 내부마찰각이 30°, 점착력이 0인 지반에 5m의 연직옹벽을 축조하였다. 옹벽에 작용하는 주동토압의 합력은?

① 40.8kN/m   ② 50.8kN/m
③ 60.8kN/m   ④ 70.8kN/m

> $P_A = \dfrac{1}{2}\gamma H^2 \tan^2\left(45° - \dfrac{\phi}{2}\right)$
>
> $= \dfrac{1}{2} \times 17 \times 5^2 \tan^2\left(45° - \dfrac{30°}{2}\right) = 70.8 \text{ kN/m}$

정답 30 ② 31 ① 32 ② 33 ④

□□□ 산 19②, 24①

25 노선측량의 완화곡선에 대한 설명 중 옳지 않은 것은?

① 완화곡선의 접선은 시점에서 원호에, 종점에서 직선에 접한다.
② 완화곡선의 반지름은 시점에서 무한대, 종점에서 원곡선의 반지름(R)으로 된다.
③ 클로소이드의 조합형식에는 S형, 복합형, 기본형 등이 있다.
④ 모든 클로소이드는 닮은꼴이며, 클로소이드 요소는 길이의 단위를 가진 것과 단위가 없는 것이 있다.

완화곡선의 접선은 시점에서 직선에, 종점에서 원호에 접한다.

> **Remember**
> 완화곡선의 성질
> • 완화곡선의 접선은 시점에서 직선에, 종점에서 원호에 접한다.
> • 곡선지름은 완화곡선의 시점에서 무한대, 종점에서 원곡선 R로 한다.
> • 완화곡선의 접선은 시점에서 직선에 접하고, 종점에서 원호에 접한다.
> • 완화곡선에 연한 곡선 반지름의 감소율은 캔트의 증가율과 동률로 된다.
> • 완화곡선은 이정(shift)의 중간점을 통과 한다.

□□□ 산 12①, 15, 16, 17, 18②, 24①

26 삼각망 중 정확도가 가장 높은 삼각망은?

① 단열 삼각망
② 단삼각망
③ 유심 다각망
④ 사변형 삼각망

정밀도가 가장 높은 순서 : 사변형 삼각망 > 유심 삼각망 > 단열 삼각망
• 단열 삼각망 : 폭이 좁고 길이가 긴 지역에 적합하며 하천측량, 노선측량, 터널측량에 이용된다.
• 사변형 삼각망 : 특별히 높은 정밀도를 필요로 하는 측량이나 기선 삼각망 등에 사용된다.
• 유심 삼각망 : 넓은 지역의 측량에 적당하며, 정밀도는 단열 삼각망과 사변형 삼각망의 중간이다.

□□□ 산 11②, 19①, 24①

27 다음 중 기지의 삼각형을 이용한 삼각측량의 순서로 옳은 것은?

㉠ 도상계획   ㉡ 답사 및 선점
㉢ 계산 및 성과표 작성   ㉣ 각관측
㉤ 조표

① ㉠→㉡→㉤→㉣→㉢
② ㉠→㉤→㉡→㉣→㉢
③ ㉡→㉠→㉤→㉣→㉢
④ ㉡→㉤→㉠→㉣→㉢

㉠ 도상계획→㉡ 답사 및 선점→㉤ 조표→기선 측량→㉣ 각관측→㉢ 계산 및 성과표 작성

□□□ 산 90, 20②, 24①

28 50m에 대해 20mm 늘어나 있는 줄자로 정사각형의 토지를 측량한 결과, 면적이 62500m²이었다면 실제면적은?

① 62450m²
② 62475m²
③ 62525m²
④ 62550m²

$$A_0 = A\left(1 + \frac{\Delta l}{l}\right)^2$$
$$= 62500\left(1 + \frac{0.02}{50}\right)^2 = 62550\,\text{m}^2$$

□□□ 산 12②, 13②, 16①, 18④, 24①

29 종단면도를 이용하여 유토곡선(mass curve)을 작성하는 목적과 가장 거리가 먼 것은?

① 토량의 운반거리 산출
② 토공장비의 선정
③ 토량의 배분
④ 교통로 확보

유토곡선(토적곡선)의 작성 목적
• 토량의 분배
• 평균운반거리 산출
• 토공기계의 선정
• 시공방법 결정

정답 25 ① 26 ④ 27 ① 28 ④ 29 ④

제2과목 : 측량 및 토질

1 측량학

□□□ 산 13②,18①,24①
21 그림과 같은 개방 트래버스에서 CD측선의 방위는?

① N 50°W
② S 30°E
③ S 50°W
④ N 30°E

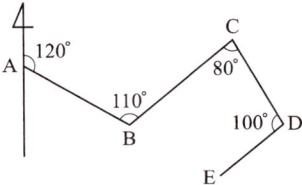

AB측선의 방위각 =120°
BC측선의 방위각 =120°−180°+110°=50°
CD측선의 방위각 =50°+180°−80°=150°
CD측선의 방위 : S(180°−150°)E = S30°E

Remember
- 진행방향의 우측에 교각이 있을 경우 방위각 계산 방법
  임의 측선 방위각=전측선 방위각+180°−측점의 교각
- 진행방향의 좌측에 교각이 있을 경우 방위각 계산 방법
  임의 측선 방위각=전측선 방위각 −180°+측점의 교각

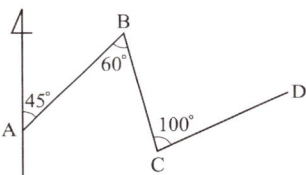

진행방향의 우측에 교각이 있을 때
BC의 방위각=45°+180°−60°=165°
진행방향의 좌측에 교각이 있을 때
CD의 방위각=165°−180°+100°=85°

□□□ 산 17①②,18①,24①
22 30m당 ±1.0mm의 오차가 발생하는 줄자를 사용하여 480m의 기선을 측정하였다면 총오차는?

① ±3.0mm
② ±3.5mm
③ ±4.0mm
④ ±4.5mm

$$E=\pm e\sqrt{n}=\pm 1.0\sqrt{\frac{480}{30}}=\pm 4.0\text{mm}$$

□□□ 산 11,16,22④,24①
23 깊이가 10m인 하천의 평균유속을 구하기 위해 유속측량을 하여 다음의 결과를 얻었다. 3점법에 의한 평균유속은? (단, V_m : 수면에서부터 수심의 m인 곳의 유속)

$V_{0.0}=5\text{m/s},\ V_{0.2}=6\text{m/s},\ V_{0.4}=5\text{m/s}$
$V_{0.6}=4\text{m/s},\ V_{0.8}=3\text{m/s}$

① 4.17m/s
② 4.25m/s
③ 4.75m/s
④ 4.83m/s

3점법
수면에서 $\frac{1}{5}H$, $\frac{3}{5}H$, $\frac{4}{5}H$ 되는 곳의 유속을 평균유속으로 한다.
$$V_m=\frac{1}{4}(V_{0.2}+2V_{0.6}+V_{0.8})$$
$$=\frac{1}{4}(6+2\times 4+3)=4.25\text{m/sec}$$

□□□ 산 04,05,06,07,09,10,14③④,16②,19①,20③,24①
24 그림과 같은 교호수준 측량의 결과에서 B점의 표고는? (단, A점의 표고는 60m이고 관측결과의 단위는 m이다.)

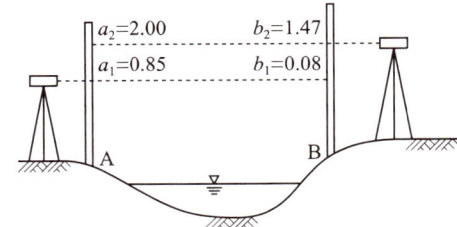

① 59.35m
② 60.65m
③ 61.82m
④ 61.27m

- 고저차 $H=\frac{1}{2}[(a_1-b_1)+(a_2-b_2)]$
  $=\frac{1}{2}[(0.85-0.08)+(2.00-1.47)]$
  $=0.65\text{m}$
- B점의 지반고 $H_B=H_A+H$
  ∴ $H_B=60+0.65=60.65\text{m}$

정답 21 ② 22 ③ 23 ② 24 ②

18 아래 그림과 같은 판형에서 stiffener(보강재)의 사용 목적은?

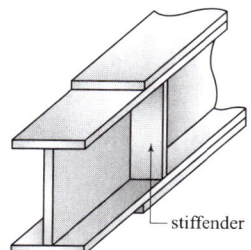

① web plate의 좌굴을 방지하기 위하여
② flange angle의 간격을 넓게 하기 위하여
③ flange의 강성을 보강하기 위하여
④ 보 전체의 비틀림에 대한 강도를 크게 하기 위하여

판형(Plate Girder)의 명칭

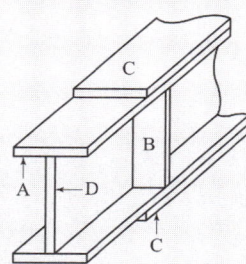

A : 상부판(Flange)
B : 보강재(Stiffener) : 복부판의 좌굴을 방지하기 위하여
C : 덮개판(Cover plate)
D : 복부판(Web plate)

19 강도설계법에서 D25(공칭직경 25.4mm)인 인장철근의 기본정착 길이는 얼마인가? (단, $f_{ck}=21\text{MPa}$, $f_y=300\text{MPa}$이고, 보통중량 콘크리트를 사용한다.)

① 800mm   ② 917mm
③ 998mm   ④ 1038mm

인장 이형철근의 기본정착길이(D35 이하의 철근의 경우)

$$l_{db} = \frac{0.6 d_b f_y}{\lambda \sqrt{f_{ck}}} = \frac{0.6 \times 25.4 \times 300}{1 \times \sqrt{21}} = 998\,\text{mm}$$

20 그림과 같은 단철근보의 공칭전단강도(V_n)는? (단, 철근 D13을 수직 스터럽으로 사용하며, 스터럽 간격은 300mm, 철근 D13 1본의 단면적은 127mm², $f_{ck}=24\text{MPa}$, $f_y=400\text{MPa}$이다.)

① 232.3kN
② 262.6kN
③ 284.7kN
④ 302.5kN

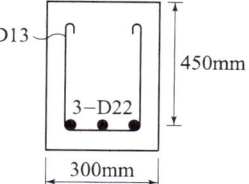

공칭전단강도 $V_n = V_c + V_s$

• 콘크리트의 공칭전단강도

$$V_c = \frac{1}{6}\lambda\sqrt{f_{ck}}\,b_w d$$
$$= \frac{1}{6} \times 1 \times \sqrt{24} \times 300 \times 450 = 110227\,\text{N}$$
$$= 110.2\,\text{kN}$$

• 전단철근이 부담하는 전단강도

$$V_s = \frac{f_{yt} A_v d}{s}$$
$$= \frac{400 \times 127 \times 2 \times 450}{300} = 152400\,\text{N} = 152.4\,\text{kN}$$

∴ $V_n = 110.2 + 152.4 = 262.6\,\text{kN}$

□□□ 산 05,17④,18①④,24①

13 강도감소계수(ϕ)의 사용 목적에 대한 설명으로 틀린 것은?

① 재료 강도와 치수가 변동할 수 있으므로 부재의 강도 저하 확률에 대비한 여유를 반영하기 위해서
② 초과하중 및 구조물의 용도변경에 따른 여유를 반영하기 위해서
③ 구조물에서 차지하는 부재의 중요도 등을 반영하기 위해서
④ 부정확한 설계 방정식에 대비한 여유를 반영하기 위해서

강도감소계수(ϕ)의 목적
• 재료강도와 치수가 변동할 수 있으므로 부재의 강도 저하 확률에 대비한 여유를 위해
• 부정확한 설계 방정식에 대비한 여유를 반영하기 위해서
• 주어진 하중조건에 대한 부재의 연성도와 소요 신뢰도를 위해서
• 구조물에서 차지하는 부재의 중요도 등을 반영하기 위해서

□□□ 산 11①,12①,13①②④,14②,15②④,19④,24①

14 아래의 표와 같은 조건에서 하중 재하 기간이 5년이 넘은 경우 추가 장기처짐량은?

• 해당 지속하중에 의해 생긴 순간 처짐량 : 30mm
• 단순보로서 중앙단면의 압축철근비 : 0.02

① 20mm
② 30mm
③ 40mm
④ 50mm

• $\lambda = \dfrac{\xi}{1+50\rho'}$
• $\rho' = 0.02$
∴ $\lambda = \dfrac{2}{1+50\times 0.02} = 1.0$
 (∵ ξ : 시간 경과 계수(5년 이상 : 2.0, 12개월 : 1.4,
  6개월 : 1.2, 3개월 : 1.0)
∴ 장기처짐 = 순간처짐(탄성침하) × 장기처짐계수(λ)
 $= 30 \times 1.0 = 30.0$mm

□□□ 산 12②④,14①,16④,18②,22②,24①

15 부벽식 옹벽에서 뒷부벽의 설계에 대한 설명으로 옳은 것은?

① 직사각형보로 설계한다.
② T형보로 설계하여야 한다.
③ 저판에 지지된 캔틸레버로 설계할 수 있다.
④ 3변 지지된 2방향 슬래브로 설계할 수 있다.

부벽식 옹벽
• 뒷부벽은 T형보로 설계한다.
• 앞부벽은 직사각형보로 설계한다.

□□□ 산 15①,24①

16 강도설계법에서 보에 대한 등가직사각형 응력블록의 깊이 $a = \beta_1 c$에서 f_{ck}가 38MPa일 경우 β_1의 값은?

① 0.74
② 0.76
③ 0.78
④ 0.80

β_1값 계산
• $f_{ck} = 38$MPa ≤ 40MPa일 때
 $\eta = 1.0$, $\beta_1 = 0.80$

□□□ 산 13,16,23④,24①

17 슬래브의 설계에서 직접설계법을 사용하고자 할 때 제한사항으로 틀린 것은?

① 각 방향으로 3경간 이상 연속되어야 한다.
② 슬래브판들은 단변 경간에 대한 장변 경간의 비가 2 이하인 직사각형이어야 한다.
③ 연속한 기둥 중심선을 기준으로 기둥의 어긋남은 그 방향 경간의 10% 이하이여야 한다.
④ 모든 하중은 모멘트하중으로서 슬래브판 전체에 등분포되어야 하며, 활하중은 고정하중의 1/2 이상이어야 한다.

모든 하중은 슬래브 판 전체에 걸쳐 등분포된 연직하중이어야 하며, 활하중은 고정하중의 2배 이하이어야 한다.

□□□ 산 14,18②,24①

09 등분포하중(w)이 재하된 단순보의 최대 처짐에 대한 설명 중 틀린 것은?

① 하중(w)에 비례 한다.
② 탄성계수(E)에 반비례 한다.
③ 지간(l)의 제곱에 반비례 한다.
④ 단면 2차 모멘트(I)에 반비례 한다.

처짐각 $y_{\max} = \dfrac{5wl^4}{384EI}$

∴ 지간 l의 4제곱에 비례한다.

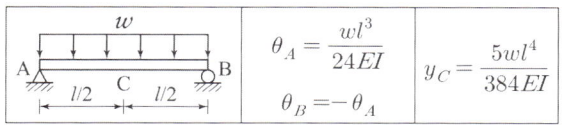

□□□ 산 14②,24①

10 그림과 같은 단순보의 C점의 전단력은?

① -5kN
② 5kN
③ -10kN
④ 10kN

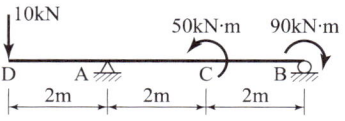

$\sum M_A = 0$
• $R_B \times 4 - 90 + 50 + 10 \times 2 = 0$
  ∴ $R_B = 5$kN
  ∴ $S_{B-C} = -5$kN

❷ 철근콘크리트 및 강구조

□□□ 산 14④,18②,24①

11 프리스트레스트 콘크리트의 강도개념을 설명한 것으로 옳은 것은?

① PSC보를 RC보처럼 생각하여, 콘크리트는 압축력을 받고 긴장재는 인장력을 받게 하여 두 힘의 우력 모멘트로 외력에 의한 휨모멘트에 저항시킨다는 개념
② 프리스트레스가 도입되면 콘크리트 부재에 대한 해석이 탄성이론으로 가능하다는 개념
③ 프리스트레싱에 의한 작용과 부재에 작용하는 하중을 평형이 되도록 하자는 개념
④ 선형탄성이론에 의한 개념이며, 콘크리트와 긴장재의 계산된 응력이 허용응력 이하로 되도록 설계하는 개념

PSC의 기본 개념
• 응력개념(등균질보의 개념) : 프리스트레스가 도입되면 콘크리트 부재를 탄성이론으로 해석할 수 있다는 개념
• 하중 평형 개념(등가 하중 개념) : 프리스트레싱에 의한 작용과 부재에 작용하는 하중을 평형이 되도록 하는 개념
• 강도 개념(내력 모멘트 개념) : PSC보를 RC보처럼 생각하여 콘크리트는 압축력을 받고 긴장재는 인장력을 받게 하여 두 힘의 우력 모멘트로 외력에 의한 휨모멘트에 저항시킨다는 개념

□□□ 산 15④,24①

12 PSC 부재의 프리스트레스 감소원인 중 프리스트레스를 도입한 후 시간의 경과에 의해 발생하는 것은?

① PS강재의 릴랙세이션으로 인한 손실
② PS강재와 쉬스의 마찰로 인한 손실
③ 정착장치의 활동으로 인한 손실
④ 콘크리트의 탄성변형으로 인한 손실

■ 도입손실=즉시 손실
• 정착장치의 활동
• 콘크리트의 탄성변형(탄성수축)
• 포스트텐션 긴장재와 덕트 사이의 마찰
■ 도입 후 손실=시간적 손실
• 콘크리트의 크리프
• 콘크리트의 건조수축
• 긴장재 응력의 릴랙세이션

□□□ 산 82,86,97,99,15④,20②,24①
05 다음과 같은 단순보에서 최대 휨응력은?
(단, 단면은 폭 300mm, 높이 400mm의 직사각형이다.)

① 15MPa
② 18MPa
③ 22MPa
④ 26MPa

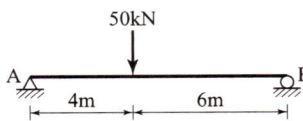

최대휨응력 $\sigma = \dfrac{M_{max}}{I}y = \dfrac{M_{max}}{Z}$

- $M_{max} = \dfrac{Pab}{l}$

  $= \dfrac{50 \times 10^3 \times 4000 \times 6000}{10000} = 120000000 \text{N} \cdot \text{mm}$

- $Z = \dfrac{bh^2}{6} = \dfrac{300 \times 400^2}{6} = 8000000 \text{mm}^3$

∴ $\sigma = \dfrac{120000000}{8000000} = 15 \text{N/mm}^2 = 15 \text{MPa}$

Remember

단순보(집중하중)의 해석

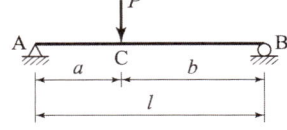

$R_A = \dfrac{P \cdot b}{l}$, $R_B = \dfrac{P \cdot a}{l}$

$M_c = M_{max} = \dfrac{P \cdot a \cdot b}{l}$

□□□ 산 19②,24①
06 원형 단면인 보에서 최대 전단응력은 평균 전단응력의 몇 배인가?

① $\dfrac{1}{2}$
② $\dfrac{3}{2}$
③ $\dfrac{4}{3}$
④ $\dfrac{5}{3}$

원형 단면인 보
$\tau_{max} = \dfrac{4}{3}\dfrac{S}{A}$

□□□ 산 86,97,98,20③,23④,24①
07 지름이 D인 원형 단면의 도심 축에 대한 단면 2차 극모멘트는?

① $\dfrac{\pi D^4}{64}$
② $\dfrac{\pi D^4}{32}$
③ $\dfrac{\pi D^4}{4}$
④ $\dfrac{\pi D^4}{2}$

단면2차 극모멘트 $I_P = I_x + I_y$

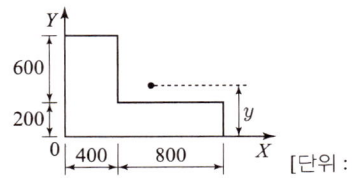

∴ $I_P = \dfrac{\pi D^4}{64} + \dfrac{\pi D^4}{64} = \dfrac{\pi D^4}{32}$

□□□ 산 13,21,24①
08 그림과 같은 단면의 도심거리를 구한 값으로 옳은 것은?

① 500mm
② 400mm
③ 300mm
④ 200mm

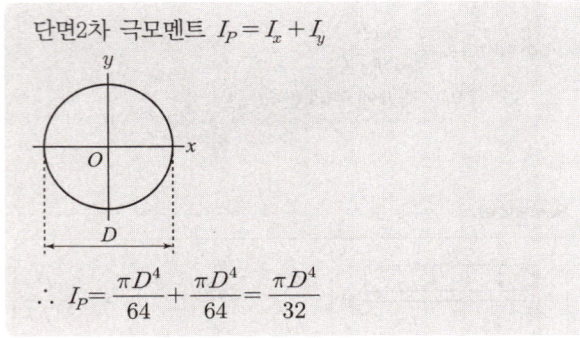

$y = \dfrac{G_x}{A}$

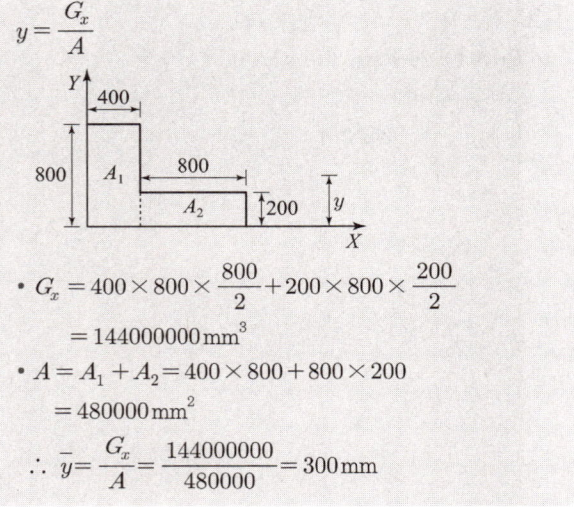

- $G_x = 400 \times 800 \times \dfrac{800}{2} + 200 \times 800 \times \dfrac{200}{2}$

  $= 144000000 \text{mm}^3$

- $A = A_1 + A_2 = 400 \times 800 + 800 \times 200$

  $= 480000 \text{mm}^2$

∴ $\bar{y} = \dfrac{G_x}{A} = \dfrac{144000000}{480000} = 300 \text{mm}$

정답 05 ① 06 ③ 07 ② 08 ③

국가기술자격 필기시험문제

2024년도 기사 1회 필기시험

자격종목	코드	시험시간	형별	수험번호	성 명
토목산업기사	1048	2시간	A		

※ 2023년도부터 토목산업기사 필기 출제기준이 변경되었음을 알려드립니다. (필기 120문항에서 60문항으로 변경)
※ 각 문항은 4지택일형으로 질문에 가장 적합한 보기 항을 선택하시면 됩니다.

제1과목 : 구조설계

1 역학적인 개념 및 건설 구조물의 해석

□□□ 산 12④,15④,16①,17④,19①,20②,24①

01 "여러 힘이 작용할 때 임의의 한 점에 대한 모멘트의 합은 그 점에 대한 합력의 모멘트와 같다."라는 것은 무슨 정리인가?

① Lami의 정리
② Castigliano의 정리
③ Varignon의 정리
④ Mohr의 정리

> **Varignon의 원리**
> • 여러 힘의 한 점에 대한 모멘트의 대수합은 합력의 그 점에 대한 모멘트와 같다.
> • 분력의 모멘트 합은 합력의 모멘트와 같다.
> • 합력의 작용점을 구할 때 사용한다.

□□□ 산 13,17①,24①

02 단면이 100mm×100mm인 정사각형이고, 길이 1m인 강재에 100kN의 압축력을 가했더니 1mm가 줄어들었다. 이 강재의 탄성계수는?

① 10GPa
② 10MPa
③ 20GPa
④ 20MPa

> $\Delta l = \dfrac{Pl}{EA}$ 에서 $E = \dfrac{Pl}{A\Delta l}$
> $A = bh = 100 \times 100 = 10000\,\text{mm}^2$
> $\therefore E = \dfrac{100 \times 1000}{10000 \times 1} = 10\,\text{kN/mm}^2 = 10\,\text{GPa}$

□□□ 산 18④,24①

03 지름이 D인 원형단면의 단주에서 핵(core)의 면적으로 옳은 것은?

① $\dfrac{\pi D^2}{4}$
② $\dfrac{\pi D^2}{16}$
③ $\dfrac{\pi D^2}{32}$
④ $\dfrac{\pi D^2}{64}$

> **원형단면의 핵거리 및 면적**
> • 핵거리 $e = \dfrac{Z}{A} = \dfrac{\dfrac{\pi D^3}{32}}{\dfrac{\pi D^2}{4}} = \dfrac{D}{8}$
> • 핵의 지름 $= \dfrac{D}{8} \times 2 = \dfrac{D}{4}$
> $\therefore A = \dfrac{\pi d^2}{4} = \dfrac{\pi}{4}\left(\dfrac{D}{4}\right)^2 = \dfrac{\pi}{4} \cdot \dfrac{D^2}{16} = \dfrac{\pi D^2}{64}$

□□□ 산 24①

04 그림과 같은 보의 D점의 휨모멘트는?

① $-200\,\text{kN}\cdot\text{m}$
② $+300\,\text{kN}\cdot\text{m}$
③ $-400\,\text{kN}\cdot\text{m}$
④ $+160\,\text{kN}\cdot\text{m}$

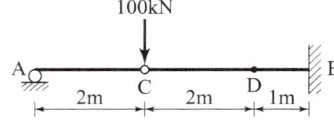

> 공액보에 의해서

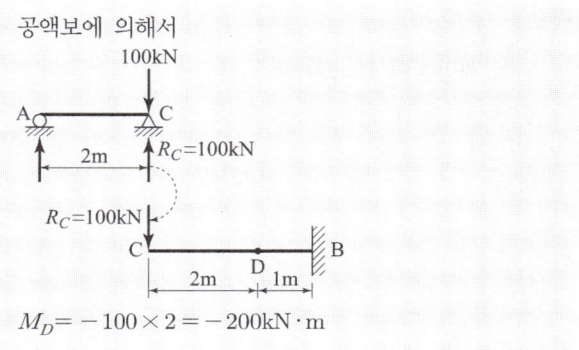

> $M_D = -100 \times 2 = -200\,\text{kN}\cdot\text{m}$

정답 01 ③ 02 ① 03 ④ 04 ①

□□□ 산 98,02,09,12,13,23④

54 SVI(Sludge Volume Index)에 대한 설명으로 옳지 않은 것은?

① 측정시료는 2차침전지에서 채취한다.
② 활성슬러지의 침강성을 나타내는 지표이다.
③ SVI는 50～150의 범위가 적당하다.
④ 활성슬러지 팽화여부를 확인하는 지표로 사용한다.

> **슬러지의 용적지수(SVI)**
> • 슬러지의 팽화 여부를 확인하는 지표로 사용한다.
> • 활성슬러지의 침강성을 나타내는 지표이다.
> • 지표가 200 이상이면 슬러지 팽화를 의심한다.
> • SVI가 50～150일 때 침전성은 양호하다.
> • 폭기조 혼합액 $1l$를 30분간 침전시킨 후 $1g$의 MLSS가 점유하는 침전 슬러지의 부피(ml)로 나타낸다.

□□□ 산 99,01,06,14,20,23④,25①

55 그림에서 간선하수거 DA의 길이는 600m이고 유역 내 가장 먼 지점 E에서 간선하수거의 입구 D까지 우수가 유하하는데 걸리는 시간은 5분이다. 간선하수거 내 유속이 1m/s라면 유달시간은?

① 5분
② 11분
③ 15분
④ 20분

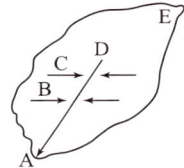

> 유달시간 $T = t_1 + \dfrac{L}{V}$
> • 유속 $V = 1\text{m/s} = 1 \times 60 = 60\text{m/min}$
> ∴ $T = 5 + \dfrac{600}{60} = 15$분

□□□ 산 07,11,13,23④

56 우수 조정지의 표준적인 구조형식에 해당되지 않는 것은?

① 댐식(제방높이 15m 미만)
② 굴착식
③ 지하식
④ 탑식

> **우수 조정지의 구조 형식**
> 댐식(제방높이 15m 미만), 굴착식, 지하식, 현지 저류식

□□□ 산 97,08,09,13,23④

57 오수관거에서 계획하수량에 대하여 부유물 침전 등을 막기 위해 규정된 최소 유속은?

① 3.0m/sec
② 1.2m/sec
③ 0.6m/sec
④ 0.2m/sec

> • 오수관거는 계획시간최대오수량에 대하여 유속을 최소 0.6m/sec, 최대 3.0m/sec로 한다.
> • 오수관거내에서 부유물 침전방지을 위해 계획하수량에 대해 최소유속이 0.6m/sec가 되도록 한다.

□□□ 산 97,07,09,11,13,15,16,23④

58 활성슬러지법에서 MLSS가 의미하는 것은?

① 폐수 중의 고형물
② 방류수 중의 부유물질
③ 폭기조 중의 부유물질
④ 침전지 상등수 중의 부유물질

> **MLSS**
> 폭기조내의 혼합액 부유물질로서 폭기조내의 미생물을 말한다.

□□□ 산 13,16,23④

59 하수처리장의 계획에 있어서 처리시설은 일반적으로 무엇을 기준으로 계획하는가?

① 계획 1일 최대 오수량
② 계획 1일 평균 오수량
③ 계획 1시간 최대 오수량
④ 계획 1시간 평균 오수량

> 계획1일 최대 오수량은 처리시설의 용량을 결정하는데 기초가 되는 수치이다.

□□□ 산 99,01,02,13④,19④,23④

60 현재 인구가 20만명이고 연평균 인구증가율이 4.5%인 도시의 10년 후 추정인구는? (단, 등비급수법에 의한다.)

① 324571명
② 310594명
③ 290000명
④ 226202명

> $P_n = P_o(q+r)^n = 200000(1+0.045)^{10} = 310594$명

□□□ 산 92,98,03,05,06,13,14,23④

49 폭 10m인 직사각형 단면수로에서 유량 $16m^3/sec$가 수심 80cm로 흐를 때 비에너지는? (단, 에너지 보정계수 $\alpha=1.1$)

① 0.82m
② 1.02m
③ 1.52m
④ 2.02m

$$H_e = h + \alpha \frac{v^2}{2g}$$

- $h = 80cm = 0.80m$
- $v = \frac{Q}{A} = \frac{16}{10 \times 0.80} = 2m/sec$

∴ $H_e = 0.80 + 1.1 \times \frac{2^2}{2 \times 9.8} = 1.02m$

□□□ 산 13,16,23④

50 등류의 정의로 옳은 것은?

① 흐름특성이 어느 단면에서나 같은 흐름
② 단면에 따라 유속 등의 흐름특성이 변하는 흐름
③ 한 단면에 있어서 유적, 유속, 흐름의 방향이 시간에 따라 변하지 않는 흐름
④ 한 단면에 있어서 유량이 시간에 따라 변하는 흐름

■ 등류
- 정류 중에서 수류의 어느 단면에서나 유적과 유속이 같은 흐름

즉, $\frac{\partial v}{\partial t} = 0$, $\frac{\partial v}{\partial l} = 0$

■ 부등류
- 정류 중에서 수류의 유속과 유적이 단면에 따라 변하는 흐름

즉, $\frac{\partial v}{\partial t} = 0$, $\frac{\partial v}{\partial l} \neq 0$

2 상하수도 계획

□□□ 산 00,06,10,13,17,23④

51 펌프의 특성곡선은 펌프의 토출유량과 무엇의 관계를 나타낸 그래프인가?

① 양정, 비속도, 수격압력
② 양정, 효율, 축동력
③ 양정, 손실수두, 수격압력
④ 양정, 효율, 공동현상

펌프특성곡선이란 일정한 양수량(토출유량)에 대하여 펌프가 갖는 양정(H), 효율(η) 및 축동력(P)의 관계를 나타낸 그래프를 말하며 펌프 선정 시 이용된다.

□□□ 산 95,02,13,23④

52 명반(Alum)을 사용하여 상수를 침전 처리하는 경우 약품주입 후 응집조에서 완속교반을 하는 이유는?

① 명반을 용해시키기 위하여
② 플록(floc)을 공기와 접촉시키기 위하여
③ 플록(floc)이 잘 부서지도록 하기 위하여
④ 플록(floc)의 크기를 증가시키기 위하여

완속교반 이유
플록(floc)을 손상시키지 않고 성장시켜 크고 무거운 플록을 만들기 위해서 교반

□□□ 산 97,98,13,23④

53 최종 침전지의 용량이 5m×25m×2m이고, 하수처리장의 유입유량이 $650m^3/day$라고 하면 침전지의 체류시간은? (단, 슬러지의 반송률은 60%)

① 3.57시간
② 4.48시간
③ 5.77시간
④ 6.59시간

$$t = \frac{폭기조의\ 용량}{(유입유량 + 반송슬러지)}$$

$$= \frac{5 \times 25 \times 2}{650(1+0.60)} \times 24 = 5.77시간$$

∴ 유입유량 $650\,m^3/day = \frac{650}{24}\,m^3/hr$

☐☐☐ 산 05,14,17,23④

43 콘크리트 직사각형 수로 폭이 8m, 수심이 6m일 때 Chezy의 공식에서 유속계수(C)의 값은?
(단, Manning의 조도계수 $n=0.014$이다.)

① 79 ② 83
③ 87 ④ 92

> 동수반경 $R=\dfrac{A}{P}=\dfrac{bh}{b+2h}=\dfrac{8\times 6}{8+2\times 6}=2.4m$
>
> ∴ 유속계수 $C=\dfrac{1}{n}R^{\frac{1}{6}}$
>
> $=\dfrac{1}{0.014}\times 2.4^{\frac{1}{6}}=83$

☐☐☐ 산 07,13,23④

44 하천수를 펌프로 양수하여 이용하고자 한다. 유량 $Q(m^3/sec)$, 양정 $H(m)$, 모든 손실수두의 합을 $\sum h_L(m)$, 그리고 펌프의 효율을 η라 할 때, 소요동력(kW)를 결정하는 식은?

① $13.33Q(H+\sum h_L)\eta$ ② $9.8Q(H+\sum h_L)\eta$
③ $\dfrac{13.33Q(H+\sum h_L)}{\eta}$ ④ $\dfrac{9.8Q(H+\sum h_L)}{\eta}$

> 양수에 필요한 동력
> - $E=\dfrac{1000QH_e}{102\eta}=\dfrac{9.8Q(H+\sum h_L)}{\eta}$ (kW)
> - $E=\dfrac{1000QH_e}{75\eta}=\dfrac{13.33Q(H+\sum h_L)}{\eta}$ (HP)

☐☐☐ 산 07,15,23④

45 지름 20cm, 길이가 100m인 관수로 흐름에서 손실수두가 0.2m라면 유속은? (단, 마찰손실 계수 $f=0.03$이다.)

① 0.61m/s ② 0.57m/s
③ 0.51m/s ④ 0.48m/s

> $h_L=f\dfrac{l}{D}\dfrac{V^2}{2g}$
>
> ∴ $V=\sqrt{\dfrac{2gDh_L}{fl}}=\sqrt{\dfrac{2\times 9.8\times 0.20\times 0.2}{0.03\times 100}}=0.51m$

☐☐☐ 산 13,23④

46 레이놀즈의 실험장치(Reynolds 수)에 의해서 구별할 수 있는 흐름은?

① 층류와 난류 ② 정류와 부정류
③ 상류와 사류 ④ 등류와 부등류

> 레이놀즈 수(R_e)에 의한 흐름의 분류
>
> | 구분 | 흐름 분류 |
> |---|---|
> | $R_e \leq 2000$ | 층류 |
> | $2000 < R_e < 4000$ | 천이영역 |
> | $R_e \geq 4000$ | 난류 |
>
> ∴ 레이놀즈 수(R_e)에 의해 층류와 난류의 흐름을 구별한다.

☐☐☐ 산 17,23④

47 폭 7.0m의 수로 중간에 폭 2.5m의 직사각형 위어를 설치하였더니 월류수심이 0.35m이었다면 이 때 월류량은? (단, $C=0.63$이며 접근유속은 무시한다.)

① 0.401m³/s ② 0.439m³/s
③ 0.963m³/s ④ 1.444m³/s

> $Q=\dfrac{2}{3}Cb\sqrt{2g}H^{\frac{3}{2}}$
>
> $=\dfrac{2}{3}\times 0.63\times 2.5\times \sqrt{2\times 9.8}\times 0.35^{\frac{3}{2}}=0.963\,m^3/s$

☐☐☐ 산 13,16,23④

48 두 개의 수조를 연결하는 길이 3.7m의 수평관속에 모래가 가득 차 있다. 두 수조의 수위차를 2.5m, 투수계수를 0.5m/s라고 하면 모래를 통과할 때의 평균 유속은?

① 0.104m/s ② 0.207m/s
③ 0.338m/s ④ 0.446m/s

> $V=Ki=K\dfrac{h}{L}$
>
> $=0.5\times \dfrac{2.5}{3.7}=0.338m/sec$

정답 43 ② 44 ④ 45 ③ 46 ① 47 ③ 48 ③

□□□ 산 95,02,10④,20②,23④

40 말뚝기초의 지지력에 관한 설명으로 틀린 것은?

① 부마찰력은 아래 방향으로 작용한다.
② 말뚝선단부의 지지력과 말뚝주변 마찰력의 합이 말뚝의 지지력이 된다.
③ 점성토 지반에는 동역학적 지지력 공식이 잘 맞는다.
④ 재하시험 결과를 이용하는 것이 신뢰도가 큰 편이다.

> 점성토 지반에 말뚝을 시공하면 압밀침하에 의한 부마찰력 때문에 동역학적 지지력 공식을 사용하는 것은 무리이다.

제3과목 : 수자원설계

1 수리학

□□□ 산 01,13,23④

41 [L.M.T]계로 나타낸 차원 중 옳은 것은?

① 동점성 계수 : $[LT^{-2}]$
② 일(에너지) : $[MLT^{-2}]$
③ 표면 장력 : $[MT]$
④ 힘 : $[MLT^{-2}]$

- 동점성계수 : $[L^2T^{-1}]$
- 일(에너지) : $[ML^2T^{-2}]$
- 표면 장력 : $[ML^{-2}]$

Remember

■ LMT와 LFT 관계
$F = m\alpha = [M][LT^{-1}] = [ML^{-4}T^2]$
∴ $M = [FL^{-1}T^2]$

■ 단위와 차원

물리량	공학단위	LMT계	LFT계
밀도	g/cm^3	ML^{-3}	$FL^{-4}T^2$
힘	$g \cdot cm/sec^2$	MLT^{-2}	F
각속도	l/sec	T^{-1}	T^{-1}
점성계수	$g/cm \cdot sec$	$ML^{-1}T^{-1}$	$FL^{-2}T$
동점성계수	cm^2/sec	L^2T^{-1}	L^2T^{-1}
투수계수	cm/sec	LT^{-1}	LT^{-1}
운동량	$g \cdot cm/sec$	MLT^{-1}	FT

□□□ 산 98,03,13,17,23④

42 물의 점성계수(coefficient of viscosity)에 대한 설명 중 옳은 것은?

① 수온에는 관계없이 점성계수는 일정하다.
② 점성계수와 동점성계수는 반비례한다.
③ 수온이 낮을수록 점성계수는 크다.
④ 4℃에서의 점성계수가 가장 크다.

> 점성계수 $\mu = \nu\rho$
> • 점성계수(μ)와 동점성계수(ν)는 비례한다.
> • 점성계수는 수온이 낮을수록 커지고 0℃에서 최대가 된다.

정답 40 ③   41 ④   42 ③

34 그림에서 주동토압의 크기를 구한 값은?
(단, 흙의 단위중량은 18kN/m³이고 내부마찰은 30°이다.)

① 56kN/m
② 108kN/m
③ 158kN/m
④ 236kN/m

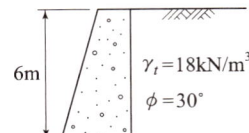

$$P_A = \frac{1}{2}\gamma_t H^2 \tan^2\left(45° - \frac{\phi}{2}\right)$$
$$= \frac{1}{2} \times 18 \times 6^2 \tan^2\left(45° - \frac{30°}{2}\right) = 108\,kN/m$$

35 현장에서 직접 연약한 점토의 전단강도를 측정하는 방법으로 흙이 전단될 때의 회전저항 모멘트를 측정하여 점토의 점착력(비배수 강도)을 측정하는 시험방법은?

① 표준관입시험
② 더치콘(Dutch Cone)
③ 베인시험(Vane Test)
④ CBR Test

베인시험(vane test)
연약한 점토 또는 대단히 예민한 점토지반의 점착력을 측정하는 시험으로 회전저항모멘트를 측정하여 비배수 점착력을 직접 측정하는 전단시험

36 어떤 흙의 입경가적곡선에서 $D_{10} = 0.05$mm, $D_{30} = 0.09$mm, $D_{60} = 0.15$mm이었다. 균등계수 C_u와 곡률계수 C_g의 값은?

① $C_u = 3.0$, $C_g = 1.08$
② $C_u = 3.5$, $C_g = 2.08$
③ $C_u = 3.0$, $C_g = 2.45$
④ $C_u = 3.5$, $C_g = 1.82$

- 균등계수 $C_u = \dfrac{D_{60}}{D_{10}} = \dfrac{0.15}{0.05} = 3.0$
- 곡률계수 $C_g = \dfrac{D_{30}^2}{D_{10} \times D_{60}} = \dfrac{0.09^2}{0.05 \times 0.15} = 1.08$

37 어떤 퇴적지반의 수평방향 투수계수가 4.0×10^{-3}cm/s이고, 수직방향 투수계수가 3.0×10^{-3}cm/s일 때 등가투수계수는 얼마인가?

① 3.46×10^{-3}cm/s
② 5.0×10^{-3}cm/s
③ 6.0×10^{-3}cm/s
④ 6.93×10^{-3}cm/s

$$K = \sqrt{K_h \cdot K_v}$$
$$= \sqrt{4 \times 10^{-3} \times 3 \times 10^{-3}} = 3.46 \times 10^{-3}\,cm/sec$$

38 투수계수에 관한 설명으로 잘못된 것은?

① 투수계수는 수두차에 반비례한다.
② 수온이 상승하면 투수계수는 증가한다.
③ 투수계수는 일반적으로 흙의 입자가 작을수록 작은 값을 나타낸다.
④ 같은 종류의 흙에서 간극비가 증가하면 투수계수는 작아진다.

같은 종류의 흙이면 간극비가 클수록 투수계수는 큰 값을 나타낸다.

39 샘플러 튜브(Sampler tube)의 면적비(C_a)를 9%라 하고 외경(D_w)를 6cm라 하면 끝의 내경(D_e)는 약 얼마인가?

① 3.61cm
② 4.82cm
③ 5.75cm
④ 6.27cm

면적비 $A_r = \dfrac{D_w^2 - D_e^2}{D_e^2} \times 100$에서

$$D_e = \dfrac{D_w}{\sqrt{1 + \dfrac{A_r}{100}}} = \dfrac{6}{\sqrt{1 + \dfrac{9}{100}}} = 5.75\,cm$$

정답 34 ② 35 ③ 36 ① 37 ① 38 ④ 39 ③

□□□ 산 13,14②,20③,23④

29 축척이 1/5000인 도면상에서 택지개발지구의 면적을 구하였더니 34.98cm²이었다면 실면적은?

① 1749m²
② 87450m²
③ 174900m²
④ 8745000m²

$$A_0 = A \cdot M^2$$
$$= 34.98 \times \left(\frac{1}{100}\right)^2 \times 5000^2 = 87450 \text{m}^2$$

□□□ 산 13①,15②,23④

30 방위각 100°에 대한 역방위는?

① S80°W
② N60°W
③ N80°W
④ S60°W

- 방위각과 역방위각은 180°의 차이가 있다.
- S(180°−100°)E의 역방위는 NW이다
- 역방위각 = 방위각+180° = 100°+180° = 280°
  ∴ N(360°−280°)W = N80°W

❷ 토질 및 기초

□□□ 산 85,95,99,02,10①,20②,23④

31 비교란 점토($\phi = 0$)에 대한 일축압축강도(q_u)가 36kN/m²이고 이 흙을 되비빔을 했을 때의 일축압축강도(q_{ur})가 12kN/m²이었다. 이 흙의 점착력(c_u)과 예민비(S_t)는 얼마인가?

① $c_u = 24$kN/m², $S_t = 0.3$
② $c_u = 24$kN/m², $S_t = 3.0$
③ $c_u = 18$kN/m², $S_t = 0.3$
④ $c_u = 18$kN/m², $S_t = 3.0$

- 내부 마찰각 $\phi = 0$인 점토의 일축 압축 강도 $q_u = 2c$
  ∴ 점착력 $c = \dfrac{q_u}{2} = \dfrac{36}{2} = 18$ kN/m²
- 예민비 $S_t = \dfrac{q_u}{q_{ur}} = \dfrac{36}{12} = 3$

□□□ 산 13,23④

32 압밀곡선(e−logP)에서 처녀압축곡선의 기울기는 무엇을 의미하는가?

① 압축계수
② 용적변화율
③ 압밀계수
④ 압축지수

압축지수 $C_c = \dfrac{e_1 - e_2}{\log p_2 - \log p_1}$

∴ 압밀곡선(e−logP)에서 처녀압축곡선의 기울기(직선부분)는 압축지수(C_c)를 나타낸다.

□□□ 산 90,91,93,05,08,18①,19①,23④

33 모래 치환법에 의한 흙의 밀도 시험에서 모래(표준사)는 무엇을 구하기 위해 사용되는가?

① 흙의 중량
② 시험구멍의 부피
③ 흙의 함수비
④ 지반의 지지력

표준모래(No.10 ~ No.200)를 사용하여 시험구멍(흙을 파낸 구멍)의 부피(V)을 구한다.

정답 29 ② 30 ③ 31 ④ 32 ④ 33 ②

23 A점과 B점의 표고가 각각 102m, 123m이고 AB의 거리가 14m일 때 110m 등고선은 A점으로부터 몇 m의 거리에 있는가?

① 16.3m ② 12.3m
③ 8.3m   ④ 5.3m

수직거리 : 수평거리
$(123-102) : 14 = (110-102) : x$
$\therefore x = \dfrac{(110-102) \times 14}{123-102} = 5.3m$

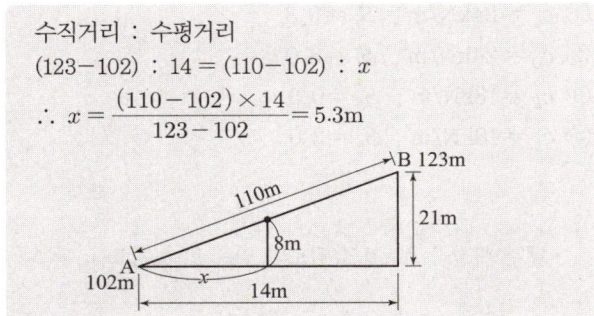

24 매개변수(A)가 90m인 클로소이드 곡선상의 시점에서 곡선길이(L)가 30m일 때 곡선의 반지름(R)은?

① 120m ② 150m
③ 270m ④ 300m

$A^2 = RL$에서
$R = \dfrac{A^2}{L} = \dfrac{90^2}{30} = 270m$

25 유심삼각망에 관한 설명으로 옳은 것은?

① 삼각망 중 가장 정밀도가 높다.
② 대규모 농지, 단지 등 방대한 지역의 측량에 적합하다.
③ 기선을 확대하기 위한 기선삼각망측량에 주로 사용된다.
④ 하천, 철도, 도로과 같이 측량 구역의 폭이 좁고 긴 지형에 적합하다.

유심 삼각망
광대한 지역의 측량에 적당하며, 단열 삼각망보다 정도가 높다.

26 반지름 150m의 단곡선을 설치하기 위하여 교각을 측정한 값이 57°36′일 때 접선장(T.L)과 곡선장(C.L)은?

① 접선장=82.46m, 곡선장=150.80m
② 접선장=82.46m, 곡선장=75.40m
③ 접선장=236.36m, 곡선장=75.40m
④ 접선장=236.36m, 곡선장=150.80m

• 접선장 $T.L = R\tan\dfrac{I}{2} = 150\tan\dfrac{57°36′}{2} = 82.46m$

• 곡선장 $C.L = \dfrac{\pi}{180°}RI°$
$= \dfrac{\pi}{180°} \times 150 \times 57°36′ = 150.80m$

27 위성의 배치상태에 따른 GNSS의 오차 중 단독측위(독립측위)와 관련이 없는 것은?

① GDOP ② RDOP
③ PDOP ④ TDOP

■ 단독측위(독립측위) : GPS 수신기 1대에 의한 것으로 GPS 측위의 기본적인 방법
• GDOP : 기하학적 정밀도 저하율
• PDOP : 위치정밀도 저하율
• TDOP : 시간정밀도 저하율
■ 상대측위 : RDOP ; 상대정밀도 저하율

28 트래버스측량에서는 각 관측의 정밀도와 거리관측의 정밀도가 균형을 이루어야 한다. 거리 100m에 대한 관측오차가 ±2mm일 때 각 관측 오차는?

① ±2″ ② ±4″
③ ±6″ ④ ±8″

$\dfrac{\Delta l}{l} = \dfrac{\alpha}{206265″} = \dfrac{\pm 0.2}{10000}$

$\therefore \alpha = \dfrac{\pm 0.2}{10000} \times 206265″ = 4.13″$

정답 23 ④ 24 ③ 25 ② 26 ① 27 ② 28 ②

□□□ 산 11②,13④,23④
19 철근콘크리트 깊은 보 및 깊은 보의 전단설계에 관한 설명으로 잘못된 것은?

① 순경간(l_n)이 부재 깊이의 4배 이하이거나 하중이 받침부로부터 부재 깊이의 2배 거리 이내에 작용하는 보를 깊은 보라 한다.
② 수직전단철근의 간격은 d/5 이하 또한 300mm 이하로 하여야 한다.
③ 수평전단철근의 간격은 d/5 이하 또한 300mm 이하로 하여야 한다.
④ 깊은 보에서는 수평전단철근이 수직전단철근 보다 전단보강 효과가 더 크다.

깊은 보에서는 수직전단철근이 수평전단철근 보다 전단 보강 효과가 더 크다.

□□□ 산 11①,13②,14①,16④,23④
20 철근과 콘크리트가 합성체로서 일체가 되어 외력에 저항할 수 있는 이유에 대한 설명으로 틀린 것은?

① 콘크리트와 철근의 탄성 계수가 비슷하기 때문이다.
② 콘크리트 속에 묻어 둔 철근은 녹이 잘 슬지 않기 때문이다.
③ 콘크리트와 철근의 부착 강도가 비교적 크기 때문이다.
④ 콘크리트와 철근의 온도 변화에 대한 선팽창 계수가 거의 같기 때문이다.

철근과 콘크리트의 열팽창계수가 거의 같다.

> **Remember**
>
> 철근콘크리트가 성립되는 조건
> • 철근과 콘크리트 사이의 부착강도가 크다.
> • 철근과 콘크리트의 열팽창계수가 거의 같다.
> • 콘크리트 속에 묻힌 철근은 부식하지 않는다.
> • 압축은 콘크리트가 인장은 철근이 부담한다.
> • 철근의 탄성계수 E_s는 콘크리트의 탄성계수 E_c보다 n배 크다.

제2과목 : 측량 및 토질

1 측량학

□□□ 산 13④,23④
21 직사각형의 면적을 구하기 위해 거리를 관측한 결과, 가로=50±0.01m, 세로=100.00±0.02m이었다면 면적과 발생 오차는?

① $5,000\pm1.41\text{m}^2$
② $5,000\pm0.02\text{m}^2$
③ $5,000\pm0.0141\text{m}^2$
④ $5,000\pm0.0002\text{m}^2$

• 발생오차 $E=\pm\sqrt{a_1m_2+a_2m_1}$
$E=\pm\sqrt{50\times0.02+100\times0.01}=\pm1.414\text{m}$
• 면적 $A=50\times100=5000\text{m}^2$
∴ $5000\pm1.41\text{m}^2$

□□□ 산 13④,23④
22 B.M.의 표고가 98.760m일 때, B점 지반고는? (단, 단위 : m)

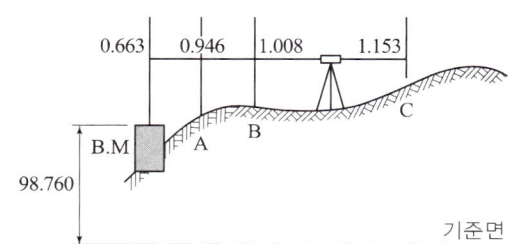

측점	관측값	측점	관측값
B.M	0.663	B	1.008
A	0.946	C	1.153

① 98.270m   ② 98.415m
③ 98.477m   ④ 99.768m

• B.M 기계고 : 그 점의 지반고+후시
 ∴ 98.760+0.663=99.423m
• B점의 지반고 : B.M 기계고−B점의 관측값
 ∴ 99.423−1.008=98.415m

13 아래 그림과 같은 단철근 직사각형 보의 압축연단에서 중립축까지의 거리(c)는? (단, $f_{ck}=21$MPa, $f_y=400$MPa, $A_s=2500$mm²)

① 140.1mm
② 151.4mm
③ 167.2mm
④ 175.1mm

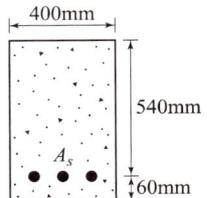

$c = \dfrac{a}{\beta_1}$

• $f_{ck} \le 40$MPa 일 때 $\eta=1$, $\beta_1=0.80$
• $a = \dfrac{A_s f_y}{\eta(0.85 f_{ck})b} = \dfrac{2500 \times 400}{1 \times 0.85 \times 21 \times 400}$
  $= 140.06$mm
• 중립축의 위치
  $c = \dfrac{140.06}{0.80} = 175.1$mm

14 단철근 직사각형 보에서 아래 표의 조건과 같을 때 균형 단면이 되기 위한 중립축의 거리(c) 값은?

$$f_y = 300\text{MPa}, \quad d = 750\text{mm}$$

① 205mm ② 356mm
③ 405mm ④ 516mm

$c = \left(\dfrac{660}{660+f_y}\right)d = \dfrac{660}{660+300} \times 750 = 516$mm

15 PS 강재에 요구되는 일반적인 성질로 틀린 것은?

① 인장강도가 클 것
② 항복비가 클 것
③ 직선성이 좋을 것
④ 릴랙세이션(Relaxation)이 클 것

릴랙세이션이 적을 것

16 그림과 같은 맞대기 용접이음의 유효길이는 얼마인가?

① 150mm
② 300mm
③ 400mm
④ 600mm

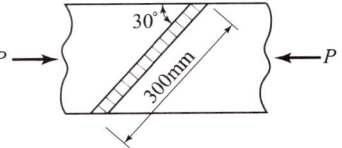

$l_e = l \sin\theta = 300\sin 30° = 150$mm

17 철근콘크리트 보에 전단력과 휨만이 작용할 때 콘크리트가 받을 수 있는 설계전단강도(ϕV_c)는 약 얼마인가? (단, $b_w=300$mm, $d=500$mm, $f_{ck}=24$MPa, $f_y=350$MPa)

① 78.4kN   ② 84.7kN
③ 91.9kN   ④ 102.3kN

$\phi V_c = \phi \dfrac{1}{6}\lambda\sqrt{f_{ck}}\,b_w d$

• 전단력과 비틀림 모멘트의 강도감소계수 $\phi=0.75$
  $\therefore \phi V_c = 0.75 \times \dfrac{1}{6} \times 1 \times \sqrt{24} \times 300 \times 500$
  $= 91856$N $= 91.9$kN

18 슬래브의 설계에서 직접설계법을 사용하고자 할 때 제한사항으로 틀린 것은?

① 각 방향으로 3경간 이상 연속되어야 한다.
② 슬래브판들은 단변 경간에 대한 장변 경간의 비가 2 이하인 직사각형이어야 한다.
③ 연속한 기둥 중심선을 기준으로 기둥의 어긋남은 그 방향 경간의 10% 이하이어야 한다.
④ 모든 하중은 모멘트하중으로서 슬래브판 전체에 등분포되어야 하며, 활하중은 고정하중의 1/2 이상이어야 한다.

모든 하중은 슬래브 판 전체에 걸쳐 등분포된 연직하중이어야 하며, 활하중은 고정하중의 2배 이하이어야 한다.

□□□ 산 18④,23④

10 지름이 D인 원형단면의 단주에서 핵(core)의 면적으로 옳은 것은?

① $\dfrac{\pi D^2}{4}$ ② $\dfrac{\pi D^2}{16}$

③ $\dfrac{\pi D^2}{32}$ ④ $\dfrac{\pi D^2}{64}$

> 원형단면의 핵거리 및 면적
>
> • 핵거리 $e = \dfrac{Z}{A} = \dfrac{\frac{\pi D^3}{32}}{\frac{\pi D^2}{4}} = \dfrac{D}{8}$
>
> • 핵의 지름 $= \dfrac{D}{8} \times 2 = \dfrac{D}{4}$
>
> $\therefore A = \dfrac{\pi d^2}{4} = \dfrac{\pi}{4}\left(\dfrac{D}{4}\right)^2 = \dfrac{\pi}{4} \cdot \dfrac{D^2}{16} = \dfrac{\pi D^2}{64}$

❷ 철근콘크리트 및 강구조

□□□ 산 11①,14②,20②,23④

11 상부철근(정착길이 아래 300mm를 초과되게 굳지 않은 콘크리트를 친 수평철근)으로 사용되는 인장 이형철근의 정착길이를 구하려고 한다. $f_{ck}=21\text{MPa}$, $f_y=300\text{MPa}$을 사용한다면 상부철근으로서의 보정계수만을 사용할 때 정착길이는 얼마 이상이어야 하는가? (단, D29 철근으로 공칭지름은 28.6mm, 공칭단면적은 642mm²이고, 보통중량콘크리트이다.)

① 1461mm   ② 1123mm
③ 987mm   ④ 865mm

> ■ 인장 이형철근의 정착(D35 이하의 철근의 경우)
>
> $l_{db} = \dfrac{0.6\, d_b f_y}{\lambda \sqrt{f_{ck}}} = \dfrac{0.6 \times 28.6 \times 300}{1 \times \sqrt{21}} = 1123.39\,\text{mm}$
>
> ■ 정착길이
>
> $l_d = l_{db} \times$ 보정계수 $= 1123.39 \times 1.3 = 1460.4\,\text{mm}$
>
> ∵ 상부철근(철근길이 또는 이음부 아래 300mm를 초과되게 굳지 않은 콘크리트를 친 수평철근 : 1.3

□□□ 산 12①,13④,14④,15①②④,16①②,23④

12 프리스트레스의 손실원인은 크게 프리스트레스를 도입할 때 일어나는 손실과 프리스트레스 도입 후 일어나는 손실로 구분할 수 있다. 다음 중 프래스트레스 도입할 때 얼어나는 일어나는 손실원인이 아닌 것은?

① 콘트리트의 탄성변형
② PS강재와 쉬스 사이의 마찰
③ 콘크리트의 건조수축
④ 정착단의 활동

> ■ 도입손실=즉시 손실
> • 정착장치의 활동
> • 콘크리트의 탄성수축
> • 포스트텐션 긴장재와 덕트 사이의 마찰
>
> ■ 도입 후 손실=시간적 손실
> • 콘크리트의 크리프
> • 콘크리트의 건조수축
> • 긴장재 응력의 릴랙세이션

정답 10 ④　11 ①　12 ③

□□□ 산 11②,14①,20②,23④
05 그림에서 C점에 얼마의 힘(P)으로 당겼더니 부재 BC에 200kN의 장력이 발생하였다면 AC에 발생하는 장력은?

① 86.6kN
② 115.5kN
③ 346.4kN
④ 400.0kN

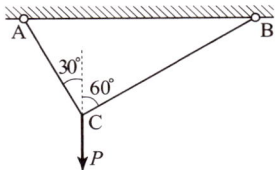

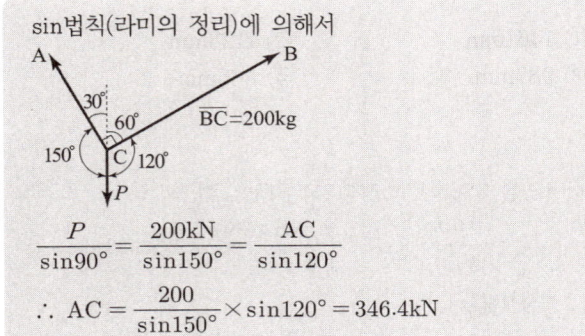

sin법칙(라미의 정리)에 의해서

$$\frac{P}{\sin 90°} = \frac{200\text{kN}}{\sin 150°} = \frac{AC}{\sin 120°}$$

$$\therefore AC = \frac{200}{\sin 150°} \times \sin 120° = 346.4\text{kN}$$

□□□ 산 17①,19④,23④
06 외력을 받으면 구조물의 일부나 전체의 위치가 이동될 수 있는 상태를 무엇이라 하는가?

① 안정
② 불안정
③ 정정
④ 부정정

- 안정 : 어떤 외력을 받더라도 항상 비김상태에 있고 외력에 대해서 구조물 전체가 위치를 옮기지 않는 상태
- 불안정 : 외력을 받으면 구조물의 일부 또는 전체가 위치를 옮기는 상태
- 정정 : 정역학적 평형 3조건으로 해석할 수 있는 구조물
- 부정정 : 평형 3조건으로 해석할 수 없는 보

□□□ 산 15,16,17,19①,23④
07 동일 평면상의 한 점에 여러 개의 힘이 작용하고 있을 때, 여러 개의 힘의 어떤 점에 대한 모멘트의 합은 그 합력의 동일점에 대한 모멘트와 같다는 것은 다음 중 어떤 정리인가?

① Mohr의 정리
② Lami의 정리
③ Castigliano의 정리
④ Varignon의 정리

Varignon의 원리
- 여러 힘의 한 점에 대한 모멘트의 대수합은 합력의 그 점에 대한 모멘트와 같다.
- 분력의 모멘트 합은 합력의 모멘트와 같다.
- 합력의 작용점을 구할 때 사용한다.

□□□ 산 13,23④
08 그림과 같은 겔버보의 C점에서 전단력의 절대값 크기는?

① 0kN
② 0.5kN
③ 1kN
④ 3kN

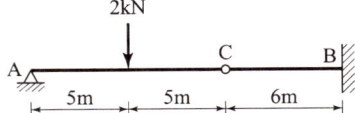

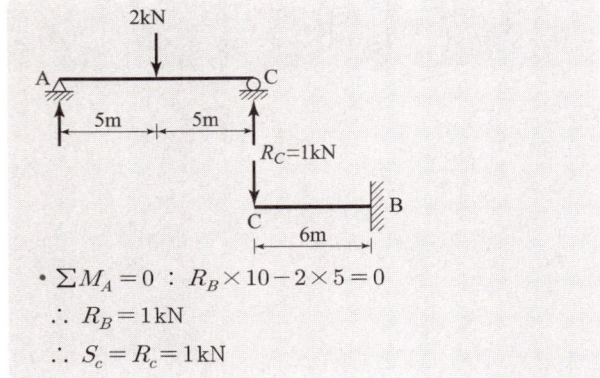

- $\sum M_A = 0$: $R_B \times 10 - 2 \times 5 = 0$
- $\therefore R_B = 1\text{kN}$
- $\therefore S_c = R_c = 1\text{kN}$

□□□ 산 86,97,98,20③,23④
09 지름이 D인 원형 단면의 도심 축에 대한 단면 2차 극모멘트는?

① $\frac{\pi D^4}{64}$
② $\frac{\pi D^4}{32}$
③ $\frac{\pi D^4}{4}$
④ $\frac{\pi D^4}{2}$

단면2차 극모멘트 $I_P = I_x + I_y$

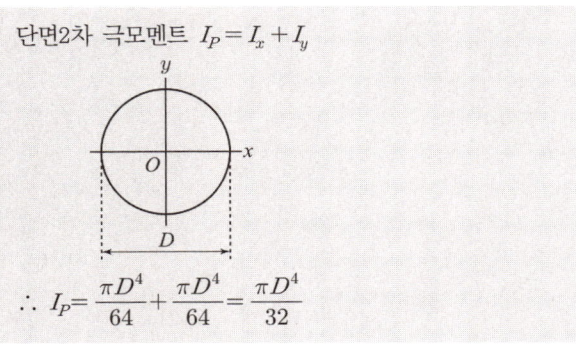

$$\therefore I_P = \frac{\pi D^4}{64} + \frac{\pi D^4}{64} = \frac{\pi D^4}{32}$$

국가기술자격 필기시험문제

2023년도 기사 4회 필기시험

자격종목	코 드	시험시간	형 별
토목산업기사	1048	2시간	A

※ 2023년도부터 토목산업기사 필기 출제기준이 변경되었음을 알려드립니다. (필기 120문항에서 60문항으로 변경)
※ 각 문항은 4지택일형으로 질문에 가장 적합한 보기 항을 선택하시면 됩니다.

제1과목 : 구조설계

1 역학적인 개념 및 건설 구조물의 해석

□□□ 산 11,12,13,15,18,23④

01 길이 10m, 지름 30mm의 철근이 5mm 늘어나기 위해서는 얼마의 하중이 필요한가?
(단, $E=2\times10^5$MPa)

① 51476N ② 62150N
③ 70686N ④ 81316N

$\Delta l = \dfrac{Pl}{EA}$ 에서 $P = \dfrac{EA\Delta l}{l}$

- $A = \dfrac{\pi d^2}{4} = \dfrac{\pi \times 30^2}{4} = 706.86\,mm^2$

∴ $P = \dfrac{2\times10^5 \times 706.86 \times 5}{10000} = 70686\,N$

□□□ 산 16,23④

02 다음 그림과 같이 한 점에 작용하는 세 힘의 합력의 크기는 얼마인가?

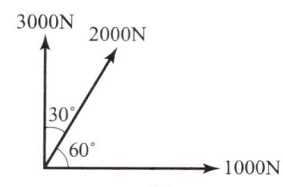

① 3742N ② 4264N
③ 5137N ④ 5974N

$R = \sqrt{(\sum V)^2 + (\sum H)^2}$

- 연직력의 총합 $\sum V = 3000 + 2000\cos 30° = 4732.05\,N$
- 수평력의 총합 $\sum H = 1000 + 2000\cos 60° = 2000\,N$

∴ $R = \sqrt{(4732.05)^2 + (2000)^2} = 5137.34\,N$

□□□ 산 14②,18②,19④,23④

03 직사각형 단면의 최대 전단응력은 평균 전단응력의 몇 배인가?

① 1.5 ② 2.0
③ 2.5 ④ 3.0

- 직사각형 단면 : $\tau_{max1} = \dfrac{3S}{2A} = 1.5\dfrac{S}{A}$
- 원형단면 : $\tau_{max2} = \dfrac{4S}{3A}$

□□□ 산 13,21,23④

04 그림과 같은 단면의 도심거리를 구한 값으로 옳은 것은?

① 50cm
② 40cm
③ 30cm
④ 20cm

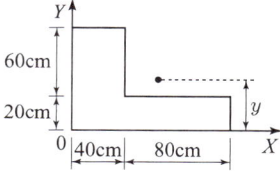

$y = \dfrac{G_x}{A}$

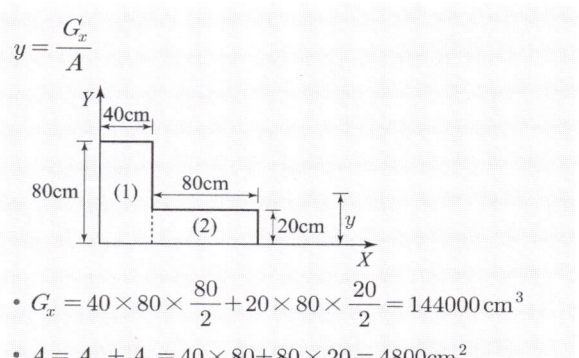

- $G_x = 40 \times 80 \times \dfrac{80}{2} + 20 \times 80 \times \dfrac{20}{2} = 144000\,cm^3$
- $A = A_1 + A_2 = 40 \times 80 + 80 \times 20 = 4800\,cm^2$

∴ $\bar{y} = \dfrac{G_x}{A} = \dfrac{144000}{4800} = 30.0\,cm$

정답 01 ③ 02 ③ 03 ① 04 ③

□□□ 산 96,20②,23②
59 하수처리 과정 중 3차 처리의 주 제거 대상이 되는 것은?

① 발암물질 ② 부유물질
③ 영양염류 ④ 유기물질

> 하수 1차처리 및 2차처리에서 영양염류인 인(P), 질소(N) 등이 완전제거가 어려우므로 부영양화의 원인이 된다. 따라서 특수 성분제거, 방류지역의 부영양화 방지를 위해서 2차 처리를 다시 3차 처리(고도처리)를 한다.

□□□ 산 99,23②
60 펌프에서 시스템 수두곡선이란 무엇과 무엇의 관계를 나타낸 곡선인가?

① 총수두와 양수량   ② 총수두와 양정
③ 총수두와 효율   ④ 총수두와 동력

> 펌프의 시스템 수두곡선은 총수두(THD)와 양수량(Q) 간의 관계를 나타낸다.

54 도수시설의 계획도수량에 대한 설명으로 옳은 것은?

① 계획1일 평균급수량에 10% 정도의 여유를 고려하여 결정한다.
② 계획1일 최대급수량에 10% 정도의 여유를 고려하여 결정한다.
③ 계획시간 최대급수량에 10% 정도의 여유를 고려하여 결정한다.
④ 계획소화용수량에 10% 정도의 여유를 고려하여 결정한다.

- 계획도수량 : 계획취수량을 기준으로 한다.
- 계획취수량 : 계획1일최대급수량에 10% 정도의 여유를 고려하여 결정되는 것이 일반적이다.

55 하수의 계획1일최대오수량을 구하는 방법으로 맞는 것은?

① 1인1일평균오수량×계획인구+ 공장폐수
② 1인1일최대오수량×계획인구+ 공장폐수
③ 1인1일평균오수량×계획인구+ 공장폐수+ 지하수량 + 기타배수량
④ 1인1일최대오수량×계획인구+ 공장폐수+ 지하수량 + 기타배수량

계획1일최대오수량
1인1일 최대오수량×계획인구+공장폐수량+지하수량 +기타배수량

56 수원의 구비요건으로 틀린 것은?

① 수질이 좋아야 한다.
② 수량이 풍부하여야 한다.
③ 정수장보다 가능한 한 낮은 곳에 위치하여야 한다.
④ 상수 소비지에서 가까운 곳에 위치하는 것이 좋다.

수원은 정수장이나 도시보다 높은 곳에 위치함으로써 도수, 송수 및 배수가 자연류하식이 되도록 해야 한다.

57 완속여과와 급속여과에 대한 설명으로 옳지 않은 것은?

① 완속여과는 모래층과 모래층 표면에 증식하는 미생물막에 의해 수중의 불순물을 포착하여 산화분해하는 정수방법이다.
② 급속여과는 원수 중의 현탁물질을 약품침전시킨 후 분리하는 방법이다.
③ 완속여과는 유입수의 수질이 비교적 양호한 경우에 사용할 수 있다.
④ 대규모 처리시에는 급속여과가 적당하나 완속여과에 비해 넓은 시설면적이 필요하다.

급속여과
- 시설면적이 적게 들며, 건설비도 적게 소요된다.
- 대규모 처리 시에는 급속여과가 적당하다.

58 관거의 접합방법 중에서 유수(流水)는 원활하지만 관거의 매설깊이가 증가하여 토공비가 많이 들고, 펌프 배수시 펌프 양정을 증가시키는 단점이 있는 것은?

① 수면접합
② 관저 접합
③ 관중심 접합
④ 관정 접합

관정접합
유수는 원활한 흐름이 되지만 굴착깊이가 증가됨으로 공사비가 증대되고 펌프로 배수하는 지역에서는 양정이 높게 되는 단점이 있다.

Remember
관거의 접합

수면접합	수리학적으로 대개 계획수위를 일치시켜 접합시키는 것
관정접합	유수는 일정한 흐름이 되지만 굴착깊이가 증가됨으로 공사비가 증대된다.
관중심접합	수면접합과 관정접합의 중간적인 방법
관저접합	굴착깊이를 얕게 함으로 공사비용을 줄일 수 있다.

정답 54 ② 55 ④ 56 ③ 57 ④ 58 ④

□□□ 산 06,12,13,14,17,18④,23②

49 정상적인 흐름 내 하나의 유선 상에서 유체 입자에 대하여 속도수두가 $\dfrac{V^2}{2g}$, 압력수두가 $\dfrac{P}{w_o}$, 위치수두가 Z라고 할 때 동수경사선은?

① $\dfrac{V^2}{2g}+Z$
② $\dfrac{V^2}{2g}+\dfrac{P}{w_o}$
③ $\dfrac{P}{w_o}+Z$
④ $\dfrac{V^2}{2g}+\dfrac{P}{w_o}+Z$

- 동수경사선
  - 위치 수두(Z)와 압력 수두$\left(\dfrac{P}{w_o}\right)$를 연결한 선을 말한다.
  - 즉 $\dfrac{P}{w_0}+Z$
- 에너지선
  - 압력 수두$\left(\dfrac{P}{w_o}\right)$+위치 수두($Z$)+속도 수두$\left(\dfrac{V^2}{2g}\right)$
  - 즉 $\dfrac{V^2}{2g}+Z+\dfrac{P}{w_0}$

□□□ 산 97,03,13,23②

50 다음 중 베르누이의 정리를 응용하지 않은 것은?

① 토리첼리의 정리
② 피토관
③ 벤츄리미터
④ 운동량 보존 법칙

베르누이 정리의 응용
- 토리첼리(Torricelli)의 정리
- 피토관(Pitot tube)
- 벤츄리미터(Venturimeter)

❷ 상하수도 계획

□□□ 산 19②,23②

51 인구 20만 도시에 계획 1인 1일 최대급수량 500L, 급수보급률 85%를 기준으로 상수도시설을 계획할 때 이 도시의 계획 1일 최대급수량은?

① 85000m³/일
② 100000m³/일
③ 120000m³/일
④ 170000m³/일

계획1일 최대급수량
= 계획 1인1일 최대급수량×계획 급수인구×급수보급율
= $500\times 10^{-3}\times 200000\times 0.85$
= $85000\,\text{m}^3/\text{day}$
(∴ $1\text{m}^3=1000\text{L}$)

□□□ 산 14,23②

52 유입하수량 10000m³/day, 유입 BOD농도 120mg/L, 폭기조 내 MLSS농도 2000mg/L, BOD부하 0.5kgBOD/kgMLSS·day일 때 폭기조의 용적은?

① 240m³
② 600m³
③ 1000m³
④ 1200m³

$V=\dfrac{\text{BOD농도}\times Q}{\text{MLSS농도}\times \text{F/M}}$
$=\dfrac{120\times 10000}{2000\times 0.5}=1200\,\text{m}^2$

□□□ 산 04,23②

53 다음 중 침전지에서 모래를 침전시키는 원리를 적용시킬 수 있는 침전형태는?

① 독립침전
② 응집침전
③ 지역침전
④ 압축침전

단독(독립)침전
비중이 큰 무거운 독립 입자의 침전이 통상 독립침전에 속하며 stockes법칙이 적용되는 침전의 형태로 침사지(침전지)에서 이루어진다.

정답 49 ③ 50 ④ 51 ① 52 ④ 53 ①

☐☐☐ 산 02,04,11,19①,23②

43 모세관 현상에 관한 설명으로 옳지 않은 것은?

① 모세관의 상승높이는 액체의 응집력과 액체와 관 벽의 부착력에 의해 좌우된다.
② 액체의 응집력이 관 벽과의 부착력보다 크면 관내의 액체 높이는 관 밖의 액체보다 낮게 된다.
③ 모세관의 상승높이는 모세관의 지름 d에 반비례한다.
④ 모세관의 상승높이는 액체의 단위중량에 비례한다.

$$h = \frac{4T\cos\theta}{wd}$$

∴ 모세관의 상승 높이(h)는 액체의 단위중량(w)에 반비례한다.

☐☐☐ 산 05,10,15,23②

44 부체의 안정성을 판단할 때 관계가 없는 것은?

① 경심(metacenter)
② 수심(water depth)
③ 부심(center of buoyancy)
④ 무게중심(center of gravity)

부체의 안정성 판단시 고려사항
• 물체의 중심(G)과 부체의 부심(C) 및 물체의 중심선과 부력의 작용선이 만나는 경심(M)
• 경심(M) > 중심(G) > 부심(B) : 안정
• 중심(G) > 경심(M) > 부심(B) : 불안정

☐☐☐ 산 07,16,23②

45 관수로에서 Reynolds 수가 300일 때 추정할 수 있는 흐름의 상태는?

① 상류
② 사류
③ 층류
④ 난류

레이놀즈 수 $R_e = \dfrac{VD}{\nu}$
• 층류 : $R_e < 2000$인 경우
• 난류 : $R_e > 2000$인 경우
• 불안전 층류 : $2000 < R_e < 4000$인 경우
∴ 관수로에서 흐름은 층류의 흐름이다.

☐☐☐ 산 23②

46 구형수로에서 수리상 유리한 단면일 때, 경심 R과 단면폭 B와의 관계 중 옳은 것은?

① $R = \dfrac{B}{4}$
② $R = \dfrac{B}{3}$
③ $R = \dfrac{B}{2}$
④ $R = 2B$

직사각형의 유리한 단면
• 단면폭 $B = 2H$, $H = \dfrac{B}{2}$
• 경심 $R = \dfrac{H}{2}$
∴ 경심 $R = \dfrac{H}{2} = \dfrac{1}{2} \times \dfrac{B}{2} = \dfrac{B}{4}$

☐☐☐ 산 92,13②,19④,23②

47 지름이 각각 10cm와 20cm인 관이 서로 연결되어 있다. 20cm인 관에서의 유속이 2m/s일 때 10cm 관에서의 유속은?

① 0.8m/sec
② 8m/sec
③ 0.6m/sec
④ 6m/sec

$Q = A_1 V_1 = A_2 V_2$

$\therefore V_1 = \dfrac{A_2}{A_1} V_2 = \left(\dfrac{D_{20}}{D_{10}}\right)^2 V_2$

$= \left(\dfrac{0.20}{0.10}\right)^2 \times 2 = 8\text{m/sec}$

☐☐☐ 산 23②

48 정방형 오리피스의 수두(水頭)가 3m인 오리피스에서의 유량은? (단, 오리피스 한변의 길이 1m 유량계수 0.62)

① 2.75m³/s
② 3.75m³/s
③ 4.75m³/s
④ 5.75m³/s

$Q = Ca\sqrt{2gh}$
$= 0.62 \times (1 \times 1)\sqrt{2 \times 9.8 \times 3}$
$= 4.75\text{m}^3/\text{s}$

정답 43 ④ 44 ② 45 ③ 46 ① 47 ② 48 ③

38 흙의 투수계수에 대한 설명으로 틀린 것은?

① 흙의 투수계수는 보통 Darcy 법칙에 의하여 정해진다.
② 투수계수는 온도와는 관계가 없다.
③ 모래의 투수계수는 간극비나 흙의 형상과 관계가 있다.
④ 투수계수는 물의 점성과 관계가 있다.

> 수온이 상승하면 흙의 투수계수는 증가한다.

39 10개의 무리 말뚝기초에 있어서 효율이 0.8, 단항으로 계산한 말뚝 1개의 허용지지력이 100kN일 때 군항의 허용지지력은?

① 500kN ② 800kN
③ 1000kN ④ 1250kN

> $R_{ag} = E \cdot N \cdot R_a = 0.8 \times 10 \times 100 = 800 \text{kN}$

40 사운딩 시험 중에서 시료채취와 동시에 N값을 얻을 수 있는 시험은?

① 표준관입시험
② 화란식 원추 관입시험
③ 원추관입시험
④ 베인시험

> 표준 관입 시험 : N치를 나타내는 토질 동시 채취

제3과목 : 수자원설계

1 수리학

41 관수로에서 최대유속이 $V_{\max}$이고 평균유속이 V_m이라고 하면, 최대유속 $V_{\max}$와 평균유속 V_m의 관계에 가장 가까운 것은? (단, 층류로 흐르는 경우)

① 평균유속 V_m은 최대유속 $V_{\max}$의 1/2이다.
② 평균유속 V_m은 최대유속 $V_{\max}$의 1/3이다.
③ 평균유속 V_m은 최대유속 $V_{\max}$의 1/4이다.
④ 평균유속 V_m은 최대유속 $V_{\max}$의 1/6이다.

> - 평균유속 $V_m = \dfrac{Q}{\pi r_o^2} = \dfrac{\Delta P}{8\mu l} r_o^2 = \dfrac{wh_L}{8\mu l} r_o^2$
> - 최대유속 $V_{\max} = \dfrac{\Delta P}{4\mu l} r_o^2 = \dfrac{wh_L}{4\mu l} r_o^2$
> - $\dfrac{V_{\max}}{V_m} = \dfrac{\dfrac{wh_L}{4\mu l} r_o^2}{\dfrac{wh_L}{8\mu l} r_o^2} = 2$
>
> ∴ 관내 평균유속은 최대유속의 $\dfrac{1}{2}$에 해당된다.
>
> 즉, $V_m = \dfrac{1}{2} V_{\max}$

42 직사각형단면의 개수로에 흐르는 한계유속을 표시한 것은? (단, V_c : 한계유속, h_c : 한계수심, a : 에너지 보정계수)

① $V_c = \left(\dfrac{gh_c}{a}\right)^{1/2}$ ② $V_c = \left(\dfrac{\alpha h_c}{b}\right)^{1/2}$
③ $V_c = \left(\dfrac{\alpha h_c^2}{b}\right)^{1/3}$ ④ $V_c = \left(\dfrac{gh_c^2}{a}\right)^{1/3}$

> 한계 유속
> $V_c = \sqrt{\dfrac{gh_c}{\alpha}} = \left(\dfrac{gh_c}{\alpha}\right)^{\frac{1}{2}}$

정답 38 ② 39 ② 40 ① 41 ① 42 ①

33 흙의 분류방법 중 통일분류법에 대한 설명으로 틀린 것은?

① #200(0.075mm)체 통과율이 50%보다 작으면 조립토이다.
② 조립토 중 #4(4.75mm)체 통과율이 50%보다 작으면 자갈이다.
③ 세립토에서 압축성의 높고 낮음을 분류할 때 사용하는 기준은 액성한계 35%이다.
④ 세립토를 여러 가지로 세분하는 데는 액성한계와 소성지수의 관계 및 범위를 나타내는 소성도표가 사용된다.

- 통일분류법(조립토와 세립토)

방법 통과율	50% 이하인 흙	50% 이상인 흙
No.200체 통과율	조립토	세립토
No.4체 통과율	자갈[G]	모래[S]

- 통일분류법(액성한계값으로 분류)

액성한계 W_L	$W_L \leq 50\%$	$W_L \geq 50\%$
실트(M) 및 점토(C)	압축성이 낮은 흙[L]	압축성이 높은 흙[H]
ML	압축성이 낮은 실트	압축성이 높은 실트
CL	압축성이 낮은 점토	압축성이 높은 점토

∴ 세립토에서 압축성의 높고 낮음을 분류할 때 사용하는 기준은 액성한계 50%이다.

34 다음 그림과 같은 모래지반에서 $X-X$ 단면의 전단강도는? (단, $\gamma_w = 9.81\text{kN/m}^3$, $\phi = 30°$, $c = 0$)

① 15.6kN/m^2
② 21.4kN/m^2
③ 31.4kN/m^2
④ 42.7kN/m^2

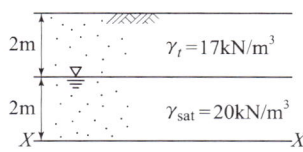

$\tau = c + \overline{\sigma} \tan\phi$
- $\overline{\sigma} = \gamma_t h_1 + (\gamma_{sat} - \gamma_w)h_2$
  $= 17 \times 2 + (20 - 9.81) \times 2 = 54.38\text{kN/m}^2$
∴ $\tau = 0 + 54.38\tan30° = 31.4\text{kN/m}^2$

35 흙의 전단강도에 대한 설명으로 틀린 것은?

① 흙의 전단강도와 압축강도는 밀접한 관계에 있다.
② 흙의 전단강도는 입자간의 내부마찰각과 점착력으로부터 주어진다.
③ 외력이 증가하면 전단응력에 의해서 내부의 어느 면을 따라 활동이 일어나 파괴된다.
④ 일반적으로 사질토는 내부마찰각이 작고, 점성토는 점착력이 작다.

- 보통의 흙 : $\tau = c + \sigma\tan\phi$
- 사질토는 내부마찰각(ϕ), 점성토는 점착력(c)이 지배한다.

36 간극비(e) 0.65, 함수비(w) 20.5%, 비중(G_s) 2.69인 사질점토의 습윤단위중량(γ_t)는?

① 10.2kN/m^3
② 13.5kN/m^3
③ 16.3kN/m^3
④ 19.3kN/m^3

$\gamma_t = \dfrac{G_s + S \cdot e}{1+e}\gamma_w$

- $S \cdot e = G_s \cdot w$에서

$S = \dfrac{G_s w}{e} = \dfrac{2.69 \times 20.5}{0.65} = 84.84\% = 0.8484$

∴ $\gamma_t = \dfrac{2.69 + 0.8484 \times 0.65}{1 + 0.65} \times 9.81 = 19.3\text{kN/m}^3$

37 점착력(c)이 4kN/m^2, 내부마찰각(ϕ)이 30°, 흙의 단위중량(γ)이 16kN/m^3인 흙에서 인장균열이 발생하는 깊이(z_o)는?

① 1.73m
② 1.28m
③ 0.87m
④ 0.29m

$z_c = \dfrac{2c}{\gamma}\tan\left(45° + \dfrac{\phi}{2}\right)$
$= \dfrac{2 \times 4}{16}\tan\left(45° + \dfrac{30°}{2}\right) = 0.87\text{m}$

정답 33 ③ 34 ③ 35 ④ 36 ④ 37 ③

□□□ 산 11,16①,20②,23②

30 A, B 두 사람이 어느 2점간의 고저측량을 하여 다음과 같은 결과를 얻었다면 2점간의 고저차에 대한 최확값은?

- A의 관측값 : 38.65±0.03m
- B의 관측값 : 38.58±0.02m

① 38.58m ② 38.60m
③ 38.62m ④ 38.63m

최확치 $H_o = \dfrac{P_A H_A + P_B H_B}{P_A + P_B}$

- 경중률은 측정오차의 제곱에 반비례한다.
  $A : B = \dfrac{1}{3^2} : \dfrac{1}{2^2} = 4 : 9$
  $\therefore H_o = 38 + \dfrac{4 \times 0.65 + 9 \times 0.58}{4+9} = 38.60\text{m}$

② 토질 및 기초

□□□ 산 23②

31 점토의 압밀시험에 의하여 구해지는 $e - \log P$ 곡선 (e : 간극비, P : 압밀하중)의 직선부분의 경사로서 (A)가 구해지는데 이것은 점토층의 (B)의 계산에 이용된다. 이때 A와 B에 각각 알맞는 것은?

① A : 압밀계수 C_v, B : 압밀소요시간 t
② A : 압축지수 C_c, B : 압밀침하량 S_c
③ A : 압축지수 C_c, B : 압밀소요시간 t
④ A : 압밀계수 C_v, B : 압밀침하량 S_c

압축지수(C_c)

- e-logP곡선에서 선행압밀압력을 넘으면 그 곡선은 대략 직선상을 보이며 이 직선 부분의 기울기를 압축지수(C_c)라 한다.
- 압축지수는 점토층의 압밀침하량 산정에 사용된다.
  $\Delta H = S_t = \dfrac{C_c \cdot H}{1+e} \log \dfrac{P_1 + \Delta P}{P_1}$

□□□ 산 97,13,23②

32 다짐시험의 조건이 아래의 표와 같을 때 다짐에너지(E_c)를 구하면?

- 몰드의 부피(V) : 1000cm³
- 래머의 무게(W) : 25N
- 래머의 낙하높이(h) : 30cm
- 다짐 층수(N_L) : 3층
- 각 층당 다짐횟수(N_B) : 25회

① 56.25N·cm/cm³ ② 62.73N·cm/cm³
③ 70.21N·cm/cm³ ④ 78.35N·cm/cm³

$E_c = \dfrac{W_R \cdot H \cdot N_B \cdot N_L}{V}$
$= \dfrac{25 \times 30 \times 25 \times 3}{1000}$
$= 56.25\,\text{N}\cdot\text{cm/cm}^3$
$= 562.5\,\text{kN/m/m}^3$

24 지형측량에서 지성선(地性線)에 대한 설명으로 옳은 것은?

① 등고선이 수목에 가려져 불명확할 때의 선을 말한다.
② 지모(地貌)의 골격이 되는 선을 말한다.
③ 등고선에 직각방향으로 내려 그은 선을 말한다.
④ 곡선(谷線)이 합류되는 점들을 서로 연결한 선을 말한다.

지성선
- 지모의 골격을 나타내는 선
- 종류 : 凸선(능선, 분수선), 凹선(계곡선, 합수선), 경사변환선

25 거리측량의 허용정밀도를 $\frac{1}{10^5}$ 이라 할 때, 반지름 몇 km 까지를 평면으로 볼 수 있는가? (단, 지구반지름 $r=6400$ km이다.)

① 11km ② 22km
③ 35km ④ 70km

$\frac{d-D}{D} = \frac{D^2}{12R^2}$ 에서

- $\frac{1}{100000} = \frac{D^2}{12 \times 6400^2}$
- 평면으로 볼 수 있는 한계
  $D = \sqrt{\frac{12 \times 6400^2}{100000}} = 70.11$ km
  ∴ 반지름 $R = \frac{D}{2} = \frac{70.11}{2} = 35$ km

26 하천의 수심 및 유수 부분의 하저상황을 조사하고 횡단면도를 제작하는 측량은?

① 평면측량 ② 심천측량
③ 수준측량 ④ 유량측량

심천측량은 하천의 수심 및 유수부분의 하저사항을 조사하고 횡단면도를 제작하는 측량을 말한다.

27 어느 지역의 측량 결과가 그림과 같다면 이 지역의 전체 토량은? (단, 각 구역의 크기는 같다.)

① 200m³
② 253m³
③ 315m³
④ 353m³

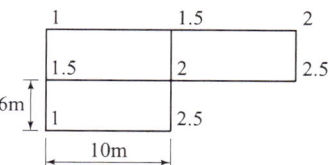

- $V = \frac{a \cdot b}{4}(\Sigma h_1 + 2\Sigma h_2 + 3\Sigma h_3 + 4\Sigma h_4)$
- $\Sigma h_1 = 1 + 2 + 2.5 + 2.5 + 1 = 9$m
- $\Sigma h_2 = 1.5 + 1.5 = 3$m
- $\Sigma h_3 = 2$m
- ∴ $V = \frac{6 \times 10}{4} \times (9 + 2 \times 3 + 3 \times 2) = 315$m³

28 줄자를 사용하여 2점 간의 거리를 실측하였더니 45m이고 이에 대한 보정치가 4.05×10^{-3}m이다. 사용한 줄자의 표준온도가 10℃이라 하면 실측시의 온도는? (단, 선팽창계수 $=1.8 \times 10^{-5}/$℃)

① 5℃ ② 10℃
③ 15℃ ④ 20℃

$L_o = L\alpha(t-t_o)$ 에서
∴ $t = \frac{L_o}{L\alpha} + t_o = \frac{4.05 \times 10^{-3}}{45 \times 1.8 \times 10^{-5}} + 10 = 15$℃

29 노선에 곡선반지름 $R=600$m인 곡선을 설치할 때, 현의 길이 $l=20$m에 대한 편각은?

① 54′18″ ② 55′18″
③ 56′18″ ④ 57′18″

$\delta = 1718.87' \frac{l}{R} = 1718.87' \times \frac{20}{600} = 0°57'18''$

또는 $\delta = \frac{180°}{\pi} \frac{l}{2R} = \frac{180°}{\pi} \times \frac{20}{2 \times 600} = 0°57'18''$

정답 24 ② 25 ③ 26 ② 27 ③ 28 ③ 29 ④

□□□ 산 13①,23②

18 1방향 슬래브의 정철근 및 부철근의 중심간격은 위험단면에서 아래 표와 같은 조건일 때 얼마 이하이어야 하는가?

슬래브 두께 : 200mm

① 150mm　② 200mm
③ 250mm　④ 300mm

> 1방향 슬래브의 정모멘트 철근 및 부모멘트 철근의 중심간격
> • 위험단면에서 슬래브 두께의 2배 이하, 300mm 이하로 한다.
> • 기타의 단면에서는 슬래브 두께의 3배 이하이고, 450mm 이하로 한다.

□□□ 산 16①,19④,23②

19 그림과 같은 보에서 전단력과 휨모멘트만을 받는 경우 보통 중량콘크리트가 받을 수 있는 전단강도 V_c는 얼마인가? (단, $f_{ck}=28\text{MPa}$, $f_y=400\text{MPa}$)

① 211.7kN
② 229.3kN
③ 248.3kN
④ 265.1kN

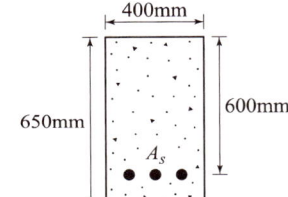

$$V_c = \frac{1}{6}\lambda\sqrt{f_{ck}}\,b_w d = \frac{1}{6}\times 1 \times \sqrt{28}\times 400 \times 600$$
$$= 211660\,\text{N} = 211.7\,\text{kN}$$

□□□ 산 15,16,23②

20 배력철근을 배치하는 이유로서 잘못된 것은?

① 하중을 고르게 분포시켜 균열 폭을 최소화하기 위함이다.
② 주철근의 부착력을 확보하기 위함이다.
③ 온도변화에 의한 균열을 방지하기 위함이다.
④ 건조수축에 의한 균열을 방지하기 위함이다.

> ■ 배력철근 : 하중을 분포시키거나 균열을 제어할 목적으로 주철근과 직각에 가까운 방향으로 배치한 보조철근
> ■ 배력철근의 배치 이유
> • 하중을 고르게 분포
> • 균열폭을 최소화
> • 주철근 간격 유지
> • 건조수축과 온도균열에 의한 균열 방지

제2과목 : 측량 및 토질

1 측량학

□□□ 산 10,15,23②

21 노선의 길이가 2.5km인 결합트래버스 측량에서 폐합비를 1/2500로 제한할 때 허용되는 최대 폐합차는?

① 0.2m　② 0.4m
③ 0.5m　④ 1.0m

> 축척(폐합비) $M = \dfrac{E}{\sum L}$
> $\dfrac{E}{\sum L} = \dfrac{E}{2.5\times 1000} = \dfrac{1}{2500}$
> ∴ 폐합차 $E = \dfrac{2.5\times 1000}{2500} = 1.0\text{m}$

□□□ 산 19①,23②

22 레벨의 조정이 불완전할 경우 오차를 소거하기 위한 가장 좋은 방법은?

① 시준 거리를 길게 한다.
② 왕복측량하여 평균을 취한다.
③ 가능한 한 거리를 짧게 측량한다.
④ 전시와 후시의 거리를 같도록 측량한다.

> 전시와 후시의 거리를 되도록 같게 하면 시준선과 기포관축이 평행하지 않을 때 생기는 오차를 제거할 수 있다.
> • 시준선과 기포관축이 평행하지 않을 때 생기는 오차
> • 구차(球差)의 영향 제거
> • 기차(氣差)의 영향 제거

□□□ 산 23②

23 GNSS측량장비로 인공위성의 신호를 받아 지구상의 위치(수평, 수직)를 결정한 기준점은?

① 우주측지 기준점　② 위성 기준점
③ 통합기준점　④ 중력기준점

> 위성 기준점의 정의이다.

☐☐☐ 산 11,13,14,16,17②④,19④,23②

13 경간 $l = 10m$인 대칭 T형보에서 양쪽 슬래브의 중심 간격 2100mm, 플랜지의 두께 $t = 100mm$, 플랜지가 있는 부재의 복부폭 $b_w = 400mm$일 때 플랜지의 유효 폭은 얼마인가?

① 2000mm ② 2100mm
③ 2300mm ④ 2500mm

T형보(대칭)의 유효 폭(b_e)결정
- $16t + b_w = 16 \times 100 + 400 = 2000mm$
- 양쪽 슬래브의 중심간 거리 : $b_c = 2100mm$
- 보의 경간$\times \frac{1}{4}$: $10000 \times \frac{1}{4} = 2500mm$
- $\therefore b_e = 2000mm(\because$ 작은 값)

☐☐☐ 산 05,17,18①④,23②

14 철근콘크리트 부재 설계에서 강도감소계수(ϕ)를 사용하는 이유에 해당하지 않는 것은?

① 설계 방정식을 적용 중 계산오차 및 오류에 대비한 여유
② 재료 강도와 치수가 변동할 수 있으므로 부재의 강도 저하 확률에 대비
③ 부정확한 설계 방정식에 대비한 여유
④ 구조물에서 차지하는 부재의 중요도 등을 반영

강도감소계수의 목적
- 부정확한 설계 방정식에 대비한 여유
- 구조물에서 차지하는 부재의 중요도 등을 반영
- 주어진 하중조건에 대한 부재의 연성도와 소요 신뢰도를 반영
- 재료 강도와 치수가 변동할 수 있으므로 부재의 강도 저하 확률에 대비

☐☐☐ 산 12②,23②

15 그림의 띠철근 기둥에서 띠철근으로 D13(공칭지름 12.7mm) 및 축방향 철근으로 D35(공칭지름 34.9mm)의 철근을 사용할 때, 띠철근의 최대 수직간격은 얼마인가?

① 200mm
② 300mm
③ 560mm
④ 610mm

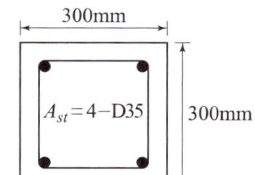

띠철근의 간격은 다음 값 중 최소값 사용
- 축방향 철근직경의 16배 이하 : $34.9 \times 16 = 558.4mm$
- 띠철근 직경의 48배 이하 : $12.7 \times 48 = 609.6mm$
- 기둥단면의 최소 치수 이하 : 300mm 이하
  $\therefore$ 최대 수직간격 : 300mm(최소값)

☐☐☐ 산 18②,23②

16 철근콘크리트보에 발생하는 장기처짐에 대한 설명으로 틀린 것은?

① 장기처짐은 지속하중에 의한 건조수축이나 크리프에 의해 일어난다.
② 장기처짐은 시간의 경과와 더불어 진행되는 처짐이다.
③ 장기처짐은 그 요인이 복잡하므로 실험에 의해 추정하게 된다.
④ 장기처짐은 부재가 탄성거동을 한다고 가정하고 역학적으로 계산하여 구한다.

장기처짐
- 지속하중에 의한 건조수축이나 크리프에 의해 일어난다.
- 장기처짐의 요인은 복잡하므로 실험에 의해 추정한다.
- 장기처짐은 시간의 경과와 더불어 진행되는 처짐이다.
- 장기 추가 처짐에 대한 계수를 적용한다.

☐☐☐ 산 12,23②

17 아래 그림과 같은 복철근 직사각형 단면의 보에서 압축연단에서 중립축까지의 거리(c)값은?
(단, $A_s = 4765mm^2$, $A_s' = 1284mm^2$, $f_{ck} = 28MPa$, $f_y = 300MPa$)

① 129mm
② 146mm
③ 183mm
④ 197mm

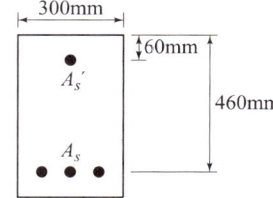

- $c = \dfrac{a}{\beta_1}$
- $a = \dfrac{f_y(A_s - A_s')}{\eta(0.85f_{ck}) \cdot b}$
  $= \dfrac{300(4765 - 1284)}{1 \times 0.85 \times 28 \times 300} = 146.26mm$
- $f_{ck} = 28MPa \leq 40MPa$일 때 $\eta = 1.0$, $\beta_1 = 0.80$
  $\therefore c = \dfrac{146.26}{0.80} = 183mm$

정답 13 ① 14 ① 15 ② 16 ④ 17 ③

09 단면 상승모멘트의 단위로서 옳은 것은?

① cm
② cm²
③ cm³
④ cm⁴

$$I_{xy} = A \cdot x_o \cdot y_o = \text{cm}^2 \cdot \text{cm} \cdot \text{cm} = \text{cm}^4$$

10 그림과 같은 단면의 도심 $\bar{y}$ 는?

① 2.5cm
② 2.0cm
③ 1.5cm
④ 1.0cm

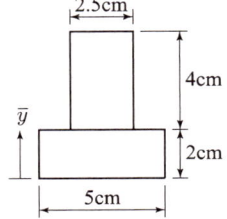

$$\bar{y} = \frac{G_x}{A}$$

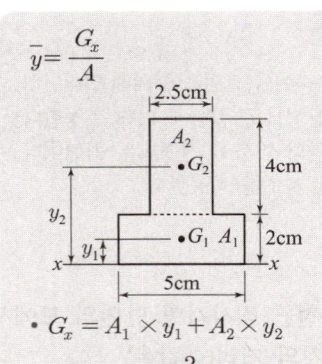

- $G_x = A_1 \times y_1 + A_2 \times y_2$
  $= 5 \times 2 \times \frac{2}{2} + 2.5 \times 4 \times \left(\frac{4}{2}+2\right) = 50 \, \text{cm}^3$
- $A = 5 \times 2 + 2.5 \times 4 = 20 \, \text{cm}^2$

$$\therefore \bar{y} = \frac{50}{20} = 2.5 \, \text{cm}$$

❷ 철근콘크리트 및 강구조

11 다음 그림과 같은 PSC 단순보에 프리스트레스 힘(P)을 4000kN 작용했을 때 프리스트레스에 의한 상향력은?

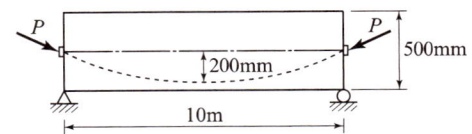

① 48kN/m
② 64kN/m
③ 80kN/m
④ 400kN/m

강재가 포물선으로 배치된 경우
$P \cdot s = \dfrac{u \cdot l^2}{8}$ 에서

$\therefore$ 상향력 $u = \dfrac{8P \cdot s}{l^2}$

$= \dfrac{8 \times 4000 \times 0.20}{10^2} = 64 \, \text{kN/m}$

12 강재의 압축부재에 대한 설명으로 옳은 것은?

① 축방향 압축강도(P_c)의 단면계산에서 총단면적을 사용한다.
② 축방향 압축강도(P_c)의 단면계산에서 리벳이나 볼트 구멍을 제외한 순단면적을 사용한다.
③ 축방향 압축강도(P_c)의 계산에서 응력은 휨응력만 계산한다.
④ 압축부재가 길이에 비해 단면이 작으면 세장비가 작아져서 좌굴파괴를 일으킨다.

유효단면적 계산
- 강재의 압축부재 : 축방향 압축강도의 단면계산에서 리벳이나 볼트 구멍이 있더라도 응력이 모두 전달되므로 총단면적을 사용한다.
- 강재의 인장부재 : 축방향 인장강도의 단면계산에서 리벳이나 볼트 구멍만큼 응력이 전달되지 않으므로 순단면적을 사용한다.

□□□ 산 23②

05 길이 $L=10\text{m}$, 단면 300mm×400mm의 단순보가 중앙에 120kN의 집중하중을 받고 있다. 이 보의 최대 휨응력은? (단, 보의 자중은 무시한다.)

① 55MPa　　② 52.5MPa
③ 45MPa　　④ 37.5MPa

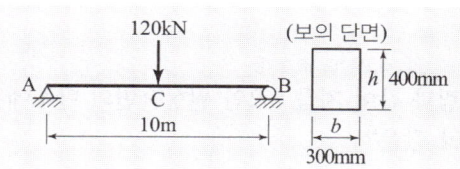

최대 수직응력 $\sigma_{max} = \dfrac{M_{max}}{Z}$

- $R_A = R_B = \dfrac{120 \times 10^3}{2} = 60 \times 10^3 \text{N}$ (∵ 좌우 대칭)

  ∴ $S = R_A = 60\text{kN}$

- $M_{cmax} = 60 \times 5 = 300\text{kN} \cdot \text{m} = 300 \times 10^6 \text{N} \cdot \text{mm}$

- $Z = \dfrac{bh^2}{6} = \dfrac{300 \times 400^2}{6} = 8000000 \text{mm}^3$

  ∴ $\sigma_{max} = \dfrac{300 \times 10^6}{8000000} = 37.5 \text{N/mm}^2 = 37.5\text{MPa}$

□□□ 산 12②,16①,18①,23②

06 아래 그림과 같은 3힌지(Hinge)아치의 A점의 수평 반력(H_A)은?

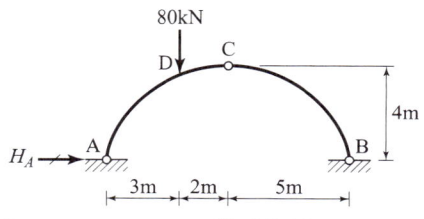

① 20kN　　② 30kN
③ 40kN　　④ 50kN

$\sum M_A = 0$
$V_A \times 10 - 80 \times 7 = 0$ ∴ $V_A = 56\text{kN}(\uparrow)$
$\sum M_C = 0$
$-80 \times 2 + 56 \times 5 - H_A \times 4 = 0$
∴ $H_A = \dfrac{-80 \times 2 + 56 \times 5}{4} = 30\text{kN}(\uparrow)$

□□□ 산 15,23②

07 그림과 같은 캔틸레버보에서 A점의 처짐은? (단, EI는 일정하다.)

① $\dfrac{5wL^4}{384EI}$

② $\dfrac{wL^4}{48EI}$

③ $\dfrac{wL^4}{8EI}$

④ $\dfrac{wL^4}{4EI}$

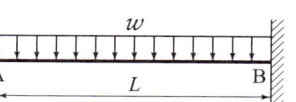

공액보에서

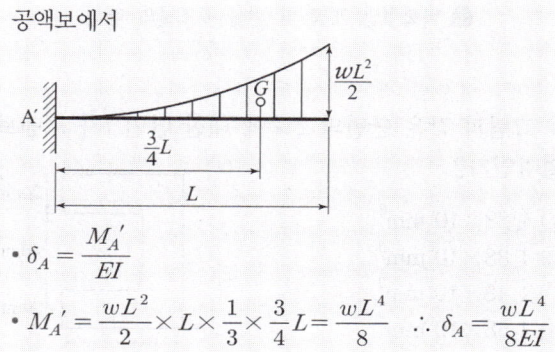

- $\delta_A = \dfrac{M_A{'}}{EI}$

- $M_A{'} = \dfrac{wL^2}{2} \times L \times \dfrac{1}{3} \times \dfrac{3}{4}L = \dfrac{wL^4}{8}$　∴ $\delta_A = \dfrac{wL^4}{8EI}$

Remember

캔틸레버보의 처짐

A ▨▬▬▬▬▬ B (w, l)	$\theta_B = \dfrac{wl^3}{6EI}$	$y_B = \dfrac{wl^4}{8EI}$
A ▨▬▬▬ C ▬▬ B (w, l/2, l/2)	$\theta_C = \theta_B = \dfrac{wl^3}{48EI}$	$y_B = \dfrac{7wl^4}{384EI}$

□□□ 산 23②

08 단면 150mm×150mm인 정사각형이고, 길이 1m인 강재에 120kN의 압축력을 가했더니 1mm가 줄어들었다. 이 강재의 탄성계수는?

① 5333MPa　　② 6333MPa
③ 7333MPa　　④ 8333MPa

- $\Delta l = \dfrac{PL}{EA}$ 에서 $E = \dfrac{Pl}{\Delta l\, A}$

$E = \dfrac{120 \times 10^3 \times 1000}{1 \times 150 \times 150}$
　　$= 5333.33 \text{N/mm}^2 = 5333.33 \text{MPa}$

정답　05 ④　06 ②　07 ③　08 ①

국가기술자격 필기시험문제

2023년도 기사 2회 필기시험

자격종목	코 드	시험시간	형 별
토목산업기사	1048	2시간	A

※ 2023년도부터 토목산업기사 필기 출제기준이 변경되었음을 알려드립니다. (필기 120문항에서 60문항으로 변경)
※ 각 문항은 4지택일형으로 질문에 가장 적합한 보기 항을 선택하시면 됩니다.

제1과목 : 구조설계

1 역학적인 개념 및 건설 구조물의 해석

□□□ 산 11,14,23②

01 그림과 같은 단면의 x축에 대한 단면 1차 모멘트는 얼마인가?

① $1.28 \times 10^5 \text{mm}^3$
② $1.38 \times 10^5 \text{mm}^3$
③ $1.48 \times 10^5 \text{mm}^3$
④ $1.58 \times 10^5 \text{mm}^3$

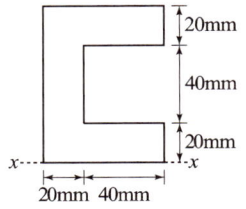

$$G_x = A_1 y_1 - A_2 y_2$$
$$= (60 \times 80) \times 40 - (40 \times 40) \times 40$$
$$= 128000 \text{mm}^3 = 1.28 \times 10^5 \text{mm}^3$$

□□□ 산 19④,23②

02 다음 값 중 경우에 따라서는 부(-)의 값을 갖기도 하는 것은?

① 단면계수 ② 단면 2차 반지름
③ 단면 2차 극모멘트 ④ 단면 2차 상승모멘트

단면상승모멘트(I_{xy})의 특징
• 도심축에 대한 상승모멘트는 0이다.
• 정(+)과, 부(-)의 값을 가질 수 있다.

□□□ 산 91,02,04,06,15,16,23②

03 그림과 같이 지름 $2R$인 원형단면의 단주에서 핵지름 k의 값은?

① $\dfrac{R}{4}$
② $\dfrac{R}{3}$
③ $\dfrac{R}{2}$
④ R

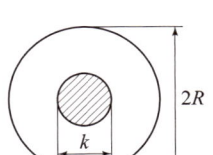

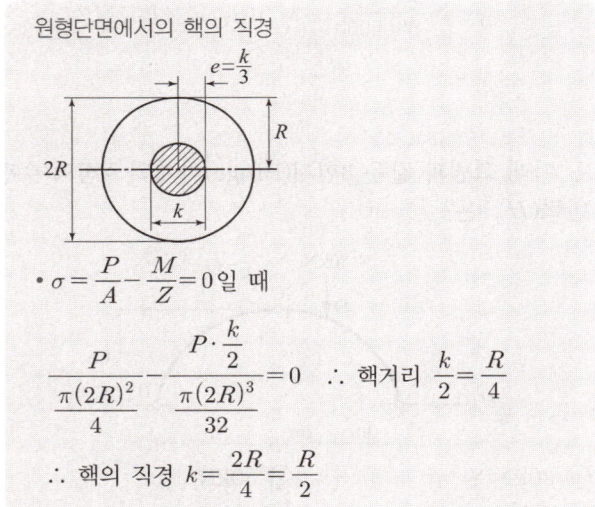

• $\sigma = \dfrac{P}{A} - \dfrac{M}{Z} = 0$ 일 때

$$\dfrac{P}{\dfrac{\pi(2R)^2}{4}} - \dfrac{P \cdot \dfrac{k}{2}}{\dfrac{\pi(2R)^3}{32}} = 0 \quad \therefore \text{핵거리 } \dfrac{k}{2} = \dfrac{R}{4}$$

$\therefore$ 핵의 직경 $k = \dfrac{2R}{4} = \dfrac{R}{2}$

□□□ 산 14,18②,23②

04 다음 중 힘의 3요소가 아닌 것은?

① 크기 ② 방향
③ 작용점 ④ 모멘트

힘의 3요소 : 힘의 크기, 힘의 방향, 힘의 작용점

정답 01 ① 02 ④ 03 ③ 04 ④

산 17,23①

60 활성슬러지 공법으로 하수를 처리할 때 포기량을 결정하기 위한 조건으로서 가장 중요한 것은?

① 하수의 중금속 농도
② 하수의 BOD 농도
③ 하수의 탁도
④ 하수의 pH

> 활성슬러지 공법으로 하수를 처리할 때 포기량을 결정
> - 계획 하수량, 유기물질량, BOD 농도, MLSS농도 및 폭기시간 등에 의해 결정된다.
> - 특히 하수의 BOD농도는 가장 중요한 결정조건이 된다.

□□□ 산 01,04,07,11,12,23①
54 다음의 소독방법 중 발암물질인 THM 발생 가능성이 가장 높은 것은?

① 염소소독　　② 오존소독
③ 이산화염소소독　　④ 자외선소독

> 트리할로메탄(THM)
> 정수처리나 폐수처리의 염소주입공정에서 발생하는 발암물질이다.

□□□ 산 99,06,09,23①
55 전염소처리의 목적으로 타당하지 않은 것은?

① 세균 제거
② 트리할로메탄의 제거
③ 철과 망간의 제거
④ 맛과 냄새의 제거

> ■ 전염소처리로 제거할 수 있는 오염물질
> • 세균제거 : 여과 전에 세균을 감소시켜 안전성을 높인다.
> • 생물처리 : 조류, 소형동물, 철박테리아 등의 사멸과 번식 방지
> • 철과 망간의 제거 : 불용해성 산화물로 존재 형태를 바꾸어 후속공정에서 제거
> • 암모니아성질소와 유기물 등의 처리 : 암모니아성 질소, 아질산성질소, 황화수소, 페놀류, 기타 유기물 등을 산화
> • 맛과 냄새의 제거 : 황화수소의 냄새, 하수의 냄새, 조류 등의 냄새 등을 제거
> ■ 트리할로메탄 : 정수처리나 폐수처리의 염소주입공정에서 발생하는 발암물질

□□□ 산 97,09,18②,23①
56 다음 중 하수의 살균에 사용하지 않는 것은?

① 염소　　② 오존
③ 적외선　　④ 자외선

> 하수의 살균 소독방법
> • 염소　• 이산화염소
> • 오존　• 자외선　• 방사선

□□□ 산 04,06,16,18②,23①
57 펌프장 설계 시 검토하여야 할 비정상 현상으로 아래에서 설명하고 있는 것은?

> 만관 내에 흐르고 있는 물의 속도가 급격히 변화하여 압력변화가 발생하는 현상이다. 이에 의한 압력 상승 및 압력 강하의 크기는 유속의 변화정도, 관로 상황, 유속, 펌프의 성능 등에 따라 다르지만, 펌프, 밸브, 배관 등에 이상 압력이 걸려 진동, 소음을 유발하고, 펌프 및 전동기가 역회전하는 경우도 있으므로 충분한 검토가 필요하다.

① 서어징(surging)
② 캐비네이션(cavitation)
③ 수격작용(water hammer)
④ 팽화 현상(bulking)

> 수격작용(water hammer)
> • 관내를 충만히 흐르고 있는 물의 속도가 급격히 변화하면 수압도 심한 변화를 일으키는 현상
> • 관로유속의 급격한 변화로 인한 충격현상으로 관내압력이 급상승 또는 급강하하는 현상으로 관로의 파손사고 등을 일으킨다.

□□□ 산 02,03,08,10,16②,23①
58 하수 처리장의 1차 처리시설인 침전지에서 BOD 부하의 30%가 처리되고 2차 처리시설에서 BOD 부하의 80%가 처리된다면 전체 BOD 제거율은?

① 24%　　② 48%
③ 86%　　④ 97%

> 전체 BOD제거율 $= 100 - (1-w_1)(1-w_2) \times 100$
> $= 100 - (1-0.30)(1-0.80) \times 100$
> $= 86\%$

□□□ 산 99,04,12,23①
59 개수로와 관수로의 근본적인 차이점은 무엇인가?

① 수압의 고저　　② 자연수면의 유무
③ 지상매설과 지하매설　　④ 수류의 덮개 유무

> 수리학적으로 수로의 자유수면 여부에 따라서 개수로식과 관수로식으로 분류된다.

□□□ 산 09,23①
49 경심이 1m이고 동수경사가 1/500인 관수로에서의 레이놀즈수가 1500인 흐름의 유속은?

① 1.4m/sec ② 1.9m/sec
③ 2.4m/sec ④ 2.9m/sec

- 레이놀즈수 Re < 2000인 경우
  마찰손실계수 $f = \dfrac{64}{Re} = \dfrac{64}{1500} = 0.043$
- 유속계수 $C = \sqrt{\dfrac{8g}{f}} = \sqrt{\dfrac{8 \times 9.8}{0.043}} = 42.70$
- 유속 $V = C\sqrt{RI} = 42.70\sqrt{1 \times \dfrac{1}{500}} = 1.9$ m/sec

□□□ 산 09,19①④,23①
50 개수로에서 파상도수가 일어나는 범위는?
(단, Fr_1 : 도수 전의 Froude number)

① $Fr_1 = \sqrt{3}$ ② $1 < Fr_1 < \sqrt{3}$
③ $2 > Fr_1 > \sqrt{3}$ ④ $\sqrt{2} < Fr_1 < \sqrt{3}$

- 완전도수 : $\sqrt{3} \leq F_{r1}$
- 파상도수 : $1 < F_{r1} < \sqrt{3}$

2 상하수도 계획

□□□ 산 97,04,09,16,23①
51 우리나라의 상수도 시설을 기본계획할 때 계획(목표)년도는 몇 년을 표준으로 하는가?

① 2~3년 ② 15~20년
③ 30~40년 ④ 50년 이상

계획(목표)년도
기본계획에서 대상이 되는 기간으로 계획 수립시부터 15~20년간을 표준으로 한다.

□□□ 산 16,23①
52 배수관을 망상(그물모양)으로 배치하는 방식의 특징이 아닌 것은?

① 고장의 경우 단수의 우려가 적다.
② 관내의 물이 정체하지 않는다.
③ 관로해석이 편리하고 정확하다.
④ 수압분포가 균등하고 화재시에 유리하다.

배수관의 격자식(망목식) 배치 방식 단점
- 관로해석이 어렵고 복잡하다.
- 관거의 포설시 건설비가 많이 소요된다.

Remember
격자식의 장점
- 물이 정체하지 않는다.
- 수압을 유지하기 쉽다.
- 단수 구역이 좁아진다.
- 화재시 등 사용량의 변화에 대처하기 쉽다.

□□□ 산 04,23①
53 하수의 배제 방법 중 오수관과 우수관을 별도로 설치하는 방식을 무엇이라 하는가?

① 합류식 ② 합리식
③ 분류식 ④ 차집식

- 분류식 : 오수관과 우수관을 별도로 설치하는 방식
- 합류식 : 오수관과 우수관을 통합 설치하는 방식

정답 49 ② 50 ② 51 ② 52 ③ 53 ③

□□□ 산 03,14,16,23①
43 물의 성질에 관한 설명 중 틀린 것은?

① 물은 압축성을 가지며 온도, 압력 및 물에 포함되어 있는 공기의 양에 따라 다르다.
② 물의 단위중량이란 단위체적당 무게로 담수, 해수를 막론하고 항상 동일하다.
③ 물의 밀도는 단위 체적당 질량으로 비질량(比質量)이라고도 한다.
④ 물의 비중은 그 질량에 최대밀도가 생기게 하는 온도에서 그것과 같은 체적을 갖는 순수한 물의 질량과의 비이다.

물의 단위중량과 밀도
- 물의 단위중량과 밀도는 압력과 온도에 따라 차이가 있다.
- 표준대기압상태에서는 4℃일 때 가장 크다.
- 단위중량 : 담수(1/t/m³), 해수(1.025t/m³)이다.

□□□ 산 13,23①
44 비중 0.87인 기름이 용기에 들어 있을 때 이 기름 용기 속 자유표면으로부터 7m 깊이에 있는 지점의 계기압력은? (단, 무게 1kg=9.8N)

① 51kPa   ② 60kPa
③ 71kPa   ④ 80kPa

$P = wh = 0.87 \times 7 = 6.09\text{t/m}^2$
$= 6.09 \times 9.8 = 60\text{kN/m}^2 = 60\text{kPa}$
($\because 1\text{t/m}^2 = 9.8\text{kN/m}^2 = 9.8\text{kPa}$)

□□□ 산 93,02,18①,23①
45 연직평면에 작용하는 전수압의 작용점 위치에 관한 설명 중 옳은 것은?

① 전수압의 작용점은 항상 도심보다 위에 있다.
② 전수압의 작용점은 항상 도심보다 아래에 있다.
③ 전수압의 작용점은 항상 도심과 일치한다.
④ 전수압의 작용점은 도심 위에 있을 때도 있고 아래에 있을 때도 있다.

연직평면에 작용하는 전수압의 작용점은 물체의 도심보다 $\dfrac{I_G}{h_G A}$ 만큼 항상 아래에 위치한다.

□□□ 산 23①
46 압력을 P, 물의 단위무게를 ω라고 할 때, P/ω의 단위는?

① 시간   ② 길이
③ 질량   ④ 중량

정수압 $P = \omega h$
$h = \dfrac{P[\text{t/m}^2]}{\omega[\text{t/m}^3]}[\text{m}]$ ∴ 길이 : m (단위 미터임)

□□□ 산 00,06,15,23①
47 그림과 같은 완전 수중 오리피스에서 유속을 구하려고 할 때 사용되는 수두는?

① $H_2 - H_1$
② $H_1 - H_o$
③ $H_2 - H_o$
④ $H_1 - \dfrac{H_2}{2}$

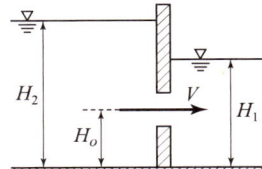

$V = \sqrt{2gH}$
- 수두 $H = H_2 - H_1$
∴ $V = \sqrt{2g(H_2 - H_1)}$

□□□ 산 22③,23①
48 수면 경사가 1/1000인 직사각형 수로에 유량이 100m³/sec로 흐를 때 수리상 유리한 단면의 수심(h)은? (단, Manning 공식을 쓰고, $n=0.013$이다.)

① $h = 0.7\text{m}$ ② $h = 1.7\text{m}$
③ $h = 2.7\text{m}$ ④ $h = 3.7\text{m}$

직사각형의 유리한 단면 : $B = 2h$, 경심 $R = \dfrac{h}{2}$

- $Q = AV = bh \cdot \dfrac{1}{n} R^{\frac{2}{3}} I^{\frac{1}{2}}$
$= 2h^2 \cdot \dfrac{1}{n} \left(\dfrac{h}{2}\right)^{\frac{2}{3}} I^{\frac{1}{2}}$

- $100 = 2h^2 \times \dfrac{1}{0.013} \times \left(\dfrac{h}{2}\right)^{\frac{2}{3}} \times \left(\dfrac{1}{1000}\right)^{\frac{1}{2}}$
SOLVE 사용 ∴ $h = 3.6949 = 3.7\text{m}$

정답 43 ② 44 ② 45 ② 46 ② 47 ① 48 ④

□□□ 산 23①
39 상대밀도(Relative Density)란 다음 중 어느 흙의 밀도를 결정하는데 많이 쓰이는가?

① 점토질 흙
② 실트질 흙
③ 모래질 흙
④ 포화된 점토질 흙

상대밀도
자연상태의 조립토의 느슨하고 조밀한 정도를 나타내는 것으로 사질토(모래질)의 다짐정도를 나타낸다.

□□□ 산 08,23①
40 점성토 지반의 개량공법이 아닌 것은?

① 바이브로 플로테이션 공법
② Sand drain 공법
③ 생석회 말뚝 공법
④ 치환 공법

지반의 개량공법

점성토 지반	사질토 지반
• 치환공법	• 다짐 말뚝공법
• Pre-loading공법	• Compozer공법
• Sand drain공법	• Vibro flotation공법
• Paper drain공법	• 폭파다짐공법
• 전기침투 공법	• 전기 충격공법
• 생석회 말뚝공법	• 약액 주입공법

제3과목 : 수자원설계

1 수리학

□□□ 산 95,05,23①
41 그림과 같이 원 관이 중심축에 수평하게 놓여있고 계기압력이 각각 $1.8kg/cm^2$, $2.0kg/cm^2$일 때 유량은? (단, 압력계의 kg은 무게를 표시한다.)

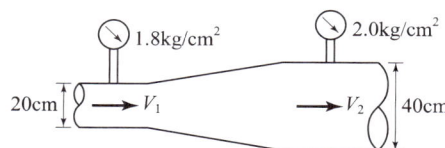

① 203L/s
② 223L/s
③ 243L/s
④ 263L/s

벤추리미터 $Q = \dfrac{A_1 \cdot A_2}{\sqrt{A_2^2 - A_1^2}} \sqrt{2g \cdot H}$

• $A_1 = \dfrac{\pi d_1^2}{4} = \dfrac{\pi \times 0.20^2}{4} = 0.0314m^2$

• $A_2 = \dfrac{\pi d_2^2}{4} = \dfrac{\pi \times 0.40^2}{4} = 0.1257m^2$

• $H = \dfrac{\Delta P}{w} = \dfrac{20-18}{1(t/m^3)} = \dfrac{2(t/m^2)}{1} = 2m$

∴ $Q = \dfrac{0.0314 \times 0.1257}{\sqrt{0.1257^2 - 0.0314^2}} \sqrt{2 \times 9.8 \times 2}$
  $= 0.203 m^3/s = 203 L/m^3$
  (∵ $1m^3 = 1000L$)

□□□ 산 10①,23①
42 4m×5m×1m의 목재판이 물에 떠 있고 목재판 위에 2000kg의 하중이 놓여 있다. 목재의 비중이 0.5일 때 목재판이 물에 잠기는 체적(V)은?

① 16.0m³
② 12.0m³
③ 10.0m³
④ 9.6m³

• 부력 B = 목재자중 + 2000kg 하중
  $= 0.5(t/m^3) \times (4 \times 5 \times 1) + 2(t)$
  $= 12t$
  $B = wV = 1(t/m^3) \times V = 12(t)$
∴ $V = \dfrac{12(t)}{1(t/m^3)} = 12.0m^3$

정답 39 ③ 40 ① 41 ① 42 ②

34 함수비 20%의 자연상태의 흙 2400g을 함수비 25%로 하고자 한다면 추가해야 할 물의 양은?

① 100g　② 120g
③ 400g　④ 500g

- 함수비 20%인 흙의 물 양
  $W_W = \dfrac{w \cdot W}{100+w} = \dfrac{20 \times 2400}{100+20} = 400\text{g}$
- 함수비 25%인 흙의 물 양
  $20\% : 400\text{g} = 25\% : x$
  $x = \dfrac{400 \times 25}{20} = 500\text{g}$
  ∴ 추가해야할 물의 양 : $500 - 400 = 100\text{g}$

35 어떤 점토 사면에 있어서 안정계수가 4이고, 단위중량이 15kN/m³, 점착력이 15kN/m²일 때 한계고는?

① 4m　② 2.3m
③ 2.5m　④ 5m

$H_c = \dfrac{N_s \cdot c}{\gamma_t}$
- 안정계수 $N_s = 4$
- 점착력 $c = 15\text{kN/m}^2$
- 단위중량 $\gamma_t = 15\text{kN/m}^3$
  ∴ $H_c = \dfrac{4 \times 15}{15} = 4\text{m}$

36 흐트러지지 않은 시료를 이용하여 액성한계 45%를 얻었다. 이 정규압밀점토 시료의 압축지수(C_c)의 값을 Terzaghi와 Peck의 경험식에 의하면?

① 0.250　② 0.315
③ 0.300　④ 0.275

압축지수
$C_c = 0.009(W_L - 10) = 0.009 \times (45 - 10) = 0.315$

37 그림에서 모관수에 의해 A−A면까지 완전히 포화되었다고 가정하면 B−B면에서의 유효응력은 얼마인가? (단, 물의 단위중량 $\gamma_w = 9.81\text{kN/m}^3$)

① 63kN/m²
② 72kN/m²
③ 83kN/m²
④ 122kN/m²

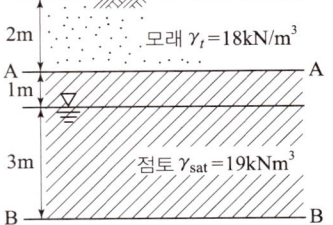

유효응력 $\overline{\sigma} = $ 전응력$(\sigma) - $ 공극수압(u)
- $\sigma = \gamma_t h_1 + \gamma_{sat} h_2 = 18 \times 2 + 19 \times 4 = 112\text{kN/m}^2$
- $u = \gamma_w h = 9.81 \times 3 = 29.43\text{kN/m}^2$
  ∴ $\overline{\sigma} = 112 - 29.43 = 83\text{kN/m}^2$

38 흙의 다짐 에너지에 대한 설명으로 틀린 것은?

① 다짐 에너지는 램머(rammer)의 중량에 비례한다.
② 다짐 에너지는 램머(rammer)의 낙하고에 비례한다.
③ 다짐 에너지는 시료의 체적에 비례한다.
④ 다짐 에너지는 타격수에 비례한다.

다짐 에너지(E_c)는 시료의 체적(V)에 반비례한다.

> **Remember**
>
> 다짐에너지
>
> 다짐에너지 $E_c = \dfrac{W_R \cdot H \cdot N_B \cdot N_L}{V}$
>
> 여기서, E_c : 다짐에너지
> W_R : 램머의 중량
> N_B : 타격수
> H : 낙하고
> N_L : 다짐층수
> V : 시료의 체적

정답　34 ①　35 ①　36 ②　37 ③　38 ③

□□□ 산 13,15,17,19①,23①

30 캔트(cant)계산에서 속도 및 반지름을 모두 2배로 증가하면 캔트는?

① 1/2로 감소한다. ② 2배로 증가한다.
③ 4배로 증가한다. ④ 8배로 증가한다.

캔트 $C = \dfrac{DV^2}{gR} \Rightarrow C' = \dfrac{D(2V)^2}{2gR} = \dfrac{2DV^2}{gR}$

∴ 반경(R)과 설계속도(V)가 2배로 증가하면 캔트(C)는 2배로 증가한다.

2 토질 및 기초

□□□ 산 90,96,00,01,02,06,07,10,13②,16④,19②④,23①

31 예민비가 큰 점토란 무엇을 의미하는가?

① 다시 반죽했을 때 강도가 증가하는 점토
② 다시 반죽했을 때 강도가 감소하는 점토
③ 입자의 모양이 날카로운 점토
④ 입자가 가늘고 긴 형태의 점토

예민비는 점성토에 이용되며 흐트러진 시료의 일축 압축 강도가 감소하는 성질 관계의 감소비를 말한다. 예민비가 클수록 강도의 변화가 크므로 공학적 성질이 나쁘다.

□□□ 산 03,06,10,11,17,23①

32 모래지반에 30cm×30cm의 재하판으로 재하실험을 한 결과 100kN/m²의 극한지지력을 얻었다. 4m×4m의 기초를 설치할 때 기대되는 극한지지력은?

① 1455kN/m² ② 1333kN/m²
③ 1000kN/m² ④ 1500kN/m²

• 모래지반일 때 지지력은 재하판 폭에 비례
$0.3 : 100 = 4 : q_u$

∴ $q_u = \dfrac{100 \times 4}{0.3} = 1333.33 \text{ kN/m}^2$

또는 $q_{u(기초)} = \dfrac{B_{(기초폭)}}{B_{(재하판폭)}} \times q_{u(재하판)}$

$q_u = \dfrac{4}{0.3} \times 100 = 1333.3 \text{ kN/m}^2$

□□□ 산 90,01,03,12,23①

33 비중이 2.65, 공극률이 40%인 모래 지반의 한계 동수 구배값은 어느 것인가?

① 0.99 ② 1.18
③ 1.59 ④ 1.89

한계 동수 구배 $i_c = \dfrac{G_s - 1}{1 + e}$

• $e = \dfrac{n}{100 - n} = \dfrac{40}{100 - 40} = 0.67$

∴ $i_c = \dfrac{2.65 - 1}{1 + 0.67} = 0.99$

25 수준점 A, B, C에서 수준측량을 하여 P점의 표고를 얻었다. 관측거리를 경중률로 사용한 P점 표고의 최확값은?

노선	P점 표고값	노선거리
A → P	57.583m	2km
B → P	57.700m	3km
C → P	57.680m	4km

① 57.641m ② 57.649m
③ 57.654m ④ 57.706m

최확치 $H_P = \dfrac{P_A H_A + P_B H_B + P_C H_C}{P_A + P_B + P_C}$

- 경중률은 거리에 반비례한다.

$P_A : P_B : P_C = \dfrac{1}{2} : \dfrac{1}{3} : \dfrac{1}{4} = 6 : 4 : 3$

$\therefore H_P = 57 + \dfrac{6 \times 0.583 + 4 \times 0.700 + 3 \times 0.680}{6+4+3}$

$= 57.641\,\text{m}$

26 트래버스측량을 한 전체 측선 길이가 2.0km이고 위거오차가 +0.21m, 경거오차가 -0.29m이었다면 폐합비는?

① $\dfrac{1}{5186}$ ② $\dfrac{1}{5386}$
③ $\dfrac{1}{5586}$ ④ $\dfrac{1}{6168}$

폐합비 $R = \dfrac{\sqrt{\sum(\text{위거})^2 + \sum(\text{경거})^2}}{\text{거리총합}}$

$\therefore R = \dfrac{\sqrt{(0.21)^2 + (-0.29)^2}}{2000} = \dfrac{1}{5586}$

27 각의 정밀도가 ±20″인 각측량기로 각을 관측할 경우, 각오차와 거리오차가 균형을 이루기 위한 줄자의 정밀도는?

① 약 $\dfrac{1}{10000}$ ② 약 $\dfrac{1}{50000}$
③ 약 $\dfrac{1}{100000}$ ④ 약 $\dfrac{1}{500000}$

$\dfrac{1}{m} = \dfrac{\alpha}{206265″} = \dfrac{20″}{206265} = \dfrac{1}{10313}$

28 삼각망의 조정에서 하나의 삼각형 3점에서 같은 정밀도로 측량하여 생긴 폐합오차는 어떻게 처리하는가?

① 각의 크기에 관계없이 등배분한다.
② 대변의 크기에 비례하여 배분한다.
③ 각의 크기에 반비례하여 배분한다.
④ 각의 크기에 비례하여 배분한다.

각 관측의 정도가 같을 때는 오차를 각의 크기에 관계없이 동일하게 배분한다.

29 GNSS 측량에 대한 설명으로 옳지 않은 것은?

① 3차원 공간 계측이 가능하다.
② 기상의 영향을 거의 받지 않으며 야간에도 측량이 가능하다.
③ Bessel 타원체를 기준으로 경위도 좌표를 수집하기 때문에 좌표정밀도가 높다.
④ 기선 결정의 경우 두 측점 간의 시통에 관계가 없다.

GNSS는 WGS84라고 하는 기준좌표계를 이용하며, 여러 가지 관측장비를 가지고 전세계적으로 측정해온 지구의 중력장과 지구모양을 근거로 해서 만들어진 좌표이다.

제2과목 : 측량 및 토질

1 측량학

21 평균유속 관측방법 중 3점법을 사용하기 위한 관측유속으로 짝지어진 것은? (단, h는 전체 수심)

① 수면에서 $0.1h$, $0.4h$, $0.9h$ 지점의 유속
② 수면에서 $0.1h$, $0.4h$, $0.8h$ 지점의 유속
③ 수면에서 $0.2h$, $0.4h$, $0.8h$ 지점의 유속
④ 수면에서 $0.2h$, $0.6h$, $0.8h$ 지점의 유속

- 1점법 : 수심 $\dfrac{6}{10}H$가 되는 곳의 유속을 평균유속으로 한다.
  $V_m = V_{0.6}$
- 2점법 : 수심 $\dfrac{1}{5}H$, $\dfrac{4}{5}H$가 되는 곳의 유속을 평균유속으로 한다.
  $V_m = \dfrac{1}{2}(V_{0.2} + V_{0.8})$
- 3점법 : 수면에서 $\dfrac{1}{5}H$, $\dfrac{3}{5}H$, $\dfrac{4}{5}H$ 되는 곳의 유속을 평균유속으로 한다.
  $V_m = \dfrac{1}{4}(V_{0.2} + 2V_{0.6} + V_{0.8})$

22 단곡선을 설치하기 위하여 교각(I)=80°를 측정하였다. 외선길이(E)을 10m로 하고자 할 때 곡선길이(C.L)는?

① 33m ② 46m
③ 74m ④ 117m

- 곡선길이 $C.L = \dfrac{\pi}{180}RI$
- 외선길이 $E = R\left(\sec\dfrac{\pi}{2} - 1\right) = 10\text{m}$ 에서
- $R = \dfrac{E}{\sec\dfrac{I}{2} - 1} = \dfrac{10}{\dfrac{1}{\cos\dfrac{80°}{2}} - 1} = 32.74\text{m}$

$\therefore C.L = \dfrac{\pi}{180} \times 32.74 \times 80° = 46\text{m}$

23 등고선의 성질에 대한 설명으로 옳지 않은 것은?

① 경사가 급할수록 등고선 간격이 좁다.
② 경사가 일정하면 등고선 간격이 일정하다.
③ 등고선은 분수선과 직교하고 합수선과 평행하다.
④ 등고선의 최단거리 방향은 최대경사방향을 나타낸다.

분수선(능선)과 합수선(곡선)은 등고선과 직각으로 만난다.

> **Remember**
> 등고선의 성질
> - 같은 등고선 상의 모든 점의 높이는 같다.
> - 산능선은 보통 등고선과 직각으로 교차한다.
> - 최대경사의 방향은 반드시 등고선과 직각으로 교차한다.
> - 분수선(능선)과 합수선(곡선)은 등고선과 직각으로 만난다.
> - 한 등고선은 도면내외에서 반드시 폐합되며, 도중에서 없어지지 않는다.
> - 지표면상의 경사가 급한 경우는 등고선 간격은 좁고, 완경사지에서는 넓다.
> - 높이가 다른 등고선은 절벽이나 동굴을 제외하고는 교차하거나 합치지 않는다.
> - 경사가 일정한 곳에서는 평면상 등고선의 거리가 같고, 같은 경사의 평면일 때에는 평행한 선이 된다.

24 거리측량의 오차를 $\dfrac{1}{10^5}$까지 허용한다면 지구상에 평면으로 간주할 수 있는 거리는? (단, 지구의 곡률반지름은 6300km로 가정)

① 약 22km ② 약 44km
③ 약 59km ④ 약 69km

$\dfrac{d-D}{D} = \dfrac{D^2}{12R^2}$ 에서

- $\dfrac{1}{100000} = \dfrac{D^2}{12 \times 6300^2}$

∴ 평면으로 볼 수 있는 한계
$D = \sqrt{\dfrac{12 \times 6300^2}{100000}} = 69.01\text{km}$

정답 21 ④ 22 ② 23 ③ 24 ④

띠철근의 간격은 다음 값 중 최소값 사용
- 축방향 철근직경의 16배 이하 : $31.8 \times 16 = 508.8$mm
- 띠철근 직경의 48배 이하 : $9.5 \times 48 = 456$mm
- 기둥단면의 최소 치수 이하 : 500mm 이하
  ∴ 최대 수직간격 : 456mm(최소값)

□□□ 산 23①
18 다음은 철근 이음에 관한 일반사항이다. 옳지 않은 것은?

① D35를 초과하는 철근은 겹침이음을 하지 않아야 한다.
② 이음은 가능한 한 최대 인장응력점으로부터 떨어진 곳에 두어야 한다.
③ 휨부재에서 서로 직접 접촉되지 않게 겹침이음된 철근은 횡방향으로 소요겹침 이음길이의 1/3 또는 200mm 중 작은값 이상 떨어지지 않아야 한다.
④ 다발철근의 겹침이음은 다발 내의 개개 철근에 대한 겹침이음길이를 기본으로 하여 결정하여야 한다.

휨부재에서 서로 직접 접촉되지 않게 겹침이음된 철근은 횡방향으로 소요 겹침이음길이의 1/5 또는 150mm 중 작은 값 이상 떨어지지 않게 한다.

□□□ 산 13②,19①,23①
19 그림과 같은 T형 단면의 보에서 등가직사각형응력블록의 깊이(a)는? (단, $f_{ck}=28$MPa, $f_y=400$MPa, $A_s=3855$mm²)

① 81mm
② 98mm
③ 108mm
④ 116mm

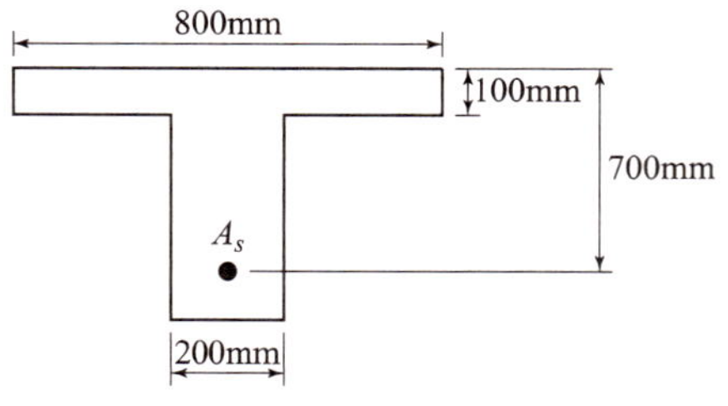

$$a = \frac{A_s f_y}{\eta(0.85 f_{ck})b}$$

- $f_{ck} \leq 40$MPa일 때 $\eta = 1.0$, $\beta_1 = 0.8$

$$a = \frac{3855 \times 400}{1 \times 0.85 \times 28 \times 800} = 81\text{mm} < t_f = 100\text{mm}$$

∴ 직사각형보

□□□ 산 12④,13,14,15,16,18②,23①
20 강도설계법의 가정으로 틀린 것은?

① 철근과 콘크리트의 변형률은 중립축으로부터의 거리에 비례한다.
② 콘크리트 압축측 연단에서 콘크리트의 설계기준압축강도가 40MPa 이하인 경우에는 최대변형률은 0.0033으로 가정한다.
③ 휨응력 계산에서 콘크리트의 인장강도는 무시한다.
④ 극한강도 상태에서 콘크리트의 응력은 그 변형률에 비례한다.

콘크리트의 압축응력은 등가직사각형으로 $0.85 f_{ck}$가 압축연단에서 $a = \beta_1 c$ 깊이까지 등분포 한다.

Remember

강도설계법에서의 기본 가정
- 철근과 콘크리트의 변형률은 중립축에서의 거리에 비례한다.
- 콘크리트 압축측 연단에서 콘크리트의 설계기준압축강도가 40MPa 이하인 경우에는 극한변형률은 0.0033으로 가정한다.
- 항복강도 f_y 이하에서의 철근의 응력은 그 변형률의 E_s배로 취한다.
- 휨응력계산에서 콘크리트의 인장강도는 무시한다.
- 콘크리트의 압축응력 분포도는 사각형, 사다리꼴, 포물선 또는 기타 다른 형상으로 가정할 수 있다.

□□□ 산 12①,16①,19①④,20③,23①

13 철근콘크리트 1방향 슬래브에 대한 설명으로 틀린 것은?

① 마주보는 두 변에만 지지되는 슬래브는 1방향 슬래브로 설계하여야 한다.
② 4변이 지지되고 장변의 길이가 단변의 길이의 2배를 초과하는 경우 1방향 슬래브로 해석한다.
③ 슬래브의 두께는 최소 50mm 이상으로 하여야 한다.
④ 슬래브의 정모멘트 철근 및 부모멘트 철근의 중심간격은 위험단면에서는 슬래브 두께의 2배 이하이어야 하고, 또한 300mm 이하로 하여야 한다.

■ 1방향 슬래브의 구조 상세
• 마주보는 두 변에만 지지되는 슬래브는 1방향 슬래브로 설계하여야 한다.
• 4변이 지지되고 장변의 길이가 단변의 길이의 2배를 초과하는 경우 1방향 슬래브로 해석한다.
• 1방향 슬래브의 두께는 100mm 이상이어야 한다.
• 1방향 슬래브의 정철근 및 부철근의 중심간격은 최대휨모멘트가 일어나는 단면에서 슬래브 두께의 2배 이하, 300mm 이하이어야 한다.
• 전단에 위험한 단면은 1방향 슬래브는 보와 같으므로 전단에 위험 단면은 받침부에서 d 만큼 떨어진 곳이다.
■ 2방향 슬래브의 구조 상세
• 위험단면에서 철근의 간격은 슬래브 두께의 2배 이하, 또한 300mm 이하이어야 한다.
• 전단에 대한 위험단면은 집중하중이나 집중 반력을 받는 면의 주변에서 $\frac{d}{2}$ 만큼 떨어진 주변 단면이다.

□□□ 산 15②④,20③,23①

14 다음 중 '피복두께'에 대한 설명으로 적합한 것은?

① 콘크리트 표면과 그에 가장 가까이 배치된 주철근 표면 사이의 콘크리트 두께
② 콘크리트 표면과 그에 가장 가까이 배치된 부철근 표면 사이의 콘크리트 두께
③ 콘크리트 표면과 그에 가장 가까이 배치된 가외철근 표면 사이의 콘크리트 두께
④ 콘크리트 표면과 그에 가장 가까이 배치된 철근 표면 사이의 콘크리트 두께

피복두께(cover thickness)
콘크리트 표면과 그에 가장 가까이 배치된 철근 표면 사이의 콘크리트 두께

□□□ 산 11,12,13,14,15,23①

15 $A_s{'}=1400mm^2$로 배근된 그림과 같은 복철근보의 탄성처짐이 10mm라 할 때 1년 후 장기처짐을 고려한 총 처짐량은? (단, 1년 후 지속하중 재하에 따른 계수 $\xi=1.4$ 이다.)

① 10mm
② 13.25mm
③ 16.43mm
④ 18.24mm

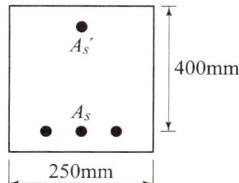

• $\lambda = \dfrac{\xi}{1+50\rho'}$

$\rho' = \dfrac{A_s{'}}{bd} = \dfrac{1400}{400 \times 250} = 0.014$

∴ $\lambda = \dfrac{1.4}{1+50 \times 0.014} = 0.824$ (∵ 1년 : $\lambda = 1.4$)

• 장기처짐 = 순간처짐(탄성침하) × 장기처짐계수(λ)
 $= 10 \times 0.824 = 8.24mm$
∴ 총처짐량 = 순간 처짐 + 장기 처짐
 $= 10 + 8.24 = 18.24mm$

□□□ 산 16②,23①

16 고정하중 10kN/m, 활하중 20kN/m의 등분포하중을 받는 경간 8m의 단순지지보에서 하중계수와 하중조합을 고려한 계수모멘트는?

① 352kN·m ② 408kN·m
③ 449kN·m ④ 497kN·m

$U = 1.2D + 1.6L = 1.2 \times 10 + 1.6 \times 20 = 44kN/m$

∴ $M_u = \dfrac{U \cdot l^2}{8} = \dfrac{44 \times 8^2}{8} = 352kN \cdot m$

□□□ 산 11,12,17④,23①

17 아래 그림과 같은 띠철근 기둥에서 띠철근으로 D10(공칭지름 9.5mm) 및 축방향 철근으로 D32(공칭지름 31.8mm)의 철근을 사용할 때, 띠철근의 최대 수직간격은?

① 450mm
② 456mm
③ 500mm
④ 509mm

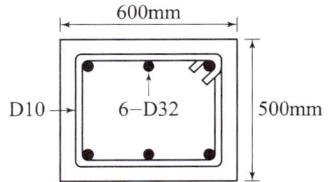

□□□ 산89,00,12①,20②,23①,25①

09 지름이 D인 원목을 직사각형 단면으로 제재하고자 한다. 휨모멘트에 대한 저항을 크게 하기 위해 최대 단면계수를 갖는 직사각형 단면을 얻으려면 적당한 폭 b는?

① $b = \dfrac{1}{2}D$

② $b = \dfrac{1}{\sqrt{3}}D$

③ $b = \dfrac{\sqrt{3}}{2}D$

④ $b = \sqrt{\dfrac{2}{3}}D$

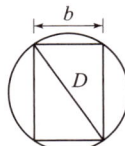

피타고라스 정리에 의해서

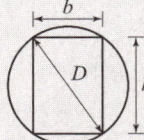

- $h = \sqrt{D^2 - b^2}$
- $Z = \dfrac{bh^2}{6} = \dfrac{bD^2 - b^3}{6}$
- $\dfrac{dZ}{db} = \dfrac{1}{6}(D^2 - 3b^2) = 0$
- $D^2 - 3b^2 = 0$, $D^2 = 3b^2$, $D = \sqrt{3}\,b$

∴ $b = \dfrac{1}{\sqrt{3}}D$

□□□ 산 19①④,23①

10 전단력을 S, 단면 2차 모멘트를 I, 단면 1차 모멘트를 Q, 단면의 폭을 b라 할 때 전단응력도의 크기를 나타낸 식으로 옳은 것은? (단, 단면의 형상은 직사각형이다.)

① $\dfrac{Q \times S}{I \times b}$ ② $\dfrac{I \times S}{Q \times b}$

③ $\dfrac{I \times b}{Q \times S}$ ④ $\dfrac{Q \times b}{I \times S}$

전단응력 $\tau = \dfrac{S \cdot G}{I \cdot b} = \dfrac{Q \cdot S}{I \cdot b}$

2 철근콘크리트 및 강구조

□□□ 산 12①④,13①,15①,20③,23①

11 그림과 같은 경간 8m인 직사각형 단순보에 등분포하중(자중포함) $w = 30\,\text{kN/m}$가 작용하며 PS 강재는 단면 도심에 배치되어 있다. 부재의 연단에 인장응력이 발생하지 않게 하려 할 때, PS 강재에 도입되어야 할 최소한의 긴장력(P)은?

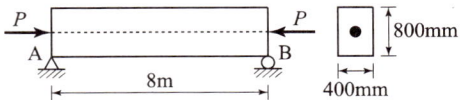

① 1800kN ② 2400kN
③ 2600kN ④ 3100kN

$f = \dfrac{P}{A} - \dfrac{M}{I}y = 0$ 에서 $P = \dfrac{M \cdot A}{I}y$

- $M = \dfrac{wl^2}{8} = \dfrac{30 \times 8^2}{8} = 240\,\text{kN} \cdot \text{m}$
- $A = bh = 0.4 \times 0.8 = 0.32\,\text{m}^2$
- $I = \dfrac{bh^3}{12} = \dfrac{0.4 \times 0.8^3}{12} = 0.017067\,\text{m}^4$

∴ $P = \dfrac{240 \times 0.32}{0.017067} \times \dfrac{0.80}{2} = 1800\,\text{kN}$

□□□ 산 20②,23①

12 그림과 같은 리벳 이음에서 허용 전단응력이 70MPa이고, 허용 지압응력이 150MPa일 때 이 리벳의 강도는? (단, 리벳 지름(d)은 22mm, 철판 두께(t)는 12mm이다.)

① 26.6kN
② 30.4kN
③ 39.6kN
④ 42.2kN

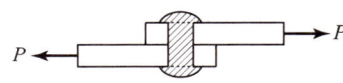

두 값 중 작은 값

- 전단강도 $p_s = \tau_a \cdot \dfrac{\pi d^2}{4}$

  $p_s = 70 \times \dfrac{\pi \times 22^2}{4} = 26609.3\,\text{N} = 26.6\,\text{kN}$

- 지압강도 $p_b = \sigma_{ba} \cdot d \cdot t$

  $p_b = 150 \times 22 \times 12 = 39600\,\text{N} = 39.6\,\text{kN}$

  ∴ $p = 26.6\,\text{kN}$ 리벳의 강도

□□□ 산 17④,23①

05 보의 중앙에 집중하중을 받는 단순보에서 최대처짐에 대한 설명으로 틀린 것은? (단, 폭 b, 높이 h로 한다.)

① 탄성계수 E에 반비례한다.
② 단면의 높이 h의 3제곱에 반비례한다.
③ 지간 l의 제곱에 반비례한다.
④ 단면의 폭 b에 반비례한다.

$$y_{max} = \frac{Pl^3}{48EI}$$

∴ 처짐은 지간의 세제곱에 비례한다.

Remember		
보의 처짐과 처짐각		
하중상태	처짐각	처짐
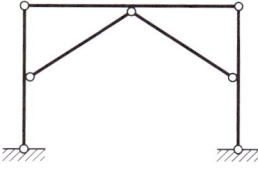	$\theta_A = -\theta_B$ $\frac{Pl^2}{16EI}$	$y_{max} = \frac{Pl^3}{48EI}$
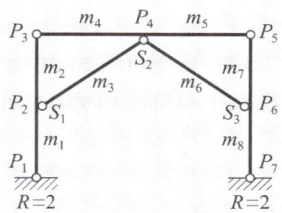	$\theta_A = -\theta_B$ $\frac{wl^3}{24EI}$	$y_{max} = \frac{5wl^4}{384EI}$

□□□ 산 20②, 23①

06 지점 A의 반력이 0이 되기 위해 C점에 작용시킬 집중하중 P의 크기는?

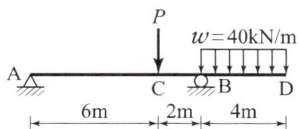

① 120kN ② 160kN
③ 200kN ④ 240kN

$R_A = 0$가 되기 위한 조건
• $\sum M_B = 0$
$40 \times 4 \times \frac{4}{2} - 2 \times P - R_A = 0$
$40 \times 4 \times \frac{4}{2} - 2 \times P - 0 = 0$
∴ $P = 160$ kN

□□□ 산99,00,03,08,16①,23①

07 그림과 같은 라멘은 몇 차 부정정인가?

① 1차 부정정
② 2차 부정정
③ 3차 부정정
④ 4차 부정정

$N = R + m + S - 2P$
• 반력수 $R = 4$
• 부재수 $m = 8$
• 강접합수 $S = 3$
• 절점수 $P = 7$
∴ $N = 4 + 8 + 3 - 2 \times 7 = 1$차 부정정

□□□ 산 12,23①

08 최대 휨모멘트가 생기는 위치에서 휨응력이 120MPa 이라고 하면 단면계수는?

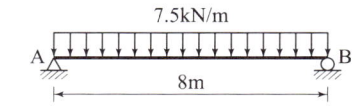

① $3.5 \times 10^5 \text{mm}^3$ ② $4.0 \times 10^5 \text{mm}^3$
③ $4.5 \times 10^5 \text{mm}^3$ ④ $5.0 \times 10^5 \text{mm}^3$

최대휨응력 $\sigma_{max} = \frac{M_{max}}{I} y = \frac{M_{max}}{Z}$

• 단면계수 $Z = \frac{M_{max}}{\sigma_{max}}$

• $M_{max} = \frac{wl^2}{8} = \frac{7.5 \times 8^2}{8} = 60$ kN·m
$= 60 \times 10^6$ N·mm

∴ $Z = \frac{60 \times 10^6}{120} = 500000 \text{mm}^3 = 5.0 \times 10^5 \text{mm}^3$

정답 05 ③ 06 ② 07 ① 08 ④

국가기술자격 필기시험문제

2023년도 기사 1회 필기시험

자격종목	코드	시험시간	형별
토목산업기사	1048	2시간	A

※ 2023년도부터 토목산업기사 필기 출제기준이 변경되었음을 알려드립니다. (필기 120문항에서 60문항으로 변경)
※ 각 문항은 4지택일형으로 질문에 가장 적합한 보기 항을 선택하시면 됩니다.

제1과목 : 구조설계

1 역학적인 개념 및 건설 구조물의 해석

□□□ 산 14,23①

01 다음 그림에서와 같은 평행력(平行力)에 있어서 P_1, P_2, P_3, P_4의 합력의 위치는 O점에서의 얼마의 거리에 있겠는가?

① 4.8m
② 5.4m
③ 5.8m
④ 6.0m

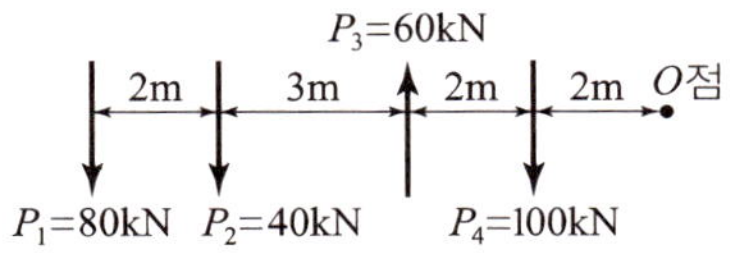

- 합력 $R = 80 + 40 - 60 + 100 = 160\text{kN}(\downarrow)$
- 작용 위치 : $160x = 80 \times (2+3+2+2) + 40 \times (3+2+2) - 60 \times (2+2) + 100 \times 2$

  $\therefore x = \dfrac{720 + 280 - 240 + 200}{160} = 6.0\text{m}(\leftarrow)$

□□□ 산 17,23①

02 단면적 1000mm²인 원형단면의 봉이 20kN의 인장력을 받을 때 변형률(ε)은? (단, 탄성계수(E) = 2×10^5MPa)

① 0.0001
② 0.0002
③ 0.0003
④ 0.0004

변형률 $\varepsilon = \dfrac{\Delta l}{l} = \dfrac{P}{EA}$

$\left(\because \Delta l = \dfrac{Pl}{EA} \right)$

$\therefore \varepsilon = \dfrac{20 \times 1000}{2 \times 10^5 \times 1000} = 1 \times 10^{-4} = 0.0001$

□□□ 산 14①,15①④,19④,23①

03 지지조건이 양단힌지인 장주의 좌굴하중이 1000kN인 경우 지점조건이 일단힌지, 타단고정으로 변경되면 이때의 좌굴하중은? (단, 재료성질 및 기하학적 형상은 동일하다.)

① 500kN
② 1000kN
③ 2000kN
④ 4000kN

$P_{cr} = \dfrac{n\pi^2 EI}{L^2}$

- 양단힌지 : $P_{cr} = 1 \times \left(\dfrac{\pi^2 EI}{L^2} \right) = 1000\text{kN}$

  $\therefore \dfrac{\pi^2 EI}{L^2} = 1000\text{kN}$

- 일단힌지 타단고정 :

  $P_{cr} = 2 \left(\dfrac{\pi^2 EI}{L^2} \right) = 2 \times 1000 = 2000\text{kN}$

일단고정 타단자유	$n = \dfrac{1}{4}$
양단힌지	$n = 1$
일단힌지 타단고정	$n = 2$
양단고정	$n = 4$

□□□ 산 13,23①

04 다음 보에서 D-B 구간의 전단력은?

① 7.8kN
② -36.5kN
③ -42.2kN
④ 50.5kN

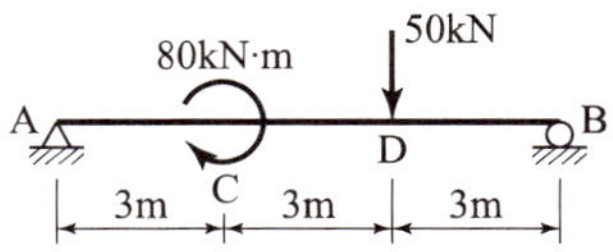

$\sum M_A = 0$

- $R_B \times 9 - 50 \times 6 - 80 = 0$ $\therefore R_B = 42.2\text{kN}$

  $\therefore S_{D-B} = -42.2\text{kN}$

정답 01 ④ 02 ① 03 ③ 04 ③

□□□ 산 19④,22④
116 하수처리장의 반응조에서 미생물의 고형물 체류시간(SRT)을 구할 때 무시될 수 있는 항목은?

① 생물반응조 용량
② 유출수내 SS 농도
③ 잉여찌꺼기(슬러지)량
④ 생물반응조 MLSS 농도

> 고형물 체류시간(SRT)
> $$SRT = \frac{V \cdot X}{Q_w \cdot X_r + (Q - Q_w)X_e} \fallingdotseq \frac{V \cdot X}{Q_w \cdot X_r}$$
> - V : 생물반응조 용량(mL)
> - X : 생물반응조내의 MLSS농도(mg/l)
> - Q_w : 폐슬러지의 수량(m³/day)
> - X_r : 반송슬러지의 SS농도(mg/l)
> - X_e : 유출수의 SS농도(mg/l)
> - Q : 유입하수량(m³/day)
> - ∴ X_e : 유출수의 SS농도(mg/l)

□□□ 산 00,10,14,16,22④
117 MLSS 2000mg/L의 포기조 혼합액을 매스실린더에 1L를 정확히 취한 뒤 30분간 정치하였다. 이때 계면위치가 320mL를 가리켰다면 이 슬러지의 SVI는?

① 160mL/g   ② 260mL/g
③ 440mL/g   ④ 640mL/g

> $$SVI = \frac{30분\ 침전후의\ 슬러지\ 부피(mL)}{MLSS\ 농도(mg)} \times 1000$$
> $$= \frac{320}{2000} \times 1000 = 160\,mL/g$$

□□□ 산 02,07,11,15,20,22④
118 상수의 응집침전에서 응집제의 주입률을 시험하는 시험법은?

① Sedimentation test   ② Coulmn test
③ Water quality test   ④ Jar test

> Jar test에 의해서 응집제 주입량을 결정한다.

□□□ 산 02,07,09,16,22④
119 하수도의 관거시설 중 역사이펀에 관한 설명으로 틀린 것은?

① 역사이펀실에는 수문설비 및 이토실을 설치한다.
② 역사이펀 관거는 일반적으로 복수로 한다.
③ 역사이펀의 양측에 수직으로 역사이펀실을 설치한다.
④ 역사이펀 관거 내의 유속은 상류측 관거 내의 유속보다 작게 한다.

> 역사이펀 관거 내의 유속은 상류측 관거내의 유속을 20~30% 증가시킨 것으로 한다.

□□□ 산 97,04,09,16,22④
120 우리나라의 상수도 시설을 기본계획할 때 계획(목표)년도는 몇 년을 표준으로 하는가?

① 2~3년   ② 15~20년
③ 30~40년   ④ 50년 이상

> 계획(목표)년도
> 기본계획에서 대상이 되는 기간으로 계획 수립시부터 15~20년간을 표준으로 한다.

☐☐☐ 산 96,98,08,12,14,16,17,22④

110 하천이나 호소에서 부영양화(eutrophication)의 주된 원인 물질은?

① 질소 및 인 ② 탄소 및 유황
③ 중금속   ④ 염소 및 질산화물

> **부영양화**
> 질소(N), 인(P), 염류 등과 같은 조류의 번식에 양분이 될 물질들이 유입 축척될 때 일어난다.

☐☐☐ 산 17,22④

111 유량이 1000m³/day이고 BOD가 100mg/L인 폐수를 유효용량 200m³인 폭기조에서 처리할 경우 BOD 용적부하는?

① 0.5kg/m³·day   ② 5.0kg/m³·day
③ 10.0kg/m³·day ④ 12.5kg/m³·day

> BOD용적 부하(kg/m³·d)
> $= \dfrac{1일\ BOD유입량(kg/d)}{폭기조\ 부피(m³)}$
> $= \dfrac{하수량 \times 하수의\ BOD}{폭기조\ 부피}$
> $= \dfrac{1000 \times 100 \times 10^{-3}}{200} = 0.5\,kg/m^3 \cdot day$

☐☐☐ 산 17,22④

112 분류식과 합류식 하수 배제방식의 특징으로 틀린 것은?

① 일반적으로 합류식의 관경이 분류식보다 크다.
② 분류식은 우수관과 오수관으로 구분된다.
③ 합류식은 초기 우수의 일부를 처리장으로 운송하여 처리한다.
④ 분류식은 완전한 우수처리가 가능하다.

> **분류식**
> • 우천시 수세효과를 기대할 수 없다.
> • 노면의 오염물질이 포함된 세정수가 직접 하천 등으로 유입된다.

☐☐☐ 산 03,07,14,18④,22④

113 상수도 침전지의 제거율을 향상시키기 위한 방안으로 틀린 것은?

① 침전지의 침강면적(A)을 크게 한다.
② 플록의 침강속도(V)를 크게 한다.
③ 유량(Q)을 적게 한다.
④ 침전지의 수심(H)을 크게 한다.

> 제거율 $E = \dfrac{V_s}{V_o} = \dfrac{V_s}{\dfrac{Q}{A}} = \dfrac{A}{Q}V_s$
>
> • 유량(Q)을 작게 한다.
> • 침강속도(V_s)를 크게 한다.
> • 침전지 표면적(A)을 크게 하여야 한다.
> • 표면부하율 $\left(\dfrac{Q}{A}\right)$을 작게 하여야 한다.

☐☐☐ 산 13,14,18④,22④

114 호소수, 저수지수의 취수시설로 부적합한 것은?

① 취수탑   ② 취수문
③ 취수틀   ④ 집수매거

> **집수매거**
> 하천부지의 하상 밑이나 구하천 부지 등의 땅속에 매설하여 집수기능을 갖는 관거이며 복류수나 자유수면을 갖는 지하수(자유지하수)를 취수하는 시설이다.

☐☐☐ 산 12④,19④,22④

115 계획1인1일최대급수량 400L/(인·day), 급수보급률 95%, 인구 15만명의 도시에 급수계획을 하고자 할 때, 이 도시의 계획1일최대급수량은?

① 48450m³/day   ② 57000m³/day
③ 65550m³/day   ④ 72900m³/day

> 계획1일최대급수량
> = 계획1인1일 최대급수량×계획급수인구×급수보급율
> = $400 \times 10^{-3} \times 150000 \times 0.95 = 57000\,m^3/day$
> (∵ 1m³ = 1000L, 1L = 10^{-3}m³)

산 95,96,08,12,13,15,18④,22④
104 펌프에 대한 설명으로 틀린 것은?

① 수격현상은 펌프의 급정지 시 발생한다.
② 손실수두가 작을수록 실양정은 전양정과 비슷해진다.
③ 비속도(비교회전도)가 클수록 같은 시간에 많은 물을 송수할 수 있다.
④ 흡입구경은 토출량과 흡입구의 유속에 의해 결정된다.

비교회전도(N_s)
- 비속도(비교회전도)가 클수록 펌프는 흡입성능이 나쁘고 공동현상이 발생되기 쉽다.
- 비교회전도가 클수록 같은 시간에 많은 물을 송수할 수 있는 것은 아니다.

산 15,16,18④,19④,22④
105 하수관거의 유속 및 경사에 대한 설명으로 옳지 않은 것은?

① 유속은 일반적으로 하류로 유하함에 따라 점차 크게 한다.
② 경사는 하류로 감에 따라 점차 작아지도록 한다.
③ 유속이 느리면 관거의 바닥에 오물이 침전하여 세척비 등 유지관리비가 많이 든다.
④ 유속이 빠르면 관거 손상의 우려가 작아지므로 내용년수가 길어진다.

유속이 너무 빠르면 관거를 손상시키고 내용년수를 줄어들게 한다.

산 18④,22④
106 활성슬러지 공법에 대한 설명으로 옳은 것은?

① F/M비가 낮을수록 잉여슬러지 발생량은 증가된다.
② F/M비가 낮을수록 잉여슬러지 발생량은 감소된다.
③ F/M비가 낮을수록 잉여슬러지 발생량은 초기 감소된 후 다시 증가된다.
④ F/M비와 잉여슬러지는 상관관계가 없다.

- F/M비가 낮을수록 잉여슬러지 발생량은 적다.
- 표준활성슬러지법에서는 0.5kgBOD/kgMLSS·day이다.

산 10,15,16,22④
107 다음 중 맛과 냄새의 제거에 주로 사용되는 것은?

① PAC(고분자 응집제) ② 황산반토
③ 활성탄 ④ $CuSO_4$

맛과 냄새의 제거
폭기, 염소처리, 입상 및 활성탄 처리, 오존처리, 오존 입상활성탄처리

산 16,22④
108 배수관을 망상(그물모양)으로 배치하는 방식의 특징이 아닌 것은?

① 고장의 경우 단수의 우려가 적다.
② 관내의 물이 정체하지 않는다.
③ 관로해석이 편리하고 정확하다.
④ 수압분포가 균등하고 화재시에 유리하다.

배수관의 격자식(망목식) 배치 방식 단점
- 관로해석이 어렵고 복잡하다.
- 관거의 포설시 건설비가 많이 소요된다.

Remember
격자식의 장점
- 물이 정체하지 않는다.
- 수압을 유지하기 쉽다.
- 단수 구역이 좁아진다.
- 화재시 등 사용량의 변화에 대처하기 쉽다.

산 10,16,22④
109 원수를 음용이나 공업용 등 용도에 알맞게 처리하는 과정은?

① 취수 ② 정수
③ 도수 ④ 배수

정수(淨水)
- 원수의 수질을 사용 목적에 적합하도록 개선하는 과정
- 원수를 음용이나 공업용 등 용도에 알맞게 처리하는 과정

□□□ 산 05,09,11④,16④,18④,19④,22④

100 사다리꼴 단면인 개수로에서 수리학적으로 가장 유리한 단면의 조건은? (단, R : 경심, B : 수면 폭, h : 수심)

① $B = \dfrac{h}{2}$ ② $B = h$

③ $R = \dfrac{h}{2}$ ④ $R = h$

직사각형의 유리한 단면
- $B = 2h$, $R = \dfrac{h}{2}$ ∴ 경심 $R = \dfrac{h}{2}$

2 상하수도 계획

□□□ 산 95,96,98,12,20,22④

101 부유물 농도 200mg/L, 유량 3000m³/day인 하수가 침전지에서 70% 제거된다. 이 때 슬러지의 함수율이 95%, 비중 1.1일 때 슬러지의 양은?

① 5.9m³/day   ② 6.1m³/day
③ 7.6m³/day   ④ 8.5m³/day

슬러지의 양
$= \dfrac{\text{오수량}(Q) \times \text{부유물농도}(SS) \times SS\text{제거율}(E)}{\text{비중}(1-w)}$

- $Q = 3000 \text{ m}^3/\text{day}$
- 부유물농도 $SS = 200 \text{ mg/L}$
- SS 제거율 $E = \dfrac{70}{100} = 0.70$
- 슬러지의 함수율 $w = 95\% = 0.95$

∴ 슬러지의 양
$= \dfrac{3000 \times 200 (\text{g/m}^3) \times 0.70 \times 10^{-6} (\text{m}^3/\text{g})}{1.1(1-0.95)}$
$= 7.6 \text{m}^3/\text{day}$

□□□ 산 15,16,20,22④

102 혐기성 소화 공정의 영향인자가 아닌 것은?

① 체류시간   ② 메탄함량
③ 독성물질   ④ 알칼리도

혐기성 소화 공정 인자
체류시간, 온도, 영향염류, pH, 독성물질, 알칼리도

□□□ 산 08,14,22④

103 탁도가 30mg/L인 원수를 Alum $(Al_2(SO_4)_3 \cdot 18H_2O)$ 25mg/L를 주입하여 응집처리할 때 1000m³/day 처리에 대한 Alum 주입량은?

① 25kg/day   ② 30kg/day
③ 35kg/day   ④ 55kg/day

Alum 주입량 = $1000 \times 25 = 25000 \text{g/day} = 25 \text{kg/day}$
(∵ $1\text{mg/L} = 1\text{g/m}^3$)

정답 100 ③   101 ③   102 ②   103 ①

94 지하대수층에서의 지하수 흐름에 대하여 Darcy법칙을 적용하기 위한 가정으로 옳지 않은 것은?

① 수식의 속도는 지하대수층 내의 실제 흐름속도를 의미한다.
② 다공층을 구성하고 있는 물질의 특성이 균일하고 동질이라 가정한다.
③ 지하수 흐름이 정상류이며 또한 층류로 가정한다.
④ 대수층 내에 모관수대가 존재하지 않는다고 가정한다.

유속 V는 입자 사이를 흐르는 평균이론유속이다.

95 압력 $P=980\text{Pa}(0.01\text{kg/cm}^2)$일 때 이를 수두로 나타낸 값은?

① 0.01m   ② 0.1m
③ 0.15m   ④ 0.2m

수두 $H=\dfrac{P}{w}$
• $P=0.01\times 1000=10\,\text{g/cm}^2$
• $w=1\,\text{g/cm}^3$
∴ $H=\dfrac{10}{1}=10\,\text{cm}=0.10\,\text{m}$

96 지름 0.3cm의 작은 물방울에 표면장력 $T_{15}=0.00075\text{N/cm}$가 작용할 때 물방울 내부와 외부의 압력차는?

① 30Pa   ② 50Pa
③ 80Pa   ④ 100Pa

물방울 내외부의 압력차 $P=\dfrac{4T}{d}$
• $T_{15}=0.00075\text{N/cm}=0.075\text{N/m}$
• $d=0.3\,\text{cm}=0.003\,\text{m}$
∴ $p=\dfrac{4\times 0.075}{0.003}=100\,\text{N/m}^2=100\,\text{Pa}$

참고 $1\text{N/m}^2=1\text{Pa}$

97 오리피스에서의 실제 유속을 구하기 위하여 에너지 손실을 고려하는 방법으로 옳은 것은?

① 이론 유속에 유속계수를 곱한다.
② 이론 유속에 유량계수를 곱한다.
③ 이론 유속에 수축계수를 곱한다.
④ 이론 유속에 모형계수를 곱한다.

유속계수 $C_v=\dfrac{\text{실제유속}}{\text{이론유속}}$
∴ 실제유속 = 이론유속 × 유속계수

98 안지름 2cm인 관로에 충만되어 물이 흐를 때 다음 중 층류 흐름이 유지되는 최대유속은?
(단, 동점성계수 $\nu=0.01\text{cm}^2/\text{s}$)

① 5cm/s   ② 10cm/s
③ 20cm/s   ④ 40cm/s

• 레이놀즈(Reynolds)의 상사 법칙
$Re<2000$: 층류, $Re<4000$: 난류
• 레이놀즈수 $R_e=\dfrac{VD}{\nu}$에서
∴ $V=\dfrac{R_e\cdot\nu}{D}=\dfrac{2000\times 0.01}{2}=10\,\text{cm/s}$

99 지름이 40cm인 주철관에 동수경사 1/100로 물이 흐를 때 유량은? (단, 조도계수 $n=0.013$이다.)

① 0.208m³/s   ② 0.253m³/s
③ 0.184m³/s   ④ 1.654m³/s

$Q=AV=\dfrac{\pi D^2}{4}\cdot\dfrac{1}{n}R^{2/3}I^{1/2}$
• $D=40\text{cm}=0.4\text{m}$
• 경심 $R=\dfrac{D}{4}=\dfrac{0.4}{4}$
• $V=\dfrac{1}{0.013}\times\left(\dfrac{0.4}{4}\right)^{\frac{2}{3}}\times\left(\dfrac{1}{100}\right)^{\frac{1}{2}}=1.657\,\text{m}^3/\text{sec}$
∴ $Q=\dfrac{\pi\times 0.4^2}{4}\times 1.657=0.208\,\text{m}^3/\text{sec}$

정답 94 ① 95 ② 96 ④ 97 ① 98 ② 99 ①

89 단위시간에 있어서 속도변화가 V_1에서 V_2로 되며 이때 질량 m인 유체의 밀도를 ρ라 할 때 운동량 방정식은? (단, Q : 유량, w : 유체의 단위중량, g : 중력가속도)

① $F = \dfrac{wQ}{\rho}(V_2 - V_1)$ ② $F = wQ(V_2 - V_1)$

③ $F = \dfrac{Qg}{w}(V_2 - V_1)$ ④ $F = \dfrac{w}{g}Q(V_2 - V_1)$

> 단위시간당 운동량 방정식
> $F = m\dfrac{V_2 - V_1}{\Delta t}$ ($\because F\Delta t = m(V_2 - V_1)$)
> • $m = \rho Q \Delta t$, $\rho = \dfrac{w}{g}$
> $\therefore F = \rho Q \Delta t \dfrac{V_2 - V_1}{\Delta t} = \dfrac{wQ}{g}(V_2 - V_1)$

90 관수로에서 Darcy-Weisbach 공식의 마찰손실계수 f가 0.04일 때 Chezy의 평균유속공식 $V = C\sqrt{RI}$에서 C는?

① 25.5 ② 44.3
③ 51.1 ④ 62.4

> 마찰손실계수 $f = \dfrac{8g}{C^2}$에서
> $\therefore$ 유속계수 $C = \sqrt{\dfrac{8g}{f}} = \sqrt{\dfrac{8 \times 9.8}{0.04}} = 44.3$

91 어떤 액체의 밀도가 $1.0 \times 10^{-5} \text{N} \cdot \text{s}^2/\text{cm}^4$이라면 이 액체의 단위 중량은?

① $9.8 \times 10^{-3} \text{N/cm}^3$ ② $1.02 \times 10^{-3} \text{N/cm}^3$
③ 1.02N/cm^3 ④ 9.8N/cm^3

> 단위중량 $w_o = \rho g$
> $w_o = 1.0 \times 10^{-5} (\text{N} \cdot \text{s}^2/\text{cm}^4) \times 980 (\text{cm/s}^2)$
> $= 9.8 \times 10^{-3} \text{N/cm}^3$

92 Darcy-Weisbach의 마찰손실 공식에 대한 다음 설명 중 틀린 것은?

① 마찰 손실 수두는 관경에 반비례한다.
② 마찰 손실 수두는 관의 조도에 반비례한다.
③ 마찰 손실 수두는 물의 점성에 비례한다.
④ 마찰 손실 수두는 관의 길이에 비례한다.

> • Darcy-Weisbach의 마찰 손실 공식
> 마찰 손실 수두 $h_L = f\dfrac{l}{D}\dfrac{V^2}{2g}$
> • $f = \dfrac{64}{R_e} = \dfrac{\mu}{\rho V d}$, $R_e = \dfrac{Vd}{\nu} = \dfrac{\rho V d}{\mu}$
> • $f = \phi''\left(\dfrac{1}{R_e}, \dfrac{e}{D}\right)$
> • 관수로의 길이(l)에 비례한다.
> • 관경(D)에 반비례한다.
> • 관의 내면조도($\dfrac{e}{D}$)에 비례한다.
> • 레이놀즈수(R_e)에 반비례한다.
> • 물의 점성(μ)에 비례한다.

93 그림과 같이 원 관이 중심축에 수평하게 놓여있고 계기압력이 각각 1.8kg/cm^2, 2.0kg/cm^2일 때 유량은? (단, 압력계의 kg은 무게를 표시한다.)

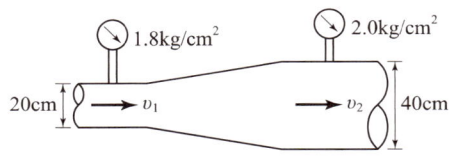

① 203L/s ② 223L/s
③ 243L/s ④ 263L/s

> $Q = \dfrac{A_1 A_2}{\sqrt{A_1^2 - A_2^2}}\sqrt{2gH}$
> • $A_1 = \dfrac{\pi \times 0.2^2}{4} = 0.0314 \text{cm}^2$
> • $A_2 = \dfrac{\pi \times 0.4^2}{4} = 0.1257 \text{cm}^2$
> • $H = \dfrac{\Delta P}{w_o} = \dfrac{20 - 18}{1} = 2\text{m}$
> $\therefore Q = \dfrac{0.1257 \times 0.0314}{\sqrt{0.1257^2 - 0.0314^2}} \times \sqrt{2 \times 9.8 \times 2}$
> $= 0.203 \text{m}^3/\text{sec} = 203 \text{L/sec}$

정답 89 ④ 90 ② 91 ① 92 ② 93 ①

□□□ 산 83,08,15,22④
83 정수압의 성질에 대한 설명으로 옳지 않은 것은?

① 정수압은 수중의 가상면에 항상 직각방향으로 존재한다.
② 대기압을 압력의 기준(0)으로 잡은 정수압은 반드시 절대압력으로 표시된다.
③ 정수압의 강도는 단위면적에 작용하는 압력의 크기로 표시한다.
④ 정수 중의 한 점에 작용하는 수압의 크기는 모든 방향에서 같은 크기를 갖는다.

대기압을 압력의 기준(0)으로 잡은 정수압은 반드시 계기압력으로 표시된다.

□□□ 산 15④,19②,22④
84 직경 20cm인 원형 오리피스로 $0.1m^3/s$의 유량을 유출시키려 할 때 필요한 수심(오리피스 중심으로부터 수면까지의 높이)은? (단, 유량계수 $C=0.6$)

① 1.24m　　② 1.44m
③ 1.56m　　④ 2.00m

$Q = CA\sqrt{2gH}$ 에서

• $H = \dfrac{Q^2}{2g(CA)^2}$

• $A = \dfrac{\pi d^2}{4} = \dfrac{\pi \times 0.20^2}{4} = 0.0314 m^2$

∴ $H = \dfrac{0.1^2}{2 \times 9.8 \times (0.6 \times 0.0314)^2} = 1.44 m$

□□□ 산 07,08,16④,20③,22④
85 수축단면에 관한 설명으로 옳은 것은?

① 오리피스의 유출수맥에서 발생한다.
② 상류에서 사류로 변화할 때 발생한다.
③ 사류에서 상류로 변화할 때 발생한다.
④ 수축단면에서의 유속을 오리피스의 평균유속이라 한다.

수축단면(vena contracta)
• 오리피스 유출수맥이 단축되었다가 확대되는데 이 때 가장 축소된 단면적
• 오리피스로부터 $\dfrac{d}{2}$ 정도의 위치에서 발생

□□□ 산 16,22④
86 밑면이 7.5m×3m이고 깊이가 4m인 빈 상자의 무게가 4×10^5N이다. 이 상자를 물에 띄웠을 때 수면 아래로 잠기는 깊이는?

① 3.53m　　② 2.32m
③ 1.81m　　④ 0.75m

빈 상자의 중량 $W = wV = B = w_o V$
• 물의 단위중량 $w = 9.8 kN/m^3$
• $W = 4 \times 10^5 N = 4 \times 10^2 kN$
• $B = w_o V = 9.8 \times (7.5 \times 3 \times x) = 220.5 \times x$

∴ 잠기는 깊이(흘수) $x = \dfrac{4 \times 10^2}{220.5} = 1.81 m$

□□□ 산 93,98,16,22④
87 U자관에서 어떤 액체 15cm 높이와 수은 5cm의 높이가 평형을 이루고 있다면 이 액체의 비중은? (단, 수은의 비중은 13.6이다.)

① 3.45　　② 5.43
③ 5.34　　④ 4.53

$P = w'h' = wh$ 에서
∴ $w = \dfrac{w'h}{h} = \dfrac{13.6 \times 5}{15} = 4.53$

□□□ 산 03,05,13,15,17,22④
88 오리피스에서 유출되는 실제유량을 계산하기 위한 수축계수 C_a로 옳은 것은? (단, a_0 : 수축단면의 단면적, a : 오리피스의 단면적, V : 실제유속, V_0 : 이론유속)

① $\dfrac{a}{a_0}$　　② $\dfrac{V_0}{V}$

③ $\dfrac{a_0}{a}$　　④ $\dfrac{V}{V_0}$

수축계수(C_a)
• 오리피스 단면적(a)에 대한 수축단면적(a_o)의 비
• $C_a = \dfrac{수축단면적}{오리피스 단면적} = \dfrac{a_o}{a}$

□□□ 산 97,00,04,10,13,18④,22④

80 어떤 흙의 간극비(e)가 0.52이고, 흙 속에 흐르는 물의 이론 침투속도(v)가 0.214cm/s일 때 실제의 침투유속(v_s)은?

① 0.424cm/s
② 0.525cm/s
③ 0.626cm/s
④ 0.727cm/s

실제 침투유속 $v_s = \dfrac{v}{n}$

• $n = \dfrac{e}{1+e} = \dfrac{0.52}{1+0.52} = 0.342$

∴ $v_s = \dfrac{0.214}{0.342} = 0.626 \text{cm/s}$

제3과목 : 수자원설계

1 수리학

□□□ 산 13,17,22④

81 투수계수가 0.1cm/s이고 지하수위의 동수경사가 1/10인 지하수 흐름의 속도는?

① 0.005cm/s
② 0.01cm/s
③ 0.5cm/s
④ 1cm/s

$V = Ki = 0.1 \times \dfrac{1}{10} = 0.01 \text{ cm/sec}$

□□□ 산 09,11①,14①,17②,19④,22④

82 흐름 중 상류(常流)에 대한 수식으로 옳지 않은 것은? (단, H_c : 한계수심, I_c : 한계경사, V_c : 한계유속, H : 수심, I : 수로경사, V : 유속)

① $H_c < H$
② $I_c > I$
③ $\dfrac{V}{\sqrt{gH}} > 1$
④ $V_c > V$

상류 조건
- 유속 : $V < V_c$
- 후르드수 : $F_r = \dfrac{V}{\sqrt{gH}} < 1$
- 구배 : $I < I_c$
- 수심 : $H > H_c$

Remember

상류와 사류의 조건

구분	상류	사류	공식
수심 h	$H > H_c$	$H < H_c$	$H_c = \left(\dfrac{\alpha Q^2}{gb^2}\right)^{1/3}$
유속 V	$V < V_c$	$V > V_c$	$V_c = \sqrt{gh}$
구배 I	$I < I_c$	$I > I_c$	$I_c = \dfrac{g}{\alpha C^2}$
F_r	$F_r < 1$	$F_r > 1$	$F_r = \dfrac{V}{\sqrt{gh}}$

정답 80 ③ 81 ② 82 ③

□□□ 산 19④,22④

73 어느 흙 시료의 액성한계 시험결과 낙하횟수 40일 때 함수비가 48%, 낙하횟수 4일 때 함수비가 73%였다. 이때 유동지수는?

① 24.21% ② 25.00%
③ 26.23% ④ 27.00%

$$I_f = \frac{w_1 - w_2}{\log N_2 - \log N_1} = \frac{73-48}{\log 40 - \log 4} = 25.00\%$$

□□□ 산 02①,05④,10①,19④,22④

74 모래치환법에 의한 흙의 밀도시험에서 모래를 사용하는 목적은 무엇을 알기 위해서인가?

① 시험구멍의 부피
② 시험구멍의 밑면의 지지력
③ 시험구멍에서 파낸 흙의 중량
④ 시험 구멍에서 파낸 흙의 함수상태

들밀도시험
No.10체를 통과하고 No.200체에 남는 모래를 물로 씻어 건조시킨 후 사용하여 시험구멍의 부피를 구하는 방법이다.

□□□ 산 82,85,01,19,20,22④

75 기존 건물에 인접한 장소에 새로운 깊은 기초를 시공하고자 한다. 이때 기존 건물의 기초가 얕아 보강하는 공법 중 적당한 것은?

① 압성토 공법   ② 언더피닝 공법
③ 프리로딩 공법 ④ 치환 공법

- 압성토 공법 : 연약지반에 성토할 때 기초의 활동파괴를 막기 위하여 성토비탈면에 소단모양의 압성토를 하여 활동에 대한 저항 모멘트를 크게 하는 것이 목적.
- underpinning공법 : 기존 구조물에 대하여 기초부분을 신설, 개축, 보강 하는 경우 이용되는 공법.
- Preloading공법 : 압밀 침하를 미리 끝나게 하고 점성토지반의 강도를 증가시켜 전단파괴를 방지하고 구조물 잔류침하를 남지 않게 하는 공법.
- 치환공법 : 연약 토층의 일부 또는 전부를 제거하고 양질인 재료로써 치환하는 공법

□□□ 산 92,93,96,97,00,02,04,14,17,22④

76 다음 중 지지력이 약한 지반에서 가장 적합한 기초 형식은?

① 독립확대기초   ② 전면기초
③ 복합확대기초   ④ 연속확대기초

기초지반의 지지력이 약한 곳에 전면기초가 사용된다.

□□□ 산 94,00,06,12,14,19②,22④

77 어떤 흙의 전단실험 결과 $c = 18\text{kN/m}^2$, $\phi = 35°$, 토립자에 작용하는 수직응력이 $\sigma = 36\text{kN/m}^2$일 때 전단강도는?

① 48.9kN/m²   ② 43.2kN/m²
③ 63.3kN/m²   ④ 38.6kN/m²

$$\tau = c + \sigma \tan\phi$$
$$= 18 + 36\tan 35° = 43.2\text{kN/m}^2$$

□□□ 산 00,02,06,12,15,16,20,22④

78 다음 그림과 같은 지반에서 $X-X$ 단면에 작용하는 유효압력은? (단, 물의 단위중량 $\gamma_w = 9.81\text{kN/m}^3$)

① 35.6kN/m²
② 41.4kN/m²
③ 54.38kN/m²
④ 62.7kN/m²

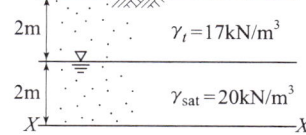

$$\bar{\sigma} = \gamma_t h_1 + (\gamma_{sat} - \gamma_w)h_2$$
$$= 17 \times 2 + (20 - 9.81) \times 2 = 54.38\text{kN/m}^2$$

□□□ 산 03,15,20,22④

79 다음 중 점성토 지반의 개량공법으로 부적당한 것은?

① 치환공법
② Sand drain공법
③ 바이브로 플로테이션 공법
④ 다짐모래말뚝공법

바이브로 플로테이션 공법 : 사질토 지반의 개량 공법

67 미세한 모래와 실트가 작은 아치를 형성한 고리모양의 구조로써 간극비가 크고, 보통의 정적 하중을 지탱할 수 있으나 무거운 하중 또는 충격하중을 받으면 흙 구조가 부서지고 큰 침하가 발생되는 흙의 구조는?

① 면모구조
② 벌집구조
③ 분산구조
④ 단립구조

벌집구조(봉소구조)
아주 가는 모래와 실트가 아치형태로 결합되어 있어 비교적 충격에 약하며, 실트나 clay가 물속에 침강할 때 생기는 구조

68 전단시험법 중 간극수압을 측정하여 유효응력으로 정리하면 압밀배수시험(CD-test)과 거의 같은 전단 상수를 얻을 수 있는 시험법은?

① 비압밀 비배수시험(UU-test)
② 직접전단시험
③ 압밀 비배수시험(CU-test)
④ 일축압축시험(q_u-test)

압밀 비배수시험(CU-test)
간극수압을 측정하여 유효응력으로 강도정수를 결정하는 시험으로 CD시험 결과와 비슷하므로 CD시험을 대체하는 시험이다.

69 점토층에서 채취한 시료의 압축지수(C_c)0.39, 간극비(e) 1.26이다. 이 점토층 위에 구조물이 축조되었다. 축조되기 이전의 유효압력은 80kN/m², 축조된 후에 증가된 유효압력은 60kN/m²이다. 점토층의 두께가 3m일 때 압밀 침하량은 얼마인가?

① 12.6cm
② 9.1cm
③ 4.6cm
④ 1.3cm

$$\Delta H = \frac{C_c \cdot H}{1+e} \log \frac{P_2}{P_1} = \frac{C_c \cdot H}{1+e} \log \frac{P_1 + \Delta P}{P_1}$$
$$= \frac{0.39 \times 300}{1+1.26} \log \frac{80+60}{80} = 12.6 \text{cm}$$

70 점착력(c)이 4kN/m², 내부마찰각(ϕ)이 30°, 흙의 단위중량(γ)이 16kN/m³인 흙에서 인장균열이 발생하는 깊이(z_o)는?

① 1.73m
② 1.28m
③ 0.87m
④ 0.29m

$$z_c = \frac{2c}{\gamma} \tan\left(45° + \frac{\phi}{2}\right)$$
$$= \frac{2 \times 4}{16} \tan\left(45° + \frac{30°}{2}\right) = 0.87 \text{m}$$

71 저항체를 땅 속에 삽입해서 관입, 회전, 인발 등의 저항을 측정하여 토층의 상태를 탐사하는 원위치 시험을 무엇이라 하는가?

① 오거보링
② 테스트 피트
③ 샘플러
④ 사운딩

사운딩(sounding)
Rod에 붙인 어떤 저항체를 지중에 넣어 타격 관입, 인발 및 회전할 때의 흙의 전단강도를 측정하는 원위치 시험

72 그림에서 모래층에 분사현상이 발생하는 경우는 수두 h가 몇 cm 이상일 때 일어나는가?
(단, $G_s = 2.68$, $n = 60\%$)

① 20.16cm
② 10.52cm
③ 13.73cm
④ 18.05cm

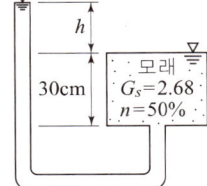

$i = \frac{h}{L}$에서 $h = L \cdot i_c$

• $e = \frac{n}{100-n} = \frac{60}{100-60} = 1.50$

• $i_c = \frac{G_s - 1}{1+e} = \frac{2.68-1}{1+1.50} = 0.672$

∴ $h = 30 \times 0.672 = 20.16 \text{cm}$

2 토질 및 기초

61 지표면이 수평이고 옹벽의 뒷면과 흙과의 마찰각이 0°인 연직옹벽에서 Coulomb의 토압과 Rankine의 토압은 어떻게 되는가?

① Coulomb의 토압은 항상 Rankine의 토압보다 크다.
② Coulomb의 토압은 Rankine의 토압보다 클 때도 있고, 작을 때도 있다.
③ Coulomb의 토압과 Rankine의 토압은 같다.
④ Coulomb의 토압은 항상 Rankine의 토압보다 작다.

지표면이 수평 $i=0$, 마찰각 $\phi=0°$인 연직 옹벽에서 Coulomb의 토압과 Rankine의 토압은 같다.

62 단위중량이 16kN/m³인 연약지반($\phi=0°$) 지반에서 연직으로 2m까지 보강없이 절취할 수 있다고 한다. 이 점토지반의 점착력은?

① 4kN/m²   ② 8kN/m²
③ 14kN/m² ④ 18kN/m²

$$H_c = \frac{4c}{\gamma_t}\tan\left(45°+\frac{\phi}{2}\right)$$
$$= \frac{4c}{\gamma_t} (\because \phi=0)$$
$$\therefore 점착력\ c = \frac{H_c \gamma_t}{4} = \frac{2\times 16}{4} = 8\text{kN/m}^2$$

63 어떤 퇴적지반의 수평방향 투수계수가 4.0×10^{-3} cm/s이고, 수직방향 투수계수가 3.0×10^{-3} cm/s일 때 등가투수계수는 얼마인가?

① 3.46×10^{-3} cm/s   ② 5.0×10^{-3} cm/s
③ 6.0×10^{-3} cm/s   ④ 6.93×10^{-3} cm/s

$$K = \sqrt{K_h \cdot K_v}$$
$$= \sqrt{4\times 10^{-3} \times 3\times 10^{-3}} = 3.46\times 10^{-3}\text{cm/sec}$$

64 흙의 분류 중에서 유기질이 가장 많은 흙은?

① CH   ② CL
③ MH   ④ P_t

유기질이 매우 많은 흙
P_t(이탄 및 유기질이 매우 많은 흙)

65 점성토지반의 성토 및 굴착 시 발생하는 heaving 방지대책으로 틀린 것은?

① 지반개량을 한다.
② 표토를 제거하여 하중을 적게 한다.
③ 널말뚝의 근입장을 짧게 한다.
④ trench cut 및 부분 굴착을 한다.

널말뚝의 근입장을 길게 한다.

Remember
heaving 방지대책
- 지반을 개량한다.
- 설계 계획을 변경한다.
- 굴착면에 하중을 가한다.
- 널말뚝의 근입장을 길게 한다.
- 표토를 제거하여 하중을 작게 한다.
- Caisson공법, Island공법을 고려한다.
- Trench cut공법 또는 부분 굴착을 한다.

66 Sand drain 공법의 주된 목적은?

① 압밀침하를 촉진시키는 것이다.
② 투수계수를 감소시키는 것이다.
③ 간극수압을 증가시키는 것이다.
④ 지하수위를 상승시키는 것이다.

Sand drain 공법의 목적
연약점토층에 박은 모래기둥을 통해 단시간에 지표면으로 토층의 물을 배출해 압밀을 촉진시켜 공기를 단축하는 방법

정답 61 ③ 62 ② 63 ① 64 ④ 65 ③ 66 ①

56 매개변수 $A=100$m인 클로소이드 곡선길이 $L=50$m에 대한 반지름은?

① 20m ② 150m
③ 200m ④ 500m

$A^2 = RL$에서 $R = \dfrac{A^2}{L} = \dfrac{100^2}{50} = 200$m

57 그림과 같은 지역의 면적은?

① 246.5m²
② 268.4m²
③ 275.2m²
④ 288.9m²

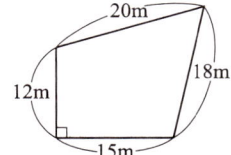

- $\Delta ABC = \dfrac{1}{2}(12 \times 15) = 90$m²
- $\Delta BCD = \sqrt{s(s-BC)(s-BD)(s-CD)}$
- $\overline{BC} = \sqrt{12^2 + 15^2} = 19.21$m
- $s = \dfrac{1}{2}(19.21 + 20 + 18) = 28.61$m
- $\Delta BCD = \sqrt{28.61(28.61-19.21)(28.61-20)(28.61-18)}$
  $= 156.74$m²
- $\therefore A = 90 + 156.74 = 246.74$m²

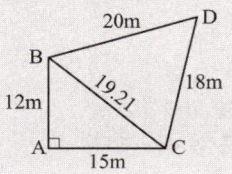

58 편각법에 의하여 원곡선을 설치하고자 한다. 곡선 반지름이 500m, 시단현이 12.3m일 때 시단현의 편각은?

① 36′27″ ② 39′42″
③ 42′17″ ④ 43′43″

$\delta = 1718.87' \dfrac{l}{R} = 1718.87' \times \dfrac{12.3}{500} = 0°42'17''$

또는 $\delta = \dfrac{180°}{\pi} \dfrac{l}{2R} = \dfrac{180°}{\pi} \times \dfrac{12.3}{2 \times 500} = 0°42'17''$

59 삼각점 표석에서 반석과 주석에 관한 내용 중 틀린 것은?

① 반석과 주석의 재질은 주로 금속을 이용한다.
② 반석과 주석의 십자선 중심은 동일 연직선상에 있다.
③ 반석과 주석의 설치를 위해 인조점을 설치한다.
④ 반석과 주석의 두부상면은 서로 수평이 되도록 설치한다.

반석과 주석의 재질은 주로 화강암을 이용한다.

60 지형도를 작성할 때 지형 표현을 위한 원칙과 거리가 먼 것은?

① 기복을 알기 쉽게 할 것
② 표현을 간결하게 할 것
③ 정량적 계획을 엄밀하게 할 것
④ 기호 및 도식을 많이 넣어 세밀하게 할 것

기호 및 도식을 가급적 적게 넣어 간결하게 할 것

□□□ 산 12,14,17,22④

51 축척 1 : 50000 지형도에서 A점에서 B점까지의 도상거리가 50mm이고, A점의 표고가 200m, B점의 표고가 10m라고 할 때, 이 사면의 경사는?

① 1/18.4
② 1/20.5
③ 1/22.3
④ 1/13.2

경사 $i = \dfrac{연직거리(H)}{수평거리(D)}$

• $H = 200 - 10 = 190m$
• $D = 50000 \times 0.05 = 2500m$

$\therefore i = \dfrac{190}{2500} = \dfrac{1}{13.2}$

A(200m)
H=190m
i
B(10m)
D=2500m

□□□ 산 11,17,22④

52 하천측량을 실시할 경우 수애선의 기준이 되는 것은?

① 고수위
② 평수위
③ 갈수위
④ 홍수위

수애선
수면과 하애와의 경계선으로 하천 수위의 변화에 따라 다르며 평수위(O.W.L)에 의하여 결정된다.

□□□ 산 97,16,20,22④

53 직사각형 토지를 줄자로 측정한 결과가 가로 37.8m, 세로 28.9m이었다. 이 줄자는 표준길이 30m당 4.7cm가 늘어있었다면 이 토지의 면적 최대 오차는?

① 0.03m²
② 0.36m²
③ 3.42m²
④ 3.53m²

면적오차 $\Delta A = A_o - A$

• $A_o = A\left(1 \pm \dfrac{e}{S}\right)^2$
$= 37.8 \times 28.9 \left(1 + \dfrac{0.047}{30}\right)^2 = 1095.846 \, m^2$

$\therefore \Delta A = 1095.846 - 37.8 \times 28.9 = 3.426 \, m^2$

□□□ 산 14,22④

54 삼각측량을 통해 삼각망의 내각을 측정하니 각각 다음과 같은 각도를 얻었다면, 각 내각의 최확값은?

∠A = 32°13′29″
∠B = 55°32′19″
∠C = 92°14′30″

① ∠A = 32°13′24″, ∠B = 55°32′12″,
∠C = 92°14′24″
② ∠A = 32°13′23″, ∠B = 55°32′12″,
∠C = 92°14′25″
③ ∠A = 32°13′23″, ∠B = 55°32′13″,
∠C = 92°14′24″
④ ∠A = 32°13′24″, ∠B = 55°32′13″,
∠C = 92°14′23″

$\Delta ABC = 32°13′29″ + 55°32′19″ + 92°14′30″$
$= 180°0′18″$

• 각오차 $180°0′18″ - 180° = +18″$

• 조정량 $= \dfrac{-18″}{3} = -6″$

∠A = 32°13′29″ - 6″ = ∠32°13′23″
∠B = 55°32′19″ - 6″ = ∠55°32′13″
∠C = 92°14′30″ - 6″ = ∠92°14′24″

□□□ 산 11,14,19,20,22④

55 측량지역의 대소에 의한 측량의 분류에 있어서 지구의 곡률로부터 거리오차에 따른 정확도를 1/10⁷까지 허용한다면 반지름 몇 km 이내를 평면으로 간주하여 측량할 수 있는가? (단, 지구의 곡률반지름은 6372km이다.)

① 3.49km
② 6.98km
③ 11.03km
④ 22.07km

$\dfrac{d-D}{D} = \dfrac{D^2}{12R^2} = \dfrac{\Delta l}{l}$ 에서

• $\dfrac{1}{10000000} = \dfrac{D^2}{12 \times 6372^2}$

$\therefore$ 평면으로 볼 수 있는 한계

$D = \sqrt{\dfrac{12 \times 6372^2}{10000000}} = 6.98km$

$\therefore$ 반지름 $R = \dfrac{D}{2} = \dfrac{6.98}{2} = 3.49km$

정답 51 ④ 52 ② 53 ③ 54 ③ 55 ①

45
깊이가 10m인 하천의 평균유속을 구하기 위해 유속 측량을 하여 다음의 결과를 얻었다. 3점법에 의한 평균유속은? (단, V_m : 수면에서부터 수심의 m인 곳의 유속)

$$V_{0.0}=5\text{m/s}, \quad V_{0.2}=6\text{m/s}, \quad V_{0.4}=5\text{m/s}$$
$$V_{0.6}=4\text{m/s}, \quad V_{0.8}=3\text{m/s}$$

① 4.17m/s
② 4.25m/s
③ 4.75m/s
④ 4.83m/s

3점법
수면에서 $\frac{1}{5}H$, $\frac{3}{5}H$, $\frac{4}{5}H$ 되는 곳의 유속을 평균유속으로 한다.
$V_m = \frac{1}{4}(V_{0.2}+2V_{0.6}+V_{0.8})$
$= \frac{1}{4}(6+2\times4+3) = 4.25\text{m/sec}$

46
유속 측량 장소의 선정 시 고려하여야 할 사항으로 옳지 않은 것은?

① 가급적 수위의 변화가 뚜렷한 곳이어야 한다.
② 직류부로서 흐름과 하상경사가 일정하여야 한다.
③ 수위 변화에 횡단 형상이 급변하지 않아야 한다.
④ 관측 장소의 상·하류의 유로가 일정한 단면을 갖고 있으며 관측이 편리하여야 한다.

지천에 의한 특별한 수위의 변화가 일어나지 않는 곳

47
GNSS 위성측량시스템으로 틀린 것은?

① GPS
② GSIS
③ QZSS
④ GALILEO

GNSS위성측량시스템
미국의 GPS, 러시아의 GLONASS, 유럽의 GALILEO, 일본의 QZSS 등이 이에 속한다.

48
완화곡선 중 곡률이 곡선길이에 비례하는 곡선은?

① 3차 포물선
② 클로소이드(clothoid) 곡선
③ 반파장 싸인(sine) 체감곡선
④ 렘니스케이트(lemniscate) 곡선

클로소이드곡선은 곡률이 곡선길이에 비례하여 증가하는 곡선이다.

49
A점으로부터 폐합 다각측량을 실시하여 A점으로 되돌아 왔을 때 위거와 경거의 오차는 각각 20cm, 25cm이었다. 모든 측선 길이의 합이 832.12m이라 할 때 다각측량의 폐합비는?

① 약 1/2200
② 약 1/2600
③ 약 1/3300
④ 약 1/4200

폐합비 $R = \dfrac{\sqrt{\sum(위거)^2+\sum(경거)^2}}{거리총합}$

$\therefore R = \dfrac{\sqrt{0.20^2+0.25^2}}{832.12} = \dfrac{1}{2599} ≒ \dfrac{1}{2600}$

50
노선측량에서 원곡선에 의한 종단곡선을 상향기울기 5%, 하향기울기 2%인 구간에 설치하고자 할 때, 원곡선의 반지름은? (단, 곡선시점에서 곡선 종점까지의 거리=30m)

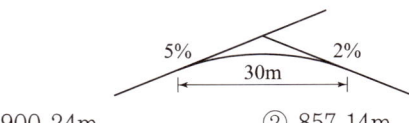

① 900.24m
② 857.14m
③ 775.20m
④ 428.57m

원곡선의 반지름 $R = \dfrac{L}{m-n}$

$\therefore R = \dfrac{30}{\dfrac{5}{100}-\left(-\dfrac{2}{100}\right)} = 428.5\text{m}$

($\because$ 상향 : $+m$, 하향 : $-n$)

제2과목 : 측량 및 토질

1 측량학

□□□ 산 15,22④
41 평균유속 관측방법 중 3점법을 사용하기 위한 관측 유속으로 짝지어진 것은? (단, h는 전체 수심)

① 수면에서 $0.1h$, $0.4h$, $0.9h$ 지점의 유속
② 수면에서 $0.1h$, $0.4h$, $0.8h$ 지점의 유속
③ 수면에서 $0.2h$, $0.4h$, $0.8h$ 지점의 유속
④ 수면에서 $0.2h$, $0.6h$, $0.8h$ 지점의 유속

- 1점법 : 수심 $\frac{6}{10}H$가 되는 곳의 유속을 평균유속으로 한다.
  $V_m = V_{0.6}$
- 2점법 : 수심 $\frac{1}{5}H$, $\frac{4}{5}H$가 되는 곳의 유속을 평균유속으로 한다.
  $V_m = \frac{1}{2}(V_{0.2} + V_{0.8})$
- 3점법 : 수면에서 $\frac{1}{5}H$, $\frac{3}{5}H$, $\frac{4}{5}H$ 되는 곳의 유속을 평균유속으로 한다.
  $V_m = \frac{1}{4}(V_{0.2} + 2V_{0.6} + V_{0.8})$

□□□ 산 15②,18④,22④
42 우리나라의 축척 1:50000 지형도에서 주곡선의 간격은?

① 5m   ② 10m
③ 20m   ④ 25m

등고선의 종류(단위 : m)

종류	1:1000	1:5000	1:10000	1:25000	1:50000
계곡선	5	25	25	50	100
주곡선	1	5	5	10	20
간곡선	0.5	2.5	2.5	5	10
조곡선	0.25	1.25	1.25	2.5	5

□□□ 산 13,22④
43 등고선에 대한 설명으로 틀린 것은?

① 등고선은 능선 또는 계곡선과 직교한다.
② 등고선은 최대경사선 방향과 직교한다.
③ 등고선은 지표의 경사가 급할수록 간격이 좁다.
④ 등고선은 어떤 경우라도 서로 교차하지 않는다.

높이가 다른 두 등고선은 동굴이나 절벽을 제외하고는 교차하지 않는다.

Remember
등고선의 성질
- 동일 등고선상에 있는 모든 점은 같은 높이이다.
- 최대경사의 방향은 등고선과 직각으로 교차한다.
- 등고선은 반드시 도면 안이나 밖에서 서로가 폐합한다.
- 분수선(능선)과 곡선(합수선)은 등고선과 직각으로 만난다.
- 등고선은 도중에 없어지거나 엇갈리거나 합쳐지거나 갈라지지 않는다.
- 등고선은 경사가 급한 곳에서는 간격이 좁고, 완만한 경사에서는 넓다.
- 높이가 다른 두 등고선은 동굴이나 절벽을 제외하고는 교차하지 않는다.

□□□ 산 10,11,14,16,22④
44 직각좌표 상에서 각 점의 (x, y)좌표가 A(-4, 0), B(-8, 6), C(9, 8), D(4, 0)인 4점으로 둘러싸인 다각형의 면적은? (단, 좌표의 단위는 m이다.)

① 87m²   ② 100m²
③ 174m²   ④ 192m²

배면적 계산

측점	합위거	합경거	배면적 $(X_{i-1} - X_{i+1})Y_i$
A	-4	0	$(-8-4) \times 0 = 0$
B	-8	6	$(-4-9) \times 6 = -78$
C	9	8	$(-8-4) \times 8 = -96$
D	4	0	$[9-(-4)] \times 0 = 0$
계			-174m^2

- 배면적 $2A = -174 \text{m}^2$
  $\therefore$ 면적 $A = \frac{|배면적|}{2} = \frac{|-174|}{2} = 87\text{m}^2$

정답 41 ④　42 ③　43 ④　44 ①

□□□ 산 12,14,22④

37 길이가 3m인 캔틸레버보의 자중을 포함한 계수하중이 100kN/m일 때 위험단면에서 전단철근이 부담해야 할 전단력(V_s)은 약 얼마인가? (단, f_{ck} =24MPa, f_y =300MPa, b_w =300mm, d =500mm)

① 158.2kN ② 193.7kN
③ 210.9kN ④ 252.8kN

> 전단철근이 부담해야 할 전단력 $V_s = \dfrac{V_u}{\phi} - V_c$
> $[\because V_u = \phi(V_c + V_s)]$
> • 계수전단강도
> $V_u = w_u(l - d_u) = 100(3 - 0.5) = 250\,\text{kN}$
> • $V_c = \dfrac{1}{6}\lambda\sqrt{f_{ck}}\,b_w d$
> $= \dfrac{1}{6} \times 1 \times \sqrt{24} \times 300 \times 500 = 122474\,\text{N}$
> $= 122.47\,\text{kN}$
> $\therefore V_s = \dfrac{V_u}{\phi} - V_c$
> $= \dfrac{250}{0.75} - 122.47 = 210.9\,\text{kN}$

□□□ 산 97,99,07,14,18①④,22④

38 그림과 같은 PSC보의 지간 중앙점에서 강선을 꺾었을 때 이 중앙점에서 상향력 U의 값은?

① $2F\sin\theta$
② $4F\sin\theta$
③ $2F\tan\theta$
④ $4F\tan\theta$

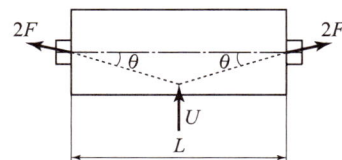

> 콘크리트에 가해지는 상향력 U
> • $\sum V = 0$: $U - 2F\sin\theta - 2F\sin\theta = 0$
> $\therefore$ 상향력 $U = 4F\sin\theta$

□□□ 산 85,93,94,99,20,22④

39 독립확대기초의 크기가 2m×3m이고 지반의 허용지지력이 200kN/m² 일 때 이 기초가 받을 수 있는 하중의 크기는?

① 600kN ② 800kN
③ 1200kN ④ 1600kN

> 허용지지력 $q_a = \dfrac{P}{A}$
> $\therefore P = q_a \cdot A = 200 \times (2 \times 3) = 1200\,\text{kN}$

□□□ 산 17,22④

40 다음은 프리스트레스트 콘크리트에서 프리텐션 방식과 포스트텐션 방식의 장점을 열거한 것이다. 옳지 않은 것은?

① 프리텐션방식은 일반적으로 공장에서 제조되므로 제품의 품질에 대한 신뢰도가 높다.
② 프리텐션방식은 PS강재를 곡선으로 배치하기가 쉬워서 대형부재 제작에도 적합하다.
③ 프리텐션 방식은 같은 모양과 치수의 프리캐스트 부재를 대량으로 제조할 수 있다.
④ 포스트텐션 방식은 프리캐스트 PSC부재의 결합과 조립에 편리하게 이용된다.

> 프리텐션방식은 PS강재를 곡선으로 배치하기가 어려워서 대형부재 제작에는 부적합하다.

Remember

■ 프리텐션방식
[장점]
• 동일한 형식과 치수의 프리캐스트 부재를 대량 제조 할 수 있다.
• 공장에서 제조되므로 제품의 품질에 대한 신뢰도가 높다.
• 시스, 정착장치 등이 필요 없다.
[단점]
• 긴장재의 곡선배치가 어려워 대형 구조물 제작에는 부적당하다.
• 부재의 단부에는 소정의 긴장력이 도입되지 않기 때문에 설계에 주의해야 한다.

■ 포스트텐션 방식
[장점]
• 시스 배치 후에 콘크리트를 타설하고 경화 후에 강재를 긴장하므로 시스와 강재의 곡선배치 또는 임의 형태의 배치가 가능하다.
• 장대교, 대형 구조물, 특수 구조물에 사용하기가 유리하다.
• 콘크리트가 경화한 후에 강재를 배치하고 긴장하므로 콘크리트 구조물 자체를 지지대로 사용할 수 있다.
• 공사현장에서 쉽게 긴장작업을 할 수 있다.
[단점]
• 부착시키지 않은 PSC 부재는 파괴강도가 낮고 균열폭이 커진다.
• 특수한 긴장방법과 정착효과가 필요하다.

정답 37 ③ 38 ② 39 ③ 40 ②

□□□ 산 17,22④

32 다음 중 강도설계법의 장·단점을 설명한 것으로 틀린 것은?

① 파괴에 대한 안전도의 확보가 허용응력설계법보다 확실하다.
② 하중계수에 의하여 하중의 특성을 설계에 반영할 수 있다.
③ 서로 다른 재료의 특성을 설계에 합리적으로 반영할 수 있다.
④ 사용성 확보를 위해서 별도로 검토해야 하는 등 설계과정이 다소 복잡하다.

서로 다른 재료의 특성을 설계에 합리적으로 반영하기 어렵다.

Remember
- 강도설계법의 장점
  - 파괴에 대한 안전의 확보가 확실하다.
  - 하중계수에 의한 하중의 특성을 설계에 반영할 수 있다.
- 강도설계법의 단점
  - 서로 다른 재료의 특성을 설계에 합리적으로 반영할 수 있다.
  - 사용성(처짐, 균열 등)의 확보를 별도로 검토해야 한다.

□□□ 산 19④,22④

33 직사각형 단면 300mm×400mm인 프리텐션 부재에 550mm²의 단면적을 가진 PS강선을 단면도심에 배치하고 1350MPa의 인장응력을 가하였다. 콘크리트의 탄성변형에 따라 실제로 부재에 작용하는 유효 프리스트레스는 약 얼마인가? (단, 탄성계수비 $n=6$이다.)

① 1313MPa   ② 1432MPa
③ 1512MPa   ④ 1618MPa

유효프리스트레스 $P_e = P_i - \Delta f_p$
- $P_i = A_p n f_y = 550 \times 6 \times 1350 = 4455000\,N$
- $\Delta f_p = \dfrac{P_i}{A_p} = \dfrac{4455000}{300 \times 400} = 37.125\,MPa$
- $\therefore P_e = 1350 - 37.125 = 1312.88\,MPa$

□□□ 산 11①②,13④,14②④,16④,17②④,19④,22④

34 경간 10m인 대칭 T형보에서 양쪽 슬래브의 중심간 거리가 2100mm, 플랜지 두께는 100mm, 복부의 폭(b_w)은 400mm일 때 플랜지의 유효폭은?

① 2500mm   ② 2250mm
③ 2100mm   ④ 2000mm

T형보(대칭)의 유효 폭(b_e)결정
- $16t + b_w = 16 \times 100 + 400 = 2000\,mm$
- 양쪽 슬래브의 중심간 거리 : $b_c = 2100\,mm$
- 보의 경간 $\times \dfrac{1}{4}$: $10000 \times \dfrac{1}{4} = 2500\,mm$
- $\therefore b_e = 2000\,mm$ ($\because$ 작은 값)

□□□ 산 97,00,08,09,12,13,14,15,18②,19②,20②,22④

35 아래 그림과 같은 맞대기 용접의 용접부에 생기는 인장응력은?

① 180MPa   ② 141MPa
③ 200MPa   ④ 223MPa

$$f = \dfrac{P}{A} = \dfrac{P}{\sum a \cdot l_e} = \dfrac{400 \times 10^3}{10 \times 200} = 200\,MPa$$

□□□ 산 02,04,06,10,11②,14①,18②,20,22④

36 다음 그림은 필릿(Fillet) 용접한 것이다. 목두께 a를 표시한 것으로 옳은 것은?

① $a = S_2 \times 0.70$
② $a = S_1 \times 0.70$
③ $a = S_2 \times 0.60$
④ $a = S_1 \times 0.60$

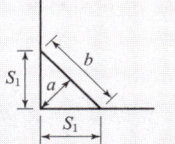

용접부의 목두께(필릿용접)
필릿용접의 유효 목두께(a)는 모살치수의 0.7배로 한다.
$\therefore a = S_1 \times 0.70$

27 아래의 표에서 설명하는 철근은?

> 보의 주철근을 둘러싸고 이에 직각되게 또는 경사지게 배치한 복부보강근으로서 전단력 및 비틀림모멘트에 저항하도록 배치한 보강철근

① 주철근 ② 온도철근
③ 배력철근 ④ 스터럽

- 주철근 : 주된 단면력이 작용하는 방향으로 휨모멘트와 축력에 저항하기 위하여 배치하는 철근
- 온도철근 : 온도변화에 의하여 콘크리트에 변화하는 균열을 방지하기 위한 목적으로 배치되는 철근
- 배력철근 : 하중을 분포시키거나 균열을 제어할 목적으로 주철근과 직각에 가까운 방향으로 배치한 보조철근

28 건조수축 또는 온도변화에 의하여 콘크리트에 발생하는 균열을 방지하기 위한 목적으로 배치되는 철근을 무엇이라고 하는가?

① 수축·온도철근 ② 비틀림 철근
③ 복부보강근 ④ 배력철근

- 수축·온도철근의 정의이다.
- 배력철근 : 하중을 분포시키거나 균열을 제어할 목적으로 주철근과 직각에 가까운 방향으로 배치한 보조철근
- 비틀림철근 : 비틀림모멘트가 크게 일어나는 부재에 이에 저항하도록 배치되는 철근
- 복부보강근 : 전단력을 받는 부재의 복부에 배치되어 사인장 응력에 저항하는 철근

29 뒷부벽식 옹벽을 설계할 때 뒷부벽에 대한 설명으로 옳은 것은?

① T형보로 설계하여야 한다.
② 캔틸레버보로 설계하여야 한다.
③ 직사각형보로 설계하여야 한다.
④ 3변 지지된 2방향 슬래브로 설계하여야 한다.

뒷부벽은 T형보로 설계하여야 하며, 앞부벽은 직사각형보로 설계하여야 한다.

30 강도설계법에 대한 기본가정 중 옳지 않은 것은?

① 평면인 단면은 변형 후에도 평면을 유지한다.
② 철근과 콘크리트의 응력과 변형률은 중립축으로부터 거리에 비례한다.
③ 콘크리트 압축측 연단에서 콘크리트의 설계기준압축강도가 40MPa 이하인 경우에는 극한변형률은 0.0033으로 가정한다.
④ 콘크리트의 인장강도는 휨계산에서 무시한다.

- 철근과 콘크리트의 변형률은 중립축으로부터의 거리에 비례한다.
- 콘크리트의 응력은 중립축으로 부터의 거리에 비례하지 않는 비선형 분포를 보인다.

Remember
강도설계법에서의 기본 가정
- 철근과 콘크리트의 변형률은 중립축에서의 거리에 비례한다.
- 콘크리트 압축측 연단에서 콘크리트의 설계기준압축강도가 40MPa 이하인 경우에는 극한변형률은 0.0033으로 가정한다.
- 항복강도 f_y 이하에서의 철근의 응력은 그 변형률의 E_s 배로 취한다.
- 휨응력계산에서 콘크리트의 인장강도는 무시한다.
- 콘크리트의 압축응력 분포도는 사각형, 사다리꼴, 포물선 또는 기타 다른 형상으로 가정할 수 있다.

31 프리스트레스트 콘크리트의 원리를 설명할 수 있는 기본개념으로 옳지 않은 것은?

① 응력개념 ② 변형도개념
③ 강도개념 ④ 하중평형개념

PSC의 기본 개념
- 응력개념(등균질보의 개념) : 프리스트레스가 도입되면 콘크리트 부재를 탄성이론으로 해석할 수 있다는 개념
- 하중평형개념(등가 하중 개념) : 프리스트레싱에 의한 작용과 부재에 작용하는 하중이 평형이 되도록 하는 개념
- 강도개념(내력 모멘트 개념) : PSC보를 RC보처럼 생각하여 콘크리트는 압축력을 받고 긴장재는 인장력을 받게 하여 두 힘의 우력 모멘트로 외력에 의한 휨모멘트에 저항시킨다는 개념

정답 27 ④ 28 ① 29 ① 30 ② 31 ②

❷ 철근콘크리트 및 강구조

21 $f_{ck}=24$MPa, $f_y=300$MPa, $b_w=400$mm, $d=500$mm인 직사각형 철근콘크리트보에서 콘크리트가 부담하는 공칭전단강도(V_c)는 얼마인가?

① 105.7kN ② 110.1kN
③ 142.7kN ④ 163.3kN

$$V_c = \frac{1}{6}\lambda\sqrt{f_{ck}}\,b_w d$$
$$= \frac{1}{6}\times 1\times\sqrt{24}\times 400\times 500$$
$$= 163299\text{N} = 163.3\text{kN}$$

22 D-25(공칭직경 : 25.4mm)를 사용하는 압축이형철근의 기본정착길이는?
(단, $f_{ck}=30$MPa, $f_y=400$MPa이다.)

① 413mm ② 447mm
③ 464mm ④ 487mm

압축이형철근의 기본정착길이
$$l_{dh} = \frac{0.25 d_b f_y}{\lambda\sqrt{f_{ck}}} = \frac{0.25\times 25.4\times 400}{1\times\sqrt{30}} = 464\text{mm}$$

23 강도설계법에서 보에 대한 등가직사각형 응력블록의 깊이(a)는 아래 표와 같은 공식에 의해 구할 수 있다. 이때 $f_{ck}=70$MPa인 경우 β_1의 값은?

$a = \beta_1 c$

① 0.51 ② 0.57
③ 0.65 ④ 0.74

$f_{ck} = 70$MPa일 때
$\eta = 0.91$, $\beta_1 = 0.74$

24 그림과 같이 경간 20m인 PSC 보가 프리스트레스힘(P) 1000kN을 받고 있을 때 중앙단면에서의 상향력(U)을 구하면?

① 30kN
② 40kN
③ 50kN
④ 60kN

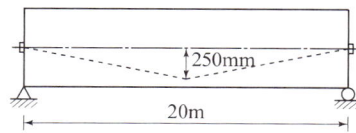

긴장재가 절곡으로 배치된 경우
$u = 2P\sin\theta$
• $\sin\theta = \dfrac{0.25}{\sqrt{(0.25^2 + 10^2)}}$

$\therefore u = 2\times 1000\times\left(\dfrac{0.25}{\sqrt{0.25^2+10^2}}\right)$
$= 49.98\text{kN} = 50\text{kN}$

25 D13철근을 U형 스터럽으로 가공하여 350mm 간격으로 부재축에 직각이 되게 설치한 전단철근의 강도 V_s는? (단, $f_y=400$MPa, $d=600$mm, D=13철근의 단면적은 127mm²)

① 87.1kN ② 125.3kN
③ 174.2kN ④ 204.7kN

부재축에 직각인 전단철근(수직스터럽)
$$V_s = \frac{A_v f_{yt} d}{s}$$
$$= \frac{(127\times 2)\times 400\times 600}{350} = 174171\text{N} = 174.2\text{kN}$$

26 강도설계법에서 휨모멘트와 축력을 동시에 받는 부재의 콘크리트 압축연단의 극한변형률은 설계기준압축강도가 40MPa 이하인 경우 얼마로 가정하는가?

① 0.0011 ② 0.0022
③ 0.0033 ④ 0.0044

휨모멘트 또는 휨모멘트와 축력을 동시에 받는 부재의 콘크리트 압축연단의 극한변형률은 콘크리트의 설계기준압축강도가 40MPa 이하인 경우에는 0.0033으로 가정한다.

정답 21 ④ 22 ③ 23 ④ 24 ③ 25 ③ 26 ③

18 그림과 같이 2차 포물선 OAB가 이루는 면적의 y축으로부터 도심 위치는?

① 30cm
② 31cm
③ 32cm
④ 33cm

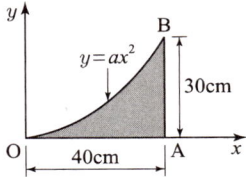

$$x = \frac{3}{4}b = \frac{3}{4} \times 40 = 30\,cm$$

Remember
- 포물선의 도심과 단면적

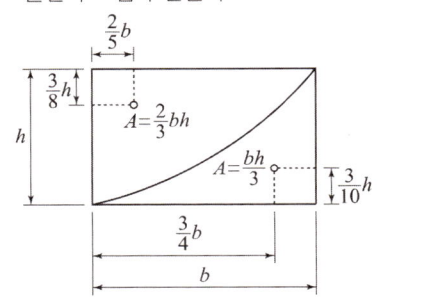

19 그림과 같은 내민보에서 C점의 전단력(V_C)과 휨모멘트(M_C)는 각각 얼마인가?

① $V_C = P$, $M_C = -\dfrac{PL}{2}$

② $V_C = -P$, $M_C = -\dfrac{PL}{2}$

③ $V_C = 2P$, $M_C = PL$

④ $V_C = -P$, $M_C = \dfrac{PL}{2}$

$\sum M_B = 0 : R_A \times L + P \times L = 0$
$\therefore R_A = -P\,(\downarrow)$
$\therefore$ 전단력 $V_C = R_A = -P(\downarrow)$
$\therefore M_C = -P \times \dfrac{L}{2} = -\dfrac{PL}{2}$

20 보에 작용하는 모멘트 M, 탄성계수 E, 단면2차모멘트 I일 때 곡률반경 R은?

① $R = \dfrac{EI}{M}$
② $R = \dfrac{MI}{E}$
③ $R = \dfrac{M}{EI}$
④ $R = \dfrac{E}{MI}$

곡률 $\dfrac{1}{R} = \dfrac{M}{EI}$

$\therefore$ 곡률반경 $R = \dfrac{EI}{M}$

13 다음 그림과 캔틸레버보에서 최대 휨모멘트는 얼마인가?

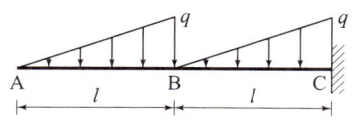

① $-\dfrac{1}{6}ql^2$ ② $-\dfrac{1}{2}ql^2$
③ $-\dfrac{1}{3}ql^2$ ④ $-\dfrac{5}{6}ql^2$

$M_{max} = -\dfrac{ql}{2} \times \left(l + \dfrac{l}{3}\right) - \dfrac{ql}{2} \times \left(\dfrac{l}{3}\right) = -\dfrac{5}{6}ql^2$

14 가로방향의 변형률이 0.0022이고 세로방향의 변형률이 0.0083인 재료의 프와송 수는?

① 2.8 ② 3.2
③ 3.8 ④ 4.2

포아송비 $\nu = \dfrac{\beta}{\epsilon} = \dfrac{\dfrac{\Delta d}{d}}{\dfrac{\Delta l}{l}} = \dfrac{0.0022}{0.0083} = \dfrac{22}{83}$

∴ 포아송수 $m = \dfrac{1}{\nu} = \dfrac{1}{\dfrac{22}{83}} = \dfrac{83}{22} = 3.8$

15 외력을 받으면 구조물의 일부나 전체의 위치가 이동될 수 있는 상태를 무엇이라 하는가?

① 안정 ② 불안정
③ 정정 ④ 부정정

- 안정 : 어떤 외력을 받더라도 항상 비김상태에 있고 외력에 대해서 구조물 전체가 위치를 옮기지 않는 상태
- 불안정 : 외력을 받으면 구조물의 일부 또는 전체가 위치를 옮기는 상태
- 정정 : 정역학적 평형 3조건으로 해석할 수 있는 구조물
- 부정정 : 평형 3조건으로 해석할 수 없는 보

16 그림과 같은 직사각형 단면의 단면계수는?

① 800cm³
② 1000cm³
③ 1200cm³
④ 1400cm³

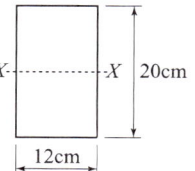

단면계수 $Z = \dfrac{I}{y}$

- $I = \dfrac{bh^3}{12} = \dfrac{12 \times 20^3}{12} = 8000 \text{cm}^4$
- $y = \dfrac{h}{2} = \dfrac{20}{2} = 10 \text{cm}$

∴ $Z = \dfrac{8000}{10} = 800 \text{cm}^3$

17 반지름 r 원형단면보에 휨모멘트 M이 작용할 때 최대 휨응력은?

① $\dfrac{4M}{\pi r^3}$ ② $\dfrac{8M}{\pi r^3}$
③ $\dfrac{16M}{\pi r^3}$ ④ $\dfrac{64M}{\pi r^3}$

원형단면의 최대 휨응력
$\sigma = \dfrac{M}{I}y$

- $I = \dfrac{\pi D^4}{64} = \dfrac{\pi (2r)^4}{64} = \dfrac{\pi r^4}{4}$
- $y = r$

∴ $\sigma = \dfrac{M}{\dfrac{\pi r^4}{4}} r = \dfrac{4M}{\pi r^3}$

> **Remember**
>
> 원형단면의 최대 휨응력(지름일 때)
> $\sigma = \dfrac{M}{I}y$
>
> - $I = \dfrac{\pi D^4}{64}$, $y = \dfrac{D}{2}$
>
> ∴ $\sigma = \dfrac{M}{\dfrac{\pi D^4}{64}} \dfrac{D}{2} = \dfrac{32M}{\pi D^3}$

정답 13 ④ 14 ③ 15 ② 16 ① 17 ①

09 단면적 $A=20\text{cm}^2$, 길이 $L=100\text{cm}$인 강봉에 인장력 $P=80\text{kN}$를 가하였더니 길이가 1cm 늘어났다. 이 강봉의 포아송수 $m=3$이라면 전단탄성계수 G는?

① 1500MPa
② 4500MPa
③ 7500MPa
④ 9500MPa

$$G = \frac{E}{2(1+\nu)}$$

- $E = \frac{PL}{\Delta l\, A} = \frac{80 \times 1000 \times 1000}{10 \times 20 \times 10^2} = 4000\,\text{N/mm}^2$

$\left(\because \Delta l = \frac{Pl}{EA}\right)$

- $\nu = \frac{1}{m} = \frac{1}{3}$ ∴ $G = \frac{4000}{2\left(1+\frac{1}{3}\right)} = 1500\,\text{MPa}$

10 그림과 같이 지름 $2R$인 원형단면의 단주에서 핵지름 k의 값은?

① $\frac{R}{4}$
② $\frac{R}{3}$
③ $\frac{R}{2}$
④ R

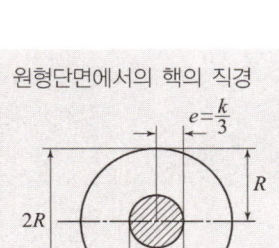

원형단면에서의 핵의 직경

- $\sigma = \frac{P}{A} - \frac{M}{Z} = 0$일 때

$\dfrac{P}{\dfrac{\pi(2R)^2}{4}} - \dfrac{P \cdot \dfrac{k}{2}}{\dfrac{\pi(2R)^3}{32}} = 0$ ∴ 핵거리 $\dfrac{k}{2} = \dfrac{R}{4}$

∴ 핵의 직경 $k = \dfrac{2R}{4} = \dfrac{R}{2}$

11 다음 사다리꼴 도심의 위치(y_0)는?

① $y_0 = \dfrac{h}{3} \cdot \dfrac{2a+b}{a+b}$
② $y_0 = \dfrac{h}{3} \cdot \dfrac{a+2b}{a+b}$
③ $y_0 = \dfrac{h}{3} \cdot \dfrac{a+b}{2a+b}$
④ $y_0 = \dfrac{h}{3} \cdot \dfrac{a+b}{a+2b}$

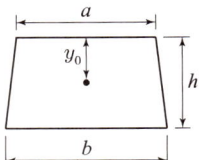

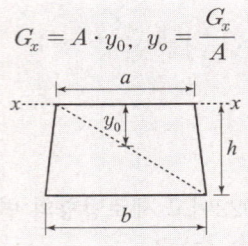

- $A = \dfrac{(a+b)h}{2}$
- $G_x = \dfrac{ah}{2} \cdot \dfrac{1}{3}h + \dfrac{bh}{2} \cdot \dfrac{2h}{3} = \dfrac{h^2}{6}(a+2b)$

∴ $y_o = \dfrac{\dfrac{h^2(a+2b)}{6}}{\dfrac{(a+b)h}{2}} = \dfrac{h}{3} \cdot \dfrac{(a+2b)}{(a+b)}$

12 그림과 같이 세 개의 평행력이 작용하고 있을 때 A점으로부터 합력(R)의 위치까지의 거리 x는 얼마인가?

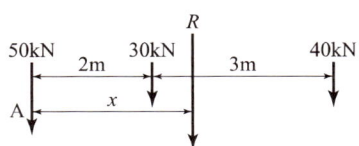

① 2.17m
② 2.86m
③ 3.24m
④ 3.96m

- 합력 $R = 50+30+40 = 120\,\text{kN}$
- 작용 위치 : $Rx = 30 \times 2 + 40 \times 5$
  $= 260\,\text{kN} \cdot \text{m} = 120x$

∴ $x = \dfrac{260}{120} = 2.17\,\text{m}$

정답 09 ① 10 ③ 11 ② 12 ①

□□□ 산 14,15,16,22④

05 그림(a)와 같은 장주가 100kN의 하중에 견딜 수 있다면 (b)의 장주가 견딜 수 있는 하중의 크기는? (단, 기둥은 등질, 등단면이다.)

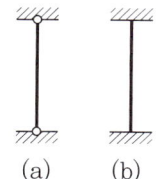

① 100kN ② 200kN
③ 300kN ④ 400kN

$$P_{cr} = \frac{n\pi^2 EI}{L^2}$$

- 양단힌지 : $P_{cr} = 1\left(\frac{\pi^2 EI}{L^2}\right) = 100\,\text{kN}$

  $\therefore \frac{\pi^2 EI}{L^2} = 100\,\text{kN}$

- 양단고정 : $P_{cr} = 4\left(\frac{\pi^2 EI}{L^2}\right) = 4 \times 100 = 400\,\text{kN}$

Remember

일단고정 타단자유	$n = \frac{1}{4}$
양단힌지	$n = 1$
일단힌지 타단고정	$n = 2$
양단고정	$n = 4$

□□□ 산 89,13,17,20③,22④

06 양단이 고정되어 있는 길이 10m의 강(鋼)이 15℃에서 40℃로 온도가 상승할 때 응력은? (단, $E = 2.1 \times 10^5$MPa, 선팽창계수 $\alpha = 0.00001/℃$)

① 47.5MPa ② 50.0MPa
③ 52.5MPa ④ 53.8MPa

$\sigma_T = E \alpha \Delta t$
$= 2.1 \times 10^5 \times 0.00001 \times (40-15) = 52.5\,\text{N/mm}^2$
$= 52.5\,\text{MPa}$

□□□ 산 11④,15①,19①,22④

07 그림과 같은 직사각형 단면에 전단력 $S=45$kN가 작용할 때 중립축에서 5cm 떨어진 $a-a$면에서의 전단응력은?

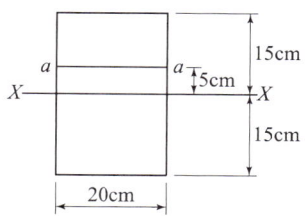

① 0.7MPa ② 0.8MPa
③ 0.9MPa ④ 1MPa

$$\tau = \frac{S \cdot G_x}{I \cdot b}$$

- $S = 45\,\text{kN} = 45 \times 10^3\,\text{N}$
- $G_x = 20 \times (15-5) \times 10 = 2000\,\text{cm}^3$
- $I = \frac{bh^3}{12} = \frac{20 \times 30^3}{12} = 45000\,\text{cm}^4$

$\therefore \tau = \frac{45 \times 10^3 \times 2000}{45000 \times 20} = 100\,\text{N/cm}^2$
$= 1\,\text{N/mm}^2 = 1\,\text{MPa}$

□□□ 산 13④,19④,22④

08 그림과 같이 지름이 d인 원형 단면의 $B-B$축에 대한 단면 2차 모멘트는?

① $\dfrac{3\pi d^4}{64}$

② $\dfrac{5\pi d^4}{64}$

③ $\dfrac{7\pi d^4}{64}$

④ $\dfrac{9\pi d^4}{64}$

$I_B = I_x + A \cdot y_0^2$

- $I_x = \dfrac{\pi d^4}{64}$
- $A = \dfrac{\pi d^2}{4}$
- $y_o = \dfrac{d}{2}$

$\therefore I_B = \dfrac{\pi d^4}{64} + \dfrac{\pi d^2}{4} \times \left(\dfrac{d}{2}\right)^2 = \dfrac{\pi d^4 + 4\pi d^4}{64} = \dfrac{5\pi d^4}{64}$

정답 05 ④ 06 ③ 07 ④ 08 ②

국가기술자격 필기시험문제

2022년도 기사 4회 필기시험

자격종목	코 드	시험시간	형 별	수험번호	성 명
토목산업기사	1048	2시간	A		

※ 2023년도부터 토목산업기사 필기 출제기준이 변경되었음을 알려드립니다. (필기 120문항에서 60문항으로 변경)
※ 각 문항은 4지택일형으로 질문에 가장 적합한 보기 항을 선택하시면 됩니다.

제1과목 : 구조설계

1 역학적인 개념 및 건설 구조물의 해석

□□□ 산 15,16,17,19①,20②,22④
01 "여러 힘의 모멘트는 그 합력의 모멘트와 같다."라는 것은 무슨 원리인가?

① 가상(假想)일의 원리
② 모멘트 분배법
③ Varignon의 원리
④ 모어(Mohr)의 정리

> **Varignon의 원리**
> • 여러 힘의 한 점에 대한 모멘트의 대수합은 합력의 그 점에 대한 모멘트와 같다.
> • 분력의 모멘트 합은 합력의 모멘트와 같다.
> • 합력의 작용점을 구할 때 사용한다.

□□□ 산 04,05,08,15,20,22④
02 그림에서 지점 C의 반력이 영(零)이 되기 위해 B점에 작용시킬 집중하중의 크기는?

① 80kN
② 100kN
③ 120kN
④ 140kN

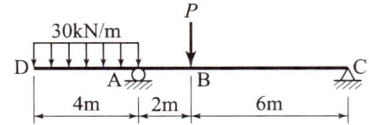

> $\sum M_A = 0 : R_C \times 8 - P \times 2 + (30 \times 4) \times 2 = 0$
> $R_C = \dfrac{1}{8} \times (2P - 240) = 0$
> $\therefore P = 120 \text{kN}$

□□□ 산 17,22④
03 그림과 같은 게르버보의 C점에서 휨모멘트 값은?

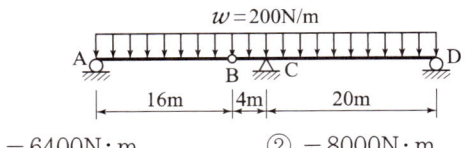

① $-6400 \text{N} \cdot \text{m}$
② $-8000 \text{N} \cdot \text{m}$
③ $-9600 \text{N} \cdot \text{m}$
④ $-14400 \text{N} \cdot \text{m}$

> 게르버보를 두 개의 보로 분리
>
>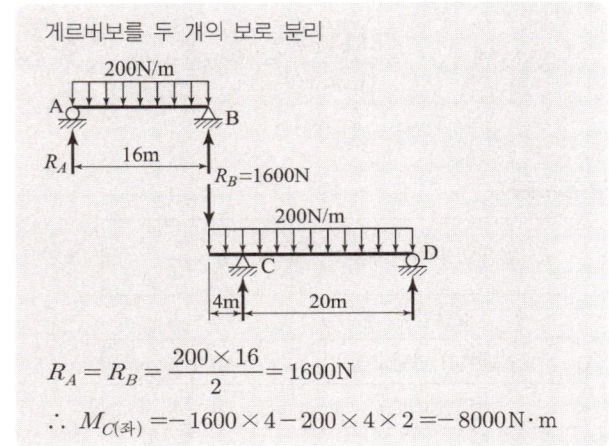
>
> $R_A = R_B = \dfrac{200 \times 16}{2} = 1600 \text{N}$
> $\therefore M_{C(좌)} = -1600 \times 4 - 200 \times 4 \times 2 = -8000 \text{N} \cdot \text{m}$

□□□ 산 19④,20,22④
04 다음 값 중 경우에 따라서는 부(−)의 값을 갖기도 하는 것은?

① 단면계수
② 단면 2차 반지름
③ 단면 2차 극모멘트
④ 단면 2차 상승모멘트

> **단면상승모멘트(I_{xy})의 특징**
> • 도심축에 대한 상승모멘트는 0이다.
> • 정(+)과, 부(−)의 값을 가질 수 있다.

정답 01 ③   02 ③   03 ②   04 ④

□□□ 산 15,22②

118 집수매거(infiltration galleries)의 유출단에서 매거내 평균 유속의 최대 기준은?

① 0.5m/s ② 1m/s
③ 1.5m/s ④ 2m/s

> 집수매거는 수평 또는 흐름방향으로 향하여 완경사로 하고 집수매거의 유출단에서 매거내의 평균유속은 1m/s 이하로 한다.

□□□ 산 99,01,02,10,14,22②

119 급수인구 추정법에서 등비급수법에 해당되는 식은? (단, $P_n = n$년 후 추정 인구, $P_o =$ 현재 인구, $n =$ 경과 년 수, a, $b =$ 상수, $k =$ 포화인구, $r =$ 년 평균증가율)

① $P_n = P_o + rn^2$
② $P_n = \dfrac{k}{1+e^{(a-b^a)}}$
③ $P_n = P_o + rn$
④ $P_n = P_o(1+r)^n$

> 등비 급수 방법 : $P_n = P_o(1+r)^n$

□□□ 산 20③,22②

120 완속여과 방식으로 제거할 수 없는 물질은?

① 냄새 ② 맛
③ 색도 ④ 철

> • 완속여과 방식 : 수중의 현탁물질이나 세균뿐만 아니라 어느 한도 내에서는 암모니아성질소, 냄새, 철, 망간, 합성세제, 페놀 등도 제거할 수 있다.
> • 오존처리법 : 맛, 냄새물질과 색도제거의 효과가 우수하다.

정답 118 ② 119 ④ 120 ③

□□□ 산 17,22②
112 저수지나 배수지의 용량을 구할 때 사용하는 방법으로 옳은 것은?

① 리플법(Ripple's Method)
② 합리식 방식(Rational Method)
③ 랜니법(Rammey Method)
④ 하디-크로스법(Hardy-Cross Method)

- Ripple 법 : 저수지와 배수지의 용량
- Williams 법 : 상수도 유량공식
- Manning 법 : 평균 유속 공식
- Kutter 법 : 하수도 평균유속공식

□□□ 산 01,03,07,16,22②
113 펌프의 양수량을 조절하는 방식이 아닌 것은?

① 펌프의 회전 방향을 변경하는 방법
② 토출밸브의 개폐 정도를 변경하는 방법
③ 펌프의 회전수를 변화하는 방법
④ 펌프의 운전대수를 증감하는 방법

Pump의 양수량(토출량) 조절방법
- 펌프의 회전수를 바꾸는 방법
- 펌프의 운전대수의 제어
- 펌프 토출밸브의 개폐제어
- 왕복펌프의 플랜지 스트로크를 변경

□□□ 산 19②,22②
114 하수관로 시설에서 분류식에 대한 설명으로 옳지 않은 것은?

① 매설비용을 절약할 수 있다.
② 안정적인 하수처리를 실시할 수 있다.
③ 모든 오수를 처리할 수 있으므로 수질개선에 효과적이다.
④ 분류식의 오수관은 유속이 빠르므로 관내에 침전물이 발생한다.

합류식은 관을 1개만 매설하면 되므로 매설비용이 적게 소요된다.

□□□ 산 96,98,10,11,16,17,20③,22②
115 오수관거 및 우수관거의 최소관경에 대한 표준으로 옳은 것은?

① 오수관거 100mm, 우수관거 150mm
② 오수관거 150mm, 우수관거 100mm
③ 오수관거 200mm, 우수관거 250mm
④ 오수관거 250mm, 우수관거 200mm

하수도의 최소관경
- 오수관거 : 200mm를 표준
- 우수 및 합류관거 : 250mm를 표준

Remember

하수도관거

관거의 종류	최소 관경	최소 유속	최대유속
오수관거	200mm	0.6m/sec	3.0m/sec
우수 및 합류관거	250mm	0.8m/sec	3.0m/sec

□□□ 산 07,11,18②,22②
116 수질검사에서 대장균을 검사하는 이유는?

① 대장균이 병원체이기 때문이다.
② 물을 부패시키는 세균이기 때문이다.
③ 수질오염을 가져오는 대표적인 세균이기 때문이다.
④ 대장균을 이용하여 다른 병원체의 존재를 추정할 수 있기 때문이다.

대장균은 인체에 유해하지 않으나 음료수에서 검출되면 병원성 세균의 존재 추정이 가능하다.

□□□ 산 19②,22②
117 폭 10m, 길이 25m인 장방형 침전조에 면적 100m² 인 경사판 1개를 침전조 바닥에 대하여 15°의 경사로 설치하였다면, 이 침전조의 제거효율은 이론적으로 몇 % 증가하겠는가?

① 약 10.0%   ② 약 20.0%
③ 약 28.6%   ④ 약 38.6%

$$E = \frac{100\cos 15°}{10 \times 25} \times 100 = 38.6\%$$

☐☐☐ 산 16,22②

107 하수슬러지의 혐기성 소화에 의한 슬러지 분해과정으로 옳은 것은?

① 산생성 단계 → 메탄 생성 단계 → 가수분해 단계
② 산생성 단계 → 가수분해 단계 → 메탄 생성 단계
③ 가수분해 단계 → 메탄 생성 단계 → 산생성 단계
④ 가수분해 단계 → 산생성 단계 → 메탄 생성 단계

- 혐기성 소화에 의한 슬러지의 분해과정 3단계
  가수분해 단계 → 산생성 단계 → 메탄 생성 단계
- 혐기성 소화란 용존산소가 존재하지 않는 환경에서 유기물이 미생물에 의해 분해되는 과정을 슬러지중의 유기물은 혐기성균의 활동에 의해 분해된다.

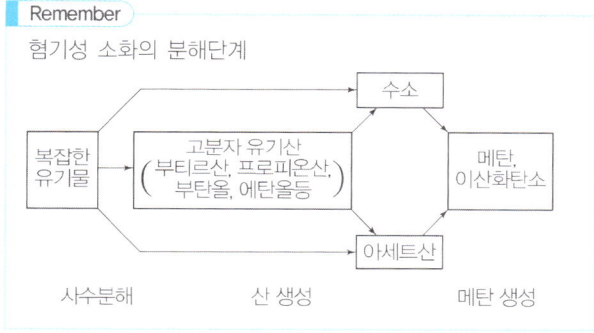

Remember
혐기성 소화의 분해단계

☐☐☐ 산 19②,22②

108 수원에 관한 설명 중 틀린 것은?

① 심층수는 대수층 주위의 지질에 따른 고유의 특징이 있다.
② 복류수는 어느 정도 여과된 것이므로 지표수에 비해 수질이 양호하다.
③ 천층수는 지표면에서 깊지 않은 곳에 위치하므로 지표수의 영향을 받기 쉽다.
④ 용천수는 지하수가 자연적으로 지표로 솟아나온 것으로 그 성질은 지표수와 비슷하다.

용천수
- 지하수가 종종 자연적으로 지표로 분출하는 것으로 그 성질도 지하수와 비슷하다.
- 얕은 층의 물이 솟아 나오는 경우가 많으므로 수질이 불량한 경우도 있다.

☐☐☐ 산 17,22②

109 계획우수량 산정의 고려 사항으로 틀린 것은?

① 최대계획우수유출량의 산정은 합리식에 의하는 것을 원칙으로 한다.
② 유출계수는 토지이용도별 기초유출계수로부터 총괄유출계수를 구하는 것을 원칙으로 한다.
③ 하수관거의 확률년수는 10∼30년, 빗물펌프장의 확률년수는 30∼50년을 원칙으로 한다.
④ 최상류관거의 끝으로부터 하류관거의 어떤 지점까지의 거리를 계획유량에 대응한 유속으로 나눈 것을 유달시간으로 한다.

유달시간
- 유달시간은 유입시간과 유하시간을 합한 것으로 한다.
- 유입시간은 최소단위 배수구의 지표면 특성을 고려하여 구한다.
- 유하시간은 최상류관거의 끝으로부터 하류관거의 어떤 지점까지의 거리를 계획유량에 대응한 유속으로 나누어 구한다.

☐☐☐ 산 96,03,06,10,18②,22②

110 용존산소(DO)에 대한 설명으로 옳지 않은 것은?

① 오염된 물은 용존산소량이 적다.
② BOD가 큰 물은 용존산소량이 많다.
③ 용존산소량이 적은 물은 혐기성 분해가 일어나기 쉽다.
④ 용존산소가 극히 적은 물은 어류의 생존에 적합하지 않다.

BOD가 과도로 높으면 용존산소(DO)가 감소한다. 즉 용존산소(DO)가 증가하면 BOD는 감소한다.

☐☐☐ 산 97,01,18②,22②

111 하수의 염소 요구량이 9.2mg/L이었다. 0.5mg/L의 잔류염소량을 유지하기 위하여 2500m³/day의 하수에 주입하여야 할 염소량은 얼마인가?

① 23.0kg/day   ② 1.25kg/day
③ 21.75kg/day   ④ 24.25kg/day

염소주입량 = 염소주입농도 × 유량
$= (9.2 + 0.5) \times 2500 \times 10^{-3}$
$= 24.25 \text{(kg/day)}$

2 상하수도 계획

101 활성슬러지법에 의한 폐수처리시 BOD 제거 기능에 대하여 가장 영향이 작은 것은?

① pH
② 온도
③ 대장균수
④ BOD 농도

> **활성슬러지법**
> • 생물의 대사작용을 활용하여 하수중의 부패성 유기물(BOD)성분 제거에 이용되는 방법이다.
> • 수온이 상승하거나 하강하는 경우 BOD제거효율이 저하될 수 있다.
> • 폐수처리시 BOD의 농도가 높을 경우 pH(수소이온농도)가 높아진다.

102 분류식 하수배제 방식에 대한 설명으로 옳지 않은 것은?

① 강우시의 오수처리에 유리하다.
② 합류식보다 관거의 부설비가 많이 소요된다.
③ 분류식은 오수관과 우수관을 별도로 설치한다.
④ 합류식보다 우수처리비용이 많이 소요된다.

> 분류식은 오수와 우수를 2계통으로 각각 배제하므로 합류식보다 우수처리비용이 적게 소요된다.

103 정수장에서 배수지로 공급하는 시설로 옳은 것은?

① 급수시설
② 도수시설
③ 배수시설
④ 송수시설

> • 취수 시설 $\xrightarrow{\text{도수시설}}_{\text{도수관}}$ 정수시설 $\xrightarrow{\text{송수시설}}_{\text{송수관}}$ 배수시설
> • 송수시설은 정수장에서 배수지까지 송수하는 시설로서 송수관, 송수펌프, 조정지 및 밸브 등의 부속설비로 구성된다.

104 수원의 구비조건으로 옳지 않은 것은?

① 수질이 양호해야 한다.
② 최대갈수기에도 계획수량의 확보가 가능해야 한다.
③ 오염 회피를 위하여 도심에서 멀리 떨어진 곳일수록 좋다.
④ 수리권의 획득이 용이하고, 건설비 및 유지관리가 경제적이어야 한다.

소비자로부터 가까운 곳에 위치하여야 한다.

> **Remember**
> 수원의 구비조건
> • 수량이 풍부해야 한다.
> • 수질이 좋아야 한다.
> • 가능한 한 높은 곳에 위치해야 한다.
> • 수돗물 소비지에서 가까운 곳에 위치해야 한다.

105 어느 도시의 인구가 500000명이고, 1인당 폐수발생량이 300L/d, 1인당 배출 BOD가 60g/d인 경우, 발생 폐수의 BOD 농도는?

① 150mg/L
② 200mg/L
③ 250mg/L
④ 300mg/L

$$\text{BOD의 농도} = \frac{\text{배출폐수의 BOD량}}{\text{폐수 발생량}}$$
$$= \frac{500000 \times 60 \times 10^3 \text{(mg/day)}}{500000 \times 300 \text{(L/day)}} = 200\text{mg/L}$$

106 정수장의 처리수량이 35000m³/d이다. 여과속도를 150m/d, 여과지 수를 5로 계획하고자 할 때, 여과지 1지의 면적은?

① 46.7m²
② 53.6m²
③ 57.7m²
④ 65.4m²

$$A = \frac{Q}{V \times n} = \frac{35000}{150 \times 5} = 46.7\text{m}^2$$

□□□ 산 03,13,14,15,17,22②
96 물의 성질에 대한 설명으로 옳지 않은 것은?

① 물의 점성계수는 수온이 높을수록 작아진다.
② 동점성계수는 수온에 따라 변하며 온도가 낮을수록 그 값은 크다.
③ 물은 일정한 체적을 갖고 있으나 온도와 압력의 변화에 따라 어느 정도 팽창 또는 수축을 한다.
④ 물의 단위중량은 0℃에서 최대이고 밀도는 4℃에서 최대이다.

점성계수 $\mu = \nu \rho$
- 점성계수(μ)와 동점성계수(ν)는 비례한다.
- 점성계수는 수온이 낮을수록 커지고 0℃에서 최대가 된다.
- 물의 단위중량과 밀도는 4℃에서 최대이다.

□□□ 산 03,10,18②,22②
97 원관 내를 흐르고 있는 층류에 대한 설명으로 옳지 않은 것은?

① 유량은 관의 반지름의 4제곱에 비례한다.
② 유량은 단위길이당 압력강하량에 반비례한다.
③ 유속은 점성계수에 반비례한다.
④ 평균유속은 최대유속의 $\frac{1}{2}$ 이다.

Hazen-Poiseuille법칙에서
$$Q = \frac{\pi \Delta P}{8\mu l} r_o^4 = \frac{\pi w h_L}{8\mu l} r_o^4$$
- 관의 길이(l)에 반비례한다.
- 유량(Q)은 관의 반지름(r_o)의 4승에 비례한다.
- 점성계수(μ)에 반비례한다.
- 유량(Q)은 단위 길이당 압력강하량(ΔP)에 비례한다.

□□□ 산 17②,20③,22②
98 Chezy 공식의 평균유속계수 C와 Manning 공식의 조도계수 n 사이의 관계는?

① $C = nR^{\frac{1}{3}}$ ② $C = nR^{\frac{1}{6}}$
③ $C = \frac{1}{n}R^{\frac{1}{3}}$ ④ $C = \frac{1}{n}R^{\frac{1}{6}}$

- Manning : $V = \frac{1}{n}R^{\frac{2}{3}}I^{\frac{1}{2}}$
- Chezy : $V = C\sqrt{RI}$
- $V = \frac{1}{n}R^{\frac{2}{3}}I^{\frac{1}{2}} = C\sqrt{RI}$
- ∴ 평균유속계수 $C = \frac{1}{n}R^{1/6}$

□□□ 산 19②,22②
99 그림과 같은 단선관수로에서 200m 떨어진 곳에 내경 20cm 관으로 0.0628m³/s의 물을 송수하려고 한다. 두 저수지의 수면차(H)를 얼마로 유지하여야 하는가? (단, 마찰손실계수 $f = 0.035$, 급확대에 의한 손실계수 $f_{se} = 1.0$, 급축소에 의한 손실계수 $f_{sc} = 0.5$이다.)

① 6.45m
② 5.45m
③ 7.45m
④ 8.27m

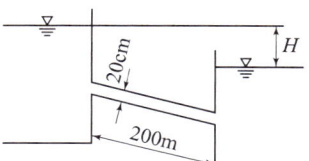

수면차 $H = \left(f_{se} + f_{sc} + f\frac{l}{d}\right) \times \frac{V^2}{2g}$
- $f = 0.035$, $l = 200\text{m}$, $d = 20\text{cm} = 0.20\text{m}$
- 유속 $V = \frac{Q}{A} = \frac{0.0628}{\frac{\pi \times 0.20^2}{4}} = 1.999\text{m/sec}$
- ∴ $H = \left(1 + 0.5 + 0.035 \times \frac{200}{0.20}\right) \times \frac{2.00^2}{2 \times 9.8} = 7.45\text{m}$

□□□ 산 98,14,22②
100 그림은 어떤 개수로에 일정한 유량이 흐르는 경우에 대한 비에너지(H_e) 곡선을 나타낸 것이다. 동일 단면에 다른 크기의 유량이 흐르는 경우, 3점(A, B, C)의 흐름상태를 순서대로 바르게 나타낸 것은?

① 사류, 한계류, 상류
② 상류, 사류, 한계류
③ 사류, 상류, 한계류
④ 상류, 한계류, 사류

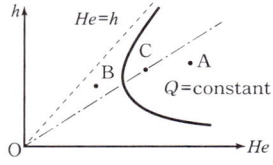

- 유량이 일정할 때 비에너지(H_e)가 최소인 경우의 수심을 한계수심(h_c)이라 한다.
- 한계류(C)기준으로 위쪽의 흐름을 상류(B), 아래쪽의 흐름을 사류(A)라 한다.

정답 96 ④ 97 ② 98 ④ 99 ③ 100 ③

□□□ 산 19②,22②
90 그림과 같은 피토관에서 A점의 유속을 구하는 식으로 옳은 것은?

① $V = \sqrt{2gh_1}$
② $V = \sqrt{2gh_2}$
③ $V = \sqrt{2gh_3}$
④ $V = \sqrt{2g(h_1+h_2)}$

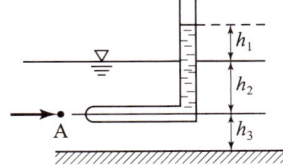

$h_1 = \dfrac{V}{2g}$ ∴ $V = \sqrt{2gh_1}$

□□□ 산 94,08,14,18②,22②
91 오리피스에서 에너지 손실을 보정한 실제유속을 구하는 방법은?

① 이론유속에 유량계수를 곱한다.
② 이론유속에 유속계수를 곱한다.
③ 이론유속에 동점성계수를 곱한다.
④ 이론유속에 항력계수 곱한다.

- 오리피스에서 실제 유속을 구하기 위해서 이론유속에 유속계수(C_V)를 곱한다.
- $C_V = \dfrac{실제 유속}{이론 유속} = 0.95 \sim 0.99$
∴ 실제유속 = 이론유속 × 유속계수

□□□ 산 19②,22②
92 지름 20cm인 원형 오리피스로 0.1m³/s의 유량을 유출시키려 할 때 필요한 수심은? (단, 수심은 오리피스 중심으로부터 수면까지의 높이이며, 유량계수 c = 0.6)

① 1.24m   ② 1.44m
③ 1.56m   ④ 2.00m

$Q = CA\sqrt{2gH}$ 에서
- $H = \dfrac{Q^2}{2g(CA)^2}$
- $A = \dfrac{\pi d^2}{4} = \dfrac{\pi \times 0.20^2}{4} = 0.0314\,\text{m}^2$
∴ $H = \dfrac{0.1^2}{2 \times 9.8 \times (0.6 \times 0.0314)^2} = 1.44\,\text{m}$

□□□ 산 03,14,16,22②
93 물의 성질에 관한 설명 중 틀린 것은?

① 물은 압축성을 가지며 온도, 압력 및 물에 포함되어 있는 공기의 양에 따라 다르다.
② 물의 단위중량이란 단위체적당 무게로 담수, 해수를 막론하고 항상 동일하다.
③ 물의 밀도는 단위 체적당 질량으로 비질량(比質量)이라고도 한다.
④ 물의 비중은 그 질량에 최대밀도가 생기게 하는 온도에서 그것과 같은 체적을 갖는 순수한 물의 질량과의 비이다.

물의 단위중량과 밀도
- 물의 단위중량과 밀도는 압력과 온도에 따라 차이가 있다.
- 표준대기압상태에서는 4℃일 때 가장 크다.
- 단위중량 : 담수(1/t/m³), 해수(1.025t/m³)이다.

□□□ 산 07,14②,20③,22②
94 레이놀즈의 실험으로 얻은 Reynolds 수에 의해서 구별할 수 있는 흐름은?

① 층류와 난류   ② 정류와 부정류
③ 상류와 사류   ④ 등류와 부등류

레이놀즈 수 $R_e = \dfrac{VR}{\nu}$
- $R_e < 500$: 층류, $R_e > 500$: 난류
∴ 레이놀즈 수(R_e)는 층류와 난류를 구별할 때 사용

□□□ 산 00,06,15,22②
95 그림과 같은 완전 수중 오리피스에서 유속을 구하려고 할 때 사용되는 수두는?

① $H_2 - H_1$
② $H_1 - H_o$
③ $H_2 - H_o$
④ $H_1 - \dfrac{H_2}{2}$

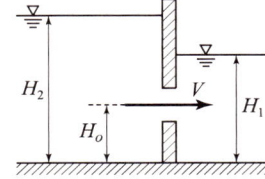

$V = \sqrt{2gH}$
- 수두 $H = H_2 - H_1$
∴ $V = \sqrt{2g(H_2 - H_1)}$

85 관의 길이가 80m, 관경 400mm인 주철관으로 0.1m³/s의 유량을 수송할 때 손실수두는? (단, Chezy의 평균 유속계수 $C=70$이다.)

① 1.565m ② 0.129m
③ 0.103m ④ 0.092m

손실수두 $h_L = f \dfrac{l}{D} \dfrac{V^2}{2g}$

• 유속 $V = \dfrac{Q}{A} = \dfrac{0.1}{\dfrac{\pi \times 0.4^2}{4}} = 0.796 \, \text{m/sec}$

• 마찰손실계수 $f = \dfrac{8g}{C^2} = \dfrac{8 \times 9.8}{70^2} = 0.016$

$\left(\because C = \sqrt{\dfrac{8g}{f}} \right)$

$\therefore h_L = 0.016 \times \dfrac{80}{0.4} \times \dfrac{0.796^2}{2 \times 9.8} = 0.103 \, \text{m}$

---

86 직사각형 단면 개수로의 수리상 유리한 형상의 단면에서 수로의 수심이 2m라면 이 수로의 경심(R)은?

① 0.5m ② 1m
③ 2m   ④ 4m

직사각형의 유리한 단면 : $B = 2H$, $R = \dfrac{H}{2}$

$\therefore$ 경심 $R = \dfrac{H}{2} = \dfrac{2}{2} = 1\text{m}$

---

87 비에너지(Specific Energy)에 관한 설명으로 옳지 않은 것은?

① 한계류인 경우 비에너지는 최대가 된다.
② 상류인 경우 수심의 증가에 따라 비에너지가 증가한다.
③ 사류인 경우 수심의 감소에 따라 비에너지가 증가한다.
④ 어느 수로단면의 수로 바닥을 기준으로 하여 측정한 단위 무게의 물이 가지는 흐름의 에너지이다.

유량이 일정할 때 비에너지(H_e)가 최소인 경우의 수심을 한계수심(h_e)이라 한다.
$\therefore$ 한계류인 경우 비에너지(H_e)는 최소가 된다.

---

88 그림과 같은 폭 2m의 직사각형 판에 작용하는 수압 분포도는 삼각형 분포도를 얻었는데, 이 물체에 작용하는 전수압(㉠)과 작용점의 위치(㉡)로 옳은 것은? (단, 물의 단위중량은 9.81kN/m³이며, 작용의 위치는 수면을 기준으로 한다.)

① ㉠ : 100.25kN, ㉡ : 1.7m
② ㉠ : 145.25kN, ㉡ : 3.3m
③ ㉠ : 200.25kN, ㉡ : 1.7m
④ ㉠ : 245.25kN, ㉡ : 3.3m

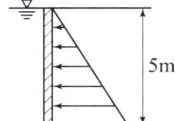

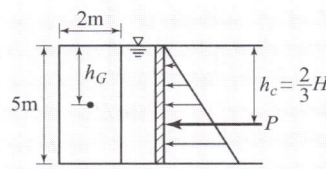

• 전수압
$P = w h_G A$
$= 9.81 \times 2.5 \times (5 \times 2) = 245.25 \, \text{kN}$

• 작용점
$h_c = h_G + \dfrac{I_G}{h_G A} = 2.5 + \dfrac{\dfrac{2 \times 5^3}{12}}{2.5 \times (5 \times 2)} = 3.33 \, \text{m}$

또는 $h_c = \dfrac{2}{3}H = \dfrac{2}{3} \times 5 = 3.3 \, \text{m}$

---

89 1차원 정상류 흐름에서 질량 m인 유체가 유속이 v_1인 단면 1에서 유속이 v_2인 단면 2로 흘러가는 데 짧은 시간 Δt가 소요된다면 이 경우의 운동량 방정식으로 옳은 것은?

① $F \cdot m = \Delta t (v_1 - v_2)$ ② $F \cdot m = (v_1 - v_2)/\Delta t$
③ $F \cdot \Delta t = m(v_2 - v_1)$ ④ $F \cdot \Delta t = (v_2 - v_1)/m$

역적 운동량 방정식
1차원 정상류의 흐름에서 짧은 시간 Δt 사이에 흐름의 유속이 v_1에서 v_2로 변했을 때 질량 m인 유체에 작용한 외력의 힘

$F = \dfrac{m}{\Delta t} \Delta v = \dfrac{m}{\Delta t}(v_2 - v_1)$

$F \cdot \Delta t = m(v_2 - v_1) = m \cdot \Delta v$

여기서, $F \cdot \Delta t$: 역적
$m \cdot \Delta V$: 운동량

제3과목 : 수자원설계

1 수리학

□□□ 산 15, 22②

81 그림은 두 개의 수조를 연결하는 등단면 단일 관수로이다. 관의 유속을 나타낸 식은?

(단, f : 마찰손실계수, $f_o = 1.0$, $f_i = 0.5$, $\frac{L}{D} <$ 3000)

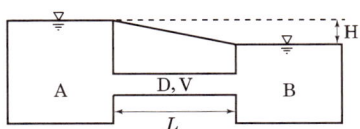

① $V = \sqrt{2gH}$
② $V = \sqrt{\frac{2gH}{f} \cdot \left(\frac{L}{D}\right)}$
③ $V = \sqrt{\dfrac{2gH}{1.5 + f\left(\frac{L}{D}\right)}}$
④ $V = \sqrt{\dfrac{2gH}{1.0 + f\left(\frac{L}{D}\right)}}$

$$H = \left(f_i + f\frac{L}{D} + f_o\right)\frac{V^2}{2g}$$
$$= \left(0.5 + f\frac{L}{D} + 1.0\right)\frac{V^2}{2g} = \left(1.5 + f\frac{L}{D}\right)\frac{V^2}{2g}$$
$$\therefore V = \sqrt{\dfrac{2gH}{1.5 + f\frac{L}{D}}}$$

□□□ 산 19②, 22②

82 개수로에서 발생되는 흐름 중 상류와 사류를 구분하는 기준이 되는 것은?

① Mach 수
② Froude 수
③ Manning 수
④ Reynolds 수

- Froude 수 $F_r = \dfrac{V}{\sqrt{gh}}$
- $F_r < 1$: 상류, $F_r > 1$: 사류
- $F_r = 1$: 한계류(이 때의 수심을 한계수심, 유속을 한계유속)
- Reynolds 수 $R_e = \dfrac{VR}{\nu}$
- $R_e < 500$: 층류, $R_e > 500$: 난류
∴ 레이놀즈 수(R_e)는 층류와 난류를 구별할 때 사용

□□□ 산 05, 07, 13, 14, 15, 17, 22②

83 지름 100cm의 원형단면 관수로에 물이 만수되어 흐를 때의 동수반경(hydraulic radius)은?

① 50cm
② 75cm
③ 25cm
④ 20cm

$$R = \frac{D}{4} = \frac{100}{4} = 25\text{m}$$

Remember

원형관의 경심
- 경심 $R = \dfrac{\text{단면적}(A)}{\text{윤변}(P)}$
- 단면적 $A = \dfrac{\pi D^2}{4}$, 윤변 $P = \pi D$

$$\therefore R = \dfrac{\frac{\pi D^2}{4}}{\pi D} = \dfrac{D}{4}$$

□□□ 산 92, 09, 17, 22②

84 그림과 같은 사다리꼴 인공수로의 유적(A)과 동수반경(R)은?

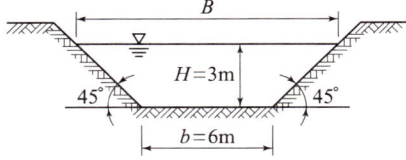

① $A = 27\text{m}^2$, $R = 2.64\text{m}$
② $A = 27\text{m}^2$, $R = 1.86\text{m}$
③ $A = 18\text{m}^2$, $R = 1.86\text{m}$
④ $A = 18\text{m}^2$, $R = 2.64\text{m}$

- 유적 $A = \dfrac{H}{2}(B+b) = bh + h^2 \cot\theta$
$$= 6 \times 3 + 3^2 \times \dfrac{1}{\tan 45°} = 27\text{m}$$
- 윤변 $P = b + 2H \times \dfrac{1}{\sin\theta}$
$$= 6 + 2 \times 3 \times \dfrac{1}{\sin 45°} = 14.485\text{m}$$
- 경심 $R = \dfrac{A}{P} = \dfrac{27}{14.485} = 1.86\text{m}$

정답 81 ③ 82 ② 83 ③ 84 ②

□□□ 산 20③,22②
76 연약지반 개량공법에서 Sand Drain 공법과 비교한 Paper Drain 공법의 특징이 아닌 것은?

① 공사비가 비싸다.
② 시공속도가 빠르다.
③ 타입 시 주변 지반 교란이 적다.
④ Drain 단면이 깊이 방향에 대해 일정하다.

> Paper drain 공법의 특징
> • 시공속도가 빠르다.
> • 타설에 의해서 주변지반을 교란하지 않는다.
> • drain 단면이 깊이 방향에 대해서 일정하다.
> • 배수효과가 양호하다.
> • 공사비가 싸다.

□□□ 산 89,95,20③,22②
77 흙의 전단강도에 대한 설명으로 틀린 것은?

① 흙의 전단강도와 압축강도는 밀접한 관계에 있다.
② 흙의 전단강도는 입자간의 내부마찰각과 점착력으로부터 주어진다.
③ 외력이 증가하면 전단응력에 의해서 내부의 어느 면을 따라 활동이 일어나 파괴된다.
④ 일반적으로 사질토는 내부마찰각이 작고 점성토는 점착력이 작다.

> 흙의 전단강도
>
> | 구 분 | 점착력(c) | 내부 마찰력(ϕ) |
> |---|---|---|
> | 사질토 | 小 | 大 |
> | 점성토 | 大 | 小 |
>
> ∴ 일반적으로 사질토는 내부마찰각(ϕ)이 크고 점성토는 점착력(c)이 크다.

□□□ 산 90,03,04,06,12,15,16,17,18①,20③,22②
78 주동토압을 P_A, 정지토압을 P_o, 수동토압 P_P라 할 때 크기의 비교로 옳은 것은?

① $P_A > P_o > P_P$
② $P_P > P_A > P_o$
③ $P_o > P_A > P_P$
④ $P_P > P_o > P_A$

> • 토압의 크기 : $P_P > P_o > P_A$
> • 토압계수 크기 : $K_P > K_o > K_A$

□□□ 산 92,98,04,05,13,16,22②
79 모래의 내부마찰각 ϕ와 N치와의 관계를 나타낸 Dunham의 식 $\phi = \sqrt{12N} + C$에서 상수 C의 값이 가장 큰 경우는?

① 토립자가 모나고 입도분포가 좋을 때
② 토립자가 모나고 균일한 입경일 때
③ 토립자가 둥글고 입도분포가 좋을 때
④ 토립자가 둥글고 균일한 입경일 때

> 토립자가 모나고 입도 분포가 좋을 때 : $\phi = \sqrt{12N} + 25$

> **Remember**
> 모래의 내부마찰각과 N의 관계(Dunham공식)
>
> | | |
> |---|---|
> | • 토립자가 둥글고 균일한 입경일 때 | $\phi = \sqrt{12N} + 15$ |
> | • 토립자가 둥글고 입도분포가 좋을 때
• 토립자가 모나고 균일한 입경일 때 | $\phi = \sqrt{12N} + 20$ |
> | • 토립자가 모나고 입도분포가 좋을 때 | $\phi = \sqrt{12N} + 25$ |

□□□ 산 91,06,09,14,22②
80 직경 60mm, 높이 20mm인 점토시료의 습윤중량이 250g, 건조로에서 건조시킨 후의 중량이 200g이었다. 함수비는?

① 20%
② 25%
③ 30%
④ 40%

> $w = \dfrac{\text{물의 중량}}{\text{흙입자만의 중량}} = \dfrac{W_w}{W_s} \times 100$
> $= \dfrac{250-200}{200} \times 100 = 25\%$

69 간극률 50%, 비중 2.50인 흙에 있어서 한계동수 경사는?

① 1.25
② 1.50
③ 0.50
④ 0.75

한계동수경사 $i = \dfrac{G_s - 1}{1+e}$

- $e = \dfrac{n}{100-n} = \dfrac{50}{100-50} = 1.0$

$\therefore i = \dfrac{2.50-1}{1+1.0} = 0.75$

70 말뚝재하시험 시 연약점토지반인 경우는 pile의 타입 후 20여일이 지난 다음 말뚝재하실험을 한다. 그 이유로 가장 타당한 것은?

① 주면 마찰력이 너무 크게 작용하기 때문에
② 부마찰력이 생겼기 때문에
③ 타입시 주변이 교란되었기 때문에
④ 주위가 압축되었기 때문에

연약 점토 지반에 말뚝을 타입하면 지반이 교란되어 강도가 저하되므로 이 강도가 회복(thixotrophy)되는 20일 이상 지난 후 말뚝재하실험을 실시한다.

71 평판재하시험이 끝나는 조건에 대한 설명으로 틀린 것은?

① 침하량이 15mm에 달할 때
② 하중강도가 현장에서 예상되는 최대 접지압력을 초과할 때
③ 하중강도가 그 지반의 항복점을 넘을 때
④ 흙의 함수비가 소성한계에 달할 때

평판재하 시험의 끝나는 조건
- 침하량이 15mm에 달할 때
- 하중강도가 그 지반의 항복점을 넘을 때
- 하중강도가 현장에서 예상되는 최대 접지압력을 초과할 때

72 연약지반 개량공법 중에서 일시적인 공법에 속하는 것은?

① 웰 포인트 공법
② 치환공법
③ 콤포져 공법
④ 샌드 드레인 공법

일시적인 지반 개량공법 : Well Point 공법, Deep Well 공법, 동결공법, 진공공법(대기압공법)

73 어떤 흙의 전단시험 결과 $c = 18\,\text{kN/m}^2$, $\phi = 35°$, 토립자에 작용하는 수직응력이 $\sigma = 36\,\text{kN/m}^2$일 때 전단강도는?

① $38.6\,\text{kN/m}^2$
② $43.2\,\text{kN/m}^2$
③ $48.9\,\text{kN/m}^2$
④ $63.3\,\text{kN/m}^2$

$\tau = c + \sigma \tan\phi$
$= 18 + 36\tan35° = 43.2\,\text{kN/m}^2$

74 느슨하고 포화된 사질토에 지진이나 폭파, 기타 진동으로 인한 충격을 받았을 때 전단강도가 급격히 감소하는 현상은?

① 액상화 현상
② 분사 현상
③ 보일링 현상
④ 다일러턴시 현상

액상화 현상(Liquefaction)의 정의이다.

75 해머의 낙하고 2m, 해머의 중량 40kN, 말뚝의 최종 침하량이 2cm일 때 Sander공식을 이용하여 말뚝의 허용지지력을 구하면?

① 500kN
② 800kN
③ 1000kN
④ 1600kN

허용 지지력 $Q_a = \dfrac{W \cdot H}{8S} = \dfrac{40 \times 2}{8 \times 0.02} = 500\,\text{kN}$

□□□ 산 97,02,07,09,12,13,16,22②

63 연약지반 개량공사에서 성토하중에 의해 압밀된 후 다시 추가하중을 재하한 직후의 안정검토를 할 경우 삼축압축시험 중 어떠한 시험이 가장 좋은가?

① CD시험 ② UU시험
③ CU시험 ④ 급속전단시험

배수 방법에 따른 전단 시험

배수방법	적 요
비압밀 비배수 (UU)시험	• 포화점토가 성토직후 급속한 파괴가 예상 될 때 • 점토의 단기간 안정 검토시
압밀 비배수 (CU)시험	• Pre-loading후(압밀진행 후)갑자기 파괴가 예상될 때 • 성토하중에 의해 압밀된 후 다시 추가하중을 재하한 직후의 안정검토하는 경우
압밀 배수 (CD)시험	• 점토지반의 장기간 안정 검토시 • 압밀이 서서히 진행되고 파괴도 완만하게 진행될 때

□□□ 산 99,02,16,22②

64 연약지반 개량공법 중 프리로딩(preloading) 공법은 다음 중 어떤 경우에 채용하는가?

① 압밀계수가 작고 점성토층의 두께가 큰 경우
② 압밀계수가 크고 점성토층의 두께가 얇은 경우
③ 구조물 공사기간에 여유가 없는 경우
④ 2차 압밀비가 큰 흙의 경우

프리로딩공법
• 압밀계수가 크고 점성토층의 두께가 얇은 경우에 채용
• 압밀침하를 미리 끝나게 하여 구조물에 잔류침하를 남기지 않게 하기 위한 공법

□□□ 산 97,01,09,11,16,22②

65 포화도 75%, 함수비 25%, 비중 2.70일 때 간극비는?

① 0.9 ② 8.1
③ 0.08 ④ 1.8

공극비 $e = \dfrac{G_s \cdot w}{S} = \dfrac{2.70 \times 25}{75} = 0.9$

□□□ 산 98,01,03,09,15,22②

66 5m×10m의 장방형 기초위에 $q = 60 \text{kN/m}^2$의 등분포하중이 작용할 때 지표면 아래 5m에서의 증가 유효 수직 응력을 2:1 분포법으로 구한 값은?

① 10kN/m^2 ② 20kN/m^2
③ 30kN/m^2 ④ 40kN/m^2

$$\sigma_z = \dfrac{q \cdot B \cdot L}{(B+Z)(L+Z)}$$
$$= \dfrac{60 \times 5 \times 10}{(5+5)(10+5)} = 20 \text{kN/m}^2$$

□□□ 산 95,01,15,22②

67 그림과 같은 다짐곡선을 보고 다음 설명 중 틀린 것은?

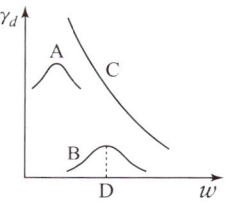

① A는 일반적으로 사질토이다.
② B는 일반적으로 점성토이다.
③ C는 과잉 간극 수압곡선이다.
④ D는 최적 함수비를 나타낸다.

• 조립토(사질토)일수록 다짐 곡선은 급하고, 세립토(점성토)일수록 다짐 곡선은 완만하다.
• C는 영공기간극곡선(zero air void curve)이라 한다.
• 최대건조밀도($\gamma_{d\max}$)에 해당하는 함수비가 최적함수비(W_{opt})이다.

□□□ 산 04,16,22②

68 어떤 시료가 조밀한 상태에 있는가, 느슨한 상태에 있는가를 나타내는 데 쓰이며, 주로 모래와 같은 조립토에서 사용되는 것은?

① 상대밀도 ② 건조밀도
③ 포화밀도 ④ 수중밀도

상대밀도
사질토의 느슨하고 조밀한 정도를 나타내는 것으로 사질토의 다짐정도를 나타낸다.

□□□ 산 15,22②

60 트래버스 측량에서 발생된 폐합오차를 조정하는 방법 중의 하나인 컴퍼스법칙(Compass Rule)의 오차 배분 방법에 대한 설명으로 옳은 것은?

① 트래버스 내각의 크기에 비례하여 배분한다.
② 트래버스 외각의 크기에 비례하여 배분한다.
③ 각 변의 위·경거에 비례하여 배분한다.
④ 각 변의 측선 길이에 비례하여 배분한다.

- 컴퍼스 법칙 : 각과 거리측량의 정밀도가 대략 같을 경우 이용되는 것으로 위거, 경거의 오차를 각 측선의 길이에 비례하여 배분한다.
- 트랜싯 법칙 : 각 측량의 정밀도가 거리의 정밀도보다 높다고 생각될 때 이용되는 것으로 위거, 경거의 오차를 각 측선의 위거 및 경거에 비례하여 배분한다.

❷ 토질 및 기초

□□□ 산 96,07,15,22②

61 다음은 지하수 흐름의 기본 방정식인 Laplace 방정식을 유도하기 위한 기본 가정이다. 틀린 것은?

① 물의 흐름은 Darcy의 법칙을 따른다.
② 흙과 물은 압축성이다.
③ 흙은 포화되어 있고 모세관 현상은 무시한다.
④ 흙은 등방성이고 균질하다.

흙입자와 물은 비압축성이다.

> **Remember**
> Laplace 방정식의 기본가정
> - 흙은 등방성이고 균질하다.
> - 흙입자와 물은 비압축성이다.
> - 물의 흐름은 Darcy의 법칙을 따른다.
> - 흙은 포화되어 있고 모세관 현상은 무시한다.

□□□ 산 80,84,86,90,91,93,96,97,12,13,16,17,22②

62 유선망에 대한 설명으로 틀린 것은?

① 유선망은 유선과 등수두선(等水頭線)으로 구성되어 있다.
② 유로를 흐르는 침투수량은 같다.
③ 유선과 등수두선은 서로 직교한다.
④ 침투속도 및 동수구배는 유선망의 폭에 비례한다.

침투속도 및 동수구배는 유선망의 폭에 반비례한다.

> **Remember**
> 유선망의 성질
> - 유선과 등수두선은 서로 직교한다.
> - 각 유로를 흐르는 침투수량은 같다.
> - 유선망으로 이루어진 사각형은 정사각형이다.
> - 침투속도 및 동수구배는 유선망의 폭에 반비례한다.
> - 인접한 2개의 등수두선 사이의 수두손실은 서로 동일하다.

□□□ 산 19②, 22②

56 하천측량의 고저측량에 해당되지 않는 것은?

① 종단측량 ② 유량관측
③ 횡단측량 ④ 심천측량

> **고저(수준)측량**
> 거리표 설치, 종단측량, 횡단측량, 심천측량

> **Remember**
> 하천측량에서 고저(수준)측량의 종류
> • 거리표 설치 : 하천의 중심에서 직각방향으로 설치
> • 종단측량 : 양안 5km 마다 암반에 설치
> • 횡단측량 : 100~200m 마다의 거리표를 기준으로 하며, 간격은 소하천은 5m, 대하천은 10~20m 마다 좌안을 기준으로 측량을 실시

□□□ 산 11①, 18①, 20③, 22②

57 등고선의 성질에 대한 설명으로 틀린 것은?

① 등고선은 도면 내·외에서 반드시 폐합한다.
② 최대 경사방향은 등고선과 직각방향으로 교차한다.
③ 등고선은 급경사지에서는 간격이 넓어지며, 완경사지에서는 간격이 좁아진다.
④ 등고선은 경사가 같은 곳에서는 간격이 같다.

> **등고선의 간격**
> • 경사가 급한 지역은 등고선 간격이 좁다.
> • 경사가 완만한 지역은 등고선 간격이 넓다.

> **Remember**
> 등고선의 성질
> • 동일 등고선상에 있는 모든 점은 같은 높이이다.
> • 최대경사의 방향은 등고선과 직각으로 교차한다.
> • 등고선은 반드시 도면 안이나 밖에서 서로가 폐합한다.
> • 분수선(능선)과 곡선(합수선)은 등고선과 직각으로 만난다.
> • 등고선은 도중에 없어지거나 엇갈리거나 합쳐지거나 갈라지지 않는다.
> • 등고선은 경사가 급한 곳에서는 간격이 좁고, 완만한 경사에서는 넓다.
> • 높이가 다른 두 등고선은 동굴이나 절벽을 제외하고는 교차하지 않는다.

□□□ 산 14, 22②

58 토공량을 계산하기 위해 대상구역을 사각형으로 분할하여 각 교점에 대한 성토고를 계산한 결과 그림과 같다면 성토량은?

① $54.5m^3$
② $55.5m^3$
③ $58.5m^3$
④ $60m^3$

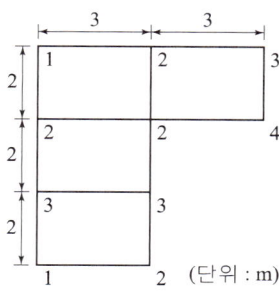

(단위 : m)

$$V = \frac{a \times b}{4}(\Sigma h_1 + 2\Sigma h_2 + 3\Sigma h_3 + 4\Sigma 4)$$

• $\Sigma h_1 = 1+3+4+2+1 = 11m$
• $\Sigma h_2 = 2+3+3+2 = 10m$
• $\Sigma h_3 = 2m$
• $\Sigma h_4 = 0$

∴ $V = \dfrac{3 \times 2}{4}(11 + 2 \times 10 + 3 \times 2) = 55.5m^2$

□□□ 산 19②, 22②

59 도로 선형계획시 교각이 25°, 반지름 300m인 원곡선과 교각 20°, 반지름 400m인 원곡선의 외선 길이 (E)의 차이는?

① 6.284m ② 7.284m
③ 2.113m ④ 1.113m

• 외선길이
$$E = R\left(\sec\frac{I}{2} - 1\right) = R\left(\frac{1}{\cos\frac{I}{2}} - 1\right)$$
$$= 300\left(\frac{1}{\cos\frac{25°}{2}} - 1\right) = 7.284m$$

• 외선길이
$$E = R\left(\sec\frac{I}{2} - 1\right) = R\left(\frac{1}{\cos\frac{I}{2}} - 1\right)$$
$$= 400\left(\frac{1}{\cos\frac{20°}{2}} - 1\right) = 6.171m$$

∴ $7.284 - 6.171 = 1.113m$

정답 56 ② 57 ③ 58 ② 59 ④

50 클로소이드 매개변수 $A = 60\text{m}$이고 곡선길이 $L = 50\text{m}$인 클로소이드의 곡률반지름 R은?

① 41.7m   ② 54.8m
③ 72.0m   ④ 100.0m

$A^2 = RL$ 에서
$R = \dfrac{A^2}{L} = \dfrac{60^2}{50} = 72.0\text{m}$

51 수애선을 나타내는 수위로서 어느 기간 동안의 수위 중 이것보다 높은 수위와 낮은 수위의 관측수가 같은 수위는?

① 평수위   ② 평균수위
③ 지정수위   ④ 평균최고수위

수애선
수면과 하안의 경계선으로 하천 수위의 변화에 따라 다르며 평수위에 의하여 결정된다.

52 그림과 같은 삼각형 토지를 $\triangle ABP : \triangle APC = 2:7$로 면적을 분할하고자 할 때 BP의 길이는? (단, BC의 길이는 50m임)

① 15.29m
② 14.29m
③ 12.11m
④ 11.11m

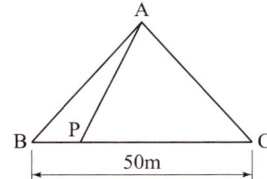

$BP = BC \times \dfrac{m}{m+n} = 50 \times \dfrac{2}{2+7} = 11.11\text{m}$

Remember
PC 의 거리
$PC = BC \times \dfrac{n}{m+n} = 50 \times \dfrac{7}{2+7} = 38.89\text{m}$

53 다각측량에서 A점의 좌표가 (100, 200)이고 측선 AB의 방위각이 240°, 길이가 100m일 때 B점의 좌표는? (단, 좌표의 단위는 m이다.)

① (−50, 113.4)   ② (50, 113.4)
③ (−50, 13.4)   ④ (50, −113.4)

- $X_B = X_A + \overline{AB}\cos\alpha = 100 + 100\cos240° = 50\text{m}$
- $Y_B = Y_A + \overline{AB}\sin\alpha = 200 + 100\sin240° = 113.4\text{m}$
∴ B (50, 113.4)

54 곡선반지름이 200m인 단곡선을 설치하기 위하여 그림과 같이 교각 I를 관측할 수 없어 $\angle AA'B'$, $\angle BB'A'$의 두 각을 관측하여 각각 141°40′과 90°20′의 값을 얻었다. 교각 I는?
(단, A : 곡선시점, B : 곡선종점)

① 38°20′
② 38°40′
③ 89°40′
④ 128°00′

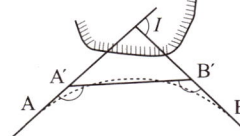

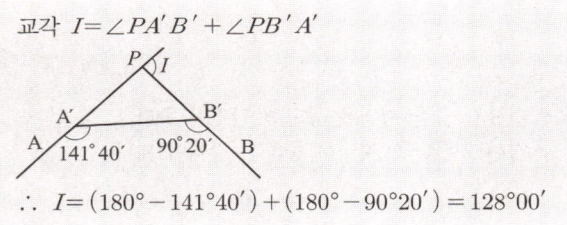

교각 $I = \angle PA'B' + \angle PB'A'$

∴ $I = (180° - 141°40′) + (180° - 90°20′) = 128°00′$

55 곡선부를 주행하는 차의 뒷바퀴가 앞바퀴보다 항상 안쪽을 지나게 되므로 직선부보다 도로 폭을 크게 해 주는 것은?

① 편경사   ② 길 어깨
③ 확폭   ④ 측구

확폭
도로의 경우이며, 철도의 경우에는 슬랙(slack)이다.

산 16,22②

44 레벨 측량에서 레벨을 세우는 횟수를 짝수로 하여 소거할 수 있는 오차는?

① 망원경의 시준축과 수준기축이 평행하지 않아 생기는 오차
② 표척의 눈금이 부정확하여 생기는 오차
③ 표척의 이음매가 부정확하여 생기는 오차
④ 표척의 0(zero) 눈금의 오차

- 표척의 눈금 오차는 정오차로 레벨의 정치수를 짝수회수로 하면 제거할 수 있다.
- 시준선과 기포관축이 평행하지 않기 때문에 일어나는 오차를 없애기 위하여 전·후의 시준 거리를 같게 한다.

산 03,06,10,13,16,22②

45 완화곡선설치에 관한 설명으로 옳지 않은 것은?

① 완화곡선의 반지름은 무한대로부터 시작하여 점차 감소되고 종점에서 원곡선의 반지름과 같게 된다.
② 완화곡선의 접선은 시점에서 직선에 접하고 종점에서 원호에 접한다.
③ 완화곡선의 시점에서 캔트는 0이고 소요의 원곡선에 도달하면 어느 높이에 달한다.
④ 완화곡선의 곡률은 곡선 전체에서 동일한 값으로 유지된다.

완화곡선의 곡률은 곡선장에 비례하여 곡률이 증대하는 성질들을 가지는 곡선의 일종이다.

산 14,16,22②

46 지형도 제작에 주로 사용되는 측량방법으로 가장 거리가 먼 것은?

① 항공사진 측량에 의한 방법
② GPS측량에 의한 방법
③ 토털스테이션을 이용한 방법
④ 시거측량에 의한 방법

시거측량은 표척의 길이 협장과 연직각을 관측하여 수평거리와 고저차를 동시에 구하는 방법이다.

산 10,11,13①,15④,16④,17②,19④,20③,22②

47 수준측량에서 전시와 후시의 시준거리를 같게 하여 소거할 수 있는 기계오차로 가장 적합한 것은?

① 거리의 부등에서 생기는 시준선의 대기 중 굴절에서 생긴 오차
② 기포관측과 시준선이 평행하지 않기 때문에 생긴 오차
③ 온도 변화에 따른 기포관의 수축팽창에 의한 오차
④ 지구의 곡률에 의해서 생긴 오차

전시와 후시의 거리를 되도록 같게 하면 시준선과 기포관축이 평행하지 않을 때 생기는 오차를 제거할 수 있다.
- 시준선과 기포관축이 평행하지 않을 때 생기는 오차
- 구차(球差)의 영향 제거
- 기차(氣差)의 영향 제거

산 14①,18②,22②

48 원곡선에 의한 종단곡선 설치에서 상향 기울기 $\frac{4.5}{1000}$, 하향 기울기 $\frac{35}{1000}$의 종단선형에 반지름 3000m의 원곡선을 설치할 때, 종단곡선의 길이(L)는?

① 240.5m
② 150.2m
③ 118.5m
④ 60.2m

$$L = R\left(\frac{m}{1000} + \frac{n}{1000}\right)$$
$$= 3000\left(\frac{4.5}{1000} + \frac{35}{1000}\right) = 118.5\text{m}$$

산 19②,22②

49 다각측량의 특징에 대한 설명으로 옳지 않은 것은?

① 삼각측량에 비하여 복잡한 시가지나 지형의 기복이 심해 시준이 어려운 지역의 측량에 적합하다.
② 도로, 수로, 철도와 같이 폭이 좁고 긴 지역의 측량에 편리하다.
③ 국가평면기준점 결정에 이용되는 측량방법이다.
④ 거리와 각을 관측하여 측점의 위치를 결정하는 측량이다.

국가 기본 삼각점이 멀리 배치되어 있어 좁은 지역에 세부측량의 기준이 되는 점을 추가 설치할 경우에 편리하다.

정답 44 ④ 45 ④ 46 ④ 47 ② 48 ③ 49 ③

□□□ 산 16,22②
39 고정하중 10kN/m, 활하중 20kN/m의 등분포하중을 받는 경간 8m의 단순지지보에서 하중계수와 하중조합을 고려한 계수모멘트는?

① 352kN·m ② 408kN·m
③ 449kN·m ④ 497kN·m

$U = 1.2D + 1.6L = 1.2 \times 10 + 1.6 \times 20 = 44\,\text{kN/m}$
$\therefore M_u = \dfrac{U \cdot l^2}{8} = \dfrac{44 \times 8^2}{8} = 352\,\text{kN} \cdot \text{m}$

□□□ 산 13,16,22②
40 철근콘크리트보에 스터럽을 배근하는 가장 주된 이유는?

① 보에 작용하는 전단응력에 의한 균열을 막기 위하여
② 콘크리트와 철근의 부착을 잘되게 하기 위하여
③ 압축측의 좌굴을 방지하기 위하여
④ 인장철근의 응력을 분포시키기 위하여

스터럽(stirrup)
보의 주철근을 둘러싸고 이에 직각되게 또는 경사지게 배치한 복부보강근으로서 전단력 및 비틀림모멘트에 저항하도록 배치한 보강철근

제2과목 : 측량 및 토질

1 측량학

□□□ 산 15,22②
41 측량에서 관측된 값에 포함되어 있는 오차를 조정하기 위해 최소제곱법을 이용하게 되는데 이를 통하여 처리되는 오차는?

① 과실 ② 정오차
③ 우연오차 ④ 기계적오차

• 정오차 : 측정회수나 측정거리 등에 비례하는 오차로 발생원인을 알면 쉽게 제거된다.
• 우연오차 : 최소제곱법의 원리로 오차를 배분하여 오차론에서 다루는 오차를 말하며, 측정회수의 제곱근에 비례한다.

□□□ 산 13,15,22②
42 방위각 260°의 역방위는 얼마인가?

① N80°E ② N80°W
③ S80°E ④ S80°W

• 방위각과 역방위각은 180°의 차이가 있다.
• 역방위각 = 방위각 + 180° = 260° + 180° = 440°
• 방위각이 360°를 넘으면 360°를 감한다.
  역방위각 = 440° − 360° = 80° (제1상한)
  $\therefore N(80°)E$

□□□ 산 12②,13②,④,17①,19①,20③,22②
43 우리나라의 노선측량에서 고속도로에 주로 이용되는 완화곡선은?

① 렘니스케이트 곡선 ② 클로소이드 곡선
③ 2차 포물선 ④ 3차 포물선

완화곡선

종 류	용 도
클로소이드 곡선	고속도로 IC
렘니스케이스 곡선	지하철
3차 포물선	철도 이용
반파장 sin체감곡선	고속철도

정답 39 ① 40 ① 41 ③ 42 ① 43 ②

□□□ 산 19②,22②

34 그림과 같은 띠철근 기둥의 공칭축강도(P_n)는 얼마인가? (단, $f_{ck}=24\text{MPa}$, $f_y=300\text{MPa}$, 종방향 철근의 전체 단면적 $A_{st}=2027\text{mm}^2$이다.)

① 2145.7kN
② 2279.2kN
③ 3064.6kN
④ 3492.2kN

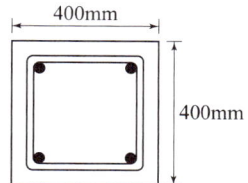

$P_n = \alpha[0.85f_{ck}(A_g - A_{st}) + f_y \cdot A_{st}]$
· $A_g = 400 \times 400 = 160000 \text{mm}^2$
· $A_{st} = 2027 \text{mm}^2$
∴ $P_{n,\max} = 0.80[0.85 \times 24(160000-2027) + 300 \times 2027]$
= 3064599N = 3064.6kN

분 류	보정계수 α	강도감소계수 ϕ
나선철근	0.85	0.70
띠철근	0.80	0.65

□□□ 산 20③,22②

35 강도감소계수(ϕ)에 대한 설명으로 틀린 것은?

① 설계 및 시공상의 오차를 고려한 값이다.
② 하중의 종류와 조합에 따라 값이 달라진다.
③ 인장지배단면에 대한 강도감소계수는 0.85이다.
④ 전단력과 비틀림모멘트에 대한 강도감소계수는 0.75이다.

재료의 공칭 강도와 실제 강도 사이에 어쩔 수 없이 생기는 차이나 제작 및 시공상의 불확실성 따위를 고려하여 부재를 보강하는 안전 계수

□□□ 산 14,22②

36 강도설계법에서 계수하중 U를 사용하여 구조물 설계시 안전을 도모하는 이유와 가장 거리가 먼 것은?

① 구조해석 할 때의 가정으로 인한 것을 보완하기 위하여
② 하중의 변경에 대비하기 위하여
③ 활하중 작용시의 충격 흡수를 위해서
④ 예상하지 않은 초과 하중 때문에

■ 하중계수를 고려하는 이유
· 하중의 공정값과 실제하중 사이의 불가피한 차이 : 하중의 변화
· 하중을 작용외력으로 변화시키는 해석상의 불확실성
· 구조해석의 단순화로 발생되는 초과요인
· 사용하중에 예상을 초과하는 하중
· 환경작용 등의 변동
■ 활하중 작용시의 충격 흡수를 위해서 : 충격계수

□□□ 산 15②④,20③,22②

37 콘크리트 구조설계기준에 따른 '단면의 유효깊이'를 설명하는 것은?

① 콘크리트의 압축연단에서부터 최외단 인장철근의 도심까지의 거리
② 콘크리트의 압축연단에서부터 다단 배근된 인장철근 중 최외단 철근 도심까지의 거리
③ 콘크리트의 압축연단에서부터 모든 인장철근군의 도심까지의 거리
④ 콘크리트의 압축연단에서부터 모든 철근군의 도심까지의 거리

· 유효깊이(effective depth of section) : 콘크리트의 압축 연단부터 모든 인장철근군의 도심까지 거리
· 유효단면적(effective section area) : 유효깊이에 유효폭을 곱한 면적

□□□ 산 15,22②

38 휨 부재에서 철근의 정착에 대한 위험단면에 해당되지 않는 것은?

① 지간내의 최대 응력점
② 인장철근이 끝난점
③ 인장철근의 절곡점
④ 지점에서 d만큼 떨어진 점

■ 휨 부재에서 철근의 정착에 대한 위험단면
· 지간내의 최대 응력점
· 인장철근이 끝난점
· 인장철근의 절곡점
■ 1방향 슬래브의 전단에 대한 위험단면 : 지점에서 d만큼 떨어진 점

정답 34 ③ 35 ② 36 ③ 37 ③ 38 ④

□□□ 산 12②④,14①,16④,18②,22②

29 부벽식 옹벽에서 뒷부벽의 설계에 대한 설명으로 옳은 것은?

① 직사각형보로 설계한다.
② T형보로 설계하여야 한다.
③ 저판에 지지된 캔틸레버로 설계할 수 있다.
④ 3변 지지된 2방향 슬래브로 설계할 수 있다.

> 부벽식 옹벽
> • 뒷부벽은 T형보로 설계한다.
> • 앞부벽은 직사각형보로 설계한다.

□□□ 산 12,13①②,15②,16,18②,22②

30 철근콘크리트 보에 전단력과 휨만이 작용할 때 콘크리트가 받을 수 있는 설계 전단 강도(ϕV_c)는 약 얼마인가? (단, $b_w=350mm$, $d=600mm$, $f_{ck}=28MPa$, $f_y=400MPa$)

① 87.6kN
② 129.6kN
③ 138.9kN
④ 148.2kN

> $\phi V_c = \phi \frac{1}{6} \lambda \sqrt{f_{ck}} b_w d$
> • 전단력과 비틀림 모멘트의 강도감소계수 $\phi = 0.75$
> ∴ $\phi V_c = 0.75 \times \frac{1}{6} \times 1 \times \sqrt{28} \times 350 \times 600$
> $= 138902 N = 138.9 kN$

□□□ 산 19②,22②

31 그림과 같은 L형강에서 단면의 순단면을 구하기 위하여 전개한 총폭(b_g)은 얼마인가?

① 250mm
② 264mm
③ 288mm
④ 300mm

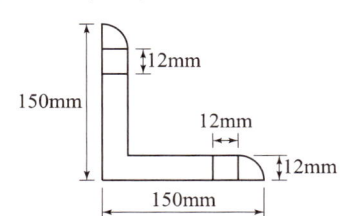

> L형강
> 총폭 $b_g = b_1 + b_2 - t = 150 + 150 - 12 = 288 mm$

□□□ 산 11,14,22②

32 콘크리트 설계기준강도가 24MPa, 철근의 항복강도가 300MPa로 설계된 지간 5m인 단순지지 1방향슬래브가 있다. 처짐을 계산하지 않는 경우의 최소 두께는?

① 200mm
② 215mm
③ 250mm
④ 500mm

> 처짐을 계산하지 않는 경우의 부재 최소 두께(단순지지 부재)
> $h = \frac{l}{20} \times \left(0.43 + \frac{f_y}{700}\right)$
> $h = \frac{5000}{20} \times \left(0.43 + \frac{300}{700}\right) = 215 mm$

Remember

• 처짐을 계산하지 않는 경우의 보 또는 1방향 슬래브의 최소두께

부재	최소 두께 h			
	단순지지	1단 연속	양단 연속	캔틸레버
	큰 처짐에 의해 손상되기 쉬운 칸막이벽 • 기타 구조물을 지지 또는 부착하지 않는 부재			
1방향 슬래브	$\frac{l}{20}$	$\frac{l}{24}$	$\frac{l}{21}$	$\frac{l}{10}$
보 • 리브가 있는 1방향 슬래브	$\frac{l}{16}$	$\frac{l}{18.5}$	$\frac{l}{21}$	$\frac{l}{8}$

□□□ 산 19②,22②

33 철근콘크리트 구조물의 전단철근 상세에 대한 설명으로 틀린 것은?

① 스터럽의 간격은 어떠한 경우이든 400mm 이하로 하여야 한다.
② 주인장철근에 45도 이상의 각도로 설치되는 스터럽은 전단철근으로 사용할 수 있다.
③ 전단철근의 설계기준항복강도는 500MPa을 초과할 수 없다.
④ 전단철근으로 사용하는 스터럽과 기타 철근 또는 철선은 콘크리트 압축연단부터 거리 d 만큼 연장하여야 한다.

> 스터럽의 간격은 어떠한 경우이든 600mm 이하로 하여야 한다.

정답 29 ② 30 ③ 31 ③ 32 ② 33 ①

24 구조물의 부재, 부재간의 연결부 및 각 부재 단면의 휨모멘트, 축력, 전단력, 비틀림모멘트에 대한 설계강도는 공칭강도에 강도감소계수 ϕ를 곱한 값으로 한다. 무근콘크리트의 휨모멘트, 압축력, 전단력, 지압력에 대한 강도감소계수는?

① 0.55 ② 0.65
③ 0.7   ④ 0.75

무근콘크리트의 휨모멘트, 압축력, 전단력, 지압력에 대한 강도감소계수 : 0.55

Remember

강도감소계수 ϕ

부재		강도감소계수
인장지배단면		0.85
압축지배단면	나선철근으로 보강된 철근 콘크리트 부재	0.70
	그 외의 철근콘크리트 부재	0.65
변화구간단면(전이구역)		0.65(0.70) ~ 0.85
전단력과 비틀림 모멘트		0.75
콘크리트의 지압력 (포스트텐션 정착부나 스트럿-타이 모델은 제외)		0.65
포스트텐션 정착구역		0.85
스트럿-타이 모델	스트럿, 절점부 및 지압부	0.75
	타이	0.85
무근콘크리트의 휨모멘트, 압축력, 전단력, 지압력		0.55

25 휨부재를 설계할 때 긴장재를 제외한 철근의 설계기준 항복강도는 몇 MPa을 초과하지 않아야 하는가?

① 500MPa   ② 600MPa
③ 650MPa   ④ 700MPa

휨부재 설계시 긴장재를 제외한 철근의 설계기준 항복강도(f_y)는 600MPa를 초과하지 않아야 한다.

26 보의 유효높이 600mm, 복부의 폭 320mm, 플랜지의 두께 130mm, 양쪽의 슬래브의 중심간 거리 2.5m, 보의 경간 10.4m로 설계된 대칭 T형보가 있다. 이 보의 플랜지의 유효폭은?

① 2080mm   ② 2400mm
③ 2500mm   ④ 2600mm

T형보(대칭)의 유효 폭(b_e)결정
• $16t + b_w = 16 \times 130 + 320 = 2400$ mm
• 양쪽 슬래브의 중심간 거리 : $b_c = 2500$ mm
• 보의 경간 $\times \dfrac{1}{4}$: $10400 \times \dfrac{1}{4} = 2600$ mm
∴ $b_e = 2400$ mm(∵ 작은 값)

27 다음 그림과 같은 PSC 단순보에 프리스트레스 힘(P)을 4000kN 작용했을 때 프리스트레스에 의한 상향력은?

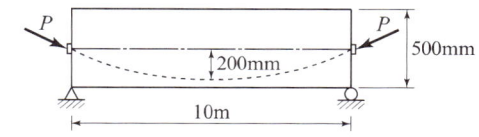

① 48kN/m   ② 64kN/m
③ 80kN/m   ④ 400kN/m

강재가 포물선으로 배치된 경우
$P \cdot s = \dfrac{u \cdot l^2}{8}$ 에서
∴ 상향력 $u = \dfrac{8P \cdot s}{l^2}$
$= \dfrac{8 \times 4000 \times 0.20}{10^2} = 64$ kN/m

28 강도설계법으로 부재를 설계할 때 사용하중에 하중계수를 곱한 하중을 무엇이라 하는가?

① 작용하중   ② 기준하중
③ 지속하중   ④ 계수하중

계수하중 = 사용하중 × 하중계수

시력도법에서 sin법칙 적용

$$\frac{2000N}{\sin 45°} = \frac{AB}{\sin 90°}$$

$$\therefore AB = \frac{2000}{\sin 45°} \times \sin 90° = 2828N$$

□□□ 산 12,14,17,22②

19 지름 10cm, 길이 100cm인 재료에 인장력을 작용시켰을 때 지름은 9.98cm, 길이는 100.4cm가 되었다. 이 재료의 포아송 비(ν)는?

① 0.3　　② 0.5
③ 0.7　　④ 0.9

$$\nu = \frac{\beta}{\varepsilon} = \frac{\frac{\Delta d}{d}}{\frac{\Delta l}{l}} = \frac{l \cdot \Delta d}{d \cdot \Delta l}$$

- $l = 100$ cm
- $\Delta l = 100.4 - 100 = 0.4$ cm
- $d = 10$ cm
- $\Delta d = 10 - 9.98 = 0.02$ cm

$$\nu = \frac{100 \times 0.02}{10 \times 0.4} = 0.5$$

□□□ 산 13④,17①,20③,22②

20 단면이 150mm×150mm인 정사각형이고, 길이가 1m인 강재에 120kN의 압축력을 가했더니 1mm가 줄어들었다. 이 강재의 탄성계수는?

① 5333.3MPa　　② 5333.3kPa
③ 8333.3MPa　　④ 8333.3kPa

$\Delta l = \frac{Pl}{EA}$ 에서 $E = \frac{Pl}{A \Delta l}$

- $A = bh = 150 \times 150 = 22500$ mm²

$$\therefore E = \frac{120 \times 10^3 \times 1000}{22500 \times 1} = 5333.3 \text{N/mm}^2 = 5333.3 \text{MPa}$$

---

❷ 철근콘크리트 및 강구조

□□□ 산 97,00,08,09,12,13,14,15,18②,19②,20②,22②

21 다음 그림에서 인장력 $P = 400$kN이 작용할 때 용접이음부의 응력은 얼마인가?

① 96.2MPa
② 101.2MPa
③ 105.3MPa
④ 108.6MPa

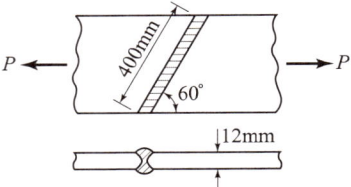

$$f = \frac{P}{A} = \frac{P}{\sum a \cdot l_e} = \frac{400 \times 10^3}{12 \times 400 \sin 60°} = 96.2 \text{MPa}$$

□□□ 산 11,12,13,16,20②,22②

22 길이가 10m인 PSC보에서 포스트텐션 공법으로 설계할 때 강선에 1000MPa의 인장력을 가했더니 강선이 2.0mm 풀렸다. 이 때 프리스트레스의 감소량은? (단, $E_D = 2.0 \times 10^5$MPa이고 일단정착이다.)

① 20MPa　　② 30MPa
③ 40MPa　　④ 50MPa

$$\Delta f_p = E_p \cdot \frac{\Delta l}{l} = 2 \times 10^5 \times \frac{2}{10 \times 10^3} = 40 \text{MPa}$$

□□□ 산 15,22②

23 PS강재가 가져야 할 일반적인 성질로 틀린 것은?

① 적당한 연성과 인성이 있어야 한다.
② 어느 정도의 피로강도를 가져야 한다.
③ 직선성이 좋아야 한다.
④ 항복비가 작아야 한다.

PS강재가 가져야 할 성질
- 인장강도가 커야 한다.
- 부착강도가 커야 한다.
- 항복비가 커야 한다.
- 릴랙세이션이 적을 것
- 적당한 연성(늘음)과 인성이 커야 한다.
- 응력 부식에 대한 저항성이 커야 한다.
- 곧게 퍼지는 신직선(직진성)이 좋아야 한다.
- 어느 정도의 피로강도를 가져야 한다.

정답 19 ②　20 ①　21 ①　22 ③　23 ④

□□□ 산 19②,22②,25①

15 그림과 같은 장주의 강도를 옳게 관계시킨 것은? (단, 동질의 동단면으로 한다.)

① A > B > C
② A > B = C
③ A = B = C
④ A = B < C

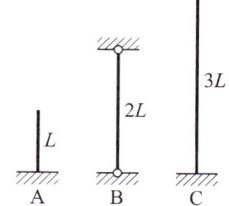

$P_{cr} = \dfrac{n\pi^2 EI}{L^2}$ 에서 $\pi^2 EI$은 동일

$P_{cr(A)} = \dfrac{n}{L^2} = \dfrac{1}{4L^2}$

$P_{cr(B)} = \dfrac{n}{L^2} = \dfrac{1}{(2L)^2} = \dfrac{1}{4L^2}$

$P_{cr(C)} = \dfrac{n}{L^2} = \dfrac{4}{(3L)^2} = \dfrac{4}{9L^2}$

∴ $A = B < C$

일단고정 타단자유	$n = \dfrac{1}{4}$
양단힌지	$n = 1$
일단힌지 타단고정	$n = 2$
양단고정	$n = 4$

□□□ 산 91,98,20③,22②

16 그림과 같은 30° 경사진 언덕에 40kN의 물체를 밀어 올릴 때 필요한 힘 P는 최소 얼마 이상이어야 하는가? (단, 마찰계수는 0.3이다.)

① 20.0kN
② 30.4kN
③ 34.6kN
④ 35.0kN

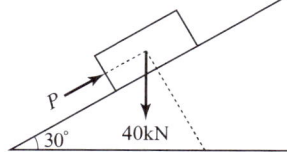

$P_H + P_V \times f \leq P$

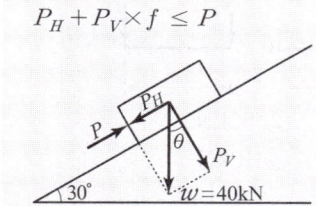

- $P_H = w\sin\theta = 40\sin30° = 20\,\text{kN}$
- $P_V = w\cos\theta = 40\cos30° = 34.64\,\text{kN}$
- ∴ $P_H + P_V \cdot f = 20 + 34.64 \times 0.3 = 30.4\,\text{kN}$

□□□ 산 13,17,22②

17 그림에서 음영된 삼각형 단면의 X축에 대한 단면 2차 모멘트는 얼마인가?

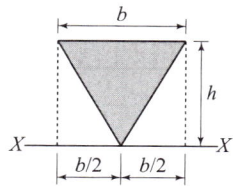

① $\dfrac{bh^3}{4}$ ② $\dfrac{bh^3}{5}$

③ $\dfrac{bh^3}{6}$ ④ $\dfrac{bh^3}{8}$

$I_X = I_x + A y_0^2 = \dfrac{bh^3}{36} + \dfrac{bh}{2} \times \left(h \times \dfrac{2}{3}\right)^2 = \dfrac{bh^3}{4}$

Remember

각 도형의 단면 2차 모멘트

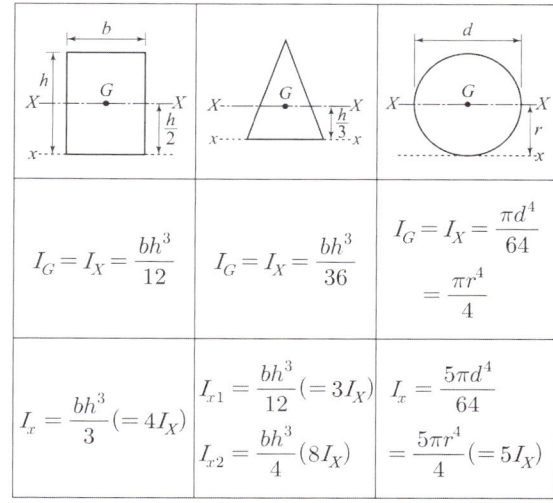

□□□ 산 97,14,16,18,19①,22②

18 다음 그림과 같은 구조물에서 부재 AB가 받는 힘은 약 얼마인가?

① 2000N
② 2145N
③ 2345N
④ 2828N

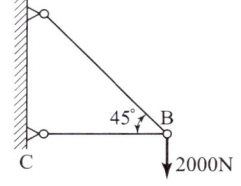

□□□ 산 83,00,15,18,21①,22②

10 그림과 같은 단순보에 발생하는 최대 전단응력(τ_{max})은?

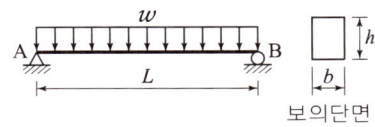

① $\dfrac{4wL}{9bh}$　　② $\dfrac{wL}{2bh}$

③ $\dfrac{9wL}{16bh}$　　④ $\dfrac{3wL}{4bh}$

$\tau_{max} = \dfrac{3}{2} \dfrac{S_{max}}{A}$

• $S_{max} = R_A = \dfrac{wL}{2}$

• $A = bh$

∴ $\tau_{max} = \dfrac{3}{2} \dfrac{\frac{wL}{2}}{bh} = \dfrac{3wL}{4bh}$

□□□ 산 08,09,10,15,18②,22②

11 재료의 역학적 성질 중 탄성계수를 E, 전단탄성계수를 G, 푸아송수를 m이라 할 때 각 성질의 상호관계식으로 옳은 것은?

① $G = \dfrac{m}{2E(m+1)}$　　② $G = \dfrac{mE}{2(m+1)}$

③ $G = \dfrac{E}{2(m+E)}$　　④ $G = \dfrac{E}{2(m+1)}$

$G = \dfrac{E}{2(1+\nu)} = \dfrac{mE}{2(m+1)} = \dfrac{E}{2\left(1+\dfrac{1}{m}\right)}$

□□□ 산 11,13,14,16,17,22②

12 아래 그림과 같이 C점에 5kN이 수직으로 작용할 때 부재 AC의 부재력은?

① 3042N
② 3124N
③ 3536N
④ 3842N

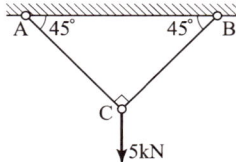

sin법칙(라미의 정리)에 의해서

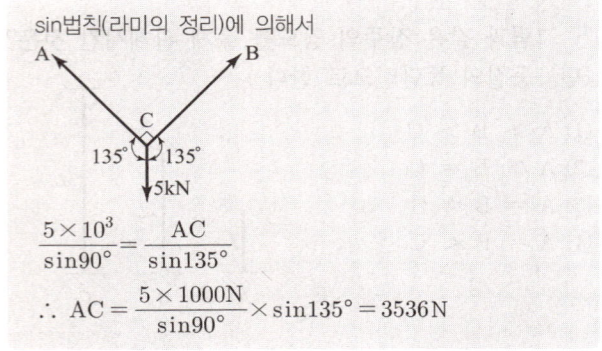

$\dfrac{5 \times 10^3}{\sin 90°} = \dfrac{AC}{\sin 135°}$

∴ $AC = \dfrac{5 \times 1000N}{\sin 90°} \times \sin 135° = 3536N$

□□□ 산 12①,16②,20②,22②

13 아래 그림과 같은 단순보의 중앙점의 휨모멘트는?

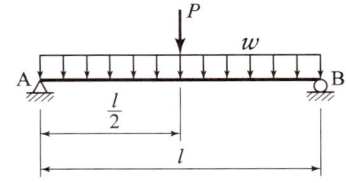

① $\dfrac{Pl}{2} + \dfrac{wl^2}{8}$　　② $\dfrac{Pl}{2} + \dfrac{wl^2}{4}$

③ $\dfrac{Pl}{4} + \dfrac{wl^2}{8}$　　④ $\dfrac{Pl}{4} + \dfrac{wl^2}{4}$

$R_A = R_B = \dfrac{P}{2} + \dfrac{wl}{2}$ (∵ 대칭)

∴ $M_{max} = \left(\dfrac{P}{2} + \dfrac{wl}{2}\right) \times \dfrac{l}{2} - \dfrac{wl}{2} \times \dfrac{l}{2} \times \dfrac{1}{2}$

$= \dfrac{Pl}{4} + \dfrac{wl^2}{4} - \dfrac{wl^2}{8} = \dfrac{Pl}{4} + \dfrac{wl^2}{8}$

□□□ 산 20③,22②

14 아래 그림에서 연행 하중으로 인한 A점의 최대 수직반력(V_A)은?

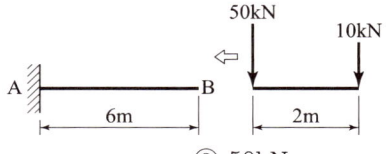

① 60kN　　② 50kN
③ 30kN　　④ 10kN

캔틸레버의 수직반력(V_A)은 캔틸레버에 실린 수직하중의 합(ΣP_i)과 같다.

∴ $V_A = 50 + 10 = 60\,kN$

정답　10 ④　11 ②　12 ③　13 ③　14 ①

□□□ 산 16,22②

05 아래 그림과 같은 보에서 지점 A의 수직반력(R_A)은?

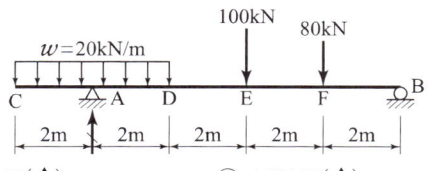

① 100kN(↑) ② 150kN(↑)
③ 180kN(↑) ④ 220kN(↑)

$\sum M_B = 0$:
$R_A \times 8 - 20 \times 4 \times 8 - 100 \times 4 - 80 \times 2 = 0$
$\therefore R_A = \frac{1}{8}(640 + 400 + 160) = 150\,\text{kN}(\uparrow)$

□□□ 산 11,13,14,16,17,19,22②

06 그림과 같은 단순보에 등분포 하중이 작용할 때 이 보의 단면에 발생하는 최대 휨응력은?

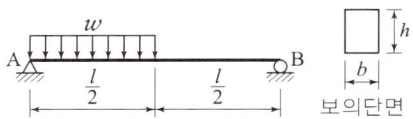

① $\dfrac{3wl^2}{64bh^2}$ ② $\dfrac{23wl^2}{64bh^2}$
③ $\dfrac{25wl^2}{64bh^2}$ ④ $\dfrac{27wl^2}{64bh^2}$

최대휨응력 $\sigma_{max} = \dfrac{M_{max}}{I}y = \dfrac{M_{max}}{Z}$

• $M_B = 0$: $R_A \times l - w\dfrac{l}{2}\left(\dfrac{l}{2} + \dfrac{l}{2} \times \dfrac{1}{2}\right) = 0$
$R_A \times l = \dfrac{wl}{2}\left(\dfrac{l}{2} + \dfrac{l}{4}\right)$
$\therefore R_A = \dfrac{1}{l}\left(\dfrac{wl}{2} \times \dfrac{3l}{4}\right) = \dfrac{3wl}{8}$

• 전단력이 0지점에서 최대휨모멘트 발생
$S_x = \dfrac{3wl}{8} - wx = 0 \quad \therefore x = \dfrac{3l}{8}$

• $M_{max} = \dfrac{3wl}{8} \times \dfrac{3l}{8} - \dfrac{3wl}{8} \times \dfrac{3l}{8} \times \dfrac{1}{2} = \dfrac{9wl^2}{128}$

• $Z = \dfrac{bh^2}{6}$

$\therefore \sigma_{max} = \dfrac{\dfrac{9wl^2}{128}}{\dfrac{bh^2}{6}} = \dfrac{6 \times 9wl^2}{128bh^2} = \dfrac{27wl^2}{64bh^2}$

□□□ 산 03,06,07,12,16,17,18②,22②

07 그림과 같은 라멘에서 C점의 휨모멘트는?

① 40kN·m
② 80kN·m
③ 120kN·m
④ 160kN·m

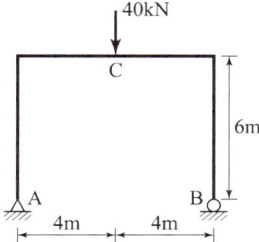

$R_A = R_B = \dfrac{40}{2} = 20\,\text{kN}(\because \text{대칭})$
$\therefore M_C = R_B \times 4 = 20 \times 4 = 80\,\text{kN}\cdot\text{m}$

□□□ 산 17,22②

08 오일러 좌굴하중 $P_{cr} = \dfrac{\pi^2 EI}{L^2}$을 유도할 때 가정사항 중 틀린 것은?

① 하중은 부재축과 나란하다.
② 부재는 초기 결함이 없다.
③ 양단 핀 연결된 기둥이다.
④ 부재는 비선형 탄성 재료로 되어 있다.

부재는 탄성재료로 되어 있다.

□□□ 산 19②,22②

09 그림과 같이 50kN의 힘을 왼쪽으로 10m, 오른쪽으로 15m 떨어진 두 지점에 나란히 분배하였을 때 두 힘 P_1, P_2의 값으로 옳은 것은?

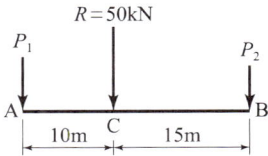

① $P_1 = 10\,\text{kN}$, $P_2 = 40\,\text{kN}$
② $P_1 = 20\,\text{kN}$, $P_2 = 30\,\text{kN}$
③ $P_1 = 30\,\text{kN}$, $P_2 = 20\,\text{kN}$
④ $P_1 = 40\,\text{kN}$, $P_2 = 10\,\text{kN}$

• $P_1 \times 25 = 50 \times 15 \quad \therefore P_1 = 30\,\text{kN}$
• $P_2 \times 25 = 50 \times 10 \quad \therefore P_2 = 20\,\text{kN}$

국가기술자격 필기시험문제

2022년도 기사 2회 필기시험

자격종목	코 드	시험시간	형 별
토목산업기사	1048	2시간	A

※ 2023년도부터 토목산업기사 필기 출제기준이 변경되었음을 알려드립니다. (필기 120문항에서 60문항으로 변경)
※ 각 문항은 4지택일형으로 질문에 가장 적합한 보기 항을 선택하시면 됩니다.

제1과목 : 구조설계

1 역학적인 개념 및 건설 구조물의 해석

□□□ 산 15,22②

01 길이 10m, 지름 30mm의 철근이 5mm 늘어나기 위해서는 얼마의 하중이 필요한가?
(단, $E = 2 \times 10^5$ MPa)

① 51476N ② 62156N
③ 70686N ④ 81326N

$\Delta l = \dfrac{Pl}{EA}$ 에서 $P = \dfrac{EA \Delta l}{l}$

• $A = \dfrac{\pi d^2}{4} = \dfrac{\pi \times 30^2}{4} = 706.86 \text{ mm}^2$

∴ $P = \dfrac{2 \times 10^5 \times 706.86 \times 5}{10 \times 10^3} = 70686 \text{ N}$

□□□ 산 16,22②

02 축방향력 N, 단면적 A, 탄성계수 E일 때 축방향 변형에너지를 나타내는 식은?

① $\displaystyle\int_0^l \dfrac{N^2}{2EA} dx$ ② $\displaystyle\int_0^l \dfrac{N}{2EA} dx$
③ $\displaystyle\int_0^l \dfrac{N^2}{EA} dx$ ④ $\displaystyle\int_0^l \dfrac{N}{EA} dx$

변형에너지(내력)
• 축방향 변형에너지 : $\displaystyle\int_0^l \dfrac{N^2}{2EA} dx$
• 휨응력 변형에너지 : $\displaystyle\int_0^l \dfrac{M^2}{2EI} dx$
• 전단응력 변형에너지 : $\displaystyle\int_0^l \dfrac{\alpha S^2}{2GA} dx$

□□□ 산 91,02,04,06,15,16,18①,20②,22②

03 지름이 D인 원형 단면의 기둥에서 핵(Core)의 직경은?

① $\dfrac{D}{2}$ ② $\dfrac{D}{3}$
③ $\dfrac{D}{4}$ ④ $\dfrac{D}{6}$

원형단면에서의 핵의 직경

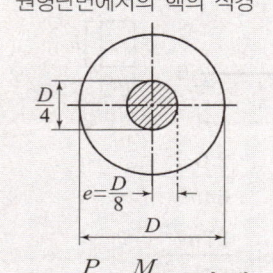

• $\sigma = \dfrac{P}{A} - \dfrac{M}{Z} = 0$ 일 때

$\dfrac{P}{\dfrac{\pi D^2}{4}} - \dfrac{P \cdot e}{\dfrac{\pi D^3}{32}} = 0$ ∴ 핵거리 $e = \dfrac{D}{8}$

∴ 핵의 직경 $= \dfrac{D}{8} \times 2 = \dfrac{D}{4}$

□□□ 산 19②,22②

04 그림과 같은 힘의 O점에 대한 모멘트는?

① 240kN·m
② 120kN·m
③ 80kN·m
④ 60kN·m

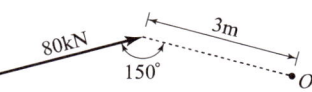

$80 \cos(150° - 90°) \times 3 = 120 \text{ kN·m}$

정답 01 ③ 02 ① 03 ③ 04 ②

□□□ 산 13①,16①,20②,22①

118 계획1일평균급수량이 400L, 시간최대급수량이 25L일 때 계획1일최대급수량이 500L라면 계획 첨두율은?

① 1.2
② 1.25
③ 1.50
④ 20.0

$$계획\ 첨두율 = \frac{계획1일최대급수량}{계획1일평균급수량} = \frac{500}{400} = 1.25$$

□□□ 산 99,02,06,10,11,12,15,16,17②,20②,22①

119 수원의 구비조건으로 옳지 않은 것은?

① 수질이 양호해야 한다.
② 최대갈수기에도 계획수량의 확보가 가능해야 한다.
③ 오염 회피를 위하여 도심에서 멀리 떨어진 곳일수록 좋다.
④ 수리권의 획득이 용이하고, 건설비 및 유지관리가 경제적이어야 한다.

소비자로부터 가까운 곳에 위치하여야 한다.

□□□ 산 11,19①,22①

120 하수도시설의 목적(역할)과 거리가 먼 것은?

① 공공수역의 확대
② 생활환경의 개선
③ 수질보전 가능
④ 침수피해 방지

하수도시설의 목적
• 하수의 배제와 이에 따른 생활환경의 개선
• 침수방지
• 공공수역의 수질보전과 건전한 물순환의 회복
• 지속발전 가능한 도시구축에 기여

정답 118 ② 119 ③ 120 ①

□□□ 산 19①,22①
112 일반적인 정수처리공정과 비교할 때 침전공정이 생략된 방식으로 통상적으로 수질변화가 적고 비교적 양호한 수질에서는 일반정수처리공정에 비해 설치비 및 운영비가 적게 소요되는 여과방식은?

① 직접여과
② 내부여과
③ 급속여과
④ 표면여과

> **직접여과**
> - 저수온이고 저탁도의 원수를 대상으로 하여 소량의 응집제를 주입한 다음 침전공정(플록형성과 침전처리)을 거치지 않고 여과하는 방식이다.
> - 응집제주입량을 통상 주입량의 1/2 ~ 1/4 정도만 주입하여 플록을 형성시킨다.

□□□ 산 18①,22①
113 하수도계획을 하수도의 역할이 다양화되고 있는 사회적인 요구에 부응할 수 있도록 장기적인 전망을 고려하여 수립할 때 포함되어야 하는 사항이 아닌 것은?

① 침수방지계획
② 지속발전 가능한 도시구축 계획
③ 수질보전계획
④ 슬러지 처리 및 지원회 계획

> **하수도계획수립**
> - 침수방지계획
> - 수질보전계획
> - 물관리 및 재이용계획
> - 슬러지 처리 및 자원화 계획

□□□ 산 08,14,18①,22①
114 Alum($Al_2(SO_4)_3 \cdot 18H_2O$) 25mg/L를 주입하여 탁도가 30mg/L인 원수 1000㎥/day를 응집처리 할 때 필요한 Alum 주입량은?

① 25kg/day
② 30kg/day
③ 35kg/day
④ 55kg/day

> Alum 주입량 = $1000 \times 25 = 25000 \text{g/day} = 25 \text{kg/day}$
> (∵ $1\text{mg/L} = 1\text{g/m}^3$)

□□□ 산 14,22①
115 분류식 하수관거 계통에 비교하여 합류식 하수관거 계통의 특징에 대한 설명으로 옳지 않은 것은?

① 검사 및 관리가 비교적 용이하다.
② 청천 시 관 내에 오염물이 침전되기 쉽다.
③ 하수처리장에서 오수 처리 비용이 많이 소모된다.
④ 오수와 우수를 별개의 관거 계통으로 건설하는 것보다 건설 비용이 크게 소요된다.

> 대구경 관거가 되면 1계통으로 건설되어 오수관거와 우수관거의 2계통을 건설하는 것보다는 저렴하다.

□□□ 산 96,11,13②,20②,22①
116 수리학적 체류시간이 4시간, 유효수심이 3.5m인 침전지의 표면부하율은?

① $8.75 \text{m}^3/\text{m}^2 \cdot \text{day}$
② $17.5 \text{m}^3/\text{m}^2 \cdot \text{day}$
③ $21.0 \text{m}^3/\text{m}^2 \cdot \text{day}$
④ $24.5 \text{m}^3/\text{m}^2 \cdot \text{day}$

> 표면부하율 = $\dfrac{\text{유입유량}(\text{m}^3/\text{day})}{\text{수면적}(\text{m}^2)} = \dfrac{\text{유효수심}(\text{m})}{\text{체류시간}(\text{hr})}$
> $= \dfrac{Q}{A} = \dfrac{h}{t}$
> $= \dfrac{3.5(\text{m})}{4(\text{hr})} = 0.875 \text{m/hr} = 21.0 \text{m/day}$
> $= 21.0 \text{m}^3/\text{m}^2 \cdot \text{day}$

□□□ 산 00,09,11,14,22①
117 슬러지 농축조에서 함수율 98%인 생슬러지를 투입하여 함수율 96%의 농축 슬러지를 얻었다면, 농축 슬러지의 부피는? (단, 생슬러지의 부피는 V로 가정한다.)

① $\dfrac{1}{2}V$
② $\dfrac{1}{3}V$
③ $\dfrac{1}{4}V$
④ $\dfrac{1}{5}V$

> $\dfrac{V_1}{V} = \dfrac{100-W}{100-W_1} = \dfrac{100-98}{100-96} = \dfrac{1}{2}$
> ∴ $V_1 = \dfrac{1}{2}V$

□□□ 산 97,04,07,14,16,22①
106 상수의 소독방법 중 염소살균과 오존살균에 대한 설명으로 옳지 않은 것은?

① 오존의 살균력은 염소보다 우수하다.
② 오존살균은 배오존처리설비가 필요하다.
③ 오존살균은 염소살균에 비하여 잔류성이 강하다.
④ 염소살균은 발암물질인 트리할로메탄(THM)을 생성시킬 가능성이 있다.

- 염소살균은 오존살균에 비하여 잔류성이 강하다.
- 염소소독의 장점은 소독효과가 우수하고 대량의 물에 대해서도 용이하게 소독이 강하며 소독효과가 잔류하는 점을 들 수 있다.
- 오존처리의 단점은 효과의 지속성이 없다.

□□□ 산 16,22①
107 도수관에 설치되는 공기밸브에 대한 설명 중 틀린 것은?

① 관로의 종단도 상에서 상향돌출부의 상단에 설치한다.
② 관로 중 제수밸브 사이에 공기밸브를 설치할 경우 낮은 쪽 제수밸브 바로 위에 설치한다.
③ 매설관에 설치하는 공기밸브에는 밸브실을 설치한다.
④ 공기밸브에는 보수용의 제수밸브를 설치한다.

관로 중 제수밸브 사이에 공기밸브를 설치할 경우 높은 쪽 제수밸브 바로 앞의 가까운 곳에 설치한다.

□□□ 산 99,13,14,17,22①
108 도시하수가 하천으로 유입할 때 하천 내에서 발생하는 변화로 틀린 것은?

① 부유물의 증가   ② COD의 증가
③ BOD의 증가   ④ DO의 증가

DO(용존산소)
- 물 속에 녹아있는 산소를 말한다.
- 도시의 하수가 하천에 유입하면 미생물의 섭취, 분해 등으로 DO가 소모되어 DO농도가 감소하게 된다.
- 오염도가 높을수록 BOD, COD, SS 농도는 증가하고, DO 농도는 감소한다.

□□□ 산 08,16,22①
109 Ripple법에 의하여 저수지 용량을 결정하려고 한다. 그림에서 필요저수용량을 표시한 구간은?
(단, 직선 $\overline{AB}$, $\overline{CD}$는 $\overline{OX}$에 평행하고 누가수량차는 E가 F보다 크다.)

① ㉠
② ㉡
③ ㉢
④ ㉣

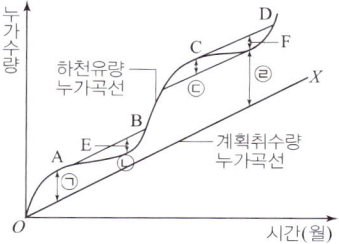

유량누가곡선도표에 의한 방법(Ripple)
계획취수누가곡선(OX)에 평행한 선(AB, CD)을 긋고 하천유량누가곡선과의 종축의 거리(E, F)중에서 최대치(E>F)가 필요저수용량이다.
∴ ㉡이다.

□□□ 산 17,22①
110 1일 정수량이 10000m³/d인 정수장에서, 염소소독을 위하여 100kg/d를 주입한 후 잔류염소 농도를 측정하였을 때, 0.2mg/L였다면 염소요구량 농도는?

① 0.8mg/L   ② 1.2mg/L
③ 9.8mg/L   ④ 10.2mg/L

염소 요구량 = 염소 주입농도 − 잔류 염소량
- 주입농도 = $\dfrac{염소의\ 양}{유량}$
  = $\dfrac{100(kg/d) \times 10^3(g/kg)}{10000(m^3/d)}$ = 10mg/L
∴ 염소 요구량 = 10 − 0.2 = 9.8mg/L

□□□ 산 19①,22①
111 신축자재가 아닌 노출되는 관로 등에 신축이음관을 설치할 때, 몇 m마다 설치하여야 하는가?

① 5~10m   ② 20~30m
③ 50~60m   ④ 100~110m

신축자재가 아닌 노출되는 관로 등에는 20~30m 마다 신축이음관을 설치한다.

정답 106 ③ 107 ② 108 ④ 109 ② 110 ③ 111 ②

❷ 상하수도 계획

101 응집제로서 가격이 저렴하고 탁도, 세균 조류 등의 거의 모든 현탁성 물질 또는 부유물의 제거에 유효하며, 무독성 때문에 대량으로 주입할 수 있으며 부식성이 없는 결정을 갖는 응집제는?

① 황산알루미늄
② 암모늄 명반
③ 황산 제1철
④ 폴리염화 알루미늄

> **황산알루미늄**
> • 결정은 부식성, 자극성이 없고 취급이 용이하다.
> • 가격이 저렴하고 무독성 때문에 대량 주입이 가능하다.
> • 탁도, 색도, 세균, 조류 등 대부분의 현탁물 또는 부유물 제거에 효과가 있다.
> • 최적의 pH범위는 5.5~7.5이다.

102 활성슬러지법에서 MLSS에 대한 설명으로 옳은 것은?

① 방류수 중의 부유물질
② 폐수 중의 부유물질
③ 폭기조 중의 부유물질
④ 반송슬러지 중의 부유물질

> **MLSS**
> 폭기조내의 혼합액 부유물질로서 폭기조내의 미생물을 말한다.

103 "BOD 값이 크다"는 것이 의미하는 것은?

① 무기물질이 충분하다.
② 영양염류가 풍부하다.
③ 용존산소가 풍부하다.
④ 미생물 분해가 가능한 물질이 많다.

> BOD가 크다는 것은 호기성 상태에서 수중의 미생물 분해가 가능한 유기물질이 많음을 나타낸다.

104 하수배제 방식에 대한 설명으로 옳은 것은?

① 합류식 하수배제 방식은 강우초기에 도로 위의 오염물질이 직접 하천으로 유입된다.
② 합류식 하수관거는 청천시(晴天時) 관거 내 퇴적량이 분류식 하수관거에 비하여 많다.
③ 분류식 하수관거는 관거내의 검사가 편리하고 환기가 잘되는 이점이 있다.
④ 분류식 하수관거에서는 우천시 일정한 유량 이상이 되면 오수가 월류한다.

> • 분류식 : 노면의 오염물질이 포함된 세정수가 직접 하천 등으로 유입된다.
> • 합류식 : 검사 및 수리가 비교적 용이하고, 청소시간이 걸린다.
> • 합류식 하수관거에서는 우천시 일정한 유량 이상이 되면 오수가 월류한다.

105 상수처리를 위한 침전지의 침전효율을 나타내는 지표인 표면부하율에 대한 설명으로 옳지 않은 것은?

① 표면부하율은 침전지에 유입할 유량을 침전지의 표면적으로 나눈 값이다.
② 표면부하율은 이상적인 침전지에서 유입구의 최상단으로부터 유입되어 유출구 쪽에서 침전지 바닥에 침강되는 플록의 침강속도를 뜻한다.
③ 표면부하율은 일반적으로 mm/min과 같이 속도의 차원을 가진다.
④ 제거의 기준이 되는 표면부하율은 이론적으로 침전지의 수심에 직접적인 관계가 있다.

> **표면부하율**
> • 표면부하율은 이상적인 침전지에서 유입구의 최상단으로부터 유입되어 유출구 쪽으로 침전지 바닥에 침강되는 플록의 침강속도를 뜻한다.
> • 표면부하율 $V_o = \dfrac{유량(Q)}{침전지의\ 표면적(A)}$
> • 단위 : mm/min : 속도차원
> • 제거율을 향상시키기 위해서는 침전지의 침강면적을 크게 한다.
> • 제거율을 향상시키기 위해서는 유량을 적게 한다.

정답 101 ① 102 ③ 103 ④ 104 ② 105 ④

□□□ 산 05,14,22①

97 유체 내부 임의의 점 (x, y, z)에서의 시간 t에 대한 속도성분을 각각 u, v, w로 표시하면, 정류이며 비압축성인 유체에 대한 연속방정식으로 옳은 것은? (단, ρ는 유체의 밀도이다.)

① $\dfrac{\partial u}{\partial x} + \dfrac{\partial v}{\partial y} + \dfrac{\partial w}{\partial z} = 0$

② $\dfrac{\partial \rho u}{\partial x} + \dfrac{\partial \rho v}{\partial y} + \dfrac{\partial \rho w}{\partial z} = 0$

③ $\dfrac{\partial \rho}{\partial t} + \rho \left(\dfrac{\partial u}{\partial x} + \dfrac{\partial v}{\partial y} + \dfrac{\partial w}{\partial z} \right) = 0$

④ $\dfrac{\partial \rho}{\partial t} + \dfrac{\partial (\rho u)}{\partial x} + \dfrac{\partial (\rho v)}{\partial y} + \dfrac{\partial (\rho w)}{\partial z} = 0$

정류(비압축성유체 ; 3차원류)
$\dfrac{\partial u}{\partial x} + \dfrac{\partial v}{\partial y} + \dfrac{\partial w}{\partial z} = 0$

Remember

수류의 연속방정식

구분	정류	
	압축성유체	비압축성유체
1차원류 (x방향)	$\dfrac{\partial (\rho u)}{\partial x} = 0$	$\dfrac{\partial u}{\partial x} = 0$
2차원류 (x, y 방향)	$\dfrac{\partial (\rho u)}{\partial x} + \dfrac{\partial (\rho v)}{\partial y} = 0$	$\dfrac{\partial u}{\partial x} + \dfrac{\partial v}{\partial y} = 0$
3차원류 (x, y, z 방향)	$\dfrac{\partial (\rho u)}{\partial x} + \dfrac{\partial (\rho v)}{\partial y} + \dfrac{\partial (\rho w)}{\partial z} = 0$	$\dfrac{\partial u}{\partial x} + \dfrac{\partial v}{\partial y} + \dfrac{\partial w}{\partial z} = 0$

□□□ 산 05,16,22①

98 물의 밀도 ρ, 점성계수 μ, 그리고 동점성계수 ν 사이의 관계식으로 옳은 것은?

① $\rho = \dfrac{\nu}{\mu}$ ② $\rho = \dfrac{\mu}{(\nu - 1)}$

③ $\nu = \dfrac{\mu}{\rho}$ ④ $\nu = \dfrac{\rho}{\mu}$

동점성 계수 $\nu = \dfrac{\mu(\text{점성계수})}{\rho(\text{물의 밀도})}$

□□□ 산 04,06,15,16,22①

99 관수로의 마찰손실수두에 관한 설명으로 틀린 것은?

① 관의 조도에 반비례한다.
② 관수로의 길이에 정비례한다.
③ 층류에서는 레이놀즈수에 반비례한다.
④ 관내의 직경에 반비례한다.

$f = \phi'' \left(\dfrac{1}{R_e}, \dfrac{e}{D} \right)$ ∴ 관의 내면조도 $\left(\dfrac{e}{D} \right)$에 비례한다.

Remember

Darcy-Weisbach의 마찰 손실 공식

마찰 손실 수두 $h_L = f \dfrac{l}{D} \dfrac{V^2}{2g}$

• $f = \dfrac{64}{R_e} = \dfrac{\mu}{\rho V d}$, $R_e = \dfrac{Vd}{\nu} = \dfrac{\rho V d}{\mu}$

• $f = \phi'' \left(\dfrac{1}{R_e}, \dfrac{e}{D} \right)$

• 관수로의 길이(l)에 비례한다.
• 관경(D)에 반비례한다.
• 관의 내면조도 $\left(\dfrac{e}{D} \right)$에 비례한다.
• 레이놀즈수(R_e)에 반비례한다.
• 물의 점성(μ)에 비례한다.

□□□ 산 11,18①,22①

100 수평 원형관내를 물이 층류로 흐를 경우 Hagen-Poiseuille의 법칙에서 유량 Q에 대한 설명으로 옳은 것은? (여기서, w : 물의 단위 질량, l : 관의 길이, h_L : 손실수두, μ : 점성계수)

① 유량과 반지름 R인 관계는 $Q = \dfrac{wh_L \pi R^4}{128 \mu l}$이다.

② 유량과 압력차 ΔP와의 관계는 $Q = \dfrac{\Delta P \pi R^4}{8 \mu l}$이다.

③ 유량과 동수경사 I와의 관계에서 $Q = \dfrac{w \pi I R^4}{8 \mu l}$이다.

④ 유량과 지름 D의 관계는 $Q = \dfrac{wh_L \pi D^4}{8 \mu l}$이다.

Hazen-Poiseuille법칙
• 지름 D인 원형관에서 유량
$Q = \dfrac{\pi \Delta P D^4}{128 \mu l} = \dfrac{\pi w h_L D^4}{128 \mu l}$
• 반지름 R인 원형관에서 유량
$Q = \dfrac{\pi \Delta P R^4}{8 \mu l} = \dfrac{\pi w h_L R^4}{8 \mu l}$

∴ 유량(Q)과 압력차(ΔP)와의 관계

정답 97 ① 98 ③ 99 ① 100 ②

92 후르드(Froude)수와 한계경사 및 흐름의 상태 중 상류일 조건으로 옳은 것은? (단, Fr : 후르드수, I : 수면경사, I_c : 한계경사, V : 유속, V_C : 한계유속, y : 수심, y_c : 한계수심)

① $V > V_C$
② $Fr > 1$
③ $I < I_c$
④ $y < y_c$

상류조건
• 유속 : $V < V_C$
• 후르드수 : $Fr < 1$
• 구배 : $I < I_c$
• 수심 : $y > y_c$

Remember
상류와 사류의 구분

상류	사류
$F_r < 1$	$F_r > 1$
$y > y_c$	$y < y_c$
$I < I_c$	$I > I_c$
$V < V_c$	$V > V_c$

93 그림과 같이 높이 2m인 물통에 물이 1.5m만큼 담겨져 있다. 물통이 수평으로 4.9m/s² 의 일정한 가속도를 받고 있을 때 물통의 물이 넘쳐 흐르지 않기 위한 물통의 최소 길이는?

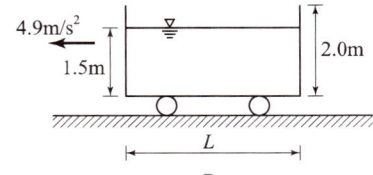

① 2.0m
② 2.4m
③ 2.8m
④ 3.0m

$a = \dfrac{(H-h)g}{\dfrac{b}{2}}$ 에서

$\therefore b = \dfrac{2(H-h)g}{a} = \dfrac{2(2-1.5) \times 9.8}{4.9} = 2.0m$

94 관망의 유량을 계산하는 방법인 Hardy-Cross의 방법에서 가정조건이 아닌 것은?

① 분기점에서 유입하는 유량은 그 점에서 정지하지 않고 전부 유출한다.
② 각 폐합관에서 시계방향 또는 반시계방향으로 흐르는 관로의 손실수두의 합은 0이다.
③ 합류점에 유입하는 유량은 그 점에서 정지하지 않고 전부 유출한다.
④ 보정유량 ΔQ는 크기와 상관없이 균등하게 배분하여 유량을 결정한다.

Hardy-Cross의 가정조건
• 각 분기점 또는 합류점에 유입하는 수량은 그 점에서 정지하지 않고 전부 유출한다.
• 각 폐합관에서 시계방향 또는 반시계방향으로 흐르는 관로의 손실수두의 합은 흐름의 방향에 관계없이 0이다.
• 초기 유량을 가정하며 마찰 손실만을 고려한다.
• 보정량은 +, − 값 모두를 갖는다.

95 지름 1m인 원형 관에 물이 가득차서 흐른다면 이때의 경심은?

① 0.25m
② 0.5m
③ 1.0m
④ 2.0m

원형관의 경심 $R = \dfrac{D}{4} = \dfrac{1}{4} = 0.25m$

96 정류에 대한 설명으로 옳지 않은 것은?

① 어느 단면에서 지속적으로 유속이 균일해야 한다.
② 흐름의 상태가 시간에 관계없이 일정하다.
③ 유선과 유적선이 일치한다.
④ 유선에 따라 유속이 일정하게 변한다.

한 단면을 지나는 물이 시간에 따라 속도, 압력, 밀도 등 유동 특성이 변하지 않는 흐름

□□□ 산 04,10,22①

87 흐름의 연속방정식은 어떤 법칙을 기초로 하여 만들어진 것인가?

① 질량 보존의 법칙
② 에너지 보존의 법칙
③ 운동량 보존의 법칙
④ 마찰력 불변의 법칙

물의 연속방정식 $Q = A_1V_1 = A_2V_2$은 질량 보존의 법칙의 이론에 근거한다.

□□□ 산 11,16,22①

88 그림과 같은 피토관에서 A점의 유속을 구하는 식으로 옳은 것은?

① $V = \sqrt{2gh_1}$
② $V = \sqrt{2gh_2}$
③ $V = \sqrt{2gh_3}$
④ $V = \sqrt{2g(h_1 + h_2)}$

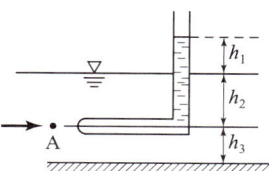

■ 피토관
• 베루누이 정리를 사용하여 유속을 계산할 수 있다.
• 관수로나 개수로에서 유량측정계로 이용
• 속도수두 $h_1 = \dfrac{V}{2g}$
  ∴ 유속 $V = \sqrt{2gh_1}$

□□□ 산 10,18①,22①

89 그림에서 A점에 작용하는 정수압 P_1, P_2, P_3, P_4에 관한 사항 중 옳은 것은?

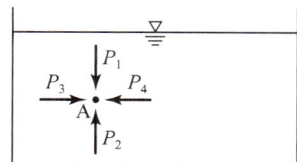

① P_1의 크기는 가장 작다.
② P_2의 크기는 가장 크다.
③ P_3의 크기는 가장 크다.
④ P_1, P_2, P_3, P_4의 크기는 같다.

정수중의 임의의 한 점에 작용하는 정수압의 강도는 모든 방향에 대하여 동일한 강도를 갖는다.
∴ $P_1 = P_2 = P_3 = P_4 = wh$

□□□ 산 95,05,17,22①

90 그림과 같이 원 관이 중심축에 수평하게 놓여있고 계기압력이 각각 1.8kg/cm², 2.0kg/cm²일 때 유량은? (단, 압력계의 kg은 무게를 표시한다.)

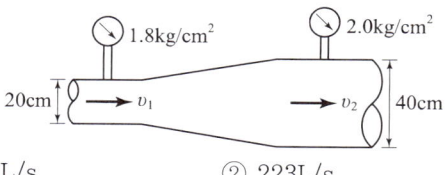

① 203L/s
② 223L/s
③ 243L/s
④ 263L/s

$$Q = \dfrac{A_1 A_2}{\sqrt{A_1^2 - A_2^2}} \sqrt{2gH}$$

• $A_1 = \dfrac{\pi \times 0.2^2}{4} = 0.0314 \text{cm}^2$
• $A_2 = \dfrac{\pi \times 0.4^2}{4} = 0.1257 \text{cm}^2$
• $H = \dfrac{\Delta P}{w_o} = \dfrac{20-18}{1} = 2\text{m}$

∴ $Q = \dfrac{0.1257 \times 0.0314}{\sqrt{0.1257^2 - 0.0314^2}} \times \sqrt{2 \times 9.8 \times 2}$
    $= 0.203 \text{m}^3/\text{sec} = 203 \text{L/sec}$
    (∵ $1\text{m}^3 = 1000\text{L}$)

□□□ 산 10,12,20②,22①

91 동수경사선에 관한 설명으로 옳지 않은 것은?

① 항상 에너지선과 평행하다.
② 개수로 수면이 동수경사선이 된다.
③ 에너지선보다 속도수두만큼 아래에 있다.
④ 압력수두와 위치수두의 합을 연결한 선이다.

■ 동수경사선 : 기준 수평면에서 위치 수두와 압력수두의 합을 연결한 선
• 위치 수두(Z)와 압력 수두$\left(\dfrac{P}{w_o}\right)$를 연결한 선을 말한다.
  즉, $\dfrac{P}{w_o} + Z$

■ 에너지선 : 에너지 선의 경사를 에너지 경사라 한다.
• 압력 수두$\left(\dfrac{P}{w_0}\right)$+위치 수두($Z$)+속도 수두$\left(\dfrac{V^2}{2g}\right)$
  즉, $\dfrac{V^2}{2g} + Z + \dfrac{P}{w_0}$

∴ 등류일 때만 동수경사선과 에너지선은 기준수평면에 항상 나란하다.

제3과목 : 수자원설계

1 수리학

81 부피가 $5.8m^3$인 액체의 중량이 $62.2kN$일 때, 이 액체의 비중은?

① 0.951
② 1.094
③ 1.117
④ 1.195

- 비중 = $\dfrac{\text{액체의 단위중량}(w)}{\text{물의 단위중량}(\gamma_w)}$
- 물의 단위중량 $w = 9.8kN/m^3$
- $w = \dfrac{W}{V} = \dfrac{62.2}{5.8} = 10.724 N/m^3$
- ∴ 비중 = $\dfrac{10.724}{9.80} = 1.094$

82 관수로에서 발생하는 손실수두 중 가장 큰 것은?

① 유입손실
② 유출손실
③ 만곡손실
④ 마찰손실

- 관의 마찰에 의한 손실이 주 손실(major loss)이고 나머지 손실은 소손실이다.
- 주 손실수두
  마찰손실수두 : $h_L = f\dfrac{l}{D}\dfrac{V^2}{2g}$
- 소손실(마찰이외의 손실수두)
  유입 손실수두, 유출 손실수두, 급확대 손실수두

83 수두(水頭)가 2m인 오리피스에서의 유량은?
(단, 오리피스의 지름 10cm, 유량계수 0.76)

① $0.017m^3/s$
② $0.027m^3/s$
③ $0.037m^3/s$
④ $0.047m^3/s$

$Q = CA\sqrt{2gH}$
$= 0.76 \times \dfrac{\pi \times 0.10^2}{4} \times \sqrt{2 \times 9.80 \times 2} = 0.037 m^3/sec$

84 유량 $14.13m^3/s$를 송수하기 위하여 안지름 3m의 주철관 980m를 설치할 경우, 적당한 관로의 경사는? (단, $f = 0.03$)

① 1/600
② 1/490
③ 1/200
④ 1/100

경사 $I = \dfrac{h_L}{l}$, $h_L = f\dfrac{l}{D}\dfrac{V^2}{2g}$

- $A = \dfrac{\pi D^2}{4} = \dfrac{\pi \times 3^2}{4} = 7.07 m^2$
- $V = \dfrac{Q}{A} = \dfrac{14.13}{7.07} = 2.00 m/sec$
- $h_L = 0.03 \times \dfrac{980}{3} \times \dfrac{2^2}{2 \times 9.8} = 2.00 m$
- ∴ 경사 $I = \dfrac{2.00}{980} = \dfrac{1}{490}$

85 도수(Hydraulic jump)현상에 관한 설명으로 옳지 않은 것은?

① 역적-운동량 방정식으로부터 유도할 수 있다.
② 상류에서 사류로 급변할 경우 발생한다.
③ 도수로 인한 에너지 손실이 발생한다.
④ 파상도수와 완전도수는 Froude 수로 구분한다.

도수
사류에서 상류로 변할 때 수면이 불연속적으로 뛰어 오르는 현상

86 다음의 비력(M)곡선에서 한계수심을 나타내는 것은?

① h_1
② h_2
③ h_3
④ $h_3 - h_1$

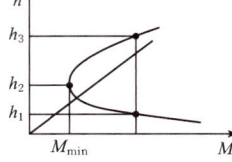

한계수심
- 최소 비력(M_{min})에 대한 수심이 한계수심(h_2)이다.
- 비에너지가 최소인 수심과 근사적으로 같다.

Remember

기초의 구비 조건
- 최소 기초 깊이를 유지해야 한다.
- 상부 하중을 안전하게 지지해야 한다.
- 침하가 허용치를 넘지 않아야 한다.
- 사용성, 경제성이 좋아야 한다.
- 기초의 시공이 가능해야 한다.

76 점성토 지반에 사용하는 연약지반 개량공법이 아닌 것은?

① Sand drain 공법
② 침투압 공법
③ Vibro floatation 공법
④ 생석회 말뚝 공법

연약지반개량공법	
점성토 지반	모래질 지반
• 치환공법	• 다짐 모래말뚝공법
• 프리로딩공법	• Compozer공법
• 샌드 드레인공법	• Vibro floatation공법
• 페이퍼 드레인공법	• 폭파다짐공법
• 전기침투 공법	• 전기 충격공법
• 생석회 말뚝공법	• 약액 주입공법

77 점토 덩어리는 재차 물을 흡수하면 고체 – 반고체 – 소성 – 액성의 단계를 거치지 않고 물을 흡착함과 동시에 흙 입자 간의 결합력이 감소되어 액성상태로 붕괴한다. 이러한 현상을 무엇이라 하는가?

① 비화작용(Slaking)
② 팽창작용(Bulking)
③ 수화작용(Hydration)
④ 윤활작용(Lubrication)

비화작용(Slaking)
- 점토 덩어리는 재차 물을 흡수하면 토립자간의 결합력이 감소되어 붕괴하게 되는 현상을 비화작용(沸化作用; slaking)이라 한다.
- 점토가 물을 흡수하여 고체 → 반고체 → 소성 → 액성의 단계를 거치지 않고 갑자기 붕괴되는 현상을 말한다.

78 어느 흙의 지하수면 아래의 흙의 단위중량이 19.4kN/m^3이었다. 이 흙의 공극비가 0.84일 때 이 흙의 비중을 구하면? (단, $\gamma_w = 9.81\text{kN/m}^3$)

① 1.65
② 2.65
③ 2.80
④ 3.73

포화밀도 $\gamma_{sat} = \dfrac{G_s + e}{1 + e}\gamma_w$

(∵ 지하수면 아래의 밀도는 포화밀도를 말한다.)
$e = 0.84$
$\gamma_{sat} = \dfrac{G_s + 0.84}{1 + 0.84} \times 9.81 = 19.4\text{kN/m}^3$에서
$(G_s + 0.84) \times 9.81 = 19.4 \times 1.84 = 35.70$

참고 SOLVE 사용 ∴ $G_s = 2.80$

79 그림에서 분사현상에 대한 안전율은 얼마인가? (단, 모래의 비중은 2.65, 간극비는 0.6이다.)

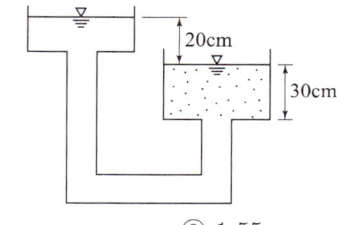

① 1.01
② 1.55
③ 1.86
④ 2.44

$F_s = \dfrac{i_c}{i} = \dfrac{\dfrac{G_s - 1}{1 + e}}{\dfrac{h}{L}} = \dfrac{\dfrac{2.65 - 1}{1 + 0.6}}{\dfrac{20}{30}} = 1.55$

80 10개의 무리 말뚝기초에 있어서 효율이 0.8, 단항으로 계산한 말뚝 1개의 허용지지력이 100kN일 때 군항의 허용지지력은?

① 500kN
② 800kN
③ 1000kN
④ 1250kN

$R_{ag} = E \cdot N \cdot R_a = 0.8 \times 10 \times 100 = 800\text{kN}$

□□□ 산 92,10,12,13,15,17,18,22①

70 점토지반에서 N치로 추정할 수 있는 사항이 아닌 것은?

① 상대밀도 ② 컨시스턴시
③ 일축압축강도 ④ 기초지반의 허용지지력

N 치로부터 추정되는 사항	
모 래 지 반	점 토 지 반
• 상대밀도 • 탄성계수 • 내부마찰각 • 지지력계수 • 침하량에 대한 허용지지력	• 점착력 • 일축압축강도 • 컨시스턴시(연경도) • 기초에 대한 허용지지력 • 파괴에 대한 극한지지력

□□□ 산 85,93,19①,22①

71 Hazen이 제안한 균등계수가 5 이하인 균등한 모래의 투수계수(k)를 구할 수 있는 경험식으로 옳은 것은? (단, c는 상수이고, D_{10}은 유효입경이다.)

① $k = cD_{10}$ (cm/s) ② $k = cD_{10}^2$ (cm/s)
③ $k = cD_{10}^3$ (cm/s) ④ $k = cD_{10}^4$ (cm/s)

투수계수과 입경과의 관계
A. Hazen은 균등한 모래에 대해 투수계수와 입경과의 실험식을 발표하였다.
$k = cD_{10}^2$ (cm/s)
여기서, c : 비례상수로 $100 \sim 150(1/\text{cm} \cdot \text{sec})$
D_{10} : 유효입경(cm)

□□□ 산 85,00,19①,22①

72 입도분포곡선에서 통과율 10%에 해당하는 입경(D_{10})이 0.005mm이고, 통과율 60%에 해당하는 입경(D_{60})이 0.025mm일 때 균등계수(C_u)는?

① 1 ② 3
③ 5 ④ 7

균등계수 $C_u = \dfrac{D_{60}}{D_{10}} = \dfrac{0.025}{0.005} = 5$

□□□ 산 98,01,03,09,15,17,18①,22①

73 10m×10m의 정사각형 기초 위에 60kN/m²의 등분포 하중이 작용하는 경우 지표면 아래 10m에서의 수직 응력을 2:1분포법으로 구한 값은?

① 12kN/m² ② 15kN/m²
③ 18.8kN/m² ④ 21.1kN/m²

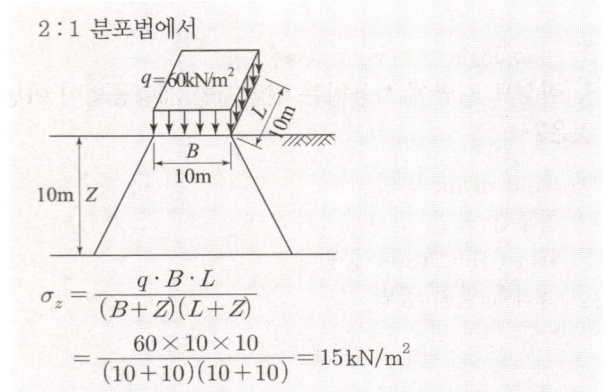

2:1 분포법에서

$$\sigma_z = \dfrac{q \cdot B \cdot L}{(B+Z)(L+Z)}$$
$$= \dfrac{60 \times 10 \times 10}{(10+10)(10+10)} = 15 \text{kN/m}^2$$

□□□ 산 98,03,11,14,22①

74 다음 그림에서 점토 중앙 단면에 작용하는 유효압력은? (단, $\gamma_w = 9.81\text{kN/m}^3$)

① 12kN/m²
② 25kN/m²
③ 28kN/m²
④ 44kN/m²

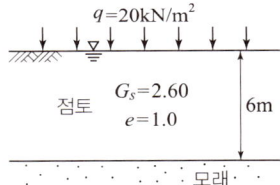

유효압력 $p = (\gamma_{\text{sat}} - \gamma_w)z + q$

• $\gamma_{\text{sat}} = \dfrac{G_s + e}{1+e}\gamma_w = \dfrac{2.60+1.0}{1+1.0} \times 9.81 = 17.66 \text{kN/m}^3$

∴ $p = (17.66 - 9.81) \times \dfrac{6}{2} + 20 = 43.55 \text{kN/m}^2$

□□□ 산 04,05,07,14①,18①,19④,22①

75 기초의 구비조건에 대한 설명으로 틀린 것은?

① 기초는 상부하중을 안전하게 지지해야 한다.
② 기초의 침하는 절대 없어야 한다.
③ 기초는 최소 동결깊이보다 깊은 곳에 설치해야 한다.
④ 기초는 시공이 가능하고 경제적으로 만족해야 한다.

침하가 허용치를 초과하지 않을 것

□□□ 산 97,02,07,09,12,13,16,17,22①

64 점토지반에 과거에 시공된 성토제방이 이미 안정된 상태에서, 홍수에 대비하기 위해 급속히 성토시공을 하고자 한다. 안정검토를 위해 지반의 강도정수를 구할 때, 가장 적합한 시험방법은?

① 직접전단시험
② 압밀 배수시험
③ 압밀 비배수시험
④ 비압밀 비배수시험

배수 방법에 따른 전단 시험

배수방법	적 요
비압밀 비배수 (UU)시험	• 포화점토가 성토직후 급속한 파괴가 예상될 때 • 점토의 단기간 안정 검토시
압밀 비배수 (CU)시험	• Pre-loading후(압밀진행 후)갑자기 파괴 예상될 때 • 성토하중에 의해 압밀된 후 다시 추가하중을 재하한 직후의 안정검토하는 경우
압밀 배수 (CD)시험	• 점토 지반의 장기간 안정 검토시 • 압밀이 서서히 진행되고 파괴도 완만하게 진행 될 때

□□□ 산 11,14,16,22①

65 말뚝의 평균지름이 140cm, 관입깊이 15m일 때 군말뚝의 영향을 고려하지 않아도 되는 말뚝의 최소 간격은?

① 약 3m
② 약 5m
③ 약 7m
④ 약 9m

$D_o = 1.5\sqrt{r \cdot L}$
$= 1.5\sqrt{0.70 \times 15} = 4.86m$ ∴ $D_o = 5m$

□□□ 산 90,92,99,01,05,09,14,16,19①④,22①

66 동해(凍害)는 흙의 종류에 따라 그 정도가 다르다. 다음 중 가장 동해가 심한 것은?

① Colloid
② 점토
③ Silt
④ 굵은 모래

• 동해가 가장 심하게 발생하는 토질은 실트질이다.
• 동해가 심한 순서 : 실트 > 점토 > 모래 > 자갈

□□□ 산 10,16,22①

67 아래 그림과 같은 수중지반에서 Z 지점의 유효연직응력은? (단, 물의 단위중량 $\gamma_w = 9.81kN/m^3$)

① $21kN/m^2$
② $41kN/m^2$
③ $91kN/m^2$
④ $140kN/m^2$

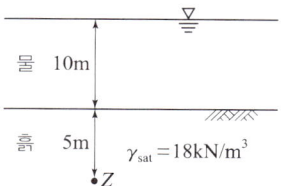

[방법1] $\overline{\sigma} = \gamma_{sub}h = (18-9.81) \times 5 = 40.95kN/m^2$

[방법2] 유효응력 $\overline{\sigma}$ = 전응력(σ) - 공극수압(u)

• $\sigma = \gamma_t h_1 + \gamma_{sat} h_2$
$= 9.81 \times 10 + 18 \times 5 = 188.1kN/m^2$

• $u = \gamma_w h = 9.81 \times 15 = 147.15kN/m^2$

∴ $\overline{\sigma} = 188.1 - 147.15 = 41kN/m^2$

□□□ 산 91,93,98,00,03,05,07,08,17,18②,22①

68 연약 점토 지반에 말뚝 재하 시험을 하는 경우 말뚝을 타입한 후 20여일이 지난 다음 재하 시험을 하는 이유는?

① 말뚝 주위 흙이 압축되었기 때문
② 주면 마찰력이 작용하기 때문
③ 부 마찰력이 생겼기 때문
④ 타입시 말뚝 주변의 흙이 교란되었기 때문

연약 점토 지반에 말뚝을 타입하면 지반이 교란되어 강도가 저하되므로 이 강도가 회복(thixotrophy)되는 20일 이상 지난 후 말뚝 재하 시험을 실시한다.

□□□ 산 92,99,00,01,03,04,10,12,13,14,17①,19①,22①

69 점토의 예민비(sensitivity ratio)는 다음 시험 중 어떤 방법으로 구하는가?

① 삼축압축시험
② 일축압축시험
③ 직접전단시험
④ 베인시험

예민비 $S_t = \dfrac{q_u}{q_{ur}}$

• q_u : 불교란시료의 일축압축강도
• q_{ur} : 교란시료의 일축압축강도

∴ 점성토의 예민비는 일축압축시험에서 구할 수 있다.

정답 64 ③ 65 ② 66 ③ 67 ② 68 ④ 69 ②

□□□ 산 13,22①

60 삼각측량의 목적으로 가장 적합한 것은?

① 각 삼각형의 면적을 도출하기 위함이다.
② 미지점의 좌표 및 위치를 알기 위함이다.
③ 세부측량을 실시하기 위한 보조점을 만들기 위함이다.
④ sin 법칙을 이용하여 각 점 간의 거리를 산출하기 위함이다.

> 삼각측량은 각 측점을 연결하여 다수의 삼각형을 만들고, 삼각형 한 변을 정밀하게 측정해서 기선으로 하여 조건식에 의해 조정 계산하여 수평 위치(X, Y)를 결정하는 방법이다.

② 토질 및 기초

□□□ 산 99,06,09,15,16,22①

61 어떤 점토 사면에 있어서 안정계수가 4이고, 단위중량이 $15kN/m^3$, 점착력이 $15kN/m^2$일 때 한계고는?

① 4m
② 2.3m
③ 2.5m
④ 5m

> $H_c = \dfrac{N_s \cdot c}{\gamma_t}$
>
> - 안정계수 $N_s = 4$
> - 점착력 $c = 15kN/m^2$
> - 단위중량 $\gamma_t = 15kN/m^3$
>
> $\therefore H_c = \dfrac{4 \times 15}{15} = 4m$

□□□ 산 90,95,03,04,06,12,15,16,17,18,20②③,22①

62 주동토압계수를 K_A, 수동토압계수를 K_P, 정지토압계수를 K_o라 할 때 그 크기의 순서로 옳은 것은?

① $K_A > K_o > K_P$
② $K_P > K_o > K_A$
③ $K_o > K_A > K_P$
④ $K_o > K_P > K_A$

> - 토압계수 크기 : $K_P > K_o > K_A$
> - 토압의 크기 : $P_P > P_o > P_A$

□□□ 산 01,04,06,08,09,15,22①

63 다음 그림과 같은 샘플러(sampler)에서 면적비는?
(단, $D_s = 7.2cm$, $D_e = 7.0cm$, $D_w = 7.5cm$)

① 5.9%
② 12.7%
③ 5.8%
④ 14.8%

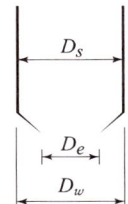

> 면적비
> $A_r = \dfrac{D_w^2 - D_e^2}{D_e^2} \times 100 = \dfrac{7.5^2 - 7^2}{7^2} \times 100 = 14.8\%$

정답 60 ② 61 ① 62 ② 63 ④

□□□ 산 20②,22①

54 폐합 트래버스측량을 실시하여 각 측선의 경거, 위거를 계산한 결과, 측선34의 자료가 없었다. 측선34의 방위각은? (단, 폐합오차는 없는 것으로 가정한다.)

측선	위거(m)		경거(m)	
	N	S	E	W
12		2.33		8.55
23	17.87			7.03
34				
41		30.19	5.97	

① 64°10′44″   ② 33°15′50″
③ 244°10′44″   ④ 115°49′14″

$$\tan\theta = \frac{경거(D)}{위거(L)}$$

- 34의 위거(D) = (30.19 + 2.33) − 17.87 = 14.65m
- 34의 경거(L) = (8.55 + 7.03) − 5.97 = 9.61m

∴ 방위각 $\theta = \tan^{-1}\frac{9.61}{14.65} = 33°15′50″$

□□□ 산 11,13①,19①,22①

55 반지름 500m인 단곡선에서 시단현 15m에 대한 편각은?

① 0°51′34″   ② 1°4′27″
③ 1°13′33″   ④ 1°17′42″

$\delta = 1718.87'\frac{l}{R} = 1718.87' \times \frac{15}{500} = 0°51′34″$

또는 $\delta = \frac{180°}{\pi}\frac{l}{2R} = \frac{180°}{\pi} \times \frac{15}{2 \times 500} = 0°51′34″$

□□□ 산 18①,20③,22①

56 삼각측량을 실시하려고 할 때, 가장 정밀한 방법으로 각을 측정할 수 있는 방법은?

① 단각법   ② 배각법
③ 방향각법   ④ 각관측법

조합각관측법(각관측법)
한 측점에서 모든 방향의 각을 전부 정·반위치에서 측정하는 방법으로서 1등 삼각 측량에 주로 사용하며 정도가 가장 높다.

□□□ 산 90,20②,22①

57 50m에 대해 20mm 늘어나 있는 줄자로 정사각형의 토지를 측량한 결과, 면적이 62500m²이었다면 실제면적은?

① 62450m²   ② 62475m²
③ 62525m²   ④ 62550m²

$A_0 = A\left(1 + \frac{\Delta l}{l}\right)^2 = 62500\left(1 + \frac{0.02}{50}\right)^2 = 62550\,\text{m}^2$

□□□ 산 15,22①

58 하천측량에서 평균유속을 구하기 위한 방법에 대한 설명으로 옳지 않은 것은? (단, 수면에서 수심의 20%, 40%, 60%, 80% 되는 곳의 유속을 각각 $V_{0.2}$, $V_{0.4}$, $V_{0.6}$, $V_{0.8}$이라 한다.)

① 1점법은 $V_{0.6}$을 평균유속으로 취하는 방법이다.
② 2점법은 $V_{0.2}$, $V_{0.6}$을 산술평균하여 평균유속으로 취하는 방법이다.
③ 3점법은 $\frac{1}{4}(V_{0.2} + 2V_{0.6} + V_{0.8})$로 계산하여 평균유속을 취하는 방법이다.
④ 4점법은
$\frac{1}{5}\left[(V_{0.2} + V_{0.4} + V_{0.6} + V_{0.8}) + \frac{1}{2}\left(V_{0.2} + \frac{V_{0.8}}{2}\right)\right]$
로 계산하여 평균유속을 취하는 방법이다.

2점법
수심 $\frac{1}{5}H$, $\frac{4}{5}H$가 되는 곳의 유속을 평균유속으로 한다.
$V_m = \frac{1}{2}(V_{0.2} + V_{0.8})$

□□□ 산 14,16,18②,22①

59 원곡선에 의한 종단곡선 설치에서 상향 경사 2%, 하향경사 3% 사이에 곡선반지름 R = 200m로 설치할 때, 종단 곡선의 길이는?

① 5m   ② 10m
③ 15m   ④ 20m

$L = \frac{R}{100}(m - n) = \frac{200}{100}[2 - (-3)] = 10\text{m}$

정답 54 ② 55 ① 56 ④ 57 ④ 58 ② 59 ②

49 그림과 같은 개방 트래버스에서 CD측선의 방위는?

① N50°W
② S30°E
③ S50°W
④ N30°E

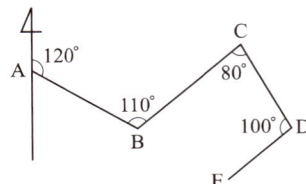

AB측선의 방위각 = 120°
BC측선의 방위각 = 120° − 180° + 110° = 50°
CD측선의 방위각 = 50° + 180° − 80° = 150°
CD측선의 방위 : S(180° − 150°)E = S30°E

Remember
- 진행방향의 우측에 교각이 있을 경우 방위각 계산 방법
  임의 측선 방위각 = 전측선 방위각 + 180° − 측점의 교각
- 진행방향의 좌측에 교각이 있을 경우 방위각 계산 방법
  임의 측선 방위각 = 전측선 방위각 − 180° + 측점의 교각

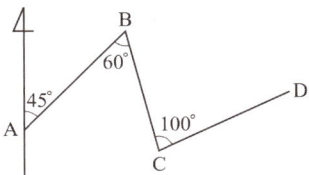

진행방향의 우측에 교각이 있을 때
BC의 방위각 = 45° + 180° − 60° = 165°
진행방향의 좌측에 교각이 있을 때
CD의 방위각 = 165° − 180° + 100° = 85°

50 경사가 일정한 경사지에서 두 점간의 경사거리를 관측하여 150m를 얻었다. 두 점간의 고저차가 20m이었다면 수평거리는?

① 148.3m
② 148.5m
③ 148.7m
④ 148.9m

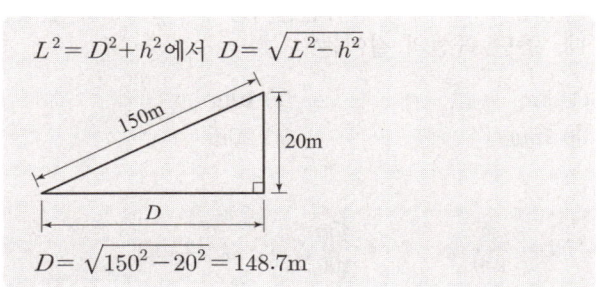

$L^2 = D^2 + h^2$에서 $D = \sqrt{L^2 - h^2}$

$D = \sqrt{150^2 - 20^2} = 148.7m$

51 지반고 120.50m인 A점에 기계고 1.23m의 토털스테이션을 세워 수평거리 90m 떨어진 B점에 세운 높이 1.95m의 타겟을 시준하면서 부(−)각 30°을 얻었다면 B점의 지반고는?

① 65.36m
② 67.82m
③ 171.74m
④ 175.64m

$H_B = H_A + I + l\tan\theta - S$
$= 120.50 + 1.23 + 90\tan(-30°) - 1.95 = 67.82m$

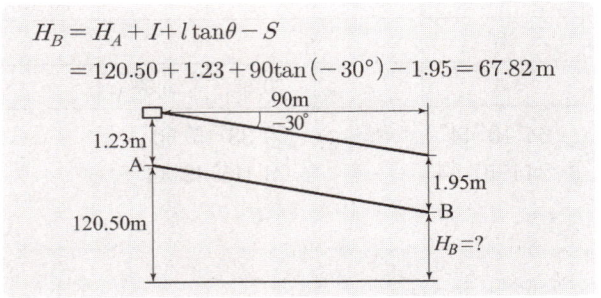

52 곡선 설치에서 교각이 35°, 원곡선 반지름이 500m일 때 도로 기점으로부터 곡선 시점까지의 거리가 315.45m이면 도로 기점으로부터 곡선 종점까지의 거리는?

① 593.38m
② 596.88m
③ 620.88m
④ 625.36m

$E.C = B.C + C.L$

- $C.L = \dfrac{\pi}{180°}RI = \dfrac{\pi}{180°} \times 500 \times 35° = 305.43m$

∴ $E.C = 315.45 + 305.43 = 620.88m$

53 직접고저측량을 하여 그림과 같은 결과를 얻었다. 이때 B점의 표고는? (단, A점의 표고는 100m이고 단위는 m임)

① 101.1m
② 101.5m
③ 104.1m
④ 105.2m

$H_B = H_A + (\Sigma 전시 - \Sigma 후시)$
$= 100 + 1.5 - (-2.6) = 104.1m$

정답 49 ② 50 ③ 51 ② 52 ③ 53 ③

□□□ 산 16,22①

43 50m의 줄자를 이용하여 관측한 거리가 165m이었다. 관측 후 표준 줄자와 비교하니 2cm 늘어난 줄자였다면 실제의 거리는?

① 164.934m   ② 165.006m
③ 165.066m   ④ 165.122m

$$L_0 = L\left(1 \pm \frac{e}{s}\right) = 165\left(1 + \frac{0.02}{50}\right) = 165.066\,m$$

[표준길이보다 길면(+), 짧으면(−)]

□□□ 산 11,16,22①

44 종단 및 횡단측량에 대한 설명으로 옳은 것은?

① 종단도의 종축척과 횡축척은 일반적으로 같게 한다.
② 일반적으로 횡단측량은 종단측량보다 높은 정확도가 요구된다.
③ 노선의 경사도 형태를 알려면 종단도를 보면 된다.
④ 노선의 횡단측량을 종단측량보다 먼저 실시하여 횡단도를 작성한다.

- 종단도의 종축척과 횡축척은 일반적으로 다르게 한다.
- 종단측량은 횡단측량보다 높은 정확도가 요구된다.
- 노선의 종단측량을 횡단측량보다 먼저 실시하여 종단도를 작성한다.

□□□ 산 12②,15④,18②,19①,22①

45 평면직교좌표계에서 P점의 좌표가 $X=500m$, $Y=1000m$이다. P점에서 Q점까지의 거리가 1500m이고 PQ측선의 방위각이 240°라면 Q점의 좌표는?

① $X=-750m$, $Y=-1299m$
② $X=-750m$, $Y=-299m$
③ $X=-250m$, $Y=-1299m$
④ $X=-250m$, $Y=-299m$

- $X_Q = X_P + \overline{PQ}\cos\alpha = 500 + 1500\cos 240°$
  $= -250m$ (위거)
- $Y_Q = Y_P + \overline{PQ}\sin\alpha$
  $= 1000 + 1500\sin 240° = -299m$ (경거)
- ∴ $Q(-250, -299)$

□□□ 산 10,12,13,15,17①,19①,20③,22①

46 우리나라의 노선측량에서 고속도로에 주로 이용되는 완화곡선은?

① 클로소이드 곡선   ② 렘니스케이트 곡선
③ 2차 포물선   ④ 3차 포물선

완화곡선

종 류	용 도
클로소이드 곡선	고속도로 IC
렘니스케이트 곡선	지하철
3차 포물선	철도 이용
반파장 sin체감곡선	고속철도

□□□ 산 17,22①

47 거리측량에서 발생하는 오차 중에서 착오(과오)에 해당되는 것은?

① 줄자의 눈금이 표준자와 다를 때
② 줄자의 눈금을 잘못 읽었을 때
③ 관측시 줄자의 온도가 표준온도와 다를 때
④ 관측시 장력이 표준장력과 다를 때

착오(과실)
- 관측자의 부주의에 의해서 발생하는 오차
- 기록 및 계산의 잘못, 눈금 읽기의 잘못, 숙련부족 등

□□□ 산 15①,19①,22①

48 클로소이드의 기본식은 $A^2 = R \cdot L$이다. 이때 매개변수(parameter) A 값을 A^2으로 쓰는 이유는?

① 클로소이드의 나선형을 2차 곡선 형태로 구성하기 위하여
② 도로에서의 완화곡선(클로소이드)은 2차원이기 때문에
③ 양 변의 차원(dimension)을 일치시키기 위하여
④ A 값의 단위가 2차원이기 때문에

클로소이드 곡선 $\frac{1}{R} = C \cdot L \rightarrow \frac{1}{C} = R \cdot L$ 에서 양변의 단위를 맞추기 위해서 $\frac{1}{C}$ 대신 A^2을 대입하면 항등식 $R \cdot L = A^2$이 성립한다.

□□□ 산 12,13,14,15,16,18,19③,22①

39 철근콘크리트 구조물의 강도설계법에서 사용되는 강도감소계수에 대한 다음 설명 중 틀린 것은?

① 인장지배 단면에 대한 강도감소계수는 0.85이다.
② 압축지배 단면 중 나선철근으로 보강된 철근콘크리트 부재의 강도감소계수는 0.65이다.
③ 전단력에 대한 강도감소계수는 0.75이다.
④ 무근콘크리트의 휨모멘트에 대한 강도감소계수는 0.55이다.

> 압축지배 단면 중 나선철근으로 보강된 철근콘크리트 부재의 강도감소계수는 0.70이다.

□□□ 산 17,22①

40 콘크리트의 부착에 관한 설명 중 틀린 것은?

① 이형 철근은 원형 철근보다 부착강도가 크다.
② 약간 녹슨 철근은 부착강도가 현저히 떨어진다.
③ 콘크리트 강도가 커지면 부착강도가 커진다.
④ 같은 철근량을 가질 경우 굵은 철근보다 가는 것을 여러 개 쓰는 것이 부착에 좋다.

> 새 철근 보다는 약간 녹슬어 있는 철근이 부착강도가 좋다.

제2과목 : 측량 및 토질

1 측량학

□□□ 산 92,98,07,10,11,15,22①

41 수준측량에서 담장 PQ가 있어, P점에서 표척을 QP방향으로 거꾸로 세워 아래 그림과 같은 결과를 얻었다. A점의 표고 $H_A = 51.25m$일 때 B점의 표고는?

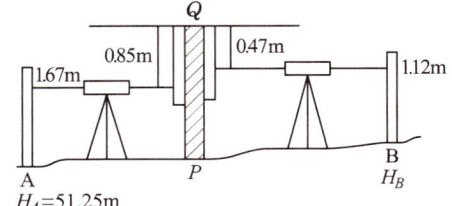

① 50.32m ② 52.18m
③ 53.30m ④ 55.36m

$H_B = H_A + (\Sigma B.S - \Sigma F.S)$
• 전시 : $\Sigma B.C = 1.67 + (-0.47) = +1.20m$
• 후시 : $\Sigma F.S = -0.85 + 1.12 = +0.27m$
∴ $H_B = 51.25 + (1.20 - 0.27) = 52.18m$

□□□ 산 10,12,13,17,22①

42 노선측량에서 노선을 선정할 때 유의해야 할 사항으로 옳지 않은 것은?

① 배수가 잘 되는 곳으로 한다.
② 노선 선정시 가급적 직선이 좋다.
③ 절토 및 성토의 운반거리를 가급적 짧게 한다.
④ 가급적 성토 구간이 길고, 토공량이 많아야 한다.

> 토공량이 적도록 하고 절토와 성토가 균형을 이룰 것

Remember

노선을 선정할 때 유의점
• 가능한한 직선으로 할 것
• 가능한한 경사가 완만할 것
• 절토의 운반거리가 짧을 것
• 토공량이 적게 되고 절토와 성토가 짧은 구간에서 균형될 것
• 배수가 완전할 것

□□□ 산 20②,22①

34 깊은보(Deep beam)에 대한 설명으로 옳은 것은?

① 순경간(l_n)이 부재 깊이의 3배 이하이거나 하중이 받침부로부터 부재 깊이의 3배 거리 이내에 작용하는 보
② 순경간(l_n)이 부재 깊이의 4배 이하이거나 하중이 받침부로부터 부재 깊이의 2배 거리 이내에 작용하는 보
③ 순경간(l_n)이 부재 깊이의 5배 이하이거나 하중이 받침부로부터 부재 깊이의 4배 거리 이내에 작용하는 보
④ 순경간(l_n)이 부재 깊이의 6배 이하이거나 하중이 받침부로부터 부재 깊이의 3배 거리 이내에 작용하는 보

순경간 l_n이 부재 깊이의 4배 이하이거나 하중이 받침부로부터 부재 깊이의 2배 이내에 작용하고 하중의 작용점과 받침부가 서로 반대면에 있어야 한다.

□□□ 산 11,13,14,17,22①

35 아래의 표에서 설명하고 있는 프리스트레스트 콘크리트의 개념은?

> 콘크리트에 프리스트레스를 도입하면 콘크리트가 탄성체로 전환된다는 생각으로서, 가장 널리 통용되고 있는 PSC의 기본적인 개념이다.

① 내력 모멘트의 개념 ② 외력 모멘트의 개념
③ 균등질 보의 개념   ④ 하중 평형의 개념

균등질보의 개념(응력개념)
프리스트레스가 도입되면 콘크리트 부재를 탄성이론으로 해석할 수 있다는 개념

□□□ 산 19①,22①

36 연직하중 1800kN을 받는 독립확대기초를 정사각형으로 설계하고자 한다. 지반의 허용지지력이 200kN/m²라면 독립확대기초 1변의 길이는?

① 2m   ② 2.5m
③ 3m   ④ 3.5m

$q_a = \dfrac{P}{A}$ 에서

• $A = a^2 = \dfrac{P}{q_a} = \dfrac{1800}{200} = 9\text{m}^2$

∴ $a = \sqrt{A} = \sqrt{9} = 3\text{m}$

□□□ 산 12①,14①,19①,22①

37 그림과 같은 단철근보의 공칭전단강도(V_n)는? (단, 철근 D13을 수직 스터럽으로 사용하며, 스터럽 간격은 300mm, 철근 D13 1본의 단면적은 127mm², $f_{ck} = 24\text{MPa}$, $f_y = 400\text{MPa}$이다.)

① 232.3kN
② 262.6kN
③ 284.7kN
④ 302.5kN

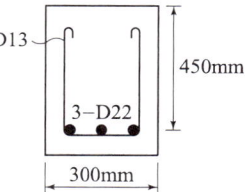

공칭전단강도 $V_n = V_c + V_s$

• 콘크리트의 공칭전단강도

$V_c = \dfrac{1}{6} \lambda \sqrt{f_{ck}} b_w d$

$= \dfrac{1}{6} \times 1 \times \sqrt{24} \times 300 \times 450 = 110227\text{N}$

$= 110.2\text{kN}$

• 전단철근이 부담하는 전단강도

$V_s = \dfrac{f_{yt} A_v d}{s}$

$= \dfrac{400 \times 127 \times 2 \times 450}{300} = 152400\text{N} = 152.4\text{kN}$

∴ $V_n = 110.2 + 152.4 = 262.6\text{kN}$

□□□ 산 12,16,22①

38 다음과 같은 단면을 갖는 프리텐션보에 초기 긴장력 $P_i = 250\text{kN}$이 작용할 때, 콘크리트 탄성변형에 의한 프리스트레스 감소량은? (단, $n = 7$이고, 보의 자중은 무시한다.)

① 24.3MPa
② 29.5MPa
③ 34.3MPa
④ 38.1MPa

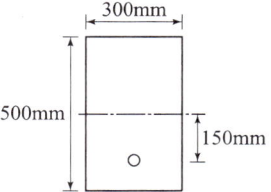

$\Delta f_{pe} = n\left(\dfrac{P_i}{A_c} + \dfrac{P_i \cdot e_p}{I} \cdot e_p\right)$

• $P_i = 250\text{kN} = 250000\text{N}$

• $I = \dfrac{bh^3}{12} = \dfrac{300 \times 500^3}{12} = 3125000000\text{mm}^3$

∴ $\Delta f_{pe} = 7 \times \left(\dfrac{250000}{300 \times 500} + \dfrac{250000 \times 150}{3125000000} \times 150\right)$

$= 24.3\text{MPa}$

정답 34 ② 35 ③ 36 ③ 37 ② 38 ①

□□□ 산 11④,12①,13②,14②,16②,19①,22①

29 강도설계법에서 단철근 직사각형 보의 균형단면 중립축 위치(c)를 구하는 식으로 옳은 것은? (단, f_{ck} = 40MPa, f_y : 철근의 설계기준항복강도, f_s : 철근의 응력, d : 보의 유효깊이)

① $c = \dfrac{660}{660+f_y}d$ ② $c = \dfrac{660}{660-f_y}d$

③ $c = \dfrac{660}{660+f_s}d$ ④ $c = \dfrac{660}{660-f_s}d$

$$c = \dfrac{660}{660+f_y}d$$

Remember
중립축의 위치
$$\dfrac{0.0033}{c} = \dfrac{\epsilon_y}{d-c} \left(\because \epsilon_y = \dfrac{f_y}{E_s}\right)$$
$$\therefore c = \dfrac{0.0033}{0.0033+\epsilon_y}d = \dfrac{0.0033 E_s}{0.0033 E_s + f_y}d$$
$$= \dfrac{0.0033 \times 200000}{0.0033 \times 200000 + f_y}d = \dfrac{660}{660+f_y}d$$

□□□ 산 16,22①

30 철근콘크리트 부재의 철근의 간격제한에 대한 일반적인 설명으로 틀린 것은?

① 나선철근 또는 띠철근이 배근된 압축부재에서 축방향 철근의 순간격은 40mm 이상, 또한 철근 공칭 지름의 1.5배 이상으로 하여야 한다.
② 벽체, 또는 슬래브에서 휨 주철근의 간격은 벽체나 슬래브 두께의 3배 이하로 하여야 하고, 또한 450mm 이하로 하여야 한다.
③ 상단과 하단에 2단 이상으로 배근된 경우 상하 철근은 동일 연직면내에 배치되어야 하고, 이 때 상하 철근의 순간격은 25mm 이상으로 하여야 한다.
④ 동일 평면에서 평행한 철근 사이의 수평 순간격은 50mm 이상, 또한 철근의 공칭지름 이상으로 하여야 한다.

동일 평면에서 평행한 철근 사이의 수평 순간격은 25mm 이상, 또한 철근의 공칭지름 이상으로 하여야 한다.

□□□ 산 16②,20②,22①

31 최소철근량 보다 많고 균형철근량 보다 적은 인장철근량을 가진 철근콘크리트 보가 휨에 의해 파괴되는 경우에 대한 설명으로 옳은 것은?

① 연성파괴를 한다.
② 취성파괴를 한다.
③ 사용철근량이 균형철근량 보다 적은 경우는 보로서 의미가 없다.
④ 중립축이 인장 측으로 내려오면서 철근이 먼저 항복한다.

• 연성파괴 : 철근비가 균형 철근비보다 작을 때, 철근이 항복한 후에 상당한 연성을 나타내기 때문에 파괴가 갑작스럽게 일어나지 않고 단계적으로 서서히 일어난다.
• 취성 파괴 : 철근비가 균형 철근비보다 클 때, 보의 파괴가 압축측 콘크리트의 파쇄로 시작되는 파괴 형태

□□□ 산 14④,15②,20②,22①

32 아래 그림과 같은 맞대기 용접의 용접부에 생기는 인장응력은?

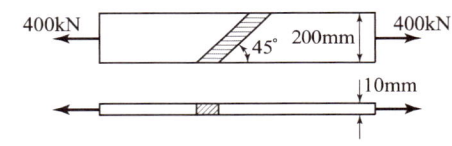

① 141MPa ② 180MPa
③ 200MPa ④ 223MPa

$$f = \dfrac{P}{A} = \dfrac{P}{\sum a \cdot l_e} = \dfrac{400 \times 10^3}{10 \times 200} = 200\,\text{MPa}$$

□□□ 산 14,22①

33 철근콘크리트 부재를 설계할 때 철근의 설계기준항복강도 f_y는 다음 어느 값을 초과하지 않아야 하는가?

① 400MPa ② 500MPa
③ 550MPa ④ 600MPa

긴장재를 제외한 철근의 설계기준항복강도 f_y은 600MPa를 초과하지 않아야 한다.

23 철근콘크리트 강도설계법의 기본가정에 관한 사항 중 옳지 않은 것은?

① 휨모멘트 또는 휨모멘트와 축력을 동시에 받는 부재의 콘크리트 압축연단의 극한변형률은 콘크리트의 설계기준압축강도가 40MPa 이하인 경우에는 0.0033으로 가정한다.
② 철근 및 콘크리트의 변형률은 중립축으로부터의 거리에 비례한다.
③ 설계기준항복강도 f_y는 450MPa을 초과하여 적용할 수 없다.
④ 콘크리트 압축응력분포는 등가직사각형 분포로 생각해도 좋다.

설계기준항복강도 f_y는 600MPa을 초과하여 적용할 수 없다.

24 $f_{ck}=24$MPa, $f_y=400$MPa일 때 인장을 받는 이형철근 D32($d_b=31.8$mm, $A_b=794.2$mm^2)의 기본정착길이 l_{db}는?

① 1275mm ② 1326mm
③ 1558mm ④ 1742mm

인장 이형철근의 기본정착길이(D35 이하의 철근의 경우)

$$l_{db} = \frac{0.6 d_b f_y}{\lambda \sqrt{f_{ck}}} = \frac{0.6 \times 31.8 \times 400}{1 \times \sqrt{24}} = 1558\text{mm}$$

25 고정하중 10kN/m, 활하중 20kN/m의 등분포하중을 받는 경간 8m의 단순지지보에서 하중계수와 하중조합을 고려한 계수모멘트는?

① 352kN·m ② 408kN·m
③ 449kN·m ④ 497kN·m

$U = 1.2D + 1.6L = 1.2 \times 10 + 1.6 \times 20 = 44$ kN/m

$$\therefore M_u = \frac{U \cdot l^2}{8} = \frac{44 \times 8^2}{8} = 352\text{kN·m}$$

26 강도설계법에서 보에 대한 등가직사각형 응력블록의 깊이 $a = \beta_1 c$에서 f_{ck}가 38MPa일 경우 β_1의 값은?

① 0.717 ② 0.766
③ 0.78   ④ 0.815

β_1값 계산
• $f_{ck} \leq 40$MPa일 때
 $\beta_1 = 0.80$

Remember
계수 $\eta(0.85 f_{ck})$와 β_1

f_{ck}	≤40	50	60	70	80	90
η	1.00	0.97	0.95	0.91	0.87	0.84
β_1	0.80	0.80	0.76	0.74	0.72	0.70

27 프리텐션 PSC 부재의 단면이 300mm×500mm이고 120mm^{2}의 PS 강선 5개가 단면의 도심에 배치되어 있다. 초기 프리스트레스가 1000MPa이고 $n=6$일 때 콘크리트의 탄성수축에 의한 프리스트레스 감소량은?

① 24MPa ② 27MPa
③ 32MPa ④ 35MPa

$\Delta f_p = n \dfrac{P_i}{A_c}$

• $P_i = A_p n f_y = 120 \times 5 \times 1000 = 600000$ N

$\therefore \Delta f_p = 6 \times \dfrac{600000}{300 \times 500} = 24$MPa

28 다음 그림과 같이 용접이음을 했을 경우 전단응력은?

① 78.9MPa
② 67.5MPa
③ 57.5MPa
④ 45.9MPa

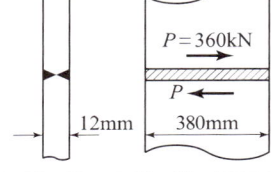

$v = \dfrac{P}{\sum a l_e}$
$= \dfrac{360 \times 10^3}{12 \times 380} = 78.9N/mm^2 = 78.9$MPa

□□□ 산 12④,20②,22①

18 그림과 같은 단순보의 B지점에 모멘트가 50kN·m가 작용할 때 C점의 휨모멘트는?

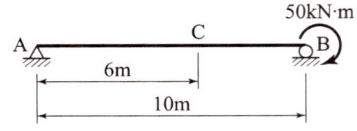

① -20kN·m ② +20kN·m
③ -30kN·m ④ +30kN·m

$\sum M_B = 0$:
- $R_A \times 10 + 50 = 0$ ∴ $R_A = -5\,kN(↓)$
- ∴ $M_c = -5 \times 6 = -30\,kN \cdot m$

□□□ 산 12④,15④,16①,17④,19①,20②,22①

19 "여러 힘이 작용할 때 임의의 한 점에 대한 모멘트의 합은 그 점에 대한 합력의 모멘트와 같다."라는 것은 무슨 정리인가?

① Lami의 정리   ② Castigliano의 정리
③ Varignon의 정리 ④ Mohr의 정리

Varignon의 원리
- 여러 힘의 한 점에 대한 모멘트의 대수합은 합력의 그 점에 대한 모멘트와 같다.
- 분력의 모멘트 합은 합력의 모멘트와 같다.
- 합력의 작용점을 구할 때 사용한다.

□□□ 산 14,22①

20 모든 도형에서 도심을 지나는 축에 대한 단면1차모멘트 값의 범위로 옳은 설명은?

① 0이다.
② 0보다 크다.
③ 0보다 적다.
④ 0에서 1사이의 값을 갖는다.

도심축에 대한 단면 1차 모멘트는 0이다.

---

❷ 철근콘크리트 및 강구조

□□□ 산 12,16,22①

21 경간이 6m, 폭 300mm, 유효깊이 500mm인 단철근 직사각형 단순보가 전단철근 없이 지지할 수 있는 최대 전단강도 V_u는? (단, 자중의 영향은 무시하며 $f_{ck} = 21MPa$)

① 35.0kN   ② 43.0kN
③ 55.0kN   ④ 65.0kN

$V_u \leq \frac{1}{2}\phi V_c$ 인 경우 전단철근이 필요 없음

$V_u = \frac{1}{2}\phi \frac{1}{6} \lambda \sqrt{f_{ck}}\, b_w d$
$= \frac{1}{2} \times 0.75 \times \frac{1}{6} \times 1 \times \sqrt{21} \times 300 \times 500$
$= 42962\,N = 43.0\,kN$

□□□ 산 11,12,14,15①,18②,20③,22①

22 다음 철근 중 철근콘크리트 부재의 전단철근으로 사용할 수 없는 것은?

① 주인장 철근에 45°의 각도로 설치되는 스터럽
② 주인장 철근에 30°의 각도로 설치되는 스터럽
③ 주인장 철근에 30°의 각도로 구부린 굽힘철근
④ 주인장 철근에 45°의 각도로 구부린 굽힘철근

주인장 철근에 45° 또는 그 이상의 각도로 배치하는 스터럽

Remember
- 전단철근의 형태
  - 부재축에 직각인 스터럽
  - 스터럽과 굽힘철근의 조합
  - 부재의 축에 직각으로 배치된 용접철망
  - 나선철근, 원형, 띠철근, 또는 후프철근
  - 주인장 철근에 45° 이상의 각도로 설치되는 스터럽
  - 주안장 철근에 30° 이상의 각도로 구부린 굽힘철근
- 전단철근의 설계기준항복강도는 500MPa을 초과할 수 없다.

정답 18 ③ 19 ③ 20 ① 21 ② 22 ②

12
아래 그림에서 지점 C의 반력이 영(零)이 되기 위해 B점에 작용시킬 집중하중(P)의 크기는?

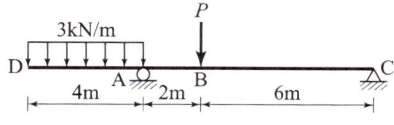

① 8kN ② 10kN
③ 12kN ④ 14kN

$R_C = 0$가 되기 위한 조건
- $\sum M_A = 0$

$3 \times 4 \times \dfrac{4}{2} - 2 \times P - R_C = 0$

$3 \times 4 \times \dfrac{4}{2} - 2 \times P - 0 = 0$

∴ $P = 12$kN

13
다음 설명 중 옳지 않은 것은?

① 도심축에 대한 단면 1차 모멘트는 0(零)이다.
② 주축은 서로 45° 혹은 90°를 이룬다.
③ 단면 1차 모멘트는 단면의 도심을 구할 때 사용된다.
④ 단면 2차 모멘트의 부호는 항상(+)이다.

단면의 주축은 서로 90°를 이룬다.

14
단면이 100mm×100mm인 정사각형이고, 길이가 1m 인 강재에 100kN의 압축력을 가했더니 길이가 1mm 줄어들었다. 이 강재의 탄성계수는?

① 1000MPa ② 10000MPa
③ 5000MPa ④ 50000MPa

$\Delta l = \dfrac{Pl}{EA}$ 에서 $E = \dfrac{Pl}{A\Delta l}$

- $A = bh = 100 \times 100 = 10000$ mm²

∴ $E = \dfrac{100 \times 10^3 \times 1000}{10000 \times 1} = 10000$ N/mm² $= 10000$ MPa

15
지간 10m인 단순보에 등분포하중 200N/m가 만재되어 있을 때 이 보에 발생하는 최대 전단력은?

① 1000N ② 1250N
③ 1500N ④ 2000N

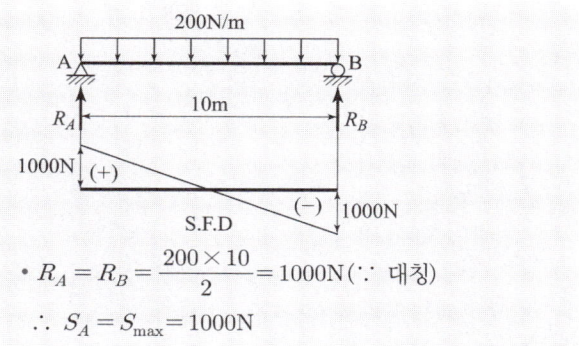

- $R_A = R_B = \dfrac{200 \times 10}{2} = 1000$N (∵ 대칭)

∴ $S_A = S_{max} = 1000$N

16
포아송비(ν)가 0.25인 재료의 포아송수(m)는?

① 2 ② 3
③ 4 ④ 5

포아송수 $m = \dfrac{1}{\nu} = \dfrac{1}{0.25} = 4$

17
다음 3힌지 라멘에 A점의 수평반력(H_A)은?

① 10kN
② 20kN
③ 30kN
④ 40kN

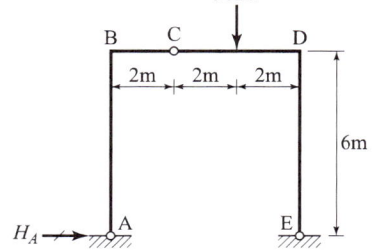

$\sum M_E = 0$
$V_A \times 6 - 90 \times 2 = 0$ ∴ $V_A = 30$kN

$\sum M_C = 0$
$-H_A \times 6 + 30 \times 2 = 0$ ∴ $H_A = 10$kN(→)

□□□ 산 93,00,06,08,09,16,22①

09 아래 그림과 같은 삼각형에서 $X-X$축에 대한 단면 2차 모멘트는?

① $2592cm^4$
② $2845cm^4$
③ $3114cm^4$
④ $3426cm^4$

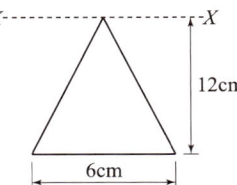

[방법1]
$I_X = I_x + A \cdot y_o^2$

- $I_x = \dfrac{bh^3}{36} = \dfrac{6 \times 12^3}{36} = 288 cm^4$
- $A = \dfrac{bh}{2} = \dfrac{6 \times 12}{2} = 36 cm^2$
- $y_o = \dfrac{2}{3} \times 12 = 8 cm$

$\therefore I_X = 288 + 36 \times 8^2 = 2592 cm^4$

[방법2]
$I_X = \dfrac{bh^3}{4} = \dfrac{6 \times 12^3}{4} = 2592 cm^4$

Remember

■ 삼각형 도형에 대한 단면 2차 모멘트

$I_x = I_X + A \cdot y_o^2$
$= \dfrac{bh^3}{36} + \dfrac{bh}{2} \times \left(\dfrac{2}{3}h\right)^2$
$= \dfrac{bh^3}{4}$

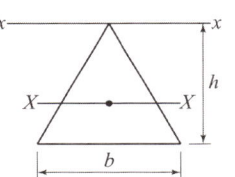

■ 각 도형의 단면 2차 모멘트

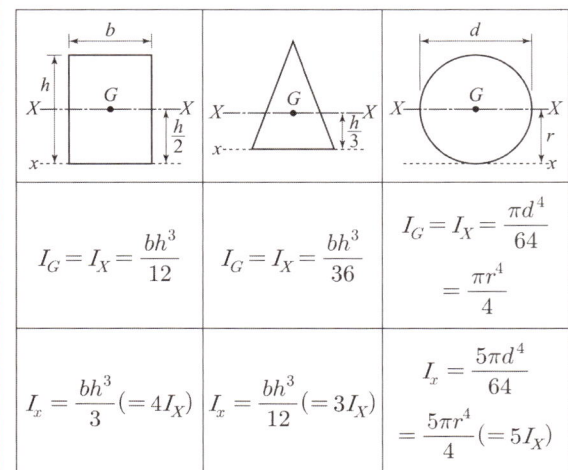

□□□ 산 03①,16④,19①,20③,22①

10 그림과 같은 단면의 도심 $\bar{y}$ 는?

① 2.5cm
② 2.0cm
③ 1.5cm
④ 1.0cm

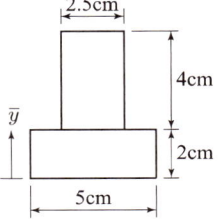

$\bar{y} = \dfrac{G_x}{A}$

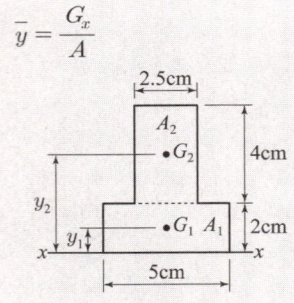

- $G_x = A_1 \times y_1 + A_2 \times y_2$
$= 5 \times 2 \times \dfrac{2}{2} + 2.5 \times 4 \times \left(\dfrac{4}{2} + 2\right) = 50 cm^3$
- $A = 5 \times 2 + 2.5 \times 4 = 20 cm^2$

$\therefore \bar{y} = \dfrac{50}{20} = 2.5 cm$

□□□ 산 19②,22①

11 단면적 $A = 20cm^2$, 길이 $L = 0.5m$인 강봉에 인장력 $P = 80kN$을 가하였더니 길이가 $0.1mm$ 늘어났다. 이 강봉의 푸아송 수 $m = 3$이라면 전단탄성계수 G는 얼마인가?

① 75000MPa
② 7500MPa
③ 25000MPa
④ 2500MPa

$G = \dfrac{E}{2(1+\nu)}$

- 푸아송비 $\nu = \dfrac{1}{m} = \dfrac{1}{3}$
- $\Delta l = \dfrac{PL}{EA}$ 에서 $E = \dfrac{Pl}{\Delta l \, A}$

$E = \dfrac{80 \times 10^3 \times 0.5 \times 1000}{0.1 \times 20 \times 100}$
$= 200000 N/mm^2 = 2.0 \times 10^5 MPa$

$\therefore G = \dfrac{2.0 \times 10^5}{2\left(1 + \dfrac{1}{3}\right)} = 75000 MPa$

□□□ 산 15,16,22①

05 반지름 r인 원형단면 보에 휨모멘트 M이 작용할 때 최대 휨응력은?

① $\dfrac{64M}{\pi r^3}$ ② $\dfrac{32M}{\pi r^3}$

③ $\dfrac{4M}{\pi r^3}$ ④ $\dfrac{M}{\pi r^3}$

원형단면의 최대 휨응력
$\sigma = \dfrac{M}{I}y$
- $I = \dfrac{\pi D^4}{64} = \dfrac{\pi (2r)^4}{64} = \dfrac{\pi r^4}{4}$
- $y = r$
$\therefore \sigma = \dfrac{M}{\frac{\pi r^4}{4}}r = \dfrac{4M}{\pi r^3}$

Remember
원형단면의 최대 휨응력(지름일 때)
$\sigma = \dfrac{M}{I}y$
- $I = \dfrac{\pi D^4}{64}$, $y = \dfrac{D}{2}$
$\therefore \sigma = \dfrac{M}{\frac{\pi D^4}{64}} \times \dfrac{D}{2} = \dfrac{32M}{\pi D^3}$

□□□ 산 12②,15④,16①,17④,19①,20②,22①

06 "동일 평면에서 한 점에 여러 개의 힘이 작용하고 있을 때, 평면의 임의 점에서의 모멘트 총합은 동일점에 대한 이들 힘의 합력 모멘트와 같다"는 정리는?

① Mohr의 정리   ② Lami의 정리
③ Castigliano의 정리   ④ Varignon의 정리

Varignon의 원리
- 여러 힘의 한 점에 대한 모멘트의 대수합은 합력의 그 점에 대한 모멘트와 같다.
- 분력의 모멘트 합은 합력의 모멘트와 같다.
- 합력의 작용점을 구할 때 사용한다.

□□□ 산 15,22①

07 그림의 보에서 C점의 수직처짐량은?

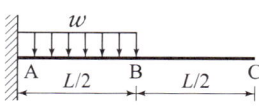

① $\dfrac{7wL^4}{384EI}$ ② $\dfrac{5wL^4}{384EI}$

③ $\dfrac{7wL^4}{192EI}$ ④ $\dfrac{5wL^4}{192EI}$

$\delta_C = \dfrac{7wL^4}{384EI}$

Remember
공액보에 의해서

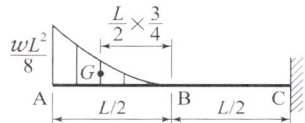

$M'_C = \dfrac{wL^2}{8} \times \dfrac{L}{2} \times \dfrac{1}{3} \times \left(\dfrac{L}{2} + \dfrac{L}{2} \times \dfrac{3}{4}\right) = \dfrac{7wl^4}{384}$

$\delta_C = \dfrac{M'_C}{EI} = \dfrac{7wL^4}{384EI}$

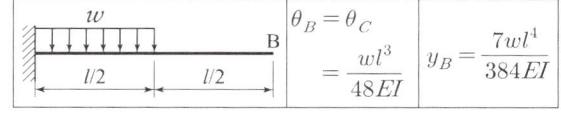

$\theta_B = \theta_C = \dfrac{wl^3}{48EI}$, $y_B = \dfrac{7wl^4}{384EI}$

□□□ 산 83,11,14,16,17,22①

08 폭이 300mm, 높이가 500mm인 직사각형 단면의 단순보에 전단력 60kN이 작용할 때 이 보에 발생하는 최대전단응력은?

① 0.2MPa   ② 0.4MPa
③ 0.5MPa   ④ 0.6MPa

최대전단응력 $\tau_{max} = \dfrac{3}{2}\dfrac{S}{A}$
- $S = 60\text{kN} = 60 \times 1000 = 60000\text{N}$
- $A = 300 \times 500 = 150000\text{mm}^2$
$\therefore \tau_{max} = \dfrac{3 \times 60000}{2 \times 150000} = 0.6\text{N/mm}^2 = 0.6\text{MPa}$

정답 05 ③ 06 ④ 07 ① 08 ④

국가기술자격 필기시험문제

2022년도 기사 1회 필기시험

자격종목	코드	시험시간	형별
토목산업기사	1048	2시간	A

※ 2023년도부터 토목산업기사 필기 출제기준이 변경되었음을 알려드립니다. (필기 120문항에서 60문항으로 변경)
※ 각 문항은 4지택일형으로 질문에 가장 적합한 보기 항을 선택하시면 됩니다.

제1과목 : 구조설계

1 역학적인 개념 및 건설 구조물의 해석

□□□ 산 16①, 20③, 22①

01 기둥의 해석 및 단주와 장주의 구분에 사용되는 세장비에 대한 설명으로 옳은 것은?

① 기둥단면의 최소 폭을 부재의 길이로 나눈 값이다.
② 기둥단면의 단면 2차 모멘트를 부재의 길이로 나눈 값이다.
③ 기둥부재의 길이를 단면의 최소회전반경으로 나눈 값이다.
④ 기둥단면의 길이를 단면 2차 모멘트로 나눈 값이다.

세장비 $\lambda = \dfrac{\text{부재길이 } l}{\text{최소회전반경 } r_{min}}$

∴ 기둥부재의 길이(l)를 단면의 최소회전반경(r_{min})으로 나눈 값이다.

□□□ 산 14, 22①

02 그림과 같은 I형 단면에서 중립축 $X-X$에 대한 단면 2차 모멘트는?

① $4374.00 cm^4$
② $6666.67 cm^4$
③ $2292.67 cm^4$
④ $3574.76 cm^4$

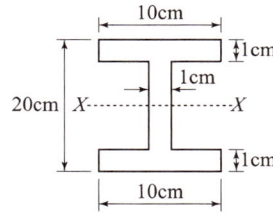

$I_X = I_{X1} - I_{X2}$
$= \dfrac{BH^3}{12} - \dfrac{bh^3}{12} = \dfrac{10 \times 20^3}{12} - \dfrac{9 \times 18^3}{12} = 2292.67 cm^4$

□□□ 산 15, 21①, 22①

03 다음 중 지점(support)의 종류에 해당되지 않는 것은?

① 이동지점 ② 자유지점
③ 회전지점 ④ 고정지점

지점의 종류 3가지
- 이동지점 : 상하로 움직이지 않고 회전할 수 있고, 수평으로만 움직일 수 있는 지점
- 회전지점 : 상하 좌우로 움직이지 않으며, 회전할 수만 있는 지점
- 고정지점 : 상하좌우로 움직이지 않으며, 회전할 수 없는 지점

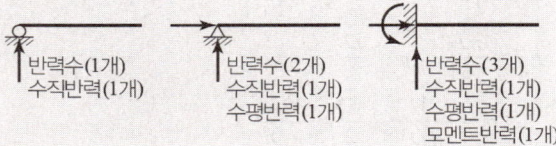

□□□ 산 14, 18①, 22①

04 단순보에 하중이 작용할 때 다음 설명 중 옳지 않은 것은?

① 등분포하중이 만재될 때 중앙점의 처짐각이 최대가 된다.
② 등분포하중이 만재될 때 최대처짐은 중앙점에서 일어난다.
③ 중앙에 집중하중이 작용할 때의 최대처짐은 하중이 작용하는 곳에서 생긴다.
④ 중앙에 집중하중이 작용하면 양지점에서의 처짐각이 최대로 된다.

- 등분포하중이 만재될 때 중앙점의 처짐각은 0가 된다.
- 등분포하중이 만재될 때 중앙점의 처짐은 최대가 된다.

정답 01 ③ 02 ③ 03 ② 04 ①

□□□ 산 13,16,21
116 하수처리장의 계획에 있어서 처리시설은 일반적으로 무엇을 기준으로 계획하는가?

① 계획 1일 최대 오수량
② 계획 1일 평균 오수량
③ 계획 1시간 최대 오수량
④ 계획 1시간 평균 오수량

계획1일 최대 오수량은 처리시설의 용량을 결정하는데 기초가 되는 수치이다.

□□□ 산 12,13,18④,21
117 관로의 관경이 변화하는 경우 또는 2개의 관로가 합류하는 경우에 원칙적으로 적용할 수 있는 관로의 접합 방법은?

① 관중심접합
② 관저접합
③ 수면접합
④ 단차접합

관거의 관경이 변화하는 경우 또는 2개의 관거가 합류하는 경우의 접합방법은 원칙적으로 수면접합 또는 관정접합으로 한다.

□□□ 산 15,18④,21
118 상수도시설 중 침사지에 대한 설명으로 옳지 않은 것은?

① 침사지의 길이는 폭의 3~8배를 표준으로 한다.
② 침사지내에서의 평균유속은 10~20cm/s를 표준으로 한다.
③ 침사지의 위치는 가능한 한 취수구에 가까워야 한다.
④ 유입 및 유출구에는 제수밸브 혹은 슬루스게이트를 설치한다.

침사지 내 평균유속은 2~7cm/sec를 표준으로 한다.

□□□ 산 07,16,21
119 상수 염소소독의 부산물로서 위해성에 대한 문제가 있는 물질은?

① 클로라민
② 유리잔류염소
③ 트리할로메탄(THM)
④ 결합잔류염소

염소소독공정은 발암물질인 트리할로메탄(THM) 등의 유기염소화합물을 생성하며 특정물질과 반응하여 냄새를 유발하기도 한다.

□□□ 산 99,02,06,07,12,14,15,21
120 하수관거 설계 시 계획 오수량을 산정할 때 지하수량은 1인 1일 최대 오수량의 어느 정도로 가정하여 산정하는가?

① 20%
② 30%
③ 40%
④ 50%

지하수량은 1인1일최대오수량의 20% 이하를 원칙으로 한다.

정답 116 ① 117 ③ 118 ② 119 ③ 120 ①

110 A도시는 하수의 배제방식으로서 분류식을 선택하였다. 하수처리장의 가동 후 계획된 오수량에 비해 유입오수량이 적으며 공공수역의 오염이 해결되지 않았다면, 다음 중 이 문제에 대한 가장 큰 원인으로 생각할 수 있는 것은?

① 우수관의 잘못된 관종 선택
② 우수관의 지하수 침투
③ 오수관의 우수관으로의 오접
④ 하수배제 지역의 강우 빈발

> 분류식의 오수관과 우수관의 오접
> • 오수를 우수관에 연결하거나 우수를 오수관에 연결하는 오접의 우려가 있다.
> • 오수를 우수관에 연결하는 경우는 처리되어야 할 오수가 항상 무처리된 채로 방류된다.
> • 우수를 오수관에 연결하는 경우에는 처리가 필요 없는 우수가 유입되어 처리장의 운전에 부담을 준다.

111 상수의 소독방법 중 염소처리와 오존처리에 대한 설명으로 옳지 않은 것은?

① 오존의 살균력은 염소보다 우수하다.
② 오존처리는 배오존처리설비가 필요하다.
③ 오존처리는 염소처리에 비하여 잔류성이 강하다.
④ 염소처리는 트리할로메탄(THM)을 생성시킬 가능성이 있다.

> 오존처리는 염소처리에 비하여 잔류성이 없다.

112 슬러지 소각에 대한 설명으로 틀린 것은?

① 부패성이 없다.
② 위생적으로 안전하다.
③ 슬러지용적이 1/50~1/100로 감소한다.
④ 타 처리방법에 비하여 소요부지면적이 크다.

> 다른 처리방법에 비해 소요 부지면적이 적다.

113 슬러지 반송비가 0.4, 반송슬러지의 농도가 1%일 때 포기조 내의 MLSS 농도는?

① 1234mg/L
② 2857mg/L
③ 3325mg/L
④ 4023mg/L

> MLSS 농도 $X = \dfrac{R \times X_R}{(1+R)}$
> • 슬러지 반송비 $R = 0.4$
> • 반송슬러지 농도 $X_R = 1\% = 0.01$
> ∴ $X = \dfrac{0.4 \times 0.01}{1+0.4}$
> $= 0.002857 \text{ppm} = 0.002857 \times 10^6 = 2857 \text{mg/L}$

114 활성슬러지법에서 유입하수의 BOD_5가 180mg/L, SS가 200mg/L, 폭기조 체류시간 6시간, 폭기조의 MLSS가 2000mg/L일 때 BOD-SS부하(F/M비)는?

① 0.02kg/kg·MLSS·d
② 0.36kg/kg·MLSS·d
③ 0.40kg/kg·MLSS·d
④ 0.76kg/kg·MLSS·d

> $F/M비 = \dfrac{BOD}{MLSS \cdot t}$
> $= \dfrac{180}{2000 \times \dfrac{6}{24}} = 0.36 \text{kg/kg} \cdot MLSS \cdot d$

115 하수도 계획의 기본적 사항에 대한 설명으로 틀린 것은?

① 하수도계획의 목표년도는 원칙적으로 10년으로 한다.
② 하수의 배제방식에는 분류식과 합류식이 있으며, 지역특성과 방류수역의 여건 등을 고려하여 결정한다.
③ 하수도의 계획구역은 처리구역과 배수구역으로 구분하여 고려 사항을 충분히 검토하여 결정한다.
④ 하수도계획은 구상, 조사, 예측, 시설계획 등의 절차로 수립한다.

> 하수도계획의 목표년도는 원칙적으로 20년으로 한다.

□□□ 산 19②,21
104 취수탑에 대한 설명으로 옳지 않은 것은?

① 부대설비인 관리교, 조명설비, 유목제거기, 협잡물제거설비 및 피뢰침을 설치한다.
② 하천의 경우 토사유입을 적게 하기 위하여 유입속도 15 ~ 30cm/s를 표준으로 한다.
③ 취수구 시설에 스크린, 수문 또는 수위조절판을 설치하여 일체가 되어 작동한다.
④ 취수탑의 설치 위치에서 갈수수심이 최소 2m 이상이 아니면, 계획 취수량의 취수에 필요한 취수구의 설치가 곤란하다.

취수문의 기능과 목적
취수구시설에는 스크린, 수문 또는 수위조절판 등으로 구성되며, 유사시설 등과 일체가 되어 작동한다.

□□□ 산 97,07,08,10,12,14,16,18④,21
105 하수처리장에서 하천에 방류되는 방수류가 BOD 30mg/L, 유량 20000m³/day이고, 방류되기 전 하천의 BOD와 유량이 3mg/L, 0.4m³/s일 때 방류수가 하천에 완전 혼합된다면 합류지점의 BOD 농도는?

① 약 13mg/L   ② 약 23mg/L
③ 약 30mg/L   ④ 약 33mg/L

$$C_m = \frac{Q_1 C_1 + Q_w C_w}{Q_1 + Q_w}$$

- $Q_w = 0.4 \text{m}^3/\text{s}$
  $= 0.4 \times 60 \times 60 \times 24 = 34560 \text{m}^3/\text{day}$

∴ $C_m = \dfrac{20000 \times 30 + 34560 \times 3}{20000 + 34560} = 13 \text{mg/L}$

□□□ 산 96,97,02,13,14,21
106 정수시설의 설계기준이 되는 계획정수량의 기준이 되는 것은?

① 계획1일최소급수량   ② 계획1일평균급수량
③ 계획1일최대급수량   ④ 계획시간최대급수량

계획정수량은 계획1일최대급수량을 기준으로 한다.

□□□ 산 96,98,10,11,13,21
107 계획배수량은 원칙적으로 해당 배수구역의 계획시간최대배수량으로 하고, 이 계획시간최대배수량은 $q = K \times \dfrac{Q}{24}$ 로 구한다. 이 때 Q에 해당되는 것은?

① 1일평균사용수량   ② 계획1일최대급수량
③ 계획1일평균급수량   ④ 계획시간최대급수량

계획 배수량
- 원칙적으로 해당 배수구역의 계획시간최대배수량 (m^3/h)으로 한다.
- $q = K \times \dfrac{Q}{24}$

q : 계획시간최대배수량(m^3/h)
K : 시간계수(계획시간최대배수량의 시간평균배수량에 대한 비율)
Q : 계획1일최대급수량(m^3/d)
$\dfrac{Q}{24}$: 시간평균배수량(m^3/h)

□□□ 산 11,15,21
108 어느 도시의 인구가 500000명이고, 1인당 폐수발생량이 300L/d, 1인당 배출 BOD가 60g/d인 경우, 발생 폐수의 BOD 농도는?

① 150mg/L   ② 200mg/L
③ 250mg/L   ④ 300mg/L

BOD의 농도 = $\dfrac{배출폐수의\ BOD량}{폐수\ 발생량}$

$= \dfrac{500000 \times 60 \times 10^3 (\text{mg/day})}{500000 \times 300 (\text{L/day})} = 200 \text{mg/L}$

□□□ 산 18④,21
109 응집침전에서 무기계 응집제로서 주로 사용되는 것은?

① 황산알루미늄   ② 암모늄명반
③ 황산제2철   ④ 염화제2철

무기제 응집제 : 황산알루미늄($Al_2(SO_4)_3$), 황산제1철 ($FeSO_4$), 폴리염화알루미늄($PACl$)

산 07,14,21

99 개수로의 흐름을 상류(常流)와 사류(射流)로 구분할 때 기준으로 사용할 수 없는 것은?

① 후루드 수(Froude Number)
② 한계유속(critical celocity)
③ 한계수심(critical depth)
④ 레이놀즈 수(Reynolds number)

- 후루드 수 $F_r = \dfrac{V}{\sqrt{gh}}$
- $F_r < 1$: 상류, $F_r > 1$: 사류
- $F_r = 1$: 한계류
  (이 때의 수심을 한계수심, 유속을 한계유속)
- 레이놀즈 수 $R_e = \dfrac{VR}{\nu}$
- $R_e < 500$: 층류, $R_e > 500$: 난류
∴ 레이놀즈 수(R_e)는 층류와 난류를 구별할 때 사용

산 17,21

100 그림과 같은 직사각형 평면이 연직으로 서 있을 때 그 중심의 수심을 H_G라 하면 압력의 중심 위치(작용점)를 a, b, H_G로 표현한 것으로 옳은 것은?

① $H_G + \dfrac{1}{H_G \cdot a \cdot b}$
② $H_G + \dfrac{ab^2}{12}$
③ $H_G + \dfrac{b}{12 \cdot H_G}$
④ $H_G + \dfrac{b^2}{12 \cdot H_G}$

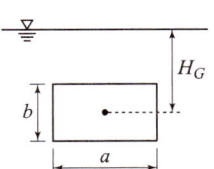

작용점 $h_c = H_G + \dfrac{I_x}{H_G \cdot A}$
- $I_x = \dfrac{ab^3}{12}$, $A = a \cdot b$
∴ $h_c = H_G + \dfrac{ab^3}{12 H_G \cdot ab} = H_G + \dfrac{b^2}{12 H_G}$

2 상하수도 계획

산 14,21

101 침전지의 침전효율을 높이기 위한 사항으로서 틀린 것은?

① 침전지의 표면적을 크게 한다.
② 침전지 내 유속을 크게 한다.
③ 유입부에 정류벽을 설치한다.
④ 지(池)의 길이에 비하여 폭을 좁게 한다.

침전지내의 유속을 너무 크게 하면 침전을 저해하거나 침전된 슬러지가 다시 떠오를 염려가 있으므로 경험적으로 침전지내 평균유속을 30cm/분 이하를 표준으로 한다.

산 03,07,08,09,12,21

102 관거별 계획 하수량에 대한 설명으로 옳은 것은?

① 우수관거는 계획우수량으로 한다.
② 오수관거는 계획1일최대오수량으로 한다.
③ 차집관거에서는 청천시 계획오수량으로 한다.
④ 합류식관거는 계획1일최대오수량에 계획우수량을 합한 것으로 한다.

관거별 계획하수량
- 오수관거 : 계획시간최대오수량
- 우수관거 : 계획우수량
- 차집관거 : 우천시 계획오수량
- 합류식관거 : 계획시간최대오수량 + 계획우수량

산 06,17,21

103 펌프의 공동현상을 방지하는 방법 중 옳지 않은 것은?

① 펌프의 설치위치를 가능한 한 낮춘다.
② 흡입관의 손실을 가능한 한 작게 한다.
③ 펌프의 회전속도를 낮게 선정한다.
④ 가용유효흡입수두를 필요유효흡입수두보다 작게 한다.

가용유효흡입수두를 필요유효흡입수두보다 크게 하여 손실수두를 줄인다.

정답 99 ④ 100 ④ 101 ② 102 ① 103 ④

☐☐☐ 산 94,99,08,12,13,16,21

94 내경이 1200mm인 송수관이 수두 100m의 수압에 견딜 수 있도록 하기 위한 강관의 최소 두께는? (단, 강관의 허용인장응력은 137.3MPa(1400kg/cm²)이다.)

① 2.7mm ② 3.5mm
③ 4.3mm ④ 5.2mm

$$t = \frac{pD}{2\sigma_{ta}} = \frac{whD}{2\sigma_{ta}} \quad (\because p = wh)$$

- $w = 9.8\text{kN/m}^3 = 9800\text{N/m}^3$
  $= 9800 \times 1000^{-3} \text{N/mm}^3$
- 수두 $h = 100\text{m} = 100000\text{mm}$
- 내경 $D = 1200\text{mm}$

$$\therefore t = \frac{9800 \times 1000^{-3} \times 100000 \times 1200}{2 \times 137.3} = 4.3\text{mm}$$

☐☐☐ 산 05,09,12,13,14,17,18,21

95 최적수리단면(수리학적으로 가장 유리한 단면)에 대한 설명으로 틀린 것은?

① 동수반경(경심)이 최소일 때 유량이 최대가 된다.
② 수로의 경사, 조도계수, 단면이 일정할 때 최대유량을 통수시키게 하는 가장 경제적인 단면이다.
③ 최적수리단면에서는 직사각형 수로 단면이나 사다리꼴 수로 단면이나 모두 동수반경이 수심의 절반이 된다.
④ 기하학적으로는 반원 단면이 최적수리단면이나 시공상의 이유로 직사각형 단면 또는 사다리꼴 단면이 주로 사용된다.

수리상 유리한 단면
일정 단면적에서 최대 유량이 흐르는 단면인 경심(R)이 최대 이거나 윤변(P)이 최소인 단면이다.

☐☐☐ 산 18②,21

96 1차원 정상류 흐름에서 질량 m인 유체가 유속이 v_1인 단면 1에서 유속이 v_2인 단면 2로 흘러가는 데 짧은 시간 Δt가 소요된다면 이 경우의 운동량 방정식으로 옳은 것은?

① $F \cdot m = \Delta t (v_1 - v_2)$ ② $F \cdot m = (v_1 - v_2)/\Delta t$
③ $F \cdot \Delta t = m(v_2 - v_1)$ ④ $F \cdot \Delta t = (v_2 - v_1)/m$

역적 운동량 방정식
1차원 정상류의 흐름에서 짧은 시간 Δt 사이에 흐름의 유속이 v_1에서 v_2로 변했을 때 질량 m인 유체에 작용한 외력의 힘

$$F = \frac{m}{\Delta t}\Delta v = \frac{m}{\Delta t}(v_2 - v_1)$$
$$F \cdot \Delta t = m(v_2 - v_1) = m \cdot \Delta v$$

여기서, $F \cdot \Delta t$: 역적
$m \cdot \Delta V$: 운동량

☐☐☐ 산 00,11,15,21

97 폭 1.2m인 양단수축 직사각형 위어 정상부로부터의 평균수심이 42cm일 때 Francis의 공식으로 계산한 유량은? (단, 접근유속은 무시한다.)

참고 : Francis의 공식
$$Q = 1.84\left(b - \frac{nh}{10}\right)h^{\frac{3}{2}}$$

① 0.427m³/s ② 0.462m³/s
③ 0.504m³/s ④ 0.559m³/s

Francis공식
$$Q = 1.84\left(b - \frac{nh}{10}\right)h^{\frac{3}{2}}$$
$$= 1.84 \times \left(1.2 - \frac{2 \times 0.42}{10}\right) \times 0.42^{\frac{3}{2}} = 0.559\text{m}^3/\text{sec}$$

(∵ 양단수축 $n = 2$)

☐☐☐ 산 02,05,11①,13④,16④,18②,20③,21

98 수로 폭 4m, 수심 1.5m인 직사각형 단면에서 유량이 24m³/sec일 때 Froude 수(F_r)는?

① 0.74 ② 0.85
③ 1.04 ④ 1.08

Froude 수 $F_r = \dfrac{V}{\sqrt{gh}}$

- $V = \dfrac{Q}{A} = \dfrac{24}{4 \times 1.5} = 4.0\text{m/sec}$

$$\therefore F_r = \frac{4.0}{\sqrt{9.8 \times 1.5}} = 1.04$$

정답 94 ③ 95 ① 96 ③ 97 ④ 98 ③

89 물이 3m/sec의 속도로 그림과 같은 원형 관을 흐를 때 관의 압력은? (단, 관 중심에서 에너지선(E.L)까지의 높이는 1.2m이고, 무게 1kg=9.8N이다.)

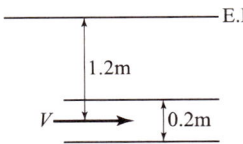

① 5400Pa   ② 6700Pa
③ 7260Pa   ④ 8300Pa

$H = \dfrac{V^2}{2g} + \dfrac{P}{w} + Z$ 에서

• 위치수두 $Z=0$
  (∵ 에너지선(E.L)까지 수위가 주어졌다.)

∴ $P = w\left(H - \dfrac{V^2}{2g}\right)$

• 물의 단위중량 $w = 9.8 \text{kN/m}^3$

∴ $P = 9.8 \times \left(1.2 - \dfrac{3^2}{2 \times 9.8}\right)$
$= 7.26 \text{kPa} = 7260 \text{Pa}$

참고 $\text{kN/m}^2 = 1\text{kPa}, \ 1\text{kPa} = 1000\text{Pa}$

90 동수경사선(hydraulic grade line)에 대한 설명으로 옳은 것은?

① 위치수두를 연결한 선이다.
② 속도수두와 위치수두를 합해 연결한 선이다.
③ 압력수두와 위치수두를 합해 연결한 선이다.
④ 전수두를 연결한 선이다.

■ 동수경사선
• 위치수두(Z)와 압력수두$\left(\dfrac{P}{w_0}\right)$를 연결한 선을 말한다.

즉, $\dfrac{P}{w_0} + Z$

■ 에너지선
• 압력수두$\left(\dfrac{P}{w_0}\right)$+위치수두($Z$)+속도수두$\left(\dfrac{V^2}{2g}\right)$

즉, $\dfrac{V^2}{2g} + Z + \dfrac{P}{w_0}$

91 부체(浮體)의 성질에 대한 설명으로 옳지 않은 것은?

① 부양면의 단면 2차 모멘트가 가장 작은 축으로 기울어지기 쉽다.
② 부체가 평행상태일 때는 부체의 중심과 부심이 동일 직선상에 있다.
③ 경심고가 클수록 부체는 불안정하다.
④ 우력이 영(0)일 때를 중립이라 한다.

• 부체의 무게중심과 경심의 거리를 경심고라 한다.
• 경심고가 클수록 부체는 안정하다.

92 모세관 현상에 관한 설명으로 옳지 않은 것은?

① 모세관의 상승높이는 액체의 응집력과 액체와 관 벽의 부착력에 의해 좌우된다.
② 액체의 응집력이 관 벽과의 부착력보다 크면 관내의 액체 높이는 관 밖의 액체보다 낮게 된다.
③ 모세관의 상승높이는 모세관의 지름 d에 반비례한다.
④ 모세관의 상승높이는 액체의 단위중량에 비례한다.

$h = \dfrac{4T\cos\theta}{wd}$

∴ 모세관의 상승 높이(h)는 액체의 단위중량(w)에 반비례한다.

93 지름 20cm, 길이가 100m인 관수로 흐름에서 손실수두가 0.2m라면 유속은? (단, 마찰손실 계수 $f = 0.03$이다.)

① 0.61m/s   ② 0.57m/s
③ 0.51m/s   ④ 0.48m/s

$h_L = f\dfrac{l}{D}\dfrac{V^2}{2g}$

∴ $V = \sqrt{\dfrac{2gDh_L}{fl}}$
$= \sqrt{\dfrac{2 \times 9.8 \times 0.20 \times 0.2}{0.03 \times 100}} = 0.51\text{m}$

□□□ 산 07,09,11,21

84 도수에 대한 설명으로 틀린 것은?

① 흐름이 사류(射流)에서 상류(常流)로 바뀔 때 발생한다.
② 수면이 불연속적으로 상승하는 현상이다.
③ 도수가 발생하기 이전의 수심을 한계수심이라고 하고, 도수가 발생한 후의 수심은 대응수심이라 한다.
④ 도수 전의 수심과 Froude 수만 알면 도수 후의 수심을 구할 수 있다.

도수
• 사류에서 상류로 변할 때 수면이 불연속적으로 뛰어 오르는 현상
• 도수가 발생하기 전의 수심을 초기 수심한다.
• 도수가 발생한 후의 수심을 공액수심(共扼水深, conjugate depth)이라 한다.

□□□ 산 12,16,21

85 동점성계수인 ν를 나타내는 단위로 옳은 것은?

① Poise
② mega
③ Stokes
④ Gal

단위와 차원

구분	기호	MLT	FLT	단위
동점성계수	ν	L^2T^{-1}	L^2T^{-1}	Stokes
점성계수	μ	$ML^{-1}T^{-1}$	$FL^{-2}T$	Poise

□□□ 산 11,21

86 수심 4.2m인 오리피스에서 실제유속이 8.801m/sec일 때 유속계수는?

① 0.95
② 0.96
③ 0.97
④ 0.98

$C_v = \dfrac{실제\ 유속}{이론\ 유속}$

• 실제유속 $V_t = 8.801\,\text{m/sec}$
• 이론유속 $V_o = \sqrt{2gh} = \sqrt{2 \times 9.8 \times 4.2} = 9.073\,\text{m}$
∴ $C_v = \dfrac{실제\ 유속}{이론\ 유속} = \dfrac{8.801}{9.073} = 0.97$

□□□ 산 11,15,21

87 절대속도 $U[\text{m/s}]$로 움직이고 있는 판에 같은 방향으로 절대속도 $V[\text{m/s}]$의 분류가 흘러 판에 충돌하는 힘을 계산하는 식으로 옳은 것은? (단, w_0는 물의 단위중량, A는 통수 단면적)

① $F = \dfrac{w_0}{g} A(V-U)^2$
② $F = \dfrac{w_0}{g} A(V+U)^2$
③ $F = \dfrac{w_0}{g} A(V-U)$
④ $F = \dfrac{w_0}{g} A(V+U)$

절대속도(U)와 같은 방향으로 절대속도(V)의 분류가 흐를 때 판에 충돌하는 힘
$F = \dfrac{w_o Q}{g}(V_1 - V_2)$
• $Q = AV = A(V-U)$
• $V_1 = V-U,\ V_2 = 0$
∴ $F = \dfrac{w_o A(V-U)}{g}[(V-U) - 0]$
$= \dfrac{w_o}{g} A(V-U)^2$

□□□ 산 16,21

88 그림과 같이 흐름의 단면을 A_1에서 A_2로 급히 확대할 경우의 손실수두(h_s)를 나타내는 식은?

① $h_s = \left(1 - \dfrac{A_1}{A_2}\right)^2 \dfrac{V_1^2}{2g}$

② $h_s = \left(1 - \dfrac{A_1}{A_2}\right)^2 \dfrac{V_2^2}{2g}$

③ $h_s = \left(1 + \dfrac{A_2}{A_1}\right)^2 \dfrac{V_1^2}{2g}$

④ $h_s = \left(1 + \dfrac{A_2}{A_1}\right)^2 \dfrac{V_2^2}{2g}$

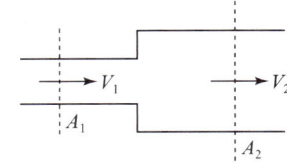

• 단면 급확대인 경우 $h_{se} = f_{se} \dfrac{V_1^2}{2g} = \left(1 - \dfrac{A_1}{A_2}\right)^2 \dfrac{V_1^2}{2g}$

• 단면 급축소인 경우 $h_{sc} = f_{sc} \dfrac{V_1^2}{2g} = \left(\dfrac{A_1}{A_2} - 1\right)^2 \dfrac{V_1^2}{2g}$

정답 84 ③ 85 ③ 86 ③ 87 ① 88 ①

79 다짐에 대한 설명으로 틀린 것은?

① 점토를 최적함수비(w_{opt})보다 작은 함수비로 다지면 분산구조를 갖는다.
② 투수계수는 최적함수비(w_{opt}) 근처에서 거의 최소값을 나타낸다.
③ 다짐에너지가 클수록 최대건조단위중량($\gamma_{d\max}$)은 커진다.
④ 다짐에너지가 클수록 최적함수비(w_{opt})는 작아진다.

> 점성토에서 흙은 최적함수비보다 작은 함수비로 다지면 면모구조를 큰 함수비로 다지면 이산구조를 보이고 보인다.

80 느슨하고 포화된 사질토에 지진이나 폭파, 기타 진동으로 인한 충격을 받았을 때 전단강도가 급격히 감소하는 현상은?

① 액상화 현상   ② 분사 현상
③ 보일링 현상   ④ 다일러턴시 현상

> 액상화 현상(Liquefaction)의 정의이다.

제3과목 : 수자원설계

1 수리학

81 Darcy-Weisbach의 마찰손실 공식으로부터 Chezy의 평균유속 공식을 유도한 것으로 옳은 것은?

① $V = \dfrac{124.5}{D^{1/3}} \cdot \sqrt{RI}$ ② $V = \sqrt{\dfrac{8g}{D^{1/3}}} \cdot \sqrt{RI}$

③ $V = \sqrt{\dfrac{f}{8}} \cdot \sqrt{RI}$ ④ $V = \sqrt{\dfrac{8g}{f}} \cdot \sqrt{RI}$

> • 마찰손실계수 $f = \dfrac{8g}{C^2}$ ∴ $C = \sqrt{\dfrac{8g}{f}}$
> • Chezy의 평균유속 $V = C\sqrt{RI}$ ∴ $V = \sqrt{\dfrac{8g}{f}} \cdot \sqrt{RI}$

82 개수로를 따라 흐르는 한계류에 대한 설명으로 옳지 않은 것은?

① 주어진 유량에 대하여 비에너지(specific energy)가 최소이다.
② 주어진 비에너지에 대하여 유량이 최대이다.
③ 후르드(Froude)수는 1이다.
④ 일정한 유량에 대한 비력(specific force)이 최대이다.

> 일정한 유량에 대한 비력이 최소($M_{\min}$)이다.

83 다음 관수로에서의 손실 중 미소손실이 아닌 것은?

① 입구손실   ② 마찰손실
③ 단면급확대손실   ④ 굴절손실

> 미소손실(minor loss)
> • 마찰 이외의 관수로 내 손실을 소손실이라 한다.
> • 소손실 유형 : 유입손실 수두, 단면변화에 의한 손실(급확대, 급축소, 점확대, 점축소), 방향변화에 의한 손실(굴절손실, 만곡손실, 밸브에 의한 손실)

□□□ 산 92,97,05,09,16,21

73 말뚝의 허용지지력을 구하는 Sander의 공식은? (단, R_α : 허용지지력, S : 관입량, W_H : 해머의 중량, H : 낙하고)

① $R_a = \dfrac{W_H H}{8S}$ ② $R_a = \dfrac{W_H H}{4S}$

③ $R_a = \dfrac{W_H S}{4H}$ ④ $R_a = \dfrac{W_H H}{8+S}$

Sander공식
$$R_a = \dfrac{W_H \cdot H}{8S}$$

□□□ 산 02,08,14,21

74 사면안정해석법에 대한 설명으로 틀린 것은?

① 해석법은 크게 마찰원법과 분할법으로 나눌 수 있다.
② Fellenius방법으로 주로 단기안정해석에 이용된다.
③ Bishop 방법은 주로 장기안정해석에 이용된다.
④ Bishop 방법은 절편의 양측에 작용하는 수평방향의 합력이 0이라고 가정하여 해석한다.

Bishop의 간편법은 절편의 양측에 작용하는 연직방향의 합력이 0이라고 가정한다.

□□□ 산 08,09,11,12,14,17②,19②,21

75 아래 그림과 같은 옹벽에 작용하는 전 주동토압은 얼마인가?

① 162kN/m
② 172kN/m
③ 182kN/m
④ 192kN/m

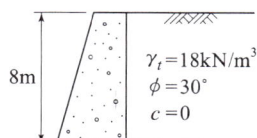

$8m$, $\gamma_t = 18kN/m^3$, $\phi = 30°$, $c = 0$

$$P_A = \dfrac{1}{2}\gamma_t H^2 \tan^2\left(45° - \dfrac{\phi}{2}\right)$$
$$= \dfrac{1}{2} \times 18 \times 8^2 \tan^2\left(45° - \dfrac{30°}{2}\right) = 192kN/m$$

□□□ 산 94,00,06,12,14④,19②,21

76 어떤 흙의 전단시험 결과 $c = 18kN/m^2$, $\phi = 35°$, 토립자에 작용하는 수직응력이 $\sigma = 36kN/m^2$일 때 전단강도는?

① $38.6kN/m^2$ ② $43.2kN/m^2$
③ $48.9kN/m^2$ ④ $63.3kN/m^2$

$$\tau = c + \sigma \tan\phi$$
$$= 18 + 36\tan 35° = 43.2 kN/m^2$$

□□□ 산 11,13,16,21

77 어떤 모래층에서 수두가 3m일 때, 한계동수경사가 1.0이었다. 모래층의 두께가 최소 얼마를 초과하면 분사현상이 일어나지 않겠는가?

① 1.5m   ② 3.0m
③ 4.5m   ④ 6.0m

$$L = \dfrac{\Delta h}{i} = \dfrac{3}{1.0} = 3.0m$$

Remember
분사현상이 안 일어날 조건 $i \leq i_c$
$$F_s = \dfrac{i_c}{i} = \dfrac{i_c}{\dfrac{h}{L}}$$
• $F_s = 1$, $i_c = 1$, $h = 3m$
• $F_s = \dfrac{1}{\dfrac{3}{L}} = \dfrac{L}{3} = 1$
∴ $L = 3 \times 1 = 3.0m$

□□□ 산 97,04,07,15,17,18②,19②,20②,21

78 다음 중 얕은 기초는?

① Footing 기초   ② 말뚝기초
③ Caisson 기초   ④ Pier 기초

• 얕은(직접)기초 : footing기초(독립기초, 복합기초, 연속기초), 전면기초
• 깊은기초 : 말뚝기초, 피어기초, 케이슨 기초

정답 73 ① 74 ④ 75 ④ 76 ② 77 ② 78 ①

□□□ 산 95,08,12,21

67 흙의 애터버그(Atterberg)한계는 어느 것으로 나타내는가?

① 공극비 ② 상대밀도
③ 포화도 ④ 함수비

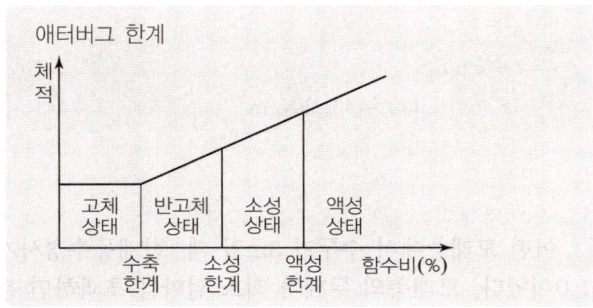

□□□ 산 97,00,04,10,13,18④,21

68 어떤 흙의 간극비(e)가 0.52이고, 흙 속에 흐르는 물의 이론 침투속도(v)가 0.214cm/s일 때 실제의 침투유속(v_s)은?

① 0.424cm/s ② 0.525cm/s
③ 0.626cm/s ④ 0.727cm/s

실제 침투유속 $v_s = \dfrac{v}{n}$

• $n = \dfrac{e}{1+e} = \dfrac{0.52}{1+0.52} = 0.342$

∴ $v_s = \dfrac{0.214}{0.342} = 0.626 \text{cm/s}$

□□□ 산 93,03,06,11,15,16,18②,21

69 연약지반 개량공법 중에서 일시적인 공법에 속하는 것은?

① Sand drain 공법 ② 치환공법
③ 약액주입공법 ④ 동결공법

일시적인 지반 개량공법
Well Point 공법, Deep Well 공법, 동결공법, 진공공법
(대기압공법)

□□□ 산 85,96,01,21

70 액성 한계 시험에서는 어떤 시료를 사용하고 낙하 횟수 몇 회에 상당하는 함수비를 액성한계라고 하는가?

① No.4체를 통과한 시료, 낙하횟수 15회
② No.40체를 통과한 시료, 낙하횟수 15회
③ No.4체를 통과한 시료, 낙하횟수 25회
④ No.40체를 통과한 시료, 낙하횟수 25회

액성 한계 시험 : No.40체(0.425mm)를 통과한 시료가 1cm 낙하고에서 25회 낙하될 때 함수비

□□□ 산 95,03,06,13,15,18②④,21

71 포화점토의 일축압축시험 결과 자연상태 점토의 일축압축 강도와 흐트러진 상태의 일축압축 강도가 각각 18kN/m², 4kN/m²였다. 이 점토의 예민비는?

① 0.72 ② 0.22
③ 4.5   ④ 6.4

예민비 $S_t = \dfrac{q_u}{q_{ur}} = \dfrac{18}{4} = 4.5$

• q_u : 불교란시료의 일축압축강도
• q_{ur} : 교란시료의 일축압축강도

□□□ 산 86,95,04,06,13,21

72 점성토 개량 공법 중 이용도가 가장 낮은 공법은?

① Paper-drain 공법 ② Pre-loading 공법
③ Sand-drain 공법   ④ Soil-cement 공법

연약지반개량공법

점성토 지반	모래질 지반
• 치환공법	• 다짐 모래말뚝공법
• 프리로딩공법	• Compozer공법
• 샌드 드레인공법	• Vibro flotation공법
• 페이퍼 드레인공법	• 폭파다짐공법
• 전기침투 공법	• 전기 충격공법
• 생석회 말뚝공법	• 약액 주입공법

• Soil-cement 공법 : 현장 콘크리트 말뚝을 연속적으로 설치하여 지중연속벽을 만드는데 이용한다.

2 토질 및 기초

□□□ 산 84,00,02,05,09,18②,21

61 다음 중에서 사운딩(sounding)이 아닌 것은?

① 표준관입시험 ② 일축압축시험
③ 원추관입시험 ④ 베인시험

전단강도측정시험
직접전단시험, 일축압축시험, 삼축압축시험

□□□ 산 92,10,12,13,15,17,18,21

62 점토지반에서 N치로 추정할 수 있는 사항이 아닌 것은?

① 상대밀도 ② 컨시스턴시
③ 일축압축강도 ④ 기초지반의 허용지지력

N 치로부터 추정되는 사항

모래지반	점토지반
• 상대밀도	• 점착력
• 탄성계수	• 일축압축강도
• 내부마찰각	• 컨시스턴시(연경도)
• 지지력계수	• 기초에 대한 허용지지력
• 침하량에 대한 허용지지력	• 파괴에 대한 극한지지력

□□□ 산 08,21

63 현장도로 토공에서 모래치환에 의한 흙의 단위무게 시험을 했다. 파낸 구멍의 부피가 1980cm³이었고 이 구멍에서 파낸 흙무게가 3,420g이었다. 이 흙의 토질 실험결과 함수비가 10%, 비중이 2.7, 최대건조밀도가 1.65g/cm³이었을 때 이 현장의 다짐도는?

① 약 85% ② 약 87%
③ 약 91% ④ 약 95%

다짐도 $C_d = \dfrac{\rho_d}{\rho_{d\max}} \times 100$

• $\rho_t = \dfrac{W}{V} = \dfrac{3420}{1980} = 1.73\,\text{g/cm}^3$

• $\rho_d = \dfrac{\rho_t}{1+w} = \dfrac{1.73}{1+0.10} = 1.57\,\text{g/cm}^3$

∴ $C_d = \dfrac{1.57}{1.65} \times 100 = 95.15\%$

□□□ 산 08,10,13,16,21

64 두께 10m의 점토층 상하에 모래층이 있다. 점토층의 평균압밀계수가 0.11cm²/min일 때 최종 침하량의 50%의 침하가 일어나는데 며칠이 걸리겠는가? (단, 시간계수는 0.197을 적용한다.)

① 996일 ② 448일
③ 311일 ④ 224일

$$t_{50} = \dfrac{0.197 H^2}{C_v}$$

$$= \dfrac{0.197 \times \left(\dfrac{1000}{2}\right)^2}{0.11} \times \dfrac{1}{60 \times 24} = 311\text{일}$$

□□□ 산 90,97,02,03,18④,21

65 안지름이 0.6mm인 유리관을 15℃의 정수 중에 세웠을 때 모관상승고(h_c)는? (단, 접촉각 α는 0°, 표면장력은 0.075g/cm)

① 6cm ② 5cm
③ 4cm ④ 3cm

$h_c = \dfrac{4T\cos\alpha}{\rho_w D} = \dfrac{4 \times 0.07 \cos 0°}{1 \times 0.06} = 5\,\text{cm}$

□□□ 산 11,15,21

66 흙의 투수계수에 관한 설명으로 틀린 것은?

① 흙의 투수계수는 흙 유효입경의 제곱에 비례한다.
② 흙의 투수계수는 물의 점성계수에 비례한다.
③ 흙의 투수계수는 물의 단위중량에 비례한다.
④ 흙의 투수계수는 형상계수에 따라 변화한다.

$$K = D_s^2 \cdot \dfrac{\gamma_w}{\mu} \cdot \dfrac{e^3}{1+e} \cdot C$$

D_s : 흙입자의 입경
μ : 물의 점성계수
e : 간극비
C : 합성형상계수

∴ 흙의 투수계수는 물의 점성계수(μ)에 반비례한다.

정답 61 ② 62 ① 63 ④ 64 ③ 65 ② 66 ②

57 그림과 같은 3개의 각 x_1, x_2, x_3을 같은 정밀도로 측정한 결과 $x_1 = 31°38'18''$, $x_2 = 33°04'31''$, $x_3 = 64°42'34''$이었다면 ∠AOB의 보정된 값은?

① 31°38′13″
② 31°38′15″
③ 31°38′18″
④ 31°38′23″

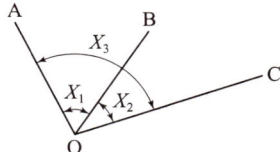

- 각오차 $= X_1 + X_2 - X_3$
  $= 31°38'18'' + 33°04'31'' - 64°42'34''$
  $= +15''$
- 조정량 $= -\dfrac{15''}{3} = -5''$
  ∴ 큰 측정값 X_1, X_2에 $-5''$, 작은 측정값 X_3에 $+5''$ 해준다.
  ∴ 조정 ∠AOB $= 31°38'18'' - 5'' = 31°38'13''$

58 거리측량에서 발생하는 오차 중에서 착오(과오)에 해당되는 것은?

① 줄자의 눈금이 표준자와 다를 때
② 줄자의 눈금을 잘못 읽었을 때
③ 관측시 줄자의 온도가 표준온도와 다를 때
④ 관측시 장력이 표준장력과 다를 때

착오(과실)
- 관측자의 부주의에 의해서 발생하는 오차
- 기록 및 계산의 잘못, 눈금 읽기의 잘못, 숙련부족 등

59 곡선부에서 차량의 뒷바퀴가 앞바퀴보다 안쪽으로 주행하는 현상을 보완하기 위해 설치하는 것은?

① 길어깨(shoulder)　② 확폭(slack)
③ 편경사(cant)　　　④ 차폭(width)

확폭
도로의 경우이며, 철도의 경우에는 슬랙(slack)이다.

60 축척 1:50000 지형도의 도곽 구성은?

① 경위도 10′차의 경위선에 의하여 구획되는 지역으로 한다.
② 경위도 15′차의 경위선에 의하여 구획되는 지역으로 한다.
③ 경도 15′, 위도 10′차의 경위선에 의하여 구획되는 지역으로 한다.
④ 경도 10′, 위도 15′차의 경위선에 의하여 구획되는 지역으로 한다.

국토지리정보원의 지형도 도식적용규정
1/25000, 1/50000 지형도의 도곽 구성은 경위도 15′차의 경위선에 의하여 구획되는 지역으로 한다.

51 표는 도로 중심선을 따라 20m 간격으로 종단측량을 실시한 결과이다. No.1의 계획고를 52m로 하고 −2%의 기울기로 설계한다면 No.5에서의 성토고 또는 절토고는?

측점	No.1	No.2	No.3	No.4	No.5
지반고(m)	54.50	54.75	53.30	53.12	52.18

① 성토고 1.78m ② 성토고 2.18m
③ 절토고 1.78m ④ 절토고 2.18m

- No.5의 계획고 = No.1의 계획고 ± $\frac{경사}{100}$ × 추가거리
  = $52 - \frac{2}{100} \times 80 = 50.4$ m
- 토량 = No.5의 계획고 − No.5의 지반고
  = $50.4 - 52.18 = -1.78$m (절토고)
  [∵ 절토고(−), 성토고(+)]

52 그림과 같은 측량 결과에서 $\overline{BC}$의 방위각은?

① 154°
② 137°
③ 128°
④ 121°

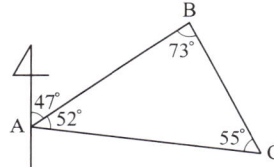

- AB의 방위각 = 47°
- ∴ BC의 방위각 = 47° + 180° − 73° = 154°

53 지구전체를 경도 6°씩 60개의 횡대로 나누고, 위도 8°씩 20개(남위 80°~북위 84°)의 횡대로 나타내는 좌표계는?

① UPS 좌표계 ② 평면직각 좌표계
③ UTM 좌표계 ④ WGS 84 좌표계

UTM 좌표계
- 경도 : 동경 180° 기준 6° 간격으로 60구분으로 나누고 경도원점은 중앙 자오선이다.
- 위도 : 8° 간격으로 20구분, 위도원점은 적도상에 있다.

54 삼각측량에서 내각을 60°에 가깝도록 정하는 것을 원칙으로 하는 이유로 가장 타당한 것은?

① 시각적으로 보기 좋게 배열하기 위하여
② 각 점이 잘 보이도록 하기 위하여
③ 측각의 오차가 변의 길이에 미치는 영향을 최소화하기 위하여
④ 선점 작업의 효율성을 위하여

- 각이 0°나 180°에 가까우면 표차가 커지므로 표차가 가장 작은 90°에 가깝게 할수록 표차가 적다.
- 삼각망을 구성하는 삼각형의 형태는 가능한 한 정삼각형(60°)에 가까울수록 변장계산에 미치는 영향이 가장 작다.

55 위성의 배치상태에 따른 GNSS의 오차 중 단독측위(독립측위)와 관련이 없는 것은?

① GDOP ② RDOP
③ PDOP ④ TDOP

- 단독측위(독립측위) : GPS 수신기 1대에 의한 것으로 GPS 측위의 기본적인 방법
- GDOP : 기하학적 정밀도 저하율
- PDOP : 위치정밀도 저하율
- TDOP : 시간정밀도 저하율
- 상대측위 : RDOP ; 상대정밀도 저하율

56 면적 1km²인 지역이 도상면적 16cm²의 도면으로 제작되었을 경우 이 도면의 축적은?

① $\frac{1}{2500}$ ② $\frac{1}{6250}$
③ $\frac{1}{25000}$ ④ $\frac{1}{62500}$

축척 = $\frac{도상거리}{실제거리} = \sqrt{\frac{도상면적}{실면적}} = \frac{1}{m}$
= $\sqrt{\frac{16}{1 \times 10^{10}}} = \frac{1}{25000}$

46 A점과 B점의 표고가 각각 102m, 123m이고 AB의 거리가 14m 일 때 110m 등고선은 A점으로부터 몇 m의 거리에 있는가?

① 16.3m ② 12.3m
③ 8.3m   ④ 5.3m

수직거리 : 수평거리
$(123-102) : 14 = (110-102) : x$
$\therefore x = \dfrac{(110-102) \times 14}{123-102} = 5.3\text{m}$

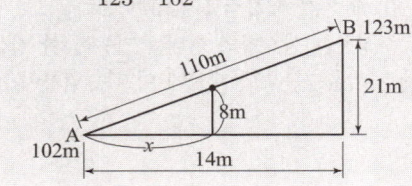

47 수심 h인 하천의 유속측정에서 수면으로부터 $0.2h$, $0.6h$, $0.8h$의 유속이 각각 각각 0.625m/sec, 0.564 m/sec, 0.382m/sec일 때 4점법에 의한 평균유속은?

① 0.498m/sec ② 0.505m/sec
③ 0.511m/sec ④ 0.533m/sec

$V_m = \dfrac{1}{4}(V_{0.2} + 2V_{0.6} + V_{0.8})$
$= \dfrac{1}{4}(0.625 + 2 \times 0.564 + 0.382) = 0.533\text{m/sec}$

48 거리관측의 정밀도와 각관측의 정밀도가 같다고 할 때 거리관측의 허용오차를 1/5000로 하면 각관측의 허용오차는?

① 41.05″ ② 41.25″
③ 82.15″ ④ 82.50″

$\dfrac{\Delta l}{l} = \dfrac{1}{5000} = \dfrac{\alpha}{206265''}$
$\therefore \alpha = \dfrac{1 \times 206265''}{5000} = 41.25''$

49 수위관측소의 설치장소 선정 시 고려하여야 할 사항에 대한 설명으로 옳지 않은 것은?

① 수위가 교각이나 기타 구조물에 의한 영향을 받지 않는 장소일 것
② 홍수 때는 관측소가 유실, 이동 및 파손될 염려가 없는 장소일 것
③ 잔류, 역류 및 저수가 풍부한 장소일 것
④ 하상과 하안이 안전하고 퇴적이 생기지 않는 장소일 것

잔류, 역류 및 저수위가 적은 장소일 것

Remember

수위관측소(양수표)의 설치장소
- 하상과 하안이 세굴, 퇴적이 안되는 곳
- 상하류 100m 가량 직선인 곳
- 수위가 교각 등 구조물의 영향을 받지 않는 곳
- 홍수 때에도 쉽게 양수표를 읽을 수 있는 곳
- 홍수 때 관측소가 유실, 파손될 염려가 없는 곳
- 지천의 합류점과 같이 불규칙한 변화가 없는 곳
- 양수표는 5~10km 마다 배치

50 반지름 $R = 200$m인 원곡선을 설치하고자 한다. 도로의 시점으로부터 1243.27m 거리에 교점 (I.P)이 있고 그림과 같이 ∠A 와 ∠B 를 관측하였을 때 원곡선 시점(B.C)의 위치는? (단, 도로의 중심점 간격은 20m 이다.)

① No.3+1.22m
② No.3+18.78m
③ No.58+4.49m
④ No.58+15.51m

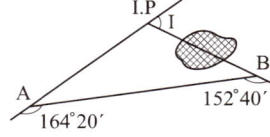

B.C = I.P − T.L
- $I = (180° - 164°20') + (180° - 152°40') = 43°$
- I.P = 1243.27m
- T.L $= R \tan \dfrac{I}{2} = 200 \tan \dfrac{43°}{2} = 78.78$m

$\therefore$ B.C = 1243.27 − 78.78 = 1164.49m
$= \text{No.58}\left(\dfrac{1160}{20}\right) + 4.49\text{m}$

제2과목 : 측량 및 토질

1 측량학

41 완화곡선의 극각(σ)이 45°일 때 클로소이드 곡선, 렘니스케이트 곡선, 3차 포물선 중 가장 곡률이 큰 곡선은?

① 클로소이드 곡선
② 렘니스케이트 곡선
③ 3차 포물선
④ 완화곡선은 종류에 상관없이 곡률은 모두 같다.

> 극각이 45°일 경우 곡률(R)의 크기
> • 렘니스케이트 곡선이 가장 크고
> • 3차 포물선이 가장 작다.

42 기선측량을 실시하여 150.1234m를 관측하였다. 기선양단의 평균표고가 350m일 때 표고보정에 의해 계산된 기준면 상의 투영거리는? (단, 지구의 곡률반지름 R = 6370km이다.)

① 150.0000m ② 150.1152m
③ 150.1234m ④ 150.1316m

$$C_h = -\frac{D \cdot h}{R} = -\frac{150.1234 \times 350}{6370 \times 1000} = -0.0082\text{m}$$
∴ 투영거리 = 150.1234 − 0.0082 = 150.1152m

43 시간과 경비가 많이 들고 조건식수가 많아 조정이 복잡하지만 정확도가 높은 삼각망은?

① 단열 삼각망   ② 유심 삼각망
③ 사변형 삼각망 ④ 단 삼각형

> 사변형망의 특징
> • 조건식의 수가 가장 많아 정확도가 가장 높다.
> • 조정이 복잡하고 포함면적이 적으며 시간과 비용이 많이 요하는 것이 결점이다.
> • 가장 높은 정밀도를 얻을 수 있으며, 특별히 높은 정밀도를 필요로 하는 측량이나 기선 삼각망 등에 사용된다.

44 노선측량의 완화곡선에 대한 설명으로 옳지 않은 것은?

① 완화곡선의 접선은 시점에서 원호에, 종점에서 직선에 접한다.
② 완화곡선의 반지름은 시점에서 무한대, 종점에서 원곡선 R로 한다.
③ 클로소이드의 조합형식에는 S형, 복합형, 기본형 등이 있다.
④ 모든 클로소이드는 닮은 꼴이며, 클로소이드 요소의 길이는 단위를 가진 것과 단위가 없는 것이 있다.

> 완화곡선의 접선은 시점에서 직선에, 종점에서 원호에 접한다.

> **Remember**
> 완화 곡선의 성질
> • 완화곡선의 접선은 시점에서 직선에, 종점에서 원호에 접한다.
> • 곡선지름은 완화곡선의 시점에서 무한대, 종점에서 원 곡선 R로 한다.
> • 완화곡선의 접선은 시점에서 직선에 접하고, 종점에서 원호에 접한다.
> • 완화곡선에 연한 곡선 반지름의 감소율은 캔트의 증가율과 동률로 된다.
> • 완화곡선은 이정(shift)의 중간점을 통과 한다.

45 종단 및 횡단측량에 대한 설명으로 옳은 것은?

① 종단도의 종축척과 횡축척은 일반적으로 같게 한다.
② 일반적으로 횡단측량은 종단측량보다 높은 정확도가 요구된다.
③ 노선의 경사도 형태를 알려면 종단도를 보면 된다.
④ 노선의 횡단측량을 종단측량보다 먼저 실시하여 횡단도를 작성한다.

> • 종단도의 종축척과 횡축척은 일반적으로 다르게 한다.
> • 종단측량은 횡단측량보다 높은 정확도가 요구된다.
> • 노선의 종단측량을 횡단측량보다 먼저 실시하여 종단도를 작성한다.

정답 41 ②   42 ②   43 ③   44 ①   45 ③

37 프리텐션 PSC 부재의 단면이 300mm×500mm이고 120mm²의 PS 강선 5개가 단면의 도심에 배치되어 있다. 초기 프리스트레스가 1000MPa이고 $n=6$일 때 콘크리트의 탄성수축에 의한 프리스트레스 감소량은?

① 24MPa ② 27MPa
③ 32MPa ④ 35MPa

$$\Delta f_p = n \frac{P_i}{A_c}$$
- $P_i = A_p n f_y = 120 \times 5 \times 1000 = 600000\,\mathrm{N}$
- $\therefore \Delta f_p = 6 \times \dfrac{600000}{300 \times 500} = 24\,\mathrm{MPa}$

38 철근콘크리트 구조물의 전단철근에 대한 설명 중 틀린 것은?

① 주인장 철근에 30° 이상의 각도로 구부린 굽힘철근은 전단철근으로 사용할 수 있다.
② 스터럽과 굽힘철근을 조합하여 전단철근으로 사용할 수 있다.
③ 주인장 철근에 45° 이상의 각도로 설치되는 스터럽은 전단철근으로 사용할 수 있다.
④ 용접 이형철망을 제외한 일반적인 전단철근의 설계기준항복강도는 600MPa을 초과할 수 없다.

전단철근의 설계기준항복강도는 500MPa을 초과할 수 없다. 다만, 용접 이형철망을 사용할 경우 전단철근의 설계기준항복강도는 600MPa을 초과할 수 없다.

39 그림과 같은 필릿 용접에서 목 두께가 옳게 표시된 것은?

① S
② $0.9S$
③ $0.7S$
④ $0.5L$

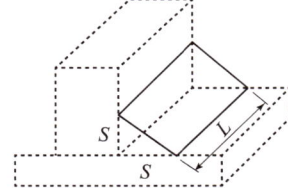

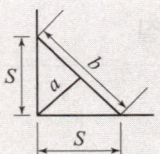

- 필릿용접의 유효목두께는 모살치수의 0.7배로 한다.
  $a = 0.7S$
- 필릿용접의 유효길이는 필릿용접의 총길이에서 2배의 모살치수를 공제한 값으로 한다.
  $l_e = l - 2 \times S$

40 강도 설계에 의한 나선철근 기둥의 설계 축하중강도 (ϕP_n)는 얼마인가? (단, 기둥의 $A_g = 200000\,\mathrm{mm}^2$, $A_{st} = 6-D35 = 5700\,\mathrm{mm}^2$, $f_{ck} = 21\,\mathrm{MPa}$, $f_y = 300\,\mathrm{MPa}$, 압축지배단면이다.)

① 2957kN ② 3000kN
③ 3081kN ④ 3201kN

$\phi P_n = \phi \alpha [0.85 f_{ck}(A_g - A_{st}) + f_y \cdot A_{st}]$
- $A_g = 200000\,\mathrm{mm}^2$
- $A_{st} = 5700\,\mathrm{mm}^2$
- $\therefore \phi P_n = 0.70 \times 0.85[0.85 \times 21(200000 - 5700) + 300 \times 5700]$
  $= 3081062\,\mathrm{N} = 3081\,\mathrm{kN}$

분류	보정계수 α	강도감소계수 ϕ
나선철근	0.85	0.70
띠철근	0.80	0.65

□□□ 산 12,13,14,15,16,18,19②,21

33 강도설계법으로 철근콘크리트 부재의 설계시에 사용되는 강도감소계수가 잘못된 것은?

① 인장지배단면 : 0.85
② 전단력을 받는 부재 : 0.70
③ 무근 콘크리트의 휨모멘트 : 0.55
④ 압축지배 단면 중 나선철근으로 보강된 철근콘크리트 부재 : 0.70

강도감소계수 ϕ

부재		강도감소계수
인장지배단면		0.85
압축지배단면	나선철근으로 보강된 철근콘크리트 부재	0.70
	그 외의 철근콘크리트 부재	0.65
	변화구간단면(전이구역)	0.65(0.70) ~ 0.85
전단력과 비틀림 모멘트		0.75
콘크리트의 지압력 (포스트텐션 정착부나 스트럿-타이 모델은 제외)		0.65
포스트텐션 정착구역		0.85
스트럿-타이 모델	스트럿, 절점부 및 지압부	0.75
	타이	0.85
무근콘크리트의 휨모멘트, 압축력, 전단력, 지압력		0.55

□□□ 산 19①,21

34 표준갈고리를 갖는 인장 이형철근의 정착길이를 구하기 위하여 기본정착길이에 곱하는 것은?

① 갈고리 철근의 단면적
② 갈고리 철근의 간격
③ 보정계수
④ 형상계수

정착길이
$l_d = l_{db} \times$ 보정계수
• 인장 이형철근의 기본정착길이
$$l_{db} = \frac{0.6 d_b f_y}{\lambda \sqrt{f_{ck}}}$$

□□□ 산 13①②,15②,18④,21

35 단철근 직사각형보에 하중이 작용하여 10mm의 탄성처짐이 발생하였다. 모든 하중이 5년 이상의 장기하중으로 작용한다면 총처짐량은 얼마인가?

① 20mm
② 30mm
③ 35mm
④ 45mm

• $\lambda = \dfrac{\xi}{1+50\rho'}$
$\quad = \dfrac{2}{1+50 \times 0} = 2.0$

(∵ 단철근직사각형보 $\rho' = 0$, 5년 이상 ξ : 2.0)
(∵ ξ : 시간 경과 계수(5년 이상 : 2.0, 12개월 : 1.4, 6개월 : 1.2, 3개월 : 1.0))

• 장기처짐 = 순간처짐(탄성침하) × 장기처짐계수(λ)
$= 10 \times 2.0 = 20$mm

∴ 총처짐량 = 순간 처짐 + 장기 처짐
$= 10 + 20 = 30$mm

□□□ 산 17,21

36 정착구와 커플러의 위치에서 프리스트레스 도입 직후 포스트텐션 긴장재의 응력은 얼마 이하로 하여야 하는가? (단, f_{pu} : 긴장재의 설계기준 인장강도)

① $0.4 f_{pu}$
② $0.5 f_{pu}$
③ $0.6 f_{pu}$
④ $0.7 f_{pu}$

정착구와 커플러의 위치에서 프리스트레스 도입 직후 포스트텐션 긴장재의 응력은 $0.70 f_{pu}$ 이하로 하여야 한다.

Remember

긴장재의 허용응력
• 긴장을 할 때 긴장재의 인장응력은 $0.80 f_{pu}$ 또는 $0.94 f_{py}$ 중 작은 값 이하로 하여야 한다.
• 프리스트레스 도입 직후에 긴장재의 인장응력은 $0.74 f_{pu}$ 또는 $0.82 f_{py}$ 중 작은 값 이하로 하여야 한다.
• 정착구와 커플러의 위치에서 프리스트레스 도입 직후 포스트텐션 긴장재의 응력은 $0.70 f_{pu}$ 이하로 하여야 한다.

정답 33 ② 34 ③ 35 ② 36 ④

산 12,15,21

29 그림과 같은 단순 PSC보에서 지간중앙의 절곡점에서 상향력(U)과 외력(P)이 비기기 위한 PS강선 프리스트레스힘(F)의 크기는 얼마인가? (단, 손실은 무시한다.)

① 30kN
② 50kN
③ 70kN
④ 100kN

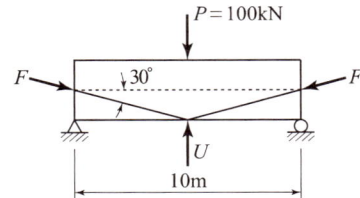

$\sum V=0 : P=2F\sin\theta$ 에서
$\therefore F = \dfrac{P}{2\sin\theta} = \dfrac{100 \times 10^3}{2 \times \sin 30°} = 100000\,N = 100\,kN$
콘크리트에 가해지는 상향력 U
$\sum V=0 : U - F\sin\theta - F\sin\theta = 0$
$\therefore$ 상향력 $U = 2F\sin\theta$

산 05,05,15①,17④,18①,21

30 강도설계법에서 사용하는 강도감소계수의 사용목적으로 거리가 먼 것은?

① 재료강도와 치수가 변동할 수 있으므로 부재의 강도 저하 확률에 대비한 이유를 두기 위해서
② 부정확한 설계 방정식에 대비한 여유를 반영하기 위해서
③ 구조물에서 차지하는 부재의 중요도 등을 반영하기 위해서
④ 구조해석 할 때의 가정 및 계산의 실수로 인해 야기될지 모르는 초과하중의 영향에 대비하기 위해서

주어진 하중조건에 대한 부재의 연성도와 소요 신뢰도를 위해서

Remember
강도감소계수(ϕ)의 목적
• 재료강도와 치수가 변동할 수 있으므로 부재의 강도 저하 확률에 대비한 여유를 위해
• 부정확한 설계 방정식에 대비한 여유를 반영하기 위해서
• 주어진 하중조건에 대한 부재의 연성도와 소요 신뢰도를 위해서
• 구조물에서 차지하는 부재의 중요도 등을 반영하기 위해서

산 02,03,18②,21

31 고장력 볼트를 사용한 이음의 종류가 아닌 것은?

① 압축이음   ② 마찰이음
③ 지압이음   ④ 인장이음

고장력 볼트이음의 종류
마찰이음, 지압이음, 인장이음

Remember
고장력 이음의 종류
• 마찰이음 : 편재 사이에서 일어나는 마찰력에 의해 응력을 전달하는 이음
• 지압이음 : 볼트 원통부의 전단저항이나 볼트 원통부와 볼트구멍 사이의 지압에 의해 저항하는 이음
• 인장이음 : 볼트의 축방향으로 외력이 작용하게 되는 이음

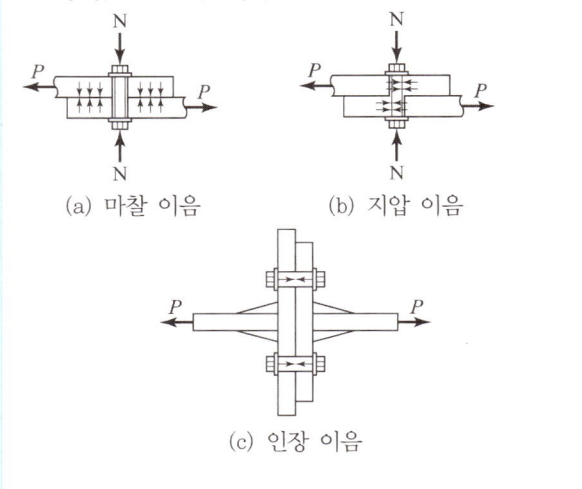

(a) 마찰 이음   (b) 지압 이음
(c) 인장 이음

산 05,08,14④,18①,21

32 인장부재의 볼트 연결부를 설계할 때 고려되지 않는 항목은?

① 지압응력   ② 볼트의 전단응력
③ 부재의 항복응력   ④ 부재의 좌굴응력

• 인장부재는 하중을 받을 때 좌굴이 발생하지 않는다.
• 인장부재의 볼트 연결부를 설계할 때 고려 항목 : 지압응력, 볼트의 전단응력, 부재의 항복응력

정답 29 ④   30 ④   31 ①   32 ④

□□□ 산 13②,16②,21
24 강재의 연결부 구조사항으로 옳지 않은 것은?

① 부재의 변형에 따른 영향을 고려하지 않는다.
② 응력 집중이 없어야 한다.
③ 응력의 전달이 확실해야 한다.
④ 각 재편에 가급적 편심이 없어야 한다.

부재의 변형에 따른 영향을 고려하여야 한다.

> **Remember**
> 강재의 연결부 구조
> • 응력의 전달이 확실할 것
> • 경제적이고도 시공이 쉬울 것
> • 각재편에 가급적 편심이 없을 것
> • 부재의 변형에 따른 영향을 고려할 것
> • 해로운 응력집중이 생기지 않도록 할 것
> • 잔류응력이나 2차 응력이 생기지 않도록 할 것

□□□ 산 16②,19④,21
25 강판을 리벳 이음할 때 불규칙 배치(엇모배치)할 경우 재편의 순폭은 최초의 리벳구멍에 대하여 그 지름(d)을 빼고 다음 것에 대하여는 다음 중 어느 식을 사용하여 빼주는가? (단, g : 리벳선간거리, p : 리벳의 피치)

① $d - \dfrac{g^2}{4p}$
② $d - \dfrac{4p^2}{g}$
③ $d - \dfrac{p^2}{4g}$
④ $d - \dfrac{4g}{p^2}$

판형이 지그재그 배열일 때

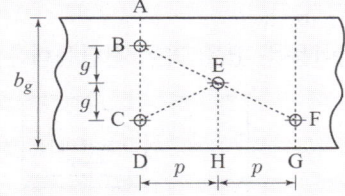

• 순폭은 생각하고 있는 단면의 최초 리벳구멍에서는 그 지름(d)을 빼고, 이하 순차적으로 w를 뺀다.

$$\therefore w = d - \dfrac{p^2}{4g}$$

□□□ 산 12,13①②,15②,16,18①②,21
26 폭(b)은 300mm, 유효깊이(d)는 550mm인 직사각형 철근 콘크리트보에 전단력과 휨만이 작용할 때 콘크리트가 받을 수 있는 설계전단강도(ϕV_c)는 약 얼마인가? (단, $f_{ck}=27$MPa이다.)

① 101kN
② 107kN
③ 114kN
④ 122kN

$$\phi V_c = \phi \dfrac{1}{6} \lambda \sqrt{f_{ck}} b_w d$$

• 전단력과 비틀림 모멘트의 강도감소계수 $\phi = 0.75$

$$\therefore \phi V_c = 0.75 \times \dfrac{1}{6} \times 1 \times \sqrt{27} \times 300 \times 550$$
$$= 107171 \text{N} = 107 \text{kN}$$

□□□ 산 18④,21
27 아래의 표에서 설명하는 것은?

> 철근콘크리트 부재가 사용성과 안전성을 만족할 수 있도록 요구되는 단면의 단면력

① 설계기준강도
② 배합강도
③ 공칭강도
④ 소요강도

• 소요강도에 대한 정의이다.
• 설계기준강도 : 콘크리트 구조물을 설계할 때 기준으로 삼는 콘크리트의 압축강도
• 배합강도 : 콘크리트의 배합을 정할 때 목표로 하는 콘크리트의 압축강도
• 공칭강도 : 강도감소계수를 적용하기 이전의 강도

□□□ 산 14,21
28 옹벽설계시의 안정 조건이 아닌 것은?

① 전도에 대한 안정
② 지반 지지력에 대한 안정
③ 활동에 대한 안정
④ 마찰력에 대한 안정

옹벽의 안정 조건
• 전도에 대한 안정
• 활동에 대한 안정
• 지반지지력(침하)에 대한 안정

정답 24 ① 25 ③ 26 ② 27 ④ 28 ④

18 다음 그림에서 힘들의 합력 R의 위치(x)는 몇 m인가?

① $5\dfrac{2}{3}$
② $5\dfrac{1}{3}$
③ $4\dfrac{2}{3}$
④ $4\dfrac{1}{3}$

- 합력 $R = 1+2+4+2 = 9\text{kN}(\downarrow)$
- 작용 위치 : $R \cdot x = 2\times 3 + 4\times 6 + 2\times 9 = 48\text{kN}\cdot\text{m}$
  $\therefore x = \dfrac{48}{9} = \dfrac{16}{3} = 5\dfrac{1}{3}\text{m}(\rightarrow)$

19 반지름이 2cm인 원형단면의 도심을 지나는 축에 대한 단면 2차모멘트를 구하면?

① $\pi\,\text{cm}^4$
② $4\pi\,\text{cm}^4$
③ $16\pi\,\text{cm}^4$
④ $64\pi\,\text{cm}^4$

$$I_G = \dfrac{\pi D^4}{64} = \dfrac{\pi(2\times 2)^4}{64} = 4\pi\,\text{cm}^4$$

20 다음 보에서 반력 R_A는?

① $20\text{kN}(\downarrow)$
② $20\text{kN}(\uparrow)$
③ $80\text{kN}(\downarrow)$
④ $80\text{kN}(\uparrow)$

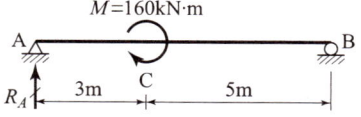

$\sum M_B = 0 : R_A \times 8 + 160 = 0$
$\therefore R_A = -\dfrac{160}{8} = -20\text{kN} = 20\text{kN}(\downarrow)$

❷ 철근콘크리트 및 강구조

21 건조수축 또는 온도변화에 의하여 콘크리트에 발생하는 균열을 방지하기 위한 목적으로 배치되는 철근을 무엇이라고 하는가?

① 수축·온도철근
② 비틀림 철근
③ 복부보강근
④ 배력철근

- 수축·온도철근의 정의이다.
- 배력철근 : 하중을 분포시키거나 균열을 제어할 목적으로 주철근과 직각에 가까운 방향으로 배치한 보조철근
- 비틀림철근 : 비틀림모멘트가 크게 일어나는 부재에 이에 저항하도록 배치되는 철근
- 복부보강근 : 전단력을 받는 부재의 복부에 배치되어 사인장 응력에 저항하는 철근

22 강도설계법을 적용하기 위한 기본가정에서 휨모멘트와 축력을 동시에 받는 부재의 콘크리트 압축연단의 극한변형률은 콘크리트의 설계기준압축강도가 40MPa 이하인 경우 콘크리트의 극한변형률은 얼마로 가정하는가?

① 0.0033
② 0.0034
③ 0.0035
④ 0.0036

강도설계법에서 휨모멘트 또는 휨모멘트와 축력을 동시에 받는 부재의 콘크리트 압축연단의 극한변형률은 콘크리트의 설계기준압축강도가 40MPa 이하인 경우에는 0.0033으로 가정한다.

23 그림과 같이 용접이음을 했을 경우 전단응력은?

① 78.9MPa
② 67.5MPa
③ 57.5MPa
④ 45.9MPa

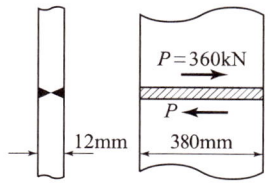

$$f = \dfrac{P}{A} = \dfrac{P}{\sum a \cdot l_e} = \dfrac{360\times 10^3}{12\times 380} = 78.94\,\text{MPa}$$

산 13,21

14 단일집중하중 P가 길이 l인 캔틸레버 보의 자유단 끝에 작용할 때 최대 처짐의 크기는? (단, EI는 일정하다.)

① $\dfrac{Pl^2}{2EI}$ ② $\dfrac{Pl^3}{2EI}$

③ $\dfrac{Pl^2}{3EI}$ ④ $\dfrac{Pl^3}{3EI}$

공액보법에 의해서

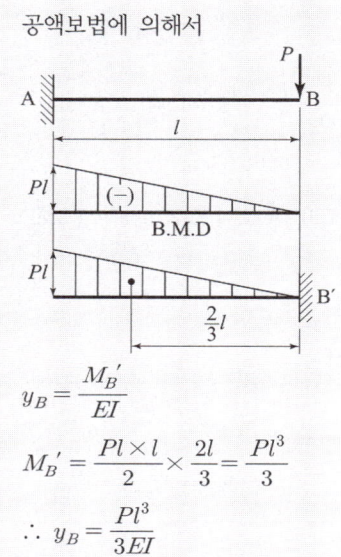

$y_B = \dfrac{M_B'}{EI}$

$M_B' = \dfrac{Pl \times l}{2} \times \dfrac{2l}{3} = \dfrac{Pl^3}{3}$

∴ $y_B = \dfrac{Pl^3}{3EI}$

산 16,21

15 다음 그림과 같은 구조물에서 이 보의 단면이 받는 최대전단응력의 크기는?

① 1.0MPa
② 1.5MPa
③ 2.0MPa
④ 2.5MPa

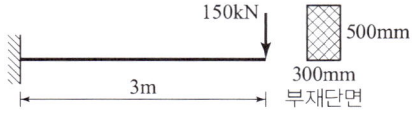

최대 전단응력 $\tau_{max} = \dfrac{3}{2}\dfrac{S_{max}}{A}$

- $S_{max} = R_A = 150\,\text{kN} = 150 \times 10^3\,\text{N}$
- $A = 500 \times 300 = 15 \times 10^4\,\text{mm}^2$

∴ $\tau_{max} = \dfrac{3 \times 150 \times 10^3}{2 \times 15 \times 10^4} = 1.5\,\text{N/mm}^2 = 1.5\,\text{MPa}$

산 03①,16④,19①,20③,21

16 아래 그림과 같은 단면에서 도심의 위치($\bar{y}$)는?

① 2.21cm
② 2.64cm
③ 2.96cm
④ 3.21cm

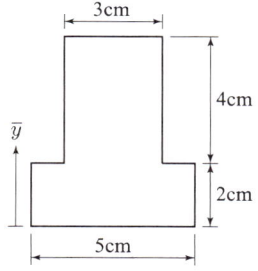

$\bar{y} = \dfrac{G_x}{A}$

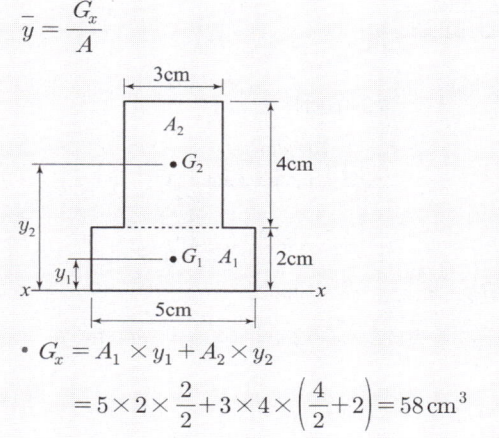

- $G_x = A_1 \times y_1 + A_2 \times y_2$
  $= 5 \times 2 \times \dfrac{2}{2} + 3 \times 4 \times \left(\dfrac{4}{2} + 2\right) = 58\,\text{cm}^3$
- $A = 5 \times 2 + 3 \times 4 = 22\,\text{cm}^2$

∴ $\bar{y} = \dfrac{58}{22} = 2.64\,\text{cm}$

산 16,21

17 다음 그림과 같이 한 점에 작용하는 세 힘의 합력의 크기는 얼마인가?

① 3742N
② 4264N
③ 5137N
④ 5974N

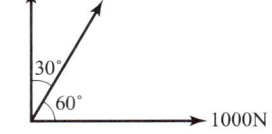

$R = \sqrt{(\sum V)^2 + (\sum H)^2}$

- 연직력의 총합 $\sum V = 3000 + 2000\cos 30° = 4732.05\,\text{N}$
- 수평력의 총합 $\sum H = 1000 + 2000\cos 60° = 2000\,\text{N}$

∴ $R = \sqrt{(4732.05)^2 + (2000)^2} = 5137.34\,\text{N}$

□□□ 산 17,21

10 그림과 같은 게르버보의 C점에서 휨모멘트 값은?

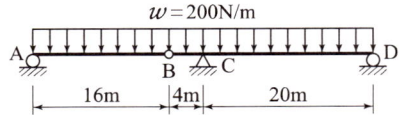

① $-6400\,\text{N}\cdot\text{m}$
② $-8000\,\text{N}\cdot\text{m}$
③ $-9600\,\text{N}\cdot\text{m}$
④ $-14400\,\text{N}\cdot\text{m}$

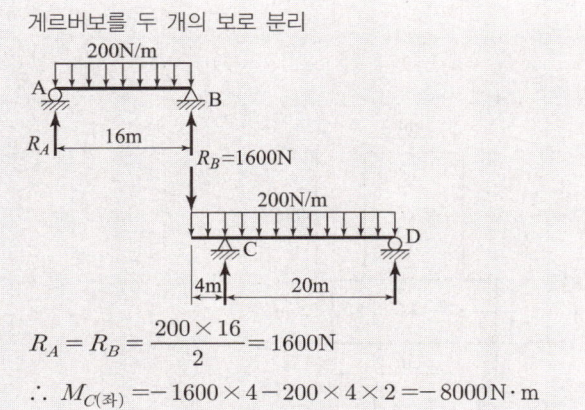

게르버보를 두 개의 보로 분리

$R_A = R_B = \dfrac{200 \times 16}{2} = 1600\,\text{N}$

∴ $M_{C(좌)} = -1600 \times 4 - 200 \times 4 \times 2 = -8000\,\text{N}\cdot\text{m}$

□□□ 산 14,21

11 장주의 좌굴하중(P)을 나타내는 아래의 식에서 양단고정인 장주인 경우 n값으로 옳은 것은?
(단, E : 탄성계수, A : 단면적, λ : 세장비)

$$P = \dfrac{n\pi^2 EA}{\lambda^2}$$

① 4
② 2
③ 1
④ $\dfrac{1}{4}$

$P = \dfrac{n\pi^2 EI}{l^2} = \dfrac{n\pi^2 EA}{\lambda^2}$

일단고정 타단자유	$n = \dfrac{1}{4}$
양단힌지	$n = 1$
일단고정 타단힌지	$n = 2$
양단고정	$n = 4$

∴ 양단고정일 때, $n = 4$

□□□ 산 82,86,97,99,15④,20③,21

12 다음과 같은 단순보에서 최대 휨응력은?
(단, 단면은 폭 40cm, 높이 50cm의 직사각형이다.)

① 7.2MPa
② 8.7MPa
③ 13.5MPa
④ 15.0MPa

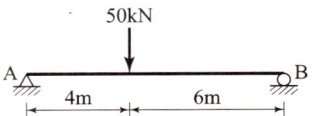

최대휨응력 $\sigma = \dfrac{M_{max}}{I}y = \dfrac{M_{max}}{Z}$

- $M_{max} = \dfrac{Pab}{l}$
  $= \dfrac{50 \times 1000 \times 400 \times 600}{1000} = 12 \times 10^6\,\text{N}\cdot\text{cm}$

- $Z = \dfrac{bh^2}{6} = \dfrac{40 \times 50^2}{6} = 16666.67\,\text{cm}^3$

∴ $\sigma = \dfrac{12 \times 10^6}{16666.67} = 720\,\text{N/cm}^2 = 7.2\,\text{N/mm}^2 = 7.2\,\text{MPa}$

Remember
단순보(집중하중)의 해석

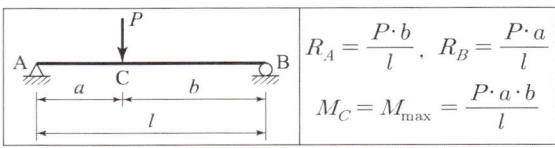

$R_A = \dfrac{P\cdot b}{l}$, $R_B = \dfrac{P\cdot a}{l}$

$M_C = M_{max} = \dfrac{P\cdot a\cdot b}{l}$

□□□ 산 18④,21

13 아래 그림과 같이 지름 10mm인 강철봉에 100kN의 물체를 매달면 강철봉의 길이 변화량은? (단, 강철봉의 탄성계수 $E = 2.1 \times 10^5\,\text{MPa}$)

① 0.74cm
② 0.91cm
③ 1.07cm
④ 1.18cm

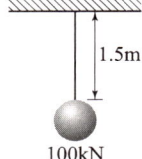

변형률 $\varepsilon = \Delta l = \dfrac{Pl}{EA}\left(\because \Delta l = \dfrac{Pl}{EA}\right)$

- $P = 100\,\text{kN} = 100 \times 10^3\,\text{N}$
- $l = 1.5\,\text{m} = 1500\,\text{mm}$
- $A = \dfrac{\pi d^2}{4} = \dfrac{\pi \times 10^2}{4} = 78.54\,\text{mm}^2$

∴ $\varepsilon = \dfrac{100 \times 10^3 \times 1500}{2.1 \times 10^5 \times 78.54} = 9.09\,\text{mm} = 0.91\,\text{cm}$

산 16,21

05 그림과 같은 구조물의 부정정 차수는?

① 2차
② 3차
③ 4차
④ 5차

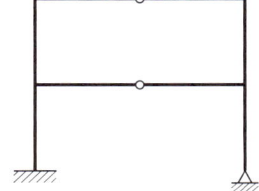

$N = R + m + S - 2P$

- 반력수 $R = 5$
- 부재수 $m = 8$
- 강접합수 $S = 6$
- 절점수 $P = 8$
- ∴ $N = 5 + 8 + 6 - 2 \times 8 = 3$차 부정정

산 17,21

06 그림과 같은 길이가 l인 캔틸레버보에서 최대 처짐각은?

① $\theta_{max} = \dfrac{Pl^2}{2EI}$

② $\theta_{max} = \dfrac{Pl^3}{2EI}$

③ $\theta_{max} = \dfrac{Pl^2}{3EI}$

④ $\theta_{max} = \dfrac{Pl^3}{3EI}$

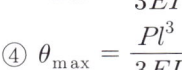

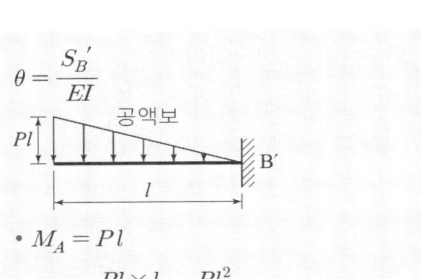

- $M_A = Pl$
- $S_B' = \dfrac{Pl \times l}{2} = \dfrac{Pl^2}{2}$
- ∴ $\theta = \dfrac{S_B'}{EI} = \dfrac{Pl^2}{2EI}$

산 14,21

07 그림과 같은 라멘에서 A점의 휨모멘트 반력은?

① $-95\text{kN}\cdot\text{m}$
② $-125\text{kN}\cdot\text{m}$
③ $-145\text{kN}\cdot\text{m}$
④ $-165\text{kN}\cdot\text{m}$

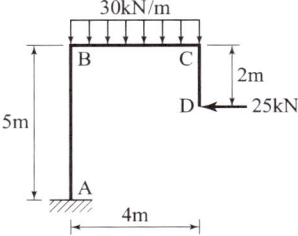

$M_A = -30 \times 4 \times 2 + 25 \times (5-2)$
$= -165\text{kN}\cdot\text{m}$

(∵ (+)↻ (−)↺)

산 13,21

08 1방향 편심을 갖는 한 변이 30cm의 정4각형 단주에서 100t의 편심하중이 작용할 때, 단면에 인장력이 생기지 않기 위한 편심(e)의 한계는 기둥의 중심에서 얼마가 떨어진 곳인가?

① 5.0cm
② 6.7cm
③ 7.7cm
④ 8.0cm

하중이 핵내부에 작용하면 부재의 어느 단면에도 인장응력이 생기지 않는다.

∴ 구형단면의 핵은 $\dfrac{h}{6} = \dfrac{30}{6} = 5\text{cm}$

산 13,16,21

09 그림의 삼각형 단면의 X축에 대한 단면2차모멘트는 얼마인가?

① $\dfrac{bh^3}{4}$

② $\dfrac{bh^3}{5}$

③ $\dfrac{bh^3}{6}$

④ $\dfrac{bh^3}{8}$

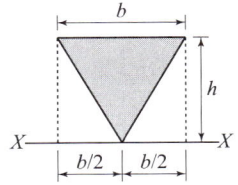

$I_X = I_x + Ay_0^2 = \dfrac{bh^3}{36} + \dfrac{bh}{2} \times \left(h \times \dfrac{2}{3}\right)^2 = \dfrac{bh^3}{4}$

정답 05 ② 06 ① 07 ④ 08 ① 09 ①

국가기술자격 필기시험문제

2021년도 기사 4회 필기시험

자격종목	코 드	시험시간	형 별
토목산업기사	1048	2시간	A

※ 2023년도부터 토목산업기사 필기 출제기준이 변경되었음을 알려드립니다. (필기 120문항에서 60문항으로 변경)
※ 각 문항은 4지택일형으로 질문에 가장 적합한 보기 항을 선택하시면 됩니다.

제1과목 : 구조설계

1 역학적인 개념 및 건설 구조물의 해석

□□□ 산 14,21
01 지름이 6cm, 길이가 100cm의 둥근막대가 인장력을 받아서 0.5cm 늘어나고 동시에 지름이 0.006cm 만큼 줄었을 때 이 재료의 프와송 비(ν) 얼마인가?

① 5
② 2
③ 0.5
④ 0.2

$$\nu = \frac{\beta}{\varepsilon} = \frac{\frac{\Delta d}{d}}{\frac{\Delta l}{l}} = \frac{l \cdot \Delta d}{d \cdot \Delta l} = \frac{100 \times 0.006}{6 \times 0.6} = 0.2$$

□□□ 산 15④,20③,21
02 $P = 120kN$의 무게를 매달은 그림과 같은 구조물에서 T_1이 받는 힘은?

① 103.9kN(인장)
② 103.9kN(압축)
③ 60kN(인장)
④ 60kN(압축)

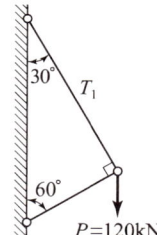

시력도법에서 sin법칙 적용

$$\frac{120kN}{\sin 90°} = \frac{T_1}{\sin 60°}$$

$$\therefore T_1 = \frac{120}{\sin 90°} \times \sin 60°$$
$$= 130.9kN(인장)$$

(∵ T_1는 A방향으로 당기므로 인장)

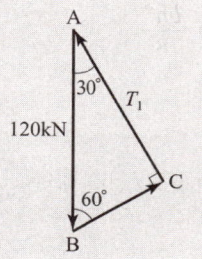

□□□ 산 15,21
03 그림과 같은 내민보에서 C점의 전단력(V_C)과 휨모멘트(M_C)는 각각 얼마인가?

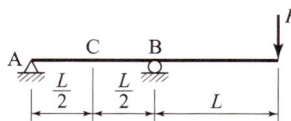

① $V_C = P$, $M_C = -\frac{PL}{2}$
② $V_C = -P$, $M_C = -\frac{PL}{2}$
③ $V_C = 2P$, $M_C = PL$
④ $V_C = -P$, $M_C = \frac{PL}{2}$

$\sum M_B = 0 : R_A \times L + P \times L = 0$
$\therefore R_A = -P(\downarrow)$
$\therefore$ 전단력 $V_C = R_A = -P(\downarrow)$
$\therefore M_C = -P \times \frac{L}{2} = -\frac{PL}{2}$

□□□ 산 82,88,00,07,11,12,17,21
04 "탄성체가 가지고 있는 탄성변형 에너지를 작용하고 있는 하중으로 편미분하면 그 하중점에서의 작용방향의 변위가 된다"는 것은 어떤 이론인가?

① 맥스웰(Maxwell)의 상반정리이다.
② 모아(Mohr)의 모멘트–면적정리이다.
③ 카스틸리아노(Castigliano)의 제2정리이다.
④ 클래페이론(Clapeyron)의 3연 모멘트법이다.

카스틸리아노(Castigliano)
• 제1일정리 : 변형에너지를 임의 점의 변위로 편미분하면 그 점의 힘(또는 모멘트)으로 된다.
• 변형에너지를 임의 점의 힘(하중 또는 모멘트)으로 편미분하면 그 점의 변위(처짐 또는 처짐각)이 된다.

정답 01 ④ 02 ① 03 ② 04 ③

□□□ 산 03,14,21
119 하수도 기본계획 수립시의 조사사항으로 가장 거리가 먼 것은?

① 계획인구 및 포화인구밀도
② 배수지의 크기 및 계통
③ 하수배제방식
④ 오수량

하수도의 기본계획 시 조사사항
- 하수도 계획 구역 및 배수계통
- 주요간선 펌프장 및 하수처리장의 위치
- 하수배제방식(분류식 및 합류식)
- 계획 인구 및 포화 인구의 밀도
- 오수량 및 지하수량, 우수 유출량

□□□ 산 13,17,21
120 집수매거(infiltration galleries)에 대한 설명으로 옳은 것은?

① 복류수를 취수하기 위하여 지중(池中)에 매설한 유공관거 설비
② 관로의 수두를 감소시키기 위한 설비
③ 배수지의 유입수 수위조절과 양수를 위한 설비
④ 피압지하수를 취수하기 위하여 지하의 대수층까지 삽입한 관거 설비

집수매거
- 하천부지의 하상 밑이나 구하천 부지 등의 땅 속에 매설한 유공관거 설비
- 복류수나 자유수면을 갖는 지하수(자유지하수)를 취수하는 시설

정답 119 ② 120 ①

□□□ 산 97,12,21
113 상수도 정수처리의 응집-침전에 관한 설명으로 옳은 것은?

① Floc 형성지는 여러 구간으로 나누며 후반으로 갈수록 교반속도를 점차 크게 한다.
② Jar Tester는 종침강속도(terminal velocity)를 구하는 장치이다.
③ 고분자응집제는 응집속도는 크나 pH에 의한 영향을 크게 받는다.
④ 정류벽은 난류의 억제에 효과가 있다.

- 플록형성지는 2단 이상으로 구분하고 교반강도는 하류로 갈수록 교반속도를 점차 감소시킨다.
- Jar test : 필요한 응집제의 종류와 양을 결정하는 약품 교반실험이다.
- 고분자 응집제는 응집 속도가 빠르나, pH 변화에 의한 영향이 작다.
- 정류벽은 난류 및 밀도류의 억제에 효과가 있다.

□□□ 산 97,07,08,10,12,14,16,18④,21
114 하수처리장에서 하천에 방류되는 방수류가 BOD 30mg/L, 유량 20000m³/day이고, 방류되기 전 하천의 BOD와 유량이 3mg/L, 0.4m³/s일 때 방류수가 하천에 완전 혼합된다면 합류지점의 BOD 농도는?

① 약 13mg/L
② 약 23mg/L
③ 약 30mg/L
④ 약 33mg/L

- $C_m = \dfrac{Q_1 C_1 + Q_w C_w}{Q_1 + Q_w}$
- $Q_w = 0.4 \text{m}^3/\text{s} = 0.4 \times 60 \times 60 \times 24 = 34560 \text{m}^3/\text{day}$
- $\therefore C_m = \dfrac{20000 \times 30 + 34560 \times 3}{20000 + 34560} = 13 \text{mg/L}$

□□□ 산 96,07,13,21
115 하수도 시설 계획에서 오수관거, 우수관거 및 합류관거의 이상적인 유속 범위는?

① 0.1~0.3m/sec
② 0.3~0.8m/sec
③ 1.0~1.8m/sec
④ 3.0~4.0m/sec

오수관거, 우수관거 및 합류관거의 이상적인 유속은 1.0~1.8m/sec 정도이다.

□□□ 산 17,21
116 분류식과 합류식 하수 배제방식의 특징으로 틀린 것은?

① 일반적으로 합류식의 관경이 분류식보다 크다.
② 분류식은 우수관과 오수관으로 구분된다.
③ 합류식은 초기 우수의 일부를 처리장으로 운송하여 처리한다.
④ 분류식은 완전한 우수처리가 가능하다.

분류식
- 우천시 수세효과를 기대할 수 없다.
- 노면의 오염물질이 포함된 세정수가 직접 하천 등으로 유입된다.

□□□ 산 15,21
117 5000m³/d의 화학 침전 처리수를 여과지에서 여과 속도 5m³/m²·h로 여과하고 있다. 역세척은 1일 8회, 1회 역세척 시간은 15분일 경우 1지에 소요되는 이론적인 여과 면적은? (단, 여과지 수는 5지이다.)

① 8.333m²
② 9.091m²
③ 20.647m²
④ 41.667m²

여과면적 $A = \dfrac{Q}{V \cdot n}$
- 여과 속도 $V = 5(24-2) = 110 \text{m}^3/\text{m}^2 \cdot \text{d}$
  (∵ 역세척 시간 : 15분×8회 = 120분 = 2시간)
- $\therefore A = \dfrac{5000}{110 \times 5} = 9.091 \text{m}^2$

□□□ 산 12,21
118 어느 하천의 재폭기계수가 0.3/day, 탈산소계수가 0.2/day이면 이 하천의 자정상수는?

① 0.67
② 1.0
③ 1.5
④ 2.0

자정계수 $f = \dfrac{재폭기계수(k_2)}{탈산소계수(k_1)} = \dfrac{0.3}{0.2} = 1.5$

정답 113 ④ 114 ① 115 ③ 116 ④ 117 ② 118 ③

□□□ 산 97,07,09,11,13,15,16,21
107 활성슬러지법에서 MLSS가 의미하는 것은?

① 폐수 중의 고형물
② 방류수 중의 부유물질
③ 폭기조 중의 부유물질
④ 침전지 상등수 중의 부유물질

MLSS
폭기조내의 혼합액 부유물질로서 폭기조내의 미생물을 말한다.

□□□ 산 17,21
108 1일 정수량이 10000m³/d인 정수장에서, 염소소독을 위하여 100kg/d를 주입한 후 잔류염소 농도를 측정하였을 때, 0.2mg/L였다면 염소요구량 농도는?

① 0.8mg/L
② 1.2mg/L
③ 9.8mg/L
④ 10.2mg/L

염소 요구량 = 염소 주입농도 − 잔류 염소량
• 주입농도 = $\dfrac{염소의 양}{유량}$
  = $\dfrac{100(kg/d) \times 10^3(g/kg)}{10000(m^3/d)}$ = 10 mg/L
∴ 염소 요구량 = 10 − 0.2 = 9.8mg/L

□□□ 산 16②,19④,21
109 하수관거의 경사와 유속에 대한 설명으로 틀린 것은?

① 관거의 경사는 하류로 갈수록 감소시켜야 한다.
② 유속이 너무 크면 관거를 손상시키고 내용년수를 줄어들게 한다.
③ 유속을 너무 크게 하면 경사가 급하게 되어 굴착 깊이가 점차 깊어져서 시공이 곤란하고 공사비용이 증대된다.
④ 오수관거의 최대유속은 계획시간최대오수량에 대하여 1.0m/s로 한다.

오수관거는 계획시간최대 오수량에 대하여 유속을 최소 0.6m/sec, 최대 3.0m/sec로 한다.

□□□ 산 98,02,12,14,21
110 도시화에 의한 우수 유출량의 증대로 하수관거 및 방류수로의 유하 능력이 부족한 곳에 설치하여 하류지역의 우수 유출이나 침수 방지에 효과적인 기능을 발휘하는 시설은?

① 토구
② 침사지
③ 우수받이
④ 우수 조정지

우수조정지
하류관거 유하능력이 부족한 곳, 하류지역 펌프장 능력이 부족한 곳 및 방류수로 유하능력이 부족한 곳 등에 설치하여 우수유출시에 효과적인 기능을 할 수 있는 용량 및 구조 등으로 한다.

□□□ 산 03,15,21
111 응집제로서 가격이 저렴하고 탁도, 세균 조류 등의 거의 모든 현탁성 물질 또는 부유물의 제거에 유효하며, 무독성 때문에 대량으로 주입할 수 있으며 부식성이 없는 결정을 갖는 응집제는?

① 황산알루미늄
② 암모늄 명반
③ 황산 제1철
④ 폴리염화 알루미늄

황산알루미늄
• 결정은 부식성, 자극성이 없고 취급이 용이하다.
• 가격이 저렴하고 무독성 때문에 대량 주입이 가능하다.
• 탁도, 색도, 세균, 조류 등 대부분의 현탁물 또는 부유물 제거에 효과가 있다.
• 최적의 pH범위는 5.5~7.5이다.

□□□ 산 18④,21
112 활성슬러지 공법에 대한 설명으로 옳은 것은?

① F/M비가 낮을수록 잉여슬러지 발생량은 증가된다.
② F/M비가 낮을수록 잉여슬러지 발생량은 감소된다.
③ F/M비가 낮을수록 잉여슬러지 발생량은 초기 감소된 후 다시 증가된다.
④ F/M비와 잉여슬러지는 상관관계가 없다.

• F/M비가 낮을수록 잉여슬러지 발생량은 적다.
• 표준활성슬러지법에서는 0.5kgBOD/kgMLSS·day이다.

정답 107 ③ 108 ③ 109 ④ 110 ④ 111 ① 112 ②

❷ 상하수도 계획

□□□ 산 95,96,08,12,13,15,17,21
101 펌프의 비교회전도(N_s)에 대한 설명으로 옳지 않은 것은?

① N_s가 클수록 높은 곳까지 양정할 수 있다.
② N_s가 클수록 유량은 많고 양정은 작은 펌프이다.
③ 유량과 양정이 동일하면 회전수가 클수록 N_s가 커진다.
④ N_s가 같으면 펌프의 크기에 관계없이 대체로 형식과 특성이 같다.

> 비교회전도(N_s)
> • 비교회전도가 적으면 유량이 적고 고양정의 펌프
> • 비교회전도가 크면 유량이 크고 저양정의 펌프
> • 수량과 전양정이 같다면 회전수가 많을수록 비교회전도가 크다.

□□□ 산 99,02,06,07,14,15,21
102 계획오수량 산정방법에 대한 설명으로 틀린 것은?

① 생활오수량의 1인1일최대오수량은 상수도계획상의 1인1일 최대급수량을 감안하여 결정한다.
② 지하수량은 1인1일평균오수량의 5~10%로 한다.
③ 계획시간 최대오수량은 계획1일최대오수량의 1시간당 수량의 1.3~1.8배를 표준으로 한다.
④ 합류식에서 우천시 계획오수량은 원칙적으로 계획시간 최대오수량의 3배 이상으로 한다.

> 지하수량은 1인1일최대오수량의 약 10~20% 정도로 한다.

□□□ 산 06,09,15,16,21
103 펌프의 캐비테이션(공동현상) 방지대책으로 옳지 않은 것은?

① 펌프의 설치 위치를 가능한 한 높게 한다.
② 흡입관의 손실을 가능한 작게 한다.
③ 펌프의 회전속도를 낮게 선정한다.
④ 한쪽 흡입펌프보다는 양쪽 흡입펌프를 적용한다.

> 펌프의 설치 위치를 가능한 한 낮게 한다.

□□□ 산 95,00,03,10,14,16,21
104 배수면적이 $0.05km^2$, 하수관거의 길이 480m, 유입시간이 4분, 유출계수 $C=0.6$, 재현기간 7년에 대한 강우강도 $I=3250/(t+18.2)$mm/h, 하수관내 유속이 27m/min인 경우 이 하수관거내의 우수량은? (단, t의 단위: 분)

① $0.68m^3/s$ ② $2.45m^3/s$
③ $3.65m^3/s$ ④ $6.77m^3/s$

> 우수량 $Q = \dfrac{1}{360}CIA$
> • $T = t_1 + \dfrac{L}{V} = 4 + \dfrac{480}{27} = 21.8$ min
> • $I = \dfrac{3250}{t+18.2} = \dfrac{3250}{21.8+18.2} = 81.25$ mm/hr
> • $A = 0.05km^2 = 5$ha ($\because 1km^2 = 100$ha)
> $\therefore Q = \dfrac{1}{360}CIA = \dfrac{1}{360} \times 0.6 \times 81.25 \times 5$
> $= 0.68 m^3/sec$

□□□ 산 99,02,06,10,11,12,15,16,21
105 수원의 구비요건으로 틀린 것은?

① 수질이 좋아야 한다.
② 수량이 풍부하여야 한다.
③ 정수장보다 가능한 한 낮은 곳에 위치하여야 한다.
④ 상수 소비지에서 가까운 곳에 위치하는 것이 좋다.

> 수원은 정수장이나 도시보다 높은 곳에 위치함으로써 도수, 송수 및 배수가 자연류하식이 되도록 해야 한다.

□□□ 산 15,21
106 Talbot 공식의 a(분자상수) 값이 1800, b(분모상수) 값이 15일 때, 지속시간 15분에 대한 강우강도는?

① 2.64mm/h   ② 9.92mm/h
③ 10.67mm/h ④ 60.00mm/h

> Talbot형 : $I = \dfrac{a}{t+b}$
> $\therefore I = \dfrac{1800}{t+15} = \dfrac{1800}{15+15} = 60$mm/h

정답 101 ① 102 ② 103 ① 104 ① 105 ③ 106 ④

산 18④,21

97 그림과 같이 단면 ①에서 단면적 $A_1 = 10\text{cm}^2$, 유속 $V_1 = 2\text{m/s}$이고, 단면 ②에서 단면적 $A_2 = 20\text{cm}^2$일 때 단면 ②의 유속(V_2)과 유량(Q)은?

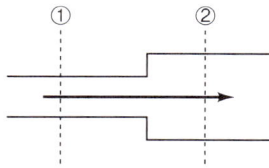

① $V_2 = 200\text{cm/s}$, $Q = 2000\text{cm}^3/\text{s}$
② $V_2 = 100\text{cm/s}$, $Q = 1500\text{cm}^3/\text{s}$
③ $V_2 = 100\text{cm/s}$, $Q = 2000\text{cm}^3/\text{s}$
④ $V_2 = 200\text{cm/s}$, $Q = 1000\text{cm}^3/\text{s}$

$Q = A_1 V_1 = A_2 V_2 = const$
- 유량 $Q = 10 \times 200 = 20 \times V_2 = 2000\text{cm}^3/\text{s}$
  ($\because V_1 = 2\text{m/s} = 200\text{cm/s}$)
- 유속 $V_2 = \dfrac{Q}{A_2} = \dfrac{2000}{20} = 100\text{cm/s}$

산 92,98,03,05,06,13,14,21

98 수심이 3m, 유속이 2m/s인 개수로의 비에너지 값은? (단, 에너지 보정계수는 1.1이다.)

① 1.22m
② 2.22m
③ 3.22m
④ 4.22m

$H_e = h + \alpha \dfrac{v^2}{2g}$
$= 3 + 1.1 \times \dfrac{2^2}{2 \times 9.8} = 3.22\text{m}$

산 05,09,12,13,14,17,18,21

99 수리학적으로 유리한 단면의 조건으로 옳은 것은?

① 경심(R)이 최소이어야 한다.
② 윤변(P)이 최대가 되어야 한다.
③ 경심(R)과 윤변(P)의 곱이 최대가 되어야 한다.
④ 경심(R)이 최대가 되거나 윤변(P)이 최소가 되어야 한다.

수리상 유리한 단면 조건은 경심(R)이 최대가 되거나 윤변(P)이 최소일 때의 단면

산 99,02,10,13,21

100 압력 $P = 980\text{Pa}(0.01\text{kg/cm}^2)$일 때 이를 수두로 나타낸 값은?

① 0.01m
② 0.1m
③ 0.15m
④ 0.2m

수두 $H = \dfrac{P}{w}$
- $P = 980\text{Pa} = 980\text{N/m}^2$
- 물의 단위중량 $w = 9.8\text{kN/m}^3 = 9800\text{N/m}^3$
$\therefore H = \dfrac{980}{9800} = 0.10\text{m}$

정답 97 ③ 98 ③ 99 ④ 100 ②

□□□ 산 05,09,10,14,16,21

92 베르누이(Bernoulli) 방정식에 대한 설명으로 틀린 것은?

① 압축성 유체에 대해서 적용된다.
② 정상류 상태에서 적용된다.
③ 유체의 점성으로 인한 효과는 무시한다.
④ 압력, 속도, 위치에 대해서 수두로 표현한다.

흐름은 정류이며 유체는 비압축성이다.

Remember
Bernoulli의 정리의 기본 조건
• 흐름은 정류이며 유체는 비압축성이다.
• 마찰에 의한 에너지 불변의 법칙에 근거한다.
• 일반적으로 하나의 유관 또는 유선에 대하여 성립한다.
• 하나의 유선에 대하여 총에너지는 일정하다.
• 임의의 두 점은 같은 유선상에 있다.

□□□ 산 99,17,21

93 그림과 같이 물속에 잠긴 원판에 작용하는 전수압은? (단, 무게 1kg=9.8N)

① 92.3kN
② 184.7kN
③ 369.3kN
④ 738.5kN

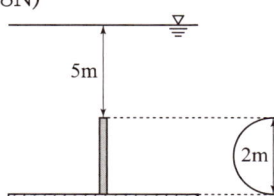

$$P = wh_G A = 9.8 \times \left(5 + \frac{2}{2}\right) \times \frac{\pi \times 2^2}{4} = 184.7\text{kN}$$

(∵ 물의 단위중량 $w = 9.8\text{kN/m}^3$)

□□□ 산 97,09,11,16,21

94 어떠한 경우라도 전단응력 및 인장력이 발생하지 않으며 전혀 압축되지도 않고, 마찰저항 $h_L = 0$ 인 유체는?

① 소성유체   ② 점성유체
③ 탄성유체   ④ 완전유체

완전유체(이상유체)
전단응력 및 인장력이 발생하지 않으며 압력증감에 따른 체적변화율이 없고 손실수두가 0인 유체

□□□ 산 18④,21

95 그림과 같이 1/4원의 벽면에 접하여 유량 $Q = 0.05\text{m}^3/\text{s}$이 면적 200cm^2으로 일정한 단면을 따라 흐를 때 벽면에 작용하는 힘은? (단, 무게 1kg=9.8N)

① 117.6N
② 176.4N
③ 1176N
④ 1764N

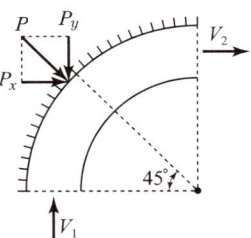

$$F = \sqrt{F_x + F_y}$$

• $F_x = \frac{wQ}{g}(V_1 - V_2)$

• $V = \frac{Q}{A} = \frac{0.05}{\frac{200}{10000}} = 2.5\text{m/s}$

• 물의 단위중량 $w = 9.8\text{kN/m}^3$

• $F_x = \frac{9.8 \times 0.05}{9.8}(2.5 - 0) = 0.125\text{kN}$

• $F_y = \frac{wQ}{g}(V_2 - V_1)$
$= \frac{9.8 \times 0.05}{9.8}(0 - 2.5) = -0.125\text{kN}$

∴ $F = \sqrt{(0.125)^2 + (0.125)^2} = 0.1768\text{kN}$

□□□ 산 18②,21

96 저수지로부터 30m 위쪽에 위치한 수조탱크에 $0.35\text{m}^3/\text{s}$의 물을 양수하고자 할 때 펌프에 공급되어야하는 동력은? (단, 손실수두는 무시하고 펌프의 효율은 75%이다.)

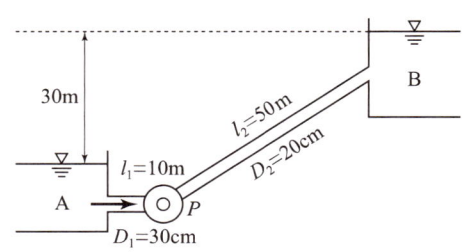

① 77.2kW   ② 102.9kW
③ 120.1kW   ④ 137.2kW

$$E = \frac{9.8\,Q(H + \Sigma h_L)}{\eta}$$

∴ $\frac{9.8 \times 0.35 \times 30}{0.75} = 137.2\text{kW}$

□□□ 산 05,14,21

87 유체 내부 임의의 점 (x, y, z)에서의 시간 t에 대한 속도성분을 각각 u, v, w로 표시하면, 정류이며 비압축성인 유체에 대한 연속방정식으로 옳은 것은? (단, ρ는 유체의 밀도이다.)

① $\dfrac{\partial u}{\partial x} + \dfrac{\partial v}{\partial y} + \dfrac{\partial w}{\partial z} = 0$

② $\dfrac{\partial \rho u}{\partial x} + \dfrac{\partial \rho v}{\partial y} + \dfrac{\partial \rho w}{\partial z} = 0$

③ $\dfrac{\partial \rho}{\partial t} + \rho\left(\dfrac{\partial u}{\partial x} + \dfrac{\partial v}{\partial y} + \dfrac{\partial w}{\partial z}\right) = 0$

④ $\dfrac{\partial \rho}{\partial t} + \dfrac{\partial (\rho u)}{\partial x} + \dfrac{\partial (\rho v)}{\partial y} + \dfrac{\partial (\rho w)}{\partial z} = 0$

정류(비압축성유체 ; 3차원류)
$\dfrac{\partial u}{\partial x} + \dfrac{\partial v}{\partial y} + \dfrac{\partial w}{\partial z} = 0$

Remember

수류의 연속방정식

구분	정류	
	압축성유체	비압축성유체
1차원류 (x방향)	$\dfrac{\partial (\rho u)}{\partial x} = 0$	$\dfrac{\partial u}{\partial x} = 0$
2차원류 (x, y 방향)	$\dfrac{\partial (\rho u)}{\partial x} + \dfrac{\partial (\rho v)}{\partial y} = 0$	$\dfrac{\partial u}{\partial x} + \dfrac{\partial v}{\partial y} = 0$
3차원류 (x, y, z 방향)	$\dfrac{\partial (\rho u)}{\partial x} + \dfrac{\partial (\rho v)}{\partial y} + \dfrac{\partial (\rho w)}{\partial z} = 0$	$\dfrac{\partial u}{\partial x} + \dfrac{\partial v}{\partial y} + \dfrac{\partial w}{\partial z} = 0$

□□□ 산 14,17,21

88 길이 130m인 관로에서 양단의 압력수두차가 8m가 되도록 하고 0.3m³/s의 물을 송수하기 위한 관의 직경은? (단, 관로의 마찰손실계수는 0.03이다.)

① 43.0cm ② 32.5cm
③ 30.3cm ④ 25.4cm

$D = \left(\dfrac{8flQ^2}{\pi^2 gh}\right)^{\frac{1}{5}}$

$= \left(\dfrac{8 \times 0.03 \times 130 \times 0.3^2}{\pi^2 \times 9.8 \times 8}\right)^{\frac{1}{5}}$

$= 0.325\,\text{m} = 32.5\,\text{cm}$

□□□ 산 09,14,21

89 물이 들어 있고 뚜껑이 없는 수조가 9.8m/s^2으로 수직상향 가속되고 있을 때 수심 2m에서의 압력은? (단, 무게 1kg=9.8N)

① 78.4kPa ② 39.2kPa
③ 19.6kPa ④ 0kPa

$P = w_o h\left(1 + \dfrac{\alpha}{g}\right) = 9.8 \times 2 \times \left(1 + \dfrac{9.8}{9.8}\right)$
$= 39.2\text{kN/m}^2 = 39.2\text{kPa}$

$(9.8\text{kN/m}^2 = 9.8\text{kPa})$

□□□ 산 98,06,13,21

90 부체가 수면에 의해 절단되는 면에서 최심부까지의 수심을 무엇이라 하는가?

① 부심 ② 흘수
③ 부력 ④ 부양면

- 부심 : 수중에 잠긴 물체에서 배수용적의 중심
- 흘수 : 부체가 수면에 의해 절단되는 최심부까지의 수심
- 부력 : 수중 부분의 체적 만큼의 물의 무게
- 부양면 : 부체의 일부가 수면 위에 있을 때 수면에 의해 절단되었다고 생각되는 단면

□□□ 산 02,13,21

91 그림과 같이 내경이 60mm, $H = 3$m의 호스에 직경 20mm의 노즐을 붙였다. 이때 유속계수 $C_v = 0.98$이라면 노즐로부터 분류하는 실제 유속은?

① 6.56m/sec
② 7.56m/sec
③ 8.56m/sec
④ 9.56m/sec

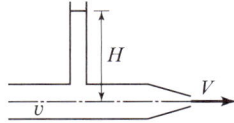

$V = C\sqrt{\dfrac{2gH}{1 - C^2\left(\dfrac{a}{A}\right)^2}} = C\sqrt{\dfrac{2gH}{1 - C^2\left(\dfrac{d}{D}\right)^4}}$

$= 0.98\sqrt{\dfrac{2 \times 9.8 \times 3}{1 - 0.98^2\left(\dfrac{0.02}{0.06}\right)^4}} = 7.56\text{m/sec}$

정답 87 ① 88 ② 89 ② 90 ② 91 ②

□□□ 산 04,06,15,16,21

83 관수로의 마찰손실수두에 관한 설명으로 틀린 것은?

① 관의 조도에 반비례한다.
② 관수로의 길이에 정비례한다.
③ 층류에서는 레이놀즈수에 반비례한다.
④ 관내의 직경에 반비례한다.

$f=\phi''\left(\frac{1}{R_e}, \frac{e}{D}\right)$

∴ 관의 내면조도$\left(\frac{e}{D}\right)$에 비례한다.

Remember

Darcy−Weisbach의 마찰 손실 공식

마찰 손실 수두 $h_L=f\frac{l}{D}\frac{V^2}{2g}$

- $f=\frac{64}{R_e}=\frac{\mu}{\rho V d}$, $R_e=\frac{Vd}{\nu}=\frac{\rho V d}{\mu}$
- $f=\phi''\left(\frac{1}{R_e}, \frac{e}{D}\right)$
- 관수로의 길이(l)에 비례한다.
- 관경(D)에 반비례한다.
- 관의 내면조도$\left(\frac{e}{D}\right)$에 비례한다.
- 레이놀즈수(R_e)에 반비례한다.
- 물의 점성(μ)에 비례한다.

□□□ 산 09,11,12,13,21

84 안지름이 0.1m인 관에서 관마찰손실수두가 속도수두와 같을 때 관의 길이는? (단, $f=0.03$이다.)

① 1.33m ② 2.33m
③ 3.33m ④ 4.33m

- 속도수두 $h_v=\frac{V^2}{2g}$
- 마찰손실수두 $h_L=f\frac{l}{D}\frac{V^2}{2g}$
- $f\frac{l}{D}\frac{V^2}{2g}=\frac{V^2}{2g}$

∴ 관의 길이 $l=\frac{D}{f}=\frac{0.10}{0.03}=3.33\text{m}$

□□□ 산 07,12,17,21

85 물의 밀도에 대한 차원으로 옳은 것은?

① $[FL^{-4}T^2]$ ② $[FL^{-1}T^2]$
③ $[FL^{-2}T]$ ④ $[FL]$

물의 밀도 $\rho=\frac{m}{V}=\frac{g}{cm^3}=[ML^{-3}]$

- $M=[FL^{-1}T^2]$

∴ $[ML^{-3}]=[FL^{-1}T^2L^{-3}]=[FL^{-4}T^2]$

Remember

■ LMT와 LFT 관계

$F=m\alpha=[M][LT^{-1}]=[ML^{-4}T^2]$

∴ $M=[FL^{-1}T^2]$

■ 단위와 차원

물리량	공학단위	LMT계	LFT계
밀도	g/cm^3	ML^{-3}	$FL^{-4}T^2$
힘	$g\cdot cm/sec^2$	MLT^{-2}	F
각속도	l/sec	T^{-1}	T^{-1}
점성계수	$g/cm\cdot sec$	$ML^{-1}T^{-1}$	$FL^{-2}T$
동점성계수	cm^2/sec	L^2T^{-1}	L^2T^{-1}
투수계수	cm/sec	LT^{-1}	LT^{-1}
운동량	$g\cdot cm/sec$	MLT^{-1}	FT

□□□ 산 06,16,21

86 직사각형단면의 개수로에 흐르는 한계유속을 표시한 것은? (단, V_c : 한계유속, h_c : 한계수심, a : 에너지 보정계수)

① $V_c=\left(\frac{gh_c}{a}\right)^{1/2}$ ② $V_c=\left(\frac{\alpha h_c}{b}\right)^{1/2}$
③ $V_c=\left(\frac{\alpha h_c^2}{b}\right)^{1/3}$ ④ $V_c=\left(\frac{gh_c^2}{a}\right)^{1/3}$

한계 유속

$V_c=\sqrt{\frac{gh_c}{\alpha}}=\left(\frac{gh_c}{\alpha}\right)^{\frac{1}{2}}$

정답 83 ① 84 ③ 85 ① 86 ①

□□□ 산 88,90,96,00,01,02,06,10,11,17,21

80 예민비가 큰 점토란?

① 입자모양이 둥근 점토
② 흙을 다시 이겼을 때 강도가 크게 증가하는 점토
③ 입자가 가늘고 긴 형태의 점토
④ 흙을 다시 이겼을 때 강도가 크게 감소하는 점토

> 예민비는 점성토에 이용되며 흐트러진 시료의 일축 압축 강도가 감소하는 성질 관계의 감소비를 말한다. 예민비가 클수록 강도의 변화가 크므로 공학적 성질이 나쁘다.

제3과목 : 수자원설계

1 수리학

□□□ 산 96,99,13,21

81 수심 2m, 폭 4m의 직사각형 단면 개수로의 유량을 Manning의 평균유속 공식을 사용하여 구한 값은? (단, 수로경사 $i = \dfrac{1}{100}$, 수로의 조도계수 $n = 0.025$)

① $32.0 \text{m}^3/\text{sec}$
② $64.0 \text{m}^3/\text{sec}$
③ $128.0 \text{m}^3/\text{sec}$
④ $160.0 \text{m}^3/\text{sec}$

> $Q = AV = A\dfrac{1}{n}R^{2/3}I^{1/2}$
>
> • 경심 $R = \dfrac{A}{P} = \dfrac{2 \times 4}{4 + 2 \times 2} = 1\text{m}$
>
> • 유속 $V = \dfrac{1}{n}R^{2/3}I^{1/2}$
>
> $\quad = \dfrac{1}{0.025} \times 1^{2/3} \times \left(\dfrac{1}{100}\right)^{1/2} = 4\text{m/sec}$
>
> ∴ $Q = (2 \times 4) \times 4 = 32.0 \text{m}^3/\text{sec}$

□□□ 산 08,12,13,14,21

82 직사각형 위어(weir)로 유량을 측정할 때 수두 H를 측정함에 있어 1%의 오차가 생길 경우, 유량에 생기는 오차는?

① 0.5%
② 1.0%
③ 1.5%
④ 2.5%

> $\dfrac{dQ}{Q} = \dfrac{3}{2}\dfrac{dh}{h}$
>
> • $\dfrac{dh}{h} = 1\%$
>
> ∴ $\dfrac{dQ}{Q} = \dfrac{3}{2}\dfrac{dh}{h} = \dfrac{3}{2} \times 1 = 1.5\%$

74 점토 광물 중에서 3층 구조로 구조결합 사이에 치환성 양이온이 있어서 활성이 크고, sheet 사이에 물이 들어가 팽창, 수축이 크고 공학적 안정성은 제일 약한 점토 광물은?

① kaolinite
② illite
③ montmorillonite
④ vermiculite

주요 점토광물의 특징

점토 광물	안전성	특징
montmorillonite	제일 약하다	수축 팽창이 크다
kaolinite	대단히 안전	수축 팽창이 없다
illite	중간 정도	수축 팽창이 거의 없다

75 다음의 토질시험 중 불교란시료를 사용해야 하는 시험은?

① 입도분석시험
② 압밀시험
③ 액성·소성한계시험
④ 흙입자의 비중시험

- 교란시료의 채취 : 입도분석, 흙 비중, 액성한계, 소성한계, 수축한계 등의 물리적 시험
- 불교란시료의 채취 : 전단강도, 일축압축시험, 압밀시험 등과 같은 흙의 조직에 의해서 지배되는 역학적 특성을 추정하는데 사용

76 두께 5m의 점토층이 있다. 압축 전의 간극비가 1.32, 압축 후의 간극비가 1.10으로 되었다면 이 토층의 압밀침하량은 약 얼마인가?

① 68cm
② 58cm
③ 52cm
④ 47cm

$$\Delta H = \frac{e_1 - e_2}{1 + e_1} H$$
$$= \frac{1.32 - 1.10}{1 + 1.32} \times 500 = 47.41 \text{cm}$$

77 연약지반에 말뚝을 시공한 후, 부의 주면마찰력이 발생되면 말뚝의 지지력은?

① 증가된다.
② 감소된다.
③ 변함이 없다.
④ 증가할 수도 있고 감소할 수도 있다.

말뚝에 부의 주면마찰력이 발생하면 말뚝의 지지력은 감소한다.

78 어떤 모래의 입경가적곡선에서 유효입경 $D_{10} = 0.01$mm이었다. Hazen공식에 의한 투수계수는? (단, 상수(C)는 100을 적용한다.)

① 1×10^{-4}cm/sec
② 2×10^{-6}cm/sec
③ 5×10^{-4}cm/sec
④ 5×10^{-6}cm/sec

$K = C \cdot D_{10}^2$
- $D_{10} = 0.01$mm $= 0.001$cm
- ∴ $K = 100 \times 0.001^2 = 1 \times 10^{-4}$cm/sec

79 다음 그림에 보인 바와 같이 지하수위면은 지표면 아래 2.0m의 깊이에 있고 흙의 단위중량은 지하수위면 위에서 19kN/m³, 지하수위면 아래에서 20kN/m³ 이다. 요소 A가 받는 연직 유효응력은?

① 198kN/m²
② 190kN/m²
③ 140kN/m²
④ 130kN/m²

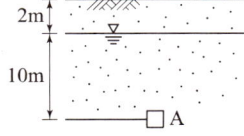

[방법1] 유효응력 $\bar{\sigma} = \sigma - u$
- 전응력 $\sigma = \gamma_t h + \gamma_{sat} h$
  $= 19 \times 2 + 20 \times 10 = 238$kN/m²
- 간극수압 $u = \gamma_w h = 9.81 \times 10 = 98.1$kN/m²
- ∴ $\bar{\sigma} = \sigma - u = 238 - 98.1 = 139.9$kN/m²

[방법2] $\bar{\sigma} = \gamma_t h_1 + \gamma_{sub} h_2$
$= 19 \times 2 + (20 - 9.81) \times 10 = 139.9$kN/m²

68 두께 10m의 점토층 상·하에 모래층이 있다. 점토층의 평균압밀계수가 $0.11 \text{cm}^2/\text{min}$일 때 최종 침하량의 50%의 침하가 일어나는 데 며칠이 걸리겠는가? (단, 시간계수는 0.197을 적용한다.)

① 996일　　② 448일
③ 311일　　④ 224일

$$t_{50} = \frac{0.197 H^2}{C_v}$$

$$= \frac{0.197 \times \left(\frac{1000}{2}\right)^2}{0.11} \times \frac{1}{60 \times 24} = 311\text{일}$$

69 어떤 점토를 연직으로 4m 굴착하였다. 이 점토의 일축압축강도가 48kN/m^2이고, 단위중량이 16kN/m^3일 때 굴착고에 대한 안전율은 얼마인가?

① 1.2　　② 1.5
③ 2.0　　④ 3.0

안전율 $F_s = \dfrac{H_c}{H}$

・$H_c = \dfrac{2q_u}{\gamma_t} = \dfrac{2 \times 48}{16} = 6\text{m}$

∴ $F_s = \dfrac{6}{4} = 1.5$

70 직경 60mm, 높이 20mm인 점토시료의 습윤중량이 250g, 건조로에서 건조시킨 후의 중량이 200g이었다. 함수비는?

① 20%　　② 25%
③ 30%　　④ 40%

$w = \dfrac{\text{물의 중량}}{\text{흙입자만의 중량}} = \dfrac{W_w}{W_s} \times 100$

$= \dfrac{250-200}{200} \times 100 = 25\%$

71 다짐에 대한 설명으로 틀린 것은?

① 점토를 최적함수비보다 작은 함수비로 다지면 분산구조를 갖는다.
② 투수계수는 최적함수비 근처에서 거의 최소값을 나타낸다.
③ 다짐에너지가 클수록 최대건조단위중량은 커진다.
④ 다짐에너지가 클수록 최적함수비는 작아진다.

점성토에서 흙은 최적함수비보다 작은 함수비로 다지면 면모구조를, 큰 함수비로 다지면 이산구조를 보인다.

72 지반의 전단파괴 종류에 속하지 않는 것은?

① 극한전단파괴　　② 전반전단파괴
③ 국부전단파괴　　④ 관입전단파괴

얕은 기초의 전단파괴형태
・국부전단파괴 : 압력의 작용으로 지반 내에서 국부적으로 전단파괴가 발생되는 것
・전반전단파괴 : 지반전체에 전단파괴가 발생되는 것
・관입전단파괴 : 기초에 인접해 있는 지반에서 부풀어 오르는 현상이 나타나지 않고 파괴되는 것

73 그림과 같은 지반에서 A점의 주동에 의한 수평방향의 전응력 σ_h는 얼마인가?

① 80kN/m^2
② 16.5kN/m^2
③ 26.7kN/m^2
④ 48.4kN/m^2

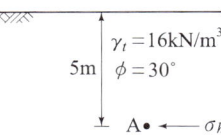

$\sigma_h = \gamma_t h K_a$

・$K_a = \tan^2\left(45° - \dfrac{30°}{2}\right) = \dfrac{1}{3}$

∴ $\sigma_h = 16 \times 5 \times \dfrac{1}{3} = 26.7\text{kN/m}^2$

□□□ 산 08,11,16,21

63 충분히 다진 현상에서 모래 치환법에 의해 현장밀도 실험을 한 결과 구멍에서 파낸 흙의 무게가 1536g, 함수비가 15%이었고, 구멍에 채워진 밀도가 1.70g/cm³인 표준모래의 무게가 1411g이었다. 이 현장이 95% 다짐도가 된 상태가 되려면 이 흙의 실내실험실에서 구한 최대 건조밀도는?

① 1.69g/cm³ ② 1.79g/cm³
③ 1.85g/cm³ ④ 1.93g/cm³

다짐도 $C_d = \dfrac{\rho_d}{\rho_{d\max}} \times 100$에서

- 최대 건조밀도 $\rho_{d\max} = \dfrac{\rho_d}{C_d} \times 100$
- $V = \dfrac{W_{sand}}{\rho_s} = \dfrac{1411}{1.70} = 830\text{cm}^3$
- $W_s = \dfrac{W}{1+w} = \dfrac{1536}{1+0.15} = 1335.65\text{g}$
- $\rho_d = \dfrac{W_s}{V} = \dfrac{1335.65}{830} = 1.61\text{g/cm}^3$
- $\therefore \rho_{d\max} = \dfrac{1.61}{95} \times 100 = 1.69\text{g/cm}^3$

【참고】 $\rho_d = 1.61\text{g/cm}^3 = 1.61\text{t/m}^3$
$\gamma_d = 1.61\text{t/m}^3 = 16.1\text{kN/m}^3$

□□□ 산 90,96,97,98,00,01,04,08,09,10,11,14,21

64 직접전단시험에서 수직응력이 1MPa일 때 전단저항이 0.5MPa이었고, 수직응력을 2MPa로 증가하였더니 전단저항이 0.7MPa이었다. 이 흙의 점착력 값은?

① 0.2MPa ② 0.3MPa
③ 0.5MPa ④ 0.7MPa

전단강도 $\tau = c + \sigma\tan\phi$에서
$0.5 = c + 1\tan\phi$ ················· (1)
$0.7 = c + 2\tan\phi$ ················· (2)
(1)×2 − (2)
$1 = 2c + 2\tan\phi$ ················· (3)
$0.7 = c + 2\tan\phi$ ················· (4)
(3) − (4)
$\therefore$ 점착력 $c = 0.3\text{MPa}$

□□□ 산 15,21

65 어떤 흙의 비중이 2.65, 간극률이 36%일 때 다음 중 분사현상이 일어나지 않을 동수경사는?

① 1.9 ② 1.2
③ 1.1 ④ 0.9

$F_s = \dfrac{i_c}{i} > 1$

- $e = \dfrac{n}{100-n} = \dfrac{36}{100-36} = 0.56$
- $i_c = \dfrac{G_s - 1}{1+e} = \dfrac{2.65-1}{1+0.56} = 1.1$
- $F_s = \dfrac{1.1}{i} > 1$, $1.1 > i$ $\therefore i = 0.9$

□□□ 산 86,89,96,00,02,08,09,14,19②,21

66 어떤 유선망도에서 상하류의 수두차가 3m, 투수계수가 2.0×10^{-3}cm/sec, 등수두면의 수가 9개, 유로의 수가 6개일 때 단위폭 1m당 침투량은?

① 0.0288m³/hr ② 0.1440m³/hr
③ 0.3240m³/hr ④ 0.3436m³/hr

$Q = KH\dfrac{N_f}{N_d}$
$= (2 \times 10^{-5}) \times 3 \times \dfrac{6}{9} = 4 \times 10^{-5}\text{m}^3/\text{sec}$
$= 0.1440\text{m}^3/\text{hr}$

□□□ 산 93,01,03,06,09,12,14,19①,21

67 그림에서 주동토압의 크기를 구한 값은? (단, 흙의 단위중량은 18kN/m³이고 내부마찰각은 30°이다.)

① 56kN/m
② 108kN/m
③ 158kN/m
④ 236kN/m

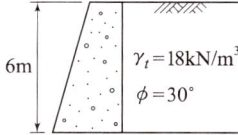

$P_A = \dfrac{1}{2}\gamma_t H^2 \tan^2\left(45° - \dfrac{\phi}{2}\right)$
$= \dfrac{1}{2} \times 18 \times 6^2 \tan^2\left(45° - \dfrac{30°}{2}\right) = 108\text{kN/m}$

□□□ 산 13, 21
58 등고선에 대한 설명으로 틀린 것은?

① 등고선은 능선 또는 계곡선과 직교한다.
② 등고선은 최대경사선 방향과 직교한다.
③ 등고선은 지표의 경사가 급할수록 간격이 좁다.
④ 등고선은 어떤 경우라도 서로 교차하지 않는다.

> 높이가 다른 두 등고선은 동굴이나 절벽을 제외하고는 교차하지 않는다.

□□□ 산 12, 17, 21
59 표고 236.42m의 평탄지에서 거리 500m를 평균 해면상의 값으로 보정하려고 할 때, 보정량은? (단, 지구 반지름은 6370km로 한다.)

① -1.656cm
② -1.756cm
③ -1.856cm
④ -1.956cm

$$C_h = -\frac{D \cdot h}{R} = -\frac{500 \times 236.42}{6370 \times 1000} = -0.01856m = -1.856cm$$

□□□ 산 12, 21
60 그림을 표적에 대한 탄흔이라고 할 때, 다음 설명 중 옳은 것은?

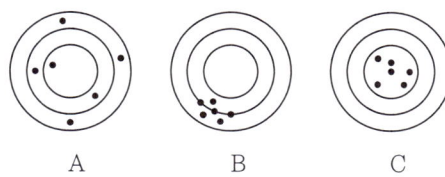

A B C

① A가 C보다 더 정확하다고 할 수 있다.
② A가 C보다 더 정밀하다고 할 수 있다.
③ B가 C보다 더 정확하다고 할 수 있다.
④ B가 A보다 더 정밀하다고 할 수 있다.

> A : 정확하지 않다.
> B : 정밀하다.
> C : 정확하다.

❷ 토질 및 기초

□□□ 산 13, 14, 15①, 16④, 19④, 21
61 전단응력을 증가시키는 외적인 요인이 아닌 것은?

① 간극수압의 증가
② 지진, 발파에 의한 충격
③ 인장응력에 의한 균열의 발생
④ 함수량 증가에 의한 단위중량 증가

> 간극수압의 증가는 전단강도의 감소 요인이다.

Remember

■ 전단강도의 감소 요인
• 간극수압의 증가
• 흙 다짐의 불충분
• 느슨한 사질토 진동
• 흡수에 의한 점토지반의 팽창
• 수축, 팽창, 인장에 의한 미세한 균열
• 불안정한 흙 속에 발생하는 변형
• 동결된 흙이나 아이스렌즈의 융해

■ 전단응력의 증대 요인
• 외력의 작용
• 지진, 발파에 의한 충격
• 굴착에 의한 균열 발생
• 인장응력에 의한 균열의 발생
• 함수량 증가에 의한 단위중량 증가
• 자연 또는 인공에 의한 지하공동 현상
• 균열 내 물의 유입으로 수압증가

□□□ 산 91, 95, 99, 01, 10, 14, 17, 20③, 21
62 포화 점토지반에 대해 베인전단시험을 실시하였다. 베인의 직경은 60mm, 높이는 120mm, 흙이 전단파괴될 때 작용시킨 회전모멘트는 18N·m일 때, 점착력 (c_u)은?

① $13kN/m^2$
② $23kN/m^2$
③ $32kN/m^2$
④ $42kN/m^2$

$$c_u = \frac{M_{max}}{\pi D^2 \left(\frac{H}{2} + \frac{D}{6}\right)} = \frac{18 \times 1000}{\pi \times 60^2 \times \left(\frac{120}{2} + \frac{60}{6}\right)}$$
$$= 0.023N/mm^2 = 23kN/m^2$$

정답 58 ④ 59 ③ 60 ④ 61 ① 62 ②

□□□ 산 10,11,13①,15④,16④,17④,19④,21

52 수준측량에서 전시와 후시의 시준거리를 같게 함으로써 소거할 수 있는 오차는?

① 시준축이 기포관축과 평행하지 않기 때문에 발생하는 오차
② 표척을 연직방향으로 세우지 않아 발생하는 오차
③ 표척 눈금의 오독으로 발생하는 오차
④ 시차에 의해 발생하는 오차

- 등거리(전시와 후시 같게) 시준시 소거되는 오차 : 지구곡률오차(구차), 광선의 굴절오차(기차), 시준축오차(기계적 오차)
- 레벨을 세우는 횟수를 짝수로 하면 표척의 눈금오차를 제거할 수 있다.

□□□ 산 12,14,15,21

53 그림과 같이 B점의 좌표를 구하기 위하여 기지점 A로부터의 방향각 T와 거리 S를 측량하였다. B점의 좌표는? (단, A점의 좌표(100, 200), 방향각 T는 58°30′00″, 거리 S는 200m이고 좌표의 단위는 m이다.)

① (104.5, 170.5)
② (170.5, 104.5)
③ (370.5, 204.5)
④ (204.5, 370.5)

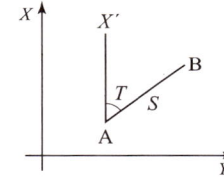

- $X_B = X_A + \overline{AB}\cos\alpha = 100 + 200\cos 58°30′00″$
  $= 204.5\text{m (위거)}$
- $Y_B = Y_A + \overline{AB}\sin\alpha = 200 + 200\sin 58°30′00″$
  $= 370.5\text{m (경거)}$
- $\therefore$ B(204.5, 370.5)

□□□ 산 16,21

54 GPS 위성의 기하학적 배치상태에 따른 정밀도 저하율을 뜻하는 것은?

① 다중경로(Multipath) ② DOP
③ A/S ④ 사이클 슬립(Cycle Slip)

위성의 배치 상태에 따른 정밀도 저하율(DOP : Dilution Of Precision)

□□□ 산 92,96,03,10,11,12,13,14,16,18②④,19①,21

55 수위 관측소의 위치 선정 시 고려사항으로 옳지 않은 것은?

① 평시에는 홍수 때보다 수위표를 쉽게 읽을 수 있는 곳
② 지천의 합류점 및 분류점으로 수위의 변화가 뚜렷한 곳
③ 하안과 하상이 안전하고 세굴이나 퇴적이 없는 곳
④ 유속의 크기가 크지 않고 흐름이 직선인 곳

지천에 의한 특별한 수위의 변화가 일어나지 않는 곳

Remember
수위관측소(양수표)의 설치장소
- 하상과 하안이 세굴, 퇴적이 안되는 곳
- 상하류 100m가량 직선인 곳
- 수위가 교각 등 구조물의 영향을 받지 않는 곳
- 홍수 때에도 쉽게 양수표를 읽을 수 있는 곳
- 홍수 때 관측소가 유실, 파손될 염려가 없는 곳
- 지천의 합류점과 같이 불규칙한 변화가 없는 곳
- 소용돌이, 역류 및 저수가 적은 곳이어야 한다.
- 양수표는 5~10km 마다 배치

□□□ 산 12,21

56 연직선 편차에 대한 설명으로 옳은 것은?

① 진북과 자북의 편차
② 기포관축과 시준축의 편차
③ 기계의 중심축과 연직축의 편차
④ 회전타원체와 지오이드에 대한 수직선의 편차

연직선 편차
회전타원체의 법선인 수직선과 지오이드 법선인 수직선이 일치하지 않기 때문에 생기는 편차

□□□ 산 11①,12①②,13②,17②,18①,20③,21

57 1:5000 축척 지형도를 이용하여 1:25000 축척 지형도 1매를 편집하고자 한다. 필요한 1:5000 축척 지형도의 총 매수는?

① 25매 ② 20매
③ 15매 ④ 10매

$\dfrac{A_2}{A_1} = \left(\dfrac{M_2}{M_1}\right)^2 = \left(\dfrac{25000}{5000}\right)^2 = 25$매

정답 52 ① 53 ④ 54 ② 55 ② 56 ④ 57 ①

산 12②,15④,18②,19①,21

48 P점의 좌표가 $X_P = -1000m$, $Y_P = 2000m$이고, $\overline{PQ}$의 길이시 1500m, $\overline{PQ}$의 방위각이 120°일 때 Q점의 좌표는?

① $X_Q = -1750m$, $Y_Q = +3299m$
② $X_Q = +1750m$, $Y_Q = +3299m$
③ $X_Q = +1750m$, $Y_Q = -3299m$
④ $X_Q = -1750m$, $Y_Q = -3299m$

- $X_Q = X_P + \overline{PQ}\cos\alpha$
  $= -1000 + 1500\cos 120° = -1750m$ (위거)
- $Y_Q = Y_P + \overline{PQ}\sin\alpha$
  $= 2000 + 1500\sin 120° = +3299m$ (경거)

∴ $Q(-1750, 3299)$

산 14,21

49 그림과 같은 단열삼각망의 조정각이 $\alpha_1 = 40°$, $\beta_1 = 60°$, $\gamma_1 = 80°$, $\alpha_2 = 50°$, $\beta_2 = 30°$, $\gamma_2 = 100°$일 때, $\overline{CD}$의 길이는? (단, $\overline{AB}$ 기선 길이가 600m이다.)

① 323.4m
② 400.7m
③ 568.6m
④ 682.3m

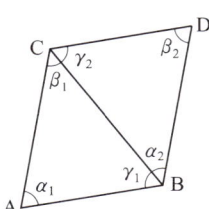

$\dfrac{\overline{BC}}{\sin 40°} = \dfrac{600}{\sin 60°}$

∴ $\overline{BC} = \dfrac{600}{\sin 60°} \times \sin 40° = 445.34m$

$\dfrac{\overline{CD}}{\sin 50°} = \dfrac{445.34}{\sin 30°}$

∴ $\overline{CD} = \dfrac{445.34}{\sin 30°} \times \sin 50° = 682.30m$

산 12,14,18①,21

50 그림과 같은 삼각형의 정점 A, B, C의 좌표가 A(50,20), B(20,50), C(70,70)일 때, 정점 A를 지나며 △ABC의 넓이를 m : n = 4 : 3으로 분할하는 P점의 좌표는? (단, 좌표의 단위는 m이다.)

① (58.6, 41.4)
② (41.4, 58.6)
③ (50.6, 63.4)
④ (50.4, 65.6)

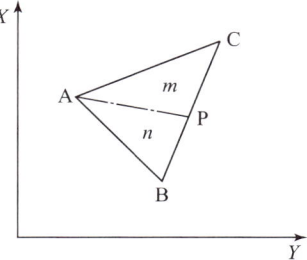

$\overline{BP} = \overline{BC}\dfrac{n}{m+n}$

- $X_P = X_B + \overline{BC}_X \times \dfrac{n}{m+n}$
  $= 20 + (70-20) \times \dfrac{3}{4+3} = 41.4m$
- $Y_P = Y_B + \overline{BC}_Y \times \dfrac{n}{m+n}$
  $= 50 + (70-50) \times \dfrac{3}{4+3} = 58.6m$

∴ $P(41.4, 58.6)$

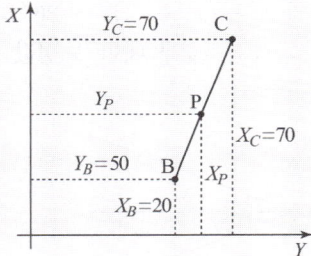

산 03,08,14,16,21

51 도로의 단곡선 계산에서 노선기점으로부터 교점까지의 추가거리와 교각을 알고 있을 때 곡선시점의 위치를 구하기 위해서 계산되어야 하는 요소는?

① 접선장(T.L)
② 곡선장(C.L)
③ 중앙종거(M)
④ 접선에 대한 지거(Y)

곡선시점 B.C = I.P − T.L
- I.P = 노선기점으로부터 교점까지의 거리
- 접선장 T.L = $R\tan\dfrac{I}{2}$

정답 48 ① 49 ④ 50 ② 51 ①

□□□ 산 15,21

43 철도에 완화곡선을 설치하고자 할 때 캔트(cant)의 크기 결정과 직접적인 관계가 없는 것은?

① 레일간격 ② 곡선반지름
③ 원곡선의 교각 ④ 주행속도

캔트 $C = \dfrac{DV^2}{gR}$

> **Remember**
> 등고선의 종류와 간격
> $$C = \dfrac{DV^2}{gR} = \dfrac{D\left(\dfrac{V}{3.6}\right)^2}{gR} = \dfrac{DV^2}{127R}$$
> C : 캔트(mm), g : 중력가속도(9.80m/s²)
> D : 레일간격(mm), V : 설계속도(m/s)
> R : 곡선 반지름(m), v : 주행속도(km/h)

□□□ 산 93,99,06,07,11,12,13,16,18,21

44 그림과 같이 0점에서 같은 정확도로 각을 관측하여 오차를 계산한 결과 $x_3 - (x_1 + x_2) = -36''$의 식을 얻었을 때 관측값 x_1, x_2, x_3에 대한 보정값 V_1, V_2, V_3는?

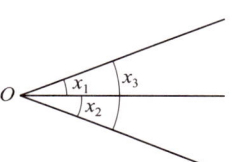

① $V_1 = -9''$, $V_2 = -9''$, $V_3 = +18''$
② $V_1 = -12''$, $V_2 = -12''$, $V_3 = +12''$
③ $V_1 = +9''$, $V_2 = +9''$, $V_3 = -18''$
④ $V_1 = +12''$, $V_2 = +12''$, $V_3 = -12''$

- 각오차 = $x_3 - (x_1 + x_2) = -36''$
- 조정량 = $\dfrac{36''}{3} = 12''$ (각 관측값에 ±12″ 해준다.)
- 각오차 $x_3 < (x_1 + x_2)$이므로 작은 측정값에는 (+), 큰 측정값에는 (−)
  ∴ 작은 측정값 $V_1 = -12''$, $V_2 = -12''$
  큰 측정값 $V_3 = +12''$ 해준다.

□□□ 산 10,12,13,15,17,21

45 노선의 완화곡선으로써 3차 포물선이 주로 사용되는 곳은?

① 고속도로 ② 일반철도
③ 시가지전철 ④ 일반도로

완화곡선

종류	용도
클로소이드 곡선	고속도로 IC
렘니스케이스 곡선	지하철
3차 포물선	철도 이용
반파장 sin체감곡선	고속철도

□□□ 산 12②,13②,16①,18④,21

46 종단면도를 이용하여 유토곡선(mass curve)을 작성하는 목적과 가장 거리가 먼 것은?

① 토량의 운반거리 산출 ② 토공장비의 선정
③ 토량의 배분 ④ 교통로 확보

토적곡선의 작성 목적
- 토량의 분배
- 평균운반거리 산출
- 토공기계의 선정
- 시공방법 결정

□□□ 산 13,17,21

47 도상에 표고를 숫자로 나타내는 방법으로 하천, 항만, 해안측량 등에서 수심측량을 하여 고저를 나타내는 경우에 주로 사용되는 것은?

① 음영법 ② 등고선법
③ 영선법 ④ 점고법

- 점고법 : 하천, 항만, 해양 등에서 심천측량을 1점에 숫자를 기입하여 높이를 표시하는 방법
- 영선법 : 짧은선으로 지표의 기복을 나타내는 것으로 우모법이라고도 한다.
- 음영법 : 지표의 기복에 대하여 그 명암을 2~3색 이상으로 도면에 채색해 기복의 모양을 표시하는 방법
- 등고선법 : 등고선은 지표의 같은 높이의 점을 연결한 곡선

43 ③ 44 ② 45 ② 46 ④ 47 ④

□□□ 산 13,14,15,16,18②,21

39 강도설계법에서의 기본 가정을 설명한 것으로 틀린 것은?

① 철근과 콘크리트의 변형률은 중립축으로부터의 거리에 비례한다.
② 항복강도 f_y 이하에서의 철근의 응력은 그 변형률의 E_s 배로 한다.
③ 콘크리트의 인장강도는 휨계산에서 무시한다.
④ 콘크리트의 응력은 변형률에 탄성계수 E_c를 곱한 것으로 한다.

강도설계법에서의 기본 가정
- 철근과 콘크리트의 변형률은 중립축에서의 거리에 비례한다.
- 콘크리트 압축측 연단에서 콘크리트의 설계기준압축강도가 40MPa 이하인 경우에는 최대변형률은 0.0033으로 가정한다.
- 항복강도 f_y 이하에서의 철근의 응력은 그 변형률의 E_s 배로 취한다.
- 휨응력계산에서 콘크리트의 인장강도는 무시한다.

□□□ 산 13,21

40 철근과 콘크리트의 부착에 대한 설명으로 틀린 것은?

① 콘크리트의 압축강도가 증가하면 부착강도가 커진다.
② 거친 표면으로 된 철근이 부착강도가 크다.
③ 피복두께가 클수록 부착강도가 크다.
④ 같은 철근량일 경우 철근의 직경을 큰 것을 사용하여 개수를 줄이면 부착강도가 커진다.

철근의 지름이 굵은 것보다는 가는 것을 여러 개를 사용하는 것이 부착강도가 크다.

제2과목 : 측량 및 토질

1 측량학

□□□ 산 10,12,13,21

41 노선측량에서 노선을 선정할 때 유의해야 할 사항으로 옳지 않은 것은?

① 배수가 잘 되는 곳으로 한다.
② 노선 선정 시 가급적 직선이 좋다.
③ 절토 및 성토의 운반거리를 가급적 짧게 한다.
④ 가급적 성토구간이 길고, 토공량이 많아야 한다.

토공량이 적도록 하고 절토와 성토가 균형을 이룰 것

Remember
노선을 선정할 때 유의점
- 가능한 한 직선으로 할 것
- 가능한 한 경사가 완만할 것
- 절토의 운반거리가 짧을 것
- 토공량이 적게 되고 절토와 성토가 짧은 구간에서 균형될 것
- 배수가 완전할 것

□□□ 산 04,05,06,07,09,10,12,14,16,19①,20③,21

42 교호수준 측량을 실시하여 다음의 결과를 얻었다. A점의 표고가 25.020m일 때 B점의 표고는?
(단, $a_1 = 2.42$m, $a_2 = 0.68$m, $b_1 = 3.88$m, $b_2 = 2.11$m)

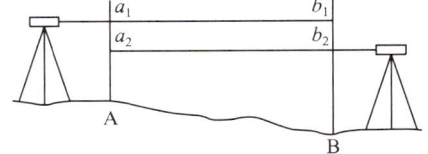

① 23.065m   ② 23.575m
③ 26.465m   ④ 26.975m

- 고저차 $H = \frac{1}{2}[(a_1 - b_1) + (a_2 - b_2)]$
  $= \frac{1}{2}[(2.42 - 3.88) + (0.68 - 2.11)]$
  $= -1.445$m
- B점의 지반고 $H_B = H_A + H$
  ∴ $H_B = 25.020 + (-1.445) = 23.575$m

정답 39 ④   40 ④   41 ④   42 ②

33 배력철근을 배치하는 이유로서 잘못된 것은?

① 하중을 고르게 분포시켜 균열 폭을 최소화하기 위함이다.
② 주철근의 부착력을 확보하기 위함이다.
③ 온도변화에 의한 균열을 방지하기 위함이다.
④ 건조수축에 의한 균열을 방지하기 위함이다.

■ 배력철근 : 하중을 분포시키거나 균열을 제어할 목적으로 주철근과 직각에 가까운 방향으로 배치한 보조철근
■ 배력철근의 배치 이유
• 하중을 고르게 분포
• 균열폭을 최소화
• 주철근 간격 유지
• 건조수축과 온도균열에 의한 균열 방지

34 그림과 같은 단철근 직사각형 단면보에서 등가직사각형 응력블록의 깊이(a)는? (단, $f_y=350\text{MPa}$, $f_{ck}=28\text{MPa}$)

① 42mm
② 49mm
③ 52mm
④ 59mm

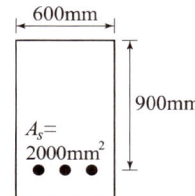

$$a = \frac{A_s f_y}{\eta(0.85 f_{ck})b} = \frac{2000 \times 350}{1 \times 0.85 \times 28 \times 600} = 49.02\text{mm}$$

35 PSC에서 프리텐션 방식의 장점이 아닌 것은?

① PS 강재를 곡선으로 배치하기 쉽다.
② 정착장치가 필요하지 않다.
③ 제품의 품질에 대한 신뢰도가 높다.
④ 대량 제조가 가능하다.

프리텐션 방식의 단점
• 강재를 곡선으로 배치하기가 어려워 대형 구조물 제작에는 부적당하다.
• 단부에 프리스트레스의 도입이 어렵다.

36 $b_w=200\text{mm}$, $d=500\text{mm}$인 단철근 직사각형보의 균형철근량은? (단, $f_{ck}=24\text{MPa}$, $f_y=400\text{MPa}$)

① 2372mm²
② 2540mm²
③ 3271mm²
④ 3583mm²

철근량 $A_s = \rho_b bd$
• $f_{ck} \leq 40\text{MPa}$일 때까지 $\eta=1.0$, $\beta_1=0.80$
• 균형철근비 $\rho_b = \frac{\eta(0.85 f_{ck})\beta_1}{f_y} \frac{660}{660+f_y}$

$\rho_b = \frac{1 \times 0.85 \times 24 \times 0.80}{400} \times \frac{660}{660+400} = 0.02540$

∴ $A_s = 0.02540 \times 200 \times 500 = 2540\text{mm}^2$

37 프리텐션 PSC 부재의 단면이 300mm×500mm이고 120mm²의 PS 강선 5개가 단면의 도심에 배치되어 있다. 초기 프리스트레스가 1000MPa이고 $n=6$일 때 콘크리트의 탄성수축에 의한 프리스트레스 감소량은?

① 24MPa
② 27MPa
③ 32MPa
④ 35MPa

$\Delta f_p = n \frac{P_i}{A_c}$
• $P_i = A_p n f_y = 120 \times 5 \times 1000 = 600000\text{N}$

∴ $\Delta f_p = 6 \times \frac{600000}{300 \times 500} = 24\text{MPa}$

38 휨부재에서 $f_{ck}=28\text{MPa}$, $f_y=400\text{MPa}$일 때 인장철근 D29(공칭지름 28.6mm, 공칭단면적 642mm²)의 기본정착길이(l_{bd})는 약 얼마인가?

① 1200mm
② 1250mm
③ 1300mm
④ 1350mm

인장 이형철근의 정착(D35 이하의 철근의 경우)
$l_{db} = \frac{0.6 d_b f_y}{\lambda \sqrt{f_{ck}}}$

$= \frac{0.6 \times 28.6 \times 400}{1 \times \sqrt{28}} = 1297.17\text{mm} ≒ 1300\text{mm}$

정답 33 ② 34 ② 35 ① 36 ② 37 ① 38 ③

□□□ 산 11,12,13,16④,21

29 PS강재를 긴장할 때 강재의 인장응력을 다음 어느 값을 초과하면 안 되는가?
(단, f_{pu} : 긴장재의 설계기준인장강도
 f_{py} : 긴장재의 설계기준항복강도)

① $0.80f_{pu}$ 또는 $0.82f_{py}$ 중 작은 값
② $0.80f_{pu}$ 또는 $0.94f_{py}$ 중 작은 값
③ $0.74f_{pu}$ 또는 $0.82f_{py}$ 중 작은 값
④ $0.74f_{pu}$ 또는 $0.94f_{py}$ 중 작은 값

• 긴장을 할 때 긴장재의 인장응력은 $0.80\ f_{pu}$ 또는 $0.94\ f_{py}$ 중 작은 값 이하로 하여야 한다.

> **Remember**
>
> 긴장재의 허용응력
> • 긴장을 할 때 긴장재의 인장응력은 $0.80f_{pu}$ 또는 $0.94\ f_{py}$ 중 작은 값 이하로 하여야 한다.
> • 프리스트레스 도입 직후에 긴장재의 인장응력은 $0.74\ f_{pu}$ 또는 $0.82f_{py}$ 중 작은 값 이하로 하여야 한다.
> • 정착구와 커플러의 위치에서 프리스트레스 도입 직후 포스트텐션 긴장재의 응력은 $0.70f_{pu}$ 이하로 하여야 한다.

□□□ 산 11②,13④,18①,21

30 철근콘크리트 깊은 보 및 깊은 보의 전단설계에 관한 설명으로 잘못된 것은?

① 순경간(l_n)이 부재 깊이의 4배 이하이거나 하중이 받침부로부터 부재 깊이의 2배 거리 이내에 작용하는 보를 깊은 보라 한다.
② 수직전단철근의 간격은 d/5 이하 또한 300mm 이하로 하여야 한다.
③ 수평전단철근의 간격은 d/5 이하 또한 300mm 이하로 하여야 한다.
④ 깊은 보에서는 수평전단철근이 수직전단철근보다 전단보강효과가 더 크다.

깊은 보에서는 수직전단철근이 수평전단철근 보다 전단 보강 효과가 더 크다.

□□□ 산 11,13,14,19②,21

31 아래의 표에서 설명하고 있는 프리스트레스트 콘크리트의 개념은?

> 콘크리트에 프리스트레스를 도입하면 콘크리트가 탄성체로 전환된다는 생각으로서, 가장 널리 통용되고 있는 PSC의 기본적인 개념이다.

① 내력 모멘트의 개념 ② 외력 모멘트의 개념
③ 균등질 보의 개념   ④ 하중 평형의 개념

PSC의 기본 개념
• 응력개념(균등질보의 개념) : 프리스트레스가 도입되면 콘크리트 부재를 탄성이론으로 해석할 수 있다는 개념
• 하중 평형 개념(등가 하중 개념) : 프리스트레시에 의한 작용과 부재에 작용하는 하중을 평형이 되도록 하는 개념
• 강도 개념(내력 모멘트 개념) : PSC보를 RC보처럼 생각하여 콘크리트는 압축력을 받고 긴장재는 인장력을 받게하여 두 힘의 우력 모멘트로 외력에 의한 휨모멘트에 저항시킨다는 개념

□□□ 산 12,13,14,15,19④,21

32 아래 그림과 같은 단면의 보에서 해당 지속 하중에 대한 탄성처짐이 30mm이었다면 크리프 및 건조수축에 따른 추가적인 장기처짐을 고려한 최종 전체 처짐량은 몇 mm인가? (단, 하중 재하기간은 10년으로 $\xi = 2.0$이다.)

① 42.6mm
② 54.7mm
③ 67.5mm
④ 78.3mm

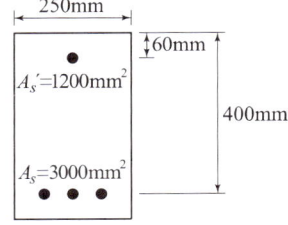

• $\lambda = \dfrac{\xi}{1+50\rho'}$

 $\rho' = \dfrac{A_s'}{bd} = \dfrac{1200}{250 \times 400} = 0.012$

 $\therefore \lambda = \dfrac{2}{1+50 \times 0.012} = 1.25$ (∵ 10년으로 $\xi = 2.0$)

• 장기처짐 = 순간처짐(탄성침하) × 장기처짐계수(λ)
  = $30 \times 1.25 = 37.5$mm

 ∴ 총처짐량 = 순간 처짐 + 장기 처짐
  = $30 + 37.5 = 67.5$mm

□□□ 산 11,17,21

25 보에 작용하는 계수 전단력 $V_u = 50\text{kN}$을 콘크리트만으로 지지할 경우 필요한 유효깊이 d의 최소값은 약 얼마인가? (단, $b_w = 350\text{mm}$, $f_{ck} = 22\text{MPa}$, $f_y = 400\text{MPa}$)

① 326mm ② 488mm
③ 532mm ④ 550mm

$V_u \leq \dfrac{1}{2}\phi V_c$ (전단철근이 필요 없는 조건)

$V_u = \dfrac{1}{2}\phi V_c = \dfrac{1}{2}\phi \dfrac{1}{6}\lambda\sqrt{f_{ck}}\,b_w d$ 에서

$\therefore d = \dfrac{V_u}{\dfrac{1}{2}\phi\dfrac{1}{6}\lambda\sqrt{f_{ck}}\,b_w}$

$= \dfrac{50\times 10^3}{\dfrac{1}{2}\times 0.75\times \dfrac{1}{6}\times \sqrt{22}\times 350}$

$= 487.3\text{mm} \fallingdotseq 488\text{mm}$

참고 [계산기 f_x 570 ES] SOLVE 사용법

$V_u = \dfrac{1}{2}\phi\left(\dfrac{1}{6}\lambda\sqrt{f_{ck}}\right)b_w d$

$50\times 10^3 = \dfrac{1}{2}\times 0.75\times \left(\dfrac{1}{6}\times 1\times \sqrt{22}\right)\times 350\times d$

먼저 50×10^3 ☞ ALPHA ☞ SOLVE = ☞
$\dfrac{1}{2}\times 0.75\times \left(\dfrac{1}{6}\times 1\times \sqrt{22}\right)\times 350\times$
☞ ALPHA X ☞ SHIFT ☞
SOLVE ☞ = ☞ 잠시 기다리면
$X = 487.3$ ∴ $d = 488\text{mm}$

□□□ 산 12,16,21

26 사용 고정하중(D)과 활하중(L)을 작용시켜서 단면에서 구한 휨모멘트는 각각 $M_D = 10\text{kN}\cdot\text{m}$, $M_L = 20\text{kN}\cdot\text{m}$이었다. 주어진 단면에 대해서 현행 콘크리트 구조기준에 의거 최대 소요강도를 구하면?

① 33kN·m ② 39.6kN·m
③ 40.8kN·m ④ 44kN·m

소요강도
$w = 1.6w_l + 1.2w_d$
$= 1.6\times 20 + 1.2\times 10 = 44\text{kN}\cdot\text{m}$

□□□ 산 12,14,16,21

27 길이 6m의 단순 철근콘크리트보에서 처짐을 계산하지 않아도 되는 보의 최소 두께는 얼마인가? (단, 보통콘크리트($m_c = 2300\text{kg/m}^3$)를 사용하며, $f_{ck} = 21\text{MPa}$, $f_y = 400\text{MPa}$)

① 356mm ② 403mm
③ 375mm ④ 349mm

최소 두께 $h = \dfrac{l}{16}$

$\therefore h = \dfrac{6000}{16} = 375\text{mm}$

Remember

처짐을 계산하지 않는 경우의 최소 두께
보통콘크리트($m_c = 2300\text{kg/m}^3$)와 설계기준항복강도 400MPa철근을 사용한 부재값

부재	단순지지	1단 연속	양단 연속	캔틸레버
· 1방향슬래브	$\dfrac{l}{20}$	$\dfrac{l}{24}$	$\dfrac{l}{28}$	$\dfrac{l}{10}$
· 보 · 리브가 있는 1방향 슬래브	$\dfrac{l}{16}$	$\dfrac{l}{18.5}$	$\dfrac{l}{21}$	$\dfrac{l}{8}$

□□□ 산 14,19①②,21

28 압축단면에서 중립축까지의 거리(c)가 500mm인 철큰콘크리트보가 있다. 콘크리트의 설계기준강도 f_{ck}가 60MPa인 고강도 콘크리트보를 제작할 때 이 보에서 계산될 수 있는 최대 응력사각형의 높이 a는 얼마인가?

① 280mm ② 325mm
③ 380mm ④ 425mm

■ β_1값 계산
  $f_{ck} = 60\text{MPa}$일 때까지 $\beta_1 = 0.76$
■ $a = \beta_1 \cdot c = 0.76\times 500 = 380\text{mm}$

정답 25 ② 26 ④ 27 ③ 28 ③

❷ 철근콘크리트 및 강구조

□□□ 산 11,13,14,21

21 그림과 같은 T형보에 대한 등가직사각형 블록의 깊이 (a)는 얼마인가? (단, $f_{ck}=21\text{MPa}$, $f_y=400\text{MPa}$이다.)

① 40mm
② 70mm
③ 120mm
④ 150mm

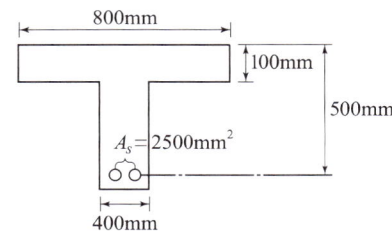

$$a = \frac{A_s f_y}{\eta(0.85 f_{ck})b}$$

$f_{ck} \leq 40\text{MPa}$일 때 $\eta=1.0$, $\beta_1=0.80$

$$a = \frac{2500 \times 400}{1 \times 0.85 \times 21 \times 800} = 70\text{mm} < t_f = 100\text{mm}$$

∴ 직사각형보

□□□ 산 11,13,14,16,21

22 아래 그림과 같이 경간 $L=9\text{m}$인 연속 슬래브에서 빗금 친 반T형보의 유효폭(b)은?

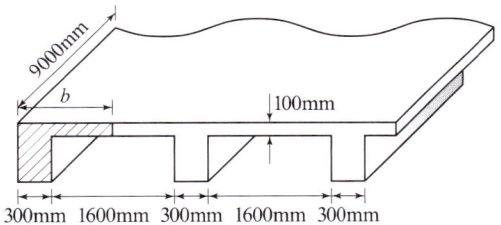

① 900mm
② 1050mm
③ 1100mm
④ 1200mm

반 T형보의 유효폭은 다음 값 중 가장 작은 값으로 한다.
• (한쪽으로 내민 플랜지 두께의 6t)+b_w
 $6t_f + b_w = 6 \times 100 + 300 = 900\text{mm}$
• $\left(\text{보의 경간의 } \frac{1}{12}\right) + b_w$
 : $\frac{1}{12} \times 9000 + 300 = 1050\text{mm}$
• $\left(\text{인접보와의 내측거리의 } \frac{1}{2}\right) + b_w$
 : $\frac{1}{2} \times 1600 + 300 = 1100\text{mm}$
∴ 유효폭 $b = 900\text{mm}$(작은 값)

□□□ 산 19②,21

23 그림과 같은 판형(Plate Girder)의 각부 명칭으로 틀린 것은?

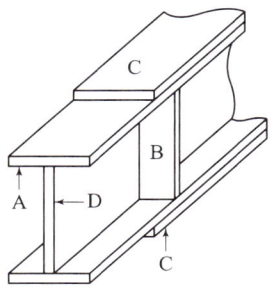

① A - 상부판(Flange)
② B - 보강재(Stiffener)
③ C - 덮개판(Cover plate)
④ D - 횡구(Bracing)

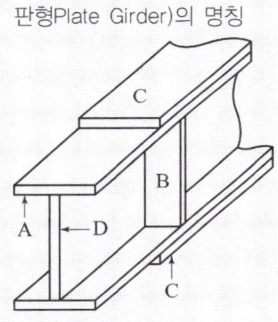

판형Plate Girder)의 명칭

A : 상부판(Flange)
B : 보강재(Stiffener) : 복부판의 좌굴을 방지하기 위하여
C : 덮개판(Cover plate)
D : 복부판(Web plate)

□□□ 산 16,21

24 인장 이형철근의 정착길이는 기본정착길이(l_{db})에 보정계수를 곱한다. 상부 수평철근의 보정계수(α)는?

① 1.3
② 1.0
③ 0.8
④ 0.75

• 인장 이형철근의 기본정착길이
 $$l_{db} = \frac{0.6 d_b f_y}{\lambda \sqrt{f_{ck}}}$$
• α = 철근배치 위치 계수
 상부철근 : 1.3, 기타 : 1.0

정답 21 ② 22 ① 23 ④ 24 ①

□□□ 산 15,21
18 길이 6m인 단순보에 그림과 같이 집중하중 70kN, 20kN이 작용할 때 최대 휨모멘트는 얼마인가?

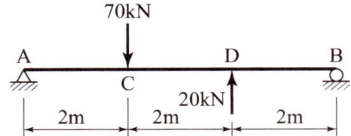

① 105kN·m ② 80kN·m
③ 75kN·m ④ 70kN·m

- $\sum M_B = 0$: $R_A \times 6 - 70 \times 4 + 20 \times 2 = 0$
  $\therefore R_A = \dfrac{1}{6}(280-40) = 40\,\text{kN}$
- $\sum M_A = 0$: $R_B \times 6 + 20 \times 4 - 70 \times 2 = 0$
  $\therefore R_B = \dfrac{1}{6}(140-80) = 10\,\text{kN}$

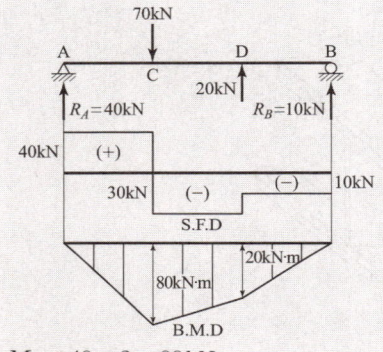

- $M_C = 40 \times 2 = 80\,\text{kN}\cdot\text{m}$
- $M_D = 40 \times 4 - 70 \times 2 = 20\,\text{kN}\cdot\text{m}$
  $\therefore M_{\max} = 80\,\text{kN}\cdot\text{m}$

□□□ 산 12,21
19 그림과 같은 캔틸레버보의 A점의 휨모멘트 (bending moment)로 옳은 것은?

① $M_A = Pl\sin\theta$
② $M_A = Pl\cos\theta$
③ $M_A = -Pl\sin\theta$
④ $M_A = -Pl\cos\theta$

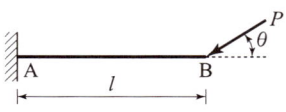

$M_A = -P\sin\theta \times l = -Pl\sin\theta\,(\curvearrowright)$
$\therefore\ (-)\curvearrowleft\ (+)\curvearrowright$

□□□ 산 91,94,02,04,06,08,14,16,21
20 반지름이 r인 원형단면의 단주에서 도심에서의 핵거리 e는?

① $\dfrac{r}{2}$
② $\dfrac{r}{4}$
③ $\dfrac{r}{6}$
④ $\dfrac{r}{8}$

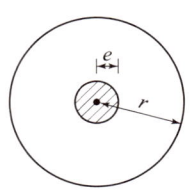

$e = \dfrac{D}{8} = \dfrac{2r}{8} = \dfrac{r}{4}$

Remember
원형단면의 핵

- 단주의 핵은 응력이 0이 되는 점들을 연결한 선
  $\sigma = \dfrac{P}{A} - \dfrac{M}{Z} = 0$일 때
  $= \dfrac{P}{\dfrac{\pi D^2}{4}} - \dfrac{P\cdot e}{\dfrac{\pi D^3}{32}} = 0$
  $\therefore e = \dfrac{d}{8}$

□□□ 산 12,17,21

14 그림과 같은 캔틸레버 보에서 C점에 집중하중 P가 작용할 때 보의 중앙 B점의 처짐각은 얼마인가? (단, EI는 일정)

① $\dfrac{3PL^2}{8EI}$

② $\dfrac{PL^2}{8EI}$

③ $\dfrac{PL^2}{12EI}$

④ $\dfrac{5PL^2}{12EI}$

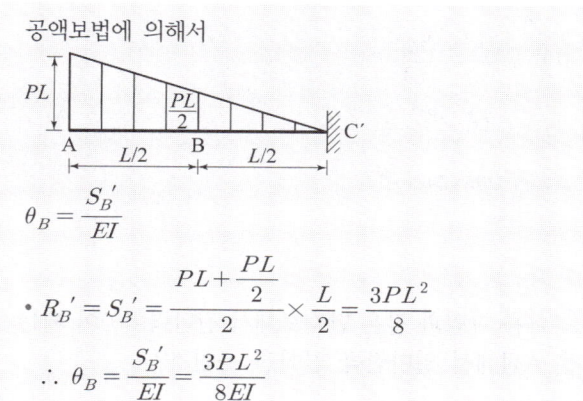

공액보법에 의해서

$\theta_B = \dfrac{S_B'}{EI}$

- $R_B' = S_B' = \dfrac{PL + \dfrac{PL}{2}}{2} \times \dfrac{L}{2} = \dfrac{3PL^2}{8}$

$\therefore \theta_B = \dfrac{S_B'}{EI} = \dfrac{3PL^2}{8EI}$

□□□ 산 89,13,17,21

15 그림과 같이 부재의 자유단이 옆의 벽과 1mm 떨어져 있다. 부재의 온도가 현재보다 20℃ 상승할 때, 부재내에 생기는 열응력의 크기는? (단, $E = 2000$MPa, $\alpha = 10^{-5}$/℃이다.)

① 0.1MPa
② 0.2MPa
③ 0.3MPa
④ 0.4MPa

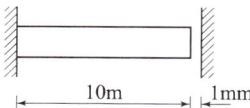

$\sigma_T = E \cdot \epsilon = E \dfrac{dl}{l}$

$= 2000 \times \dfrac{1}{10000} = 0.2$MPa

□□□ 산 14,21

16 그림과 같은 보에서 C점의 처짐을 구하면? (단, $EI = 2 \times 10^{10}$N·cm^2)

① 0.821cm
② 1.406cm
③ 1.641cm
④ 2.812cm

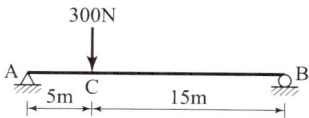

$y_c = \dfrac{Pa^2 b^2}{3EIl} = \dfrac{300 \times 500^2 \times 1500^2}{3 \times 2 \times 10^{10} \times 2000} = 1.406$cm

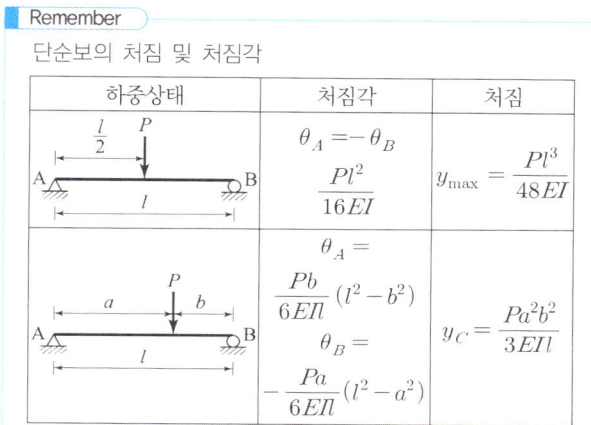

□□□ 산 16,21

17 다음 그림의 캔틸레버에서 A점의 휨 모멘트는?

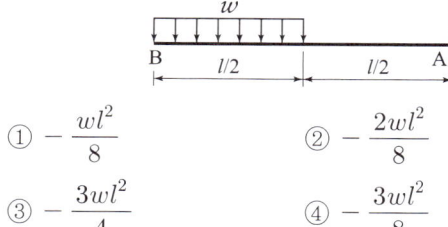

① $-\dfrac{wl^2}{8}$ ② $-\dfrac{2wl^2}{8}$

③ $-\dfrac{3wl^2}{4}$ ④ $-\dfrac{3wl^2}{8}$

$M_A = -\left(w \times \dfrac{l}{2}\right) \times \left(\dfrac{l}{2} + \dfrac{l}{2} \times \dfrac{1}{2}\right)$

$= -\dfrac{wl}{2} \times \dfrac{3l}{4} = -\dfrac{3wl^2}{8}$

정답 14 ① 15 ② 16 ② 17 ④

09 다음 그림과 같은 단순보의 중앙에 집중하중이 작용할 때 단면에 생기는 최대 전단응력은 얼마인가?

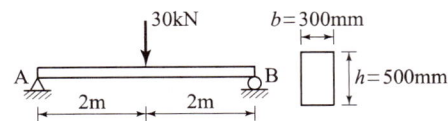

① 0.1MPa   ② 0.15MPa
③ 0.2MPa   ④ 0.25MPa

최대전단응력 $\tau_{max} = \dfrac{3}{2}\dfrac{S}{A}$

- $R_A = R_B = \dfrac{30 \times 10^3}{2} = 15000\,\text{N}$ (∵ 좌우 대칭)
- ∴ $S = R_A = 15000\,\text{N}$
- $A = 300 \times 500 = 150000\,\text{mm}^2$
- ∴ $\tau_{max} = \dfrac{3 \times 15000}{2 \times 150000} = 0.15\,\text{N/mm}^2 = 0.15\,\text{MPa}$

10 다음 부정정 구조물의 부정정 차수를 구한 값은?

① 8
② 12
③ 16
④ 20

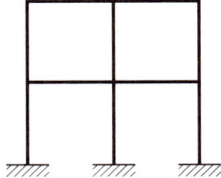

$N = R + m + S - 2P$
- 반력수 $R = 11$
- 부재수 $m = 10$
- 강접합수 $S = 11$
  (요주의 중앙점의 강접합수는 3개 )
- 절점수 $P = 9$
∴ $N = 9 + 10 + 11 - 2 \times 9 = 12$차 부정정

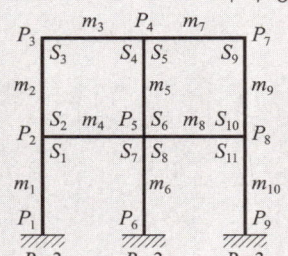

11 정사각형의 중앙에 지름 20cm의 원이 있는 그림과 같은 도형에서 빗금친 부분의 X축에 대한 단면 2차 모멘트를 구한 값은?

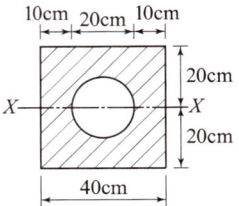

① 205479cm⁴   ② 215479cm⁴
③ 225479cm⁴   ④ 235479cm⁴

$I_X = \dfrac{bh^3}{12} - \dfrac{4d^4}{64}$

$= \dfrac{40 \times 40^3}{12} - \dfrac{\pi \times 20^4}{64}$

$= 205479\,\text{cm}^4$

12 다음 그림과 같은 단순보에서 전단력이 0이 되는 점은 A점에서 얼마만큼 떨어진 곳인가?

① 3.2m
② 3.5mm
③ 4.2m
④ 4.5m

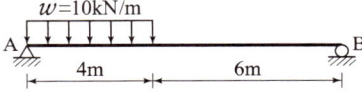

- $\sum M_B = 0$: $R_A \times 10 - 10 \times 4 \times 8 = 0$
- $R_A = \dfrac{320}{10} = 32\,\text{kN}(\uparrow)$
- $S_x = 32 - 10 \times x = 0$
- $x = 3.2\,\text{m}$

13 단면 상승모멘트의 단위로서 옳은 것은?

① cm   ② cm²
③ cm³   ④ cm⁴

$I_{xy} = A \cdot x_o \cdot y_o = \text{cm}^2 \cdot \text{cm} \cdot \text{cm} = \text{cm}^4$

정답 09 ② 10 ② 11 ① 12 ① 13 ④

□□□ 산 15,16,21

05 직경 3cm의 강봉을 70000N으로 잡아당길 때 막대기의 직경이 줄어드는 양은? (단, 포아송비 $\nu = \dfrac{1}{4}$, 탄성계수 $E = 2 \times 10^5 \text{MPa}$)

① 0.00375cm ② 0.00475cm
③ 0.000375cm ④ 0.00475cm

$$\nu = \dfrac{\beta}{\epsilon} = \dfrac{\dfrac{\Delta d}{d}}{\dfrac{\Delta l}{l}} = \dfrac{l \Delta d}{d \Delta l} \left(\because \Delta l = \dfrac{Pl}{EA} \right)$$

$$= \dfrac{l \Delta d}{d \dfrac{Pl}{EA}} = \dfrac{\Delta d \, EA}{dP} = \dfrac{1}{4}$$

$$\therefore \Delta d = \dfrac{dP}{4EA} = \dfrac{30 \times 70000}{4 \times 2 \times 10^5 \times \dfrac{\pi \times 30^2}{4}}$$

$$= 3.71 \times 10^{-3} = 3.71 \times 10^{-3} \text{mm} = 0.000371 \text{cm}$$

□□□ 산 00,02,04,05,17,21

06 그림과 같은 빗금 친 부분의 y축 도심은 얼마인가?

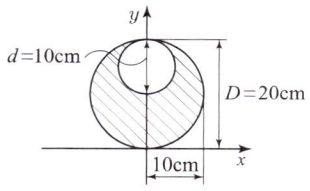

① x축에서 위로 5.43cm
② x축에서 위로 8.33cm
③ x축에서 위로 10.26cm
④ x축에서 위로 11.67cm

$$\bar{y} = \dfrac{G_x}{A}$$

• $G_x = \dfrac{\pi D^2}{4} \times \dfrac{D}{2} - \dfrac{\pi \left(\dfrac{D}{2}\right)^2}{4} \times \dfrac{3}{4} D = \dfrac{5\pi D^3}{64}$

• $A = \dfrac{\pi D^2}{4} - \dfrac{\pi \left(\dfrac{D}{2}\right)^2}{4} = \dfrac{3\pi D^2}{16}$

$$\therefore \bar{y} = \dfrac{\dfrac{5\pi D^3}{64}}{\dfrac{3\pi D^2}{16}} = \dfrac{5D}{12} = \dfrac{5 \times 20}{12} = 8.33 \text{cm}$$

□□□ 산 83,00,15,21

07 지름이 D이고 길이가 $50 \times D$인 원형 단면으로 된 기둥의 세장비를 구하면?

① 200 ② 150
③ 100 ④ 50

세장비 $\lambda = \dfrac{\text{부재길이}}{\text{회전반경}} \dfrac{l}{r}$

• 회전반경 $r = \dfrac{D}{4}$ $\therefore \lambda = \dfrac{50D}{\dfrac{D}{4}} = 200$

Remember

원형단면의 세장비

$$r = \sqrt{\dfrac{I}{A}} = \sqrt{\dfrac{\dfrac{\pi D^4}{64}}{\dfrac{\pi D^2}{4}}} = \dfrac{D}{4}$$

□□□ 산 14①,15①④,19④,21

08 지지조건이 양단힌지인 장주의 좌굴하중이 1000kN인 경우 지점조건이 일단힌지, 타단고정으로 변경되면 이때의 좌굴하중은? (단, 재료성질 및 기하학적 형상은 동일하다.)

① 500kN ② 1000kN
③ 2000kN ④ 4000kN

$$P_{cr} = \dfrac{n\pi^2 EI}{L^2}$$

• 양단힌지 : $P_{cr} = 1 \times \left(\dfrac{\pi^2 EI}{L^2} \right) = 1000 \text{kN}$

$\therefore \dfrac{\pi^2 EI}{L^2} = 1000 \text{kN}$

• 일단힌지 타단고정 :
$$P_{cr} = 2 \left(\dfrac{\pi^2 EI}{L^2} \right) = 2 \times 1000 = 2000 \text{kN}$$

일단고정 타단자유	$n = \dfrac{1}{4}$
양단힌지	$n = 1$
일단힌지 타단고정	$n = 2$
양단고정	$n = 4$

정답 05 ③ 06 ② 07 ① 08 ③

국가기술자격 필기시험문제

2021년도 기사 2회 필기시험

자격종목	코 드	시험시간	형 별
토목산업기사	1048	2시간	A

※ 2023년도부터 토목산업기사 필기 출제기준이 변경되었음을 알려드립니다. (필기 120문항에서 60문항으로 변경)
※ 각 문항은 4지택일형으로 질문에 가장 적합한 보기 항을 선택하시면 됩니다.

제1과목 : 구조설계

1 역학적인 개념 및 건설 구조물의 해석

□□□ 산 15,21

01 그림과 같은 직사각형 단면의 단면계수는?

① 800cm³
② 1000cm³
③ 1200cm³
④ 1400cm³

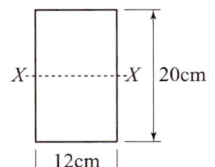

단면계수 $Z = \dfrac{I}{y}$

- $I = \dfrac{bh^3}{12} = \dfrac{12 \times 20^3}{12} = 8000 \, cm^4$
- $y = \dfrac{h}{2} = \dfrac{20}{2} = 10 \, cm$
- $\therefore Z = \dfrac{8000}{10} = 800 \, cm^3$

□□□ 산 11,12,15,17,21

02 탄성계수 $E = 2 \times 10^5 MPa$이고 포아송 비 $\nu = 0.3$일 때 전단탄성계수 G는?

① 76923MPa   ② 75137MPa
③ 73456MPa   ④ 71020MPa

$G = \dfrac{E}{2(1+\nu)}$

- $E = \dfrac{PL}{\Delta l A} = 2 \times 10^5 MPa$
- $\nu = 0.3$
- $\therefore G = \dfrac{2 \times 10^5}{2(1+0.3)} = 76923 \, N/mm^2 = 76923 \, MPa$

□□□ 산 03,12,18①,21

03 "재료가 탄성적이고 Hooke의 법칙을 따르는 구조물에서 지점침하와 온도 변화가 없을 때 한 역계 P_n에 의해 변형되는 동안에 다른 역계 P_m이 한 외적인 가상일은 P_m 역계에 의해 변형하는 동안에 P_n 역계가 한 외적인 가상일과 같다."는 것은 다음 중 어느 것인가?

① 베티의 법칙   ② 가상일의 원리
③ 최소일의 정리   ④ 카스틸리아노의 정리

베티(Betti)의 법칙이라 한다.
$\sum P_m \Delta_{mn} = \sum P_n \Delta_{nm}$ 즉, $P_1 \delta_{12} = P_2 \delta_{21}$

- Δ_{mn} : P_n 역계의 작용에 의하여 일어난 P_m 역계 중 한 힘 작용점의 처짐
- Δ_{nm} : P_m 역계의 작용에 의하여 일어난 P_n 역계 중 한 힘 작용점의 처짐

□□□ 산 02,07,09,16①,19④,21

04 그림과 같은 3힌지 아치의 수평 반력 H_A는?

① 60kN
② 80kN
③ 100kN
④ 120kN

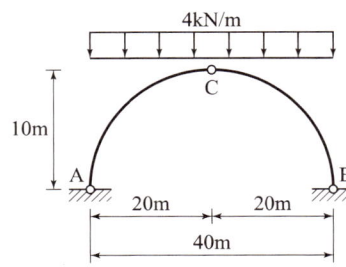

- $\sum M_B = 0$
  $V_A \times 40 - 4 \times 40 \times 20 = 0$ $\therefore V_A = 80 \, kN$
- $\sum M_C = 0$
  $80 \times 20 - H_A \times 10 - 4 \times 20 \times 10 = 0$
  $\therefore H_A = \dfrac{80 \times 20 - 4 \times 20 \times 10}{10} = 80 \, kN (\rightarrow)$

정답 01 ① 02 ① 03 ① 04 ②

☐☐☐ 산 00,14,21
118 수원을 크게 지표수, 지하수, 기타로 분류할 때, 지표수에 포함되지 않는 것은?

① 하천수   ② 호소수
③ 복류수   ④ 댐물

- 지표수 : 하천수, 호소수(댐물 포함)
- 지하수 : 복류수, 우물물(지하수), 용천수
- 기타 : 빗물(천수), 해수

☐☐☐ 산 02,07,11,15,21
119 상수의 응집침전에서 응집제의 주입률을 시험하는 시험법은?

① Sedimentation test   ② Column test
③ Water quality test   ④ Jar test

Jar test에 의해서 응집제 주입량과 최적 pH를 결정한다.

☐☐☐ 산 18④,21
120 배수지의 용량에 대한 설명으로 옳은 것은?

① 계획1일최대급수량의 6시간분 이상을 표준으로 한다.
② 계획1일최대급수량의 12시간분 이상을 표준으로 한다.
③ 계획1일최대급수량의 18시간분 이상을 표준으로 한다.
④ 계획1일최대급수량의 24시간분 이상을 표준으로 한다.

배수지의 용량
계획1일최대급수량의 12시간분 이상을 표준으로 한다.

정답 118 ③   119 ④   120 ②

112. 하수도 계획의 기본 조사에서 하수 방류지점의 위치결정과 펌프 양정 결정에 이용하는 하천조사에 속하는 것은?

① 하천과 수로의 종횡단면도
② 지하수위와 지반침하상황
③ 지형도
④ 지질도

- 하천과 수로의 종횡단면도 : 하수 방류지점의 위치결정과 펌프 양정의 결정에 이용되는 하천조사이다.
- 지하수위와 지반침하상황 : 매설관거의 부상이나 침하 등의 검사를 할 필요도가 있으므로 자료를 수집하여 정리한다.
- 지형도, 지질도 : 간선과거, 펌프장 및 처리장 등의 위치, 기초의 결정 및 공사의 난이도 등을 판단하기 위하여 조사한다.

113. 하수관거의 길이가 1.8km인 하수관거 내에서 우수가 1.5m/s의 유속으로 흐르고, 유입시간이 8분일 때 유달시간은?

① 18분 ② 20분
③ 28분 ④ 38분

유달시간 $T = t_1 + \dfrac{L}{V}$

- $L = 1.8 \times 1000 = 1800\text{m}$
- $V = 1.5 \times 60 = 90\text{m/min}$

$\therefore T = 8 + \dfrac{1800}{90} = 28$분

114. 계획취수량의 기준이 되는 것은?

① 계획시간최대배수량 ② 계획1일평균배수량
③ 계획시간최대급수량 ④ 계획1일최대급수량

계획취수량은 계획1일최대급수량을 기준으로 한다.

115. 펌프에 관한 설명으로 틀린 것은?

① 일반적으로 용량이 클수록 효율은 떨어진다.
② 흡입구경은 유량과 흡입구의 유속에 의해 결정된다.
③ 토출구경은 흡입구경, 전양정, 비교회전도 등을 고려하여 정한다.
④ 침수우려가 있는 곳에는 압축형 또는 수중형을 설치한다.

펌프는 용량이 클수록 효율이 높으므로 가능한 대용량의 것을 사용한다.

116. 어느 도시의 인구가 500000명이고, 1인당 폐수발생량이 300L/d, 1인당 배출 BOD가 60g/d인 경우, 발생 폐수의 BOD 농도는?

① 150mg/L ② 200mg/L
③ 250mg/L ④ 300mg/L

$$\text{BOD의 농도} = \dfrac{\text{배출폐수의 BOD량}}{\text{폐수 발생량}}$$

$$= \dfrac{500000 \times 60 \times 10^3 (\text{mg/day})}{500000 \times 300 (\text{L/day})} = 200\text{mg/L}$$

117. 다음 슬러지 처리공정들을 가장 합리적(일반적)인 순서대로 배열한 것은?

| ㉠ 농축 | ㉡ 개량 | ㉢ 유기물 안정화(소화) |
| ㉣ 탈수 | ㉤ 최종처분 | ㉥ 건조(소각) |

① ㉠－㉣－㉢－㉡－㉥－㉤
② ㉠－㉢－㉡－㉣－㉥－㉤
③ ㉠－㉣－㉡－㉢－㉥－㉤
④ ㉠－㉢－㉣－㉡－㉥－㉤

슬러지 처리공정
생슬러지 － ㉠ 농축 － ㉢ 소화 － ㉡ 개량 － ㉣ 탈수 － ㉥ 건조 － 연소 － ㉤ 최종 처리

☐☐☐ 산 06,11,15,18②,21
106 슬러지 반송비가 0.4, 반송슬러지의 농도가 1%일 때 포기조 내의 MLSS 농도는?

① 1234mg/L ② 2857mg/L
③ 3325mg/L ④ 4023mg/L

MLSS 농도 $X = \dfrac{R \times X_R}{(1+R)}$

- 슬러지 반송비 $R = 0.4$
- 반송슬러지 농도 $X_R = 1\% = 0.01$

$\therefore X = \dfrac{0.4 \times 0.01}{1 + 0.4}$
$= 0.002857\text{ppm} = 0.002857 \times 10^6 = 2857\text{mg/L}$

☐☐☐ 산 06,10,16,21
107 활성슬러지법에 의하여 폐수를 처리할 경우 폭기조 혼합액의 MLSS가 2000mg/L이고, 이것을 30분간 정체시킨 침전슬러지량이 시료의 30%라면 슬러지지표(SVI)는?

① 50 ② 100
③ 150 ④ 200

$\text{SVI} = \dfrac{SV(\%) \times 10^4}{\text{MLSS농도(mg/L)}}$
$= \dfrac{30 \times 10^4}{2000} = 150$

☐☐☐ 산 12,18①,21
108 복류수에 대한 설명으로 옳은 것은?

① 비교적 양호한 수질을 얻을 수 있다.
② 지표수의 한 종류로 하천수보다 수질이 양호하다.
③ 정수공정에 이용시 침전지를 반드시 확보해야 한다.
④ 조류 등의 부유 생물 농도가 높다.

복류수
- 어느 정도 여과된 것이므로 지표수에 비해 수질이 양호하며 정수공정에서 침전지를 생략하는 경우도 있다.
- 취수원으로서 하천이나 호수의 바닥 또는 측면부의 자갈 및 모래층에 포함되어 있는 지하수

☐☐☐ 산 95,97,98,00,12,21
109 1일 60000m³의 처리용량을 갖는 정수처리장에 급속여과시설을 설치하고자 한다. 120m/day 여과 속도를 기준으로 10개의 여과지를 설치할 때 여과지 1개당 소요면적은? (단, 여유 여과지 2개를 별도 설치하며 이는 계산에 고려하지 않는다.)

① 42.5m² ② 50.0m²
③ 62.5m² ④ 75.0m²

$A = \dfrac{Q}{V \times n} = \dfrac{60000}{120 \times 10} = 50\,\text{m}^2$

☐☐☐ 산 06,11,14,17,21
110 분류식 하수관거 계통과 비교하여 합류식 하수관거 계통의 특징에 대한 설명으로 옳지 않은 것은?

① 검사 및 관리가 비교적 용이하다.
② 청천 시 관내에 오염물이 침전되기 쉽다.
③ 하수처리장에서 오수 처리비용이 많이 소요된다.
④ 오수와 우수를 별개의 관거 계통으로 건설하는 것보다 건설비용이 크게 소요된다.

대구경 관거가 되면 1계통으로 건설되어 오수관거와 우수관거의 2계통을 건설하는 것보다는 저렴하다.

☐☐☐ 산 14,21
111 하수 소독방법의 선정시 고려할 사항으로 틀린 것은?

① 소독방법은 방류수역의 이수특성, 경제성, 효율성을 종합적으로 검토하여 선정한다.
② 염소계 소독방법 이외의 방법을 선정할 경우에는 THM 문제를 해소할 수 있는 대책을 강구하여야 한다.
③ 오존소독방법을 선정할 경우에는 잔여오존 해소대책 및 경제성 비교에 신중을 기하여야 한다.
④ 자외선소독을 선정할 경우에는 처리장의 시설용량을 감안하여 시설비 및 유지관리비가 적게 소요되는 방식을 채택하여야 한다.

염소소독방법은 THM 및 기타 염화탄화수소가 생성되는 단점이 있다. 따라서 염소계 소독방법 이외의 방법을 선정할 경우는 THM해소 대책이 불필요하다.

정답 106 ②　107 ③　108 ①　109 ②　110 ④　111 ②

2 상하수도 계획

101 지름이 0.2m, 길이 50m의 주철관으로 하수유량 2.4m³/min을 15m의 높이까지 양수하기 위한 펌프의 축동력은? (단, 전체 손실수두는 1.0m이고, 펌프의 효율은 85%)

① 9.9kW
② 7.4kW
③ 6.3kW
④ 5.4kW

$$P_s = \frac{1000 Q H_p}{102 \eta}$$

- $H_p = 15 + 1 = 16\text{m}$
- $Q = 2.4\,\text{m}^3/\text{min} = \frac{2.4}{60}\,\text{m}^3/\text{sec}$

$$\therefore P_s = \frac{1000 \times 2.4 \times 16}{102 \times 0.85 \times 60} = 7.4\,\text{kW}$$

102 하수관로의 접합 방법 중 수리학적으로 양호하며 특별한 경우를 제외하고는 원칙적으로 사용되는 방법은?

① 계단접합
② 수면접합
③ 관저접합
④ 관중심접합

수면접합
수리학적으로 대개 계획수위를 일치시키는 것으로서 양호한 방법이다.

Remember

관거의 접합	
수면접합	수리학적으로 대개 계획수위를 일치시켜 접합시키는 것
관정접합	유수는 일정한 흐름이 되지만 굴착깊이가 증가됨으로 공사비가 증대된다.
관중심접합	수면접합과 관정접합의 중간적인 방법
관저접합	굴착깊이를 얕게 함으로 공사비용을 줄일 수 있다.
단차접합	지표의 경사가 급한 경우에 이용되는 방법
계단접합	통상대구경관거 또는 현장타설관거에 설치

103 계획급수량에 대한 설명으로 옳지 않은 것은?

① 계획1일 평균급수량은 계획1일 최대급수량의 50%이다.
② 계획1일 최대급수량은 계획1일 평균급수량 × 계획첨두율로 나타낼 수 있다.
③ 계획1일 평균급수량은 계획1인 평균급수량 × 계획급수인구로 나타낼 수 있다.
④ 계획1일 최대급수량을 구하기 위한 첨두율은 소규모의 도시일수록 급수량의 변동폭이 커서 값이 커진다.

계획1일 평균급수량은 계획1일 최대급수량의 70%~85%를 표준으로 한다.

104 송수관의 유속에 대하여 ( )에 알맞은 수로 짝지어진 것은?

자연유하식인 경우에는 허용최대한도를 ( )m/s로 하고, 송수관의 평균유속의 최소한도는 ( )m/s로 한다.

① 3.0, 0.3
② 3.0, 0.6
③ 6.0, 0.3
④ 6.0, 0.6

도수·송수관거의 평균 유속
- 자연유하식인 경우 허용최대한도 3.0m/s, 평균유속의 최소한도는 0.3m/s로 한다.
- 최소 유속은 모래 입자의 침전을 방지하기 위해 0.3m/sec로 한다.

105 하수관거의 관정부식(crown corrosion)의 주된 원인물질은?

① N 화합물
② S 화합물
③ Ca 화합물
④ Fe 화합물

- 황화합물(S)이 원인이 되어 관정부식이 발생한다.
- 황화수소(H_2S)가 하수관내의 공기 중으로 솟아오르면서 콘크리트관을 부식파괴하는 현상을 관정부식이라 한다.

산 01,12,18①,21

98 직경이 0.2cm인 매끈한 원형 관내를 0.8cm³/sec로 물이 흐르고 있을 때, 관 1m당의 마찰손실 수두는? (단, 물의 동점성 계수 $\nu = 1.12 \times 10^{-2} \text{cm}^2/\text{sec}$이다.)

① 20.20cm ② 21.30cm
③ 22.20cm ④ 23.20cm

$$h_L = f \cdot \frac{l}{D} \cdot \frac{V^2}{2g} = \frac{64}{R_e} \cdot \frac{l}{D} \cdot \frac{V^2}{2g}$$

• $R_e = \frac{VD}{\nu} = \frac{25.46 \times 0.2}{1.12 \times 10^{-2}} = 454.64 < 20000$

∴ 층류 : $f = \frac{64}{R_e}$

• $V = \frac{Q}{A} = \frac{0.8}{\frac{\pi \times 0.2^2}{4}} = 25.46 \text{cm}^2/\text{sec}$

∴ $h_L = \frac{64}{R_e} \cdot \frac{l}{D} \cdot \frac{V^2}{2g}$
$= \frac{64}{454.64} \times \frac{100}{0.2} \times \frac{25.46^2}{2 \times 980} = 23.28 \text{cm}$

산 13,21

99 수직 원형 Orifice의 중심에서 수심 H를 일정하게 유지했을 경우 일정한 유량 Q을 유출시키기 위한 Orifice의 직경 d은?
(단, C : 유량계수, g : 중력가속도)

① $d = \sqrt{\frac{4QC\sqrt{2gH}}{\pi}}$

② $d = \sqrt{\frac{4Q\pi}{C\sqrt{2gH}}}$

③ $d = \sqrt{\frac{\pi C\sqrt{2gH}}{4Q}}$

④ $d = \sqrt{\frac{4Q}{\pi C\sqrt{2gH}}}$

$Q = CA\sqrt{2gH} = C\frac{\pi d^2}{4}\sqrt{2gH}$

∴ $d = \sqrt{\frac{4Q}{\pi C\sqrt{2gH}}}$

산 14,21

100 면적이 A인 평판이 수면으로부터 h가 되는 깊이에 수평으로 놓여있을 경우 이 평판에 작용하는 전수압 P는? (단, 물의 단위중량은 w이다.)

① $P = whA$ ② $P = wh^2A$
③ $P = w^2hA$ ④ $P = whA^2$

수평한 평면에 작용하는 전수압
• 평면을 밑면으로 하는 연직 물기둥의 무게와 같고 작용점은 평면의 도심이 된다.
• 전수압 $P = w$ [물기둥의 무게] $= whA$

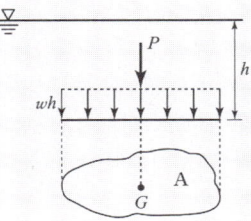

□□□ 산 00,06,13,17,21

92 원관 내 흐름이 포물선형 유속분포를 가질 때, 관 중심선 상에서 유속이 V_o, 전단응력이 τ_o, 관 벽면에서 전단응력이 τ_s, 관 내의 평균유속이 V_m, 관 중심선에서 y 만큼 떨어져 있는 곳의 유속이 V, 전단응력이 τ라 할 때 옳지 않은 것은?

① $V_o > V$
② $V_o = 2V_m$
③ $\tau_s = 2\tau_o$
④ $\tau_s > \tau$

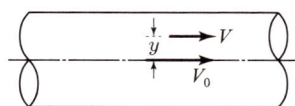

> 원관내 층류 흐름
> • 중심선상의 유속 : $V_0 > V$
> • 최대유속 : $V_0 = 2V_m$
> • 관벽 전단응력 : $\tau_s > \tau_0$

□□□ 산 97,11,21

93 Froude 수가 1인 흐름을 무엇이라 하는가?

① 상류 ② 사류
③ 한계류 ④ 층류

> Froude 수 : $F_r = \dfrac{V}{\sqrt{gh}}$
> • $F_r < 1$: 상류
> • $F_r > 1$: 사류
> • $F_r = 1$: 한계류

□□□ 산 07,15,21

94 지름 20cm, 길이가 100m인 관수로 흐름에서 손실 수두가 0.2m라면 유속은? (단, 마찰손실 계수 $f = 0.03$이다.)

① 0.61m/s ② 0.57m/s
③ 0.51m/s ④ 0.48m/s

> $h_L = f \dfrac{l}{D} \dfrac{V^2}{2g}$
> $\therefore V = \sqrt{\dfrac{2gDh_L}{fl}} = \sqrt{\dfrac{2 \times 9.8 \times 0.20 \times 0.2}{0.03 \times 100}} = 0.51\text{m}$

□□□ 산 08,13,21

95 다음 관계식 중 부정부등류를 표시한 것으로 옳은 것은? (단, t = 시간, l = 거리, v = 유속)

① $\dfrac{\partial v}{\partial t} = 0$, $\dfrac{\partial v}{\partial l} = 0$
② $\dfrac{\partial v}{\partial t} \neq 0$, $\dfrac{\partial v}{\partial l} = 0$
③ $\dfrac{\partial v}{\partial t} \neq 0$, $\dfrac{\partial v}{\partial l} \neq 0$
④ $\dfrac{\partial v}{\partial t} = 0$, $\dfrac{\partial v}{\partial l} \neq 0$

> • 부정부등류 : 유속이 시간과 거리에 따라 변하는 흐름
> $\dfrac{\partial v}{\partial t} \neq 0$, $\dfrac{\partial v}{\partial l} \neq 0$
> • 정상부등류 : 유속이 시간에 일정하고 거리에 따라 변하는 흐름
> $\dfrac{\partial v}{\partial t} = 0$, $\dfrac{\partial v}{\partial l} \neq 0$

□□□ 산 12,17,21

96 다음 중 차원이 있는 것은?

① 조도계수 n ② 동수경사 I
③ 상대조도 e/D ④ 마찰손실계수 f

> • 무차원 : 동수경사(I), 마찰손실계수(f), 상대조도(e/D), Froude 수, Reynolds 수
> • 조도계수 n : $V = \dfrac{1}{n} R^{2/3} I^{1/2}$에서
> $\therefore n = \dfrac{L^{2/3}}{LT^{-1}} = L^{-1/3}T$

□□□ 산 05,11,12,21

97 관수로의 흐름을 지배하는 주된 힘은?

① 점성력 ② 중력
③ 사류 ④ 층류

흐름의 주된 지배	
관수로	점성력과 압력차
개수로	중력과 관성력
지하수	중력

정답 92 ③ 93 ③ 94 ③ 95 ③ 96 ① 97 ①

□□□ 산 15,18④,21

87 개수로의 흐름에서 상류의 조건으로 옳은 것은? (단, h_c : 한계수심, V_c : 한계유속, I_c : 한계경사, h : 수심, V : 유속, I : 경사)

① $F_r > 1$
② $h < h_c$
③ $V > V_c$
④ $I < I_c$

$$I_c = \frac{g}{\alpha C^2}$$

$I < I_c$: 상류, $I > I_c$: 사류

Remember

상류와 사류의 조건

상류	사류
$F_r < 1$	$F_r > 1$
$h > h_c$	$h < h_c$
$V < V_c$	$V > V_c$
$I < I_c = \dfrac{g}{\alpha C^2}$	$I > I_c = \dfrac{g}{\alpha C^2}$

□□□ 산 89,11,21

88 그림과 같이 관의 A와 B의 높이차가 4m일 때 작용 압력이 각각 $P_A = 0.1\text{kg/cm}^2$, $P_B = 0.3\text{kg/cm}^2$이라면 A와 B의 속도 수두차는 얼마인가?

① 500cm
② 600cm
③ 700cm
④ 800cm

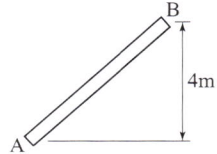

$$\frac{P_A}{w} + \frac{V_A^2}{2g} = \frac{P_B}{w} + \frac{V_B^2}{2g} + z$$

• $P_A = 0.1\text{kg/cm}^2 = 100\text{g/cm}^2$
• $P_B = 0.3\text{kg/cm}^2 = 300\text{g/cm}^2$
• $w = 1\text{g/cm}^3$
• $z = 4\text{m} = 400\text{cm}$

$$\therefore \frac{V_A^2}{2g} - \frac{V_B^2}{2g} = \frac{P_B}{w} - \frac{P_A}{w} + 4$$

$$= \frac{300}{1} - \frac{100}{1} + 400 = 600\text{cm}$$

□□□ 산 04,06,07,11,12,17,21

89 부체가 물 위에 떠 있을 때, 부체의 중심(G)과 부심(C)의 거리($\overline{CG}$)를 e, 부심(C)과 경심(M)의 거리($\overline{CM}$)를 a, 경심(M)에서 중심(G)까지의 거리($\overline{MG}$)를 b라 할 때, 부체의 안정조건은?

① $a > e$
② $a < b$
③ $b < e$
④ $b > e$

부체의 안정조건
M이 G보다 위에 있을 경우
$\therefore \overline{CM} = a > \overline{GC} = e$

□□□ 산 94,08,14,18②,21

90 오리피스에서 에너지 손실을 보정한 실제유속을 구하는 방법은?

① 이론유속에 유량계수를 곱한다.
② 이론유속에 유속계수를 곱한다.
③ 이론유속에 동점성계수를 곱한다.
④ 이론유속에 항력계수 곱한다.

• 오리피스에서 실제 유속을 구하기 위해서 이론유속에 유속계수(C_V)를 곱한다.
• $C_V = \dfrac{\text{실제 유속}}{\text{이론 유속}} = 0.95 \sim 0.99$
∴ 실제유속 = 이론유속 × 유속계수

□□□ 산 07,11,14,15,21

91 도수(跳水)에 관한 설명으로 옳지 않은 것은?

① 상류에서 사류로 변화될 때 발생된다.
② 사류에서 상류로 변화될 때 발생된다.
③ 도수 전후의 충력치(비력)는 동일하다.
④ 도수로 인해 때로는 막대한 에너지 손실도 유발된다.

도수
• 사류에서 상류로 변할 때 수면이 불연속적으로 뛰어 오르는 현상
• 도수 전후의 충력치(비력)는 동일하다.
• 파상도수와 완전도수는 Froude 수로 구분한다.

제3과목 : 수자원설계

1 수리학

□□□ 산 04,08,13,15,21

81 유량이 일정한 직사각형 수로의 흐름에서 한계류일 경우, 한계수심(y_c)과 최소 비에너지($E_{\min}$)의 관계로 적절한 것은?

① $y_c = E_{\min}$
② $y_c = \frac{1}{2} E_{\min}$
③ $y_c = \frac{\sqrt{3}}{2} E_{\min}$
④ $y_c = \frac{2}{3} E_{\min}$

한계수심
- 최대유량($Q_{\max}$)이 되는 수심이 한계수심(y_c)
- 비에너지가 최소일 때의 수심(y_c)
- 최소 비에너지에 대한 한계수심
  $y_c = \frac{2}{3} E_{\min}$

□□□ 산 95,97,09②,19④,21

82 수축계수 0.45, 유속계수 0.92인 오리피스의 유량계수는?

① 0.414
② 0.489
③ 0.643
④ 2.044

유량계수(C) = $C_a \times C_v$ = 0.45 × 0.92 = 0.414

□□□ 산 93,02,18①,21

83 연직평면에 작용하는 전수압의 작용점 위치에 관한 설명 중 옳은 것은?

① 전수압의 작용점은 항상 도심보다 위에 있다.
② 전수압의 작용점은 항상 도심보다 아래에 있다.
③ 전수압의 작용점은 항상 도심과 일치한다.
④ 전수압의 작용점은 도심 위에 있을 때도 있고 아래에 있을 때도 있다.

연직평면에 작용하는 전수압의 작용점은 물체의 도심보다 $\frac{I_G}{h_G A}$ 만큼 항상 아래에 위치한다.

□□□ 산 04,08,11,13,15,21

84 한계수심 h_c와 비에너지 h_e와의 관계로 옳은 것은? (단, 광폭직사각형 단면인 경우)

① $h_c = \frac{1}{2} h_e$
② $h_c = \frac{1}{3} h_e$
③ $h_c = \frac{2}{3} h_e$
④ $h_c = 2 h_e$

- 비에너지(h_e)가 최소일 때 수심을 한계수심(h_c)이라 한다.
- 비에너지에 대한 한계수심 $h_c = \frac{2}{3} h_e$이다.

□□□ 산 13,21

85 밀폐된 용기 내 정수 중의 한 점에 압력을 가하면 그 압력은 물속의 모든 곳에 동일하게 전달된다는 원리는?

① 파스칼(Pascal)의 원리
② 아르키메데스(Archimedes)의 원리
③ 베르누이(Bernoulli)의 원리
④ 레이놀즈(Reynolds)의 원리

파스칼(Pascal)의 원리
밀폐된 용기 내 정수 중의 한 점에 압력을 가하면 그 압력은 물속의 모든 곳에 동일하게 전달된다는 원리

□□□ 산 09,10,11,12,21

86 오리피스에서의 유량 관계식을 $Q = KH^{1/2}$라 할 경우, 유량 Q에 1%의 오차가 있었다면 수두 H의 측정 오차는?

① 0.5%
② 1%
③ 2%
④ 4%

오리피스의 유량오차 : $\frac{dQ}{Q} = \frac{1}{2} \frac{dH}{H}$

- 수두 H의 측정 오차 : $\frac{dH}{H} = 2 \frac{dQ}{Q}$
- $\frac{dQ}{Q} = 1\%$
- ∴ $\frac{dH}{H} = 2 \frac{dQ}{Q} = 2 \times 1 = 2\%$

정답 81 ④ 82 ① 83 ② 84 ③ 85 ① 86 ③

76 사면안정 해석방법 중 절편법에 대한 설명으로 옳지 않은 것은?

① 절편의 바닥면은 직선이라고 가정한다.
② 일반적으로 예상 활동파괴면을 원호라고 가정한다.
③ 흙 속에 간극수압이 존재하는 경우에도 적용이 가능하다.
④ 지층이 여러 개의 층으로 구성되어 있는 경우 적용이 불가능하다.

절편법(분할법)
• 각 절편의 바닥면은 직선이라고 가정한다.
• 일반적으로 예상 활동파괴면을 원호라고 가정한다.
• 활동면 위에 있는 흙을 몇 개의 절편으로 분할하여 사면의 안정상태를 해석하는 방법
• 흙이 균질하지 않거나 간극수압이 존재하는 경우에 적합

77 높이 6m의 옹벽이 그림과 같이 수중 속에 있다. 이 옹벽에 작용하는 전 주동토압은 얼마인가?

① 48kN/m
② 228kN/m
③ 108kN/m
④ 288kN/m

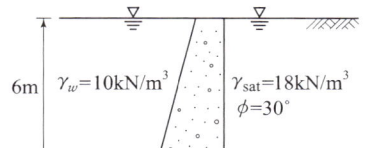

$$P_A = \frac{1}{2}\gamma_{sub}H^2 \tan^2\left(45° - \frac{\phi}{2}\right)$$
$$= \frac{1}{2} \times (18-10) \times 6^2 \tan^2\left(45° - \frac{30°}{2}\right) = 48 \text{kN/m}$$

78 유효입경이 0.1mm이고 통과백분율 80%에 대응하는 입경이 0.5mm, 60%에 대응하는 입경이 0.4mm, 40%에 대응하는 입경이 0.3mm, 20%에 대응하는 입경이 0.2mm일 때 이 흙의 균등계수는?

① 2
② 3
③ 4
④ 5

균등계수 $C_u = \dfrac{D_{60}}{D_{10}} = \dfrac{0.4}{0.1} = 4$

79 다음 점토질 흙 위에 강성이 큰 사각형 독립 기초가 놓여졌을 때 기초 바닥 면에서의 응력의 상태를 설명한 것 중 옳은 것은?

① 기초 밑면에서의 응력은 일정하다.
② 기초의 중앙부분에서 최대응력이 발생한다.
③ 기초의 모서리 부분에서 최대응력이 발생한다.
④ 기초 밑면에서의 응력은 점토질과 모래질의 흙 모두 동일하다.

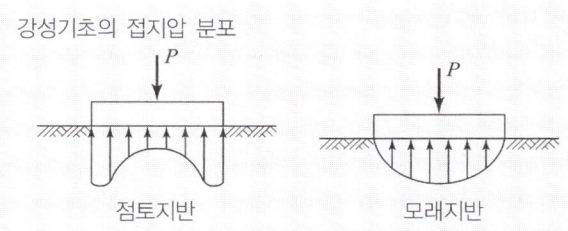

강성기초의 접지압 분포

• 점토지반 : 기초의 모서리 부분에서 최대응력이 발생
• 모래지반 : 기초의 중앙부분에서 최대응력이 발생

80 평판재하시험이 끝나는 조건에 대한 설명으로 잘못된 것은?

① 침하량이 15mm에 달할 때
② 하중강도가 현장에서 예상되는 최대 접지압을 초과할 때
③ 하중강도가 그 지반의 항복점을 넘을 때
④ 완전히 침하가 멈출 때

평판재하 시험의 끝나는 조건
• 침하량이 15mm에 달할 때
• 하중강도가 그 지반의 항복점을 넘을 때
• 하중강도가 현장에서 예상되는 최대 접지압력을 초과할 때

□□□ 산 94,06,11,13,21

70 그림에서 모관수에 의해 A-A면까지 완전히 포화되었다고 가정하면 B-B면에서의 유효응력은 얼마인가? (단, 물의 단위중량 $\gamma_w = 9.81 \text{kN/m}^3$)

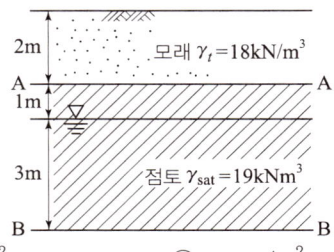

① 63kN/m^2
② 72kN/m^2
③ 83kN/m^2
④ 122kN/m^2

유효응력 $\overline{\sigma} = $ 전응력$(\sigma) - $ 공극수압(u)
- $\sigma = \gamma_t h_1 + \gamma_{sat} h_2 = 18 \times 2 + 19 \times 4 = 112 \text{kN/m}^2$
- $u = \gamma_w h = 9.81 \times 3 = 29.43 \text{kN/m}^2$
∴ $\overline{\sigma} = 112 - 29.43 = 83 \text{kN/m}^2$

□□□ 산 99,04,09,10,15,21

71 그림과 같은 지표면에 100kN의 집중하중이 작용했을 때 작용점의 직하 3m 지점에서 이 하중에 의한 연직응력은?

① 4.22kN/m^2
② 5.31kN/m^2
③ 6.41kN/m^2
④ 7.08kN/m^2

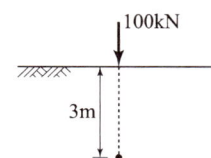

$\sigma_z = \dfrac{3Q}{2\pi Z^2} = \dfrac{3 \times 100}{2\pi \times 3^2} = 5.31 \text{kN/m}^2$

□□□ 산 93,00,21

72 조립토의 투수계수는 일반적으로 그 흙의 유효 입경과 어떠한 관계가 있는가?

① 제곱에 비례
② 제곱에 반비례
③ 3제곱에 비례
④ 3제곱에 반비례

조립토의 투수계수 $K = C \cdot D_{10}^2$ (A.Hazen)
∴ 유효입경 D_{10}의 제곱에 비례한다.

□□□ 산 96,21

73 두께 20mm, 공극비 2.0인 점토 시료가 압력을 받아서 시료의 두께가 15mm로 되었을때의 공극비는? (단, 시료는 측방향 변위만 생긴다고 본다.)

① 0.875
② 1.25
③ 1.50
④ 1.75

압밀과 공극비의 관계
$\dfrac{H_1}{1+e_1} = \dfrac{H_2}{1+e_2}$ 에서
$\dfrac{20}{1+2.0} = \dfrac{15}{1+e_2}$
∴ $e_2 = 1.25$

□□□ 산 04,06,17,21

74 전단시험법 중 간극수압을 측정하여 유효응력으로 정리하면 압밀배수시험(CD-test)과 거의 같은 전단상수를 얻을 수 있는 시험법은?

① 비압밀 비배수시험(UU-test)
② 직접전단시험
③ 압밀 비배수시험(CU-test)
④ 일축압축시험(q_u-test)

압밀 비배수시험(CU-test)
간극수압을 측정하여 유효응력으로 강도정수를 결정하는 시험으로 CD시험 결과와 비슷하므로 CD시험을 대체하는 시험이다.

□□□ 산 83,05,09,11,13,15,21

75 어떤 점성토에 수직응력 4MPa를 가하여 전단시켰다. 전단면상의 간극수압이 1MPa이고 유효응력에 대한 점착력, 내부마찰각이 각각 0.02MPa, 20°이면 전단강도는?

① 0.64MPa
② 1.04MPa
③ 1.11MPa
④ 1.84MPa

$\tau = c + (\sigma - u)\tan\phi$
$= 0.02 + (4-1) \times \tan 20° = 1.11 \text{MPa}$

정답 70 ③ 71 ② 72 ① 73 ② 74 ③ 75 ③

□□□ 산 92,98,00,05,11,15,21

66 원주상의 공시체에 수직응력이 $100kN/m^2$, 수평응력이 $50kN/m^2$일 때 공시체의 각도 30° 경사면에 작용하는 전단응력은?

① $17kN/m^2$　　② $22kN/m^2$
③ $35kN/m^2$　　④ $43kN/m^2$

$$\tau = \frac{\sigma_1 - \sigma_3}{2}\sin 2\theta$$
$$= \frac{100-50}{2}\sin(2 \times 30°) = 22kN/m^2$$

□□□ 산 10,14,21

67 사질토 지반에서 직경 30cm의 평판재하시험 결과 $300kN/m^2$의 압력이 작용할 때 침하량이 5mm라면, 직경 1.5m의 실제 기초에 $300kN/m^2$의 하중이 작용할 때 침하량의 크기는?

① 28mm　　② 50mm
③ 14mm　　④ 25mm

$$S_F = S_P\left(\frac{2B_F}{B_F+B_P}\right)^2 = 5 \times \left(\frac{2 \times 1.5}{1.5+0.3}\right)^2 = 14mm$$

> **Remember**
>
> 재하판의 크기에 따른 지지력과 침하량
>
> | 분류 | 점토지반 | 모래지반 |
> |------|---------|---------|
> | 지지력 | • 재하판에 무관
$q_{u(F)} = q_{u(P)}$ | • 재하판 폭에 비례
$q_F = q_u \times \dfrac{B_F}{B_P}$ |
> | 침하량 | • 재하판 폭에 비례
$S_F = S_P \times \dfrac{B_F}{B_P}$ | • 재하판에 무관
$S_F = S_P\left(\dfrac{2B_F}{B_F+B_P}\right)^2$ |
>
> 여기서, $q_{u(F)}$: 놓일기초의 극한지지력
> $q_{u(P)}$: 시험평판의 극한지지력
> B_F : 기초의 폭
> B_P : 시험평판의 폭
> S_P : 재하판의 침하량
> S_F : 기초의 침하량

□□□ 산 99,04,09,16,21

68 여러 종류의 흙을 같은 조건으로 다짐시험을 하였을 경우 일반적으로 최적함수비가 가장 작은 흙은?

① GW　　② ML
③ SP　　④ CH

• 조립토(사질토)일수록 다짐 곡선은 급하고, 세립토(점성토)일수록 다짐 곡선은 완만하다.
• 조립토(사질토)일수록 최대건조밀도는 크고, 최적함수비는 작다.
• 세립토(점성토)일수록 최대건조밀도는 작고, 최적함수비는 크다.

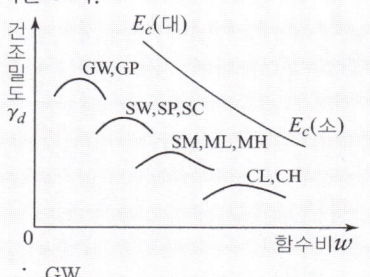

∴ GW

□□□ 산 92,97,99,05,10,12,13,14,21

69 아래 그림과 같이 정수위 투수시험을 실시하였다. 30분 동안 침투한 유량이 $500cm^3$일 때 투수계수는?

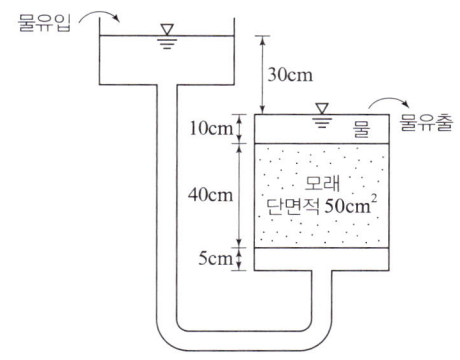

① $6.13 \times 10^{-3} cm/sec$　　② $7.41 \times 10^{-3} cm/sec$
③ $9.26 \times 10^{-3} cm/sec$　　④ $10.02 \times 10^{-3} cm/sec$

$$K = \frac{Q \cdot L}{h \cdot A \cdot t}$$
$$= \frac{500 \times 40}{30 \times 50 \times (30 \times 60)} = 7.41 \times 10^{-3} cm/sec$$

❷ 토질 및 기초

산 08,11,16,21

61 충분히 다진 현상에서 모래 치환법에 의해 현장밀도 실험을 한 결과 구멍에서 파낸 흙의 무게가 1536g, 함수비가 15%이었고, 구멍에 채워진 밀도가 1.70g/cm³인 표준모래의 무게가 1411g이었다. 이 현장이 95% 다짐도가 된 상태가 되려면 이 흙의 실내실험실에서 구한 최대 건조밀도는?

① 1.69g/cm³ ② 1.79g/cm³
③ 1.85g/cm³ ④ 1.93g/cm³

다짐도 $C_d = \dfrac{\rho_d}{\rho_{d\max}} \times 100$ 에서

- 최대 건조밀도 $\rho_{d\max} = \dfrac{\rho_d}{C_d} \times 100$
- $V = \dfrac{W_{sand}}{\rho_s} = \dfrac{1411}{1.70} = 830\text{cm}^3$
- $W_s = \dfrac{W}{1+w} = \dfrac{1536}{1+0.15} = 1335.65\text{g}$
- $\rho_d = \dfrac{W_s}{V} = \dfrac{1335.65}{830} = 1.61\text{g/cm}^3$

∴ $\rho_{d\max} = \dfrac{1.61}{95} \times 100 = 1.69\text{g/cm}^3$

[참고] $\rho_d = 1.61\text{g/cm}^3 = 1.61\text{t/m}^3$
$\gamma_d = 1.61\text{t/m}^3 = 16.1\text{kN/m}^3$

산 91,96,99,00,01,05,08,10,11,12,15,21

62 함수비 20%의 자연상태의 흙 2400g을 함수비 25%로 하고자 한다면 추가해야 할 물의 양은?

① 100g ② 120g
③ 400g ④ 500g

- 함수비 20%인 흙의 물 양
  $W_W = \dfrac{w \cdot W}{100+w} = \dfrac{20 \times 2400}{100+20} = 400\text{g}$
- 함수비 25%인 흙의 물 양
  $20\% : 400\text{g} = 25\% : x$
  $x = \dfrac{400 \times 25}{20} = 500\text{g}$

∴ 추가해야할 물의 양 : $500 - 400 = 100\text{g}$

산 97,00,04,10,13,18④,21

63 어떤 흙의 간극비(e)가 0.52이고, 흙 속에 흐르는 물의 이론 침투속도(v)가 0.214cm/s일 때 실제의 침투유속(v_s)은?

① 0.424cm/s ② 0.525cm/s
③ 0.626cm/s ④ 0.727cm/s

실제 침투유속 $v_s = \dfrac{v}{n}$

- $n = \dfrac{e}{1+e} = \dfrac{0.52}{1+0.52} = 0.342$

∴ $v_s = \dfrac{0.214}{0.342} = 0.626\text{cm/s}$

산 89,91,92,98,03,06,07,13,15,21

64 20kN의 무게를 가진 낙추로서 낙하고 2m로 말뚝을 박을 때 최종적으로 1회 타격당 말뚝의 침하량이 20mm였다. 이 때 Sander 공식에 의한 말뚝의 허용지지력은?

① 100kN ② 200kN
③ 670kN ④ 250kN

$Q_a = \dfrac{W_h H}{8S}$ (Sander공식)

$= \dfrac{20 \times 2000}{8 \times 20} = 250\text{kN}$

산 91,96,99,10,11,14,15,21

65 단위중량이 16kN/m³인 연약지반($\phi = 0°$) 지반에서 연직으로 2m까지 보강없이 절취할 수 있다고 한다. 이 점토지반의 점착력은?

① 4kN/m² ② 8kN/m²
③ 14kN/m² ④ 18kN/m²

$H_c = \dfrac{4c}{\gamma_t} \tan\left(45° + \dfrac{\phi}{2}\right)$

$= \dfrac{4c}{\gamma_t}$ (∵ $\phi = 0$)

∴ 점착력 $c = \dfrac{H_c \gamma_t}{4} = \dfrac{2 \times 16}{4} = 8\text{kN/m}^2$

정답 61 ① 62 ① 63 ③ 64 ④ 65 ②

□□□ 산 99,07,10,11,21

57 측지학 및 측량에 대한 설명으로 옳지 않은 것은?

① 측지학이란 지구 내부의 특성, 지구의 형상, 지구표면의 상호위치 관계를 정하는 학문이다.
② 기하학적 측지학에는 천문측량, 위성측지, 높이의 결정 등이 있다.
③ 물리학적 측지학에는 지구의 형상 해석, 중력의 측정, 지자기 측정 등을 포함한다.
④ 측지측량(대지측량)이란 지구의 곡률을 고려하지 않은 측량으로서 11km 이내를 평면으로 취급한다.

평면측량(평지측량)이란 지구의 곡률을 고려하지 않은 측량으로서 11km 이내를 평면으로 취급한다.

Remember

넓이에 따른 분류
- 평면측량 : 평지 측량 또는 소지 측량이라고도 하며, 반지름 11km(지름 22km)까지의 범위에서 지구를 평면으로 보고 실시하는 측량으로 높은 정확도를 요구하지 않는 소지역에서의 측량이다.
- 측지측량 : 대지 측량이라고도 하며, 평면 측량에 대응되는 것으로 지구의 곡률을 고려하여 지표면을 곡면으로 간주하여 지구의 형상과 크기를 구하는 정밀 측량이다.

□□□ 산 11,14①,19④,20③,21

58 거리측량의 오차를 $\frac{1}{10^5}$까지 허용한다면 지구상에 평면으로 간주할 수 있는 거리는? (단, 지구의 곡률반지름은 6300km로 가정)

① 약 22km ② 약 44km
③ 약 59km ④ 약 69km

$\frac{d-D}{D} = \frac{D^2}{12R^2}$ 에서

- $\frac{1}{100000} = \frac{D^2}{12 \times 6300^2}$

∴ 평면으로 볼 수 있는 한계

$D = \sqrt{\frac{12 \times 6300^2}{100000}} = 69.01 \text{km}$

□□□ 산 93,99,06,07,11,12,13,16,18,21

59 그림과 같이 O점에서 같은 정확도로 각을 관측하여 오차를 계산한 결과 $x_3 - (x_1 + x_2) = -36''$의 식을 얻었을 때 관측값 x_1, x_2, x_3에 대한 보정값 V_1, V_2, V_3는?

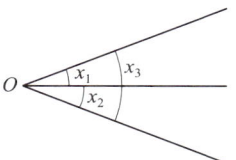

① $V_1 = -9'', V_2 = -9'', V_3 = +18''$
② $V_1 = -12'', V_2 = -12'', V_3 = +12''$
③ $V_1 = +9'', V_2 = +9'', V_3 = -18''$
④ $V_1 = +12'', V_2 = +12'', V_3 = -12''$

- 각오차 = $x_3 - (x_1 + x_2) = -36''$
- 조정량 = $\frac{36''}{3} = 12''$ (각 관측값에 ±12'' 해준다.)
- 각오차 $x_3 < (x_1 + x_2)$ 이므로 작은 측정값에는 (+), 큰 측정값에는 (−)

∴ 작은 측정값 $V_1 = -12''$, $V_2 = -12''$
  큰 측정값 $V_3 = +12''$ 해준다.

□□□ 산 11,15,21

60 트래버스측량을 한 전체 연장이 2.5km이고 위거오차가 +0.48m, 경거오차가 −0.36m이었다면 폐합비는?

① 1/1167 ② 1/2167
③ 1/3167 ④ 1/4167

폐합비 $R = \frac{E}{\sum l} = \frac{1}{m}$

- 폐합오차 $E = \sqrt{(위거오차량)^2 + (경거오차량)^2}$
  $= \sqrt{(E_L)^2 + (E_D)^2}$
  $= \sqrt{(+0.48)^2 + (-0.36)^2} = 0.6 \text{m}$

∴ 폐합비 : $R = \frac{E}{\sum l} = \frac{1}{m} = \frac{0.6}{2.5 \times 1000} = \frac{1}{4167}$

정답 57 ④ 58 ④ 59 ② 60 ④

51 축척 1 : 200과 축척 1 : 600에서 1변이 3cm인 정사각형의 실제 면적비는?

① 1 : 3 ② 1 : 6
③ 1 : 9 ④ 1 : 12

$$\frac{A_o}{A} = \frac{m_o^2}{m^2} = \frac{200^2}{600^2} = \frac{1}{9}$$

∴ 축척 $\frac{1}{200}$ 인 도면을 축척 $\frac{1}{600}$ 로 축척했을 때 도면의 면적은 $\frac{1}{9}$ 이 된다.

52 그림과 같은 삼각형 토지를 △ABP : △APC = 2:7 로 면적을 분할하고자 할 때 BP의 길이는? (단, BC의 길이는 50m임)

① 15.29m
② 14.29m
③ 12.11m
④ 11.11m

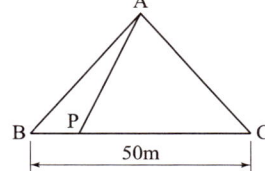

$$BP = BC \times \frac{m}{m+n} = 50 \times \frac{2}{2+7} = 11.11m$$

Remember
PC 의 거리
$$PC = BC \times \frac{n}{m+n} = 50 \times \frac{7}{2+7} = 38.89m$$

53 그림과 같은 도로의 횡단면도에서 AB의 수평거리는?

① 8.1m
② 12.3m
③ 14.3m
④ 18.5m

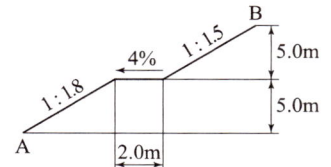

AB = 높이×구배×높이(nh)+d+구배×높이(nh)
 = 1.8×5+2+1.5×5 = 18.5m

54 지반고 120.50m인 A점에 기계고 1.23m의 토털스테이션을 세워 수평거리 90m 떨어진 B점에 세운 높이 1.95m의 타겟을 시준하면서 부(−)각 30°을 얻었다면 B점의 지반고는?

① 65.36m ② 67.82m
③ 171.74m ④ 175.64m

$$H_B = H_A + I + l\tan\theta - S$$
$$= 120.50 + 1.23 + 90\tan(-30°) - 1.95 = 67.82m$$

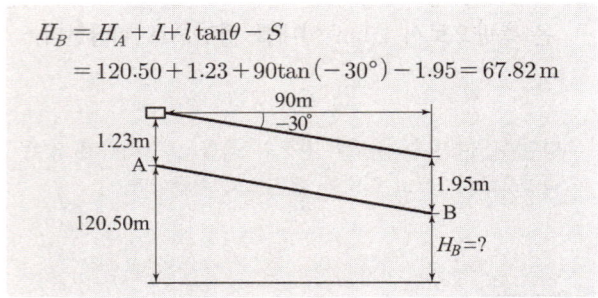

55 GNSS 관측오차 중 주변의 구조물에 위성신호가 반사되어 수신되는 오차를 무엇이라고 하는가?

① 다중경로 오차 ② 사이클슬립 오차
③ 수신기시계 오차 ④ 대류권 오차

다중경로(Multipath)에 의한 오차
방송국에서 발사된 전파가 직접 또는 산악이나 건물 등에 반사되는 등 여러 다른 경로를 통해서 수신 안테나에 도달하는 다중 경로(멀티패스) 현상으로 발생되는 오차.

56 측선길이가 100m, 방위각이 240°일 때 위거와 경거는?

① 위거 : 80.6m, 경거 : 50.0m
② 위거 : 50.0m, 경거 : 86.6m
③ 위거 : −86.6m, 경거 : −50.0m
④ 위거 : −50.0m, 경거 : −86.6m

• 위거=측선거리× cos θ = 100cos240° = −50.0m
• 경거=측선거리× sin θ = 100sin240° = −86.6m

정답 51 ③ 52 ④ 53 ④ 54 ② 55 ① 56 ④

□□□ 산 11,16,19②,21

46 완화곡선에 대한 설명 중 옳지 않은 것은?

① 완화곡선의 접선은 시점에서 원호에 중점에서 직선에 접한다.
② 곡선의 반지름은 완화곡선의 시점에서 무한대, 종점에서 원곡선의 반지름으로 된다.
③ 완화곡선에 연한 곡선반경의 감소율은 캔트의 증가율과 같다.
④ 종점의 캔트는 원곡선의 캔트와 같다.

완화곡선의 접선은 시점에서 직선에, 종점에서 원호에 접한다.

> **Remember**
> 완화 곡선의 성질
> • 완화곡선의 접선은 시점에서 직선에, 종점에서 원호에 접한다.
> • 곡선지름은 완화곡선의 시점에서 무한대, 종점에서 원 곡선 R로 한다.
> • 완화곡선의 접선은 시점에서 직선에 접하고, 종점에서 원호에 접한다.
> • 완화곡선에 연한 곡선 반지름의 감소율은 캔트의 증가율과 동률로 된다.
> • 완화곡선은 이정(shift)의 중간점을 통과한다.

□□□ 산 13,16,21

47 갑, 을 두 사람이 A, B 두 점간의 고저차를 구하기 위하여 서로 다른 표척으로 왕복측량한 결과가 갑은 38.994m±0.008m, 을은 39.003m±0.004m일 때, 두 점간 고저차의 최확값은?

① 38.995m ② 38.999m
③ 39.001m ④ 39.003m

최확치 $H_o = \dfrac{P_A H_A + P_B H_B}{P_A + P_B}$

• 경중률은 측정오차의 제곱에 반비례한다.

$A : B = \dfrac{1}{8^2} : \dfrac{1}{4^2} = 16 : 64 = 1 : 4$

$\therefore H_o = \dfrac{1 \times 38.994 + 4 \times 39.003}{1+4} = 39.001\text{m}$

□□□ 산 11,21

48 삼각점 간의 평균거리가 약 2km의 삼각측량을 하였을 때 관측한 수평각의 평균을 ±0.1′까지 구한다면 관측점 및 시준점의 편심을 고려하지 않아도 되는 한도는?

① ±5.8cm ② ±4.2cm
③ ±3.1cm ④ ±1.2cm

$\dfrac{\Delta l}{l} = \dfrac{\Delta l}{2 \times 100000} = \dfrac{\pm 0.1' \times 60''}{206265''}$

$\therefore \Delta l = \dfrac{\pm 0.1' \times 60'' \times 2 \times 10^5}{206265''} = \pm 5.8\text{cm}$

[$\because 1\text{km} = 10^5 \text{cm}$]

□□□ 산 13④,20②,21

49 측선 AB를 기준으로 하여 C방향의 협각을 관측하였더니 257°36′37″이었다. 그런데 B점에 편위가 있어 그림과 같이 실제 관측한 점이 B′이었다면 정확한 협각은? (단, BB′=20cm, ∠B′BA=150°, AB′=2km)

① 257°36′17″
② 257°36′27″
③ 257°36′37″
④ 257°36′47″

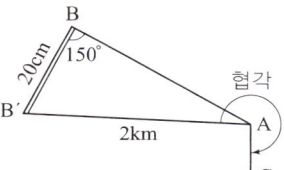

$\dfrac{0.20}{\sin \angle \text{BAB}'} = \dfrac{2000}{\sin 150°}$

• $\angle \text{BAB}' = \sin^{-1} \dfrac{0.20}{2000} \times \sin 150° = 10.31''$

∴ 협각 $= 257°36′37″ - 10.31″ = 257°36′26.29″$

□□□ 산 12,21

50 다음의 GPS 현장관측방법 중에서 일반적으로 정확도가 가장 높은 관측방법은?

① 정적 관측법 ② 동적 관측법
③ 실시간 동적 관측법 ④ 의사 동적 관측법

정적 관측법
가장 높은 정밀도를 얻을 수 있어 모든 기준점 측량에 적용된다.

정답 46 ① 47 ③ 48 ① 49 ② 50 ①

제2과목 : 측량 및 토질

1 측량학

41 원곡선에서 장현 L과 그 중앙 종거 M을 관측하여 반지름 R을 구하는 식으로 옳은 것은?

① $\dfrac{L^2}{8M}$
② $\dfrac{L^2}{4M}$
③ $\dfrac{L^2}{2M}$
④ $\dfrac{L^2}{M}$

중앙종거 $M = R\left(1 - \cos\dfrac{I}{2}\right) = \dfrac{L^2}{8R}$ 에서

∴ 반지름 $R = \dfrac{L^2}{8M}$

42 등고선의 특성에 대한 설명으로 틀린 것은?

① 등고선은 분수선과 직교하고 계곡선과는 평행하다.
② 동굴이나 절벽에서는 교차할 수 있다.
③ 동일 등고선 상의 모든 점은 표고가 같다.
④ 등고선은 도면 내외에서 폐합하는 폐곡선이다.

분수선(능선)과 곡선(합수선)은 등고선과 직각으로 만난다.

43 수애선을 나타내는 수위로서 어느 기간 동안의 수위 중 이것보다 높은 수위와 낮은 수위의 관측수가 같은 수위는?

① 평수위
② 평균수위
③ 지정수위
④ 평균최고수위

수애선
수면과 하애와의 경계선으로 하천 수위의 변화에 따라 다르며 평수위에 의하여 결정된다.

44 트래버스 측량의 종류 중 가장 정확도가 높은 방법은?

① 폐합트래버스
② 개방트래버스
③ 결합트래버스
④ 종합트래버스

결합 트래버스
어느 기지점으로부터 출발하여 다른 기지점으로 연결하는 측량방법으로 높은 정확도를 요구하는 대규모 지역의 측량에 이용되며 주로 삼각점을 사용한다.

Remember
트래버스 측량의 종류
- 결합 트래버스 : 측량 결과의 검사가 되며 가장 높은 정확도의 다각 측량을 할 수 있고 대규모 지역의 정확성을 요하는 측량에 좋다.
- 폐합 트래버스 : 측량 결과가 검사는 되나 결합 트래버스 보다 정확도가 낮고 소규모 지역 측량에 좋다.
- 개방 다각형 : 연속된 측점에 있어서 출발점과 종점간에 아무런 관련이 없는 것으로 측량결과의 점검이 안되어 높은 정확도의 측량에는 사용하지 않으나 노선 측량의 답사에는 편리한 방법이다.

45 도로시점에서 교점까지의 추가거리가 546.42m이고 교각이 45°일 때 곡선반지름 300m인 단곡선에서 시단현의 편각 δ_1의 값은? (단, 중심말뚝 간격은 20m이다.)

① $0°15'38''$
② $1°14'21''$
③ $1°42'13''$
④ $1°54'35''$

시단현 편각 $\delta_1 = \dfrac{90°}{\pi}\dfrac{l_1}{R} = 1718.87' \times \dfrac{l_1}{R}$

- $T.L = R\tan\dfrac{I}{2} = 300\tan\dfrac{45°}{2} = 124.26\text{m}$
- $BC = IP$의 거리$- TL = 546.42 - 124.26 = 422.16\text{m}$
- 시단현 길이 $l_1 = BC$ 앞말뚝$- BC = 440 - 422.16 = 17.84\text{m}$

∴ 시단현 편각 $\delta_1 = \dfrac{90°}{\pi}\dfrac{17.84}{300} = 1°42'13''$

또는 $\delta_1 = 1718.87' \times \dfrac{17.84}{300} = 1°42'13''$

정답 41 ① 42 ① 43 ① 44 ③ 45 ③

대칭 T형보의 유효폭은 다음 값 중 가장 작은 값으로 한다.
- (양쪽으로 각각 내민 플랜지 두께의 8배씩 : $16t_f$)+b_w
  : $16 \times 100 + 400 = 2000\,\text{mm}$
- 양쪽의 슬래브의 중심 간 거리 : $3000\,\text{mm}$
- 보의 경간(L)의 1/4 : $\dfrac{1}{4} \times 6000 = 1500\,\text{mm}$

∴ 유효폭 $b = 1500\,\text{mm}$(작은 값)

□□□ 산 11①,16①,19④,21

37 그림과 같은 단순보에서 자중을 포함하여 계수하중이 30kN/m 작용하고 있다. 이 보의 위험단계에서 전단력은?

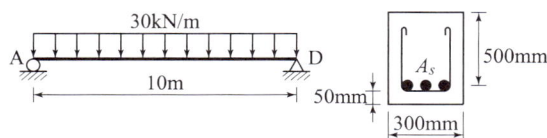

① 90kN ② 115kN
③ 120kN ④ 135kN

지점에서 유효높이 d만큼 떨어진 곳에서 위험한 계수 전단력

$$V_u = R_A - w_u d = \dfrac{w_u l}{2} - w_u d$$
$$= \dfrac{30 \times 10}{2} - 30 \times 0.5 = 135\,\text{kN}$$

□□□ 산 11,12,13,14,15,16,18②,19④,21

38 프리스트레스의 손실원인 중 프리스트레스 도입 후에 시간의 경과에 따라 생기는 것은?

① 콘크리트의 탄성변형
② 정착단의 활동
③ 콘크리트의 크리프
④ PS강재와 쉬스 사이의 마찰

■ 도입손실=즉시 손실
- 정착장치의 활동
- 콘크리트의 탄성수축(변형)
- 포스트텐션 긴장재와 덕트 사이의 마찰

■ 도입 후 손실=시간적 손실
- 콘크리트의 크리프
- 콘크리트의 건조수축
- 긴장재 응력의 릴랙세이션

□□□ 산 13②,19①,21

39 그림과 같은 T형 단면의 보에서 등가직사각형응력 블록의 깊이(a)는? (단, $f_{ck}=28\text{MPa}$, $f_y=400\text{MPa}$, $A_s=3855\text{mm}^2$)

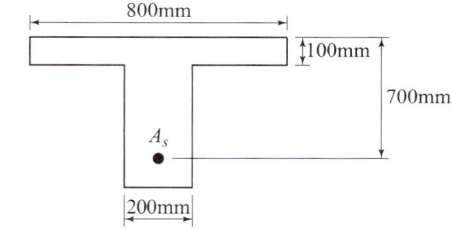

① 81mm ② 98mm
③ 108mm ④ 116mm

$$a = \dfrac{A_s f_y}{\eta(0.85 f_{ck})b}$$

$f_{ck} \leq 40\text{MPa}$일 때 $\eta=1.0$, $\beta_1=0.80$

$$a = \dfrac{3855 \times 400}{1 \times 0.85 \times 28 \times 800} = 81\,\text{mm} < t_f = 100\,\text{mm}$$

∴ 직사각형보

□□□ 산 11,14,15,21

40 아래 표와 같은 하중을 받는 지간 5m의 단순보를 설계할 때 계수휨모멘트(M_u)는? (단, 하중계수와 하중조합을 고려할 것)

- 자중을 포함한 고정하중(D) : 20kN/m
- 활하중(L) : 30kN/m

① 225kN·m ② 307kN·m
③ 342kN·m ④ 387kN·m

계수모멘트 $M_u = \dfrac{wl^2}{8}$

- 계수하중
$w = 1.6w_l + 1.2w_d$
$= 1.6 \times 30 + 1.2 \times 20 = 72\,\text{kN/m}$

∴ $M_u = \dfrac{72 \times 5^2}{8} = 225\,\text{kN·m}$

□□□ 산 11,17,21

33 보에 작용하는 계수 전단력 $V_u = 50\text{kN}$을 콘크리트만으로 지지할 경우 필요한 유효깊이 d의 최소값은 약 얼마인가? (단, $b_w = 350\text{mm}$, $f_{ck} = 22\text{MPa}$, $f_y = 400\text{MPa}$)

① 326mm ② 488mm
③ 532mm ④ 550mm

$V_u \leq \frac{1}{2}\phi V_c$ (전단철근이 필요 없는 조건)

$V_u = \frac{1}{2}\phi V_c = \frac{1}{2}\phi \frac{1}{6}\lambda\sqrt{f_{ck}}b_w d$ 에서

$\therefore d = \dfrac{V_u}{\frac{1}{2}\phi\frac{1}{6}\lambda\sqrt{f_{ck}}b_w}$

$= \dfrac{50 \times 10^3}{\frac{1}{2} \times 0.75 \times \frac{1}{6} \times \sqrt{22} \times 350}$

$= 487.3\text{mm} \fallingdotseq 488\text{mm}$

참고 [계산기 f_x 570 ES] SOLVE 사용법

$V_u = \frac{1}{2}\phi\left(\frac{1}{6}\lambda\sqrt{f_{ck}}\right)b_w d$

$50 \times 10^3 = \frac{1}{2} \times 0.75 \times \left(\frac{1}{6} \times 1 \times \sqrt{22}\right) \times 350 \times d$

먼저 50×10^3 ☞ ALPHA ☞ SOLVE = ☞

$\frac{1}{2} \times 0.75 \times \left(\frac{1}{6} \times 1 \times \sqrt{22}\right) \times 350 \times$

☞ ALPHA X ☞ SHIFT ☞

SOLVE ☞ = ☞ 잠시 기다리면

$X = 487.3$ ∴ $d = 488\text{mm}$

□□□ 산 19②,21

34 그림과 같은 L형강에서 단면의 순단면을 구하기 위하여 전개한 총폭(b_g)은 얼마인가?

① 250mm
② 264mm
③ 288mm
④ 300mm

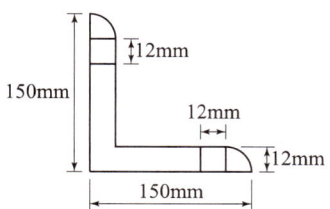

L형강
총폭 $b_g = b_1 + b_2 - t = 150 + 150 - 12 = 288\text{mm}$

□□□ 산 19②,21

35 흙에 접하거나 옥외의 공기에 직접 노출되는 현장치기 콘크리트로 D19 이상의 철근을 사용하는 경우 최소피복두께는 얼마인가?

① 20mm ② 40mm
③ 50mm ④ 60mm

흙에 접하거나 옥외의 공기에 직접 노출되는 콘크리트

철근의 외부조건	최소피복
D19 이상의 철근	50mm
D16 이하의 철근 지름 16mm 이하의 철선	40mm

Remember

철근의 최소 피복 두께(현장치기 콘크리트의 경우)

철근의 외부 조건			최소 피복
수중에서 타설하는 콘크리트			100mm
흙에 접하여 콘크리트를 친 후에 영구히 흙에 묻혀 있는 콘크리트			75mm
흙에 접하거나 옥외의 공기에 직접 노출되는 콘크리트	D19 이상의 철근		50mm
	D16 이하의 철근, 지름16mm 이하의 철선		40mm
옥외의 공기나 흙에 직접 접하지 않는 콘크리트	슬래브, 벽체, 장선	D35 초과하는 철근	40mm
		D35 이하 철근	20mm
	보, 기둥		40mm
	쉘, 절판부재		20mm

□□□ 산 11,13,14,16,19④,21

36 대칭 T형보에서 플랜지 두께(t)는 100mm, 복부폭(b_w)은 400mm, 보의 경간이 6m이고 슬래브의 중심간 거리가 3m일 때 플랜지 유효폭은 얼마인가?

① 1000mm ② 1500mm
③ 2000mm ④ 3000mm

정답 33 ② 34 ③ 35 ③ 36 ②

□□□ 산 11①④,12②,15①,19④,21
27 아래의 표에서 설명하고 있는 철근은?

> 전체 깊이가 900mm를 초과하는 휨부재 복부의 양 측면에 부재 축방향으로 배치하는 철근

① 표피철근　　　② 전단철근
③ 휨철근　　　　④ 배력철근

- 표피철근(skin reinforcement) : 전체 깊이가 900mm를 초과하는 휨부재 복부의 양 측면에 부재 축방향으로 배치하는 철근
- 배력철근(distributing bar) : 하중을 분포시키거나 균열을 제어할 목적으로 주철근과 직각에 가까운 방향으로 배치한 보조철근

□□□ 산 12,13,14,15,16,18②,19,21
28 단철근 직사각형보에서 $f_y = 400\text{MPa}$, $f_{ck} = 24\text{MPa}$ 일 때, 강도 설계법에 의한 균형철근비는?

① 0.0187　　　② 0.0214
③ 0.0254　　　④ 0.0321

- 균형철근비 $\rho_b = \dfrac{\eta(0.85 f_{ck})\beta_1}{f_y} \cdot \dfrac{660}{660 + f_y}$
- $f_{ck} \leq 40\text{MPa}$일 경우 $\eta = 1.0$, $\beta_1 = 0.85$

$\therefore \rho_b = \dfrac{1 \times 0.85 \times 24 \times 0.80}{400} \times \dfrac{660}{660 + 400} = 0.0254$

□□□ 산 13①,15②,21
29 철근콘크리트 구조물에서 피로에 대한 검토를 하지 않아도 되는 구조 부재는?

① 단순보　　　② 연속보
③ 슬래브　　　④ 기둥

- 보(단순보, 연속보) 및 슬래브의 피로는 휨 및 전단에 대하여 검토하여야 한다.
- 기둥의 피로는 검토하지 않아도 좋다. 단, 휨모멘트나 축인장력이 큰 경우에는 보에 준하여 검토하여야 한다.

□□□ 산 03,10,13,16,21
30 강교량에 주로 사용되는 판형(plate girder)의 보강재에 대한 설명으로 옳지 않은 것은?

① 보강재는 복부판의 전단력에 따른 좌굴을 방지하는 역할을 한다.
② 보강재는 단보강재, 중간보강재, 수평보강재가 있다.
③ 수평보강재는 복부판이 두꺼운 경우에 주로 사용된다.
④ 보강재는 지점 등의 이음부분에 주로 설치한다.

- 수평보강재는 복푸판이 얇은 경우에 주로 사용된다.
- 보강재는 판 두께가 얇은 경우에 발생하는 좌굴을 방지하기 위해서 일어난다.

□□□ 산 06,11①,14②,19④,21
31 그림과 같은 고장력 볼트 마찰이음에서 필요한 볼트 수는 몇 개인가? (단, 볼트는 M24(= φ24mm), F10T를 사용하며, 마찰이음의 허용력은 56kN이다.)

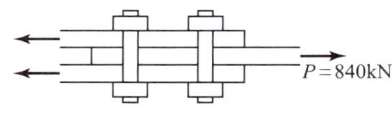

① 5개　　　② 6개
③ 7개　　　④ 8개

$n = \dfrac{P}{2\rho_a} = \dfrac{840}{2 \times 56} = 7.5 \quad \therefore 8개$

□□□ 산 11,12,17,21
32 아래 그림과 같은 띠철근 기둥에서 띠철근으로 D10(공칭지름 9.5mm) 및 축방향 철근으로 D32(공칭지름 31.8mm)의 철근을 사용할 때, 띠철근의 최대 수직간격은?

① 450mm
② 456mm
③ 500mm
④ 509mm

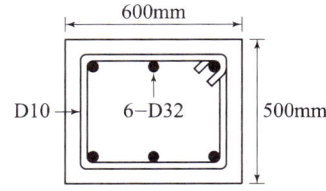

띠철근의 간격은 다음 값 중 최소값 사용
- 축방향 철근직경의 16배 이하 : $31.8 \times 16 = 508.8\text{mm}$
- 띠철근 직경의 48배 이하 : $9.5 \times 48 = 456\text{mm}$
- 기둥단면의 최소 치수 이하 : 600mm 이하
  ∴ 최대 수직간격 : 456mm(최소값)

23 옹벽의 안정조건 중 활동에 대한 안정에 관한 설명으로 옳은 것은?

① 활동에 대한 저항력은 옹벽에 작용하는 수평력의 1.5배 이상이어야 한다.
② 전도에 대한 저항 휨모멘트는 횡토압에 의한 전도모멘트의 1.5배 이상이어야 한다.
③ 옹벽에 작용하는 수평력은 활동에 대한 저항력의 2.0배 이상이어야 한다.
④ 횡토압에 의한 전도 모멘트는 전도에 대한 저항 휨모멘트의 2.0배 이상이어야 한다.

옹벽의 안정조건
- 활동에 대한 저항력은 옹벽에 작용하는 수평력의 1.5배 이상이어야 한다.
- 전도에 대한 저항 휨모멘트는 횡토압에 의한 전도모멘트의 2.0배 이상이어야 한다.
- 지반지지력에 대한 안정은 기초지반에 작용하는 지반반력이 지반의 허용지지력을 넘지 않도록 해야 한다.
- 횡토압에 의한 저항 휨모멘트 전도에 대한 전도모멘트는의 2.0배 이상이어야 한다.

24 상부철근(정착길이 아래 300m를 초과되게 굳지 않은 콘크리트를 친 수평철근)으로 사용되는 인장이형철근의 정착길이를 구하려고 한다. $f_{ck} = 21\text{MPa}$, $f_y = 300\text{MPa}$을 사용한다면 상부철근으로서의 보정계수를 사용할 때 정착길이는 얼마 이상이어야 하는가?
(단, D29 철근으로 공칭지름은 28.6mm, 공칭단면적은 642mm²이고, 기타의 보정계수는 적용하지 않는다.)

① 1461mm   ② 1123mm
③ 987mm   ④ 865mm

■ 인장 이형철근의 정착(D35 이하의 철근의 경우)
$$l_{db} = \frac{0.6 d_b f_y}{\lambda \sqrt{f_{ck}}} = \frac{0.6 \times 28.6 \times 300}{1 \times \sqrt{21}} = 1123.39\text{mm}$$
■ 정착길이
$l_d = l_{db} \times 보정계수 = 1123.39 \times 1.3 = 1460.4\text{mm}$
∴ 상부철근(철근길이 또는 이음부 아래 300mm를 초과 되게 굳지 않은 콘크리트를 친 수평철근 : 1.3

25 PS강재가 가져야 할 일반적인 성질로 틀린 것은?

① 적당한 연성과 인성이 있어야 한다.
② 어느 정도의 피로강도를 가져야 한다.
③ 직선성이 좋아야 한다.
④ 항복비가 작아야 한다.

PS강재가 가져야 할 성질
- 인장강도가 커야 한다.
- 부착강도가 커야 한다.
- 항복비가 커야 한다.
- 릭랙세이션이 적을 것
- 적당한 연성(늘음)과 인성이 커야 한다.
- 응력 부식에 대한 저항성이 커야 한다.
- 곧게 펴지는 신직선(직진성)이 좋아야 한다.
- 어느 정도의 피로강도를 가져야 한다.

26 그림과 같은 단철근보의 공칭전단강도(V_n)는?
(단, 철근 D13을 수직 스터럽으로 사용하며, 스터럽 간격은 300mm, 철근 D13 1본의 단면적은 127mm², $f_{ck} = 24\text{MPa}$, $f_y = 400\text{MPa}$이다.)

① 232.3kN
② 262.6kN
③ 284.7kN
④ 302.5kN

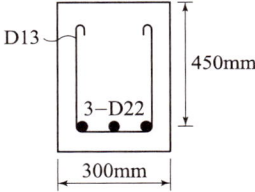

공칭전단강도 $V_n = V_c + V_s$
- 콘크리트의 공칭전단강도
$$V_c = \frac{1}{6}\lambda \sqrt{f_{ck}} b_w d$$
$$= \frac{1}{6} \times 1 \times \sqrt{24} \times 300 \times 450 = 110227\text{N}$$
$$= 110.2\text{kN}$$
- 전단철근이 부담하는 전단강도
$$V_s = \frac{f_{yt} A_v d}{s}$$
$$= \frac{400 \times 127 \times 2 \times 450}{300} = 152400\text{N} = 152.4\text{kN}$$
∴ $V_n = 110.2 + 152.4 = 262.6\text{kN}$

정답 23 ① 24 ① 25 ④ 26 ②

□□□ 산 14④,18①,19①,21

20 길이 1m, 지름 1.5cm의 강봉을 80kN으로 당길 때 이 강봉은 얼마나 늘어나겠는가?
(단, $E=2.1\times10^5$MPa)

① 2.2mm ② 2.6mm
③ 2.8mm ④ 3.1mm

- $\Delta l = \dfrac{Pl}{EA}$
- $P = 80\text{kN} = 80\times10^3\text{N}$
- $A = \dfrac{\pi d^2}{4} = \dfrac{\pi\times15^2}{4} = 176.71\text{mm}^2$
- $l = 1\text{m} = 1000\text{mm}$

$\therefore \Delta l = \dfrac{80\times10^3\times1000}{2.1\times10^5\times176.71} = 2.2\text{mm}$

2 철근콘크리트 및 강구조

□□□ 산 11,13,14,16④,19④,20②,21

21 철근콘크리트가 성립하는 이유에 대한 설명으로 틀린 것은?

① 철근과 콘크리트와의 부착력이 크다.
② 콘크리트 속에 묻힌 철근은 부식하지 않는다.
③ 철근과 콘크리트의 탄성계수는 거의 같다.
④ 철근과 콘크리트는 온도에 대한 팽창계수가 거의 같다.

철근의 탄성 계수 E_s는 콘크리트의 탄성 계수 E_c보다 n배 크다.
즉, $n = \dfrac{E_s}{E_c}$, $nE_c = E_s$

Remember

철근콘크리트가 성립되는 조건
- 철근과 콘크리트 사이의 부착강도가 크다.
- 철근과 콘크리트의 열팽창계수가 거의 같다.
- 콘크리트 속에 묻힌 철근은 부식하지 않는다.
- 압축은 콘크리트가 인장은 철근이 부담한다.
- 철근의 탄성 계수 E_s는 콘크리트의 탄성 계수 E_c보다 n배 크다.

□□□ 산 11,14,15,21

22 단면이 300×500mm이고, 150mm²의 PS 강선 6개를 강선군의 도심과 부재단면의 도심축이 일치하도록 배치된 프리텐션 PC 부재가 있다. 강선의 초기 긴장력이 1000MPa일 때 콘크리트의 탄성변형에 의한 프리스트레스의 감소량은? (단, $n=6$)

① 36MPa ② 30MPa
③ 6MPa   ④ 4.8MPa

$\Delta f_p = n\dfrac{P_i}{A_c}$

- $P_i = A_p n f_y = 150\times6\times1000 = 900000\text{N}$

$\therefore \Delta f_p = 6\times\dfrac{900000}{300\times500} = 36\text{MPa}$

정답 20 ① 21 ③ 22 ①

□□□ 산 14,15,16,21

16 그림(A)와 같은 장주가 100kN의 하중에 견딜 수 있다면 (B)의 장주가 견딜 수 있는 하중의 크기는? (단, 기둥은 등질, 등단면이다.)

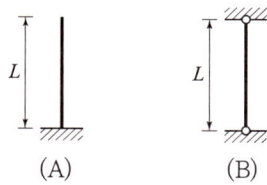

① 25kN
② 200kN
③ 400kN
④ 800kN

$P_{cr} = \dfrac{n\pi^2 EI}{L^2}$

• 일단고정 타단자유 : $P_{cr} = \dfrac{1}{4}\left(\dfrac{\pi^2 EI}{L^2}\right) = 100\text{kN}$

∴ $\dfrac{\pi^2 EI}{L^2} = 400\text{kN}$

• 양단힌지 : $P_{cr} = 1\left(\dfrac{\pi^2 EI}{L^2}\right) = 1 \times 400 = 400\text{kN}$

일단고정 타단자유	$n = \dfrac{1}{4}$
양단힌지	$n = 1$
일단힌지 타단고정	$n = 2$
양단고정	$n = 4$

□□□ 산 14,21

17 다음 그림과 같이 양단이 고정된 강봉이 상온에서 20℃ 만큼 온도가 상승했다면 강봉에 작용하는 압축력의 크기는? (단, 강봉의 단면적 $A = 50\text{cm}^2$, $E = 2.0 \times 10^5 \text{MPa}$, 열팽창계수 $\alpha = 1.0 \times 10^{-5}$(1℃에 대해서)이다.)

① 100kN
② 150kN
③ 200kN
④ 250kN

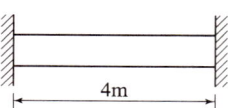

$P = \sigma_T A = E\alpha \Delta T A$

• $\Delta T = 20℃$

∴ $P = 2.0 \times 10^5 \times 1.0 \times 10^{-5} \times 20 \times 50 \times 10^2$
    $= 200000\text{N} = 200\text{kN}$

□□□ 산 15,21

18 다음 중 지점(support)의 종류에 해당되지 않는 것은?

① 이동지점
② 자유지점
③ 회전지점
④ 고정지점

지점의 종류 3가지

• 이동지점 : 상하로 움직이지 않고 회전할 수 있고, 수평으로만 움직일 수 있는 지점
• 회전지점 : 상하 좌우로 움직이지 않으며, 회전할 수만 있는 지점
• 고정지점 : 상하좌우로 움직이지 않으며, 회전할 수 없는 지점

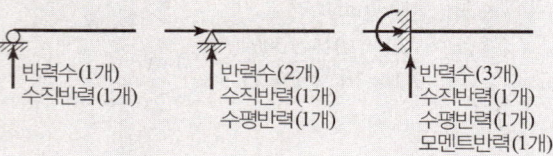

□□□ 산 15①,20②,21

19 길이 $L = 3\text{m}$의 단순보가 등분포하중 $w = 4\text{kN/m}$를 받고 있다. 이 보의 단면은 폭 12cm, 높이 20cm의 사각형 단면이고 탄성계수 $E = 1.0 \times 10^4 \text{MPa}$이다. 이 보의 최대 처짐량을 구한 값은?

① 0.53cm
② 0.36cm
③ 0.27cm
④ 0.18cm

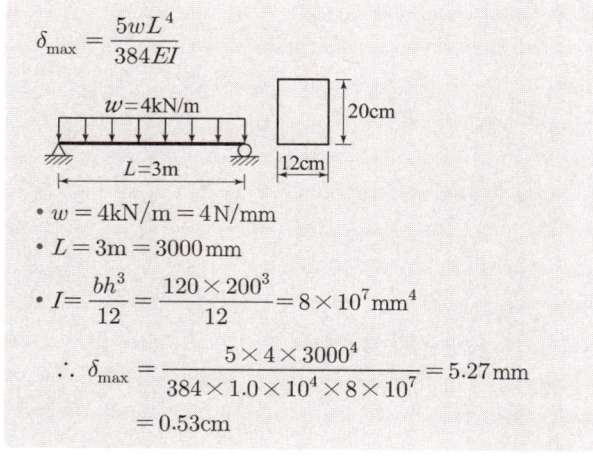

$\delta_{max} = \dfrac{5wL^4}{384EI}$

• $w = 4\text{kN/m} = 4\text{N/mm}$
• $L = 3\text{m} = 3000\text{mm}$
• $I = \dfrac{bh^3}{12} = \dfrac{120 \times 200^3}{12} = 8 \times 10^7 \text{mm}^4$

∴ $\delta_{max} = \dfrac{5 \times 4 \times 3000^4}{384 \times 1.0 \times 10^4 \times 8 \times 10^7} = 5.27\text{mm}$
          $= 0.53\text{cm}$

정답 16 ③   17 ③   18 ②   19 ①

□□□ 산 14, 21

13 그림과 같은 내민보의 자유단 A점에서의 처짐 δ_A는 얼마인가? (단, EI는 일정하다.)

① $\dfrac{3Ml^2}{4EI}(\uparrow)$

② $\dfrac{3Ml}{4EI}(\uparrow)$

③ $\dfrac{5Ml^2}{6EI}(\uparrow)$

④ $\dfrac{5Ml}{6EI}(\uparrow)$

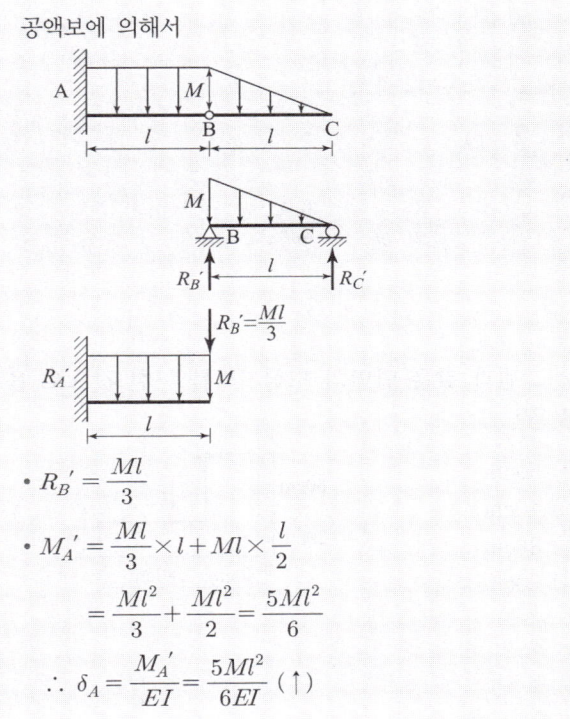

공액보에 의해서

- $R_B' = \dfrac{Ml}{3}$
- $M_A' = \dfrac{Ml}{3} \times l + Ml \times \dfrac{l}{2}$
  $= \dfrac{Ml^2}{3} + \dfrac{Ml^2}{2} = \dfrac{5Ml^2}{6}$

$\therefore \delta_A = \dfrac{M_A'}{EI} = \dfrac{5Ml^2}{6EI}(\uparrow)$

□□□ 산 93, 00, 06, 08, 09, 16, 21

14 아래 그림과 같은 삼각형에서 $X-X$축에 대한 단면 2차 모멘트는?

① $2592\,\text{cm}^4$
② $2845\,\text{cm}^4$
③ $3114\,\text{cm}^4$
④ $3426\,\text{cm}^4$

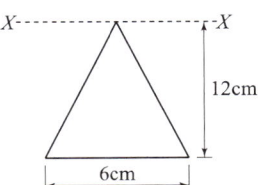

[방법1]
$I_X = I_x + A \cdot y_o^2$

- $I_x = \dfrac{bh^3}{36} = \dfrac{6 \times 12^3}{36} = 288\,\text{cm}^4$
- $A = \dfrac{bh}{2} = \dfrac{6 \times 12}{2} = 36\,\text{cm}^2$
- $y_o = \dfrac{2}{3} \times 12 = 8\,\text{cm}$

$\therefore I_X = 288 + 36 \times 8^2 = 2592\,\text{cm}^4$

[방법2]

$I_X = \dfrac{bh^3}{4} = \dfrac{6 \times 12^3}{4} = 2592\,\text{cm}^4$

□□□ 산 91, 94, 02, 04, 06, 08, 14, 16, 21

15 반지름이 r인 원형단면의 단주에서 도심에서의 핵거리 e는?

① $\dfrac{r}{2}$

② $\dfrac{r}{4}$

③ $\dfrac{r}{6}$

④ $\dfrac{r}{8}$

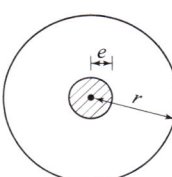

$e = \dfrac{D}{8} = \dfrac{2r}{8} = \dfrac{r}{4}$

Remember

원형단면의 핵

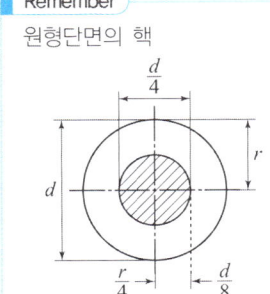

- 단주의 핵은 응력이 0이 되는 점들을 연결한 선

$\sigma = \dfrac{P}{A} - \dfrac{M}{Z} = 0$ 일 때

$= \dfrac{P}{\dfrac{\pi D^2}{4}} - \dfrac{P \cdot e}{\dfrac{\pi D^3}{32}} = 0 \qquad \therefore e = \dfrac{d}{8}$

정답 13 ③ 14 ① 15 ②

□□□ 산 14,16,21

09 다음과 같은 단순보에서 A점의 반력(R_A)으로 옳은 것은?

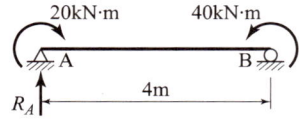

① 5kN(↓) ② 20kN(↓)
③ 5kN(↑) ④ 20kN(↑)

$\sum M_B = 0$
$R_A \times 4 + 20 - 40 = 0 \quad \therefore R_A = 5\text{kN}(↑)$

□□□ 산 86,00,05,09,15,18②,21

10 그림과 같은 단주에서 편심거리 e에 $P=300$kN이 작용할 때 단면에 인장력이 생기지 않기 위한 e의 한계는?

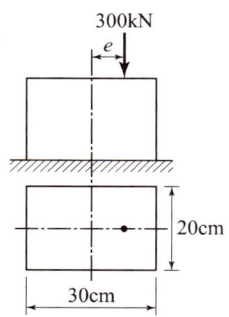

① 3.3cm ② 5cm
③ 6.7cm ④ 10cm

구형단면의 핵 : $\dfrac{h}{6} = \dfrac{30}{6} = 5$cm

Remember
■ 핵거리
$\sigma = \dfrac{P}{A} - \dfrac{M}{Z} = \dfrac{P}{A} - \dfrac{P \cdot e}{\dfrac{bh^2}{6}} = \dfrac{P}{A} - \dfrac{6Pe}{Ah} = 0$
$= \dfrac{P}{A}\left(1 - \dfrac{6e}{h}\right) = 0$
$\sigma = 0$이 되려면 $e = \dfrac{h}{6}$

□□□ 산 83,00,15,18,21

11 그림과 같은 단순보에 발생하는 최대 전단응력($\tau_{\max}$)은?

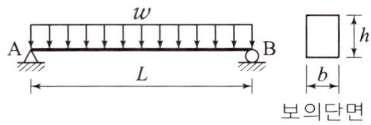

① $\dfrac{4wL}{9bh}$ ② $\dfrac{wL}{2bh}$
③ $\dfrac{9wL}{16bh}$ ④ $\dfrac{3wL}{4bh}$

$\tau_{\max} = \dfrac{3}{2} \dfrac{S_{\max}}{A}$
• $S_{\max} = R_A = \dfrac{wL}{2}$
• $A = bh$
$\therefore \tau_{\max} = \dfrac{3}{2} \dfrac{\dfrac{wL}{2}}{bh} = \dfrac{3wL}{4bh}$

□□□ 산 13,21

12 그림과 같은 단면의 도심거리를 구한 값으로 옳은 것은?

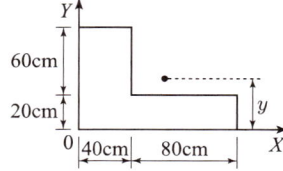

① 50cm ② 40cm
③ 30cm ④ 20cm

$y = \dfrac{G_x}{A}$

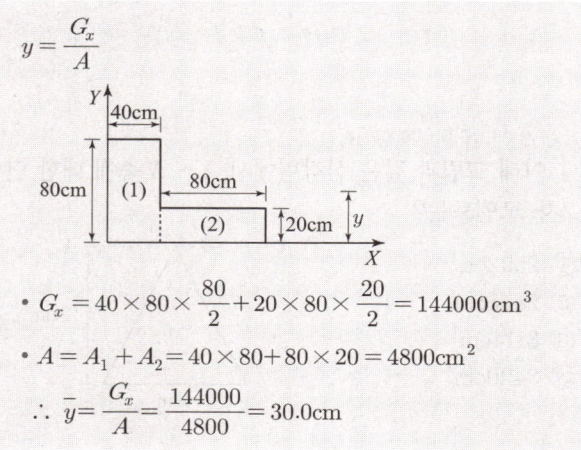

• $G_x = 40 \times 80 \times \dfrac{80}{2} + 20 \times 80 \times \dfrac{20}{2} = 144000 \text{cm}^3$
• $A = A_1 + A_2 = 40 \times 80 + 80 \times 20 = 4800 \text{cm}^2$
$\therefore \bar{y} = \dfrac{G_x}{A} = \dfrac{144000}{4800} = 30.0$cm

□□□ 산 05,14,16,21

05 그림과 같이 ABC의 중앙점에 100kN의 하중을 달았을 때 정지하였다면 장력 T의 값은 몇 kN인가?

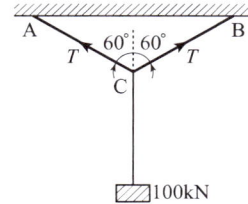

① 100 ② 86.6
③ 50   ④ 150

sin법칙(라미의 정리)에 의해서

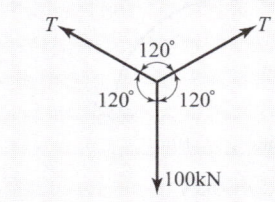

$$\frac{T}{\sin 120°} = \frac{100\text{kN}}{\sin 120°}$$

$$\therefore T = \frac{100}{\sin 120°} \times \sin 120° = 100\text{kN}$$

□□□ 산 14,21

06 탄성 에너지에 대한 설명으로 옳은 것은?

① 응력에 반비례하고 탄성계수에 비례한다.
② 응력의 제곱에 반비례하고 탄성계수에 비례한다.
③ 응력에 비례하고 탄성계수의 제곱에 비례한다.
④ 응력의 제곱에 비례하고 탄성계수에 반비례한다.

탄성에너지 $U = \dfrac{P \cdot \delta}{2}$

• $\delta = \dfrac{\sigma l}{E}$, $\sigma = \dfrac{P}{A}$, $P = \sigma A$

$\therefore U = \dfrac{P \cdot \delta}{2} = \dfrac{P\sigma l}{2E} = \dfrac{\sigma^2 A l}{2E}$

• 응력(σ)에 비례하고 탄성계수(E)에 반비례한다.
• 응력의 제곱(σ^2)에 비례하고 탄성계수(E)에 반비례한다.
∴ 응력의 제곱(σ^2)에 비례하고 탄성계수(E)에 반비례한다.

□□□ 산 04,10,11,14,17,21

07 그림과 같은 단면의 도심축($x - x$축)에 대한 단면2차모멘트는?

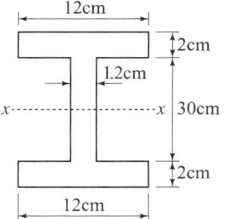

① 15004cm^4
② 14004cm^4
③ 13004cm^4
④ 12004cm^4

$I_X = I_{X1} - I_{X2}$

$= \dfrac{BH^3}{12} - \dfrac{bh^3}{12}$

$= \dfrac{12 \times 34^3}{12} - \dfrac{(12-1.2) \times 30^3}{12} = 15004\text{cm}^4$

□□□ 산 11④,15①,19①,21

08 그림과 같은 직사각형 단면에 전단력 $S = 45\text{kN}$가 작용할 때 중립축에서 5cm 떨어진 $a-a$면에서의 전단응력은?

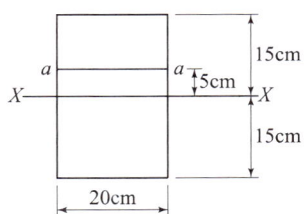

① 0.7MPa ② 0.8MPa
③ 0.9MPa ④ 1MPa

$\tau = \dfrac{S \cdot G_x}{I \cdot b}$

• $S = 45\text{kN} = 45 \times 10^3 \text{N}$
• $G_x = 20 \times (15-5) \times 10 = 2000\text{cm}^3$
• $I = \dfrac{bh^3}{12} = \dfrac{20 \times 30^3}{12} = 45000\text{cm}^4$

$\therefore \tau = \dfrac{45 \times 10^3 \times 2000}{45000 \times 20} = 100\text{N/cm}^2$

$= 1\text{N/mm}^2 = 1\text{MPa}$

정답 05 ① 06 ④ 07 ① 08 ④

국가기술자격 필기시험문제

2021년도 기사 1회 필기시험

자격종목	코 드	시험시간	형 별
토목산업기사	1048	2시간	A

※ 2023년도부터 토목산업기사 필기 출제기준이 변경되었음을 알려드립니다. (필기 120문항에서 60문항으로 변경)
※ 각 문항은 4지택일형으로 질문에 가장 적합한 보기 항을 선택하시면 됩니다.

제1과목 : 구조설계

1 역학적인 개념 및 건설 구조물의 해석

□□□ 산 15,21

01 탄성계수 E와 전단탄성계수 G의 관계를 옳게 표시한 식은? (단, ν는 Poisson's비, m은 Poisson's수이다.)

① $E = \dfrac{G}{2(1+\nu)}$ ② $E = 2(1+\nu)G$

③ $E = \dfrac{2G}{1+m}$ ④ $E = 0.5(1+m)G$

전단탄성계수 $G = \dfrac{E}{2(1+\nu)}$ 에서

∴ 탄성계수 $E = 2(1+\nu)G$

□□□ 산 04,14,21

02 아래 그림과 같은 보의 단면에 발생하는 최대 휨응력은?

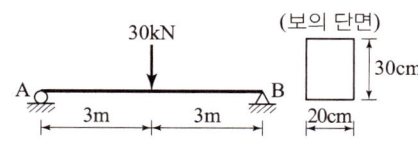

① 15MPa   ② 20MPa
③ 25MPa   ④ 30MPa

최대 휨응력 $\sigma_{max} = \dfrac{M_{max}}{Z}$

• $M_{max} = \dfrac{Pl}{4} = \dfrac{30 \times 1000 \times 6 \times 1000}{4}$
  $= 45000000 \text{N} \cdot \text{mm}$

• $Z = \dfrac{bh^2}{6} = \dfrac{200 \times 300^2}{6} = 3000000 \text{mm}^3$

∴ $\sigma_{max} = \dfrac{45000000}{3000000} = 15\text{N/mm}^2 = 15\text{MPa}$

□□□ 산 15,21

03 그림과 같은 3힌지(hinge) 아치에 하중이 작용할 때 지점 A의 수평반력 H_A는?

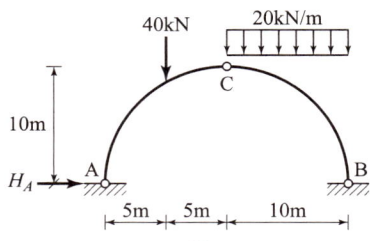

① 60kN   ② 80kN
③ 100kN   ④ 120kN

$\sum M_B = 0$
$V_A \times 20 - 40 \times 15 - (20 \times 10) \times 5 = 0$ ∴ $V_A = 80\text{kN}$
$\sum M_C = 0$
$80 \times 10 - H_A \times 10 - 40 \times 5 = 0$
$H_A = 60\text{kN}(\rightarrow)$

□□□ 산 06,17,21

04 다음 그림과 캔틸레버보에서 최대 휨모멘트는 얼마인가?

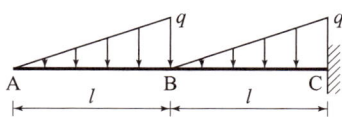

① $-\dfrac{1}{6}ql^2$ ② $-\dfrac{1}{2}ql^2$
③ $-\dfrac{1}{3}ql^2$ ④ $-\dfrac{5}{6}ql^2$

$M_{max} = -\dfrac{ql}{2} \times \left(l + \dfrac{l}{3}\right) - \dfrac{ql}{2} \times \left(\dfrac{l}{3}\right) = -\dfrac{5}{6}ql^2$

정답 01 ② 02 ① 03 ① 04 ④

토목산업기사 연습용 OMR답안지

토목산업기사 연습용 OMR답안지

토목산업기사 연습용 OMR답안지

토목산업기사 연습용 OMR답안지

3단계

Pick Remember
CBT 과년도 실전 테스트

01 OMR 연습용 답안지
02 2021년 과년도 출제문제
03 2022년 과년도 출제문제
04 2023년 과년도 출제문제
05 2024년 과년도 출제문제
06 2025년 과년도 출제문제

| memo |

□□□ 산 96,97,02,13,14,18,20
17 정수시설의 계획정수량을 결정하는 기준이 되는 것은?

① 계획시간최대급수량
② 계획1일최대급수량
③ 계획시간평균급수량
④ 계획1일평균급수량

| 해답 | ②
계획정수량은 계획1일최대급수량을 기준으로 한다.

□□□ 산 02,07,11,15,20
18 상수의 응집침전에서 응집제의 주입률을 시험하는 시험법은?

① Sedimentation test
② Coulmn test
③ Water quality test
④ Jar test

| 해답 | ④
Jar test에 의해서 응집제 주입량을 결정한다.

□□□ 산 96,00,04,07,08,11,16,20
19 하수관거에서 관정부식(crown corrosion)의 주된 원인 물질은?

① 황화합물
② 질소화합물
③ 철화합물
④ 인화합물

| 해답 | ①
황화합물(S)이 원인이 되어 관정부식이 발생한다.

□□□ 산 99,20
20 다음 중 하수의 배수계통(排水係統)으로 부적당한 것은?

① 차집식
② 직각식
③ 방사식
④ 연결식

| 해답 | ④
배수계통은 하수도 계획의 근본이 되는 것으로 차집식, 직각식, 선형식, 방사식, 평행식, 집중식 등이 있다.

□□□ 산 02,07,09,16,20

11 하수도의 관거시설 중 역사이펀에 관한 설명으로 틀린 것은?

① 역사이펀실에는 수문설비 및 이토실을 설치한다.
② 역사이펀 관거는 일반적으로 복수로 한다.
③ 역사이펀의 양측에 수직으로 역사이펀실을 설치한다.
④ 역사이펀 관거내의 유속은 상류측 관거 내의 유속보다 작게 한다.

| 해답 | ④

역사이펀 관거내의 유속은 상류측 관거내의 유속을 20~30% 증가시킨 것으로 한다.

□□□ 산 97,01,06,13,20

12 합류식 하수관거의 설계시 사용하는 유량은?

① 계획우수량 + 계획시간최대오수량의 3배
② 계획우수량 + 계획시간최대오수량
③ 계획시간최대오수량의 3배
④ 계획1일최대오수량

| 해답 | ②

관거별 계획하수량
• 오수관거 : 계획시간최대오수량
• 우수관거 : 계획우수량
• 차집관거 : 우천시 계획오수량
• 합류식관거 : 계획시간최대오수량+계획우수량

□□□ 산 98,03,14,20

13 지름 15cm, 길이 50m인 주철관으로 유량 0.03m³/s의 물을 50m 양수하려고 한다. 양수시 발생되는 총 손실수두가 5m이었다면 이 펌프의 소요축동력(kW)은? (단, 여유율은 0이며 펌프의 효율은 80%이다.)

① 20.2 kW ② 30.5 kW
③ 33.5 kW ④ 37.2 kW

| 해답 | ①

$$P = \frac{1000 Q H_p}{102 \eta} = \frac{1000 \times 0.03 \times (50+5)}{102 \times 0.8} = 20.2 \text{kW}$$

□□□ 산 00,01,03,04,08,15,20

14 다음 중 상수의 일반적인 정수과정 순서로서 옳은 것은?

① 침전 → 응집 → 소독 → 여과
② 침전 → 여과 → 응집 → 소독
③ 응집 → 여과 → 침전 → 소독
④ 응집 → 침전 → 여과 → 소독

| 해답 | ④

정수과정 : 혼화→응집→침전→여과→소독

□□□ 산 99,06,15,20

15 계획1일최대오수량과 계획1일평균오수량 사이에는 일정한 관계가 있다. 계획1일평균오수량은 대체로 계획1일최대오수량의 몇 %를 표준으로 하는가?

① 45~60% ② 60~75%
③ 70~80% ④ 80~90%

| 해답 | ③

• 계획1일평균오수량은 계획1일최대오수량의 70~80%를 표준으로 한다.
• 계획1일최대오수량은 1인1일최대오수량에 계획인구를 곱한 후 여기에 공장폐수량, 지하수량, 기타 배수량을 더한 것으로 한다.

□□□ 산 97,98,13,20

16 최종 침전지의 용량이 5m×25m×2m이고, 하수처리장의 유입유량이 650m³/day라고 하면 침전지의 체류시간은? (단, 슬러지의 반송률은 60%)

① 3.57시간 ② 4.48시간
③ 5.77시간 ④ 6.59시간

| 해답 | ③

$$t = \frac{\text{폭기조의 용량}}{(\text{유입유량}+\text{반송슬러지})}$$
$$= \frac{5 \times 25 \times 2}{650(1+0.60)} \times 24 = 5.77 \text{시간}$$

∴ 유입유량 $650 \text{m}^3/\text{day} = \frac{650}{24} \text{m}^3/\text{hr}$

□□□ 산 99,01,06,14,20,23④,25①

06 그림에서 간선하수거 DA의 길이는 600m이고 유역 내 가장 먼 지점 E에서 간선하수거의 입구 D까지 우수가 유하하는데 걸리는 시간은 5분이다. 간선하수거 내 유속이 1m/s라면 유달시간은?

① 5분
② 11분
③ 15분
④ 20분

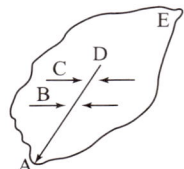

| 해답 | ③

유달시간 $T = t_1 + \dfrac{L}{V}$

• 유속 $V = 1m/s = 1 \times 60 = 60m/min$

∴ $T = 5 + \dfrac{600}{60} = 15$분

□□□ 산 95,08,16,18,20

07 합류식 배제방식의 특성과 관계없는 것은?

① 폐쇄의 염려가 없다.
② 우수에 의한 관거 내의 자연세척이 이루어진다.
③ 우천시 월류가 없다.
④ 검사 및 수리가 비교적 용이하다.

| 해답 | ③

합류식 하수도
우천시 계획 하수량 이상이 되면 하수를 공공수역에 방류한다. 즉 우천시 일정량 이상이 되면 월류한다.

Remember

하수의 배제방식

분류식	합류식
• 오수관거와 우수관거의 2계통으로 배제하는 방식이다.	• 단일관거로 오수와 우수를 배제하는 방식이다.
• 우천시 월류가 없다.	• 일정량 이상이 되면 오수가 월류한다.
• 수세효과는 기대할 수 없다.	• 우천시에 수세효과가 있다.
• 관거의 오접에 철저한 감시가 필요하다.	• 관거의 오접에 대해 감시가 필요 없다.

□□□ 산 11,20

08 집수매거에 대한 설명으로 옳은 것은?

① 집수매거 경사는 될 수 있으면 1/100 이상의 급경사로 하는 것이 좋다.
② 집수매거의 유출단에서 매거내의 평균유속은 3m/s 이하로 한다.
③ 호소수, 저수지수와 같은 지표수를 취수하기 위한 시설이다.
④ 매설은 복류수의 흐름방향에 대하여 가능한 한 직각으로 설치하는 것이 효율적이다.

| 해답 | ④

집수매거
• 집수매거 경사는 될 수 있으면 수평, 또는 1/500 이하의 완만한 경사로 한다.
• 집수매거의 유출단에서 매거내의 평균유속은 1m/s이하로 한다.
• 주로 복류수나 자유수면을 갖는 지하수(자유지하수)를 취수하는 시설이다.
• 집수매거는 복류수의 흐름방향에 대하여 지형이나 용지 등을 고려하여 가능한 한 직각으로 설치하는 것이 효율적이다.

□□□ 산 04,20

09 원수를 음용이나 공업용 등 용도에 알맞게 처리하는 과정은?

① 취수
② 정수
③ 도수
④ 배수

| 해답 | ②

정수
수돗물로서의 수질을 만족하기 위하여 원수수질의 상황에 따라 물을 정화하는 과정이다.

□□□ 산 13,20

10 송수시설의 계획송수량의 원칙적 기준이 되는 것은?

① 계획1일평균급수량
② 계획1일최대급수량
③ 계획시간평균급수량
④ 계획시간최대급수량

| 해답 | ②

송수시설의 계획송수량은 원칙적으로 계획1일최대급수량을 기준으로 한다.

제4회 2020년 9월

□□□ 산 95,96,98,12,20

01 부유물 농도 200mg/L, 유량 3000m³/day인 하수가 침전지에서 70% 제거된다. 이 때 슬러지의 함수율이 95%, 비중 1.1일 때 슬러지의 양은?

① 5.9m³/day ② 6.1m³/day
③ 7.6m³/day ④ 8.5m³/day

| 해답 | ③

슬러지의 양
$$= \frac{오수량(Q) \times 부유물농도(SS) \times SS제거율(E)}{비중(1-w)}$$

- $Q = 3000 \, m^3/day$
- 부유물농도 $SS = 200 \, mg/L$
- SS제거율 $E = \frac{70}{100} = 0.70$
- 슬러지의 함수율 $w = 95\% = 0.95$

∴ 슬러지의 양
$$= \frac{3000 \times 200(g/m^3) \times 0.70 \times 10^{-6}(m^3/g)}{1.1(1-0.95)}$$
$$= 7.6 \, m^3/day$$

□□□ 산 08,20

02 다음의 상수도 시설 중 도수시설을 바르게 설명한 것은?

① 취수 후의 원수를 정수시설까지 수송하는데 필요한 제반 시설
② 물의 수요변동을 흡수하고, 정수를 일정이상의 압력으로 수요자에게 공급하는 시설
③ 급수관에서 분기하여 정수를 가정, 공장, 사업소 등에 끌어들여, 직접 수요자에게 물을 공급하는 시설로써 수요자가 부담하여 설치하는 시설
④ 정수장에서 배수지까지 수송하는 시설

| 해답 | ①

- 도수시설 : 수원에서 취수한 물을 정수장 까지 공급하는 시설
- 송수시설 : 정수장에서 정수된 물을 배수지 까지 수송하는 시설
- 취수 시설 →(도수시설/도수관)→ 정수시설 →(송수시설/송수관)→ 배수시설

□□□ 산 95,11,13,20

03 수원에 대한 설명 중 틀린 것은?

① 천층수는 지표면에서 깊지 않은 곳에 위치함으로써 공기의 투과가 양호하므로 산화작용이 활발하게 진행된다.
② 심층수는 대지의 정화작용으로 무균 또는 거의 이에 가까운 것이 보통이다.
③ 용천수는 지하수가 자연적으로 지표로 솟아나온 것으로 그 성질은 대개 지표수와 비슷하다.
④ 복류수는 대체로 수질이 양호하며 정수공정에서 침전지를 생략하는 경우도 있다.

| 해답 | ③

용천수
- 지하수가 종종 자연적으로 지표로 분출하는 것으로 그 성질도 지하수와 비슷하다.
- 얕은 층의 물이 솟아 나오는 경우가 많으므로 수질이 불량한 경우도 있다.

□□□ 산 15,20

04 다음의 정수처리 공정별 설명으로 틀린 것은?

① 침전지는 응집된 플록을 침전시키는 시설이다.
② 여과지는 침전지에서 처리된 물을 여재를 통하여 여과하는 시설이다.
③ 플록형성지는 플록형성을 위해 응집제를 주입하는 시설이다.
④ 소독의 주목적은 미생물의 사멸이다.

| 해답 | ③

플록형성지는 플록을 형성하고 또한 용존공기를 플록에 효과적으로 부착시킬 수 있는 구조와 시설이다.

□□□ 산 15,16,20

05 혐기성 소화 공정의 영향인자가 아닌 것은?

① 체류시간 ② 메탄함량
③ 독성물질 ④ 알칼리도

| 해답 | ②

혐기성 소화 공정 인자
체류시간, 온도, 영향염류, pH, 독성물질, 알칼리도

17 정수처리에 관한 설명으로 옳지 않은 것은?

① 부유물질의 제거는 일반적으로 스크린을 이용한다.
② 세균의 제거에는 침전과 여과를 통해 거의 이루어지며 소독을 통해 완전히 처리된다.
③ 용해성물질 중에서 일부는 흡착제로 사용되는 활성탄이나 제오라이트 등으로 제거한다.
④ 용해성물질은 일반적인 여과와 침전으로 제거되지 않으므로 이를 불용해성으로 변화시켜 제거한다.

| 해답 | ①
- 상수의 정수과정 : 스크린→응집침전→여과→살균
- 부유물이나 조류 등을 제거할 필요가 있는 장소에는 스크린을 설치한다.

18 첨두율에 관한 설명으로 옳은 것은?

① 실제 하수량을 평균 하수량으로 나눈 값이다.
② 평균 하수량을 최대 하수량으로 나눈 값이다.
③ 지선 하수관로보다 간선 하수관로가 첨두율이 크다.
④ 인구가 많은 대도시일수록 첨두율이 커진다.

| 해답 | ①
첨두율
- 첨두율이란 실제 하수량과 평균 하수량의 비로 나타낸다.
- 대구경의 하수거인 경우 첨두율이 1.3이하이고 지선일 경우는 2.0이 넘을 수도 있다.
- 인구가 많은 대도시일수록 첨두율이 작아진다.

19 도수관에 설치되는 공기밸브에 대한 설명으로 틀린 것은?

① 공기밸브에는 보수용의 제수밸브를 설치한다.
② 매설관에 설치하는 공기밸브에는 밸브실을 설치한다.
③ 관로의 종단도 상에서 상향돌출부의 상단에 설치한다.
④ 제수밸브의 중간에 상향 돌출부가 없는 경우 낮은 쪽의 제수밸브 바로 뒤에 설치한다.

| 해답 | ④
관로 중 제수밸브 사이에 공기밸브를 설치할 경우 높은 쪽 제수밸브 바로 앞의 가까운 곳에 설치한다.

20 정수장에서 배수지로 공급하는 시설로 옳은 것은?

① 급수시설
② 도수시설
③ 배수시설
④ 송수시설

| 해답 | ④
- 취수 시설 $\xrightarrow{\text{도수시설}/\text{도수관}}$ 정수시설 $\xrightarrow{\text{송수시설}/\text{송수관}}$ 배수시설
- 송수시설은 정수장에서 배수지까지 송수하는 시설로서 송수관, 송수펌프, 조정지 및 밸브 등의 부속설비로 구성된다.

□□□ 산 95,00,03,10,14②,16④,20③

11 강우강도 $I = \dfrac{3500}{t+10}$ mm/hr, 유역면적 2km², 유입시간 5분, 유출계수 0.7, 하수관내 유속 1m/s일 때 관길이 600m인 하수관에 유출되는 우수량은?

① 27.2m³/s
② 54.4m³/s
③ 272.2m³/s
④ 544.4m³/s

| 해답 | ②

우수량 $Q = \dfrac{1}{360} CIA$

- $T = t_1 + \dfrac{L}{V} = 5 + \dfrac{600}{1 \times 60} = 15 \min$
- $I = \dfrac{3500}{t+25} = \dfrac{3500}{15+10} = 140 \text{mm/h}$
- $A = 2\text{km}^2 = 200\text{ha} (\because 1\text{km}^2 = 100\text{ha})$

$\therefore Q = \dfrac{1}{360} CIA$
$= \dfrac{1}{360} \times 0.70 \times 140 \times 200 = 54.4 \text{m}^3/\text{s}$

□□□ 산 99,20③

12 하수의 배수계통(排水系統)으로 옳지 않은 것은?

① 방사식
② 연결식
③ 직각식
④ 차집식

| 해답 | ②

배수계통은 하수도 계획의 근본이 되는 것으로 차집식, 직각식, 선형식, 방사식, 평행식, 집중식 등이 있다.

□□□ 산 96,03,11④,13②,20③

13 유효수심이 3.2m, 체류시간이 2.7시간인 침전지의 수면적 부하는?

① 11.19m³/m²·d
② 20.25m³/m²·d
③ 28.44m³/m²·d
④ 31.22m³/m²·d

| 해답 | ③

표면부하 $= \dfrac{\text{유입유량}(\text{m}^3/\text{day})}{\text{수면적}(\text{m}^2)} = \dfrac{\text{유효수심}(\text{m})}{\text{체류시간}(\text{hr})}$

$\therefore \dfrac{Q}{A} = \dfrac{H}{t} = \dfrac{3.2}{\frac{2.7}{24}} = 28.44 \text{m}^3/\text{m}^2 \cdot \text{d}$

□□□ 산 20③

14 완속여과 방식으로 제거할 수 없는 물질은?

① 냄새
② 맛
③ 색도
④ 철

| 해답 | ③

- 완속여과 방식 : 수중의 현탁물질이나 세균뿐만 아니라 어느 한도 내에서는 암모니아성질소, 냄새, 철, 망간, 합성세제, 페놀 등도 제거할 수 있다.
- 오존처리법 : 맛, 냄새물질과 색도제거의 효과가 우수하다.

□□□ 산 99,13,14①,17①,20③

15 도시하수가 하천으로 유입할 때 하천 내에서 발생하는 변화로 틀린 것은?

① DO의 증가
② BOD의 증가
③ COD의 증가
④ 부유물의 증가

| 해답 | ①

DO(용존산소)
- 물속에 녹아있는 산소를 말한다.
- 도시의 하수가 하천에 유입하면 미생물의 섭취, 분해 등으로 DO가 소모되어 DO농도가 감소하게 된다.
- 오염도가 높을수록 BOD, COD, SS 농도는 증가하고, DO 농도는 감소한다.

□□□ 산 20③

16 호소의 부영양화에 관한 설명으로 틀린 것은?

① 수심이 얕은 호소에서도 발생할 수 있다.
② 수심에 따른 수온 변화가 가장 큰 원인이다.
③ 수표면에 조류가 많이 번식하여 깊은 곳에서는 DO 농도가 낮다.
④ 부영양화를 방지하기 위해서는 질소와 인 성분의 유입을 차단해야 한다.

| 해답 | ②

부영양화
- 질소(N), 인(P), 염류 등과 같은 조류의 번식에 양분이 될 물질들이 유입 축적될 때 일어난다.
- 수심이 낮은 곳에서 나타나며, 한 번 부영양화가 되면 회복되기 어렵다.

□□□ 산 96,98,02,17①,19②,20③

05 유역면적 100ha, 유출계수 0.6, 강우강도 2mm/min인 지역의 합리식에 의한 우수량은?

① 2m³/s ② 3.3m³/s
③ 20m³/s ④ 33m³/s

| 해답 | ③

$Q = \dfrac{1}{360} CIA$

• $I = 2mm/min = 2 \times 60 = 120mm/hr$

∴ $Q = \dfrac{1}{360} \times 0.6 \times 120 \times 100 = 20m^3/sec$

(∵ 강우강도 단위 조심 : $I = mm/hr$)

□□□ 산 20③

06 활성슬러지법에 의한 폐수처리시 BOD 제거 기능에 대하여 가장 영향이 작은 것은?

① pH ② 온도
③ 대장균수 ④ BOD 농도

| 해답 | ③

활성슬러지법
• 생물의 대사작용을 활용하여 하수중의 부패성 유기물(BOD)성분 제거에 이용되는 방법이다.
• 수온이 상승하거나 하강하는 경우 BOD제거효율이 저하될 수 있다.
• 폐수처리시 BOD의 농도가 높을 경우 pH(수소이온농도)가 높아진다.

□□□ 산 97,01,06,13①,17④,19②,20③

07 오수관로 설계 시 기준이 되는 수량은?

① 계획오수량 ② 계획1일최대오수량
③ 계획1일평균오수량 ④ 계획시간최대오수량

| 해답 | ④

관거별 계획하수량
• 오수관거 : 계획시간최대오수량
• 우수관거 : 계획우수량
• 차집관거 : 우천시 계획오수량
• 합류식관거 : 계획시간최대오수량 + 계획우수량

□□□ 산 13②,20③

08 취수지점의 선정 시 고려하여야 할 사항으로 옳지 않은 것은?

① 구조상의 안정을 확보할 수 있어야 한다.
② 강 하구로서 염수의 혼합이 충분하여야 한다.
③ 장래에도 양호한 수질을 확보할 수 있어야 한다.
④ 계획취수량을 안정적으로 취수할 수 있어야 한다.

| 해답 | ②

취수지점의 선정
• 계획취수량을 안정적으로 취수할 수 있어야 한다.
• 장래에도 양호한 수질을 확보할 수 있어야 한다.
• 구조상의 안정을 확보할 수 있어야 한다.
• 하천관리시설 또는 다른 공작물에 근접하지 않아야 한다.
• 하천개수계획을 실시함에 따라 취수에 지장이 생기지 않아야 한다.
∴ 강 하구로서 염수의 혼합이 절대 되어서는 안된다.

□□□ 산 16①,17④,20③

09 송수관을 자연유하식으로 설계할 때, 평균유속의 허용최대한계는?

① 1.5m/s ② 2.5m/s
③ 3.0m/s ④ 5.0m/s

| 해답 | ③

도수·송수관의 평균 유속
• 자연유하식인 경우 허용최대한도 3.0m/s, 평균유속의 최소한도는 0.3m/s로 한다.
• 최소 유속은 모래 입자의 침전을 방지하기 위해 0.3m/sec로 한다.

□□□ 산 20③

10 급속여과에 대한 설명으로 틀린 것은?

① 여과속도는 120~150m/d를 표준으로 한다.
② 여과지 1지의 여과면적은 250m² 이상으로 한다.
③ 급속여과지의 형식에는 중력식과 압력식이 있다.
④ 탁질의 제거가 완속여과보다 우수하여 탁한 원수의 여과에 적합하다.

| 해답 | ②

급속여과지 1지의 여과면적은 150m² 이하로 한다.

제3회 2020년 8월 22일

□□□ 산 20③

01 취수시설 중 취수탑에 대한 설명으로 틀린 것은?

① 큰 수위변동에 대응할 수 있다.
② 지하수를 취수하기 위한 탑 모양의 구조물이다.
③ 유량이 안정된 하천에서 대량으로 취수할 때 유리하다.
④ 취수구를 상하에 설치하여 수위에 따라 좋은 수질을 선택하여 취수할 수 있다.

| 해답 | ②

취수탑 : 호소나 댐의 대량취수시설로서 많이 사용

Remember

취수탑	• 호소나 댐의 대량취수시설로서 많이 사용 • 저수지 등에서도 안정되게 취수할 수 있다.
취수틀	• 호소의 중소량 취수시설로 많이 사용 • 비교적 소량취수에 사용된다.
취수문	• 일반적으로 소규모 호소 등에 사용 • 수위변동이 작은 호소 등에 알맞다.

□□□ 산 98,03,07,10,12,20③

02 함수율 98%인 슬러지를 농축하여 함수율 96%로 낮추었다. 이때 슬러지의 부피감소율은?
(단, 슬러지 비중은 1.0으로 가정한다.)

① 40%   ② 50%
③ 60%   ④ 70%

| 해답 | ②

• $\dfrac{V_1}{V_2} = \dfrac{100-w_2}{100-w_1}$ 에서

$V_2 = \dfrac{100-w_1}{100-w_2} \times V_1$

$= \dfrac{100-98}{100-96} \times V_1 = 0.5\,V_1$

∴ 부피 감소율 $= \dfrac{V_1 - V_2}{V_1} \times 100$

$= \dfrac{V_1 - 0.5\,V_1}{V_1} \times 100 = 50\%$

□□□ 산 18②,20③

03 저수조식(탱크식) 급수방식의 적용이 바람직한 경우로 옳지 않은 것은?

① 일시에 많은 수량을 사용할 경우
② 상시 일정한 급수량을 필요로 할 경우
③ 배수관의 수압이 소요압력에 비해 부족할 경우
④ 역류에 의하여 배수관의 수질을 오염시킬 우려가 없는 경우

| 해답 | ④

저수조식의 적용이 바람직한 경우
• 재해시나 사고 등에 의한 수도의 단수나 감수시에도 물을 반드시 확보해야 할 경우
• 배수관의 압력변동에 관계없이 상시 일정한 수량과 압력을 필요로 하는 경우
• 일시에 다량의 물을 사용할 경우 또는 사용수량의 변동이 클 경우 등 직결급수로 하면 배수관의 압력저하를 야기할 우려가 있는 경우
• 약품을 사용하는 공장 등으로부터 역류에 의하여 배수관의 수질을 오염시킬 우려가 있는 경우

□□□ 산 96,98,10,11,16,17②,20③

04 하수도설계기준의 관로시설 설계기준에 따른 관로의 최소관경으로 옳은 것은?

① 오수관로 200mm, 우수관로 및 합류관로 250mm
② 오수관로 200mm, 우수관로 및 합류관로 400mm
③ 오수관로 300mm, 우수관로 및 합류관로 350mm
④ 오수관로 350mm, 우수관로 및 합류관로 400mm

| 해답 | ①

하수도의 최소관경
• 오수관거 : 200mm를 표준
• 우수 및 합류관거 : 250mm를 표준

Remember

하수도관거

관거의 종류	최소 관경	최소 유속	최대유속
오수관거	200mm	0.6m/sec	3.0m/sec
우수 및 합류관거	250mm	0.8m/sec	3.0m/sec

☐☐☐ 산 96,20②

17 하수도계획의 자연적 조건에 관한 조사 중 하천 및 수계현황에 관하여 조사하여야 하는 사항에 포함되는 것은?

① 지질도
② 지형도
③ 지하수위와 지반침하상황
④ 하천 및 수로의 종·횡단면도

| 해답 | ④

- ■자연 연혁 및 개황
  - 지역연혁
  - 위치, 면적, 지세
  - 지형도, 지질도 및 토질조사자료
  - 지하수위 및 지반침하상황 등
- ■하천 및 수계현황
  - 조사지역내 수역의 유량 및 수위 등의 현황
  - 하천 및 기존배수로의 상황
  - 하천 및 수로의 종횡단면적
  - 호소, 해역 등 수저의 지형, 이용상황, 유량 등

☐☐☐ 산 09,16①,20②

18 하수도시설의 계획우수량 산정 시 고려사항 및 이에 대한 설명으로 옳은 것은?

① 도달시간 : 유입시간과 유하시간을 합한 것이다.
② 우수유출량의 산정식 : Hazen-Williams 식에 의한다.
③ 확률년수 : 원칙적으로 20년을 원칙으로 하되, 이를 넘지 않도록 한다.
④ 하상계수 : 토지이용도별 기초계수로 지역의 총괄계수를 구하는 것이 원칙이다.

| 해답 | ①

- 우수유출량의 산정식 : 합리식에 의하는 것으로 한다.
- 확률년수 : 원칙적으로 5~10년을 원칙으로 하되, 이보다 크게 할 수 있다.
- 유출계수 : 토지이용도별 기초계수로 지역의 총괄계수를 구하는 것이 원칙이다.

☐☐☐ 산 20②

19 우수조정지를 설치하는 목적으로 옳지 않은 것은?

① 유달시간의 증대
② 유출계수의 증대
③ 첨두유량의 감소
④ 시가지의 침수방지

| 해답 | ②

우수유출량 $Q = \dfrac{1}{360}CIA$

∴ 유출계수(C)를 감소시켜 우수유출량을 감소시킨다.

☐☐☐ 산 99,02,06,10,11,12,15,16,17②,20②

20 수원의 구비조건으로 옳지 않은 것은?

① 수질이 양호해야 한다.
② 최대갈수기에도 계획수량의 확보가 가능해야 한다.
③ 오염 회피를 위하여 도심에서 멀리 떨어진 곳일수록 좋다.
④ 수리권의 획득이 용이하고, 건설비 및 유지관리가 경제적이어야 한다.

| 해답 | ③

소비자로부터 가까운 곳에 위치하여야 한다.

□□□ 산 11,20②

11 찌꺼기(슬러지)처리에 관한 일반적인 내용으로 옳지 않은 것은?

① 호기성 소화는 찌꺼기(슬러지)의 소화방법이 아니다.
② 하수 찌꺼기(슬러지)는 매우 높은 함수율과 부패성을 갖고 있다.
③ 찌꺼기(슬러지)의 기계탈수 종류로는 가압탈수기, 원심탈수기, 벨트프레스 탈수기 등이 있다.
④ 찌꺼기(슬러지)의 농축은 찌꺼기(슬러지)의 부피 감소 과정으로 찌꺼기(슬러지) 소화의 전단계 공정이다.

| 해답 | ①

슬러지의 소화
• 슬러지의 양을 감소시키며, 슬러지의 탈수성과 건조성이 향상될 수 있도록 실시한다.
• 이용하는 미생물에 따라 공기의 공급이 요구되는 호기성 방법과 공기가 불필요한 혐기성 방법

□□□ 산 97,00,03,11,15①,20②

12 오수관로 설계 시 계획시간 최대오수량에 대한 최소 유속(㉠)과 최대유속(㉡)으로 옳은 것은?

① ㉠ : 0.1m/s, ㉡ : 0.5m/s
② ㉠ : 0.6m/s, ㉡ : 0.8m/s
③ ㉠ : 0.1m/s, ㉡ : 1.0m/s
④ ㉠ : 0.6m/s, ㉡ : 3.0m/s

| 해답 | ④

오수관거
계획시간 최대오수량에 대하여 유속을 최소 0.6m/s, 최대 3.0m/s로 한다.

□□□ 산 01,04,12②,20②

13 다음의 소독방법 중 발암물질인 THM 발생 가능성이 가장 높은 것은?

① 염소소독
② 오존소독
③ 자외선소독
④ 이산화염소소독

| 해답 | ①

염소 살균은 발암물질인 트리할로메탄(THM)을 생성시킬 가능성이 있다.

□□□ 산 13④,16④,20②

14 송수시설의 계획송수량의 원칙적 기준이 되는 것은?

① 계획1일 평균급수량
② 계획1일 최대급수량
③ 계획시간 평균급수량
④ 계획시간 최대급수량

| 해답 | ②

• 송수시설의 계획송수량은 원칙적으로 계획1일 최대급수량을 기준으로 한다.
• 송수시설은 정수장에서 배수지까지 송수하는 사실로서 송수관, 송수펌프, 조절지 및 밸브 등의 부속설비로 구성된다.

□□□ 산 12,18①,20②

15 하천이나 호소 또는 연안부의 모래·자갈층에 함유되는 지하수로 대체로 양호한 수질을 얻을 수 있어 그대로 수원으로 사용되기도 하는 것은?

① 복류수
② 심층수
③ 용천수
④ 천층수

| 해답 | ①

복류수
• 호소 또는 연안부의 모래, 자갈층에 함유되어 있는 물을 말한다.
• 어느 정도 여과된 것이므로 지표수에 비해 수질이 양호하며 정수공정에서 침전지를 생략하는 경우도 있다.
• 취수원으로서 하천이나 호수의 바닥 또는 측면부의 자갈 및 모래층에 포함되어 있는 지하수

□□□ 산 12,20②

16 염소요구량(A), 필요 잔류염소량(B), 염소주입량(C)과의 관계로 옳은 것은?

① $A = B + C$
② $C = A + B$
③ $A = B - C$
④ $C = A \times B$

| 해답 | ②

염소주입량=염소 요구량+잔류 염소량
∴ $C = A + B$

□□□ 산 20②

06 다음과 같은 수질을 가진 공장폐수를 생물학적 처리 중심으로 처리하는 경우 어떤 순서로 조합하는 것이 가장 적정한가?

- 공장폐수 수질 : pH 3.0
- SS : 3000mg/L
- BOD : 300mg/L
- COD : 900mg/L
- 질소 : 40mg/L
- 인 : 8mg/L

① 중화 → 침전 → 생물학적 처리
② 침전 → 생물학적 처리 → 중화
③ Screening → 생물학적 처리 → 침전
④ 생물학적 처리 → Screening → 중화

| 해답 | ①
- 중화 : 공장폐수 중에는 공정에 따라 과잉의 산과 알칼리를 제거하여 중성으로 pH를 조정한다.
- 침전 : 공장폐수처리에서 침전은 고체 미립자와 액체의 비중차를 이용해서 폐수로부터 부유물질(SS)을 분리하는 방법으로 제거한다.
- 생물학적처리 : 유기물을 미생물 및 화학적으로 BOD, COD처리하고, 유기물이나 질소(N), 인(P) 등을 흡착, 분해하는 방법인 협기성 및 흡기성 방법을 이용하여 처리한다.

□□□ 산 96,97,99,00,01,04,08,14④,16②,19②,20②

07 취수장에서부터 가정에 이르는 상수도계통을 올바르게 나열한 것은?

① 취수시설 → 정수시설 → 도수시설 → 송수시설 → 배수시설 → 급수시설
② 취수시설 → 도수시설 → 송수시설 → 정수시설 → 배수시설 → 급수시설
③ 취수시설 → 도수시설 → 정수시설 → 송수시설 → 배수시설 → 급수시설
④ 취수시설 → 도수시설 → 송수시설 → 배수시설 → 정수시설 → 급수시설

| 해답 | ③
취수시설 - 도수시설 - 정수시설 - 송수시설 - 배수시설 - 급수시설

□□□ 산 96,20②

08 하수처리 과정 중 3차 처리의 주 제거 대상이 되는 것은?

① 발암물질　　② 부유물질
③ 영양염류　　④ 유기물질

| 해답 | ③
하수 1차처리 및 2차처리에서 영양염류인 인(P), 질소(N) 등이 완전제거가 어려우므로 부영양화의 원인이 된다. 따라서 특수 성분제거, 방류지역의 부영양화 방지를 위해서 2차 처리를 다시 3차 처리(고도처리)를 한다.

□□□ 산 20②

09 송수관로를 계획할 때에 고려 사항에 대한 설명으로 옳지 않은 것은?

① 가급적 단거리가 되어야 한다.
② 이상수압을 받지 않도록 한다.
③ 송수방식은 반드시 자연유하식으로 해야 한다.
④ 관로의 수평 및 연직방향의 급격한 굴곡은 피한다.

| 해답 | ③
송수관로
송수방식은 정수장과 배수지간에 수위의 고저관계에 따라 자연유하식과 펌프가압식과 병용식이 있다.

□□□ 산 20②

10 가정하수, 공장폐수 및 우수를 혼합해서 수송하는 하수관로는?

① 우수관로(storm sewer)
② 가정하수관로(sanitary sewer)
③ 분류식 하수관로(separate sewer)
④ 합류식 하수관로(combined sewer)

| 해답 | ④
합류식 하수관로
- 오수와 하수도로 유입되는 빗물, 지하수가 함께 흐르도록 하기위한 하수관로
- 합류식 하수관거 : 계획 우수량 + 계획시간 최대오수량

제1·2회 2020년 6월 6일

□□□ 산 02, 20②

01 상수 원수의 수질을 검사한 결과가 다음과 같을 때, 경도(hardness)를 $CaCO_3$ 농도로 표시하면 몇 mg/L 인가? (단, 분자량은 Ca : 40, Cl : 35.5, HCO_3 : 61, Mg : 24, Na : 23, SO_4 : 96, $CaCO_3$: 100)

Na^+ : 71mg/L	Ca^{++} : 98mg/L
Mg^{++} : 22mg/L	Cl^- : 89mg/L
HCO_3^- : 317mg/L	SO_4^{-2} : 25mg/L

① 336.7mg/L   ② 340.1mg/L
③ 352.5mg/L   ④ 370.4mg/L

| 해답 | ①

경도($CaCO_3$)
= 유발물질농도(mg/L) × $\dfrac{CaCO_3 당량}{유발물질당량}$

- Ca^{++} 1당량 = $\dfrac{40}{2}$ = 20
- Mg^{++} 1당량 = $\dfrac{24}{2}$ = 12
- $CaCO_3^{++}$ 1당량 = $\dfrac{100}{2}$ = 50

∴ $CaCO_3 = 98 \times \dfrac{50}{20} + 22 \times \dfrac{50}{12} = 336.7$ mg/L

□□□ 산 96, 11, 13②, 20②

02 수리학적 체류시간이 4시간, 유효수심이 3.5m인 침전지의 표면부하율은?

① 8.75m³/m²·day   ② 17.5m³/m²·day
③ 21.0m³/m²·day   ④ 24.5m³/m²·day

| 해답 | ③

표면부하율 = $\dfrac{유입유량(m^3/day)}{수면적(m^2)}$ = $\dfrac{유효수심(m)}{체류시간(hr)}$

= $\dfrac{Q}{A}$ = $\dfrac{h}{t}$

= $\dfrac{3.5(m)}{4(hr)}$ = 0.875 m/hr = 21.0 m/day

= 21.0 m³/m²·day

□□□ 산 20②

03 관로의 접합방법에 관한 설명으로 옳지 않은 것은?

① 관정접합 : 유수는 원활한 흐름이 되지만 굴착깊이가 증가되어 공사비가 증대된다.
② 관중심접합 : 수면접합과 관저접합의 중간적인 방법이나 보통 수면접합에 준용된다.
③ 수면접합 : 수리학적으로 대개 계획수위를 일치시켜 접합시키는 것으로서 양호한 방법이다.
④ 관저접합 : 수위상승을 방지하고 양정고를 줄일 수 있으나 굴착깊이가 증가되어 공사비가 증대된다.

| 해답 | ④

관저접합
굴착깊이를 얕게 함으로 공사비용을 줄일 수 있으며 수위 상승을 방지하고 양정고를 줄일 수 있어 펌프로 배수하는 지역에 적합하다.

□□□ 산 20②

04 수두 60m의 수압을 가진 수압관의 내경이 1000mm 일 때, 강관의 최소 두께는? (단, 관의 허용응력 σ_{ta} = 1300kgf/cm² 이다.)

① 0.12cm   ② 0.15cm
③ 0.23cm   ④ 0.30cm

| 해답 | ③

소요두께 $t = \dfrac{pD}{2\sigma_{ta}}$

- $p = h\gamma_w = 60 \times 1 = 60$ t/m² = 6 kg/cm²

∴ $t = \dfrac{pD}{2\sigma_{ta}} = \dfrac{6 \times 100}{2 \times 1300} = 0.23$ cm

□□□ 산 13①, 16①, 20②

05 계획1일평균급수량이 400L, 시간최대급수량이 25L 일 때 계획1일최대급수량이 500L라면 계획 첨두율은?

① 1.2   ② 1.25
③ 1.50   ④ 20.0

| 해답 | ②

계획 첨두율 = $\dfrac{계획1일최대급수량}{계획1일평균급수량} = \dfrac{500}{400} = 1.25$

□□□ 산 95,13①,19④
20 정수시설 중 혼화지와 침전지 사이에 위치하는 설비로서 완속교반을 행하는 설비를 무엇이라고 하는가?

① 여과지 ② 침사지
③ 소독설비 ④ 플록형성지

| 해답 | ④

플록형성지
- 정수시설 중 혼화지와 침전지 사이에 위치하는 설비로서 완속교반을 행하는 설비
- 급속여과 시스템 : 착수정 → 약품(급속)혼화지 → 플록형성지 → 약품 침전지 → 급속 여과지 → 염소소독지(살균) → 정수지

□□□ 산 14④,19④

14 유입하수량 30000m³/day, 유입 BOD 200mg/L, 유입 SS 150mg/L이고, BOD 제거율이 95%, SS 제거율이 90%일 경우, 유출 BOD의 농도(㉠)와 유출 SS의 농도(㉡)는?

① ㉠ : 10mg/L, ㉡ : 15mg/L
② ㉠ : 10mg/L, ㉡ : 30mg/L
③ ㉠ : 16mg/L, ㉡ : 15mg/L
④ ㉠ : 16mg/L, ㉡ : 30mg/L

| 해답 | ①

- 유출 BOD농도 = 유입 BOD농도×(1 − BOD제거율)
  $= 200 \times (1-0.95) = 10mg/L$
- 유출 SS농도 = 유입 SS농도×(1 − SS제거율)
  $= 150 \times (1-0.90) = 15mg/L$

□□□ 산 19④

15 상수의 소독방법 중 염소처리와 오존처리에 대한 설명으로 옳지 않은 것은?

① 오존의 살균력은 염소보다 우수하다.
② 오존처리는 배오존처리설비가 필요하다.
③ 오존처리는 염소처리에 비하여 잔류성이 강하다.
④ 염소처리는 트리할로메탄(THM)을 생성시킬 가능성이 있다.

| 해답 | ③

오존처리는 염소처리에 비하여 잔류성이 없다.

□□□ 산 99,01,02,13④,19④

16 현재 인구가 20만명이고 연평균 인구증가율이 4.5%인 도시의 10년 후 추정 인구는? (단, 등비급수법에 의한다.)

① 226202명 ② 290000명
③ 310594명 ④ 324571명

| 해답 | ③

$P_n = P_o(1+r)^n$
$= 200000(1+0.045)^{10} = 310594$명

□□□ 산 12④,19④

17 계획1인1일최대급수량 400L/(인·day), 급수보급률 95%, 인구 15만명의 도시에 급수계획을 하고자 할 때, 이 도시의 계획1일최대급수량은?

① 48450m³/day   ② 57000m³/day
③ 65550m³/day   ④ 72900m³/day

| 해답 | ②

계획1일최대급수량
= 계획1인1일최대급수량×계획급수인구×급수보급율
$= 400 \times 10^{-3} \times 150000 \times 0.95 = 57000m^3/day$
(∵ $1m^3 = 1000L$, $1L = 10^{-3}m^3$)

□□□ 산 97,07,08,14②,15④,16④,17④,19④

18 취수탑에 대한 설명으로 옳지 않은 것은?

① 최소수심이 2m 이상은 확보되어야 한다.
② 연중 수위변화의 폭이 큰 지점에는 부적합하다.
③ 취수탑의 취수구 전면에는 스크린을 설치한다.
④ 취수탑은 하천, 호소, 댐 내에 설치된 탑모양의 구조물이다.

| 해답 | ②

취수탑
- 안정적 취수가 가능하다.
- 일반적으로 대하천에 사용되고 있다.
- 취수구 전면에는 스크린을 설치한다.
- 하천, 호소, 댐 내에 설치된 탑모양의 구조물이다.
- 하천 유황이 안정되고 또한 갈수수위가 2m 이상인 것이 필요하다.
- 하천의 일정한 깊이 이상인 지점에 설치하면 연간 안정적인 취수가 가능하다.

□□□ 산 98,12④,19④

19 계획오수량 산정에서 고려되는 것이 아닌 것은?

① 지하수량   ② 공장폐수량
③ 생활오수량   ④ 차집하수량

| 해답 | ④

계획오수량
생활오수량, 공장폐수량 및 지하수 유입량을 포함한다.

□□□ 산 95,98,09,11②,13①,16①,19④

10 하천에 오수가 유입될 때 하천의 자정작용 중 최초의 분해지대에서 BOD가 감소하는 주요 원인은?

① 온도의 변화
② 탁도의 증가
③ 미생물의 번식
④ 유기물의 침전

| 해답 | ③

분해지대의 BOD 감소 원인
호기성 미생물(박테리아)의 활동과 번식, 오염물질의 분해활동

Remember

미생물의 변화 4단계

4단계	용존산소(DO) 상태
분해지대	용존산소(DO)량이 크게 줄어드는 대신 CO_2가 많아진다.
활발한 분해지대	용존산소(DO)가 없으며 부패상태에 도달하게 된다.
회복지대	DO농도가 포화될 정도로 증가되고 CO_2농도는 감소한다.
정수지대	DO량도 많아서 오염된 물속에 살 수 없는 식물·동물이 번식한다.

□□□ 산 12②,19④

11 호기성 소화와 혐기성 소화를 비교할 때, 혐기성 소화에 대한 설명으로 틀린 것은?

① 처리 후 슬러지 생성량이 적다.
② 유효한 자원인 메탄이 생성된다.
③ 높은 온도를 필요로 하지 않는다.
④ 공정 영향인자에는 체류시간, 온도, pH, 독성물질, 알칼리도 등이 있다.

| 해답 | ③

혐기성 소화의 장·단점

장점	단점
• 유효한 자원인 메탄이 생성된다. • 처리 후 슬러지 생성량이 적다. • 동력비 및 유지관리비가 적게 든다.	• 높은 온도를 요구한다. • 미생물의 성장속도가 느리다. • 상징액의 농도가 높다. • 악취문제 발생한다.

□□□ 산 19④

12 침전시설과 여과시설 등을 거친 정수장의 배출수는 최종적으로 적절한 배출수 처리설비를 거쳐 방류된다. 배출수 처리에 대한 설명으로 옳지 않은 것은?

① 발생 슬러지는 위해하므로 주로 매립하고, 재활용은 제한한다.
② 재순환되는 세척배출수의 목표수질은 평균적인 원수 수질과 같거나 더 양호해야 한다.
③ 슬러지처리시설은 정수처리시설에서 발생하는 슬러지를 처리하고 처분하는 데 충분한 기능과 능력을 갖추어야 한다.
④ 세척배출수에서 발생된 슬러지와 정수공정의 침전슬러지는 배출수처리시설의 농축조에서 농축처리하며 그 상징수는 정수공정으로 반송하지 않는다.

| 해답 | ①

발생 슬러지는 수분 85% 이하인 경우 관리형 매립시설에 매립할 수 있으나 매립지 확보가 곤란하고, 재활용방안으로는 시멘트의 원료, 재생벽돌, 녹생토 및 매립제 등으로 이용이 가능하다.

□□□ 산 19④

13 하수처리장의 반응조에서 미생물의 고형물 체류시간(SRT)을 구할 때 무시될 수 있는 항목은?

① 생물반응조 용량
② 유출수내 SS 농도
③ 잉여찌꺼기(슬러지)량
④ 생물반응조 MLSS 농도

| 해답 | ②

고형물 체류시간(SRT)

$$SRT = \frac{V \cdot X}{Q_w \cdot X_r + (Q - Q_w)X_e} \fallingdotseq \frac{V \cdot X}{Q_w \cdot X_r}$$

- V : 생물반응조 용량(mL)
- X : 생물반응조내의 MLSS농도(mg/l)
- Q_w : 폐슬러지의 수량(m^3/day)
- X_r : 반송슬러지의 SS농도(mg/l)
- X_e : 유출수의 SS농도(mg/l)
- Q : 유입하수량(m^3/day)

∴ X_e : 유출수의 SS농도(mg/l)

□□□ 산 16②,19④
04 하수관로의 경사와 유속에 대한 설명으로 옳지 않은 것은?

① 관로의 경사는 하류로 갈수록 감소시켜야 한다.
② 유속이 너무 크면 관로를 손상시키고 내용연수를 줄어들게 한다.
③ 오수관로의 최대유속은 계획 시간최대오수량에 대하여 1.0m/s로 한다.
④ 유속을 너무 크게 하면 경사가 급하게 되어 굴착 깊이가 점차 깊어져서 시공이 곤란하고 공사비용이 증대된다.

| 해답 | ③
오수관로는 계획시간최대 오수량에 대하여 유속을 최소 0.6m/sec, 최대 3.0m/sec로 한다.

□□□ 산 08②,14④,19④
05 계획배수량의 기준으로 옳은 것은?

① 배수구역의 계획1일평균배수량
② 배수구역의 계획1일최대배수량
③ 배수구역의 계획시간평균배수량
④ 배수구역의 계획시간최대배수량

| 해답 | ④
• 계획배수량은 원칙적으로 해당 배수구역의 계획시간 최대배수량으로 한다.
• 소규모의 수도 및 배수지역에서는 배수지 용량에 인구별로 추가한다.
• 배수지에서의 배수는 자연 유하식으로 한다.

□□□ 산 09,19④
06 상수도관 내의 수격현상(water hammer)을 경감시키는 방안으로 적합하지 않은 것은?

① 펌프의 급정지를 피한다.
② 에어챔버(air chamber)를 설치한다.
③ 운전 중 관내 유속을 최대로 유지한다.
④ 관로에 압력 조절 탱크(surge tank)를 설치한다.

| 해답 | ③
수격현상의 발생을 경감시키지 위해서는 관내의 유속을 경감시켜야 한다.

□□□ 산 07,11,19④
07 대장균군이 오염지표로 널리 사용되는 이유로 옳은 것은?

① 검출이 어렵다.
② 검사방법이 용이하다.
③ 인체의 배설물 중에 존재하지 않는다.
④ 소화기계 병원균보다 저항력이 약하다.

| 해답 | ②
대장균군
• 소화기 계통의 전염병은 항상 대장균군과 함께 존재하며 검출이 쉽다.
• 인체의 배설물 중에 대량으로 존재하며 병원균보다 저항력이 강하다.
• 검사법이 다른 이화학적 검사법보다 간편하고 정확하다.
• 대장균을 이용하여 다른 병원체의 존재를 추정할 수가 있다.

□□□ 산 15④,19④
08 펌프의 임펠러 입구에서 정압이 그 수온에 상당하는 포화 증기압 이하가 되면 그 부분에 증기가 발생하거나 흡입관으로부터 공기가 흡입되어 기포가 생기는 현상은?

① Cavitation   ② Positive Head
③ Specific Speed   ④ Characteristic Curves

| 해답 | ①
공동현상(Cavitation)
펌프의 내부에서 유속이 급변하거나 와류 발생, 유로 장애 등에 의하여 유체의 압력이 저하되어 포화증기압에 가까워지면 물 속에 용존되어 있는 기체가 액체 중에서 분리되어 기포로 되며 더욱이 포화증기압이하로 되면 물이 기화되어 흐름중에 공동이 생기는 현상

□□□ 산 98,01,04,07,13②,15①,18④,19④
09 하수도계획의 목표년도는 원칙적으로 몇 년을 기준으로 하는가?

① 5년   ② 10년
③ 15년   ④ 20년

| 해답 | ④
하수도계획의 목표년도는 원칙적으로 20년 후로 한다.

20 폭 10m, 길이 25m인 장방형 침전조에 면적 100m² 인 경사판 1개를 침전조 바닥에 대하여 15°의 경사로 설치하였다면, 이 침전조의 제거효율은 이론적으로 몇 % 증가하겠는가?

① 약 10.0% ② 약 20.0%
③ 약 28.6% ④ 약 38.6%

| 해답 | ④

$$E = \frac{100\cos 15°}{10 \times 25} \times 100 = 38.6\%$$

제4회 2019년 9월 21일

01 분류식에서 사용되는 중계 펌프장 시설의 계획하수량은?

① 계획1일최대오수량 ② 계획1일평균오수량
③ 우천시 평균오수량 ④ 계획시간최대오수량

| 해답 | ④

- 중계펌프장 : 관거의 매설 깊이가 깊어지는 곳이나 장거리 관로의 중간에 설치해서, 다음 펌프장 또는 처리장으로 송수하는 역할을 한다.
- 하수배제방식이 합류식인 경우 중계펌프장의 계획하수량은 계획시간최대오수량으로 한다.

02 하수배제방식 중 분류식과 비교하여 합류식이 갖는 특징으로 옳지 않은 것은?

① 폐쇄될 염려가 적다.
② 검사 및 수리가 비교적 쉽다.
③ 관로의 접합, 연결 등 시공이 복잡하다.
④ 강우 시 초기우수의 처리대책이 필요하다.

| 해답 | ③

대구경 관거가 되면 1계통으로 건설되어 오수관거와 우수관거의 2계통을 건설하는 것보다는 관로의 접합, 연결 등 시공이 간단하다.

03 하수 관정부식(crown corrosion)의 원인이 되는 물질은?

① NH_4 ② H_2S
③ PO_4 ④ SS

| 해답 | ②

- 황화합물(S)이 원인이 되어 관정부식이 발생한다.
- 황화수소(H_2S)가 하수관내의 공기중으로 솟아오르면서 콘크리트관을 부식 파괴하는 현상을 관정부식이라 한다.

□□□ 산 19②

15 수원에 관한 설명 중 틀린 것은?

① 심층수는 대수층 주위의 지질에 따른 고유의 특징이 있다.
② 복류수는 어느 정도 여과된 것이므로 지표수에 비해 수질이 양호하다.
③ 천층수는 지표면에서 깊지 않은 곳에 위치하므로 지표수의 영향을 받기 쉽다.
④ 용천수는 지하수가 자연적으로 지표로 솟아나온 것으로 그 성질은 지표수와 비슷하다.

| 해답 | ④
용천수
• 지하수가 종종 자연적으로 지표로 분출하는 것으로 그 성질도 지하수와 비슷하다.
• 얕은 층의 물이 솟아 나오는 경우가 많으므로 수질이 불량한 경우도 있다.

□□□ 산 19②

16 인구 20만 도시에 계획1인1일최대급수량 500L, 급수보급률 85%를 기준으로 상수도시설을 계획할 때 이 도시의 계획1일최대급수량은?

① 85000m³/일   ② 100000m³/일
③ 120000m³/일 ④ 170000m³/일

| 해답 | ①

계획1일 최대급수량 = 계획 1인1일 최대급수량 × 계획 급수인구 × 급수보급율
$= 500 \times 10^{-3} \times 200000 \times 0.85$
$= 85000 \, m^3/day$
$(\therefore 1m^3 = 1000L)$

□□□ 산 19②

17 토지이용도별 기초유출계수의 표준값으로 옳지 않은 것은?

① 수면 : 1.0   ② 도로 : 0.65~0.75
③ 지붕 : 0.85~0.95   ④ 공지 : 0.10~0.30

| 해답 | ②

토지이용도별 기초유출계수

표면형태	유출계수
수면	1.00
도로	0.80~0.90
지붕	0.85~0.95
공지	0.10~0.30
기타 불투수면	0.75~0.85

□□□ 산 19②

18 2000t/day의 하수를 처리할 수 있는 원형방사류식 침전지에서 체류시간은? (단, 평균수심 3m, 지름 8m)

① 1.6시간   ② 1.7시간
③ 1.8시간   ④ 1.9시간

| 해답 | ③

$t = \dfrac{침전지\ 용적(V)}{처리\ 수량(Q)}$

• $V = \dfrac{\pi d^2}{4} h = \dfrac{\pi \times 8^2}{4} \times 3 = 150.80 m^3$
• $Q = \dfrac{2000(t/d)}{24(hr)} = 83.33 \, t/hr$
• $\therefore t = \dfrac{150.80}{83.33} = 1.8 hr$

□□□ 산 19②

19 활성슬러지법의 변법 중 미생물에 의한 유기물 흡수와 흡수된 유기물의 산화가 별도의 처리조에서 수행되는 것은?

① 산화구법   ② 접촉안정법
③ 장기 포기법   ④ 계단식 포기법

| 해답 | ②

접촉안정법
• 활성슬러지법의 일종으로, 혼합 탱크와 안정화 탱크를 사용하는 것이 특징이다.
• 활성슬러지에 의한 정화기구 중 유기물의 흡착과 산화·동화의 과정을 각각 혼합 탱크와 안정화 탱크로 분리시킨 처리법이다.

□□□ 산 19②

09 유역면적이 100ha이고 유출계수가 0.7인 지역의 우수유출량은? (단, 강우강도는 3mm/min이다.)

① $0.35\text{m}^3/\text{s}$
② $0.58\text{m}^3/\text{s}$
③ $35\text{m}^3/\text{s}$
④ $58\text{m}^3/\text{s}$

|해답| ③

$$Q = \frac{1}{360}CIA$$

- $I = 3\text{mm/min} = 3 \times 60 = 180\text{mm/hr}$

∴ $Q = \frac{1}{360} \times 0.7 \times 180 \times 100 = 35\text{m}^3/\text{sec}$

(∵ 강우강도 단위 조심: $I = \text{mm/hr}$)

□□□ 산 19②

10 응집침전에 주로 사용되는 응집제가 아닌 것은?

① 벤토나이트(bentonite)
② 염화제2철(ferric chloride)
③ 황산제1철(ferrous sulfate)
④ 황산알루미늄(aluminium sulfate)

|해답| ①

응집제
황산알루미늄($Al_2(SO_4)_3$), 염화제1철($FeCl_2$), 염화제2철($FeCl_3$), 황산제1철($FeSO_4$), 황산제2철($Fe_2(SO_4)_3$)

□□□ 산 97,01,06,13,17,19,20

11 관로별 계획 하수량에 대한 설명으로 옳은 것은?

① 우수관로는 계획우수량으로 한다.
② 오수관로는 계획1일최대오수량으로 한다.
③ 차집관로에서는 청천시 계획오수량으로 한다.
④ 합류식관로는 계획1일최대오수량에 계획우수량을 합한 것으로 한다.

|해답| ①

관거별 계획하수량
- 오수관거: 계획시간최대오수량
- 우수관거: 계획우수량
- 차집관거: 우천시 계획오수량
- 합류식관거: 계획시간최대오수량+계획우수량

□□□ 산 19②

12 취수탑에 대한 설명으로 옳지 않은 것은?

① 부대설비인 관리교, 조명설비, 유목제거기, 협잡물제거설비 및 피뢰침을 설치한다.
② 하천의 경우 토사유입을 적게 하기 위하여 유입속도 15~30cm/s를 표준으로 한다.
③ 취수구 시설에 스크린, 수문 또는 수위조절판을 설치하여 일체가 되어 작동한다.
④ 취수탑의 설치 위치에서 갈수수심이 최소 2m 이상이 아니면, 계획 취수량의 취수에 필요한 취수구의 설치가 곤란하다.

|해답| ③

취수문의 기능과 목적
취수구시설에는 스크린, 수문 또는 수위조절판 등으로 구성되며, 유사시설 등과 일체가 되어 작동한다.

□□□ 산 19②

13 펌프를 선택할 때 고려해야 할 사항으로 가장 거리가 먼 것은?

① 동력
② 양정
③ 펌프의 무게
④ 펌프의 특성

|해답| ③

펌프의 선정시 고려 사항
- 펌프의 특성
- 펌프의 동력
- 펌프의 양정
- 펌프의 효율

□□□ 산 19②

14 마을 전체의 수압을 안정시키기 위해서는 급수탑 바로 밑의 관로 계기수압이 4.0kg/cm^2가 되어야 한다. 이를 만족시키기 위하여 급수탑은 관로로부터 몇 m 높이에 수위를 유지하여야 하는가?

① 25m
② 30m
③ 35m
④ 40m

|해답| ④

$$h = \frac{P}{w} = \frac{40(\text{t/m}^2)}{1(\text{t/m}^3)} = 40\text{m} \;(\because 4\text{kg/cm}^2 = 40\text{t/m}^2)$$

□□□ 기 19②

04 하수배제 방식 중 합류식 하수관거에 대한 설명으로 옳지 않은 것은?

① 일정량 이상이 되는 우천 시 오수가 월류한다.
② 기존의 측구를 폐지할 경우 도로폭을 유효하게 이용할 수 있다.
③ 하수처리장에 유입하는 하수의 수질변동이 비교적 적다.
④ 대구경 관로가 되면 좁은 도로에서의 매설에 어려움이 있다.

| 해답 | ③

분류식의 경우 우천시의 월류의 위험이 없고, 하수처리장이 유입하는 하수의 수질변동이 비교적 작다.

□□□ 산 19②

05 관로의 접합에 대한 설명으로 틀린 것은?

① 2개의 관로가 합류하는 경우의 중심교각은 장애물이 있을 때에는 60° 이하로 한다.
② 2개의 관로가 곡선을 갖고 합류하는 경우의 곡률반경은 내경의 3배 이하로 한다.
③ 관로의 반경이 변화하는 경우 또는 2개의 관로가 합류하는 경우의 접합방법은 원칙적으로 수면접합 또는 관정접합으로 한다.
④ 지표의 경사가 급한 경우에는 관경변화에 대한 유무에 관계없이 원칙적으로 지표의 경사에 따라서 단차접합 또는 계단접합으로 한다.

| 해답 | ②

2개의 관로가 곡선을 갖고 합류하는 경우의 곡률반경은 내경의 5배 이상으로 한다.

□□□ 산 19②

06 슬러지 소각에 대한 설명으로 틀린 것은?

① 부패성이 없다.
② 위생적으로 안전하다.
③ 슬러지용적이 1/50 ~ 1/100로 감소한다.
④ 타 처리방법에 비하여 소요부지면적이 크다.

| 해답 | ④

다른 처리방법에 비해 소요 부지면적이 적다.

□□□ 산 19②

07 배수면적 $0.35km^2$, 강우강도 $I = \dfrac{5200}{t+40}$ mm/h, 유입시간 7분, 유출계수 $C = 0.7$, 하수관내 유속 1m/s, 하수관길이 500m인 경우 우수관의 통수 단면적은? (단, t의 단위는 [분]이고, 계획우수량은 합리식에 의함)

① $4.2m^2$ ② $5.1m^2$
③ $6.4m^2$ ④ $8.5m^2$

| 해답 | ③

$$Q = \dfrac{1}{360} C \cdot I \cdot A$$

• $T = t_1 + \dfrac{L}{V} = 7 + \dfrac{500}{1 \times 60} = 15.33$ 분

• $I = \dfrac{5200}{15.33 + 40} = 93.98$ mm/hr

• $A = 0.35 km^2 = 35$ ha

∴ $Q = \dfrac{1}{360} \times 0.7 \times 93.98 \times 35 = 6.4 m^3/sec$

∴ 통수단면적 $A = \dfrac{Q}{V} = \dfrac{6.4}{1} = 6.4 m^2$

□□□ 산 19②

08 침전지의 침전효율을 높이기 위한 사항으로 틀린 것은?

① 침전지의 표면적을 크게 한다.
② 침전지 내 유속을 크게 한다.
③ 유입부에 정류벽을 설치한다.
④ 지(池)의 길이에 비하여 폭을 좁게 한다.

| 해답 | ②

침전효율 $E = \dfrac{V_s}{V_o} = \dfrac{V_s}{\dfrac{Q}{A}} = \dfrac{A}{Q} V_s$

• 표면부하율 $\left(\dfrac{Q}{A}\right)$을 작게 하여야 한다.
• 침전지 표면적(A)을 크게 하여야 한다.
• 유량(Q)을 작게 한다.
• 침전지내의 유속을 너무 크게 하면 침전을 저해하거나 침전된 슬러지가 다시 떠오를 염려가 있으므로 경험적으로 침전지내 평균유속을 30cm/분 이하를 표준으로 한다.

□□□ 산 13,14,19①

18 하천을 수원으로 하는 경우에 하천에 직접 설치할 수 있는 취수시설과 가장 거리가 먼 것은?

① 취수탑　　② 취수틀
③ 집수매거　④ 취수문

| 해답 | ③

집수매거
- 하천부지의 하상 밑이나 구하천 부지 등의 땅속에 매설하여 집수기능을 갖는 관거
- 복류수나 자유수면을 갖는 지하수(자유지하수)를 취수하는 시설이다.

□□□ 산 02,19①

19 우수관로 및 합류관로의 계획우수량에 대한 유속 기준은?

① 최소 0.8m/s, 최대 3.0m/s
② 최소 0.6m/s, 최대 5.0m/s
③ 최소 0.5m/s, 최대 7.0m/s
④ 최소 0.7m/s, 최대 8.0m/s

| 해답 | ①

우수관거 및 합류관거는 계획우수량에 대하여 유속을 최소 0.8m/s, 최대 3.0m/s로 한다.

□□□ 산 06,11,15,19①

20 반송슬러지 농도를 X_R, 슬러지반송비를 R이라고 할 때, 반응조 내의 MLSS 농도 X를 구하는 식은? (단, 유입수의 SS는 무시함)

① $X = \dfrac{X_R}{(1-R)}$　　② $X = \dfrac{R \times X_R}{(1+R)}$
③ $X = R \times (X_R + 1)$　　④ $X = \dfrac{R \times X_R}{(1-R)}$

| 해답 | ②

$X = \dfrac{R \times X_R}{(1+R)}$

제2회 2019년 4월 27일

□□□ 산 19②

01 하수관로 시설에서 분류식에 대한 설명으로 옳지 않은 것은?

① 매설비용을 절약할 수 있다.
② 안정적인 하수처리를 실시할 수 있다.
③ 모든 오수를 처리할 수 있으므로 수질개선에 효과적이다.
④ 분류식의 오수관은 유속이 빠르므로 관내에 침전물이 발생한다.

| 해답 | ①

합류식은 관을 1개만 매설하면 되므로 매설비용이 적게 소요된다.

□□□ 산 19②

02 급수방식의 종류가 아닌 것은?

① 역류식　　② 저수조식
③ 직결가압식　④ 직결직압식

| 해답 | ①

급수방식
- 직결식 : 직결직압식, 직결가압식
- 저수조식
- 직결·저수로 병용식

□□□ 산 96,97,99,00,01,04,08,14,16,19,20

03 상수의 공급과정으로 옳은 것은?

① 취수→도수→정수→송수→배수→급수
② 취수→도수→정수→배수→송수→급수
③ 취수→송수→도수→정수→배수→급수
④ 취수→송수→배수→정수→도수→급수

| 해답 | ①

상수도 공급과정
수원 → 취수 → 도수 → 정수 → 송수 → 배수 → 급수

□□□ 산 02,04,11,19①

13 1인1일평균급수량의 도시조건에 따른 일반적인 경향에 대한 설명으로 옳지 않은 것은?

① 도시규모가 클수록 수량이 크다.
② 도시의 생활수준이 낮을수록 수량이 크다.
③ 기온이 높은 지방은 추운 지방보다 수량이 크다.
④ 정액급수의 수도는 계량급수의 수도보다 수량이 크다.

| 해답 | ②

도시의 생활수준이 높을수록 1인 1일 평균 급수량은 증가한다.

Remember

1인 1일 평균 급수량의 특징
- 도시규모가 클수록 수량이 크다.
- 도시의 생활수준이 높을수록 수량이 크다.
- 기온이 높은 지방은 추운 지방보다 수량이 크다.
- 정액급수의 수도는 계량급수의 수도보다 수량이 크다.
- 수압이 낮을수록 수량은 증가한다.
- 누수량이 많을수록 평균급수량은 증가한다.

□□□ 산 96,00,02,06,19①

14 하수도 계획 대상유역에서 분할된 각 구역별 유출계수가 표와 같을 때 전체 유역의 유출계수는?

구역	면적(km^2)	토지상태	유출계수
1	0.05	콘크리트포장	0.90
2	0.50	교외주택지역	0.35
3	0.03	아파트지역	0.60

① 0.350
② 0.410
③ 0.447
④ 0.534

| 해답 | ②

평균 유속계수
$$C = \frac{\sum C_i A}{\sum A_i}$$
$$= \frac{0.90 \times 5 + 0.35 \times 50 + 0.60 \times 3}{5 + 50 + 3} = 0.410$$
(∵ $1km^2 = 100ha$으로 수정)

□□□ 산 96,19①

15 하수처리에 관한 설명으로 옳지 않은 것은?

① 하수처리 방법은 물리적, 화학적, 생물학적 공정으로 대별할 수 있다.
② 보통침전은 응집제를 사용하는 화학적 처리 공정이다.
③ 소독은 화학적 처리공정이라 할 수 있다.
④ 생물학적 처리공정은 호기성 분해와 혐기성 분해로 대별할 수 있다.

| 해답 | ②

- 보통침전 : 응집제를 사용하지 않는 독립된 별개의 입자로 침전
- 약품침전 : 응집제의 작용으로 floc의 집합체로 침전

□□□ 산 19①

16 강우강도(intensity of rainfall)공식의 형태 중 탈보트(Talbot) 형은? (단, t는 지속기간(min)이고, a, b, m, n은 지역에 따라 다른 값을 갖는 상수이다.)

① $I = \dfrac{a}{t^n}$
② $I = \dfrac{a}{\sqrt{t}+b}$
③ $I = \dfrac{a}{t+b}$
④ $I = \dfrac{a}{t^m+b}$

| 해답 | ③

강우강도
- 합리식에 적용되는 강우강도 공식

Talbot형 : $I = \dfrac{a}{t+b}$, Sherman형 : $I = \dfrac{a}{t^n}$

Japanese형 : $I = \dfrac{a}{\sqrt{t}+b}$

□□□ 산 19①

17 침전지의 침전효율 E와 부유물 침강속도 v_o, 유입유량 Q, 침전지의 표면적 A와의 관계식을 옳게 나타낸 것은?

① $E = \dfrac{Q}{v_o/A}$
② $E = \dfrac{v_o}{Q/A}$
③ $E = \dfrac{Q}{v_o \times A}$
④ $E = \dfrac{v_o}{Q \times A}$

| 해답 | ②

침전효율 $E = \dfrac{v_s}{v_o} = \dfrac{v_s}{Q/A} = \dfrac{A}{Q}v_s$

07 맨홀의 설치장소로 적합하지 않은 것은?

① 관로의 방향이 바뀌는 곳
② 관로의 관경이 변하는 곳
③ 관로의 단차가 발생하는 곳
④ 관로의 수량변화가 적은 곳

| 해답 | ④

맨홀의 설치장소
- 관거의 기점
- 단차가 발생하는 장소
- 관거가 합류하는 장소
- 관거의 유지관리상 필요한 장소
- 관거의 방향, 경사, 관경이 변화하는 장소

08 하수도계획에서 수질 환경기준에 준하는 배제방식, 처리방법, 시설의 취지 결정에 활용하기 위하여 필요한 조사는?

① 상수도급수현황
② 음용수의 수질기준
③ 방류수역의 허용부하량
④ 공업용수도의 현황

| 해답 | ③

발생부하량조사와 방류수역의 허용부하량 조사
하수도 시설의 규모, 배제방식, 처리방법, 펌프장 및 처리장 등의 위치를 결정하기 위한 조사지역에서 조사를 실시한다.

09 염소의 살균능력이 큰 것부터 순서대로 나열된 것은?

① Chloramines > OCl⁻ > HOCl
② Chloramines > HOCl > OCl⁻
③ HOCl > Chloramines > OCl⁻
④ HOCl > OCl⁻ > Chloramines

| 해답 | ④

살균능력
차아염소산(HOCl) > 차아염소산 이온(OCl⁻) > 클로라민(Chloramines)

10 송수시설에 관한 설명으로 옳지 않은 것은?

① 계획송수량은 원칙적으로 계획1일최대급수량을 기준으로 한다.
② 송수는 관수로로 하는 것을 원칙으로 하되 개수로로 할 경우에는 터널 또는 수밀성의 암거로 한다.
③ 송수방식에는 정수시설·배수시설과의 수위관계, 정수장과 배수지 사이의 지형과 지세에 따라 자연유하식, 펌프가압식 병용식이 있다.
④ 송수관의 유속은 자연유하식인 경우에 허용 최대한도를 5.0m/s로 한다.

| 해답 | ④

자연유하식의 도·송수관
- 도수관거의 평균유속의 허용최대한도 3.0m/s
- 도수관의 평균유속의 최소한도 0.3m/s

11 하수도시설의 목적(역할)과 거리가 먼 것은?

① 공공수역의 확대
② 생활환경의 개선
③ 수질보전 가능
④ 침수피해 방지

| 해답 | ①

하수도시설의 목적
- 하수의 배제와 이에 따른 생활환경의 개선
- 침수방지
- 공공수역의 수질보전과 건전한 물순환의 회복
- 지속발전 가능한 도시구축에 기여

12 합류식과 분류식 하수관로의 특징에 관한 설명으로 옳지 않은 것은?

① 분류식은 합류식에 비해 오접합의 우려가 적다.
② 합류식은 분류식에 비해 우천시 처리장으로 다량의 토사유입이 있을 수 있다.
③ 합류식은 분류식에 비해 청소, 검사 등이 유리하다.
④ 분류식은 합류식에 비해 수세효과를 기대할 수 없다.

| 해답 | ①

합류식은 분류식에 비해 오접합의 우려가 적다.

제1회 2019년 3월 3일

01 일반적인 정수처리공정과 비교할 때 침전공정이 생략된 방식으로 통상적으로 수질변화가 적고 비교적 양호한 수질에서는 일반정수처리공정에 비해 설치비 및 운영비가 적게 소요되는 여과방식은?

① 직접여과 ② 내부여과
③ 급속여과 ④ 표면여과

| 해답 | ①

직접여과
- 저수온이고 저탁도의 원수를 대상으로 하여 소량의 응집제를 주입한 다음 침전공정(플록형성과 침전처리)을 거치지 않고 여과하는 방식이다.
- 응집제주입량을 통상 주입량의 1/2∼1/4 정도만 주입하여 플록을 형성시킨다.

02 자연 유하식 관로를 설치할 때, 수두를 분할하여 수압을 조절하기 위한 목적으로 설치하는 부대설비는?

① 양수정 ② 분수전
③ 수로교 ④ 접합정

| 해답 | ④

관로의 도중에 설치하는 접합정은 주로 관로의 수압을 조절할 목적으로 설치하기 때문에 그 위치는 관로에 작용하는 수압 외의 수리적 상황을 종합적으로 검토하여 결정한다.

03 신축자재가 아닌 노출되는 관로 등에 신축이음관을 설치할 때, 몇 m마다 설치하여야 하는가?

① 5∼10m ② 20∼30m
③ 50∼60m ④ 100∼110m

| 해답 | ②

신축자재가 아닌 노출되는 관로 등에는 20∼30m 마다 신축이음관을 설치한다.

04 어느 도시의 총인구가 5만명이고, 급수인구는 4만명일 때 1년간 총급수량이 200만m³이었다. 이 도시의 급수보급률과 1인1일평균급수량은?

① 125%, 0.110m³/인·일
② 125%, 0.137m³/인·일
③ 80%, 0.110m³/인·일
④ 80%, 0.137m³/인·일

| 해답 | ④

- 급수보급률 = $\dfrac{급수인구}{급수\ 구역내\ 총인구} \times 100$

  $= \dfrac{40000}{50000} \times 100 = 80\%$

- 계획1인1일평균급수량

  $= \dfrac{1년간의\ 총급수량}{급수인구 \times 365}$

  $= \dfrac{2000000}{40000 \times 365} = 0.137 \, m^3/인\cdot일$

05 활성슬러지 공정의 2차 침전지를 설계하는데 다음과 같은 기준을 사용하였다. 이 침전지의 수리학적 체류시간은? (단, 수심 = 5.4m, 유입수량 = 50000m³/d, 표면부하율 = 30m³/m²·d)

① 2.8시간 ② 3.5시간
③ 4.3시간 ④ 5.2시간

| 해답 | ③

체류시간 $t = \dfrac{V}{Q} = \dfrac{수심(H)}{표면부하율(Q)} = \dfrac{5.4}{30} \times 24(hr)$

$= 4.32(hr)$

06 상수도의 급수계통으로 알맞은 것은?

① 취수 – 도수 – 정수 – 배수 – 송수 – 급수
② 취수 – 도수 – 송수 – 정수 – 배수 – 급수
③ 취수 – 송수 – 정수 – 배수 – 도수 – 급수
④ 취수 – 도수 – 정수 – 송수 – 배수 – 급수

| 해답 | ④

취수 – 도수 – 정수 – 송수 – 배수 – 급수

□□□ 산 18④
19 활성슬러지 공법에 대한 설명으로 옳은 것은?

① F/M비가 낮을수록 잉여슬러지 발생량은 증가된다.
② F/M비가 낮을수록 잉여슬러지 발생량은 감소된다.
③ F/M비가 낮을수록 잉여슬러지 발생량은 초기 감소된 후 다시 증가된다.
④ F/M비와 잉여슬러지는 상관관계가 없다.

| 해답 | ②
- F/M비가 낮을수록 잉여슬러지 발생량은 적다.
- 표준활성슬러지법에서는 0.5kgBOD/kgMLSS·day이다.

□□□ 산 03,07,14,18④
20 상수도 침전지의 제거율을 향상시키기 위한 방안으로 틀린 것은?

① 침전지의 침강면적(A)을 크게 한다.
② 플록의 침강속도(V)를 크게 한다.
③ 유량(Q)을 적게 한다.
④ 침전지의 수심(H)을 크게 한다.

| 해답 | ④

제거율 $E = \dfrac{V_s}{V_o} = \dfrac{V_s}{\frac{Q}{A}} = \dfrac{A}{Q} V_s$

- 유량(Q)을 작게 한다.
- 침강속도(V_s)를 크게 한다.
- 침전지 표면적(A)을 크게 하여야 한다.
- 표면부하율 $\left(\dfrac{Q}{A}\right)$을 작게 하여야 한다.

□□□ 산 08,15,18④

13 상수도시설 중 침사지에 대한 설명으로 옳지 않은 것은?

① 침사지의 길이는 폭의 3~8배를 표준으로 한다.
② 침사지내에서의 평균유속은 20~30cm/s를 표준으로 한다.
③ 침사지의 위치는 가능한 취수구에 가까워야 한다.
④ 유입 및 유출구에는 제수밸브 혹은 슬루스 게이트를 설치한다.

| 해답 | ②

침사지 내 평균유속은 2~7cm/sec를 표준으로 한다.

□□□ 산 97,04,07,08,11,16,18④

14 포기조에 유입하수량이 4000m³/day, 유입BOD가 150mg/L, 미생물의 농도(MLSS)가 2000mg/L일 때, 유기물질 부하율 0.6kgBOD/m³·day로 설계하는 활성슬러지 공정의 F/M비는? (단, F/M비의 단위 : kg-BOD/kg-MLSS·day)

① 0.3   ② 0.6
③ 1.0   ④ 1.5

| 해답 | ①

$$F/M = \frac{BOD}{MLSS \cdot t} = \frac{BOD \cdot Q}{MLSS \cdot V}$$

• 유입하수량 $Q = 4000 \, m^3/day$
• 폭기조 체적 $V = \dfrac{\text{유입 BOD} \times \text{유입 하수량}}{\text{유기물질의 용적 부하율}}$
  $= \dfrac{150 \times 10^{-3} \times 4000}{0.6} = 1000 \, m^3$

∴ F/M비 $= \dfrac{150 \times 4000}{2000 \times 1000}$
$= 0.3 \, kg \cdot BOD/kg \cdot MLSS \cdot d$

□□□ 산 98,01,04,07,13,15,18④,19④

15 하수도계획의 목표연도는 원칙적으로 몇 년을 기준으로 하는가?

① 5년   ② 10년
③ 20년   ④ 30년

| 해답 | ③

하수도계획의 목표년도는 원칙적으로 20년 후로 한다.

□□□ 산 06,07,11,18④

16 다음 중 염소소독 시 소독력에 가장 큰 영향을 미치는 수질인자는?

① pH   ② 탁도
③ 총 경도   ④ 맛과 냄새

| 해답 | ①

물의 pH
• 물의 pH가 높은 경우 살균 효과가 감소한다.
• pH10은 pH5보다 염소 주입량이 150배 정도 많이 소요된다.
• pH가 낮고 온도가 높을수록 살균능력이 강하다.

□□□ 산 04,11,18④

17 하수관거가 갖추어야 할 특성에 대한 설명으로 옳지 않은 것은?

① 관내의 조도계수가 클 것
② 경제성이 있도록 가격이 저렴할 것
③ 산·알칼리에 대한 내구성이 양호할 것
④ 외압에 대한 강도가 높고 파괴에 대한 저항력이 클 것

| 해답 | ①

하수관거의 내면이 매끈하고 조도계수가 작고, 가격이 저렴할 것

□□□ 산 15,18④

18 하수관로에 대한 설명 중 적합하지 않는 것은?

① 우수관로 및 합류식관로는 계획우수량에 대하여 유속을 최소 0.8m/s, 최대 3.0m/s로 한다.
② 우수관로 및 합류식관로의 최소관경은 250mm를 표준으로 한다.
③ 관로의 최소 흙두께는 원칙적으로 1m로 한다.
④ 관로경사는 하류로 갈수록 증가시켜야 한다.

| 해답 | ④

• 관로경사는 하류로 감에 따라 점차 작아지도록 한다.
• 관로경사는 상류에서 급하고 하류로 갈수록 완만하게 한다.

07
A도시는 하수의 배제방식으로서 분류식을 선택하였다. 하수처리장의 가동 후 계획된 오수량에 비해 유입오수량이 적으며 공공수역의 오염이 해결되지 않았다면, 다음 중 이 문제에 대한 가장 큰 원인으로 생각할 수 있는 것은?

① 우수관의 잘못된 관종 선택
② 우수관의 지하수 침투
③ 오수관의 우수관으로의 오접
④ 하수배제 지역의 강우 빈발

| 해답 | ③

분류식의 오수관과 우수관의 오접
- 오수를 우수관에 연결하거나 우수를 오수관에 연결하는 오접의 우려가 있다.
- 오수를 우수관에 연결하는 경우는 처리되어야 할 오수가 항상 무처리된 채로 방류된다.
- 우수를 오수관에 연결하는 경우에는 처리가 필요 없는 우수가 유입되어 처리장의 운전에 부담을 준다.

08
배수지의 용량에 대한 설명으로 옳은 것은?

① 계획1일최대급수량의 6시간분 이상을 표준으로 한다.
② 계획1일최대급수량의 12시간분 이상을 표준으로 한다.
③ 계획1일최대급수량의 18시간분 이상을 표준으로 한다.
④ 계획1일최대급수량의 24시간분 이상을 표준으로 한다.

| 해답 | ②

배수지의 용량
계획1일최대급수량의 12시간분 이상을 표준으로 한다.

09
하수처리장의 계획에 있어서 일반적으로 처리시설의 계획에 기준이 되는 것은?

① 계획1일최대오수량
② 계획1일평균오수량
③ 계획시간최대오수량
④ 계획시간평균오수량

| 해답 | ①

하수처리장 시설은 계획1일최대오수량을 기준으로 하여 계획한다.

10
응집침전에서 무기계 응집제로서 주로 사용되는 것은?

① 황산알루미늄
② 암모늄명반
③ 황산제2철
④ 염화제2철

| 해답 | ①

무기제 응집제
황산알루미늄($Al_2(SO_4)_3$), 황산제1철($FeSO_4$), 폴리염화알루미늄(PACl)

11
관로의 관경이 변화하는 경우 또는 2개의 관로가 합류하는 경우에 원칙적으로 적용할 수 있는 관로의 접합 방법은?

① 관중심접합
② 관저접합
③ 수면접합
④ 단차접합

| 해답 | ③

관거의 관경이 변화하는 경우 또는 2개의 관거가 합류하는 경우의 접합방법은 원칙적으로 수면접합 또는 관정접합으로 한다.

12
슬러지 처리 및 이용 계획에 대한 설명으로 옳은 것은?

① 슬러지 안정화 및 감량화보다 매립을 권장한다.
② 슬러지를 녹지 및 농지에 이용하는 것은 배제한다.
③ 병원균 및 중금속 검사는 슬러지 이용 관점에서 중요하지 않다.
④ 슬러지를 건설자재로 이용하는 것이 권장된다.

| 해답 | ④

하수처리시 발생하는 슬러지, 관로 시설로부터 제거된 토사, 침전지로부터 제거된 침사 등은 녹지 이용, 건설자재화 등의 방법으로 적극적으로 이용할 필요가 있으며, 이와 같은 이용이 불가능한 경우는 매립 등을 행할 필요가 있다.

제4회 2018년 9월 15일

□□□ 산 97,07,08,10,12,14,16,18④

01 BOD 200mg/L, 유량 70000m³/day의 오수가 하천에 방류될 때 합류지점의 BOD농도는? (단, 오수와 하천수는 완전 혼합된다고 가정하고, 오수유입 전 하천수의 BOD = 30mg/L, 유량 = 3.6m³/s이다.)

① 43.6mg/L   ② 57.3mg/L
③ 61.2mg/L   ④ 79.3mg/L

| 해답 | ③

$$C_m = \frac{Q_1 C_1 + Q_w C_w}{Q_1 + Q_w}$$

• $Q_1 = 3.6\,\text{m}^3/\text{s} = 3.6 \times 60 \times 60 \times 24 = 311040\,\text{m}^3/\text{day}$

∴ $C_m = \dfrac{70000 \times 200 + 311040 \times 30}{70000 + 311040} = 61.2\,\text{mg/L}$

□□□ 산 14,18④

02 어느 하수의 최종 BOD가 250mg/L이고 탈산소계수 K_1(상용대수)값이 0.2/day라면 BOD_5는?

① 225mg/L   ② 210mg/L
③ 190mg/L   ④ 180mg/L

| 해답 | ①

$BOD_5 = BOD_u (1 - 10^{-k_1 t})$
$= 250 \times (1 - 10^{-0.2 \times 5}) = 225\,\text{mg/L}$

□□□ 산 13,14,18④

03 호소수, 저수지수의 취수시설로 부적합한 것은?

① 취수탑   ② 취수문
③ 취수틀   ④ 집수매거

| 해답 | ④

집수매거
하천부지의 하상 밑이나 구하천 부지 등의 땅속에 매설하여 집수기능을 갖는 관거이며 복류수나 자유수면을 갖는 지하수(자유지하수)를 취수하는 시설이다.

□□□ 산 95,96,08,12,13,15,17,18④

04 펌프에 대한 설명으로 틀린 것은?

① 수격현상은 주로 펌프의 급정지시 발생한다.
② 손실수두가 작을수록 실양정은 전양정과 비슷해진다.
③ 비속도(비교회전도)가 클수록 같은 시간에 많은 물을 송수할 수 있다.
④ 흡입구경은 토출량과 흡입구의 유속에 의해 결정된다.

| 해답 | ③

비교회전도(N_s)
• 비속도(비교회전도)가 클수록 펌프는 흡입성능이 나쁘고 공동현상이 발생되기 쉽다.
• 비교회전도가 클수록 같은 시간에 많은 물을 송수할 수 있는 것은 아니다.

□□□ 산 99,01,18④

05 정수처리의 단위공정으로 오존처리법이 다른 처리법에 비하여 우수한 점으로 옳지 않은 것은?

① 맛·냄새물질과 색도제거의 효과가 우수하다.
② 염소에 비하여 높은 살균력을 가지고 있다.
③ 염소살균에 비해서 잔류효과가 크다.
④ 철·망간의 산화능력이 크다.

| 해답 | ③

오존(O_3)처리의 단점
• 효과의 지속성이 없다.
• 발생 비용이 많이 든다.
• 후염소 주입설비가 필요하다.
• 수온이 높아지면 오존 소비량이 증가한다.

□□□ 산 96,97,02,13,14,18④

06 정수시설의 계획정수량을 결정하는 기준이 되는 것은?

① 계획시간최대급수량   ② 계획1일최대급수량
③ 계획시간평균급수량   ④ 계획1일평균급수량

| 해답 | ②

계획정수량은 계획1일최대급수량을 기준으로 한다.

16 관로의 위치가 동수경사선보다 높게 되는 것을 피할 수 없는 경우가 발생할 때 부분적으로 동수경사선을 상승시키는 방법으로 옳은 것은?

① 부압이 생기는 장소의 전체 관경을 줄여준다.
② 부압이 생기는 장소의 전체 관경을 늘여준다.
③ 부압이 생기는 장소의 상류측 관경을 크게 하고 하류측 관경을 작게 한다.
④ 부압이 생기는 장소의 상류측 관경을 작게 하고 하류측 관경을 크게 한다.

해답 ③
- 관로의 위치는 관로가 항상 동수경사선 이하가 되도록 설정하고 항상 정압이 되도록 계획한다.
- 관로의 위치가 동수경사선보다 높게 되는 것을 피할 수 없는 경우에는 지세를 잘 조사하여 부압이 생기는 장소의 상류 측에 대해서는 관경을 크게 하고, 하류 측에 대해서는 관경을 작게 하거나 접합정을 설치함으로써 부분적으로 동수경사선을 상승시킬 수 있다.

17 염소 살균의 특징이 아닌 것은?

① 살균력이 뛰어나다.
② 설비 및 주입방법이 비교적 간단하다.
③ THMs의 생성을 방지할 수 있다.
④ 비용이 비교적 저렴하다.

해답 ③
염소살균의 특징
- 살균에 지속성이 있다.
- 설비 및 주입방법이 비교적 간단하다.
- 가격이 저렴하며 조작이 간단하고 하다.
- 염소의 사용은 THMs의 발생이 불가피하다.
- 미생물에 대한 독성이 커서 살균력이 강하다.

18 하수의 염소 요구량이 9.2mg/L이었다. 0.5mg/L의 잔류염소량을 유지하기 위하여 2,500m³/day의 하수에 주입하여야 할 염소량은 얼마인가?

① 23.0kg/day
② 1.25kg/day
③ 21.75kg/day
④ 24.25kg/day

해답 ④
염소주입량 = 염소주입농도 × 유량
= (9.2+0.5) × 2500 × 10⁻³
= 24.25(kg/day)

19 그림에서와 같은 하수관의 접합방식은?

① 관정접합
② 관저접합
③ 수면접합
④ 중심접합

해답 ②
관저 접합
굴착 깊이를 얕게 할 수 있어 경제적이나 배수시 수리학적으로는 불리한 접합입니다.

20 하수처리장 2차침전지에서 슬러지 부상이 일어날 경우 관계되는 작용은?

① 질산화반응
② 탈질반응
③ 핀플록반응
④ 프리즈마반응

해답 ②
탈질반응
- 생물학적 질산화 반응을 통하여 생성된 질산성 질소를 생물학적 환원과정을 통하여 질소가스형태로 대기 중으로 방출함으로써 하수내의 질소제거가 가능하게 된다. 이러한 산화된 형태의 질소가스로 환원시키는 반응
- 하수처리장 2차침전지에서 슬러지 부상이 일어날 경우 탈진반응이 작용한다.

□□□ 산 06,11,15,18②
10 슬러지 반송비가 0.4, 반송슬러지의 농도가 1%일 때 포기조 내의 MLSS 농도는?

① 1234mg/L
② 2857mg/L
③ 3325mg/L
④ 4023mg/L

| 해답 | ②

MLSS 농도 $X = \dfrac{R \times X_R}{1+R}$

• 슬러지 반송비 $R = 0.4$
• 반송슬러지 농도 $X_R = 1\% = 0.01$

$\therefore X = \dfrac{0.4 \times 0.01}{1+0.4}$
$= 0.002857\text{ppm} = 0.002857 \times 10^6 \text{mg/L}$
$= 2857\text{mg/L}$

□□□ 산 18②
11 상수도시설의 설계유량에 대한 설명으로 틀린 것은?

① 계획배수량은 원칙적으로 해당 배수구역의 계획1일최대배수량으로 한다.
② 계획취수량은 계획1일최대급수량을 기준으로 하며, 기타 필요한 작업용수를 포함한 손실수량 등을 고려한다.
③ 계획정수량은 계획1일최대급수량을 기준으로 하고, 여기에 정수장내 사용되는 작업용수와 기타용수를 합산 고려하여 결정한다.
④ 송수시설의 계획송수량은 원칙적으로 계획1일 최대급수량을 기준으로 한다.

| 해답 | ①

계획배수량은 원칙적으로 해당 배수구역의 계획시간최대배수량으로 한다.

□□□ 산 07,11,18②
12 수질검사에서 대장균을 검사하는 이유는?

① 대장균이 병원체이기 때문이다.
② 물을 부패시키는 세균이기 때문이다.
③ 수질오염을 가져오는 대표적인 세균이기 때문이다.
④ 대장균을 이용하여 다른 병원체의 존재를 추정할 수 있기 때문이다.

| 해답 | ④

대장균은 인체에 유해하지 않으나 음료수에서 검출되면 병원성 세균의 존재 추정이 가능하다.

□□□ 산 03,18②
13 암모니아성 질소(NH_3-N) 1mg/L를 질산성 질소($NO^{-3}-N$)로 산화하는데 필요한 산소량은?

① 1.71mg/L
② 3.42mg/L
③ 4.57mg/L
④ 5.14mg/L

| 해답 | ③

암모니아성 질소(NH_3-N) 1mg/L를 질산성 질소($NO^{-3}-N$)로 산화하는데 약 4.57mg/L의 산소량이 필요하다.

□□□ 산 18②
14 하수처리계획 및 재이용계획의 계획오수량을 정할 때, 1인1일최대오수량의 20% 이하로 하며, 지역실태에 따라 필요 시 하수관로 내구연수경과 또는 관로의 노후도 등을 고려하여 결정하는 것은?

① 지하수량
② 생활오수량
③ 공장폐수량
④ 재활용수량

| 해답 | ①

지하수량은 1일1인최대오수량의 10~20%로 한다.

□□□ 산 04,06,16,18②
15 관로 유속의 급격한 변화로 인하여 관내 압력이 급상승 또는 급강하 하는 현상은?

① 공동현상
② 수격현상
③ 진공현상
④ 부압현상

| 해답 | ②

수격현상(water hammer)
펌프의 관수로에서 정전에 의하여 펌프가 급정지하는 경우 관로 유속의 급격한 변화에 따라 관내 압력이 급상승하거나 급하강하는 현상

□□□ 산 95,02,13,18②

04 명반(Alum)을 사용하여 상수를 침전 처리하는 경우 약품주입 후 응집조에서 완속교반을 하는 이유는?

① 명반을 용해시키기 위하여
② 플록(floc)을 공기와 접촉시키기 위하여
③ 플록(floc)이 잘 부서지도록 하기 위하여
④ 플록(floc)의 크기를 증가시키기 위하여

| 해답 | ④
완속교반
플록(floc)을 손상시키지 않고 성장시켜 크고 무거운 플록을 만들기 위해서 교반

□□□ 산 95,98,01,02,06,08,09,18②

05 갈수 시에도 일정 이상의 수심을 확보할 수 있으면 연간의 수위변화가 크더라도 하천이나 호소, 댐에서의 취수시설로서 알맞고 또한 유지관리도 비교적 용이한 취수방법은?

① 취수틀에 의한 방법
② 취수문에 의한 방법
③ 취수탑에 의한 방법
④ 취수관거에 의한 방법

| 해답 | ③
취수탑에 의한 방법
유량이 안정되고, 갈수기에 있어서도 일정 이상의 수심이 있으면 연간의 수위변화가 큰 하천이나 호소, 저수지에도 적합하다.

□□□ 산 18②

06 하수처리장의 위치 선정과 관련하여 고려할 사항으로 거리가 먼 것은?

① 가능한 하수가 자연유하로 유입될 수 있는 곳
② 홍수 시 침수되지 않고 방류선이 확보되는 곳
③ 현재 및 장래에 토지이용계획상 문제점이 없을 것
④ 하수를 배출하는 지역에 가까이 있을 것

| 해답 | ④
하수처리장 위치는 가급적 주거지, 상업지를 피하고 하수처리 및 처분에 적당한 위치할 것

□□□ 산 96,03,06,10,18②

07 용존산소(DO)에 대한 설명으로 옳지 않은 것은?

① 오염된 물은 용존산소량이 적다.
② BOD가 큰 물은 용존산소량이 많다.
③ 용존산소량이 적은 물은 혐기성 분해가 일어나기 쉽다.
④ 용존산소가 극히 적은 물은 어류의 생존에 적합하지 않다.

| 해답 | ②
BOD가 과도로 높으면 용존산소(DO)가 감소한다. 즉 용존산소(DO)가 증가하면 BOD는 감소한다.

□□□ 산 18②,20③

08 급수방식에 대한 설명으로 옳지 않은 것은?

① 급수방식은 직결식, 저수조식 및 직결·저수조 병용식이 있다.
② 직결식에는 직결직압식과 직결가입식이 있다.
③ 급수관으로부터 수돗물을 일단 저수조에 받아서 급수하는 방식을 저수조식이라 한다.
④ 수도의 단수 시에도 물을 반드시 확보해야 하는 경우에는 직결식을 적용하는 것이 바람직하다.

| 해답 | ④
저수조식
• 수돗물을 일단 저수조에 받아서 급수하는 방식이다.
• 단수시나 재해시에도 물을 확보할 수 있다.
• 일시에 다량의 물을 사용할 수 있다.

□□□ 산 00,08,18②

09 수원의 종류를 구분할 때 지표수에 해당하지 않는 것은?

① 용천수
② 하천수
③ 호소수
④ 저수지수

| 해답 | ①
수원의 종류
• 지표수 : 하천수, 호소수, 저수지수
• 지하수 : 복류수, 우물물(천층수, 심층수, 용천수, 복류수)
• 기타 : 빗물, 해수

□□□ 산 12,18①
18 하수처리법 중 활성슬러지법에 대한 설명으로 옳은 것은?

① 세균을 제거함으로써 슬러지를 정화한다.
② 부유물을 활성화 시켜 침전·부착시킨다.
③ 1가지 미생물군에 의해서만 처리가 이루어진다.
④ 호기성 미생물의 대사작용에 의하여 유기물을 제거한다.

| 해답 | ④
활성슬러지법
호기성 미생물(호기성 세균)의 대사작용에 의해 하수중의 부패성 유기물(BOD)을 분해 제거하는 생물학적 방법

□□□ 산 08,18①
19 갈수시에도 일정 이상의 수심을 확보할 수 있으면, 연간의 수위 변화가 크더라도 하천이나 호소, 댐에서의 취수시설로서 알맞고 또한 유지관리도 비교적 용이한 취수방법은?

① 취수탑에 의한 방법
② 취수관거에 의한 방법
③ 집수매거에 의한 방법
④ 깊은 우물에 의한 방법

| 해답 | ①
취수탑
유량이 안정되고, 갈수기에 있어서도 일정 이상의 수심이 있으면 연간의 수위변화가 큰 하천이나 호소, 저수지에도 적합하다.

□□□ 산 08,14,18①
20 Alum($Al_2(SO_4)_3 \cdot 18H_2O$) 25mg/L를 주입하여 탁도가 30mg/L인 원수 1000m³/day를 응집처리 할 때 필요한 Alum 주입량은?

① 25kg/day
② 30kg/day
③ 35kg/day
④ 55kg/day

| 해답 | ①
Alum 주입량 = $1000 \times 25 = 25000 g/day = 25 kg/day$
($\because$ $1mg/L = 1g/m^3$)

제2회 2018년 4월 28일

□□□ 산 97,09,18②
01 다음 중 하수의 살균에 사용하지 않는 것은?

① 염소
② 오존
③ 적외선
④ 자외선

| 해답 | ③
하수의 살균 소독방법
• 염소 • 이산화염소
• 오존 • 자외선 • 방사선

□□□ 산 00,18②
02 하수도 시설 중 펌프장시설의 침사지에 대한 설명 중 틀린 것은?

① 일반적으로 직경이 큰 무기질, 비부패성 무기물 및 입자가 큰 부유물을 제거하기 위한 것이다.
② 침사지의 지수는 단일 지수를 원칙으로 한다.
③ 펌프 및 처리시설의 파손을 방지하도록 펌프 및 처리시설의 앞에 설치한다.
④ 침사지방식은 중력식, 포기식, 기계식 등이 있다.

| 해답 | ②
침사지는 합류식의 경우 1지만으로는 침사지내 유속을 일정한 범위내로 유지할 수 없으므로 2지 이상으로 하는 것을 원칙으로 한다.

□□□ 산 18②
03 합류식 하수도에 대한 설명으로 틀린 것은?

① 관로의 단면적이 커서 폐쇄될 가능성이 적다.
② 우천 시 오수가 월류할 수 있다.
③ 관로 오접합 문제가 발생할 수 있다.
④ 강우 시 수세효과가 있다.

| 해답 | ③
합류식 하수관거
• 오접으로 인한 문제가 발생하지 않는다.
• 일정량 이상이 되면 우천 시 오수가 월류한다.
• 관로의 단면적이 커서 폐쇄될 가능성이 적다.

□□□ 산 18①
12 하수도계획을 하수도의 역할이 다양화되고 있는 사회적인 요구에 부응할 수 있도록 장기적인 전망을 고려하여 수립할 때 포함되어야 하는 사항이 아닌 것은?

① 침수방지계획
② 지속발전 가능한 도시구축 계획
③ 수질보전계획
④ 슬러지 처리 및 지원회 계획

| 해답 | ②
하수도계획수립
• 침수방지계획
• 수질보전계획
• 물관리 및 재이용계획
• 슬러지 처리 및 자원화 계획

□□□ 산 18①
13 다음 펌프에 관한 사항 중 옳지 않은 것은?

① 펌프의 축동력은 토출량, 전양정 및 펌프효율에 의한 식으로 구한다.
② 원심펌프는 낮은 양정에만 적합하다.
③ 펌프 가동시 담당하는 수두는 정수두와 마찰수두를 포함한 제반손실 수두의 합이다.
④ 펌프의 특성곡선이란 유량과 펌프의 양정, 효율, 축동력의 관계를 그래프로 나타낸 것이다.

| 해답 | ②
축류펌프는 양정이 2~3m로 펌프 중 양정 높이가 가장 낮고 비교회전도는 가장 크다.

□□□ 산 18①
14 정수장에서 발생하는 슬러지 처리방법 중 무약품 처리법에 속하지 않는 것은?

① 동결융해법   ② 열처리법
③ 분무건조법   ④ 조립탈수법

| 해답 | ④
조립탈수법 : 약품주입처리방법

□□□ 산 08,12,18①
15 상수도 시설 중 배수관은 급수관을 분기하는 지점에서 배수관내의 최소동수압을 얼마 이상 확보하여야 하는가?

① 50kPa   ② 150kPa
③ 500kPa   ④ 710kPa

| 해답 | ②
배수관의 수압
• 급수관을 분기하는 지점에서 배수관내의 최소동수압은 150kPa(약 $1.53kgf/cm^2$) 이상을 확보한다.
• 급수관을 분기하는 지점에서 배수관내의 최대정수압은 700MPa(약 $7.1kgf/cm^2$)을 초과하지 않아야 한다.

□□□ 산 12,18①
16 복류수에 대한 설명으로 옳은 것은?

① 비교적 양호한 수질을 얻을 수 있다.
② 지표수의 한 종류로 하천수보다 수질이 양호하다.
③ 정수공정에 이용시 침전지를 반드시 확보해야 한다.
④ 조류 등의 부유 생물 농도가 높다.

| 해답 | ①
복류수
• 어느 정도 여과된 것이므로 지표수에 비해 수질이 양호하며 정수공정에서 침전지를 생략하는 경우도 있다.
• 취수원으로서 하천이나 호수의 바닥 또는 측면부의 자갈 및 모래층에 포함되어 있는 지하수

□□□ 산 18①
17 어느 종말하수처리장의 계획슬러지량은 $600m^3$/day 이고 슬러지의 함수율은 98%, 비중은 1.01이라고 한다. 슬러지 농축탱크의 고형물부하를 $60kg/m^2 \cdot day$ 기준으로 할 경우 탱크의 소요면적(S)은?

① $9.9m^2$ ② $12.1m^2$
③ $202m^2$ ④ $9898m^2$

| 해답 | ③
$$S = \frac{600 \times \frac{100-98}{100} \times 1.01 \times 10^3}{60 \, (kg/m^2 \cdot day)} = 202m^2$$

□□□ 산 95,08,16,18①
07 합류식 배제방식의 특성과 관계없는 것은?

① 폐쇄의 염려가 없다.
② 우수에 의한 관거 내의 자연세척이 이루어진다.
③ 우천시 월류가 없다.
④ 검사 및 수리가 비교적 용이하다.

| 해답 | ③

합류식 하수도 : 우천시 계획 하수량 이상이 되면 하수를 공공수역에 방류한다.
즉, 우천시 일정량 이상이 되면 월류 한다.

Remember

하수의 배제방식

분류식	합류식
오수관거와 우수관거의 2계통으로 배제하는 방식이다.	단일관거로 오수와 우수를 배제하는 방식이다.
우천시 월류가 없다.	일정량 이상이 되면 오수가 월류 한다.
수세효과는 기대할 수 없다.	우천시에 수세효과가 있다.
관거의 오접에 철저한 감시가 필요 하다.	관거의 오접에 대해 감시가 필요 없다.

□□□ 산 95,00,03,10,13,14,16,18①
08 강우강도 $I = 4000/(t+30)$mm/hr[t : 분], 유역면적 5km², 유입시간 300초, 유출계수 0.8, 하수관거 길이 1.2km, 관내유속 2.0m/sec인 경우의 최대우수유출량을 합리식에 의해 구하면?

① 98.77m³/sec   ② 987.7m³/sec
③ 98.77m³/hr   ④ 987.7m³/hr

| 해답 | ①

$Q = \dfrac{1}{360} C \cdot I \cdot A$

• $T = t_1 + \dfrac{L}{V} = \dfrac{300}{60} + \dfrac{1200}{2.0 \times 60} = 15$분

• $I = \dfrac{4,000}{15+30} = 88.89$mm/hr

• $A = 5\,\text{km}^2 = 500\,\text{ha}$

∴ $Q = \dfrac{1}{360} \times 0.8 \times 88.89 \times 500 = 98.77\,\text{m}^3/\text{sec}$

□□□ 산 98,18①
09 하수내의 단백질이나 황화물 등이 분해되어 하수관을 부식시키는데 이때 하수관중 가장 부식되기 쉬운 곳은 어느 부분인가?

① 관정부(管頂部)   ② 바닥부분
③ 양편의 벽쪽   ④ 하수관 전체

| 해답 | ①

관거부식의 주요원인은 황화수소가 관거의 천장부근에서 산화되어 황산이 되면서 관거를 부식시키는 관정부식이 일어난다.

□□□ 산 97,12,18①
10 송수관로를 계획할 때에 고려 사항에 대한 설명으로 옳지 않은 것은?

① 가급적 단거리가 되어야 한다.
② 이상수압을 받지 않도록 한다.
③ 송수방식은 반드시 자연유하식으로 해야 한다.
④ 관로의 수평 및 연직방향의 급격한 굴곡은 피한다.

| 해답 | ③

송수관로
• 송수방식은 정수장과 배수지간에 수위의 고저관계에 따라 자연유하식과 펌프가압식과 병용식이 있다.
• 송수는 관수로로 하는 것을 원칙으로 하되 개수로로 할 경우에는 터널 및 수밀성 암거로 한다.

□□□ 산 18①
11 우수조정지의 설치목적과 직접적으로 관련이 없는 것은?

① 하수관거의 유하능력이 부족한 곳
② 하수처리장의 처리능력이 부족한 곳
③ 하류지역의 펌프장 능력이 부족한 곳
④ 방류수역의 유하능력이 부족한 곳

| 해답 | ②

우수조정지의 설치위치
• 하류관거 유하능력이 부족한 곳
• 하류지역 펌프장 능력이 부족한 곳
• 방류수로 유하능력이 부족한 곳

02 상하수도 계획

제1회 2018년 3월 4일

01 "BOD 값이 크다"는 것이 의미하는 것은?

① 무기물질이 충분하다.
② 영양염류가 풍부하다.
③ 용존산소가 풍부하다.
④ 미생물 분해가 가능한 물질이 많다.

| 해답 | ④
BOD가 크다는 것은 호기성 상태에서 수중의 미생물 분해가 가능한 유기물질이 많음을 나타낸다.

02 장방형 침전지가 수심 3m, 길이 30m이고, 유입유량이 300m³/day일 때 수면적 부하율이 1m/day이면 침전지의 폭은?

① 2m
② 3m
③ 8m
④ 10m

| 해답 | ④
침전지의 표면적 $A = \dfrac{Q}{V} = \dfrac{300}{1} = 300\text{m}^2$
∴ 침전지의 폭 $B = \dfrac{A}{L} = \dfrac{300}{30} = 10\text{m}$

03 상수도 시설의 설계 시 계획취수량, 계획도수량, 계획정수량의 기준이 되는 것은?

① 계획시간 최대급수량
② 계획1일 최대급수량
③ 계획1일 평균급수량
④ 계획1일 총급수량

| 해답 | ②
• 계획취수량 : 계획1일 최대급수량을 기준
• 계획도수량 : 계획취수량을 기준
• 계획정수량 : 계획1일 최대급수량을 기준

04 상수도시설에 설치되는 펌프에 대한 설명 중 옳지 않은 것은?

① 수량변화가 큰 경우, 대소 두 종류의 펌프를 설치하거나 또는 회전속도제어 등에 의하여 토출량을 제어한다.
② 펌프는 예비기를 설치하되 펌프가 정지되더라도 급수에 지장이 없는 경우에는 생략할 수 있다.
③ 펌프는 용량이 클수록 효율이 낮으므로 가능한 한 소용량을 한다.
④ 펌프는 가능한 한 동일용량으로 하여 소모품이나 예비품의 호환성을 갖게 한다.

| 해답 | ③
펌프는 용량이 클수록 효율이 높으므로 가능한 대용량의 것으로 한다.

05 수원을 선택할 때 갖추어야 할 구비요건에 해당되지 않는 것은?

① 수량이 풍부하여야 한다.
② 수질이 좋아야 한다.
③ 가능한 한 낮은 곳에 위치하여야 한다.
④ 상수 소비지에서 가까운 곳에 위치하여야 한다.

| 해답 | ③
수원은 정수장이나 도시보다 높은 곳에 위치함으로써 도수, 송수 및 배수가 자연류하식이 되도록 해야 한다.

06 포기조 내에서 MLSS를 일정하게 유지하기 위한 방법으로 가장 적절한 것은?

① 포기율을 조정한다.
② 하수 유입량을 조정한다.
③ 슬러지 반송율을 조정한다.
④ 슬러지를 바닥에 침전시킨다.

| 해답 | ③
포기조내의 MLSS 농도를 일정하게 유지하기 위해서는 침강 슬러지의 일부를 다시 포기조에 반송해야 한다.

□□□ 산 07,09,20
20 도수 전의 수심을 초기 수심이라고 하고 이와 대응되는 도수 후의 수심을 무엇이라 하는가?

① 대응수심 ② 한계수심
③ 등류수심 ④ 공액수심

| 해답 | ④

도수
- 도수 전의 수심을 초기 수심이라 한다.
- 도수 후의 수심을 공액수심(共扼水深, conjugate depth)이라 한다.

□□□ 산 92,09,17,20
14 그림과 같은 사다리꼴 인공수로의 유적(A)과 동수 반경(R)은?

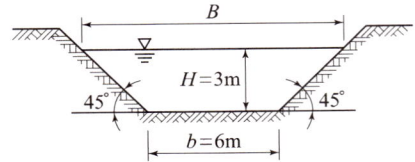

① $A = 27m^2$, $R = 2.64m$
② $A = 27m^2$, $R = 1.86m$
③ $A = 18m^2$, $R = 1.86m$
④ $A = 18m^2$, $R = 2.64m$

| 해답 | ②

- 유적 $A = \dfrac{h}{2}(B+b) = bh + h^2 \cot\theta$
  $= 6 \times 3 + 3^2 \times \dfrac{1}{\tan 45} = 27\,m^2$
- 윤변 $P = b + 2H \times \dfrac{1}{\sin\theta} = 6 + 2 \times 3 \times \dfrac{1}{\sin 45} = 14.485\,m$
- 경심 $R = \dfrac{A}{P} = \dfrac{27}{14.485} = 1.86\,m$

□□□ 산 14,20
15 힘의 차원을 MLT계로 표시한 것으로 옳지 않은 것은?

① $[MLT^{-2}]$
② $[MLT^{-1}]$
③ $[ML^{-2}T^{-2}]$
④ $[ML^{-1}T^{-2}]$

| 해답 | ①

힘($g \cdot cm/sec^2$) : $[F] = [MLT^{-2}]$

□□□ 산 20
16 수문의 유량은?

① 오리피스의 이론으로 구한다.
② 위어의 이론으로 구한다.
③ 관수로의 이론으로 구한다.
④ 개수로의 이론으로 한다.

| 해답 | ①

수문의 유량은 오리피스의 이론으로 구한다.

□□□ 산 07,15,20
17 모세관 현상에 의해서 물이 관내로 올라가는 높이(h)와 관의 직경(D)과의 관계로 옳은 것은?

① $h \propto D^2$
② $h \propto D$
③ $h \propto \dfrac{1}{D}$
④ $h \propto \dfrac{1}{D^2}$

| 해답 | ③

모세관현상에서 상승고
$h = \dfrac{4T\cos\theta}{wD}$ ∴ $h = D^{-1} = \dfrac{1}{D}$

□□□ 산 04,10,18,20
18 단면이 일정한 긴 관에서 마찰손실만이 발생하는 경우 에너지선과 동수 경사선은?

① 일치한다.
② 교차한다.
③ 서로 나란하다.
④ 관의 두께에 따라 다르다.

| 해답 | ③

- $Z_1 + \dfrac{P_1}{w} + \dfrac{V_1^2}{2g} = Z_z + \dfrac{P_2}{w} + \dfrac{V_2^2}{2g} + \sum h_L$ 에서 단면이 일정한 긴 관이므로 속도수두$\left(\dfrac{V^2}{2g}\right)$는 일정하다.
- 동수 경사선은 에너지선보다 속도수두$\left(\dfrac{V^2}{2g}\right)$ 만큼 아래에 위치한다.

□□□ 산 99,02,10,13,20
19 압력 $P = 980Pa(0.01kg/cm^2)$일 때 이를 수두로 나타낸 값은?

① 0.01m
② 0.1m
③ 0.15m
④ 0.2m

| 해답 | ②

수두 $H = \dfrac{P}{w}$

- $P = 0.01 \times 1000 = 10\,g/cm^2$
- $w = 1\,g/cm^3$

∴ $H = \dfrac{10}{1} = 10\,cm = 0.10\,m$

□□□ 산 06,15,20
09 Darcy-Weisbach의 마찰손실 공식에 대한 다음 설명 중 틀린 것은?

① 관내면의 조도에 비례한다.
② 관내 유속(V)의 제곱에 비례한다.
③ 관수로의 길이(l)에 비례한다.
④ 동점성계수에 반비례한다.

| 해답 | ④

- Darcy-Weisbach의 마찰 손실 공식

  마찰 손실 수두 $h_L = f \dfrac{l}{D} \dfrac{V^2}{2g}$

- $f = \dfrac{64}{R_e}$, $R_e = \dfrac{Vd}{\nu} = \dfrac{\rho Vd}{\mu}$

- $f = \phi'' \left(\dfrac{1}{R_e}, \dfrac{e}{D} \right)$

- 관수로의 길이(l)에 비례한다.
- 관경(D)에 반비례한다.
- 관의 내면조도$\left(\dfrac{e}{D} \right)$에 비례한다.
- 레이놀즈수(R_e)에 반비례한다.
- 물의 동점성계수(ν)에 비례한다.

□□□ 산 03,20
10 평행하게 놓여있는 관로에서 A점의 유속이 1m/s, 압력이 5N/cm²이고, B점의 유속이 2m/s이라면 B점의 압력은?

① 4.85kPa
② 4.98kPa
③ 48.5kPa
④ 49.8kPa

| 해답 | ③

$\dfrac{V_1^2}{2g} + \dfrac{P_1}{w} + z_1 = \dfrac{V_2^2}{2g} + \dfrac{P_2}{w} + z_2$ 에서

$P_2 = \dfrac{V_1^2 - V_2^2}{2g} w + P_1$

- $V_1 = 1 \text{m/sec}$
- $V_2 = 2 \text{m/sec}$
- $P_1 = 5 \text{N/cm}^2 = 50 \text{kN/m}^2$

∴ $P_2 = \dfrac{1^2 - 2^2}{2 \times 9.80} \times 9.81 + 50$

$= 48.5 \text{kN/m}^2 = 48.5 \text{kPa}$

(∵ $1 \text{kN/m}^2 = 1 \text{kPa}$)

□□□ 산 15,20
11 안지름 2cm인 관로에 충만되어 물이 흐를 때 다음 중 층류 흐름이 유지되는 최대유속은? (단, 동점성계수 $\nu = 0.01 \text{cm}^2/\text{s}$)

① 5cm/s
② 10cm/s
③ 20cm/s
④ 40cm/s

| 해답 | ②

- 레이놀즈(Reynolds)의 상사 법칙
  $Re < 2000$: 층류, $Re < 4000$: 난류
- 레이놀즈수 $R_e = \dfrac{VD}{\nu}$ 에서

  ∴ $V = \dfrac{R_e \cdot \nu}{D} = \dfrac{2000 \times 0.01}{2} = 10 \text{cm/s}$

□□□ 산 05,09,10,16,20
12 Bernoulli 정리의 적용 조건이 아닌 것은?

① Bernoulli 방정식이 적용되는 임의의 두 점은 같은 유선 상에 있다.
② 정상상태의 흐름이다.
③ 압축성 유체의 흐름이다.
④ 마찰이 없는 흐름이다.

| 해답 | ③

Bernoulli의 정리의 기본 조건
- 유체는 비압축성이며 흐름은 정류이다.
- 일반적으로 하나의 유관 또는 유선에 대하여 성립한다.
- 마찰에 의한 에너지 불변의 법칙에 근거한다.
- 하나의 유선에 대하여 총에너지는 일정하다.
- 임의의 두 점은 같은 유선상에 있다.

□□□ 산 05,09,12,13,20
13 수리학적으로 유리한 단면이 아닌 것은?

① 일정 단면적에서 유량이 최대로 흐르는 단면
② 일정 단면적에서 경심이 최대인 단면
③ 일정 단면적에서 윤변이 최소인 단면
④ 일정 단면적에서 조도가 최대인 단면

| 해답 | ④

수리상 유리한 단면 조건은 경심(R)이 최대일 때나 윤변(P)이 최소인 단면으로 유량(Q)이 최대로 흐르는 단면

□□□ 산 97,09,15,20

04 그림에서 (a), (b) 바닥이 받는 총수압을 각각 P_a, P_b라 표시할 때 두 총수압의 관계로 옳은 것은? (단, 바닥의 단면적은 a로 같고 상면에 수면적은 그림에 보인 바와 같으며 높이가 같다.)

① $P_a = 2P_b$
② $P_a = P_b$
③ $2P_a = P_b$
④ $4P_a = P_b$

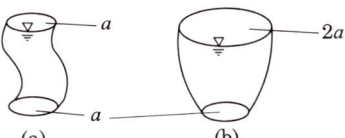

| 해답 | ②

(a)와 (b)의 바닥 단면적(A)과 수심(h) 같다.
즉, 전수압 $P = wh_G A$
∴ $P_a = P_b = whA$

□□□ 산 08,13,14,20

05 직사각형 위어(weir)로 유량을 측정할 때 수두 H를 측정함에 있어 1%의 오차가 생길 경우, 유량에 생기는 오차는?

① 0.5%
② 1.0%
③ 1.5%
④ 2.0%

| 해답 | ③

$\dfrac{dQ}{Q} = \dfrac{3}{2} \dfrac{dh}{h} = \dfrac{3}{2} \times 1 = 1.5\%$

□□□ 산 20

06 다음 중 공동현상이 발생할 때 일어나는 현상이 아닌 것은?

① 주로 고체와 곡선부분에 생긴다.
② 저압부의 압력은 0이 되지 않는다.
③ 관의 고체부분에 강한 충격을 준다.
④ 공동이 생기면 물체의 저항력이 작아진다.

| 해답 | ④

공동현상
유수 중에 국부적으로 저압 부분이 생겨 압력이 증기압 상태가 되어 물속에 있던 공기가 분리되어 물속에 공기덩어리가 생겨 관수로 부분에 손상을 발생시키는 현상

□□□ 산 96,00,20

07 다음 그림과 같은 원호형 수문(tainter gate)에서 폭 1m당 작용하는 수평방향의 총수압은? (단, 폭은 1.2m, 물의 단위중량 9.81kN/m³이다.)

① 122.5kN
② 102.9kN
③ 73.6kN
④ 52.9kN

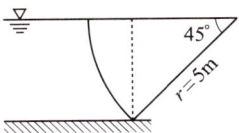

| 해답 | ③

• 수평수압은 연직 투영면에 작용하는 전수압과 같다.

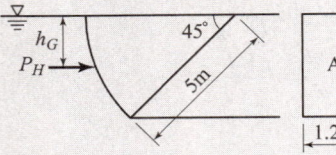 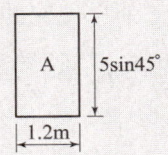

• $P_H = w \cdot h_G \cdot A$
$= 9.81 \times \dfrac{5\sin 45°}{2} \times (5\sin 45° \times 1.2) = 73.6 \text{ kN}$

□□□ 산 94,05,20

08 부체의 배수용량(排水容量) V, 중심(重心) G와 부심(浮心) C와의 거리 $\overline{CG} = a$ 그리고 부양면에서의 최소 단면 2차 모멘트를 I라고 할 때 이 부체의 안정 조건식은?

① $\dfrac{I}{V} = a$
② $\dfrac{I}{V} < a$
③ $\dfrac{I}{V} > a$
④ $\dfrac{I}{V} = a = 0$

| 해답 | ③

부체의 안정조건

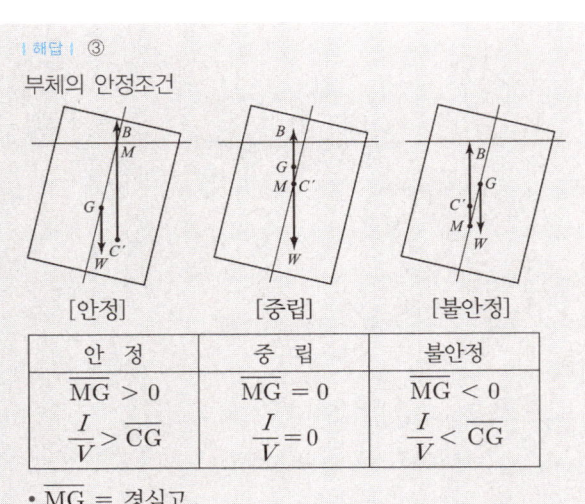

안정	중립	불안정
$\overline{MG} > 0$	$\overline{MG} = 0$	$\overline{MG} < 0$
$\dfrac{I}{V} > \overline{CG}$	$\dfrac{I}{V} = 0$	$\dfrac{I}{V} < \overline{CG}$

• $\overline{MG}$ = 경심고

□□□ 산 20③

20 10m³/sec의 유량을 흐르게 할 수리학적으로 가장 유리한 직사각형 개수로 단면을 설계할 때 개수로의 폭은? (단, Manning 공식을 이용하며, 수로경사 $i = 0.001$, 조도계수 $n = 0.020$이다.)

① 2.66m ② 3.16m
③ 3.66m ④ 4.16m

| 해답 | ③

직사각형의 유리한 단면 : $B = 2h$, 경심 $R = \dfrac{h}{2}$

- $Q = AV = Bh \cdot \dfrac{1}{n} R^{\frac{2}{3}} I^{\frac{1}{2}}$

  $= 2h^2 \cdot \dfrac{1}{n} \left(\dfrac{h}{2}\right)^{\frac{2}{3}} I^{\frac{1}{2}}$

- $10 = 2h^2 \times \dfrac{1}{0.020} \times \left(\dfrac{h}{2}\right)^{\frac{2}{3}} \times (0.001)^{\frac{1}{2}}$

  $h = 1.83$m

  $\therefore B = 2h = 2 \times 1.83 = 3.66$m

참고 SOLVE 사용

제4회 2020년 9월

□□□ 산 83,15,20

01 어떤 액체의 밀도가 $1.0 \times 10^{-5} \text{N} \cdot \text{s}^2/\text{cm}^4$이라면 이 액체의 단위 중량은?

① $9.8 \times 10^{-3} \text{N/cm}^3$ ② $1.02 \times 10^{-3} \text{N/cm}^3$
③ 1.02N/cm^3 ④ 9.8N/cm^3

| 해답 | ①

단위중량 $w_o = \rho g$

$w_o = 1.0 \times 10^{-5} (\text{N} \cdot \text{s}^2/\text{cm}^4) \times 980 (\text{cm/s}^2)$

$\quad = 9.8 \times 10^{-3} \text{N/cm}^3$

□□□ 산 06,20

02 동점성 계수와 비중이 각각 0.0025m²/sec와 1.5인 액체의 점성계수는?

① 383kg·m²/sec ② 0.383kg·m²/sec
③ 283kg·m²/sec ④ 0.283kg·m²/sec

| 해답 | ②

점성계수

$\mu = \rho \nu = \dfrac{w}{g} \nu = \dfrac{1500 \text{kg/m}^3}{9.8 \text{m/sec}^2} \times 0.0025 \text{m}^2/\text{sec}$

$\quad = 0.383 \text{kg} \cdot \text{m}^2/\text{sec}$

□□□ 산 07,10,12,20

03 개수로의 설계와 수공 구조물의 설계에 주로 적용되는 수리학적 상사법칙은?

① Reynolds 상사법칙 ② Froude 상사법칙
③ Weber 상사법칙 ④ Mach 상사법칙

| 해답 | ②

특별 상사 법칙

Froude의 상사법칙	・중력과 관성력이 흐름을 지배 ・개수로에서 적용
Reynolds의 상사법칙	・마찰력과 점성력이 흐름을 지배 ・관수로에서 적용
Weber의 상사법칙	・표면장력이 흐름을 지배
Cauchy의 상사법칙	・탄성력이 흐름을 지배

□□□ 산 07,08,16④,20③
14 수축단면에 관한 설명으로 옳은 것은?

① 오리피스의 유출수맥에서 발생한다.
② 상류에서 사류로 변화할 때 발생한다.
③ 사류에서 상류로 변화할 때 발생한다.
④ 수축단면에서의 유속을 오리피스의 평균유속이라 한다.

| 해답 | ①

수축단면(vena contracta)
• 오리피스 유출수맥이 단축되었다가 확대되는데 이 때 가장 축소된 단면적
• 오리피스로부터 $\frac{d}{2}$ 정도의 위치에서 발생

□□□ 산 15②,20③
15 베르누이 정리를 압력의 항으로 표시할 때, 동압력(dynamic pressure) 항에 해당되는 것은?

① P
② $\frac{1}{2}\rho V^2$
③ $\rho g z$
④ $\frac{V^2}{2g}$

| 해답 | ②

총압력 = 정압력 + 동압력
∴ $P = wh + \frac{1}{2}\rho V^2$

□□□ 산 07,20③
16 모세관 현상에서 모세관고(h)와 관의 지름(D)의 관계로 옳은 것은?

① h는 D에 비례한다.
② h는 D^2에 비례한다.
③ h는 D^{-1}에 비례한다.
④ h는 D^{-2}에 비례한다.

| 해답 | ③

모세관현상의 상승고
$h = \frac{4T\cos\theta}{wD}$
∴ h는 D^{-1}에 비례한다.

□□□ 산 13,20③
17 보통 정도의 정밀도를 필요로 하는 관수로 계산에서 마찰 이외의 손실을 무시할 수 있는 L/D의 값으로 옳은 것은? (단, L : 관의 길이, D : 관의 지름)

① 500 이상
② 1000 이상
③ 2000 이상
④ 3000 이상

| 해답 | ④

마찰이외의 손실수두를 무시할 수 있는 것은 $L/D > 3000$일 때이다.

□□□ 산 15,20③
18 수리학적으로 유리한 단면에 관한 설명 중 옳지 않은 것은?

① 동수반지름(경심)을 최대로 하는 단면이다.
② 일정한 단면적에 최대 유량을 흐르게 하는 단면이다.
③ 가장 유리한 단면은 직각 이등변삼각형이다.
④ 직사각형 수로에서는 수로 폭이 수심의 2배인 단면이다.

| 해답 | ③

수리학적으로 유리한 단면
• 단면으로 유량(Q)이 최대(Q_{max})로 흐르는 단면
• 경심(R)이 최대가 되거나 윤변(P)이 최소일 때의 단면
• 직사각형의 수리상 유리한 단면 : $b = 2h$
• 가장 유리한 단면은 원형단면이다.

□□□ 산 07,14②,20③
19 레이놀즈의 실험으로 얻은 Reynolds 수에 의해서 구별할 수 있는 흐름은?

① 층류와 난류
② 정류와 부정류
③ 상류와 사류
④ 등류와 부등류

| 해답 | ①

레이놀즈 수 $R_e = \frac{VR}{\nu}$
• $R_e < 500$: 층류, $R_e > 500$: 난류
∴ 레이놀즈 수(R_e)는 층류와 난류를 구별할 때 사용

산 01,13,20③

08 [L.M.T]계로 나타낸 차원 중 옳은 것은?

① 동점성계수 : $[LT^{-2}]$ ② 일(에너지) : $[MLT^{-2}]$
③ 표면장력 : $[MT]$ ④ 힘 : $[MLT^{-2}]$

| 해답 | ④
- 동점성계수 : $[L^2T^{-1}]$
- 일(에너지) : $[ML^2T^{-2}]$
- 표면 장력 : $[ML^{-2}]$

산 12①,14②,20③

09 유량 Q, 유속 V, 단면적 A, 도심거리 h_G라 할 때 충력치(M)의 값은? (단, 충력치는 비력이라고도 하며, η : 운동량 보정계수, g : 중력가속도, W : 물의 중량, w : 물의 단위중량)

① $\eta \dfrac{Q}{g} + Wh_G A$ ② $\eta \dfrac{Q}{g} V + h_G A$
③ $\eta \dfrac{g}{Q} V + h_G A$ ④ $\eta \dfrac{Q}{g} V + \dfrac{1}{2} w^2$

| 해답 | ②

충력치 $M = \eta \dfrac{Q}{g} V + h_G A = \eta \dfrac{Q^2}{gA} + h_G A$

산 17②,20③

10 Chezy 공식의 평균유속계수 C와 Manning 공식의 조도계수 n 사이의 관계는?

① $C = nR^{\frac{1}{3}}$ ② $C = nR^{\frac{1}{6}}$
③ $C = \dfrac{1}{n} R^{\frac{1}{3}}$ ④ $C = \dfrac{1}{n} R^{\frac{1}{6}}$

| 해답 | ④
- Manning : $V = \dfrac{1}{n} R^{\frac{2}{3}} I^{\frac{1}{2}}$
- Chezy : $V = C\sqrt{RI}$
- $V = \dfrac{1}{n} R^{\frac{2}{3}} I^{\frac{1}{2}} = C\sqrt{RI}$
- ∴ 평균유속계수 $C = \dfrac{1}{n} R^{1/6}$

산 06,14②,15④,20③

11 뉴턴 유체(Newtonian fluids)에 대한 설명으로 옳은 것은?

① 물이나 공기 등 보통의 유체는 비뉴턴 유체이다.
② 각 변형률$\left(\dfrac{dv}{dy}\right)$의 크기에 따라 선형으로 점도가 변한다.
③ 전단응력(τ)과 각 변형률$\left(\dfrac{dv}{dy}\right)$의 관계는 원점을 지나는 직선이다.
④ 유체가 압력의 변화에 따라 밀도의 변화를 무시할 수 없는 상태가 된 유체를 의미한다.

| 해답 | ③

뉴턴 유체(Newtonian fluids)
- 뉴턴의 점성법칙 $\tau = -\mu \dfrac{dv}{dy}$
- 전단응력(τ)과 전단속도$\left(\dfrac{dv}{dy}\right)$의 관계는 원점을 지나는 직선이다.

산 20③

12 관내를 유속 V로 물이 흐르고 있을 때 밸브 등의 급격한 폐쇄 등에 의하여 유속이 줄어들면 이에 따라 관내의 압력 변화가 생기는데 이것을 무엇이라 하는가?

① 정압 ② 수격압
③ 동압력 ④ 정체압력

| 해답 | ②

수격압(water hammer pressure)
관수로에서 물이 흐를 때 밸브를 급히 닫으면 수압은 상승하고 유속은 0이 되고 닫힌 밸브를 급히 열면 수압은 저하하는데 이와 같이 갑자기 증감하는 수압

산 11④,20③

13 수면 아래 20m 지점의 수압으로 옳은 것은? (단, 물의 단위중량은 9.81kN/m³이다.)

① 0.1MPa ② 0.2MPa
③ 1.0MPa ④ 20MPa

| 해답 | ②
$P_v = w \cdot h = 20 \times 9.81$
$\quad = 196.2 \text{kN/m}^2 = 0.1962 \text{N/mm}^2 = 0.20 \text{MPa}$

□□□ 산 92,96,98,11,20③

04 그림과 같은 폭 2m의 직사각형 판에 작용하는 수압 분포도는 삼각형 분포도를 얻었는데, 이 물체에 작용하는 전수압(㉠)과 작용점의 위치(㉡)로 옳은 것은? (단, 물의 단위중량은 9.81kN/m³이며, 작용의 위치는 수면을 기준으로 한다.)

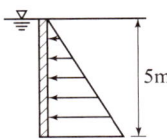

① ㉠ : 100.25kN, ㉡ : 1.7m
② ㉠ : 145.25kN, ㉡ : 3.3m
③ ㉠ : 200.25kN, ㉡ : 1.7m
④ ㉠ : 245.25kN, ㉡ : 3.3m

| 해답 | ④

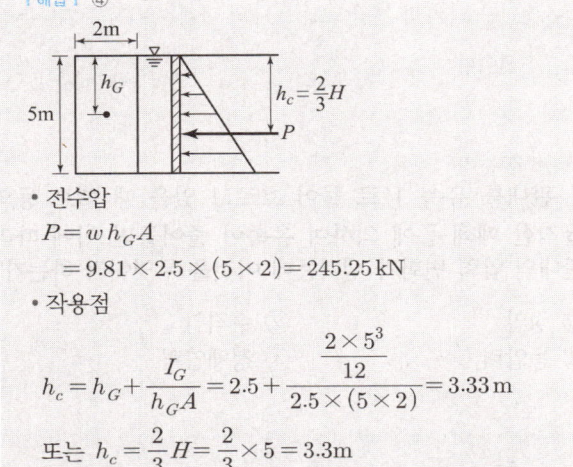

• 전수압
$P = wh_G A$
$= 9.81 \times 2.5 \times (5 \times 2) = 245.25 \text{ kN}$

• 작용점
$h_c = h_G + \dfrac{I_G}{h_G A} = 2.5 + \dfrac{\frac{2 \times 5^3}{12}}{2.5 \times (5 \times 2)} = 3.33 \text{ m}$

또는 $h_c = \dfrac{2}{3} H = \dfrac{2}{3} \times 5 = 3.3 \text{ m}$

□□□ 산 20③

05 집중호우로 인한 홍수 발생 시 지표수의 흐름은?

① 등류이고, 정상류이다.
② 등류이고, 비정상류이다.
③ 부등류이고, 정상류이다.
④ 부등류이고, 비정상류이다.

| 해답 | ④

집중호우로 인한 홍수발생시 지표수의 흐름은 부등류이고, 비정상류이다.
• 부등류 : 흐름의 상태가 시간에 따라 변하지 않는 흐름
• 비정상류 : 흐름의 상태가 시간에 따라 흐름이 변하는 흐름

□□□ 산 20③

06 사이폰의 이론 중 동수경사선에서 정점부까지의 이론적 높이(㉠)와 실제 설계 시 적용하는 높이의 범위 (㉡)로 옳은 것은?

① ㉠ : 7.0m, ㉡ : 5.6~6.0m
② ㉠ : 8.0m, ㉡ : 6.4~6.8m
③ ㉠ : 9.0m, ㉡ : 6.5~7.0m
④ ㉠ : 10.3m, ㉡ : 8.0~8.5m

| 해답 | ④

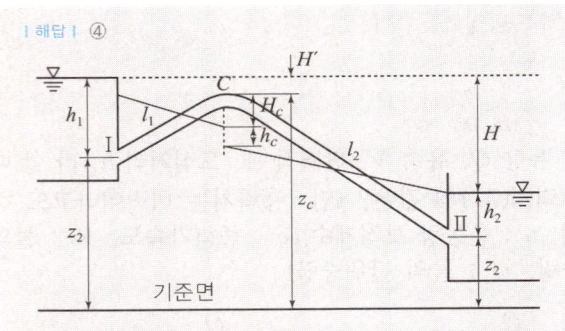

■ 이론적 높이
정점부(C)의 압력은 절대압력 0 이하가 될 수 없으므로
(∵ 물속의 공기와 곡관부의 영향 때문이다.)
$H_c = \dfrac{P_c}{w} = 10.33 \text{m}$

■ 실제적 높이
$H_c = 8 \sim 8.5 \text{m}$를 한계치로 하여 사이펀을 설계하는 것이 보통이다.

□□□ 산 09,20③

07 지름 D인 관을 배관할 때 마찰 손실이 elbow에 의한 손실과 같도록 직선 관을 배관한다면 직선 관의 길이는? (단, 관의 마찰손실계수 $f = 0.025$, elbow에 의한 미소손실계수 $K = 0.9$)

① 4D
② 8D
③ 36D
④ 42D

| 해답 | ③

• 마찰손실 $= f \dfrac{l}{d} \dfrac{V^2}{2g}$

• elbow에 의한 손실 $= K \dfrac{V^2}{2g}$

• $f \dfrac{l}{d} \dfrac{V^2}{2g} = K \dfrac{V^2}{2g}$

∴ $l = \dfrac{K}{f} D = \dfrac{0.9}{0.025} D = 36 D$

□□□ 산 05,14①,19①,20②

20 한계 수심에 관한 설명으로 옳은 것은?

① 유량이 최소이다.
② 비에너지가 최소이다.
③ Reynolds 수가 1이다.
④ Froude 수가 1보다 크다.

│해답│ ②

한계수심(h_c)
• 유량이 일정할 때 비에너지(h_e)가 최소로 되는 수심
• 비에너지(h_e)가 일정할 때 유량이 최대로 되는 수심
• 비에너지(h_e)에 대한 한계수심 $h_c = \dfrac{2}{3} h_e$

제3회 2020년 8월 22일

□□□ 산 20③

01 물의 체적 탄성계수 $E = 2 \times 10^4 \text{kg/cm}^2$일 때 물의 체적을 1% 감소시키기 위해 가해야할 압력은?

① $2 \times 10 \text{kg/m}^2$
② $2 \times 10 \text{kg/cm}^2$
③ $2 \times 10^2 \text{kg/m}^2$
④ $2 \times 10^2 \text{kg/cm}^2$

│해답│ ④

체적 탄성계수 $E = \dfrac{dp}{\dfrac{dV}{V}}$ 에서

$\therefore dP = E \dfrac{dV}{V} = 2 \times 10^4 \times \dfrac{1}{100} = 2 \times 10^2 \text{kg/cm}^2$

□□□ 산 04,11,20③

02 그림과 같은 작은 오리피스에서 유속은?
(단, 유속계수 $C_v = 0.9$이다.)

① 8.9m/s
② 9.9m/s
③ 12.6m/s
④ 14.0m/s

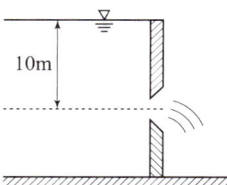

│해답│ ③

$V = C\sqrt{2gh}$
$= 0.9\sqrt{2 \times 9.8 \times 10} = 12.6 \text{m/sec}$

□□□ 산 02,05,11①,13④,16④,18②,20③

03 수로 폭 4m, 수심 1.5m인 직사각형 단면에서 유량이 24m³/sec일 때 Froude 수(F_r)는?

① 0.74
② 0.85
③ 1.04
④ 1.08

│해답│ ③

Froude 수 $F_r = \dfrac{V}{\sqrt{gh}}$

• $V = \dfrac{Q}{A} = \dfrac{24}{4 \times 1.5} = 4.0 \text{m/sec}$

$\therefore F_r = \dfrac{4.0}{\sqrt{9.8 \times 1.5}} = 1.04$

15 밑면적 A, 높이 H인 원주형 물체의 흘수가 h라면 물체의 단위중량 w_m은? (단, 물의 단위중량은 w_0이다.)

① $w_m = w_0 \times \dfrac{H}{h}$
② $w_m = w_0 \times \dfrac{h}{H}$
③ $w_m = w_0 \times \dfrac{H-h}{h}$
④ $w_m = w_0 \times \dfrac{H-h}{H}$

| 해답 | ②

물에 떠있는 부체의 경우 ; 무게(W)=부력(B)
• $W = w_m V_m = w_m (A \cdot H)$
• $B = w_o V = w_o (A \cdot h)$
• $w_m (A \cdot H) = w_o (A \cdot h)$
∴ $w_m = \dfrac{w_o A \cdot h}{A \cdot H} = w_o \times \dfrac{h}{H}$

16 다음 중 베르누이의 정리를 응용한 것이 아닌 것은?

① Pitot tube
② Venturimeter
③ Pascal의 원리
④ Torricelli의 정리

| 해답 | ③

■ 베르누이 정리의 응용
• 토리첼리(Torricelli)의 정리
• 피토관(Pitot tube)
• 벤츄리미터(Venturimeter)

■ 파스칼(Pascal)의 원리
밀폐된 용기 내 정수 중의 한 점에 압력을 가하면 그 압력은 물속의 모든 곳에 동일하게 전달된다는 원리

17 폭 20m인 직사각형 단면수로에 30.6m³/s의 유량이 0.8m의 수심으로 흐를 때 Froude 수(㉠)와 흐름 상태 (㉡)는?

① ㉠ : 0.683, ㉡ : 상류
② ㉠ : 0.683, ㉡ : 사류
③ ㉠ : 1.464, ㉡ : 상류
④ ㉠ : 1.464, ㉡ : 사류

| 해답 | ①

$F_r = \dfrac{V}{\sqrt{gh}}$; $F_r < 1$; 상류, $F_r > 1$; 사류

• $V = \dfrac{Q}{A} = \dfrac{30.6}{20 \times 0.8} = 1.913 \text{m/sec}$
∴ $F_r = \dfrac{1.913}{\sqrt{9.8 \times 0.8}} = 0.683 < 1$ ∴ 상류

18 물의 성질에 대한 설명으로 옳지 않은 것은?

① 물의 점성계수는 수온이 높을수록 그 값이 커진다.
② 공기에 접촉하는 물의 표면장력은 온도가 상승하면 감소한다.
③ 내부마찰력이 큰 것은 내부마찰력이 작은 것보다 그 점성계수의 값이 크다.
④ 압력이 증가하면 물의 압축계수(C_W)는 감소하고 체적탄성계수(E_W)는 증가한다.

| 해답 | ①

점성계수 $\mu = \nu \rho$
• 점성계수(μ)와 동점성계수(ν)는 비례한다.
• 점성계수는 수온이 낮을수록 커지고 0℃에서 최대가 된다.

19 모세관 현상에 대한 설명으로 옳지 않은 것은?

① 모세관의 상승높이는 액체의 단위중량에 비례한다.
② 모세관의 상승높이는 모세관의 지름에 반비례한다.
③ 모세관의 상승여부는 액체의 응집력과 액체와 관 벽의 부착력에 의해 좌우된다.
④ 액체의 응집력이 관 벽과의 부착력보다 크면 관 내 액체의 높이는 관 밖보다 낮아진다.

| 해답 | ①

$h = \dfrac{4T\cos\theta}{wd}$
∴ 모세관의 상승 높이(h)는 액체의 단위 중량(w)에 반비례한다.

산 07,13②,20②

10 어느 하천에서 H_m 되는 곳까지 양수하려고 한다. 양수량을 $Q(\text{m}^3/\text{sec})$, 모든 손실수두의 합을 $\sum h_e$, 펌프와 모터의 효율을 각각 η_1, η_2라 할 때, 펌프의 동력을 구하는 식은?

① $\dfrac{9.8Q(H+\sum h_e)}{75\eta_1\eta_2}$ [kW]

② $\dfrac{9.8Q(H+\sum h_e)}{\eta_1\eta_2}$ [kW]

③ $\dfrac{9.8Q(H+\sum h_e)}{75\eta_1\eta_2}$ [kW]

④ $\dfrac{13.33Q(H+\sum h_e)}{\eta_1\eta_2}$ [kW]

| 해답 | ②

양수에 필요한 동력
- $E = \dfrac{1000QH_e}{102\eta_1\eta_2} = \dfrac{9.8Q(H+\sum h_e)}{\eta_1\eta_2}$ [kW]
- $E = \dfrac{1000QH_e}{75\eta_1\eta_2} = \dfrac{13.33Q(H+\sum h_e)}{\eta_1\eta_2}$ [HP]

산 20②

11 경심에 대한 설명으로 옳은 것은?

① 물이 흐르는 수로
② 물이 차서 흐르는 횡단면적
③ 유수단면적을 윤변으로 나눈 값
④ 횡단면적과 물이 접촉하는 수로벽면 및 바닥 길이

| 해답 | ③

경심 $R = \dfrac{A}{S}$
- A : 유수 단면적
- S : 윤변

산 20②

12 수면경사가 1/500인 직사각형 수로에 유량이 50m³/s로 흐를 때 수리상 유리한 단면의 수심(h)은?
(단, Manning 공식을 이용하며, $n = 0.023$)

① 0.8m ② 1.1m
③ 2.0m ④ 3.1m

| 해답 | ④

- 직사각형 단면의 수리상 유리한 단면 : $B = 2h$, 경심 $R = h/2$

$Q = AV = (2h)h \cdot \dfrac{1}{n} R^{2/3} I^{1/2}$ 에서

$50 = 2h^2 \dfrac{1}{0.023} \left(\dfrac{h}{2}\right)^{2/3} \left(\dfrac{1}{500}\right)^{1/2}$

$\therefore h = 3.1\text{m}$

참고 SOLVE 사용

산 15,20②

13 그림은 두 개의 수조를 연결하는 등단면 단일 관수로이다. 관의 유속을 나타낸 식은?
(단, f : 마찰손실계수, $f_o = 1.0$, $f_i = 0.5$, $\dfrac{L}{D} < 3000$)

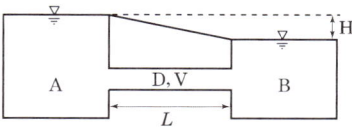

① $V = \sqrt{2gH}$

② $V = \sqrt{\dfrac{2gH}{f} \cdot \left(\dfrac{L}{D}\right)}$

③ $V = \sqrt{\dfrac{2gH}{1.5 + f\left(\dfrac{L}{D}\right)}}$

④ $V = \sqrt{\dfrac{2gH}{1.0 + f\left(\dfrac{L}{D}\right)}}$

| 해답 | ③

$H = \left(f_i + f\dfrac{L}{D} + f_o\right)\dfrac{V^2}{2g}$

$= \left(0.5 + f\dfrac{L}{D} + 1.0\right)\dfrac{V^2}{2g} = \left(1.5 + f\dfrac{L}{D}\right)\dfrac{V^2}{2g}$

$\therefore V = \sqrt{\dfrac{2gH}{1.5 + f\dfrac{L}{D}}}$

산 92,03,05,09,11②,14②,16④,20②

14 수두(水頭)가 2m인 오리피스에서의 유량은?
(단, 오리피스의 지름 10cm, 유량계수 0.76)

① 0.017m³/s ② 0.027m³/s
③ 0.037m³/s ④ 0.047m³/s

| 해답 | ③

$Q = CA\sqrt{2gH}$

$= 0.76 \times \dfrac{\pi \times 0.10^2}{4} \times \sqrt{2 \times 9.80 \times 2} = 0.037\,\text{m}^3/\text{sec}$

□□□ 산 20②

05 위어에 있어서 수맥의 수축에 대한 일반적인 설명으로 옳지 않은 것은?

① 정수축은 광정위어에서 생기는 수축현상이다.
② 연직수축이란 면수축과 정수축을 합한 것이다.
③ 단수축은 위어의 측벽에 의해 월류폭이 수축하는 현상이다.
④ 면수축은 물의 위치에너지가 운동에너지로 변화하기 때문에 생긴다.

| 해답 | ①
수맥의 수축
- 정수축 : 위어 마루부의 노치(noch)가 날카롭기 때문에 발생하는 수축
- 단수축 : 노치(noch)의 언저리가 날카로워서 그 폭이 수축하는 현상
- 면수축 : 수류가 위어(weir)에 접근함에 따라 접근 유속으로 인하여 일어나는 수축
- 연직수축 : 면수축과 마루부 수축을 합한 것

Remember
수맥의 수축

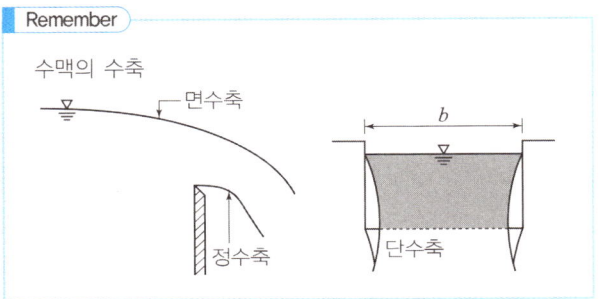

□□□ 산 04②,20②

06 개수로 내의 한 단면에 있어서 평균유속을 V, 수심을 h라 할 때, 비에너지를 표시한 것은?

① $He = h + \left(\dfrac{Q}{A}\right)$
② $He = \dfrac{V^2}{2g} + \dfrac{Q}{A}$
③ $He = h + \alpha \dfrac{V^2}{2g}$
④ $He = \dfrac{h}{b} + \alpha 2g V^2$

| 해답 | ③
비에너지 $H_e = h + \dfrac{\alpha V^2}{2g}$

□□□ 산 20②

07 원통형의 용기에 깊이 1.5m까지는 비중이 1.35인 액체를 넣고 그 위에 2.5m의 깊이로 비중이 0.95인 액체를 넣었을 때, 밑바닥이 받는 총 압력은? (단, 물의 단위중량은 9.81kN/m³이며, 밑바닥의 지름은 2m이다.)

① 125.5kN
② 135.6kN
③ 145.5kN
④ 155.6kN

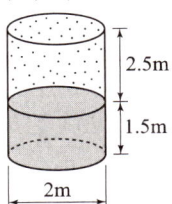

| 해답 | ②

$p = w_i h_i \gamma_w = (0.95 \times 2.5 + 1.35 \times 1.5) \times 9.81$
$= 43.16 \text{ kN/m}^2$

∴ 총 압력 $P = p \cdot A = 43.16 \times \dfrac{\pi \times 2^2}{4} = 135.6\text{kN}$

□□□ 산 20②

08 물이 흐르고 있는 벤추리미터(Venturi meter)의 관부와 수축부에 수은을 넣은 U자형 액주계를 연결하여 수은주의 높이차 $h_m = 10\text{cm}$를 읽었다. 관부와 수축부의 압력수두의 차는? (단, 수은의 비중은 13.6이다.)

① 1.26m
② 1.36m
③ 12.35m
④ 13.35m

| 해답 | ①

$h = \left(\dfrac{w'}{w_0} - 1\right) h_m$
$= \left(\dfrac{13.6}{1} - 1\right) \times 0.10 = 12.6 \times 0.10 = 1.26\text{m}$

□□□ 산 01,09,11,13,20②

09 물의 흐름에서 단면과 유속 등 유동특성이 시간에 따라 변하지 않는 흐름은?

① 층류
② 난류
③ 정류
④ 등류

| 해답 | ③
정류
한 단면을 지나는 물이 시간에 따라 속도, 압력, 밀도 등 유동 특성이 변하지 않는 흐름

제1·2회 2020년 6월 6일

01 동수경사선에 관한 설명으로 옳지 않은 것은?

① 항상 에너지선과 평행하다.
② 개수로 수면이 동수경사선이 된다.
③ 에너지선보다 속도수두만큼 아래에 있다.
④ 압력수두와 위치수두의 합을 연결한 선이다.

| 해답 | ①

- 동수경사선 : 기준 수평면에서 위치 수두와 압력수두의 합을 연결한 선
- 위치 수두(Z)와 압력 수두$\left(\dfrac{P}{w_o}\right)$를 연결한 선을 말한다.

  즉, $\dfrac{P}{w_0}+Z$

- 에너지선 : 에너지 선의 경사를 에너지 경사라 한다.
- 압력 수두$\left(\dfrac{P}{w_0}\right)$+위치 수두($Z$)+속도 수두$\left(\dfrac{V^2}{2g}\right)$

  즉, $\dfrac{V^2}{2g}+Z+\dfrac{P}{w_0}$

∴ 등류일 때만 동수경사선과 에너지선은 기준수평면에 항상 나란하다.

02 관의 단면적이 $4m^2$인 관수로에서 물이 정지하고 있을 때 압력을 측정하니 500kPa이었고 물을 흐르게 했을 때 압력을 측정하니 420kPa이었다면, 이 때 유속(V)은? (단, 물의 단위중량은 $9.81kN/m^3$이다.)

① 10.05m/s ② 11.16m/s
③ 12.65m/s ④ 15.22m/s

| 해답 | ③

베르누이의 정리를 적용하면

$\dfrac{V_1^2}{2g}+\dfrac{p_1}{w}+z_1=\dfrac{V_2^2}{2g}+\dfrac{p_2}{w}+z_2$

→ $0+\dfrac{500}{9.81}+0=\dfrac{V_2^2}{2\times 9.8}+\dfrac{420}{9.81}+0$

∴ $V_2=12.65\,m/\sec$

참고 $1tf/m^2=9.8kN/m^2=10kN/m^2=10kPa$

03 관망 문제해석에서 손실수두를 유량의 함수로 표시하여 사용할 경우 지름 D인 원형단면관에 대하여 $h_L=kQ^2$으로 표시할 수 있다. 관의 특성 제원에 따라 결정되는 상수 k의 값은? (단, f는 마찰손실계수, L은 관의 길이이며 다른 손실은 무시한다.)

① $\dfrac{0.0827f\cdot L}{D^3}$ ② $\dfrac{0.0827L\cdot D}{f}$
③ $\dfrac{0.0827f\cdot D}{L^2}$ ④ $\dfrac{0.0827f\cdot L}{D^5}$

| 해답 | ④

손실수두
$h_L=f\dfrac{L}{D}\dfrac{V^2}{2g}$

- $V=\dfrac{Q}{A},\ A=\dfrac{\pi D^2}{4}$

- $h_L=f\dfrac{L}{D}\dfrac{1}{2g}\left(\dfrac{Q}{A}\right)^2=f\dfrac{L}{D}\dfrac{1}{2g}\left(\dfrac{4}{\pi D^2}\right)^2 Q^2=kQ^2$

∴ $k=f\dfrac{L}{D}\dfrac{1}{A^2}=f\dfrac{L}{D}\dfrac{1}{2g}\left(\dfrac{4}{\pi D^2}\right)^2$

$=f\dfrac{L}{D}\dfrac{1}{2g}\dfrac{16}{\pi^2\times D^4}$

$=\dfrac{16fL}{2\times 9.8\times \pi^2 D^5}=\dfrac{0.0827f\cdot L}{D^5}$

04 단위시간에 있어서 속도변화가 V_1에서 V_2로 되며 이 때 질량 m인 유체의 밀도를 ρ라 할 때 운동량 방정식은? (단, Q : 유량, w : 유체의 단위중량, g : 중력가속도)

① $F=\dfrac{wQ}{\rho}(V_2-V_1)$ ② $F=wQ(V_2-V_1)$
③ $F=\dfrac{Qg}{w}(V_2-V_1)$ ④ $F=\dfrac{w}{g}Q(V_2-V_1)$

| 해답 | ④

단위시간당 운동량 방정식

$F=m\dfrac{V_2-V_1}{\Delta t}\ (\because F\Delta t=m(V_2-V_1))$

- $m=\rho Q\Delta t,\ \rho=\dfrac{w}{g}$

∴ $F=\rho Q\Delta t\dfrac{V_2-V_1}{\Delta t}=\dfrac{wQ}{g}(V_2-V_1)$

□□□ 산 06,10,14,19④

16 Manning의 평균유속공식 중 마찰손실계수 f로 옳은 것은? (단, g : 중력가속도, C : Chezy의 평균유속계수, n : Manning의 조도계수, D : 관의 지름)

① $f = \dfrac{8g}{C}$ ② $f = \dfrac{124.5n^2}{D^{1/3}}$

③ $f = \dfrac{124.5n}{D^3}$ ④ $f = \sqrt{\dfrac{C}{8g}}$

| 해답 | ②

$$C = \sqrt{\dfrac{8g}{f}} = \dfrac{1}{n}R^{\frac{1}{6}}$$

$$f = \dfrac{8gn^2}{R^{\frac{1}{3}}} = \dfrac{8 \times gn^2}{\left(\dfrac{D}{4}\right)^{\frac{1}{3}}} = \dfrac{12.7 \times 9.8n^2}{D^{\frac{1}{3}}} = \dfrac{124.5n^2}{D^{1/3}}$$

□□□ 산 18④,19④

17 개수로에서 도수로 인한 에너지 손실을 구하는 식으로 옳은 것은? (단, h_1 : 도수 전의 수심, h_2 : 도수 후의 수심)

① $He = \dfrac{(h_2 - h_1)^3}{h_1 h_2}$ ② $He = \dfrac{(h_2 - h_1)^3}{2h_1 h_2}$

③ $He = \dfrac{(h_2 - h_1)^3}{3h_1 h_2}$ ④ $He = \dfrac{(h_2 - h_1)^3}{4h_1 h_2}$

| 해답 | ④

도수
• 사류에서 상류로 변할 때 수면이 불연속적으로 뛰는 현상을 도수라 한다.
• 사류에서 상류로 변할 때 에너지선은 H_e 만큼 낮아진다.

즉 에너지 손실 $H_e = \dfrac{(h_2 - h_1)^3}{4h_1 h_2}$

□□□ 산 92,97,14①,19④

18 에너지선에 대한 설명으로 옳은 것은?

① 유체의 흐름방향을 결정한다.
② 이상유체 흐름에서는 수평 기준면과 평행하다.
③ 유량이 일정한 흐름에서는 동수경사선과 평행하다.
④ 유선 상의 각 점에서의 압력수두와 위치수두의 합을 연결한 선이다.

| 해답 | ②

에너지선
• 기준면에서 전수두까지의 높이를 연결한 선
• 에너지선 : $Z + \dfrac{P}{w} + \dfrac{V^2}{2g}$
• 완전유체(이상유체)는 손실에너지가 없으므로 에너지선과 수평기준면은 서로 평행하다.

□□□ 산 06,12②,13①,19④

19 10m 깊이의 해수 중에서 작업하는 잠수부가 받는 계기 압력은? (단, 해수의 비중은 1.025)

① 약 1기압   ② 약 2기압
③ 약 3기압   ④ 약 4기압

| 해답 | ①

$$p = w'h = 1.025(\text{t/m}^3) \times 10(\text{m})$$
$$= 10.25 \text{t/m}^2 = 102.5 \text{kN/m}^2 = 102.5 \text{kPa}$$
$$(\because 1 \text{기압} : 10\text{t/m}^2 = 100\text{kN/m}^2 = 100\text{kPa})$$

□□□ 산 06,08,09,14④,19④

20 지름 0.3cm의 작은 물방울에 표면장력 $T_{15} = 0.00075$N/cm가 작용할 때 물방울 내부와 외부의 압력차는?

① 30Pa   ② 50Pa
③ 80Pa   ④ 100Pa

| 해답 | ④

물방울 내외부의 압력차 $P = \dfrac{4T}{d}$
• $T_{15} = 0.00075$N/cm $= 0.075$N/m
• $d = 0.3$cm $= 0.003$m

$$\therefore p = \dfrac{4 \times 0.075}{0.003} = 100\text{N/m}^2 = 100 \text{Pa}$$

참고 $1\text{N/m}^2 = 1\text{Pa}$

□□□ 산 05,09,11④,16④,18④,19④

10 사다리꼴 단면인 개수로에서 수리학적으로 가장 유리한 단면의 조건은? (단, R : 경심, B : 수면 폭, h : 수심)

① $B = \dfrac{h}{2}$ ② $B = h$
③ $R = \dfrac{h}{2}$ ④ $R = h$

| 해답 | ③

직사각형의 유리한 단면
• $B = 2h$, $R = \dfrac{h}{2}$
∴ 경심 $R = \dfrac{h}{2}$

□□□ 산 19④

11 위어(weir) 중에서 수두변화에 따른 유량 변화가 가장 예민하여 유량이 적은 실험용 소규모 수로에 주로 사용하며, 비교적 정확한 유량측정이 필요할 경우 사용하는 것은?

① 원형 위어   ② 삼각 위어
③ 사다리꼴 위어 ④ 직사각형 위어

| 해답 | ②

삼각 위어
• 정점을 저부로 하는 2등변 삼각형이다.
• 소유량의 변화에 대하여도 월류수심에 상당한 차이가 생기므로 소유량의 측정에 알맞다.
• 소유량에서는 직사각형 위어보다 정확하다.

□□□ 산 97,05,09,11①,12④,16④,19④

12 관수로 내의 흐름을 지배하는 주된 힘은?

① 인력   ② 중력
③ 자기력 ④ 점성력

| 해답 | ④

흐름의 주된 지배

관수로	점성력과 압력차
개수로	중력과 관성력
지하수	중력

□□□ 산 94,99,12②,13④,16④,19④

13 반지름 1.5m의 강관에 압력수두 100m의 물이 흐른다. 강재의 허용응력이 147MPa일 때 강관의 최소 두께는?

① 0.5cm   ② 0.8cm
③ 1.0cm   ④ 10cm

| 해답 | ③

$t = \dfrac{pD}{2\sigma_{ta}} = \dfrac{whD}{2\sigma_{ta}} \; (\because p = wh)$

• 물의 단위중량 $w = 9.8 \, \text{kN/m}^3 = 9.8 \times 10^{-6} \, \text{N/mm}^3$
• 수두 $h = 100\text{m} = 100000\text{mm}$
• 내경 $D = 1.5 \times 2 = 3\text{m} = 3000\text{mm}$ (∵ 반지름 1.5m)

$\therefore t = \dfrac{9.8 \times 10^{-6} \times 100000 \times 1500}{2 \times 147} = 10\text{mm} = 1.0\text{cm}$

□□□ 산 92,13②,19④

14 그림과 같이 단면 ①에서 관의 지름이 0.5m, 유속이 2m/s이고, 단면 ②에서 관의 지름이 0.2m일 때 단면 ②에서의 유속은?

① 10.5m/s
② 11.5m/s
③ 12.5m/s
④ 13.5m/s

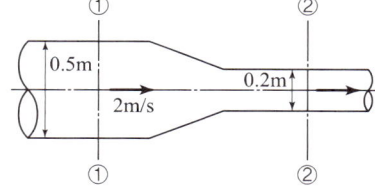

| 해답 | ③

연속방정식 $Q = A_1 V_1 = A_2 V_2$

$\therefore V_2 = \dfrac{A_1}{A_2} V_1 = \left(\dfrac{d_1}{d_2}\right)^2 V_1 = \left(\dfrac{0.5}{0.2}\right)^2 \times 2 = 12.5\text{m/s}$

□□□ 산 95,97,09②,19④

15 수축계수 0.45, 유속계수 0.92인 오리피스의 유량계수는?

① 0.414   ② 0.489
③ 0.643   ④ 2.044

| 해답 | ①

유량계수$(C) = C_a \times C_v = 0.45 \times 0.92 = 0.414$

□□□ 산 13①,16②,19④

05 그림과 같이 단면적이 200cm²인 90° 굽어진 관 (1/4 원의 형태)을 따라 유량 $Q=0.05\text{m}^3/\text{s}$의 물이 흐르고 있다. 이 굽어진 면에 작용하는 힘(P)은?

① 157N
② 177N
③ 1570N
④ 1770N

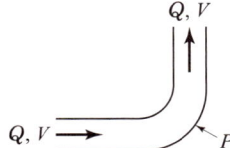

| 해답 | ②

$P=\sqrt{P_x+P_y}$

- 물의 단위중량 $w=9.8\text{kN/m}^3$
- 중력가속도 $g=9.8\text{m/sec}^2$

■ $P_x = \dfrac{wQ}{g}(V_1 - V_2)$

- $V = \dfrac{Q}{A} = \dfrac{0.05}{200 \times 10^{-4}} = 2.5\text{m/sec}$
- $P_x = \dfrac{9.8 \times 0.05}{9.8}(2.5-0) = 0.125\text{kN}$

■ $P_y = \dfrac{wQ}{g}(V_2 - V_1)$
$= \dfrac{9.8 \times 0.05}{9.8}(0-2.5) = -0.125\text{kN}$

∴ $F = \sqrt{(0.125)^2 + (-0.125)^2}$
$= 0.177\text{kN} = 177\text{N}$
(∵ $1\text{kN} = 1000\text{N}$)

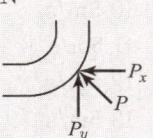

□□□ 산 07,19④

06 정수(靜水) 중의 한 점에 작용하는 정수압의 크기가 방향에 관계없이 일정한 이유로 옳은 것은?

① 물의 단위중량이 9.81kN/m^3으로 일정하기 때문이다.
② 정수면은 수평이고 표면장력이 작용하기 때문이다.
③ 수심이 일정하여 정수압의 크기가 수심에 반비례하기 때문이다.
④ 정수압은 면에 수직으로 작용하고, 정역학적 평형방정식에 의해 모든 방향에서 크기가 같기 때문이다.

| 해답 | ④

정수압의 크기가 방향에 관계없이 일정한 이유는 정수압이 면에 수직으로 작용하기 때문이고 한 점에 작용하는 정수압은 방향과 관계없이 크기가 같다.

□□□ 산 09,19①④

07 개수로에서 파상도수가 일어나는 범위는?
(단, Fr_1 : 도수 전의 Froude number)

① $Fr_1 = \sqrt{3}$
② $1 < Fr_1 < \sqrt{3}$
③ $2 > Fr_1 > \sqrt{3}$
④ $\sqrt{2} < Fr_1 < \sqrt{3}$

| 해답 | ②

- 완전도수 : $\sqrt{3} \leq Fr_1$
- 파상도수 : $1 < Fr_1 < \sqrt{3}$

□□□ 산 14,19④

08 직사각형 수로에서 폭 3.2m, 평균유속 1.5m/s, 유량 12m³/s라 하면 수로의 수심은?

① 2.5m
② 3.0m
③ 3.5m
④ 4.0m

| 해답 | ①

$Q = AV = bhV$

∴ $h = \dfrac{Q}{bV} = \dfrac{12}{3.2 \times 1.5} = 2.5\text{m}$

□□□ 산 10①,15④,19④

09 그림과 같이 지름 3m, 길이 8m인 수문에 작용하는 수평 분력의 작용점까지 수심(h_c)은?

① 2.00m
② 2.12m
③ 2.34m
④ 2.43m

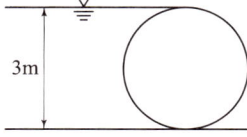

| 해답 | ①

[방법1] $h_c = \dfrac{2}{3}h = \dfrac{2}{3} \times 3 = 2.00\text{m}$

[방법2] $h_c = h_G + \dfrac{I_G}{h_G A}$

- $h_G = \dfrac{h}{2} = \dfrac{3}{2} = 1.5\text{m}$
- $I_G = \dfrac{bh^3}{12} = \dfrac{8 \times 3^3}{12} = 18\text{m}^4$
- $A = bh = 8 \times 3 = 24\text{m}$

∴ $h_c = 1.5 + \dfrac{18}{1.5 \times 24} = 2.00\text{m}$

제4회 2019년 9월 21일

□□□ 산 09,11①,14①,17②,19④

01 흐름 중 상류(常流)에 대한 수식으로 옳지 않은 것은? (단, H_c : 한계수심, I_c : 한계경사, V_c : 한계유속, H : 수심, I : 수로경사, V : 유속)

① $H_c < H$
② $I_c > I$
③ $\dfrac{V}{\sqrt{gH}} > 1$
④ $V_c > V$

| 해답 | ③

상류 조건
- 유속 : $V < V_c$
- 후르드수 : $F_r = \dfrac{V}{\sqrt{gH}} < 1$
- 구배 : $I < I_c$
- 수심 : $h > h_c$

Remember

상류와 사류의 조건

구분	상류	사류	공식
수심 h	$h > h_c$	$h < h_c$	$h_c = \left(\dfrac{\alpha Q^2}{gb^2}\right)^{1/3}$
유속 V	$V < V_c$	$V > V_c$	$V_c = \sqrt{gh}$
구배 I	$I < I_c$	$I > I_c$	$I_c = \dfrac{g}{\alpha C^2}$
F_r	$F_r < 1$	$F_r > 1$	$F_r = \dfrac{V}{\sqrt{gh}}$

□□□ 산 04,11④,19④

02 유체의 점성(viscosity)에 대한 설명으로 옳은 것은?

① 유체의 비중을 알 수 있는 척도이다.
② 동점성계수는 점성계수에 밀도를 곱한 값이다.
③ 액체의 경우 온도가 상승하면 점성도 함께 커진다.
④ 점성계수는 전단응력(τ)을 속도경사 $\left(\dfrac{\partial v}{\partial y}\right)$로 나눈 값이다.

| 해답 | ④

점성계수는 전단응력을 속도경사 $\left(\dfrac{\partial v}{\partial y}\right)$로 나눈 값이다.

□□□ 산 18④,19④

03 마찰손실계수(f)가 0.03일 때 Chezy의 평균유속계수 (C, $m^{1/2}$/s)는? (단, Chezy의 평균유속 $V = C\sqrt{RI}$)

① 48.1
② 51.1
③ 53.4
④ 57.4

| 해답 | ②

$C = \sqrt{\dfrac{8g}{f}} = \sqrt{\dfrac{8 \times 9.8}{0.03}} = 51.1$

Remember

- 유속공식
- Chezy 공식

$C = \dfrac{1}{n} R^{1/6}$, $C = \sqrt{\dfrac{8g}{f}}$,

$\dfrac{1}{n} R^{\frac{1}{6}} = \sqrt{\dfrac{8g}{f}}$ 에서 $f = \dfrac{8gn^2}{R^{1/3}}$, $R = \dfrac{D}{4}$

- Manning 공식

- $V = \dfrac{1}{n} R^{\frac{2}{3}} I^{\frac{1}{2}}$

- $f = \dfrac{8gn^2}{R^{1/3}} = \dfrac{8 \times 9.8 n^2}{\left(\dfrac{D}{4}\right)^{1/3}} = \dfrac{124.5 n^2}{D^{1/3}} = 124.5 n^2 D^{-\frac{1}{3}}$

□□□ 산 17④,19④

04 관수로의 관망설계에서 각 분기점 또는 합류점에 유입하는 유량은 그 점에서 정지하지 않고 전부 유출하는 것으로 가정하여 관망을 해석하는 방법은?

① Manning 방법
② Hardy-Cross 방법
③ Darcy-Weisbach 방법
④ Ganguillet-Kutter 방법

| 해답 | ②

Hardy-Cross의 가정조건
- 각 분기점 또는 합류점에 유입하는 수량은 그 점에서 정지하지 않고 전부 유출한다.
- 각 폐합관에서 시계방향 또는 반시계방향으로 흐르는 관로의 손실수두의 합은 흐름의 방향에 관계없이 0이다.
- 초기 유량을 가정하며 마찰 손실만을 고려한다.
- 보정량은 +, - 값 모두를 갖는다.

17 수면으로부터 3m 깊이에 한 변의 길이가 1m이고 유량계수가 0.62인 정사각형 오리피스가 설치되어 있다. 현재의 오리피스를 유량계수가 0.60이고 지름 1m인 원형 오리피스로 교체한다면, 같은 유량이 유출되기 위하여 수면을 어느 정도로 유지하여야 하는가?

① 현재의 수면과 똑같이 유지하여야 한다.
② 현재의 수면보다 1.2m 낮게 유지하여야 한다.
③ 현재의 수면보다 1.2m 높게 유지하여야 한다.
④ 현재의 수면보다 2.2m 높게 유지하여야 한다.

| 해답 | ④

$Q = Ca\sqrt{2gH}$

- $Q = 0.62 \times (1 \times 1) \times \sqrt{2 \times 9.8 \times 3} = 4.75 \, m^3/sec$
  $= 0.60 \times \left(\dfrac{\pi \times 1^2}{4}\right) \times \sqrt{2 \times 9.8 H} = 2.086\sqrt{H}$

∴ $H = \left(\dfrac{4.75}{2.09}\right)^2 = 5.17m = 5.2m$

∴ 현재의 수면보다 2.2m (5.2m − 3m) 높게 유지하여야 한다.

18 Darcy−Weisbach의 마찰손실수두 공식에 관한 내용으로 틀린 것은?

① 관의 조도에 비례한다.
② 관의 직경에 비례한다.
③ 관로의 길이에 비례한다.
④ 유속의 제곱에 비례한다.

| 해답 | ②

- Darcy−Weisbach의 마찰손실공식

마찰 손실 수두 $h_L = f \dfrac{l}{D} \dfrac{V^2}{2g}$

- $f = \dfrac{64}{R_e} = \dfrac{\mu}{\rho V d}$, $R_e = \dfrac{Vd}{\nu} = \dfrac{\rho V d}{\mu}$

- $f = \phi''\left(\dfrac{1}{R_e}, \dfrac{e}{D}\right)$

- 관수로의 길이(l)에 비례한다.
- 관경(D)에 반비례한다.
- 관의 내면조도$\left(\dfrac{e}{D}\right)$에 비례한다.
- 레이놀즈수(R_e)에 반비례한다.
- 물의 점성(μ)에 비례한다.

19 그림과 같은 역사이폰의 A, B, C, D점에서 압력수두를 각각 P_A, P_B, P_C, P_D라 할 때 다음 사항 중 옳지 않은 것은? (단, 점선은 동수경사선으로 가정한다.)

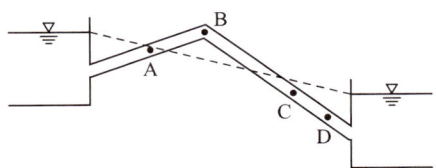

① $P_B < 0$ ② $P_C > P_D$
③ $P_C > 0$ ④ $P_A = 0$

| 해답 | ②

- $P = wh$가 성립할 때 h가 클수록 압력이 크다.
- $P_D > P_C > P_A > P_B$, $P_A = 0$, $P_B < 0$, $P_C > 0$
∴ $P_D > P_C$

20 아래 표의 ( ) 안에 들어갈 알맞은 용어를 순서대로 짝지어진 것은?

흐름이 사류에서 상류로 바뀔 때에는 (㉠)을 거치고, 상류에서 사류로 바뀔 때에는 (㉡)을 거친다.

① ㉠ : 도수현상, ㉡ : 대응수심
② ㉠ : 대응수심, ㉡ : 공액수심
③ ㉠ : 도수현상, ㉡ : 지배단면
④ ㉠ : 지배단면, ㉡ : 공액수심

| 해답 | ③

- 사류에서 상류로 변하는 곳에 도수현상이 생긴다.
- 지배단면 : 한계수심이 생기는 단면으로서 개수로에서 상류로부터 사류로 변하는 단면을 말한다.

□□□ 산 13,19②

11 도수에 대한 설명으로 틀린 것은?

① 도수란 흐름이 사류에서 상류로 변화할 때 수면이 불연속적으로 상승하는 현상을 말한다.
② 도수 전후의 수심에 대한 비는 흐름의 후르드수만의 함수로 표현할 수 있다.
③ 도수 전후의 비력은 같다.($M_1 = M_2$)
④ 도수 전후에 구조물이 없는 경우 비에너지는 같다. ($E_1 = E_2$)

| 해답 | ④

- 도수전후의 비에너지

$$E_1 = h_1 + \alpha \frac{v_1^2}{2g},\ E_2 = h_2 + \alpha \frac{v_2^2}{2g}$$

∴ 비에너지는 다르다. $E_1 \neq E_2$

- 도수전후의 비력

$$M = h_G A + \frac{\eta QV}{g}$$

□□□ 산 05,09,10,14,16,19②

12 베르누이(Bernoulli)정리가 성립될 수 있는 조건이 아닌 것은?

① 임의의 두 점은 같은 유선 위에 있다.
② 마찰을 고려한 실제유체이다.
③ 비압축성은 유체의 흐름이다.
④ 흐름은 정류이다.

| 해답 | ②

유체는 완전유체(이상유체)이다.

□□□ 산 19②

13 유량 1.5m³/s, 낙차 100m인 지점에서 발전할 때 이론수력은?

① 1470kW   ② 1995kW
③ 2000kW   ④ 2470kW

| 해답 | ①

$$E = \frac{1000 Q(H - \Sigma h_L)\eta}{102} = 9.80\ Q(H - \Sigma h_L)\eta (\text{kW})$$
$$= 9.8 QH\eta = 9.8 \times 1.5 \times 100 = 1470\text{kW}$$

□□□ 기 19②

14 유체의 기본성질에 대한 설명으로 틀린 것은?

① 압축률과 체적탄성계수는 비례관계에 있다.
② 압력변화량과 체적변화율의 비를 체적탄성계수라 한다.
③ 액체와 기체의 경계면에 작용하는 분자인력을 표면장력이라 한다.
④ 액체 내부에서 유체분자가 상대적인 운동을 할 때 이에 저항하는 전단력이 작용하는 데, 이 성질을 점성이라 한다.

| 해답 | ①

체적탄성계수 $E = \dfrac{1}{\text{압축률}(C)}$

∴ 압축률(C)과 체적탄성계수(E)는 반비례관계에 있다.

□□□ 산 19②

15 지름 20cm인 원형 오리피스로 0.1m³/s의 유량을 유출시키려 할 때 필요한 수심은? (단, 수심은 오리피스 중심으로부터 수면까지의 높이이며, 유량계수 $c = 0.6$)

① 1.24m   ② 1.44m
③ 1.56m   ④ 2.00m

| 해답 | ②

$Q = CA\sqrt{2gH}$ 에서

- $H = \dfrac{Q^2}{2g(CA)^2}$
- $A = \dfrac{\pi d^2}{4} = \dfrac{\pi \times 0.20^2}{4} = 0.0314\ \text{m}^2$

∴ $H = \dfrac{0.1^2}{2 \times 9.8 \times (0.6 \times 0.0314)^2} = 1.44\ \text{m}$

□□□ 산 19②

16 액체표면에서 150cm 깊이의 점에서 압력강도가 14.25kN/m²이면 이 액체의 단위중량은?

① 9.5kN/m³   ② 10kN/m³
③ 12kN/m³   ④ 16kN/m³

| 해답 | ①

$$w_o = \frac{P}{h} = \frac{14.25}{1.50} = 9.5\ \text{kN/m}^3$$

□□□ 산 19②
05 그림과 같은 용기에 물을 넣고 연직하향방향으로 가속도 α를 중력가속도만큼 작용했을 때 용기 내의 물에 작용하는 압력 P는?

① 0
② $1t/m^2$
③ $2t/m^2$
④ $3t/m^2$

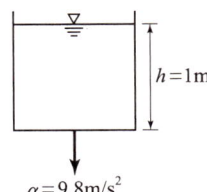

| 해답 | ①

연속 가속도(하향 이동시)
$P = wh\left(1 - \dfrac{a}{g}\right)$
$= 1 \times 1 \times \left(1 - \dfrac{9.8}{9.8}\right) = 0$

□□□ 산 19②
06 밀도의 차원을 공학단위[FLT]로 올바르게 표시한 것은?

① $[FL^{-3}]$
② $[FL^4T^2]$
③ $[FL^4T^{-2}]$
④ $[FL^{-4}T^2]$

| 해답 | ④

물의 밀도 $\rho = \dfrac{m}{V} = \dfrac{g}{cm^3} = [ML^{-3}]$
• $M = [FL^{-1}T^2]$
∴ $[ML^{-3}] = [FL^{-1}T^2L^{-3}] = [FL^{-4}T^2]$

□□□ 산 19②
07 그림과 같은 피토관에서 A점의 유속을 구하는 식으로 옳은 것은?

① $V = \sqrt{2gh_1}$
② $V = \sqrt{2gh_2}$
③ $V = \sqrt{2gh_3}$
④ $V = \sqrt{2g(h_1 + h_2)}$

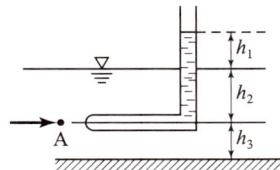

| 해답 | ①

$h_1 = \dfrac{V}{2g}$ ∴ $V = \sqrt{2gh_1}$

□□□ 산 19②
08 내경이 300mm이고 두께가 5mm인 강관이 견딜 수 있는 최대 압력수두는? (단, 강관의 허용인장응력은 150MPa이다.)

① 310m
② 410m
③ 510m
④ 610m

| 해답 | ③

$\sigma = \dfrac{P \cdot D}{2t} = \dfrac{w \cdot h \cdot D}{2t}$ 에서
$h = \dfrac{2t \cdot \sigma}{w \cdot D}$
• $t = 5mm = 0.005m$
• $D = 300mm = 0.300m$
• $\sigma = 150MPa = 150000kN/m^2$
• $w = 9.80kN/m^3$
∴ $h = \dfrac{2 \times 0.005 \times 150000}{9.80 \times 0.300} = 510m$

□□□ 산 19②
09 양정이 6m일 때 4.2마력의 펌프로 $0.03m^3/s$를 양수했다면 이 펌프의 효율은?

① 42%
② 57%
③ 72%
④ 90%

| 해답 | ②

• $E = \dfrac{1000\,QH_e}{75\eta}$ 에서
$4.2 = \dfrac{1000 \times 0.03 \times 6}{75\eta}$

참고 SOLVE 사용 ∴ 펌프의 효율 $\eta = 0.57 = 57\%$

□□□ 산 19②
10 완전유체일 때 에너지선과 기준수평면과의 관계는?

① 서로 평행하다.
② 압력에 따라 변한다.
③ 위치에 따라 변한다.
④ 흐름에 따라 변한다.

| 해답 | ①

완전유체(이상유체)는 손실에너지가 없으므로 에너지선과 수평기준면은 서로 평행하다.

제2회 2019년 4월 27일

01 그림과 같은 단선관수로에서 200m 떨어진 곳에 내경 20cm 관으로 0.0628m³/s의 물을 송수하려고 한다. 두 저수지의 수면차(H)를 얼마로 유지하여야 하는가? (단, 마찰손실계수 $f=0.035$, 급확대에 의한 손실계수 $f_{se}=1.0$, 급축소에 의한 손실계수 $f_{sc}=0.5$이다.)

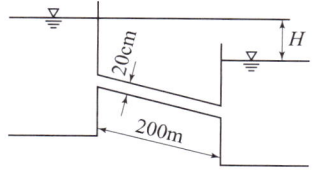

① 6.45m ② 5.45m
③ 7.45m ④ 8.27m

| 해답 | ③

수면차 $H = \left(f_{se} + f_{sc} + f\dfrac{l}{d}\right) \times \dfrac{V^2}{2g}$

• $f = 0.035$, $l = 200\text{m}$, $d = 20\text{cm} = 0.20\text{m}$

• 유속 $V = \dfrac{Q}{A} = \dfrac{0.0628}{\dfrac{\pi \times 0.20^2}{4}} = 1.999\text{m/sec}$

∴ $H = \left(1 + 0.5 + 0.035 \times \dfrac{200}{0.20}\right) \times \dfrac{2.00^2}{2 \times 9.8} = 7.45\text{m}$

02 개수로에서 발생되는 흐름 중 상류와 사류를 구분하는 기준이 되는 것은?

① Mach 수   ② Froude 수
③ Manning 수 ④ Reynolds 수

| 해답 | ②

■ Froude 수 $F_r = \dfrac{V}{\sqrt{gh}}$

• $F_r < 1$: 상류, $F_r > 1$: 사류
• $F_r = 1$: 한계류(이 때의 수심을 한계수심, 유속을 한계유속)

■ Reynolds 수 $R_e = \dfrac{VR}{\nu}$

• $R_e < 500$: 층류, $R_e > 500$: 난류
∴ 레이놀즈 수(R_e)는 층류와 난류를 구별할 때 사용

03 그림에서 단면 ①, ②에서의 단면적, 평균유속, 압력강도를 각각 A_1, V_1, P_1, A_2, V_2, P_2라 하고, 물의 단위 중량을 w_0라 할 때, 다음 중 옳지 않은 것은? (단, $Z_1 = Z_2$이다.)

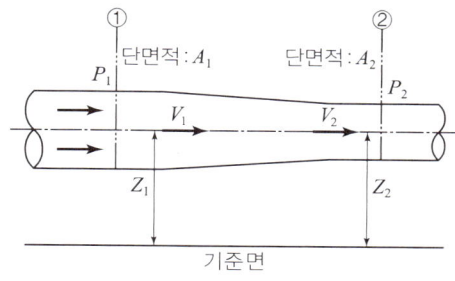

① $V_1 < V_2$ ② $P_1 > P_2$
③ $A_1 \cdot V_1 = A_2 \cdot V_2$ ④ $\dfrac{V_1^2}{2g} + \dfrac{P_1}{w_0} < \dfrac{V_2^2}{2g} + \dfrac{P_2}{w_0}$

| 해답 | ④

베르누이의 정리에서 동일한 유선상에서 유체일체가 가지는 에너지는 같다.

∴ $\dfrac{V_1^2}{2g} + \dfrac{P_1}{w_0} = \dfrac{V_2^2}{2g} + \dfrac{P_2}{w_0}$

04 정상적인 흐름 내의 1개의 유선상에서 각 단면의 위치수두와 압력수두를 합한 수두를 연결한 선은?

① 총 수두(Total Head)
② 에너지선(Energy Line)
③ 유압 곡선(Pressure Curve)
④ 동수경사선(Hydraulic Grade Line)

| 해답 | ④

■ 동수경사선

• 위치수두(Z)와 압력수두$\left(\dfrac{P}{w_o}\right)$를 연결한 선을 말한다.
즉, $\dfrac{P}{w_0} + Z$

■ 에너지선

• 압력수두$\left(\dfrac{P}{w_0}\right)$ + 위치수두(Z) + 속도수두$\left(\dfrac{V^2}{2g}\right)$
즉, $\dfrac{V^2}{2g} + Z + \dfrac{P}{w_0}$

18 그림과 같이 지름 5cm의 분류가 30m/s의 속도로 판에 수직으로 충돌하였을 때 판에 작용하는 힘은?

① 90N
② 180N
③ 720N
④ 1.81kN

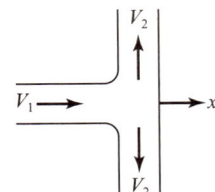

|해답| ②

$$F = \frac{w}{g}Q(V_1 - V_2) = \frac{w}{g}Av(V_1 - V_2)$$

- $w = 1t/m^3 = 9.8kN/m^3$
- $g = 9.8 m/sec^2$
- $Q = AV = \frac{\pi \times 0.05^2}{4} \times 30 = 0.0589 m^3/sec$
- $\therefore F = \frac{1}{9.8} \times 0.0589 \times (30-0) = 0.180kN = 180N$
  ($\because 1t = 10000N$)

19 베르누이 정리에 관한 설명으로 옳지 않은 것은?

① $Z + \frac{P}{w} + \frac{V^2}{2g}$ 의 수두가 일정하다.
② 정상류이어야 하며 마찰에 의한 에너지 손실이 없는 경우에 적용된다.
③ 동수경사선이 에너지선보다 항상 위에 있다.
④ 동수경사선과 에너지선을 설명할 수 있다.

|해답| ③

- 동수경사선 : 압력수두$\left(\frac{P}{w_0}\right)$와 위치수두($Z$)의 합
- 에너지선 : 압력수두$\left(\frac{P}{w_0}\right)$ + 위치수두(Z) + 속도수두$\left(\frac{V^2}{2g}\right)$
- ∴ 동수경사선은 에너지 선보다 일반적으로 속도수두 $\left(\frac{V^2}{2g}\right)$ 만큼 아래에 있다.

20 Darcy-Weisbach의 마찰손실 공식으로부터 Chezy의 평균유속 공식을 유도한 것으로 옳은 것은?

① $V = \frac{124.5}{D^{1/3}} \cdot \sqrt{RI}$
② $V = \sqrt{\frac{8g}{D^{1/3}}} \cdot \sqrt{RI}$
③ $V = \sqrt{\frac{f}{8}} \cdot \sqrt{RI}$
④ $V = \sqrt{\frac{8g}{f}} \cdot \sqrt{RI}$

|해답| ④

- 마찰손실계수 $f = \frac{8g}{C^2}$
  $\therefore C = \sqrt{\frac{8g}{f}}$
- Chezy의 평균유속 $V = C\sqrt{RI}$
  $\therefore V = \sqrt{\frac{8g}{f}} \cdot \sqrt{RI}$

□□□ 산 92,03,05,09,11,14,16,19①

12 오리피스의 지름이 5cm이고, 수면에서 오리피스의 중심까지가 4m인 예연 원형오리피스를 통하여 분출되는 유량은? (단, 유속계수 $C_v=0.98$, 수축계수 $C_c=0.62$이다.)

① 1.056L/s ② 2.860L/s
③ 10.56L/s ④ 28.60L/s

| 해답 | ③

$$Q = C \cdot a \sqrt{2gh} = C_c \cdot C_v \cdot a \sqrt{2gh}$$
$$a = \frac{\pi d^2}{4} = \frac{\pi \times 0.05^2}{4} = 0.0019635 \, m^2$$
$$= 0.62 \times 0.98 \times 0.0019635 \times \sqrt{2 \times 9.8 \times 4}$$
$$= 0.010563 \, m^3/sec = 10.563 \, L/sec$$
$$(\because 1m^3 = 1000L)$$

□□□ 산 08②,19①

13 정수압의 성질에 대한 설명으로 옳지 않은 것은?

① 정수압은 수중의 가상면에 항상 수직으로 작용한다.
② 정수압의 강도는 전 수심에 걸쳐 균일하게 작용한다.
③ 정수 중의 한 점에 작용하는 수압의 크기는 모든 방향에서 동일한 크기를 갖는다.
④ 정수압의 강도는 단위 면적에 작용하는 힘의 크기를 표시한다.

| 해답 | ②
• 정수압은 수심이 커질수록 증가한다.
• 정수내의 1점에 있어서 수압의 크기는 모든 방향에 대하여 동일하다.

□□□ 산 09,19①④

14 개수로의 흐름에서 도수 전의 Froude 수가 Fr_1 일 때, 완전도수가 발생하는 조건은?

① $Fr_1 < 0.5$ ② $Fr_1 = 1.0$
③ $Fr_1 = 1.5$ ④ $Fr_1 > \sqrt{3.0}$

| 해답 | ④
완전도수 : $\sqrt{3} \leq Fr_1$
파상도수 : $1 < Fr_1 < \sqrt{3}$

□□□ 산 13②,19①

15 폭이 10m인 직사각형 수로에서 유량 10m³/s가 1m의 수심으로 흐를 때 한계 유속은? (단, 에너지보정계수 $\alpha = 1.1$이다.)

① 3.96m/s ② 2.87m/s
③ 2.07m/s ④ 1.89m/s

| 해답 | ③

한계유속 $V_c = \dfrac{Q}{bh_c}$

• $h_c = \left(\dfrac{\alpha Q^2}{gb^2}\right)^{\frac{1}{3}} = \left(\dfrac{1.1 \times 10^2}{9.8 \times 10^2}\right)^{\frac{1}{3}} = 0.482m$

$\therefore V_c = \dfrac{Q}{bh_c} = \dfrac{10}{10 \times 0.482} = 2.07 m/sec$

□□□ 산 02,04,11,19①

16 모세관 현상에 관한 설명으로 옳지 않은 것은?

① 모세관의 상승높이는 액체의 응집력과 액체와 관 벽의 부착력에 의해 좌우된다.
② 액체의 응집력이 관 벽과의 부착력보다 크면 관내의 액체 높이는 관 밖의 액체보다 낮게 된다.
③ 모세관의 상승높이는 모세관의 지름 d에 반비례한다.
④ 모세관의 상승높이는 액체의 단위중량에 비례한다.

| 해답 | ④
$$h = \frac{4T\cos\theta}{wd}$$
∴ 모세관의 상승 높이(h)는 액체의 단위중량(w)에 반비례한다.

□□□ 산 05,18④,19①

17 관수로에서 발생하는 손실수두 중 가장 큰 것은?

① 유입손실 ② 유출손실
③ 만곡손실 ④ 마찰손실

| 해답 | ④
• 관의 마찰에 의한 손실이 주 손실(major loss)이고 나머지 손실은 소손실이다.
• 주 손실수두
  마찰손실수두 : $h_L = f \dfrac{l}{D} \dfrac{V^2}{2g}$
• 소손실(마찰이외의 손실수두)
  유입 손실수두, 유출 손실수두, 급확대 손실수두

□□□ 산 19①

07 관수로에서 레이놀즈(Reynolds, Re) 수에 대한 설명으로 옳지 않은 것은? (단, V : 평균유속, D : 관의 지름, ν : 유체의 동점성계수)

① 레이놀즈 수는 $\dfrac{VD}{\nu}$로 구할 수 있다.
② $R_e > 4000$이면 층류이다.
③ 레이놀즈 수에 따라 흐름상태(난류와 층류)를 알 수 있다.
④ R_e는 무차원의 수이다.

| 해답 | ②

관수로의 레이놀즈 수
$$R_e = \frac{VD}{\nu}$$
• 층류 : $R_e < 2000$인 경우
• 난류 : $R_e > 4000$인 경우
• 불안전 층류 : $2000 < R_e < 4000$인 경우

□□□ 산 05,13②,19①

08 M, L, T가 각각 질량, 길이, 시간의 차원을 나타낼 때, 운동량의 차원으로 옳은 것은?

① $[MLT^{-1}]$ ② $[MLT]$
③ $[MLT^{-2}]$ ④ $[ML^{-2}T]$

| 해답 | ①

물리량	방정식	단위	MLT계	단위	FLT계
운동량	$M = mv$	$g \cdot cm/sec$	$[MLT^{-1}]$	$kg \cdot sec$	$[FT]$

Remember

단위와 차원

물리량	공학단위	LMT계	LFT계
밀도	g/cm^3	$[ML^{-3}]$	$FL^{-4}T^2$
힘	$g \cdot cm/sec^2$	$[MLT^{-2}]$	F
일(에너지)	$g \cdot cm^2/sec^2$	$[ML^2T^{-2}]$	FL
각속도	l/sec	$[T^{-1}]$	T^{-1}
점성계수	$g/cm \cdot sec$	$[ML^{-1}T^{-1}]$	$FL^{-2}T$
동점성계수	cm^2/sec	$[L^2T^{-1}]$	L^2T^{-1}
투수계수	cm/sec	$[LT^{-1}]$	LT^{-1}
운동량	$g \cdot cm/sec$	$[MLT^{-1}]$	FT

□□□ 산 10①,14②,19①

09 깊은 우물(심정호)에 대한 설명으로 옳은 것은?

① 불투수층에서 50m 이상 도달한 우물
② 집수 우물 바닥이 불투수층까지 도달한 우물
③ 집수 깊이가 100m 이상인 우물
④ 집수 우물 바닥이 불투수층을 통과하여 새로운 대수층에 도달한 우물

| 해답 | ②

심정호(deep well)
집수 우물 바닥이 불투수층까지 도달한 우물

□□□ 산 86,92,93,10,14④,19①

10 개수로 구간에 댐을 설치했을 때 수심 h가 상류로 갈수록 등류 수심 h_0에 접근하는 수면곡선을 무엇이라 하는가?

① 저하곡선 ② 배수곡선
③ 수문곡선 ④ 수면곡선

| 해답 | ②

배수곡선
• 하류로 갈수록 오목한 평태로 수면이 상승하는 곡선
• 완경사의 흐름이 상류인 장소에 댐이나 웨어 등을 설치하여 수면을 상승시키면 그 영향이 상류측에 미쳐 상류측의 수면이 상승하는 현상

□□□ 산 12①,15②,19①

11 흐름의 연속방정식은 어떤 법칙을 기초로 하여 만들어진 것인가?

① 질량 보존의 법칙 ② 에너지 보존의 법칙
③ 운동량 보존의 법칙 ④ 마찰력 불변의 법칙

| 해답 | ①

연속 방정식
정류 속의 유관에서 유입하는 질량과 유출하는 질량은 같아야 한다는 질량 불변의 법칙(질량 보존의 법칙)을 기초로 하는 방정식
∴ 연속 방정식은 질량보존의 법칙을 의미한다.

제1회 2019년 3월 3일

□□□ 산 87,97,13,19①,22①,25①

01 부피가 $5.8m^3$인 액체의 중량이 $62.2kN$일 때, 이 액체의 비중은?

① 0.951 ② 1.094
③ 1.117 ④ 1.195

| 해답 | ②

비중 $= \dfrac{\text{액체의 단위중량}(w)}{\text{물의 단위중량}(\gamma_w)}$

· 물의 단위중량 $w = 9.8kN/m^3$
· $w = \dfrac{W}{V} = \dfrac{62.2}{5.8} = 10.724 N/m^3$
· ∴ 비중 $= \dfrac{10.724}{9.80} = 1.094$

□□□ 산 05,14①,19①,20②

02 개수로에서 한계 수심에 대한 설명으로 옳은 것은?

① 상류로 흐를 때의 수심
② 사류로 흐를 때의 수심
③ 최대 비에너지에 대한 수심
④ 최소 비에너지에 대한 수심

| 해답 | ④

개수로에서 한계 수심
· 유량이 일정할 때 비에너지가 최소로 되는 수심
· 비에너지가 일정할 때 유량이 최대로 되는 수심

□□□ 산 94,95,00,12,16,17,19①

03 초속 25m/s, 수평면과의 각 60°로 사출된 분수가 도달하는 최대 연직 높이는? (단, 공기 등 기타 저항은 무시한다.)

① 23.9m ② 20.8m
③ 27.6m ④ 15.8m

| 해답 | ①

$y_{\max} = \dfrac{V^2(\sin\theta)^2}{2g} = \dfrac{25^2 \times (\sin 60°)^2}{2 \times 9.8} = 23.92\,m$

□□□ 산 19①

04 폭이 넓은 직사각형 수로에서 폭 1m당 $0.5m^3/s$의 유량이 80cm의 수심으로 흐르는 경우에 이 흐름은? (단, 이 때 동점성 계수는 $0.012cm^2/s$이고 한계수심은 29.4cm이다.)

① 층류이며 상류   ② 층류이면 사류
③ 난류이며 상류   ④ 난류이며 사류

| 해답 | ③

· $Q = AV$: $V = \dfrac{Q}{A} = \dfrac{0.5}{1 \times 0.80} = 0.625 m/sec$
  $= 62.5 cm/sec$
· 레이놀드 수 $R_c = \dfrac{VR}{\nu} = \dfrac{62.5 \times 80}{0.012} = 416667 > 500$
  ∴ 난류
· $h = 80cm > h_c = 29.4cm$ ∴ 상류

□□□ 산 01,19①

05 부체(浮體)의 성질에 대한 설명으로 옳지 않은 것은?

① 부양면의 단면 2차 모멘트가 가장 작은 축으로 기울어지기 쉽다.
② 부체가 평행상태일 때는 부체의 중심과 부심이 동일 직선상에 있다.
③ 경심고가 클수록 부체는 불안정하다.
④ 우력이 영(0)일 때를 중립이라 한다.

| 해답 | ③

· 부체의 무게중심과 경심의 거리를 경심고라 한다.
· 경심고가 클수록 부체는 안정하다.

□□□ 산 08,15,19①

06 다음의 비력(M)곡선에서 한계수심을 나타내는 것은?

① h_1
② h_2
③ h_3
④ $h_3 - h_1$

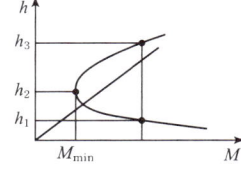

| 해답 | ②

한계수심
· 최소 비력($M_{\min}$)에 대한 수심이 한계수심(h_2)이다.
· 비에너지가 최소인 수심과 근사적으로 같다.

□□□ 산 04,18④
19 폭이 1.5m인 직사각형 단면 수로에 유량 $Q = 0.5\text{m}^3/\text{s}$의 물이 흐르고 있다. 수심 $h = 1\text{m}$인 경우 이 흐름의 상태는?

① 상류　　　　② 사류
③ 한계류　　　④ 층류

| 해답 | ①

직사각형 수로의 한계수심
$$h_c = \left(\frac{\alpha Q^2}{g b^2}\right)^{\frac{1}{3}} = \left(\frac{0.5^2}{9.8 \times 1.5^2}\right)^{\frac{1}{3}} = 0.22\text{m} < h = 1\text{m}$$
∴ 상류

Remember

상류와 사류의 조건

상류	사류
$F_r < 1$	$F_r > 1$
$h > h_c$	$h < h_c$
$V < V_c$	$V > V_c$
$I < I_c = \dfrac{g}{\alpha C^2}$	$I > I_c = \dfrac{g}{\alpha C^2}$

□□□ 산 15,18④
20 개수로의 특성에 대한 설명으로 옳지 않은 것은?

① 배수곡선은 완경사 흐름의 하천에서 장애물에 의해 발생한다.
② 상류에서 사류로 바뀔 때 한계수심이 생기는 단면을 지배단면이라 한다.
③ 사류에서 상류로 바뀌어도 흐름의 에너지선은 변하지 않는다.
④ 한계수심으로 흐를 때의 경사를 한계경사라 한다.

| 해답 | ③

도수
- 사류에서 상류로 변할 때 수면이 불연속적으로 뛰는 현상을 도수라 한다.
- 사류에서 상류로 변할 때 에너지선은 ΔH_e 만큼 낮아진다.

즉 에너지 손실 $\Delta H_e = \dfrac{(h_2 - h_1)^3}{4h_1 h_2}$

산 14,18④

15 면적이 A인 평판(平板)이 수면으로부터 h가 되는 깊이에 수평으로 놓여있을 경우 이 면에 작용하는 전수압은? (단, 물의 단위 중량은 w이다.)

① $P = whA$ ② $P = wh^2A$
③ $P = \frac{1}{2}wh^2A$ ④ $P = \frac{1}{2}whA$

| 해답 | ①

수평한 평면에 작용하는 전수압
- 평면을 밑면으로 하는 연직 물기둥의 무게와 같고 작용점은 평면의 도심이 된다.
- 전수압 $P = w$ [물기둥의 무게] $= whA$

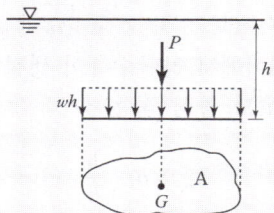

산 18④

16 그림과 같이 단면 ①에서 단면적 $A_1 = 10\text{cm}^2$, 유속 $V_1 = 2\text{m/s}$이고, 단면 ②에서 단면적 $A_2 = 20\text{cm}^2$일 때 단면 ②의 유속(V_2)과 유량(Q)은?

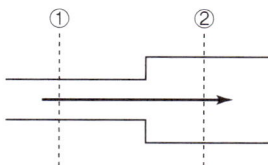

① $V_2 = 200\text{cm/s}, \quad Q = 2000\text{cm}^3/\text{s}$
② $V_2 = 100\text{cm/s}, \quad Q = 1500\text{cm}^3/\text{s}$
③ $V_2 = 100\text{cm/s}, \quad Q = 2000\text{cm}^3/\text{s}$
④ $V_2 = 200\text{cm/s}, \quad Q = 1000\text{cm}^3/\text{s}$

| 해답 | ③

$Q = A_1 V_1 = A_2 V_2 = const$
- 유량 $Q = 10 \times 200 = 20 \times V_2 = 2000 \text{cm}^3/\text{s}$
  ($\because V_1 = 2\text{m/s} = 200\text{cm/s}$)
- 유속 $V_2 = \frac{Q}{A_2} = \frac{2000}{20} = 100\text{cm/s}$

산 06,12,13,14,17,18④

17 정상적인 흐름 내 하나의 유선 상에서 유체 입자에 대하여 속도수두가 $\frac{V^2}{2g}$, 압력수두가 $\frac{P}{w_o}$, 위치수두가 Z라고 할 때 동수경사선은?

① $\frac{V^2}{2g} + Z$ ② $\frac{V^2}{2g} + \frac{P}{w_o}$
③ $\frac{P}{w_o} + Z$ ④ $\frac{V^2}{2g} + \frac{P}{w_o} + Z$

| 해답 | ③

- 동수 경사선
- 위치 수두(Z)와 압력 수두$\left(\frac{P}{w_o}\right)$를 연결한 선을 말한다.
  즉, $\frac{P}{w_o} + Z$

- 에너지선
- 압력 수두$\left(\frac{P}{w_0}\right)$+위치 수두($Z$)+속도 수두$\left(\frac{V^2}{2g}\right)$
  즉, $\frac{V^2}{2g} + Z + \frac{P}{w_0}$

산 01,12,18①④

18 Darcy-Weisbach의 마찰손실계수 $f = \frac{64}{Re}$이고, 지름 0.2cm인 유리관 속을 0.8cm³/s의 물이 흐를 때 관의 길이 1.0m에 대한 손실수두는? (단, 레이놀즈수는 500이다.)

① 1.1cm   ② 2.1cm
③ 11.3cm   ④ 21.2cm

| 해답 | ④

$h_L = f \cdot \frac{l}{D} \cdot \frac{V^2}{2g} = \frac{64}{R_e} \cdot \frac{l}{D} \cdot \frac{V^2}{2g}$

- $R_e = 500 < 20000$
  $\therefore$ 층류 : $f = \frac{64}{R_e}$

- $V = \frac{Q}{A} = \frac{0.8}{\frac{\pi \times 0.2^2}{4}} = 25.46\text{cm}^2/\sec$

$\therefore h_L = \frac{64}{R_e} \cdot \frac{l}{D} \cdot \frac{V^2}{2g}$
$= \frac{64}{500} \times \frac{100}{0.2} \times \frac{25.46^2}{2 \times 980} = 21.2\text{cm}$

□□□ 산 18④
10 아래 식과 같이 표현되는 것은?

$$(\sum F)dt = m(V_2 - V_1)$$

① 역적-운동량 방정식 ② Bernoulli 방정식
③ 연속방정식 ④ 공선조건식

| 해답 | ①

역적 운동량 방정식
• 1차원 정상류(steady Flow)의 흐름에서 짧은 시간 Δt 사이에 흐름의 유속이 V_1에서 V_2로 변했을 때 질량 m 인 유체에 작용한 외력의 힘
• $F = \dfrac{m}{\Delta t}\Delta V = \dfrac{m}{\Delta t}(V_2 - V_1)$
• $F \cdot \Delta t = m(V_2 - V_1) = m \cdot \Delta v$
여기서, $F \cdot \Delta t$: 역적(impulse)
        $m \cdot \Delta V$: 운동량(momentum)

□□□ 산 15,18④
11 개수로의 흐름에서 상류의 조건으로 옳은 것은?
(단, h_c : 한계수심, V_c : 한계유속, I_c : 한계경사, h : 수심, V : 유속, I : 경사)

① $F_r > 1$ ② $h < h_c$
③ $V > V_c$ ④ $I < I_c$

| 해답 | ④

$I_c = \dfrac{g}{\alpha C^2}$

$I < I_c$: 상류, $I > I_c$: 사류

Remember

상류와 사류의 조건

상류	사류
$F_r < 1$	$F_r > 1$
$h > h_c$	$h < h_c$
$V < V_c$	$V > V_c$
$I < I_c = \dfrac{g}{\alpha C^2}$	$I > I_c = \dfrac{g}{\alpha C^2}$

□□□ 산 94,08,14,18④
12 오리피스에서의 실제 유속을 구하기 위하여 에너지 손실을 고려하는 방법으로 옳은 것은?

① 이론 유속에 유속계수를 곱한다.
② 이론 유속에 유량계수를 곱한다.
③ 이론 유속에 수축계수를 곱한다.
④ 이론 유속에 모형계수를 곱한다.

| 해답 | ①

유속계수 $C_v = \dfrac{실제유속}{이론유속}$

∴ 실제유속 = 이론유속 × 유속계수

□□□ 산 18④
13 폭이 b인 직사각형 위어에서 양단수축이 생길 경우 유효폭 b_o은? (단, Francis 공식 적용)

① $b_o = b - \dfrac{h}{10}$ ② $b_o = b - \dfrac{h}{5}$
③ $b_o = 2b - \dfrac{h}{10}$ ④ $b_o = 2b - \dfrac{h}{5}$

| 해답 | ②

Francis공식

$Q = 1.84\left(b - \dfrac{nh}{10}\right)h^{\frac{3}{2}}$

• 양단수축 $n = 2$

$Q = 1.84\left(b - \dfrac{2h}{10}\right)h^{\frac{3}{2}} = 1.84\left(b - \dfrac{h}{5}\right)h^{\frac{3}{2}}$

∴ 유효폭 $b_o = b - \dfrac{h}{5}$

□□□ 산 05,18④,19①
14 관수로 내의 흐름에서 가장 큰 손실수두는?

① 마찰 손실수두   ② 유출 손실수두
③ 유입 손실수두   ④ 급확대 손실수두

| 해답 | ①

• 주 손실수두
  마찰 손실 수두 : $h_L = f\dfrac{l}{D}\dfrac{V^2}{2g}$

• 소손실(마찰이외의 손실수두)
  유입 손실수두, 유출 손실수두, 급확대 손실수두

☐☐☐ 산 18④
06 다음 중 점성계수의 차원으로 옳은 것은?

① L^2T^{-1}
② $ML^{-1}T^{-1}$
③ MLT^{-1}
④ ML^{-3}

| 해답 | ②

- 동점수계수 : $[L^2T^{-1}]$
- 점성계수 : $[ML^{-1}T^{-1}]$
- 운동량 : $[MLT^{-1}]$
- 밀도 : $[ML^{-3}]$

Remember

단위와 차원

물리량	공학단위	LMT계	LFT계
밀도	g/cm^3	$[ML^{-3}]$	$FL^{-4}T^2$
힘	$g\cdot cm/sec^2$	$[MLT^{-2}]$	F
각속도	l/sec	$[T^{-1}]$	T^{-1}
점성계수	$g/cm\cdot sec$	$[ML^{-1}T^{-1}]$	$FL^{-2}T$
동점성계수	cm^2/sec	$[L^2T^{-1}]$	L^2T^{-1}
투수계수	cm/sec	$[LT^{-1}]$	LT^{-1}
운동량	$g\cdot cm/sec$	$[MLT^{-1}]$	FT

☐☐☐ 산 18④
07 모세관현상에 대한 설명으로 옳지 않은 것은?

① 모세관현상은 액체와 벽면 사이의 부착력과 액체분자 간 응집력의 상대적인 크기에 의해 영향을 받는다.
② 물과 같이 부착력이 응집력보다 클 경우 세관 내의 물은 물 표면보다 위로 올라간다.
③ 액체와 고체 벽면이 이루는 접촉각은 액체의 종류와 관계없이 동일하다.
④ 수은과 같이 응집력이 부착력보다 크면 세관 내의 수은은 수은 표면보다 아래로 내려간다.

| 해답 | ③

- 액체와 고체 벽면이 이루는 접촉각은 액체의 종류에 관계된다.
- 모세관 내의 액체의 상승높이는 액체의 응집력과 액체의 관 벽의 부착력에 의해 좌우된다.

☐☐☐ 산 13,16,18④
08 등류의 정의로 옳은 것은?

① 흐름특성이 어느 단면에서나 같은 흐름
② 단면에 따라 유속 등의 흐름특성이 변하는 흐름
③ 한 단면에 있어서 유적, 유속, 흐름의 방향이 시간에 따라 변하지 않는 흐름
④ 한 단면에 있어서 유량이 시간에 따라 변하는 흐름

| 해답 | ①

■ 등류
정류 중에서 수류의 어느 단면에서나 유적과 유속이 같은 흐름
즉, $\frac{\partial v}{\partial t}=0$, $\frac{\partial v}{\partial l}=0$

■ 부등류
정류 중에서 수류의 유속과 유적이 단면에 따라 변하는 흐름
즉, $\frac{\partial v}{\partial t}=0$, $\frac{\partial v}{\partial l}\neq 0$

☐☐☐ 산 04,06,11,16,18④
09 부체에 관한 설명 중 틀린 것은?

① 수면으로부터 부체의 최심부(가장 깊은 곳)까지의 수심을 흘수라 한다.
② 경심은 물체 중심선과 부력 작용선의 교점이다.
③ 수중에 있는 물체는 그 물체가 배제한 배수량만큼 가벼워진다.
④ 수면에 떠 있는 물체의 경우 경심이 중심보다 위에 있을 때는 불안정한 상태이다.

| 해답 | ④

수면에 떠 있는 물체의 경우 경심(M)이 중심(G)보다 아래에 있을 때는 불안정한 상태이다.

Remember

부체의 안정판별

안정	M이 G보다 위에 있을 때	$\overline{MG}>0$	$\overline{CM}>\overline{CG}$
불안정	M이 G보다 아래에 있을 때	$\overline{MG}<0$	$\overline{CM}<\overline{CG}$
중립	M과 G가 일치할 때	$\overline{MG}=0$	$\overline{CM}=\overline{CG}$

제4회 2018년 9월 15일

□□□ 산 18④,19④

01 관수로에서 Darcy-Weisbach 공식의 마찰손실계수 f가 0.04일 때 Chezy의 평균유속공식 $V=C\sqrt{RI}$ 에서 C는?

① 25.5 ② 44.3
③ 51.1 ④ 62.4

| 해답 | ②

마찰손실계수 $f = \dfrac{8g}{C^2}$ 에서

$\therefore$ 유속계수 $C = \sqrt{\dfrac{8g}{f}} = \sqrt{\dfrac{8 \times 9.8}{0.04}} = 44.3$

□□□ 산 09,17,18④

02 직사각형 광폭 수로에서 한계류의 특징이 아닌 것은?

① 주어진 유량에 대해 비에너지가 최소이다.
② 주어진 비에너지에 대해 유량이 최대이다.
③ 한계수심은 비에너지의 2/3이다.
④ 주어진 유량에 대해 비력이 최대이다.

| 해답 | ④

일정한 유량에 대한 비력이 최소(M_{min})이다.

□□□ 산 05,09,12,13,14,17,18④

03 수리학적으로 유리한 단면(best hydraulic section)에 대한 설명으로 옳은 것은?

① 동수반경이 최소가 되는 단면이다.
② 유량을 최소로 하여 주는 단면이다.
③ 윤변을 최대로 하여 주는 단면이다.
④ 주어진 유량에 대하여 단면적을 최소로 하는 단면이다.

| 해답 | ④

수리상 유리한 단면
일정 단면적에서 최대 유량이 흐르는 단면인 경심(R)이 최대이거나 윤변(P)이 최소인 단면이다. 즉 주어진 유량에 대하여 단면적이 최소인 단면

□□□ 산 04,06,14,18④

04 수심이 3m, 폭이 2m인 직사각형 수로를 연직으로 가로 막을 때 연직판에 작용하는 전수압의 작용점($\bar{y}$)의 위치는? (단, $\bar{y}$는 수면으로부터의 거리)

① 2m ② 2.5m
③ 3m ④ 6m

| 해답 | ①

[방법1] 연직 평판 전수압의 작용점 위치
$$\bar{y} = h_G + \dfrac{I_G}{h_G A}$$

- $h_G = \dfrac{h}{2} = \dfrac{3}{2} = 1.5\,\text{m}$, $A = bh = 2 \times 3 = 6\,\text{m}^2$
- $I_G = \dfrac{bh^3}{12} = \dfrac{2 \times 3^3}{12} = 4.5\,\text{m}^4$
- $\therefore \bar{y} = 1.5 + \dfrac{4.5}{1.5 \times 6} = 2.00\,\text{m}$

[방법2] $\bar{y} = \dfrac{2}{3}h = \dfrac{2}{3} \times 3 = 2\,\text{m}$

□□□ 산 18④

05 그림과 같이 1/4원의 벽면에 접하여 유량 $Q = 0.05\,\text{m}^3/\text{s}$이 면적 $200\,\text{cm}^2$으로 일정한 단면을 따라 흐를 때 벽면에 작용하는 힘은? (단, 무게 1kg=9.8N)

① 117.6N
② 176.4N
③ 1176N
④ 1764N

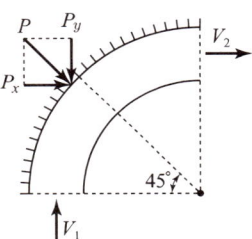

| 해답 | ②

$F = \sqrt{F_x + F_y}$

- $F_x = \dfrac{wQ}{g}(V_1 - V_2)$
- $V = \dfrac{Q}{A} = \dfrac{0.05}{\dfrac{200}{10000}} = 2.5\,\text{m/s}$
- 물의 단위중량 $w = 9.8\,\text{kN/m}^3$
- $F_x = \dfrac{9.8 \times 0.05}{9.8}(2.5 - 0) = 0.125\,\text{kN}$
- $F_y = \dfrac{wQ}{g}(V_2 - V_1)$
  $= \dfrac{9.8 \times 0.05}{9.8}(0 - 2.5) = -0.125\,\text{kN}$

$\therefore F = \sqrt{(0.125)^2 + (0.125)^2} = 0.1768\,\text{kN}$

□□□ 산 96,99,13,18②

18 수심 2m, 폭 4m의 직사각형 단면 개수로에서 Manning의 평균유속 공식에 의한 유량은? (단, 수로의 조도계수 $n=0.025$, 수로경사 $I=\dfrac{1}{100}$)

① 32.0m³/sec ② 64.0m³/sec
③ 128.0m³/sec ④ 160.0m³/sec

| 해답 | ①

$Q = AV = A\dfrac{1}{n}R^{2/3}I^{1/2}$

• 경심 $R = \dfrac{A}{P} = \dfrac{2\times 4}{4+2\times 2} = 1\text{m}$

• 유속 $V = \dfrac{1}{n}R^{2/3}I^{1/2} = \dfrac{1}{0.025}\times 1^{2/3}\times \left(\dfrac{1}{100}\right)^{1/2}$
$= 4\text{m/sec}$

∴ $Q = (2\times 4)\times 4 = 32.0\text{m}^3/\text{sec}$

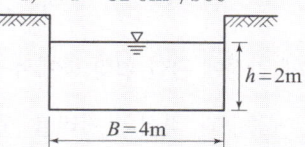

□□□ 산 16,18②

19 모세관현상에서 액체기둥의 상승 또는 하강 높이의 크기를 결정하는 힘은?

① 응집력 ② 부착력
③ 마찰력 ④ 표면장력

| 해답 | ④

• 모세관의 상승높이는 액체의 응집력과 액체와 관벽의 부착력에 의해 좌우 된다.
• 표면장력에 의한 상방향의 힘과 중력에 의한 하방향의 힘이 평형을 이루어서 정지상태를 유지한다.
∴ 표면장력에 의한 상방향의 힘과 중력에 의한 하방향의 힘

□□□ 산 03,05,11,13,16,18②,20②

20 폭 1.5m인 직사각형 수로에 유량 1.8m³/s의 물이 항상 수심 1m로 흐르는 경우 이 흐름의 상태는? (단, 에너지 보정계수 $\alpha = 1.1$)

① 한계류 ② 부정류
③ 사류 ④ 상류

| 해답 | ④

Froude 수 $F_r = \dfrac{V}{\sqrt{gh}}$

$F_r < 1$: 상류, $F_r > 1$: 사류

• 유속 $V = \dfrac{Q}{A} = \dfrac{1.8}{1.5\times 1} = 1.2\text{m/sec}$

• $F_r = \dfrac{1.2}{\sqrt{9.8\times 1}} = 0.38 < 1$ ∴ 상류

□□□ 산 94,08,14,18②
12 오리피스에서 에너지 손실을 보정한 실제유속을 구하는 방법은?

① 이론유속에 유량계수를 곱한다.
② 이론유속에 유속계수를 곱한다.
③ 이론유속에 동점성계수를 곱한다.
④ 이론유속에 항력계수 곱한다.

| 해답 | ②

- 오리피스에서 실제 유속을 구하기 위해서 이론유속에 유속계수(C_V)를 곱한다.
- $C_V = \dfrac{실제\ 유속}{이론\ 유속} = 0.95 \sim 0.99$
- ∴ 실제유속 = 이론유속 × 유속계수

□□□ 산 05,10,18①②
13 개수로의 지배 단면(control section)에 대한 설명으로 옳은 것은?

① 홍수시 하천흐름이 부정류인 경우에 발생한다.
② 급경사의 흐름에서 배수곡선이 나타나면 발생한다.
③ 상류흐름에서 사류흐름으로 변화할 때 발생한다.
④ 사류흐름에서 상류흐름으로 변화하면서 도수가 발생할 때 나타난다.

| 해답 | ③

지배단면
개수로에서 한계수심이 생기는 단면으로 상류로부터 사류로 변할 때의 단면이다.

□□□ 산 97,03,13①,18②,20②
14 다음 중 베르누이의 정리를 응용하지 않은 것은?

① 토리첼리의 정리   ② 피토관
③ 벤츄리미터   ④ 운동량 보존 법칙

| 해답 | ④

베르누이 정리의 응용
- 토리첼리(Torricelli)의 정리
- 피토관(Pitot tube)
- 벤츄리미터(Venturimeter)

□□□ 산 18②
15 하나의 유관 내의 흐름이 정류일 때, 미소거리 dl만큼 떨어진 1, 2단면에서 단면적 및 평균유속을 각각 A_1, A_2 및 V_1, V_2라 하면, 이상유체에 대한 연속방정식으로 옳은 것은?

① $A_1 V_1 = A_2 V_2$
② $d(A_1 V_1 - A_2 V_2)dl = $ 일정(一定)
③ $d(A_1 V_1 + A_2 V_2)dl = $ 일정(一定)
④ $A_1 V_2 = A_2 V_1$

| 해답 | ①

물의 연속방정식은 질량 보존의 법칙의 이론에 근거한다.
$Q = A_1 V_1 = A_2 V_2$

□□□ 산 10,18②
16 부력과 부체 안정에 관한 설명 중에서 옳지 않은 것은?

① 부체의 무게중심과 경심의 거리를 경심고라 한다.
② 부체가 수면에 의하여 절단되는 가상면을 부양면이라 한다.
③ 부력의 작용선과 물체 중심축의 교점을 부심이라 한다.
④ 수면에서 부체의 최심부까지의 거리를 흘수라 한다.

| 해답 | ③

- 부력의 작용선과 물체의 중심축과의 교점을 경심이라 한다.
- 부체가 배제한 체적의 물의 무게 중심을 통과하는 부력의 작용선을 부심이라 한다.

□□□ 산 07,11,18②,19④
17 수로폭이 B이고 수심이 H인 직사각형 수로에서 수리학상 유리한 단면은?

① $B = H^2$ ② $B = 0.3H^2$
③ $B = 0.5H$ ④ $B = 2H$

| 해답 | ④

직사각형의 유리한 단면 : $B = 2H$, $R = \dfrac{H}{2}$

산 08,10,15,18②

07 유량 147.6L/s를 송수하기 위하여 내경 0.4m의 관을 700m 설치하였을 때의 관로 경사는?
(단, 조도계수 $n=0.012$, Manning공식 적용)

① $\dfrac{2}{700}$ ② $\dfrac{2}{500}$

③ $\dfrac{3}{700}$ ④ $\dfrac{3}{500}$

| 해답 | ③

관로 경사 $I=\dfrac{\Delta h}{l}$, $V=\dfrac{1}{n}R^{\frac{2}{3}}I^{\frac{1}{2}}$

- $V=\dfrac{Q}{A}=\dfrac{147.6\times 10^{-3}}{\dfrac{\pi\times 0.4^2}{4}}=1.17\text{m/sec}(\because Q=AV)$

- $V=\dfrac{1}{n}R^{\frac{2}{3}}I^{\frac{1}{2}}$ 에서

$I=\left(\dfrac{nV}{R^{\frac{2}{3}}}\right)^2=\left(\dfrac{nV}{\left(\dfrac{D}{4}\right)^{\frac{2}{3}}}\right)^2$

$=\left(\dfrac{0.012\times 1.17}{\left(\dfrac{0.4}{4}\right)^{\frac{2}{3}}}\right)^2=0.00425$

$(\because \text{경심 } R=\dfrac{D}{4})$

- $\Delta h = I\times l = 0.00425\times 700 = 2.975 \fallingdotseq 3$

$\therefore I=\dfrac{\Delta h}{l}=\dfrac{3}{700}$

산 07,15①,18②

08 수면의 높이가 일정한 저수지의 일부에 길이(B) 30m의 월류 위어를 만들어 40m³/s의 물을 취수하기 위한 위어 마루부로부터의 상류측 수심(H)은?
(단, $C=1.0$이고, 접근 유속은 무시한다.)

① 0.70m   ② 0.75m
③ 0.80m   ④ 0.85m

| 해답 | ④

광정위어

$Q=1.7CbH^{\frac{3}{2}}$ 에서

$H=\left(\dfrac{Q}{1.7Cb}\right)^{\frac{2}{3}}=\left(\dfrac{40}{1.7\times 1\times 30}\right)^{\frac{2}{3}}=0.85\text{m}$

산 03,10,18②

09 원관 내를 흐르고 있는 층류에 대한 설명으로 옳지 않은 것은?

① 유량은 관의 반지름의 4제곱에 비례한다.
② 유량은 단위길이당 압력강하량에 반비례한다.
③ 유속은 점성계수에 반비례한다.
④ 평균유속은 최대유속의 $\dfrac{1}{2}$ 이다.

| 해답 | ②

Hazen−Poiseuille법칙에서

$Q=\dfrac{\pi\Delta P}{8\mu l}r_o^4=\dfrac{\pi w h_L}{8\mu l}r_o^4$

- 관의 길이(l)에 반비례한다.
- 유량(Q)은 관의 반지름(r_o)의 4승에 비례한다.
- 점성계수(μ)에 반비례한다.
- 유량(Q)은 단위 길이당 압력강하량(ΔP)에 비례한다.

산 04,10,18②

10 단면이 일정한 긴 관에서 마찰손실만이 발생하는 경우 에너지선과 동수 경사선은?

① 일치한다.   ② 교차한다.
③ 서로 나란하다.   ④ 관의 두께에 따라 다르다.

| 해답 | ③

$Z_1=\dfrac{P_1}{w}+\dfrac{V_1^2}{2g}=Z_z+\dfrac{P_2}{w}+\dfrac{V_2^2}{2g}+\Sigma h_L$ 에서 단면이 일정한 긴 관이므로 유속속도는 일정하다. 그러므로 에너지선과 동수경사선은 서로 나란하다.

산 07,12,18②

11 다음 물리량에 대한 차원을 설명한 것 중 옳지 않은 것은?

① 압력 : $[ML^{-1}T^{-2}]$
② 밀도 : $[ML^{-2}]$
③ 점성계수 : $[ML^{-1}T^{-1}]$
④ 표면장력 : $[MT^{-2}]$

| 해답 | ②

밀도 $\rho=\dfrac{m}{V}=\dfrac{g}{cm^3}=[ML^{-3}]$

□□□ 산 18②

03 저수지로부터 30m 위쪽에 위치한 수조탱크에 0.35m³/s의 물을 양수하고자 할 때 펌프에 공급되어야 하는 동력은? (단, 손실수두는 무시하고 펌프의 효율은 75%이다.)

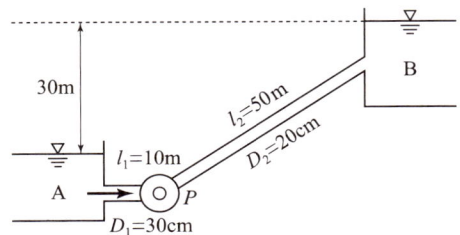

① 77.2kW ② 102.9kW
③ 120.1kW ④ 137.2kW

| 해답 | ④

$$E = \frac{9.8\,Q(H+\Sigma h_L)}{\eta}$$
$$\therefore \frac{9.8 \times 0.35 \times 30}{0.75} = 137.2\text{kW}$$

□□□ 산 06,12②,13①,18②,19①

04 베르누이의 정리에 관한 설명으로 옳지 않은 것은?

① 베르누이의 정리는 (운동에너지)+(위치에너지)가 일정함을 표시한다.
② 베르누이의 정리는 에너지(energy)불변의 법칙을 유수의 운동에 응용한 것이다.
③ 베르누이의 정리는 (속도수두)+(위치수두)+(압력수두)가 일정함을 표시한다.
④ 베르누이의 정리는 이상유체에 대하여 유도되었다.

| 해답 | ①

• 베르누이 정리는 에너지 보존의 법칙을 의미한다.
• 에너지선
  압력 수두$\left(\frac{P}{w_0}\right)$+위치 수두$(Z)$+속도 수두$\left(\frac{V^2}{2g}\right)$
  즉 $\frac{V^2}{2g}+Z+\frac{P}{w_0}$
• 동수 경사선
  위치 수두(Z)와 압력 수두$\left(\frac{P}{w_o}\right)$를 연결한 선을 말한다.
  즉 $\frac{P}{w_0}+Z$
• 완전유체(이상유체)는 손실에너지가 없으므로 에너지선과 수평기준면은 서로 평행하다.

□□□ 산 03,12,15①,18②

05 그림과 같이 직경 8cm인 분류가 35m/s의 속도로 vane에 부딪힌 후 최초의 흐름 방향에서 150° 수평방향 변화를 하였다. vane이 최소의 흐름 방향으로 10m/s의 속도로 이동하고 있을 때, vane에 작용하는 힘의 크기는? (단, 무게 1kg = 9.8N)

① 3.6kN
② 5.4kN
③ 6.1kN
④ 8.5kN

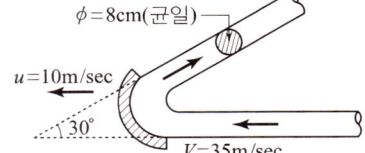

| 해답 | ③

$$P = \sqrt{F_x^2 + F_y^2}$$

• $Q = AV = \frac{\pi \cdot 0.08^2}{4} \times 25 = 0.126\text{m}^3/\text{sec}$
• $V = 35\text{m/sec},\ u = 10\text{m/sec}$
• 물의 단위중량 $w = 9.8\text{kN/m}^3$

■ $F_x = \frac{w}{g}Q(V-u)(1+\cos\theta)$
  $= \frac{9.8}{9.8} \times 0.126(35-10)(1+\cos 30°) = 5.878\text{kN}$

■ $F_y = \frac{w}{g}Q(V-u)(\sin\theta - 0)$
  $= \frac{9.8}{9.8} \times 0.126(35-10)(\sin 30° - 0) = 1.575\text{kN}$

$\therefore P = \sqrt{F_x^2 + F_y^2} = \sqrt{5.878^2 + 1.575^2} = 6.1\text{kN}$

□□□ 산 15,18②

06 단면적 2.5cm², 길이 2m인 원형강철봉의 무게가 대기 중에서 27.5N이었다면 단위무게가 10kN/m³인 수중에서의 무게는?

① 22.5N ② 25.5N
③ 27.5N ④ 28.5N

| 해답 | ①

$W = W' + B = W' + wV$
• 수중무게 $W' = W - wV$
• $W = 27.5\text{N}$
• 부력 $B = Vw = (2.5 \times 10^{-4} \times 2) \times 10$
  $= 5.0 \times 10^{-3}\text{kN}$
  $= 5 \times 10^{-3} \times 1000 = 5\text{N}$
$\therefore W' = W - B = 27.5 - 5 = 22.5\text{N}$

☐☐☐ 산 07,14,18①

19 그림과 같은 배의 무게가 882kN일 때 이 배가 운항하는데 필요한 최소 수심은?
(단, 물의 비중=1, 무게 1kg=9.8N)

① 1.2m
② 1.5m
③ 1.8m
④ 2.0m

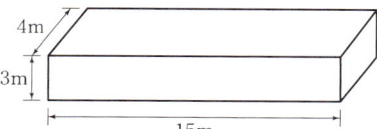

|해답| ②

$W = B = wV = w(a \cdot b \cdot h)$

- $W = 882 \, kN$
- $w = 9.80 \, kN/m^3$
- $B = wV = 9.8(4 \times h \times 15) = 588h \, kN/m$

$\therefore h = \dfrac{W}{588} = \dfrac{882(kN)}{588(kN/m)} = 1.5 \, m$

☐☐☐ 산 10,18①

20 그림에서 A점에 작용하는 정수압 P_1, P_2, P_3, P_4에 관한 사항 중 옳은 것은?

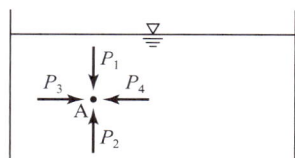

① P_1의 크기는 가장 작다.
② P_2의 크기는 가장 크다.
③ P_3의 크기는 가장 크다.
④ P_1, P_2, P_3, P_4의 크기는 같다.

|해답| ④

정수중의 임의의 한 점에 작용하는 정수압의 강도는 모든 방향에 대하여 동일한 강도를 갖는다.
$\therefore P_1 = P_2 = P_3 = P_4 = wh$

제2회 2018년 4월 28일

☐☐☐ 산 18②

01 1차원 정상류 흐름에서 질량 m인 유체가 유속이 v_1인 단면 1에서 유속이 v_2인 단면 2로 흘러가는 데 짧은 시간 Δt가 소요된다면 이 경우의 운동량 방정식으로 옳은 것은?

① $F \cdot m = \Delta t(v_1 - v_2)$
② $F \cdot m = (v_1 - v_2)/\Delta t$
③ $F \cdot \Delta t = m(v_2 - v_1)$
④ $F \cdot \Delta t = (v_2 - v_1)/m$

|해답| ③

역적 운동량 방정식

- 1차원 정상류의 흐름에서 짧은 시간 Δt 사이에 흐름의 유속이 v_1에서 v_2로 변했을 때 질량 m인 유체에 작용한 외력의 힘

$F = \dfrac{m}{\Delta t}\Delta v = \dfrac{m}{\Delta t}(v_2 - v_1)$

$F \cdot \Delta t = m(v_2 - v_1) = m \cdot \Delta v$

여기서, $F \cdot \Delta t$: 역적, $m \cdot \Delta V$: 운동량

☐☐☐ 산 15,18②

02 그림은 두 개의 수조를 연결하는 등단면 단일 관수로이다. 관의 유속을 나타낸 식은?
(단, f : 마찰손실계수, $f_o = 1.0$, $f_i = 0.5$, $\dfrac{L}{D} < 3000$)

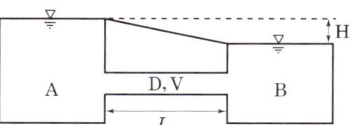

① $V = \sqrt{2gH}$
② $V = \sqrt{\dfrac{2gH}{f} \cdot \left(\dfrac{L}{D}\right)}$
③ $V = \sqrt{\dfrac{2gH}{1.5 + f\left(\dfrac{L}{D}\right)}}$
④ $V = \sqrt{\dfrac{2gH}{1.0 + f\left(\dfrac{L}{D}\right)}}$

|해답| ③

$H = \left(f_i + f\dfrac{L}{D} + f_o\right)\dfrac{V^2}{2g}$
$= \left(0.5 + f\dfrac{L}{D} + 1.0\right)\dfrac{V^2}{2g} = \left(1.5 + f\dfrac{L}{D}\right)\dfrac{V^2}{2g}$

$\therefore V = \sqrt{\dfrac{2gH}{1.5 + f\dfrac{L}{D}}}$

14 그림과 같이 삼각위어의 수두를 측정한 결과 30cm 이었을 때 유출량은? (단, 유량계수 0.62이다.)

① 0.042m³/sec
② 0.125m³/sec
③ 0.139m³/sec
④ 0.417m³/sec

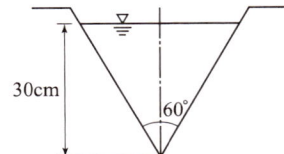

| 해답 | ①

$$Q = \frac{8}{15} C \tan\frac{\theta}{2} \sqrt{2g} \, h^{5/2}$$
$$= \frac{8}{15} \times 0.62 \times \tan\frac{60°}{2} \times \sqrt{2 \times 9.8} \times 0.30^{5/2}$$
$$= 0.042 \, m^3/sec$$

15 연직평면에 작용하는 전수압의 작용점 위치에 관한 설명 중 옳은 것은?

① 전수압의 작용점은 항상 도심보다 위에 있다.
② 전수압의 작용점은 항상 도심보다 아래에 있다.
③ 전수압의 작용점은 항상 도심과 일치한다.
④ 전수압의 작용점은 도심 위에 있을 때도 있고 아래에 있을 때도 있다.

| 해답 | ②

연직평면에 작용하는 전수압의 작용점은 물체의 도심보다 $\frac{I_G}{h_G A}$ 만큼 항상 아래에 위치한다.

16 관수로와 개수로의 흐름에 대한 설명으로 옳지 않은 것은?

① 관수로는 자유표면이 없고, 개수로는 있다.
② 관수로는 두 단면간의 속도차로 흐르고, 개수로는 두 단면간의 압력차로 흐른다.
③ 관수로는 점성력의 영향이 크고, 개수로는 중력의 영향이 크다.
④ 개수로는 프루드수(F_r)로 상류와 사류로 구분할 수 있다.

| 해답 | ②

관수로는 두 단면간의 압력차로 흐른다.

17 단면적이 1m²인 수조의 측벽에 면적 20cm²인 구멍을 내어서 물을 빼낸다. 수위가 처음의 2m에서 1m로 하강하는데 걸리는 시간은?(단 유량계수 $C = 0.6$)

① 25.0초 ② 108.2초
③ 155.9초 ④ 169.5초

| 해답 | ③

$$t = \frac{2A}{Ca\sqrt{2g}}(\sqrt{h_1} - \sqrt{h_2})$$
$$= \frac{2 \times 1}{0.6 \times 0.0020\sqrt{2 \times 9.8}} \times (\sqrt{2} - \sqrt{1})$$
$$= 155.9초$$

18 개수로의 단면이 축소되는 부분의 흐름에 관한 설명으로 옳은 것은?

① 상류가 유입되면 수심이 감소하고 사류가 유입되면 수심이 증가한다.
② 상류가 유입되면 수심이 증가하고 사류가 유입되면 수심이 감소한다.
③ 유입되는 흐름의 상태(상류 또는 사류)와 무관하게 수심이 증가한다.
④ 유입되는 흐름의 상태(상류 또는 사류)와 무관하게 수심이 감소한다.

| 해답 | ①

• 개수로의 흐름에서 축소부는 상류일 때 수심은 감소하고 사류일 때 수심은 증가한다. 즉 수심은 흐름상태(상류, 사류) 변한다.
• 개수로의 흐름상태

상류	사류
$V_1 < V_2$	$V_1 > V_2$
$d_1 > d_2$	$d_1 < d_2$

∴ 수심은 흐름상태(상류, 사류)에 따라 변한다.

□□□ 산 04,09,18①

10 모세관 현상에 관한 설명 중 옳은 것은?

① 모세관 내의 액체의 상승 높이는 모세관 지름의 제곱에 반비례한다.
② 모세관 내의 액체의 상승 높이는 모세관의 크기에만 관계된다.
③ 모세관의 높이는 액체의 특성과 무관하게 주위의 액체면보다 높게 상승한다.
④ 모세관 내의 액체의 상승 높이는 모세관 주위의 중력과 표면장력 등에 관계된다.

|해답| ④

- 모세관의 상승높이는 모세관의 지름(d)에 반비례한다.
- 모세관 내의 액체의 상승높이는 액체의 응집력과 액체의 관 벽의 부착력에 의해 좌우된다.
- 액체의 응집력이 관 벽과의 부착력 보다 크면 관 내의 액체의 상승높이는 관 내의 액체보다 낮다.

□□□ 산 04,06,11,16②,18①

11 부체의 경심(M), 부심(C), 무게중심(G)에 대하여 부체가 안정되기 위한 조건은?

① $\overline{MG} > 0$
② $\overline{MG} = 0$
③ $\overline{MG} < 0$
④ $\overline{MG} = \overline{CG}$

|해답| ①

- 부체가 안정한 조건 : 경심(M)이 중심(G)보다 위에 있을 때
  즉 $\overline{MG} > 0$, $\overline{CM} > \overline{CG}$
- 부체가 불안정한 조건 : 경심(M)이 중심(G)보다 아래에 있을 때
  즉 $\overline{MG} < 0$, $\overline{CM} < \overline{CG}$

Remember

부체의 안정판별

안정	M이 G보다 위에 있을 때	$\overline{MG} > 0$	$\overline{CM} > \overline{CG}$
불안정	M이 G보다 아래에 있을 때	$\overline{MG} < 0$	$\overline{CM} < \overline{CG}$
중립	M과 G가 일치할 때	$\overline{MG} = 0$	$\overline{CM} = \overline{CG}$

□□□ 산 04,06,10,14,18①

12 Manning 공식의 조도계수 n과 마찰손실계수 f와의 관계식으로 옳은 것은? (단, 지름 D인 원관의 경우)

① $12.7n^2 D^{\frac{1}{3}}$
② $124.5n^2 D^{-\frac{1}{3}}$
③ $12.7n D^{-\frac{1}{3}}$
④ $124.5n D^{\frac{1}{3}}$

|해답| ②

$f = \dfrac{8gn^2}{R^{1/3}}$, $R = \dfrac{D}{4}$

$\therefore f = \dfrac{8gn^2}{R^{1/3}} = \dfrac{8 \times 9.8 n^2}{\left(\dfrac{D}{4}\right)^{1/3}} = \dfrac{124.5 n^2}{D^{1/3}} = 124.5 n^2 D^{-\frac{1}{3}}$

□□□ 산 80,09,18①

13 그림에서 수문에 단위폭당 작용하는 힘(F)를 구하는 운동량 방정식으로 옳은 것은?
(단, 바닥마찰은 무시하며, w는 물의 단위중량, ρ는 물의 밀도, Q는 단위폭당유량이다.)

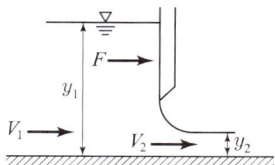

① $\dfrac{y_1^2}{2} - \dfrac{y_2^2}{2} - F = \rho Q(V_1 - V_2)$
② $\dfrac{y_1^2}{2} - \dfrac{y_2^2}{2} - F = \rho Q(V_2^2 - V_1^2)$
③ $\dfrac{wy_1^2}{2} - \dfrac{wy_2^2}{2} - F = \rho Q(V_2 - V_1)$
④ $\dfrac{wy_1^2}{2} - \dfrac{wy_2^2}{2} - F = \rho Q(V_2^2 - V_1^2)$

|해답| ③

운동량 방정식

$P_1 - P_2 - F = \dfrac{wQ}{g}(V_2 - V_1)$

$P_1 = wh_G A = \dfrac{wy_1}{2} \times (y_1 \times 1) = \dfrac{wy_1^2}{2}$

$P_2 = wh_G A = w\dfrac{y_2}{2} \times (y_2 \times 1) = \dfrac{wy_2^2}{2}$

$\therefore \dfrac{wy_1^2}{2} - \dfrac{wy_2^2}{2} - F = \dfrac{w}{g}Q(V_2 - V_1)$
$\qquad = \rho Q(V_2 - V_1)$

☐☐☐ 산 01,12,18①

05 직경이 0.2cm인 매끈한 원형 관내를 0.8cm³/sec로 물이 흐르고 있을 때, 관 1m당의 마찰손실 수두는? (단, 물의 동점성 계수 $\nu = 1.12 \times 10^{-2}$cm²/sec이다.)

① 20.20cm ② 21.30cm
③ 22.20cm ④ 23.20cm

【해답】④

$$h_L = f \cdot \frac{l}{D} \cdot \frac{V^2}{2g} = \frac{64}{R_e} \cdot \frac{l}{D} \cdot \frac{V^2}{2g}$$

- $R_e = \frac{VD}{\nu} = \frac{25.46 \times 0.2}{1.12 \times 10^{-2}} = 454.64 < 20000$

  ∴ 층류 : $f = \frac{64}{R_e}$

- $V = \frac{Q}{A} = \frac{0.8}{\frac{\pi \times 0.2^2}{4}} = 25.46$ cm²/sec

∴ $h_L = \frac{64}{R_e} \cdot \frac{l}{D} \cdot \frac{V^2}{2g}$
$= \frac{64}{454.64} \times \frac{100}{0.2} \times \frac{25.46^2}{2 \times 980} = 23.28$ cm

☐☐☐ 산 81,96,09,18①

06 정상류의 흐름에 대한 설명으로 가장 적합한 것은?

① 모든 점에서 유동특성이 시간에 따라 변하지 않는다.
② 수로의 어느 구간을 흐르는 동안 유속이 변하지 않는다.
③ 모든 점에서 유체의 상태가 시간에 따라 일정한 비율로 변한다.
④ 유체의 입자들이 모두 열을 지어 질서있게 흐른다.

【해답】①

흐름의 분류
- 정류(steady flow) 유체가 운동할 때, 한 단면을 지나는 물이 시간에 따라 속도, 압력, 밀도, 유량 등 유동 특성이 시간에 따라 변하지 않는 흐름을 정류 또는 정상류라 한다.

  $\frac{\partial v}{\partial t} = 0$, $\frac{\partial p}{\partial t} = 0$, $\frac{\partial Q}{\partial t} = 0$

- 부정류(unsteady flow) : 유체가 운동할 때, 한 단면에서 속도, 압력, 밀도, 유량 등 유동특성이 시간에 따라 변하는 흐름을 부정류 또는 비정상류라 한다.

  $\frac{\partial v}{\partial t} \neq 0$, $\frac{\partial p}{\partial t} \neq 0$, $\frac{\partial Q}{\partial t} \neq 0$

☐☐☐ 산 08,18①

07 동수경사선(hydraulic grade line)에 대한 설명으로 옳은 것은?

① 에너지선보다 언제나 위에 위치한다.
② 개수로 수면보다 언제나 위에 있다.
③ 에너지선보다 유속수두만큼 아래에 있다.
④ 속도수두와 위치수두의 합을 의미한다.

【해답】③

동수 경사선
- 기준 수평면에서 위치수두와 압력수두의 합을 연결한 선 $\left(\frac{P}{w} + Z\right)$
- 에너지 선에서 유속수두$\left(= \frac{V^2}{2g}\right)$만큼 아래에 위치한다.

☐☐☐ 산 03,18①

08 평행하게 놓여있는 관로에서 A점의 유속이 3m/s, 압력이 294kPa이고, B점의 유속이 1m/s이라면 B점의 압력은? (단, 무게 1kg=9.8N)

① 30kPa ② 31kPa
③ 298kPa ④ 309kPa

【해답】③

베르누이 방정식

$\frac{V_1^2}{2g} + \frac{P_1}{w} + Z_1 = \frac{V_2^2}{2g} + \frac{P_2}{w} + Z_2$ 에서

$\frac{V_1^2}{2g} + \frac{P_1}{w} = \frac{V_2^2}{2g} + \frac{P_2}{w}$ (∵ $Z_1 = Z_2$)

∴ $P_2 = P_1 + \frac{V_1^2 - V_2^2}{2g} w$

$= 294 + \frac{3^2 - 1^2}{2 \times \frac{9.8}{9.8}} \times 1 = 298$ kPa

☐☐☐ 산 07,18①

09 점성계수(μ)의 차원으로 옳은 것은?

① [ML⁻²T⁻²] ② [ML⁻¹T⁻¹]
③ [ML⁻¹T⁻²] ④ [ML²T⁻¹]

【해답】②

점성계수(g/cm·sec) : [ML⁻¹T⁻¹]

01 수리학

제1회 2018년 3월 4일

□□□ 산 11,18①

01 수평 원형관내를 물이 층류로 흐를 경우 Hagen-Poiseuille의 법칙에서 유량 Q에 대한 설명으로 옳은 것은? (여기서, w : 물의 단위 질량, l : 관의 길이, h_L : 손실수두, μ : 점성계수)

① 유량과 반지름 R인 관계는 $Q = \dfrac{wh_L\pi R^4}{128\mu l}$이다.

② 유량과 압력차 ΔP와의 관계는 $Q = \dfrac{\Delta P\pi R^4}{8\mu l}$이다.

③ 유량과 동수경사 I와의 관계에서 $Q = \dfrac{w\pi IR^4}{8\mu l}$이다.

④ 유량과 지름 D의 관계는 $Q = \dfrac{wh_L\pi D^4}{8\mu l}$이다.

| 해답 | ②

Hazen-Poiseuille법칙
- 지름 D인 원형관에서 유량
$$Q = \frac{\pi \Delta P D^4}{128\mu} = \frac{\pi w h_L D^4}{128\mu l}$$
- 반지름 R인 원형관에서 유량
$$Q = \frac{\pi \Delta P R^4}{8\mu} = \frac{\pi w h_L R^4}{8\mu l}$$
∴ 유량(Q)과 압력차(ΔP)와의 관계

□□□ 산 99,05,10,18①

02 개수로의 지배단면(control section)에 대한 설명으로 옳은 것은?

① 개수로 내에서 압력이 가장 크게 작용하는 단면이다.
② 개수로 내에서 수로경사가 항상 같은 단면을 말한다.
③ 한계수심이 생기는 단면으로서 상류에서 사류로 변하는 단면을 말한다.
④ 개수로 내에서 유속이 가장 크게 되는 단면이다.

| 해답 | ③

지배단면
한계수심이 생기는 단면으로서 개수로에서 상류로부터 사류로 변하는 단면을 말한다.

□□□ 산 09,14,18①

03 후르드(Froude)수와 한계경사 및 흐름의 상태 중 상류일 조건으로 옳은 것은? (단, Fr : 후르드수, I : 수면경사, I_c : 한계경사, V : 유속, V_C : 한계유속, y : 수심, y_c : 한계수심)

① $V > V_C$
② $Fr > 1$
③ $I < I_c$
④ $y < y_c$

| 해답 | ③

상류조건
- 유속 : $V < V_C$
- 후르드수 : $Fr < 1$
- 구배 : $I < I_c$
- 수심 : $y > y_c$

Remember

상류와 사류의 구분

상류	사류
$F_r < 1$	$F_r > 1$
$y > y_c$	$y < y_c$
$I < I_c$	$I > I_c$
$V < V_c$	$V > V_c$

□□□ 산 18①

04 원형 단면의 관수로에 물이 흐를 때 층류가 되는 경우는? (단, R_e는 레이놀즈(Reynolds)수이다.)

① $R_e > 4000$
② $4000 > R_e > 2000$
③ $R_e > 2000$
④ $R_e < 2000$

| 해답 | ④

레이놀즈 수 $R_e = \dfrac{VD}{\nu}$
- 층류 : $R_e < 2000$인 경우
- 난류 : $R_e > 2000$인 경우
- 불안전 층류 : $2000 < R_e < 4000$인 경우
∴ 관수로에서 흐름은 층류의 흐름이다.

3 과목

CBT 과목별 스피드 마스터
수자원설계

01　수리학
02　상하수도 계획

- ✓ 2018년　　3월　4일 시행
　　　　　　　4월 28일 시행
　　　　　　　9월 15일 시행
- ✓ 2019년　　3월　3일 시행
　　　　　　　4월 27일 시행
　　　　　　　9월 21일 시행
- ✓ 2020년　　6월　6일 시행
　　　　　　　8월 22일 시행
　　　　　　　제4회 시행

□□□ 산 07,15,16,20

20 표준관입시험에 관한 설명으로 틀린 것은?

① 해머의 질량은 63.5kg이다.
② 낙하고는 85cm이다.
③ 표준 관입 시험용 샘플러를 지반에 30cm 박아 넣는 데 필요한 타격 횟수를 N 값이라고 한다.
④ 표준관입시험값 N은 개략적인 기초 지지력 측정에 이용되고 있다.

| 해답 | ②

표준관입시험(SPT)
- 해머의 질량 63.5±0.5kg의 드라이브 해머를 76±1cm 자유 낙하시킨다.
- 샘플러를 지반에 300mm 박아 넣는 데 필요한 타격 횟수를 N값이라고 한다.

산 04,20

15 현장에서 습윤단위중량을 측정하기 위해 표면을 평활하게 한 후 시료를 굴착하여 무게를 측정하니 1230g이었다. 이 구멍의 부피를 측정하기 위해 표준사로 채우는데 1037g이 필요하였다. 표준사의 단위중량이 $1.45g/cm^3$이면 이 현장 흙의 습윤단위중량은?

① $1.72g/cm^3$
② $1.61g/cm^3$
③ $1.48g/cm^3$
④ $1.29g/cm^3$

| 해답 | ①

$$V = \frac{W_{sad}}{\gamma_s} = \frac{1037}{1.45} = 715.17 cm^3$$

$$\therefore \gamma_t = \frac{W}{V} = \frac{1230}{715.17} = 1.72 g/cm^3$$

산 12,20

16 어떤 젖은 시료의 무게가 207g, 건조 전 시료의 부피가 $110cm^3$이고, 노건조한 시료의 무게가 163g이였다. 이때 비중 e)는?

① $V_s = 80.8cm^3$, $e = 1.01$
② $V_s = 70.8cm^3$, $e = 0.91$
③ $V_s = 60.8cm^3$, $e = 0.81$
④ $V_s = 50.8cm^3$, $e = 0.71$

| 해답 | ③

• $V_s = \frac{W_s}{G_s \cdot \rho_w} = \frac{163}{2.68 \times 1} = 60.8 cm^3$

• 간극비 $e = \frac{G_s \cdot \rho_w}{\rho_d} - 1$

$\rho_d = \frac{W_s}{V} = \frac{163}{110} = 1.48 \, g/cm^3$

$\therefore e = \frac{2.68 \times 1}{1.48} - 1 = 0.81$

산 92,00,01,03,05,07,08,11,17,20

17 절편법에 의한 사면의 안정해석 시 가장 먼저 결정되어야 할 사항은?

① 가상활동면
② 절편의 중량
③ 활동면상의 점착력
④ 활동면상의 내부마찰각

| 해답 | ①

분할법(절편법) 해석 순서
• 가장 먼저 가상 활동면을 결정한다.
• 반경 R인 원호인 가상 활동면을 안전율이 될 때까지 변화하여 결정한다.
• 여러개의 가상 활동면으로부터 분할세편으로 분할하여 해석한다.

산 85,95,98,02,20

18 점토층 지반위에 성토를 급속히 하려 한다. 성토 직후에 있어서 이 점토의 안정성을 검토하는데 필요한 강도정수를 구하는 합리적인 시험은?

① 비압밀 비배수 시험
② 압밀 비배수 시험
③ 압밀 배수 시험
④ 투수시험

| 해답 | ①

비압밀 비배수 전단 시험(UU 시험)
• 연약한 점토 위에 급속히 성토할 때
• 포화 점토가 성토 직후 급속한 파괴가 예상될 때
• 점토의 단기간 안정 검토시
• 시공 중 압밀이나 함수비의 변화가 없다고 예상될 때
• 과잉간극수압이 빠져 나가는 속도보다 더 빨리 시공하는 경우

산 97,20

19 평판 재하 시험에 있어서 scale effect에 대하여 틀린 것은 어느 것인가?

① 점토지반의 지지력은 재하판의 폭에 무관하다.
② 사질지반의 지지력은 재하판의 폭에 비례한다.
③ 점토지반의 침하량은 재하판 폭에 비례한다.
④ 사질지반의 침하량은 재하판의 폭에 무관하다.

| 해답 | ④

항목	침하량	지지력
점토지반	재하판의 폭에 비례	재하판의 폭에 무관
사질지반	재하판의 폭에 약간 증가	재하판의 폭에 비례

∴ 사질지반의 침하량은 재하판의 폭이 커지면 약간 커지기는 하지만 비례하는 정도는 아니다.

□□□ 산 82,85,01,19,20
09 기존 건물에 인접한 장소에 새로운 깊은 기초를 시공하고자 한다. 이때 기존 건물의 기초가 얕아 보강하는 공법 중 적당한 것은?

① 압성토 공법   ② 언더피닝 공법
③ 프리로딩 공법   ④ 치환 공법

| 해답 | ②

- 압성토 공법 : 연약지반에 성토할 때 기초의 활동파괴를 막기 위하여 성토비탈면에 소단모양의 압성토를 하여 활동에 대한 저항 모멘트를 크게 하는 것이 목적.
- underpinning공법 : 기존 구조물에 대하여 기초부분을 신설, 개축, 보강 하는 경우 이용되는 공법.
- Preloading공법 : 압밀 침하를 미리 끝나게 하고 점성토지반의 강도를 증가시켜 전단파괴를 방지하고 구조물 잔류침하를 남기지 않게 하는 공법.
- 치환공법 : 연약 토층의 일부 또는 전부를 제거하고 양질인 재료로써 치환하는 공법

□□□ 산 97,99,02,20
10 제체의 침윤선에 대한 설명 중 옳은 것은?

① 흙댐이나 제체내의 자유수면을 침윤선이라 한다.
② 물 분자의 이동하는 괘적을 침윤선이라 한다.
③ 흙속의 모든 유선을 침윤선이라 한다.
④ 침윤선을 이용하여 침투유량을 계산할 수 없다.

| 해답 | ①

침윤선 : 흙댐이나 제체내의 자유수면(유선)을 말한다.

□□□ 산 94,00,06,12,14④,19②,20
11 어떤 흙의 전단시험 결과 $c=0.18\text{MPa}$, $\phi=35°$, 토립자에 작용하는 수직응력이 $\sigma=0.36\text{MPa}$일 때 전단강도는?

① 0.386MPa   ② 0.432MPa
③ 0.489MPa   ④ 0.633MPa

| 해답 | ②

$\tau = c + \sigma \tan\phi$
$\quad = 0.18 + 0.36 \tan 35° = 0.432\text{MPa} = 432\text{kN/m}^2$

□□□ 산 83,92,96,00,20
12 불교란 시료 채취시 샘플러(Sampler)의 두께를 얇게 하여 면적비를 10% 미만으로 하는데 가장 큰 이유는?

① 샘플러의 중량을 가볍게 하기 위하여
② 샘플러 주위의 여잉토(餘剩土)의 흡입을 막기 위하여
③ 샘플러 내벽에서의 마찰을 피하기 위하여
④ 샘플러를 빼 올릴 때 교란을 막기 위하여

| 해답 | ②

면적비가 크다는 것은 내경의 샘플러에 대해 외경이 큰 것을 의미하고 결국 샘플러의 두께가 두꺼워 됨을 나타낸다. 따라서 면적비가 크면 시료 채취를 위한 관입시 지반의 교란 범위가 넓어지므로 교란되지 않은 시료를 채취하기 위해서는 면적비 10% 미만으로 하는 것이 좋다.
즉, 샘플러 주위의 여잉토의 혼입을 막기 위하여 면적비를 10% 미만으로 한다.

□□□ 산 00,02,06,12,15,16,20
13 다음 그림과 같은 지반에서 $X-X$ 단면에 작용하는 유효압력은? (단, 물의 단위중량 $\gamma_w = 9.81\text{kN/m}^3$)

① 35.6kN/m^2
② 41.4kN/m^2
③ 54.38kN/m^2
④ 62.7kN/m^2

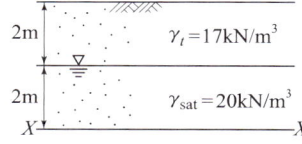

| 해답 | ③

$\bar{\sigma} = \gamma_t h_1 + (\gamma_{sat} - \gamma_w) h_2$
$\quad = 17 \times 2 + (20 - 9.81) \times 2 = 54.38\text{kN/m}^2$

□□□ 산 96,97,01,03,04,07,14,15,17,18,20
14 다음의 기초형식 중 직접기초가 아닌 것은?

① 말뚝기초   ② 독립기초
③ 연속기초   ④ 전면기초

| 해답 | ①

- 직접기초(얕은기초) : 푸팅기초(독립, 연속, 확대기초), 전면기초(Mat기초)
- 깊은기초 : 말뚝기초, 피어기초, 케이슨 기초

□□□ 산 08,20

03 그림과 같은 지반내의 유선망이 주어졌을 때 댐의 폭 1m에 대한 침투 유출량은? (단, $h=20m$, 지반의 투수계수 0.001cm/min이다.)

① $0.864m^3/day$
② $0.096m^3/day$
③ $9.6m^3/day$
④ $0.96m^3/day$

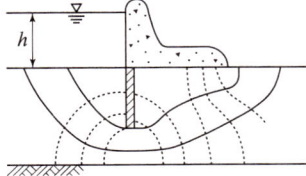

| 해답 | ②

$$Q = KH\frac{N_f}{N_d}$$
$$= 0.001 \times \frac{1}{100} \times 20 \times \frac{3}{9}$$
$$= 7 \times 10^{-5} \, m^3/min$$
$$= 0.096 \, m^3/day$$

□□□ 산 02,20

04 흙 속에서의 물의 흐름 중 연직유효응력의 증가를 가져오는 것은?

① 정수압상태 ② 상향흐름
③ 하향흐름   ④ 수평흐름

| 해답 | ③

• 하향 침투가 발생 : 공극 수압은 정수압보다 $\Delta h \, \gamma_w$ 만큼 감소하므로 유효응력은 $\Delta h \, \gamma_w$ 만큼 증가한다.
• 상향 침투가 발생 : 공극 수압은 정수압보다 $\Delta h \, \gamma_w$ 만큼 증가하므로 유효응력은 $\Delta h \, \gamma_w$ 만큼 감소한다.

□□□ 산 03,15,20

05 다음 중 점성토 지반의 개량공법으로 부적당한 것은?

① 치환공법
② Sand drain공법
③ 바이브로 플로테이션 공법
④ 다짐모래말뚝공법

| 해답 | ③

바이브로 플로테이션 공법 : 사질토 지반의 개량 공법

□□□ 산 90,03,04,06,12,15,16,20

06 다음 중에서 정지토압 P_o, 주동토압 P_A, 수동토압 P_p의 크기 순서가 옳은 것은?

① $P_p < P_o < P_A$ ② $P_o < P_A < P_p$
③ $P_o < P_p < P_A$ ④ $P_A < P_o < P_p$

| 해답 | ④

• 토압의 크기 : $P_A < P_o < P_P$
• 토압계수 크기 : $K_A < K_o < K_P$

□□□ 산 93,99,20

07 Terzaghi의 지반 지지력 공식을 모래 지반에 적용하고자 한다. 기초 폭은 B이고, 지표면에 기초를 설치한다. 흙의 단위 체적 중량을 γ라고 할 때 다음 중 적당한 식은?

① $q_u = \alpha c N_c$
② $q_u = \beta \gamma B N_r$
③ $q_u = \alpha c N_c + \beta \gamma B N_r + \gamma N_q D_f$
④ $q_u = \alpha c N_c + \gamma N_q$

| 해답 | ②

$$q_u = \alpha c N_c + \beta \gamma B N_r + \gamma N_g D_f$$
$$= \beta \gamma B N_r (\because c=0, \, D_f=0)$$

□□□ 산 99,04,13,20

08 그림에서 흙의 단면적이 $40cm^2$이고 투수계수가 0.1cm/sec일 때 흙속을 통과하는 유량은?

① $1m^3/hr$
② $1cm^3/s$
③ $100m^3/hr$
④ $100cm^3/s$

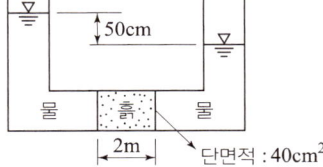

| 해답 | ②

$$Q = kiA = k\frac{h}{L}A$$
$$= 0.1 \times \frac{50}{200} \times 40 = 1 \, cm^3/sec$$

□□□ 산 82,85,91,96,11②,20③

20 흙의 투수계수에 대한 설명으로 틀린 것은?

① 투수계수는 온도와는 관계가 없다.
② 투수계수는 물의 점성과 관계가 있다.
③ 흙의 투수계수는 보통 Darcy 법칙에 의하여 정해진다.
④ 모래의 투수계수는 간극비나 흙의 형상과 관계가 있다.

| 해답 | ①

- 투수계수는 온도에 따라 변하는데 온도는 물의 점성을 변화시킨다. 따라서 투수계수 K는 점성계수(μ)에 반비례한다.
- 온도가 높아지면 점성이 작아져서 투수계수가 커진다.

  투수계수 $K_{15} = \left(\dfrac{\mu_T}{\mu_{15}}\right) K_T$

∴ 투수계수는 점성계수(μ)에 반비례하므로 온도에는 비례한다.

제4회 2020년 9월

□□□ 산 89,20

01 두께 3m의 점토층에 배수 조건은 단면(일면)배수이다. 이 점토를 채취하여 토질 시험한 결과 공극비 $e = 1.0$, 압축계수 $a_v = 2 \times 10^{-3} \text{m}^2/\text{kN}$, 투수계수 $k = 2 \times 10^{-7} \text{cm/sec}$이었다. 이 점토가 50% 압밀에 요하는 시간을 구한 값은?

① 3,703일 ② 664.15일
③ 100.66일 ④ 38.57일

| 해답 | ③

$$t_{50} = \frac{0.197 H^2}{C_v}$$

- 투수계수 $k = C_v m_v \gamma_w$
- $m_v = \dfrac{a_v}{1+e} = \dfrac{2 \times 10^{-3}}{1+1.0} = 1 \times 10^{-3} \text{m}^2/\text{kN}$
- $C_v = \dfrac{k}{m_v \gamma_w} = \dfrac{2 \times 10^{-7} \times 100}{1 \times 10^{-3} \times 9.81}$

  $= 2.0387 \times 10^{-3} \text{cm}^2/\text{sec}$

∴ $t_{50} = \dfrac{0.197 \times 300^2}{2.0387 \times 10^{-3}} \times \dfrac{1}{60 \times 60 \times 24} = 100.66$일

□□□ 산 92,99,00,01,02,07,09,18①,20

02 어떤 흙 시료에 대하여 일축압축시험을 실시한 결과, 일축압축강도(q_u)가 300kN/m², 파괴면과 수평면이 이루는 각은 45° 이었다. 이 시료의 내부마찰각(ϕ)과 점착력(c)은?

① $\phi = 0$, $c = 150 \text{kN/m}^2$
② $\phi = 0$, $c = 300 \text{kN/m}^2$
③ $\phi = 90°$, $c = 150 \text{kN/m}^2$
④ $\phi = 45°$, $c = 0$

| 해답 | ①

- 내부마찰각

  $\theta = 45° + \dfrac{\phi}{2}$

  ∴ $\phi = 2\theta - 90° = 2 \times 45° - 90° = 0$

- 점착력

  $c = \dfrac{q_u}{2} \tan\left(45° - \dfrac{\phi}{2}\right)$

  $= \dfrac{300}{2} \tan\left(45° - \dfrac{0}{2}\right) = 150 \text{kN/m}^2$

□□□ 산 89,95,20③
15 흙의 전단강도에 대한 설명으로 틀린 것은?

① 흙의 전단강도와 압축강도는 밀접한 관계에 있다.
② 흙의 전단강도는 입자간의 내부마찰각과 점착력으로부터 주어진다.
③ 외력이 증가하면 전단응력에 의해서 내부의 어느 면을 따라 활동이 일어나 파괴된다.
④ 일반적으로 사질토는 내부마찰각이 작고 점성토는 점착력이 작다.

| 해답 | ④
흙의 전단강도

구 분	점착력(c)	내부 마찰력(ϕ)
사질토	小	大
점성토	大	小

∴ 일반적으로 사질토는 내부마찰각(ϕ)이 크고 점성토는 점착력(c)이 크다.

□□□ 산 20③
16 흙의 연경도에 대한 설명 중 틀린 것은?

① 액성한계는 유동곡선에서 낙하회수 25회에 대한 함수비를 말한다.
② 수축한계 시험에서 수은을 이용하여 건조토의 무게를 정한다.
③ 흙의 액성한계·소성한계 시험은 $425\mu m$ 체를 통과한 시료를 사용한다.
④ 소성한계는 시료를 실 모양으로 늘렸을 때, 시료가 3mm의 굵기에서 끊어 질 때의 함수비를 말한다.

| 해답 | ②
수축 접시에서 습윤 시료에서 노건조 시료로 되었을 때 노건조된 시료의 체적(V_o)를 구하기 위하여 수은을 사용한다.

□□□ 산 06,08,15②,20③
17 사질토 지반에 있어서 강성기초의 접지압 분포에 대한 설명으로 옳은 것은?

① 기초 밑면에서의 응력은 불규칙하다.
② 기초의 중앙부에서 최대응력이 발생한다.
③ 기초의 밑면에서는 어느 부분이나 응력이 동일하다.
④ 기초의 모서리 부분에서 최대응력이 발생한다.

| 해답 | ②
완전히 정상인 footing(강성 기초 지반)
• 모래 지반 : 기초의 중앙에서 최대 응력이 발생한다.
• 점토 지반 : 기초의 모서리 부분에서 최대 응력이 발생한다.

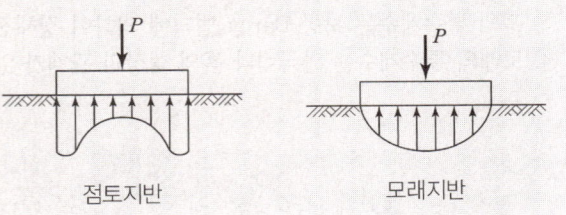

□□□ 산 91,95,99,01,10,14①,17②,20③
18 포화점토에 대해 베인전단시험을 실시하였다. 베인의 지름과 높이는 각각 75mm와 150mm이고 시험 중 사용한 최대 회전 모멘트는 30N·m이다. 점토의 비배수 전단강도(c_u)는?

① $1.62N/m^2$
② $1.94N/m^2$
③ $16.2kN/m^2$
④ $19.4kN/m^2$

| 해답 | ④
$$c_u = \frac{M_{max}}{\pi D^2 \left(\frac{H}{2}+\frac{D}{6}\right)} = \frac{30 \times 10^3}{\pi \times 75^2 \times \left(\frac{150}{2}+\frac{75}{6}\right)}$$
$$= 0.0194 N/mm^2 = 19.4 kN/m^2$$

참고
• $30 N \cdot m = 30 \times 10^3 N \cdot mm$
• $1 N/mm^2 = 1 MPa = 1000 kN/m^2$

□□□ 산 90,91,96,01,13,16,20③
19 어떤 퇴적지반의 수평방향 투수계수가 4.0×10^{-3}cm/s, 수직방향 투수계수가 3.0×10^{-3}cm/s일 때 이 지반의 등가 등방성 투수계수는 얼마인가?

① 3.46×10^{-3}cm/s
② 5.0×10^{-3}cm/s
③ 6.0×10^{-3}cm/s
④ 6.93×10^{-3}cm/s

| 해답 | ①
$$K = \sqrt{K_h \cdot K_v}$$
$$= \sqrt{4 \times 10^{-3} \times 3 \times 10^{-3}}$$
$$= 3.46 \times 10^{-3} cm/sec$$

☐☐☐ 산 91,96,97,02,03,06,07,12,17,18①,20③

09 흙의 다짐 에너지에 대한 설명으로 틀린 것은?

① 다짐 에너지는 램머(rammer)의 중량에 비례한다.
② 다짐 에너지는 램머(rammer)의 낙하고에 비례한다.
③ 다짐 에너지는 시료의 체적에 비례한다.
④ 다짐 에너지는 타격수에 비례한다.

| 해답 | ③

다짐 에너지(E_c)는 시료의 체적(V)에 반비례한다.

Remember

다짐에너지

다짐에너지 $E_c = \dfrac{W_R \cdot H \cdot N_B \cdot N_L}{V}$

여기서, E_c : 다짐에너지
W_R : 램머의 중량
N_B : 타격수
H : 낙하고
N_L : 다짐층수
V : 시료의 체적

☐☐☐ 산 96,97,01,03,04,07,14,15,20③

10 다음의 기초형식 중 직접기초가 아닌 것은?

① 말뚝기초   ② 독립기초
③ 연속기초   ④ 전면기초

| 해답 | ①

- 직접(얕은)기초 : footing기초(독립기초, 복합기초, 연속기초), 전면기초
- 깊은기초 : 말뚝기초, 피어기초, 케이슨 기초

☐☐☐ 산 90,03,04,06,12,15,16,17,18①,20③

11 주동토압을 P_A, 정지토압을 P_o, 수동토압 P_P라 할 때 크기의 비교로 옳은 것은?

① $P_A > P_o > P_P$ ② $P_P > P_A > P_o$
③ $P_o > P_A > P_P$ ④ $P_P > P_o > P_A$

| 해답 | ④

- 토압의 크기 : $P_P > P_o > P_A$
- 토압계수 크기 : $K_P > K_o > K_A$

☐☐☐ 산 90,96,01,03,06,10,12,14,15,16②,17①②,18②

12 어느 모래층의 간극률이 20%, 비중이 2.65이다. 이 모래의 한계 동수경사는?

① 1.28   ② 1.32
③ 1.38   ④ 1.42

| 해답 | ②

한계동수경사 $i = \dfrac{G_s - 1}{1 + e}$

$e = \dfrac{n}{100 - n} = \dfrac{20}{100 - 20} = 0.25$

$\therefore i = \dfrac{2.65 - 1}{1 + 0.25} = 1.32$

☐☐☐ 산 08,09,16①,19②,20③

13 말뚝기초에서 부주면마찰력(negative skin friction)에 대한 설명으로 틀린 것은?

① 지하수위 저하로 지반이 침하할 때 발생한다.
② 지반이 압밀진행중인 연약점토 지반인 경우에 발생한다.
③ 발생이 예상되면 대책으로 말뚝주면에 역청 등으로 코팅하는 것이 좋다.
④ 말뚝주면에 상방향으로 작용하는 마찰력이다.

| 해답 | ④

부마찰력은 마찰력이 아래 방향으로 작용하는 힘이므로 결국에는 말뚝의 지지력을 감소시킨다.

☐☐☐ 산 92,02,07,17②,20③

14 통일분류법에서 실트질 자갈을 표시하는 기호는?

① GW   ② GP
③ GM   ④ GC

| 해답 | ③

제 1 문자		제 2 문자	
G	자갈(Gravel)	W	양입도(Well)
S	모래(Sand)	P	빈입도(Poor)
M	실트(Silt)	M	실트질(Silty)
C	점토(Clay)	C	점토질(Clayey)
O	유기질토	L	저압축성
P_t	이탄(Peat)	H	고압축성

$\therefore$ 실트질 자갈 : GM

□□□ 산 20③
03 흙의 다짐 특성에 대한 설명으로 옳은 것은?

① 다짐에 의하여 흙의 밀도와 압축성은 증가된다.
② 세립토가 조립토에 비하여 최대건조밀도가 큰 편이다.
③ 점성토를 최적함수비보다 습윤측으로 다지면 이산구조를 가진다.
④ 세립토는 조립토에 비하여 다짐 곡선의 기울기가 급하다.

| 해답 | ③

- 다짐에 의하여 흙의 밀도는 증가하고 압축성은 감소한다.
- 세립토가 조립토에 비하여 최대건조밀도가 작다.
- 세립토는 조립토에 비하여 다짐 곡선의 기울기가 완만하다.

□□□ 산 20③
04 도로의 평판 재하 시험(KS F 2310)에서 변위계 지지대의 지지 다리 위치는 재하판 및 지지력 장치의 지지점에서 몇 m 이상 떨어져 설치하여야 하는가?

① 0.25m
② 0.50m
③ 0.75m
④ 1.00m

| 해답 | ④

도로의 평판 재하 시험
변위계 지지대의 지지 다리 위치는 재하판 및 지지력 장치의 지지점에서 1.00m 이상 떨어져 설치하여야 한다.

□□□ 산 92,00,01,03,05,07,08,11,17④,20②③
05 분할법으로 사면안정 해석 시에 가장 먼저 결정되어야 할 사항은?

① 가상파괴 활동면
② 분할 세편의 중량
③ 활동면상의 마찰력
④ 각 세편의 간극수압

| 해답 | ①

분할법(절편법) 해석 순서
- 가장 먼저 가상 활동면을 결정한다.
- 반경 R인 원호인 가상 활동면을 안전율이 될 때까지 변화하여 결정한다.
- 여러 개의 가상 활동면으로부터 분할세편으로 분할하여 해석한다.

□□□ 산 91,93,98,00,01,03,05,07,20③
06 말뚝의 재하시험 시 연약점토 지반인 경우는 말뚝 타입 후 소정의 시간이 경과한 후 말뚝 재하시험을 한다. 그 이유로 옳은 것은?

① 부 마찰력이 생겼기 때문이다.
② 타입 된 말뚝에 의해 흙이 팽창되었기 때문이다.
③ 타입 시 말뚝주변의 흙이 교란되었기 때문이다.
④ 주면 마찰력이 너무 크게 작용하였기 때문이다.

| 해답 | ③

연약 점토 지반에 말뚝 타입으로 인한 지반의 교란이 어느 정도 시간이 경과하면 thixotropy현상으로 인해 지반의 교란이 회복된 후에 말뚝 재하 시험을 행한다.

□□□ 산 95,05,20③
07 두께 6m의 점토층에서 시료를 채취하여 압밀시험한 결과 하중강도가 200kN/m²에서 400kN/m²으로 증가되고 간극비는 2.0에서 1.8로 감소하였다. 이 시료의 압축계수(a_v)는?

① 0.001m²/kN
② 0.003m²/kN
③ 0.006m²/kN
④ 0.008m²/kN

| 해답 | ①

압축계수 $a_v = \dfrac{e_1 - e_2}{P_2 - P_1}$

$\therefore a_v = \dfrac{2.0 - 1.8}{400 - 200} = 0.001\,\text{m}^2/\text{kN}$

□□□ 산 14①,20③
08 2면 직접전단시험에서 전단력이 300N, 시료의 단면적이 10cm²일 때의 전단응력은?

① 75kN/m²
② 150kN/m²
③ 300kN/m²
④ 600kN/m²

| 해답 | ②

전단응력 $\tau = \dfrac{S}{2A}$

$\therefore \tau = \dfrac{300}{2 \times 10} = 15\,\text{N/cm}^2 = 150\,\text{kN/m}^2$

□□□ 산 13①,20②

18 흙의 다짐에 대한 설명으로 틀린 것은?

① 건조밀도-함수비 곡선에서 최적함수비와 최대건조밀도를 구할 수 있다.
② 사질토는 점성토에 비해 흙의 건조밀도-함수비 곡선의 경사가 완만하다.
③ 최대건조밀도는 사질토일수록 크고, 점성토일수록 작다.
④ 모래질 흙은 진동 또는 진동을 동반하는 다짐방법이 유효하다.

| 해답 | ②
사질토는 흙의 건조밀도-함수비 곡선의 경사가 급하다.

□□□ 산 15①,20②

19 주동토압계수를 K_a, 수동토압계수를 K_p, 정지토압계수를 K_o라 할 때 토압계수 크기의 비교로 옳은 것은?

① $K_o > K_p > K_a$　② $K_o > K_a > K_p$
③ $K_p > K_o > K_a$　④ $K_a > K_o > K_p$

| 해답 | ③
• 토압계수 크기 : $K_p > K_o > K_a$
• 토압의 크기 : $P_p > P_o > P_a$

□□□ 산 90,96,99,03,07,12④,15④,20②

20 10개의 무리 말뚝기초에 있어서 효율이 0.8, 단항으로 계산한 말뚝 1개의 허용지지력이 100kN일 때 군항의 허용지지력은?

① 500kN　② 800kN
③ 1000kN　④ 1250kN

| 해답 | ②
$R_{ag} = E \cdot N \cdot R_a = 0.8 \times 10 \times 100 = 800$kN

제3회　2020년 8월 22일

□□□ 산 20③

01 연약지반 개량공법에서 Sand Drain 공법과 비교한 Paper Drain 공법의 특징이 아닌 것은?

① 공사비가 비싸다.
② 시공속도가 빠르다.
③ 타입 시 주변 지반 교란이 적다.
④ Drain 단면이 깊이 방향에 대해 일정하다.

| 해답 | ①
Paper drain 공법의 특징
• 시공속도가 빠르다.
• 타설에 의해서 주변지반을 교란하지 않는다.
• drain 단면이 깊이 방향에 대해서 일정하다.
• 배수효과가 양호하다.
• 공사비가 싸다.

□□□ 산 02,08,12①,20③

02 그림과 같은 파괴 포락선 중 완전 포화된 점성토에 대해 비압밀비배수 삼축압축(UU) 시험을 했을 때 생기는 파괴포락선은 어느 것인가?

① 가
② 나
③ 다
④ 라

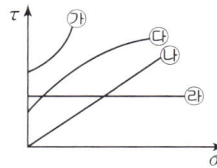

| 해답 | ④
비압밀비배수시험(UU시험)
• 점토시료가 완전포화($S=100\%$)되어 있다면 구속압력이 증가한 만큼 간극수압이 증가하게 되므로 시료에서는 유효응력의 변화가 없으며, 전단강도의 변화도 없다.
• 포화점토의 시험결과 파괴포락선이 수평이므로 비배수 마찰각 $\phi_u = 0$이다.
• 전단강도 $\tau = c + \sigma\tan\phi_u$ ∴ $\tau = c_u$

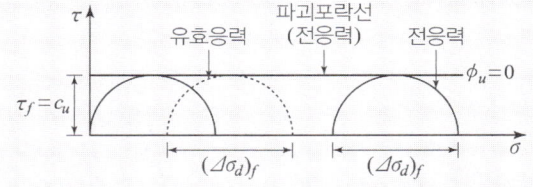

□□□ 산 20①

12 실내다짐시험 결과 최대건조단위중량이 15.6kN/m^3이고, 다짐도가 95%일 때 현장의 건조단위중량은 얼마인가?

① 13.62kN/m^3 ② 14.82kN/m^3
③ 16.01kN/m^3 ④ 17.43kN/m^3

| 해답 | ②

다짐도 $C_d = \dfrac{\gamma_d}{\gamma_{d\max}} \times 100$

$95\% = \dfrac{\gamma_d}{15.6} \times 100$

$\therefore \gamma_d = 15.6 \times \dfrac{95}{100} = 14.82 \text{kN/m}^3$

□□□ 산 05,20②

13 풍화작용에 의하여 분해되어 원 위치에서 이동하지 않고 모암의 광물질을 덮고 있는 상태의 흙은?

① 호성토(Lacustrine soil)
② 충적토(Alluvial soil)
③ 빙적토(Glacial soil)
④ 잔적토(Residual soil)

| 해답 | ④

잔적토
바위가 풍화해서 생성된 토사가 그의 생성된 같은 위치에서 모암상에 남아있는 흙

□□□ 산 94,00,06,12②,20②

14 수직 응력이 60kN/m^2이고 흙의 내부 마찰각이 45°일 때 모래의 전단강도는?
(단, 점착력(c)은 0이다.)

① 24kN/m^2 ② 36kN/m^2
③ 48kN/m^2 ④ 60kN/m^2

| 해답 | ④

$\tau = c + \sigma\tan\phi$
• 모래의 내부마찰각 $c = 0$
 $\therefore \tau = 0 + 60\tan 45° = 60 \text{kN/m}^2$

□□□ 산 92,00,01,03,05,07,08,11,20②

15 절편법에 의한 사면의 안정해석 시 가장 먼저 결정되어야 할 사항은?

① 절편의 중량   ② 가상파괴 활동면
③ 활동면상의 점착력 ④ 활동면상의 내부마찰각

| 해답 | ②

분할법(절편법) 해석 순서
• 가장 먼저 가상 활동면을 결정한다.
• 반경 R인 원호인 가상 활동면을 안전율이 될 때까지 변화하여 결정한다.
• 여러 개의 가상 활동면으로부터 분할세편으로 분할하여 해석한다.

□□□ 산 20②

16 포화점토의 비압밀 비배수 시험에 대한 설명으로 틀린 것은?

① 시공 직후의 안정 해석에 적용된다.
② 구속압력을 증대시키면 유효응력은 커진다.
③ 구속압력을 증대한 만큼 간극수압은 증대한다.
④ 구속압력의 크기에 관계없이 전단강도는 일정하다.

| 해답 | ②

포화점토의 비압밀 비배수 시험(UU시험)
• 시공 직후의 안정 해석에 적용된다.
• 점토시료가 완전포화($S=100\%$)되어 있다면 구속압력이 증가한 만큼 간극수압이 증가하게 되므로 시료에서는 유효응력의 변화가 없으며, 전단강도의 변화도 없다.

□□□ 산 16①,20①

17 가로 2m, 세로 4m의 직사각형 케이슨이 지중 16m까지 관입되었다. 단위면적당 마찰력 $f = 0.2\text{kN/m}^2$일 때 케이슨에 작용하는 주면마찰력(skin friction)은 얼마인가?

① 38.4kN ② 27.5kN
③ 19.2kN ④ 12.8kN

| 해답 | ①

마찰력 $F = A_s f_s = (2+4) \times 2 \times 16 \times 0.2 = 38.4 \text{kN}$

□□□ 산 12①,15①,20②

06 아래 그림의 투수층에서 피에조미터를 꽂은 두 지점 사이의 동수경사(i)는 얼마인가? (단, 두 지점간의 수평거리는 50m이다.)

① 0.063
② 0.079
③ 0.126
④ 0.162

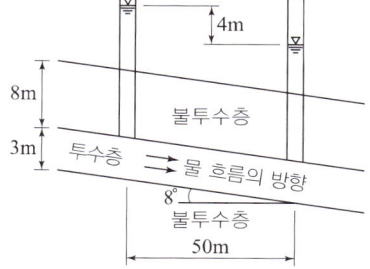

| 해답 | ②

$$i = \frac{\Delta h}{L} = \frac{\Delta h}{\frac{D}{\cos\alpha}}$$

• $L = \frac{50}{\cos 8°} = 50.49\text{m}$ ∴ $i = \frac{4}{50.49} = 0.079$

□□□ 산 83,12②,20②

07 Sand Drain 공법에서 U_v(연직방향의 압밀도)=0.9, U_h(수평방향의 압밀도)=0.15인 경우, 수직 및 수평방향을 고려한 압밀도(U_{vh})는 얼마인가?

① 99.15%
② 96.85%
③ 94.5%
④ 91.5%

| 해답 | ④

$$U = 1 - (1 - U_v)(1 - U_h)$$
$$= 1 - (1 - 0.9)(1 - 0.15) = 0.915 = 91.5\%$$

□□□ 산 91,93,97,04,15①,17④,18①②,19②,20②

08 다음 기초의 형식 중 얕은 기초인 것은?

① 확대기초
② 우물통 기초
③ 공기 케이슨 기초
④ 철근콘크리트 말뚝기초

| 해답 | ①

• 얕은 기초(직접 기초) : 푸팅기초(확대기초), 전면기초
• 깊은 기초 : 말뚝기초, 피어기초, 케이슨 기초(우물통 기초, 공기케이슨 기초)

□□□ 산 02,04,16④,20②

09 채취된 시료의 교란정도는 면적비를 계산하여 통상 면적비가 몇 % 보다 작으면 여잉토의 혼입이 불가능한 것으로 보고 흐트러지지 않는 시료로 간주하는가?

① 10%
② 13%
③ 15%
④ 20%

| 해답 | ①

면적비가 크다는 것은 내경의 샘플러에 대해 외경이 큰 것을 의미하고 결국 샘플러의 두께가 두껍게 됨을 나타낸다. 따라서 면적비가 크면 시료 채취를 위한 관입시 지반의 교란 범위가 넓어지므로 교란되지 않은 시료를 채취하기 위해서는 면적비 10% 미만으로 하는 것이 좋다.

□□□ 산 20②

10 점토 덩어리는 재차 물을 흡수하면 고체 – 반고체 – 소성 – 액성의 단계를 거치지 않고 물을 흡착함과 동시에 흙 입자 간의 결합력이 감소되어 액성상태로 붕괴한다. 이러한 현상을 무엇이라 하는가?

① 비화작용(Slaking)
② 팽창작용(Bulking)
③ 수화작용(Hydration)
④ 윤활작용(Lubrication)

| 해답 | ①

비화작용(Slaking)
• 점토 덩어리는 재차 물을 흡수하면 토립자간의 결합력이 감소되어 붕괴하게 되는 현상을 비화작용(沸化作用 ; slaking)이라 한다.
• 점토가 물을 흡수하여 고체 → 반고체 → 소성 → 액성의 단계를 거치지 않고 갑자기 붕괴되는 현상을 말한다.

□□□ 산 95,02,10④,20②

11 말뚝기초의 지지력에 관한 설명으로 틀린 것은?

① 부마찰력은 아래 방향으로 작용한다.
② 말뚝선단부의 지지력과 말뚝주변 마찰력의 합이 말뚝의 지지력이 된다.
③ 점성토 지반에는 동역학적 지지력 공식이 잘 맞는다.
④ 재하시험 결과를 이용하는 것이 신뢰도가 큰 편이다.

| 해답 | ③

점성토 지반에 말뚝을 시공하면 압밀침하에 의한 부마찰력 때문에 동역학적 지지력 공식을 사용하는 것은 무리이다.

제1·2회 2020년 6월 6일

□□□ 산 03,08,20②

01 그림에서 분사현상에 대한 안전율은 얼마인가? (단, 모래의 비중은 2.65, 간극비는 0.6이다.)

① 1.01
② 1.55
③ 1.86
④ 2.44

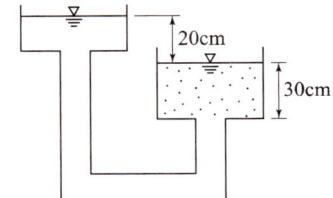

| 해답 | ②

$$F_s = \frac{i_c}{i} = \frac{\frac{G_s - 1}{1+e}}{\frac{h}{L}} = \frac{\frac{2.65-1}{1+0.6}}{\frac{20}{30}} = 1.55$$

□□□ 산 02,20②

02 흙 속에서의 물의 흐름 중 연직유효응력의 증가를 가져오는 것은?

① 정수압상태
② 상향흐름
③ 하향흐름
④ 수평흐름

| 해답 | ③

• 하향 침투가 발생 : 공극 수압은 정수압보다 $\Delta h \, \gamma_w$ 만큼 감소하므로 유효응력은 $\Delta h \, \gamma_w$ 만큼 증가한다.
• 상향 침투가 발생 : 공극 수압은 정수압보다 $\Delta h \, \gamma_w$ 만큼 증가하므로 유효응력은 $\Delta h \, \gamma_w$ 만큼 감소한다.

□□□ 산 93,94,98,00,01,07,10②,11②,16②,20②

03 평균 기온에 따른 동결지수가 520℃·days였다. 이 지방의 정수(C)가 4일 때 동결깊이는? (단, 데라다 공식을 이용한다.)

① 130.2cm
② 102.4cm
③ 91.2cm
④ 22.8cm

| 해답 | ③

$$Z = C\sqrt{F} = 4\sqrt{520} = 91.2 \text{cm}$$

□□□ 산 01,07②,20②

04 아래 기호를 이용하여 현장밀도시험의 결과로부터 건조밀도(ρ_d)를 구하는 식으로 옳은 것은?

ρ_d : 흙의 건조밀도(g/cm³)
V : 시험구멍의 부피(cm³)
m : 시험구멍에서 파낸 흙의 습윤 질량(g)
w : 시험구멍에서 파낸 흙의 함수비(%)

① $\rho_d = \frac{1}{V} \times \left(\dfrac{m}{1+\dfrac{w}{100}}\right)$

② $\rho_d = m \times \left(\dfrac{V}{1+\dfrac{w}{100}}\right)$

③ $\rho_d = \frac{1}{m} \times \left(\dfrac{V}{1+\dfrac{w}{100}}\right)$

④ $\rho_d = V \times \left(\dfrac{w}{1+\dfrac{m}{100}}\right)$

| 해답 | ①

• 습윤밀도 $\rho_t = \dfrac{W}{V}$

• 건조밀도 $\rho_d = \dfrac{\rho_t}{1+w} = \dfrac{1}{V}\left(\dfrac{W}{1+w/100}\right)$

□□□ 산 85,95,99,02,10①,20②

05 비교란 점토($\phi=0$)에 대한 일축압축강도(q_u)가 36kN/m²이고 이 흙을 되비빔을 했을 때의 일축압축강도(q_{ur})가 12kN/m²이었다. 이 흙의 점착력(c_u)과 예민비(S_t)는 얼마인가?

① $c_u = 24\text{kN/m}^2$, $S_t = 0.3$
② $c_u = 24\text{kN/m}^2$, $S_t = 3.0$
③ $c_u = 18\text{kN/m}^2$, $S_t = 0.3$
④ $c_u = 18\text{kN/m}^2$, $S_t = 3.0$

| 해답 | ④

• 내부 마찰각 $\phi = 0$인 점토의 일축 압축 강도 $q_u = 2c$
  ∴ 점착력 $c = \dfrac{q_u}{2} = \dfrac{36}{2} = 18\text{kN/m}^2$

• 예민비 $S_t = \dfrac{q_u}{q_{ur}} = \dfrac{36}{12} = 3$

□□□ 산 94,19④

17 아래 그림과 같은 정수위 투수시험에서 시료의 길이는 L, 단면적은 A, t시간 동안 메스실린더에 개량된 물의 양이 Q, 수위차는 h로 일정할 때 이 시료의 투수계수는?

① $\dfrac{QL}{Aht}$
② $\dfrac{Qh}{ALt}$
③ $\dfrac{Qt}{ALh}$
④ $\dfrac{QA}{Aht}$

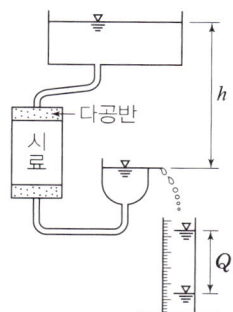

| 해답 | ①

• 정수위 투수시험
$$k = \dfrac{Q \cdot L}{A \cdot h \cdot t}$$

• 변수위 투수시험
$$k = 2.3 \dfrac{a^2 \cdot L}{A^2 \cdot t} \log \dfrac{H_1}{H_2}$$

□□□ 산 19④

18 압축작용(pressure action)과 반죽작용(kneading action)을 함께 가지고 있는 롤러는?

① 평활 롤러(Smooth wheel roller)
② 양족 롤러(Sheep's foot roller)
③ 진동 롤러(Vibratory roller)
④ 타이어 롤러(Tire roller)

| 해답 | ④

타이어 롤러(Tire roller)
• 점성토나 실트질 흙에 적합하다.
• 압축작용과 반죽(짓이김)작용으로 다짐을 한다.
• 도로의 기층, 보조기층, 제방 등에 이용된다.

□□□ 산 14①,19④

19 포화도가 100%인 시료의 체적이 1000cm³이었다. 노건조 후에 측정한 결과, 물의 질량이 400g이었다면 이 시료의 간극률(n)은 얼마인가?

① 15%
② 20%
③ 40%
④ 60%

| 해답 | ③

간극률 $n = \dfrac{V_v}{V} \times 100$

• 포화도 $S = \dfrac{V_w}{V_v} \times 100 = 100\%$

∴ $V_v = V_w = W_w = 400\,\text{g} = 400\,\text{cm}^3$

∴ $n = \dfrac{400}{1000} \times 100 = 40\%$

□□□ 산 07,19④

20 점토층에서 채취한 시료의 압축지수(C_c) 0.39, 간극비(e) 1.26이다. 이 점토층 위에 구조물이 축조되었다. 축조되기 이전의 유효압력은 80kN/m², 축조된 후에 증가된 유효압력은 60kN/m²이다. 점토층의 두께가 3m일 때 압밀 침하량은 얼마인가?

① 12.6cm
② 9.1cm
③ 4.6cm
④ 1.3cm

| 해답 | ①

$$\Delta H = \dfrac{C_c \cdot H}{1+e} \log \dfrac{P_2}{P_1} = \dfrac{C_c \cdot H}{1+e} \log \dfrac{P_1 + \Delta P}{P_1}$$
$$= \dfrac{0.39 \times 300}{1+1.26} \log \dfrac{80+60}{80} = 12.6\,\text{cm}$$

□□□ 산 82,85,01,19④

11 기존 건물에 인접한 장소에 새로운 깊은 기초를 시공하고자 한다. 이때 기존 건물의 기초가 얕아 보강하는 공법 중 적당한 것은?

① 압성토 공법　　② 언더피닝 공법
③ 프리로딩 공법　　④ 치환 공법

| 해답 | ②

- 압성토 공법 : 연약지반에 성토할 때 기초의 활동파괴를 막기 위하여 성토비탈면에 소단모양의 압성토를 하여 활동에 대한 저항 모멘트를 크게 하는 것이 목적.
- Underpinning공법 : 기존 구조물에 대하여 기초부분을 신설, 개축, 보강하는 경우 이용되는 공법
- Preloading공법 : 압밀 침하를 미리 끝나게 하고 점성토지반의 강도를 증가시켜 전단파괴를 방지하고 구조물 잔류침하를 남지 않게 하는 공법.
- 치환공법 : 연약 토층의 일부 또는 전부를 제거하고 양질인 재료로써 치환하는 공법

□□□ 산 90,96,00,01,02,06,07,10,13②,16④,19②④

12 예민비가 큰 점토란 무엇을 의미하는가?

① 다시 반죽했을 때 강도가 증가하는 점토
② 다시 반죽했을 때 강도가 감소하는 점토
③ 입자의 모양이 날카로운 점토
④ 입자가 가늘고 긴 형태의 점토

| 해답 | ②

예민비는 점성토에 이용되며 흐트러진 시료의 일축 압축강도가 감소하는 성질 관계의 감소비를 말한다. 예민비가 클수록 강도의 변화가 크므로 공학적 성질이 나쁘다.

□□□ 산 99,15,19④

13 어떤 흙의 중량이 450g이고 함수비가 20%인 경우 이 흙을 완전히 건조시켰을 때 중량은 얼마인가?

① 360g　　② 425g
③ 400g　　④ 375g

| 해답 | ④

$$W_s = \frac{W}{1+w} = \frac{450}{1+\frac{20}{100}} = 375g$$

□□□ 산 93,96,00,05,07,12①,19④

14 다음 중 사질토 지반의 개량공법에 속하지 않는 것은?

① 폭파다짐공법
② 생석회 말뚝공법
③ 모래다짐 말뚝공법
④ 바이브로 플로테이션 공법

| 해답 | ②

연약지반개량공법

모래질 지반	점성토 지반
• 다짐 모래말뚝공법	• 치환공법
• Compozer공법	• 프리로딩공법
• Vibro flotation공법	• 샌드 드레인공법
• 폭파다짐공법	• 페이퍼 드레인공법
• 전기 충격공법	• 전기 침투공법
• 약액 주입공법	• 생석회 말뚝공법

∴ 점성토지반 : 생석회 말뚝공법

□□□ 산 19④

15 다음 중 전단강도와 직접적으로 관련이 없는 것은?

① 흙의 점착력
② 흙의 내부마찰각
③ Barron의 이론
④ Mohr-Coulomb의 파괴이론

| 해답 | ③

- 전단강도 $\tau = c + \sigma \tan\phi$
- Mohr-Coulomb의 파괴이론
  수직응력 $\sigma = \frac{\sigma_1 + \sigma_3}{2} + \frac{\sigma_1 - \sigma_3}{2}\cos 2\theta$
  여기서, c : 흙의 점착력, ϕ : 내부마찰각

□□□ 산 19④

16 어느 흙 시료의 액성한계 시험결과 낙하횟수 40일 때 함수비가 48%, 낙하횟수 4일 때 함수비가 73%였다. 이때 유동지수는?

① 24.21%　　② 25.00%
③ 26.23%　　④ 27.00%

| 해답 | ②

$$I_f = \frac{w_1 - w_2}{\log N_2 - \log N_1} = \frac{73-48}{\log 40 - \log 4} = 25.00\%$$

□□□ 산 87,93,94,98,03,19④

06 평판재하시험에서 재하판과 실제기초의 크기에 따른 영향, 즉 Scale effect에 대한 설명 중 옳지 않은 것은?

① 모래지반의 지지력은 재하판의 크기에 비례한다.
② 점토지반의 지지력은 재하판의 크기와는 무관하다.
③ 모래지반의 침하량은 재하판의 크기가 커지면 어느 정도 증가하지만 비례적으로 증가하지는 않는다.
④ 점토지반의 침하량은 재하판의 크기와는 무관하다.

| 해답 | ④

평판재하시험의 결과

항복	침하량	지지력
점토지반	재하판의 폭에 비례	재하판의 폭에 무관
사질지반	재하판의 폭에 무관	재하판의 폭에 비례

∴ Scale effect를 고려할 때 점토지반의 침하량은 재하판의 폭에 비례한다.

□□□ 산 92,96,99,13④,19④

07 도로공사 현장에서 다짐도 95%에 대한 다음 설명으로 옳은 것은?

① 포화도 95%에 대한 건조밀도를 말한다.
② 최적함수비의 95%로 다진 건조밀도를 말한다.
③ 롤러로 다진 최대건조밀도 100%에 대한 95%를 말한다.
④ 실내 표준다짐 시험의 최대건조밀도의 95%의 현장시공 밀도를 말한다.

| 해답 | ④

$$\text{다짐도} = \frac{\text{현장의 건조밀도}(\rho_d)}{\text{실험실의 최대건조밀도}(\rho_{d\max})} \times 100$$

∴ 실험실의 최대 건조밀도의 95%에 해당하는 현장의 건조밀도

□□□ 산 86,19④

08 파이핑(Piping) 현상을 일으키지 않는 동수경사(i)와 한계 동수경사(i_c)의 관계로 옳은 것은?

① $\dfrac{h}{L} > \dfrac{G_s-1}{1+e}$
② $\dfrac{h}{L} < \dfrac{G_s-1}{1+e}$
③ $\dfrac{h}{L} > \dfrac{G_s-1}{1+e} \cdot \gamma_w$
④ $\dfrac{h}{L} < \dfrac{G_s-1}{1+e} \cdot \gamma_w$

| 해답 | ②

• 파이핑(분사현상) 발생 조건
$\dfrac{h}{L} > \dfrac{G_s-1}{1+e} : i > i_c$
• 파이핑(분사현상) 발생하지 않는 조건
$\dfrac{h}{L} < \dfrac{G_s-1}{1+e} : i < i_c$

□□□ 산 87,04,05,07,14,18①,19④

09 일반적인 기초의 필요조건으로 거리가 먼 것은?

① 지지력에 대해 안정할 것
② 시공성, 경제성이 좋을 것
③ 침하가 전혀 발생하지 않을 것
④ 동해를 받지 않는 최소한의 근입 깊이를 가질 것

| 해답 | ③

침하가 허용치를 초과하지 않을 것

> **Remember**
>
> 기초의 구비 조건
> • 최소 기초 깊이를 유지할 것
> • 상부 하중을 안전하게 지지해야 한다.
> • 침하가 허용치를 넘지 않을 것
> • 사용성, 경제성이 좋을 것
> • 기초의 시공이 가능할 것

□□□ 산 12①,16①,19④

10 일축압축강도가 $32\,kN/m^2$, 흙의 단위중량이 $16\,kN/m^3$이고, $\phi=0$인 점토지반을 연직굴착할 때 한계고는 얼마인가?

① 2.3m ② 3.2m
③ 4.0m ④ 5.2m

| 해답 | ③

연직 절취고 $H_c = \dfrac{4c}{\gamma}$ ($\because \phi=0$일 때)

• $c = \dfrac{q_u}{2}$ ($\because \phi=0$일 때)
$= \dfrac{32}{2} = 16\,kN/m^2$

∴ $H_c = \dfrac{4 \times 16}{16} = 4.0\,m$

제4회 2019년 9월 21일

□□□ 산 02①,05④,10①,19④

01 모래치환법에 의한 흙의 밀도시험에서 모래를 사용하는 목적은 무엇을 알기 위해서인가?

① 시험구멍의 부피
② 시험구멍의 밑면의 지지력
③ 시험구멍에서 파낸 흙의 중량
④ 시험 구멍에서 파낸 흙의 함수상태

| 해답 | ①

들밀도시험
No.10체를 통과하고 No.200체에 남는 모래를 물로 씻어 건조시킨 후 사용하여 시험구멍의 부피를 구하는 방법이다.

□□□ 산 84,89,95,19②

02 그림과 같은 옹벽에서 전주동 토압(P_a)과 작용점의 위치(y)는 얼마인가?

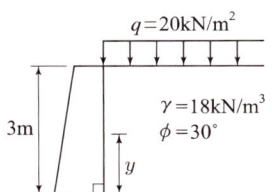

① $P_a = 37\text{kN/m}, \ y = 1.21\text{m}$
② $P_a = 47\text{kN/m}, \ y = 1.79\text{m}$
③ $P_a = 47\text{kN/m}, \ y = 1.21\text{m}$
④ $P_a = 54\text{kN/m}, \ y = 1.79\text{m}$

| 해답 | ③

- $P_A = qH^2 K_a + \dfrac{1}{2}\gamma H^2 K_a$
- $K_a = \tan^2\left(45° - \dfrac{30°}{2}\right) = \dfrac{1}{3}$
- $P_A = 20 \times 3 \times \dfrac{1}{3} + \dfrac{1}{2} \times 18 \times 3^2 \times \dfrac{1}{3}$
  $= 47\text{kN/m}$
- $\bar{y} = \dfrac{H}{3} \cdot \dfrac{3q + \gamma H}{2q + \gamma H}$
  $= \dfrac{3}{3} \times \dfrac{3 \times 20 + 18 \times 3}{2 \times 20 + 18 \times 3} = 1.21\text{m}$

□□□ 산 94,19④

03 Dunham의 공식으로, 모래의 내부마찰각(ϕ)과 관입저항치(N)와의 관계식으로 옳은 것은? (단, 토질은 입도배합이 좋고 둥근 입자이다.)

① $\phi = \sqrt{12N} + 15$
② $\phi = \sqrt{12N} + 20$
③ $\phi = \sqrt{12N} + 25$
④ $\phi = \sqrt{12N} + 30$

| 해답 | ②

모래의 내부마찰각과 N의 관계(Dunham공식)

토립자가 둥글고 균일한 입경일 때	$\phi = \sqrt{12N} + 15$
토립자가 둥글고 입도 분포가 좋을 때	$\phi = \sqrt{12N} + 20$
토립자가 모나고 균일한 입경일 때	$\phi = \sqrt{12N} + 20$
토립자가 모나고 입도 분포가 좋을 때	$\phi = \sqrt{12N} + 25$

□□□ 산 94,98,02,06,08,11①,12①,18③,19②④

04 다음 중 투수계수를 좌우하는 요인과 관계가 먼 것은?

① 포화도
② 토립자의 크기
③ 토립자의 비중
④ 토립자의 형상과 배열

| 해답 | ③

- $K = D_s^2 \cdot \dfrac{\gamma_w}{\mu} \cdot \dfrac{e^3}{1+e} \cdot C$

  D_s : 토립자의 입경
  μ : 물의 점성계수
  e : 간극비
  C : 합성형상계수

∴ 토립자의 비중(G_s)은 흙의 투수계수(K)와 관계없다.

□□□ 산 15①,16④,19④

05 다음 중 흙 속의 전단강도를 감소시키는 요인이 아닌 것은?

① 공극수압의 증가
② 흙 다짐의 불충분
③ 수분증가에 따른 점토의 팽창
④ 지반에 약액 등의 고결제를 주입

| 해답 | ④

지반에 약액 등의 고결제를 주입하면 전단강도가 증가하는 요인이다.

□□□ 산 19②

16 사면의 안정해석 방법에 관한 설명 중 옳지 않은 것은?

① 마찰원법은 균일한 토질지반에 적용된다.
② Fellenius방법은 절편의 양측에 작용하는 힘의 합력은 0이라고 가정한다.
③ Bishop방법은 흙의 장기안정 해석에 유효하게 쓰인다.
④ Fellenius방법은 간극수압을 고려한 $\phi = 0$ 해석법이다.

| 해답 | ④

- Fellenius방법($\phi=0$ 해석법) : 전응력 해석법으로 간극수압을 고려하지 않는다.
- Bishop방법($C-\phi$ 해석법) : 유효 응력 해석법으로 간극수압을 고려하지 않는다.

□□□ 산 19②

17 어떤 점토의 압밀 시험에서 압밀계수(C_v)가 $2.0 \times 10^{-3} \text{cm}^2/\text{s}$라면 두께 2cm인 공시체가 압밀도 90%에 소요되는 시간은? (단, 양면배수 조건이다.)

① 5.02분 ② 7.07분
③ 9.02분 ④ 14.07분

| 해답 | ②

$$t_{90} = \frac{0.848 H^2}{C_v} = \frac{0.848 \times \left(\frac{2}{2}\right)^2}{2.0 \times 10^{-3}} \times \frac{1}{60} = 7.07 분$$

□□□ 산 19②

18 흙의 2면 전단시험에서 전단응력을 구하려면 다음 중 어느 식이 적용되어야 하는가? (단, τ = 전단응력, A = 단면적, S = 전단력)

① $\tau = \dfrac{S}{A}$ ② $\tau = \dfrac{S}{2A}$
③ $\tau = \dfrac{2A}{S}$ ④ $\tau = \dfrac{2S}{A}$

| 해답 | ②

- 1면전단시험 : 전단응력 $\tau = \dfrac{S}{A}$
- 2면전단시험 : 전단응력 $\tau = \dfrac{S}{2A}$

□□□ 산 99,04,09,10,15,19②

19 그림과 같은 지표면에 100kN의 집중하중이 작용했을 때 작용점의 직하 3m 지점에서 이 하중에 의한 연직응력은?

① 4.22kN/m^2
② 5.31kN/m^2
③ 6.41kN/m^2
④ 7.08kN/m^2

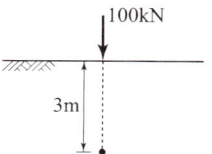

| 해답 | ②

$$\sigma_z = \frac{3Q}{2\pi Z^2} = \frac{3 \times 100}{2\pi \times 3^2} = 5.31 \text{kN/m}^2$$

□□□ 산 19②

20 비중이 2.5인 흙에 있어서 간극비가 0.5이고 포화도가 50%이면 흙의 함수비는 얼마인가?

① 10% ② 25%
③ 40% ④ 62.5%

| 해답 | ①

$S \cdot e = G_s \cdot w$ 에서

$$\therefore w = \frac{S \cdot e}{G_s} = \frac{50 \times 0.5}{2.5} = 10\%$$

10 그림에서 주동토압의 크기를 구한 값은? (단, 흙의 단위중량은 18kN/m³이고 내부마찰각은 30°이다.)

① 56kN/m
② 108kN/m
③ 158kN/m
④ 236kN/m

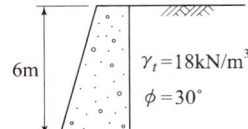

| 해답 | ②

$$P_A = \frac{1}{2}\gamma_t H^2 \tan^2\left(45° - \frac{\phi}{2}\right)$$
$$= \frac{1}{2} \times 18 \times 6^2 \tan^2\left(45° - \frac{30°}{2}\right) = 108\,\text{kN/m}$$

11 느슨하고 포화된 사질토에 지진이나 폭파, 기타 진동으로 인한 충격을 받았을 때 전단강도가 급격히 감소하는 현상은?

① 액상화 현상
② 분사 현상
③ 보일링 현상
④ 다일러턴시 현상

| 해답 | ①

액상화 현상(Liquefaction)의 정의이다.

12 표준관입시험에 관한 설명으로 옳지 않은 것은?

① 시험의 결과로 N치를 얻는다.
② (63.5±0.5)kg 해머를 (76±1)cm 낙하시켜 샘플러를 지반에 30cm 관입시킨다.
③ 시험결과로부터 흙의 내부마찰각 등의 공학적 성질을 추정할 수 있다.
④ 이 시험은 사질토 보다 점성토에서 더 유리하게 이용된다.

| 해답 | ④

표준관입시험
주로 사질토 지반에 사용되며 N치로 모래 지반의 상대밀도를 추정할 수 있다.

13 어떤 유선망에서 상하류면의 수두 차가 4m, 등수두면의 수가 13개, 유로의 수가 7개일 때 단위 폭 1m당 1일 침투수량은 얼마인가? (단, 투수층의 투수계수 $K = 2.0 \times 10^{-4}$ cm/s)

① 9.62×10^{-1} m³/day
② 8.0×10^{-1} m³/day
③ 3.72×10^{-1} m³/day
④ 1.83×10^{-1} m³/day

| 해답 | ③

$$Q = KH\frac{N_f}{N_d}$$
$$= (2 \times 10^{-4}) \times 4 \times \frac{7}{13}$$
$$= 4.31 \times 10^{-4}\,\text{m}^3/\text{sec} = 3.72 \times 10^{-1}\,\text{m}^3/\text{day}$$

14 흙 지반의 투수계수에 영향을 미치는 요소로 옳지 않은 것은?

① 물의 점성
② 유효 입경
③ 간극비
④ 흙의 비중

| 해답 | ④

$$K = D_s^2 \cdot \frac{\gamma_w}{\mu} \cdot \frac{e^3}{1+e} \cdot C$$

D_s : 흙입자의 입경
μ : 물의 점성계수
e : 간극비
C : 합성형상계수

∴ 흙의 비중(G_s)은 흙의 투수계수(K)와 관계없다.

15 해머의 낙하고 2m, 해머의 중량 40kN, 말뚝의 최종 침하량이 2cm일 때 Sander공식을 이용하여 말뚝의 허용지지력을 구하면?

① 500kN
② 800kN
③ 1000kN
④ 1600kN

| 해답 | ①

허용 지지력 $Q_a = \dfrac{W \cdot H}{8S} = \dfrac{40 \times 2}{8 \times 0.02} = 500\,\text{kN}$

□□□ 산 19②

04 그림에서 모래층에 분사현상이 발생되는 경우는 수두 h가 몇 cm 이상일 때 일어나는가? (단, $G_s=2.68$, $n=60\%$이다)

① 20.16cm
② 18.05cm
③ 13.73cm
④ 10.52cm

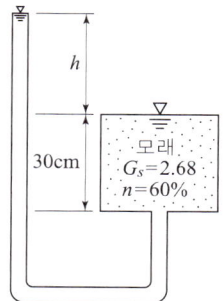

[해답] ①

$i=\dfrac{h}{L}$ 에서 $h=L\cdot i_c$

- $e=\dfrac{n}{100-n}=\dfrac{60}{100-60}=1.50$
- $i_c=\dfrac{G_s-1}{1+e}=\dfrac{2.68-1}{1+1.50}=0.672$
- $\therefore h=30\times 0.672=20.16\text{m}$

□□□ 산 08, 09, 16, 19②, 20③

05 말뚝의 부마찰력에 관한 설명 중 옳지 않은 것은?

① 말뚝이 연약지반을 관통하여 견고한 지반에 박혔을 때 발생한다.
② 지반에 성토나 하중을 가할 때 발생한다.
③ 말뚝의 타입 시 항상 발생하며 그 방향은 상향이다.
④ 지하수위 지하로 발생한다.

[해답] ③

부마찰력은 마찰력이 아래 방향으로 작용하는 힘이므로 결국에는 말뚝의 지지력을 감소시킨다.

□□□ 산 19②

06 어떤 흙의 전단시험 결과 $c=18\text{kN/m}^2$, $\phi=35°$, 토립자에 작용하는 수직응력이 $\sigma=36\text{kN/m}^2$일 때 전단강도는?

① 38.6kN/m^2 ② 43.2kN/m^2
③ 48.9kN/m^2 ④ 63.3kN/m^2

[해답] ②

$\tau=c+\sigma\tan\phi$
$\quad=18+36\tan35°=43.2\text{kN/m}^2$

□□□ 산 19②

07 연약한 점토지반의 전단강도를 구하는 현장 시험방법은?

① 평판재하 시험 ② 현장 CBR 시험
③ 직접전단 시험 ④ 현장 베인 시험

[해답] ④

베인 전단 시험
연약한 점토 또는 대단히 연약한 점토에 대하여 현장에서 직접시행하는 전단 시험이다.

□□□ 산 19②

08 점성토 지반의 개량공법으로 적합하지 않은 것은?

① 샌드 드레인 공법
② 바이브로 플로테이션 공법
③ 치환 공법
④ 프리로딩 공법

[해답] ②

연약지반개량공법

점성토 지반	모래질 지반
• 치환공법	• 다짐 모래말뚝공법
• 프리로딩공법	• Compozer공법
• 샌드 드레인공법	• Vibro flotation공법
• 페이퍼 드레인공법	• 폭파다짐공법
• 전기침투 공법	• 전기 충격공법
• 생석회 말뚝공법	• 약액 주입공법

□□□ 산 19②④

09 예민비가 큰 점토란 다음 중 어떠한 것을 의미하는가?

① 점토를 교란시켰을 때 수축비가 적은 시료
② 점토를 교란시켰을 때 수축비가 큰 시료
③ 점토를 교란시켰을 때 강도가 많이 감소하는 시료
④ 점토를 교란시켰을 때 강도가 증가하는 시료

[해답] ③

예민비는 점성토에 이용되며 흐트러진 시료의 일축 압축강도가 감소하는 성질 관계의 감소비를 말한다. 예민비가 클수록 강도의 변화가 크므로 공학적 성질이 나쁘다.

□□□ 산 85,93,19①

18 Hazen이 제안한 균등계수가 5 이하인 균등한 모래의 투수계수(k)를 구할 수 있는 경험식으로 옳은 것은? (단, c는 상수이고, D_{10}은 유효입경이다.)

① $k = cD_{10}$ (cm/s)
② $k = cD_{10}^2$ (cm/s)
③ $k = cD_{10}^3$ (cm/s)
④ $k = cD_{10}^4$ (cm/s)

| 해답 | ②

투수계수과 입경과의 관계
A. Hazen은 균등한 모래에 대해 투수계수와 입경과의 실험식을 발표하였다.
$k = cD_{10}^2$ (cm/s)
여기서, c : 비례상수로 100~150(1/cm·sec)
D_{10} : 유효입경(cm)

□□□ 산 92,99,00,01,03,04,10,12,13,14,17①,19①

19 점토의 예민비(sensitivity ratio)는 다음 시험 중 어떤 방법으로 구하는가?

① 삼축압축시험
② 일축압축시험
③ 직접전단시험
④ 베인시험

| 해답 | ②

예민비 $S_t = \dfrac{q_u}{q_{ur}}$

• q_u : 불교란시료의 일축압축강도
• q_{ur} : 교란시료의 일축압축강도
∴ 점성토의 예민비는 일축압축시험에서 구할 수 있다.

□□□ 산 09,19①

20 흙의 다짐시험에서 다짐에너지를 증가시킬 때 일어나는 변화로 옳은 것은?

① 최적함수비와 최대건조밀도가 모두 증가한다.
② 최적함수비와 최대건조밀도가 모두 감소한다.
③ 최적함수비는 증가하고 최대건조밀도는 감소한다.
④ 최적함수비는 감소하고 최대건조밀도는 증가한다.

| 해답 | ④

다짐 에너지가 클수록 최적 함수비는 감소하고 최대건조밀도는 증가한다.

제2회 2019년 4월 27일

□□□ 산 19②

01 모래치환에 의한 흙의 밀도 시험 결과 파낸 구멍의 부피가 1980cm³이었고 이 구멍에서 파낸 흙 무게가 3420g이었다. 이 흙의 토질시험 결과 함수비가 10%, 비중이 2.7, 최대 건조밀도가 1.65g/cm³이었을 때 이 현장의 다짐도는?

① 약 85%
② 약 87%
③ 약 91%
④ 약 95%

| 해답 | ④

• 습윤밀도 $\rho_t = \dfrac{W}{V} = \dfrac{3420}{1980} = 1.73\,\text{g/cm}^3$

• 건조밀도 $\rho_d = \dfrac{\rho_t}{1+w} = \dfrac{1.73}{1+0.10} = 1.57\,\text{g/cm}^3$

∴ 다짐도 $C_d = \dfrac{\rho_d}{\rho_{d\max}} \times 100$
$= \dfrac{1.57}{1.65} \times 100 = 95.15\%$

□□□ 산 19②

02 흙의 다짐에 관한 설명 중 옳지 않은 것은?

① 최적 함수비로 다질 때 건조단위중량은 최대가 된다.
② 세립토의 함유율이 증가할수록 최적 함수비는 증대된다.
③ 다짐에너지가 클수록 최적 함수비는 커진다.
④ 점성토는 조립토에 비하여 다짐곡선의 모양이 완만하다.

| 해답 | ③

다짐에너지가 증가하면 최적함수비는 감소하고 최대 건조밀도는 증가한다.

□□□ 산 91,93,97,04,15,17,18,19,20②

03 다음 중 얕은기초는 어느 것인가?

① 말뚝기초
② 피어기초
③ 확대기초
④ 케이슨기초

| 해답 | ③

• 직접기초(얕은기초) : 푸팅기초(독립, 연속, 확대기초), 전면기초(Mat기초)
• 깊은기초 : 말뚝기초, 피어기초, 케이슨 기초

□□□ 산 96,03,09,19①

12 간극비(e) 0.65, 함수비(w) 20.5%, 비중(G_s) 2.69인 사질점토의 습윤단위중량(γ_t)은?

① 10.2kN/m³   ② 13.5kN/m³
③ 16.3kN/m³   ④ 19.3kN/m³

| 해답 | ④

$$\gamma_t = \frac{G_s + S \cdot e}{1+e}\gamma_w$$

• $S \cdot e = G_s \cdot w$에서

$$S = \frac{G_s w}{e} = \frac{2.69 \times 20.5}{0.65} = 84.84\% = 0.8484$$

$$\therefore \gamma_t = \frac{2.69 + 0.8484 \times 0.65}{1+0.65} \times 9.81 = 19.3\,\text{kN/m}^3$$

□□□ 산 93,03,04,06,08,11,16,19①

13 어떤 포화점토의 일축압축강도(q_u)가 30kN/m²이었다. 이 흙의 점착력(c)은?

① 30kN/m²   ② 25kN/m²
③ 20kN/m²   ④ 15kN/m²

| 해답 | ④

[방법1]
$$c = \frac{q_u}{2} = \frac{30}{2} = 15\,\text{kN/m}^2 \;(\because \text{포화점토}\;\phi = 0)$$

[방법2]
$$c = \frac{q_u}{2\tan\left(45° + \frac{\phi}{2}\right)} = \frac{30}{2\tan\left(45° + \frac{0°}{2}\right)} = 15\,\text{kN/m}^2$$

□□□ 산 85,00,19①

14 입도분포곡선에서 통과율 10%에 해당하는 입경(D_{10})이 0.005mm이고, 통과율 60%에 해당하는 입경(D_{60})이 0.025mm일 때 균등계수(C_u)는?

① 1   ② 3
③ 5   ④ 7

| 해답 | ③

균등계수 $C_u = \dfrac{D_{60}}{D_{10}} = \dfrac{0.025}{0.005} = 5$

□□□ 산 93,01,03,06,09,12,14,19①

15 다음 그림과 같은 높이가 10m인 옹벽이 점착력이 0인 건조한 모래를 지지하고 있다. 모래의 마찰각이 36°, 단위중량이 16kN/m³일 때 전 주동토압은?

① 208kN/m
② 243kN/m
③ 332kN/m
④ 395kN/m

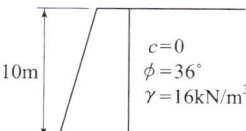

| 해답 | ①

$$P_A = \frac{1}{2}\gamma_t H^2 \tan^2\left(45° - \frac{\phi}{2}\right)$$

$$= \frac{1}{2} \times 16 \times 10^2 \tan^2\left(45° - \frac{36°}{2}\right) = 208\,\text{kN/m}$$

□□□ 산 09,12②,14④,19①

16 연약점토지반($\phi = 0$)의 단위중량이 16kN/m³, 점착력이 20kN/m²이다. 이 지반을 연직으로 2m 굴착하였을 때 연직사면의 안전율은?

① 1.5   ② 2.0
③ 2.5   ④ 3.0

| 해답 | ③

안전율 $F = \dfrac{H_c}{H}$

• $H_c = \dfrac{4c}{\gamma_t}\tan\left(45° + \dfrac{\phi}{2}\right) \;(\because \phi = 0°$일 때$)$

$$= \frac{4c}{\gamma_t} = \frac{4 \times 20}{16} = 5\,\text{m}$$

$\therefore F = \dfrac{5}{2} = 2.5$

□□□ 산 90,91,93,05,08,18①,19①

17 모래 치환법에 의한 흙의 밀도 시험에서 모래(표준사)는 무엇을 구하기 위해 사용되는가?

① 흙의 중량   ② 시험구멍의 부피
③ 흙의 함수비   ④ 지반의 지지력

| 해답 | ②

표준모래(No.10 ~ No.200)를 사용하여 시험구멍(흙을 파낸 구멍)의 부피(V)을 구한다.

| 해답 | ①

강성기초의 접지압 분포

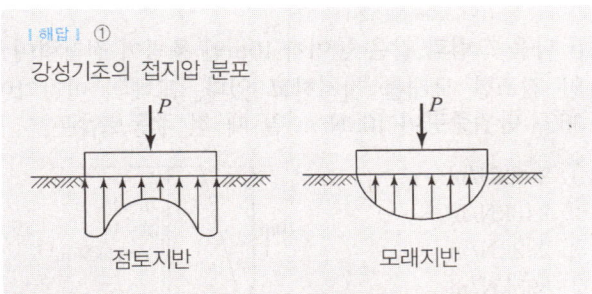

점토지반   모래지반

- 점토지반 : 기초의 모서리 부분에서 최대응력이 발생
- 모래지반 : 기초의 중앙 부분에서 최대응력이 발생

□□□ 산 92,02,06,07,09,11,13,19①

07 사질지반에 40cm×40cm 재하판으로 재하 시험한 결과 $160kN/m^2$의 극한 지지력을 얻었다. 2m×2m의 기초를 설치하면 이론상 지지력은 얼마나 되겠는가?

① $160kN/m^2$
② $320kN/m^2$
③ $400kN/m^2$
④ $800kN/m^2$

| 해답 | ④

- 모래지반일 때 지지력은 재하판 폭에 비례

$0.40 : 160 = 2 : q_u$

$\therefore q_u = \dfrac{160 \times 2}{0.40} = 800 \, kN/m^2$

또는 $q_{u(기초)} = \dfrac{B_{(기초폭)}}{B_{(재하판폭)}} \times q_{u(재하판)}$

$\therefore q_u = \dfrac{2}{0.40} \times 160 = 800 \, kN/m^2$

□□□ 산 06,08,19①

08 진동이나 충격과 같은 동적외력의 작용으로 모래의 간극비가 감소하며 이로 인하여 간극수압이 상승하여 흙의 전단강도가 급격히 소실되어 현탁액과 같은 상태로 되는 현상은?

① 액상화현상
② 동상현상
③ 다일러턴시 현상
④ 틱소트로피 현상

| 해답 | ①

액상화현상(Liquefaction)
포화되어 있는 느슨하고 가는 모래가 지진이나 기타의 진동으로 인해 충격을 받아 전단강도가 감소되는 현상

□□□ 산 97,00,05,07,09,12④,15①,19①

09 점성토 지반에 사용하는 연약지반 개량공법이 아닌 것은?

① Sand drain 공법
② 침투압 공법
③ Vibro floatation 공법
④ 생석회 말뚝 공법

| 해답 | ③

연약지반개량공법

점성토 지반	모래질 지반
• 치환공법	• 다짐 모래말뚝공법
• 프리로딩공법	• Compozer공법
• 샌드 드레인공법	• Vibro flotation공법
• 페이퍼 드레인공법	• 폭파다짐공법
• 침투압공법	• 전기 충격공법
• 생석회 말뚝공법	• 약액 주입공법

□□□ 산 84,94,05,10,11,13②,19①

10 유선망을 이용하여 구할 수 없는 것은?

① 간극수압
② 침투수량
③ 동수경사
④ 투수계수

| 해답 | ④

- 유선망의 목적 : 침투수량, 간극수압 및 동수경사를 알기 위하여 작도
- 투수계수 : 정수위 시험, 변수위시험, 압밀시험에서 구한다.

□□□ 산 97,98,02,05,11④,19①

11 포화단위중량이 $18kN/m^3$인 모래지반이 있다. 이 포화 모래지반에 침투수압의 작용으로 모래가 분출하고 있다면 한계동수경사는? (단, $\gamma_w = 9.8kN/m^3$)

① 0.8
② 1.0
③ 1.8
④ 2.0

| 해답 | ①

$i_c = \dfrac{\gamma_{sub}}{\gamma_w} = \dfrac{\gamma_{sat} - \gamma_w}{\gamma_w} = \dfrac{18 - 9.81}{9.81} = 0.83$

제1회 2019년 3월 3일

□□□ 산 90,00,06,07,12,13②,18④,19①

01 다음 중 말뚝의 정역학적 지지력공식은?

① Sander공식
② Terzaghi공식
③ Engineering News공식
④ Hiley공식

[해답] ②

말뚝의 지지력

정역학적 공식	동역학적 공식
• Terzaghi 공식	• Sander 공식
• Meyerhof 공식	• Hiley 공식
• Dörr의 공식	• Weisbach 공식
• Dunham 공식	• Engineering–News 공식

□□□ 산 00,02,06,12①,15②,16①,19①

02 그림과 같은 모래지반에서 X-X면의 전단강도는? (단, $\phi=30°$, $c=0$)

① 15.6kN/m²
② 21.4kN/m²
③ 31.2kN/m²
④ 42.7kN/m²

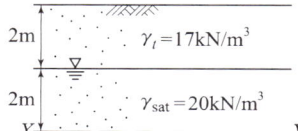

[해답] ③

$\tau = c + \bar{\sigma}\tan\phi$

• $\bar{\sigma} = \gamma_t h_1 + (\gamma_{sat} - \gamma_w)h_2$
  $= 17 \times 2 + (20 - 9.81) \times 2 = 54\text{kN/m}^2$

∴ $\tau = 0 + 54\tan 30° = 31.2\text{kN/m}^2$

□□□ 산 93,99,05,14,19①

03 2면 직접전단실험에서 전단력이 300N, 시료의 단면적이 10cm²일 때의 전단응력은?

① 0.15MPa
② 0.3MPa
③ 0.6MPa
④ 0.75MPa

[해답] ①

$\tau = \dfrac{S}{2A} = \dfrac{300}{2 \times 10 \times 10^2} = 0.15\text{N/mm}^2 = 0.15\text{MPa}$

□□□ 산 00,05,19①

04 아래는 불교란 흙 시료를 채취하기 위한 샘플러 선단의 그림이다. 면적비(A_r)를 구하는 식으로 옳은 것은?

① $A_r = \dfrac{D_s^2 - D_e^2}{D_e^2} \times 100(\%)$

② $A_r = \dfrac{D_w^2 - D_e^2}{D_e^2} \times 100(\%)$

③ $A_r = \dfrac{D_s^2 - D_c^2}{D_w^2} \times 100(\%)$

④ $A_r = \dfrac{D_s^2 - D_c^2}{D_s^2} \times 100(\%)$

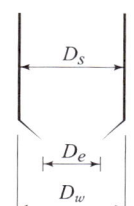

[해답] ②

면적비 $A_r = \dfrac{D_w^2 - D_e^2}{D_e^2} \times 100(\%)$

면적비 A_r는 10% 미만이 되어야 한다.

□□□ 산 90,97,14,19①

05 압밀계수가 $0.5 \times 10^{-2}\text{cm}^2/\text{s}$이고, 일면배수 상태의 5m 두께 점토층에서 90% 압밀이 일어나는데 소요되는 시간은? (단, 90% 압밀도에서 시간계수(T)는 0.848)

① 2.12×10^7초
② 4.24×10^7초
③ 6.36×10^7초
④ 8.48×10^7초

[해답] ②

$t_{90} = \dfrac{0.848 H^2}{C_v}$

$= \dfrac{0.848 \times 500^2}{0.5 \times 10^{-2}} = 4.24 \times 10^7 \text{sec}$

□□□ 산 02,10,12,19①

06 다음 그림과 같은 접지압 분포를 나타내는 조건으로 옳은 것은?

① 점토지반, 강성기초
② 점토지반, 연성기초
③ 모래지반, 강성기초
④ 모래지반, 연성기초

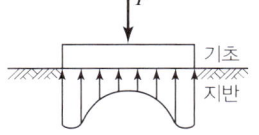

□□□ 산 97,00,04,10,13,18④

15 어떤 흙의 간극비(e)가 0.52이고, 흙 속에 흐르는 물의 이론 침투속도(v)가 0.214cm/s일 때 실제의 침투유속(v_s)은?

① 0.424cm/s   ② 0.525cm/s
③ 0.626cm/s   ④ 0.727cm/s

| 해답 | ③

실제 침투유속 $v_s = \dfrac{v}{n}$

• $n = \dfrac{e}{1+e} = \dfrac{0.52}{1+0.52} = 0.342$

∴ $v_s = \dfrac{0.214}{0.342} = 0.626 \text{cm/s}$

□□□ 산 95,11,14,18④

16 자연함수비가 액성한계보다 큰 흙은 어떤 상태인가?

① 고체상태이다.   ② 반고체 상태이다.
③ 소성상태이다.   ④ 액체상태이다.

| 해답 | ④

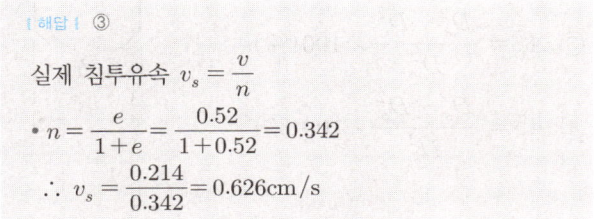
애터버그 한계

□□□ 산 94,00,18④

17 점착력(c)이 4kN/m², 내부마찰각(ϕ)이 30°, 흙의 단위중량(γ)이 16kN/m³인 흙에서 인장균열이 발생하는 깊이(z_o)는?

① 1.73m   ② 1.28m
③ 0.87m   ④ 0.29m

| 해답 | ③

$z_c = \dfrac{2c}{\gamma} \tan\left(45° + \dfrac{\phi}{2}\right)$
$= \dfrac{2 \times 4}{16} \tan\left(45° + \dfrac{30°}{2}\right) = 0.87\text{m}$

□□□ 산 95,99,08,18④

18 다음 중 순수한 모래의 전단강도(τ)를 구하는 식으로 옳은 것은? (단, c는 점착력, ϕ는 내부마찰각, σ는 수직응력이다.)

① $\tau = \sigma \cdot \tan\phi$ ② $\tau = c$
③ $\tau = c \cdot \tan\phi$ ④ $\tau = \tan\phi$

| 해답 | ①

Coulomb의 식 : $\tau = c + \sigma\tan\phi$

점토	$\phi = 0$	$\tau = c$
모래	$c = 0$	$\tau = \sigma \cdot \tan\phi$
실트	$\phi > 0,\ c > 0$	$\tau = c + \sigma\tan\phi$

□□□ 산 93,08,12,16,18④

19 흙의 비중(G_s)이 2.80, 함수비(w)가 50%인 포화토에 있어서 한계동수경사(i_c)는?

① 0.65   ② 0.75
③ 0.85   ④ 0.95

| 해답 | ②

한계동수경사 $i_c = \dfrac{G_s - 1}{1+e}$

• $G_s = \dfrac{Se}{w}$ 에서

$e = \dfrac{G_s w}{S} = \dfrac{2.80 \times 50}{100} = 1.4$ (∵ 포화도 $S = 100\%$)

∴ $i_c = \dfrac{G_s - 1}{1+e} = \dfrac{2.8 - 1}{1 + 1.4} = 0.75$

□□□ 산 90,00,06,07,12,13,18④,19①

20 다음 말뚝의 지지력 공식 중 정역학적 방법에 의한 공식은?

① Hiley 공식   ② Engineering-News 공식
③ Sander 공식   ④ Meyerhof의 공식

| 해답 | ④

말뚝의 지지력

정역학적 공식	동역학적 공식
• Terzaghi 공식	• Sander 공식
• Meyerhof 공식	• Hiley 공식
• Dörr의 공식	• Weisbach 공식
• Dunham 공식	• Engineering-News 공식

☐☐☐ 산 07,18④

09 포화 점토층의 두께가 6.0m이고 점토층 위와 아래는 모래층이다. 이 점토층이 최종 압밀침하량의 70%를 일으키는데 걸리는 기간은? (단, 압밀계수(C_v)= $3.6×10^{-3}$cm²/s이고, 압밀도 70%에 대한 시간계수(T_v)=0.403이다.)

① 116.6일　　② 342일
③ 233.2일　　④ 466.4일

| 해답 | ①

$$t_{90} = \frac{T_{90} H^2}{C_v}$$

$$= \frac{0.403 \times \left(\frac{600}{2}\right)^2}{3.6 \times 10^{-3}} \times \frac{1}{60 \times 60 \times 24} = 116.6일$$

☐☐☐ 산 94,98,02,06,08,11,12,18④,19②

10 다음 중 흙의 투수계수와 관계가 없는 것은?

① 간극비　　② 흙의 비중
③ 포화도　　④ 흙의 입도

| 해답 | ②

■ $K = D_s^2 \cdot \frac{\gamma_w}{\mu} \cdot \frac{e^3}{1+e} \cdot C$

D_s : 흙입자의 입경
μ : 물의 점성계수
e : 간극비
C : 합성형상계수

∴ 흙의 비중(G_s)은 흙의 투수계수(K)와 관계없다.

☐☐☐ 산 90,97,02,03,18④

11 안지름이 0.6mm인 유리관을 15℃의 정수 중에 세웠을 때 모관상승고(h_c)는? (단, 접촉각 α는 0°, 표면장력은 0.075g/cm)

① 6cm　　② 5cm
③ 4cm　　④ 3cm

| 해답 | ②

$$h_c = \frac{4T\cos\alpha}{\rho_w D} = \frac{4 \times 0.07 \cos 0°}{1 \times 0.06} = 5cm$$

☐☐☐ 산 04,05,07,18④

12 기초가 갖추어야 할 조건으로 가장 거리가 먼 것은?

① 동결, 세굴 등에 안전하도록 최소의 근입깊이를 가져야 한다.
② 기초의 시공이 가능하고 침하량이 허용치를 넘지 않아야 한다.
③ 상부로부터 오는 하중을 안전하게 지지하고 기초지반에 전달하여야 한다.
④ 미관상 아름답고 주변에서 쉽게 구득할 수 있고 값싼 재료로 설계되어야 한다.

| 해답 | ④

기초의 구비 조건
• 최소 기초 깊이를 유지할 것
• 상부 하중을 안전하게 지지해야 한다.
• 침하가 허용치를 넘지 않을 것
• 사용성, 경제성이 좋을 것
• 기초의 시공이 가능할 것

☐☐☐ 산 93,01,03,10,15,18②④

13 다음 중 사면의 안정해석방법이 아닌 것은?

① 마찰원법　　② Bishop의 간편법
③ 응력경로법　　④ Fellenius 방법

| 해답 | ③

사면의 안정해석법
• Bishop의 간편법 : 유효응력 해석법
• 마찰원법 : 균질한 토질지반에 적용
• Fellenius방법 : 전응력 해석법
• Taylor의 해법

☐☐☐ 산 04,08,10,18④

14 연약지반 개량공법으로 압밀의 원리를 이용한 공법이 아닌 것은?

① 프리로딩 공법　　② 바이브로 플로테이션 공법
③ 대기압 공법　　④ 페이퍼 드레인 공법

| 해답 | ②

바이브로 플로테이션 공법
모래지반에 봉상의 진동기를 삽입하여 진동시키면서 물을 분사시켜 물다짐과 진동에 의해 지반을 다지는 공법

□□□ 산 91,98,03,09,11,12,14,18④

04 모래 치환법에 의한 현장 흙의 단위무게 실험결과가 아래와 같다. 현장 흙의 건조밀도는?

- 실험구멍에서 파낸 흙의 중량 : 1600g
- 실험구멍에서 파낸 흙의 함수비 : 20%
- 실험구멍에 채워진 표준모래의 중량 : 1350g
- 실험구멍에 채워진 표준모래의 밀도 : 1.35g/cm³

① 0.93g/cm³
② 1.13g/cm³
③ 1.33g/cm³
④ 1.53g/cm³

|해답| ③

건조밀도 $\rho_d = \dfrac{W_s}{V} = \dfrac{\rho_t}{1+w}$

- 구멍의 체적 $V = \dfrac{W_s}{\rho_s} = \dfrac{1350}{1.35} = 1000\text{cm}^3$
- $\rho_t = \dfrac{W}{V} = \dfrac{1600}{1000} = 1.60\,\text{g/cm}^3$
- $\therefore \rho_d = \dfrac{\rho_t}{1+w} = \dfrac{1.60}{1+0.20} = 1.33\,\text{g/cm}^3$

□□□ 산 18④

05 점토의 자연시료에 대한 일축압축 강도가 38kN/m²이고, 이 흙을 되비볐을 때의 일축압축강도가 22MPa이었다. 이 흙의 점착력과 예민비는 얼마인가?
(단, 내부마찰각 $\phi = 0$이다.)

① 점착력 : 19kN/m², 예민비 : 1.73
② 점착력 : 190kN/m², 예민비 : 1.73
③ 점착력 : 19kN/m², 예민비 : 0.58
④ 점착력 : 190kN/m², 예민비 : 0.58

|해답| ①

- 점착력
$c = \dfrac{q_u}{2\tan\left(45° + \dfrac{\phi}{2}\right)} = \dfrac{38}{2\tan\left(45° + \dfrac{0°}{2}\right)} = 19\text{kN/m}^2$

- 예민비
$S_t = \dfrac{\text{불교란시료의 일축압축강도}}{\text{되비빔했을때의 일축압축강도}} = \dfrac{q_u}{q_{ur}}$
$= \dfrac{38}{22} = 1.73$

□□□ 산 90,02,05,08,16,18④

06 흙의 전단특성에서 교란된 흙이 시간이 지남에 따라 손실된 강도의 일부를 회복하는 현상을 무엇이라 하는가?

① Dilatancy
② Thixotropy
③ Sensitivity
④ Liquefaction

|해답| ②

- 이러한 현상을 틱소트로피(Thixotrophy)현상이라 한다.
- 다이러턴시(Dilatancy) : 조밀한 사질토에서 전단이 진행됨에 따라 부피가 증가되는 현상
- Sensitivity : 예민성
- Liquefaction : 액화현상

□□□ 산 12,18④

07 다짐에 대한 설명으로 틀린 것은?

① 점토를 최적함수비보다 작은 함수비로 다지면 분산구조를 갖는다.
② 투수계수는 최적함수비 근처에서 거의 최소값을 나타낸다.
③ 다짐에너지가 클수록 최대건조단위중량은 커진다.
④ 다짐에너지가 클수록 최적함수비는 작아진다.

|해답| ①

점성토에서 흙은 최적함수비보다 작은 함수비로 다지면 면모구조, 큰 함수비로 다지면 이산구조를 보인다.

□□□ 산 92,10,15,18④

08 다음 중 표준관입시험으로부터 추정하기 어려운 항목은?

① 극한지지력
② 상대밀도
③ 점성토의 연경도
④ 투수성

|해답| ④

N치로부터 추정되는 사항

모래 지반	점토 지반
• 상대밀도	• 점착력
• 탄성계수	• 일축압축강도
• 내부마찰각	• 컨시스턴시(연경도)
• 지지력계수	• 기초지반의 허용지지력
• 침하에 대한 허용지지력	• 파괴에 대한 극한지지력

□□□ 산 84,91,03,05,08,18②
19 노상토의 지지력을 나타내는 CBR 값의 단위는?

① kg/cm^2
② kg/cm
③ kg/cm^3
④ %

| 해답 | ④

$$CBR(\%) = \frac{시험단위하중}{표준단위하중} \times 100 = \frac{표준하중}{표준하중} \times 100$$

□□□ 산 90,96,01,03,06,10,12,14,15,16,17,18②,20③
20 비중이 2.60, 간극비가 0.60인 모래지반의 한계 동수경사는?

① 1.0
② 2.25
③ 4.0
④ 9.0

| 해답 | ①

한계동수경사 $i = \dfrac{G_s - 1}{1+e}$

∴ $i = \dfrac{2.60-1}{1+0.60} = 1.0$

제4회 2018년 9월 15일

□□□ 산 97,00,06,09,12,14,15,18④
01 다음의 지반개량공법 중 모래질 지반을 개량하는데 적합한 공법은?

① 다짐모래말뚝 공법
② 페이퍼 드레인 공법
③ 프리로딩 공법
④ 생석회 말뚝 공법

| 해답 | ①

연약지반개량공법

모래질 지반	점성토 지반
• 다짐모래말뚝공법	• 치환공법
• Compozer공법	• 프리로딩공법
• Vibro flotation공법	• 샌드 드레인공법
• 폭파다짐공법	• 페이퍼 드레인공법
• 전기 충격공법	• 전기침투 공법
• 약액 주입공법	• 생석회 말뚝공법

□□□ 산 89,99,08,10,12,13,17,18④
02 저항체를 땅 속에 삽입해서 관입, 회전, 인발 등의 저항을 측정하여 토층의 상태를 탐사하는 원위치 시험을 무엇이라 하는가?

① 오거보링
② 테스트 피트
③ 샘플러
④ 사운딩

| 해답 | ④

사운딩(sounding)
Rod에 붙인 어떤 저항체를 지중에 넣어 타격 관입, 인발 및 회전할 때의 흙의 전단강도를 측정하는 원위치 시험

□□□ 산 13,18④
03 흙의 액성한계·소성한계 시험에 사용하는 흙시료는 몇 mm체를 통과한 흙을 사용하는가?

① 4.75mm체
② 2.0mm체
③ 0.425mm체
④ 0.075mm체

| 해답 | ③

액성한계, 소성한계시험 시료는 No.40(425μm, 0.425mm) 체를 통과한 시료를 사용한다.

□□□ 산 97,13,18②

12 다짐시험의 조건이 아래의 표와 같을 때 다짐에너지 (E_c)를 구하면?

- 몰드의 부피(V) : 1000cm³
- 래머의 무게(W) : 25N
- 래머의 낙하높이(h) : 30cm
- 다짐 층수(N_L) : 3층
- 각 층당 다짐횟수(N_B) : 25회

① 46.25N·cm/cm³ ② 56.26N·cm/cm³
③ 66.25N·cm/cm³ ④ 76.25N·cm/cm³

| 해답 | ②

$$E_c = \frac{W_R \cdot H \cdot N_B \cdot N_L}{V}$$
$$= \frac{25 \times 30 \times 25 \times 3}{1000}$$
$$= 56.25\,N \cdot cm/cm^3 = 562.5 kN \cdot m/m^3$$

□□□ 산 07,11,18②

13 어떤 모래의 입경가적곡선에서 유효입경 $D_{10} = 0.01$mm이었다. Hazen공식에 의한 투수계수는? (단, 상수(C)는 100을 적용한다.)

① 1×10^{-4}cm/sec ② 2×10^{-6}cm/sec
③ 5×10^{-4}cm/sec ④ 5×10^{-6}cm/sec

| 해답 | ①

$K = C \cdot D_{10}^2$
- $D_{10} = 0.01\,mm = 0.001\,cm$
- $\therefore K = 100 \times 0.001^2 = 1 \times 10^{-4}$cm/sec

□□□ 산 10,18②

14 다음 중 느슨한 모래의 전단변위와 시료의 부피 변화 관계곡선으로 옳은 것은?

① ㉮
② ㉯
③ ㉰
④ ㉱

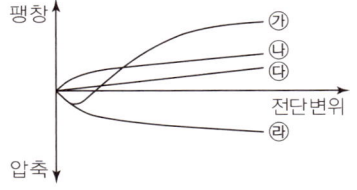

| 해답 | ④

느슨한 모래 : ㉱, 조밀한 모래 : ㉮

□□□ 산 94,02,07,18②

15 어느 흙의 액성한계는 35%, 소성한계가 22%일 때 소성지수는 얼마인가?

① 12 ② 13
③ 15 ④ 17

| 해답 | ②

소성지수 = 액성한계 - 소성한계
$\therefore I_P = W_L - W_P = 35 - 22 = 13\%$

□□□ 산 84,00,02,05,09,18②

16 다음 중에서 사운딩(sounding)이 아닌 것은?

① 표준관입시험 ② 일축압축시험
③ 원추관입시험 ④ 베인시험

| 해답 | ②

전단강도측정시험
직접전단시험, 일축압축시험, 삼축압축시험

□□□ 산 93,03,06,11,15,16,18②

17 연약지반 개량공법 중에서 일시적인 공법에 속하는 것은?

① 웰 포인트 공법 ② 치환공법
③ 콤포져 공법 ④ 샌드 드레인 공법

| 해답 | ①

일시적인 지반 개량공법
Well Point 공법, Deep Well 공법, 동결공법, 진공공법 (대기압공법)

□□□ 산 05,18②

18 다음의 흙 중 암석이 풍화되어 원래의 위치에서 토층이 형성된 흙은?

① 충적토 ② 이탄
② 퇴적토 ④ 잔적토

| 해답 | ④

잔적토
바위가 풍화해서 생성된 토사가 그의 생성된 같은 위치에서 모암상에 남아있는 흙

□□□ 산 91,93,98,00,03,05,07,08,17,18②

06 말뚝재하시험 시 연약점토지반인 경우는 pile의 타입 후 20여일이 지난 다음 말뚝재하실험을 한다. 그 이유로 가장 타당한 것은?

① 주면 마찰력이 너무 크게 작용하기 때문에
② 부마찰력이 생겼기 때문에
③ 타입시 주변이 교란되었기 때문에
④ 주위가 압축되었기 때문에

| 해답 | ③

연약 점토 지반에 말뚝을 타입하면 지반이 교란되어 강도가 저하되므로 이 강도가 회복(thixotrophy)되는 20일 이상 지난 후 말뚝재하실험을 실시한다.

□□□ 산 93,01,03,10,15,18②

07 다음 중 사면 안정 해석법과 관계가 없는 것은?

① 비숍(Bishop)의 방법
② 마찰원법
③ 펠레니우스(Fellenius)의 방법
④ 뷰지네스크(Boussinesq)의 이론

| 해답 | ④

■ 사면의 안정해석법
• Bishop방법 : 유효 응력 해석법
• 마찰원법 : 균질한 토질지반에 적용
• Fellenius방법 : 전응력 해석법
• Taylor의 해법
■ 뷰지네스크(Boussinesq)의 이론 : 지반내 응력분포이론

□□□ 산 95,03,06,13,15,18②④

08 포화점토의 일축압축시험 결과 자연상태 점토의 일축압축 강도와 흐트러진 상태의 일축압축 강도가 각각 $18kN/m^2$, $4kN/m^2$였다. 이 점토의 예민비는?

① 0.72 ② 0.22
③ 4.5   ④ 6.4

| 해답 | ③

예민비 $S_t = \dfrac{q_u}{q_{ur}} = \dfrac{18}{4} = 4.5$

• q_u : 불교란시료의 일축압축강도
• q_{ur} : 교란시료의 일축압축강도

□□□ 산 85,92,98,03,12,14,15,18②

09 평판재하시험이 끝나는 조건에 대한 설명으로 틀린 것은?

① 침하량이 15mm에 달할 때
② 하중강도가 현장에서 예상되는 최대 접지압력을 초과할 때
③ 하중강도가 그 지반의 항복점을 넘을 때
④ 흙의 함수비가 소성한계에 달할 때

| 해답 | ④

평판재하 시험의 끝나는 조건
• 침하량이 15mm에 달할 때
• 하중강도가 그 지반의 항복점을 넘을 때
• 하중강도가 현장에서 예상되는 최대 접지압력을 초과할 때

□□□ 산 96,08,16②,18②

10 그림과 같은 모래 지반에서 흙의 단위중량이 $18kN/m^3$이다. 정지토압 계수가 0.5이면 깊이 5m 지점에서의 수평응력은 얼마인가?

① $45kN/m^2$
② $80kN/m^2$
③ $135kN/m^2$
④ $150kN/m^2$

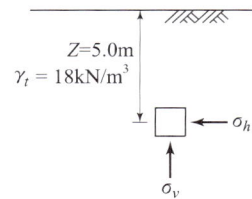

| 해답 | ①

• 수직응력 $\sigma_v = \gamma \cdot H = 18 \times 5 = 90 kN/m^2$
∴ 수평응력 $\sigma_h = K_A \cdot \sigma_v = 0.5 \times 90 = 45 kN/m^2$

□□□ 산 91,93,97,04,07,15,17,18②,19②

11 다음 중 얕은기초에 속하지 않는 것은?

① 피어기초   ② 전면기초
③ 독립확대기초 ④ 복합확대기초

| 해답 | ①

• 얕은(직접)기초 : footing기초(독립기초, 복합기초, 연속기초), 전면기초
• 깊은기초 : 말뚝기초, 피어기초, 케이슨기초

제2회 2018년 4월 28일

□□□ 산 18②

01 그림과 같은 지반에서 포화토 A－A면적에서의 유효응력은? (단, $\gamma_w = 9.81 kN/m^3$)

① $24 kN/m^2$
② $45 kN/m^2$
③ $56 kN/m^2$
④ $72 kN/m^2$

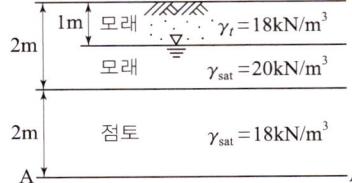

| 해답 | ②

[방법1] 유효 응력 $\overline{\sigma} = \sigma - u$
- 간극수압 $u = \gamma_w(h_2 + h_3)$
  $= 9.81 \times (1+2) = 29.43 kN/m^2$
- 전응력 $\sigma = \gamma_t h_1 + \gamma_{sat} h_2 + \gamma_{sat} h_3$
  $= 18 \times 1 + 20 \times 1 + 18 \times 2 = 74 kN/m^2$
∴ 유효 응력 $\overline{\sigma} = 74 - 29.43 = 45 kN/m^2$

[방법2] $\overline{\sigma} = \gamma_t h_1 + (\gamma_{sat} - \gamma_w) h_2 + (\gamma_{sat} - \gamma_w) h_3$
$= 18 \times 1 + (20 - 9.81) \times 1 + (18 - 9.81) \times 2$
$= 45 kN/m^2$

□□□ 산 90,96,98,99,09,12,15,18②

02 다음 그림과 같은 다층지반에서 연직방향의 등가투수계수?

1m	$K_1 = 5.0 \times 10^{-2}$ cm/sec
2m	$K_2 = 4.0 \times 10^{-3}$ cm/sec
1.5m	$K_3 = 2.0 \times 10^{-2}$ cm/sec

① 5.8×10^{-3} cm/sec
② 6.4×10^{-3} cm/sec
③ 7.6×10^{-3} cm/sec
④ 1.4×10^{-2} cm/sec

| 해답 | ③

연직방향의 등가 투수계수 K_v

$K_v = \dfrac{H}{\dfrac{H_1}{K_1} + \dfrac{H_2}{K_2} + \dfrac{H_3}{K_3}}$

$= \dfrac{100 + 200 + 150}{\dfrac{100}{5.0 \times 10^{-2}} + \dfrac{200}{4.0 \times 10^{-3}} + \dfrac{150}{2.0 \times 10^{-2}}}$

$= 7.6 \times 10^{-3}$ cm/sec

□□□ 산 84,88,92,96,07,09,18②

03 점토질 지반에 있어서 강성기초의 접지압 분포에 관한 다음 설명 중 옳은 것은?

① 기초의 중앙 부분에서 최대의 응력이 발생한다.
② 기초의 모서리 부분에서 최대의 응력이 발생한다.
③ 기초 부분의 응력은 어느 부분이나 동일하다.
④ 기초 밑면에서의 응력은 토질에 관계없이 일정하다.

| 해답 | ②

강성기초의 접지압 분포
- 점토지반 : 기초의 모서리 부분에서 최대응력이 발생한다.
- 모래지반 : 기초의 중앙 부분에서 최대응력이 발생한다.

□□□ 산 89,94,08,18②

04 압밀시험에서 시간－침하곡선으로부터 직접 구할 수 있는 사항은?

① 선행압밀압력
② 점성보정계수
③ 압밀계수
④ 압축지수

| 해답 | ③

■ 시간－침하곡선
압밀계수(C_v), 압축계수(a_v), 체적변화계수(m_v), 투수 계수(K), 1차 압밀비(γ)

■ $e - \log p$ 곡선
압축지수(C_c), 선행압밀하중(P_o)

□□□ 산 92,99,04,05,08,12,13,14,16,18②

05 어느 흙에 대하여 직접전단시험을 하여 수직응력이 0.3MPa일 때 0.2MPa의 전단강도를 얻었다. 이 흙의 점착력이 0.1MPa이면 내부마찰각은 약 얼마인가?

① $15.2°$
② $18.4°$
③ $21.3°$
④ $24.6°$

| 해답 | ②

$\tau = c + \sigma \tan\phi$에서
$\phi = \tan^{-1} \dfrac{\tau - c}{\sigma}$
$= \tan^{-1} \dfrac{0.2 - 0.1}{0.3} = 18.4°$

□□□ 산 00,02,18①

15 점성토의 전단특성에 관한 설명 중 옳지 않은 것은?

① 일축압축시험 시 peak점이 생기지 않을 경우는 변형률 15%일 때를 기준으로 한다.
② 재성형한 시료를 함수비의 변화 없이 그대로 방치하면 시간이 경과되면서 강도가 일부 회복하는 현상을 액상화 현상이라 한다.
③ 전단조건(압밀상태, 배수조건 등)에 따라 강도 정수가 달라진다.
④ 포화점토에 있어서 비압밀 비배수 시험의 결과 전단강도는 구속압력의 크기에 관계없이 일정하다.

| 해답 | ②

- thixotropy현상 : 재성형한 시료를 함수비의 변화없이 그대로 방치하면서 시간이 경과되면서 강도가 일부 회복하는 현상
- 액상화 현상 : 포화되어 있는 느슨하고 가는 모래가 지진이나 기타의 진동으로 인해 충격을 받아 전단강도가 감소되는 현상

□□□ 산 14,18①

16 유선망(流線網)에서 사용되는 용어를 설명한 것으로 틀린 것은?

① 유선 : 흙 속에서 물입자가 움직이는 경로
② 등수두선 : 유선에서 전수두가 같은 점을 연결한 선
③ 유선망 : 유선과 등수두선의 조합으로 이루어지는 그림
④ 유로 : 유선과 등수두선이 이루는 통로

| 해답 | ④

유로 : 인접한 두 유선 사이의 통로

□□□ 산 96,97,01,03,04,07,14,15,17,18①,19②

17 다음의 기초형식 중 직접기초가 아닌 것은?

① 말뚝기초   ② 독립기초
③ 연속기초   ④ 전면기초

| 해답 | ①

- 직접기초(얕은 기초) : 푸팅기초(독립, 연속, 확대기초), 전면기초(Mat기초)
- 깊은기초 : 말뚝기초, 피어기초, 케이슨기초

□□□ 산 02,17,18①

18 어느 흙의 지하수면 아래의 흙의 단위중량이 19.4kN/m^3이었다. 이 흙의 공극비가 0.84일 때 이 흙의 비중을 구하면? (단, $\gamma_w = 9.81\text{kN/m}^3$)

① 1.65   ② 2.65
③ 2.80   ④ 3.73

| 해답 | ③

포화밀도 $\gamma_{\text{sat}} = \dfrac{G_s + e}{1 + e}\gamma_w$

(∵ 지하수면 아래의 밀도는 포화밀도를 말한다.)

$e = 0.84$

$\gamma_{\text{sat}} = \dfrac{G_s + 0.84}{1 + 0.84} \times 9.81 = 19.4\text{kN/m}^3$에서

$(G_s + 0.84) \times 9.81 = 19.4 \times 1.84 = 35.70$

∴ $G_s = 2.80$

□□□ 산 18①

19 흙속에서 물의 흐름에 영향을 주는 주요 요소가 아닌 것은?

① 흙의 유효입경   ② 흙의 간극비
③ 흙의 상대밀도   ④ 유체의 점성계수

| 해답 | ③

$V = Ki$

- $K = D_s^2 \cdot \dfrac{\gamma_w}{\mu} \cdot \dfrac{e^3}{1+e} \cdot C = CD_{10}^2$

여기서, D_{10} : 흙의 유효입경, e : 흙의 간극비
μ : 유체의 점성계수, C : 합성 형성계수

□□□ 산 82,94,99,02,18①

20 다음과 같은 토질시험 중에서 현장에서 이루어지지 않는 시험은?

① 베인(vane)전단 시험   ② 표준관입 시험
③ 수축한계 시험   ④ 원추관입 시험

| 해답 | ③

수축한계 시험
불교란 시료를 이용하는 토성 시험으로 함수비가 감소해도 부피의 감소가 없는 최대의 함수비를 구하기 위한 실내 시험이다.

☐☐☐ 산 04,05,07,14,18①,19④

10 기초의 구비조건에 대한 설명으로 틀린 것은?

① 기초는 상부하중을 안전하게 지지해야 한다.
② 기초의 침하는 절대 없어야 한다.
③ 기초는 최소 동결깊이 보다 깊은 곳에 설치해야 한다.
④ 기초는 시공이 가능하고 경제적으로 만족해야 한다.

| 해답 | ②
침하가 허용치를 초과하지 않을 것

> **Remember**
>
> 기초의 구비 조건
> • 최소 기초 깊이를 유지할 것
> • 상부 하중을 안전하게 지지해야 한다.
> • 침하가 허용치를 넘지 않을 것
> • 사용성, 경제성이 좋을 것
> • 기초의 시공이 가능할 것

☐☐☐ 산 90,91,93,08,18①,19①

11 모래치환법에 의한 현장 흙의 단위무게 시험에서 모래를 사용하는 이유는?

① 시료의 부피를 알기 위해서
② 시료의 무게를 알기 위해서
③ 시료의 입경을 알기 위해서
④ 시료의 함수비를 알기 위해서

| 해답 | ①
표준모래(No.10~No.200)를 사용하여 시험구멍(흙을 파낸 구멍)의 체적(V)을 구한다.

☐☐☐ 산 90,03,04,06,12,15,16,17,18①,20③

12 토압의 종류는 주동토압, 수동토압 및 정지토압이 있다. 다음 중 그 크기의 순서로 옳은 것은?

① 주동토압 > 수동토압 > 정지토압
② 수동토압 > 정지토압 > 주동토압
③ 정지토압 > 수동토압 > 주동토압
④ 수동토압 > 주동토압 > 정지토압

| 해답 | ②
• 토압의 크기
  수동토압(P_P) > 정지토압(P_o) > 주동토압(P_A)
• 토압계수 크기
  수동토압계수(K_P) > 정지토압계수(K_o) > K_A(주동토압계수)

☐☐☐ 산 98,01,03,09,15,17,18①

13 10m×10m의 정사각형 기초 위에 60kN/m²의 등분포 하중이 작용하는 경우 지표면 아래 10m에서의 수직응력을 2 : 1분포법으로 구한 값은?

① 12kN/m² ② 15kN/m²
③ 18.8kN/m² ④ 21.1kN/m²

| 해답 | ②
2 : 1 분포법에서

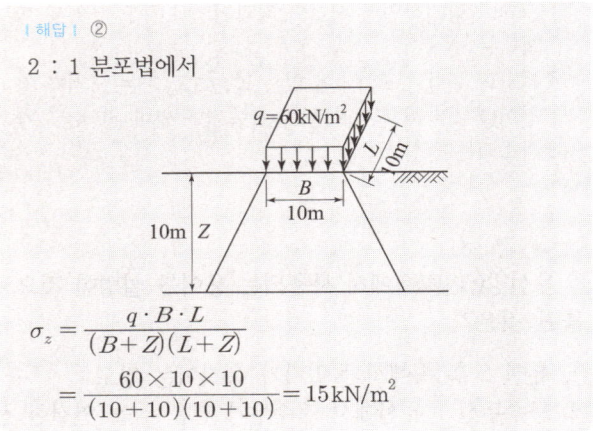

$$\sigma_z = \frac{q \cdot B \cdot L}{(B+Z)(L+Z)}$$
$$= \frac{60 \times 10 \times 10}{(10+10)(10+10)} = 15kN/m^2$$

☐☐☐ 산 95,98,08,14,18①

14 아래 표의 Terzaghi의 극한 지지력 공식에 대한 설명으로 틀린 것은?

$$q_u = \alpha c N_c + \beta \gamma_1 B N_r + \gamma_2 D_f N_q$$

① α, β는 기초 형상계수이다.
② 원형기초에서 B는 원의 직경이다.
③ 정사각형 기초에서 α의 값은 1.3이다.
④ N_c, N_r, N_q는 지지력 계수로서 흙의 점착력에 의해 결정된다.

| 해답 | ④
지지력계수 N_c, N_r, N_q는 흙의 내부마찰각(ϕ)에 의해 결정된다.

□□□ 산 10,14,18①

05 사질토 지반에서 직경 30cm의 평판재하시험 결과 300kN/m²의 압력이 작용할 때 침하량이 5mm라면, 직경 1.5m의 실제 기초에 300kN/m²의 하중이 작용할 때 침하량의 크기는?

① 28mm ② 50mm
③ 14mm ④ 25mm

| 해답 | ③

- $S_F = S_P \left(\dfrac{2B_F}{B_F + B_P}\right)^2 = 5 \times \left(\dfrac{2 \times 1.5}{1.5 + 0.3}\right)^2 = 14\,\text{mm}$

Remember

재하판의 크기에 따른 지지력과 침하량

분류	점토지반	모래지반
지지력	재하판에 무관 $q_{u(F)} = q_{u(P)}$	재하판 폭에 비례 $q_F = q_u \times \dfrac{B_F}{B_P}$
침하량	재하판 폭에 비례 $S_F = S_P \times \dfrac{B_F}{B_P}$	재하판에 무관 $S_F = S_P \left(\dfrac{2B_F}{B_F + B_P}\right)^2$

여기서, $q_{u(F)}$: 놓일기초의 극한 지지력
$q_{u(P)}$: 시험평판의 극한 지지력
B_F : 기초의 폭
B_P : 시험평판의 폭
S_P : 재하판의 침하량
S_F : 기초의 침하량

□□□ 산 97,00,04,10,13,18①

06 흙속으로 물이 흐를 때, Darcy법칙에 의한 유속(v)과 실제유속(v_s) 사이의 관계로 옳은 것은?

① $v_s < v$ ② $v_s > v$
③ $v_s = v$ ④ $v_s = 2v$

| 해답 | ②

실제 침투유속 $v_s = \dfrac{v}{n}$: 평균유속(v)는 실제유속(v_s)보다 느리다.
∴ $v_s > v (\because n < 1)$

□□□ 산 91,96,97,02,03,06,07,12,17,18①,20③

07 흙의 다짐에너지에 관한 설명으로 틀린 것은?

① 다짐 에너지는 램머(rammer)의 중량에 비례한다.
② 다짐 에너지는 램머(rammer)의 낙하고에 비례한다.
③ 다짐 에너지는 시료의 체적에 비례한다.
④ 다짐 에너지는 타격수에 비례한다.

| 해답 | ③

다짐에너지 $E_c = \dfrac{W_R \cdot H \cdot N_B \cdot N_L}{V}$

∴ 다짐 에너지(E_c)는 시료의 체적(V)에 반비례한다.

□□□ 산 18①

08 응력경로(stress path)에 대한 설명으로 틀린 것은?

① 응력경로를 이용하면 시료가 받는 응력의 변화과정을 연속적으로 파악할 수 있다.
② 응력경로에는 전응력으로 나타내는 전응력 경로와 유효응력으로 나타내는 유효응력 경로가 있다.
③ 응력경로는 Mohr의 응력원에서 전단응력이 최대인 점을 연결하여 구해진다.
④ 시료가 받는 응력상태를 응력경로로 나타내면 항상 직선으로 나타내어진다.

| 해답 | ④

시료가 받는 응력상태에 대해 응력경로를 나타내면 직선 또는 곡선으로 나타내어진다.

□□□ 산 02,08,18①

09 지하수위가 지표면과 일치되며 내부마찰각이 30°, 포화단위중량(γ_{sat}) 19.62kN/m³이며 점착력이 0인 사질토로 된 반무한사면이 15°로 경사져 있다. 이때 이 사면의 안전율은? (단, $\gamma_w = 9.81\,\text{kN/m}^3$)

① 1.00 ② 1.08
③ 2.00 ④ 2.15

| 해답 | ②

$F_s = \dfrac{\gamma_{\text{sub}} \tan\phi}{\gamma_{\text{sat}} \tan\beta} = \dfrac{(19.62 - 9.81) \times \tan 30°}{19.62 \times \tan 15°} = 1.08$

(∵ 지하수위가 지표면과 일치하는 경우)

02 토질 및 기초

제1회 2018년 3월 4일

01 어떤 흙의 입경가적곡선에서 $D_{10}=0.05\text{mm}$, $D_{30}=0.09\text{mm}$, $D_{60}=0.15\text{mm}$이었다. 균등계수 C_u와 곡률계수 C_g의 값은?

① $C_u=3.0,\ C_g=1.08$
② $C_u=3.5,\ C_g=2.08$
③ $C_u=3.0,\ C_g=2.45$
④ $C_u=3.5,\ C_g=1.82$

|해답| ①

- 균등계수 $C_u = \dfrac{D_{60}}{D_{10}} = \dfrac{0.15}{0.05} = 3.0$
- 곡률 계수 $C_g = \dfrac{D_{30}^2}{D_{10} \times D_{60}} = \dfrac{0.09^2}{0.05 \times 0.15} = 1.08$

02 어떤 흙 시료에 대하여 일축압축시험을 실시한 결과, 일축압축강도(q_u)가 300kN/m^2, 파괴면과 수평면이 이루는 각은 $45°$이었다. 이 시료의 내부마찰각(ϕ)과 점착력(c)은?

① $\phi=0,\ c=150\text{kN/m}^2$
② $\phi=0,\ c=300\text{kN/m}^2$
③ $\phi=90°,\ c=150\text{kN/m}^2$
④ $\phi=45°,\ c=0$

|해답| ①

- 내부마찰각
$\theta = 45° + \dfrac{\phi}{2}$
$\therefore\ \phi = 2\theta - 90° = 2 \times 45° - 90° = 0$
- 점착력
$c = \dfrac{q_u}{2}\tan\left(45° - \dfrac{\phi}{2}\right)$
$= \dfrac{300}{2}\tan\left(45° - \dfrac{0}{2}\right) = 150\text{kN/m}^2$

03 다음의 사운딩(sounding) 방법 중에서 동적인 사운딩(sounding)은?

① 이스키미터(iskymeter)
② 베인전단시험(vane shear test)
③ 화란식 원추관입시험(dutch cone penetration)
④ 표준관입시험(standard penetration test)

|해답| ④

동적인 사운딩 : 표준관입 시험, 동적 원추관입 시험

Remember

sounding의 분류

정적인 sounding	동적인 sounding
• 휴대용 원추관입시험 • 화란식 원추관입시험 • 스웨덴식 관입시험 • 이스키 미터 • 베인시험	• 동적 원추관입시험 • 표준관입시험(SPT)

04 두께 6m의 점토층이 있다. 이 점토의 간극비는 $e_o=2.0$이고 액성한계는 $w_L=70\%$이다. 압밀하중을 0.2MPa에서 0.4MPa로 증가시킬 때 예상되는 압밀침하량은? (단, 압축지수 C_c는 Skempton의 식 $C_c=0.009(w_L-10)$을 이용할 것)

① 0.33m
② 0.49m
③ 0.65m
④ 0.87m

|해답| ①

압밀침하량 $\Delta H = \dfrac{C_c \cdot H}{1+e}\log\dfrac{P_2}{P_1}$

- 압축지수 $C_c = 0.009(w_L - 10)$
$= 0.009(70-10) = 0.54$

$\therefore\ \Delta H = \dfrac{0.54 \times 6}{1+2.0}\log\dfrac{0.4}{0.2} = 0.33\text{m}$

□□□ 산 07,15,18,20
16 우리나라의 축척 1 : 50000 지형도에 있어서 등고선의 주곡선 간격은?

① 5m ② 10m
③ 20m ④ 100m

| 해답 | ③

등고선의 종류(단위 : m)

등고선의 종류	1:1000	1:5000	1:10000	1:25000	1:50000
계곡선	5	25	25	50	100
주곡선	1	5	5	10	20
간곡선	0.5	2.5	2.5	5	10
조곡선	0.25	1.25	1.25	2.5	5

□□□ 산 20
17 GNSS 위성측량시스템으로 틀린 것은?

① GPS ② GSIS
③ QZSS ④ GALILEO

| 해답 | ②

GNSS위성측량시스템
미국의 GPS, 러시아의 GLONASS, 유럽의 GALILEO, 일본의 QZSS 등이 이에 속한다.

□□□ 산 11,20
18 수준측량에서 전시와 후시의 거리를 같게 하여도 제거되지 않는 오차는?

① 시준선과 기포관축이 평행하지 않을 때 생기는 오차
② 표척 눈금의 읽음오차
③ 광선의 굴절오차
④ 지구곡률 오차

| 해답 | ②

• 등거리(전시와 후시 같게)시준시 소거되는 오차 : 지구 곡률오차(구차), 광선의 굴절오차(기차), 시준축오차 (기계적 오차)
• 레벨을 세우는 횟수를 짝수로 하면 표척의 눈금오차를 제거할 수 있다.

□□□ 산 97,16,20
19 직사각형 토지를 줄자로 측정한 결과가 가로 37.8m, 세로 28.9m이었다. 이 줄자는 표준길이 30m당 4.7cm가 늘어있었다면 이 토지의 면적 최대 오차는?

① $0.03m^2$ ② $0.36m^2$
③ $3.42m^2$ ④ $3.53m^2$

| 해답 | ③

면적오차 $\Delta A = A_o - A$

• $A_o = A\left(1 \pm \dfrac{e}{S}\right)^2$

$= 37.8 \times 28.9 \left(1 + \dfrac{0.047}{30}\right)^2 = 1095.846\,m^2$

∴ $\Delta A = 1095.846 - 37.8 \times 28.9 = 3.426\,m^2$

□□□ 산 12,20
20 단곡선 설치에서 교각이 45°이고 곡선반지름이 200m이면 곡선길이는?

① 174.32m ② 157.08m
③ 91.15m ④ 87.94m

| 해답 | ②

곡선길이 $C.L = \dfrac{\pi}{180°}RI = 0.01745\,RI°$

∴ $C.L = \dfrac{\pi}{180°} \times 200 \times 45° = 157.08m$

□□□ 산 04,05,06,07,09,10,14,16,20

11 교호수준 측량을 실시하여 다음의 결과를 얻었다. A점의 표고가 25.020m일 때 B점의 표고는?
(단, $a_1 = 2.42m$, $a_2 = 0.68m$, $b_1 = 3.88m$, $b_2 = 2.11m$)

① 23.065m
② 23.575m
③ 26.465m
④ 26.975m

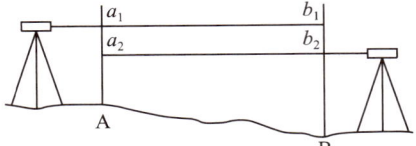

| 해답 | ②

- 고저차 $H = \dfrac{1}{2}\left[(a_1 - b_1) + (a_2 - b_2)\right]$
  $= \dfrac{1}{2}\left[(2.42 - 3.88) + (0.68 - 2.11)\right]$
  $= -1.445m$
- B점의 지반고 $H_B = H_A + H$
  $\therefore H_B = 25.020 + (-1.445) = 23.575m$

□□□ 산 10,12,13,15,17,20

12 우리나라에서 일반 철도의 노선에 많이 이용되는 완화곡선은?

① 1차 포물선
② 3차 포물선
③ 렘니스케이트
④ 클로소이드

| 해답 | ②

완화곡선

종류	용도
클로소이드 곡선	고속도로 IC
렘니스케이스 곡선	지하철
3차 포물선	철도 이용
반파장 sin체감곡선	고속철도

□□□ 산 11,15,18,20

13 폐합다각형의 관측결과 위거오차 $-0.005m$, 경거오차 $-0.042m$, 관측길이 327m의 성과를 얻었다면 폐합비는?

① $\dfrac{1}{20}$
② $\dfrac{1}{330}$
③ $\dfrac{1}{770}$
④ $\dfrac{1}{7730}$

| 해답 | ④

폐합비 $R = \dfrac{E}{\sum l} = \dfrac{1}{m}$

- 폐합오차 $E = \sqrt{(위거오차량)^2 + (경거오차량)^2}$
  $= \sqrt{(E_L)^2 + (E_D)^2}$
  $= \sqrt{(-0.005)^2 + (-0.042)^2} = 0.0423m$
- $\therefore$ 폐합비 : $R = \dfrac{E}{\sum l} = \dfrac{1}{m} = \dfrac{0.0423}{327} = \dfrac{1}{7730}$

□□□ 산 11,20

14 그림에서 B점의 지반고는? (단, $H_A = 39.695m$)

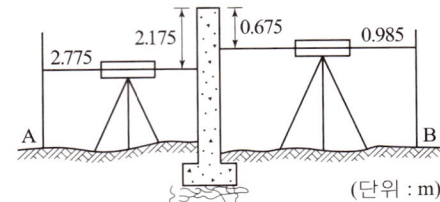

(단위 : m)

① 39.405m
② 39.985m
③ 42.985m
④ 46.305m

| 해답 | ③

$H_B = H_A + (\sum B.S - \sum F.S)$

- 전시 : $\sum B.C = 2.775 + (-0.675) = +2.100m$
- 후시 : $\sum F.S = -2.175 + 0.985 = -1.190m$
- $\therefore H_B = 39.695 + [2.100 - (-1.190)] = 42.985m$

참고 표척을 거꾸로 세워서 관측한 경우 그 표척의 읽음값은 (−) 부호를 붙여 계산한다.

□□□ 산 16②,20

15 수평각을 관측하는 경우, 조정 불완전으로 인한 오차를 최소로 하기 위한 방법으로 가장 좋은 것은?

① 관측방법을 바꾸어 가면서 관측한다.
② 여러 번 반복 관측하여 평균값을 구한다.
③ 정·반위관측을 실시하여 평균한다.
④ 관측값을 수학적인 방법을 이용하여 조정한다.

| 해답 | ③

수평각 관측에서 조정 불완전에서 오는 오차를 소거하는 방법은 정·반위관측을 실시하여 평균한다.

05 수위 관측소의 위치 선정 시 고려사항으로 옳지 않은 것은?

① 평시에는 홍수 때보다 수위표를 쉽게 읽을 수 있는 곳
② 지천의 합류점 및 분류점으로 수위의 변화가 뚜렷한 곳
③ 하안과 하상이 안전하고 세굴이나 퇴적이 없는 곳
④ 유속의 크기가 크지 않고 흐름이 직선인 곳

| 해답 | ②

지천에 의한 특별한 수위의 변화가 일어나지 않는 곳

Remember
수위관측소(양수표)의 설치장소
- 하상과 하안이 세굴, 퇴적이 안되는 곳
- 상하류 100m가량 직선인 곳
- 수위가 교각 등 구조물의 영향을 받지 않는 곳
- 홍수 때에도 쉽게 양수표를 읽을 수 있는 곳
- 홍수 때 관측소가 유실, 파손될 염려가 없는 곳
- 지천의 합류점과 같이 불규칙한 변화가 없는 곳
- 소용돌이, 역류 및 저수가 적은 곳이어야 한다.
- 양수표는 5~10km 마다 배치

06 곡선부에서 차량의 뒷바퀴가 앞바퀴보다 안쪽으로 주행하는 현상을 보완하기 위해 설치하는 것은?

① 길어깨(shoulder)   ② 확폭(slack)
③ 편경사(cant)   ④ 차폭(width)

| 해답 | ②

확폭
도로의 경우이며, 철도의 경우에는 슬랙(slack)이다.

07 다음 중 삼각점의 기준점 성과표가 제공하지 않는 성과는?

① 직각좌표   ② 경위도
③ 중력   ④ 표고

| 해답 | ③

삼각점의 기준점 성과표
삼각점의 위도, 경도, 표고, 직각좌표 등을 제공

08 노선 중심선에 따른 횡단측량 결과 1km+340m지점은 흙쌓기 면적 $50m^2$이고, 1km+360m지점은 흙깎기 $15m^2$으로 계산되었다. 두 측점 사이의 양단면평균법을 사용한 두 지점간의 토량은?

① 흙깎기 토량 $350m^3$ ② 흙깎기 토량 $650m^3$
③ 흙쌓기 토량 $350m^3$ ④ 흙쌓기 토량 $650m^3$

| 해답 | ③

양단면 평균법 $V = \dfrac{A_1+A_2}{2} \times L$

$= \dfrac{50-15}{2} \times (360-340) = 350\,m^3$

09 범세계적 위치결정체계(GNSS)에 대한 설명으로 옳지 않은 것은?

① 기상에 관계없이 위치결정이 가능하다.
② NNSS의 발전형으로 관측소요시간 및 정확도를 향상시킨 체계이다.
③ 우주부분, 제어부분, 사용자부분으로 구성되어 있다.
④ 사용되는 좌표계는 WGS72이다.

| 해답 | ④

세계 측지 기준계(WGS84)좌표계를 사용하므로 지역 기준계를 사용하는 사용자에게는 다소 번거로움이 있다.

10 트래버스측량에서 B점의 좌표 (200, 200)이고, BC측선의 길이가 100m 일 때 C점의 좌표는? (단, BC측선의 방위각은 195°이다.)

① C(-96.6, -25.9)   ② C(174.1, 103.4)
③ C(103.4, 174.1)   ④ C(-25.9, -96.6)

| 해답 | ③

- $X_C = X_B + \overline{BC}\cos\alpha = 200 + 100\cos 195°$
  $= 103.4m$ (위거)
- $Y_C = Y_B + \overline{BC}\sin\alpha = 200 + 100\sin 195°$
  $= 174.1m$ (경거)

∴ $C(103.4,\ 174.1)$

제4회 2020년 9월

□□□ 산 11,14,19,20

01 측량지역의 대소에 의한 측량의 분류에 있어서 지구의 곡률로부터 거리오차에 따른 정확도를 $1/10^7$까지 허용한다면 반지름 몇 km 이내를 평면으로 간주하여 측량할 수 있는가? (단, 지구의 곡률반지름은 6372km이다.)

① 3.49km
② 6.98km
③ 11.03km
④ 22.07km

| 해답 | ①

$$\frac{d-D}{D} = \frac{D^2}{12R^2} = \frac{\Delta l}{l}$$ 에서

• $\dfrac{1}{10000000} = \dfrac{D^2}{12 \times 6372^2}$

∴ 평면으로 볼 수 있는 한계

$D = \sqrt{\dfrac{12 \times 6372^2}{10000000}} = 6.98\text{km}$

∴ 반지름 $R = \dfrac{D}{2} = \dfrac{6.98}{2} = 3.49\text{km}$

□□□ 산 08,12,20

02 반지름 $R = 200$m인 원곡선을 설치하고자 한다. 도로의 시점으로부터 1243.27m 거리에 교점(I.P)이 있고 그림과 같이 ∠A와 ∠B를 관측하였을 때 원곡선시점(B.C)의 위치는? (단, 도로의 중심점 간격은 20m이다.)

① No.3+1.22m
② No.3+18.78m
③ No.58+4.49m
④ No.58+15.51m

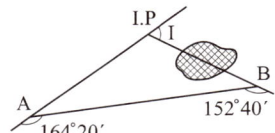

| 해답 | ③

B.C = I.P − T.L

• $I = (180° − 164°20′) + (180° − 152°40′) = 43°$
• I.P = 1243.27m
• $T.L = R\tan\dfrac{I}{2} = 200\tan\dfrac{43°}{2} = 78.78$m

∴ B.C = 1243.27 − 78.78 = 1164.49m
= No.58$\left(\dfrac{1160}{20}\right)$+4.49m

□□□ 산 20

03 다음 그림의 면적을 심프슨 제1법칙을 이용하여 구하면 얼마인가?

① 28.93m²
② 29.00m²
③ 29.10m²
④ 29.17m²

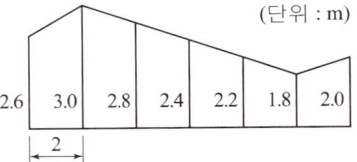

(단위 : m)

| 해답 | ①

[방법1] 심프슨 제1법칙

$A = \dfrac{d}{3}[y_1 + y_7 + 4(y_2 + y_4 + y_6) + 2(y_3 + y_5)]$

$= \dfrac{2}{3}[(2.6 + 2.0) + 4(3.0 + 2.4 + 1.8) + 2 \times (2.8 + 2.2)]$

$= 28.93\text{m}^2$

[방법2] 심프슨 제1법칙

• $A_1 = \dfrac{d}{3}(y_0 + 4y_1 + y_2) = \dfrac{2}{3}(2.6 + 4 \times 3.0 + 2.8) = 11.6\text{m}^2$
• $A_2 = \dfrac{d}{3}(y_0 + 4y_1 + y_2) = \dfrac{2}{3}(2.8 + 4 \times 2.4 + 2.2) = 9.73\text{m}^2$
• $A_3 = \dfrac{d}{3}(y_0 + 4y_1 + y_2) = \dfrac{2}{3}(2.2 + 4 \times 1.8 + 2.0) = 7.6\text{m}^2$

∴ $A = A_1 + A_2 + A_3 = 11.6 + 9.73 + 7.6 = 28.93\text{m}^2$

□□□ 산 99,00,10,12,20

04 1/5000 지형도에서 AB간의 도상거리가 1.2cm일 때 AB사이의 경사는? (단, A점간의 표고는 40m, B점의 표고는 25m이다.)

① 15%
② 19%
③ 21%
④ 25%

| 해답 | ④

경사 $i = \dfrac{\text{연직거리}(H)}{\text{수평거리}(D)}$

• $H = 40 − 25 = 15$m
• $D = 5000 \times 0.012 = 60$m

∴ $i = \dfrac{15}{60} \times 100 = 25\%$

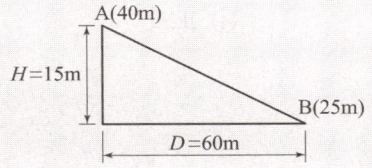

□□□ 산 11①,14①,20③

17 거리측량의 허용정밀도를 $\frac{1}{10^5}$ 이라 할 때, 반지름 몇 km 까지를 평면으로 볼 수 있는가? (단, 지구반지름 $r = 6400$km이다.)

① 11km ② 22km
③ 35km ④ 70km

| 해답 | ③

$\frac{d-D}{D} = \frac{D^2}{12R^2}$ 에서

- $\frac{1}{100000} = \frac{D^2}{12 \times 6400^2}$
- 평면으로 볼 수 있는 한계

$D = \sqrt{\frac{12 \times 6400^2}{100000}} = 70.11 \text{km}$

∴ 반지름 $R = \frac{D}{2} = \frac{70.11}{2} = 35 \text{km}$

□□□ 산 12②,13②.④,17①,19①,20③

18 우리나라의 노선측량에서 고속도로에 주로 이용되는 완화곡선은?

① 렘니스케이트 곡선 ② 클로소이드 곡선
③ 2차 포물선 ④ 3차 포물선

| 해답 | ②

완화곡선

종류	용도
클로소이드 곡선	고속도로 IC
렘니스케이스 곡선	지하철
3차 포물선	철도 이용
반파장 sin체감곡선	고속철도

□□□ 산 14②,20③

19 축척 1:50000 지도상에서 4cm^2인 영역의 지상에서 실제면적은?

① 1km^2 ② 2km^2
③ 100km^2 ④ 200km^2

| 해답 | ①

$A_0 = A \cdot m^2$
$= 4 \times 50000^2 \times \left(\frac{1}{100000}\right)^2 = 1\text{km}^2$

Remember

도상면적과 실제면적
- 실제면적 = 도상면적 × m^2
- 도상면적 = $\frac{실제면적}{m^2}$
- m : 축척의 분모수

□□□ 산 10④,16①,20③

20 교점(I.P.)의 위치가 기점으로부터 200.12m, 곡선반지름 200m, 교각 45° 00′ 인 단곡선의 시단현의 길이는? (단, 측점간 거리는 20m로 한다.)

① 2.72m ② 2.84m
③ 17.16m ④ 17.28m

| 해답 | ①

시단현 길이 $l_1 = $ BC앞말뚝 $-$ BC

- T.L $= R\tan\frac{I}{2} = 200\tan\frac{45°00'}{2} = 82.84\text{m}$
- BC $=$ IP의 거리 $-$ TL $= 200.12 - 82.84 = 117.28\text{m}$

∴ $l_1 = 120 - 117.28 = 2.72\text{m}$

13 수준측량에서 전시와 후시의 시준거리를 같게 하여 소거할 수 있는 오차는?

① 표척 눈금의 오독으로 발생하는 오차
② 표척을 연직방향으로 세우지 않아 발생하는 오차
③ 시준축이 기포관축과 평행하지 않기 때문에 발생하는 오차
④ 시차(조준의 불완전)에 의해 발생하는 오차

[해답] ③

전시와 후시의 거리를 되도록 같게 하면 시준선과 기포관축이 평행하지 않을 때 생기는 오차를 제거할 수 있다.
- 시준선과 기포관축이 평행하지 않을 때 생기는 오차
- 구차(球差)의 영향 제거
- 기차(氣差)의 영향 제거

14 완화곡선에 대한 설명으로 옳지 않은 것은?

① 완화곡선의 곡선반지름(R)은 시점에서 무한대이다.
② 완화곡선의 접선은 시점에서 직선에 접한다.
③ 완화곡선의 종점에 있는 캔트(cant)는 원곡선의 캔트(cant)와 같다.
④ 완화곡선의 길이(L)는 도로폭에 따라 결정된다.

[해답] ④

$$L = \frac{C \cdot N}{1000}$$

∴ 완화 곡선 길이(L)는 칸트(C)의 정수배에 비례한다.

15 측선 $\overline{AB}$의 관측거리가 100m일 때, 다음 중 B점의 X(N)좌표 값이 가장 큰 경우는? (단, A의 좌표 $X_A = 0$m, $Y_A = 0$m)

① $\overline{AB}$의 방위각(α) = 30°
② $\overline{AB}$의 방위각(α) = 60°
③ $\overline{AB}$의 방위각(α) = 90°
④ $\overline{AB}$의 방위각(α) = 120°

[해답] ①

AB의 방위 $\theta = \tan^{-1}\dfrac{Y_B - Y_A}{X_B - X_A}$

$= \tan^{-1}\dfrac{Y_B - 0}{X_B - 0} = \tan^{-1}\dfrac{Y_B}{X_B}$

- Y_B값은 크고, X_B값이 작을 수록 방위각(θ)은 크다.
- Y_B값은 작고, X_B값이 클수록 수록 방위각(θ)은 작다.

Remember

방위각의 크기일 때 좌표값
■ 방위각이 30°일 때
- $X_B = X_A + \overline{AB}\cos\theta$
  $= 0 + 100\cos 30° = 86.60$m
- $Y_B = Y_A + \overline{AB}\sin\theta$
  $= 0 + 100\sin 30° = 50$m
∴ B점의 좌표(86.60, 50)

■ 방위각이 60°일 때
- $X_B = X_A + \overline{AB}\cos\theta$
  $= 0 + 100\cos 60° = 50$m
- $Y_B = Y_A + \overline{AB}\sin\theta$
  $= 0 + 100\sin 60° = 86.6$m
∴ B점의 좌표(50, 86.6)

16 그림과 같이 A점에서 편심점 B'점을 시준하여 T_B'를 관측했을 때 B점의 방향각 T_B를 구하기 위한 보정량 x의 크기를 구하는 식으로 옳은 것은?

① $\rho''\dfrac{e\sin\phi}{S}$
② $\rho''\dfrac{e\cos\phi}{S}$
③ $\rho''\dfrac{S\sin\phi}{e}$
④ $\rho''\dfrac{S\cos\phi}{e}$

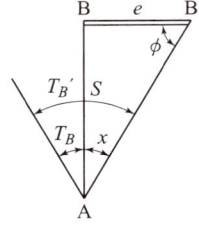

[해답] ①

$\dfrac{e}{\sin x} = \dfrac{S}{\sin\phi}$ 에서

- $x = \sin^{-1}\dfrac{e}{S}\sin\phi$ ∴ $x = \rho''\dfrac{e\sin\phi}{S}$

☐☐☐ 산 11④,13①,16④,20③

07 기지점 A로부터 기지점 B에 결합하는 트래버스측량을 실시하여 X좌표의 결합오차 +0.15m, Y좌표의 결합오차 +0.20m를 얻었다면 이 측량의 결합비는? (단, 전체 노선 거리는 2750m이다)

① $\frac{1}{18330}$ ② $\frac{1}{13750}$
③ $\frac{1}{12000}$ ④ $\frac{1}{11000}$

|해답| ④

폐합비 $R = \frac{\sqrt{\sum(위거)^2 + \sum(경거)^2}}{거리총합}$

$\therefore R = \frac{\sqrt{0.15^2 + 0.20^2}}{2750} = \frac{1}{11000}$

☐☐☐ 산 20

08 GNSS 수신데이터에 대한 공통데이터 포맷은?

① RINEX   ② DGPS
③ NGIS   ④ RTCM

|해답| ①

라이넥스(Receiver Independent Exchange Format)
• GNSS 관측데이터의 저장과 교환에 사용되는 세계 표준의 GNSS 데이터 자료형식을 말한다.
• GNSS 측량기로부터 수신된 원시 데이터는 GNSS 공통 포맷인 라이넥스(RINEX)파일로 변환하여 원시데이터와 함께 관리하여야 한다.

☐☐☐ 산 20③

09 수준측량 장비인 레벨의 기포관이 구비해야할 조건으로 가장 거리가 먼 것은?

① 유리관의 질은 오랜 시간이 흘러도 내부 액체의 영향을 받지 않을 것
② 유리관의 곡률반지름이 중앙부위로 갈수록 작아질 것
③ 동일 경사에 대해서는 기포의 이동이 동일할 것
④ 기포의 이동이 민감할 것

|해답| ②

유리관의 곡률반지름이 중앙부위로 갈수록 커야한다.

☐☐☐ 산 13④,20③

10 폐합 트래버스측량에서 각 관측의 정밀도가 거리 관측의 정밀도보다 높을 때 오차를 배분하는 방법으로 옳은 것은?

① 해당 측선 길이에 비례하여 배분한다.
② 해당 측선 길이에 반비례하여 배분한다.
③ 해당 측선의 위거와 경거의 크기에 비례하여 배분한다.
④ 해당 측선의 위거와 경거의 크기에 반비례하여 배분한다.

|해답| ③

트랜싯 법칙
각 측량의 정밀도가 거리의 정밀도보다 높다고 생각될 때 이용되는 것으로 위거, 경거의 오차를 각 측선의 위거 및 경거에 비례하여 배분한다.

☐☐☐ 산 11①,12②,13②,17①②,18①,20③

11 축척 1:5000 지형도(30cm×30cm)를 기초로 하여 축척이 1:50000인 지형도(30cm×30cm)를 제작하기 위해 필요한 1:5000 지형도의 수는?

① 50장   ② 100장
③ 150장   ④ 200장

|해답| ②

$\frac{A_2}{A_1} = \left(\frac{M_2}{M_1}\right)^2 = \left(\frac{50000}{5000}\right)^2 = 100$장

☐☐☐ 산 94,06,17②,20③

12 노선의 횡단측량에서 No.1+15m 측점의 절토 단면적이 100m², No.2 측점의 절토 단면적이 40m²일 때 두 측점 사이의 절토량은? (단, 중심말뚝 간격=20m)

① 350m³   ② 700m³
③ 1200m³   ④ 1400m³

|해답| ①

양단면 평균법
$V = \frac{A_1 + A_2}{2} \times L = \frac{100 + 40}{2} \times (20-15) = 350\,\text{m}^3$

☐☐☐ 산 11②,16②,19②,20③
03 기하학적 측지학에 속하지 않는 것은?

① 측지학적 3차원 위치의 결정
② 면적 및 체적의 산정
③ 길이 및 시(時)의 결정
④ 지구의 극운동과 자전운동

| 해답 | ④

지구의 극운동과 자전운동 : 물리학적 측지학

■ 측지학의 대상한도

물리학적 측지학	기하학적 측지학
• 중력측정	• 3차원 위치결정
• 지자기의 관측	• 길이 및 시간의 측정
• 탄성파 관측	• 수평위치의 결정
• 지각변동 및 균형	• 높이의 결정
• 지구의 열측정	• 천문측량
• 대륙의 부동	• 사진측량
• 해양의 조류	• 위성측지
• 지구의 조석측량	• 하해측지
• 지구의 형상 해석	• 지도제작(지도학)
• 지구의 극운동 및 자전운동	• 면적 및 체적 계산

☐☐☐ 산 04,05,06,07,09,10,14③④,16②,19①,20③
04 교호수준측량에서 A점의 표고가 60.00m일 때, $a_1=0.75$m, $b_1=0.55$m, $a_2=1.45$m, $b_2=1.24$m이면 B점의 표고는?

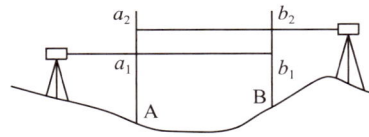

① 60.205m ② 60.210m
③ 60.215m ④ 60.200m

| 해답 | ①

- 고저차 $H=\dfrac{1}{2}[(a_1-b_1)+(a_2-b_2)]$
  $=\dfrac{1}{2}[(0.75-0.55)+(1.45-1.24)]$
  $=0.205$m
- B점의 지반고 $H_B=H_A+H$
  ∴ $H_B=60+0.205=60.205$m

☐☐☐ 산 18①,20③
05 수평각 측정법 중에서 가장 정확한 값을 얻을 수 있는 방법은?

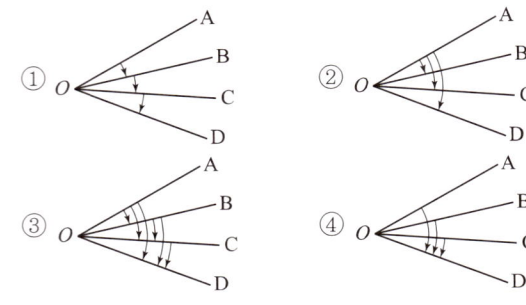

| 해답 | ③

조합각측정법(각관측법)
한 측점에서 모든 방향의 각을 전부 정·반위치에서 측정하는 방법으로서 1등 삼각 측량에 주로 사용하며 정도가 가장 높다.

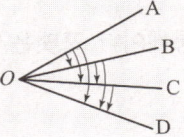

☐☐☐ 산 20③
06 곡선반지름이 200m인 단곡선을 설치하기 위하여 그림과 같이 교각 I를 관측할 수 없어 ∠AA'B', ∠BB'A'의 두 각을 관측하여 각각 141° 40'과 90° 20'의 값을 얻었다. 교각 I는?
(단, A : 곡선시점, B : 곡선종점)

① 38° 20'
② 38° 40'
③ 89° 40'
④ 128° 00'

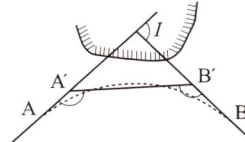

| 해답 | ④

교각 $I=∠PA'B'+∠PB'A'$

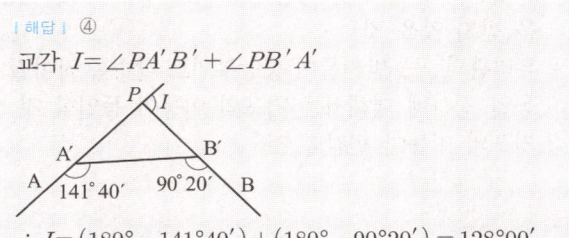

∴ $I=(180°-141°40')+(180°-90°20')=128°00'$

□□□ 산10④,11④,13④,16②,17②,19④,20②

18 매개변수(A)가 90m인 클로소이드 곡선에서 곡선길이(L)가 30m일 때 곡선의 반지름(R)은?

① 120m ② 150m
③ 270m ④ 300m

| 해답 | ③

$A^2 = RL$에서

$R = \dfrac{A^2}{L} = \dfrac{90^2}{30} = 270\text{m}$

□□□ 산 20②

19 어느 측선의 방위가 S60°W이고, 측선길이가 200m일 때 경거는?

① 173.2m ② 100m
③ −100m ④ −173.20m

| 해답 | ④

- 방위 S60°W : 3상한
- 방위각 $\alpha = 180° + 60° = 240°$
- 경거 $= L\sin\alpha = 200 \times \sin 240° = -173.20\text{m}$
- 위거 $= L\cos\alpha = 200\cos 240° = -100\text{m}$

□□□ 산 20②

20 하천의 종단측량에서 4km 왕복측량에 대한 허용오차가 C라고 하면 8km 왕복측량의 허용오차는?

① $\dfrac{C}{2}$ ② $\sqrt{2}\,C$
③ $2C$ ④ $4C$

| 해답 | ②

허용오차(C)는 거리의 제곱근($\sqrt{L}$)비례

$\sqrt{4} : C = \sqrt{8} : X$

$\therefore X = \dfrac{\sqrt{8}}{\sqrt{4}}C = \sqrt{2}\,C$

제3회 2020년 8월 22일

□□□ 산 11①,18①,20③

01 등고선의 성질에 대한 설명으로 틀린 것은?

① 등고선은 도면 내·외에서 반드시 폐합한다.
② 최대 경사방향은 등고선과 직각방향으로 교차한다.
③ 등고선은 급경사지에서는 간격이 넓어지며, 완경사지에서는 간격이 좁아진다.
④ 등고선은 경사가 같은 곳에서는 간격이 같다.

| 해답 | ③

등고선의 간격
- 경사가 급한 지역은 등고선 간격이 좁다.
- 경사가 완만한 지역은 등고선 간격이 넓다.

Remember

등고선의 성질
- 동일 등고선상에 있는 모든 점은 같은 높이이다.
- 최대경사의 방향은 등고선과 직각으로 교차한다.
- 등고선은 반드시 도면 안이나 밖에서 서로가 폐합한다.
- 분수선(능선)과 곡선(합수선)은 등고선과 직각으로 만난다.
- 등고선은 도중에 없어지거나 엇갈리거나 합쳐지거나 갈라지지 않는다.
- 등고선은 경사가 급한 곳에서는 간격이 좁고, 완만한 경사에서는 넓다.
- 높이가 다른 두 등고선은 동굴이나 절벽을 제외하고는 교차하지 않는다.

□□□ 산 20

02 기준국을 고정하여 기계를 설치하고 이동국으로 측량하여 모뎀 등을 이용하여 실시간으로 좌표를 얻음으로써 현황측량 등에 이용하는 GNSS 측량 기법은?

① DGPS ② RTK
③ PPP ④ PPK

| 해답 | ②

RTK(Real Time Kinematic)
위성신호 중 L_1/L_2의 반송파를 처리하여 1~2cm 정도의 위치정확도를 얻는 방법이다.

□□□ 산 13④,20②

13 측선 AB를 기준으로 하여 C방향의 협각을 관측하였더니 257° 36′ 37″이었다. 그런데 B점에 편위가 있어 그림과 같이 실제 관측한 점이 B′이었다면 정확한 협각은? (단, BB′ = 20cm, ∠B′BA = 150°, AB′ = 2km)

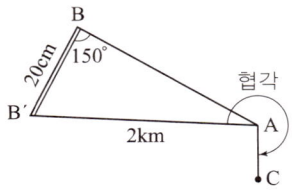

① 257° 36′ 17″ ② 257° 36′ 27″
③ 257° 36′ 37″ ④ 257° 36′ 47″

「해답」 ②

$$\frac{0.20}{\sin \angle BAB'} = \frac{2000}{\sin 150°}$$

• $\angle BAB' = \sin^{-1}\frac{0.20}{2000} \times \sin 150° = 10.31″$

∴ 협각 = 257°36′37″ − 10.31″ = 257°36′26.29″

□□□ 산 12,13②,17④,20②

14 노선측량에서 노선선정을 할 때 가장 중요한 요소는?

① 곡선의 대소(大小) ② 수송량 및 경제성
③ 곡선설치의 난이도 ④ 공사기일

「해답」 ②

• 토공량이 적도록 하고 절토와 성토가 균형을 이루도록 한다.
• 노선의 효율성, 즉, 경제성과 수송량

□□□ 산 14①,20②

15 삼각점을 선점할 때의 유의사항에 대한 설명으로 틀린 것은?

① 정삼각형에 가깝도록 할 것
② 영구 보존할 수 있는 지점을 택할 것
③ 지반은 가급적 연약한 곳으로 선정할 것
④ 후속작업에 편리한 지점일 것

「해답」 ③

삼각점은 될 수 있는 대로 측점수를 적게 하고, 지반이 견고하여 이동이나 침하가 되지 않는 곳이 좋다.

Remember

삼각점의 선점
• 지반이 견고하고 이동이나 침하가 되지 않는 곳을 택한다.
• 삼각점 상호간의 시준이 잘되고 기상의 영향을 받지 않는 곳이라야 한다.
• 삼각형은 정삼각형에 가깝고, 삼각형 내각은 30° ~ 120° 이내에 있도록 한다.
• 가능한 측점수가 적고, 세부측량 등 후속 측량에 이용가치가 큰 점이어야 한다.
• 높은 시준표와 관측대를 만들어 불필요한 노력과 경비를 낭비하지 않도록 한다.

□□□ 산 20②

16 30m 줄자의 길이를 표준자와 비교하여 검증하였더니 30.03m이었다면 이 줄자를 사용하여 관측 후 계산한 면적의 정밀도는?

① $\frac{1}{50}$ ② $\frac{1}{100}$
③ $\frac{1}{500}$ ④ $\frac{1}{1000}$

「해답」 ③

$$\frac{dA}{A} = 2\frac{dl}{l}$$
$$= 2 \times \frac{30.03 - 30}{30} = 2 \times \frac{0.03}{30} = \frac{1}{500}$$

□□□ 산 12,20②

17 해안지역의 장대교량 공사 중 교각의 정밀 위치 시공에 가장 유리한 측량방법은?

① 레이저측량
② GNSS측량
③ 토털스테이션을 이용한 지상측량
④ 레벨측량

「해답」 ②

GPS측량은 인공위성을 이용하여 정확하게 알고 있는 위성에서 발사하는 전파를 수신하여 관측점까지의 소요시간을 관측하여 지상 대상물의 위치를 결정하는 시스템

☐☐☐ 산 16①, 20②

09 수심 H인 하천에서 수면으로부터 수심이 0.2H, 0.4H, 0.6H, 0.8H인 지점의 유속이 각각 0.562m/s, 0.497m/s, 0.429m/s, 0.364m/s일 때 평균유속을 구한 것이 0.463m/s이었다면 평균유속을 구한 방법으로 옳은 것은?

① 1점법
② 2점법
③ 3점법
④ 4점법

해답 ②

- 4점법 : 수면에서 $\frac{1}{5}H$, $\frac{2}{5}H$, $\frac{3}{5}H$, $\frac{4}{5}H$ 되는 곳의 유속

$$V_m = \frac{1}{5}\left[(V_{0.2}+V_{0.4}+V_{0.6}+V_{0.8})+\frac{1}{2}\left(V_{0.2}+\frac{1}{2}V_{0.8}\right)\right]$$
$$= \frac{1}{5}\left((0.562+0.497+0.429+0.364)+\frac{1}{2}\left(0.562+\frac{0.364}{2}\right)\right)$$
$$= 0.445\,m/s$$

- 3점법 : 수면에서 $\frac{1}{5}H$, $\frac{3}{5}H$, $\frac{4}{5}H$ 되는 곳의 유속

$$V_m = \frac{1}{4}(V_{0.2}+2V_{0.6}+V_{0.8})$$
$$= \frac{1}{4}(0.562+2\times0.429+0.364)=0.446\,m/s$$

- 2점법 : 수심 $\frac{1}{5}H$, $\frac{4}{5}H$가 되는 곳의 유속을 평균유속으로 한다.

$$V_m = \frac{1}{2}(V_{0.2}+V_{0.8})$$
$$= \frac{1}{2}(0.562+0.364)=0.463\,m/s$$

☐☐☐ 산 90, 20②

10 50m에 대해 20mm 늘어나 있는 줄자로 정사각형의 토지를 측량한 결과, 면적이 62500m²이었다면 실제면적은?

① 62450m²
② 62475m²
③ 62525m²
④ 62550m²

해답 ④

$$A_0 = A\left(1+\frac{\Delta l}{l}\right)^2$$
$$= 62500\left(1+\frac{0.02}{50}\right)^2 = 62550\,m^2$$

☐☐☐ 산 93, 02, 20②

11 최소 제곱법의 원리를 이용하여 처리할 수 있는 오차는?

① 정오차
② 우연오차
③ 착오
④ 물리적 오차

해답 ②

우연 오차
- 최소자승법에 의하여 오차를 배분하는 방법
- 착오와 정오차를 제거하고도 남은 오차이다.
- 그 발생 원인이 확실하지 않으므로 확률 법칙에 따라 최소 제곱법의 원리를 사용하여 처리한다.
- 관측이 반복되는 동안 부분적으로 서로 상쇄되어 없어지기 때문에 상차 또는 부정오차라고도 한다.

☐☐☐ 산 11①, 17②, 20②

12 삼각점으로부터 출발하여 다른 삼각점에 결합시키는 형태로써 측량결과의 검사가 가능하며 높은 정확도의 다각측량이 가능한 트래버스의 형태는?

① 결합 트래버스
② 개방 트래버스
③ 폐합 트래버스
④ 기지 트래버스

해답 ①

결합 트래버스
어느 기지점으로부터 출발하여 다른 기지점으로 연결하는 측량방법으로 높은 정확도를 요구하는 대규모 지역의 측량에 이용되며 주로 삼각점을 사용한다.

Remember

트래버스 측량의 종류
- 결합 트래버스 : 측량 결과의 검사가 가능하며 가장 높은 정확도의 다각 측량을 할 수 있고 대규모 지역의 정확성을 요하는 측량에 좋다.
- 폐합 트래버스 : 측량 결과가 검사는 되나 결합 트래버스보다 정확도가 낮고 소규모 지역 측량에 좋다.
- 개방 트래버스 : 연속된 측점에 있어서 출발점과 종점간에 아무런 관련이 없는 것으로 측량결과의 점검이 안되어 높은 정확도의 측량에는 사용하지 않으나 노선 측량의 답사에는 편리한 방법이다.

05 지형을 보다 자세하게 표현하기 위해 다양한 크기의 삼각망을 이용하여 수치지형을 표현하는 모델은?

① TIN ② DEM
③ DSM ④ DTM

| 해답 | ①

수치지형데이터의 표본추출방법
• 적용적 추출방법(TIN) : 지형을 보다 자세하게 표현하기 위해 다양한 크기의 삼각망을 이용하여 수치지형을 표현하는 모델
• 계통적 추출방법(DEM) : 규칙적인 간격으로 추출하여 행렬방식의 DEM을 제작, 지형의 변화가 매우 불규칙한 경우에 수치지형을 표현하는 모델

Remember

TIN과 DEM의 특징

	TIN	DEM
지형의 특성	국지적 변이가 심한 지형	단순한 지형일 경우
모델링의 목적	보다 정교한 지형결과를 생성할 수 있음	중첩과 같은 공간적 분석 이용
응용의 목적	음영기복도의 생성	정사사진 생성 목적
데이터 획득의 방법	디지타이징	사진측량학적 방법

06 경사가 일정한 경사지에서 두 점간의 경사거리를 관측하여 150m를 얻었다. 두 점간의 고저차가 20m이었다면 수평거리는?

① 148.3m ② 148.5m
③ 148.7m ④ 148.9m

| 해답 | ③

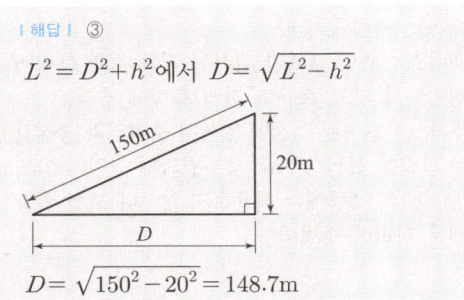

$L^2 = D^2 + h^2$ 에서 $D = \sqrt{L^2 - h^2}$

$D = \sqrt{150^2 - 20^2} = 148.7m$

07 수준측량의 오차 최소화 방법으로 틀린 것은?

① 표척의 영점오차는 기계의 설치 횟수를 짝수로 세워 오차를 최소화 한다.
② 시차는 망원경의 접안경 및 대물경을 명확히 조절한다.
③ 눈금오차는 기준자와 비교하여 보정값을 정하고 온도에 대한 온도보정도 실시한다.
④ 표척 기울기에 대한 오차는 표척을 앞뒤로 흔들 때의 최대값을 읽음으로 최소화 한다.

| 해답 | ④

표척 기울기에 대한 오차는 표척을 앞뒤로 흔들 때의 최소값을 읽음으로 최소화 한다.

08 그림과 같이 원곡선을 설치할 때 교점(P)에 장애물이 있어 ∠ACD=150°, ∠CDB=90° 및 CD의 거리 400m를 관측하였다. C점으로부터 곡선시점(A)까지의 거리는? (단, 곡선의 반지름은 500m이다.)

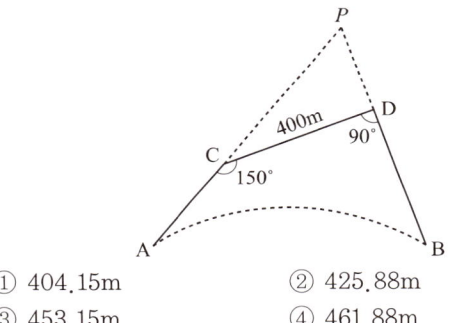

① 404.15m ② 425.88m
③ 453.15m ④ 461.88m

| 해답 | ①

$\overline{AC} = T.L - \overline{CP}$

• $T.L = R \tan \dfrac{I}{2}$

$I = (180° - 150°) + (180° - 90°) = 120°$

∴ $T.L = 500 \tan \dfrac{120°}{2} = 866.03m$

• $\dfrac{400}{\sin(180° - 120°)} = \dfrac{\overline{CP}}{\sin(180° - 90°)}$

∴ $\overline{CP} = \dfrac{400}{\sin 60°} \times \sin 90° = 461.88m$

∴ $\overline{AC} = 866.03 - 461.88 = 404.15m$

제1·2회 2020년 6월 6일

산 20②

01 폐합 트래버스측량을 실시하여 각 측선의 경거, 위거를 계산한 결과, 측선34의 자료가 없었다. 측선34의 방위각은? (단, 폐합오차는 없는 것으로 가정한다.)

측선	위거(m)		경거(m)	
	N	S	E	W
12		2.33		8.55
23	17.87			7.03
34				
41		30.19	5.97	

① 64° 10′ 44″   ② 33° 15′ 50″
③ 244° 10′ 44″   ④ 115° 49′ 14″

| 해답 | ②

$$\tan\theta = \frac{경거(D)}{위거(L)}$$

- 34의 위거(D) = (30.19+2.33)−17.87 = 14.65m
- 34의 경거(L) = (8.55+7.03)−5.97 = 9.61m

$$\therefore 방위각\ \theta = \tan^{-1}\frac{9.61}{14.65} = 33°\ 15′\ 50″$$

산 11①, 16①, 20②

02 갑, 을 두 사람이 A, B 두 점간의 고저차를 구하기 위하여 왕복 수준 측량한 결과가 갑은 38.994m±0.008m, 을은 39.003m±0.004m일 때, 두 점간 고저차의 최확값은?

① 38.995m   ② 38.999m
③ 39.001m   ④ 39.003m

| 해답 | ③

최확값 $H_o = \dfrac{H_A P_A + H_B P_B}{P_A + P_B}$

- 경중률은 평균제곱오차의 자승에 반비례

$$P_A : P_B = \frac{1}{8^2} : \frac{1}{4^2} = \frac{1}{64} : \frac{1}{16} = 1 : 4$$

$$\therefore H_P = \frac{38.994 \times 1 + 39.003 \times 4}{1+4} = 39.0012\text{m}$$

산 06, 10④, 11①, 14①, 16④, 20②

03 측량결과 그림과 같은 지역의 면적은?

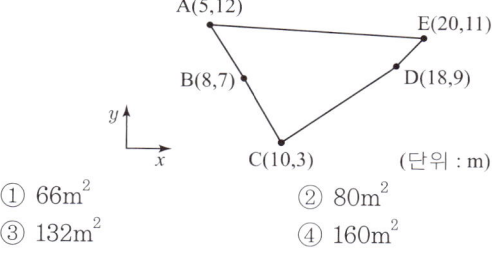
(단위 : m)

① 66m²   ② 80m²
③ 132m²   ④ 160m²

| 해답 | ①

배면적 계산

측점	합위거	합경거	배면적 $(X_{i-1}-X_{i+1})Y_i$
A	5	12	(20−8)×12=144
B	8	7	(5−10)×7=−35
C	10	3	(8−18)×3=−30
D	18	9	(10−20)×9=−90
E	20	11	(18−5)×11=143
계			132m²

- 배면적 2A = | 132 | m²

$$\therefore 면적\ A = \frac{배면적}{2} = \frac{132}{2} = 66\text{m}^2$$

산 15, 20②

04 원곡선의 설치에서 교각이 35°, 원곡선 반지름이 500m일 때 도로 기점으로부터 곡선시점까지의 거리가 315.45m이면 도로 기점으로부터 곡선종점까지의 거리는?

① 593.38m   ② 596.88m
③ 620.88m   ④ 625.36m

| 해답 | ③

종점의 위치 E.C = B.C + C.L

- B.C = 315.45m
- 곡선장 $C.L = \dfrac{\pi}{180°}RI°$

$$= \frac{\pi}{180°} \times 500 \times 35° = 305.43\text{m}$$

$$\therefore E.C = B.C + C.L$$
$$= 315.45 + 305.43 = 620.88\text{m}$$

□□□ 산 05,07,08,10②,12②,19④

19 그림의 등고선에서 AB의 수평거리가 40m일 때 AB의 기울기는?

① 10%
② 20%
③ 25%
④ 30%

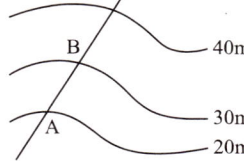

| 해답 | ③

기울기 $i = \dfrac{h}{D} \times 100 = \dfrac{30-20}{40} \times 100 = 25\%$

□□□ 산 12①,15②,16①,19④

20 축척 1 : 1000에서의 면적을 측정하였더니 도상면적이 3cm²이었다. 그런데 이 도면 전체가 가로, 세로 모두 1%씩 수축되어 있었다면 실제면적은?

① 29.4m²
② 30.6m²
③ 294m²
④ 306m²

| 해답 | ④

$A_o = A(1 \pm \epsilon)^2$

• $A = 3 \times 1000^2 = 3000000 \text{cm}^2 = 300 \text{m}^2$

∴ $A_o = 300 \times \left(1 + \dfrac{1}{100}\right)^2 = 306 \text{m}^2$

[도면이 줄면 면적이 늘고(+), 도면이 늘면 면적이 준다(−)]

□□□ 산 11②,19④
13 종단 및 횡단측량에 대한 설명으로 옳은 것은?

① 종단도의 종축척과 횡축척은 일반적으로 같게 한다.
② 노선의 경사도 형태를 알려면 종단도를 보면 된다.
③ 횡단측량은 종단측량보다 높은 정확도가 요구된다.
④ 노선의 횡단측량을 종단측량보다 먼저 실시하여 횡단도를 작성한다.

[해답] ②

- 종단도의 종축척과 횡축척은 일반적으로 다르게 한다.
- 종단측량은 횡단측량보다 높은 정확도가 요구된다.
- 노선의 종단측량을 횡단측량보다 먼저 실시하여 종단도를 작성한다.

□□□ 산10①,11④,13①,15④,16④,17②,19④,20③
14 수준측량에서 전시와 후시의 시준거리를 같게 하여 소거할 수 있는 오차는?

① 표척의 눈금읽기 오차
② 표척의 침하에 의한 오차
③ 표척의 눈금 조정 부정확에 의한 오차
④ 시준선과 기포관 축이 평행하지 않기 때문에 발생되는 오차

[해답] ④

전시와 후시의 거리를 되도록 같게 하면 시준선과 기포관 축이 평행하지 않을 때 생기는 오차를 제거할 수 있다.
- 시준선과 기포관축이 평행하지 않을 때 생기는 오차
- 구차(球差)의 영향 제거
- 기차(氣差)의 영향 제거

□□□ 산 16,19
15 GPS 위성의 기하학적 배치상태에 따른 정밀도 저하율을 뜻하는 것은?

① 다중경로(Multipath)   ② DOP
③ A/S   ④ 사이클 슬립(Cycle Slip)

[해답] ②

위성의 배치 상태에 따른 정밀도 저하율(DOP : Dilution Of Precision)

□□□ 산 14①,19④
16 산지에서 동일한 각관측의 정확도로 폐합트래버스를 관측한 결과, 관측점수(n)가 11개, 각관측 오차가 $1'15''$이었다면 오차의 배분 방법으로 옳은 것은? (단, 산지의 오차한계는 $\pm 90''\sqrt{n}$을 적용한다.)

① 오차가 오차한계보다 크므로 재관측하여야 한다.
② 각의 크기에 상관없이 등분하여 배분한다.
③ 각의 크기에 반비례하여 배분한다.
④ 각의 크기에 비례하여 배분한다.

[해답] ②

산지의 오차 = $\pm 90''\sqrt{n} = \pm 90''\sqrt{11} = 298.5'' > 75''$
∴ 관측각의 크기에 상관없이 등분하여 배분한다.

□□□ 산 19④
17 위성의 배치상태에 따른 GNSS의 오차 중 단독측위(독립측위)와 관련이 없는 것은?

① GDOP   ② RDOP
③ PDOP   ④ TDOP

[해답] ②

- 단독측위(독립측위) : GPS 수신기 1대에 의한 것으로 GPS 측위의 기본적인 방법
- GDOP : 기하학적 정밀도 저하율
- PDOP : 위치정밀도 저하율
- TDOP : 시간정밀도 저하율
- 상대측위 : RDOP ; 상대정밀도 저하율

□□□ 산 11①,13①,19④
18 편각법에 의하여 원곡선을 설치하고자 한다. 곡선반지름이 500m, 시단현이 12.3m일 때 시단현의 편각은?

① $36'27''$ ② $39'42''$
③ $42'17''$ ④ $43'43''$

[해답] ③

$$\delta = 1718.87' \frac{l}{R} = 1718.87' \times \frac{12.3}{500} = 0°42'17''$$

또는 $\delta = \dfrac{180°}{\pi} \dfrac{l}{2R} = \dfrac{180°}{\pi} \times \dfrac{12.3}{2 \times 500} = 0°42'17''$

09 하천의 평균유속을 구할 때 횡단면의 연직선 내에서 일점법으로 가장 적합한 관측 위치는?

① 수면에서 수심의 2/10 되는 곳
② 수면에서 수심의 4/10 되는 곳
③ 수면에서 수심의 6/10 되는 곳
④ 수면에서 수심의 8/10 되는 곳

해답 ③

- 1점법 : 수심 $\frac{6}{10}H$가 되는 곳의 유속을 평균유속으로 한다.
  $V_m = V_{0.6}$
- 2점법 : 수심 $\frac{1}{5}H$, $\frac{4}{5}H$가 되는 곳의 유속을 평균유속으로 한다.
  $V_m = \frac{1}{2}(V_{0.2} + V_{0.8})$
- 3점법 : 수면에서 $\frac{1}{5}H$, $\frac{3}{5}H$, $\frac{4}{5}H$되는 곳의 유속을 평균유속으로 한다.
  $V_m = \frac{1}{4}(V_{0.2} + 2V_{0.6} + V_{0.8})$
- 4점법 : 수면에서 $\frac{1}{5}H$, $\frac{2}{5}H$, $\frac{3}{5}H$, $\frac{4}{5}H$, 되는 곳의 유속을 평균유속으로 한다.
  $V_m = \frac{1}{5}\left[(V_{0.2} + V_{0.4} + V_{0.6} + V_{0.8}) + \left(\frac{1}{2}V_{0.2} + \frac{1}{2}V_{0.8}\right)\right]$

10 지구전체를 경도는 6° 씩 60개로 나누고, 위도는 8° 씩 20개(남위 80°~북위 84°)로 나누어 나타내는 좌표계는?

① UPS 좌표계
② UTM 좌표계
③ 평면직각 좌표계
④ WGS 84 좌표계

해답 ②

UTM 좌표계
- 경도 : 동경 180° 기준 6° 간격으로 60구분으로 나누고 경도원점은 중앙 자오선이다.
- 위도 : 8° 간격으로 20구분, 위도원점은 적도상에 있다.
- 축척은 중앙자오선에서 멀어짐에 따라 커진다.
- 우리나라는 51구역(ZONE)과 52구역(ZONE)에 위치하고 있다.

11 어느 지역의 측량 결과가 그림과 같다면 이 지역의 전체 토량은? (단, 각 구역의 크기는 같다.)

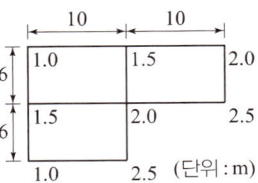

① 200m³
② 253m³
③ 315m³
④ 353m³

해답 ③

- $V = \frac{a \cdot b}{4}(\sum h_1 + 2\sum h_2 + 3\sum h_3 + 4\sum h_4)$
- $\sum h_1 = 1 + 2 + 2.5 + 2.5 + 1 = 9m$
- $\sum h_2 = 1.5 + 1.5 = 3m$
- $\sum h_3 = 2m$
- $\therefore V = \frac{6 \times 10}{4} \times (9 + 2 \times 3 + 3 \times 2) = 315m^3$

12 다음 조건에 따른 C점의 높이 최확값은?

A점에서 관측한 C점의 높이 : 243.43m
B점에서 관측한 C점의 높이 : 243.31m
A~C의 거리 : 5km, B~C의 거리 : 10km

① 243.35m
② 243.37m
③ 243.39m
④ 243.41m

해답 ③

최확치 $H_C = \frac{P_A H_A + P_B H_B}{P_A + P_B}$

- 경중률은 거리에 반비례

코스	측정결과	거리
A	243.43m	5km
B	243.31m	10km

- 경중률 $P_A : P_B = \frac{1}{5} : \frac{1}{10} = 2 : 1$

$\therefore H_o = 243 + \frac{0.43 \times 2 + 0.31 \times 1}{2 + 1} = 243.39m$

□□□ 산 11①,14①,19④,20③

04 측량지역의 대소에 의한 측량의 분류에 있어서 지구의 곡률로부터 거리오차에 따른 정확도를 $1/10^7$까지 허용한다면 반지름 몇 km 이내를 평면으로 간주하여 측량할 수 있는가? (단, 지구의 곡률반지름은 6372km이다.)

① 3.49km   ② 6.98km
③ 11.03km ④ 22.07km

|해답| ①

- $\dfrac{d-D}{D} = \dfrac{D^2}{12R^2} = \dfrac{\Delta l}{l}$ 에서
- $\dfrac{1}{10000000} = \dfrac{D^2}{12 \times 6372^2}$

∴ 평면으로 볼 수 있는 한계

$D = \sqrt{\dfrac{12 \times 6372^2}{10000000}} = 6.98 \text{km}$

∴ 반지름 $R = \dfrac{D}{2} = \dfrac{6.98}{2} = 3.49 \text{km}$

□□□ 산 10④,19④

05 그림과 같은 관측값을 보정한 ∠AOC는?

∠AOB= 23° 45′ 30″(1회 관측)
∠BOC= 46° 33′ 20″(2회 관측)
∠AOC= 70° 19′ 11″(4회 관측)

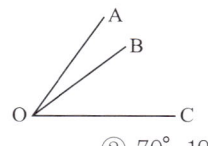

① 70° 19′ 08″   ② 70° 19′ 10″
③ 70° 19′ 11″   ④ 70° 19′ 18″

|해답| ①

- 오차 = 23°45′30″ + 46°33′20″ − 70°19′11″ = −21″
- 경중률은 관측회수에 반비례한다.
  $P_A : P_B : P_C = \dfrac{1}{1} : \dfrac{1}{2} : \dfrac{1}{4} = 4 : 2 : 1$
- 경중률에 비례하여 조정량을 분배
  각A의 조정량 $= \dfrac{1}{4+2+1} \times 21″ = 3″$
  ∴ ∠A의 최확값 $= 70°19′11″ − 3″ = 70°19′8″$
  [큰 각에는 (+), 작은 각에는 (−)]

□□□ 산 10②,14①,19①④

06 수준측량에서 도로의 종단측량과 같이 중간시가 많은 경우에 현장에서 주로 사용하는 야장기입법은?

① 기고식   ② 고차식
③ 승강식   ④ 회귀식

|해답| ①

- 기고식 : 종단측량과 같이 중간점(I.P)이 많을 때 사용한다.
- 승강식 : 중간점이 많은 수준측량의 경우에는 계산이 복잡해지는 단점이 있다.
- 고차식 : 가장 간단한 방법으로 두 점 사이의 표고차만을 구하는 것이 주목적이다.

□□□ 산 13②,19④

07 $\overline{AB}$ 측선의 방위각이 50° 30′이고 그림과 같이 각 관측을 실시하였다. $\overline{CD}$ 측선의 방위각은?

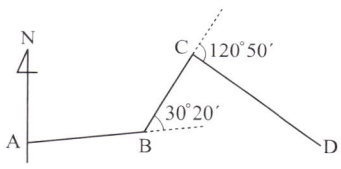

① 139° 00′   ② 141° 00′
③ 151° 40′   ④ 201° 40′

|해답| ②

어느 측선의 방위각 = 하나 앞의 측선의 방위각
                  + 그 측점의 편각

- BC의 방위각 = 50° 30′ − 30° 20′ = 20° 10′
- CD의 방위각 = 20° 10′ + 120° 50′ = 141° 00′

□□□ 산 15④,19④

08 지형도를 작성할 때 지형 표현을 위한 원칙과 거리가 먼 것은?

① 기복을 알기 쉽게 할 것
② 표현을 간결하게 할 것
③ 정량적 계획을 엄밀하게 할 것
④ 기호 및 도식은 많이 넣어 세밀하게 할 것

|해답| ④

기호 및 도식을 가급적 적게 넣어 간결하게 할 것

□□□ 산 19②
20 다각측량의 특징에 대한 설명으로 옳지 않은 것은?

① 삼각측량에 비하여 복잡한 시가지나 지형의 기복이 심해 시준이 어려운 지역의 측량에 적합하다.
② 도로, 수로, 철도와 같이 폭이 좁고 긴 지역의 측량에 편리하다.
③ 국가평면기준점 결정에 이용되는 측량방법이다.
④ 거리와 각을 관측하여 측점의 위치를 결정하는 측량이다.

[해답] ③
국가 기본 삼각점이 멀리 배치되어 있어 좁은 지역에 세부 측량의 기준이 되는 점을 추가 설치할 경우에 편리하다.

제4회 2019년 9월 21일

□□□ 산 16②,19④
01 삼각점 표석에서 반석과 주석에 관한 내용 중 틀린 것은?

① 반석과 주석의 재질은 주로 금속을 이용한다.
② 반석과 주석의 십자선 중심은 동일 연직선상에 있다.
③ 반석과 주석의 설치를 위해 인조점을 설치한다.
④ 반석과 주석의 두부상면은 서로 수평이 되도록 설치한다.

[해답] ①
반석과 주석의 재질은 주로 화강암을 이용한다.

□□□ 산 19④
02 그림과 같은 도로의 횡단면도에서 AB의 수평거리는?

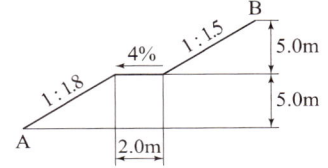

① 8.1m
② 12.3m
③ 14.3m
④ 18.5m

[해답] ④
AB = 높이×구배×높이(nh)+d+구배×높이(nh)
    = 1.8×5+2+1.5×5 = 18.5m

□□□ 산 10④,11④,13④,16②,17①②,19④,20②
03 매개변수 $A=100m$인 클로소이드 곡선길이 $L=50m$에 대한 반지름은?

① 20m
② 150m
③ 200m
④ 500m

[해답] ③
$A^2 = RL$에서
$R = \dfrac{A^2}{L} = \dfrac{100^2}{50} = 200m$

□□□ 산 19②

15 측지학을 물리학적 측지학과 기하학적 측지학으로 구분할 때, 물리학적 측지학에 속하는 것은?

① 면적의 산정 ② 체적의 산정
③ 수평위치의 산정 ④ 지자기 측정

| 해답 | ④

측지학의 대상한도

물리학적 측지학	기하학적 측지학
• 중력측정 • 지자기의 관측 • 탄성파 관측 • 지각변동 및 균형 • 지구의 열측정 • 대륙의 부동 • 해양의 조류 • 지구의 조석측량 • 지구의 형상 해석 • 지구의 극운동 및 자전운동	• 3차원 위치결정 • 길이 및 시간의 측정 • 수평위치의 결정 • 높이의 결정 • 천문측량 • 사진측량 • 위성측지 • 하해측지 • 지도제작(지도학) • 면적 및 부피 계산

□□□ 산 19②

16 지구의 반지름이 6370km이며 삼각형의 구과량이 20″일 때 구면삼각형의 면적은?

① 1934km² ② 2934km²
③ 3934km² ④ 4934km²

| 해답 | ③

$\epsilon'' = \dfrac{F}{r^2}\rho''$ 에서

$\therefore F = \dfrac{\epsilon'' r^2}{\rho''} = \dfrac{20'' \times 6370^2}{206265''} = 3934\text{km}^2$

□□□ 기 19②

17 A점에서 출발하여 다시 A점으로 되돌아오는 다각측량을 실시하여 위거오차 20cm, 경거오차 30cm가 발생하였고, 전 측선 길이가 800m라면 다각측량의 정밀도는?

① $\dfrac{1}{1000}$ ② $\dfrac{1}{1730}$
③ $\dfrac{1}{2220}$ ④ $\dfrac{1}{2630}$

| 해답 | ③

정밀도 $R = \dfrac{E}{\Sigma l} = \dfrac{1}{m}$

• $E = \sqrt{(E_L)^2 + (E_D)^2}$
$= \sqrt{(0.20)^2 + (0.30)^2} = 0.36\text{m}$

$R = \dfrac{E}{\Sigma l} = \dfrac{1}{m} = \dfrac{0.36}{800} = \dfrac{1}{2222}$

□□□ 산 19②

18 C점의 표고를 구하기 위해 A코스에서 관측한 표고가 83.324m, B코스에서 관측한 표고가 83.341m였다면 C점의 표고는?

① 83.341m
② 83.336m
③ 83.333m
④ 83.324m

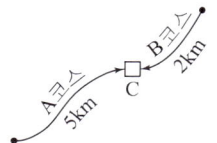

| 해답 | ③

최확치 $H_o = \dfrac{P_A H_A + P_B H_B}{P_A + P_B}$

코스	측정결과	거리
A	83.324m	5km
B	83.341m	2km

• 경중률 $P_A : P_B = \dfrac{1}{5} : \dfrac{1}{2} = 2 : 5$

$\therefore H_o = 83.3 + \dfrac{0.024 \times 2 + 0.041 \times 5}{2+5} = 83.333\text{m}$

□□□ 산 19②

19 삼각측량시 삼각망 조정의 세 가지 조건이 아닌 것은?

① 각 조건 ② 변 조건
③ 측점 조건 ④ 구과량 조건

| 해답 | ④

삼각망 조정의 3가지 조건
• 각 조건 : 삼각형 내각의 합은 180°이다.
• 변 조건 : 삼각망 중의 한 변의 길이는 계산 순서에 관계없이 일정하다.
• 측점 조건 : 한 점 주위의 모든 각의 합은 360°이다.

09 하천측량의 고저측량에 해당되지 않는 것은?

① 종단측량   ② 유량관측
③ 횡단측량   ④ 심천측량

| 해답 | ②
고저(수준)측량
거리표 설치, 종단측량, 횡단측량, 심천측량

Remember

하천측량에서 고저(수준)측량의 종류
- 거리표 설치 : 하천의 중심에서 직각방향으로 설치
- 종단측량 : 양안 5km 마다 암반에 설치
- 횡단측량 : 100~200m 마다의 거리표를 기준으로 하며, 간격은 소하천은 5m, 대하천은 10~20m 마다 좌안을 기준으로 측량을 실시

10 두 점간의 고저차를 레벨에 의하여 직접 관측할 때 정확도를 향상시키는 방법이 아닌 것은?

① 표척을 수직으로 유지한다.
② 전시와 후시의 거리를 같게 한다.
③ 시준거리를 짧게 하여 레벨의 설치 횟수를 늘린다.
④ 기계가 침하되거나 교통에 방해가 되지 않는 견고한 지반을 택한다.

| 해답 | ③
시준거리는 60m를 표준으로 하고 레벨의 설치 가능한 적은 횟수로 한다.

11 다각측량에서는 측각의 정도와 거리의 정도가 균형을 이루어야 한다. 거리 100m에 대한 오차가 ±2mm 일 때 이에 균형을 이루기 위한 측각의 최대 오차는?

① ±1″   ② ±4″
③ ±8″   ④ ±10″

| 해답 | ②
$\Delta\alpha = \dfrac{\Delta l}{l} \times 206265″$
$= \pm \dfrac{2}{100000} \times 206265″ = \pm 4″$

12 캔트(cant) 계산에서 속도 및 반지름을 모두 2배로 하면 캔트는?

① $\dfrac{1}{2}$로 감소한다.   ② 2배로 증가한다.
③ 4배로 증가한다.   ④ 8배로 증가한다.

| 해답 | ②
캔트 $C = \dfrac{DV^2}{gR} \Rightarrow C = \dfrac{D(2V)^2}{g(2R)} = \dfrac{2DV^2}{gR}$
∴ 반경(R)과 설계속도(V)가 2배로 증가하면 캔트(C)는 2배로 증가한다.

13 두 변이 각각 82m와 73m이며, 그 사이에 낀 각이 67°인 삼각형의 면적은?

① 1169m²   ② 2339m²
③ 2755m²   ④ 5510m²

| 해답 | ③
$A = \dfrac{1}{2}ab\sin\alpha$
$= \dfrac{1}{2} \times 82 \times 73 \sin 67° = 2755 m^2$

14 삼각형 면적을 계산하기 위해 변길이를 관측한 결과, 그림과 같을 때 이 삼각형의 면적은?

① 1072.7m²
② 1235.6m²
③ 1357.9m²
④ 1435.6m²

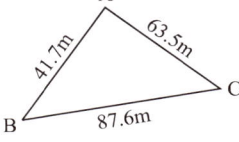

| 해답 | ②
$A = \sqrt{s(s-a)(s-b)(s-c)}$
- $s = \dfrac{1}{2}(a+b+c) = \dfrac{1}{2} \times (41.7 + 87.6 + 63.5)$
  $= 96.4 m$
∴ $A = \sqrt{96.4(96.4-41.7)(96.4-87.6)(96.4-63.5)}$
   $= 1235.6 m^2$

05 지형도 상의 등고선에 대한 설명으로 틀린 것은?

① 등고선의 간격이 일정하면 경사가 일정한 지면을 의미한다.
② 높이가 다른 두 등고선은 절벽이나 동굴의 지형에서 교차하거나 만날 수 있다.
③ 지표면의 최대경사의 방향은 등고선에 수직한 방향이다.
④ 등고선은 어느 경우라도 도면 내에서 항상 폐합된다.

| 해답 | ④

등고선은 어느 경우라도 도면 내·외에서 항상 폐합하는 폐곡선이다.

Remember

등고선의 성질
- 동일 등고선상에 있는 모든 점은 같은 높이이다.
- 최대경사의 방향은 등고선과 직각으로 교차한다.
- 등고선은 반드시 도면 안이나 밖에서 서로가 폐합한다.
- 분수선(능선)과 곡선(합수선)은 등고선과 직각으로 만난다.
- 등고선은 도중에 없어지거나 엇갈리거나 합쳐지거나 갈라지지 않는다.
- 등고선은 경사가 급한 곳에서는 간격이 좁고, 완만한 경사에서는 넓다.
- 높이가 다른 두 등고선은 동굴이나 절벽을 제외하고는 교차하지 않는다.

06 GNSS 관측오차 중 주변의 구조물에 위성신호가 반사되어 수신되는 오차를 무엇이라고 하는가?

① 다중경로 오차   ② 사이클슬립 오차
③ 수신기시계 오차 ④ 대류권 오차

| 해답 | ①

다중경로(Multipath)에 의한 오차
- 다른 경로로 수신되는 경우 정상적인 측위계산이 되지 않는 현상을 멀티패스에 의한 오차
- 방송국에서 발사된 전파가 직접 또는 산악이나 건물 등에 반사되는 등 여러 다른 경로를 통해서 수신 안테나에 도달하는 다중경로(멀티패스) 현상으로 발생되는 오차

07 어떤 노선을 수준측량한 결과가 표와 같을 때, 측점 1, 2, 3, 4의 지반고 값으로 틀린 것은?

[단위 : m]

측점	후시	전시 이기점	전시 중간점	기계고	지반고
0	3.121			126.688	123.567
1			2.586		
2	2.428	4.065			
3			0.664		
4		2.321			

① 측점 1 : 124.102m   ② 측점 2 : 122.623m
③ 측점 3 : 124.374m   ④ 측점 4 : 122.730m

| 해답 | ③

측점	후시	전시 이기점	전시 중간점	기계고	지반고
0	3.121			126.688	123.567
1			2.586		124.102
2	2.428	4.065		125.051	122.623
3			0.664		124.387
4		2.321			122.730

∴ 측점 3 : 124.387m

08 20m 줄자로 거리를 관측한 결과가 80m이었다. 이때 1회 관측에 +5mm의 누적오차와 ±5mm의 우연오차가 발생하였다면 실제 거리는?

① 79.98±0.01m   ② 80.02±0.01m
③ 79.98±0.02m   ④ 80.02±0.02m

| 해답 | ②

- 정오차는 측정 회수에 비례
  정오차 $= \dfrac{80}{20} \times (+5) = +20\text{mm} = +0.02\text{m}$
- 부정 오차는 측정 회수의 제곱근에 비례
  $\pm 5\sqrt{\dfrac{80}{20}} = \pm 10\text{mm} = 0.01\text{m}$

∴ $L_o = L + $ 정오차 $\pm$ 부정오차(우연오차)
$= 80 + 0.02 \pm 10 = 80.02\text{m} \pm 0.01\text{m}$

제2회 2019년 4월 27일

01 도로 선형계획시 교각이 25°, 반지름 300m인 원곡선과 교각 20°, 반지름 400m인 원곡선의 외선 길이 (E)의 차이는?

① 6.284m ② 7.284m
③ 2.113m ④ 1.113m

| 해답 | ④

- 외선길이
$$E = R\left(\sec\frac{I}{2} - 1\right) = R\left(\frac{1}{\cos\frac{I}{2}} - 1\right)$$
$$= 300\left(\frac{1}{\cos\frac{25°}{2}} - 1\right) = 7.284\text{m}$$

- 외선길이
$$E = R\left(\sec\frac{I}{2} - 1\right) = R\left(\frac{1}{\cos\frac{I}{2}} - 1\right)$$
$$= 400\left(\frac{1}{\cos\frac{20°}{2}} - 1\right) = 6.171\text{m}$$

∴ 7.284 - 6.171 = 1.113m

02 축척 1:5000의 지형도에서 두 점 A, B간의 도상거리가 24mm이었다. A점의 표고가 115m, B점의 표고가 145m이며, 두 점간은 등경사라 할 때 120m 등고선이 통과하는 지점과 A점간의 지상 수평거리는?

① 5m ② 20m
③ 60m ④ 100m

| 해답 | ②

높이 $h = 145 - 115 = 30\text{m}$
수평거리 $D = 24 \times 5000 = 120000\text{mm} = 120\text{m}$
$30 : 120 = (120 - 115) : x$

- $x = \dfrac{120 \times 5}{30} = 20\text{m}$

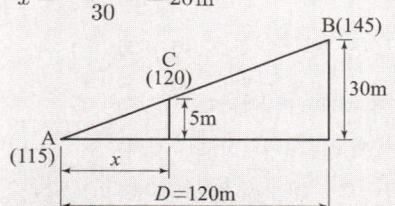

03 노선측량의 완화곡선에 대한 설명 중 옳지 않은 것은?

① 완화곡선의 접선은 시점에서 원호에, 종점에서 직선에 접한다.
② 완화곡선의 반지름은 시점에서 무한대, 종점에서 원곡선의 반지름(R)으로 된다.
③ 클로소이드의 조합형식에는 S형, 복합형, 기본형 등이 있다.
④ 모든 클로소이드는 닮은꼴이며, 클로소이드 요소는 길이의 단위를 가진 것과 단위가 없는 것이 있다.

| 해답 | ①

완화곡선의 접선은 시점에서 직선에, 종점에서 원호에 접한다.

Remember

완화 곡선의 성질
- 완화곡선의 접선은 시점에서 직선에, 종점에서 원호에 접한다.
- 곡선지름은 완화곡선의 시점에서 무한대, 종점에서 원곡선 R로 한다.
- 완화곡선의 접선은 시점에서 직선에 접하고, 종점에서 원호에 접한다.
- 완화곡선에 연한 곡선 반지름의 감소율은 캔트의 증가율과 동률로 된다.
- 완화곡선은 이정(shift)의 중간점을 통과 한다.

04 반지름 150m의 단곡선을 설치하기 위하여 교각을 측정한 값이 57° 36′ 일 때 접선장과 곡선장은?

① 접선장 = 82.46m, 곡선장 = 150.80m
② 접선장 = 82.46m, 곡선장 = 75.40m
③ 접선장 = 236.36m, 곡선장 = 75.40m
④ 접선장 = 236.36m, 곡선장 = 150.80m

| 해답 | ①

- 접선장 $T.L = R\tan\dfrac{I}{2} = 150\tan\dfrac{57°36′}{2} = 82.46\text{m}$

- 곡선장 $C.L = \dfrac{\pi}{180°}RI° = \dfrac{\pi}{180°} \times 150 \times 57°36′$
$= 150.80\text{m}$

□□□ 산 12②,15④,18②,19①

16 평면직교좌표계에서 P점의 좌표가 $X=500$m, $Y=1000$m이다. P점에서 Q점까지의 거리가 1500m이고 PQ측선의 방위각이 240°라면 Q점의 좌표는?

① $X=-750$m, $Y=-1299$m
② $X=-750$m, $Y=-299$m
③ $X=-250$m, $Y=-1299$m
④ $X=-250$m, $Y=-299$m

| 해답 | ④

- $X_Q = X_P + \overline{PQ}\cos\alpha = 500 + 1500\cos 240°$
  $= -250$m (위거)
- $Y_Q = Y_P + \overline{PQ}\sin\alpha$
  $= 1000 + 1500\sin 240° = -299$m (경거)
- ∴ $Q(-250, -299)$

□□□ 산 15②,19①

17 양 단면의 면적이 $A_1=80$m², $A_2=40$m², 중간 단면적 $A_m=70$m²이다. A_1, A_2 단면 사이의 거리가 30m이면 체적은? (단, 각주공식 사용)

① 2000m³
② 2060m³
③ 2460m³
④ 2640m³

| 해답 | ①

$V = \dfrac{l}{6}(A_1 + 4A_m + A_2)$
$= \dfrac{30}{6}(80 + 4 \times 70 + 40) = 2000$m³

□□□ 산 19①

18 그림은 레벨을 이용한 등고선 측량도이다. (a)에 알맞은 등고선의 높이는?

① 55m
② 57m
③ 58m
④ 59m

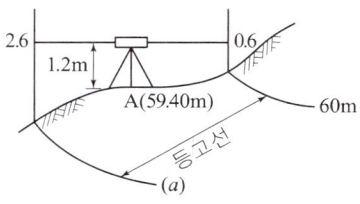

| 해답 | ③

(a)의 등고선 높이
$0.6 + 60 - 2.6 = 58$m

□□□ 산 12④,16②,19①

19 삼각측량의 삼각점에서 행해지는 각관측 및 조정에 대한 설명으로 옳지 않은 것은?

① 한 측점의 둘레에 있는 모든 각의 합은 360°가 되어야 한다.
② 삼각망 중 어느 1변의 길이는 계산순서에 관계없이 동일해야 한다.
③ 삼각형 내각의 합은 180°가 되어야 한다.
④ 각관측 방법은 단측법을 사용하여야 한다.

| 해답 | ④

- 1측점에서 측정한 여러 각의 합은 그 전체를 한 각으로 관측한 각과 같다.
- 각 관측법(조합각 관측법)은 가장 정확한 값을 얻을 수 있다.

□□□ 산 15①,19①

20 클로소이드의 기본식은 $A^2 = R \cdot L$이다. 이때 매개변수(parameter) A 값을 A^2으로 쓰는 이유는?

① 클로소이드의 나선형을 2차 곡선 형태로 구성하기 위하여
② 도로에서의 완화곡선(클로소이드)은 2차원이기 때문에
③ 양 변의 차원(dimension)을 일치시키기 위하여
④ A 값의 단위가 2차원이기 때문에

| 해답 | ③

클로소이드 곡선 $\dfrac{1}{R} = C \cdot L \to \dfrac{1}{C} = R \cdot L$에서 양변의 단위를 맞추기 위해서 $\dfrac{1}{C}$ 대신 A^2을 대입하면 항등식 $R \cdot L = A^2$이 성립한다.

11 다음 중 기지의 삼각형을 이용한 삼각측량의 순서로 옳은 것은?

> ㉠ 도상계획 ㉡ 답사 및 선점
> ㉢ 계산 및 성과표 작성 ㉣ 각관측
> ㉤ 조표

① ㉠→㉡→㉤→㉣→㉢
② ㉠→㉤→㉡→㉣→㉢
③ ㉡→㉠→㉤→㉣→㉢
④ ㉡→㉤→㉠→㉣→㉢

| 해답 | ①

㉠ 도상계획→㉡ 답사 및 선점→㉤ 조표→기선 측량 →㉣ 각관측→㉢ 계산 및 성과표 작성

12 레벨의 조정이 불완전할 경우 오차를 소거하기 위한 가장 좋은 방법은?

① 시준 거리를 길게 한다.
② 왕복측량하여 평균을 취한다.
③ 가능한 한 거리를 짧게 측량한다.
④ 전시와 후시의 거리를 같도록 측량한다.

| 해답 | ④

전시와 후시의 거리를 되도록 같게 하면 시준선과 기포관 축이 평행하지 않을 때 생기는 오차를 제거할 수 있다.
• 시준선과 기포관축이 평행하지 않을 때 생기는 오차
• 구차(球差)의 영향 제거
• 기차(氣差)의 영향 제거

13 트래버스 측량에서는 각관측의 정도와 거리관측의 정도가 서로 같은 정밀도로 되어야 이상적이다. 이때 각이 30″의 정밀도로 관측되었다면 각관측과 같은 정도의 거리관측 정밀도는?

① 약 $\dfrac{1}{12500}$ ② 약 $\dfrac{1}{10000}$
③ 약 $\dfrac{1}{8200}$ ④ 약 $\dfrac{1}{6800}$

| 해답 | ④

$\dfrac{\Delta l}{l} = \dfrac{\alpha}{206265''}$ 에서

$\therefore \dfrac{\Delta l}{l} = \dfrac{30''}{206265''} = \dfrac{1}{6876}$

14 어떤 거리를 같은 조건으로 5회 관측한 결과가 아래와 같다면 최확값은?

> [관측값]
> 121.573m, 121.575m, 121.572m
> 121.574m, 121.571m

① 121.572m ② 121.573m
③ 121.574m ④ 121.575m

| 해답 | ②

최확값

$L_o = \dfrac{\sum L}{n}$
$= 121 + \dfrac{0.573 + 0.575 + 0.572 + 0.574 + 0.571}{5}$
$= 121.573\text{m}$

15 다각측량(traverse survey)의 특징에 대한 설명으로 옳지 않은 것은?

① 좁고 긴 선로측량에 편리하다.
② 다각측량을 통해 3차원(x, y, z) 정밀 위치를 결정한다.
③ 세부측량의 기준이 되는 기준점을 추가 설치할 경우에 편리하다.
④ 삼각측량에 비하여 복잡한 시가지 및 지형기복이 심해 시준이 어려운 지역의 측량에 적합하다.

| 해답 | ②

다각(트래버스)측량은 세부측량에 사용할 기준점(도근점)의 좌표를 결정하기 위하여 여러 측점을 연결하여 생긴 다각형의 각 변의 방향과 거리를 측정해 측점의 수평위치(X, Y)를 결정하는 측량이다.

□□□ 산 10②,15④,19①

06 축척 1 : 1200 지형도상의 지역을 축척 1 : 1000로 잘못보고 면적을 계산하여 10.0m²를 얻었다면 실제면적은?

① 12.5m² ② 13.3m²
③ 13.8m² ④ 14.4m²

| 해답 | ④

$\dfrac{A_o}{A} = \left(\dfrac{M_o}{M}\right)^2$ 에서

$A_o = \left(\dfrac{M_o}{M}\right)^2 \cdot A = \left(\dfrac{1200}{1000}\right)^2 \times 10 = 14.4\,\text{m}^2$

□□□ 산 12①,14②,17④,19①

07 노선의 종단측량 결과는 종단면도에 표시하고 그 내용을 기록해야 한다. 이때 종단면도에 포함되지 않는 내용은?

① 지반고와 계획고의 차 ② 측점의 추가거리
③ 계획선의 경사 ④ 용지 폭

| 해답 | ④

종단면도 기입사항
측점, 거리(추가거리), 지반고, 계획고, 성토고, 절토고, 계획선의 경사

□□□ 산 10②,14①,19①④

08 수준측량의 야장기입법 중 중간점(IP)이 많을 경우 가장 편리한 방법은?

① 승강식 ② 기고식
③ 횡단식 ④ 고차식

| 해답 | ②

• 기고식 : 종단측량과 같이 중간점(I.P)이 많을 때 사용한다.
• 승강식 : 중간점이 많은 수준측량의 경우에는 계산이 복잡해지는 단점이 있다.
• 고차식 : 가장 간단한 방법으로 두 점 사이의 표고차만을 구하는 것이 주목적이다.

□□□ 산 11,14,19①

09 측량지역의 대소에 의한 측량의 분류에 있어서 지구의 곡률로부터 거리오차에 따른 정확도를 1/10⁷까지 허용한다면 반지름 몇 km 이내를 평면으로 간주하여 측량할 수 있는가? (단, 지구의 곡률반경은 6370km이다.)

① 3.5km ② 7.0km
③ 11km ④ 22km

| 해답 | ①

$\dfrac{d-D}{D} = \dfrac{D^2}{12R^2} = \dfrac{\Delta l}{l}$ 에서

• $\dfrac{1}{10000000} = \dfrac{D^2}{12 \times 6370^2}$

• 평면으로 볼 수 있는 한계

$D = \sqrt{\dfrac{12 \times 6370^2}{10000000}} = 7.0\,\text{km}$

∴ 반지름 $R = \dfrac{D}{2} = \dfrac{7.0}{2} = 3.5\,\text{km}$

□□□ 산 92,98,03,10,11,12,13,14④,16②,17④,18④,19①

10 하천의 수위표 설치 장소로 적당하지 않은 곳은?

① 수위가 교각 등의 영향을 받지 않는 곳
② 홍수시 쉽게 양수표가 유실되지 않는 곳
③ 상·하류가 곡선으로 연결되어 유속이 크지 않은 곳
④ 하상과 하안이 세굴이나 퇴적이 되지 않는 곳

| 해답 | ③

상·하류 최소 100m 정도 곡선인 장소

Remember

수위관측소(양수표)의 설치장소
• 하상과 하안이 세굴, 퇴적이 안되는 곳
• 상하류 100m가량 직선인 곳
• 수위가 교각 등 구조물의 영향을 받지 않는 곳
• 홍수 때에도 쉽게 양수표를 읽을 수 있는 곳
• 홍수 때 관측소가 유실, 파손될 염려가 없는 곳
• 지천의 합류점과 같이 불규칙한 변화가 없는 곳
• 소용돌이, 역류 및 저수가 적은 곳이어야 한다.
• 양수표는 5~10km 마다 배치

제1회 2019년 3월 3일

□□□ 산 11,13①,19①

01 반지름 500m인 단곡선에서 시단현 15m에 대한 편각은?

① 0°51′34″ ② 1°4′27″
③ 1°13′33″ ④ 1°17′42″

| 해답 | ①

$$\delta = 1718.87' \frac{l}{R} = 1718.87' \times \frac{15}{500} = 0°51'34''$$

또는 $\delta = \frac{180°}{\pi} \frac{l}{2R} = \frac{180°}{\pi} \times \frac{15}{2 \times 500} = 0°51'34''$

□□□ 산 11④,19①

02 지구자전축과 연직선을 기준으로 천체를 관측하여 경위도와 방위각을 결정하는 측량은?

① 지형측량 ② 평판측량
③ 천문측량 ④ 스타디아 측량

| 해답 | ③

천문측량(Astronomical Surveying ; 天文測量)
- 천체의 고도, 방위각, 시각을 관측하여 관측지점의 경위도 및 방위를 구하는 측량
- 지구 자전축과 연직선을 기준으로 천체를 관측하여 경위도와 방위각을 결정하는 측량

□□□ 산 12②,13②,13④,17①,19①,20③

03 고속도로의 노선설계에 많이 이용되는 완화곡선은?

① 클로소이드 곡선 ② 3차 포물선
③ 렘니스케이트 곡선 ④ 반파장 sin 곡선

| 해답 | ①

완화곡선

종 류	용 도
클로소이드 곡선	고속도로 IC
렘니스케이트 곡선	지하철
3차 포물선	철도 이용
반파장 sin체감곡선	고속철도

□□□ 산 11②,12④,16①,19①

04 A점의 표고가 179.45m이고 B점의 표고가 223.57m이면, 축척 1:5000의 국가기본도에서 두 점 사이에 표시되는 주곡선 간격의 등고선 수는?

① 7개 ② 8개
③ 9개 ④ 10개

| 해답 | ③

$$n = \frac{220-180}{5} + 1 = 9개 \quad (\because 주곡선 간격 5m)$$

[주곡선 : 180m, 185m, 190m, 195m, 200m, 205m, 210m, 215m, 220m]

Remember

등고선의 종류(단위 : m)

등고선의 종류	1:1000	1:5000	1:10000	1:25000	1:50000
계곡선	5	25	25	50	100
주곡선	1	5	5	10	20
간곡선	0.5	2.5	2.5	5	10
조곡선	0.25	1.25	1.25	2.5	5

□□□ 산 04,05,06,07,09,10,14③④,16②,19①,20③

05 그림과 같은 교호수준 측량의 결과에서 B점의 표고는? (단, A점의 표고는 60m이고 관측결과의 단위는 m이다.)

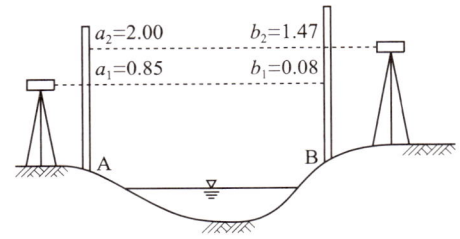

① 59.35m ② 60.65m
③ 61.82m ④ 61.27m

| 해답 | ②

- 고저차 $H = \frac{1}{2}[(a_1-b_1)+(a_2-b_2)]$
  $= \frac{1}{2}[(0.85-0.08)+(2.00-1.47)]$
  $= 0.65m$
- B점의 지반고 $H_B = H_A + H$
  $\therefore H_B = 60 + 0.65 = 60.65m$

□□□ 산 14,18④

16 접선과 현이 이루는 각을 이용하여 곡선을 설치하는 방법으로 정확도가 비교적 높은 단곡선 설치법은?

① 현편거법
② 지거설치법
③ 중앙종거법
④ 편각설치법

| 해답 | ④

- 편각설치법 : 비교적 높은 정확도로 인해 고속도로나 철도에 사용할 수 있다.
- 중앙종거법 : 기설곡선의 검사 또는 조정에 편리하며 곡선 반경이나 곡선 길이가 적은 시가지의 곡선 설치에 이용된다.
- 접선편거와 현편거에 의하여 설치하는 방법은 줄자만을 사용하여 원곡선을 설치할 수 있다.

□□□ 산 10,18

17 범세계적 위치결정체계(GPS)에 대한 설명으로 옳지 않은 것은?

① 기상에 관계없이 위치결정이 가능하다.
② NNSS의 발전형으로 관측소요시간 및 정확도를 향상시킨 체계이다.
③ 우주부분, 제어부분, 사용자부분으로 구성되어 있다.
④ 사용되는 좌표계는 WGS72이다.

| 해답 | ④

세계 측지 기준계(WGS84)좌표계를 사용하므로 지역 기준계를 사용하는 사용자에게는 다소 번거로움이 있다.

□□□ 산 93,99,06,07,11①,12②,13②,16④,18④

18 그림과 같이 O점에서 같은 정확도로 각 x_1, x_2, x_3를 관측하여 $x_3-(x_1+x_2)=+45''$의 결과를 얻었다면 보정값으로 옳은 것은?

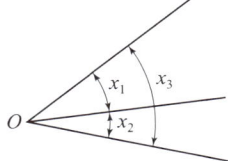

① $x_1=+15'', x_2=+15'', x_3=+15''$
② $x_1=-15'', x_2=-15'', x_3=+15''$
③ $x_1=+15'', x_2=+15'', x_3=-15''$
④ $x_1=-10'', x_2=-10'', x_3=-10''$

| 해답 | ③

- 각오차 $= x_3-(x_1+x_2)=+45''$
- 조정량 $=\dfrac{+45''}{3}=+15''$ (각 관측값에 ±15″ 해준다.)

∴ 작은 측정값 x_1, x_2에 +15″, 큰 측정값 x_3에 -15″ 해준다.

$x_1=+15'', x_2=+15'', x_3=-15''$

□□□ 산 18④

19 다음 중 위성에 탑재된 센서의 종류가 아닌 것은?

① 초분광센서(Hyper Spectral Sensor)
② 다중분광센서(Multispectral Sensor)
③ SAR(Synthetic Aperture Radar)
④ IFOV(Instantaneous Field Of View)

| 해답 | ④

IFOV : 순간시야각(β)

- 스캐너 형태를 지니고 있는 센서의 지상 분해능력에 대한 척도로 센서가 한 번의 노출로 커버하는 지상의 영역을 의미한다.
- 센서의 IFOV는 공간 해상력을 결정하는 것으로 원격탐측 분야에서는 공간해상이라는 말과 같은 의미로 사용된다.

□□□ 산 18④

20 삼각측량에서 내각을 60°에 가깝도록 정하는 것을 원칙으로 하는 이유로 가장 타당한 것은?

① 시각적으로 보기 좋게 배열하기 위하여
② 각 점이 잘 보이도록 하기 위하여
③ 측각의 오차가 변의 길이에 미치는 영향을 최소화하기 위하여
④ 선점 작업의 효율성을 위하여

| 해답 | ③

- 각이 0°나 180°에 가까우면 표차가 커지므로 표차가 가장 작은 90°에 가깝게 할수록 표차가 적다.
- 삼각망을 구성하는 삼각형의 형태는 가능한 한 정삼각형(60°)에 가까울수록 변장계산에 미치는 영향이 가장 작다.

□□□ 산 10①,18④

11 삼각측량에서 사용되는 대표적인 삼각망의 종류가 아닌 것은?

① 단열삼각망　　② 귀심삼각망
③ 사변형망　　　④ 유심다각망

| 해답 | ②

삼각망의 종류와 특징
- 단열삼각망 : 폭이 좁고 길이가 긴 지역에 적합하며 하천측량, 노선측량, 터널측량에 이용된다.
- 사변형 삼각망 : 특별히 높은 정밀도를 필요로 하는 측량이나 기선 삼각망 등에 사용된다.
- 유심삼각망 : 넓은 지역의 측량에 적당하며, 정밀도는 단열 삼각망과 사변형 삼각망의 중간이다.

□□□ 산 12②,13②,16①,18④

12 종단면도를 이용하여 유토곡선(mass curve)을 작성하는 목적과 가장 거리가 먼 것은?

① 토량의 운반거리 산출　② 토공장비의 선정
③ 토량의 배분　　　　　④ 교통로 확보

| 해답 | ④

토적곡선의 작성 목적
- 토량의 분배
- 평균운반거리 산출
- 토공기계의 선정
- 시공방법 결정

□□□ 산 18④

13 측선 AB의 방위가 N50°E일 때 측선 BC의 방위는? (단, 내각 ABC = 120°이다.)

① S70°E
② N110°E
③ S60°W
④ E20°S

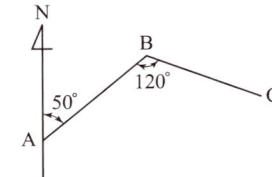

| 해답 | ①
- AB의 방위각 = 50°
- BC의 방위각 = 50° + 180° − 120° = 110°
- ∴ BC측선의 방위 : $S(180° - 110°)E = S\,70°E$

□□□ 산 12④,18④,19④

14 수심 H인 하천의 유속측정에서 평균유속을 구하기 위한 1점의 관측위치로 가장 적당한 수면으로부터 깊이는?

① $0.2H$　　② $0.4H$
③ $0.6H$　　④ $0.8H$

| 해답 | ③

- 1점법 : 수심 $\frac{6}{10}H$가 되는 곳의 유속을 평균유속으로 한다.
 $V_m = V_{0.6}$
- 2점법 : 수심 $\frac{1}{5}H$, $\frac{4}{5}H$가 되는 곳의 유속을 평균유속으로 한다.
 $V_m = \frac{1}{2}(V_{0.2} + V_{0.8})$
- 3점법 : 수면에서 $\frac{1}{5}H$, $\frac{3}{5}H$, $\frac{4}{5}H$되는 곳의 유속을 평균유속으로 한다.
 $V_m = \frac{1}{4}(V_{0.2} + 2V_{0.6} + V_{0.8})$
- 4점법 : 수면에서 $\frac{1}{5}H$, $\frac{2}{5}H$, $\frac{3}{5}H$, $\frac{4}{5}H$, 되는 곳의 유속을 평균유속으로 한다.
 $V_m = \frac{1}{5}\left[(V_{0.2} + V_{0.4} + V_{0.6} + V_{0.8}) + \left(\frac{1}{2}V_{0.2} + \frac{1}{2}V_{0.8}\right)\right]$

□□□ 산 18④

15 노선측량에서 원곡선에 의한 종단곡선을 상향기울기 5%, 하향기울기 2%인 구간에 설치하고자 할 때, 원곡선의 반지름은? (단, 곡선시점에서 곡선 종점까지의 거리=30m)

① 900.24m
② 857.14m
③ 775.20m
④ 428.57m

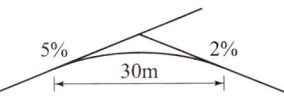

| 해답 | ④

원곡선의 반지름 $R = \dfrac{L}{m-n}$

$\therefore R = \dfrac{30}{\dfrac{5}{100} - \left(-\dfrac{2}{100}\right)} = 428.5\text{m}$

(∵ 상향 : +m, 하향 : −n)

□□□ 산 18④

07 거리의 정확도 1/10000을 요구하는 100m 거리측량에서 사거리를 측정해도 수평거리로 허용되는 두 점간의 고저차 한계는?

① 0.707m ② 1.414m
③ 2.121m ④ 2.828m

| 해답 | ②

[방법1]
- 직선거리 $D = L - \dfrac{L}{m} = 100 - \dfrac{100}{10000} = 99.99\text{m}$

∴ 최대높이차 $h = \sqrt{L^2 - D^2}$
$= \sqrt{100^2 - 99.99^2} = 1.414\text{m}$

[방법2]
- 정도 $= \dfrac{1}{10000} = \dfrac{C_h}{L} = \dfrac{\frac{h^2}{2L}}{L} = \dfrac{h^2}{2L^2}$

(∵ 경사 보정량 $C_h = \dfrac{h^2}{2L}$)

- $h^2 = \dfrac{2L^2}{10000}$

∴ 최대 높이차 $h = \sqrt{\dfrac{2L^2}{10000}} = \sqrt{\dfrac{2 \times 100^2}{10000}}$
$= 1.414\text{m}$

□□□ 산 18④

08 축척 1:5000의 등경사지에 위치한 A, B점의 수평거리가 270m이고, A점의 표고가 39m, B점의 표고가 27m이었다. 35m 표고의 등고선과 A점간의 도상 거리는?

① 18mm ② 20mm
③ 22mm ④ 24mm

| 해답 | ①

- A점에서 표고 35m 지점간의 수평거리 x
$270 : (39-27) = x : (39-35)$
∴ $x = \dfrac{270 \times (39-35)}{(39-27)} = 90\text{m}$

- 35m 표고의 등고선과 A점간의 도상 거리 d
∴ $d = 90 \times \dfrac{1}{5000} = 0.018\text{m} = 18\text{mm}$

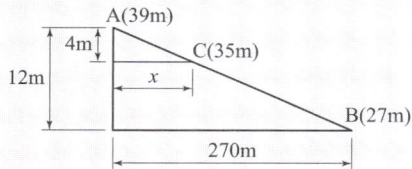

□□□ 산 92,98,03,10,11,12,13,14,16,18④,19①

09 수위표의 설치장소로 적합하지 않은 곳은?

① 상·하류 최소 300m 정도 곡선인 장소
② 교각이나 기타 구조물에 의한 수위변동이 없는 장소
③ 홍수시 유실 또는 이동이 없는 장소
④ 지천의 합류점에서 상당히 상류에 위치한 장소

| 해답 | ①

상·하류 최소 100m 정도 곡선인 장소

Remember

수위관측소(양수표)의 설치장소
- 상하류 100m 가량 직선인 곳
- 하상과 하안이 세굴, 퇴적이 안되는 곳
- 수위가 교각 등 구조물의 영향을 받지 않는 곳
- 홍수 때에도 쉽게 양수표를 읽을 수 있는 곳
- 홍수 때 관측소가 유실, 파손될 염려가 없는 곳
- 지천의 합류점과 같이 불규칙한 변화가 없는 곳
- 소용돌이, 역류 및 저수가 적은 곳이어야 한다.
- 양수표는 5~10km마다 배치

□□□ 산 18④

10 표와 같은 횡단수준측량 성과에서 우측 12m 지점의 지반고는? (단, 측점 No.10의 지반고는 100.00m이다.)

좌(m)		No	우(m)	
$\dfrac{2.50}{12.00}$	$\dfrac{3.40}{6.00}$	No.10	$\dfrac{2.40}{6.00}$	$\dfrac{1.50}{12.00}$

① 101.50m ② 102.40m
③ 102.50m ④ 103.40m

| 해답 | ①

횡단측량의 야장 기입
- $\dfrac{\text{고저 읽음}}{\text{거리}}$ 로 표시되어 중심말뚝(0)을 기준으로 좌측 −거리, 우측은 +거리로 표시한다. 그러나 일반적으로 +, −는 표시하지 않는다.
- No.10 지점의 지반고 $H_{10} = 100\text{m}$
- 우측 12m지점의 높이(F.S)가 1.50m
∴ $H_{12} = H_{10} + F.S = 100 + 1.50 = 101.50\text{m}$

제4회 2018년 9월 15일

01 완화곡선 중 곡률이 곡선길이에 비례하는 곡선은?

① 3차 포물선
② 클로소이드(clothoid) 곡선
③ 반파장 싸인(sine) 체감곡선
④ 렘니스케이트(lemniscate) 곡선

| 해답 | ②

클로소이드곡선은 곡률이 곡선길이에 비례하여 증가하는 곡선이다.

02 우리나라의 축척 1:50000 지형도에서 주곡선의 간격은?

① 5m   ② 10m
③ 20m   ④ 25m

| 해답 | ③

등고선의 종류(단위 m)

종류	1:1000	1:5000	1:10000	1:25000	1:50000
계곡선	5	25	25	50	100
주곡선	1	5	5	10	20
간곡선	0.5	2.5	2.5	5	10
조곡선	0.25	1.25	1.25	2.5	5

03 축척 1:5000인 도면상에서 택지개발지구의 면적을 구하였더니 34.98cm²이었다면 실제면적은?

① 1749m²   ② 87450m²
③ 174900m²   ④ 8745000m²

| 해답 | ②

$$A_0 = A \cdot m^2$$
$$= 34.98 \times \left(\frac{1}{100}\right)^2 \times 5000^2 = 87450m^2$$

04 기포관의 기포를 중앙에 있게 하여 100m 떨어져 있는 곳의 표척 높이를 읽고 기포를 중앙에서 5눈금 이동하여 표척의 눈금을 읽은 결과 그 차가 0.05m이었다면 감도는?

① 19.6″   ② 20.6″
③ 21.6″   ④ 22.6″

| 해답 | ②

$$\rho'' = 206265'' \frac{l}{nD}$$
$$= 206265'' \times \frac{0.05}{5 \times 100} = 20.6''$$

05 완화곡선에 대한 설명으로 틀린 것은?

① 곡률반지름이 큰 곡선에서 작은 곡선으로의 완화구간 확보를 위하여 설치한다.
② 완화곡선에 연한 곡선 반지름의 감소율은 캔트의 증가율과 동일하다.
③ 캔트를 완화곡선의 횡거에 비례하여 증가시킨 완화곡선은 클로소이드이다.
④ 완화곡선의 반지름은 시점에서 무한대이고, 종점에서 원곡선의 반지름과 같아진다.

| 해답 | ③

클로소이드는 곡률이 곡선길이에 비례하여 증가하는 곡선이다.

06 각측량 시 방향각에 6″의 오차가 발생한다면 3km 떨어진 측점의 거리오차는?

① 5.6cm   ② 8.7cm
③ 10.8cm   ④ 12.6cm

| 해답 | ②

$$\frac{\Delta l}{l} = \frac{6''}{206265''}$$
$$\therefore \Delta l = \frac{6''}{206265''} \times 3 \times 100000 = 8.7cm$$

18 그림과 같은 지역을 표고 190m 높이로 성토하여 정지하려 한다. 양단면평균법에 의한 토공량은? (단, 160m 이하의 부피는 생략한다.)

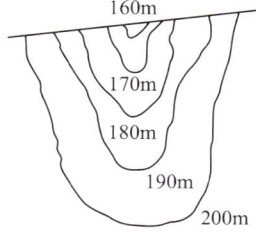

160m : 300m²
170m : 900m²
180m : 1800m²
190m : 3500m²
200m : 8000m²

① 103500m³ ② 74000m³
③ 46000m³ ④ 29000m³

|해답| ③

- $V_1 = \dfrac{l}{2}\{A_1 + A_2\}$
  $= \dfrac{10}{2}\{300 + 900\} = 6000\,\text{m}^3$

- $V_2 = \dfrac{l}{2}\{A_2 + A_3\}$
  $= \dfrac{10}{2}\{900 + 1800\} = 13500\,\text{m}^3$

- $V_3 = \dfrac{l}{2}\{A_3 + A_4\}$
  $= \dfrac{10}{2}\{1800 + 3500\} = 26500\,\text{m}^3$

∴ 토공량 $V = V_1 + V_2$
$= 6000 + 13500 + 26500 = 46000\,\text{m}^3$

∵ 190m까지만 성토하므로 190m에서 200m까지는 계산하지 않는다.

19 1km²의 면적이 도면상에서 4cm²의 일 때의 축척은?

① 1 : 2500 ② 1 : 5000
③ 1 : 25000 ④ 1 : 50000

|해답| ④

면적비 : (축척비)² = $\left(\dfrac{1}{m}\right)^2$

축척 = $\sqrt{\dfrac{\text{도상면적}}{\text{실면적}}} = \dfrac{1}{m} = \sqrt{\dfrac{4}{1 \times 10^{10}}} = \dfrac{1}{50000}$

20 원곡선에 의한 종단곡선 설치에서 상향 기울기 $\dfrac{4.5}{1000}$, 하향 기울기 $\dfrac{35}{1000}$의 종단선형에 반지름 3000m의 원곡선을 설치할 때, 종단곡선의 길이(L)는?

① 240.5m ② 150.2m
③ 118.5m ④ 60.2m

|해답| ③

$L = R\left(\dfrac{m}{1000} + \dfrac{n}{1000}\right)$
$= 3000\left(\dfrac{4.5}{1000} + \dfrac{35}{1000}\right) = 118.5\,\text{m}$

□□□ 산 10④, 16②, 18②

14 두 지점의 거리 ($\overline{AB}$)를 관측하는데, 갑은 4회 관측하고, 을은 5회 관측한 후 경중률을 고려하여 최확값을 계산할 때, 갑과 을의 경중률 비(갑 : 을)는?

① 4 : 5
② 5 : 4
③ 16 : 25
④ 25 : 16

> **해답** ①
> • 경중률은 관측횟수에 비례한다.
>   즉 4 : 5
> • 관측값에 대한 보정값은 관측횟수의 반비례한다.
>   즉, $\frac{1}{4} : \frac{1}{5}$

> **Remember**
> 경중률
> • 경중률은 관측횟수에 비례한다.
> • 경중률은 측정 거리에 반비례한다.
> • 경중률은 표준편차의 제곱과 반비례한다.
> • 경중률은 관측값의 측정오차의 제곱에 반비례한다.
> • 경중률은 분산과 반비례한다.

□□□ 산 18②

15 측지측량 용어에 대한 설명 중 옳지 않은 것은?

① 지오이드란 평균해수면을 육지부분까지 연장한 가상 곡면으로 요철이 없는 미끈한 타원체이다.
② 연직선편차는 연직선과 기준타원체 법선 사이의 각을 의미한다.
③ 구과량은 구면삼각형의 면적에 비례한다.
④ 기준타원체는 수평위치를 나타내는 기준면이다.

> **해답** ①
> 지오이드
> • 지표면보다는 단순하면서 회전타원체보다는 실제에 가깝게 지구의 모양을 나타낸 것
> • 정지된 평균해수면을 육지내부까지 연장하여 지구전체를 둘러싸고 있다고 가정한 곡면으로 요철(凹凸)을 전혀 나타낼 수 없다.

> **Remember**
> 지오이드
> • 지표면보다는 단순하면서 회전타원체보다는 실제에 가깝게 지구의 모양을 나타낸 것
> • 지구의 모양을 나타내는 데는 지표면을 그대로 나타내는 방법과, 지구를 단순한 회전타원체로 나타내는 방법이 있다.
> • 지표면을 실제로 나타내기는 매우 어렵고, 지구타원체를 이용하는 방법은 지표면의 요철(凹凸)을 전혀 나타낼 수 없다는 단점이 있다.
> • 지오이드는 지표면의 70%를 차지하는 해수면의 평균을 잡아서 육지까지 연장한 것으로, 어디에서나 중력 방향에 수직이며, 해양에서는 평균해수면과 일치하고 육상에서는 땅속을 통과하게 된다.
> • 지오이드 그 높이가 항상 0m로, 측량 해발고도의 기준면이 된다.

□□□ 산 16②, 17②, 18②

16 곡선부를 주행하는 차의 뒷바퀴가 앞바퀴보다 항상 안쪽을 지나게 되므로 직선부보다 도로 폭을 크게 해주는 것은?

① 편경사
② 길 어깨
③ 확폭
④ 측구

> **해답** ③
> 확폭
> 도로의 경우이며, 철도의 경우에는 슬랙(slack)이다.

□□□ 산 18②, 19④

17 위성의 배치상태에 따른 GNSS의 오차 중 단독측위(독립측위)와 관련이 없는 것은?

① GDOP
② RDOP
③ PDOP
④ TDOP

> **해답** ②
> ■ 단독측위(독립측위) : GPS 수신기 1대에 의한 것으로 GPS 측위의 기본적인 방법
>   • GDOP : 기하학적 정밀도 저하율
>   • PDOP : 위치정밀도 저하율
>   • TDOP : 시간정밀도 저하율
> ■ 상대측위 : RDOP ; 상대정밀도 저하율

□□□ 산 12,17,18②

09 하천의 연직선 내의 평균 유속을 구하기 위한 2점법의 관측 위치로 옳은 것은?

① 수면에서 수심의 10%와 90% 지점
② 수면에서 수심의 20%와 80% 지점
③ 수면에서 수심의 30%와 70% 지점
④ 수면에서 수심의 40%와 60% 지점

|해답| ②

- 1점법 : 수심 $\frac{6}{10}H$가 되는 곳의 유속을 평균유속으로 한다.
  $V_m = V_{0.6}$
- 2점법 : 수심 $\frac{1}{5}H$, $\frac{4}{5}H$가 되는 곳의 유속을 평균유속으로 한다.
  $V_m = \frac{1}{2}(V_{0.2} + V_{0.8})$
- 3점법 : 수면에서 $\frac{1}{5}H$, $\frac{3}{5}H$, $\frac{4}{5}H$되는 곳의 유속을 평균유속으로 한다.
  $V_m = \frac{1}{4}(V_{0.2} + 2V_{0.6} + V_{0.8})$
- 4점법 : 수면에서 $\frac{1}{5}H$, $\frac{2}{5}H$, $\frac{3}{5}H$, $\frac{4}{5}H$되는 곳의 유속을 평균유속으로 한다.
  $V_m = \frac{1}{5}\left[(V_{0.2} + V_{0.4} + V_{0.6} + V_{0.8}) + \left(\frac{1}{2}V_{0.2} + \frac{1}{2}V_{0.8}\right)\right]$

□□□ 산 10,11,12④,16①,18②

10 1 : 25000 지형도에서 표고 621.5m와 417.5m사이에 주곡선 간격의 등고선 수는?

① 5 ② 11
③ 15 ④ 21

|해답| ④

등고선

곡선의 종류	1/10000	1/25000	1/50000
계곡선	25m	50m	100m
주곡선	5m	10m	20m

- $\frac{1}{25000}$ 일 때 주곡선의 간격은 10m
  ∴ 등고선수 $= \frac{620-420}{10} + 1 = 21$개

□□□ 산 12①,18②

11 교호수준측량을 하는 주된 이유로 옳은 것은?

① 작업속도가 빠르다.
② 관측인원을 최소화 할 수 있다.
③ 전시, 후시의 거리차를 크게 둘 수 있다.
④ 굴절오차 및 시준축오차를 제거할 수 있다.

|해답| ④

교호수준측량
- 목적 : 높은 정밀도를 필요로 할 경우
- 이유 : 하천을 횡단할 때 기계(시준)오차 및 광선의 굴절에 의한 오차를 소거하기 위하여

□□□ 산 12④,13④,14④,15①,18②

12 캔트(C)인 원곡선에서 곡선반지름을 3배로 하면 변화된 캔트(C')는?

① $\frac{C}{9}$ ② $\frac{C}{3}$
③ $3C$ ④ $9C$

|해답| ②

캔트 $C = \frac{DV^2}{gR} = \frac{DV^2}{3gR}$

- 반경(R)이 3배로 증가하면 캔트(C)는 $\frac{1}{3}$배로 줄어든다.
  ∴ $C' = \frac{C}{3}$

□□□ 산 10,12,14,18②

13 거리관측의 정밀도와 각관측의 정밀도가 같다고 할 때 거리관측의 허용오차를 1/3000로 하면 각관측의 허용오차는?

① $4''$ ② $41''$
③ $1'\,9''$ ④ $1'\,23''$

|해답| ③

$\frac{\Delta l}{l} = \frac{1}{3000} = \frac{\alpha}{206265''}$

∴ $\alpha = \frac{1 \times 206265''}{3000} = 69'' = 1'\,9''$

□□□ 산 11②,18②

05 수준측량에서 사용되는 기고식 야장 기입방법에 대한 설명으로 틀린 것은?

① 종·횡단 수준측량과 같이 후시보다 전시가 많을 때 편리하다.
② 승강식보다 기입사항이 많고 상세하여 중간점이 많을 때에는 시간이 많이 걸린다.
③ 중간시가 많은 경우 편리한 방법이나 그 점에 대한 검산을 할 수가 없다.
④ 지반고에 후시를 더하여 기계고를 얻고, 다른 점의 전시를 빼면 그 지점에 지반고를 얻는다.

| 해답 | ②

승강식
정확히 검사를 할 수 있어 정밀을 요하는 측량에 많이 이용되나 중간점이 많을 때는 계산이 복잡하다는 단점을 갖고 있는 야장기입 방법

Remember

야장 기입법
- 고차식 : 가장 간단한 방법으로 단지 2점 사이의 고저차를 구하는 것이 주 목적이다.
- 기고식 : 종단 및 횡단측량에서 중간점(I.P)이 많은 경우에 편리하다.
- 승강식 : 정밀측량에 적당하며, 완전검산을 할 수 있으나 중간점이 많을 때 계산이 복잡하다.

□□□ 산 12①,15,16,17,18②

06 삼각망 중 정확도가 가장 높은 삼각망은?

① 단열삼각망   ② 단삼각망
③ 유심다각망   ④ 사변형삼각망

| 해답 | ④

- 정밀도가 가장 높은 순서 : 사변형삼각망 > 유심삼각망 > 단열삼각망
- 단열삼각망 : 폭이 좁고 길이가 긴 지역에 적합하며 하천측량, 노선측량, 터널측량에 이용된다.
- 사변형 삼각망 : 특별히 높은 정밀도를 필요로 하는 측량이나 기선 삼각망 등에 사용된다.
- 유심삼각망 : 넓은 지역의 측량에 적당하며, 정밀도는 단열 삼각망과 사변형 삼각망의 중간이다.

□□□ 산 18②

07 교각이 60°, 교점까지의 추가거리가 356.21m, 곡선시점까지의 추가거리가 183.00m이면 단곡선의 곡선 반지름은?

① 616.97m   ② 300.01m
③ 205.66m   ④ 100.00m

| 해답 | ②

$T.L = R \tan \dfrac{I}{2}$ 에서

$R = \dfrac{T.L}{\tan \dfrac{I}{2}}$

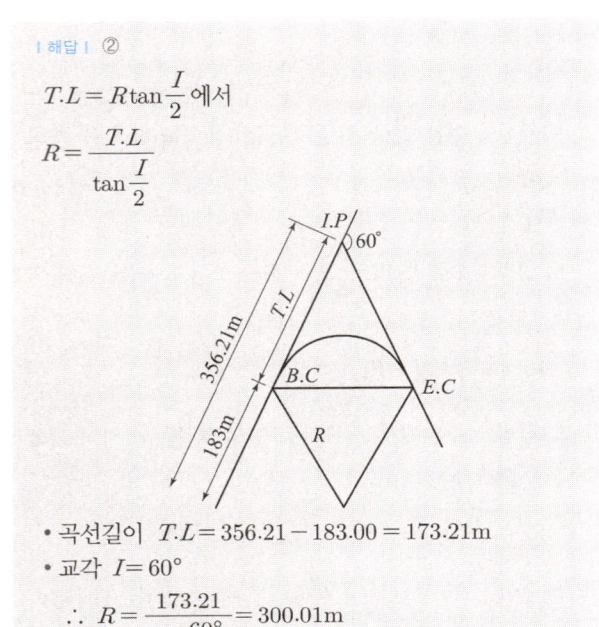

- 곡선길이 $T.L = 356.21 - 183.00 = 173.21m$
- 교각 $I = 60°$

$\therefore R = \dfrac{173.21}{\tan \dfrac{60°}{2}} = 300.01m$

□□□ 산 18②

08 A점은 30m 등고선 상에 있고, B점은 40m 등고선 상에 있다. AB의 경사가 25%일 때 AB 경사면의 수평거리는?

① 10m   ② 20m
③ 30m   ④ 40m

| 해답 | ④

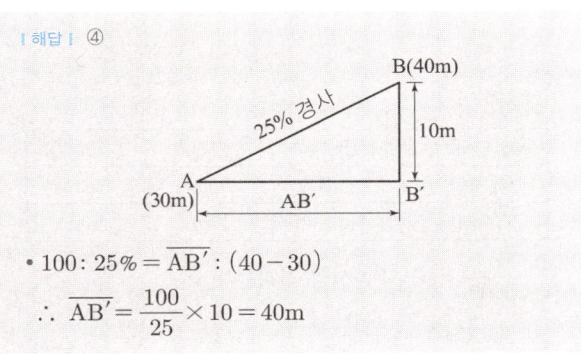

- $100 : 25\% = \overline{AB'} : (40-30)$

$\therefore \overline{AB'} = \dfrac{100}{25} \times 10 = 40m$

제2회 2018년 4월 28일

01 P점의 좌표가 $X_P = -1000\text{m}$, $Y_P = 2000\text{m}$이고, $\overline{PQ}$의 길이시 1500m, $\overline{PQ}$의 방위각이 120° 일 때 Q점의 좌표는?

① $X_Q = -1750\text{m}$, $Y_Q = +3299\text{m}$
② $X_Q = +1750\text{m}$, $Y_Q = +3299\text{m}$
③ $X_Q = +1750\text{m}$, $Y_Q = -3299\text{m}$
④ $X_Q = -1750\text{m}$, $Y_Q = -3299\text{m}$

┤해답├ ①

- $X_Q = X_P + \overline{PQ}\cos\alpha$
  $= -1000 + 1500\cos 120° = -1750\text{m}$ (위거)
- $Y_Q = Y_P + \overline{PQ}\sin\alpha$
  $= 2000 + 1500\sin 120° = +3299\text{m}$ (경거)

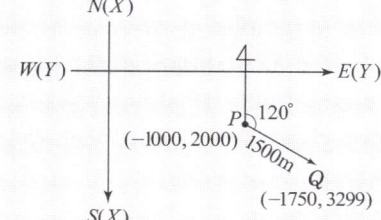

∴ $Q(-1750, 3299)$

02 그림과 같은 삼각형 토지를 $\triangle ABP : \triangle APC = 2:7$로 면적을 분할하고자 할 때 BP의 길이는? (단, BC의 길이는 50m임)

① 15.29m
② 14.29m
③ 12.11m
④ 11.11m

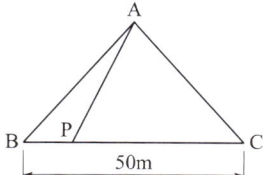

┤해답├ ④

$BP = BC \times \dfrac{m}{m+n} = 50 \times \dfrac{2}{2+7} = 11.11\text{m}$

Remember

PC 의 거리
$PC = BC \times \dfrac{n}{m+n} = 50 \times \dfrac{7}{2+7} = 38.89\text{m}$

03 하천의 수위관측소의 설치장소로 적당하지 않은 것은?

① 하상과 하안이 안전한 곳
② 홍수 시에도 수위를 쉽게 알아볼 수 있는 곳
③ 수위가 구조물의 영향을 받지 않는 곳
④ 수위의 변화가 크게 발생하여 그 변화가 명확한 곳

┤해답├ ④

지천의 합류점과 같이 불규칙한 변화가 없는 곳

Remember

수위관측소(양수표)의 설치장소
- 하상과 하안이 세굴, 퇴적이 안되는 곳
- 상하류 100m가량 직선인 곳
- 수위가 교각 등 구조물의 영향을 받지 않는 곳
- 홍수 때에도 쉽게 양수표를 읽을 수 있는 곳
- 홍수 때 관측소가 유실, 파손될 염려가 없는 곳
- 지천의 합류점과 같이 불규칙한 변화가 없는 곳
- 소용돌이, 역류 및 저수가 적은 곳이어야 한다.
- 양수표는 5~10km 마다 배치

04 삼각점 A에 기계를 세웠을 때, 삼각점 B가 보이지 않아 P를 관측하여 $T' = 65°42'39''$의 결과를 얻었다면 $T = \angle DAB$는?
(단, $S = 2\text{km}$, $e = 40\text{cm}$, $\phi = 256°40'$)

① 65° 39′ 58″
② 65° 40′ 20″
③ 65° 41′ 59″
④ 65° 42′ 20″

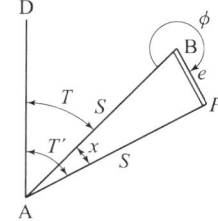

┤해답├ ③

$T = T' - x$

- $\dfrac{e}{\sin x} = \dfrac{S}{\sin(360°-\phi)}$ 에서
- $x = \dfrac{e}{S}\sin(360°-x) \times \rho''$
  $= \dfrac{40}{200000}\sin(360°-256°40') \times 206265$
  $= 40.14''$

∴ $T = 65°42'39'' - 40.14'' = 65°41'59''$

□□□ 산 18①, 20③

16 삼각측량을 실시하려고 할 때, 가장 정밀한 방법으로 각을 측정할 수 있는 방법은?

① 단각법　　　② 배각법
③ 방향각법　　④ 각관측법

| 해답 | ④

조합각관측법(각관측법)
한 측점에서 모든 방향의 각을 전부 정·반위치에서 측정하는 방법으로서 1등 삼각 측량에 주로 사용하며 정도가 가장 높다.

□□□ 산 11①, 15①, 18①, 20③

17 폐합다각형의 관측결과 위거오차 $-0.005m$, 경거오차 $-0.042m$, 관측길이 $327m$의 성과를 얻었다면 폐합비는?

① $\dfrac{1}{20}$　　　② $\dfrac{1}{330}$
③ $\dfrac{1}{770}$　　④ $\dfrac{1}{7730}$

| 해답 | ④

폐합비 $R = \dfrac{E}{\sum l} = \dfrac{1}{m}$

• 폐합오차 $E = \sqrt{(위거오차량)^2 + (경거오차량)^2}$
$= \sqrt{(E_L)^2 + (E_D)^2}$
$= \sqrt{(-0.005)^2 + (-0.042)^2} = 0.0423m$

∴ 폐합비 : $R = \dfrac{E}{\sum l} = \dfrac{1}{m} = \dfrac{0.0423}{327} = \dfrac{1}{7730}$

□□□ 산 10②, 18①

18 직접고저측량을 하여 그림과 같은 결과를 얻었다. 이때 B점의 표고는? (단, A점의 표고는 100m이고 단위는 m임)

① 101.1m
② 101.5m
③ 104.1m
④ 105.2m

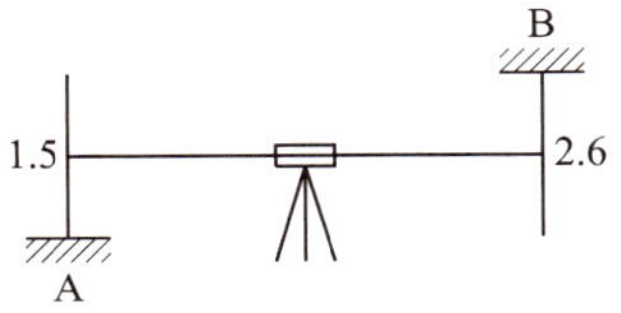

| 해답 | ③

$H_B = H_A + (\sum 전시 - \sum 후시)$
$= 100 + 1.5 - (-2.6) = 104.1m$

□□□ 산 15②, 18①

19 토공작업을 수반하는 종단면도에 계획선을 넣을 때 고려하여야 할 사항으로 옳지 않은 것은?

① 계획선은 필요한 요구에 맞게 한다.
② 절토는 성토로 이용할 수 있도록 운반거리를 고려해야 한다.
③ 단조로움을 피하기 위하여 경사와 곡선을 병설하여 가능한 많이 설치한다.
④ 절토량과 성토량을 거의 같게 한다.

| 해답 | ③

토공작업을 수반하는 종단면도 계획선은 가능한 경사와 곡선을 적게 설치한다.

□□□ 산 13④, 18①

20 유심삼각망에 관한 설명으로 옳은 것은?

① 삼각망 중 가장 정밀도가 높다.
② 대규모 농지, 단지 등 방대한 지역의 측량에 적합하다.
③ 기선을 확대하기 위한 기선삼각망측량에 주로 사용된다.
④ 하천, 철도, 도로과 같이 측량 구역의 폭이 좁고 긴 지형에 적합하다.

| 해답 | ②

유심 삼각망
광대한 지역의 측량에 적당하며, 단열 삼각망보다 정도가 높다.

11 수심 h인 하천의 유속측정에서 수면으로부터 $0.2h$, $0.6h$, $0.8h$의 유속이 각각 각각 0.625m/sec, 0.564m/sec, 0.382m/sec일 때 4점법에 의한 평균유속은?

① 0.498m/sec   ② 0.505m/sec
③ 0.511m/sec   ④ 0.533m/sec

| 해답 | ④

$$V_m = \frac{1}{4}(V_{0.2} + 2V_{0.6} + V_{0.8})$$
$$= \frac{1}{4}(0.625 + 2 \times 0.564 + 0.382) = 0.533 \, \text{m/sec}$$

12 지상 100m×100m의 면적을 4cm²로 나타내기 위한 도면의 축척은?

① 1 : 250   ② 1 : 500
③ 1 : 2500 ④ 1 : 5000

| 해답 | ④

면적비 $= \left(\frac{1}{m}\right)^2$

• 면적비 $= \dfrac{4}{10000 \times 10000}$

∴ 축척비 $\dfrac{1}{m} = \sqrt{\dfrac{4}{100000000}} = \dfrac{1}{5000}$

13 하천 양안의 고저차를 관측할 때 교호수준측량을 하는 가장 주된 이유는?

① 개인오차를 제거하기 위하여
② 기계오차(시준축 오차)를 제거하기 위하여
③ 과실에 의한 오차를 제거하기 위하여
④ 우연오차를 제거하기 위하여

| 해답 | ②

교호 수준 측량
• 목적 : 높은 정밀도를 필요로 할 경우
• 이유 : 하천을 횡단할 때 기계(시준)오차 및 광선의 굴절에 의한 오차를 소거하기 위하여

14 그림과 같은 삼각형의 꼭지점 A, B, C의 좌표가 A(50, 20), B(20, 50), C(70, 70)일 때, A를 지나며, △ABC의 넓이를 $m : n = 4 : 3$으로 분할하는 P점의 좌표는? (단, 좌표의 단위는 m이다.)

① (58.6, 41.4)
② (41.4, 58.6)
③ (50.6, 63.4)
④ (50.4, 65.6)

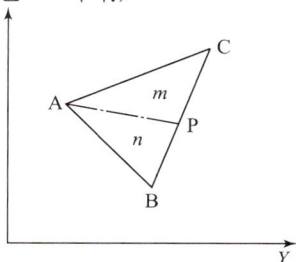

| 해답 | ②

$\overline{BP} = \overline{BC} \dfrac{n}{m+n}$

• $X_P = X_B + \overline{BC}_X \dfrac{n}{m+n}$
$= 20 + (70-20) \times \dfrac{3}{4+3} = 41.4$m

• $Y_P = Y_B + \overline{BC}_Y \dfrac{n}{m+n}$
$= 50 + (70-50) \times \dfrac{3}{4+3} = 58.6$m

∴ $P(41.4, 58.6)$

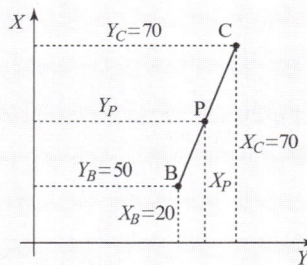

15 다음 도로의 횡단면도에서 AB의 수평거리는?

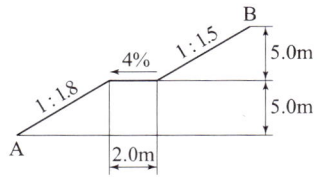

① 8.1m   ② 12.3m
③ 14.3m   ④ 18.5m

| 해답 | ④

수평거리 $D = n \cdot h (\because 1 : n)$
$\overline{AB} = 1.8 \times 5 + 2.0 + 1.5 \times 5 = 18.5$m

□□□ 산 11①,12①,②,13②,17②,18①,20①

05 1 : 5000 축척 지형도를 이용하여 1 : 25000 축척 지형도 1매를 편집하고자 한다. 필요한 1 : 5000 축척 지형도의 총 매수는?

① 25매　　② 20매
③ 15매　　④ 10매

| 해답 | ①

$$\frac{A_2}{A_1} = \left(\frac{M_2}{M_1}\right)^2 = \left(\frac{25000}{5000}\right)^2 = 25 \text{매}$$

□□□ 산 18①

06 그림과 같이 표면 부자를 하천 수면에 띄워 A점을 출발하여 B점을 통과할 때 소요시간이 1분 40초였다면 하천의 평균 유속은? (단, 평균 유속을 구하기 위한 계수는 0.8로 한다.)

① 0.09m/sec
② 0.19m/sec
③ 0.21m/sec
④ 0.36m/sec

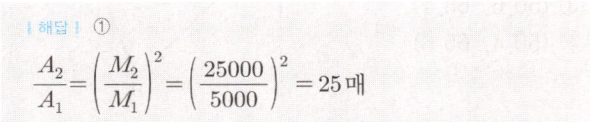

| 해답 | ③

$$V_m = \alpha \frac{L}{t} = 0.8 \times \frac{26.4\text{m}}{100\text{sec}} = 0.21\text{m/sec}$$

□□□ 산 14④,18①

07 클로소이드 곡선에 대한 설명으로 옳은 것은?

① 곡선의 반지름 R, 곡선길이 L, 매개변수 A의 사이에는 $R \cdot L = A^2$의 관계가 성립한다.
② 곡선의 반지름에 비례하여 곡선길이가 증가하는 곡선이다.
③ 곡선길이가 일정할 곡선의 반지름이 크면 접선각도 커진다.
④ 곡선 반지름과 곡선길이가 같은 점을 동경이라 한다.

| 해답 | ①

• 클로소이드는 곡률이 곡선길이에 비례하여 증가하는 곡선이다.
• 곡선길이가 일정할 때 곡률반경(R)이 커지면 접선각은 작아진다.
• 클로소이드 곡선에서 $R = L = A$의 점을 특성점이라 한다.

□□□ 산 11①,18①,20③

08 등고선의 성질에 대한 설명으로 옳지 않은 것은?

① 어느 지점의 최대경사 방향은 등고선과 평행한 방향이다.
② 경사가 급한 지역은 등고선 간격이 좁다.
③ 동일 등고선 위의 지점들은 높이가 같다.
④ 계곡선(합수선)은 등고선과 직교한다.

| 해답 | ①

어느 지점의 최대경사의 방향은 등고선과 직각으로 교차한다.

□□□ 산 18①

09 그림에서 A, B 사이에 단곡선을 설치하기 위하여 ∠ADB의 2등분선 상의 C점을 곡선의 중점으로 선택하였다면 곡선의 접선길이는?
(단, DC = 20m, I = 80° 20′ 이다.)

① 64.80m
② 54.70m
③ 32.40m
④ 27.34m

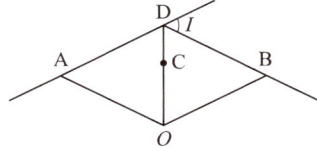

| 해답 | ②

접선길이 $TL = R\tan\frac{I}{2}$

• 외할 $E = R\left(\sec\frac{I}{2} - 1\right)$
$= R\left(\frac{1}{\cos\frac{80°20'}{2}} - 1\right) = 20$

∴ $R = 64.81$m
∴ $T.L = 64.81\tan\frac{80°20'}{2} = 54.70$m

□□□ 산 17①②,18①

10 30m당 ±1.0mm의 오차가 발생하는 줄자를 사용하여 480m의 기선을 측정하였다면 총오차는?

① ±3.0mm　　② ±3.5mm
③ ±4.0mm　　④ ±4.5mm

| 해답 | ③

$$E = \pm e\sqrt{n} = \pm 1.0\sqrt{\frac{480}{30}} = \pm 4.0\text{mm}$$

01 측량학

과목별 과년도(18~20년)로 구성하여 집중적이고 반복적인 문제풀이를 학습하여 연상법으로 [2과목 측량 및 토질] 마스터 합니다.

제1회 2018년 3월 4일

☐☐☐ 산 11,18①

01 반지름 $R=200$m인 원곡선에서 호의 길이 $C=20$m에 대한 현의 길이 l의 차이는 약 얼마인가?

① 0.8cm　② 1.6cm
③ 2.5cm　④ 5.0cm

|해답| ①

호의 길이와 현의 길이의 차 $= C-l$

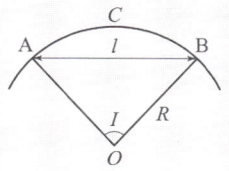

$$C-l = \frac{C^3}{24R^2} = \frac{20^3}{24 \times 200^2} = 0.0083\text{m} = 0.8\text{cm}$$

☐☐☐ 산 18①

02 그림과 같이 2개의 직선구간과 1개의 원곡선 부분으로 이루어진 노선을 계획할 때, 직선구간 AB의 거리 및 방위각이 700m, 80°이고, CD의 거리 및 방위각은 1000m, 110°이었다. 원곡선의 반지름이 500m라면, A점으로부터 D점까지의 노선거리는?

① 1830.8m
② 1874.4m
③ 1961.8m
④ 2048.9m

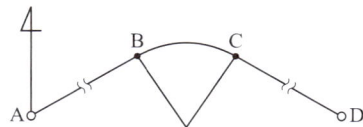

|해답| ③

$\overline{AD}$ 거리 $= \overline{AB}$ 거리 $+ C.L + \overline{CD}$ 거리

- 교각 $I = $ CD의 방위각 $-$ AB의 방위각
  $= 110° - 80° = 30°$
- 곡선길이 $C.L = \dfrac{\pi}{180°}RI$
  $= 0.01745 \times 500 \times 30° = 261.75$m

∴ $\overline{AD} = 700 + 261.75 + 1000 = 1961.8$m

☐☐☐ 산 13②,18①

03 그림과 같은 개방 트래버스에서 CD측선의 방위는?

① N50° W
② S30° E
③ S50° W
④ N30° E

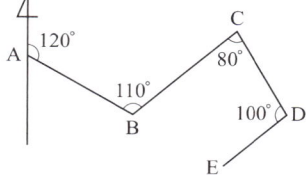

|해답| ②

AB측선의 방위각 $= 120°$
BC측선의 방위각 $= 120° - 180° + 110° = 50°$
CD측선의 방위각 $= 50° + 180° - 80° = 150°$
CD측선의 방위 : S$(180° - 150°)$E $=$ S30° E

Remember

- 진행방향의 우측에 교각이 있을 경우 방위각 계산 방법
  임의 측선 방위각 $=$ 전측선 방위각 $+ 180° -$ 측점의 교각
- 진행방향의 좌측에 교각이 있을 경우 방위각 계산 방법
  임의 측선 방위각 $=$ 전측선 방위각 $- 180° +$ 측점의 교각

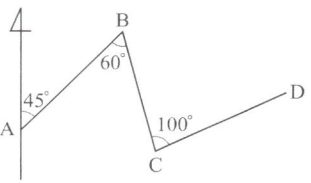

진행방향의 우측에 교각이 있을 때
BC의 방위각 $= 45° + 180° - 60° = 165°$
진행방향의 좌측에 교각이 있을 때
CD의 방위각 $= 165° - 180° + 100° = 85°$

☐☐☐ 산 18①

04 GNSS 위성을 이용한 측위에 측점의 3차원적 위치를 구하기 위하여 수신이 필요한 최소 위성의 수는?

① 2　② 4
③ 6　④ 8

|해답| ②

수신기 1대를 이용하여 위치를 결정할 수 있는 GNSS측량 방법인 1점 측위는 시간 오차까지 보정하기 위해서 최소 4대 이상의 위성으로부터 수신하여야 한다.

2과목

CBT 과목별 스피드 마스터
측량 및 토질

01 측량학
02 토질 및 기초

- ✓ 2018년   3월 4일 시행
                  4월 28일 시행
                  9월 15일 시행
- ✓ 2019년   3월 3일 시행
                  4월 27일 시행
                  9월 21일 시행
- ✓ 2020년   6월 6일 시행
                  8월 22일 시행
                  제4회 시행

산 12②, 20

18 전단철근이 1개의 굽힘철근 또는 받침부에서 모두 같은 거리에서 구부린 평행한 1조의 철근으로 구성될 경우 전단철근에 의한 공칭전단강도(V_s)를 구하는 식으로 옳은 것은? (단, A_v : 전단철근의 단면적, f_{yt} : 횡방향 철근의 설계기준 항복강도, α : 굽힘철근과 부재축의 사이각)

① $V_s = A_v f_{yt} \cos\alpha$ ② $V_s = A_v f_{yt} \sin\alpha$
③ $V_s = A_v f_{yt} \tan\alpha$ ④ $V_s = \dfrac{f_{yt}\cos\alpha}{A_v}$

| 해답 | ②

전단철근이 1개의 굽힘철근 또는 받침부에서 모두 같은 거리에서 구부린 평행한 1조의 철근으로 구성될 경우의 전단철근에 의한 공칭전단강도(V_s)는 $A_v f_{yt} \sin\alpha \leq 0.25\sqrt{f_{ck}}\,b_w d$ 이하이어야 한다.

산 12,14②,15①,16④,17②,18②,20

19 강도설계법에서 단철근 직사각형보가 $f_{ck} = 24\text{MPa}$, $f_y = 400\text{MPa}$일 때, 균형철근비는?

① 0.01658   ② 0.018424
③ 0.02124   ④ 0.025404

| 해답 | ④

균형철근비 $\rho_b = \dfrac{\eta(0.85 f_{ck})\beta_1}{f_y} \cdot \dfrac{660}{660 + f_y}$

• $f_{ck} \leq 40\text{MPa}$의 경우 $\eta = 1.0$, $\beta_1 = 0.80$

∴ $\rho_b = \dfrac{1 \times 0.85 \times 24 \times 0.80}{400} \times \dfrac{660}{660 + 400}$
   $= 0.025404$

산 15, 20

20 다음 중 일반적인 철근의 정착 방법 종류가 아닌 것은?

① 묻힘길이에 의한 정착
② 갈고리에 의한 정착
③ 약품에 의한 정착
④ 철근의 가로 방향에 T형이 되도록 철근을 용접해 붙이는 정착

| 해답 | ③

철근의 정착방법
• 묻힘길이에 의한 정착
• 갈고리에 의한 정착
• T형이 되도록 철근을 용접에 의한 정착
• 특별장치를 사용하는 방법

□□□ 산 91,02,03,04,05,13①,16②,17,20

13 다음 중 스터럽을 쓰는 이유로 옳은 것은?

① 보의 강성(剛性)을 높이고 사인장 응력을 받게 하기 위하여
② 콘크리트의 탄성을 높이기 위하여
③ 콘크리트가 옆으로 튀어 나오는 것을 방지하기 위하여
④ 철근의 조립을 위하여

| 해답 | ①

스터럽(stirrup)사용하는 목적(이유)
• 보의 주철근을 둘러싸고 이에 직각되게 또는 경사지게 배치한 복부보강근으로서 전단력 및 비틀림모멘트에 저항하도록 배치한 보강철근
• 보의 강성(剛性)을 높이고 사인장 응력을 받게 하기 위하여
• 균열증대 억제효과와 주철근의 위치 보존

□□□ 산 02,04,06,10,11②,14①,18②,20

14 다음 그림은 필릿(Fillet) 용접한 것이다. 목두께 a 를 표시한 것으로 옳은 것은?

① $a = S_2 \times 0.70$
② $a = S_1 \times 0.70$
③ $a = S_2 \times 0.60$
④ $a = S_1 \times 0.60$

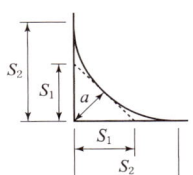

| 해답 | ②

용접부의 목두께(필릿용접)
필릿용접의 유효 목두께(a)는 모살치수의 0.7배로 한다.
∴ $a = S_1 \times 0.70$

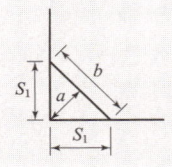

□□□ 산 12,15②,16①,17①,20

15 PS 강재에 요구되는 일반적인 성질로 틀린 것은?

① 인장강도가 클 것
② 항복비가 클 것
③ 직선성이 좋을 것
④ 릴랙세이션(Relaxation)이 클 것

| 해답 | ④

PS강재가 가져야 할 성질
• 인장강도가 커야 한다.
• 부착강도가 커야 한다.
• 항복비가 커야 한다.
• 릴랙세이션이 적을 것
• 적당한 연성(늘음)과 인성이 커야 한다.
• 응력 부식에 대한 저항성이 커야 한다.
• 곧게 퍼지는 신직선(직진성)이 좋아야 한다.
• 어느 정도의 피로강도를 가져야 한다.

□□□ 산 14①,15①④,16①,20

16 그림과 같은 직사각형 단면에서 등가 직사각형 응력블록의 깊이(a)는? (단, $f_{ck}=21$MPa, $f_y=400$MPa이다.)

① 107mm
② 112mm
③ 118mm
④ 125mm

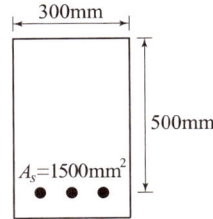

| 해답 | ②

$$a = \frac{A_s f_y}{\eta(0.85 f_{ck})b}$$

$f_{ck} \leq 40$MPa일 때 $\eta = 1.0$, $\beta_1 = 0.80$

∴ $a = \dfrac{1500 \times 400}{1 \times 0.85 \times 21 \times 300} = 112$mm

□□□ 산 11①④,12②,15①,20

17 전체 깊이가 900mm를 초과하는 휨부재 복부의 양 측면에 부재 축방향으로 배치하는 철근을 무엇이라 하는가?

① 표피철근
② 배력철근
③ 피복철근
④ 연결철근

| 해답 | ①

• 표피철근(skin reinforcement) : 전체 깊이가 900mm를 초과하는 휨부재 복부의 양 측면에 부재 축방향으로 배치하는 철근
• 배력철근(distributing bar) : 하중을 분포시키거나 균열을 제어할 목적으로 주철근과 직각에 가까운 방향으로 배치한 보조철근

07 슬래브 중심간 거리 1.8m, 플랜지 두께 100mm T형 단면 복부 폭 350mm, 지간 10m인 대칭 T형 단면 보의 플랜지 유효폭은 얼마인가?

① 1.65m ② 1.8m
③ 2.2m   ④ 2.5m

| 해답 | ②

T형보(대칭)의 유효 폭(b_e)결정
- $16t+b_w = 16 \times 100 + 350 = 1950$mm
- 양쪽 슬래브의 중심간 거리 : $b_c = 1800$mm
- 보의 경간 $\times \dfrac{1}{4}$: $10000 \times \dfrac{1}{4} = 2500$mm

∴ $b_e = 1800$mm $= 1.8$m (∵ 작은 값)

08 강도설계법에서 보에 대한 등가직사각형 응력블록의 깊이 $a = \beta_1 c$에서 f_{ck}가 60MPa일 경우 β_1의 값은?

① 0.85   ② 0.732
③ 0.76   ④ 0.626

| 해답 | ③

- $f_{ck} = 60$MPa일 때
  $\beta_1 = 0.76$
- 계수 $\eta(0.85f_{ck})$와 β_1는 다음 값을 적용한다.

f_{ck}	≤40	50	60	70	80	90
η	1.00	0.97	0.95	0.91	0.87	0.84
β_1	0.80	0.80	0.76	0.74	0.72	0.70

09 독립확대기초의 크기가 2m×3m이고 지반의 허용지지력이 200kN/m² 일 때 이 기초가 받을 수 있는 하중의 크기는?

① 600kN   ② 800kN
③ 1200kN ④ 1600kN

| 해답 | ③

허용지지력 $q_a = \dfrac{P}{A}$

∴ $P = q_a \cdot A = 200 \times (2 \times 3) = 1200$kN

10 포스트텐션 공법에서 그라우트(grout)를 행하는 가장 중요한 이유?

① 긴장재의 부식방지 ② 강재의 정착과 부착
③ 긴장력의 증진   ④ 부착력의 확보

| 해답 | ①

그라우트는 강재의 부식을 방지하기 위해서 행한다.

11 $b = 250$mm, $d = 500$mm, 압축연단에서 중립축까지의 거리(c) $= 200$mm, $f_{ck} = 24$MPa의 단철근 직사각형 보에서 콘크리트의 공칭 휨강도 M_n은?

① 305.8kN·m ② 342.7kN·m
③ 364.3kN·m ④ 423.3kN·m

| 해답 | ②

$M_n = \eta(0.85f_{ck})ab_w\left(d - \dfrac{a}{2}\right)$

- $f_{ck} \leq 40$MPa : $\beta_1 = 0.80$
- $a = \beta_1 c = 0.80 \times 200 = 160$mm

∴ $M_n = 1 \times 0.85 \times 24 \times 160 \times 250\left(500 - \dfrac{160}{2}\right)$
$= 342720000$N·mm $= 342.7$kN·m

12 1방향 슬래브의 정철근 및 부철근의 중심간격은 위험단면에서 아래 표와 같은 조건일 때 얼마 이하이어야 하는가?

슬래브 두께 : 200mm

① 150mm   ② 200mm
③ 250mm   ④ 300mm

| 해답 | ④

1방향 슬래브의 정모멘트 철근 및 부모멘트 철근의 중심 간격
- 위험단면에서 슬래브 두께의 2배 이하, 300mm 이하로 한다.
- 기타의 단면에서는 슬래브 두께의 3배 이하이고, 450mm 이하로 한다.

☐☐☐ 산 02,03,18,20

03 고장력 볼트를 사용한 이음의 종류가 아닌 것은?

① 압축이음　　② 마찰이음
③ 지압이음　　④ 인장이음

| 해답 | ①

고장력 이음의 종류
마찰이음, 지압이음, 인장이음

Remember

고장력 이음의 종류
- 마찰이음 : 편재 사이에서 일어나는 마찰력에 의해 응력을 전달하는 이음
- 지압이음 : 볼트 원통부의 전단저항이나 볼트 원통부와 볼트구멍 사이의 지압에 의해 저항하는 이음
- 인장이음 : 볼트의 축방향으로 외력이 작용하게 되는 이음

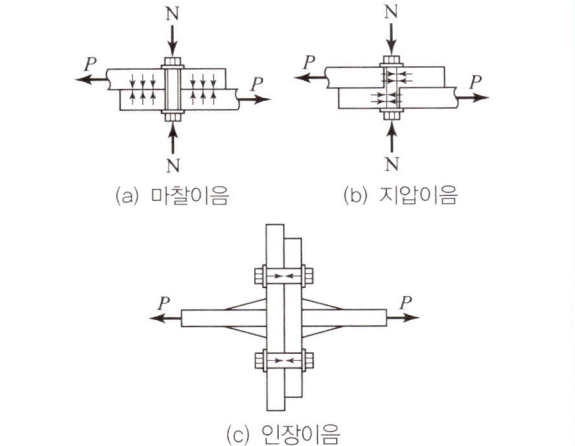

(a) 마찰이음　(b) 지압이음
(c) 인장이음

☐☐☐ 산 13②,16①,17,20

04 그림과 같은 전단력 $P=300kN$이 작용하는 부재를 용접이음하고자 할 때 생기는 전단응력은?

① 96.4MPa
② 78.1MPa
③ 109.2MPa
④ 84.3MPa

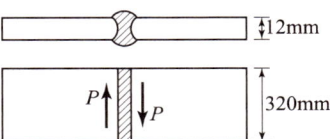

| 해답 | ②

$$v = \frac{P}{\Sigma al_e} = \frac{300 \times 10^3}{12 \times 320} = 78.1 \, N/mm^2 = 78.1 \, MPa$$

☐☐☐ 산 13②,14①,19②,20

05 PSC의 해석이 기본개념 중 아래의 보기에서 설명하는 개념은?

> 프리스트레싱의 작용과 부재에 작용하는 하중을 비기도록 하자는데 목적을 둔 개념으로 등가하중의 개념이라고도 한다.

① 균등질 보의 개념　② 내력 모멘트의 개념
③ 하중평형의 개념　④ 변형률의 개념

| 해답 | ③

PSC의 기본 개념
- 응력개념(균등질보의 개념) : 프리스트레스가 도입되면 콘크리트 부재를 탄성이론으로 해석할 수 있다는 개념
- 하중평형개념(등가 하중 개념) : 프리스트레스에 의한 작용과 부재에 작용하는 하중을 평형이 되도록 하는 개념
- 강도개념(내력 모멘트 개념) : PSC보를 RC보처럼 생각하여 콘크리트는 압축력을 받고 긴장재는 인장력을 받게 하여 두 힘의 우력 모멘트로 외력에 의한 휨모멘트에 저항시킨다는 개념

☐☐☐ 산 20

06 프리스트레스하지 않는 현장치기 콘크리트에서 옥외의 공기나 흙에 직접 접하지 않는 콘크리트 벽체에서 D35 초과하는 철근의 최소 피복 두께는 얼마인가?

① 20mm　　② 40mm
③ 50mm　　④ 60mm

| 해답 | ②

철근의 최소 피복 두께(현장치기 콘크리트의 경우)

철근의 외부 조건			최소 피복
• 수중에서 타설하는 콘크리트			100mm
• 흙에 접하여 콘크리트를 친 후에 영구히 흙에 묻혀 있는 콘크리트			75mm
• 흙에 접하거나 옥외의 공기에 직접 노출되는 콘크리트	D19 이상의 철근		50mm
	D16 이하의 철근, 지름16mm 이하의 철선		40mm
• 옥외의 공기나 흙에 직접 접하지 않는 콘크리트	슬래브, 벽체, 장선	D35 초과하는 철근	40mm
		D35 이하 철근	20mm
	보, 기둥		40mm
	쉘, 절판부재		20mm

□□□ 산 20③

19 강도감소계수(ϕ)에 대한 설명으로 틀린 것은?

① 설계 및 시공상의 오차를 고려한 값이다.
② 하중의 종류와 조합에 따라 값이 달라진다.
③ 인장지배단면에 대한 강도감소계수는 0.85이다.
④ 전단력과 비틀림모멘트에 대한 강도감소계수는 0.75이다.

| 해답 | ②

재료의 공칭 강도와 실제 강도 사이에 어쩔 수 없이 생기는 차이나 제작 및 시공상의 불확실성 따위를 고려하여 부재를 보강하는 안전 계수

Remember

강도감소계수 ϕ

부재		강도감소계수
인장지배단면		0.85
압축지배단면	나선철근으로 보강된 철근 콘크리트 부재	0.70
	그 외의 철근콘크리트 부재	0.65
	변화구간단면(전이구역)	0.65(0.70) ~ 0.85
전단력과 비틀림 모멘트		0.75
콘크리트의 지압력 (포스트텐션 정착부나 스트럿-타이 모델은 제외)		0.65
포스트텐션 정착구역		0.85
스트럿-타이 모델	스트럿, 절점부 및 지압부	0.75
	타이	0.85
무근콘크리트의 휨모멘트, 압축력, 전단력, 지압력		0.55

□□□ 산 17①②, 20③

20 강도설계법으로 부재를 설계할 때 사용하중에 하중계수를 곱한 하중을 무엇이라 하는가?

① 작용하중 ② 기준하중
③ 지속하중 ④ 계수하중

| 해답 | ④

계수하중 = 사용하중 × 하중계수

제4회 2020년 9월

□□□ 산 10, 18①, 20④

01 강도설계법에 대한 기본가정 중 옳지 않은 것은?

① 평면인 단면은 변형 후에도 평면을 유지한다.
② 철근과 콘크리트의 응력과 변형률은 중립축으로부터 거리에 비례한다.
③ 콘크리트 압축측 연단에서 콘크리트의 설계기준압축강도가 40MPa 이하인 경우에는 극한변형률은 0.0033으로 가정한다.
④ 콘크리트의 인장강도는 휨계산에서 무시한다.

| 해답 | ②

• 철근과 콘크리트의 변형률은 중립축으로부터의 거리에 비례한다.
• 콘크리트의 응력은 중립축으로 부터의 거리에 비례하지 않는 비선형 분포를 보인다.

Remember

강도설계법에서의 기본 가정
• 철근과 콘크리트의 변형률은 중립축에서의 거리에 비례한다.
• 콘크리트 압축측 연단에서 콘크리트의 설계기준압축강도가 40MPa 이하인 경우에는 극한변형률은 0.0033으로 가정한다.
• 항복강도 f_y 이하에서의 철근의 응력은 그 변형률의 E_s 배로 취한다.
• 휨응력계산에서 콘크리트의 인장강도는 무시한다.
• 콘크리트의 압축응력 분포도는 사각형, 사다리꼴, 포물선 또는 기타 다른 형상으로 가정할 수 있다.

□□□ 산 16④, 20

02 뒷부벽식 옹벽을 설계할 때 뒷 부벽에 대한 설명으로 옳은 것은?

① T형보로 설계하여야 한다.
② 캔틸레버보로 설계하여야 한다.
③ 직사각형보로 설계하여야 한다.
④ 3변 지지된 2방향 슬래브로 설계하여야 한다.

| 해답 | ①

뒷부벽은 T형보로 설계하여야 하며, 앞부벽은 직사각형보로 설계하여야 한다.

산 81,83,90,98,20③

14 $P=400$kN의 인장력이 작용하는 판 두께 10mm인 철판에 $\phi19$mm인 리벳을 사용하여 접합할 때 소요 리벳 수는? (단, 허용전단응력(τ_a)은 75MPa, 허용지압응력(σ_b)은 150MPa이다.)

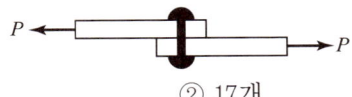

① 15개 ② 17개
③ 19개 ④ 21개

| 해답 | ③

리벳수 $n = \dfrac{P}{\rho}$

• 전단강도 $\rho_s = v_a \times \dfrac{\pi d^2}{4}$
$= 75 \times \dfrac{\pi \times 19^2}{4} = 21265\,\text{N} = 21.27\,\text{kN}$

• 지압강도 $\rho_b = f_{ba}dt = 150 \times 19 \times 10$
$= 28500\,\text{N} = 28.50\,\text{kN}$

• 리벳강도 $\rho = 21.27\,\text{kN}$ (작은 값)

$\therefore n = \dfrac{P}{\rho} = \dfrac{400}{21.27} = 18.81 = 19$개

산 12①④,14①④,15①,17①,18④,19②,20③

15 콘크리트구조 강도설계법에서 콘크리트의 설계기준 압축강도(f_{ck})가 50MPa일 때 β_1의 값은? (단, β_1은 $a=\beta_1 c$에서 사용되는 계수이다.)

① 0.714 ② 0.731
③ 0.800 ④ 0.761

| 해답 | ③

$f_{ck} = 50$MPa일 때
$\therefore \beta_1 = 0.80$

산 17④,20③

16 프리스트레스의 손실 중 시간의 경과에 의해 발생하는 것은?

① 정착장치의 활동
② 콘크리트의 탄성수축
③ 긴장재 응력의 릴랙세이션
④ 포스트텐션 긴장재와 덕트 사이의 마찰

| 해답 | ③

■ 도입손실 = 즉시 손실
• 정착장치의 활동
• 콘크리트의 탄성수축
• 포스트텐션 긴장재와 덕트 사이의 마찰

■ 도입 후 손실 = 시간적 손실
• 콘크리트의 크리프
• 콘크리트의 건조수축
• 긴장재 응력의 릴랙세이션

산 12④,20③

17 강도설계법에 의한 나선철근 압축부재의 공칭 축강도(P_n)의 값은? (단, $A_g = 160000\,\text{mm}^2$, $A_{st} = 6-\text{D}32 = 4765\,\text{mm}^2$, $f_{ck} = 22$MPa, $f_y = 350$MPa이다.)

① 3567kN ② 3885kN
③ 4428kN ④ 4967kN

| 해답 | ②

$P_n = \alpha[0.85 f_{ck}(A_g - A_{st}) + f_y \cdot A_{st}]$
$\therefore P_n = 0.85[0.85 \times 22(160000-4765) + 350 \times 4765]$
$= 3885048\,\text{N} = 3885\,\text{kN}$

분류	보정계수 α	강도감소계수 ϕ
나선철근	0.85	0.70
띠철근	0.80	0.65

산 12,14②,15①,16④,17②④,18②,20③

18 강도설계법에서 단철근 직사각형 보의 균형철근비(ρ_b)는? (단, $f_{ck} = 25$MPa, $f_y = 400$MPa이다.)

① 0.026 ② 0.030
③ 0.033 ④ 0.036

| 해답 | ①

균형철근비 $\rho_b = \dfrac{\eta(0.85 f_{ck})\beta_1}{f_y} \cdot \dfrac{660}{660+f_y}$

• $f_{ck} \le 40$MPa일 경우 $\eta = 1$, $\beta_1 = 0.80$

$\therefore \rho_b = \dfrac{1 \times 0.85 \times 25 \times 0.80}{400} \times \dfrac{660}{660+400} = 0.026$

□□□ 산 15②④, 20③

10 콘크리트 구조설계기준에 따른 '단면의 유효깊이'를 설명하는 것은?

① 콘크리트의 압축연단에서부터 최외단 인장철근의 도심까지의 거리
② 콘크리트의 압축연단에서부터 다단 배근된 인장철근 중 최외단 철근 도심까지의 거리
③ 콘크리트의 압축연단에서부터 모든 인장철근군의 도심까지의 거리
④ 콘크리트의 압축연단에서부터 모든 철근군의 도심까지의 거리

| 해답 | ③

- 유효깊이(effective depth of section) : 콘크리트의 압축 연단부터 모든 인장철근군의 도심까지 거리
- 유효단면적(effective section area) : 유효깊이에 유효폭을 곱한 면적

□□□ 산 20③

11 프리스트레스하지 않는 현장치기 콘크리트에서 옥외의 공기나 흙에 직접 접하지 않는 콘크리트 벽체에서 D35 초과하는 철근의 최소 피복 두께는 얼마인가?

① 20mm ② 40mm
③ 50mm ④ 60mm

| 해답 | ②

철근의 최소 피복 두께(현장치기 콘크리트의 경우)

철근의 외부 조건			최소 피복
수중에서 타설하는 콘크리트			100mm
흙에 접하여 콘크리트를 친 후에 영구히 흙에 묻혀 있는 콘크리트			75mm
흙에 접하거나 옥외의 공기에 직접 노출되는 콘크리트	D19 이상의 철근		50mm
	D16 이하의 철근, 지름16mm 이하의 철선		40mm
옥외의 공기나 흙에 직접 접하지 않는 콘크리트	슬래브, 벽체, 장선	D35 초과하는 철근	40mm
		D35 이하 철근	20mm
	보, 기둥		40mm
	쉘, 절판부재		20mm

□□□ 산 16①, 20③

12 철근콘크리트 1방향 슬래브에 대한 설명으로 틀린 것은?

① 슬래브의 두께는 최소 50mm 이상으로 하여야 한다.
② 슬래브의 정모멘트 철근 및 부모멘트 철근의 중심 간격은 위험단면에서는 슬래브 두께의 2배 이하여야 하고, 또한 300mm 이하로 하여야 한다.
③ 4변에 의해 지지되는 2방향 슬래브 중에서 단변에 대한 장변의 비가 2배를 넘으면 1방향 슬래브로서 해석한다.
④ 1방향 슬래브에서는 정모멘트 철근 및 부모멘트 철근에 직각방향으로 수축·온도철근을 배치하여야 한다.

| 해답 | ①

■ 1방향 슬래브의 구조 상세
- 마주보는 두변에만 지지되는 슬래브는 1방향 슬래브로 설계하여야 한다.
- 4변이 지지되고 장변의 길이가 단변의 길이의 2배를 초과하는 경우 1방향 슬래브로 해석한다.
- 1방향 슬래브의 두께는 100mm 이상이어야 한다.
- 1방향 슬래브의 정철근 및 부철근의 중심간격은 최대 휨모멘트가 일어나는 단면에서 슬래브 두께의 2배 이하, 300mm 이하이어야 한다.
- 전단에 대한 위험한 단면은 보와 같이 지점으로 부터 d만큼 떨어진 단면이다.

■ 2방향 슬래브의 구조 상세
- 위험단면에서 철근의 간격은 슬래브 두께의 2배 이하, 또한 300mm 이하이어야 한다.
- 전단에 대한 위험한 단면은 집중하중이나 집중 반력을 받는 면의 주변에서 $\dfrac{d}{2}$만큼 떨어진 주변 단면이다.

□□□ 산 20③

13 리벳의 허용강도를 결정하는 방법으로 옳은 것은?

① 전단강도와 압축강도로 각각 결정한다.
② 전단강도와 압축강도의 평균값으로 결정한다.
③ 전단강도와 지압강도 중 큰 값으로 한다.
④ 전단강도와 지압강도 중 작은 값으로 한다.

| 해답 | ④

리벳의 허용강도 결정
허용전단강도(ρ_s)와 허용지압강도(ρ_b)의 두 값 중에서 작은 값이 리벳의 허용강도가 된다.

□□□ 산 14①,15①④,16①,17④,19④,20③

05 그림과 같은 단철근 직사각형 단면보에서 등가직사각형 응력블록의 깊이(a)는?
(단, $f_{ck}=28$MPa, $f_y=350$MPa이다.)

① 42mm
② 49mm
③ 52mm
④ 59mm

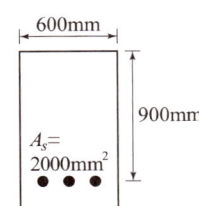

| 해답 | ②

$$a = \frac{A_s f_y}{\eta(0.85 f_{ck})b} = \frac{2000 \times 350}{1 \times 0.85 \times 28 \times 600} = 49.02 \text{mm}$$

□□□ 산 11②,12④,13②,16②,20③

06 일단 정착의 포스트텐션 부재에서 정착부 활동량이 3mm 생겼다. PS 강재의 길이가 40m, 초기 인장응력이 1000MPa일 때 PS 강재의 프리스트레스의 감소량(Δf_p)은? (단, PS 강재의 탄성계수 $E_p = 2.0 \times 10^5$MPa이다.)

① 15MPa
② 30MPa
③ 45MPa
④ 60MPa

| 해답 | ①

$$\Delta f_p = E_p \cdot \frac{\Delta l}{l} = 2.0 \times 10^5 \times \frac{3}{40 \times 10^3} = 15 \text{MPa}$$

□□□ 산 14①,20③

07 옹벽의 설계에 대한 일반적인 설명으로 틀린 것은?

① 활동에 대한 저항력은 옹벽에 작용하는 수평력의 1.5배 이상이어야 한다.
② 전도에 대한 저항휨모멘트는 횡토압에 의한 전도모멘트의 2.0배 이상이어야 한다.
③ 캔틸레버식 옹벽의 전면벽은 저판에 지지된 캔틸레버로 설계할 수 있다.
④ 뒷부벽은 직사각형보로 설계하여야 한다.

| 해답 | ④

뒷부벽은 T형보로 설계하여야 하며, 앞부벽은 직사각형보로 설계하여야 한다.

□□□ 산 12②,16①,20③

08 아래 그림과 같은 강판에서 순폭은?
(단, 강판에서의 구멍 지름(d)은 25mm이다.)

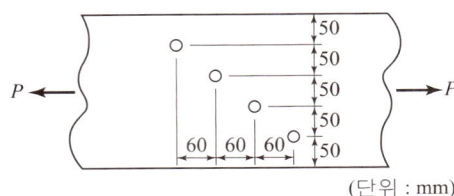

① 150mm
② 175mm
③ 204mm
④ 225mm

| 해답 | ③

순폭(b_n) : 두 값 중 작은 값
• $b_n = b_g - d = 50 \times 5 - 25 = 225$mm
• $b_n = b_g - d - 3\left(d - \dfrac{p^2}{4g}\right)$
$= 50 \times 5 - 25 - 3 \times \left(25 - \dfrac{60^2}{4 \times 50}\right) = 204$mm

∴ $b_n = 204$mm(두 값 중 작은 값)

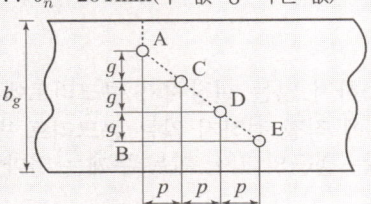

□□□ 산 13④,20③

09 그림에 나타난 단철근 직사각형 보가 공칭 휨강도(M_n)에 도달할 때 압축 측 콘크리트가 부담하는 압축력은 약 얼마인가?(단, 철근 D22 4본의 단면적은 1548mm², $f_{ck}=28$MPa, $f_y=350$MPa이다.)

① 542kN
② 637kN
③ 724kN
④ 833kN

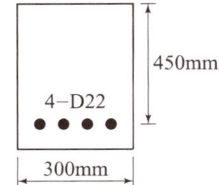

| 해답 | ①

압축력 $C = \eta(0.85 f_{ck})ab$

• $a = \dfrac{A_s f_y}{\eta(0.85 f_{ck})b} = \dfrac{1548 \times 350}{1 \times 0.85 \times 28 \times 300} = 75.88$mm

∴ $C = 1 \times 0.85 \times 28 \times 75.88 \times 300$
$= 541782\text{N} = 542\text{kN}$

제3회 2020년 8월 22일

□□□ 산 11④, 20③

01 전단철근이 부담하는 전단력(V_s)이 200kN일 때, D13 철근을 사용하여 수직스터럽으로 전단 보강하는 경우 배치간격은 최대 얼마 이하로 하여야 하는가? (단, D13의 단면적은 127mm², $f_{ck}=28$MPa, $f_y=400$MPa, $b_w=400$mm, $d=600$mm, 보통중량콘크리트이다.)

① 600mm ② 300mm
③ 255mm ④ 175mm

| 해답 | ②

전단철근의 간격 제한
- $V_s \le \frac{1}{3}\lambda\sqrt{f_{ck}}b_w d : s = \frac{d}{2}$ 이하 또는 600mm 이하
- $V_s > \frac{1}{3}\lambda\sqrt{f_{ck}}b_w d : s = \frac{d}{4}$ 이하 또는 300mm 이하
- $V_s = \frac{1}{3}\lambda\sqrt{f_{ck}}b_w d$
  $= \frac{1}{3}\times 1 \times\sqrt{28}\times 400\times 600$
  $= 423320\text{N} = 423.3\text{kN} > V_s = 200\text{kN}$
  ∴ $s = \frac{d}{2}$ 이하 또는 600mm 이하
  $s = \frac{d}{2} = \frac{600}{2} = 300\text{mm}$
- 부재축에 직각인 전단철근을 사용하는 경우 간격
  $V_s = \frac{A_v f_y d}{s}$ 에서
- $s = \frac{A_v f_y d}{V_s} = \frac{(127\times 2)\times 400\times 600}{200000} = 305\text{mm}$
  ∴ $s = 300\text{mm}$(∵ 가장 작은 값)

□□□ 산 20③

02 상하 기둥 연결부에서 단면 치수가 변하는 경우에 배치되는 구부린 주철근을 무엇이라 하는가?

① 옵셋굽힘철근 ② 종방향 철근
③ 횡방향 철근 ④ 연결철근

| 해답 | ①
- 옵셋굽힘철근 : 상하 기둥 연결부에서 단면치수가 변하는 경우에 구부린 주철근
- 종방향 철근 : 부재에 길이방향으로 배치한 철근

□□□ 산 11, 12④, 14, 15①, 18②, 20③

03 철근콘크리트 부재에서 전단철근으로 사용할 수 없는 것은?

① 주인장 철근에 45°의 각도로 구부린 굽힘철근
② 주인장 철근에 45°의 각도로 설치되는 스터럽
③ 주인장 철근에 30°의 각도로 구부린 굽힘철근
④ 주인장 철근에 30°의 각도로 설치되는 스터럽

| 해답 | ④
- 전단철근의 종류
  - 주인장 철근에 45° 또는 그 이상의 각도로 배치하는 스터럽(굽힘철근)
  - 주인장 철근에 30° 또는 그 이상의 각도로 구부린 굽힘철근(절곡철근)
  - 스터럽과 굽힘철근의 병용(조합)
  - 부재축에 직각인 스터럽
  - 부재축에 직각으로 배치한 용접철망
  - 나선철근, 원형 띠철근 또는 후프철근
- 전단철근의 설계기준항복강도는 500MPa을 초과할 수 없다.

□□□ 산 12①④, 13①, 15①, 20③

04 그림과 같은 경간 8m인 직사각형 단순보에 등분포하중(자중포함) $w = 30$kN/m가 작용하며 PS 강재는 단면 도심에 배치되어 있다. 부재의 연단에 인장응력이 발생하지 않게 하려 할 때, PS 강재에 도입되어야 할 최소한의 긴장력(P)은?

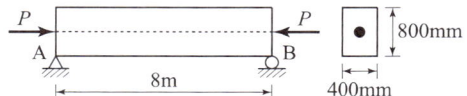

① 1800kN ② 2400kN
③ 2600kN ④ 3100kN

| 해답 | ①

$f = \frac{P}{A} - \frac{M}{I}y = 0$ 에서 $P = \frac{M \cdot A}{I}y$

- $M = \frac{wl^2}{8} = \frac{30\times 8^2}{8} = 240\text{kN}\cdot\text{m}$
- $A = bh = 0.4\times 0.8 = 0.32\text{m}^2$
- $I = \frac{bh^3}{12} = \frac{0.4\times 0.8^3}{12} = 0.017067\text{m}^4$
- ∴ $P = \frac{240\times 0.32}{0.017067}\times\frac{0.80}{2} = 1800\text{kN}$

산 14②,20②
17 전단철근에 대한 설명으로 틀린 것은?

① 철근콘크리트 부재의 경우 주인장 철근에 45° 이상의 각도로 설치되는 스터럽을 전단철근으로 사용할 수 있다.
② 철근콘크리트 부재의 경우 주인장 철근에 30° 이상의 각도로 구부린 굽힘철근을 전단철근으로 사용할 수 있다.
③ 전단철근의 설계기준항복강도는 500MPa를 초과할 수 없다.
④ 전단철근으로 사용하는 스터럽과 기타 철근 또는 철선은 콘크리트 압축연단부터 거리 $d/2$ 만큼 연장하여야 한다.

| 해답 | ④
전단철근으로 사용하는 스터럽과 기타 철근 또는 철선은 콘크리트 압축연단으로부터 거리 d만큼 연장하여야 한다.

산 14①,16①,19④,20②
18 옹벽의 안정조건에 대한 설명으로 틀린 것은?

① 활동에 대한 저항력은 옹벽에 작용하는 수평력의 1.5배 이상이어야 한다.
② 지반에 유발되는 최대 지반반력이 지반의 허용지지력의 1.5배 이상이어야 한다.
③ 전도에 대한 저항휨모멘트는 횡토압에 의한 전도휨모멘트의 2.0배 이상이어야 한다.
④ 전도 및 지반지지력에 대한 안정조건은 만족하지만, 활동에 대한 안정조건만을 만족하지 못할 경우에는 활동방지벽 혹은 횡방향 앵커 등을 설치하여 활동저항력을 증대시킬 수 있다.

| 해답 | ②
지반에 유발되는 최대 지반반력은 지반의 허용 지지력을 초과할 수 없다.

산 14②,16②,19①,20②
19 $b=300mm$, $d=500mm$인 단철근 직사각형 보에서 균형철근비(ρ_b)가 0.0285일 때, 이 보를 균형철근비로 설계한다면 철근량(A_s)은?

① $2820mm^2$ ② $3210mm^2$
③ $4225mm^2$ ④ $4275mm^2$

| 해답 | ④
균형철근비 $\rho_b = \dfrac{A_s}{bd}$
∴ $A_s = 0.0285 \times 300 \times 500 = 4275 mm^2$

산 20②
20 프리스트레스트 콘크리트 부재의 제작과정 중 프리텐션 공법에서 필요하지 않는 것은?

① 콘크리트 치기 작업
② PS강재에 인장력을 주는 작업
③ PS강재에 준 인장력을 콘크리트 부재에 전달시키는 작업
④ PS강재와 콘크리트를 부착시키는 그라우팅 작업

| 해답 | ④
• 포스트텐션 공법
 콘크리트가 경화한 후 PS강재를 긴장하여 그 끝을 콘크리트에 정착함으로써 프리스트레스를 주는 방법
• 프리텐션 공법
 PS강재에 인장력을 주어 긴장해 놓은 후 콘크리트를 타설하고 콘크리트가 경화한 후 PS강재의 인장력을 서서히 풀어 콘크리트에 프리스트레스를 주는 방법

☐☐☐ 산 11①,14①②,20②,24①

13 아래 그림과 같은 판형에서 스티프너(stiffener)의 주된 사용목적은?

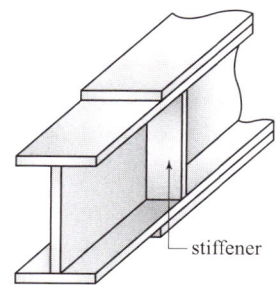

① web plate의 좌굴을 방지하기 위하여
② flange angle의 간격을 넓게 하기 위하여
③ flange의 강성을 보강하기 위하여
④ 보 전체의 비틀림에 대한 강도를 크게 하기 위하여

| 해답 | ①

판형(Plate Girder)의 명칭

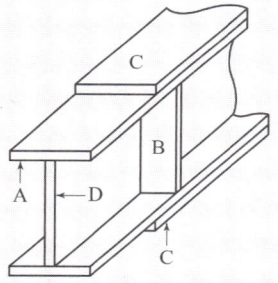

A : 상부판(Flange)
B : 보강재(Stiffener) : 복부판의 좌굴을 방지하기 위하여
C : 덮개판(Cover plate)
D : 복부판(Web plate)

☐☐☐ 산 11①,14②,20②

14 상부철근(정착길이 아래 300mm를 초과되게 굳지 않은 콘크리트를 친 수평철근)으로 사용되는 인장 이형철근의 정착길이를 구하려고 한다. $f_{ck}=21$MPa, $f_y=300$MPa을 사용한다면 상부철근으로서의 보정계수만을 사용할 때 정착길이는 얼마 이상이어야 하는가? (단, D29 철근으로 공칭지름은 28.6mm, 공칭단면적은 642mm²이고, 보통중량콘크리트이다.)

① 1461mm
② 1123mm
③ 987mm
④ 865mm

| 해답 | ①

- 인장 이형철근의 정착(D35 이하의 철근의 경우)

$$l_{db} = \frac{0.6\,d_b f_y}{\lambda\sqrt{f_{ck}}} = \frac{0.6 \times 28.6 \times 300}{1 \times \sqrt{21}} = 1123.39\,\text{mm}$$

- 정착길이

$$l_d = l_{db} \times 보정계수 = 1123.39 \times 1.3 = 1460.4\,\text{mm}$$

∴ 상부철근(철근길이 또는 이음부 아래 300mm를 초과되게 굳지 않은 콘크리트를 친 수평철근 : 1.3

☐☐☐ 산 12②,15②,16①,17①,20②

15 PS강재에 요구되는 일반적인 성질로 틀린 것은?

① 인장강도가 클 것
② 릴랙세이션이 작을 것
③ 늘음과 인성이 없을 것
④ 응력부식에 대한 저항성이 클 것

| 해답 | ③

PS강재가 가져야 할 성질
- 인장강도가 커야 한다.
- 부착강도가 커야 한다.
- 항복비가 커야 한다.
- 릭랙세이션이 적을 것
- 적당한 연성(늘음)과 인성이 커야 한다.
- 응력 부식에 대한 저항성이 커야 한다.
- 곧게 퍼지는 신직선(직진성)이 좋아야 한다.
- 어느 정도의 피로강도를 가져야 한다.

☐☐☐ 산 20②

16 깊은보(Deep beam)에 대한 설명으로 옳은 것은?

① 순경간(l_n)이 부재 깊이의 3배 이하이거나 하중이 받침부로부터 부재 깊이의 3배 거리 이내에 작용하는 보
② 순경간(l_n)이 부재 깊이의 4배 이하이거나 하중이 받침부로부터 부재 깊이의 2배 거리 이내에 작용하는 보
③ 순경간(l_n)이 부재 깊이의 5배 이하이거나 하중이 받침부로부터 부재 깊이의 4배 거리 이내에 작용하는 보
④ 순경간(l_n)이 부재 깊이의 6배 이하이거나 하중이 받침부로부터 부재 깊이의 3배 거리 이내에 작용하는 보

| 해답 | ②

순경간 l_n이 부재 깊이의 4배 이하이거나 하중이 받침부로부터 부재 깊이의 2배 이내에 작용하고 하중의 작용점과 받침부가 서로 반대면에 있어야 한다.

□□□ 산 16④,20②

09 강도설계법에서 사용되는 강도감소계수에 대한 설명으로 틀린 것은?

① 인장지배단면에 대한 강도감소계수는 0.85이다.
② 전단력에 대한 강도감소계수는 0.75이다.
③ 무근콘크리트의 휨모멘트에 대한 강도감소계수는 0.55이다.
④ 압축지배단면 중 나선철근으로 보강된 철근콘크리트 부재의 강도감소계수는 0.65이다.

| 해답 | ④

압축지배 단면 중 나선철근으로 보강된 철근콘크리트 부재의 강도감소계수는 0.70이다.

> **Remember**
>
> 강도감소계수 ϕ
>
> | 부재 | | 강도감소계수 |
> |---|---|---|
> | 인장지배단면 | | 0.85 |
> | 압축지배단면 | 나선철근으로 보강된 철근 콘크리트 부재 | 0.70 |
> | | 그 외의 철근콘크리트 부재 | 0.65 |
> | | 변화구간단면(전이구역) | 0.65(0.70) ~ 0.85 |
> | 전단력과 비틀림 모멘트 | | 0.75 |
> | 콘크리트의 지압력 (포스트텐션 정착부나 스트럿-타이 모델은 제외) | | 0.65 |
> | 포스트텐션 정착구역 | | 0.85 |
> | 스트럿-타이 모델 | 스트럿, 절점부 및 지압부 | 0.75 |
> | | 타이 | 0.85 |
> | 무근콘크리트의 휨모멘트, 압축력, 전단력, 지압력 | | 0.55 |

□□□ 산 20②

10 그림과 같은 리벳 이음에서 허용 전단응력이 70MPa이고, 허용 지압응력이 150MPa일 때 이 리벳의 강도는? (단, 리벳 지름(d)은 22mm, 철판 두께(t)는 12mm이다.)

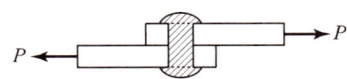

① 26.6kN
② 30.4kN
③ 39.6kN
④ 42.2kN

| 해답 | ①

두 값 중 작은 값
- 전단강도 $p_s = \tau_a \cdot \dfrac{\pi d^2}{4}$

  $p_s = 70 \times \dfrac{\pi \times 22^2}{4} = 26609.3\,\text{N} = 26.6\,\text{kN}$

- 지압강도 $p_b = \sigma_{ba} \cdot d \cdot t$

  $p_b = 150 \times 22 \times 12 = 39600\,\text{N} = 39.6\,\text{kN}$

∴ $p = 26.6\,\text{kN}$ 리벳의 강도

□□□ 산 12①④,14①④,15①,17①,18④,19②,20②

11 강도설계법에서 설계기준압축강도(f_{ck})가 35MPa인 경우 계수 β_1의 값은? (단, 등가직사각형 응력블록의 깊이 $a = \beta_1 c$이다.)

① 0.795
② 0.801
③ 0.823
④ 0.850

| 해답 | ②

$f_{ck} \leq 40\,\text{MPa}$일 때 $\eta = 1.0$, $\beta_1 = 0.80$

∴ $\beta_1 = 0.80$

> **Remember**
>
> 계수 $\eta(0.85f_{ck})$와 β_1
>
> | f_{ck} | ≤40 | 50 | 60 | 70 | 80 | 90 |
> |---|---|---|---|---|---|---|
> | η | 1.00 | 0.97 | 0.95 | 0.91 | 0.87 | 0.84 |
> | β_1 | 0.80 | 0.80 | 0.76 | 0.74 | 0.72 | 0.70 |

□□□ 산 20②

12 보통중량골재를 사용한 콘크리트의 단위질량을 2300kg/m³으로 할 때 콘크리트의 탄성계수를 구하는 식은? (단, f_{cu} : 재령 28일에서 콘크리트의 평균압축강도 이다.)

① $E_c = 8500\sqrt[3]{f_{cu}}$
② $E_c = 8500\sqrt{f_{cu}}$
③ $E_c = 10000\sqrt[3]{f_{cu}}$
④ $E_c = 10000\sqrt{f_{cu}}$

| 해답 | ①

$E_c = 8500\sqrt[3]{f_{cu}}\,(\text{MPa})$

여기서, $f_{cu} = f_{ck} + \Delta f$

□□□ 산 12②,16②,20②

05 처짐을 계산하지 않는 경우 단순 지지로 길이 l인 1방향 슬래브의 최소 두께(h)로 옳은 것은? (단, 보통콘크리트($m_c = 2300\text{kg/m}^3$)와 설계기준항복강도 400MPa의 철근을 사용한 부재이다.)

① $\dfrac{l}{20}$ ② $\dfrac{l}{24}$

③ $\dfrac{l}{28}$ ④ $\dfrac{l}{34}$

| 해답 | ①

최소 두께 $h = \dfrac{l}{20}$

> **Remember**
>
> 처짐을 계산하지 않는 경우의 최소 두께
> 보통콘크리트($m_c = 2300\text{kg/m}^3$)와 설계기준항복강도 400MPa철근을 사용한 부재값
>
> | 부재 | 단순지지 | 1단 연속 | 양단 연속 | 캔틸레버 |
> |---|---|---|---|---|
> | • 1방향슬래브 | $\dfrac{l}{20}$ | $\dfrac{l}{24}$ | $\dfrac{l}{28}$ | $\dfrac{l}{10}$ |
> | • 보
• 리브가 있는
  1방향 슬래브 | $\dfrac{l}{16}$ | $\dfrac{l}{18.5}$ | $\dfrac{l}{21}$ | $\dfrac{l}{8}$ |

□□□ 산 14,20②

06 강도설계법에서 콘크리트가 부담하는 공칭전단강도를 구하는 식은? (단, 전단력과 휨모멘트만을 받는 부재이다.)

① $V_c = \dfrac{1}{6}\lambda\sqrt{f_{ck}}\,b_w d$ ② $V_c = \dfrac{1}{2}\lambda\sqrt{f_{ck}}\,b_w d$

③ $V_c = \dfrac{2}{3}\lambda\sqrt{f_{ck}}\,b_w d$ ④ $V_c = 3.5\lambda\sqrt{f_{ck}}\,b_w d$

| 해답 | ①

공칭전단강도 $V_n = V_c + V_s$

• 콘크리트에 의한 전단강도 $V_c = \dfrac{1}{6}\lambda\sqrt{f_{ck}}\,b_w d$

• 전단철근에 의한 공칭전단강도 $V_s = \dfrac{A_v \cdot f_{yt} \cdot d}{s}$

□□□ 산 20②

07 아래 그림과 같은 강도설계법에 의해 설계된 복철근 보에서 콘크리트의 최대변형률이 0.0033에 도달했을 때 압축철근이 항복하는 경우의 변형률(ϵ_s')은?

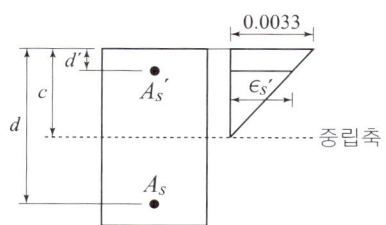

① 0.85×0.0033 ② $\dfrac{1}{3} \times 0.0033$

③ $0.0033\left(\dfrac{c+d}{c}\right)$ ④ $0.0033\left(\dfrac{c-d'}{c}\right)$

| 해답 | ④

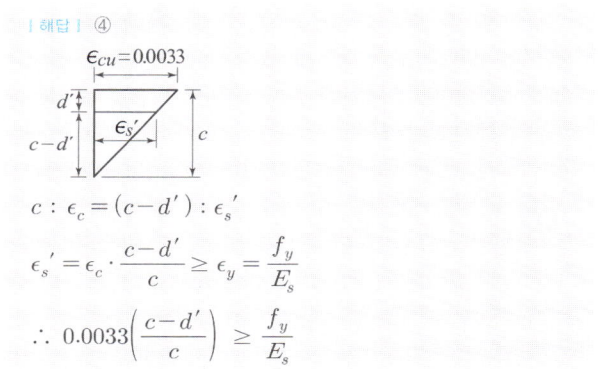

$c : \epsilon_c = (c - d') : \epsilon_s'$

$\epsilon_s' = \epsilon_c \cdot \dfrac{c - d'}{c} \geq \epsilon_y = \dfrac{f_y}{E_s}$

∴ $0.0033\left(\dfrac{c - d'}{c}\right) \geq \dfrac{f_y}{E_s}$

□□□ 산 14④,15②,20②

08 아래 그림과 같은 맞대기 용접의 용접부에 생기는 인장응력은?

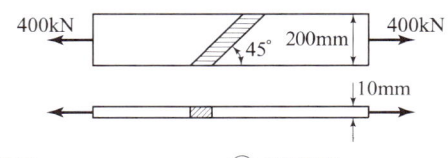

① 141MPa ② 180MPa
③ 200MPa ④ 223MPa

| 해답 | ③

$f = \dfrac{P}{A} = \dfrac{P}{\sum a \cdot l_e} = \dfrac{400 \times 10^3}{10 \times 200} = 200\text{MPa}$

제1·2회 2020년 6월 6일

01 $M_u = 170 \text{kN} \cdot \text{m}$의 계수모멘트를 받는 단철근 직사각형 보에서 필요한 철근량(A_s)은 약 얼마인가? (단, 보의 폭은 300m, 유효깊이는 450mm, $f_{ck} = 28$ MPa, $f_y = 400$MPa이고, $\phi = 0.85$를 적용한다.)

① 1100mm² ② 1208mm²
③ 1300mm² ④ 1400mm²

| 해답 | ②

- 철근량 $A_s = \dfrac{M_u}{\phi f_y \left(d - \dfrac{a}{2}\right)}$

- $M_u = \phi M_n = \phi C \cdot z = \phi \eta (0.85 f_{ck}) ab \left(d - \dfrac{a}{2}\right)$

- 170×10^6
  $= 0.80 \times 1 \times 0.85 \times 28 \times a \times 300 \left(450 - \dfrac{a}{2}\right)$
  $= 2570400a - 2856a^2$

- $2856a^2 - 2570400a + 170 \times 10^6 = 0$

참고 SOLVE 사용법
먼저 0 ☞ ALPHA ☞ SOLVE =
0 = 2856 ☞ ALPHA ☞ $X^2 + 2570400$
☞ ALPHA ☞ $X + 170 \times 10^6$ ☞
SHIFT ☞ SOLVE ☞ =잠시 기다리면 $X = 67.276$
∴ $a = 71.878$mm
∴ $A_s = \dfrac{170 \times 10^6}{0.85 \times 400 \times \left(450 - \dfrac{71.878}{2}\right)}$
$= 1207.55$mm²

02 프리스트레스트 콘크리트에서 콘크리트의 건조수축 변형률이 19×10^{-5}일 때 긴장재 인장응력의 감소량은? (단, 긴장재의 탄성계수는 2.0×10^5MPa이다.)

① 38MPa ② 41MPa
③ 42MPa ④ 45MPa

| 해답 | ①
$\Delta f_p = E_{ps} \cdot \epsilon_{sh}$
$= 2.0 \times 10^5 \times 19 \times 10^{-5} = 38$MPa

03 최소철근량 보다 많고 균형철근량 보다 적은 인장철근량을 가진 철근콘크리트 보가 휨에 의해 파괴되는 경우에 대한 설명으로 옳은 것은?

① 연성파괴를 한다.
② 취성파괴를 한다.
③ 사용철근량이 균형철근량 보다 적은 경우는 보로서 의미가 없다.
④ 중립축이 인장 측으로 내려오면서 철근이 먼저 항복한다.

| 해답 | ①

- 연성파괴 : 철근비가 균형 철근비보다 작을 때, 철근이 항복한 후에 상당한 연성을 나타내기 때문에 파괴가 갑작스럽게 일어나지 않고 단계적으로 서서히 일어난다.
- 취성 파괴 : 철근비가 균형 철근비보다 클 때, 보의 파괴가 압축측 콘크리트의 파쇄로 시작되는 파괴 형태

04 철근콘크리트가 하나의 구조체로서 성립하는 이유로서 틀린 것은?

① 콘크리트 속에 묻힌 철근은 녹슬지 않는다.
② 철근과 콘크리트 사이의 부착강도가 크다.
③ 철근과 콘크리트의 열에 대한 팽창계수는 거의 비슷하다.
④ 철근과 콘크리트의 탄성계수는 거의 비슷하다.

| 해답 | ④
철근의 탄성 계수 E_s는 콘크리트의 탄성 계수 E_c보다 n배 크다.

Remember
철근콘크리트가 성립되는 조건
- 철근과 콘크리트 사이의 부착강도가 크다.
- 철근과 콘크리트의 열팽창계수가 거의 같다.
- 콘크리트 속에 묻힌 철근은 부식하지 않는다.
- 압축은 콘크리트가 인장은 철근이 부담한다.
- 철근의 탄성 계수 E_s는 콘크리트의 탄성 계수 E_c보다 n배 크다.

| 해답 | ②

$$M_n = \eta(0.85 f_{ck})ab_w\left(d - \frac{a}{2}\right)$$

- $f_{ck} \leq 40\,\text{MPa}$: $\beta_1 = 0.80$, $\eta = 1$
- $a = \beta_1 c = 0.80 \times 200 = 160\,\text{mm}$
- $\therefore M_n = 1 \times 0.85 \times 24 \times 160 \times 250\left(500 - \frac{160}{2}\right)$
  $= 342720000\,\text{N}\cdot\text{mm} = 342.7\,\text{kN}\cdot\text{m}$

□□□ 산 11④,12②,15①,19④

18 아래의 표에서 설명하고 있는 철근은?

> 전체 깊이가 900mm를 초과하는 휨부재 복부의 양 측면에 부재 축방향으로 배치하는 철근

① 표피철근 ② 전단철근
③ 휨철근   ④ 배력철근

| 해답 | ①

- 표피철근(skin reinforcement) : 전체 깊이가 900mm를 초과하는 휨부재 복부의 양 측면에 부재 축방향으로 배치하는 철근
- 배력철근(distributing bar) : 하중을 분포시키거나 균열을 제어할 목적으로 주철근과 직각에 가까운 방향으로 배치한 보조철근

□□□ 산 14④,15①②④,16①②,19④

19 프리스트레스 도입 시의 프리스트레스 손실원인이 아닌 것은?

① 정착장치의 활동
② 콘크리트의 탄성수축
③ 긴장재와 덕트 사이의 마찰
④ 콘크리트의 크리프와 건조수축

| 해답 | ④

■ 도입손실 = 즉시 손실
- 정착장치의 활동
- 콘크리트의 탄성수축
- 포스트텐션 긴장재와 덕트 사이의 마찰

■ 도입 후 손실 = 시간적 손실
- 콘크리트의 크리프
- 콘크리트의 건조수축
- 긴장재 응력의 릴랙세이션

□□□ 산 11④,13②,14①,19④

20 프리스트레스트 콘크리트의 원리를 설명할 수 있는 기본개념으로 옳지 않은 것은?

① 응력개념   ② 변형도개념
③ 강도개념   ④ 하중평형개념

| 해답 | ②

PSC의 기본 개념
- 응력개념(등균질보의 개념) : 프리스트레스가 도입되면 콘크리트 부재를 탄성이론으로 해석할 수 있다는 개념
- 하중평형개념(등가 하중 개념) : 프리스트레싱에 의한 작용과 부재에 작용하는 하중을 평형이 되도록 하는 개념
- 강도내념(내력 모멘트 개념) : PSC보를 RC보처럼 생각하여 콘크리트는 압축력을 받고 긴장재는 인장력을 받게 하여 두 힘의 우력 모멘트로 외력에 의한 휨모멘트에 저항시킨다는 개념

| 해답 | ③

• 단순지지보

최소두께 $h = \dfrac{l}{16}$

• $f_y = 400\,\text{MPa}$ 이외인 경우는 계산된 h값에 $\left(0.43 + \dfrac{f_y}{700}\right)$을 곱한다.

∴ $h = \dfrac{l}{16} \times \left(0.43 + \dfrac{f_y}{700}\right) = \dfrac{10000}{16} \times \left(0.43 + \dfrac{400}{700}\right)$
   $= 625.9\,\text{mm}$

Remember

처짐을 계산하지 않는 경우의 최소두께

부재	단순지지	1단 연속	양단 연속	캔틸레버
1방향슬래브	$\dfrac{l}{20}$	$\dfrac{l}{24}$	$\dfrac{l}{28}$	$\dfrac{l}{10}$
보 리브가 있는 1방향 슬래브	$\dfrac{l}{16}$	$\dfrac{l}{18.5}$	$\dfrac{l}{21}$	$\dfrac{l}{8}$

• $f_y = 400\,\text{MPa}$ 이하인 경우는 계산된 h값에 $\left(0.43 + \dfrac{f_y}{700}\right)$을 곱한다.

□□□ 산 02,09,15④,19④

14 다음 중 용접이음을 한 경우 용접부의 결함을 나타내는 용어가 아닌 것은?

① 필릿(fillet)
② 크랙(crack)
③ 언더컷(under cut)
④ 오버랩(over lap)

| 해답 | ①

■ 필릿(fillet) : 용접방법이다.
■ 용접부의 결함
• 언더컷(undercut) : 용접속도가 너무 빨라 용접의 면 끝을 따라 모재가 파이고, 용착 금속이 채워지지 않고 홈이 발생
• 크랙(crack) : 가열된 용접 부위가 냉각되어 수축, 변형, 균열 발생
• 오버랩(overlap) : 용접 전류에 비해 아크 전압이 너무 낮거나, 용접속도가 너무 느려 용착 금속이 기준 이상으로 홈이 발생

□□□ 산 12①,19④

15 단철근 직사각형 보에서 인장철근량이 증가하고 다른 조건은 동일할 경우 중립축의 위치는 어떻게 변하는가?

① 인장철근 쪽으로 중립축이 내려간다.
② 중립축의 위치는 철근량과는 무관하다.
③ 압축부 콘크리트 쪽으로 중립축이 올라간다.
④ 증가된 철근량에 따라 중립축이 위 또는 아래로 움직인다.

| 해답 | ①

• 인장철근이 증가($\rho > \rho_b$: 과다철근보)하면 중립축 위치는 인장쪽으로 이동한다.
• 균형철근량이 증가($\rho < \rho_b$: 과소철근보)하면 중립축 위치는 압축쪽으로 이동한다.

□□□ 산 14①,16①,19④

16 옹벽에 대한 설명으로 틀린 것은?

① 옹벽의 앞부벽은 직사각형 보로 설계하여야 한다.
② 옹벽의 뒷부벽은 T형보로 설계하여야 한다.
③ 옹벽의 안정조건으로서 활동에 대한 저항력은 옹벽에 작용하는 수평력의 3배 이상이어야 한다.
④ 전도 및 지반지지력에 대한 안정조건은 만족하지만, 활동에 대한 안정 조건만을 만족하지 못할 경우에는 활동방지벽 등을 설치하여 활동저항력을 증대시킬 수 있다.

| 해답 | ③

활동에 대한 저항력은 옹벽에 작용하는 수평력의 1.5배 이상이어야 한다.

□□□ 산 12④,14④,19④

17 폭 250mm, 유효깊이 500mm, 압축연단에서 중립축까지의 거리(c)가 200mm, 콘크리트의 설계기준압축강도(f_{ck})가 24MPa인 단철근 직사각형 균형 보에서 공칭휨강도(M_n)는?

① 305.8kN·m
② 342.7kN·m
③ 364.3kN·m
④ 423.3kN·m

□□□ 산 14①,15①④,16①,17④,19④,20③

08 그림과 같은 직사각형 단면의 보에서 등가직사각형 응력블록의 깊이(a)는? (단, $A_s = 2382\text{mm}^2$, $f_y = 400\text{MPa}$, $f_{ck} = 28\text{MPa}$)

① 58.4mm
② 62.3mm
③ 66.7mm
④ 72.8mm

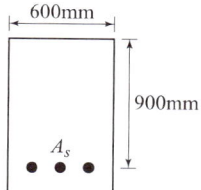

| 해답 | ③

$$a = \frac{A_s f_y}{\eta(0.85 f_{ck})b} = \frac{2382 \times 400}{1 \times 0.85 \times 28 \times 600} = 66.7\text{mm}$$

□□□ 산 11①②,13④,14②④,16④,17②④,19④

09 경간 10m인 대칭 T형보에서 양쪽 슬래브의 중심간 거리가 2100mm, 플랜지 두께는 100mm, 복부의 폭(b_w)은 400mm일 때 플랜지의 유효폭은?

① 2500mm
② 2250mm
③ 2100mm
④ 2000mm

| 해답 | ④

■ T형보(대칭)의 유효 폭(b_e) 결정
• $16t + b_w = 16 \times 100 + 400 = 2000\text{mm}$
• 양쪽 슬래브의 중심간 거리 : $b_c = 2100\text{mm}$
• 보의 경간 $\times \frac{1}{4}$: $10000 \times \frac{1}{4} = 2500\text{mm}$
∴ $b_e = 2000\text{mm}$ (∵ 작은 값)

□□□ 산 06,11①,14②,19④

10 그림과 같은 고장력 볼트 마찰이음에서 필요한 볼트 수는 몇 개인가? (단, 볼트는 M24(=$\phi 24\text{mm}$), F10T를 사용하며, 마찰이음의 허용력은 56kN이다.)

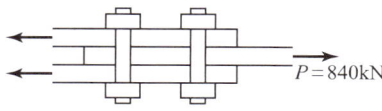

① 5개
② 6개
③ 7개
④ 8개

| 해답 | ④

$n = \frac{P}{2\rho_a} = \frac{840}{2 \times 56} = 7.5$ ∴ 8개

□□□ 산 11①,12①,13①②④,14②,15②④,19④

11 아래의 표와 같은 조건에서 하중재하 기간이 5년이 넘은 경우 추가 장기처짐량은?

• 해당 지속하중에 의해 생긴 순간처짐량 : 30mm
• 단순보로서 중앙단면의 압축철근비 : 0.02

① 20mm
② 30mm
③ 40mm
④ 50mm

| 해답 | ②

■ $\lambda = \frac{\xi}{1 + 50\rho'}$
• $\rho' = 0.02$
∴ $\lambda = \frac{2}{1 + 50 \times 0.02} = 1.0$
(∵ ξ : 시간 경과 계수(5년 이상 : 2.0, 12개월 : 1.4, 6개월 : 1.2, 3개월 : 1.0)
∴ 장기처짐 = 순간처짐(탄성침하) × 장기처짐계수(λ)
= 30 × 1.0 = 30.0mm

□□□ 산 16①,19④

12 그림과 같은 보에서 전단력과 휨모멘트만을 받는 경우 보통 중량콘크리트가 받을 수 있는 전단강도 V_c는 얼마인가? (단, $f_{ck} = 28\text{MPa}$, $f_y = 400\text{MPa}$)

① 211.7kN
② 229.3kN
③ 248.3kN
④ 265.1kN

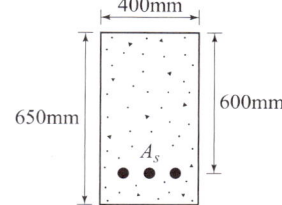

| 해답 | ①

$V_c = \frac{1}{6}\lambda\sqrt{f_{ck}}\,b_w d = \frac{1}{6} \times 1 \times \sqrt{28} \times 400 \times 600$
$= 211660\text{N} = 211.7\text{kN}$

□□□ 산 19④

13 보통 중량콘크리트($m_c = 2300\text{kg/m}^3$)와 설계 기준 항복강도 400MPa인 철근을 사용한 길이 10m의 단순지지 보에서 처짐을 계산하지 않는 경우의 최소두께는?

① 545mm
② 560mm
③ 625mm
④ 750mm

□□□ 산 16②,19④

03 강판을 리벳 이음할 때 불규칙 배치(엇모배치)할 경우 재편의 순폭은 최초의 리벳구멍에 대하여 그 지름(d)을 빼고 다음 것에 대하여는 다음 중 어느 식을 사용하여 빼주는가? (단, g : 리벳선간거리, p : 리벳의 피치)

① $d - \dfrac{g^2}{4p}$ ② $d - \dfrac{4p^2}{g}$
③ $d - \dfrac{p^2}{4g}$ ④ $d - \dfrac{4g}{p^2}$

| 해답 | ③

판형이 지그재그 배열일 때

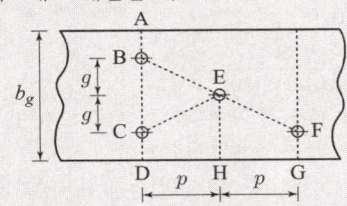

• 순폭은 생각하고 있는 단면의 최초 리벳구멍에서는 그 지름(d)을 빼고, 이하 순차적으로 w를 뺀다.

$$\therefore w = d - \dfrac{p^2}{4g}$$

□□□ 산11①,16①,19④

04 그림과 같은 단순보에서 자중을 포함하여 계수하중이 20kN/m 작용하고 있다. 이 보의 전단 위험단면에서의 전단력은?

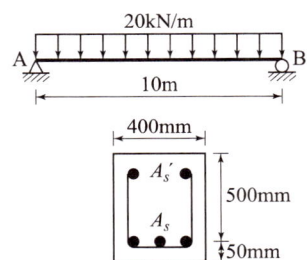

① 100kN ② 90kN
③ 80kN ④ 70kN

| 해답 | ②

지점에서 유효높이 d만큼 떨어진 곳에서 위험한 계수 전단력

$$V_u = R_A - w_u d = \dfrac{w_u l}{2} - w_u d$$

$$= \dfrac{20 \times 10}{2} - 20 \times 0.5 = 90 \text{kN}$$

□□□ 산 12①,16①,19①④

05 1방향 슬래브의 구조에 대한 설명으로 틀린 것은?

① 슬래브의 정모멘트 철근 및 부모멘트 철근의 중심 간격은 위험 단면에서는 슬래브 두께의 2배 이하이어야 하고, 또한 300mm 이하로 하여야 한다.
② 1방향 슬래브에서는 정모멘트 철근 및 부모멘트 철근에 직각방향으로 수축·온도 철근을 배치하여야 한다.
③ 슬래브 끝의 단순받침부에서도 내민슬래브에 의하여 부모멘트가 일어나는 경우에는 이에 상응하는 철근을 배치하여야 한다.
④ 1방향 슬래브의 두께는 최소 150mm 이상으로 하여야 한다.

| 해답 | ④

1방향 슬래브의 두께는 최소 100mm 이상으로 한다.

□□□ 산 12②④,14②,15①,16④,17②④,18②,19④,20③

06 $f_{ck} = 28$MPa, $f_y = 400$MPa인 단철근 직사각형 보의 균형철근비는?

① 0.02148 ② 0.02516
③ 0.02964 ④ 0.03035

| 해답 | ③

균형철근비 $\rho_b = \dfrac{\eta(0.85 f_{ck})\beta_1}{f_y} \cdot \dfrac{660}{660 + f_y}$

• $f_{ck} \leq 40$MPa의 경우 $\eta = 1$, $\beta_1 = 0.80$

$$\therefore \rho_b = \dfrac{1 \times 0.85 \times 28 \times 0.80}{400} \times \dfrac{660}{660 + 400} = 0.02964$$

□□□ 산 11④,12①④,13④,14①,15①,16②④,18①,19④

07 콘크리트의 설계기준강도가 25MPa, 철근의 항복강도가 300MPa로 설계된 부재에서 공칭지름이 25mm인 인장 이형철근의 기본정착길이는? (단, 경량콘크리트 계수 : $\lambda = 1$)

① 300mm ② 600mm
③ 900mm ④ 1200mm

| 해답 | ③

인장 이형철근의 기본정착길이(D35 이하의 철근의 경우)

$$l_{db} = \dfrac{0.6 d_b f_y}{\lambda \sqrt{f_{ck}}} = \dfrac{0.6 \times 25 \times 300}{1 \times \sqrt{25}} = 900 \text{mm}$$

| 해답 | ③

압축지배단면으로서 나선철근으로 보강된 철근콘크리트 부재 : 0.70

Remember

강도감소계수 ϕ

부재		강도감소계수
인장지배단면		0.85
압축 지배단면	나선철근으로 보강된 철근 콘크리트 부재	0.70
	그 외의 철근콘크리트 부재	0.65
	변화구간단면(전이구역)	0.65(0.70) ~ 0.85
전단력과 비틀림 모멘트		0.75
콘크리트의 지압력 (포스트텐션 정착부나 스트럿−타이 모델은 제외)		0.65
포스트텐션 정착구역		0.85
스트럿−타이 모델	스트럿, 절점부 및 지압부	0.75
	타이	0.85
무근콘크리트의 휨모멘트, 압축력, 전단력, 지압력		0.55

□□□ 산 19②

20 $f_{ck}=28\text{MPa}$, $f_y=350\text{MPa}$, $d=500\text{mm}$인 단철근 직사각형 균형보가 있다. 강도설계법에 의해 보의 압축연단에서 중립축까지의 거리는?

① 258mm ② 291mm
③ 327mm ④ 332mm

| 해답 | ③

$$c=\left(\frac{660}{660+f_y}\right)d=\frac{660}{660+350}\times 500=327\text{mm}$$

제4회 2019년 9월 21일

□□□ 산 19④

01 직사각형 단면 300mm×400mm인 프리텐션 부재에 550mm²의 단면적을 가진 PS강선을 단면도심에 배치하고 1350MPa의 인장응력을 가하였다. 콘크리트의 탄성변형에 따라 실제로 부재에 작용하는 유효 프리스트레스는 약 얼마인가? (단, 탄성계수비 $n=6$이다.)

① 1313MPa ② 1432MPa
③ 1512MPa ④ 1618MPa

| 해답 | ①

유효프리스트레스 $P_e=P_i-\Delta f_p$

• $P_i=A_p n f_y=550\times 6\times 1350=4455000\text{N}$

• $\Delta f_p=\dfrac{P_i}{A_p}=\dfrac{4455000}{300\times 400}=37.125\text{MPa}$

∴ $P_e=1350-37.125=1312.88\text{MPa}$

□□□ 산 11①, 13②, 14①, 16④, 19④, 20②

02 철근과 콘크리트가 구조체로서 일체 거동을 하기 위한 조건으로 틀린 것은?

① 철근과 콘크리트와의 부착력이 크다.
② 철근과 콘크리트의 탄성계수가 거의 같다.
③ 철근과 콘크리트의 열팽창계수가 거의 같다.
④ 철근은 콘크리트 속에서 녹이 슬지 않는다.

| 해답 | ②

철근의 탄성계수 E_s는 콘크리트의 탄성계수 E_c보다 n배 크다.

Remember

철근콘크리트가 성립되는 조건
• 철근과 콘크리트 사이의 부착강도가 크다.
• 철근과 콘크리트의 열팽창계수가 거의 같다.
• 콘크리트 속에 묻힌 철근은 부식하지 않는다.
• 압축은 콘크리트가 인장은 철근이 부담한다.
• 철근의 탄성계수 E_s는 콘크리트의 탄성계수 E_c보다 n배 크다.

☐☐☐ 산 12,14,15,17,18,19,20

14 강도설계법에서 보에 대한 등가깊이 a에 대하여 $a = \beta_1 c$인데 f_{ck}가 50MPa일 경우 β_1의 값은?

① 0.80 ② 0.731
③ 0.653 ④ 0.631

|해답| ①

$f_{ck} = 50\text{MPa}$일 때
∴ $\beta_1 = 0.80$

☐☐☐ 산 19②

15 프리스트레스 손실 원인 중 프리스트레스를 도입할 때 즉시 손실의 원인이 되는 것은?

① 콘크리트 건조수축 ② PS 강재의 릴랙세이션
③ 콘크리트 크리프 ④ 정착장치의 활동

|해답| ④

- 도입손실=즉시 손실
  - 정착장치의 활동
  - 콘크리트의 탄성수축
  - 포스트텐션 긴장재와 덕트 사이의 마찰
- 도입 후 손실=시간적 손실
  - 콘크리트의 크리프
  - 콘크리트의 건조수축
  - 긴장재 응력의 릴랙세이션

☐☐☐ 산 19②

16 다음 그림에서 인장력 $P = 400\text{kN}$이 작용할 때 용접이음부의 응력은 얼마인가?

① 96.2MPa
② 101.2MPa
③ 105.3MPa
④ 108.6MPa

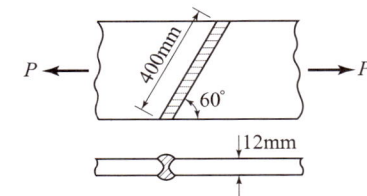

|해답| ①

$$f = \frac{P}{A} = \frac{P}{\sum a \cdot l_e} = \frac{400 \times 10^3}{12 \times 400\sin 60°} = 96.2\text{MPa}$$

☐☐☐ 산 19②

17 휨 부재 단면에서 인장철근에 대한 최소 철근량을 규정한 이유로 가장 옳은 것은?

① 부재의 취성파괴를 유도하기 위하여
② 사용 철근량을 줄이기 위하여
③ 콘크리트 단면을 최소화하기 위하여
④ 부재의 갑작스런 파괴를 방지하기 위하여

|해답| ④

- 철근콘크리트 구조 부재는 연성파괴를 유발하도록 과소철근단면(최소철근량)으로 설계하는 것이 바람직하다.
- 연성파괴는 철근이 항복한 후에 상당한 연성을 나타내기 때문에 파괴가 갑작스럽게 일어나지 않고 서서히 일어난다.

☐☐☐ 산 19②

18 철근콘크리트 구조물의 전단철근 상세에 대한 설명으로 틀린 것은?

① 스터럽의 간격은 어떠한 경우이든 400mm 이하로 하여야 한다.
② 주인장철근에 45도 이상의 각도로 설치되는 스터럽은 전단철근으로 사용할 수 있다.
③ 전단철근의 설계기준항복강도는 500MPa을 초과할 수 없다.
④ 전단철근으로 사용하는 스터럽과 기타 철근 또는 철선은 콘크리트 압축연단부터 거리 d만큼 연장하여야 한다.

|해답| ①

스터럽의 간격은 어떠한 경우이든 600mm 이하로 하여야 한다.

☐☐☐ 산 19②

19 강도설계법에 의해 콘크리트 구조물을 설계할 때 안전을 위해 사용하는 강도감소계수 ϕ의 값으로 옳지 않은 것은?

① 인장지배단면 : 0.85
② 포스트텐션 정착구역 : 0.85
③ 압축지배단면으로서 나선철근으로 보강된 철근콘크리트 부재 : 0.65
④ 전단력과 비틀림모멘트를 받는 부재 : 0.75

□□□ 산 19②

09 그림과 같이 단순 지지된 2방향 슬래브에 집중 하중 P가 작용할 때, ab 방향에 분배되는 하중은 얼마인가?

① 0.059P
② 0.111P
③ 0.667P
④ 0.889P

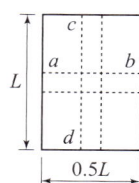

| 해답 | ④

$$P_{ab} = \frac{L^3}{L^3 + S^3}P = \frac{L^3}{L^3 + (0.5L)^3}P$$
$$= \frac{1}{1+(0.5)^3}P = 0.889P$$

□□□ 산 19②

10 PS 콘크리트에서 강선에 긴장을 할 때 긴장재의 허용응력은 얼마 이하여야 하는가? (단, 긴장재의 설계기준인장강도(f_{pu})=1900MPa, 긴장재의 설계기준항복강도(f_{py})=1600MPa)

① 1440MPa
② 1504MPa
③ 1520MPa
④ 1580MPa

| 해답 | ②

긴장재의 허용응력
- 긴장을 할 때 긴장재의 인장응력은 $0.80f_{pu}$ 또는 $0.94f_{py}$ 중 작은 값 이하로 하여야 한다.
- $0.80f_{pu} = 0.80 \times 1900 = 1520\text{MPa}$
- $0.94f_{py} = 0.94 \times 1600 = 1504\text{MPa}$
- ∴ 긴장재의 허용응력 : 1504MPa

□□□ 산 19②

11 콘크리트의 크리프에 영향을 미치는 요인들에 대한 설명으로 틀린 것은?

① 물－결합재비가 클수록 크리프가 크게 일어난다.
② 단위 시멘트량이 많을수록 크리프가 증가한다.
③ 습도가 높을수록 크리프가 증가한다.
④ 온도가 높을수록 크리프가 증가한다.

| 해답 | ③

습도가 높을수록 크리프가 작게 발생한다.

□□□ 산 19②

12 그림과 같은 띠철근 기둥의 공칭축강도(P_n)는 얼마인가? (단, $f_{ck}=24\text{MPa}$, $f_y=300\text{MPa}$, 종방향 철근의 전체 단면적 $A_{st}=2027\text{mm}^2$이다.)

① 2145.7kN
② 2279.2kN
③ 3064.6kN
④ 3492.2kN

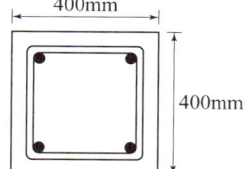

| 해답 | ③

$P_n = \alpha[0.85f_{ck}(A_g - A_{st}) + f_y \cdot A_{st}]$
- $A_g = 400 \times 400 = 160000\text{mm}^2$
- $A_{st} = 2027\text{mm}^2$
- ∴ $P_{n,\max} = 0.80[0.85 \times 24(160000 - 2027) + 300 \times 2027]$
  $= 3064599\text{N} = 3064.6\text{kN}$

분류	보정계수 α	강도감소계수 ϕ
나선철근	0.85	0.70
띠철근	0.80	0.65

□□□ 산 19②

13 강도설계법에서 그림과 같은 T형보의 사선친 플랜지 단면에 작용하는 압축력과 균형을 이루는 가상 압축철근의 단면적은 얼마인가? (단, $f_{ck}=21\text{MPa}$, $f_y=380\text{MPa}$임)

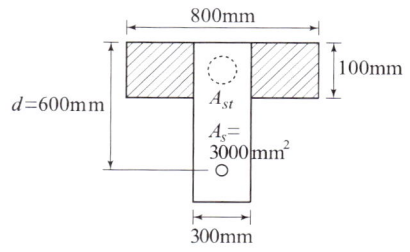

① 2011mm²
② 2349mm²
③ 3525mm²
④ 4021mm²

| 해답 | ②

$0.85f_{ck}(b-b_w)t_f = A_{sf}f_y (\because C_f = T_f)$
∴ $A_{sf} = \dfrac{\eta(0.85f_{ck})(b-b_w)t_f}{f_y}$
$= \dfrac{1 \times 0.85 \times 21(800-300) \times 100}{380} = 2349\text{mm}^2$

05 PSC의 해석이 기본개념 중 아래의 보기에서 설명하는 개념은?

> 프리스트레싱의 작용과 부재에 작용하는 하중을 비기도록 하자는데 목적을 둔 개념으로 등가하중의 개념이라고도 한다.

① 균등질 보의 개념 ② 내력 모멘트의 개념
③ 하중평형의 개념 ④ 변형률의 개념

| 해답 | ③

PSC의 기본 개념
- 응력개념(균등질보의 개념) : 프리스트레스가 도입되면 콘크리트 부재를 탄성이론으로 해석할 수 있다는 개념
- 하중 평형 개념(등가 하중 개념) : 프리스트레싱에 의한 작용과 부재에 작용하는 하중을 평형이 되도록 하는 개념
- 강도 내념(내력 모멘트 개념) : PSC보를 RC보처럼 생각하여 콘크리트는 압축력을 받고 긴장재는 인장력을 받게하여 두 힘의 우력 모멘트로 외력에 의한 휨모멘트에 저항시킨다는 개념

06 $b_w = 300mm$, $d = 400mm$, $A_s = 2400mm^2$, $A_s' = 1200mm^2$인 복철근 직사각형 단면의 보에서 하중이 작용할 경우 탄성 처짐량이 1.5mm이었다. 5년 후 총 처짐량은 얼마인가?

① 2.0mm ② 2.5mm
③ 3.0mm ④ 3.5mm

| 해답 | ④

$$\lambda = \frac{\xi}{1+50\rho'}$$

- $\rho' = \dfrac{A_s'}{b_w d} = \dfrac{1200}{300 \times 400} = 0.010$

∴ $\lambda = \dfrac{2}{1+50 \times 0.01} = 1.33$

(∵ ξ : 시간 경과 계수(5년 이상 : 2.0, 12개월 : 1.4, 6개월 : 1.2, 3개월 : 1.0)

∴ 장기처짐 = 순간처짐(탄성침하) × 장기처짐계수(λ)
   = 1.5 × 1.33 = 2.0mm

∴ 총처짐량 = 순간 처짐 + 장기 처짐
   = 1.5 + 2.0 = 3.5mm

07 그림과 같은 판형(Plate Girder)의 각부 명칭으로 틀린 것은?

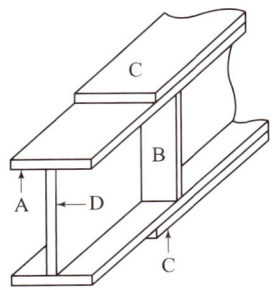

① A - 상부판(Flange)
② B - 보강재(Stiffener)
③ C - 덮개판(Cover plate)
④ D - 횡구(Bracing)

| 해답 | ④

판형(Plate Girder)의 명칭

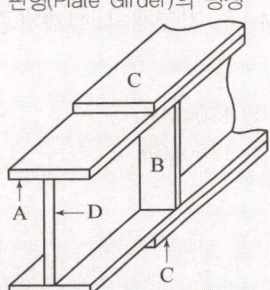

A : 상부판(Flange)
B : 보강재(Stiffener) : 복부판의 좌굴을 방지하기 위하여
C : 덮개판(Cover plate)
D : 복부판(Web plate)

08 폭이 400mm, 유효깊이가 600mm인 직사각형 보에서 콘크리트가 부담할 수 있는 전단강도 V_c는 얼마인가? (단, 보통중량 콘크리트이며 f_{ck}는 24MPa임)

① 196kN ② 248kN
③ 326kN ④ 392kN

| 해답 | ①

콘크리트의 공칭전단강도

$$V_c = \frac{1}{6} \lambda \sqrt{f_{ck}} b_w d$$
$$= \frac{1}{6} \times 1 \times \sqrt{24} \times 400 \times 600 = 195959N = 196kN$$

제2회 2019년 4월 27일

□□□ 산 19②

01 보 또는 1방향슬래브는 휨균열을 제어하기 위하여 콘크리트 인장연단에 가장 가까이 배치되는 철근의 중심 간격 s를 제한하고 있다. 철근의 응력(f_s)이 210MPa이며, 휨철근의 표면과 콘크리트 표면 사이의 최소두께(c_c)가 40mm로 설계된 휨철근의 중심 간격 s는 얼마 이하여야 하는가? (단, 건조환경에 노출되는 경우는 제외한다.)

① 275mm ② 300mm
③ 325mm ④ 350mm

| 해답 | ①

$s = 375\dfrac{k_{cr}}{f_s} - 2.5C_c$, $s = 300\dfrac{k_{cr}}{f_s}$ 두 값 중 큰 값

- 건조환경 $k_{cr} = 280$MPa, 그 외의 환경, $k_{cr} = 210$
- $s = 375\dfrac{k_{cr}}{f_s} - 2.5C_c$
  $= 375 \times \dfrac{210}{210} - 2.5 \times 40 = 275$mm
- $s = 300\dfrac{k_{cr}}{f_s} = 300 \times \dfrac{210}{210} = 300$mm
- ∴ $s = 275$mm(두 값 중 작은 값)

□□□ 산 19②

02 그림과 같은 L형강에서 단면의 순단면을 구하기 위하여 전개한 총폭(b_g)은 얼마인가?

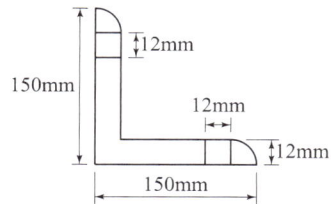

① 250mm ② 264mm
③ 288mm ④ 300mm

| 해답 | ③

L형강
총폭 $b_g = b_1 + b_2 - t = 150 + 150 - 12 = 288$mm

□□□ 산 19②

03 흙에 접하거나 옥외의 공기에 직접 노출되는 현장치기 콘크리트로 D25 이하 철근을 사용하는 경우 최소 피복두께는 얼마인가?

① 20mm ② 40mm
③ 50mm ④ 60mm

| 해답 | ③

흙에 접하거나 옥외의 공기에 직접 노출되는 콘크리트

D19 이상의 철근	50mm
D16 이하의 철근, 지름16mm 이하의 철선	40mm

Remember

철근의 최소 피복 두께(현장치기 콘크리트의 경우)

철근의 외부 조건		최소 피복
수중에서 타설하는 콘크리트		100mm
흙에 접하여 콘크리트를 친 후에 영구히 흙에 묻혀 있는 콘크리트		75mm
흙에 접하거나 옥외의 공기에 직접 노출되는 콘크리트	D19 이상의 철근	50mm
	D16 이하의 철근, 지름16mm 이하의 철선	40mm
옥외의 공기나 흙에 직접 접하지 않는 콘크리트	슬래브, 벽체, 장선	D35 초과하는 철근	40mm
		D35 이하 철근	20mm
	보, 기둥		40mm
	쉘, 절판부재		20mm

□□□ 산 19②

04 철근 콘크리트의 특징에 대한 설명으로 옳지 않은 것은?

① 내구성, 내화성이 크다.
② 형상이나 치수에 제한을 받지 않는다.
③ 보수나 개조가 용이하다.
④ 유지 관리비가 적게 든다.

| 해답 | ③

철근 콘크리트는 보수나 개조가 어렵다.

| 해답 | ②

주각
기초 위에 돌출된 압축부재로서 단면의 평균최소치수에 대한 높이의 비율이 3 이하인 부재

□□□ 산 13②,19①

17 그림과 같은 T형 단면의 보에서 등가직사각형응력블록의 깊이(a)는? (단, $f_{ck}=28\text{MPa}$, $f_y=400\text{MPa}$, $A_s=3855\text{mm}^2$)

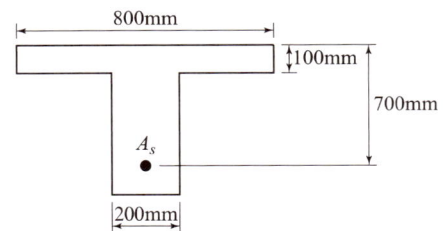

① 81mm ② 98mm
③ 108mm ④ 116mm

| 해답 | ①

$$a = \frac{A_s f_y}{\eta(0.85 f_{ck})b}$$

• $f_{ck} \leq 40\text{MPa}$일 때 $\eta=1.0$, $\beta_1=0.8$

$$a = \frac{3855 \times 400}{1 \times 0.85 \times 28 \times 800} = 81\text{mm} < t_f = 100\text{mm}$$

∴ 직사각형보

□□□ 산 19①

18 철근콘크리트 부재의 장기처짐 계산시 지속하중의 재하기간 12개월에 적용되는 시간경과계수(ξ)는?

① 1.0 ② 1.2
③ 1.4 ④ 2.0

| 해답 | ③

$$\lambda = \frac{\xi}{1+50\rho'}$$

• ξ : 시간경과계수
  (5년 이상 : 2.0, 12개월 : 1.4, 6개월 : 1.2, 3개월 : 1.0)
• 장기처짐=순간처짐(탄성침하)×장기처짐계수(λ)

□□□ 산 02,02,05,07,08,13②,16①,19①

19 그림과 같이 용접이음을 했을 경우 전단응력은?

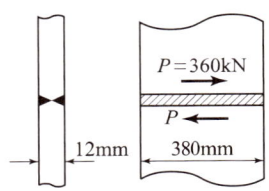

① 78.9MPa ② 67.5MPa
③ 57.5MPa ④ 45.9MPa

| 해답 | ①

$$f = \frac{P}{A} = \frac{P}{\sum a \cdot l_e} = \frac{360 \times 10^3}{12 \times 380} = 78.94\text{MPa}$$

□□□ 산 19①

20 전단철근으로 보강된 보에 사인장균열이 발생한 후, 전단철근이 항복에 이르는 동안에 단면의 내부에서 발생하는 내력의 종류가 아닌 것은?

① 사인장균열이 발생한 부분의 콘크리트가 부담하는 전단력
② 균열면과 교차된 면의 전단철근이 부담하는 전단력
③ 인장 휨철근의 다우웰작용(dowel action)에 의한 수직 내력
④ 거친 균열면의 상호 맞물림(interlocking)에 의한 내력의 수직 분력

| 해답 | ①

단면의 내부에서 발생하는 내력의 종류
• 균열면과 교차된 면의 전단철근이 부담하는 전단력
• 인장 휨철근의 다우웰작용(dowel action)에 의한 수직 내력
• 거친 균열면의 상호 맞물림(interlocking)에 의한 내력의 수직 분력

□□□ 산 19①

11 단면계수가 1200cm³인 I형강에 102kN·m의 휨모멘트가 작용할 때 하연에 작용하는 휨응력은?

① 85MPa ② 92MPa
③ 102MPa ④ 120MPa

| 해답 | ①

$$f = \frac{M}{Z} = \frac{102 \times 10^5}{1200}$$
$$= 8500 \text{ N/cm}^2 = 85 \text{ N/mm}^2 = 85 \text{ MPa}$$

□□□ 산 19①

12 연직하중 1800kN을 받는 독립확대기초를 정사각형으로 설계하고자 한다. 지반의 허용지지력이 200kN/m²라면 독립확대기초 1변의 길이는?

① 2m ② 2.5m
③ 3m ④ 3.5m

| 해답 | ③

$q_a = \dfrac{P}{A}$ 에서

• $A = a^2 = \dfrac{P}{q_a} = \dfrac{1800}{200} = 9\text{m}^2$

∴ $a = \sqrt{A} = \sqrt{9} = 3\text{m}$

□□□ 산 12②, 19①

13 프리스트레싱 긴장재 한 가닥만을 배치하여 1회의 긴장작업으로 프리스트레스의 도입이 끝나는 포스트텐션 방식의 프리스트레스트 콘크리트 부재에는 발생하지 않는 손실은?

① 긴장재의 마찰
② 정착장치의 활동
③ 콘크리트의 탄성수축
④ 긴장재 응력의 릴랙세이션

| 해답 | ③

포스트텐션 방식의 프리스트레스트 콘크리트 부재에서 한꺼번에 PS강재를 긴장시키거나 프리스트레싱 긴장재를 한 가닥 사용한 경우에는 콘크리트의 탄성수축에 의한 손실은 발생하지 않는다.

□□□ 산 16①, 19①

14 강도설계법에 의한 휨부재 설계의 기본가정으로 옳지 않은 것은?

① 콘크리트의 압축측 연단에서 콘크리트의 설계기준압축강도가 40MPa 이하인 경우에는 최대 변형률은 0.0033으로 가정한다.
② 철근의 응력이 설계기준항복강도 f_y 이하일 때 철근의 응력은 그 변형률에 철근의 탄성계수(E_s)를 곱한 값으로 한다.
③ 콘크리트의 압축응력분포는 일반적으로 삼각형으로 가정한다.
④ 철근과 콘크리트의 변형률은 중립축에서의 거리에 직선 비례한다.

| 해답 | ③

콘크리트의 압축응력 분포도는 사각형, 사다리꼴, 포물선 또는 기타 다른 형상으로 가정할 수 있다.

□□□ 산 19①

15 프리스트레스트 콘크리트(PSC)에 의한 교량 가설공법 중 교대 후방의 작업장에서 교량 상부구조를 10～30m의 블록(block)으로 제작한 후, 미리 가설된 교각의 교축방향으로 밀어내고 다음 블록을 다시 제작하고 연결하여 연속적으로 밀어내며 시공하는 공법은?

① 이동식 지보공법(MSS) ② 캔틸레버공법(FCM)
③ 동바리공법(FSM) ④ 압출공법(ILM)

| 해답 | ④

압출공법(ILM)
교대 후방의 작업장에서 교량상부 구조를 15～20m의 세그먼트로 제작한 뒤, 교축방향으로 밀어내고 다음 세그먼트를 다시 제작하여 연결하고 다시 밀어 내어 연속적으로 제작하는 공법이다.

□□□ 산 19①

16 기초 위에 돌출된 압축부재로서 단면의 평균최소치수에 대한 높이의 비율이 3 이하인 부재를 무엇이라 하는가?

① 단주 ② 주각
③ 장주 ④ 기둥

□□□ 산 12①,14①,19①

06 그림과 같은 단철근보의 공칭전단강도(V_n)는?
(단, 철근 D13을 수직 스터럽으로 사용하며, 스터럽 간격은 300mm, 철근 D13 1본의 단면적은 127mm², $f_{ck} = 24\,\text{MPa}$, $f_y = 400\,\text{MPa}$이다.)

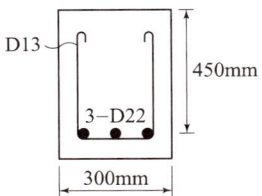

① 232.3kN ② 262.6kN
③ 284.7kN ④ 302.5kN

|해답| ②

공칭전단강도 $V_n = V_c + V_s$
- 콘크리트의 공칭전단강도
$$V_c = \frac{1}{6}\lambda\sqrt{f_{ck}}\,b_w d$$
$$= \frac{1}{6} \times 1 \times \sqrt{24} \times 300 \times 450 = 110227\text{N}$$
$$= 110.2\text{kN}$$
- 전단철근이 부담하는 전단강도
$$V_s = \frac{f_{yt}A_v d}{s}$$
$$= \frac{400 \times 127 \times 2 \times 450}{300} = 152400\text{N} = 152.4\text{kN}$$
$$\therefore V_n = 110.2 + 152.4 = 262.6\text{kN}$$

□□□ 산 19①

07 콘크리트구조 철근상세 설계기준에 따르면 압축부재의 축방향 철근이 D32일 때 사용할 수 있는 띠철근에 대한 설명으로 옳은 것은?

① D6 이상의 띠철근으로 둘러싸야 한다.
② D10 이상의 띠철근으로 둘러싸야 한다.
③ D13 이상의 띠철근으로 둘러싸야 한다.
④ D16 이상의 띠철근으로 둘러싸야 한다.

|해답| ②

압축부재에 사용하는 띠철근 규정
- D32 이하의 축방향 철근은 D10 이상의 띠철근으로 둘러싸야 한다.
- D35 이상의 축방향 철근은 D13 이상의 띠철근으로 둘러싸야 한다.

□□□ 산 12①,19①④

08 철근콘크리트 1방향 슬래브에 대한 설명으로 틀린 것은?

① 1방향 슬래브에서는 정모멘트 철근 및 부모멘트 철근에 직각방향으로 수축·온도철근을 배치하여야 한다.
② 4변에 의해 지지되는 2방향 슬래브 중에서 단변에 대한 장변의 비가 2배를 넘으면 1방향 슬래브로 해석하며, 이 경우 일반적으로 슬래브의 장변방향을 경간으로 사용한다.
③ 슬래브의 두께는 최소 100mm 이상으로 하여야 한다.
④ 슬래브의 정모멘트 철근 및 부모멘트 철근의 중심 간격은 위험단면에서 슬래브 두께의 2배 이하이어야 하고, 또한 300mm 이하로 하여야 한다.

|해답| ②

4변에 의해 지지되는 슬래브 중에서 단변에 대한 장변의 비가 2배를 넘으면 1방향 슬래브로 설계하여도 좋으며 이때 슬래브의 경간은 단변방향으로 취하여야 한다.

□□□ 산 19①

09 단철근 직사각형 단면의 균형 철근비(ρ_b)를 이용하여 균형철근량(A_s)을 구하는 식은?
(단, b = 폭, d = 유효깊이)

① $A_s = \rho_b b d$ ② $A_s = \dfrac{\rho_b}{b}d$
③ $A_s = \dfrac{\rho_b}{b-d}$ ④ $A_s = \dfrac{\rho_b - b}{d}$

|해답| ①

균형철근비 $\rho_b = \dfrac{A_s}{bd}$
∴ 균형철근량 $A_s = \rho_b bd$

□□□ 산 12,14,15,17,18④,19①

10 강도설계법에 의해 휨설계를 할 경우 $f_{ck} = 40\,\text{MPa}$인 경우 β_1의 값은?

① 0.85 ② 0.80
③ 0.75 ④ 0.65

|해답| ②

$f_{ck} \leq 40\,\text{MPa}$일 때
$\therefore \beta_1 = 0.80$

제1회 2019년 3월 3일

□□□ 산 11④,12①,13②,14②,16②,19①

01 강도설계법에서 단철근 직사각형 보의 균형단면 중립축 위치(c)를 구하는 식으로 옳은 것은? (단, $f_{ck}=$ 40MPa, f_y : 철근의 설계기준항복강도, f_s : 철근의 응력, d : 보의 유효깊이)

① $c = \dfrac{660}{660+f_y}d$ ② $c = \dfrac{660}{660-f_y}d$

③ $c = \dfrac{660}{660+f_s}d$ ④ $c = \dfrac{660}{660-f_s}d$

| 해답 | ①

$$c = \dfrac{660}{660+f_y}d$$

Remember

중립축의 위치

$\dfrac{0.0033}{c} = \dfrac{\epsilon_y}{d-c}$ ($\because \epsilon_y = \dfrac{f_y}{E_s}$)

$\therefore c = \dfrac{0.0033}{0.0033+\epsilon_y}d = \dfrac{0.0033 E_s}{0.0033 E_s + f_y}d$

$= \dfrac{0.0033 \times 200000}{0.0033 \times 200000 + f_y}d = \dfrac{660}{660+f_y}d$

□□□ 산 19①

02 철근 콘크리트의 특징에 대한 설명으로 옳지 않은 것은?

① 콘크리트는 납품 시 습식재료인 상태이므로 완성된 상태의 품질 확인이 쉽지 않다.
② 숙련공에 의해 콘크리트의 배합이나 타설이 이루어지지 않으면 요구되는 품질의 콘크리트를 얻기 어렵다.
③ 보통 재령 28일의 강도로 품질을 확보하므로 28일 후에 소정의 강도가 나타나지 않을 때 경제적, 시간적 손실을 입기 쉽다.
④ 복잡한 여러 구조를 일체적인 하나의 구조로 만드는 것이 거의 불가능하다.

| 해답 | ④

복잡한 여러 구조를 일체적인 하나의 구조로 만들 수 있다.

□□□ 산 11②,15④,17②,19①

03 그림과 같이 PS 강선을 포물선으로 배치했을 때 PS 강선의 편심은 중앙점에서 100mm이고 양 지점에서는 0이었다. PS 강선을 3000kN으로 인장할 때 생기는 등분포 상향력은?

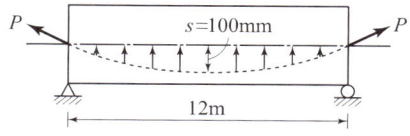

① 1.13kN/m ② 1.67kN/m
③ 13.3kN/m ④ 16.7kN/m

| 해답 | ④

강재가 포물선으로 배치된 경우

$P \cdot s = \dfrac{u \cdot l^2}{8}$ 에서

$\therefore$ 상향력 $u = \dfrac{8P \cdot s}{l^2} = \dfrac{8 \times 3000 \times 0.10}{12^2} = 16.7\,\text{kN/m}$

□□□ 산 19①

04 표준갈고리를 갖는 인장 이형철근의 정착길이를 구하기 위하여 기본정착길이에 곱하는 것은?

① 갈고리 철근의 단면적   ② 갈고리 철근의 간격
③ 보정계수   ④ 형상계수

| 해답 | ③

정착길이

$l_d = l_{db} \times$ 보정계수

• 인장 이형철근의 기본정착길이

$l_{db} = \dfrac{0.6\,d_b f_y}{\lambda\sqrt{f_{ck}}}$

□□□ 산 11①,16④,19①

05 판형에서 보강재(stiffener)의 사용목적은?

① 보 전체의 비틀림에 대한 강도를 크게 하기 위함이다.
② 복부판의 전단에 대한 강도를 높이기 위함이다.
③ flange angle의 간격을 넓게 하기 위함이다.
④ 복부판의 좌굴을 방지하기 위함이다.

| 해답 | ④

판형에서 보강재의 사용목적 : 복부판의 좌굴을 방지

17 인장이형철근의 정착길이에 대한 설명으로 틀린 것은?

① 인장이형철근의 정착길이(l_d)는 기본 정착길이(l_{db})에 보정계수를 고려하여 구할 수 있다.
② 인장이형철근의 정착길이는 철근의 항복강도(f_y)에 비례한다.
③ 인장이형철근의 정착길이는 콘크리트의 설계기준 압축강도(f_{ck})의 제곱근에 반비례한다.
④ 인장이형철근의 정착길이(l_d)는 항상 500mm 이상이어야 한다.

| 해답 | ④
인장 이형철근의 정착길이
$$l_{db} = \frac{0.6\,d_b f_y}{\lambda \sqrt{f_{ck}}} \geq 300\,mm$$

18 철근콘크리트 구조물의 전단철근에 대한 설명 중 틀린 것은?

① 주인장 철근에 30° 이상의 각도로 구부린 굽힘철근은 전단철근으로 사용할 수 있다.
② 스터럽과 굽힘철근을 조합하여 전단철근으로 사용할 수 있다.
③ 주인장 철근에 45° 이상의 각도로 설치되는 스터럽은 전단철근으로 사용할 수 있다.
④ 용접 이형철망을 제외한 일반적인 전단철근의 설계기준항복강도는 600MPa을 초과할 수 없다.

| 해답 | ④
전단철근의 설계기준항복강도는 500MPa을 초과할 수 없다. 다만, 용접 이형철망을 사용할 경우 전단철근의 설계기준항복강도는 600MPa을 초과할 수 없다.

19 직사각형 단면의 철근콘크리트 보에 전단력과 휨만이 작용할 때 콘크리트가 받을 수 있는 설계 전단 강도(ϕV_c)는 약 얼마인가? (단, $b = 300mm$, $d = 500mm$, $f_{ck} = 28MPa$)

① 99.2kN
② 124.1kN
③ 132.3kN
④ 143.5kN

| 해답 | ①
$$\phi V_c = \phi \frac{1}{6} \lambda \sqrt{f_{ck}} \, b_w d$$
· 전단력과 비틀림 모멘트의 강도감소계수 $\phi = 0.75$
$$\therefore \phi V_c = 0.75 \times \frac{1}{6} \times 1 \times \sqrt{28} \times 300 \times 500$$
$$= 99215.7\,N = 99.2\,kN$$

20 아래의 표에서 설명하는 것은?

> 철근콘크리트 부재가 사용성과 안전성을 만족할 수 있도록 요구되는 단면의 단면력

① 설계기준강도
② 배합강도
③ 공칭강도
④ 소요강도

| 해답 | ④
· 소요강도에 대한 정의이다.
· 설계기준강도 : 콘크리트 구조물을 설계할 때 기준으로 삼는 콘크리트의 압축강도
· 배합강도 : 콘크리트의 배합을 정할 때 목표로 하는 콘크리트의 압축강도
· 공칭강도 : 강도감소계수를 적용하기 이전의 강도

| 해답 | ①

$$\rho = \frac{A_s}{bd} = \frac{2382}{400 \times 540} = 0.01103$$

□□□ 산 13①②,15②,18④

13 단철근 직사각형보에 하중이 작용하여 10mm의 탄성처짐이 발생하였다. 모든 하중이 5년 이상의 장기하중으로 작용한다면 총처짐량은 얼마인가?

① 20mm ② 30mm
③ 35mm ④ 45mm

| 해답 | ②

- $\lambda = \dfrac{\xi}{1+50\rho'}$

  $= \dfrac{2}{1+50\times 0} = 2.0$

  (∵ 단철근직사각형보 $\rho' = 0$, 5년 이상 $\xi : 2.0$)
  (∵ ξ : 시간 경과 계수(5년 이상 : 2.0, 12개월 : 1.4, 6개월 : 1.2, 3개월 : 1.0)

- 장기처짐 = 순간처짐(탄성침하)×장기처짐계수(λ)
  $= 10 \times 2.0 = 20$mm

∴ 총처짐량 = 순간 처짐+장기 처짐
  $= 10+20 = 30$mm

□□□ 산 14,15,18④

14 옹벽의 안정조건에 대한 설명으로 틀린 것은?

① 활동에 대한 저항력은 옹벽에 작용하는 수평력의 1.5배 이상이어야 한다.
② 전도에 대한 저항휨모멘트는 횡토압에 의한 전도모멘트의 2.0배 이상이어야 한다.
③ 전도 및 활동에 대한 안정조건은 만족하지만, 지반지지력에 대한 안정조건만을 만족하지 못할 경우에는 횡방향 앵커를 설치하여 지반지지력을 증대시킬 수 있다.
④ 지반에 유발되는 최대 지반반력은 지반의 허용지지력을 초과할 수 없다.

| 해답 | ③

지지 지반에 작용되는 최대 압력이 지반의 허용지지력을 초과하지 않아야 한다.
즉, $q_{max} \leq q_u$

□□□ 산 05,17④,18①④

15 강도감소계수(ϕ)의 사용 목적에 대한 설명으로 틀린 것은?

① 재료 강도와 치수가 변동할 수 있으므로 부재의 강도 저하 확률에 대비한 여유를 반영하기 위해서
② 초과하중 및 구조물의 용도변경에 따른 여유를 반영하기 위해서
③ 구조물에서 차지하는 부재의 중요도 등을 반영하기 위해서
④ 부정확한 설계 방정식에 대비한 여유를 반영하기 위해서

| 해답 | ②

강도감소계수(ϕ)의 목적
- 재료강도와 치수가 변동할 수 있으므로 부재의 강도 저하 확률에 대비한 여유를 위해
- 부정확한 설계 방정식에 대비한 여유를 반영하기 위해서
- 주어진 하중조건에 대한 부재의 연성도와 소요 신뢰도를 위해서
- 구조물에서 차지하는 부재의 중요도 등을 반영하기 위해서

□□□ 산 18④

16 다음 중 풀 프리스트레싱(Full prestressing)에 대한 설명으로 옳은 것은?

① 설계하중 작용 시 단면의 일부에 인장응력이 발생하도록 한 방법
② 설계하중 작용 시 단면의 어느 부위에도 인장응력이 발생하지 않도록 한 방법
③ 외적으로 반력을 조절해서 프리스트레스를 도입하는 방법
④ 콘크리트가 경화한 뒤에 PS 강재를 긴장하는 방법

| 해답 | ②

- 풀 프리스트레싱(Full prestressing) : 설계하중 작용 시 단면의 어느 부위에도 인장응력이 발생하지 않도록 한 방법
- 파셜 프리스트레싱(Partial prestressing) : 설계하중 작용 시 단면의 일부에 인장응력이 발생하도록 한 방법

□□□ 산 13,16,18④

08 강재의 연결 시 주의사항에 대한 설명으로 틀린 것은?

① 잔류응력이나 2차응력을 일으키지 않아야 한다.
② 각 재편에 가급적 편심이 없어야 한다.
③ 여러 가지의 연결 방법을 병용하도록 한다.
④ 응력집중이 없어야 한다.

| 해답 | ③

강재의 연결부 구조
- 응력의 전달이 확실할 것
- 경제적이고도 시공이 쉬울 것
- 각 재편에 가급적 편심이 없을 것
- 부재의 변형에 따른 영향을 고려할 것
- 해로운 응력집중이 생기지 않도록 할 것
- 잔류응력이나 2차 응력이 생기지 않도록 할 것

□□□ 산 11,13,17,18④

09 강도설계법을 적용하기 위한 기본가정에서 압축측 연단에서 콘크리트의 극한변형률은 설계기준압축강도가 40MPa 이하일 때 얼마로 가정하는가?

① 0.0033
② 0.0044
③ 0.0055
④ 0.0066

| 해답 | ①

강도설계법에서 휨모멘트 또는 휨모멘트와 축력을 동시에 받는 부재의 콘크리트 압축연단의 최대변형률은 0.0033으로 가정한다.

□□□ 산 12,14,15,17,18②④,19①②,20③

10 강도설계법에서 보에 대한 등가직사각형 응력블록의 깊이(a)는 아래 표와 같은 공식에 의해 구할 수 있다. 이때 $f_{ck}=70$MPa인 경우 β_1의 값은?

$$a = \beta_1 c$$

① 0.51
② 0.57
③ 0.65
④ 0.74

| 해답 | ④

$f_{ck}=70$MPa일 때
$\eta = 0.91$, $\beta_1 = 0.74$

□□□ 산 14④,15④,16②④,18④,19②

11 다음 중 강도설계법에서 적용되는 부재별 강도감소계수가 잘못된 것은?

① 인장지배단면 : 0.85
② 압축지배단면 중 나선철근으로 보강된 철근콘크리트 부재 : 0.70
③ 무근콘크리트의 휨모멘트, 압축력, 전단력, 지압력을 받는 부재 : 0.55
④ 콘크리트의 지압력을 받는 부재 : 0.80

| 해답 | ④

콘크리트의 지압력 : 0.65

| Remember |

강도감소계수 ϕ

부재		강도감소계수
인장지배단면		0.85
압축지배단면	나선철근으로 보강된 철근 콘크리트 부재	0.70
	그 외의 철근콘크리트 부재	0.65
	변화구간단면(전이구역)	0.65(0.70) ~ 0.85
전단력과 비틀림 모멘트		0.75
콘크리트의 지압력 (포스트텐션 정착부나 스트럿-타이 모델은 제외)		0.65
포스트텐션 정착구역		0.85
스트럿-타이 모델	스트럿, 절점부 및 지압부	0.75
	타이	0.85
무근콘크리트의 휨모멘트, 압축력, 전단력, 지압력		0.55

□□□ 산 13,18④

12 아래 그림과 같은 단철근 직사각형 보에서 인장철근비(ρ)는? (단, $A_s=2382$mm^2, $f_{ck}=28$MPa, $f_y=400$MPa)

① 0.01103
② 0.00993
③ 0.00821
④ 0.00627

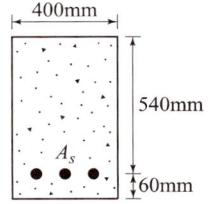

03 아래 그림과 같은 T형보가 있다. 이 보의 등가직사각형 응력블록의 깊이(a)는? (단, $f_{ck}=24MPa$, $f_y=400MPa$, $A_s=3970mm^2$)

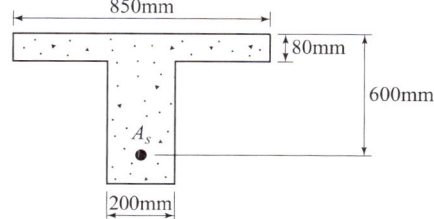

① 76.52mm ② 102.83mm
③ 129.22mm ④ 143.37mm

|해답| ③

■ T형보의 판별

$$a = \frac{A_s f_y}{\eta(0.85 f_{ck})b}$$
$$= \frac{3970 \times 400}{1 \times 0.85 \times 24 \times 850} = 91.58mm > t_f = 80mm$$

∴ T형 보

■ 등가 깊이(a) 산정

• $A_{sf} = \frac{\eta(0.85 f_{ck})(b-b_w)t}{f_y}$
$= \frac{1 \times 0.85 \times 24(850-200) \times 80}{400} = 2652 mm^2$

• $a = \frac{(A_s - A_{sf})f_y}{\eta(0.85 f_{ck})b_w}$
$= \frac{(3970-2652) \times 400}{1 \times 0.85 \times 24 \times 200} = 129.22mm$

04 지름 30mm인 고력볼트를 사용하여 강판을 연결하고자 할 때 강판에 뚫어야 할 구멍의 지름은? (단, 표준적인 경우)

① 27mm ② 31.5mm
③ 33.5mm ④ 35mm

|해답| ②

• 리벳 구멍의 지름(mm)

$d < 20$	$d+1.0$
$d \geq 20$	$d+1.5$

∴ $d = 30 + 1.5 = 31.5mm$

05 콘크리트에 초기 프리스트레스(P_i)=600kN을 도입한 후 여러 가지 원인에 의하여 100kN의 프리스트레스가 손실되었을 때의 유효율은?

① 80% ② 83%
③ 86% ④ 89%

|해답| ②

유효율 $R = \frac{\text{초기 프리스트레스} - \text{프리스트레스손실량}}{\text{초기 프리스트레스}} \times 100$

∴ $R = \frac{P_i - P_e}{P_i} \times 100$
$= \frac{600-100}{600} \times 100 = 83.3\%$

06 그림과 같은 PSC보의 지간 중앙점에서 강선을 꺾었을 때 이 중앙점에서 상향력 U의 값은?

① $2F\sin\theta$
② $4F\sin\theta$
③ $2F\tan\theta$
④ $4F\tan\theta$

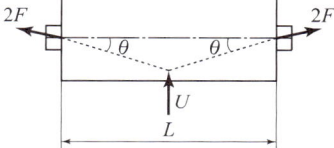

|해답| ②

콘크리트에 가해지는 상향력 U

• $\sum V = 0$: $U - 2F\sin\theta - 2F\sin\theta = 0$
∴ 상향력 $U = 4F\sin\theta$

07 그림과 같이 400mm×12mm의 강판을 홈용접하려 한다. 500kN의 인장력이 작용하면 용접부에 일어나는 응력은 얼마인가? (단, 전단면을 유효길이로 한다.)

① 92.2MPa
② 98.2MPa
③ 101.2MPa
④ 104.2MPa

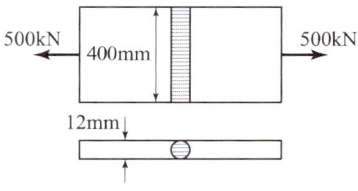

|해답| ④

$f = \frac{P}{\sum a \cdot l_e} = \frac{500 \times 10^3}{12 \times 400} = 104.2 N/mm^2$
$= 104.2 MPa$

| 해답 | ④

장기처짐
- 지속하중에 의한 건조수축이나 크리프에 의해 일어난다.
- 장기처짐의 요인은 복잡하므로 실험에 의해 추정한다.
- 장기처짐은 시간의 경과와 더불어 진행되는 처짐이다.
- 장기 추가 처짐에 대한 계수를 적용한다.

□□□ 산 12,13①②,15②,16,18②

20 철근콘크리트 보에 전단력과 휨만이 작용할 때 콘크리트가 받을 수 있는 설계 전단 강도(ϕV_c)는 약 얼마인가? (단, $b_w = 350\text{mm}$, $d = 600\text{mm}$, $f_{ck} = 28\text{MPa}$, $f_y = 400\text{MPa}$)

① 87.6kN ② 129.6kN
③ 138.9kN ④ 148.2kN

| 해답 | ③

$$\phi V_c = \phi \frac{1}{6} \lambda \sqrt{f_{ck}} b_w d$$

- 전단력과 비틀림 모멘트의 강도감소계수 $\phi = 0.75$

$$\therefore \phi V_c = 0.75 \times \frac{1}{6} \times 1 \times \sqrt{28} \times 350 \times 600$$
$$= 138902\text{N} = 138.9\text{kN}$$

제4회 2018년 9월 15일

□□□ 산 18④

01 건조수축 또는 온도변화에 의하여 콘크리트에 발생하는 균열을 방지하기 위한 목적으로 배치되는 철근을 무엇이라고 하는가?

① 수축·온도철근 ② 비틀림 철근
③ 복부보강근 ④ 배력철근

| 해답 | ①

- 수축·온도철근의 정의이다.
- 배력철근 : 하중을 분포시키거나 균열을 제어할 목적으로 주철근과 직각에 가까운 방향으로 배치한 보조철근
- 비틀림철근 : 비틀림모멘트가 크게 일어나는 부재에 이에 저항하도록 배치되는 철근
- 복부보강근 : 전단력을 받는 부재의 복부에 배치되어 사인장 응력에 저항하는 철근

□□□ 산 13,18④

02 그림과 같은 띠철근 기둥이 받을 수 있는 설계 축강도(ϕP_n)는? (단, $f_{ck} = 20\text{MPa}$, $f_y = 300\text{MPa}$, $A_{st} = 4000\text{mm}^2$이며 압축지배단면이다.)

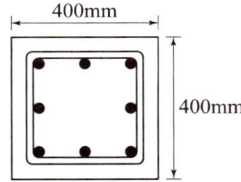

① 2655kN ② 2406kN
③ 2157kN ④ 2003kN

| 해답 | ④

$$\phi P_n = \phi \alpha [0.85 f_{ck}(A_g - A_{st}) + f_y \cdot A_{st}]$$

- $A_g = 400 \times 400 = 160000$
- $A_{st} = 4000\text{mm}^2$

$$\therefore \phi P_{n,\max} = 0.65 \times 0.80 [0.85 \times 20(160000 - 4000)$$
$$+ 300 \times 4000] = 2003040\text{N} = 2003\text{kN}$$

분류	보정계수 α	강도감소계수 ϕ
나선철근	0.85	0.70
띠철근	0.80	0.65

| 해답 | ①

고장력 볼트이음의 종류
마찰이음, 지압이음, 인장이음

> **Remember**
> 고장력 이음의 종류
> • 마찰이음 : 편재 사이에서 일어나는 마찰력에 의해 응력을 전달하는 이음
> • 지압이음 : 볼트 원통부의 전단저항이나 볼트 원통부와 볼트구멍 사이의 지압에 의해 저항하는 이음
> • 인장이음 : 볼트의 축방향으로 외력이 작용하게 되는 이음
>
>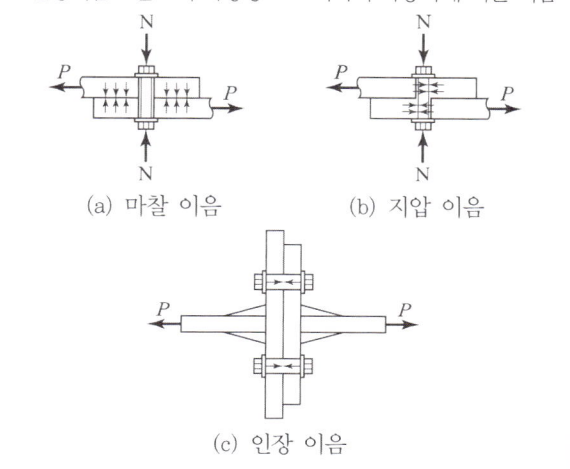
>
> (a) 마찰 이음   (b) 지압 이음
> (c) 인장 이음

□□□ 산 12①, 13④, 14④, 15①②④, 16①②, 18②

17 프리스트레스의 손실 원인 중 프리스트레스를 도입할 때 즉시 손실의 원인이 되는 것은?

① 콘크리트의 크리프
② PS 강재와 쉬스 사이의 마찰
③ PS 강재의 릴랙세이션
④ 콘크리트의 건조수축

| 해답 | ②

■ 도입손실=즉시 손실
 • 정착장치의 활동
 • 콘크리트의 탄성수축
 • 포스트텐션 긴장재와 덕트 사이의 마찰
■ 도입 후 손실=시간적 손실
 • 콘크리트의 크리프
 • 콘크리트의 건조수축
 • 긴장재 응력의 릴랙세이션

□□□ 산 11, 18②

18 구조물의 부재, 부재간의 연결부 및 각 부재 단면의 휨모멘트, 축력, 전단력, 비틀림모멘트에 대한 설계강도는 공칭강도에 강도감소계수 ϕ를 곱한 값으로 한다. 무근콘크리트의 휨모멘트, 압축력, 전단력, 지압력에 대한 강도감소계수는?

① 0.55   ② 0.65
③ 0.7   ④ 0.75

| 해답 | ①

무근콘크리트의 휨모멘트, 압축력, 전단력, 지압력에 대한 강도감소계수 : 0.55

> **Remember**
> 강도감소계수 ϕ
>
> | 부재 | | 강도감소계수 |
> |---|---|---|
> | 인장지배단면 | | 0.85 |
> | 압축지배단면 | 나선철근으로 보강된 철근 콘크리트 부재 | 0.70 |
> | | 그 외의 철근콘크리트 부재 | 0.65 |
> | | 변화구간단면(전이구역) | 0.65(0.70) ~ 0.85 |
> | 전단력과 비틀림 모멘트 | | 0.75 |
> | 콘크리트의 지압력 (포스트텐션 정착부나 스트럿-타이 모델은 제외) | | 0.65 |
> | 포스트텐션 정착구역 | | 0.85 |
> | 스트럿 -타이 모델 | 스트럿, 절점부 및 지압부 | 0.75 |
> | | 타이 | 0.85 |
> | 무근콘크리트의 휨모멘트, 압축력, 전단력, 지압력 | | 0.55 |

□□□ 산 18②

19 철근콘크리트보에 발생하는 장기처짐에 대한 설명으로 틀린 것은?

① 장기처짐은 지속하중에 의한 건조수축이나 크리프에 의해 일어난다.
② 장기처짐은 시간의 경과와 더불어 진행되는 처짐이다.
③ 장기처짐은 그 요인이 복잡하므로 실험에 의해 추정하게 된다.
④ 장기처짐은 부재가 탄성거동을 한다고 가정하고 역학적으로 계산하여 구한다.

□□□ 산 15④,18②

12 강도 설계법에서 1방향 슬래브(slab)의 구조상세에 관한 사항 중 틀린 것은?

① 1방향 슬래브의 두께는 최소 100mm 이상이어야 한다.
② 슬래브의 정모멘트 철근 및 부모멘트 철근의 중심 간격은 위험단면에서는 슬래브 두께의 2배 이하이어야 하고, 또한 300mm 이하로 하여야 한다.
③ 슬래브의 정모멘트 철근 및 부모멘트 철근의 중심 간격은 위험단면 이외의 단면에서는 슬래브 두께의 4배 이하이어야 하고, 또한 600mm 이하로 하여야 한다.
④ 1방향 슬래브에서는 정모멘트 철근 및 부모멘트 철근에 직각방향으로 수축·온도철근을 배치하여야 한다.

| 해답 | ③

- 1방향 슬래브의 구조 상세
  - 1방향 슬래브의 두께는 100mm 이상이어야 한다.
  - 1방향 슬래브의 정철근 및 부철근의 중심간격은 최대 휨모멘트가 일어나는 단면에서 슬래브 두께의 2배 이하, 300mm 이하이어야 한다.
  - 전단에 대한 위험한 단면은 보와 같이 지점으로 부터 d만큼 떨어진 단면이다.
- 2방향 슬래브의 구조 상세
  - 위험단면에서 철근의 간격은 슬래브 두께의 2배 이하, 또한 300mm 이하이어야 한다.
  - 전단에 대한 위험단면은 집중하중이나 집중 반력을 받는 면의 주변에서 $\frac{d}{2}$만큼 떨어진 주변 단면이다.

□□□ 산 18②

13 인장을 받는 이형철근의 기본정착길이(l_{db})를 계산하기 위해 필요한 요소가 아닌 것은?

① 철근의 공칭지름
② 철근의 설계기준 항복강도
③ 전단철근의 간격
④ 콘크리트의 설계기준 압축강도

| 해답 | ③

인장 이형철근의 기본정착길이
$$l_{db} = \frac{0.6 d_b f_y}{\lambda \sqrt{f_{ck}}}$$
- d_b : 정착철근의 공칭지름
- f_y : 철근의 설계기준 항복강도
- f_{ck} : 콘크리트의 설계기준 압축강도
- λ : 보정계수

□□□ 산 02,04,06,10,11②,14①,18②

14 다음 그림은 필릿(Fillet) 용접한 것이다. 목두께 a를 표시한 것으로 옳은 것은?

① $a = S_2 \times 0.70$
② $a = S_1 \times 0.70$
③ $a = S_2 \times 0.60$
④ $a = S_1 \times 0.60$

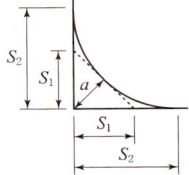

| 해답 | ②

용접부의 목두께
필릿용접의 목두께(a)는 모살치수의 0.7배로 한다.
∴ $a = 0.7S$

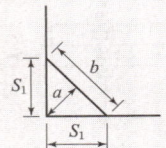

□□□ 산 16①,18②

15 복철근 단면의 보에 대한 설명으로 틀린 것은?

① 보의 단면이 제한될 때, 특히 유효깊이에 제한이 있을 때 사용한다.
② 복철근보의 압축철근은 보의 강성을 증가시키며, 급속파괴의 가능성을 감소시킨다.
③ 복철근보의 압축철근은 콘크리트의 크리프와 건조수축에 의한 보의 처짐을 감소시킨다.
④ 정(+), 부(-)의 휨모멘트를 겸해서 받는 경우에는 복철근보의 효과가 없다.

| 해답 | ④

복철근 직사각형으로 설계하는 이유
- 처짐을 최소화하기 위한 경우
- 압축응력의 깊이를 감소시켜서 연성의 증대
- 정(+), 부(-) 모멘트가 한 단면에서 반복되는 경우
- 보의 높이가 제한되어 단철근 단면으로는 설계모멘트를 견딜 수 없는 경우

□□□ 산 02,03,18②

16 고장력 볼트를 사용한 이음의 종류가 아닌 것은?

① 압축이음　② 마찰이음
③ 지압이음　④ 인장이음

□□□ 산 12①④,14①④,15①,17,18②④

08 강도 설계법에서 등가직사각형 응력블록의 깊이(a)는 아래 표와 같은 식으로 구할 수 있다. 여기서, f_{ck}가 38MPa인 경우 β_1의 값은?

$$a = \beta_1 c$$

① 0.74　　　　② 0.76
③ 0.78　　　　④ 0.80

| 해답 | ③

$f_{ck} \leq 40\text{MPa}$일 때
$\beta_1 = 0.80$

Remember

계수 $\eta(0.85f_{ck})$와 β_1

f_{ck}	≤40	50	60	70	80	90
η	1.00	0.97	0.95	0.91	0.87	0.84
β_1	0.80	0.80	0.76	0.74	0.72	0.70

□□□ 산 12④,15①,18②,20③

09 전단철근으로 사용될 수 있는 것이 아닌 것은?

① 스터럽과 굽힘철근의 조합
② 부재축에 직각인 스터럽
③ 부재축에 직각으로 배치된 용접철망
④ 주인장 철근에 15°의 각도로 구부린 굽힘철근

| 해답 | ④

■ 전단철근의 종류
• 주인장 철근에 45° 또는 그 이상의 각도로 배치하는 스터럽(굽힘철근)
• 주인장 철근에 30° 또는 그 이상의 각도로 구부린 굽힘철근(절곡철근)
• 스터럽과 굽힘철근의 병용(조합)
• 부재축에 직각인 스터럽
• 부재축에 직각으로 배치한 용접철망
• 나선철근, 원형 띠철근 또는 후프철근
■ 전단철근의 설계기준항복강도는 500MPa을 초과할 수 없다.

□□□ 산 12,14,15④,18②

10 아래 그림과 같은 단철근 직사각형 단면보의 설계휨강도 ϕM_n을 구하면? (단, $A_s = 2000\text{mm}^2$, $f_{ck} = 24\text{MPa}$, $f_y = 400\text{MPa}$이 단면을 인장지배단면이다.)

① 243.81N·m
② 274.1N·m
③ 295.6N·m
④ 324.7N·m

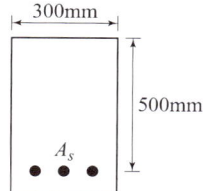

| 해답 | ③

$$M_d = \phi M_n = \phi(A_s f_y)\left(d - \frac{a}{2}\right)$$

• $f_{ck} \leq 40\text{MPa}$일 경우 $\eta = 1.0$, $\beta_1 = 0.80$

• $a = \dfrac{A_s f_y}{\eta(0.85 f_{ck})b} = \dfrac{2000 \times 400}{1 \times 0.85 \times 24 \times 300}$
$= 130.72\text{mm}$

$\therefore \phi M_n = 0.85(2000 \times 400)\left(500 - \dfrac{130.72}{2}\right)$
$= 295555200\text{ N·mm} = 295.6\text{ kN·m}$
($\because 1\text{kN·m} = 10^6\text{ N·mm}$)

□□□ 산 11,12,13①,14,15②,17,18①②

11 보통콘크리트 부재의 해당 지속 하중에 대한 탄성처짐이 30mm이었다면 크리프 및 건조수축에 따른 추가적인 장기처짐을 고려한 최종 총 처짐량은 얼마인가? (단, 하중재하기간은 10년이고, 압축철근비 ρ'는 0.005이다.)

① 78mm　　　　② 68mm
③ 58mm　　　　④ 48mm

| 해답 | ①

• $\lambda = \dfrac{\xi}{1 + 50\rho'}$
$= \dfrac{2.0}{1 + 50 \times 0.005} = 1.6$

($\because \xi$: 시간 경과 계수(5년 이상 : 2.0, 12개월 : 1.4, 6개월 : 1.2, 3개월 : 1.0)

• 장기처짐 = 순간처짐(탄성침하) × 장기처짐계수(λ)
$= 30 \times 1.6 = 48\text{mm}$

∴ 총처짐량 = 순간 처짐 + 장기 처짐
$= 30 + 48 = 78\text{mm}$

☐☐☐ 산 12,14②,15①,16④,18②,19④,20③

03 강도설계법에서 단철근 직사각형보가 $f_{ck} = 24\text{MPa}$, $f_y = 400\text{MPa}$일 때, 균형철근비는?

① 0.01658
② 0.01842
③ 0.02124
④ 0.02540

| 해답 | ④

균형철근비 $\rho_b = \dfrac{\eta(0.85f_{ck})\beta_1}{f_y} \cdot \dfrac{660}{660+f_y}$

• $\beta_1 : f_{ck} \leq 40\text{MPa}$의 경우 $\eta = 1.0$, $\beta_1 = 0.80$

∴ $\rho_b = \dfrac{1 \times 0.85 \times 24 \times 0.80}{400} \times \dfrac{660}{660+400} = 0.02540$

☐☐☐ 산 12②④,14①,16④,18②

04 부벽식 옹벽에서 뒷부벽의 설계에 대한 설명으로 옳은 것은?

① 직사각형보로 설계한다.
② T형보로 설계하여야 한다.
③ 저판에 지지된 캔틸레버로 설계할 수 있다.
④ 3변 지지된 2방향 슬래브로 설계할 수 있다.

| 해답 | ②

부벽식 옹벽
• 뒷부벽은 T형보로 설계한다.
• 앞부벽은 직사각형보로 설계한다.

☐☐☐ 산 16,18②

05 원형 띠철근으로 둘러싸인 압축부재의 축방향 주철근의 최소 개수?

① 3개
② 4개
③ 5개
④ 6개

| 해답 | ②

압축부재의 축방향 주철근의 최소 개수

기둥 종류	단면	주철근 최소 개수
나선철근 기둥	원형	6개
띠철근 기둥	삼각형	3개
	사각형, 원형	4개

☐☐☐ 산 12④,13,14,15,16,18②

06 강도설계법의 가정으로 틀린 것은?

① 철근과 콘크리트의 변형률은 중립축으로부터의 거리에 비례한다.
② 콘크리트 압축측 연단에서 콘크리트의 설계기준압축강도가 40MPa 이하인 경우에는 최대변형률은 0.0033으로 가정한다.
③ 휨응력 계산에서 콘크리트의 인장강도는 무시한다.
④ 극한강도 상태에서 콘크리트의 응력은 그 변형률에 비례한다.

| 해답 | ④

콘크리트의 압축응력은 등가직사각형으로 $0.85f_{ck}$가 압축연단에서 $a = \beta_1 c$ 깊이까지 등분포 한다.

Remember

강도설계법에서의 기본 가정
• 철근과 콘크리트의 변형률은 중립축에서의 거리에 비례한다.
• 콘크리트 압축측 연단에서 콘크리트의 설계기준압축강도가 40MPa 이하인 경우에는 극한변형률은 0.0033으로 가정한다.
• 항복강도 f_y 이하에서의 철근의 응력은 그 변형률의 E_s배로 취한다.
• 휨응력계산에서 콘크리트의 인장강도는 무시한다.
• 콘크리트의 압축응력 분포는 사각형, 사다리꼴, 포물선 또는 기타 다른 형상으로 가정할 수 있다.

☐☐☐ 산 97,00,08,09,12①,14④,15②,16,18②

07 그림과 같은 맞대기 용접이음에서 이음의 응력을 구한 값은?

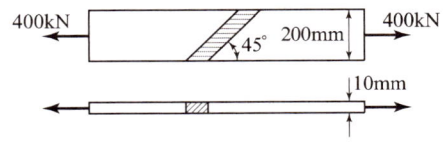

① 141MPa
② 183MPa
③ 200MPa
④ 283MPa

| 해답 | ③

$f = \dfrac{P}{A} = \dfrac{P}{\sum a \cdot l_e} = \dfrac{400 \times 10^3}{10 \times 200} = 200\text{MPa}$

□□□ 산 11②12②④,14①,16④,17,18①
20 앞부벽식 옹벽의 앞부벽에 대한 설명으로 옳은 것은?

① T형보로 설계하여야 한다.
② 전면벽에 지지된 캔틸레버보로 설계하여야 한다.
③ 연속보로 설계하여야 한다.
④ 직사각형보로 설계하여야 한다.

|해답| ④

앞부벽은 직사각형보로 설계하여야 하며, 뒷부벽은 T형보로 설계하여야 한다.

제2회 2018년 4월 28일

□□□ 산 14④,18②
01 프리스트레스트 콘크리트의 강도개념을 설명한 것으로 옳은 것은?

① PSC보를 RC보처럼 생각하여, 콘크리트는 압축력을 받고 긴장재는 인장력을 받게 하여 두 힘의 우력 모멘트로 외력에 의한 휨모멘트에 저항시킨다는 개념
② 프리스트레스가 도입되면 콘크리트 부재에 대한 해석이 탄성이론으로 가능하다는 개념
③ 프리스트레싱에 의한 작용과 부재에 작용하는 하중을 평형이 되도록 하자는 개념
④ 선형탄성이론에 의한 개념이며, 콘크리트와 긴장재의 계산된 응력이 허용응력 이하로 되도록 설계하는 개념

|해답| ①

PSC의 기본 개념
- 응력개념(등균질보의 개념) : 프리스트레스가 도입되면 콘크리트 부재를 탄성이론으로 해석할 수 있다는 개념
- 하중 평형 개념(등가 하중 개념) : 프리스트레싱에 의한 작용과 부재에 작용하는 하중을 평형이 되도록 하는 개념
- 강도 개념(내력 모멘트 개념) : PSC보를 RC보처럼 생각하여 콘크리트는 압축력을 받고 긴장재는 인장력을 받게 하여 두 힘의 우력 모멘트로 외력에 의한 휨모멘트에 저항시킨다는 개념

□□□ 산 07,18②
02 파셜 프리스트레스 보(partially prestressed beam)란 어떤 보인가?

① 사용하중 하에서 인장응력이 일어나지 않도록 설계된 보
② 사용하중 하에서 얼마간의 인장응력이 일어나도록 설계된 보
③ 계수하중 하에서 인장응력이 일어나지 않도록 설계된 보
④ 부분적으로 철근 보강된 보

|해답| ②

파셜 프리스트레스 보
사용하중 재하시 부재 내에 허용범위 내에서 인장응력의 발생을 허용하며, 인장 받는 부분에 철근을 사용하도록 설계하는 프리스트레싱 방법

□□□ 산 05,05,15①,17④,18①

15 강도설계법에서 사용하는 강도감소계수의 사용목적으로 거리가 먼 것은?

① 재료강도와 치수가 변동할 수 있으므로 부재의 강도 저하 확률에 대비한 이유를 두기 위해서
② 부정확한 설계 방정식에 대비한 여유를 반영하기 위해서
③ 구조물에서 차지하는 부재의 중요도 등을 반영하기 위해서
④ 구조해석 할 때의 가정 및 계산의 실수로 인해 야기될지 모르는 초과하중의 영향에 대비하기 위해서

| 해답 | ④

주어진 하중조건에 대한 부재의 연성도와 소요 신뢰도를 위해서

Remember

강도감소계수(ϕ)의 목적
- 재료강도와 치수가 변동할 수 있으므로 부재의 강도 저하 확률에 대비한 여유를 위해
- 부정확한 설계 방정식에 대비한 여유를 반영하기 위해서
- 주어진 하중조건에 대한 부재의 연성도와 소요 신뢰도를 위해서
- 구조물에서 차지하는 부재의 중요도 등을 반영하기 위해서

□□□ 산 97,99,07,14,18①④

16 그림과 같은 프리스트레스트 콘크리트의 경간 중앙점에서 강선을 꺾었을 때, 이 꺾은 점에서의 상향력(上向力) U의 값은?

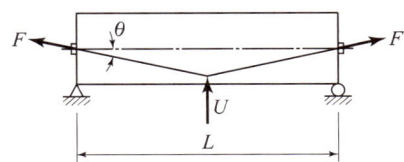

① $U = 2F \cdot \tan\theta$ ② $U = F \cdot \tan\theta$
③ $U = 2F \cdot \sin\theta$ ④ $U = F \cdot \sin\theta$

| 해답 | ③

콘크리트에 가해지는 상향력 U
- $\sum V = 0$: $U - F\sin\theta - F\sin\theta = 0$
  ∴ 상향력 $U = 2F\sin\theta$

□□□ 산 96,00,05,10,14,18①

17 합성형 교량에서 콘크리트 슬래브와 강재보의 상부 플랜지를 일체화시키기 위해 사용하는 것은?

① 브레이싱 ② 스티프너
③ 전단 연결재 ④ 리벳

| 해답 | ③

전단 연결재
접합면의 수평 전단 응력에 저항하여 판형과 슬래브가 일체로 작용하도록 하기 위하여 설치한 것으로 판형의 상부 플랜지에 소요의 간격으로 용접하여 설치한다.

□□□ 산 11④,12①④,13④,14①,15①,16②④,18①,19④

18 강도설계법에서 D25(공칭직경 25.4mm)인 인장철근의 기본정착 길이는 얼마인가? (단, $f_{ck} = 21\,\text{MPa}$, $f_y = 300\,\text{MPa}$이고, 보통중량 콘크리트를 사용한다.)

① 800mm ② 917mm
③ 998mm ④ 1038mm

| 해답 | ③

인장 이형철근의 기본정착길이(D35 이하의 철근의 경우)
$$l_{db} = \frac{0.6 d_b f_y}{\lambda \sqrt{f_{ck}}} = \frac{0.6 \times 25.4 \times 300}{1 \times \sqrt{21}} = 998\,\text{mm}$$

□□□ 산 12,13,14②,15①,16④,18①

19 아래 그림과 같은 단철근 직사각형 보의 균형철근비 ρ_b의 값은? (단, $f_{ck} = 21\text{MPa}$, $f_y = 280\text{MPa}$이다.)

① 0.0358
② 0.0437
③ 0.0524
④ 0.0614

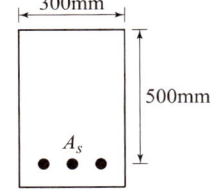

| 해답 | ①

- $\rho_b = \dfrac{\eta(0.85 f_{ck})\beta_1}{f_y} \cdot \dfrac{660}{660 + f_y}$
- $f_{ck} \leq 40\text{MPa}$일 때 $\eta = 1$, $\beta_1 = 0.80$
  ∴ $\rho_b = \dfrac{1 \times 0.85 \times 21 \times 0.80}{280} \cdot \dfrac{660}{660 + 280} = 0.0358$

☐☐☐ 산 18①

11 프리스트레스트 콘크리트에서 포스트텐션 긴장재의 마찰손실을 구할 때 사용하는 근사식은 아래의 표와 같다. 이러한 근사식을 사용할 수 있는 조건에 대한 설명으로 옳은 것은?

$$P_{px} = P_{pj} / (1 + Kl_{px} + \mu_p \alpha_{px})$$
여기서,
P_{px} : 임의점 x에서 긴장재의 긴장력
P_{pj} : 긴장단에서 긴장재의 긴장력
K : 긴장재의 단위길이 1m당 파상마찰계수
l_{px} : 정착단부터 임의의 지점 x까지 긴장재의 길이
μ_p : 곡선부의 곡률마찰계수
α_{px} : 긴장단부터 임의점 x까지 긴장재의 전체 회전각 변화량(라디안)

① $(Kl_{px} + \mu_p \alpha_{px})$값이 0.3 이상인 경우
② $(Kl_{px} + \mu_p \alpha_{px})$값이 0.3 이하인 경우
③ $(Kl_{px} + \mu_p \alpha_{px})$값이 0.5 이상인 경우
④ $(Kl_{px} + \mu_p \alpha_{px})$값이 0.5 이하인 경우

|해답| ②

마찰에 의한 감소량
• $(Kl_{px} + \mu_p \alpha_{px}) \le 0.3$인 경우 근사식
∴ $P_{px} = \dfrac{P_{pj}}{(1 + Kl_{px} + \mu_p \alpha_{px})}$

☐☐☐ 산 13,18①

12 다음 중 집중하중을 분포시키거나 균열을 제어할 목적으로 주철근과 직각에 가까운 방향으로 배치한 보조철근은?

① 사인장철근   ② 비틀림철근
③ 배력철근   ④ 조립용철근

|해답| ③

• 사인장철근 : 전단보강근이라 하며, 전단력에 저항하도록 배치한 철근
• 비틀림철근 : 비틀림 모멘트가 크게 일어나는 부재에서 이에 저항하도록 배치되는 철근
• 배력철근(distributing bar) : 하중을 분포시키거나 균열을 제어할 목적으로 주철근과 직각에 가까운 방향으로 배치한 보조철근
• 조립용 철근 : 철근을 조립할 때 철근의 위치를 확보하기 위하여 사용하는 보조철근

☐☐☐ 산 07,18①

13 그림과 같은 필릿 용접에서 용접부의 목두께로 가장 적합한 것은?

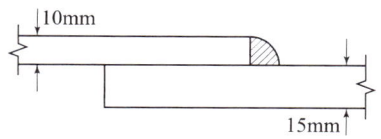

① 7.0mm   ② 10.0mm
③ 12.6mm   ④ 15mm

|해답| ①
$a = 0.70S$
$= 0.70 \times 10 = 7.0$mm

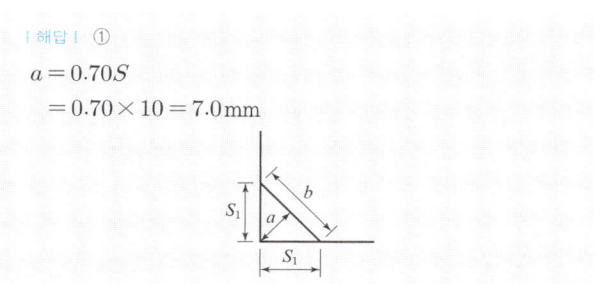

☐☐☐ 산 13,14,16,18①

14 슬래브와 보를 일체로 친 대칭 T형보의 유효폭을 결정할 때 고려해야 할 사항으로 틀린 것은?
(단, b_w = 플랜지가 있는 부재의 복부폭)

① (양쪽으로 각각 내민 플랜지 두께의 8배씩)+b_w
② 양쪽의 슬래브의 중심 간 거리
③ 보의 경간의 1/4
④ (인접 보와의 내측 거리의 1/2)+b_w

|해답| ④
슬래브 T형보

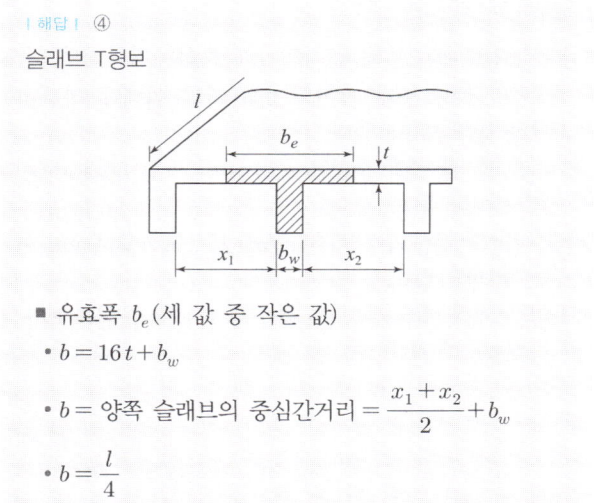

■ 유효폭 b_e (세 값 중 작은 값)
• $b = 16t + b_w$
• $b =$ 양쪽 슬래브의 중심간거리 $= \dfrac{x_1 + x_2}{2} + b_w$
• $b = \dfrac{l}{4}$

□□□ 산 10,18①
05 강도설계법에 대한 기본가정 중 옳지 않은 것은?

① 평면인 단면은 변형 후에도 평면을 유지한다.
② 철근과 콘크리트의 응력과 변형률은 중립축으로부터 거리에 비례한다.
③ 콘크리트 압축측 연단에서 콘크리트의 설계기준압축강도가 40MPa 이하인 경우에는 최대 변형률은 0.0033으로 가정한다.
④ 콘크리트의 인장강도는 휨계산에서 무시한다.

| 해답 | ②

- 철근과 콘크리트의 변형률은 중립축으로부터의 거리에 비례한다.
- 콘크리트의 응력은 중립축으로 부터의 거리에 비례하지 않는 비선형 분포를 보인다.

□□□ 산 05,08,14④,18①
06 인장부재의 볼트 연결부를 설계할 때 고려되지 않는 항목은?

① 지압응력
② 볼트의 전단응력
③ 부재의 항복응력
④ 부재의 좌굴응력

| 해답 | ④

- 인장부재는 하중을 받을 때 좌굴이 발생하지 않는다.
- 인장부재의 볼트 연결부를 설계할 때 고려 항목 : 지압응력, 볼트의 전단응력, 부재의 항복응력

□□□ 산 11②,13④,18①
07 철근콘크리트 깊은 보 및 깊은 보의 전단설계에 관한 설명으로 잘못된 것은?

① 순경간(l_n)이 부재 깊이의 4배 이하이거나 하중이 받침부로부터 부재 깊이의 2배 거리 이내에 작용하는 보를 깊은 보라 한다.
② 수직전단철근의 간격은 $d/5$ 이하 또한 300mm 이하로 하여야 한다.
③ 수평전단철근의 간격은 $d/5$ 이하 또한 300mm 이하로 하여야 한다.
④ 깊은 보에서는 수평전단철근이 수직전단철근보다 전단보강효과가 더 크다.

| 해답 | ④

깊은 보에서는 수직전단철근이 수평전단철근 보다 전단보강 효과가 더 크다.

□□□ 산 11,12,15,18①
08 나선철근 또는 띠철근의 배근된 압축부재에서 축방향 철근의 순간격에 대한 설명으로 옳은 것은?

① 40mm 이상, 또한 철근 공칭지름의 1.5배 이상으로 하여야 한다.
② 50mm 이상, 또한 철근 공칭지름 이상으로 하여야 한다.
③ 50mm 이상, 또한 철근 공칭지름의 1.5배 이상으로 하여야 한다.
④ 40mm 이상, 또한 철근 공칭지름 이하로 하여야 한다.

| 해답 | ①

나선철근 또는 띠철근이 배근된 압축부재에서 축방향 철근의 순간격은 40mm 이상, 또한 철근 공칭지름의 1.5배 이상으로 하여야 한다.

□□□ 산 12,13①②,15②,16,18①②
09 폭(b)은 300mm, 유효깊이(d)는 550mm인 직사각형 철근 콘크리트보에 전단력과 휨만이 작용할 때 콘크리트가 받을 수 있는 설계전단강도(ϕV_c)는 약 얼마인가? (단, $f_{ck}=27$MPa이다.)

① 101kN
② 107kN
③ 114kN
④ 122kN

| 해답 | ②

$\phi V_c = \phi \frac{1}{6} \lambda \sqrt{f_{ck}} b_w d$

- 전단력과 비틀림 모멘트의 강도감소계수 $\phi = 0.75$

$\therefore \phi V_c = 0.75 \times \frac{1}{6} \times 1 \times \sqrt{27} \times 300 \times 550$
$= 107171\text{N} = 107\text{kN}$

□□□ 산 12,14,16④,18①
10 아래 그림과 같은 복철근 직사각형 보에서 $A_s' = 1916\text{mm}^2$, $A_s = 4790\text{mm}^2$이다. 등가직사각형의 응력의 깊이 a는? (단, $f_{ck}=28$MPa, $f_y=400$MPa이다.)

① 157mm
② 161mm
③ 173mm
④ 185mm

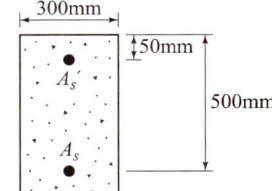

| 해답 | ②

$a = \dfrac{f_y(A_s - A_s')}{\eta(0.85 f_{ck}) \cdot b} = \dfrac{400(4790-1916)}{1 \times 0.85 \times 28 \times 300} = 161\text{mm}$

02 철근콘크리트 및 강구조

과목별 과년도(18~20년)로 구성하여 집중적이고 반복적인 문제풀이를 학습하여 연상법으로 [1과목 구조설계] 마스터 합니다.

제1회 2018년 3월 4일

☐☐☐ 산 94,97,14,15,17,18①

01 프리텐션 PSC 부재의 단면이 300mm×500mm이고 120mm²의 PS 강선 5개가 단면의 도심에 배치되어 있다. 초기 프리스트레스가 1000MPa이고 $n=6$일 때 콘크리트의 탄성수축에 의한 프리스트레스 감소량은?

① 24MPa ② 27MPa
③ 32MPa ④ 35MPa

| 해답 | ①

$$\Delta f_p = n\frac{P_i}{A_c}$$

- $P_i = A_p n f_y = 120 \times 5 \times 1000 = 600000\text{N}$
- $\therefore \Delta f_p = 6 \times \dfrac{600000}{300 \times 500} = 24\text{MPa}$

☐☐☐ 산 12①④,14①④,15①,17,18①④

02 강도설계법에서 휨 부재의 등가 사각형 압축응력 분포의 길이(a)는 아래의 표와 같은 식으로 구할 수 있다. 콘크리트의 설계기준압축강도가 40MPa인 경우 β_1의 값은?

① 0.68 ② 0.71
③ 0.77 ④ 0.80

| 해답 | ④

β_1값 계산
- $f_{ck} \leq 40\text{MPa}$일 때 $\beta_1 = 0.80$

Remember

계수 $\eta(0.85f_{ck})$와 β_1

f_{ck}	≤40	50	60	70	80	90
η	1.00	0.97	0.95	0.91	0.87	0.84
β_1	0.80	0.80	0.76	0.74	0.72	0.70

☐☐☐ 산 18①

03 단철근 직사각형보를 강도설계법으로 설계할 때 과소철근보로 설계하는 이유로 옳은 것은?

① 처짐을 감소시키기 위해서
② 철근이 먼저 파괴되는 것을 방지하기 위해서
③ 철근을 절약해서 경제적인 설계가 되도록 하기 위해서
④ 압축력의 부족으로 인한 콘크리트의 취성파괴를 방지하기 위해서

| 해답 | ④

과소철근보
- 인장철근을 매우 적게 배근하면 콘크리트에 균열이 발생하는 순간 보에는 급작스러운 파괴가 일어날 수 있다. 이러한 압축으로 인한 콘크리트의 취성파괴를 최소철근비를 두어 규제하고 있다.
- 취성 파괴 : 철근비가 균형 철근비보다 클 때, 보의 파괴가 압축측 콘크리트의 파쇄로 시작되는 파괴 형태

☐☐☐ 산 11,12,13①,15②,18①

04 일반 콘크리트 부재의 해당 지속하중에 대한 탄성 처짐이 30mm이었다면 크리프 및 건조수축에 따른 추가적인 장기처짐을 고려한 최종 총 처짐량은?
(단, 하중 재하기간은 5년이고, 압축철근비 ρ'는 0.002이다.)

① 80.8mm ② 84.6mm
③ 89.4mm ④ 95.2mm

| 해답 | ②

- $\lambda = \dfrac{\xi}{1+50\rho'}$
- $\rho' = 0.002$
- $\therefore \lambda = \dfrac{2}{1+50 \times 0.002} = 1.82$
  (∵ ξ : 시간 경과 계수(5년 이상 : 2.0, 12개월 : 1.4, 6개월 : 1.2, 3개월 : 1.0)
- 장기처짐=순간처짐(탄성침하)×장기처짐계수(λ)
  $= 30 \times 1.82 = 54.6\text{mm}$
- $\therefore$ 총처짐량=순간 처짐+장기 처짐
  $= 30 + 54.6 = 84.6\text{mm}$

20 그림과 같은 단순보에서 C점의 휨모멘트값은?

① M_o
② $1.5M_o$
③ $2M_o$
④ $3M_o$

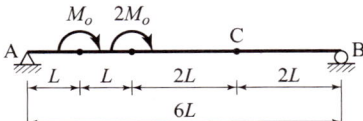

|해답| ①

- $\sum M_A = 0 : R_B \times 6L - M_o - 2M_0 = 0$

  $\therefore R_B = \dfrac{1}{6L}(M_o + 2M_o) = \dfrac{M_o}{2L}$

  $\therefore M_c = \dfrac{M_o}{2L} \times 2L = M_o$

□□□ 산 20

14 그림과 같은 내민보에서 D점에 집중하중 30kN이 가해질 때 C점의 휨모멘트값은?

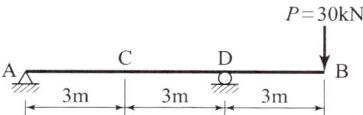

① $-30\,\text{kN}\cdot\text{m}$
② $-45\,\text{kN}\cdot\text{m}$
③ $-60\,\text{kN}\cdot\text{m}$
④ $-90\,\text{kN}\cdot\text{m}$

l 해답 l ②

$\sum M_D = 0 : R_A \times 6 + 30 \times 3 = 0$
$\therefore R_A = -15\text{kN}$
$\therefore M_C = R_A \times 3 = -15 \times 3 = -45\,\text{kN}\cdot\text{m}$

□□□ 산 14②,18②,19④,20

15 직사각형 단면의 최대 전단응력은 평균 전단응력의 몇 배인가?

① 1.5   ② 2.0
③ 2.5   ④ 3.0

l 해답 l ①

- 직사각형 단면 : $\tau_{\max 1} = \dfrac{3S}{2A} = 1.5\dfrac{S}{A}$
- 원형단면 : $\tau_{\max 2} = \dfrac{4S}{3A}$

□□□ 산 04,05,08,15,20

16 그림에서 지점 C의 반력이 영(零)이 되기 위해 B점에 작용시킬 집중하중의 크기는?

① 80kN
② 100kN
③ 120kN
④ 140kN

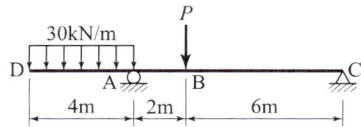

l 해답 l ③

$\sum M_A = 0 : R_C \times 8 - P \times 2 + (30 \times 4) \times 2 = 0$
$R_C = \dfrac{1}{8} \times (2P - 240) = 0 \quad \therefore P = 120\text{kN}$

□□□ 산 11,14,20

17 그림과 같은 단면의 x축에 대한 단면 1차 모멘트는 얼마인가?

① 128cm^3
② 138cm^3
③ 148cm^3
④ 158cm^3

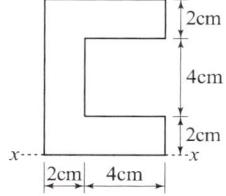

l 해답 l ①

$G_x = A_1 y_1 - A_2 y_2$
$= (6 \times 8) \times 4 - (4 \times 4) \times \left(2 \times \dfrac{4}{2}\right) = 128\,\text{cm}^3$

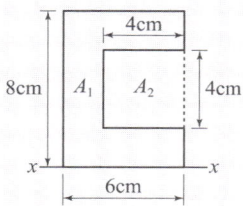

□□□ 산 20

18 보에 작용하는 모멘트 M, 탄성계수 E, 단면2차모멘트 I일 때 곡률반경 R은?

① $R = \dfrac{EI}{M}$ ② $R = \dfrac{MI}{E}$
③ $R = \dfrac{M}{EI}$ ④ $R = \dfrac{E}{MI}$

l 해답 l ①

곡률 $\dfrac{1}{R} = \dfrac{M}{EI}$ $\therefore$ 곡률반경 $R = \dfrac{EI}{M}$

□□□ 산 19④,20

19 다음 값 중 경우에 따라서는 부(−)의 값을 갖기도 하는 것은?

① 단면계수   ② 단면 2차 반지름
③ 단면 2차 극모멘트   ④ 단면 2차 상승모멘트

l 해답 l ④

단면상승모멘트(I_{xy})의 특징
- 도심축에 대한 상승모멘트는 0이다.
- 정(+)과, 부(−)의 값을 가질 수 있다.

□□□ 산 86,92,99,02,05,07,09,09,16①,18①,20

09 아래 그림과 같은 3힌지(Hinge) 아치의 A 점의 수평반력(H_A)은?

① 20kN
② 30kN
③ 40kN
④ 50kN

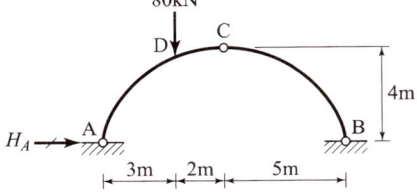

| 해답 | ②

$\sum M_A = 0$
$V_A \times 10 - 80 \times 7 = 0$ ∴ $V_A = 56\text{kN}(\uparrow)$
$\sum M_C = -80 \times 2 + 56 \times 5 - H_A \times 4 = 0$
∴ $H_A = \dfrac{-80 \times 2 + 56 \times 5}{4} = 30\text{kN}(\uparrow)$

□□□ 산 82,20

10 그림과 같은 양단고정봉에 상승온도 Δt가 작용하는 압축력 R은? (단, A : 단면적, α : 선팽창성계수, E : 탄성계수이다.)

① $R = \alpha \cdot \Delta t \cdot E \cdot A$
② $R = \alpha \cdot \Delta t \cdot E$
③ $R = \alpha \cdot \Delta t$
④ $R = \alpha \cdot \Delta t \cdot l$

| 해답 | ①

후크의 법칙 $\sigma = E \cdot \epsilon$

• $\sigma = E \cdot \alpha \cdot \Delta t = \dfrac{R}{A}$
• $\epsilon = \dfrac{\Delta l}{l} = \dfrac{\alpha(t_1 - t_o)l}{l} = \alpha(t_1 - t_o) = \alpha \cdot \Delta t$
• $\Delta l = \alpha \cdot l \cdot \Delta t = \dfrac{R \cdot l}{A \cdot E}$

∴ $R = \alpha \cdot \Delta t \cdot E \cdot A$

□□□ 산 82,86,97,99,04,14,15,19,20

11 길이 10m, 단면 30cm×40cm의 단순보가 중앙에 120kN의 집중하중을 받고 있다. 이 보의 최대 휨응력은? (단, 보의 자중은 무시한다.)

① 55MPa   ② 52.5MPa
③ 45MPa   ④ 37.5MPa

| 해답 | ④

최대 휨응력 $\sigma_{max} = \dfrac{M_{max}}{Z}$

• $M_{max} = \dfrac{Pl}{4} = \dfrac{120 \times 10000}{4} = 300000 \text{kN} \cdot \text{mm}$
• $Z = \dfrac{bh^2}{6} = \dfrac{300 \times 400^2}{6} = 8000000 \text{mm}^3$

∴ $\sigma_{max} = \dfrac{300000 \times 10^3}{8000000} = 37.5 \text{N/mm}^2 = 37.5 \text{MPa}$

□□□ 산 93,03,07,10,14,20

12 다음과 같은 그림에서 AB부재의 부재력은?

① 43kN
② 50kN
③ 75kN
④ 100kN

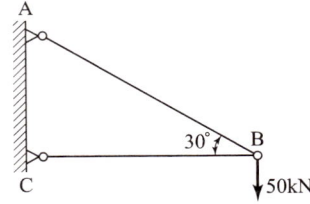

| 해답 | ④

시력도법에서 sin법칙 적용

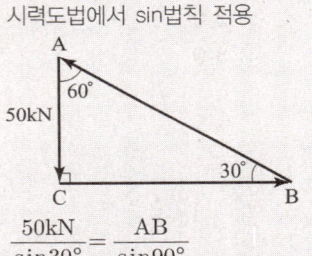

$\dfrac{50\text{kN}}{\sin 30°} = \dfrac{AB}{\sin 90°}$

∴ $AB = \dfrac{50}{\sin 30°} \times \sin 90° = 100\text{kN}$

□□□ 산 10,15④,19①,20

13 그림과 같은 세 개의 힘이 평형상태에 있다면 C점에서 작용하는 힘 P와 BC 사이의 거리 x는?

① $P = 4\text{kN}$, $x = 3\text{m}$
② $P = 6\text{kN}$, $x = 3\text{m}$
③ $P = 4\text{kN}$, $x = 2\text{m}$
④ $P = 6\text{kN}$, $x = 2\text{m}$

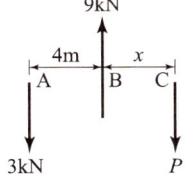

| 해답 | ④

• 합력 $R = 3 - 9 + P = 0$ ∴ $P = 6\text{kN}$
• 작용 위치 :
$3(4 + x) - 9x = 12 + 3x - 9x = 12 - 6x = 0$
∴ $x = 2\text{m}$

산 96,98,99,20

05 원의 직경이 d인 단주기둥에 편심하중 P가 작용할 경우 최대, 최소 응력을 구할 수 있는 식은? (단, e는 편심거리, A는 단면적이다.)

① $\dfrac{P}{A}\left(1\pm\dfrac{4e}{d}\right)$ ② $\dfrac{P}{A}\left(1\pm\dfrac{6e}{d}\right)$

③ $\dfrac{P}{A}\left(1\pm\dfrac{8e}{d}\right)$ ④ $\dfrac{P}{A}\left(1\pm\dfrac{10e}{d}\right)$

| 해답 | ③

$$\sigma_{\max,\min} = \dfrac{P}{A} \pm \dfrac{P\cdot e}{I}x = \dfrac{P}{A} \pm \dfrac{P\cdot e}{I}\times\dfrac{d}{2}$$
$$= \dfrac{P}{A} \pm \dfrac{P\cdot e}{Z}$$
$$= \dfrac{P}{A} \pm \dfrac{P\cdot e}{\dfrac{\pi d^3}{32}} = \dfrac{P}{A} \pm \dfrac{P\cdot e}{\dfrac{\pi d^2}{4}\cdot\dfrac{d}{8}}$$
$$= \dfrac{P}{A} \pm \dfrac{P\cdot e}{A\times\dfrac{d}{8}} = \dfrac{P}{A}\left(1\pm\dfrac{8\cdot e}{d}\right)$$

산 06,17,20

06 그림과 같은 길이가 L인 캔틸레버보에서 최대 처짐각은?

① $\theta_{\max} = \dfrac{PL^2}{2EI}$

② $\theta_{\max} = \dfrac{PL^3}{2EI}$

③ $\theta_{\max} = \dfrac{PL^2}{3EI}$

④ $\theta_{\max} = \dfrac{PL^3}{3EI}$

| 해답 | ①

$\theta = \dfrac{S_B{'}}{EI}$

공액보

- $M_A = PL$
- $S_B{'} = \dfrac{PL\times L}{2} = \dfrac{PL^2}{2}$
- $\therefore \theta_{\max} = \dfrac{PL^2}{2EI}$

산 92,15,16,20

07 바리뇽(Varignon)의 정리에 대한 설명으로 옳은 것은?

① 여러 힘의 한점에 대한 모멘트의 합과 합력의 그 점에 대한 모멘트는 우력 모멘트로서 작용한다.
② 여러 힘의 한점에 대한 모멘트 합은 합력의 그 점 모멘트 보다 항상 작다.
③ 여러 힘의 임의 한점에 대한 모멘트의 합은 합력의 그 점에 대한 모멘트와 같다.
④ 여러 힘의 한점에 대한 모멘트를 합하면 합력의 그 점에 대한 모멘트 보다 항상 크다.

| 해답 | ③

Varignon의 원리
- 여러 힘의 한 점에 대한 모멘트의 대수합은 합력의 그 점에 대한 모멘트와 같다.
- 분력의 모멘트 합은 합력의 모멘트와 같다.
- 합력의 작용점을 구할 때 사용한다.

산 83,17,20

08 그림과 같이 단순보의 B점에 모멘트 M이 작용할 때 A점에서의 처짐각(θ_A)은?

① $\dfrac{Ml}{3EI}$

② $\dfrac{Ml}{6EI}$

③ $\dfrac{Ml}{12EI}$

④ $\dfrac{Ml}{2EI}$

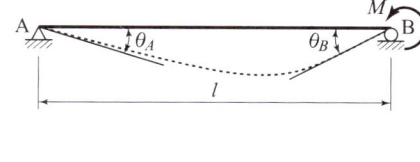

| 해답 | ②

공액보

- $\theta_A = \dfrac{R_A{'}}{EI}$, $R_A{'} = \dfrac{Ml}{6}$
- $\therefore \theta_A = \dfrac{Ml}{6EI}$

제4회 2020년 9월

□□□ 산 20

01 직경이 D인 원형단면의 단면계수 $Z = \dfrac{\pi D^3}{32} = \dfrac{1}{8} \cdot A \cdot D$ 이다. 이 단면과 면적이 동일한 정사각형 단면의 단면계수 Z는?

① $0.130 A \cdot D$
② $0.147 A \cdot D$
③ $0.166 A \cdot D$
④ $0.261 A \cdot D$

[해답] ②

- 원형단면의 면적 $A = \dfrac{\pi D^2}{4}$
- 정사각형단면의 면적 $A = a^2$
- $A = a^2 = \dfrac{\pi D^2}{4}$ ∴ $a = \dfrac{\sqrt{\pi}}{2} D$

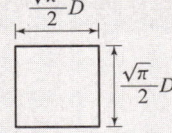

- 정사각형단면의 단면계수 $Z = \dfrac{a^3}{6}$
- $a^3 = \dfrac{\pi D^3 \sqrt{\pi}}{8}$

∴ $Z = \dfrac{a^3}{6} = \dfrac{1}{6} \times \dfrac{\pi D^3 \sqrt{\pi}}{8} = \dfrac{\pi D^3 \sqrt{\pi}}{48}$

$= \dfrac{\pi D^2}{4} \dfrac{D \sqrt{\pi}}{12} = A \cdot \dfrac{D \sqrt{\pi}}{12} = 0.147 AD$

□□□ 산 10,14,20

02 아래 그림과 같은 3힌지 라멘의 지점반력 H_A는?

① -40 kN
② 40 kN
③ -80 kN
④ 80 kN

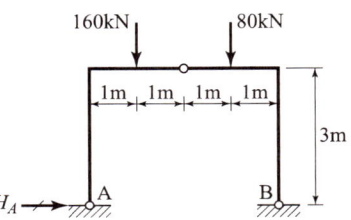

[해답] ②

$\Sigma M_B = 0$
$V_A \times 4 - 160 \times 3 - 80 \times 1 = 0$ ∴ $V_A = 140$ kN(↑)
$\Sigma M_C = 0$ (힌지를 C점)
$-H_A \times 3 + 140 \times 2 - 160 \times 1 = 0$ ∴ $H_A = 40$ kN(→)

□□□ 산 08,15,16,20

03 그림과 같이 지름 $2R$인 원형단면의 단주에서 핵지름 k의 값은?

① $\dfrac{R}{4}$
② $\dfrac{R}{3}$
③ $\dfrac{R}{2}$
④ R

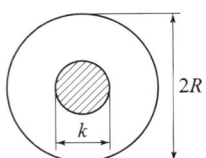

[해답] ③

원형단면에서의 핵의 직경

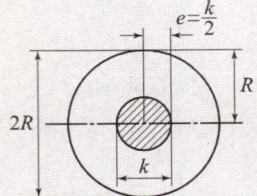

- $\sigma = \dfrac{P}{A} - \dfrac{M}{Z} = 0$ 일 때

$\dfrac{P}{\dfrac{\pi(2R)^2}{4}} - \dfrac{P \cdot \dfrac{k}{2}}{\dfrac{\pi(2R)^3}{32}}$ ∴ 핵거리 $\dfrac{k}{2} = \dfrac{R}{4}$

∴ 핵의 직경 $k = \dfrac{2R}{4} = \dfrac{R}{2}$

□□□ 산 12,14,17,20

04 지름 10cm, 길이 25cm인 재료에 축방향으로 인장력을 작용시켰더니 지름은 9.98cm로, 길이는 25.2cm로 변하였다. 이 재료의 포아송(Poisson)의 비는?

① 0.25
② 0.45
③ 0.50
④ 0.75

[해답] ①

$\nu = \dfrac{\beta}{\varepsilon} = \dfrac{\dfrac{\Delta d}{d}}{\dfrac{\Delta l}{l}} = \dfrac{l \cdot \Delta d}{d \cdot \Delta l}$

- $l = 25$ cm
- $\Delta l = 25.2 - 25 = 0.2$ cm
- $d = 10$ cm
- $\Delta d = 10 - 9.98 = 0.02$ cm

$\nu = \dfrac{25 \times 0.02}{10 \times 0.2} = 0.25$

16 아래 그림과 같은 단면에서 도심의 위치($\bar{y}$)는?

① 2.21cm
② 2.64cm
③ 2.96cm
④ 3.21cm

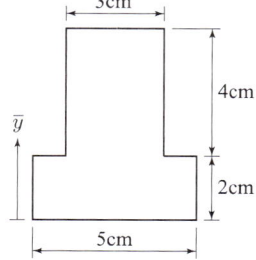

|해답| ②

$\bar{y} = \dfrac{G_x}{A}$

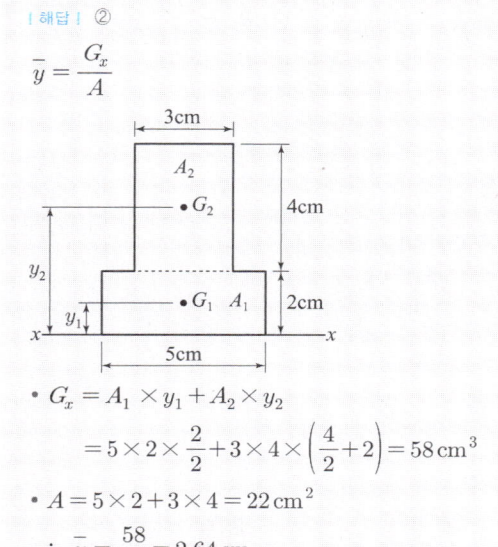

- $G_x = A_1 \times y_1 + A_2 \times y_2$
  $= 5 \times 2 \times \dfrac{2}{2} + 3 \times 4 \times \left(\dfrac{4}{2}+2\right) = 58\,\text{cm}^3$
- $A = 5 \times 2 + 3 \times 4 = 22\,\text{cm}^2$
- $\therefore \bar{y} = \dfrac{58}{22} = 2.64\,\text{cm}$

17 기둥의 해석에 사용되는 단주와 장주의 구분에 사용되는 세장비에 대한 설명으로 옳은 것은?

① 기둥단면의 최소폭을 부재의 길이로 나눈 값이다.
② 기둥단면의 단면 2차모멘트를 부재의 길이로 나눈 값이다.
③ 기둥부재의 길이를 단면의 최소회전반경으로 나눈 값이다.
④ 기둥단면의 길이를 단면 2차모멘트로 나눈 값이다.

|해답| ③

세장비 $\lambda = \dfrac{\text{부재길이}}{\text{최소회전반경}} = \dfrac{l}{r}$

∴ 기둥부재의 길이(l)를 단면의 최소회전반경(r)으로 나눈 값이다.

18 단면이 150mm×150mm인 정사각형이고, 길이가 1m인 강재에 120kN의 압축력을 가했더니 1mm가 줄어들었다. 이 강재의 탄성계수는?

① 5333.3MPa
② 5333.3kPa
③ 8333.3MPa
④ 8333.3kPa

|해답| ①

$\Delta l = \dfrac{Pl}{EA}$ 에서 $E = \dfrac{Pl}{A\,\Delta l}$

- $A = bh = 150 \times 150 = 22500\,\text{mm}^2$
- $\therefore E = \dfrac{120 \times 10^3 \times 1000}{22500 \times 1}$
  $= 5333.3\,\text{N/mm}^2 = 5333.3\,\text{MPa}$

19 1방향 편심을 갖는 한 변이 30cm인 정사각형 단주에서 100kN의 편심하중이 작용할 때, 단면에 인장력이 생기지 않기 위한 편심(e)의 한계는 기둥의 중심에서 얼마나 떨어진 곳인가?

① 5.0cm
② 6.7cm
③ 7.7cm
④ 8.0cm

|해답| ①

하중이 핵내부에 작용하면 부재의 어느 단면에도 인장응력이 생기지 않는다.

∴ 정사각형 단면의 핵 $e = \dfrac{h}{6} = \dfrac{30}{6} = 5\,\text{cm}$

20 지름 200mm의 통나무에 자중과 하중에 의한 9kN·m의 외력 모멘트가 작용한다면 최대 휨응력은?

① 11.5MPa
② 15.4MPa
③ 20.0MPa
④ 21.9MPa

|해답| ①

최대휨응력 $\sigma_{\max} = \dfrac{M_{\max}}{I}y = \dfrac{M_{\max}}{Z}$

- $M = 9\,\text{kN}\cdot\text{m} = 9 \times 10^6\,\text{N}\cdot\text{mm}$
- $Z = \dfrac{\pi D^3}{32} = \dfrac{\pi \times 200^3}{32}$
- $\therefore \sigma_{\max} = \dfrac{9 \times 10^6}{\dfrac{\pi \times 200^3}{32}} = 11.5\,\text{N/mm}^2 = 11.5\,\text{MPa}$

□□□ 산 15, 20③

12 다음 도형에서 X축에 대한 단면2차모멘트는?

① 376cm⁴
② 432cm⁴
③ 484cm⁴
④ 538cm⁴

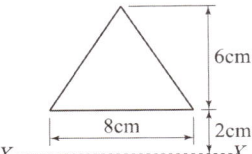

| 해답 | ②

$I_X = I_x + A y_o^2$

• $I_x = \dfrac{bh^3}{36} = \dfrac{8 \times 6^3}{36} = 48\,\text{cm}^4$

• $A = \dfrac{bh}{2} = \dfrac{8 \times 6}{2} = 24\,\text{cm}^2$

• $y_o = 6 \times \dfrac{1}{3} + 2 = 4\,\text{cm}$

∴ $I_X = 48 + 24 \times 4^2 = 432\,\text{cm}^4$

Remember

각 도형의 단면 2차 모멘트

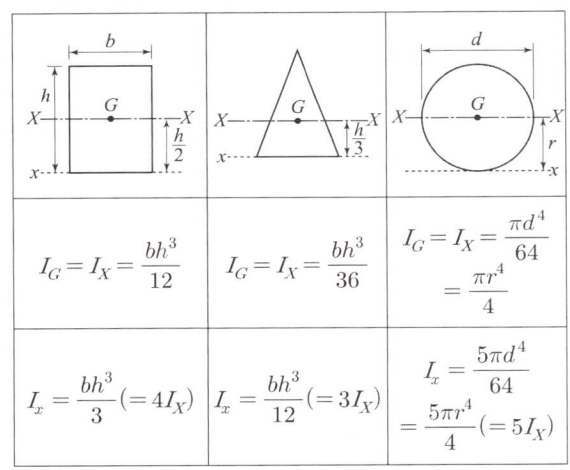

□□□ 산 15①, 20③

13 다음 중 단면계수의 단위로서 옳은 것은?

① cm
② cm²
③ cm³
④ cm⁴

| 해답 | ③

단면계수 $Z = \dfrac{I(\text{cm}^4)}{y_o(\text{cm})} = \text{cm}^3$

□□□ 산 20③

14 그림과 같은 켄틸레버 보에서 보의 B점에 집중하중 P와 모멘트 M_o가 작용하고 있다. B점에서의 처짐각(θ_b)은 얼마인가? (단, 보의 EI는 일정하다.)

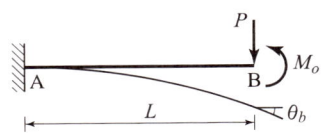

① $\theta_b = \dfrac{PL^2}{EI} - \dfrac{M_o L}{2EI}$ ② $\theta_b = \dfrac{PL^2}{2EI} - \dfrac{M_o L}{EI}$

③ $\theta_b = \dfrac{PL^2}{EI} - \dfrac{M_o L}{4EI}$ ④ $\theta_b = \dfrac{PL^2}{4EI} - \dfrac{M_o L}{EI}$

| 해답 | ②

$\theta_b = \delta_P + \delta_{M_o}$

• $\delta_P = \dfrac{PL^2}{2EI}$, $\delta_{M_o} = -\dfrac{M_o L}{EI}$

∴ $\theta_b = \dfrac{PL^2}{2EI} - \dfrac{M_o L}{EI}$

Remember

하중상태에 따른 처짐각

하중상태	처짐각	처짐
(캔틸레버 + P)	$\dfrac{Pl^2}{2EI}$	$\dfrac{Pl^3}{3EI}$
(캔틸레버 + M)	$\dfrac{Ml}{EI}$	$\dfrac{Ml^2}{2EI}$

□□□ 산 89, 13③, 17④, 20③

15 양단이 고정되어 있는 길이 10m의 강(鋼)이 15℃에서 40℃로 온도가 상승할 때 응력은?
(단, $E = 2.1 \times 10^5$MPa, 선팽창계수 $\alpha = 0.00001/℃$)

① 47.5MPa
② 50.0MPa
③ 52.5MPa
④ 53.8MPa

| 해답 | ③

$\sigma_T = E \alpha \Delta T$
$= 2.1 \times 10^5 \times 0.00001 \times (40 - 15) = 52.5\,\text{MPa}$

08 아래 그림과 같은 캔틸레버 보에서 C점의 휨모멘트는?

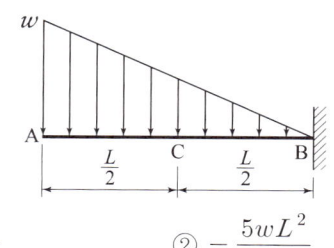

① $-\dfrac{wL^2}{8}$ ② $-\dfrac{5wL^2}{12}$

③ $-\dfrac{5wL^2}{24}$ ④ $-\dfrac{5wL^2}{48}$

| 해답 | ④

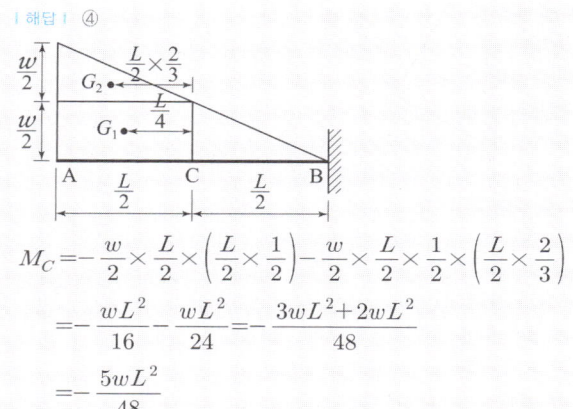

$M_C = -\dfrac{w}{2} \times \dfrac{L}{2} \times \left(\dfrac{L}{2} \times \dfrac{1}{2}\right) - \dfrac{w}{2} \times \dfrac{L}{2} \times \dfrac{1}{2} \times \left(\dfrac{L}{2} \times \dfrac{2}{3}\right)$

$= -\dfrac{wL^2}{16} - \dfrac{wL^2}{24} = -\dfrac{3wL^2 + 2wL^2}{48}$

$= -\dfrac{5wL^2}{48}$

09 그림과 같은 역계에서 합력 R의 위치 x의 값은?

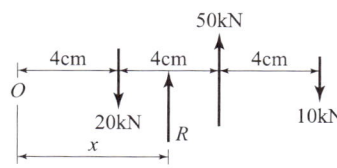

① 6cm   ② 8cm
③ 10cm   ④ 12cm

| 해답 | ③

• 합력 $R = -20 + 50 - 10 = 20\,\text{kN}(\uparrow)$
• 작용 위치 : $R \cdot x = -20 \times 4 + 50 \times 8 - 10 \times 12$
$= 200\,\text{kN}\cdot\text{cm} = 20 \times x$

∴ $x = \dfrac{200}{20} = 10\,\text{cm}$

10 그림과 같은 단순보에서 각 지점의 반력을 계산한 값으로 옳은 것은?

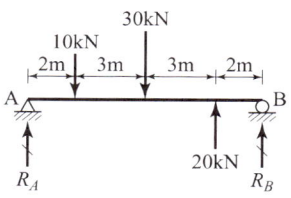

① $R_A = 10\text{kN}$, $R_B = 10\text{kN}$
② $R_A = 14\text{kN}$, $R_B = 6\text{kN}$
③ $R_A = 1\text{kN}$, $R_B = 19\text{kN}$
④ $R_A = 19\text{kN}$, $R_B = 1\text{kN}$

| 해답 | ④

[방법1]
$\sum M_B = 0 : R_A \times 10 - 10 \times 8 - 30 \times 5 + 20 \times 2 = 0$
∴ $R_A = \dfrac{1}{10}(80 + 150 - 40) = 19\,\text{kN}$

$\sum M_A = 0 : R_B \times 10 - 10 \times 2 - 30 \times 5 + 20 \times 8 = 0$
∴ $R_B = \dfrac{1}{10}(20 + 150 - 160) = 1\,\text{kN}$

[방법2]
$R_B = \sum V - R_A = (10 + 30 - 20) - 19 = 1\,\text{kN}$

11 그림과 같은 게르버 보의 A점의 전단력은?

① 40kN
② 60kN
③ 120kN
④ 240kN

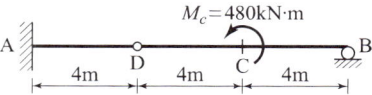

| 해답 | ②

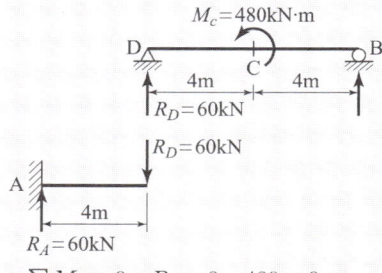

• $\sum M_B = 0 : R_D \times 8 - 480 = 0$
∴ $R_D = 60\,\text{kN}(\uparrow)$
• $R_D = 60\,\text{kN}(\downarrow)$, $R_A = 60\,\text{kN}(\uparrow)$
∴ A점의 전단력 $S_A = 60\,\text{kN}$

□□□ 산 04,15④,20③

04 그림과 같은 3힌지 라멘에 등분포 하중이 작용할 경우 A점의 수평반력은?

① 0
② $\dfrac{wL^2}{8}$ (→)
③ $\dfrac{wL^2}{4h}$ (→)
④ $\dfrac{wL^2}{8h}$ (→)

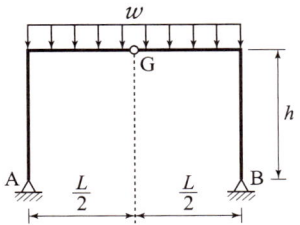

| 해답 | ④

- $\sum M_B = 0$: $V_A \times L - wL \times \dfrac{L}{2} = 0$
  $\therefore V_A = \dfrac{wL}{2}$ (↑)

[다른 방법] $V_A = V_B = \dfrac{wL}{2}$ (대칭이므로)

- $\sum M_G = 0$:
  $V_A \times \dfrac{L}{2} - H_A \times h - w \times \dfrac{L}{2} \times \left(\dfrac{L}{2} \times \dfrac{1}{2}\right) = 0$
- $\dfrac{wL}{2} \times \dfrac{L}{2} - H_A \times h - w \times \dfrac{L}{2} \times \left(\dfrac{L}{2} \times \dfrac{1}{2}\right) = 0$

  $\dfrac{wL^2}{4} - H_A \times h - \dfrac{wL^2}{8} = 0$

  $\therefore H_A = \dfrac{wL^2}{8h}$ (→)

□□□ 산 86,97,98,20③

05 지름이 D인 원형 단면의 도심 축에 대한 단면 2차 극모멘트는?

① $\dfrac{\pi D^4}{64}$ ② $\dfrac{\pi D^4}{32}$
③ $\dfrac{\pi D^4}{4}$ ④ $\dfrac{\pi D^4}{2}$

| 해답 | ②

단면2차 극모멘트 $I_P = I_x + I_y$

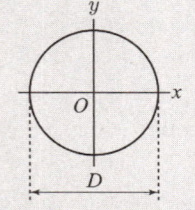

$\therefore I_P = \dfrac{\pi D^4}{64} + \dfrac{\pi D^4}{64} = \dfrac{\pi D^4}{32}$

□□□ 산 15④,20③

06 $P = 120\text{kN}$의 무게를 매달은 그림과 같은 구조물에서 T_1이 받는 힘은?

① 103.9kN(인장)
② 103.9kN(압축)
③ 60kN(인장)
④ 60kN(압축)

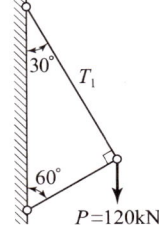

| 해답 | ①

시력도법에서 sin법칙 적용

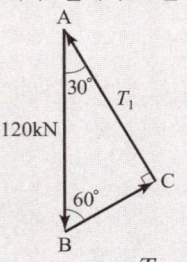

$\dfrac{120}{\sin 90°} = \dfrac{T_1}{\sin 60°}$

$\therefore T_1 = \dfrac{120}{\sin 90°} \times \sin 60° = 103.9\text{kN}$ (인장)

($\because T_1$는 A방향으로 당기므로 인장)

□□□ 산 91,98,20③

07 그림과 같은 30° 경사진 언덕에 40kN의 물체를 밀어 올릴 때 필요한 힘 P는 최소 얼마 이상이어야 하는가? (단, 마찰계수는 0.3이다.)

① 20.0kN
② 30.4kN
③ 34.6kN
④ 35.0kN

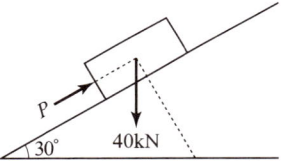

| 해답 | ②

$P_H + P_V \times f \leq P$

- $P_H = w \sin\theta = 40 \sin 30° = 20\text{kN}$
- $P_V = w \cos\theta = 40 \cos 30° = 34.64\text{kN}$

$\therefore P_H + P_V \cdot f = 20 + 34.64 \times 0.3 = 30.4\text{kN}$

제3회　2020년 8월 22일

□□□ 산 91,99,00,12①,20③

01 길이 L인 단순보에 등분포 하중(w)이 만재되었을 때 최대 처짐각은 얼마인가? (단, 보의 EI는 일정하다.)

① $\dfrac{wL^2}{24EI}$　　② $\dfrac{wL^3}{24EI}$

③ $\dfrac{wL^2}{48EI}$　　④ $\dfrac{wL^3}{48EI}$

| 해답 | ②

최대 처짐각 $\theta_{\max} = \dfrac{wL^3}{24EI}$

▎Remember

최대처짐각과 처짐량
공액법에 의해서

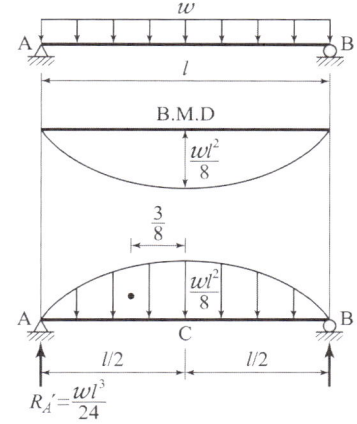

- 최대처짐각 $\theta_{\max} = \dfrac{R_A{'}}{EI}$

$R_A{'} = \dfrac{wl^2}{8} \times \dfrac{l}{2} \times \dfrac{2}{3} = \dfrac{wl^3}{24}$

$\therefore \theta_{\max} = \dfrac{R_A{'}}{EI} = \dfrac{wl^3}{24EI}$

- 최대처짐량 $y_{\max} = \dfrac{M_c{'}}{EI}$

$M_c{'} = \dfrac{wl^3}{24} \times \dfrac{l}{2} - \dfrac{wl^2}{8} \times \dfrac{l}{2} \times \dfrac{2}{3} \times \dfrac{l}{2} \times \dfrac{3}{8} = \dfrac{5wl^4}{384}$

$\therefore y_{\max} = \dfrac{M_c{'}}{EI} = \dfrac{5wl^4}{384EI}$

□□□ 산 18④,20③

02 그림에서 최대 전단응력은?

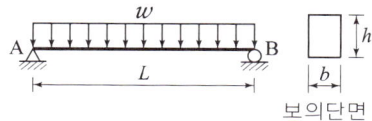

① $\tau = \dfrac{3wL}{2bh}$　　② $\tau = \dfrac{2wL}{3bh}$

③ $\tau = \dfrac{4wL}{3bh}$　　④ $\tau = \dfrac{3wL}{4bh}$

| 해답 | ④

$\tau_{\max} = \dfrac{3}{2}\dfrac{S_{\max}}{A}$

- $S_{\max} = R_A = R_B = \dfrac{wL}{2}$
- $A = bh$

$\therefore \tau_{\max} = \dfrac{3}{2} \times \dfrac{\frac{wL}{2}}{bh} = \dfrac{3wL}{4bh}$

▎Remember

최대전단응력
- 직사각형 단면

$\tau_{\max} = \dfrac{3}{2}\dfrac{S_{\max}}{A} = \dfrac{S_{\max}}{bh}$

- 원형 단면

$\tau_{\max} = \dfrac{4}{3}\dfrac{S_{\max}}{A} = \dfrac{4}{3}\dfrac{S_{\max}}{\pi r^2}$

□□□ 산 20③

03 아래 그림에서 연행 하중으로 인한 A점의 최대 수직반력(V_A)은?

① 60kN
② 50kN
③ 30kN
④ 10kN

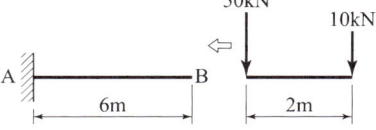

| 해답 | ①

캔틸레버의 수직반력(V_A)은 캔틸레버에 실린 수직하중의 합($\sum P_i$)과 같다.

$\therefore V_A = 50 + 10 = 60\,\text{kN}$

□□□ 산 20②

16 그림과 같은 단면에서 직사각형 단면의 최대 전단응력은 원형단면의 최대 전단응력의 몇 배인가? (단, 두 단면적과 작용하는 전단력의 크기는 동일하다.)

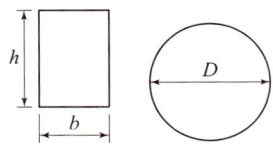

① $\dfrac{6}{5}$ 배　　② $\dfrac{7}{6}$ 배
③ $\dfrac{8}{7}$ 배　　④ $\dfrac{9}{8}$ 배

|해답| ④

- 직사각형 단면 : $\tau_{\max 1} = \dfrac{3S}{2A}$
- 원형단면 : $\tau_{\max 2} = \dfrac{4S}{3A}$

$\therefore \dfrac{\frac{3S}{2A}}{\frac{4S}{3A}} = \dfrac{9AS}{8AS} = \dfrac{9}{8}$ 배

∵ 두 단면의 면적 A과 전단력 S는 같다.

□□□ 산 20②

17 아래 그림에서 지점 C의 반력이 영(零)이 되기 위해 B점에 작용시킬 집중하중(P)의 크기는?

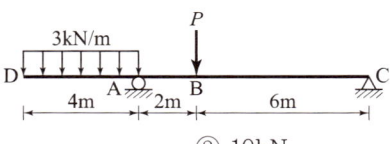

① 8kN　　② 10kN
③ 12kN　　④ 14kN

|해답| ③

$R_C = 0$가 되기 위한 조건
- $\sum M_A = 0$

$3 \times 4 \times \dfrac{4}{2} - 2 \times P - R_C = 0$

$3 \times 4 \times \dfrac{4}{2} - 2 \times P - 0 = 0$

$\therefore P = 12\text{kN}$

□□□ 산 12④,15④,16①,17④,19①,20②

18 "여러 힘이 작용할 때 임의의 한 점에 대한 모멘트의 합은 그 점에 대한 합력의 모멘트와 같다."라는 것은 무슨 정리인가?

① Lami의 정리　　② Castigliano의 정리
③ Varignon의 정리　　④ Mohr의 정리

|해답| ③

Varignon의 원리
- 여러 힘의 한 점에 대한 모멘트의 대수합은 합력의 그 점에 대한 모멘트와 같다.
- 분력의 모멘트 합은 합력의 모멘트와 같다.
- 합력의 작용점을 구할 때 사용한다.

□□□ 산 20②

19 정사각형(한 변의 길이 h)의 균일한 단면을 가진 길이 L의 기둥이 견딜 수 있는 축방향 하중을 P로 할 때 다음 중 옳은 것은? (단, EI는 일정하다.)

① P는 E에 비례, h^3에 비례, L에 반비례한다.
② P는 E에 비례, h^3에 비례, L^2에 비례한다.
③ P는 E에 비례, h^4에 비례, L에 비례한다.
④ P는 E에 비례, h^4에 비례, L^2에 반비례한다.

|해답| ④

축방향 하중 $P = \dfrac{n\pi^2 EI}{L^2}$

- 단면2차모멘트 $I = \dfrac{h^4}{12}$

$\therefore P$는 탄성계수 E에 비례, h^4에 비례, L^2에 반비례한다.

□□□ 산 20②

20 어떤 재료의 탄성계수(E)가 210000MPa, 푸아송 비(ν)가 0.25, 전단변형율(r)이 0.1이라면 전단응력(τ)은?

① 8400MPa　　② 4200MPa
③ 2400MPa　　④ 1680MPa

|해답| ①

전단응력 $\tau = G \cdot r$

- $G = \dfrac{E}{2(1+\nu)} = \dfrac{210000}{2(1+0.25)} = 84000\,\text{MPa}$

$\therefore \tau = 84000 \times 0.1 = 8400\,\text{MPa}$

산 11②,14①,20②

12 그림에서 C점에 얼마의 힘(P)으로 당겼더니 부재 BC에 200kN의 장력이 발생하였다면 AC에 발생하는 장력은?

① 86.6kN
② 115.5kN
③ 346.4kN
④ 400.0kN

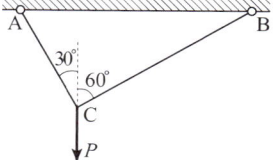

| 해답 | ③

sin법칙(라미의 정리)에 의해서

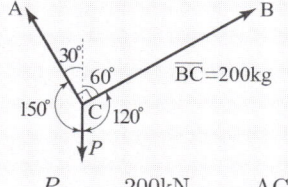

$$\frac{P}{\sin 90°} = \frac{200\text{kN}}{\sin 150°} = \frac{AC}{\sin 120°}$$

$$\therefore AC = \frac{200}{\sin 150°} \times \sin 120° = 346.4 \text{kN}$$

산 20②

13 그림과 같은 단면 도형의 x, y축에 대한 단면 상승 모멘트(I_{xy})는?

① $\dfrac{bh^3}{3}$

② $\dfrac{b^3h}{3}$

③ $\dfrac{b^2h^2}{4}$

④ $\dfrac{bh^3+b^3h}{3}$

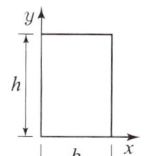

| 해답 | ③

$I_{xy} = A \cdot x_0 \cdot y_0$

• $A = bh$

• $x_0 = \dfrac{b}{2}$

• $y_0 = \dfrac{h}{2}$

$\therefore I_{xy} = b \cdot h \times \dfrac{b}{2} \times \dfrac{h}{2} = \dfrac{b^2h^2}{4}$

산 91,02,04,06,15,18①,20②

14 반지름 R인 원형단면의 단주에서 핵 반경 e는?

① $\dfrac{r}{2}$ ② $\dfrac{r}{3}$

③ $\dfrac{r}{4}$ ④ $\dfrac{r}{5}$

| 해답 | ③

원형단면에서의 핵의 직경

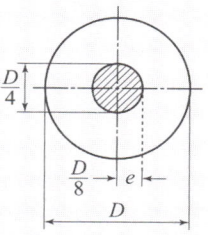

• $\sigma = \dfrac{P}{A} - \dfrac{M}{Z} = 0$ 일 때

$\dfrac{P}{\dfrac{\pi D^2}{4}} - \dfrac{P \cdot e}{\dfrac{\pi D^3}{32}}$ ∴ 핵거리 $e = \dfrac{D}{8}$

∴ 핵 반경 $e = \dfrac{D}{8} = \dfrac{2r}{8} = \dfrac{r}{4}$

산 12①,16②,20②

15 단순보에 아래 그림과 같이 집중하중 P와 등분포하중 w가 작용할 때 중앙점에서의 휨모멘트는?

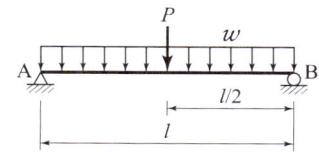

① $\dfrac{Pl}{4} + \dfrac{wl^2}{4}$ ② $\dfrac{Pl}{4} + \dfrac{wl^2}{8}$

③ $\dfrac{Pl}{8} + \dfrac{wl^2}{8}$ ④ $\dfrac{Pl}{4} + \dfrac{wl^2}{2}$

| 해답 | ②

$R_A = R_B = \dfrac{P}{2} + \dfrac{wl}{2}$ (∵ 대칭)

$\therefore M_{\max} = \left(\dfrac{P}{2} + \dfrac{wl}{2}\right) \times \dfrac{l}{2} - \dfrac{wl}{2} \times \dfrac{l}{2} \times \dfrac{1}{2}$

$= \dfrac{Pl}{4} + \dfrac{wl^2}{4} - \dfrac{wl^2}{8} = \dfrac{Pl}{4} + \dfrac{wl^2}{8}$

□□□ 산 15①,20②

08 지간이 8m, 높이가 300mm, 폭이 200mm인 단면을 갖는 단순보에 등분포 하중(w)이 4kN/m가 만재하여 있을 때 최대 처짐은?
(단, 탄성계수(E)는 10000MPa이다.)

① 47.4mm ② 21.0mm
③ 9.0mm ④ 0.09mm

[해답] ①

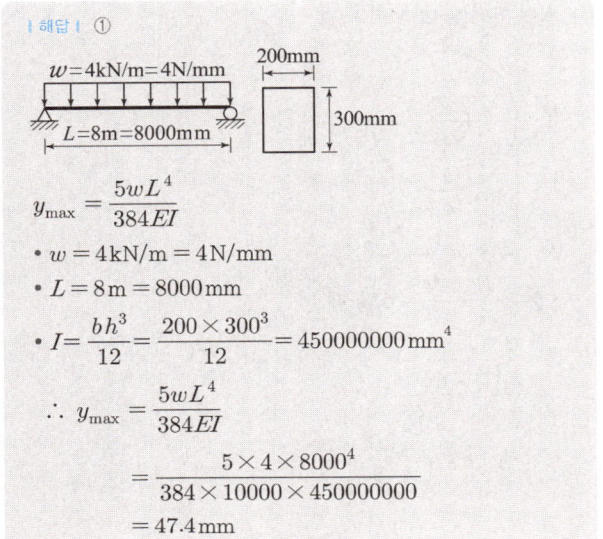

$y_{max} = \dfrac{5wL^4}{384EI}$

- $w = 4\text{kN/m} = 4\text{N/mm}$
- $L = 8\text{m} = 8000\text{mm}$
- $I = \dfrac{bh^3}{12} = \dfrac{200 \times 300^3}{12} = 450000000\text{mm}^4$

∴ $y_{max} = \dfrac{5wL^4}{384EI}$
$= \dfrac{5 \times 4 \times 8000^4}{384 \times 10000 \times 450000000}$
$= 47.4\text{mm}$

□□□ 산 14,16,18,19①,20②

09 그림과 같은 구조물에서 부재 AB가 받는 힘의 크기는?

① 30kN
② 60kN
③ 120kN
④ 180kN

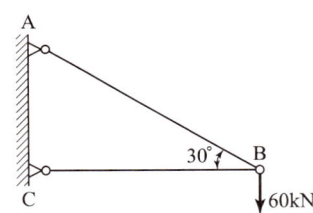

[해답] ③

시력도에서 sin법칙 적용

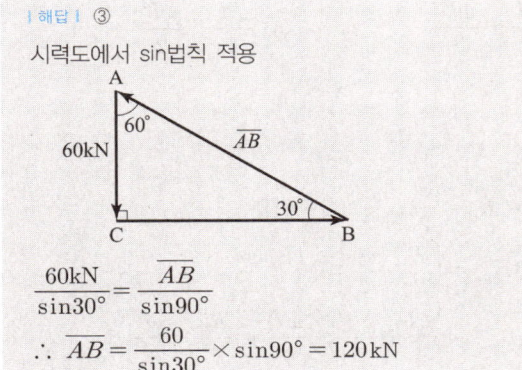

$\dfrac{60\text{kN}}{\sin 30°} = \dfrac{\overline{AB}}{\sin 90°}$

∴ $\overline{AB} = \dfrac{60}{\sin 30°} \times \sin 90° = 120\text{kN}$

□□□ 산 20②

10 아래 그림에서 단면적이 A인 임의의 부재단면이 있다. 도심축으로부터 y_1 떨어진 축을 기준으로 한 단면 2차 모멘트의 크기가 I_{x_1}일 때, 도심축으로부터 $3y_1$ 떨어진 축을 기준으로 한 단면 2차 모멘트의 크기는?

① $I_{x_1} + 2Ay_1^2$
② $I_{x_1} + 3Ay_1^2$
③ $I_{x_1} + 4Ay_1^2$
④ $I_{x_1} + 8Ay_1^2$

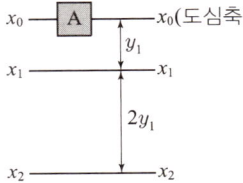

[해답] ④

- $I_{x_1} = I_{x_0} + A \cdot y_1^2$
- $I_{x_2} = I_{x_0} + A \cdot (3y_1)^2$
- $I_{x_0} = I_{x_1} - A \cdot y_1^2$

∴ $I_{x_2} = I_{x_1} - A \cdot y_1^2 + A \cdot (3y_1)^2$
$= I_{x_1} - A \cdot y_1^2 + 9A \cdot y_1^2 = I_{x_1} + 8A \cdot y_1^2$

□□□ 산 20②

11 다음 3힌지 아치에서 B점의 수평반력은?

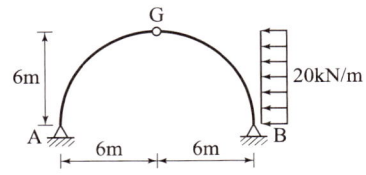

① 50kN(→) ② 70kN(←)
③ 90kN(→) ④ 110kN(←)

[해답] ③

- $\sum M_A = 0$

$-R_B \times 12 + 20 \times 6 \times \dfrac{6}{2} = 0$

∴ $R_B = 30\text{kN}$

- $\sum M_G = 0$

$R_B \times 6 - H_B \times 6 + 20 \times 6 \times \dfrac{6}{2} = 0$

$30 \times 6 - H_B \times 6 + 20 \times 6 \times \dfrac{6}{2} = 0$

∴ $H_B = 90\text{kN}(\to)$

□□□ 산 11②,16②,20②

05 아래 그림과 같은 단순보에서 최대 처짐은?
(단, EI는 일정하다.)

① $\dfrac{Pl^2}{24EI}$

② $\dfrac{Pl^2}{36EI}$

③ $\dfrac{Pl^3}{12EI}$

④ $\dfrac{Pl^3}{48EI}$

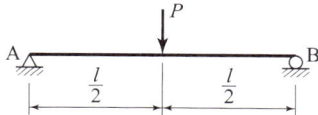

| 해답 | ④

$M_C = \dfrac{P}{2} \times \dfrac{l}{2} = \dfrac{Pl}{4}$

■ 공액보에 의해서

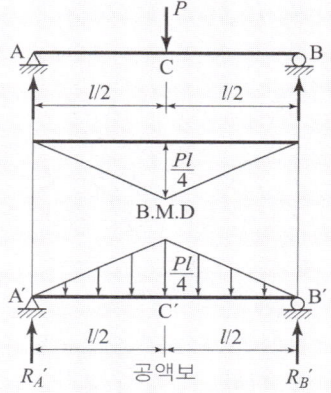

- $y_c = \dfrac{M_C{'}}{EI}$
- $R_A{'} = \dfrac{Pl}{4} \times \dfrac{l}{2} \times \dfrac{1}{2} = \dfrac{Pl^2}{16}$

$M_C{'} = \dfrac{Pl^2}{16} \times \dfrac{l}{2} - \dfrac{Pl^2}{16} \times \left(\dfrac{l}{2} \times \dfrac{1}{3}\right) = \dfrac{Pl^3}{48}$

$\therefore y_c = \dfrac{Pl^3}{48EI}$

Remember

보의 처짐과 처짐각

하중상태	처짐각	처짐
A ─ l/2 ↓P ─ B (l)	$\theta_A = -\theta_B$ $\dfrac{Pl^2}{16EI}$	$y_{max} = \dfrac{Pl^3}{48EI}$
A ↓↓↓↓w↓↓↓↓ B (l)	$\theta_A = -\theta_B$ $\dfrac{wl^3}{24EI}$	$y_{max} = \dfrac{5wl^4}{384EI}$

□□□ 산 82,86,97,99,15④,20②

06 다음과 같은 단순보에서 최대 휨응력은?
(단, 단면은 폭 300mm, 높이 400mm의 직사각형이다.)

① 15MPa

② 18MPa

③ 22MPa

④ 26MPa

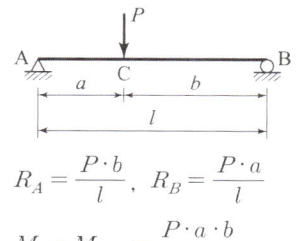

| 해답 | ①

최대휨응력 $\sigma = \dfrac{M_{max}}{I} y = \dfrac{M_{max}}{Z}$

- $M_{max} = \dfrac{Pab}{l}$

  $= \dfrac{50 \times 10^3 \times 4000 \times 6000}{10000} = 120000000\,\text{N}\cdot\text{mm}$

- $Z = \dfrac{bh^2}{6} = \dfrac{300 \times 400^2}{6} = 8000000\,\text{mm}^3$

$\therefore \sigma = \dfrac{120000000}{8000000} = 15\,\text{N/mm}^2 = 15\,\text{MPa}$

Remember

단순보(집중하중)의 해석

$R_A = \dfrac{P \cdot b}{l}$, $R_B = \dfrac{P \cdot a}{l}$

$M_c = M_{max} = \dfrac{P \cdot a \cdot b}{l}$

□□□ 산 15④,19①,20②

07 아래 그림에서 A점으로부터 합력(R)의 작용위치(C점)까지의 거리(x)는?

① 0.8m

② 0.6m

③ 0.4m

④ 0.2m

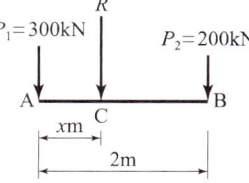

| 해답 | ①

- 합력 $R = 300 + 200 = 500\,\text{kN}$
- 작용 위치 : $300x - 200 \times (2-x) = 0$

  $\therefore x = 0.8\,\text{m}$

제1·2회 2020년 6월 6일

□□□ 산 89, 00, 12①, 20②, 23①, 25①

01 지름이 D인 원목을 직사각형 단면으로 제재하고자 한다. 휨모멘트에 대한 저항을 크게 하기 위해 최대 단면계수를 갖는 직사각형 단면을 얻으려면 적당한 폭 b는?

① $b = \dfrac{1}{2}D$
② $b = \dfrac{1}{\sqrt{3}}D$
③ $b = \dfrac{\sqrt{3}}{2}D$
④ $b = \sqrt{\dfrac{2}{3}}D$

| 해답 | ②

피타고라스 정리에 의해서

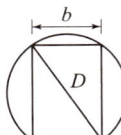

- $h = \sqrt{D^2 - b^2}$
- $Z = \dfrac{bh^2}{6} = \dfrac{bD^2 - b^3}{6}$
- $\dfrac{dZ}{db} = \dfrac{1}{6}(D^2 - 3b^2) = 0$
- $D^2 - 3b^2 = 0$, $D^2 = 3b^2$, $D = \sqrt{3}\,b$

∴ $b = \dfrac{1}{\sqrt{3}}D$

□□□ 산 14②, 20②

02 지름이 6cm, 길이가 100cm의 둥근막대가 인장력을 받아서 0.5cm 늘어나고 동시에 지름이 0.006cm 만큼 줄었을 때 이 재료의 푸아송 비(ν)는?

① 0.2
② 0.5
③ 2.0
④ 5.0

| 해답 | ①

$$\nu = \dfrac{\beta}{\varepsilon} = \dfrac{\dfrac{\Delta d}{d}}{\dfrac{\Delta l}{l}} = \dfrac{l \cdot \Delta d}{d \cdot \Delta l} = \dfrac{100 \times 0.006}{6 \times 0.5} = 0.2$$

□□□ 산 14④, 15①②, 16②, 20②

03 지름 D인 원형 단면보에 휨모멘트 M이 작용할 때 최대 휨응력은?

① $\dfrac{6M}{\pi D^3}$
② $\dfrac{16M}{\pi D^3}$
③ $\dfrac{32M}{\pi D^3}$
④ $\dfrac{64M}{\pi D^3}$

| 해답 | ③

원형단면의 최대 휨응력

$\sigma = \dfrac{M}{I}y$

- $I = \dfrac{\pi D^4}{64}$, $y = \dfrac{D}{2}$

∴ $\sigma = \dfrac{M}{\dfrac{\pi D^4}{64}} \cdot \dfrac{D}{2} = \dfrac{32M}{\pi D^3}$

Remember

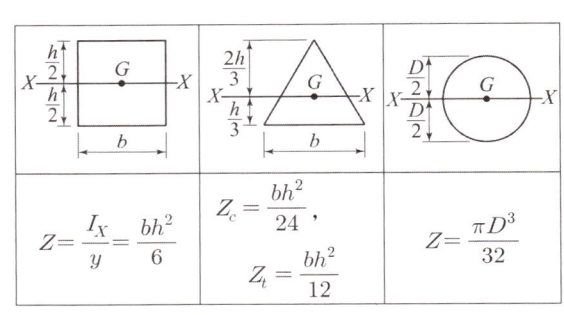

□□□ 산 12④, 20②

04 그림과 같은 단순보의 B지점에 모멘트가 50kN·m가 작용할 때 C점의 휨모멘트는?

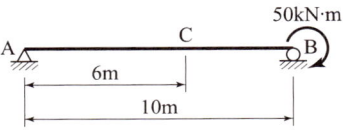

① -20 kN·m
② $+20$ kN·m
③ -30 kN·m
④ $+30$ kN·m

| 해답 | ③

$\sum M_B = 0$:
- $R_A \times 10 + 50 = 0$ ∴ $R_A = -5\,\text{kN}(\downarrow)$

∴ $M_c = -5 \times 6 = -30\,\text{kN·m}$

 기 11②,16②,18④,19④

20 그림과 같은 단순보에 발생하는 최대 처짐은?

① $\dfrac{PL^3}{6EI}$

② $\dfrac{PL^3}{12EI}$

③ $\dfrac{PL^3}{24EI}$

④ $\dfrac{PL^3}{48EI}$

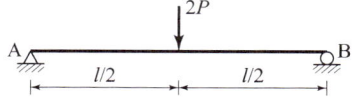

| 해답 | ③

[방법1] $M_C = P \times \dfrac{l}{2} = \dfrac{Pl}{2}$

■ 공액보에 의해서

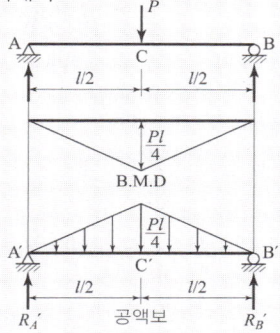

- $y_c = \dfrac{M_C'}{EI}$
- $R_A' = \dfrac{Pl}{2} \times \dfrac{l}{2} \times \dfrac{1}{2} = \dfrac{Pl^2}{8}$

$M_C' = \dfrac{Pl^2}{8} \times \dfrac{l}{2} - \dfrac{Pl^2}{8} \times \left(\dfrac{l}{2} \times \dfrac{1}{3}\right) = \dfrac{2Pl^3}{48} = \dfrac{Pl^3}{24}$

∴ $y_c = \dfrac{M_C'}{EI} = \dfrac{Pl^3}{24EI}$

[방법2] $y_{\max} = \dfrac{Pl^3}{48EI} = \dfrac{(2P)L^3}{48EI} = \dfrac{PL^3}{24EI}$

Remember

보의 처짐과 처짐각

하중상태	처짐각	처짐
A에서 $l/2$ 지점 P 하중, 길이 l 단순보	$\theta_A = -\theta_B$ $\dfrac{Pl^2}{16EI}$	$y_{\max} = -\dfrac{Pl^3}{48EI}$
등분포하중 w, 길이 l 단순보	$\theta_A = -\theta_B$ $\dfrac{wl^3}{24EI}$	$y_{\max} = \dfrac{5wl^4}{384EI}$

□□□ 산 02,06,13④,19④

16 어떤 재료의 탄성계수가 E, 푸아송 비가 ν일 때 이 재료의 전단탄성계수(G)는?

① $\dfrac{E}{1+\nu}$ ② $\dfrac{E}{1-\nu}$
③ $\dfrac{E}{2(1+\nu)}$ ④ $\dfrac{E}{2(1-\nu)}$

|해답| ③

$$G = \frac{E}{2(1+\nu)} = \frac{mE}{2(m+1)} = \frac{E}{2\left(1+\dfrac{1}{m}\right)}$$

□□□ 산 17,19①④

17 아래 그림과 같은 단순보에서 지점 B의 반력은?

① 34kN(↑)
② 42kN(↑)
③ 50kN(↑)
④ 60kN(↑)

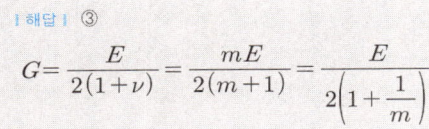

|해답| ②

$\sum M_A = 0 : R_B \times 9 - 80 - 50 \times 6 = 0$
$\therefore R_A = \dfrac{1}{9}(80 + 300) = 42\text{kN}(\uparrow)$

□□□ 산 06④,15④,19④

18 그림과 같이 세 개의 평행력이 작용하고 있을 때 A점으로부터 합력(R)의 위치까지의 거리 x는 얼마인가?

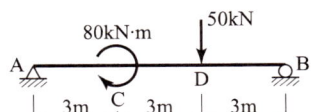

① 2.17m   ② 2.86m
③ 3.24m   ④ 3.96m

|해답| ①

• 합력 $R = 50 + 30 + 40 = 120\text{kN}$
• 작용 위치 : $Rx = 30 \times 2 + 40 \times 5$
  $= 260\text{kN} \cdot \text{m} = 120x$
$\therefore x = \dfrac{260}{120} = 2.17\text{m}$

□□□ 산 05,19④

19 균질한 균일 단면봉이 그림과 같이 P_1, P_2, P_3의 하중을 B, C, D점에서 받고 있다. 각 구간의 거리 $a=1.0\text{m}$, $b=0.4\text{m}$, $c=0.6\text{m}$이고 $P_2=100\text{kN}$, $P_3=50\text{kN}$의 하중이 작용할 때 D점에서의 수직 방향 변위가 일어나지 않기 위한 하중 P_1은 얼마인가?

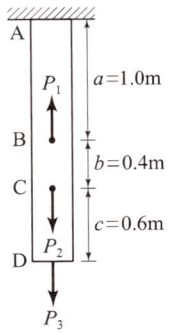

① 240kN   ② 200kN
③ 160kN   ④ 130kN

|해답| ①

$\Delta l_{AB} + \Delta l_{BC} + \Delta l_{CD} = 0$
• $-P_1 + P_2 + P_3 = P$, $-P_1 + 100 + 50 = P$
$\therefore 150 - P_1 = P$

• $\Delta l_{AB} = \dfrac{PL}{EA} = \dfrac{(150-P_1) \times 1.0}{EA} = \dfrac{150-P_1}{EA}$

• $\Delta l_{BC} = \dfrac{PL}{EA} = \dfrac{150 \times 0.4}{EA} = \dfrac{60}{EA}$

• $\Delta l_{CD} = \dfrac{P_3 L}{EA} = \dfrac{50 \times 0.6}{EA} = \dfrac{30}{EA}$

• $\dfrac{150-P_1}{EA} + \dfrac{60}{EA} + \dfrac{30}{EA} = 0$
$\therefore P_1 = 240\text{kN}$

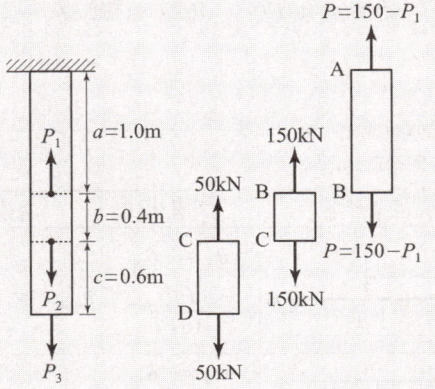

12 그림과 같이 단순보의 양단에 모멘트 하중 M이 작용할 경우, 이 보의 최대 처짐은? (단, EI는 일정하다.)

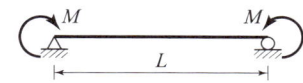

① $\dfrac{ML^2}{4EI}$ ② $\dfrac{ML^2}{8EI}$

③ $\dfrac{ML}{4EI}$ ④ $\dfrac{ML}{8EI}$

| 해답 | ②

공액보(모멘트도를 하중으로 생각한 보)

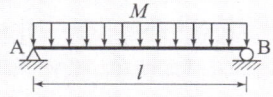

- $R_A' = R_B' = \dfrac{Ml}{2}$

- $M_c = R_A \times \dfrac{l}{2} - \dfrac{Ml}{2} \times \dfrac{l}{4} = \dfrac{Ml}{2} \cdot \dfrac{l}{2} - \dfrac{Ml^2}{8} = \dfrac{Ml^2}{8}$

$\therefore y_{\max} = \dfrac{M'}{EI} = \dfrac{Ml^2}{8EI}$

Remember

$\theta_A = \dfrac{l}{6EI}(2M_A + M_B)$ $M_A = M_B = M$

$\theta_B = -\dfrac{l}{6EI}(M_A + 2M_B)$ $y_{\max} = \dfrac{Ml^2}{8EI}$

---

13 직사각형 단면의 최대 전단응력은 평균 전단응력의 몇 배인가?

① 1.5   ② 2.0
③ 2.5   ④ 3.0

| 해답 | ①

- 직사각형 단면 : $\tau_{\max 1} = \dfrac{3S}{2A} = 1.5\dfrac{S}{A}$

- 원형단면 : $\tau_{\max 2} = \dfrac{4S}{3A}$

---

14 그림과 같은 양단고정인 기둥의 이론적인 유효세장비(λ_c)는 약 얼마인가?

① 38   ② 48   ③ 58   ④ 68

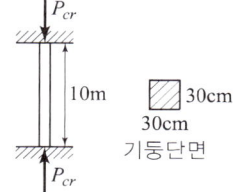

| 해답 | ③

유효세장비 $\lambda_c = \dfrac{Kl}{r_{\min}}$

- $K = \dfrac{1}{\sqrt{4}} = 0.5$
- $l = 10 \times 100 = 1000\,\text{cm}$
- $r_{\min} = \sqrt{\dfrac{I_{\min}}{A}} = \sqrt{\dfrac{\dfrac{bh^3}{12}}{bh}}$

$= \sqrt{\dfrac{\dfrac{30 \times 30^3}{12}}{30 \times 30}} = \sqrt{\dfrac{30^2}{12}} = 8.66\,\text{cm}$

$\therefore \lambda_c = \dfrac{0.5 \times 10 \times 100}{8.66} = 58$

일단고정 타단자유	$n = \dfrac{1}{4}$	$K = 2.0$
양단힌지	$n = 1$	$K = 1.0$
일단힌지 타단고정	$n = 2$	$K = \dfrac{1}{\sqrt{2}}$
양단고정	$n = 4$	$K = \dfrac{1}{\sqrt{4}}$

---

15 지점 A에서의 수직반력의 크기는?

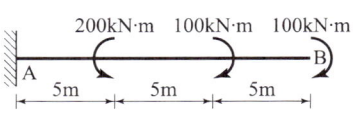

① 0kN   ② 5kN
③ 10kN   ④ 20kN

| 해답 | ①

작용하중이 모멘트하중이므로 수직반력(V_A)은 0이다.
즉, $\sum V = 0$: $V_A = 0\,\text{kN}$

□□□ 산 14①,15①④,19④

08 지지조건이 양단힌지인 장주의 좌굴하중이 1000kN인 경우 지점조건이 일단힌지, 타단고정으로 변경되면 이때의 좌굴하중은? (단, 재료성질 및 기하학적 형상은 동일하다.)

① 500kN　　② 1000kN
③ 2000kN　　④ 4000kN

| 해답 | ③

$$P_{cr} = \frac{n\pi^2 EI}{L^2}$$

• 양단힌지 : $P_{cr} = 1 \times \left(\frac{\pi^2 EI}{L^2}\right) = 1000\,\text{kN}$

∴ $\frac{\pi^2 EI}{L^2} = 1000\,\text{kN}$

• 일단힌지 타단고정 :
$$P_{cr} = 2\left(\frac{\pi^2 EI}{L^2}\right) = 2 \times 1000 = 2000\,\text{kN}$$

일단고정 타단자유	$n = \frac{1}{4}$
양단힌지	$n = 1$
일단힌지 타단고정	$n = 2$
양단고정	$n = 4$

□□□ 산 02,07,09,12④,17④,19④

09 그림에서 두 힘($P_1 = 50\text{kN}$, $P_2 = 40\text{kN}$)에 대한 합력(R)의 크기와 방향(θ) 값은?

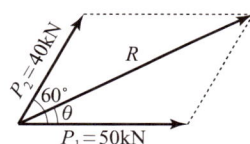

① $R = 78.10\text{kN}$, $\theta = 26.3°$
② $R = 78.10\text{kN}$, $\theta = 28.5°$
③ $R = 86.97\text{kN}$, $\theta = 26.3°$
④ $R = 86.97\text{kN}$, $\theta = 28.5°$

| 해답 | ①

$$R = \sqrt{P_1^2 + P_2^2 + 2P_1P_2\cos\alpha}$$
$$= \sqrt{50^2 + 40^2 + 2 \times 50 \times 40\cos 60°} = 78.10\text{kN}$$

$$\theta = \tan^{-1}\frac{P_2\sin\alpha}{P_1 + P_2\cos\alpha}$$
$$= \tan^{-1}\frac{40\sin 60°}{50 + 40\cos 60°} = 26.3°$$

□□□ 산 15②,19④

10 경간(L)이 10m인 단순보에 그림과 같은 방향으로 이동하중이 작용할 때 절대최대휨모멘트는? (단, 보의 자중은 무시한다.)

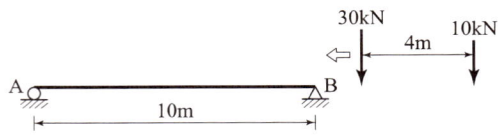

① 45kN·m　　② 52kN·m
③ 68kN·m　　④ 81kN·m

| 해답 | ④

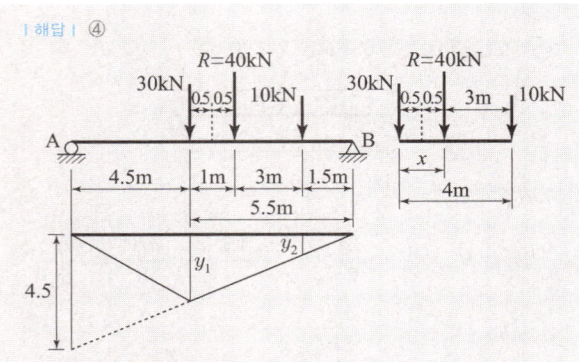

• 합력 $R = 30 + 10 = 40\text{kN}$
• 합력위치 : $40x = 10 \times 4$ ∴ $x = 1\text{m}$
• A점으로 부터의 거리 : $\frac{10}{2} - \frac{1}{2} = 4.5\text{m}$

A지점에서 왼쪽으로 4.5m되는 점에 30kN의 재하점
B지점에서 왼쪽으로 1.5m되는 점에 10kN의 재하점

• $10 : 4.5 = 5.5 : y_1$ ∴ $y_1 = \frac{4.5 \times 5.5}{10} = 2.475$
• $10 : 4.5 = 1.5 : y_2$ ∴ $y_2 = \frac{4.5 \times 1.5}{10} = 0.675$

∴ $M_{max} = 30 \times y_1 + 10 \times y_2$
$= 30 \times 2.475 + 10 \times 0.675 = 81\text{kN·m}$

□□□ 산 19①④

11 전단력을 S, 단면 2차 모멘트를 I, 단면 1차 모멘트를 Q, 단면의 폭을 b라 할 때 전단응력도의 크기를 나타낸 식으로 옳은 것은? (단, 단면의 형상은 직사각형이다.)

① $\frac{Q \times S}{I \times b}$　　② $\frac{I \times S}{Q \times b}$
③ $\frac{I \times b}{Q \times S}$　　④ $\frac{Q \times b}{I \times S}$

| 해답 | ①

전단응력 $\tau = \frac{S \cdot G}{I \cdot b}$

□□□ 산 17①,19④
03 외력을 받으면 구조물의 일부나 전체의 위치가 이동될 수 있는 상태를 무엇이라 하는가?

① 안정 ② 불안정
③ 정정 ④ 부정정

| 해답 | ②
- 안정 : 어떤 외력을 받더라도 항상 비김상태에 있고 외력에 대해서 구조물 전체가 위치를 옮기지 않는 상태
- 불안정 : 외력을 받으면 구조물의 일부 또는 전체가 위치를 옮기는 상태
- 정정 : 정역학적 평형 3조건으로 해석할 수 있는 구조물
- 부정정 : 평형 3조건으로 해석할 수 없는 보

□□□ 산 19④
04 다음 값 중 경우에 따라서는 부(−)의 값을 갖기도 하는 것은?

① 단면계수 ② 단면 2차 반지름
③ 단면 2차 극모멘트 ④ 단면 2차 상승모멘트

| 해답 | ④
단면상승모멘트(I_{xy})의 특징
- 도심축에 대한 상승모멘트는 0이다.
- 정(+)과, 부(−)의 값을 가질 수 있다.

□□□ 산 19④
05 그림과 같은 단순보에서 B점의 수직반력 R_B가 50kN까지의 힘을 받을 수 있다면 하중 80kN은 A점에서 몇 m까지 이동할 수 있는가?

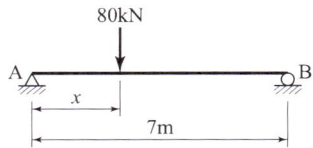

① 2.823m ② 3.375m
③ 3.823m ④ 4.375m

| 해답 | ④
$\sum M_A = 0$
$50 \times 7 - 80x = 0$
$\therefore x = \dfrac{50 \times 7}{80} = 4.375\,\text{m}$

□□□ 산 19④
06 그림과 같은 원형 단면의 단순보가 중앙에 200kN 하중을 받을 때 최대 전단력에 의한 최대 전단응력은? (단, 보의 자중은 무시한다.)

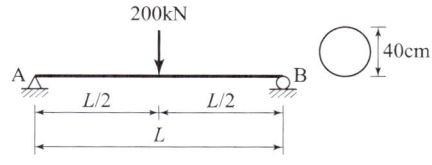

① 1.06MPa ② 1.19MPa
③ 4.25MPa ④ 4.78MPa

| 해답 | ①
$\tau_{max} = \dfrac{3}{2} \dfrac{S_{max}}{A}$
- $S_{max} = R_A = R_B = \dfrac{P}{2} = \dfrac{200}{2} = 100\,\text{kN}$
$\quad = 100 \times 10^3\,\text{N}$
- $A = \dfrac{\pi d^2}{4} = \dfrac{\pi \times 400^2}{4} = 125664\,\text{mm}^2$
$\therefore \tau_{max} = \dfrac{4}{3} \times \dfrac{100 \times 10^3}{125664} = 1.06\,\text{N/mm}^2 = 1.06\,\text{MPa}$

□□□ 산 13④,19④
07 그림과 같이 지름이 d인 원형 단면의 $B-B$축에 대한 단면 2차 모멘트는?

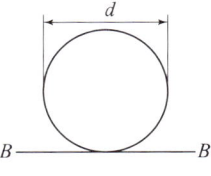

① $\dfrac{3\pi d^4}{64}$
② $\dfrac{5\pi d^4}{64}$
③ $\dfrac{7\pi d^4}{64}$
④ $\dfrac{9\pi d^4}{64}$

| 해답 | ②
$I_B = I_x + A \cdot y_0^2$
- $I_x = \dfrac{\pi d^4}{64}$
- $A = \dfrac{\pi d^2}{4}$
- $y_o = \dfrac{d}{2}$
$\therefore I_B = \dfrac{\pi d^4}{64} + \dfrac{\pi d^2}{4} \times \left(\dfrac{d}{2}\right)^2 = \dfrac{\pi d^4 + 4\pi d^4}{64} = \dfrac{5\pi d^4}{64}$

□□□ 산 19②

20 그림과 같은 단순보에서 최대 휨응력은?

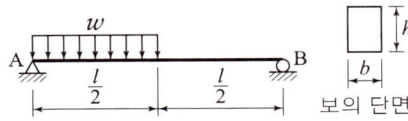

① $\dfrac{3wl^2}{4bh}$ ② $\dfrac{3wl^2}{8bh}$

③ $\dfrac{27wl^2}{32bh^2}$ ④ $\dfrac{27wl^2}{64bh^2}$

| 해답 | ④

최대휨응력 $\sigma_{max} = \dfrac{M_{max}}{I}y = \dfrac{M_{max}}{Z}$

• $M_B = 0$: $R_A \times l - w\dfrac{l}{2}\left(\dfrac{l}{2} + \dfrac{l}{2} \times \dfrac{1}{2}\right) = 0$

$R_A \times l - \dfrac{wl}{2}\left(\dfrac{l}{2} + \dfrac{l}{4}\right) = 0$

$\therefore R_A = \dfrac{1}{l}\left(\dfrac{wl}{2} \times \dfrac{3l}{4}\right) = \dfrac{3wl}{8}$

• 전단력이 0지점에서 최대휨모멘트 발생

$S_x = \dfrac{3wl}{8} - wx = 0$ $\therefore x = \dfrac{3l}{8}$

• $M_{max} = \dfrac{3wl}{8} \times \dfrac{3l}{8} - \dfrac{3wl}{8} \times \dfrac{3l}{8} \times \dfrac{1}{2} = \dfrac{9wl^2}{128}$

• $Z = \dfrac{bh^2}{6}$

$\therefore \sigma_{max} = \dfrac{\dfrac{9wl^2}{128}}{\dfrac{bh^2}{6}} = \dfrac{6 \times 9wl^2}{128bh^2} = \dfrac{27wl^2}{64bh^2}$

제4회   2019년 9월 21일

□□□ 산 02,07,09,16①,19④

01 그림과 같은 3힌지 아치의 수평 반력 H_A는?

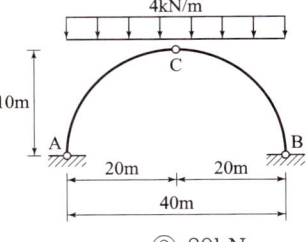

① 60kN   ② 80kN
③ 100kN   ④ 120kN

| 해답 | ②

• $\sum M_B = 0$ $V_A \times 40 - 4 \times 40 \times 20 = 0$
$\therefore V_A = 80\text{kN}$

• $\sum M_C = 0$ $80 \times 20 - H_A \times 10 - 4 \times 20 \times 10 = 0$
$\therefore H_A = \dfrac{80 \times 20 - 4 \times 20 \times 10}{10} = 80\text{kN}(\rightarrow)$

□□□ 산 86,00,04,05,09,13④,19④

02 그림과 같은 음영 부분의 단면적이 A인 단면에서 도심 y를 구한 값은?

① $\dfrac{5D}{12}$

② $\dfrac{6D}{12}$

③ $\dfrac{7D}{12}$

④ $\dfrac{8D}{12}$

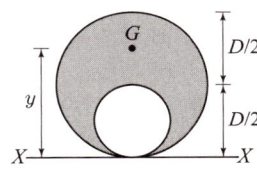

| 해답 | ③

도심 $y = \dfrac{G_X}{A}$

• $G_X = \dfrac{\pi D^2}{4} \times \dfrac{D}{2} - \dfrac{\pi\left(\dfrac{D}{2}\right)^2}{4} \times \dfrac{D}{4} = \dfrac{7\pi D^3}{64}$

• $A = \dfrac{\pi D^2}{4} - \dfrac{\pi\left(\dfrac{D}{2}\right)^2}{4} = \dfrac{3\pi D^2}{16}$

$\therefore y = \dfrac{\dfrac{7\pi D^3}{64}}{\dfrac{3\pi D^2}{16}} = \dfrac{7D}{12}$

□□□ 산 19②

16 그림에 표시한 것은 단순보에 대한 전단력도이다. 이 보의 C점에 발생하는 휨모멘트는? (단, 단순보에는 회전모멘트 하중이 작용하지 않는다.)

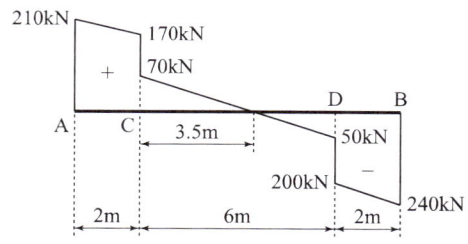

① $+420\,\text{kN}\cdot\text{m}$
② $+380\,\text{kN}\cdot\text{m}$
③ $+210\,\text{kN}\cdot\text{m}$
④ $+100\,\text{kN}\cdot\text{m}$

| 해답 | ②

$M_C = 210 \times 2 - 20 \times 2 \times 1 = +380\,\text{kN}\cdot\text{m}$

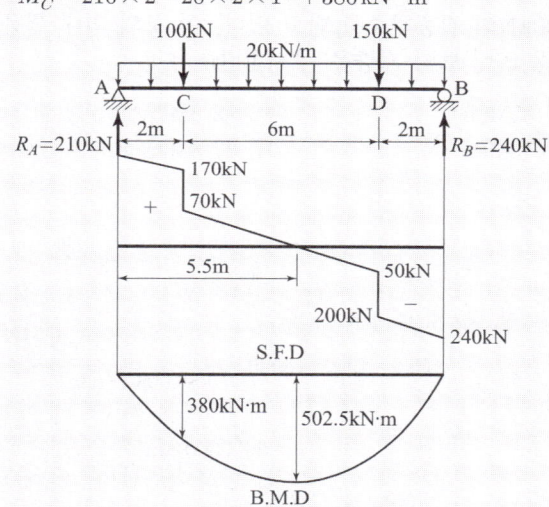

□□□ 산 19②

17 그림과 같이 D점에 하중 P를 작용하였을 때, C점에 $\Delta_C = 0.2\,\text{cm}$의 처짐이 발생하였다. 만약 D점의 P를 C점에 작용시켰을 경우 D점에 생기는 처짐 Δ_D의 값은?

① 0.1cm
② 0.2cm
③ 0.4cm
④ 0.6cm

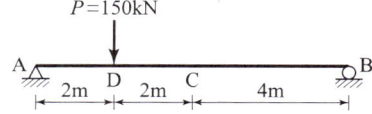

| 해답 | ②

베티(Betti)의 법칙
$P_1 \delta_{12} = P_2 \delta_{21}$
$150 \times \Delta_D = 150 \times 0.2$ ∴ $\Delta_D = 0.2\,\text{cm}$

□□□ 산 91, 02, 04, 06, 15, 16, 18①, 19②, 20②

18 지름이 D인 원형 단면의 기둥에서 핵(Core)의 직경은?

① $\dfrac{D}{2}$
② $\dfrac{D}{3}$
③ $\dfrac{D}{4}$
④ $\dfrac{D}{6}$

| 해답 | ③

원형단면에서의 핵의 직경

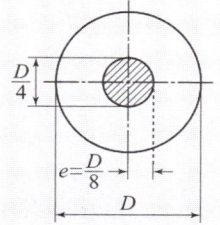

• $\sigma = \dfrac{P}{A} - \dfrac{M}{Z} = 0$ 일 때

$\dfrac{P}{\dfrac{\pi D^2}{4}} - \dfrac{P \cdot e}{\dfrac{\pi D^3}{32}} = 0$ ∴ 핵거리 $e = \dfrac{D}{8}$

∴ 핵의 직경 $= \dfrac{D}{8} \times 2 = \dfrac{D}{4}$

□□□ 산 19②

19 단면적 $A = 20\,\text{cm}^2$, 길이 $L = 0.5\,\text{m}$인 강봉에 인장력 $P = 80\,\text{kN}$을 가하였더니 길이가 $0.1\,\text{mm}$ 늘어났다. 이 강봉의 푸아송 수 $m = 3$이라면 전단탄성계수 G는 얼마인가?

① 75000MPa
② 7500MPa
③ 25000MPa
④ 2500MPa

| 해답 | ①

$G = \dfrac{E}{2(1+\nu)}$

• 포아송비 $\nu = \dfrac{1}{m} = \dfrac{1}{3}$

• $\Delta l = \dfrac{PL}{EA}$ 에서 $E = \dfrac{Pl}{\Delta l\,A}$

$E = \dfrac{80 \times 10^3 \times 0.5 \times 1000}{0.1 \times 20 \times 100}$
$= 200000\,\text{N/mm}^2 = 2.0 \times 10^5\,\text{MPa}$

∴ $G = \dfrac{2.0 \times 10^5}{2\left(1 + \dfrac{1}{3}\right)} = 75000\,\text{MPa}$

□□□ 산 19②

11 그림과 같이 $a \times 2a$의 단면을 갖는 기둥에 편심거리 $\dfrac{a}{2}$만큼 떨어져서 P가 작용할 때 기둥에 발생할 수 있는 최대 압축응력은? (단, 기둥은 단주이다.)

① $\dfrac{4P}{7a^2}$

② $\dfrac{7P}{8a^2}$

③ $\dfrac{13P}{2a^2}$

④ $\dfrac{5P}{4a^2}$

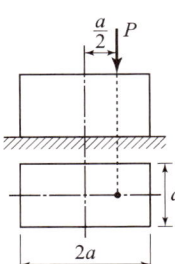

| 해답 | ④

단주의 압축응력
$$\sigma = \dfrac{P}{A} + \dfrac{M}{Z}$$
- $A = 2a \times a = 2a^2$
- $M = P \times e$
- $Z = \dfrac{hb^2}{6} = \dfrac{a \times (2a)^2}{6} = \dfrac{2a^3}{3}$

(* 요주의 : 높이가 b면, 폭은 h가 됨에 주의)

$$\therefore \sigma = \dfrac{P}{2a^2} + \dfrac{3P \times \dfrac{a}{2}}{2a^3} = \dfrac{P}{2a^2} + \dfrac{3P}{4a^2} = \dfrac{5P}{4a^2}$$

□□□ 산 19②

12 그림과 같은 1/4원에서 x축에 대한 단면 1차 모멘트의 크기는?

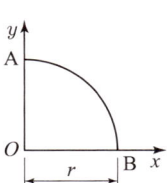

① $\dfrac{r^3}{2}$　　② $\dfrac{r^3}{3}$

③ $\dfrac{r^3}{4}$　　④ $\dfrac{r^3}{5}$

| 해답 | ②

G_x = 면적 × 도심거리
$$= \dfrac{\pi r^2}{4} \times \dfrac{4r}{3\pi} = \dfrac{r^3}{3}$$

□□□ 산 19②

13 원형 단면인 보에서 최대 전단응력은 평균 전단응력의 몇 배인가?

① $\dfrac{1}{2}$　　② $\dfrac{3}{2}$

③ $\dfrac{4}{3}$　　④ $\dfrac{5}{3}$

| 해답 | ③

원형 단면인 보
$$\tau_{\max} = \dfrac{4}{3} \dfrac{S}{A}$$

□□□ 산 19②

14 길이 10m, 단면 30cm×40cm의 단순보가 중앙에 120kN의 집중하중을 받고 있다. 이 보의 최대 휨응력은? (단, 보의 자중은 무시한다.)

① 55MPa　　② 52.5MPa
③ 45MPa　　④ 37.5MPa

| 해답 | ④

최대 휨응력 $\sigma_{\max} = \dfrac{M_{\max}}{Z}$

- $M_{\max} = \dfrac{Pl}{4} = \dfrac{120 \times 10000}{4} = 300000 \text{kN} \cdot \text{mm}$
- $Z = \dfrac{bh^2}{6} = \dfrac{300 \times 400^2}{6} = 8000000 \text{mm}^3$

$$\therefore \sigma_{\max} = \dfrac{300000 \times 10^3}{8000000} = 37.5 \text{N/mm}^2 = 37.5 \text{MPa}$$

□□□ 산 19②

15 그림과 같은 힘의 O점에 대한 모멘트는?

① 240kN·m
② 120kN·m
③ 80kN·m
④ 60kN·m

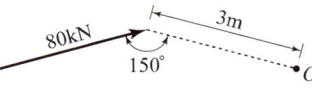

| 해답 | ②

$80 \cos(150° - 90°) \times 3 = 120 \text{kN} \cdot \text{m}$

07 지름 1cm인 강철봉에 80kN의 물체를 매달 때 강철봉의 길이 변화량은? (단, 강철봉의 길이는 1.5m이고, 탄성계수 $E=2.1\times10^5$MPa이다.)

① 7.3mm
② 8.5mm
③ 9.7mm
④ 10.9mm

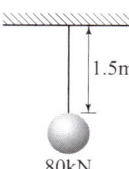

| 해답 | ①

$$\Delta l = \frac{Pl}{EA}$$

• $P = 80\,\text{kN} = 80000\,\text{N}$
• $l = 1.5\,\text{m} = 1500\,\text{mm}$
• $A = \dfrac{\pi d^2}{4} = \dfrac{\pi \times 10^2}{4} = 78.54\,\text{mm}^2$

$$\therefore \Delta l = \frac{80000 \times 1500}{2.1 \times 10^5 \times 78.54} = 7.3\,\text{mm}$$

08 그림과 같은 장주의 강도를 옳게 관계시킨 것은? (단, 동질의 동단면으로 한다.)

① A > B > C
② A > B = C
③ A = B = C
④ A = B < C

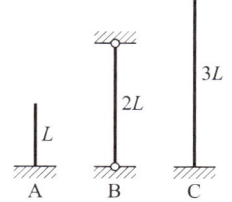

| 해답 | ④

$P_{cr} = \dfrac{n\pi^2 EI}{L^2}$ 에서 $\pi^2 EI$은 동일

$P_{cr(A)} = \dfrac{n}{L^2} = \dfrac{1}{4L^2}$

$P_{cr(B)} = \dfrac{n}{L^2} = \dfrac{1}{(2L)^2} = \dfrac{1}{4L^2}$

$P_{cr(C)} = \dfrac{n}{L^2} = \dfrac{4}{(3L)^2} = \dfrac{4}{9L^2}$

$\therefore A = B < C$

일단고정 타단자유	$n = \dfrac{1}{4}$
양단힌지	$n = 1$
일단힌지 타단고정	$n = 2$
양단고정	$n = 4$

09 그림에서 AB, BC 부재의 내력은?

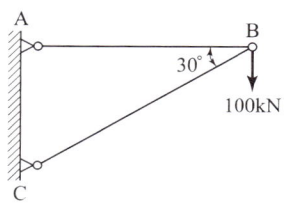

① AB 부재 : 인장 $100\sqrt{3}$ kN,
 BC 부재 : 압축 200kN
② AB 부재 : 인장 100kN,
 BC 부재 : 인장 100kN
③ AB 부재 : 인장 100kN,
 BC 부재 : 압축 100kN
④ AB 부재 압축 : $100\sqrt{2}$ kN,
 BC 부재 인장 : $100\sqrt{2}$ kN

| 해답 | ①

• $\dfrac{100}{\sin 30°} = \dfrac{AB}{\sin 60°} = \dfrac{BC}{\sin 90°}$

• $AB = \dfrac{100}{\sin 30°} \times \sin 60° = 100\sqrt{3}\,\text{kN}$

• $BC = \dfrac{100}{\sin 30°} \times \sin 90° = 200\,\text{kN}$

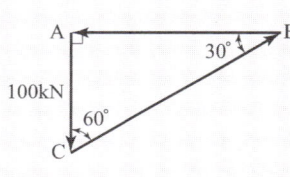

10 그림과 같은 아치에서 AB 부재가 받는 힘은?

① 0
② 20kN
③ 40kN
④ 80kN

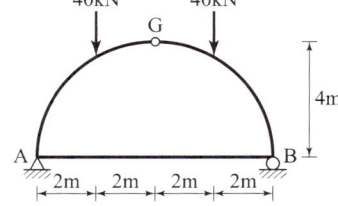

| 해답 | ②

$V_A = V_B = \dfrac{40+40}{2} = 40\,\text{kN}\,(\because \text{대칭})$

$\Sigma H = 0,\ H_A = 0$

$\Sigma M_G = 0:\ 40\times4 - 40\times2 - AB\times4 = 0$

$\therefore AB\text{부재} = 20\,\text{kN}$

03 그림과 같은 단순보에 모멘트 하중 M_1과 M_2가 작용할 경우 C점의 휨모멘트를 구하는 식은? (단, $M_1 > M_2$)

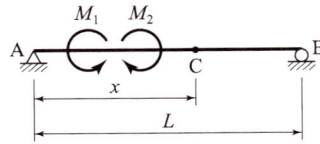

① $\left(\dfrac{M_1 - M_2}{L}\right)x + M_1 - M_2$

② $\left(\dfrac{M_2 - M_1}{L}\right)x - M_1 + M_2$

③ $\left(\dfrac{M_1 - M_2}{L}\right)x + M_1 - M_2$

④ $\left(\dfrac{M_1 - M_2}{L}\right)x - M_1 + M_2$

| 해답 | ④

$\sum M_B = R_A \times L + (-M_1 + M_2) = 0$

$R_A = \dfrac{M_1 - M_2}{L}$

$\therefore M_C = \left(\dfrac{M_1 - M_2}{L}\right)x - M_1 + M_2$

---

04 그림과 같은 단면을 갖는 보에서 중립축에 대한 휨(bending)에 가장 강한 형상은? (단, 모두 동일한 재료이며 단면적이 같다.)

  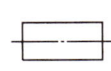

직사각형 ($h>b$) 정사각형 직사각형 ($h<b$) 원

① 직사각형($h > b$) ② 정사각형
③ 직사각형($h < b$) ④ 원

| 해답 | ①

단면계수가 큰 형상이 휨에 가장 강한 형상이다.

- $Z_① = \dfrac{bh^2}{6} : b < h$
- $Z_② = \dfrac{bb^2}{6} : b = h$
- $Z_③ = \dfrac{hb^2}{6} : b > h$
- $Z_④ = \dfrac{\pi b^3}{32} : D = b$

∴ 직사각형 $b < h$

---

05 보의 단면이 그림과 같고 지간이 같은 단순보에서 중앙에 집중하중 P가 작용할 경우에 처짐 y_1은 y_2의 몇 배인가? (단, 동일한 재료이며 단면치수만 다르다.)

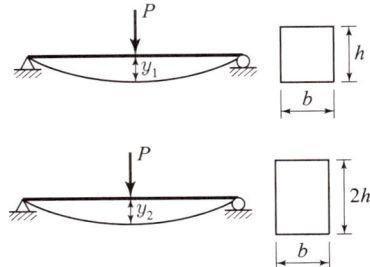

① 2배   ② 4배
③ 8배   ④ 16배

| 해답 | ③

$y = \dfrac{Pl^3}{48EI},\ I = \dfrac{bh^3}{12},\ I = \dfrac{b(2h)^3}{12} = \dfrac{8bh^3}{12} = \dfrac{2bh^3}{3}$

- $y_1 = \dfrac{Pl^3}{48EI} = \dfrac{PL^3}{48E\dfrac{bh^3}{12}} = \dfrac{12PL^3}{48Ebh^3} = \dfrac{PL^3}{4Ebh^3}$

- $y_2 = \dfrac{Pl^3}{48EI} = \dfrac{PL^3}{48E\dfrac{2bh^3}{3}} = \dfrac{3PL^3}{96Ebh^3} = \dfrac{PL^3}{32Ebh^3}$

$\therefore y_1 : y_2 = \dfrac{1}{4} : \dfrac{1}{32} = 32 : 4 = 8 : 1$

---

06 그림과 같은 도형(빗금친 부분)의 X축에 대한 단면 1차 모멘트는?

① $5000\,cm^3$
② $10000\,cm^3$
③ $15000\,cm^3$
④ $20000\,cm^3$

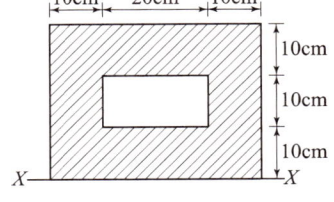

| 해답 | ③

$G_X = A_1 y_1 - A_2 y_2$

$= (40 \times 30) \times \dfrac{30}{2} - (20 \times 10) \times \left(10 + \dfrac{10}{2}\right)$

$= 15000\,cm^3$

□□□ 산 12②,15④,16①,17④,19①,20②

19 "동일 평면에서 한 점에 여러 개의 힘이 작용하고 있을 때, 평면의 임의 점에서의 모멘트 총합은 동일점에 대한 이들 힘의 합력 모멘트와 같다"는 정리는?

① Mohr의 정리 ② Lami의 정리
③ Castigliano의 정리 ④ Varignon의 정리

| 해답 | ④

Varignon의 원리
- 여러 힘의 한 점에 대한 모멘트의 대수합은 합력의 그 점에 대한 모멘트와 같다.
- 분력의 모멘트 합은 합력의 모멘트와 같다.
- 합력의 작용점을 구할 때 사용한다.

□□□ 산 12①,16④,17②,19①

20 그림과 같은 라멘에서 C점의 휨모멘트는?

① 120kN·m
② 160kN·m
③ 240kN·m
④ 320kN·m

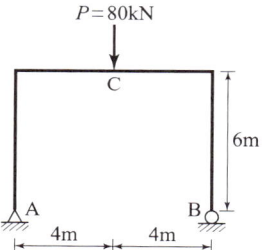

| 해답 | ②

$R_A = R_B = \dfrac{80}{2} = 40\,\text{kN}$ (∵ 대칭)

$\therefore M_C = R_A \times 4 = 40 \times 4 = 160\,\text{kN} \cdot \text{m}$

제2회 2019년 4월 27일

□□□ 산 19②

01 그림과 같이 50kN의 힘을 왼쪽으로 10m, 오른쪽으로 15m 떨어진 두 지점에 나란히 분배하였을 때 두 힘 P_1, P_2의 값으로 옳은 것은?

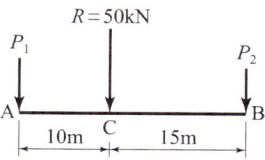

① $P_1 = 10\text{kN}$, $P_2 = 40\text{kN}$
② $P_1 = 20\text{kN}$, $P_2 = 30\text{kN}$
③ $P_1 = 30\text{kN}$, $P_2 = 20\text{kN}$
④ $P_1 = 40\text{kN}$, $P_2 = 10\text{kN}$

| 해답 | ③

- $P_1 \times 25 = 50 \times 15$ ∴ $P_1 = 30\,\text{kN}$
- $P_2 \times 25 = 50 \times 10$ ∴ $P_2 = 20\,\text{kN}$

□□□ 산 19②

02 그림과 같이 등분포하중을 받는 단순보에서 C점과 B점의 휨모멘트비 $\left(\dfrac{M_C}{M_B}\right)$는?

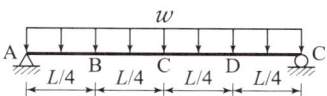

① $\dfrac{4}{3}$ ② $\dfrac{3}{2}$

③ 2 ④ $\dfrac{5}{2}$

| 해답 | ①

- $R_A = R_B = \dfrac{w \cdot L}{2}$
- $M_B = \dfrac{wL}{2} \times \dfrac{L}{4} - \dfrac{wL}{4} \times \dfrac{L}{8} = \dfrac{3wL^2}{32}$
- $M_C = \dfrac{wL}{2} \times \left(\dfrac{L}{4} + \dfrac{L}{4}\right) - \dfrac{wL}{2} \times \dfrac{L}{4} = \dfrac{wL^2}{8}$

$\therefore \dfrac{M_C}{M_B} = \dfrac{\dfrac{wL^2}{8}}{\dfrac{3wL^2}{32}} = \dfrac{4}{3}$

☐☐☐ 산 12②,14②,15①,19①

15 길이 1m, 지름 1cm의 강봉을 80kN으로 당길 때 강봉의 늘어난 길이는? (단, 강봉의 탄성계수는 $= 2.1 \times 10^5$MPa)

① 4.26mm
② 4.85mm
③ 5.14mm
④ 5.72mm

| 해답 | ②

$$\Delta l = \frac{Pl}{EA}$$

- $P = 80\,\text{kN} = 80000\,\text{N}$
- $l = 1\text{m} = 1000\text{mm}$
- $A = \frac{\pi d^2}{4} = \frac{\pi \times 10^2}{4} = 78.54\,\text{mm}^2$

$$\therefore \Delta l = \frac{80000 \times 1000}{2.1 \times 10^5 \times 78.54} = 4.85\,\text{mm}$$

☐☐☐ 산 19①

16 구조물의 단면계수에 대한 설명으로 틀린 것은?

① 차원은 길이의 3제곱이다.
② 반지름이 r인 원형 단면의 단면계수는 1개이다.
③ 비대칭 삼각형의 도심을 통과하는 x축에 대한 단면계수의 값은 2개이다.
④ 도심축에 대한 단면 2차 모멘트와 면적을 곱한 값이다.

| 해답 | ④

- 단면계수 $Z_x(\text{cm}^3) = \dfrac{I_x(\text{cm}^4)}{y_1(\text{cm})}$
- 원형 단면계수 $Z = \dfrac{\pi d^3}{32} = \dfrac{\pi r^3}{4}$
- 비대칭 삼각형 $Z_X = \dfrac{bh^2}{24}$, $Z_Y = \dfrac{b^2h}{24}$
- 단면계수는 도심축에 대한 단면 2차 모멘트를 도형의 도심에서 상하단 또는 좌우단까지의 거로로 나눈값이다.

☐☐☐ 산 14①,16②,17④,19①

17 지름 D인 원형단면의 단주 기둥에서 핵거리는?

① $\dfrac{1}{2}D$
② $\dfrac{1}{4}D$
③ $\dfrac{1}{8}D$
④ $\dfrac{1}{16}D$

| 해답 | ③

- 단주의 핵은 응력이 0가 되는 점들을 연결한 선

$$\sigma = \frac{P}{A} - \frac{M}{Z} = 0\text{일 때}$$

$$\frac{P}{\frac{\pi D^2}{4}} - \frac{P \cdot e}{\frac{\pi D^3}{32}}$$

$$\therefore \text{핵거리 } e = \frac{D}{8}$$

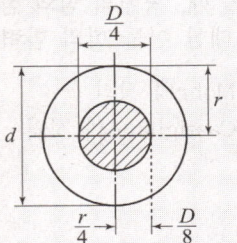

☐☐☐ 산 14②,19①

18 그림과 같은 내민보에서 A지점에서 5m 떨어진 C점의 전단력 V_c와 휨모멘트 M_c는?

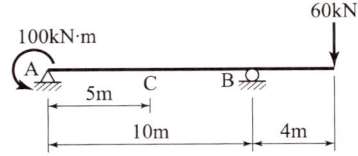

① $V_c = -14\text{kN}$, $M_c = -170\text{kN}\cdot\text{m}$
② $V_c = -18\text{kN}$, $M_c = -240\text{kN}\cdot\text{m}$
③ $V_c = 14\text{kN}$, $M_c = -240\text{kN}\cdot\text{m}$
④ $V_c = 18\text{kN}$, $M_c = -170\text{kN}\cdot\text{m}$

| 해답 | ①

$\sum M_B = 0 : R_A \times 10 - 100 + 60 \times 4 = 0$

$\therefore R_A = -14\,\text{kN}$

$\therefore$ 전단력 $V_c = -14\,\text{kN}$

$\therefore M_c = -14 \times 5 - 100 = -170\,\text{kN}\cdot\text{m}$

> **Remember**
>
> 원형단면의 최대 휨응력(반지름일 때)
>
> $\sigma = \dfrac{M}{I}y$
>
> - $I = \dfrac{\pi D^4}{64} = \dfrac{\pi(2r)^4}{64} = \dfrac{\pi r^4}{4}$
> - $y = r$
>
> $\therefore \sigma = \dfrac{M}{\frac{\pi r^4}{4}}r = \dfrac{4M}{\pi r^3}$

□□□ 산 15④,19①

10 그림과 같은 세 개의 힘이 평형상태에 있다면 C점에서 작용하는 힘 P와 BC사이의 거리 x는?

① $P=4$kN, $x=3$m
② $P=6$kN, $x=3$m
③ $P=4$kN, $x=2$m
④ $P=6$kN, $x=2$m

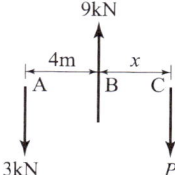

| 해답 | ④

- 합력 $R=3-9+P=0$ (∵ 평형상태)
  ∴ $P=6$kN
- 작용 위치
  : $3(4+x)-9x=12+3x-9x=12-6x=0$
  ∴ $x=2$m

□□□ 산 14④,18①,19①

11 지간 길이 l인 단순보에 등분포 하중 w가 만재되어 있을 때 지간 중앙점에서의 처짐각은?
(단, EI는 일정하다.)

① 0
② $\dfrac{wl^3}{24EI}$
③ $\dfrac{5wl^3}{384EI}$
④ $\dfrac{7wl^3}{384EI}$

| 해답 | ①

- 등분포하중이 만재될 때 중앙점의 처짐각은 0가 된다.
- 등분포하중이 만재될 때 중앙점의 처짐은 최대가 된다.

□□□ 산 18④,19①

12 그림과 같은 내민보에서 B점의 휨모멘트는?

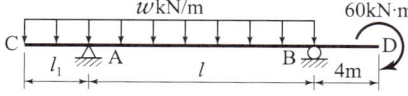

① $\dfrac{wl^2}{2}$
② wl^2
③ -60kN·m
④ -24kN·m

| 해답 | ③

$M_B=-60$ kN·m

□□□ 산 11,17②,19①

13 그림과 같은 단순보의 지점 A에서 수직반력은?

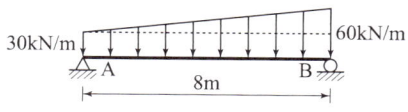

① 80kN
② 160kN
③ 200kN
④ 240kN

| 해답 | ②

$\sum M_B=0$

- $R_A\times 8-30\times 8\times \dfrac{8}{2}-\dfrac{1}{2}\times 30\times 8\times \dfrac{8}{3}=0$

  ∴ $R_A=\dfrac{1}{8}\left(30\times 8\times 4+\dfrac{30\times 8}{2}\times \dfrac{8}{3}\right)=160$kN

또는 $R_A=\dfrac{wl}{2}+\dfrac{wl}{6}=\dfrac{30\times 8}{2}+\dfrac{30\times 8}{6}=160$kN

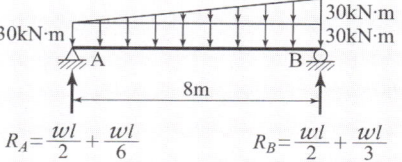

$R_A=\dfrac{wl}{2}+\dfrac{wl}{6}$ $R_B=\dfrac{wl}{2}+\dfrac{wl}{3}$

□□□ 산 11,13,16,19①

14 등분포하중을 받는 직사각형 단면 단순보에서 최대 처짐에 대한 설명으로 옳은 것은?

① 보의 폭에 비례한다.
② 지간의 3제곱에 반비례한다.
③ 탄성계수에 반비례한다.
④ 보의 높이의 제곱에 비례한다.

| 해답 | ③

단순보의 등분포하중

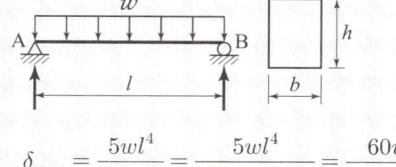

$\delta_{\max}=\dfrac{5wl^4}{384EI}=\dfrac{5wl^4}{384E\cdot\dfrac{bh^3}{12}}=\dfrac{60wl^4}{384Ebh^3}$

- 보의 폭(b)에 반비례한다.
- 보의 높이(h)의 3승에 반비례한다.
- 보의 길이(l)의 4승에 비례한다.
- ∴ 보의 탄성계수(E)에 반비례한다.

□□□ 산 11④,15①,19①

06 그림과 같은 직사각형 단면에 전단력 45kN이 작용할 때 중립축에서 5cm 떨어진 $a-a$면의 전단응력은?

① 100kPa
② 700kPa
③ 1MPa
④ 1Gpa

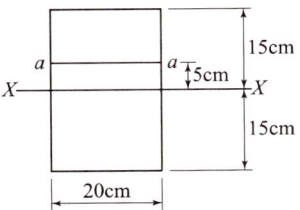

| 해답 | ③

$$\tau = \frac{S \cdot G_x}{I \cdot b}$$

- $S = 45\text{kN} = 45000\text{N}$
- $G_x = 20 \times (15-5) \times \left(5 + \frac{15-5}{2}\right) = 2000\,\text{cm}^3$
- $I = \frac{bh^3}{12} = \frac{20 \times 30^3}{12} = 45000\,\text{cm}^4$

$$\therefore \tau = \frac{45000 \times 2000}{45000 \times 20} = 100\,\text{N/cm}^2 = 1\,\text{N/mm}^2 = 1\text{MPa}$$

□□□ 산 13①,19①

07 지름 D, 길이 l인 원형 기둥의 세장비는?

① $\dfrac{4l}{D}$ ② $\dfrac{8l}{D}$
③ $\dfrac{4D}{l}$ ④ $\dfrac{8D}{l}$

| 해답 | ①

세장비 $\lambda = \dfrac{\text{부재길이}\ l}{\text{회전반경}\ r}$

$= \dfrac{l}{\sqrt{\dfrac{I}{A}}} = \dfrac{l}{\dfrac{D}{4}} = \dfrac{4l}{D}$

Remember

원형단면의 세장비

$r = \sqrt{\dfrac{I}{A}} = \sqrt{\dfrac{\dfrac{\pi D^4}{64}}{\dfrac{\pi D^2}{4}}} = \dfrac{D}{4}$

□□□ 산 14②,16①,19①

08 그림과 같은 구조물에서 부내 AB가 받는 힘은?

① 2.00kN
② 2.15kN
③ 2.35kN
④ 2.83kN

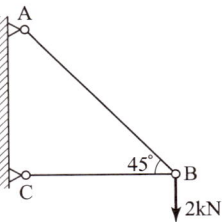

| 해답 | ④

시력도에서 sin법칙 적용

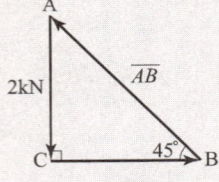

$\dfrac{2\text{kN}}{\sin 45°} = \dfrac{\overline{AB}}{\sin 90°}$

$\therefore \overline{AB} = \dfrac{2}{\sin 45°} \times \sin 90° = 2.83\,\text{kN}$

□□□ 산 13②,19①

09 밑변 12cm, 높이 15cm인 삼각형이 밑변에 대한 단면 2차 모멘트의 값은?

① 2160cm⁴   ② 3375cm⁴
③ 6750cm⁴   ④ 10125cm⁴

| 해답 | ②

$I_X = I_x + A \cdot y_o^2$

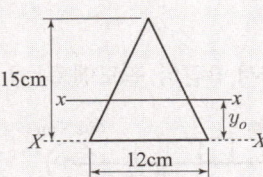

- $I_x = \dfrac{bh^3}{36} = \dfrac{12 \times 15^3}{36} = 1125\,\text{cm}^4$
- $A = \dfrac{bh}{2} = \dfrac{12 \times 15}{2} = 90\,\text{cm}^2$
- $y_o = \dfrac{1}{3} \times 15 = 5\,\text{cm}$

$\therefore I_X = 1125 + 90 \times 5^2 = 3375\,\text{cm}^4$

제1회 2019년 3월 3일

■■■ 산 03①,16④,19①,20③

01 그림과 같은 단면의 도심 $\bar{y}$ 는?

① 2.5cm
② 2.0cm
③ 1.5cm
④ 1.0cm

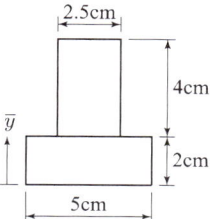

| 해답 | ①

$$\bar{y} = \frac{G_x}{A}$$

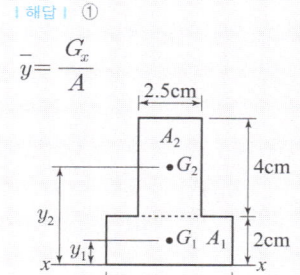

- $G_x = A_1 \times y_1 + A_2 \times y_2$
  $= 5 \times 2 \times \frac{2}{2} + 2.5 \times 4 \times \left(\frac{4}{2} + 2\right) = 50\,\text{cm}^3$
- $A = 5 \times 2 + 2.5 \times 4 = 20\,\text{cm}^2$ ∴ $\bar{y} = \frac{50}{20} = 2.5\,\text{cm}$

■■■ 산 96,12①,14④,19①

02 길이 2m, 지름 20mm인 봉에 20kN의 인장력을 작용시켰더니 길이가 2.10m, 지름이 19.8mm로 되었다면 포아송비는?

① 0.1   ② 0.2
③ 0.3   ④ 0.4

| 해답 | ②

$$\nu = \frac{\beta}{\varepsilon} = \frac{\frac{\Delta d}{d}}{\frac{\Delta l}{l}} = \frac{l \cdot \Delta d}{d \cdot \Delta l}$$

- $l = 2\,\text{m} = 2000\,\text{mm}$
- $\Delta l = 2.10 - 2 = 0.10\,\text{m} = 100\,\text{mm}$
- $d = 20\,\text{mm}$
- $\Delta d = 20 - 19.8 = 0.20\,\text{mm}$

$\nu = \dfrac{2000 \times 0.20}{20 \times 100} = 0.2$

■■■ 산 15①②,16②,19①

03 지름 D인 원형 단면보에 휨모멘트 M이 작용할 때 휨응력은?

① $\dfrac{16M}{\pi D^3}$ ② $\dfrac{6M}{\pi D^3}$
③ $\dfrac{32M}{\pi D^3}$ ④ $\dfrac{64M}{\pi D^3}$

| 해답 | ③

원형단면의 최대 휨응력
$$\sigma = \frac{M}{I}y$$

- $I = \dfrac{\pi D^4}{64}$, $y = \dfrac{D}{2}$

∴ $\sigma = \dfrac{M}{\frac{\pi D^4}{64}} \cdot \dfrac{D}{2} = \dfrac{32M}{\pi D^3}$

■■■ 산 14,19①

04 모든 도형에서 도심을 지나는 축에 대한 단면1차모멘트 값의 범위로 옳은 설명은?

① 0이다.
② 0보다 크다.
③ 0보다 적다.
④ 0에서 1사이의 값을 갖는다.

| 해답 | ①

도심축에 대한 단면 1차 모멘트는 0이다.

■■■ 산 19①④

05 직사각형 단면 보에 발생하는 전단응력 τ와 보에 작용하는 전단력 S, 단면 1차 모멘트 G, 단면 2차 모멘트 I, 단면의 폭 b의 관계로 옳은 것은?

① $\tau = \dfrac{GI}{Sb}$ ② $\tau = \dfrac{Sb}{GI}$
③ $\tau = \dfrac{SG}{Ib}$ ④ $\tau = \dfrac{Gb}{SI}$

| 해답 | ③

전단응력 $\tau = \dfrac{S \cdot G}{I \cdot b}$

18 다음 사다리꼴 도심의 위치(y_0)는?

① $y_0 = \dfrac{h}{3} \cdot \dfrac{2a+b}{a+b}$

② $y_0 = \dfrac{h}{3} \cdot \dfrac{a+2b}{a+b}$

③ $y_0 = \dfrac{h}{3} \cdot \dfrac{a+b}{2a+b}$

④ $y_0 = \dfrac{h}{3} \cdot \dfrac{a+b}{a+2b}$

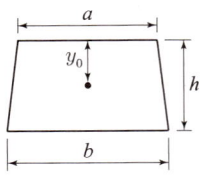

| 해답 | ②

$G_x = A \cdot y_0,\ y_o = \dfrac{G_x}{A}$

- $A = \dfrac{(a+b)h}{2}$
- $G_x = \dfrac{ah}{2} \cdot \dfrac{1}{3}h + \dfrac{bh}{2} \cdot \dfrac{2h}{3} = \dfrac{h^2}{6}(a+2b)$

$\therefore y_o = \dfrac{\dfrac{h^2(a+2b)}{6}}{\dfrac{(a+b)h}{2}} = \dfrac{h}{3}\dfrac{(a+2b)}{(a+b)}$

19 폭이 20cm이고 높이가 30cm인 사각형 단면의 목재 보가 있다. 이 보에 작용하는 최대 휨모멘트가 18kN·m 일 때 최대 휨응력은?

① 3MPa ② 4MPa
③ 5MPa ④ 6MPa

| 해답 | ④

최대 휨응력 $\sigma_{max} = \dfrac{M_{max}}{Z}$

- $M_{max} = 18\text{kN}\cdot\text{m} = 18\times 10^6 \text{N}\cdot\text{mm}$
- $Z = \dfrac{bh^2}{6} = \dfrac{200\times 300^2}{6} = 3\times 10^6 \text{mm}^3$

$\therefore \sigma_{max} = \dfrac{18\times 10^6}{3\times 10^6} = 6\text{N/mm}^2 = 6\text{MPa}$

20 지름이 D인 원형단면의 단주에서 핵(core)의 면적으로 옳은 것은?

① $\dfrac{\pi D^2}{4}$ ② $\dfrac{\pi D^2}{16}$

③ $\dfrac{\pi D^2}{32}$ ④ $\dfrac{\pi D^2}{64}$

| 해답 | ④

원형단면의 핵거리 및 면적

- 핵거리 $e = \dfrac{Z}{A} = \dfrac{\dfrac{\pi D^3}{32}}{\dfrac{\pi D^2}{4}} = \dfrac{D}{8}$

- 핵의 지름 $= \dfrac{D}{8} \times 2 = \dfrac{D}{4}$

$\therefore A = \dfrac{\pi d^2}{4} = \dfrac{\pi}{4}\left(\dfrac{D}{4}\right)^2 = \dfrac{\pi}{4} \cdot \dfrac{D^2}{16} = \dfrac{\pi D^2}{64}$

□□□ 산 18④

14 아래 그림과 같이 지름 10mm인 강철봉에 100kN의 물체를 매달면 강철봉의 길이 변화량은? (단, 강철봉의 탄성계수 $E=2.1\times10^5$MPa)

① 0.74cm
② 0.91cm
③ 1.07cm
④ 1.18cm

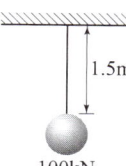

| 해답 | ②

변형률 $\varepsilon = \Delta l = \dfrac{Pl}{EA}(\because \Delta l = \dfrac{Pl}{EA})$

• $P = 100\text{kN} = 100\times10^3\text{N}$
• $l = 1.5\text{m} = 1500\text{mm}$
• $A = \dfrac{\pi d^2}{4} = \dfrac{\pi \times 10^2}{4} = 78.54\text{mm}^2$

$\therefore \varepsilon = \dfrac{100\times10^3 \times 1500}{2.1\times10^5 \times 78.54} = 9.09\text{mm} = 0.91\text{cm}$

□□□ 산 18④

15 다음 그림과 같이 O점에 P_1, P_2, P_3의 3힘이 작용하고 있을 때 점 A를 중심으로 한 모멘트의 크기는?

① 80N·cm
② 100N·cm
③ 150N·cm
④ 180N·cm

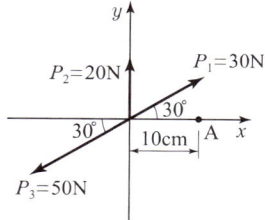

| 해답 | ②

$M_A = (30 \times \sin 30°) \times 10 + 20 \times 10 - (50 \times \sin 30°)$
$\qquad \times 10 = 100\text{N}\cdot\text{cm} = 1\text{N}\cdot\text{m}$

□□□ 산 18④,19②

16 단면적 $A=20\text{cm}^2$, 길이 $L=0.5\text{m}$인 강봉에 인장력 $P=80\text{kN}$을 가하였더니 길이가 0.1mm 늘어났다. 이 강봉의 푸아송 수 $m=3$이라면 전단탄성계수 G는 얼마인가?

① 75000MPa
② 7500MPa
③ 25000MPa
④ 2500MPa

| 해답 | ①

$G = \dfrac{E}{2(1+\nu)}$

• 포아송비 $\nu = \dfrac{1}{m} = \dfrac{1}{3}$

• $\Delta l = \dfrac{PL}{EA}$ 에서 $E = \dfrac{Pl}{\Delta l\, A}$

$E = \dfrac{80\times10^3 \times 0.5 \times 1000}{0.1 \times 20 \times 100}$
$\quad = 200000\text{N/mm}^2 = 2.0\times10^5\text{MPa}$

$\therefore G = \dfrac{2.0\times10^5}{2\left(1+\dfrac{1}{3}\right)} = 75000\text{MPa}$

□□□ 산 83,00,15,18④,20③

17 아래 그림과 같은 단순보에 발생하는 최대 전단응력 ($\tau_{\max}$)은?

① $\dfrac{4wL}{9bh}$
② $\dfrac{wL}{2bh}$
③ $\dfrac{9wL}{16bh}$
④ $\dfrac{3wL}{4bh}$

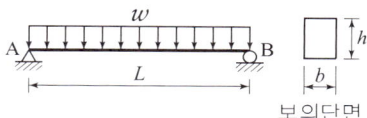

보의단면

| 해답 | ④

$\tau_{\max} = \dfrac{3}{2}\dfrac{S_{\max}}{A}$

• $S_{\max} = R_A = R_B = \dfrac{wL}{2}$
• $A = bh$

$\therefore \tau_{\max} = \dfrac{3}{2} \times \dfrac{\dfrac{wL}{2}}{bh} = \dfrac{3wL}{4bh}$

Remember

최대전단응력
• 직사각형 단면
$\tau_{\max} = \dfrac{3}{2}\dfrac{S_{\max}}{A} = \dfrac{S_{\max}}{bh}$

• 원형 단면
$\tau_{\max} = \dfrac{4}{3}\dfrac{S_{\max}}{A} = \dfrac{4}{3}\dfrac{S_{\max}}{\pi r^2}$

□□□ 산 18④

11 반지름 r인 원형 단면에서 도심축에 대한 단면 2차 모멘트는?

① $\dfrac{\pi r^4}{4}$ 　② $\dfrac{\pi r^4}{16}$

③ $\dfrac{\pi r^4}{32}$ 　④ $\dfrac{\pi r^4}{64}$

| 해답 | ①

$$I_G = \frac{\pi D^4}{64} = \frac{\pi (2r)^4}{64} = \frac{16\pi r^4}{64} = \frac{\pi r^4}{4}$$

Remember

각 도형의 단면 2차 모멘트

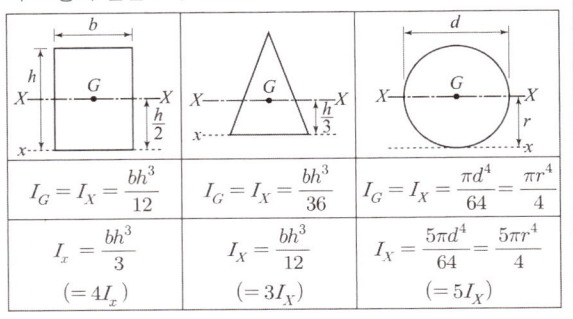

□□□ 산 18④

12 그림과 같이 단순보에 하중 P가 경사지게 작용할 때 지점 A점에서의 수직반력은?

① $\dfrac{Pb}{(a+b)}$

② $\dfrac{Pa}{2(a+b)}$

③ $\dfrac{Pa}{(a+b)}$

④ $\dfrac{Pb}{2(a+b)}$

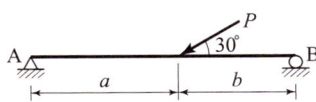

| 해답 | ④

$$\sum M_B = 0$$
$$V_A \times (a+b) - P\sin 30° \times b = 0$$
$$\therefore V_A = \frac{P\sin 30° \cdot b}{(a+b)} = \frac{Pb}{2(a+b)}$$
$$(\because \sin 30° = \frac{1}{2})$$

□□□ 산 18④,19④

13 아래 그림과 같이 단순보의 중앙에 하중 $3P$가 작용할 때 이 보의 최대 처짐은?

① $\dfrac{PL^3}{4EI}$

② $\dfrac{PL^3}{8EI}$

③ $\dfrac{PL^3}{16EI}$

④ $\dfrac{PL^3}{24EI}$

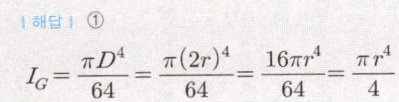

| 해답 | ③

$$y_{\max} = \frac{Pl^3}{48EI} = \frac{(3P)L^3}{48EI} = \frac{PL^3}{16EI}$$

Remember

- 보의 처짐과 처짐각

하중상태	처짐각	처짐
(중앙 집중하중 P)	$\theta_A = -\theta_B$ $\dfrac{Pl^2}{16EI}$	$y_{\max} = \dfrac{Pl^3}{48EI}$
(등분포하중 w)	$\theta_A = -\theta_B$ $\dfrac{wl^3}{24EI}$	$y_{\max} = \dfrac{5wl^4}{384EI}$

- 공액보에서

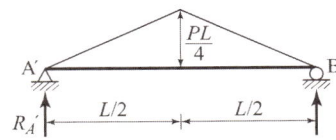

$$y_c = \frac{M_c'}{EI}$$

• $R_A' = \dfrac{PL}{4} \times \dfrac{L}{2} \times \dfrac{1}{2} = \dfrac{PL^2}{16}$

• $M_c' = \dfrac{PL^2}{16} \times \dfrac{L}{2} - \dfrac{PL^2}{16} \times \dfrac{L}{6} = \dfrac{PL^3}{48}$

$\therefore y_c = \dfrac{M_c'}{EI} = \dfrac{Pl^3}{48EI} = \dfrac{(3P) \times L^3}{48EI} = \dfrac{PL^3}{16EI}$

□□□ 산 12,18④

05 가로방향의 변형률이 0.0022이고 세로방향의 변형률이 0.0083인 재료의 프와송 수는?

① 2.8
② 3.2
③ 3.8
④ 4.2

| 해답 | ③

포아송비 $\nu = \dfrac{\beta}{\epsilon} = \dfrac{\dfrac{\Delta d}{d}}{\dfrac{\Delta l}{l}} = \dfrac{0.0022}{0.0083} = \dfrac{22}{83}$

∴ 포아송수 $m = \dfrac{1}{\nu} = \dfrac{1}{\dfrac{22}{83}} = \dfrac{83}{22} = 3.8$

□□□ 산 18④

06 아래 그림과 같은 내민보에서 지점 A의 수직 반력은 얼마인가?

① 32kN(↑)
② 50kN(↑)
③ 58kN(↑)
④ 82kN(↑)

| 해답 | ④

$\sum M_B = 0 : V_A \times 10 - 50 \times 14 - 120 = 0$

∴ $V_A = \dfrac{1}{10}(50 \times 14 + 120) = 82\text{kN}(\uparrow)$

□□□ 산 08,09,10,15,18②④

07 재료의 역학적 성질 중 탄성계수를 E, 전단탄성계수를 G, 포아송수를 m이라 할 때 각 성질의 상호관계식으로 옳은 것은?

① $G = \dfrac{m}{2E(m+1)}$
② $G = \dfrac{mE}{2(m+1)}$
③ $G = \dfrac{E}{2(m-1)}$
④ $G = \dfrac{E}{2(m+1)}$

| 해답 | ②

$G = \dfrac{E}{2(1+\nu)} = \dfrac{mE}{2(m+1)} = \dfrac{E}{2\left(1+\dfrac{1}{m}\right)}$

□□□ 산 18④

08 기둥(장주)의 좌굴에 대한 설명으로 틀린 것은?

① 좌굴하중은 단면2차모멘트(I)에 비례한다.
② 좌굴하중은 기둥의 길이(l)에 비례한다.
③ 좌굴응력은 세장비(λ)의 제곱에 반비례한다.
④ 좌굴응력은 탄성계수(E)에 비례한다.

| 해답 | ②

좌굴하중 $P = \dfrac{n\pi^2 EI}{l^2} = \dfrac{n\pi^2 E}{\lambda^2}$

∴ 좌굴하중은 기둥의 길이(l)의 제곱에 반비례한다.

□□□ 산 99,04,07,13,16,18②④

09 변형에너지(strain energy)에 속하지 않는 것은?

① 외력의 일(external work)
② 축방향 내력의 일
③ 휨모멘트에 의한 내력의 일
④ 전단력에 의한 내력의 일

| 해답 | ①

- 변형에너지의 일(내력의 일)
- 축방향 내력의 일
- 휨모멘트에 의한 내력의 일
- 전단력에 의한 내력의 일
- 외력의 일
- 축방향력에 의한 일
- 휨모멘트에 의한 일

□□□ 산 18④

10 아래 그림과 같은 보에서 C점에서의 휨모멘트는?

① 160kN·m
② 200kN·m
③ 320kN·m
④ 400kN·m

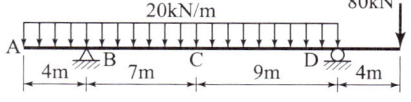

| 해답 | ④

$\sum M_D = 0$

$R_B \times 16 - 20 \times 20 \times 10 + 80 \times 4 = 0$

∴ $R_B = \dfrac{1}{16}(20 \times 20 \times 10 - 80 \times 4) = 230\text{kN}$

∴ $M_C = 230 \times 7 - 20 \times 11 \times \dfrac{11}{2} = 400\text{kN·m}$

제4회 2018년 9월 15일

□□□ 산 09,14,15,18④

01 그림과 같은 구조물은 몇 차 부정정 구조물인가?

① 3차
② 4차
③ 5차
④ 6차

| 해답 | ③

$N = R + m + S - 2P$
- 반력수 $R = 8$
- 부재수 $m = 4$
- 강접합수 $S = 3$
- 절점수 $P = 5$
∴ $N = 8 + 4 + 3 - 2 \times 5 = 5$차 부정정

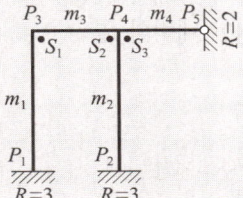

□□□ 산 14,16,18④

02 그림과 같은 구조물에서 부재 AC가 받는 힘의 크기는?

① 20kN
② 40kN
③ 60kN
④ 80kN

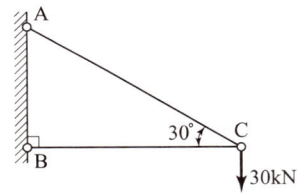

| 해답 | ③

시력도법에서 sin법칙 적용

$\dfrac{30}{\sin 30°} = \dfrac{AC}{\sin 90°}$

∴ $AC = \dfrac{30}{\sin 30°} \times \sin 90° = 60\text{kN}$

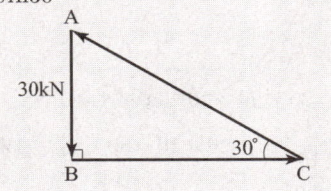

□□□ 산 18④

03 그림과 같이 단순보에서 B점에 모멘트 하중이 작용할 때 A점과 B점의 처짐각 비($\theta_A : \theta_B$)는?

① 1 : 2
② 2 : 1
③ 1 : 3
④ 3 : 1

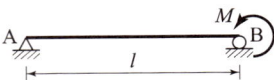

| 해답 | ①

공액보

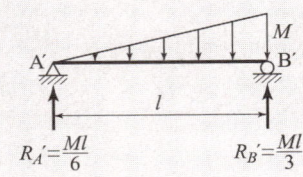

- $\theta_A = \dfrac{R_A'}{EI}$, $R_A' = \dfrac{Ml}{6}$

  ∴ $\theta_A = \dfrac{Ml}{6EI}$

- $\theta_B = \dfrac{R_B'}{EI}$, $R_B' = \dfrac{Ml}{3}$

  ∴ $\theta_B = \dfrac{Ml}{3EI}$

- $\theta_A : \theta_B = \dfrac{1}{6} : \dfrac{1}{3} = 3 : 6 = 1 : 2$

□□□ 산 18④

04 다음 그림과 같은 3-hinge 아치에 등분포 하중이 작용하고 있다. A점의 수평 반력은?

① 30kN
② 40kN
③ 50kN
④ 60kN

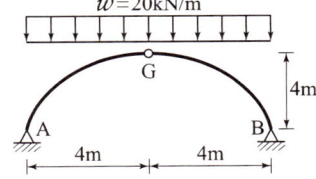

| 해답 | ②

- $\Sigma M_B = 0$

  $V_A \times 8 - (20 \times 8) \times \dfrac{8}{2} = 0$

  ∴ $V_A = \dfrac{1}{8} \times \left(20 \times 8 \times \dfrac{8}{2}\right) = 80\text{kN}$

- $\Sigma M_G = 0$ (좌)

  $80 \times 4 - H_A \times 4 - 20 \times 4 \times \dfrac{4}{2} = 0$

  ∴ $H_A = 40\text{kN}$

□□□ 산 15,18②

17 지름 10mm, 길이 1m, 탄성계수 1000MPa의 철선에 무게 100N의 물건을 매달았을 때 철선의 늘어나는 양은?

① 1.27mm
② 1.60mm
③ 2.24mm
④ 2.63mm

| 해답 | ①

$\Delta l = \dfrac{Pl}{EA}$

- $l = 1m = 1000mm$
- $A = \dfrac{\pi d^2}{4} = \dfrac{\pi \times 10^2}{4} = 78.54 mm^2$
- $\therefore \Delta l = \dfrac{100 \times 1000}{1000 \times 78.54} = 1.27 mm$

□□□ 산 99,04,07,13,16,18②

18 변형에너지(strain energy)에 속하지 않는 것은?

① 외력의 일(External work)
② 축방향 내력의 일
③ 휨모멘트에 의한 내력의 일
④ 전단력에 의한 내력의 일

| 해답 | ①

■ 변형에너지의 일(내력의 일)
- 축방향 내력의 일
- 휨모멘트에 의한 내력의 일
- 전단력에 의한 내력의 일

■ 외력의 일
- 축방향력에 의한 일
- 휨모멘트에 의한 일

□□□ 산 77,97,07,09,18②

19 다음 그림에서 사선부분의 도심축 x에 대한 단면 2차 모멘트는?

① 3.19cm^4
② 2.19cm^4
③ 1.19cm^4
④ 0.19cm^4

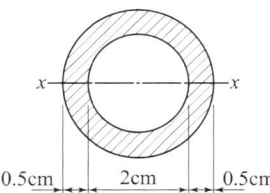

| 해답 | ①

$I_x = \dfrac{\pi}{64}(D^4 - d^4)$

- $D = 0.5 + 2 + 0.5 = 3cm$
- $d = 2cm$
- $\therefore I_x = \dfrac{\pi}{64}(3^4 - 2^4) = 3.19 cm^4$

□□□ 산 18②

20 폭이 200mm이고, 높이가 300mm인 직사각형 단면 보가 최대 휨모멘트(M) 20kN·m를 받을 때 최대 휨응력은?

① 3.33MPa
② 4.44MPa
③ 6.67MPa
④ 7.78MPa

| 해답 | ③

최대휨응력 $\sigma = \dfrac{M_{max}}{I}y = \dfrac{M_{max}}{Z}$

- $M_{max} = 20 kN \cdot m = 20 \times 10^6 N \cdot mm$
- $Z = \dfrac{bh^2}{6} = \dfrac{200 \times 300^2}{6} = 3000000 mm^3$
- $\therefore \sigma = \dfrac{20 \times 10^6}{3000000} = 6.67 N/mm^2 = 6.67 MPa$

□□□ 산 18②

13 등분포하중 20kN/m를 받는 지간 10m의 단순보에서 발생하는 최대 휨모멘트는? (단, 등분포하중은 지간 전체에 작용한다.)

① 150kN·m ② 200kN·m
③ 250kN·m ④ 300kN·m

| 해답 | ③

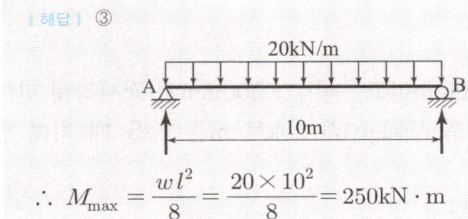

$$\therefore M_{max} = \frac{wl^2}{8} = \frac{20 \times 10^2}{8} = 250 kN \cdot m$$

□□□ 산 02,05,11,14,18②

14 단면의 성질에 대한 다음 설명 중 잘못된 것은?

① 단면2차 모멘트의 값은 항상 "0"보다 크다.
② 단면2차 극모멘트의 값은 항상 극을 원점으로 하는 두 직교좌표측에 대한 단면2차 모멘트의 합과 같다.
③ 단면1차 모멘트의 값은 항상 "0"보다 크다.
④ 단면의 주축에 관한 단면 상승모멘트의 값은 항상 "0"이다.

| 해답 | ③

단면 1차 모멘트
• 도심축에 대한 단면 1차 모멘트는 0이다.
• 도심 1차 모멘트는 좌표축에 따라 (+),(−)의 부호를 갖는다.

□□□ 산 18②

15 다음 그림에서 부재 AC와 BC의 단면력은?

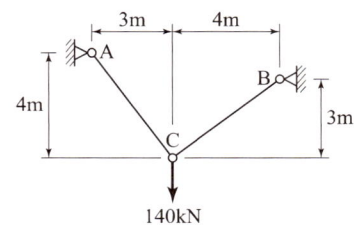

① $F_{AC} = 60kN$, $F_{BC} = 80kN$
② $F_{AC} = 80kN$, $F_{BC} = 60kN$
③ $F_{AC} = 84kN$, $F_{BC} = 112kN$
④ $F_{AC} = 112kN$, $F_{BC} = 84kN$

| 해답 | ④

cosine법칙에 의해

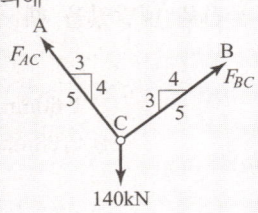

$$F_{AC} \times \frac{4}{5} + F_{BC} \times \frac{3}{5} = 140 \quad \cdots (1)$$

$$-F_{AC} \times \frac{3}{5} + F_{BC} \times \frac{4}{5} = 0 \quad \cdots (2)$$

$$(1) \times \frac{3}{5} + (2) \times \frac{4}{5}$$

$$\frac{3}{5}F_{AC} \times \frac{4}{5} + \frac{3}{5}F_{BC} \times \frac{3}{5} = 140 \times \frac{3}{5} \quad \cdots (3)$$

$$-\frac{4}{5}F_{AC} \times \frac{3}{5} + \frac{4}{5}F_{BC} \times \frac{4}{5} = 0 \quad \cdots (4)$$

$$\therefore F_{BC} = 84kN$$

$$-\frac{4}{5}F_{AC} \times \frac{3}{5} + \frac{4}{5} \times 84 \times \frac{4}{5} = 0 \quad \cdots (4)'$$

$$\therefore F_{AC} = 112kN$$

□□□ 산 82,90,93,96,06,18②

16 다음 구조물 중 부정정 차수가 가장 높은 것은?

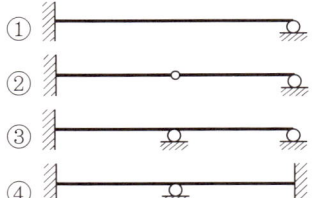

| 해답 | ④

부정정 차수 $N = R - 3 - h$

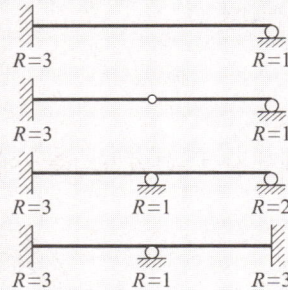

① $N = 4 - 3 - 0 = 1$차 부정정
② $N = 4 - 3 - 1 = 0$; 정정
③ $N = 5 - 3 - 0 = 2$차 부정정
④ $N = 7 - 3 - 0 = 4$차 부정정

□□□ 산 14②,18②,19④

07 사각형 단면에서의 최대 전단응력은 평균전단응력의 몇 배인가?

① 1배 ② 1.5배
③ 2.0배 ④ 2.5배

| 해답 | ②

- 직사각형 단면 : $\tau_{max1} = \dfrac{3S}{2A} = 1.5\dfrac{S}{A}$
- 원형단면 : $\tau_{max2} = \dfrac{4S}{3A}$

□□□ 산 14,18②

08 등분포하중(w)이 재하된 단순보의 최대 처짐에 대한 설명 중 틀린 것은?

① 하중(w)에 비례 한다.
② 탄성계수(E)에 반비례 한다.
③ 지간(l)의 제곱에 반비례 한다.
④ 단면 2차 모멘트(I) 반비례 한다.

| 해답 | ③

처짐각 $y_{max} = \dfrac{5wl^4}{384EI}$

∴ 지간 l의 4제곱에 비례 한다.

Remember

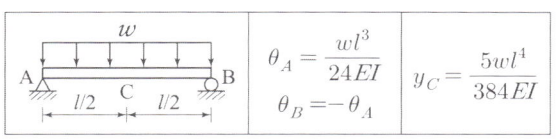

	$\theta_A = \dfrac{wl^3}{24EI}$	$y_C = \dfrac{5wl^4}{384EI}$
	$\theta_B = -\theta_A$	

□□□ 산 14,18②

09 다음 중 힘의 3요소가 아닌 것은?

① 크기 ② 방향
③ 작용점 ④ 모멘트

| 해답 | ④

힘의 3요소 : 힘의 크기, 힘의 방향, 힘의 작용점

□□□ 산 08,14,18②

10 다음 그림에서 지점 A의 반력이 영(零)이 되기 위해 C점에 작용시킬 집중하중의 크기(P)는?

① 120kN
② 160kN
③ 200kN
④ 240kN

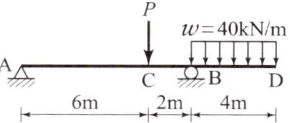

| 해답 | ②

$\sum M_B = 0$
$R_A \times 8 - P \times 2 + (40 \times 4) \times 2 = 0$
$0 \times 8 - P \times 2 + (40 \times 4) \times 2 = 0$ ∴ $P = 160$kN

□□□ 산 08,09,10,15,18②

11 재료의 역학적 성질 중 탄성계수를 E, 전단탄성계수를 G, 푸아송수를 m이라 할 때 각 성질의 상호관계식으로 옳은 것은?

① $G = \dfrac{m}{2E(m+1)}$ ② $G = \dfrac{mE}{2(m+1)}$
③ $G = \dfrac{E}{2(m+E)}$ ④ $G = \dfrac{E}{2(m+1)}$

| 해답 | ②

$G = \dfrac{E}{2(1+\nu)} = \dfrac{mE}{2(m+1)} = \dfrac{E}{2\left(1+\dfrac{1}{m}\right)}$

□□□ 산 03,06,07,12,16,17,18②

12 그림과 같은 라멘에서 C점의 휨모멘트는?

① 40kN·m
② 80kN·m
③ 120kN·m
④ 160kN·m

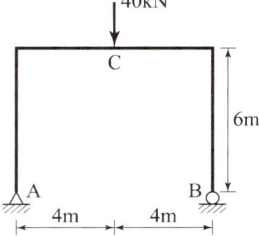

| 해답 | ②

$R_A = R_B = \dfrac{40}{2} = 20$kN(∵ 대칭)

∴ $M_C = R_B \times 4 = 20 \times 4 = 80$kN·m

03 그림과 같은 캔틸레버보에서 B점의 처짐은?

① $\dfrac{PL^3}{24EI}$

② $\dfrac{5PL^3}{24EI}$

③ $\dfrac{PL^3}{48EI}$

④ $\dfrac{5PL^3}{48EI}$

| 해답 | ④

공액보에 의해서

$\delta_B = \dfrac{M_B'}{EI}$

- $M_B' = \left(\dfrac{PL}{2} \times \dfrac{L}{2} \times \dfrac{1}{2}\right) \times \left(\dfrac{L}{2} + \dfrac{L}{2} \times \dfrac{2}{3}\right)$

  $= \dfrac{5PL^3}{48}$

∴ $\delta_B = \dfrac{M_B'}{EI} = \dfrac{5PL^3}{48EI}$

04 장주에서 오일러의 좌굴하중(P)을 구하는 공식은 아래의 표와 같다. 여기서 n값이 1이 되는 기둥의 지지조건은?

$$P = \dfrac{n\pi^2 EI}{l^2}$$

① 양단 힌지
② 1단 고정, 1단 자유
③ 1단 고정, 1단 힌지
④ 양단 고정

| 해답 | ①

$P = \dfrac{n\pi^2 EI}{l^2}$

일단고정 타단자유	$n = \dfrac{1}{4}$
양단힌지	$n = 1$
일단고정 타단힌지	$n = 2$
양단고정	$n = 4$

∴ 양단 힌지일 때 $n = 1$

05 그림과 같은 단주에서 편심거리 e에 $P = 300\text{kN}$가 작용할 때 단면에 인장력이 생기지 않기 위한 e의 한계는?

① 3.3cm
② 5cm
③ 6.7cm
④ 10cm

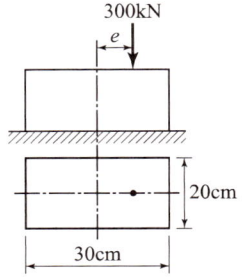

| 해답 | ②

구형단면의 핵 : $\dfrac{h}{6} = \dfrac{30}{6} = 5\text{cm}$

Remember

핵거리

$\sigma = \dfrac{P}{A} - \dfrac{M}{Z} = \dfrac{P}{A} - \dfrac{P \cdot e}{\dfrac{bh^2}{6}} = \dfrac{P}{A} - \dfrac{6Pe}{Ah}$

$= \dfrac{P}{A}\left(1 - \dfrac{6e}{h}\right)$

$\sigma = 0$이 되려면 $e = \dfrac{h}{6}$

06 그림과 같은 내민보에서 지점 A에 발생하는 수직반력은?

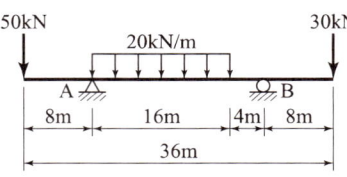

① 150kN
② 200kN
③ 250kN
④ 300kN

| 해답 | ③

$\sum M_B = 0$:

$R_A \times 20 - 50 \times 28 - 20 \times 16 \times 12 + 30 \times 8 = 0$

∴ $R_A = \dfrac{1}{20}(50 \times 28 + 20 \times 16 \times 12 - 30 \times 8)$

$= 250\text{kN}$

□□□ 산 91,02,04,06,15,18①,20②

20 지름이 D인 원형 단면의 단주에서 핵(Core)의 직경은?

① $\dfrac{D}{2}$ ② $\dfrac{D}{3}$

③ $\dfrac{D}{4}$ ④ $\dfrac{D}{6}$

| 해답 | ③

원형단면에서의 핵의 직경

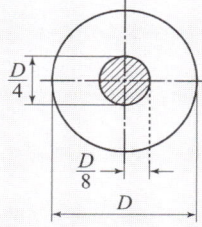

- $\sigma = \dfrac{P}{A} - \dfrac{M}{Z} = 0$일 때

  $\dfrac{P}{\dfrac{\pi D^2}{4}} - \dfrac{P \cdot e}{\dfrac{\pi D^3}{32}}$ ∴ 핵거리 $e = \dfrac{D}{8}$

∴ 핵의 직경 = $\dfrac{D}{8} \times 2 = \dfrac{D}{4}$

제2회   2018년 4월 28일

□□□ 산 10,18②

01 다음 그림과 같은 모멘트 하중을 받는 단순보에서 A점의 반력(R_A)은?

① $\dfrac{M_1}{l}$

② $\dfrac{M_2}{l}$

③ $\dfrac{M_1 + M_2}{l}$

④ $\dfrac{M_1 - M_2}{l}$

| 해답 | ④

$\sum M_B = 0$; $R_A \times l - M_1 + M_2 = 0$

∴ $R_A = \dfrac{M_1 - M_2}{l}$

□□□ 산 04,11,18②

02 그림과 같은 3활절 아치의 지점 A에서 지점반력 V_A와 H_A 값이 옳은 것은?

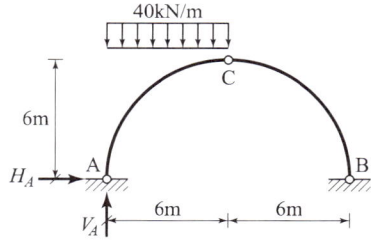

① $V_A = 180\text{kN}(\uparrow)$, $H_A = 18\text{kN}(\rightarrow)$
② $V_A = 180\text{kN}(\uparrow)$, $H_A = 60\text{kN}(\rightarrow)$
③ $V_A = 180\text{kN}(\downarrow)$, $H_A = 180\text{kN}(\leftarrow)$
④ $V_A = 180\text{kN}(\uparrow)$, $H_A = 60\text{kN}(\leftarrow)$

| 해답 | ②

$\sum M_B = 0$

$V_A \times 12 - 40 \times 6 \times \left(6 + \dfrac{6}{2}\right)$ ∴ $V_A = 180\text{kN}(\uparrow)$

$\sum M_C = 0$

$180 \times 6 - H_A \times 6 - 40 \times 6 \times \dfrac{6}{2} = 0$

$H_A = 60\text{kN}(\rightarrow)$

□□□ 산 93,11,18①

15 다음 부정정 구조물의 부정정 차수를 구한 값은?

① 8
② 12
③ 16
④ 20

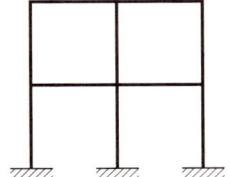

| 해답 | ②

$N = R + m + S - 2P$

· 반력수 $R = 11$
· 부재수 $m = 10$
· 강접합수 $S = 11$
 (요주의 중앙점의 강접합수는 3개)
· 절점수 $P = 9$
 ∴ $N = 9 + 10 + 11 - 2 \times 9 = 12$차 부정정

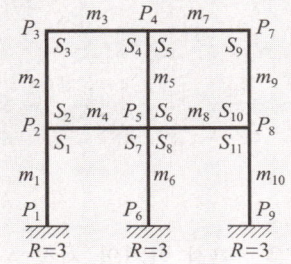

□□□ 산 12②,16①,18①

16 아래 그림과 같은 3힌지(Hinge)아치의 A점의 수평반력(H_A)은?

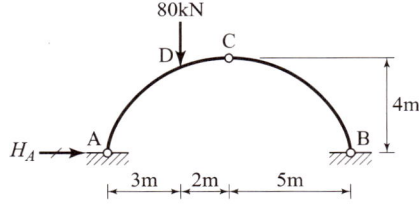

① 20kN
② 30kN
③ 40kN
④ 50kN

| 해답 | ②

$\sum M_A = 0$
$V_A \times 10 - 80 \times 7 = 0$ ∴ $V_A = 56\text{kN}(\uparrow)$
$\sum M_C = 0$
$-80 \times 2 + 56 \times 5 - H_A \times 4 = 0$
∴ $H_A = \dfrac{-80 \times 2 + 56 \times 5}{4} = 30\text{kN}(\uparrow)$

□□□ 산 11,13,14,18①

17 반지름 r인 원형 단면에 전단력 S가 작용할 때 최대 전단응력($\tau_{\max}$)의 크기는?

① $\dfrac{3}{4} \cdot \dfrac{S}{\pi r^2}$
② $\dfrac{4}{3} \cdot \dfrac{S}{\pi r^2}$
③ $\dfrac{3}{2} \cdot \dfrac{S}{\pi r^2}$
④ $\dfrac{2}{3} \cdot \dfrac{S}{\pi r^2}$

| 해답 | ②

원형단면의 최대전단응력
$\tau_{\max} = \dfrac{4}{3} \dfrac{S}{A} = \dfrac{4}{3} \cdot \dfrac{S}{\pi r^2}$
$(\because A = \dfrac{\pi d^2}{4} = \pi r^2)$

□□□ 산 13,15,16,17,18①

18 다음 그림과 같은 세 힘에 대한 합력(R)의 작용점은 O점에서 얼마의 거리가 있는가?

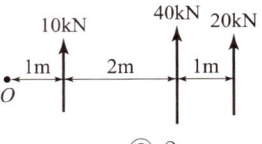

① 1m
② 2m
③ 3m
④ 4m

| 해답 | ④

· 합력 $R = 10 + 40 + 20 = 70\text{kN}(\uparrow)$
· 작용 위치 : $\sum P \cdot l = 10 \times 1 + 40 \times 3 + 20 \times 4$
$= 210\text{kN} \cdot \text{m}$
∴ $x = \dfrac{\sum P \cdot l}{R} = \dfrac{210}{70} = 3\text{m}(\rightarrow)$

□□□ 산 18①

19 그림과 같은 단순보에서 C점의 휨모멘트는?

① 40kN·m
② 60kN·m
③ 80kN·m
④ 100kN·m

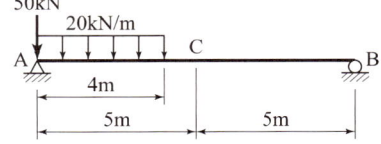

| 해답 | ③

$\sum M_A = 0$
$R_B \times 10 - (20 \times 4) \times \dfrac{4}{2} = 0$ ∴ $R_B = 16\text{kN}$
∴ $M_c = 16 \times 5 = 80\text{kN} \cdot \text{m}$

☐☐☐ 산 14,18①

10 단순보에 하중이 작용할 때 다음 설명 중 옳지 않은 것은?

① 등분포하중이 만재될 때 중앙점의 처짐각이 최대가 된다.
② 등분포하중이 만재될 때 최대처짐은 중앙점에서 일어난다.
③ 중앙에 집중하중이 작용할 때의 최대처짐은 하중이 작용하는 곳에서 생긴다.
④ 중앙에 집중하중이 작용하면 양지점에서의 처짐각이 최대로 된다.

| 해답 | ①

- 등분포하중이 만재될 때 중앙점의 처짐각은 0가 된다.
- 등분포하중이 만재될 때 중앙점의 처짐은 최대가 된다.

☐☐☐ 산 18①

11 그림과 같이 6000N의 힘이 A점에 작용하고 있다. 케이블 AC와 강봉 AB에 작용하는 힘의 크기는?

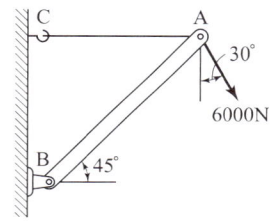

① $F_{AB} = 6000\text{N}$, $F_{AC} = 0\text{N}$
② $F_{AB} = 7348\text{N}$, $F_{AC} = 8196\text{N}$
③ $F_{AB} = 8196\text{N}$, $F_{AC} = 5196\text{N}$
④ $F_{AB} = 1553\text{N}$, $F_{AC} = 5196\text{N}$

| 해답 | ②

$t-t$의 절단에서

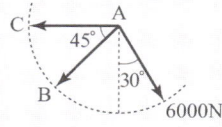

$\sum V_A = 0$: $6000\cos 30° + F_{AB}\sin 45° = 0$
$\therefore F_{AB} = -7348\text{N} = 7348\text{N}(압축)$
$\sum H_A = 0$: $-F_{AC} - F_{AB}\cos 45° + 6000\sin 30° = 0$
$\therefore F_{AC} = 6000\sin 30° - F_{AB}\cos 45°$
$= 6000\sin 30° - (-7348)\cos 45°$
$= 8196\text{N}$

☐☐☐ 산 15④,18①,20③

12 $P = 120\text{kN}$의 무게를 매달은 그림과 같은 구조물에서 T_1이 받는 힘은?

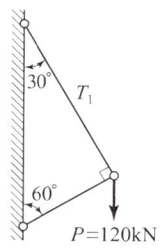

① 103.9kN(인장) ② 103.9kN(압축)
③ 60kN(인장) ④ 60kN(압축)

| 해답 | ①

시력도법에서 sin법칙 적용

$\dfrac{120\text{kN}}{\sin 90°} = \dfrac{T_1}{\sin 60°}$

$\therefore T_1 = \dfrac{120}{\sin 90°} \times \sin 60°$
$= 130.9\text{kN}(인장)$
($\because T_1$는 A방향으로 당기므로 인장)

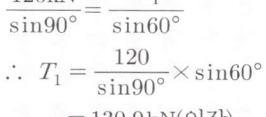

☐☐☐ 산 14②,18①

13 다음 중 정정구조물의 처짐 해석법이 아닌 것은?

① 모멘트 면적법 ② 공액보법
③ 가상일의 원리 ④ 처짐각법

| 해답 | ④

처짐각법(Slope Deflection Method) : 요각법이라고도 하며, 부정정 구조물 해법의 하나이다.

☐☐☐ 산 17,18①

14 다음 중 단면1차 모멘트의 단위로서 옳은 것은?

① cm ② cm^2
③ cm^3 ④ cm^4

| 해답 | ③

단면 1차 모멘트
- G = 면적 × 도심축에서 축까지의 거리
- 단위 : cm^3, m^3

□□□ 산 13④,17①,18①

06 그림과 같은 지름 80cm의 원에서 지름 20cm의 원을 도려낸 나머지 부분의 도심(圖心) 위치($\bar{y}$)는?

① 40.125cm
② 40.625cm
③ 41.135cm
④ 41.333cm

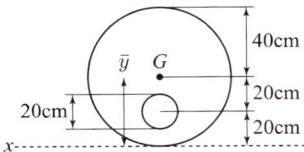

| 해답 | ④

$$\bar{y} = \frac{G_x}{A}$$

- $G_x = \frac{\pi D^2}{4} \times \frac{D}{2} - \frac{\pi d^2}{4} \times y$

  $= \frac{\pi \times 80^2}{4} \times 40 - \frac{\pi \times 20^2}{4} \times 20$

  $= 194778.74\,\text{cm}^3$

- $A = \frac{\pi D^2}{4} - \frac{\pi d^2}{4}$

  $= \frac{\pi \times 80^2}{4} - \frac{\pi \times 20^2}{4} = 4712.39\,\text{cm}^2$

  $\therefore \bar{y} = \frac{194778.74}{4712.39} = 41.333\,\text{cm}$

□□□ 산 12,16,18①

07 보의 단면에서 휨모멘트로 인한 최대 휨응력이 생기는 위치는 어느 곳인가?

① 중립축
② 중립축과 상단의 중간점
③ 중립축과 하단의 중간점
④ 단면 상·하단

| 해답 | ④

휨응력

- $\sigma = \frac{M}{I} y$
- 상하단에서 최대의 값을 가진다.
- 중립축에서 휨응력은 0이다.

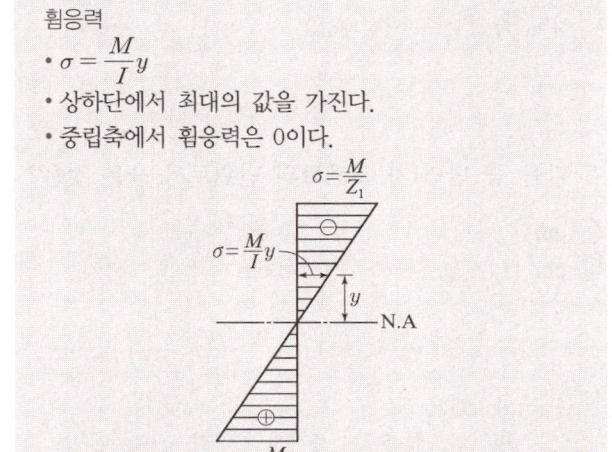

□□□ 산 03,12,18①

08 "재료가 탄성적이고 Hooke의 법칙을 따르는 구조물에서 지점침하와 온도 변화가 없을 때 한 역계 P_n에 의해 변형되는 동안에 다른 역계 P_m이 한 외적인 가상일은 P_m 역계에 의해 변형하는 동안에 P_n 역계가 한 외적인 가상일과 같다."는 것은 다음 중 어느 것인가?

① 베티의 법칙
② 가상일의 원리
③ 최소일의 정리
④ 카스틸리아노의 정리

| 해답 | ①

베티(Betti)의 법칙이라 한다.

$\sum P_m \Delta_{mn} = \sum P_n \Delta_{nm}$ 즉, $P_1 \delta_{12} = P_2 \delta_{21}$

- Δ_{mn} : P_n 역계의 작용에 의하여 일어난 P_m 역계 중 한 힘 작용점의 처짐
- Δ_{nm} : P_m 역계의 작용에 의하여 일어난 P_n 역계 중 한 힘 작용점의 처짐

□□□ 산 11,13,14,15,16,18①

09 그림 (A)의 양단힌지 기둥의 탄성좌굴하중이 200kN이었다면, 그림 (B)기둥의 좌굴하중은?

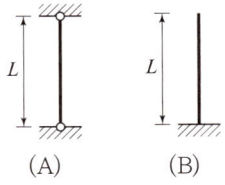

① 12.5kN
② 25kN
③ 50kN
④ 100kN

| 해답 | ③

$P_{cr} = \frac{n\pi^2 EI}{L^2}$

- 양단힌지 : $P_{cr} = 1\left(\frac{\pi^2 EI}{L^2}\right) = 200\,\text{kN}$

  $\therefore \frac{\pi^2 EI}{L^2} = 200\,\text{kN}$

- 일단고정 타단자유 :

  $P_{cr} = \frac{1}{4}\left(\frac{\pi^2 EI}{L^2}\right) = \frac{1}{4} \times 200 = 50\,\text{kN}$

일단고정 타단자유	$n = \frac{1}{4}$
양단힌지	$n = 1$
일단힌지 타단고정	$n = 2$
양단고정	$n = 4$

01 역학적인 개념 및 건설 구조물의 해석

제1회 2018년 3월 4일

01 지간 10m인 단순보에 등분포하중 200N/m가 만재되어 있을 때 이 보에 발생하는 최대 전단력은?

① 1000N ② 1250N
③ 1500N ④ 2000N

| 해답 | ①

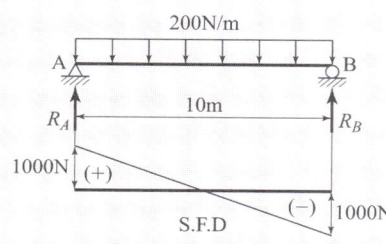

- $R_A = R_B = \dfrac{200 \times 10}{2} = 1000\text{N}(\because 대칭)$

∴ $S_A = S_{max} = 1000\text{N}$

02 그림과 같은 구조물에서 부재 AB가 받는 힘의 크기는?

① 30kN
② 60kN
③ 120kN
④ 180kN

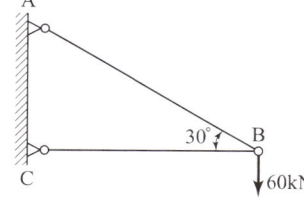

| 해답 | ③

시력도에서 sin법칙 적용

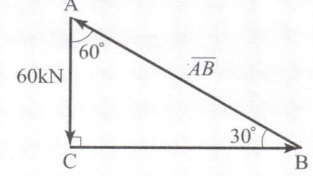

$\dfrac{60\text{kN}}{\sin 30°} = \dfrac{\overline{AB}}{\sin 90°}$

∴ $\overline{AB} = \dfrac{60}{\sin 30°} \times \sin 90° = 120\text{kN}$

03 아래의 정정보에서 A지점의 수직반력(R_A)은?

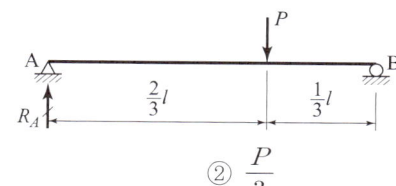

① $\dfrac{P}{4}$ ② $\dfrac{P}{3}$
③ $\dfrac{P}{2}$ ④ $\dfrac{2P}{3}$

| 해답 | ②

$\sum M_B = 0$

$R_A l - P \times \dfrac{1}{3}l = 0 \quad \therefore R_A = \dfrac{P}{3}$

04 지름이 50mm, 길이가 200cm인 탄성체 강봉을 15mm 만큼 늘어나게 하려면 얼마의 힘이 필요한가? (단, 탄성계수 $E = 2.1 \times 10^5$ MPa)

① 약 20613kN ② 약 2061kN
③ 약 30913kN ④ 약 3093kN

| 해답 | ④

$\Delta l = \dfrac{Pl}{EA}$ 에서 $P = \dfrac{EA\Delta l}{l}$

- $A = \dfrac{\pi d^2}{4} = \dfrac{\pi \times 50^2}{4} = 1963.5\text{mm}^2$

∴ $P = \dfrac{2.1 \times 10^5 \times 1963.5 \times 15}{2000} = 3092513\text{N} = 3093\text{kN}$

05 포아송비(ν)가 0.25인 재료의 포아송수(m)는?

① 2 ② 3
③ 4 ④ 5

| 해답 | ③

포아송수 $m = \dfrac{1}{\nu} = \dfrac{1}{0.25} = 4$

1 과목

CBT 과목별 스피드 마스터
구조설계

01 역학적인 개념 및 건설 구조물의 해석
02 철근콘크리트 및 강구조

 2018년   3월 4일 시행
              4월 28일 시행
              9월 15일 시행

 2019년   3월 3일 시행
              4월 27일 시행
              9월 21일 시행

 2020년   6월 6일 시행
              8월 22일 시행
              제4회 시행

토·목·산·업·기·사·필·기

2단계

Pick Remember
CBT 과목별 스피드 마스터

제1과목 구조설계
- 01 역학적인 개념 및 건설 구조물의 해석
- 02 철근콘크리트 및 강구조

제2과목 측량 및 토질
- 01 측량학
- 02 토질 및 기초

제3과목 수자원설계
- 01 수리학
- 02 상하수도 계획

| memo |

핵심문제

□□□ 산 00,06,10,13,17

01 펌프의 특성곡선은 펌프의 토출유량과 무엇의 관계를 나타낸 그래프인가?

① 양정, 비속도, 수격압력
② 양정, 효율, 축동력
③ 양정, 손실수두, 수격압력
④ 양정, 효율, 공동현상

| 해답 | ②
펌프특성곡선이란 일정한 양수량(토출유량)에 대하여 펌프가 갖는 양정(H), 효율(η) 및 축동력(P)의 관계를 나타낸 그래프를 말하며 펌프 선정 시 이용된다.

□□□ 산 01,03,07,16

02 펌프의 양수량을 조절하는 방식이 아닌 것은?

① 펌프의 회전 방향을 변경하는 방법
② 토출밸브의 개폐 정도를 변경하는 방법
③ 펌프의 회전수를 변화하는 방법
④ 펌프의 운전대수를 증감하는 방법

| 해답 | ①
Pump의 양수량(토출량) 조절방법
• 펌프의 회전수를 바꾸는 방법
• 펌프의 운전대수의 제어
• 펌프 토출밸브의 개폐제어
• 왕복펌프의 플랜지 스트로크를 변경

□□□ 산 02,07,09,11,14

03 상수도관 내의 수격현상(water hammer)을 경감시키는 방안으로 적합하지 않은 것은?

① 펌프의 급정지를 피한다.
② 에어챔버(air-chamber)를 설치한다.
③ 운전 중 관내 유속을 최대로 유지한다.
④ 관로에 압력조정 수조(surge tank)를 설치한다.

| 해답 | ③
수격 현상의 발생을 경감시키기 위해서는 관내의 유속을 경감시켜야 한다.

□□□ 산 97,98,02,08,15

04 지름이 0.2m, 길이 50m의 주철관으로 하수유량 2.4m³/min을 15m의 높이까지 양수하기 위한 펌프의 축동력은? (단, 전체 손실수두는 1.0m이고, 펌프의 효율은 85%)

① 9.9kW   ② 7.4kW
③ 6.3kW   ④ 5.4kW

| 해답 | ②

$P_s = \dfrac{1000QH_p}{102\eta}$

• $H_p = 15 + 1 = 16\text{m}$
• $Q = 2.4\text{m}^3/\text{min} = \dfrac{2.4}{60}\text{m}^3/\text{sec}$

∴ $P_s = \dfrac{1000 \times 2.4 \times 16}{102 \times 0.85 \times 60} = 7.4\text{kW}$

□□□ 산 06,09,15,16

05 펌프의 캐비테이션(공동현상) 방지대책으로 옳지 않은 것은?

① 펌프의 설치 위치를 가능한 한 높게 한다.
② 흡입관의 손실을 가능한 작게 한다.
③ 펌프의 회전속도를 낮게 선정한다.
④ 한쪽 흡입펌프보다는 양쪽 흡입펌프를 적용한다.

| 해답 | ①
펌프의 설치 위치를 가능한 낮게 한다.

□□□ 산 97,00,01,03,06,11,12

06 90% 효율을 가진 전동기에 의해 가동되는 효율 80%의 펌프를 가지고 250L/sec의 물을 20m의 총수두로 퍼 올릴 때 요구되는 전동기의 출력은? (단, 여유율은 없는 것으로 가정한다.)

① 61.27kW   ② 68.08kW
③ 82.23kW   ④ 91.37kW

| 해답 | ②

$P_s = \dfrac{1000QH_p}{102\eta}$

• $Q = 250\text{L/sec} = 0.250\text{m}^3/\text{sec}$
• $\eta = \eta_1 \times \eta_2 = 0.90 \times 0.80$

∴ $P_s = \dfrac{1000 \times 0.250 \times 20}{102 \times 0.80 \times 0.90} = 68.08\text{kW}$

알아두기

🔧 펌프 선정시 고려 사항
- 펌프의 특성
- 펌프의 동력
- 펌프의 양정
- 펌프의 효율
- 펌프의 종류

🔧 Pump의 양수량(토출량) 조절방법
- 펌프의 회전수를 바꾸는 방법
- 펌프의 운전대수의 제어
- 펌프 토출밸브의 개폐제어
- 왕복펌프의 플랜지의 스트로크를 변경

🔧 수격작용(water hammer)
펌프의 관수로에서 정전에 의하여 펌프가 급정지하는 경우 관로 유속의 급격한 변화에 따라 관내 압력이 급상승하거나 급하강하는 현상을 수격현상

🔧 부압(수주분리)발생의 방지법
- 펌프에 플라이휠(fly-wheel)을 붙인다.
- 토출측 관로에 조압수조(surge tank)를 설치한다.
- 토출측 관로에 한방향 조압수조를 설치한다.
- 압력수조(air-chamber)를 설치한다.

14 펌프의 특성

1 펌프의 특성곡선

(1) 펌프의 특성곡선 : 양정(H), 효율(η), 축동력(P)이 펌프용량(Q)의 변화에 따라 변하는 관계를 각기의 최대효율점에 대한 비율로 나타낸 곡선

(2) 펌프의 표준특성(양정, 축동력, 효율)곡선
- 총양정(H) 곡선 : 비교회전도(N_s)가 적을 때는 수량의 변화에 대해 양정의 효율이 적다.
- 축동력(P) 곡선 : N_s가 대체로 600 이하일 때는 유량이 적을수록 축동력이 떨어져 체질양정이 최소로 된다.
- 효율(η) 곡선 : N_s가 적을수록 효율곡선은 완만하게 되고, 유량변화에 대해 효율변화의 비율이 적다.

2 펌프구경

(1) 펌프의 흡입구경
- 펌프의 토출구경은 흡입구경, 전양정 및 비교회전도 고려하여 정한다.

$$D = 146\sqrt{\frac{Q}{V}}$$

여기서, Q : 펌프의 토출량(m³/min), V : 흡입구의 유속(m/s)

3 펌프의 동력

(1) 축동력[kW] : $P_s = \dfrac{1000\,QH_p}{102\eta} = \dfrac{9.8\,QH_p}{\eta}$

(2) 동력의 마력[HP] : $P_s = \dfrac{1000\,QH_p}{75\eta} = \dfrac{13.33\,QH_p}{\eta}$

(3) 원동기의 출력 : $P = \dfrac{P_s(1+\alpha)}{\eta_b}$

4 펌프의 공동현상(Cavitation)

(1) 정의 : 펌프의 임펠러 입구에서 정압이 그 수온에 상당하는 포화 증기압 이하가 되면 그 부분의 물이 증발해서 공동이 생기거나 흡입관으로부터 공기가 흡입되어 공동이 생기는 현상

(2) 공동현상 방지책
- 펌프의 회전수를 낮게 선정하여 필요유효흡입수두를 작게한다.
- 흡입관의 손실을 가능한 한 작게 한다.
- 펌프의 설치위치를 가능한 한 낮추도록 한다.
- 흡입측 밸브를 완전히 개방하고 펌프를 운전한다.

핵심문제

□□□ 산 13
01 양정변화에 대하여 수량의 변동이 적고 또 수량변동에 대해 동력의 변화도 적으므로 우수용의 양수펌프 등 수위변동이 큰 곳에 적합한 펌프는?

① 왕복펌프   ② 사류펌프
③ 원심펌프   ④ 축류펌프

| 해답 | ②
사류펌프
- 양정변화에 대하여 수량의 변동이 적고 또 수량변동에 대해 동력의 변화도 적으므로 우수용의 양수펌프 등 수위변동이 큰 곳에 적합하다.
- 상하수도용, 냉각수 순환용, 농업용, 도크 배수용에 사용된다.

□□□ 산 06,09,11,13
02 펌프의 성능상태에서 비속도(N_s) 값의 정의로 옳은 것은?

① 물을 1m 양수하는데 필요한 회전수
② 1HP의 동력으로 물을 1m 양수하는데 필요한 회전수
③ 물을 1m³/min의 유량으로 1m 양수하는데 필요한 회전수
④ 1HP의 동력으로 물을 1m³/min 양수하는데 필요한 회전수

| 해답 | ③
비교회전도(N_s, specific speed)
유량 1m³/min을 1m 양수하는데 필요한 회전수로 펌프의 특성 및 형식을 나타내는 지표

□□□ 산 95,96,08,12,13,15,17
03 펌프의 비교회전도(N_s)에 대한 설명으로 옳지 않은 것은?

① N_s가 클수록 높은 곳까지 양정할 수 있다.
② N_s가 클수록 유량은 많고 양정은 작은 펌프이다.
③ 유량과 양정이 동일하면 회전수가 클수록 N_s가 커진다.
④ N_s가 같으면 펌프의 크기에 관계없이 대체로 형식과 특성이 같다.

| 해답 | ①
N_s가 클수록 유량은 많고 저양정 펌프를 의미한다.

□□□ 산 08,15
04 펌프와 부속설비의 설치에 관한 설명으로 옳지 않은 것은?

① 펌프의 흡입관은 공기가 갇히지 않도록 배관한다.
② 필요에 따라 축봉용, 냉각용, 윤활용 등의 급수설비를 설치한다.
③ 펌프의 운전상태를 알기 위하여 펌프 흡입측에는 압력계를 토출측에는 진공계를 설치한다.
④ 흡상식 펌프에는 풋밸브(foot valve)를 설치하지 않을 경우에는 마중물용의 진공펌프를 설치한다.

| 해답 | ③
펌프의 흡입측에는 진공계, 토출측에는 압력계를 반드시 설치한다.

□□□ 산 96,98,11,12,14,15
05 펌프에 관한 설명으로 틀린 것은?

① 일반적으로 용량이 클수록 효율은 떨어진다.
② 흡입구경은 유량과 흡입구의 유속에 의해 결정된다.
③ 토출구경은 흡입구경, 전양정, 비교회전도 등을 고려하여 정한다.
④ 침수우려가 있는 곳에서 입축형 또는 수중형을 설치한다.

| 해답 | ①
펌프는 용량이 클수록 효율이 높으므로 가능한 대용량의 것을 사용한다.

□□□ 산 95,96,08,12,13,15,17
06 펌프에 대한 설명으로 틀린 것은?

① 수격현상은 펌프의 급정지 시 발생한다.
② 손실수두가 작을수록 실양정은 전양정과 비슷해진다.
③ 비속도(비교회전도)가 클수록 같은 시간에 많은 물을 송수할 수 있다.
④ 흡입구경은 토출량과 흡입구의 유속에 의해 결정된다.

| 해답 | ③
비교회전도(N_s)가 클수록 펌프는 소형으로 많은 물을 송수할 수 없다.

13 펌프장계획

1 펌프의 형식

(1) 사류펌프 : 양정변화에 대하여 수량의 변동이 적고 또 수량변동에 대해 동력의 변화도 적으므로 우수용의 양수펌프 등 수위변동이 큰 곳에 적합한 펌프
(2) 축류펌프 : 대구경(400mm 이상) 관을 사용하여 저양정(5m 이하)으로 하수를 양수하는데 가장 적합한 펌프형식
(3) 와권펌프 : 임페러의 회전에 의해서 물의 원심력을 발생시키고 이것을 수압력 및 속도에너지로 전환해서 양수하는 펌프
(4) 원심펌프 : 일반적으로 효율이 높고, 적용 범위가 넓으며, 적은 유량을 가감하는 경우 소요동력이 적어도 운전에 지장이 없다.

2 비교회전도(Ns, specific speed)

(1) 비교회전도 : 유량 1m³/min을 1m양수하는데 필요한 회전수로 펌프의 특성 및 형식을 나타내는 지표

$$N_s = N \frac{Q^{1/2}}{H^{3/4}}$$

(2) 비교회전도(N_s)의 특징
  • 비교회전도가 적으면 유량이 적고 고양정의 펌프
  • 비교회전도가 크면 유량이 크고 저양정의 펌프
  • 수량과 전양정이 같다면 회전수가 많을수록 비교회전도가 크다.

3 펌프의 일반사항

(1) 펌프의 설치대수 및 용량
  • 펌프는 용량이 클수록 효율이 높으므로 가능한 대용량의 것을 사용한다.
  • 지하수위가 낮고 지질이 양호하여 지진의 피해가 없는 위치이어야 한다.
  • 수량변화가 큰 경우, 대소 두 종류의 펌프를 설치하거나 또는 회전속도제어 등에 의하여 토출량을 제어한다.
  • 펌프는 예비기를 설치하되 펌프가 정지되더라도 급수에 지장이 없는 경우에는 생략할 수 있다.
  • 펌프는 가능한 한 동일용량으로 하여 소모품이나 예비품의 호환성을 갖게 한다.

(2) 펌프와 부속설비의 설치
  • 펌프의 흡입관은 공기가 갇히지 않도록 배관한다.
  • 필요에 따라 축복용, 냉각용, 윤활용 등의 급수설비를 설치한다.
  • 펌프의 흡입측에는 진공계, 토출측에는 압력계를 반드시 설치한다.
  • 흡상식 펌프에는 풋밸브(foot valve)를 설치하지 않을 경우에는 마중물용의 진공펌프를 설치한다.

펌프 운전점
펌프의 양정곡선과 관로 저항곡선의 교점

비교회전도 용어
N : 펌프의 회전수(rpm)
Q : 펌프의 토출량(m³/min)
H : 최고 효율점의 전양정(m)

하수 펌프장의 용도
• 관거의 매설 깊이가 깊고 유량 조절이 필요할 경우
• 물을 중력에 의한 자연유하식으로 수송할 수 없을 경우

핵 심 문 제

□□□ 산 06,11,15,19①

01 반송슬러지 농도를 X_R, 슬러지반송비를 R이라고 할 때, 반응조 내의 MLSS 농도 X를 구하는 식은? (단, 유입수의 SS는 무시함)

① $X = \dfrac{X_R}{(1-R)}$ ② $X = \dfrac{R \times X_R}{(1+R)}$

③ $X = R \times (X_R + 1)$ ④ $X = \dfrac{R \times X_R}{(1-R)}$

| 해답 | ②

$$X = \dfrac{R \times X_R}{(1+R)}$$

□□□ 산 06,10,16

02 활성슬러지법에 의하여 폐수를 처리할 경우 폭기조 혼합액의 MLSS가 2000mg/L이고, 이것을 30분간 정체시킨 침전슬러지량이 시료의 30%라면 슬러지지표(SVI)는?

① 50 ② 100
③ 150 ④ 200

| 해답 | ③

$$SVI = \dfrac{SV(\%) \times 10^4}{MLSS 농도(mg/L)}$$
$$= \dfrac{30 \times 10^4}{2000} = 150$$

□□□ 산 97,04,07,08,16

03 활성슬러지법에서 유입하수의 BOD_5가 180mg/L, SS가 200mg/L, 폭기조 체류시간 6시간, 폭기조의 MLSS가 2000mg/L일 때 BOD-SS부하(F/M비)는?

① 0.02kg/kg·MLSS·d ② 0.36kg/kg·MLSS·d
③ 0.40kg/kg·MLSS·d ④ 0.76kg/kg·MLSS·d

| 해답 | ②

$$F/M비 = \dfrac{BOD}{MLSS \cdot t}$$
$$= \dfrac{180}{2000 \times \dfrac{6}{24}} = 0.36 kg/kg \cdot MLSS \cdot d$$

□□□ 산 97,07,09,11,13,15,16

04 활성슬러지법에서 MLSS가 의미하는 것은?

① 폐수 중의 고형물
② 방류수 중의 부유물질
③ 폭기조 중의 부유물질
④ 침전지 상등수 중의 부유물질

| 해답 | ③

MLSS
폭기조내의 혼합액 부유물질로서 폭기조내의 미생물을 말한다.

□□□ 산 06,11,15

05 슬러지 반송비가 0.4, 반송슬러지의 농도가 1%일 때 포기조 내의 MLSS 농도는?

① 1234mg/L ② 2857mg/L
③ 3325mg/L ④ 4023mg/L

| 해답 | ②

MLSS 농도 $X = \dfrac{R \times X_R}{(1+R)}$

• 슬러지 반송비 $R = 0.4$
• 반송슬러지 농도 $X_R = 1\% = 0.01$

$$\therefore X = \dfrac{0.4 \times 0.01}{1 + 0.4}$$
$$= 0.002857 ppm = 0.002857 \times 10^6 = 2857 mg/L$$

□□□ 산 98,02,09,12,13

06 SVI(Sludge Volume Index)에 대한 설명으로 옳지 않은 것은?

① 측정시료는 2차침전지에서 채취한다.
② 활성슬러지의 침강성을 나타내는 지표이다.
③ SVI는 50~150의 범위가 적당하다.
④ 활성슬러지 팽화여부를 확인하는 지표로 사용한다.

| 해답 | ①

슬러지의 용적지수(SVI)
• 슬러지의 팽화 여부를 확인하는 지표로 사용한다.
• 활성슬러지의 침강성을 나타내는 지표이다.
• 지표가 200 이상이면 슬러지 팽화를 의심한다.
• SVI가 50~150일 때 침전성은 양호하다.
• 폭기조 내 혼합액 $1l$ 를 30분간 침전시킨 후 1g의 MLSS가 점유하는 침전 슬러지의 부피(ml)로 나타낸다.

알아두기

활성슬러지법의 종류
- 표준활성슬러지법
- 점감포기법
- 순산소활성슬러지법
- 장기포기법
- 산화구법
- 회분식활성슬러지법
- 혐기·호기활성슬러지법
- 접촉안정법

슬러지 팽화
최종침전지에서 활성슬러지의 SVI가 크고 침강성이 악화되어 고액분리를 충분히 할 수 없는 경우를 슬러지 팽화라 한다.

접촉안정법
활성슬러지법의 변법 중 미생물에 의한 유기물 흡수와 흡수된 유기물의 산화가 별도의 처리조에서 수행되는 처리법

장기포기법
일차 침전지를 생략하고, 유기물부하를 낮게 하여 잉여슬러지의 발생을 제한하는 방법으로 잉여슬러지의 발생량이 표준활성슬러지법에 비해 적다.

고형물 체류시간(SRT)의 영향 인자
산소 요구량, 운전온도, 미생물 성장속도, 포기시간, 혼합액의 부유물(MLSS)량, 슬러지 생산량

12 활성슬러지법

1 활성슬러지법

(1) 공정도 : 침사지 → 1차 침전지 → 폭기조 → 2차 침전지 → 소독조 → 방류

(2) 활성슬러지법 : 호기성 미생물(호기성 세균)의 대사작용에 의해 하수중의 부패성 유기물(BOD)을 분해 제거하는 생물학적 방법

(3) 슬러지의 반송 목적
- 폭기조내 MLSS농도를 일정하게 유지하기 위해 반송 슬러지를 폭기조로 다시 보냄
- 폭기조의 유입점에서 유입 하수와 반송 슬러지를 혼합하고 폭기조로 보내고, 폭기조에서 혼합액을 폭기시켜 폭기조의 농도를 유지시킨다.

2 활성슬러지에 관련된 공식

(1) 슬러지 용량지표(SVI)
- $SVI = \dfrac{SV(\%) \times 10^4}{MLSS농도(mg/L)} = \dfrac{30분\ 침전\ 후의\ 슬러지\ 부피(mL/L)}{MLSS농도(mg/L)} \times 1000$
- 활성슬러지의 침강성을 나타내는 지표이다.
- SVI가 작을수록 슬러지가 농축되기 쉽다.

(2) 슬러지 밀도지수 : $SDI = \dfrac{100}{SVI}$

(3) 고형물 체류시간 : $SRT = \dfrac{V \cdot X}{X_r \cdot Q_w + (Q - Q_w)X_c}$

(4) F/M비 : $F/M비 = \dfrac{BOD농도 \cdot Q}{MLSS농도 \cdot V} = \dfrac{BOD농도}{MLSS \cdot t}$

(5) BOD 용적부하($kgBOD/m^3 \cdot d$)
$= \dfrac{1일\ BOD\ 유입량(kgBOD/d)}{폭기조\ 부피(m^3)} = \dfrac{하수량 \times 하수의\ BOD}{폭기조\ 부피(V)}$

(6) MLSS
- 폭기조 내의 혼합액 부유물질로서 폭기조내의 미생물을 말한다.
- $MLSS = \dfrac{BOD}{(F/M) \cdot t}$
- MLSS 농도 $X = \dfrac{R \times X_r}{(1+R)}$

(7) 슬러지 반송율 $r = \dfrac{X - SS}{X_r - X} \times 100$

X : 포기조 내의 슬러지 농도, SS : 유입수의 SS농도, X_r : 반송 슬러지의 SS농도

(8) 폭기시간 $t = \dfrac{V}{Q(1+r)}$

핵심문제

□□□ 산 10,17
01 하수처리방법 중 생물학적 처리방법이 아닌 것은?

① 산화구법 ② 표준활성슬러지법
③ 접촉산화법 ④ 중화처리법

| 해답 | ④
- 화학적 처리 방법 : 중화처리법, 산화 환원법, 응집법, 소독법
- 생물학적 처리 방법 : 활성슬러지법, 살수 여상법, 산화구법, 접촉산화법, 회전 원판법
- 물리적 처리법 : 침전법, 부상법, 여과법, 폭기법, 흡착법

□□□ 산 12,15
02 2000ton/d의 하수를 처리할 수 있는 원형방사류식 침전지에서 체류시간은? (단, 평균수심 3m, 직경 8m)

① 1.6hr ② 1.7hr
③ 1.8hr ④ 1.9hr

| 해답 | ③
$$t = \frac{\text{침전지 용적}(V)}{\text{처리 수량}(Q)}$$
- $V = \frac{\pi d^2}{4} h = \frac{\pi \times 8^2}{4} \times 3 = 150.80 \text{m}^3$
- $Q = \frac{2000(\text{t/d})}{24(\text{hr})} = 83.33 \text{t/hr}$
- $\therefore t = \frac{150.80}{83.33} = 1.8 \text{hr}$

□□□ 산 13,16
03 하수처리장 계획시 고려할 사항으로 옳지 않은 것은?

① 처리시설은 계획 시간 최대오수량을 기준으로 하여 계획한다.
② 처리장의 부지면적은 확장 및 향후 고도처리 계획 등을 예상하여 계획한다.
③ 처리장위치는 방류수역의 물 이용상황 및 주변의 환경조건을 고려하여 정한다.
④ 처리시설은 이상 수위에서도 침수되지 않는 지반고에 설치하거나 방호시설을 설치한다.

| 해답 | ①
하수처리장 시설은 계획 1일 최대오수량을 기준으로 하여 계획한다.

□□□ 산 96,98,99,09,11,13
04 수심 4m이고 체류시간이 2시간인 침사지의 표면부하율은?

① $24\text{m}^3/\text{m}^2 \cdot \text{day}$ ② $36\text{m}^3/\text{m}^2 \cdot \text{day}$
③ $48\text{m}^3/\text{m}^2 \cdot \text{day}$ ④ $56\text{m}^3/\text{m}^2 \cdot \text{day}$

| 해답 | ③
$$V = \frac{Q}{A} = \frac{H}{t} = \frac{4 \times 24(\text{hr})}{2(\text{hr})} = 48 \text{m}^3/\text{m}^2 \cdot \text{day}$$

□□□ 산 07,15
05 하수도의 구성에 대한 설명으로 옳지 않은 것은?

① 배제방식은 합류식과 분류식으로 대별할 수 있다.
② 처리시설은 물리적, 생물학적, 화학적 시설로 대별할 수 있다.
③ 방류시설은 자연유하와 펌프시설에 의한 강제유하로 구분할 수 있다.
④ 슬러지 처리방법에는 침전, 여과, 소독 등이 주로 사용된다.

| 해답 | ④
일반적인 슬러지 처리방법
농축(함수율감소) → 소화(안정화) → 개량(탈수성향상) → 탈수 및 건조(감량화) → 최종처분(자원화)

□□□ 산 97,98,02,03,07,08,10,15,16
06 수분 98%인 슬러지 30m³을 농축하여 수분 94%로 했을 때의 슬러지량은?

① 10m^3 ② 12m^3
③ 15m^3 ④ 18m^3

| 해답 | ①
$$V_2 = \frac{V_1(100-w_1)}{100-w_2} = \frac{30(100-98)}{100-94} = 10\text{m}^3$$

□□□ 산 17
07 생물학적 처리에 주요한 역할을 하는 미생물은?

① 균류 ② 박테리아
③ 원생동물 ④ 조류

| 해답 | ②
생물학적 처리방법은 하수 중에 존재하는 유기물 중에서 생물학적으로 분해 가능한 유기물을 미생물(박테리아)을 이용하여 제거시키는 방법이다.

11 하수처리

1 하수처리장 시설

(1) 도시하수처리계통도 : 유입 – 스크린 – 침사지 – 1차 침전지 – 폭기조 – 2차 침전지 – 소독조

(2) 하수처리방법의 선정 기준
- 유입하수량과 수질부하
- 처리수의 목표수질
- 처리장의 입지조건
- 수질환경기준 설정 현황
- 건설비 및 유지관리 등 경제성

(3) 하수처리장시설
- 하수처리시설은 물리적, 생물학적, 화학적 시설로 대별할 수 있다.
- 물리적 처리 : 침전법, 부상법, 여과법, 폭기법, 흡착법
- 화학적 처리 : 산화 환원법, 중화법, 응집법, 소독법, 화학약품 사용
- 생물학적 처리 : 활성슬러지법, 살수 여상법, 회전원판법, 계단식 폭기법, 접촉 산화법 등
- 하수의 살균 소독방법 : 염소, 이산화 염소, 오존, 자외선, 방사선

(4) 하수처리에 사용되는 화학적 단위공정

공정	적용예
흡착 공정	일반적인 화학적, 생물학적 처리방법으로 제거되지 않는 유기물질의 제거
살균 공정	질병유발 미생물의 선택적 사멸(염소, 오존, 자외선 등)
탈염소 공정	염소 살균 후에 남아있는 모든 잔류염소를 제거

2 침전지

(1) 침전지 용량 및 면적
- 용량 $V = \dfrac{Q}{A} = \dfrac{H}{T}$, 면적 $A = \dfrac{Q \cdot t}{H}$

(2) 표면부하율 $V = \dfrac{Q(\mathrm{m^3/day})}{A(\mathrm{m^2})}$

(3) 월류위어 부하 = $\dfrac{유입유량(\mathrm{m^3/day})}{월류위어의\ 길이(\mathrm{m})}$

3 슬러리 계통도

(1) 슬러지 처리공정
생슬러지 – 농축 – 소화(안정) – 개량 – 탈수 및 건조 – 연소 – 최종 처리

(2) 함수율과 슬러리 부피의 관계

$$\dfrac{V_1}{V_2} = \dfrac{100 - w_2}{100 - w_1}$$

여기서, V_1, V_2 : 슬러지의 부피, w_1, w_2 : 슬러지의 함수율

핵 심 문 제

□□□ 산 02,07,09,16
01 하수도의 관거시설 중 역사이펀에 관한 설명으로 틀린 것은?

① 역사이펀실에는 수문설비 및 이토실을 설치한다.
② 역사이펀 관거는 일반적으로 복수로 한다.
③ 역사이펀의 양측에 수직으로 역사이펀실을 설치한다.
④ 역사이펀 관거 내의 유속은 상류측 관거 내의 유속보다 작게 한다.

| 해답 | ④
역사이펀 관거 내의 유속은 상류측 관거내의 유속을 20~30% 증가시킨 것으로 한다.

□□□ 산 95,98,99,01,07,15
02 우수조정지를 설치하는 위치로서 적절하지 않은 것은?

① 오수발생량이 많은 곳
② 하류관거 유하능력이 부족한 곳
③ 방류수로 유하능력이 부족한 곳
④ 하류지역 펌프장 능력이 부족한 곳

| 해답 | ①
우수 조정지의 설치 장소(위치)
• 하수관거의 유하 능력이 부족한 곳
• 하류지역의 펌프장 능력이 부족한 곳
• 방류수역의 유하 능력이 부족한 곳

□□□ 산 08,12,15
03 하수관거 외압산정시 마스톤(Marston)공식에 의해 계산되는 하중(W : [kN/m])은? (단, C_1 : 흙 두께와 종류에 따라 결정되는 상수, r : 매설토의 단위중량(kN/m^3), B : 폭 요소로서 관의 상부 90° 부분에서의 관매설을 위하여 굴토한 도랑의 폭(m))

① $W = C_1 \times r \times B$
② $W = C_1 \times r^2 \times B$
③ $W = C_1 \times r / B$
④ $W = C_1 \times r \times B^2$

| 해답 | ④
$W = C_1 \times r \times B^2$

□□□ 산 16
04 하수관거시설 중 연결관에 대한 설명으로 옳지 않은 것은?

① 연결관의 경사는 1% 이상으로 한다.
② 연결관의 최소관경은 150mm로 한다.
③ 연결위치는 본관의 중심선보다 아래로 한다.
④ 본관연결부는 본관에 대하여 60° 또는 90°로 한다.

| 해답 | ③
연결위치는 본관의 중심선보다 윗부분 45° 부근으로 한다.

□□□ 산 98,02,12,14
05 도시화에 의한 우수 유출량의 증대로 하수관거 및 방류수로의 유하 능력이 부족한 곳에 설치하여 하류 지역의 우수 유출이나 침수 방지에 효과적인 기능을 발휘하는 시설은?

① 토구
② 침사지
③ 우수받이
④ 우수 조정지

| 해답 | ④
우수 조정지라 한다.

□□□ 산 00,08,13,14
06 관경이 500mm인 하수관거를 직선부에 설치하고자 한다. 맨홀(manhole) 최대간격은?

① 50m
② 75m
③ 100m
④ 150m

| 해답 | ②
관경이 500mm인 하수관거 : 75m

□□□ 산 07,11,13
07 우수 조정지의 표준적인 구조형식에 해당되지 않는 것은?

① 댐식(제방높이 15m 미만)
② 굴착식
③ 지하식
④ 탑식

| 해답 | ④
우수 조정지의 구조 형식
댐식(제방높이 15m 미만), 굴착식, 지하식, 현지 저류식

알아두기

우수 토실
합류식 하수도에서 강우시에 하수관거의 도중에서 우수를 배제하거나 분류시키는 시설물

우수 조정지의 구조형식
- 댐식
- 굴착식
- 지하식
- 현지 저류식

토구(吐口 ; outfall)
하수도 시설로부터 하수를 공공수역에 방류하는 시설이다.

맨홀의 설치장소
- 관거의 기점
- 관거의 방향, 경사, 관경이 변화하는 장소
- 단차가 발생하는 장소
- 관거가 합류하는 장소
- 관거의 유지관상 필요한 장소

---

10 우수조정지 계획

1 우수조정지(유수지)

(1) 정의 : 도시화에 의한 우수 유출량의 증대로 하수관거 및 방류수로의 유하능력이 부족한 곳에 설치하여 하류 지역의 우수 유출이나 침수 방지에 효과적인 기능을 발휘하는 시설

(2) 우수 조정지의 설치 장소(위치)
- 하류지역 펌프장 능력이 부족한 곳
- 하류관거의 유하능력 부족한 곳
- 방류수로 유하능력이 부족한 곳
- 우수 유출량의 증대로 침수방지가 필요한 곳
- 분류식과 합류식 하수도에 설치

2 역사이펀

(1) 역사이펀 관거의 유입구와 유출구에는 손실수두를 적게하기 위하여 종모양(bellmouth)형으로 한다.
(2) 역사이펀의 구조는 장해물 양측의 역사이펀실을 설치하고 이것을 역사이펀 관거로 연결한다.
(3) 역사이펀 관거의 관내 유속은 상류관거의 관내 유속보다 20~30% 증가 시킨다.
(4) 역사이펀 관거는 폐쇄시의 대책이나 청소시 하수의 배수 대책 등을 고려하여 일반적으로 복수로 한다.
(5) 역사이펀 관거의 설치 위치는 교대, 교각 등의 바로 밑은 피한다.
(6) 역사이펀실에는 수문설비 및 깊이 0.5m정도의 이토실을 설치한다.

3 맨홀의 관경별 최대간격

관경(mm)	600 이하	600 초과 ~1000 이하	1000 초과 ~1500 이하	1650 이상
최대간격	75m	100m	150m	200m

4 하수관시설의 연결관

(1) 연결관은 받이와 하수관거를 연결해서 하수를 본관에 유집(流集)시키기 위하여 도로를 횡단하여 매설하는 것
(2) 부설방향은 본관에 대하여 직각으로 부설한다.
(3) 본관연결부는 본관에 대하여 60° 또는 90°로 한다.
(4) 연결위치는 본관의 중심선보다 윗부분 45° 부근으로 한다.
(5) 연결관의 경사는 1% 이상으로 하고, 본관의 중심선보다 위쪽으로 한다.
(6) 연결관의 최소관경은 150mm로 한다.

핵심문제

□□□ 산 97,01,06,13,14,19②

01 합류식 관거에서의 계획하수량으로 옳은 것은?

① 계획시간 최대오수량
② 계획오수량
③ 계획평균오수량
④ 계획시간 최대오수량 + 계획우수량

| 해답 | ④
합류식관거에서는 계획시간최대오수량에 계획우수량을 합한 것으로 한다.

□□□ 산 97,08,09,13,17

02 ( )안에 들어갈 수치가 순서대로 바르게 짝지어진 것은?

> 침전이나 퇴적방지를 위하여 설정하는 최소허용유속은 도수관에서는 ( )m/s, 우수관에서는 ( )m/s, 오수관에서는 ( )m/s를 적용한다.

① 0.3, 0.3, 0.3
② 0.3, 0.6, 0.6
③ 0.3, 0.8, 0.6
④ 0.6, 0.8, 3.0

| 해답 | ③
- 도수관에서는 모래 입자의 침전을 방지하기 위해서 최소유속은 0.3m/s
- 우수관거 및 합류관거 내에서의 부유물 침전을 막기 위하여 계획우수량에 대하여 최소 유속은 0.8m/s
- 오수관거 내에서 부유물 침전방지를 위해 계획하수량에 대해 최소유속은 0.6m/sec

□□□ 산 96,98,10,11,16,17②,20③

03 오수관거 및 우수관거의 최소관경에 대한 표준으로 옳은 것은?

① 오수관거 100mm, 우수관거 150mm
② 오수관거 150mm, 우수관거 100mm
③ 오수관거 200mm, 우수관거 250mm
④ 오수관거 250mm, 우수관거 200mm

| 해답 | ③
하수도의 최소관경
- 오수관거 : 200mm를 표준
- 우수 및 합류관거 : 250mm를 표준

□□□ 산 12,13,17

04 하수관거 접합에 관한 설명으로 옳지 않은 것은?

① 2개의 관거가 합류하는 경우 두 관의 중심교각은 가급적 60° 이하로 한다.
② 지표의 경사가 급한 경우에는 원칙적으로 단차접합 또는 계단접합으로 한다.
③ 2개의 관거가 합류하는 경우의 접합방법은 관저접합을 원칙으로 한다.
④ 접속 관거의 계획수위를 일치시켜 접속하는 방법을 수면접합이라 한다.

| 해답 | ③
관거의 관경이 변화하는 경우 또는 2개의 관거가 합류하는 경우의 접합방법은 원칙적으로 수면접합 또는 관정접합으로 한다.

□□□ 산 96,98,00,02,04,07,08,09,11,15①,16①②,19④

05 하수관거에서 관정부식(crown corrosion)의 주된 원인 물질은?

① 황화합물
② 질소화합물
③ 철화합물
④ 인화합물

| 해답 | ①
- 황화합물(S)이 원인이 되어 관정부식이 발생한다.
- 황화수소(H_2S)가 하수관내의 공기 중으로 솟아오르면서 콘크리트관을 부식파괴하는 현상을 관정부식이라 한다.

□□□ 산 99,00,01,04,06,08,11,15

06 하수관거가 갖추어야 할 특성에 대한 설명으로 옳지 않은 것은?

① 외압에 대한 강도가 충분하고 파괴에 대한 저항이 커야 한다.
② 유량의 변동에 대해서 유속의 변동이 큰 수리특성을 지닌 단면형이 좋다.
③ 산 및 알칼리의 부식성에 대해서 강해야 한다.
④ 이음의 시공이 용이하고, 그 수밀성과 신축성이 높아야 한다.

| 해답 | ②
유량의 변동에 대해서 유속의 변동이 적은 수리특성을 지닌 단면형이 좋다.

09 계획하수량

1 계획하수량

(1) 유속 및 경사
- 오수관거 : 계획시간최대오수량에 대하여 유속을 최소 0.6m/s, 최대 3.0m/s로 한다.
- 우수관거 및 합류관거 : 계획우수량에 대하여 유속을 최소 0.8m/s, 최대 3.0m/s로 한다.
- 오수관거, 우수관거 및 합류관거의 이상적인 유속은 1.0~1.8m/sec정도이다.

관거의 종류	최소관경	최소유속	최대유속	관거의 최소 흙덮이
오수관거	200mm	0.6m/sec	3.0m/sec	관거의 최소토피 1m
우수 및 합류관거	250mm	0.8m/sec	3.0m/sec	차도 1m, 보도 1m 이상

> **관거별 계획하수량**
> - 오수관거 : 계획 시간 최대오수량
> - 우수관거 : 계획우수량
> - 합류관거 : 계획시간 최대오수량 + 계획 우수량
> - 차집관거 : 우천시 계획오수량

(2) 관거의 접합
- 관거의 관경이 변화하는 경우 또는 2개의 관거가 합류하는 경우의 접합방법은 원칙적으로 수면접합 또는 관정접합으로 한다.
- 지표의 경사가 급한 경우에는 관경변화에 대한 유무에 관계없이 원칙적으로 지표의 경사에 따라서 단차접합 또는 계단접합으로 한다.
- 2개의 관거가 합류하는 경우의 중심교각은 60° 이하로 하고 곡선을 갖고 합류하는 경우의 곡률반경은 내경의 5배 이상으로 한다.

■ 관거의 접합방법

수면접합	수리학적으로 대개 계획수위를 일치시켜 접합시키는 것
관정접합	유수는 일정한 흐름이 되지만 굴착깊이가 증가됨으로 공사비가 증대된다.
관중심접합	수면접합과 관정접합의 중간적인 방법
관저접합	굴착깊이를 얕게 함으로 공사비용을 줄일 수 있다.
단차접합	지표의 경사가 급한 경우에 이용되는 방법
계단접합	통상 대구경관거 또는 현장타설관거에 설치

(3) 하수관거의 요구조건
- 관거내면이 매끈하여 조도계수가 낮을 것
- 접속 시공이 용이하고, 그 수밀성과 신축성이 높을것
- 중량이 작고, 운반 및 설치공사에 지장이 생기지 않을 것
- 외압에 대한 강도가 충분하고 파괴에 대한 저항력이 클것
- 유량의 변동에 대해서 유속의 변동이 적은 수리특성을 가진 단면형일 것
- 산 및 알칼리에 대한 내부식성과 모래의 유하에 대한 내마모성이 강할 것

> **마스톤(Marston)공식**
> $W = C_1 \times \gamma \times B^2$
>
> 관거의 최소 흙두께는 원칙적으로 1m로 한다.

2 관정부식

(1) 황화수소(H_2S)가 하수관내의 공기중으로 솟아오르면서 콘크리트관을 부식파괴하는 현상을 관정부식이라 한다.
(2) 황화합물(S)이 원인이 되어 관정부식이 발생한다.

핵심문제

□□□ 산 98,01,04,07,13,15①,18④,19④

01 우리나라 하수도 계획의 목표연도는 원칙적으로 몇 년을 기준으로 하는가?

① 20년 ② 15년
③ 10년 ④ 5년

| 해답 | ①
하수도계획의 목표년도는 원칙적으로 20년 후로 한다.

□□□ 산 13,16

02 하수처리장 계획시 고려할 사항으로 옳지 않은 것은?

① 처리시설은 계획 시간 최대오수량을 기준으로 하여 계획한다.
② 처리장의 부지면적은 확장 및 향후 고도처리 계획 등을 예상하여 계획한다.
③ 처리장위치는 방류수역의 물 이용상황 및 주변의 환경조건을 고려하여 정한다.
④ 처리시설은 이상 수위에서도 침수되지 않는 지반고에 설치하거나 방호시설을 설치한다.

| 해답 | ①
하수처리장 시설은 계획 1일 최대오수량을 기준으로 하여 계획한다.

□□□ 산 06,11,14,17

03 분류식 하수관거 계통과 비교하여 합류식 하수관거 계통의 특징에 대한 설명으로 옳지 않은 것은?

① 검사 및 관리가 비교적 용이하다.
② 청천 시 관내에 오염물이 침전되기 쉽다.
③ 하수처리장에서 오수 처리비용이 많이 소요된다.
④ 오수와 우수를 별개의 관거 계통으로 건설하는 것보다 건설비용이 크게 소요된다.

| 해답 | ④
대구경 관거가 되면 1계통으로 건설되어 오수관거와 우수관거의 2계통을 건설하는 것보다는 저렴하다.

□□□ 산 98,12,16

04 계획오수량을 결정하기 위한 항목에 포함되지 않는 것은?

① 우수량   ② 공장폐수량
③ 생활오수량   ④ 지하수량

| 해답 | ①
계획 오수량은 생활오수량(가정오수량 및 영업오수량), 공장 폐수량 및 지하수량으로 구분한다.

□□□ 산 99,02,06,07,14,15

05 계획오수량 산정방법에 대한 설명으로 틀린 것은?

① 생활오수량의 1인1일 최대오수량은 상수도계획상의 1인1일 최대급수량을 감안하여 결정한다.
② 지하수량은 1인1일 평균오수량의 5~10%로 한다.
③ 계획시간 최대오수량은 계획1일 최대오수량의 1시간당 수량의 1.3~1.8배를 표준으로 한다.
④ 합류식에서 우천시 계획오수량은 원칙적으로 계획시간 최대오수량의 3배 이상으로 한다.

| 해답 | ②
지하수량은 1인1일최대오수량의 약 10~20%정도로 한다.

□□□ 산 95,00,03,10,13,14,16,17,19,20

06 강우강도 $I=\dfrac{3500}{t+10}$ mm/hr, 유역면적 2km², 유입시간 5분, 유출계수 0.7, 하수관내 유속 1m/s일 때 관 길이 600m인 하수관에 유출되는 우수량은?

① 27.2m³/s   ② 54.4m³/s
③ 272.2m³/s   ④ 544.4m³/s

| 해답 | ②

우수량 $Q = \dfrac{1}{360}CIA$

- $T = t_1 + \dfrac{L}{V} = 5 + \dfrac{600}{1 \times 60} = 15 \min$
- $I = \dfrac{3500}{t+10} = \dfrac{3500}{15+10} = 140 \, \text{mm/h}$
- $A = 2\text{km}^2 = 200\text{ha}$ (∵ 1km² = 100ha)

$\therefore Q = \dfrac{1}{360}CIA$
$= \dfrac{1}{360} \times 0.70 \times 140 \times 200 = 54.4 \, \text{m}^3/\text{s}$

08 하수도시설 계획

1 하수도계획의 기본적 사항

(1) 계획목표년도 : 원칙적으로 20년으로 한다.
(2) 하수처리 계통도 : 집배수 시설 – 하수처리시설 – 방류 또는 처분시설
(3) 하수의 배제방식

분류식	합류식
• 오수관거와 우수관거의 2계통으로 배제하는 방식이다.	• 단일관거로 오수와 우수를 배제하는 방식이다.
• 우천시 월류가 없다.	• 일정량 이상이 되면 오수가 월류한다.
• 수세효과는 기대할 수 없다.	• 우천시에 수세효과가 있다.
• 관거의 오접에 철저한 감시가 필요하다.	• 관거의 오접에 대해 감시가 필요없다.

2 우수배제계획

(1) 강우강도
　Talbot형 : $I = \dfrac{a}{t+b}$
(2) 유달시간 T = 유입시간 + 유하시간 = $t_1 + \dfrac{L}{V}$
(3) 계획 우수량 $Q = \dfrac{1}{360} CIA$

여기서, I : 도달시간내의 강우강도로 단위는 mm/hr, t : 강우지속시간(min)
　　　　C : 유출계수로 무차원, A : 배수면적으로 단위는 ha
　　　　Q : 첨두유출량으로 단위는 m³/sec

3 계획 오수량

(1) 오수관거는 계획시간최대오수량을 기준으로 계획한다.
(2) 합류식에서 하수의 차집관거는 우천시 계획오수량을 기준으로 계획한다.
(3) 계획오수량은 생활오수량(가정오수량 및 영업오수량), 공장폐수량 및 지하수량으로 구분한다.
(4) 생활오수량 : 생활오수량의 1인 1일 최대오수량은 계획지역 내 상수도 계획상의 1인 1일 최대 급수량을 감안하여 결정하며, 용도지별로 가정 오수량과 영업 오수량의 비율을 고려한다.
(5) 지하수량 : 1인 1일 최대오수량의 20% 이하를 원칙으로 한다.
(6) 계획 1일 최대오수량 : 1인 1일 최대오수량에 계획인구를 곱한 후, 여기에 공장 배수량, 지하수량 및 기타 배수량을 더한 값으로 한다.
(7) 계획 1일 평균오수량 : 계획 1일 최대오수량의 70~80%를 표준으로 한다.
(8) 계획시간최대오수량 : 계획 1일 최대오수량의 1시간당 수량의 1.3~1.8배를 표준으로 한다.
(9) 합류식에서 우천시 계획오수량은 원칙적으로 계획시간최대오수량의 3배 이상으로 한다.

알아두기

▶ **하수도의 기본계획시 조사사항**
• 하수도 계획 구역 및 배수계통
• 주요간선 펌프장 및 하수처리장의 위치
• 하수배제방식(분류식 및 합류식)
• 계획 인구 및 포화 인구의 밀도
• 오수량 및 지하수량, 우수 유출량

▶ **강우강도 I**
• Sherman형 : $I = \dfrac{c}{t^n}$
• Japanese형 : $I = \dfrac{d}{\sqrt{t}+e}$

여기서, I : 강우강도(mm/h)
　　　　t : 지속 시간(min)
　　　　a, b, c, d, e, n : 상수

▶ **단위**
1km² = 100ha

핵 심 문 제

□□□ 산 08,11,15,16,17
01 다음과 같은 조건에서의 급속여과지 면적은?

- 계획급수인구 : 5000인
- 1인 1일 최대급수량 : 200L
- 여과속도 : 120m/일

① 5.0m² ② 8.33m²
③ 12.5m² ④ 14.58m²

| 해답 | ②
$$A = \frac{Q}{V \times n} = \frac{1인1일 최대급수량 \times 계획급수인구}{여과속도}$$
$$= \frac{0.2 \times 5000}{120 \times 1} = 8.33\text{m}^2$$

□□□ 산 97,00,02,08,14,15
02 처리수량이 5000m³/d인 정수장에서 8mg/L의 농도로 염소를 주입하였다. 잔류염소농도가 0.3mg/L이었다면 염소요구량은? (단, 염소의 순도는 75%이다.)

① 38.5kg/d ② 51.3kg/d
③ 63.3kg/d ④ 69.5kg/d

| 해답 | ②
염소 요구량 = 염소 요구 농도 × 유량 × $\frac{1}{순도}$
$= (8-0.3) \times 10^{-6} \times 5000 \times 10^3 \times \frac{1}{0.75}$
$= 51.3\text{kg/d}$
$(\because 1\text{mg} = 1 \times 10^{-6}\text{L}, \ 1\text{m}^3 = 10^3\text{kg})$

□□□ 산 97,04,07,14,16
03 상수의 소독방법 중 염소살균과 오존살균에 대한 설명으로 옳지 않은 것은?

① 오존의 살균력은 염소보다 우수하다.
② 오존살균은 배오존처리설비가 필요하다.
③ 오존살균은 염소살균에 비하여 잔류성이 강하다.
④ 염소살균은 발암물질인 트리할로메탄(THM)을 생성시킬 가능성이 있다.

| 해답 | ③
염소살균은 오존살균에 비하여 잔류성이 강하다.

□□□ 산 06,10,15,16
04 상수 원수의 냄새·맛 제거에 이용되는 일반적인 방법이 아닌 것은?

① 오존 처리 ② 입상활성탄 처리
③ 폭기(aeration) ④ 마이크로스트레이너

| 해답 | ④
맛과 냄새의 제거
폭기, 염소처리, 입상 및 활성탄 처리, 오존처리, 오존 입상활성탄처리

□□□ 산 97,00,02,07,08,14,15
05 유량이 3000m³/day인 처리수에 5.0mg/L의 비율로 염소를 주입시켰더니 잔류 염소량이 0.2mg/L이었다. 이 처리수의 염소 요구량은?

① 14.4kg/day ② 19.4kg/day
③ 20.4kg/day ④ 24.4kg/day

| 해답 | ①
염소 요구량 = 유량 × 염소의 주입농도
$= 3000(\text{m}^3/\text{day}) \times (5.0-0.2)(\text{mg/L}) \times 10^{-3}(\text{kg/g})$
$= 14.4\text{kg/day}$

□□□ 산 10,13
06 해수의 담수화 방법으로 거리가 먼 것은?

① 증기압축법 ② 침전법
③ 전기투석법 ④ 투과기화법

| 해답 | ②
- 해수담수화를 위해 일반적으로 증발법, 전기침투법, 역삼투법의 3가지 방식을 이용한다.
- 증발법 : 다단플레쉬법, 다중 효용법, 증기 압축법, 투과 기화법
- 막법 : 역삼투법, 전기투석법

□□□ 산 99,01,14
07 정수시설에서 배출수 처리단계 중 가장 첫 단계에 속하는 것은?

① 처분시설 ② 농축단계
③ 조정단계 ④ 탈수단계

| 해답 | ③
조정단계 – 농축단계 – 탈수단계 – 처분단계

알아두기

여과법 용어
A : 총여과면적(m^2)
Q : 계획정수량(m^3/day)
V : 여과속도(m/day)
n : 여과지수

전 염소 처리의 목적
- 세균 제거
- 조류, 철박테리아 등의 제거
- 철과 망간의 제거
- 암모니아성 질소와 유기물 등의 처리
- 맛과 냄새의 제거

오존처리의 특징
- 오존의 살균력은 염소보다 우수하다.
- 오존살균은 염소살균에 비하여 잔류성(지속성)이 약하다.
- 맛, 냄새물질과 색도제거의 효과가 우수하다.

배출수 처리단계
조정단계 – 농축단계 – 탈수단계 – 처분단계

농축조(thickener)
- 용량 : 계획슬러지량의 24~48시간분을 표준
- 고형물 부하 : 10~20kg/m^2·day을 표준
- 농축조 : 2지 이상으로 한다.

---

07 정수시설

1 여과법

(1) 여과면적 : $A = \dfrac{Q}{V} = \dfrac{Q}{V \times n}$

(2) 완속여과와 급속여과의 비교

항목	완속여과	급속여과
여과속도	4~5m/day	120~150m/day
모래층 두께	70~90cm	60~70cm
모래유효경	0.3~0.45mm	0.45~1.0mm
균등계수	2.0 이하	1.7 이하
최대입경	2mm 이하	2mm 이내
세균제거율	98~99.5%	95~98%

(3) 급속여과지
- 여과면적은 계획정수량을 여과속도로 나누어 구한다.
- 1지의 여과면적은 150m^2 이하로 한다.
- 지수는 예비지를 포함하여 2지 이상으로 한다.
- 형상은 직사각형을 표준으로 한다.
- 시설면적이 적게 들며, 건설비도 적게 소요된다.
- 대규모 처리시에는 급속여과가 적당하다.

2 염소처리법

(1) 맛과 냄새의 제거 : 폭기, 염소처리, 입상 및 활성탄 처리, 오존처리, 오존입상활성탄처리
(2) 염소의 살균력은 차아염소산(HOCl) > 차아염소산이온(OCl^-) > 클로라민(chloramine)
(3) 염소요구량
- 염소요구량 = 염소주입농도 − 잔류염소량
- 염소요구량 = 염소요구농도 × 유량 × $\dfrac{1}{순도}$
- 염소주입농도 = $\dfrac{염소의\ 양}{유량}$

(4) 염소소독공정은 발암물질인 트리할로메탄(THM) 등의 유기염소화합물을 생성하며 특정물질과 반응하여 냄새를 유발하기도 한다.

3 해수담수화

(1) 해수담수화를 위해 일반적으로 증발법, 전기침투법, 역삼투법의 3가지 방식을 이용한다.
(2) 증발법 : 다단플레쉬법, 다중 효용법, 증기 압축법, 투과 기화법
(3) 막법 : 역삼투법, 전기투석법

핵 심 문 제

□□□ 산 96,97,02,13,14

01 정수시설의 계획정수량을 결정하는 기준이 되는 것은?

① 계획시간최대급수량 ② 계획1일최대급수량
③ 계획시간평균급수량 ④ 계획1일평균급수량

| 해답 | ②
계획 정수량은 계획 1일 최대 급수량을 기준으로 하고 여기에 정수장 내에서의 작업용수, 잡용수, 기타 손실수량을 고려하여 결정한다.

□□□ 산 97,00,01,03,04,08,11,15

02 다음 중 상수의 일반적인 정수과정 순서로서 옳은 것은?

① 침전→응집→소독→여과
② 침전→여과→응집→소독
③ 응집→여과→침전→소독
④ 응집→침전→여과→소독

| 해답 | ④
정수과정
혼화→응집→침전→여과→소독

□□□ 산 08,14

03 어떤 상수원수의 Jar-test 실험결과 원수시료 200mL에 대해 0.1% PAC 용액 12mL를 첨가하는 것이 가장 응집효율이 좋았다. 이 경우 상수원수에 대해 PAC 용액 사용량은 몇 mg/L인가

① 40mg/L ② 50mg/L
③ 60mg/L ④ 70mg/L

| 해답 | ③
$PAC = \dfrac{PAC \text{ 주입량}}{\text{원수량}}$

$PAC \text{주입량} = 12(mL) \times 0.1(\%)$
$\qquad = 12000(mg) \times \dfrac{0.1}{100} = 12.0mg$

∴ $PAC = \dfrac{12.0}{200 \times 10^{-3}} = 60mg/L$

□□□ 산 96,06,08,12,15

04 비중이 2.0인 모래입자의 침전속도를 V라 할 때, 비중이 2.6인 입자의 침전속도는?

① 1.0V ② 1.3V
③ 1.6V ④ 2.6V

| 해답 | ③
침전속도 $V_s = \dfrac{g(\rho_o - \rho_w)d^2}{18\mu}$

$\dfrac{V_{2.6}}{V} = \dfrac{\rho_{o1} - \rho_w}{\rho_{o2} - \rho_w} = \dfrac{2.6 - 1}{2.0 - 1} = 1.6$

∴ $V_{2.6} = 1.6V$

□□□ 산 03,07,14

05 침전지의 침전효율을 높이기 위한 사항으로서 틀린 것은?

① 침전지의 표면적을 크게 한다.
② 침전지 내 유속을 크게 한다.
③ 유입부에 정류벽을 설치한다.
④ 지(池)의 길이에 비하여 폭을 좁게 한다.

| 해답 | ②
침전지내 평균유속을 30cm/분 이하를 표준으로 한다.

□□□ 산 14

06 깊이 3m, 표면적 400m²인 어떤 침전지에서 1200 m³/h의 유량이 유입된다. 독립침전임을 가정할 때 100% 제거할 수 있는 입자의 최소 침강속도는?

① 2.0m/h ② 2.5m/h
③ 3.0m/h ④ 3.5m/h

| 해답 | ③
$V_o = \dfrac{Q}{A} = \dfrac{1200}{400} = 3m/h$

□□□ 산 02,07,11,15,17

07 Jar-test의 시험목적으로 옳은 것은?

① 응집제 주입량 결정
② 염소 주입량 결정
③ 염소 접촉시간 결정
④ 총 수처리 시간의 결정

| 해답 | ①
Jar test에 의해서 응집제 주입량과 최적 pH를 결정한다.

06 정수방법

1 정수처리 계통

(1) 계획 정수량은 계획 1일 최대 급수량을 기준으로 하고 여기에 정수장 내에서의 작업용수, 잡용수, 기타 손실수량을 고려하여 결정한다.
(2) 일반적인 정수과정 : 혼화→ 응집→ 침전→ 여과→ 소독→ 배수
(3) 상수의 정수과정 : 스크린→ 응집 침전→ 여과→ 살균
(4) 완속여과 시스템 : 보통 침전지→ 급속 여과지→ 염소 소독지(살균)→ 정수지
(5) 급속여과 시스템 : 착수정→ 약품(급속)혼화지→ 플록 형성지→ 약품 침전지→ 급속 여과지→ 염소소독지(살균)→ 정수지

2 침전법

(1) Stokes의 법칙

$$V_s = \frac{g(\rho_s - \rho)d^2}{18\mu} = \frac{(s-1)gd^2}{18\nu}$$

(2) 침강속도 : 침전지에서 100% 제거될 수 있는 입자의 침강속도

$$V_o = \frac{Q}{A} = \frac{h}{t}$$

(3) 침전효율

$$E = \frac{V_s}{V_o} \times 100 = \frac{V_s}{Q/A} \times 100 = \frac{V_s}{h/t}$$

(4) 수면적 부하(m³/m²·day) = 표면적 부하 = 표면 침전율

$$V_o = \frac{\text{유입수량}(\text{m}^3/\text{day})}{\text{표면적}(\text{m}^2)} = \frac{Q}{A} = \frac{h}{t}$$

(5) 침전효율 $E = \dfrac{V_s}{V_o} = \dfrac{V_s}{\frac{Q}{A}} = \dfrac{A}{Q}V_s$

3 응집제

(1) 응집제의 종류 : 황산알루미늄($Al_2(SO_4)_3$), 염화제1철($FeCl_2$), 염화제2철($FeCl_3$), 황산제1철($FeSO_4$), 황산제2철($Fe_2(SO_4)_3$), 폴리염화알루미늄(PAC)
(2) 황산 알루미늄 : 응집제로서 가격이 저렴하고 탁도, 세균 조류 등의 거의 모든 현탁성 물질 또는 부유물의 제거에 유효하며, 무독성 때문에 대량으로 주입할 수 있으며 부식성이 없는 결정을 갖는 응집제
(3) 폴리염화알루미늄(PAC) : 응집제 중 액체로서 액체 자체가 가수분해 되어 중합체로 되어 있으므로 일반적으로 황산알루미늄보다 적정주입 pH의 범위가 넓으며 알칼리도의 감소가 적은 응집제

$$\text{PAC} = \frac{\text{PAC 주입량}}{\text{원수량}}$$

▶ **알아두기**

▶ **침전법 용어**
V_s : 독립입자의 침전속도(m/day)
V_o : 최소 입자 지름의 침강속도(m/day)
Q/A : 표면부하율(surface loading)
h : 유효수심(m)
t : 체류시간(hr)

▶ **수면적 부하**
침전지에서 입자가 100% 제거되기 위하여 요구되는 침전속도를 말한다.

▶ **Jar test**
• 목적 : 응집제 주입량과 최적 pH를 결정한다.
• 완속교반 이유 : 플록(floc)을 손상시키지 않고 성장시켜 크고 무거운 플록을 만들기 위해서 교반

핵심문제

□□□ 산 96,98,10,11,13

01 계획배수량은 원칙적으로 해당 배수구역의 계획시간최대배수량으로 하고, 이 계획시간최대배수량은 $q = K \times \dfrac{Q}{24}$ 로 구한다. 이 때 Q에 해당되는 것은?

① 1일평균사용수량　② 계획1일최대급수량
③ 계획1일평균급수량　④ 계획시간최대급수량

ㅣ해답ㅣ ②
　　Q : 계획1일최대급수량(m^3/d)

□□□ 산 08,14,17

02 상수도 배수시설에 대한 설명으로 옳은 것은?

① 계획배수량은 해당 배수구역의 계획1일 최대급수량을 의미한다.
② 소규모의 수도 및 배수량이 적은 지역에서는 소화용수량은 무시한다.
③ 배수지에서의 배수는 펌프가압식을 원칙으로 한다.
④ 대용량 배수지 설치보다 다수의 배수지를 분산시키는 편이 안정급수 관점에서 효과적이다.

ㅣ해답ㅣ ④
상수도의 배수시설
- 계획배수량은 원칙적으로 해당 배수구역의 계획시간최대배수량으로 한다.
- 소규모의 수도 및 배수량이 적은 지역에서는 소화용수량의 영향이 크기 때문에 화재시의 배수량으로 배수관경이 결정되는 경우도 있다.
- 배수지에서의 배수는 자연 유하식으로 한다.

□□□ 산 97,12,14,15

03 급수방식을 직결식과 저수조식으로 구분할 때, 저수조식의 적용이 바람직한 경우가 아닌 것은?

① 일시에 다량의 물을 사용하거나 사용수량의 변동이 클 경우
② 배수관의 수압이 급수장치의 사용수량에 대하여 충분한 경우
③ 배수관의 압력변동에 관계없이 상시 일정한 수량과 압력을 필요로 하는 경우
④ 재해시나 사고 등에 의한 수도의 단수나 감수시에도 물을 반드시 확보해야 할 경우

ㅣ해답ㅣ ②
- 배수관의 수압이 급수장치의 사용수량에 대하여 부족한 경우는 저수조식
- 배수관의 수압이 급수장치의 사용수량에 대하여 충분한 경우는 직결식 사용

□□□ 산 14,15

04 상수관망의 해석에 사용되는 방법과 가장 밀접한 관련이 있는 것은?

① 뉴톤 법칙　② 토리첼리의 정리
③ 하디크로스법　④ 베르누이정리

ㅣ해답ㅣ ③
- 배수관망법으로 Hardy Cross법

□□□ 산 10,14

05 배수관망 계산 시 Hardy Cross법을 사용하는데 바탕이 되는 가정 사항이 아닌 것은?

① 마찰 이외의 손실은 고려하지 않는다.
② 각 폐합 관로 내에서의 손실수두 합은 0(zero)이다.
③ 관의 교차점에서 유량은 정지하지 않고 모두 유출된다.
④ 관의 교차점에서의 수압은 관의 지름에 비례한다.

ㅣ해답ㅣ ④
Hardy Cross법의 기본 가정
- 마찰손실 이외의 손실은 무시한다.
- 각 폐합관로에 대한 수두 손실의 합은 흐름의 방향에 관계없이 0이다.
- 각 분기점 혹은 합류점에 유입하는 유량은 그 점에 정지하지 않고 모두 유출한다.

□□□ 산 97,00,02,08,09,11,15,17

06 배수관 내에 큰 수격작용이 일어날 경우에 배수관의 손상을 방지하기 위하여 설치하는 것으로, 큰 수격작용이 일어나기 쉬운 곳에 설치하여 첨두압력을 긴급 방출 함으로써 관로나 펌프를 보호하는 것은?

① 공기밸브　② 안전밸브
③ 역지밸브　④ 감압밸브

ㅣ해답ㅣ ②
안전밸브
펌프 가압으로 배수할 경우 펌프의 급정지, 급가동 등에 의한 수격작용 발생으로 인한 배수관의 손상을 방지 위한 부속설비

> 알아두기

05 배수·급수계획

1 배수시설

(1) 배수지
- 배수시설의 계획배수량 : 계획시간최대배수량을 기준으로 한다.
- 배수지의 용량 : 계획 1일 최대급수량의 12시간분 이상을 표준으로 한다.
- 배수지의 유효수심은 3~6m 정도를 표준으로 한다.

(2) 배수시설
- 배수시설에는 배수지, 배수탑, 고가탱크 등이 있다.
- 소규모의 수도 및 배수량이 적은 지역에서는 소화용수량의 영향이 크기 때문에 화재시의 배수량으로 배수관경이 결정되는 경우도 있다.
- 배수지에서의 배수는 자연 유하식으로 한다.
- 대용량 배수지 설치보다 다수의 배수지를 분산시키는 편이 안정급수 관점에서 효과적이다.
  - 안전밸브 : 상수도에서 펌프가압으로 배수할 경우에 펌프의 급정지, 급가동 등으로 수격작용이 일어날 경우 배수관의 손상을 방지하기 위하여 설치하는 밸브

> **계획 배수량**
> $q = K \times \dfrac{Q}{24}$
> q : 계획시간최대배수량(m^3/h)
> K : 시간계수(계획시간최대배수량의 시간평균배수량에 대한 비율)
> Q : 계획1일최대급수량(m^3/d)
> $\dfrac{Q}{24}$: 시간평균배수량(m^3/h)

(3) 배수관망의 장단점

구 분	장 점	단 점
격자식 배수관망	• 물이 정체하지 않는다. • 수압을 유지하기 쉽다. • 단수구역이 좁아진다. • 화재시 등 사용량의 변화에 대처하기가 쉽다.	• 관망의 수리계산이 복잡하다. • 관거의 포설시 건설비가 많이 소요된다. • 관로해석이 어렵고 복잡하다.
수지상식 배수관망	• 관망의 수리계산이 간단하다. • 제수밸브가 적게 설치된다. • 시공이 쉽다.	• 수량을 서로 보충할 수 없다. • 관의 말단에 물이 정체하여 수질을 악화시킨다. • 관경이 커야 하므로 비경제적이다.

> **저수조식의 적용이 바람직한 경우**
> - 재해시나 사고 등에 의한 수도의 단수나 감수시에도 물을 반드시 확보해야 할 경우
> - 일시에 다량의 물을 사용하거나 사용수량의 변동이 클 경우
> - 배수관의 압력변동에 관계없이 상시 일정한 수량과 압력을 필요로 하는 경우
> - 약품을 사용하는 공장 등으로부터 역류에 의하여 배수관의 수질을 오염시킬 우려가 있을 경우

> **공기밸브**
> 관거내부에 공기가 존재하면 물의 흐름을 방해하게 되므로 이 축적된 공기를 배출하기 위하여 설치한 밸브

> **역지밸브**
> 배관에 설치되어 유체가 오직 한쪽방향으로만 흐르도록 하는데 사용되는 밸브

2 급수방식

(1) 급수방식에는 직결식, 저수조식 및 직결 저수조 병용식이 있다.
(2) 직결식에는 배수관의 압력으로 직접 급수하는 직결직압식과 급수관의 도중에 직결급수용가압펌프설비를 설치하여 급수하는 직결가압식이 있다.

3 Hardy Cross법의 기본 가정

(1) 각 분기점 혹은 합류점에서 유입하는 유량은 그 점에 정지하지 않고 전부 유출한다.
(2) 각 폐합관에 대한 수두 손실의 합은 흐름의 방향에 관계없이 0이다.
(3) 마찰 이외의 손실은 무시한다.

핵심문제

□□□ 산 13,16
01 송수시설에서 계획송수량의 기준이 되는 것은?

① 계획시간평균급수량　② 계획1일최대급수량
③ 계획1일평균급수량　④ 계획시간최대급수량

| 해답 | ②
송수시설의 계획송수량은 원칙적으로 계획1일 최대급수량을 기준으로 한다.

□□□ 산 14
02 자연유하식 관로를 설치할 때, 수두를 분할하여 수압을 조절하기 위한 목적으로 설치하는 부대설비는?

① 양수정　② 분수전
③ 수로교　④ 접합정

| 해답 | ④
접합정
주로 관로의 수압을 조절할 목적으로 설치

□□□ 산 98,99,03,07,17
03 Manning 공식의 조도계수 $n=0.012$, 동수경사가 1/1000이고 관경이 250mm일 때 유량은?

① $142m^3/hr$　② $92m^3/hr$
③ $73m^3/hr$　④ $53m^3/hr$

| 해답 | ③

$Q = A \cdot V = A \times \dfrac{1}{n} R^{\frac{2}{3}} I^{\frac{1}{2}}$

- $A = \dfrac{\pi D^2}{4} = \dfrac{\pi \times 0.25^2}{4} = 0.049 m^2$
- $R = \dfrac{D}{4} = \dfrac{0.25}{4} = 0.0625 m$
- $V = \dfrac{1}{n} R^{\frac{2}{3}} I^{\frac{1}{2}}$

$= \dfrac{1}{0.012} \times \left(\dfrac{0.25}{4}\right)^{\frac{2}{3}} \times \left(\dfrac{1}{1000}\right)^{\frac{1}{2}}$

$= 0.415 m/sec = 1494 m/hr$

$\therefore Q = 0.049 \times 1494 = 73.2 m^3/hr$

□□□ 산 99,00,04,12
04 직경이 40cm인 주철관에 $0.5m^3/sec$의 유량이 흐르고 있다. 이 관로 700m에서 생기는 손실수두는? (단, Manning의 식에 의하며 $n=0.012$이다.)

① 8.6m　② 17.2m
③ 34.4m　④ 68.8m

| 해답 | ③

$h_L = f \dfrac{l}{D} \dfrac{V^2}{2g}$

- $f = \dfrac{124.5n^2}{D^{\frac{1}{3}}} = \dfrac{124.5 \times 0.012^2}{0.40^{\frac{1}{3}}} = 0.0243$

- $V = \dfrac{Q}{A} = \dfrac{0.5}{\dfrac{\pi \times 0.40^2}{4}} = 3.98 m/sec$

$\therefore h_L = 0.0243 \times \dfrac{700}{0.40} \times \dfrac{3.98^2}{2 \times 9.8} = 34.4 m$

□□□ 산 98,00,06,09,12
05 상수도에서의 관수로의 관경설계 시 일반적으로 가장 많이 사용되는 공식은?

① Horton 공식　② Manning 공식
③ Kutter 공식　④ Hazen-Williams 공식

| 해답 | ④
상수도의 관로설계 : Hazen-Williams

□□□ 산 11,13,16
06 송수관의 유속에 대하여 ( )에 알맞은 수로 짝지어진 것은?

자연유하식인 경우에는 허용최대한도를 ( )m/s로 하고, 송수관의 평균유속의 최소한도는 ( )m/s로 한다.

① 3.0, 0.3　② 3.0, 0.6
③ 6.0, 0.3　④ 6.0, 0.6

| 해답 | ①
도수·송수관거의 평균 유속
자연유하식인 경우 허용최대한도 3.0m/s, 평균유속의 최소한도는 0.3m/s로 한다.

04 도·송수계획

1 도·송수시설

(1) 계획 도·송수량
- 계획도수량 : 계획취수량을 기준으로 한다.
- 계획취수량 : 계획1일최대급수량에 10% 정도의 여유를 고려하여 결정되는 것이 일반적이다.
- 송수시설의 계획송수량은 원칙적으로 계획1일최대급수량을 기준으로 한다.

(2) 도수·송수관거의 평균 유속
- 자연유하식인 경우 허용최대한도 3.0m/s, 평균유속의 최소한도는 0.3m/s로 한다.
- 최소 유속은 모래 입자의 침전을 방지하기 위해 0.3m/sec로 한다.

(3) 도·송수관로
- 송수시설 : 정수장에서 배수지까지 송수하는 시설로서 송수관, 송수펌프, 조정지 및 밸브 등의 부속설비로 구성된다.
- 송수방식은 정수장과 배수지간에 수위의 고저관계에 따라 자연유하식과 펌프가압식과 병용식이 있다.

2 관수로의 유량

(1) Manning 공식

$$Q = A \cdot V = A \cdot \frac{1}{n} \cdot R^{2/3} \cdot I^{1/2}$$

여기서, 유속 $V = \frac{1}{n} R^{\frac{2}{3}} I^{\frac{1}{2}}$, 경심 $R = \frac{A}{P}$

(2) Hazen–Williams
- 관수로의 관경설계시 일반적으로 가장 많이 사용
- 상수관로의 유량공식으로 널리 사용되는 공식
- $Q = A \cdot V$, $V = 0.84935 \cdot C \cdot R^{0.63} \cdot I^{0.54}$

(3) 손실수두

$$h_L = f \frac{l}{D} \cdot \frac{V^2}{2g}$$

3 접합정(接合井 ; Junction well)

(1) 목적 : 자연유하식 관로를 설치할 때, 수두를 분할하여 수압을 조절하기 위한 목적으로 설치하는 부대설비
(2) 관로의 도중에 설치
(3) 주로 관로의 수압을 조절할 목적으로 설치
(4) 원활한 물의 흐름과 손실수두의 감소를 위해 관로의 분기점 및 합류점, 수압 및 동수경사가 필요한 곳에 설치하는 관수로의 부속설비

알아두기

원수 조정지
- 원수조정지는 취수시설과 정수시설과의 사이에 설치한다.
- 용량은 갈수시나 수질사고 등을 고려하여 적절한 용량으로 한다.

등치관
$h_L = D_1^{-4.87} \times L_1 = D_2^{-4.87} \times L_2$ 에서
$$\therefore L_2 = \left(\frac{D_2}{D_1}\right)^{4.87} \times L_1$$

핵심문제

□□□ 산 02,03,08,10,16
01 하수처리장의 BOD제거율이 1차침전지에서는 35%이고, 2차침전지에서는 85%라면 전체 BOD제거율은?

① 약 70%   ② 약 75%
③ 약 85%   ④ 약 90%

| 해답 | ④
전체 BOD제거율 $= 100 - (1-w_1)(1-w_2) \times 100$
$= 100 - (1-0.35)(1-0.85) \times 100$
$= 90.25\%$

□□□ 산 97,07,08,10,12,14,16
02 하수처리장에서 하천에 방류되는 방수류가 BOD 30mg/L, 유량 20000m³/day이고, 방류되기 전 하천의 BOD와 유량이 3mg/L, 0.4m³/s일 때 방류수가 하천에 완전 혼합된다면 합류지점의 BOD 농도는?

① 약 13mg/L   ② 약 23mg/L
③ 약 30mg/L   ④ 약 33mg/L

| 해답 | ①
$C_m = \dfrac{Q_1 C_1 + Q_w C_w}{Q_1 + Q_w}$
• $Q_w = 0.4\,\text{m}^3/\text{s} = 0.4 \times 60 \times 60 \times 24 = 34560\,\text{m}^3/\text{day}$
∴ $C_m = \dfrac{20000 \times 30 + 34560 \times 3}{20000 + 34560} = 13\,\text{mg/L}$

□□□ 산 11,15
03 어느 도시의 인구가 500000명이고, 1인당 폐수발생량이 300L/d, 1인당 배출 BOD가 60g/d인 경우, 발생 폐수의 BOD 농도는?

① 150mg/L   ② 200mg/L
③ 250mg/L   ④ 300mg/L

| 해답 | ②
BOD의 농도 $= \dfrac{\text{배출폐수의 BOD량}}{\text{폐수 발생량}}$
$= \dfrac{500000 \times 60 \times 10^3\,(\text{mg/day})}{500000 \times 300\,(\text{L/day})} = 200\,\text{mg/L}$

□□□ 산 99,13,14,17
04 도시하수가 하천으로 유입할 때 하천 내에서 발생하는 변화로 틀린 것은?

① 부유물의 증가   ② COD의 증가
③ BOD의 증가   ④ DO의 증가

| 해답 | ④
도시의 하수가 하천에 유입하면 미생물의 섭취, 분해 등으로 DO가 소모되어 DO농도가 감소하게 된다.

□□□ 산 97,01,07,13,17
05 생활하수 내에서 존재하는 질소의 주요 형태는?

① N_2와 NO_3
② N_2와 NH_3
③ 유기성 질소화합물과 N_2
④ 유기성 질소화합물과 NH_3

| 해답 | ④
생활하수 내에서 질소
주로 유기성 질소화합물과 암모니아(NH_3)의 2가지 형태로 나타낸다.

□□□ 산 95,98,09,11②,13①,16①,19④
06 하천에 오수가 유입될 때 하천의 자정작용 중 최초의 분해지대에서 BOD가 감소하는 주원인은?

① 유기물의 침전   ② 탁도의 증가
③ 온도의 변화   ④ 미생물의 번식

| 해답 | ④
분해지대의 BOD 감소 원인
호기성 미생물(박테리아)의 활동과 번식, 오염물질의 분해활동

□□□ 산 96,98,08,12,14,16
07 호수의 부영양화 현상을 일으키는 주된 물질로 짝지어진 것은?

① 산소, 탄소   ② 인, 질소
③ 수은, 니켈   ④ 카드뮴, 납

| 해답 | ②
부영양화의 주된 원인 물질
질소(N), 인(P), 염류 등과 같은 조류의 번식에 양분이 될 물질들이 유입 축척될 때 일어난다.

> 알아두기

03 수질

1 수질오염

(1) 생화학적 산소요구량(BOD)
- BOD 값이 큰것은 미생물 분해가 가능한 물질이 많음을 의미한다.
- $BOD_5 = BOD_u(1 - 10^{-k \cdot t})$
- BOD제거율
  전체 BOD 제거율 $= 100 - (1-w_1)(1-w_2) \times 100$
  여기서, w_1 : 1차 BOD 부하의 제거율, w_2 : 2차 BOD 부하의 제거율
- 혼합농도
  BOD 혼합농도 $C_m = \dfrac{Q_1 C_1 + Q_2 C_2}{Q_1 + Q_2}$
- BOD농도 $= \dfrac{\text{인구} \times \text{배출BOD} \times 10^3 (\text{mg/day})}{\text{인구} \times \text{폐수발생량}(\text{L/day})}$

(2) DO(용존산소)
- 물속에 녹아있는 산소를 말한다.
- 도시의 하수가 하천에 유입하면 미생물의 섭취, 분해 등으로 DO가 소모되어 DO농도가 감소하게 된다.
- 오염도가 높을수록 BOD, COD, SS 농도는 증가하고, DO 농도는 감소한다.
- 오염된 물은 BOD가 높고 용존산소(DO)가 낮다.
- BOD가 큰 물은 용존산소(DO)가 적다.
- 용존산소(DO)가 증가하면 BOD는 감소한다.

2 수질변화현상

(1) 자정작용
- 생물학적 자정작용
  - 하천의 자정작용은 미생물 등에 의한 생물학적 자정작용이 주역할을 한다.
  - 유기물의 분해과정에서 가장 큰 역할을 차지하는 작용이다.

(2) 미생물의 변화 4단계

4단계	용존산소(DO) 상태
분해지대	용존산소(DO)량이 크게 줄어드는 대신 CO_2가 많아진다.
활발한 분해지대	용존산소(DO)가 없으며 부패상태에 도달하게 된다.
회복지대	DO농도가 포화될 정도로 증가되고 CO_2농도는 감소한다.
정수지대	DO량도 많아서 오염된 물속에 살 수 없는 식물·동물이 번식한다.

(4) 대장균군
- 소화기 계통의 전염병은 항상 대장균군과 함께 존재하며 검출이 쉽다.
- 인체의 배설물 중에 대량으로 존재하며 병원균보다 저항력이 강하다.
- 검사법이 다른 이화학적 검사법보다 간편하고 정확하다.
- 대장균을 이용하여 다른 병원체의 존재를 추정할 수가 있다.

BOD 혼합농도 용어
Q_1 : 하천의 유량(m^3/day)
Q_2 : 유입오수의 유량(m^3/day)
C_1 : 하천의 수질농도(mg/l)
C_2 : 유입오수의 수질농도(mg/l)

혼합농도

$Q_1 C_1 + Q_2 C_2 = C_m(Q_1 + Q_2)$

중크롬산 칼슘($K_2Cr_2O_7$)
- 하수에서는 산화력이 큰 중크롬산 칼슘($K_2Cr_2O_7$)은 COD측정에 이용된다.
- 수질검사에서 유기물 많으면 $K_2Cr_2O_7$ 소비량이 많이 소요된다.

자정계수
$f = \dfrac{\text{재폭기계수}(k_2)}{\text{탈산소계수}(k_1)}$

부영양화의 주된 원인 물질
질소(N), 인(P), 염류 등과 같은 조류의 번식에 양분이 될 물질들이 유입 축척될 때 일어난다.

성층현상
- 호소의 수심에 따른 온도변화로 인해 발생하는 물의 밀도차에 의하여 일어난다.
- 표수층과 저층의 온도차가 심한 겨울과 여름에 일어나며 특히 여름철에는 현저한 성층현상이 나타낸다.

핵심문제

☐☐☐ 산 99,02,06,12,13,15,16,17,20②
01 수원을 선택할 때 갖추어야 할 구비요건에 해당되지 않는 것은?

① 수량이 풍부하여야 한다.
② 수질이 좋아야 한다.
③ 가능한 한 낮은 곳에 위치하여야 한다.
④ 상수 소비지에서 가까운 곳에 위치하여야 한다.

| 해답 | ③
수원은 정수장이나 도시보다 높은 곳에 위치함으로써 도수, 송수 및 배수가 자연류하식이 되도록 해야 한다.

☐☐☐ 산 95,11,13②,19②
02 수원에 대한 설명 중 틀린 것은?

① 천층수는 지표면에서 깊지 않은 곳에 위치함으로써 공기의 투과가 양호하므로 산화작용이 활발하게 진행된다.
② 심층수는 대지의 정화작용으로 무균 또는 거의 이에 가까운 것이 보통이다.
③ 용천수는 지하수가 자연적으로 지표로 솟아나온 것으로 그 성질은 대개 지표수와 비슷하다.
④ 복류수는 대체로 수질이 양호하며 정수공정에서 침전지를 생략하는 경우도 있다.

| 해답 | ③
용천수
• 지하수가 종종 자연적으로 지표로 분출하는 것으로 그 성질도 지하수와 비슷하다.
• 얕은 층의 물이 솟아 나오는 경우가 많으므로 수질이 불량한 경우도 있다.

☐☐☐ 산 08,14,16,17
03 계획취수량의 기준이 되는 수량으로 옳은 것은?

① 계획 1일 평균급수량
② 계획 1일 최대급수량
③ 계획 시간 최대급수량
④ 계획 1일 1인 평균급수량

| 해답 | ②
• 계획 취수량 : 계획 1일 최대급수량을 기준
• 계획 도수량 : 계획 취수량을 기준
• 계획 정수량 : 계획 1일 최대급수량을 기준

☐☐☐ 산 97,07,08,14,15,16
04 하천수 취수시설 중 수위변화에 대응할 수 있고 수위에 따라 좋은 수질을 선택하여 취수할 수 있으며 최소 수심 2m 이상을 유지하여야 취수가 가능한 것은?

① 취수관거   ② 취수문
③ 집수정   ④ 취수탑

| 해답 | ④
취수탑
• 안정적 취수가 가능하다.
• 일반적으로 대하천에 사용되고 있다.
• 하천유황이 안정되고 또한 갈수수위가 2m 이상인 것이 필요하다.
• 하천의 일정한 깊이 이상인 지점에 설치하면 연간 안정적인 취수가 가능하다.

☐☐☐ 산 02,06,16
05 급수용 저수지의 유효저수량을 결정하기 위한 Ripple 곡선이다. 다음 중 저수지의 수위가 가장 높아지는 때는?

① O
② L
③ M
④ N

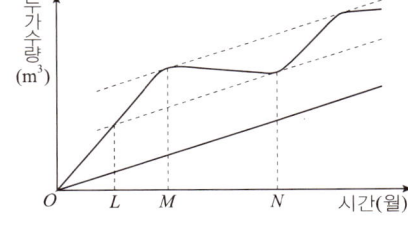

| 해답 | ③
• L로부터 저수하기 시작하면 M에 이르러 만수위점이 되었다가 점차 수위가 저하하여 N에서 저수위점이 된다.
• M점 : 저수지의 수위가 최대시점(만수위점)
• N점 : 저수지의 수위가 최저수위점(최저수위점)

02 수원 및 취수시설

1 수원의 구비요건
(1) 수량이 풍부할 것
(2) 수질이 좋을 것
(3) 건설비 및 유지 관리비가 저렴하여야 한다.
(4) 장래 수도시설의 확장이 가능한 곳이 바람직하다.
(5) 정수장보다 가능한 한 높은 곳에 위치하여야 한다.
(6) 상수 소비지에서 가까운 곳에 위치하는 것이 좋다.

2 수원의 특징
(1) 복류수 : 어느 정도 여과된 것이므로 지표수에 비해 수질이 양호하며 정수공정에서 침전지를 생략하는 경우도 있다.
(2) 용천수 : 지하수가 자연적으로 지표로 솟아나온 것으로 그 성질은 대개 지하수와 비슷하다.
(3) 천층수 : 지표면에서 깊지 않은 곳에 위치하므로 공기의 투과가 양호하므로 산화작용이 활발하게 진행된다.
(4) 심층수 : 대지의 정화작용으로 무균 또는 거의 이에 가까운 것이 보통이다.

3 취수지점의 선정
(1) 계획취수량을 안정적으로 취수할 수 있어야 한다.
(2) 장래에도 양호한 수질을 확보할 수 있어야 한다.
(3) 구조상의 안정을 확보할 수 있어야 한다.
(4) 하천관리시설 또는 다른 공작물에 근접하지 않아야 한다.
(5) 하천개수계획을 실시함에 따라 취수에 지장이 생기지 않아야 한다.

4 계획 취수량
(1) 계획 취수량은 계획 1일 최대급수량과 취수부에서부터 정수할 때까지의 손실수량을 고려하여 정한다.
(2) 계획 1일 최대 급수량의 10%정도 증가된 수량으로 계획취수량을 정하고 있다.

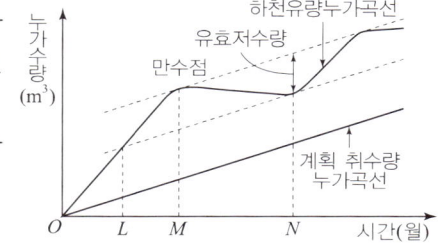

5 유량누가곡선도표에 의한 방법 Ripple
(1) L로부터 저수하기 시작하면 M에 이르러 만수위점이 되었다가 점차 수위가 저하하여 N에서 저수위점이 된다.
(2) M점 : 저수지의 수위가 최대시점(만수위점)
(3) N점 : 저수지의 수위가 최저수위점(최저수위점)

알아두기

취수탑과 취수문

취수탑	• 호소나 댐의 대량취수시설로서 많이 사용 • 저수지 등에서도 안정되게 취수할 수 있다. • 갈수수위가 2m 이상인 것이 필요하다.
취수문	• 일반적으로 소규모 호소 등에 사용 • 수위변동이 작은 호소 등에 알맞다. • 취수문을 통한 유입속도가 0.8m/s 이하

계획 수량기준
- 계획 취수량 : 계획 1일 최대급수량
- 계획 도수량 : 계획 취수량
- 계획 정수량 : 계획 1일 최대급수량

핵 심 문 제

□□□ 산 97,04,09,16

01 우리나라의 상수도 시설을 기본계획할 때 계획(목표)년도는 몇 년을 표준으로 하는가?

① 2~3년 ② 15~20년
③ 30~40년 ④ 50년 이상

| 해답 | ②
계획(목표)년도
기본계획에서 대상이 되는 기간으로 계획 수립시부터 15~20년간을 표준으로 한다.

□□□ 산 99,00,01,04,08,14,16,17,19②

02 상수도의 구성 순서로 옳은 것은?

① 수원 – 송수 – 정수 – 취수 – 도수 – 배수
② 수원 – 취수 – 송수 – 정수 – 도수 – 배수
③ 수원 – 취수 – 도수 – 정수 – 송수 – 배수
④ 수원 – 배수 – 취수 – 도수 – 정수 – 송수

| 해답 | ③
수원–취수시설–도수시설–정수시설–송수시설–배수시설–급수시설

□□□ 산 95,03,08,12,14,15

03 총인구 20000명인 어느 도시의 급수인구는 18600명이며 일년간 총 급수량이 1860000톤이었다. 급수보급율과 1인 1일당 평균급수량(L)으로 옳은 것은?

① 93%, 274L ② 93%, 295L
③ 107%, 274L ④ 107%, 295L

| 해답 | ①
• 급수 보급률 = $\dfrac{\text{급수 인구}}{\text{급수 구역 내 총 인구}} \times 100$
  $= \dfrac{18600}{20000} \times 100 = 93\%$
• 1인 1일 평균 급수량 = $\dfrac{\text{연간 총 급수량}}{\text{급수인구} \times 365}$
  $= \dfrac{1860000 \times 10^3}{18600 \times 365} = 274L$
  (∵ $1t = 10^3 L$)

□□□ 산 99,01,02,13④,19④

04 현재 인구가 20만명이고 연평균 인구증가율이 4.5%인 도시의 10년 후 추정인구는?
(단, 등비급수법에 의한다.)

① 324571명 ② 310594명
③ 290000명 ④ 226202명

| 해답 | ②
$P_n = P_o(q+r)^n = 200000(1+0.045)^{10} = 310594$명

□□□ 산 98,03,12,15

05 계획급수량에 대한 설명으로 옳지 않은 것은?

① 계획1일 평균급수량은 계획1일 최대급수량의 50%이다.
② 계획1일 최대급수량은 계획1일 평균급수량×계획첨두율로 나타낼 수 있다.
③ 계획1일 평균급수량은 계획1인 평균급수량×계획급수인구로 나타낼 수 있다.
④ 계획1일 최대급수량을 구하기 위한 첨두율은 소규모의 도시일수록 급수량의 변동폭이 커서 값이 커진다.

| 해답 | ①
계획1일 평균급수량은 계획1일 최대급수량의 70%~85%를 표준으로 한다.

□□□ 산 13,16①,20②

06 계획1일평균급수량이 400L, 시간최대급수량이 25L일 때, 계획1일최대급수량이 500L일 경우에 계획첨두율은?

① 1.50 ② 1.25
③ 1.2 ④ 20.0

| 해답 | ②
계획 첨두율 = $\dfrac{\text{계획1일최대급수량}}{\text{계획1일평균급수량}} = \dfrac{500}{400} = 1.25$

02 상하수도 계획

01 상수도의 계획

1 기본사항의 결정

(1) 계획(목표)년도 : 기본계획에서 대상이 되는 기간으로 계획수립부터 15~20년간을 표준으로 한다.
(2) 상수의 공급과정 : 수원 – 취수 – 도수 – 정수 – 송수 – 배수 – 급수

- 취수시설 $\xrightarrow{\text{도수시설}}$ 정수시설 $\xrightarrow{\text{송수시설}}$ 배수시설
  도수관 송수관

2 장래인구의 추정

(1) 등비 급수방법

추정인구 $P_n = P_o(1+r)^n$

단, P_n : n년 후의 추정 인구, P_o : 현재 인구
n : 계획년차, P_t : 현재부터 t년 전 인구

년평균 인구증가율 $r = \left(\dfrac{P_o}{P_t}\right)^{\frac{1}{t}} - 1$

(2) 등차 급수방법

추정인구 $P_n = P_o + nq$

단, P_n : n년 후의 추정인구, P_o : 현재 인구
n : 현재로부터 계획년차까지의 경과년수 $n = \dfrac{P_n - P_o}{q}$

연평균 인구증가수 $q = \dfrac{P_o - P_t}{t}$, P_t : 현재로부터 t년 전의 인구

3 계획급수량

(1) 급수보급율

- 급수보급율 $= \dfrac{\text{급수인구}}{\text{급수 구역 내 총 인구}} \times 100$

- 1인 1일 평균급수량 $= \dfrac{\text{연간 총 급수량}}{\text{급수인구} \times 365}$

- 계획1일 평균급수량은 계획1일 최대급수량의 70%~85%를 표준으로 한다.
- 계획1일 평균급수량은 계획1인 평균급수량×계획급수인구로 나타낼 수 있다.
- 계획1일 최대급수량은 계획1일 평균급수량×계획첨두율로 나타낼 수 있다.
- 계획1일 최대급수량= 계획 1인1일 최대급수량×계획 급수인구×급수보급율
- 계획1일 최대급수량을 구하기 위한 첨두율은 소규모의 도시일수록 급수량의 변동폭이 커서 값이 커진다.

알아두기

장래인구의 추정방법
- 연평균 인구 증감수에 의한 방법
- 연평균 인구 증감가율에 의한 방법
- 수정지수곡선식에 의한 방법
- 베기곡선식에 의한 방법

1인 1일 평균 급수량의 특징
- 도시규모가 클수록 수량이 크다.
- 도시의 생활수준이 높을수록 수량이 크다.
- 기온이 높은 지방은 추운 지방보다 수량이 크다.
- 정액급수의 수도는 계량급수의 수도보다 수량이 크다.
- 수압이 낮을수록 수량은 증가한다.
- 누수량이 많을수록 평균급수량은 증가한다.

첨두율

계획 첨두율 $= \dfrac{\text{계획1일 최대급수량}}{\text{계획1일 평균급수량}}$

핵심문제

□□□ 산 04,07

01 위어(Weir)의 보편적인 사용 목적이 아닌 것은?

① 유량측정용으로 사용
② 분수를 목적으로 사용
③ 수압측정을 목적으로 사용
④ 취수를 위한 수위 증가 목적으로 사용

| 해답 | ③
위어의 사용 목적
- 유량 측정 및 조절
- 취수를 위한 수위 조절
- 분수(유량 배분)
- 하상 및 하천 보호

□□□ 산 92,97,08,12

02 예연 위어의 마루부에서 일어나는 수축은?

① 면수축　　② 정수축
③ 연직수축　④ 단수축

| 해답 | ②
정수축
위어 마루부의 노치(noch)가 날카롭기 때문에 발생하는 수축

□□□ 산 00,11,15

03 폭 1.2m인 양단수축 직사각형 위어 정상부로부터의 평균수심이 42cm일 때 Francis의 공식으로 계산한 유량은? (단, 접근유속은 무시한다.)

① 0.427m³/s　　② 0.462m³/s
③ 0.504m³/s　　④ 0.559m³/s

| 해답 | ④
Francis공식
$Q = 1.84\left(b - \dfrac{nh}{10}\right)h^{\frac{3}{2}}$
$= 1.84 \times \left(1.2 - \dfrac{2 \times 0.42}{10}\right) \times 0.42^{\frac{3}{2}} = 0.559 \text{m}^3/\text{sec}$
(∵ 양단수축 $n=2$)

□□□ 산 95,96,12,16

04 직각 삼각위어(weir)에서 월류 수심이 1m이면 유량은? (단, 유량계수 $C=0.59$이다.)

① $1.0\text{m}^3/\text{s}$　　② $1.4\text{m}^3/\text{s}$
③ $1.8\text{m}^3/\text{s}$　　④ $2.2\text{m}^3/\text{s}$

| 해답 | ②
$Q = \dfrac{8}{15}C\tan\dfrac{\theta}{2}\sqrt{2g}\,h^{5/2}$
$= \dfrac{8}{15} \times 0.59 \times \tan\dfrac{90°}{2} \times \sqrt{2 \times 9.8} \times 1^{5/2}$
$= 1.4 \text{m}^3/\text{sec}$

□□□ 산 15

05 수면의 높이가 일정한 저수지의 일부에 길이 30m의 월류 위어를 만들어 40m³/s의 물을 취수하기 위한 위어 마루부로부터의 상류측 수심(H)은? (단, $C=1.0$이고, 접근 유속은 무시한다.)

① 0.70m　　② 0.75m
③ 0.80m　　④ 0.85m

| 해답 | ④
$Q = 1.7 CbH^{\frac{3}{2}}$ 에서
$H = \left(\dfrac{Q}{1.7Cb}\right)^{\frac{2}{3}} = \left(\dfrac{40}{1.7 \times 1 \times 30}\right)^{\frac{2}{3}} = 0.85\text{m}$
또는 $40 = 1.7 \times 1 \times 30 H^{\frac{3}{2}}$
참고 SOLVE 사용
∴ $H = 0.850\text{m}$

□□□ 산 08,12,13,14

06 직사각형 위어(weir)로 유량을 측정할 때 수두 H를 측정함에 있어 1%의 오차가 생길 경우, 유량에 생기는 오차는?

① 0.5%　　② 1.0%
③ 1.5%　　④ 2.5%

| 해답 | ③
$\dfrac{dQ}{Q} = \dfrac{3}{2}\dfrac{dh}{h}$
- $\dfrac{dh}{h} = 1\%$
∴ $\dfrac{dQ}{Q} = \dfrac{3}{2}\dfrac{dh}{h} = \dfrac{3}{2} \times 1 = 1.5\%$

알아두기

위어의 정의
규칙적인 모양을 가지며 물이 월류할 때 유량을 측정하는 장치이다.

면수축과 정수축
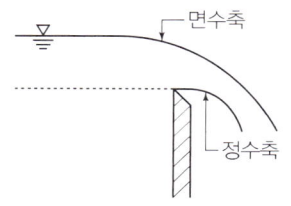

구형 위어
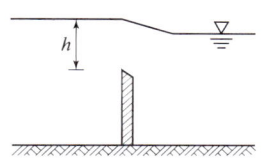

삼각형 위어
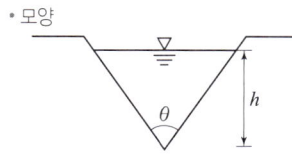

- 모양
- 정의
- 삼각위어 정의
  위어(weir) 중에서 수두변화에 따른 유량 변화가 가장 예민하여 유량이 적은 실험용 소규모 수로에 주로 사용하며, 비교적 정확한 유량측정이 필요할 경우 사용한다.

13 위어

1 위어

(1) 위어의 사용목적
- 유량 측정 및 조절
- 취수를 위한 수위 조절
- 분수(유량 배분)
- 하상 및 하천 보호

(2) 수맥의 수축
- 정수축 : 위어 마루부의 노치(noch)가 날카롭기 때문에 발생하는 수축
- 단수축 : 노치(noch)의 언저리가 날카로와서 그 폭이 수축하는 현상
- 면수축 : 수류가 위어(weir)에 접근함에 따라 접근 유속으로 인하여 일어나는 수축
- 연직수축 : 면수축과 마루부 수축을 합한 것

2 위어의 유량

(1) 구형 위어 : $Q = \dfrac{2}{3} C b \sqrt{2g} \left(h_2^{\frac{3}{2}} - h_1^{\frac{3}{2}} \right) = \dfrac{2}{3} C b \sqrt{2g}\, h^{\frac{3}{2}}$

(2) 삼각형 위어 : $Q = \dfrac{8}{15} C \tan \dfrac{\theta}{2} \sqrt{2g}\, h^{5/2}$

(3) Francis 공식 : $Q = 1.84\, b_o\, h^{\frac{3}{2}} = 1.84 \left(b - \dfrac{nh}{10} \right) h^{\frac{3}{2}}$

여기서, n : 단면수축(일면이면 1, 양면이면 2)

(4) 광정위어 : $Q = 1.7 C b H^{3/2}$

여기서, H : 전수두($h + ha$)

(5) 위어의 월류유량 : $Q = CL(H + ha)^{3/2}$

여기서, L : 월류폭, H : 상류수심
ha : 접근유속수두, C : 월류계수

3 위어의 유량오차

종류	유량오차	오차비
오리피스	$\dfrac{dQ}{Q} = \dfrac{1}{2} \dfrac{dh}{h}$	1
사각형 위어	$\dfrac{dQ}{Q} = \dfrac{3}{2} \dfrac{dh}{h}$	3
삼각형 위어	$\dfrac{dQ}{Q} = \dfrac{5}{2} \dfrac{dh}{h}$	5

핵심문제

□□□ 산 92,03,05,09,11,14,15,16

01 그림과 같은 오리피스에서 유출되는 유량은? (단, 이론 유량을 계산한다.)

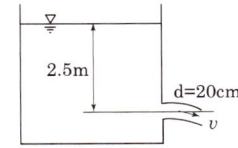

① 0.12m³/s   ② 0.22m³/s
③ 0.32m³/s   ④ 0.42m³/s

| 해답 | ②

$$Q = CA\sqrt{2gH}$$
$$= 1 \times \frac{\pi \times 0.2^2}{4} \times \sqrt{2 \times 9.8 \times 2.5} = 0.22 \text{m}^3/\text{sec}$$

□□□ 산 92,03,05,09,11,14,16

02 그림과 같은 오리피스를 통과하는 유량은? (단, 오리피스 단면적 $A = 0.2\text{m}^2$, 손실계수 $C = 0.78$이다.)

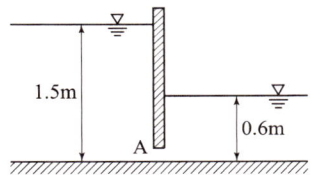

① 0.36m³/s   ② 0.46m³/s
③ 0.56m³/s   ④ 0.66m³/s

| 해답 | ④

$$Q = CA\sqrt{2g(h_1 - h_2)}$$
$$= 0.78 \times 0.2 \times \sqrt{2 \times 9.8 \times (1.5 - 0.6)} = 0.66 \text{m}^3/\text{sec}$$

□□□ 산 94,95,00,12,16,17

03 초속 20m/s, 수평과의 각 45°로 사출된 분수가 도달하는 최대 연직 높이는? (단, 공기 및 기타 저항은 무시한다.)

① 10.2m   ② 11.6m
③ 15.3m   ④ 16.8m

| 해답 | ①

$$y_{max} = \frac{V^2(\sin\theta)^2}{2g} = \frac{20^2 \times (\sin 45°)^2}{2 \times 9.8} = 10.20 \text{m}$$

□□□ 산 94,08,14

04 오리피스에 있어서 에너지 손실은 어떻게 보정할 수 있는가?

① 이론유속에 유속계수를 곱한다.
② 실제유속에 유속계수를 곱한다.
③ 이론유속에 유량계수를 곱한다.
④ 실제유속에 유량계수를 곱한다.

| 해답 | ①

유속계수 $C_v = \dfrac{\text{실제유속}}{\text{이론유속}}$

∴ 실제유속 = 이론유속 × 유속계수

□□□ 산 07,08,16④,20③

05 수축단면에 관한 설명으로 옳은 것은?

① 오리피스의 유출수맥에서 발생한다.
② 상류에서 사류로 변화할 때 발생한다.
③ 사류에서 상류로 변화할 때 발생한다.
④ 수축단면에서의 유속을 오리피스의 평균유속이라 한다.

| 해답 | ①

수축단면(vena contracta)
• 오리피스 유출수맥이 단축되었다가 확대되는데 이 때 가장 축소된 단면적
• 오리피스로부터 $\dfrac{d}{2}$ 정도의 위치에서 발생

□□□ 산 09,10,11,12

06 오리피스에서의 유량 관계식을 $Q = KH^{1/2}$라 할 경우, 유량 Q에 1%의 오차가 있었다면 수두 H의 측정 오차는?

① 0.5%   ② 1%
③ 2%   ④ 4%

| 해답 | ③

오리피스의 유량오차 : $\dfrac{dQ}{Q} = \dfrac{1}{2}\dfrac{dH}{H}$

• 수두 H의 측정 오차 : $\dfrac{dH}{H} = 2\dfrac{dQ}{Q}$

• $\dfrac{dQ}{Q} = 1\%$

∴ $\dfrac{dH}{H} = 2\dfrac{dQ}{Q} = 2 \times 1 = 2\%$

더 알아두기

용어해설
H : 오리피스 중심에서 수면까지의 수두
d : 오리피스 직경
A : 오리피스의 단면적
a : 수축단면의 단면적

오리피스(orifice)의 이론유속
$V = \sqrt{2gh}$ 은 유출할 때 에너지 손실을 무시하고 Bernoulli 정리로부터 이론유속을 구한다.

여기서, C_v : 유속계수, C_a : 수축계수, $C = C_a C_V$: 유량계수

오리피스 배수시간

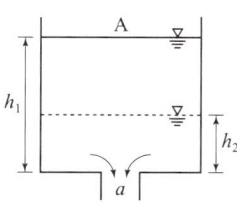

12 오리피스

1 오리피스 orifice

(1) 작은 오리피스 : 오리피스 상하 끝의 압력차가 작은 상태이다.
즉, $H > 5d$

(2) 큰 오리피스 : 오리피스의 형상과 관계없이 오리피스 단면의 높이가 수두의 $1/5 (H < 5d)$ 보다 크면 큰 오리피스다.

(3) 수축단면 : 오리피스로부터 약 $\frac{1}{2}d$ 인 지점에 유출수의 단면이 축소되었다가 다시 커져 낙하하게 될 때 이 축소된 단면을 수축단면(vena contracta)이라 한다.
즉, 수추계수 $C_a = \frac{a}{A} ≒ 0.612 \sim 0.72$ (보통 0.64)

(4) 유속계수 : $C_a = \dfrac{\text{실제 유속}}{\text{이론 유속}}$

(5) 유량계수 : $C = C_a C_v = \dfrac{a}{A} C_v$

2 오리피스 유량

(1) 유속 $V = C_v \sqrt{2gh}$

(2) 작은 오리피스 유량 $Q = C_a A C_v \sqrt{2gh} = CA\sqrt{2gh}$

(3) 큰 오리피스 유량 $Q = \dfrac{2}{3} Cb\sqrt{2g}(H_2^{1/2} - H_1^{1/2})$

(4) 완전 수중 오리피스 : $Q = CA\sqrt{2g(h_1 - h_2)}$
  • 2개의 오리피스 연결 : $Q = C(2A)\sqrt{2gH}$

(5) 관 오리피스와 관 노즐
  • 속도 $V = C\sqrt{\dfrac{2gH}{1 - C^2 \left(\dfrac{a}{A}\right)^2}} = C\sqrt{\dfrac{2gH}{1 - C^2 \left(\dfrac{d}{D}\right)^4}}$
  • 유량 $Q = C \cdot a = V \cdot \dfrac{\pi d^2}{4}$

(6) 오리피스의 배수시간
  • 저수지의 배수시간 : $T = \dfrac{2A}{Ca\sqrt{2g}}(\sqrt{h_1} - \sqrt{h_2})$
  • 두 수조의 배수시간 : $t = \dfrac{2A_1 A_2}{Ca\sqrt{2g}(A_1 + A_2)}(\sqrt{h_1} - \sqrt{h_2})$

(7) 오리피스의 유량오차
$Q = CA\sqrt{2g}H^{1/2}$ 에서 $\therefore \dfrac{dQ}{Q} = \dfrac{1}{2}\dfrac{dh}{dH}$

(8) 사출수의 도달거리
  • 수출수의 최대 연직높이 : $y = \dfrac{V^2}{2g}\sin^2\theta$
  • 수출수의 최대 수평거리 : $y = \dfrac{V^2}{2g}\sin 2\theta$

핵심문제

□□□ 산 92,98,03,05,06,13,14

01 수심이 3m, 유속이 2m/s인 개수로의 비에너지 값은? (단, 에너지 보정계수는 1.1이다.)

① 1.22m ② 2.22m
③ 3.22m ④ 4.22m

| 해답 | ③

$$H_e = h + \alpha \frac{v^2}{2g}$$
$$= 3 + 1.1 \times \frac{2^2}{2 \times 9.8} = 3.22m$$

□□□ 산 04,08,11,13,15

02 한계수심 h_c와 비에너지 h_e와의 관계로 옳은 것은? (단, 광폭직사각형 단면인 경우)

① $h_c = \frac{1}{2}h_e$ ② $h_c = \frac{1}{3}h_e$
③ $h_c = \frac{2}{3}h_e$ ④ $h_c = 2h_e$

| 해답 | ③

- 비에너지(h_e)가 최소일 때 수심을 한계수심(h_c)이라 한다.
- 비에너지에 대한 한계수심 $h_c = \frac{2}{3}h_e$ 이다.

□□□ 산 02,05,11,13,15,16,17

03 수로 폭 4m, 수심 1.5m인 직사각형 단면수로에 유량 24m³/s가 흐를 때, 후르드수(Froude number)와 흐름의 상태는?

① 1.04, 상류 ② 1.04, 사류
③ 0.74, 상류 ④ 0.74, 사류

| 해답 | ②

Froude 수 $F_r = \frac{V}{\sqrt{gH}}$

- 상류 : $F_r < 1$ 사류 : $F_r > 1$
- $V = \frac{Q}{A} = \frac{24}{4 \times 1.5} = 4$m/sec
- $F_r = \frac{4}{\sqrt{9.8 \times 1.5}} = 1.04 > 1$ ∴ 사류

□□□ 산 93,00,07,10,11

04 단위폭당 0.8m³/sec로 흐르는 직사각형 수로의 개수로에서 한계수심은? (단, 에너지 보정계수 $\alpha = 1.1$ 이다.)

① 0.278m ② 0.416m
③ 0.682m ④ 0.814m

| 해답 | ②

직사각형 수로의 한계수심

$$h_c = \left(\frac{\alpha Q^2}{gd^2}\right)^{\frac{1}{3}} = \left(\frac{1.1 \times 0.8^2}{9.8 \times 1^2}\right)^{\frac{1}{3}} = 0.416m$$

□□□ 산 11,16

05 직사각형 단면의 개수로에서 비에너지의 최소값이 $E_{min} = 1.5m$이라면 단위폭당의 유량은?

① 1.75m³/s ② 2.73m³/s
③ 3.13m³/s ④ 4.25m³/s

| 해답 | ③

$h_c = \left(\frac{\alpha Q^2}{gd^2}\right)^{\frac{1}{3}}$에서 $Q = \sqrt{\frac{gd^2 h_c^3}{\alpha}}$

- 직사각형의 한계수심
$$h_c = \frac{2}{3}H_c = \frac{2}{3} \times 1.5 = 1m$$
- $\alpha = 1.0$
$$Q = \sqrt{\frac{9.8 \times 1^2 \times 1^3}{1}} = 3.13 m^3/sec$$

참고: SOLVE 사용

□□□ 산 09,11,14,17

06 개수로의 흐름이 사류일 때를 나타내는 것은? (단, h : 수심, h_c : 한계수심, F_r : Froude 수)

① $h < h_c$, $F_r < 1$ ② $h < h_c$, $F_r > 1$
③ $h > h_c$, $F_r < 1$ ④ $h > h_c$, $F_r > 1$

| 해답 | ②

상류 조건
- 유속 : $V < V_c$
- 후르드수 : $F_r < 1$
- 구배 : $I < I_c$
- 수심 : $h > h_c$

11 비에너지와 한계수심

1 상류와 사류

- 비에너지 : 수로 바닥을 기준으로 한 수두를 비에너지라 한다.

$$H_e = h + \frac{\alpha V^2}{2g} = h + \frac{\alpha Q^2}{2gA^2}$$

- 한계경사 : 흐름이 상류에서 사류로 변할 때의 구배

$$I = \frac{g}{\alpha C^2}$$

여기서, C : chezy의 평균유속계수, g : 중력가속도, α : 에너지 보정계수

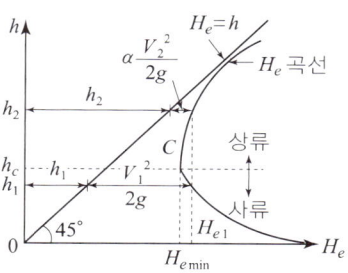

2 직사각형에 대한 한계수심

- 한계수심 : 비에너지(H_e)가 최소일 때 수심(h_c)을 말한다.
- 유량이 일정할 때 비에너지(H_e)가 최소로 되는 수심
- 비에너지(H_e)가 일정할 때 유량이 최대로 되는 수심
- 비에너지에 대한 한계수심 : $h_c = \dfrac{2}{3} H_e$
- 사각형 단면의 한계수심 : $h_c = \left(\dfrac{\alpha Q^2}{g b^2}\right)^{1/3}$
- 유량계산 : $Q = \left(\dfrac{g b^2 h_c^3}{\alpha}\right)^{1/2}$

3 상류와 사류의 판별

- 레이놀즈수 : $R_e = \dfrac{VR}{\nu}$

여기서, $R_e < 500$: 층류, $R_e > 500$: 난류

- Froude수 : $F_r = \dfrac{V}{\sqrt{gh}}$ ($\because$ 유속 $V = \dfrac{Q}{A}$)

여기서, $F_r < 1$: 상류, $F_r > 1$: 사류, $F_r = 1$: 한계류

■ 상류와 사류의 조건

구분	상류	사류	공식
수심(h)	$h > h_c$	$h < h_c$	$h_c = \left(\dfrac{\alpha Q^2}{g b^2}\right)^{1/3}$
유속(V)	$V < V_c$	$V > V_c$	$V_c = \sqrt{g h_c}$
Froude수(F_r)	$F_r < 1$	$F_r > 1$	$F_r = \dfrac{V}{\sqrt{gh}}$

핵 심 문 제

□□□ 산 86,91,06,08,15

01 개수로에 대한 설명으로 옳은 것은?

① 동수경사선과 에너지경사선은 항상 평행하다.
② 에너지경사선은 자유수면과 일치한다.
③ 동수경사선은 에너지경사선과 항상 일치한다.
④ 동수경사선과 자유수면은 일치한다.

| 해답 | ④
- 개수로의 흐름은 언제나 자유수면에 노출되어 동수경사선은 자유수면과 항상 일치한다.
- 완전유체(등류)일 때는 유속수두가 동일하므로 에너지선과 동수경사선이 서로 평행하게 된다.

□□□ 산 99,12,14,16

02 수심이 3m, 하폭이 20m, 유속이 4m/s인 직사각형 단면 개수로에서 비력은?
(단, 운동량보정계수 $\eta=1.1$)

① $107.2m^3$　　② $158.3m^3$
③ $197.8m^3$　　④ $215.2m^3$

| 해답 | ③
$M = \eta \dfrac{Q}{g} V + h_G A$
- $Q = AV = (3 \times 20) \times 4 = 240 m^3/s$
∴ $M = 1.1 \times \dfrac{240}{9.8} \times 4 + \dfrac{3}{2} \times (3 \times 20) = 197.8 m^3$

□□□ 산 86,92,93,10,14

03 상류(常流)로 흐르는 수로에 댐을 만들었을 경우 그 상류(上流)에 생기는 수면곡선은?

① 배수곡선　　② 저하곡선
③ 수리특성곡선　　④ 홍수추적곡선

| 해답 | ①
배수곡선
- 하류로 갈수록 오목한 형태로 수면이 상승하는 곡선
- 완경사의 흐름이 상류인 장소에 댐이나 웨어 등을 설치하여 수면을 상승시키면 그 영향이 상류측에 미쳐 상류측의 수면이 상승하는 현상

□□□ 산 05,09,11,16

04 사각형단면 개수로의 수리학적으로 유리한 단면에서 수로의 수심이 3m이었다면, 이 수로의 경심은?

① 3.0m　　② 1.5m
③ 1.0m　　④ 0.75m

| 해답 | ②
직사각형의 유리한 단면 : $B=2H$, $R=\dfrac{H}{2}$
∴ 경심 $R = \dfrac{H}{2} = \dfrac{3}{2} = 1.5m$

□□□ 산 05,09,12,13,14

05 수리학적으로 유리한 단면의 조건으로 옳은 것은?

① 경심(R)이 최소이어야 한다.
② 윤변(P)이 최대가 되어야 한다.
③ 경심(R)과 윤변(P)의 곱이 최대가 되어야 한다.
④ 경심(R)이 최대가 되거나 윤변(P)이 최소가 되어야 한다.

| 해답 | ④
수리상 유리한 단면 조건은 경심(R)이 최대가 되거나 윤변(P)이 최소일 때의 단면

□□□ 산 07,11,14,15,17

06 도수(跳水)에 관한 설명으로 옳지 않은 것은?

① 상류에서 사류로 변화될 때 발생된다.
② 사류에서 상류로 변화될 때 발생된다.
③ 도수 전후의 충력치(비력)는 동일하다.
④ 도수로 인해 때로는 막대한 에너지 손실도 유발된다.

| 해답 | ①
도수
흐름이 사류에서 상류로 변할 때 수면이 불연속적으로 뛰는 현상을 말한다.

□□□ 산 07,10,12

07 개수로의 설계와 수공 구조물의 설계에 주로 적용되는 수리학적 상사법칙은?

① Reynolds 상사법칙　　② Froude 상사법칙
③ Weber 상사법칙　　④ Mach 상사법칙

| 해답 | ②
Froude의 상사법칙
중력과 관성력이 흐름을 지배하며 개수로에서 적용

> 알아두기

> **Froude의 상사법칙**
> 개수로와 같이 중력과 관성력의 흐름을 지배

10 개수로

1 개수로 흐름

- 개수로의 흐름은 언제나 자유수면에 노출되어 동수경사선은 자유수면과 항상 일치한다.
- 완전유체(등류)일 때는 유속수두가 동일하므로 에너지선과 동수경사선이 서로 평행하게 된다.

2 수리학적으로 유리한 단면

수리 경사 I, 단면적 A, 조도계수 n이 주어졌을 때 유량 Q를 최대로 흐르게 하는 단면을 수리학적으로 유리한 단면이라 한다.

- 수리학적으로 유리한 단면 : 윤변(S)이 최소이거나 경심(R)이 최대일 때의 단면
- 동일 단면에 최대 유량이 흐를 수 있는 단면
- 구형의 경심 : $B = 2h$, $R = \dfrac{h}{2}$
- 사다리꼴 경심 : $R = \dfrac{h}{2}$
- 반원의 경심 $R = \dfrac{\text{관의 단면적}(A)}{\text{윤변}(S)} = \dfrac{D}{4}$

3 비력 충력치

> **도수(Hydraulic jump)**
> - 사류에서 상류로 변할 때 수면이 불연속적으로 뛰어 오르는 현상
> - 도수로 인한 에너지 손실이 발생한다.
> - 파상도수와 완전도수는 Froude 수로 구분한다.

- 개수로내 한 단면에서의 물의 단위 무게당 정수압과 운동량을 말하며 도수후에도 일정하다.
- 정류의 흐름에서 운동량과 정수압의 합을 물의 단위중량으로 나눈 값
- 충력치(비력)

$$M = \eta \dfrac{Q}{g} V_1 + h_{G1} A_1 = \eta \dfrac{Q}{g} V_2 + h_{G2} A_2 = \text{const}$$

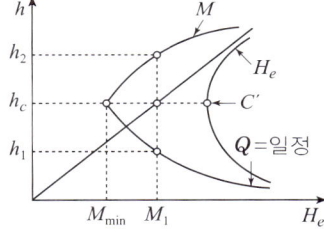

4 부등류의 수면곡선

(1) 배수곡선
- 하류로 갈수록 오목한 형태로 수면이 상승하는 곡선
- 완경사의 흐름이 상류인 장소에 댐이나 웨어 등을 설치하여 수면을 상승시키면 그 영향이 상류측에 미쳐 상류측의 수면이 상승하는 현상

(2) 저하곡선 : 수로 단면이 급히 크게 되거나 폭포와 같이 수면이 저하되어 그 영향이 상류에 까지 미치어 수면이 저하는 현상을 저하라 하고 저하에 의해 생기는 수면 곡선을 저하곡선이라 한다.

핵심문제

□□□ 산 06,07,15

01 지름 20cm, 길이가 100m인 관수로 흐름에서 손실수두가 0.2m라면 유속은?
(단, 마찰손실 계수 $f=0.03$이다.)

① 0.61m/s ② 0.57m/s
③ 0.51m/s ④ 0.48m/s

| 해답 | ③

$h_L = f \frac{l}{D} \frac{V^2}{2g}$ 에서

$0.2 = 0.03 \times \frac{100}{0.20} \times \frac{V^2}{2 \times 9.80}$ ∴ $V = 0.51 \text{m/sec}$

참고 SOLVE 사용

□□□ 산 11,13

02 Hagen-Poiseuille의 법칙에 의해 관을 흐르는 층류의 유량에 대한 관계식은? (단, 관은 원관이며 R은 관의 반지름, h_l은 손실수두, l은 관의 길이, μ는 유체의 점성계수, w_o은 유체의 단위중량, Q는 유량이다.)

① $Q = \frac{\pi w_o \mu}{8 l h_l} R^4$ ② $Q = \frac{w_o \mu}{4 l h_l} R^2$

③ $Q = \frac{w_o h_l}{4 l \mu} R^2$ ④ $Q = \frac{\pi w_o h_l}{8 l \mu} R^4$

| 해답 | ④

$Q = \frac{\pi w_o h_l}{8 l u} R^4$

□□□ 산 00,06,13,17

03 원관내 흐름이 포물선형 유속분포를 가질 때 관 중심선상에서의 유속을 V_o, 전단응력을 τ_o, 관 벽면에서의 전단응력을 τ_s, 관내의 평균유속을 V_m, 관 중심선에서 y만큼 떨어져 있는 곳의 유속을 V라 할 때 다음 중 옳지 않은 것은?

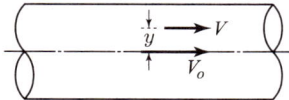

① $V_0 > V$ ② $V_0 = 2V_m$
③ $\tau_s = 2\tau_o$ ④ $\tau_s > \tau_o$

| 해답 | ③

원관내 층류 흐름
• 중심선상의 유속 : $V_o > V$
• 최대유속 : $V_o = 2V_m$
• 관벽 전단응력 : $\tau_s > \tau_o$

□□□ 산 07,14,15,16

04 안지름 15cm의 관에 10℃의 물이 유속 3.2m/s로 흐르고 있을 때 흐름의 상태는? (단, 10℃ 물의 동점성계수(ν)=0.0131cm³/s)

① 층류 ② 한계류
③ 난류 ④ 부정류

| 해답 | ③

레이놀즈수 $R_e = \frac{Vd}{\nu}$

$R_e < 2000$: 층류, $R_e > 4000$: 난류
• 유속 $V = 3.2 \text{m/sec} = 320 \text{cm/sec}$

∴ $R_e = \frac{320 \times 15}{0.0131} = 366412 > 4000$ ∴ 난류

□□□ 산 04,06,15,16

05 관수로의 마찰손실수두에 관한 설명으로 틀린 것은?

① 관의 조도에 반비례한다.
② 관수로의 길이에 정비례한다.
③ 층류에서는 레이놀즈수에 반비례한다.
④ 관내의 직경에 반비례한다.

| 해답 | ①

$f = \phi''\left(\frac{1}{R_e}, \frac{e}{D}\right)$ ∴ 관의 내면조도$\left(\frac{e}{D}\right)$에 비례한다.

□□□ 산 12,16,17

06 관로상의 유량조절 밸브나 펌프의 급조작으로 유수의 운동에너지가 압력에너지로 변환되어 관 벽에 큰 압력이 작용하게 되는 현상은?

① 난류현상 ② 수격작용
③ 공동현상 ④ 도수현상

| 해답 | ②

이러한 현상을 수격작용이라 한다.

알아두기

레이놀즈 수

$R_e = \dfrac{VD}{\nu}$

- 층류 : $R_e < 2000$인 경우
- 난류 : $R_e > 4000$인 경우
- 불안전 층류 : $2000 < R_e < 4000$인 경우

수격작용

관로상의 유량조절 밸브나 펌프의 급조작으로 유수의 운동에너지가 압력에너지로 변환되어 관 벽에 큰 압력이 작용하게 되는 현상

09 관수로의 일반사항

1 마찰손실수두

(1) $h_L = f \dfrac{l}{D} \dfrac{V^2}{2g} = \dfrac{64}{R_e} \dfrac{l}{D} \dfrac{V^2}{2g}$

(2) Darcy-Weisbach의 마찰 손실 공식

- 층류일 때 : $f = \dfrac{64}{R_e} = \dfrac{\mu}{\rho V d}$, $R_e = \dfrac{64 V d}{\nu} = \dfrac{64 \rho V d}{\mu}$
- $f = \phi''\left(\dfrac{1}{R_e}, \dfrac{e}{D}\right)$

2 Hagen-Poiseuille법칙

(1) 지름 D인 원관에서 유량

$Q = \dfrac{\pi \Delta P}{128 \mu l} D^4 = \dfrac{\pi \omega h_L}{128 \mu l} D^4$

(2) 반지름 R인 원관에서 유량

$Q = \dfrac{\pi \Delta P}{8 \mu l} R^4 = \dfrac{\pi \omega h_L}{8 \mu l} R^4$

(3) 원관내 층류 흐름
- 중심선상의 유속 : $V_0 > V$
- 최대유속 : $V_0 = 2 V_m$
- 관벽 전단응력 : $\tau_s > \tau_0$

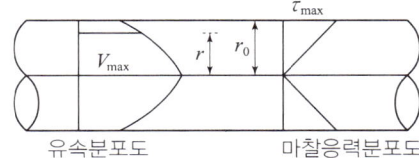

유속분포도   마찰응력분포도

3 유수에 의한 동력

(1) 수차의 동력
- $E = \dfrac{1000 Q(H - \sum h_L)\eta}{102} = 9.8 QH_e \eta \,(\text{kW})$
- $E = \dfrac{1000 Q(H - \sum h_L)\eta}{75} = 13.33 QH_e \eta \,(\text{HP})$

(2) 양수에 필요한 동력
- $E = \dfrac{1000 Q(H + \sum h_L)}{102 \eta} = \dfrac{9.8 QH_p}{\eta} \,(\text{kW})$
- $E = \dfrac{1000 Q(H + \sum h_L)}{75 \eta} = \dfrac{13.33 QH_p}{\eta} \,(\text{HP})$

여기서, $H_e = H - \sum h_L$, $H_p = H + \sum h_L$

핵심문제

□□□ 산 97,05,09,11,12④,16④,19④

01 관수로 내의 흐름을 지배하는 주된 힘은?

① 인력 ② 중력
③ 자기력 ④ 점성력

| 해답 | ④

흐름의 주된 지배

관수로	점성력과 압력차
개수로	중력과 관성력
지하수	중력

□□□ 산 92,14

02 지름이 40cm인 주철관에 동수경사 1/100로 물이 흐를 때 유량은? (단, 조도계수 $n=0.013$이다.)

① $0.208\text{m}^3/\text{s}$ ② $0.253\text{m}^3/\text{s}$
③ $0.184\text{m}^3/\text{s}$ ④ $1.654\text{m}^3/\text{s}$

| 해답 | ①

평균유속 $V = \frac{1}{n}R^{\frac{2}{3}}I^{\frac{1}{2}} = \frac{1}{n} \times \left(\frac{D}{4}\right)^{\frac{2}{3}} \times I^{\frac{1}{2}}$

$= \frac{1}{0.013} \times \left(\frac{0.4}{4}\right)^{\frac{2}{3}} \times \left(\frac{1}{100}\right)^{\frac{1}{2}} = 1.657\text{m}^3/\text{sec}$

$Q = AV = \frac{\pi \times 0.4^2}{4} \times 1.657 = 0.208\text{m}^3/\text{sec}$

□□□ 산 04,06,10,14

03 Manning 공식의 조도계수 n과 마찰손실계수 f와의 관계식으로 옳은 것은? (단, 지름 D인 원관의 경우)

① $12.7n^2 D^{\frac{1}{3}}$ ② $124.5n^2 D^{-\frac{1}{3}}$
③ $12.7n D^{-\frac{1}{3}}$ ④ $124.5n D^{\frac{1}{3}}$

| 해답 | ②

$f = \frac{8gn^2}{R^{\frac{1}{3}}}$, $R = \frac{D}{4}$

$\therefore f = \frac{8gn^2}{R^{\frac{1}{3}}} = \frac{8 \times 9.8 n^2}{\left(\frac{D}{4}\right)^{\frac{1}{3}}} = \frac{124.5 n^2}{D^{\frac{1}{3}}} = 124.5 n^2 D^{-\frac{1}{3}}$

□□□ 산 98,16

04 두 단면간의 거리가 1km, 손실수두가 5.5m, 관의 지름이 3m라고 하면 관 벽의 마찰력은? (단, 무게 1kg=9.8N)

① 65.5N/m^2 ② 26.0N/m^2
③ 80.9N/m^2 ④ 40.4N/m^2

| 해답 | ④

$\tau_o = \frac{w_o h_L r}{2l} = \frac{9.8 \times 5.5 \times 1.5}{2 \times 1000}$

$= 0.0404\text{kN/m}^2 = 40.4\text{N/m}^2$

($\because w = 9.8\text{kN/m}^3$, $1\text{kN} = 1000\text{N}$)

□□□ 산 05,07,13,14,15,17①,25②

05 지름 100cm의 원형단면 관수로에 물이 만수되어 흐를 때의 동수반경(hydraulic radius)은?

① 50cm ② 75cm
③ 25cm ④ 20cm

| 해답 | ③

$R = \frac{D}{4} = \frac{100}{4} = 25\text{cm}$

□□□ 산 08,15

06 등류의 마찰속도 u_*를 구하는 공식으로 옳은 것은? (단, H : 수심, I : 수면경사, g : 중력가속도)

① $u_* = \sqrt{gHI}$ ② $u_* = gHI$
③ $u_* = gH^2 I$ ④ $u_* = gHI^2$

| 해답 | ①

마찰속도 : $u_* = \sqrt{\frac{\tau_o}{\rho}} = \sqrt{gRI} = \sqrt{gHI}$

($\because R ≒ H$)

□□□ 산 11

07 다음 중 유량측정장치가 아닌 것은?

① 마노메타 ② 벤튜리미터
③ 오리피스 ④ 파살플룸

| 해답 | ①

마노메타(manometer)
수은주의 차로 수압강도를 측정

더 알아두기

관수로
관수로는 압력에 의해 흐름이 유지되며 유체 내부의 점성력의 영향이 크다.

개수로
흐름의 원인은 점성과 중력에 의한다.

평균마찰응력
$\tau_m = wRI = whI$
· R : 경심

원통 수조

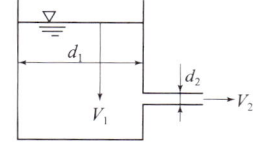

조도계수 n의 차원
$V = \dfrac{1}{n} R^{\frac{2}{3}} I^{\frac{1}{2}}$

$n = \dfrac{L^{\frac{2}{3}}}{LT^{-1}} = [L^{-\frac{1}{3}} T]$

---

08 관수로

1 관수로

(1) 흐름의 주된 지배

관수로	점성력과 압력차
개수로	중력과 관성력
지하수	중력

(2) 마찰

- 마찰속도 : $U_* = \sqrt{\dfrac{\tau_o}{\rho}} = \sqrt{gRI} = \sqrt{ghI}$

여기서, U_* : 마찰속도, τ_o : 관벽면의 마찰력, ρ : 유체의 밀도
h : 수심, I : 수면경사, w : 물의 단위중량

- 관벽의 마찰력 : $\tau_o = \dfrac{\Delta p}{2l} r = \dfrac{w_o \cdot h_L \cdot r}{2l} = wRI$

2 유량과 유속

(1) 유량

- $Q = AV = A_1 V_1 = A_2 V_2 = \dfrac{\pi {d_1}^2}{4} \times V_1 = \dfrac{\pi {d_2}^2}{4} \times V_2$

$\therefore V_1 = \left(\dfrac{d_2}{d_1}\right)^2 \times V_2$

- $Q = AV = A \dfrac{1}{n} R^{\frac{2}{3}} I^{\frac{1}{2}}$

(2) 동수반경(경심)

- 직사각형 동수반경 $R = \dfrac{A}{S} = \dfrac{h^2}{4h} = \dfrac{h}{4}$

- 원형 동수반경 $R = \dfrac{\dfrac{\pi D^2}{4}}{\pi D} = \dfrac{D}{4}$

(3) Manning 공식 : $V = \dfrac{1}{n} R^{\frac{2}{3}} I^{\frac{1}{2}}$

(4) Chezy의 평균 유속공식

- 유속 : $V = C\sqrt{RI}$

- 평균 유속계수 : $C = \sqrt{\dfrac{8g}{f}} = \dfrac{1}{n} R^{\frac{1}{6}}$

- 관마찰손실계수 : $f = \dfrac{64}{R_e} = \dfrac{8g}{C^2}$

$f = \dfrac{8gn^2}{R^{\frac{1}{3}}} = \dfrac{8 \times 9.8 n^2}{\left(\dfrac{d}{4}\right)^{\frac{1}{3}}} = 124.5 n^2 d^{-\frac{1}{3}} = \dfrac{124.5 n^2}{d^{\frac{1}{3}}}$

핵심문제

□□□ 산 13
01 10m/s로 움직이는 수직 평판에 동일한 방향으로 25m/s로 분류가 충돌하고 있을 때 평판에 미치는 힘은? (단, 분류의 지름은 10mm이다.)

① 11.76N
② 17.67N
③ 27.44N
④ 31.36N

| 해답 | ②

움직이는 평판에 직각으로 충돌할 때

$$F = \frac{w}{g}Q(V-u) = \frac{w}{g}A(V-u)^2$$

- $w = 1t/m^3 = 9.8kN/m^3$
- $A = \frac{\pi d^2}{4} = \frac{\pi \times 0.01^2}{4} = 7.85 \times 10^{-5} m^2$
- $V = 25m/s$, $u = 10m/s$

$$\therefore F = \frac{9.8}{9.8} \times 7.85 \times 10^{-5}(25-10)^2$$
$$= 0.01767 kN = 17.67N$$

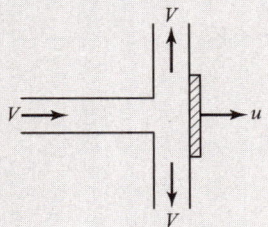

□□□ 산 03,12,15
02 그림과 같이 직경 8cm 분류인 35m/s의 속도로 관의 벽면에 부딪힌 후 최초의 흐름 방향에서 150° 수평방향 변화를 하였다. 관의 벽면이 최소의 흐름 방향으로 10m/s의 속도로 이동할 때, 관벽면에 작용하는 힘은? (단, 무게 1kg=9.8N)

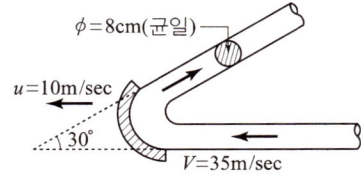

① 3.6 kN
② 5.4 kN
③ 6.1 kN
④ 8.5 kN

| 해답 | ③

- $P = \sqrt{F_x^2 + F_y^2}$
- $Q = AV = \frac{\pi \times 0.08^2}{4} \times 25 = 0.126 m^3/sec$
- $V = 35m/sec$, $u = 10m/sec$
- 물의 단위중량 $w = 9.8kN/m^3$

■ $F_x = \frac{w}{g}Q(V-u)(1+\cos\theta)$
$= \frac{9.8}{9.8} \times 0.126(35-10)(1+\cos 30°) = 5.878kN$

■ $F_y = \frac{w}{g}Q(V-u)(\sin\theta - 0)$
$= \frac{9.8}{9.8} \times 0.126(35-10)(\sin 30° - 0) = 1.575kN$

$\therefore P = \sqrt{F_x^2 + F_y^2} = \sqrt{5.878^2 + 1.575^2} = 6.1kN$

□□□ 산 13,16,19④
03 단면적이 200cm²인 90° 굽어진 관(1/4원의 형태)을 따라 유량 $Q=0.05m^3/s$의 물이 흐르고 있다. 이 굽어진 면에 작용하는 힘(P)은? (단, 무게 1kg=9.8N)

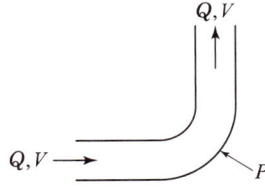

① 157N
② 177N
③ 1570N
④ 1770N

| 해답 | ②

$F = \sqrt{P_x + P_y}$

■ $P_x = \frac{wQ}{g}(V_1 - V_2)$
- $V = \frac{Q}{A} = \frac{0.05}{200 \times 10^{-4}} = 2.5 m/sec$
- 물의 단위중량 $w = 9.8kN/m^3$

■ $P_x = \frac{9.80 \times 0.05}{9.8}(2.5-0) = 0.125kN$

■ $P_y = \frac{wQ}{g}(V_2 - V_1)$
$= \frac{9.8 \times 0.05}{9.8}(0-2.5) = -0.125kN$

$\therefore F = \sqrt{(0.125)^2 + (-0.125)^2} = 0.1768kN = 177N$

알아두기

운동량
- 극히 짧은 시간에 유체가 어떤 면에 충돌하여 발생하는 반작용의 힘을 구하는 것을 말한다.
- 흐름은 정상류이다.

07 운동량 방정식

1 운동량과 역적

1차원 정상류(steady Flow)의 흐름에서 짧은 시간 Δt 사이에 흐름의 유속이 V_1에서 V_2로 변했을 때 질량 m인 유체에 작용한 외력의 힘

$$F = \frac{m}{\Delta t} \Delta V = \frac{m}{\Delta t}(V_2 - V_1)$$

$$F \cdot \Delta t = m(V_2 - V_1) = m \cdot \Delta V$$

여기서, $F \cdot \Delta t$: 역적(impulse), $m \cdot \Delta V$: 운동량(momentum)

- 단위시간당 운동량방정식

$$F = \frac{w}{g} Q(V_2 - V_1)$$

2 정지판에 미치는 충격력

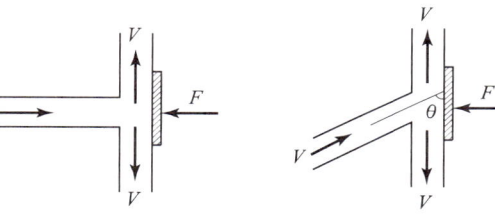
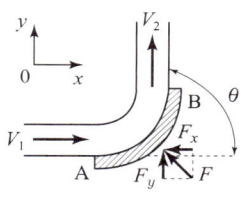

(a) 정지판에 직각   (b) 정지판에 경사   (c) 정지한 곡면

(1) 정지판에 직각으로 충돌하는 경우

$$F = \frac{w}{g} Q(V_1 - V_2) = \frac{w}{g} A V^2 = \frac{w}{g} A V(V-u)$$

(2) 정지판에 경사지게 충돌하는 경우

$$F = \frac{w}{g} QV \sin\theta = \frac{w}{g} AV^2 \sin\theta$$

(3) 정지한 곡면에 작용하는 힘 ($\theta < 90°$)

$$F_x = \frac{wQ}{g}(V_1 - V_2 \cos\theta), \quad F_y = \frac{wQ}{g}(V_2 \sin\theta - V_1)$$

충격력 $F = \sqrt{P_x^2 + P_y^2}$

움직이는 판
- 같은 방향 : $V - u$
- 다른 방향 : $V + u$
- u : 판의 속도

3 항력 drag force

유수 중의 물체에 작용하는 힘은 두 성분으로 나눌 수 있으며 흐름방향에 작용하는 힘을 항력이라 한다.

$$D = \frac{24}{R_e} \cdot A \cdot \frac{\rho V^2}{2} = C_D \cdot A \cdot \frac{\rho V^2}{2}$$

여기서, A : 흐름방향의 물체 투영면적

핵 심 문 제

□□□ 산 01,09,11,13,15
01 정류에 대한 설명으로 옳지 않은 것은?

① 어느 단면에서 지속적으로 유속이 균일해야 한다.
② 흐름의 상태가 시간에 관계없이 일정하다.
③ 유선과 유적선이 일치한다.
④ 유선에 따라 유속이 일정하게 변한다.

| 해답 | ④
한 단면을 지나는 물이 시간에 따라 속도, 압력, 밀도 등 유동 특성이 변하지 않는 흐름

□□□ 산 13,16
02 등류의 정의로 옳은 것은?

① 흐름특성이 어느 단면에서나 같은 흐름
② 단면에 따라 유속 등의 흐름특성이 변하는 흐름
③ 한 단면에 있어서 유적, 유속, 흐름의 방향이 시간에 따라 변하지 않는 흐름
④ 한 단면에 있어서 유량이 시간에 따라 변하는 흐름

| 해답 | ①
등류
수로의 어느 구간에서도 유속, 수심 등 흐름 상태가 일정한 흐름
즉, $\frac{\partial v}{\partial t}=0$, $\frac{\partial v}{\partial l}=0$

□□□ 산 08,13
03 다음 관계식 중 부정부등류를 표시한 것으로 옳은 것은? (단, t=시간, l=거리, v=유속)

① $\frac{\partial v}{\partial t}=0$, $\frac{\partial v}{\partial l}=0$
② $\frac{\partial v}{\partial t}\neq 0$, $\frac{\partial v}{\partial l}=0$
③ $\frac{\partial v}{\partial t}\neq 0$, $\frac{\partial v}{\partial l}\neq 0$
④ $\frac{\partial v}{\partial t}=0$, $\frac{\partial v}{\partial l}\neq 0$

| 해답 | ③
부정 부등류는 흐름 특성(v)이 시간(t)에 따라서 변하고, 장소나 위치(l)에 따라서도 변하는 흐름이다.
즉 $\frac{\partial v}{\partial t}\neq 0$, $\frac{\partial v}{\partial l}\neq 0$

□□□ 산 04,10
04 흐름의 연속방정식은 어떤 법칙을 기초로 하여 만들어진 것인가?

① 질량 보존의 법칙
② 에너지 보존의 법칙
③ 운동량 보존의 법칙
④ 마찰력 불변의 법칙

| 해답 | ①
물의 연속방정식 $Q=A_1V_1=A_2V_2$은 질량 보존의 법칙의 이론에 근거한다.

□□□ 산 83,88,16
05 유체의 흐름이 일정한 방향이 아니고, 무작위하게 3차원 방향으로 이동하면서 흐르는 흐름은?

① 층류
② 난류
③ 정상류
④ 등류

| 해답 | ②
• 난류 : 유체의 흐름이 일정한 방향이 아니고 좌우방향으로 이동하면서 흐트러지는 흐름
• 층류 : 유선이 흐트러지지 않는 흐름으로 유체의 흐름이 흐름방향으로 만 이동되고 직각방향에는 이동이 없는 흐름

□□□ 산 15
06 다음 설명 중 옳지 않은 것은?

① 베르누이 정리는 에너지 보존의 법칙을 의미한다.
② 연속 방정식은 질량보존의 법칙을 의미한다.
③ 부정류(unsteady flow)란 시간에 대한 변화가 없는 흐름이다.
④ Darcy법칙의 적용은 레이놀즈수에 대한 제한을 받는다.

| 해답 | ③
부정류
유체가 운동할 때, 한 단면에서 속도, 압력, 밀도, 유량 등 유동특성이 시간에 따라 변하는 흐름을 부정류 또는 비정상류라 한다.

06 흐름의 구분과 연속방정식

1 흐름의 분류

(1) 정류(steady flow)
- 유체가 운동할 때, 한 단면을 지나는 물이 시간에 따라 속도, 압력, 밀도, 유량 등 유동 특성이 시간에 따라 변하지 않는 흐름을 정류 또는 정상류라 한다.

$$\frac{\partial v}{\partial t}=0, \quad \frac{\partial p}{\partial t}=0, \quad \frac{\partial Q}{\partial t}=0$$

- 정류의 특징
  - 한 단면을 지나는 물이 시간에 따라 속도, 압력, 밀도 등 유동 특성이 변하지 않는 흐름
  - 정류인 경우 유선과 유적선은 일치한다.
  - 하나의 유선은 다른 유선과 교차하지 않는다.
  - 일반적으로 평상시 하천의 흐름은 정류로 취급한다.

(2) 등류
수로의 어느 구간에서도 유속, 수심 등 흐름 상태가 일정한 흐름

즉 $\frac{\partial V}{\partial t}=0, \quad \frac{\partial V}{\partial l}=0$

(3) 부정류(unsteady flow)
유체가 운동할 때, 한 단면에서 속도, 압력, 밀도, 유량 등 유동특성이 시간에 따라 변하는 흐름을 부정류 또는 비정상류라 한다.

$$\frac{\partial v}{\partial t}\neq 0, \quad \frac{\partial p}{\partial t}\neq 0, \quad \frac{\partial Q}{\partial t}\neq 0$$

- 수류의 특성

수류의 종류	특 성
정상류	$\frac{\partial v}{\partial t}=0, \quad \frac{\partial Q}{\partial t}=0, \quad \frac{\partial \rho}{\partial t}=0$
부정류	$\frac{\partial v}{\partial t}\neq 0, \quad \frac{\partial Q}{\partial t}\neq 0, \quad \frac{\partial \rho}{\partial t}\neq 0$
등류	$\frac{\partial v}{\partial t}=0, \quad \frac{\partial v}{\partial l}=0$
부등류	$\frac{\partial v}{\partial t}=0, \quad \frac{\partial v}{\partial l}\neq 0$

2 흐름의 연속방정식

연속방정식은 질량불변의 법칙을 표시해 주는 방정식이다.

$Q=A_1 V_1 = A_2 V_2 = \text{const}$

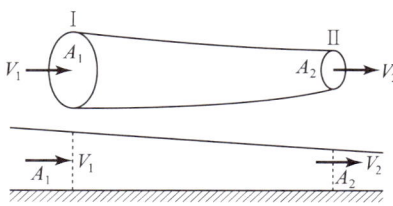

핵 심 문 제

□□□ 산 03,13
01 다음 중 베르누이의 정리를 응용하지 않은 것은?

① 토리첼리의 정리 ② 피토관
③ 벤츄리미터 ④ 운동량 보존 법칙

| 해답 | ④
베르누이 정리의 응용
- 토리첼리(Torricelli)의 정리
- 피토관(Pitot tube)
- 벤츄리미터(Venturimeter)

□□□ 산 06,12,13,14,17
02 정상적인 흐름 내의 1개의 유선상의 유체입자에 대하여 그 속도수두 $\frac{V^2}{2g}$, 압력수두 $\frac{P}{w_o}$, 위치수두 Z 에 대하여 동수경사로 옳은 것은?

① $\frac{V^2}{2g}+\frac{P}{w_0}$ ② $\frac{V^2}{2g}+Z+\frac{P}{w_0}$
③ $\frac{V^2}{2g}+Z$ ④ $\frac{P}{w_0}+Z$

| 해답 | ④
동수경사선
위치수두(Z)와 압력수두$\left(\frac{P}{w_o}\right)$를 연결한 선을 말한다.
즉, $\frac{P}{w_0}+Z$

□□□ 산 12,14,15,16
03 에너지선과 동수경사선이 항상 평행하게 되는 흐름은?

① 등류 ② 부등류
③ 난류 ④ 상류

| 해답 | ①
등류
- 흐름특성이 어느 단면에서나 같은 흐름
- 완전유체(등류)일 때는 유속수두가 동일하므로 에너지선과 동수경사선이 서로 평행하게 된다.

□□□ 산 05,09,10,14,16
04 Bernoulli 정리의 적용 조건이 아닌 것은?

① Bernoulli 방정식이 적용되는 임의의 두 점은 같은 유선 상에 있다.
② 정상상태의 흐름이다.
③ 압축성 유체의 흐름이다.
④ 마찰이 없는 흐름이다.

| 해답 | ③
흐름은 정류이며 유체는 비압축성이다.

□□□ 산 12,14,16
05 에너지선에 대한 설명으로 옳은 것은?

① 유체의 흐름방향을 결정한다.
② 이상유체 흐름에서는 수평기준면과 평행한다.
③ 유량이 일정한 흐름에서는 동수경사선과 평행하다.
④ 유선상의 각 점에서의 압력수두와 위치수두의 합을 연결한 선이다.

| 해답 | ②
- 동수경사선 : 기준 수평면에서 위치수도와 압력수두의 합을 연결한 선
  $I=\frac{h_L{'}}{l}$
- 에너지선 : 에너지선의 경사를 에너지경사라 한다.
  $I=\frac{h_L}{l}$
- ∴ 완전유체(이상유체, 등류)는 손실에너지가 없으므로 에너지선과 수평기준면은 서로 평행하다.

□□□ 산 11,16
06 피토관(Pitot tube)으로 유속을 측정할 때, 유속공식으로 옳은 것은?

① $V=\sqrt{gH}$ ② $V=\sqrt{RI}$
③ $V=\sqrt{2gH}$ ④ $V=\frac{1}{n}R^{\frac{2}{3}}I^{\frac{1}{2}}$

| 해답 | ③
피토관
- 베르누이 정리를 사용하여 유속을 계산할 수 있다.
- 관수로나 개수로에서 유량측정계로 이용
- 속도수두 $H=\frac{V^2}{2g}$ ∴ 유속 $V=\sqrt{2gH}$

알아두기

▶ **가정**
- 흐름은 정류이다.
- 임의의 두 점은 같은 유선상에 있어야 한다.
- 마찰에 의한 에너지 손실이 없는 이상 유체의 흐름이다.

▶ **에너지선**

기준면에서 전수두까지의 높이를 연결한 선

$$\frac{V^2}{2g} + \frac{P}{w} + z = \text{const}(일정)$$

- 에너지 경사 : $I = \frac{h_L}{l}$

▶ **동수경사선**
- 일반적으로 에너지선에서 유속수두 $\left(\frac{V^2}{2g}\right)$ 만큼 아래에 있다.
- 개수로에서는 수면과 일치
$$\frac{P}{w} + z = \text{const}(일정)$$
- 동수경사 : $I = -\frac{h'_L}{l}$

▶ **벤츄리미터**

$$Q = C \frac{A_1 \times A_2}{\sqrt{A_1^2 - A_2^2}} \cdot \sqrt{2gH}$$

05 베르누이의 정리

1 Bernoulli의 정리

에너지 불변의 법칙을 기초로 만들어진 방정식으로써 전에너지인 위치수두, 압력수두, 속도수두의 합인 전에너지는 일정하다.

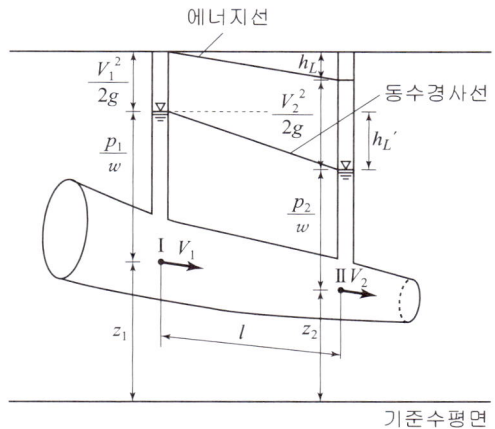

- 총수두 $H_t = \frac{V_1^2}{2g} + \frac{P_1}{w} + z_1 = \frac{V_2^2}{2g} + \frac{P_2}{w} + z_2 = \text{const}(일정)$

  여기서, $\frac{V^2}{2g}$: 속도수두, $\frac{P}{w}$: 압력수두, z : 위치수두

- $H = \frac{V^2}{2g} + \frac{P}{w_o} + Z$에 w를 곱하여 주면 ($\because w = \rho g$)

  $= \frac{wV^2}{2g} + P + wZ_1 = \frac{1}{2}\rho V^2 + P + \rho gZ$

  여기서, $\frac{wV^2}{2g} = \frac{1}{2}\rho V^2$: 동압력, P : 정압력, ρgZ : 위치압력

■ Bernoulli의 정리의 기본 조건
- 흐름은 정류이며 유체는 비압축성이다.
- 마찰에 의한 에너지 불변의 법칙에 근거한다.
- 일반적으로 하나의 유관 또는 유선에 대하여 성립한다.
- 하나의 유선에 대하여 총에너지는 일정하다.
- 임의의 두 점은 같은 유선상에 있다.

■ 이상유체(등류)일 때는 속도 수두가 동일하므로 에너지선과 동수경사선이 서로 평행하다.

2 베르누이 Bernoulli 정리의 응용

- Torricelli의 정리 : 1643년 Torricelli가 실험결과를 통해 Bernoulli의 정리보다 먼저 발표한 것이므로 Torricelli의 정리라 한다.
- 피토관(Pitot tube) : Bernoulli의 정리를 응용하여 유속을 측정하는 계기
- 벤츄리미터(Venturi meter) : 정상관로부분과 수축부의 압력차 h를 측정하여 유량을 측정하는 계기

핵심문제

□□□ 산 04,06,11,12,15,16

01 부체의 경심(M), 부심(C), 무게중심(G)에 대하여 부체가 안정되기 위한 조건은?

① $\overline{MG} > 0$ ② $\overline{MG} = 0$
③ $\overline{MG} < 0$ ④ $\overline{MG} = \overline{CG}$

| 해답 | ①

- 부체가 안정한 조건 : 경심(M)이 중심(G)보다 위에 있을 때
  즉 $\overline{MG} > 0$, $\overline{CM} > \overline{CG}$
- 부체가 불안정한 조건 : 경심(M)이 중심(G)보다 아래에 있을 때
  즉 $\overline{MG} < 0$, $\overline{CM} < \overline{CG}$

□□□ 산 92,02,04,05,13

02 부체에 관한 설명 중 틀린 것은?

① 수면으로부터 부체의 최심부(가장 깊은 곳)까지의 수심을 흘수라 한다.
② 경심은 부력의 작용선과 물체의 중심선의 교점이다.
③ 수중에 있는 물체는 그 물체가 배제한 배수량 만큼 가벼워진다.
④ 수면에 떠 있는 물체의 경우 경심이 중심보다 위에 있을 때는 불안정한 상태이다.

| 해답 | ④

- 부체가 안정한 조건 : 경심(M)이 중심(G)보다 위에 있을 때
- 부체가 불안정한 조건 : 경심(M)이 중심(G)보다 아래에 있을 때

□□□ 산 07,14

03 그림과 같은 배의 무게가 882kN일 때 이 배가 운항하는데 필요한 최소 수심은?
(단, 물의 비중=1, 무게 1kg=9.8N)

① 1.2m
② 1.5m
③ 1.8m
④ 2.0m

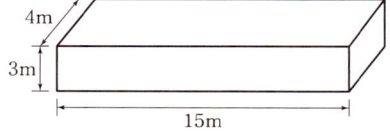

| 해답 | ②

$W = B = wV = w(a \cdot b \cdot h)$

- $W = 882\,kN$
- $w = 9.8\,kN/m^3$
- $B = wV = 9.8 \times (4 \times h \times 15) = 588h\,kN/m$

$\therefore h = \dfrac{W}{588} = \dfrac{882(kN)}{588(kN/m)} = 1.5m$

□□□ 산 93,16

04 그림과 같은 콘크리트 케이슨이 바닷물에 떠있을 때 흘수는? (단, 콘크리트 비중은 2.4이며, 바닷물의 비중은 1.025이다.)

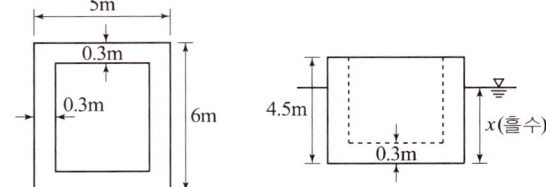

① $x = 2.35m$ ② $x = 2.55m$
③ $x = 2.75m$ ④ $x = 2.95m$

| 해답 | ③

케이슨의 중량 $W = wV = B = w_o V$

- $W = wV = 2.4 \times (5 \times 6 \times 4.5 - 4.4 \times 5.4 \times 4.2) = 84.50\,t$
- $B = w_o V = 1.025 \times (5 \times 6 \times x) = 30.75 \times x$

$\therefore$ 흘수 $x = \dfrac{84.50}{30.75} = 2.75m$

□□□ 산 96,99,12

05 어떤 선박의 배수용량이 3000kN(300ton)이며, 갑판에서 20kN(2ton)의 하중을 선박길이 방향의 직각방향으로 7m 이동시켰을 때 1/30radian 각도 만큼 기울어 졌을 때의 경심고는?
(단, 무게 1kg=10N, 1/30radian ≒ 1.91°)

① 1.20m   ② 1.30m
③ 1.40m   ④ 1.50m

| 해답 | ③

$\overline{MG} = \dfrac{P \cdot l}{W \cdot \theta} = \dfrac{20 \times 7}{3000 \times \left(\dfrac{1}{30}\right)} = 1.40m$

04 부력

1 부력 buoyancy

물체 표면에 작용하는 전수압을 말하며, 수중 부분의 체적만큼 물의 무게이다.

(1) 경심(傾心, M) : 수중에 뜬 물체가 경사할 때 부심(浮心)을 지나는 연직선과 부축(浮軸)과의 교점을 말한다.

- 경심고 $\overline{MG} = \dfrac{Pl}{W\theta}$

(2) 부심(C) : 부체가 배제한 체적의 물의 무게중심을 통과하는 부력의 작용선

(3) 흘수(h) : 물체가 물에 떠서 정지하고 있을 때 그 물체의 맨 밑까지의 수심

(4) 부양면 : 부체의 일부가 수면위에 떠 있을 때 수면에 절단되었다고 생각되는 단면

■ 부체의 안정판별

안정	M이 G보다 위에 있을 때	$\overline{MG} > 0$	$\dfrac{I}{V} > \overline{CG}$
불안정	M이 G보다 아래에 있을 때	$\overline{MG} < 0$	$\dfrac{I}{V} < \overline{CG}$
중립	M과 G가 일치할 때	$\overline{MG} = 0$	$\dfrac{I}{V} = 0$

M : 경심, G : 중심, C : 부심, $\overline{MG}$: 경심고

▼ 부체의 안정조건 이동

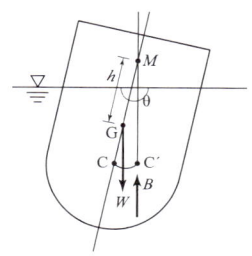

2 Archimedes 원리

유체 속에 잠겨진 물체는 그 물체에 의해서 배제된 유체의 무게만큼 부력을 받는다.

$$W' = W - B = W - wV$$

여기서, W : 물체의 공기 중의 무게 W' : 수중에서의 무게
B : 부력 w : 유체의 단위중량
V : 물체의 수중부분의 체적

3 상대정지

(1) 연직 가속운동

- 위로 작용할 때 : $P = w_o h \left(1 + \dfrac{\alpha}{g}\right)$
- 아래로 작용할 때 : $P = w_o h \left(1 - \dfrac{\alpha}{g}\right)$

(2) 수평가속도

$\tan\theta = \dfrac{\alpha}{g} = \dfrac{b-h}{\dfrac{l}{2}}$ 에서

∴ 가속도 $\alpha = \dfrac{2g(b-h)}{l}$

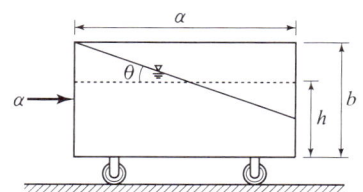

핵심문제

□□□ 산 97,09,15,20④

01 그림에서 (a), (b) 바닥이 받는 총수압을 각각 P_a, P_b라 표시할 때 두 총수압의 관계로 옳은 것은? (단, 바닥 및 상면의 단면적은 그림과 같고, (a), (b)의 높이는 같다.)

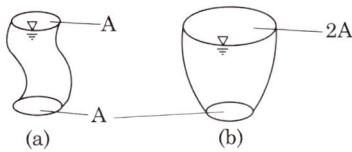

① $P_a = 2P_b$
② $P_a = P_b$
③ $2P_a = P_b$
④ $4P_a = P_b$

| 해답 | ②

전수압 $P = wh_G A$에서 (a), (b)의 단면적(A)은 같고, 수심($h_G = h$)도 같으므로 총수압도 서로 같다.
즉 $P_a = P_b$

□□□ 산 07,13

02 길이 7m, 직경 4m인 원주가 수평으로 놓여있을 경우 원주의 중심까지 물이 차 있다면 이 원주에 작용하는 전수압은? (단, 물의 단위중량 $\gamma = 9800 \text{N/m}^3$)

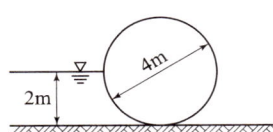

① 205.5kN
② 225.5kN
③ 245.5kN
④ 255.5kN

| 해답 | ④

전수압 $P = \sqrt{P_H^2 + P_V^2}$

- $P_H = wh_g A$
  $= 9800 \times 1 \times (2 \times 7) = 137200\text{N} = 137.2\text{kN}$

- $P_V = wV = wAb = w\left(\dfrac{\pi d^2}{4} \times \dfrac{1}{4}\right)b$
  $= 9800 \times \left(\dfrac{\pi \times 4^2}{4} \times \dfrac{1}{4}\right) \times 7$
  $= 215513\text{N} = 215.5\text{kN}$

$\therefore P = \sqrt{P_H^2 + P_V^2}$
$= \sqrt{137.2^2 + 215.5^2} = 255.5\text{kN}$

□□□ 산 94,99,12,13,16

03 안지름 0.5m, 두께 20mm의 수압판이 15N/cm²의 압력을 받고 있을 때, 관벽에 작용하는 인장응력은?

① 46.8N/cm²
② 93.7N/cm²
③ 140.6N/cm²
④ 187.5N/cm²

| 해답 | ④

$t = \dfrac{PD}{2\sigma_{ta}}$

$\therefore \sigma_{ta} = \dfrac{PD}{2t} = \dfrac{15 \times 50}{2 \times 2} = 187.5\text{N/cm}^2$

□□□ 산 00,16

04 그림에서 곡면 AB에 작용하는 전수압의 수평분력은? (단, 곡면의 폭은 1m이고, γ는 물의 단위중량임.)

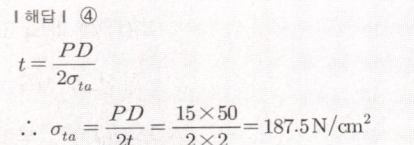

① $4.7\gamma \text{ m}^3$
② $3.5\gamma \text{ m}^3$
③ $3\gamma \text{ m}^3$
④ $1.5\gamma \text{ m}^3$

| 해답 | ④

수평분력은 연직 투영면에 작용하는 전수압과 같다.
$P_H = wh_G A = \gamma \times \left(1 + \dfrac{1}{2}\right)\text{m} \times (1 \times 1)\text{m}^2 = 1.5\gamma \text{ m}^3$

□□□ 산 14

05 면적이 A인 평판이 수면으로부터 h가 되는 깊이에 수평으로 놓여있을 경우 이 평판에 작용하는 전수압 P는? (단, 물의 단위중량은 w이다.)

① $P = whA$
② $P = wh^2 A$
③ $P = w^2 hA$
④ $P = whA^2$

| 해답 | ①

수평한 평면에 작용하는 전수압
- 평면을 밑면으로 하는 연직 물기둥의 무게와 같고 작용점은 평면의 도심이 된다.
- 전수압 $P = whA$

알아두기

▶ 수평한 평면에 작용하는 전수압
평면을 밑면으로 하는 연직 물기둥의 무게와 같고(wh_GA) 작용점은 평면의 도심이다.

▶ 연직 평면에 작용하는 전수압
정수압은 수심에 비례하므로 수압강도는 삼각형 분포이므로 작용점의 위치는 삼각형의 도심이다.

▶ 용어해설
- h_G : 전수압의 작용점 위치까지의 깊이
- $h_G = S_G \sin\theta$

▶ 원관에 작용하는 수압
- $2T = p \cdot D \cdot l$
- $T = \sigma_{ta} \cdot t \cdot l$
- $\therefore t = \dfrac{p \cdot D}{2\sigma_{ta}}$

---

03 전수압

1 수평한 평면에 작용하는 전수압

전수압 $P = wh_G A$

여기서, w : 유체의 단위중량
h_G : 수면으로부터 물체 도심까지의 수직거리
A : 물체가 수압을 받고있는 면적

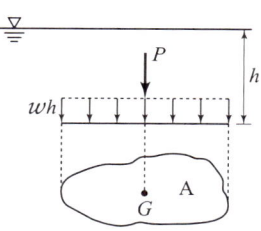

2 연직 평면에 작용하는 전수압

- 전수압 $P = wh_G A$
- 전수압의 작용점 위치 $h_c = h_G + \dfrac{I_G}{h_G A}$

3 경사평면에 작용하는 전수압

- 전수압 $P = wh_G A = wS_G \sin\theta A$
- 작용점 $S_c = S_G + \dfrac{I_G}{S_G A}$
- $h_c = h_G + \dfrac{I_G \sin^2\theta}{h_G A}$

4 곡면에 작용하는 전수압

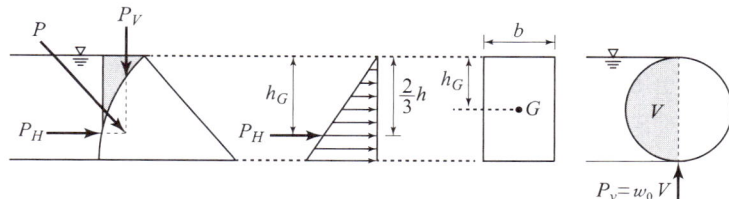

- 수평분력 : 연직투영면상에 작용하는 수압과 같고 작용선은 연직평면인 경우와 같다.
$$P_H = wh_G A$$
- 연직분력 : 곡면을 밑면으로 하는 연직 물기둥의 중량과 같고 작용선은 물기둥의 중심을 통과하는 연직선이다. $P_V = w \cdot 면적 \cdot b = w \cdot V$
- 전수압 $P = \sqrt{P_H^2 + P_V^2}$

5 원관에 작용하는 수압

- 수압강도 $p = w \cdot h$
- 소요두께 $t = \dfrac{p \cdot D}{2\sigma_{ta}}$

여기서, w : 유체의 단위중량, h : 수심
D : 관의 지름, σ_{ta} : 허용인장응력

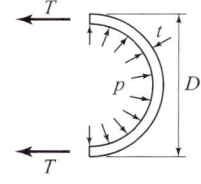

핵심문제

□□□ 산 05,16
01 정수압의 성질에 대한 설명으로 옳지 않은 것은?

① 정수압은 작용하는 면에 수직으로 작용한다.
② 정수내의 1점에 있어서 수압의 크기는 모든 방향에 대하여 동일하다.
③ 정수압의 크기는 수두에 비례한다.
④ 같은 깊이의 정수압 크기는 모든 액체에서 동일하다.

| 해답 | ④
- 정수압의 강도 $P=wh$
- 정수 중 한 점에 작용하는 총수압은 모든 방향에 대해 동일한 강도를 갖는다.

□□□ 산 83,08,15
02 정수압의 성질에 대한 설명으로 옳지 않은 것은?

① 정수압은 수중의 가상면에 항상 직각방향으로 존재한다.
② 대기압을 압력의 기준(0)으로 잡은 정수압은 반드시 절대압력으로 표시된다.
③ 정수압의 강도는 단위면적에 작용하는 압력의 크기로 표시한다.
④ 정수 중의 한 점에 작용하는 수압의 크기는 모든 방향에서 같은 크기를 갖는다.

| 해답 | ②
대기압을 압력의 기준(0)으로 잡은 정수압은 반드시 계기압력으로 표시된다.

□□□ 산 12②,13①,19④
03 비중 0.87인 기름이 용기에 들어 있을 때 이 기름 용기 속 자유표면으로부터 7m 깊이에 있는 지점의 계기압력은? (단, 무게 1kg=9.8N)

① 51kPa　　② 60kPa
③ 71kPa　　④ 80kPa

| 해답 | ②
$P=wh=0.87\times 7=6.09 t/m^2 = 6090 kg/m^2$
$=6090\times 9.8 = 59682 N/m^2 = 60 kN/m^2 = 60 kPa$
($\because 1 t/m^2 = 9.8 kN/m^2 = 9.8 kPa$)

□□□ 산 13
04 밀폐된 용기 내 정수 중의 한 점에 압력을 가하면 그 압력은 물속의 모든 곳에 동일하게 전달된다는 원리는?

① 파스칼(Pascal)의 원리
② 아르키메데스(Archimedes)의 원리
③ 베르누이(Bernoulli)의 원리
④ 레이놀즈(Reynolds)의 원리

| 해답 | ①
파스칼(Pascal)의 원리
밀폐된 용기 내 정수 중의 한 점에 압력을 가하면 그 압력은 물속의 모든 곳에 동일하게 전달된다는 원리

□□□ 산 08,10,11
05 그림과 같은 수압기에서 $L:l$의 길이 비가 3:1, A의 지름이 5cm, B의 지름이 10cm이면 힘의 평형을 유지하기 위한 P의 크기는? (단, 그림에서 ∘는 힌지이다.)

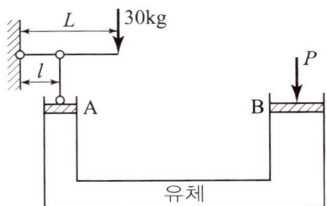

① 200kg　　② 260kg
③ 300kg　　④ 360kg

| 해답 | ④
$$P=P_o\cdot\frac{L}{l}\cdot\frac{a_B}{a_A}=P_o\cdot\frac{L}{l}\cdot\left(\frac{d_B}{d_A}\right)^2$$
$$=30\times\frac{3}{1}\times\left(\frac{10}{5}\right)^2=360 kg$$

□□□ 산 99,02,10,13
06 압력 $P=980Pa(0.01kg/cm^2)$일 때 이를 수두로 나타낸 값은?

① 0.01m　　② 0.1m
③ 0.15m　　④ 0.2m

| 해답 | ②
- $P=980Pa=980N/m^2=0.980kN/m^2$
- 물의 단위중량 $w=9.8kN/m^3$
$\therefore H=\frac{P}{\gamma_w}=\frac{0.980}{9.80}=0.1m$

알아두기

정수압
물을 완전 유체로 가정하면 응집력, 부착력, 점성이 없이 물속에 작용하는 성질

물방울 내외부의 압력차
$p = \dfrac{4T}{d}$

p : 압력차(Pa)
T : 표면장력(N/cm)
d : 지름(cm)

---

02 정수압

1 정수압의 강도

(1) 단위면적에 작용하는 압력의 크기로 표시한다.
(2) 정수 중 임의점에 작용하는 수압강도
  - 대기압 : 공기 중의 무게에 의하여 지구 표면이 받는 압력
  - 절대압력 : 완전진공을 0으로 하여 측정한 값
    $p = p_a + wh$
    ∴ 절대압력 = 대기압 + 계기압력
  - 계기압력 : 극소대기압을 0으로 하여 측정한 값
    $p = wh$

2 정수압의 성질

- 정수압은 수중의 가상면에 항상 수직으로 작용한다.
- 정수압은 수심이 커질수록 증가한다.
- 정수 중의 한 점에 작용하는 수압의 크기는 모든 방향에서 동일한 크기를 갖는다.
- 정수압의 강도는 단위 면적에 작용하는 힘의 크기로 표시한다.
- 같은 깊이의 정수압 크기는 액체의 단위중량(w)에 따라 다르다.
- 대기압을 압력의 기준(0)으로 잡은 정수압은 반드시 계기압력으로 표시된다.

3 압력측정

■ 파스칼의 원리
  밀폐된 용기내 정수 중의 한 점에 압력을 가하면 그 압력은 물속의 모든 곳에 동일하게 전달되는 이론

(1) 수압기의 원리

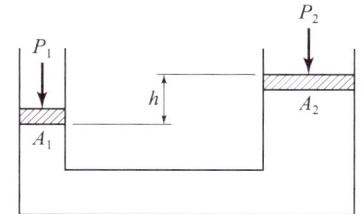

(2) 수압기의 응용

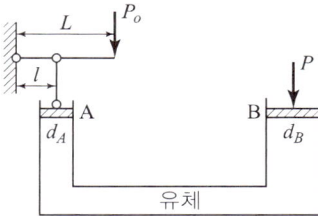

$$\dfrac{P_1}{A_1} = \dfrac{P_2}{A_2} \quad \therefore P_2 = \dfrac{A_2}{A_1}P_1 = \left(\dfrac{d_2}{d_1}\right)^2 P_1$$

■ 수압기의 응용

$$P = P_o \cdot \dfrac{L}{l} \cdot \dfrac{a_B}{a_A} = P_o \cdot \dfrac{L}{l} \cdot \left(\dfrac{d_B}{d_A}\right)^2$$

핵 심 문 제

□□□ 산 88,12,15
01 유체의 기본성질에 대한 설명으로 틀린 것은?

① 압축률과 체적탄성계수는 비례관계에 있다.
② 압력변화와 체적변화율의 비를 체적탄성계수라 한다.
③ 액체와 기체의 경계면에 작용하는 분자 인력을 표면장력이라 한다.
④ 액체 내부에서 유체분자가 상대적인 운동을 할 때, 이에 저항하는 전단력이 작용한다. 이 성질을 점성이라 한다.

| 해답 | ①
체적탄성계수 $E = \dfrac{1}{압축률(C)}$
∴ 압축률(C)과 체적탄성계수(E)는 반비례관계에 있다.

□□□ 산 97,09,11,16
02 어떠한 경우라도 전단응력 및 인장력이 발생하지 않으며 전혀 압축되지도 않고, 마찰저항 $h_L = 0$인 유체는?

① 소성유체   ② 점성유체
③ 탄성유체   ④ 완전유체

| 해답 | ④
완전유체(이상유체)
전단응력 및 인장력이 발생하지 않으며 압력증감에 따른 체적변화율이 없고 손실수두가 0인 유체

□□□ 산 07,12,17
03 물의 밀도에 대한 차원으로 옳은 것은?

① $[FL^{-4}T^2]$ ② $[FL^{-1}T^2]$
③ $[FL^{-2}T]$ ④ $[FL]$

| 해답 | ①
물의 밀도 $\rho = \dfrac{m}{V} = \dfrac{\text{g}}{\text{cm}^3} = [ML^{-3}]$
• $M = [FL^{-1}T^2]$
∴ $[ML^{-3}] = [FL^{-1}T^2 L^{-3}] = [FL^{-4}T^2]$

□□□ 산 03,13,14,15,17
04 물의 성질에 대한 설명으로 옳지 않은 것은?

① 물의 점성계수는 수온이 높을수록 작아진다.
② 동점성계수는 수온에 따라 변하며 온도가 낮을수록 그 값은 크다.
③ 물은 일정한 체적을 갖고 있으나 온도와 압력의 변화에 따라 어느 정도 팽창 또는 수축을 한다.
④ 물의 단위중량은 0℃에서 최대이고 밀도는 4℃에서 최대이다.

| 해답 | ④
점성계수 $\mu = \nu\rho$
• 점성계수(μ)와 동점성계수(ν)는 비례한다.
• 점성계수는 수온이 낮을수록 커지고 0℃에서 최대가 된다.
• 물의 단위중량과 밀도는 4℃에서 최대이다.

□□□ 산 06,14,15④,20③
05 뉴턴유체(Newtonian fluid)에 대한 설명으로 옳은 것은?

① 전단속도 $\left(\dfrac{dv}{dy}\right)$의 크기에 따라 선형으로 점도가 변한다.
② 전단응력(τ)과 전단속도 $\left(\dfrac{dv}{dy}\right)$의 관계는 원점을 지나는 직선이다.
③ 물이나 공기 등 보통의 유체는 비뉴턴유체이다.
④ 유체가 압력의 변화에 따라 밀도의 변화를 무시할 수 없는 상태가 된 유체를 의미한다.

| 해답 | ②
전단응력 $\tau = \mu\dfrac{dv}{dy}$은 중심에서는 0이고, 중심으로부터의 거리에 비례하는 직선형이다.

□□□ 산 14
06 힘의 차원을 MLT계로 표시한 것으로 옳은 것은?

① $[MLT^{-2}]$ ② $[MLT^{-1}]$
③ $[ML^{-2}T^{-2}]$ ④ $[ML^{-1}T^{-2}]$

| 해답 | ①
힘($\text{g} \cdot \text{cm/sec}^2$) : $[F] = [MLT^{-2}]$

01 수리학

알아두기

단위질량(kN/m³)

$$w = \frac{중량}{용적} = \frac{W}{V}$$

밀도(kg·sec²/m⁴)

$$\rho = \frac{단위질량}{중력 가속도} = \frac{w}{g}$$

체적탄성계수

$$E = \frac{dp}{\frac{dV}{V}} = \frac{1}{C}$$

여기서, dp : 용기에 가해진 압력차
$\frac{dV}{V}$: 체적변화율
C : 압축률

모세관 현상

$$h = \frac{4T\cos\theta}{w \cdot d}$$

T : 표면장력
w : 액체의 단위중량
d : 지름

LMT계
- 길이(Length)
- 질량(Mass)
- 시간(Time)
- $M = FT^2L^{-1}$

LFT계
- 길이(Length)
- 힘(Force)
- 시간(Time)
- $F = MLT^{-2}$

---

01 물의 성질

1 물의 성질

- 물의 점성계수는 수온이 높을수록 작아진다.
- 물의 점성계수는 수온이 낮을수록 커지고 0℃에서 최대가 된다.
- 동점성계수는 수온에 따라 변하며 온도가 낮을수록 그 값은 크다.
- 물의 압축률(C_w)과 체적탄성계수(E_w)는 서로 역수의 관계가 있다.
- 압력이 증가하면 물의 압축계수(C_w)는 감소하고 체적탄성계수(E_w)는 증가한다.
- 물은 일정한 체적을 갖고 있으나 온도와 압력의 변화에 따라 어느 정도 팽창 또는 수축을 한다.
- 물의 밀도는 4℃에서 가장 크며 4℃보다 작거나 높아지면 밀도는 점점 감소한다.
- 물은 특별한 경우를 제외하고는 일반적으로 비압축성 유체로 취급한다.
- 공기에 접촉하는 액체의 표면장력은 온도가 상승하면 감소한다.

2 유체의 기본적 성질

(1) 밀도(density) : 단위 체적이 갖는 유체의 질량을 말하며 비질량(比質量)이라고도 한다.
(2) 완전유체(이상유체) : 어떠한 경우라도 전단응력 및 인장력이 발생하지 않으며 전혀 압축되지도 않고, 마찰저항 $h_L = 0$인 유체
(3) 체적탄성계수 : 기압이 증가하면 압축율은 증가하고 체적탄성계수는 감소한다.
(4) Newton의 점성법칙

$$\tau = \mu \frac{dv}{dy}$$

여기서, τ : 전단응력, μ : 비례상수(점성계수), $\frac{dv}{dy}$: 속도변화율

3 단위와 차원

물리량	공학단위	LMT계	LFT계
밀도	g/cm³	$[ML^{-3}]$	$[FL^{-4}T^2]$
힘	g·cm/sec²	$[MLT^{-2}]$	$[F]$
각속도	l/sec	$[T^{-1}]$	$[T^{-1}]$
점성계수	g/cm·sec	$[ML^{-1}T^{-1}]$	$[FL^{-2}T]$
동점성계수	cm²/sec	$[L^2T^{-1}]$	$[L^2T^{-1}]$
투수계수	cm/sec	$[LT^{-1}]$	$[LT^{-1}]$
운동량	g·cm/sec	$[MLT^{-1}]$	$[FT]$
표면 장력	g/cm	$[MT^{-2}]$	$[FL^{-1}]$

3 과목

CBT 핵심 스피드 마스터
수자원설계

01 수리학
02 상하수도 계획

| memo |

핵심문제

□□□ 산 97,00,05,07,09,12,14,15,17,19①②

01 다음 중 점성토 지반의 개량 공법으로 적합하지 않은 것은?

① 샌드드레인 공법
② 치환 공법
③ 바이브로플로테이션 공법
④ 프리로딩 공법

| 해답 | ③
바이브로플로테이션 공법
모래지반에 봉상의 진동기를 삽입하여 진동시키면서 물을 분사시켜 물다짐과 진동에 의해 지반을 다지는 공법

□□□ 산 97,00,05,07,09,12,14,15

02 다음의 지반개량공법 중 모래질 지반을 개량하는데 사용되는 것은?

① 다짐모래말뚝 공법
② 페이퍼 드레인 공법
③ 프리로딩 공법
④ 생석회말뚝 공법

| 해답 | ①
다짐모래말뚝 공법
진동이나 충격을 이용한 공법으로 느슨한 사질토 지반에 널리 사용되고 점성토 지반에도 적용이 가능한 공법으로 시공관리가 까다롭다.

□□□ 산 00,06,12

03 연약지반 개량공법 중에서 구조물을 축조하기 전에 압밀에 의해 미리 침하를 끝나게 하여 지반강도를 증가시키는 방법으로 연약층이 두꺼운 경우에나 공사기간이 시급한 경우에는 적용하기 곤란한 공법은 어느 것인가?

① 치환 공법
② Pre-loading 공법
③ Sand drain 공법
④ 침투압 공법

| 해답 | ②
Pre-loading 공법
• 압밀침하를 미리 끝나게 하여 구조물에 잔류침하를 남기지 않게 하기위한 공법이다.
• 압밀을 끝내기 위해서는 많은 시간이 소요되므로, 공사기간이 충분해야한다.

□□□ 산 92,99,01,03,06,07,14,15

04 현장에서 직접 연약한 점토의 전단강도를 측정하는 방법으로 흙이 전단될 때의 회전저항 모멘트를 측정하여 점토의 점착력(비배수 강도)을 측정하는 시험방법은?

① 표준관입시험
② 더치콘(Dutch Cone)
③ 베인시험(Vane Test)
④ CBR Test

| 해답 | ③
베인시험(vane test)
연약한 점토 또는 대단히 예민한 점토지반의 점착력을 측정하는 시험으로 회전저항모멘트를 측정하여 비배수 점착력을 직접 측정하는 전단시험

□□□ 산 99,02,16

05 연약지반 개량공법 중 프리로딩(preloading) 공법은 다음 중 어떤 경우에 채용하는가?

① 압밀계수가 작고 점성토층의 두께가 큰 경우
② 압밀계수가 크고 점성토층의 두께가 얇은 경우
③ 구조물 공사기간에 여유가 없는 경우
④ 2차 압밀비가 큰 흙의 경우

| 해답 | ②
프리로딩공법
• 압밀계수가 크고 점성토층의 두께가 얇은 경우에 채용
• 압밀침하를 미리 끝나게 하여 구조물에 잔류침하를 남기지 않게 하기위한 공법

□□□ 산 94,98,02,07,10,16

06 Sand drain 공법의 주된 목적은?

① 압밀침하를 촉진시키는 것이다.
② 투수계수를 감소시키는 것이다.
③ 간극수압을 증가시키는 것이다.
④ 지하수위를 상승시키는 것이다.

| 해답 | ①
Sand drain 공법의 목적
연약점토층에 박은 모래기둥을 통해 단시간에 지표면으로 토층의 물을 배출해 압밀을 촉진시켜 공기를 단축하는 방법

18 연약지반 개량공법

1 Sand drain공법

(1) Sand drain 공법의 목적
연약점토층에 박은 모래기둥을 통해 단시간에 지표면으로 토층의 물을 배출해 압밀을 촉진시켜 공기를 단축하는 방법

(2) 모래말뚝의 배열
- 정삼각형 배치 : $d_e = 1.050d$
- 정사각형 배치 : $d_e = 1.128d ≒ 1.13d$

(3) 평균압밀도
$U_{VR} = 1-(1-U_v)(1-U_h)$

2 Paper drain공법

(1) Paper drain공법의 목적
샌드 드레인 공법의 모래 말뚝 대신에 합성수지로 된 card board를 땅속에 박아 압밀을 촉진시키는 공법

(2) Paper drain등치 환산법
$D = \alpha \dfrac{2(A+B)}{\pi}$

여기서, A, B : drain paper의 폭과 두께(cm)
α : 형상계수($\alpha = 0.75$)

3 기타지반개량공법

(1) 프리로딩공법 Preloading method
- 압밀 계수가 크고 점성토층의 두께가 얇은 경우에 채용
- 압밀침하를 미리 끝나게 하여 구조물에 잔류침하를 남기지 않게 하기 위한 공법

(2) 모래다짐말뚝 : 진동이나 충격을 이용한 공법으로 느슨한 사질토 지반에 널리 사용되고 점성토 지반에도 적용이 가능한 공법으로 시공관리가 까다롭다.

(3) 바이브로플로테이션 공법 : 모래지반에 봉상의 진동기를 삽입하여 진동시키면서 물을 분산시켜 물다짐과 진동에 의해 지반을 다지는 공법

(4) 연약지반 개량공법

모래질 지반	점토질 지반
• 다짐 모래말뚝 공법 • Compozer 공법 • Vibro flotation 공법 • 폭파다짐 공법 • 전기충격 공법 • 약액주입 공법	• 치환 공법 • 프리로딩 공법 • 샌드 드레인 공법 • 페이퍼 드레인 공법 • 전기침투 공법 • 침투압(MAIS) 공법 • 생석회 말뚝 공법

Sand drain공법 용어
d : drain 간격
U_v : 연직방향의 압밀도
U_h : 방사선방향의 압밀도

Paper drain공법의 특징
- 횡방향력에 대한 저항력이 크다.
- 대량생산이 가능한 경우 공사비가 절감된다.
- 타설에 의해서 주변지반을 교란하지 않는다.
- 장기간 사용시 열화현상이 생겨 배수효과가 감소한다.
- 시공속도가 빠르고 drain의 단면이 일정해야하므로 배수효과가 좋다.

일시적 지반개량 공법
- Well Point 공법
- Deep Well 공법
- 동결공법
- 진공공법(대기압공법)

핵심문제

□□□ 산 96,97,01,03,04,07,15,17,18,19,20
01 다음 중 직접기초에 속하는 것은?

① 후팅기초 ② 말뚝기초
③ 피어기초 ④ 케이슨기초

| 해답 | ①
직접기초(얕은기초)
후팅기초(확대기초), 전면기초(Mat기초)

□□□ 산 95,98,08,14,17
02 Terzaghi의 극한 지지력 공식
$q_{ult} = \alpha c N_c + \beta B \gamma_1 N_\gamma + D_f \gamma_2 N_q$에 대한 설명으로 틀린 것은?

① N_c, N_γ, N_q는 지지력계수로서 흙의 점착력으로부터 정해진다.
② 식 중 α, β는 형상계수이며 기초의 모양에 따라 정해진다.
③ 연속기초에서 $\alpha = 1.0$이고, 원형기초에서 $\alpha = 1.3$의 값을 가진다.
④ B는 기초폭이고, D_f는 근입깊이다.

| 해답 | ①
지지력계수 N_c, N_γ, N_q는 흙의 내부 마찰각(ϕ)에 의해 결정된다.

□□□ 산 90,94,96,98,00,01,02,03,07,09,10,12
03 단위 체적중량 $18kN/m^3$, 점착력 $20kN/m^2$, 내부 마찰각 $0°$인 점토지반에 폭 2m, 근입깊이 3m의 연속기초를 설치하였다. 이 기초의 극한지지력을 Terzaghi 식으로 구한 값은? (단, 지지력 계수 $N_c = 5.7$, $N_r = 0$, $N_q = 1.0$이다.)

① $84kN/m^2$ ② $232kN/m^2$
③ $127kN/m^2$ ④ $168kN/m^2$

| 해답 | ④
$q_u = \alpha c N_c + \beta \gamma_1 B N_r + \gamma_2 D_f N_q$
• 연속기초($\alpha = 1.0$, $\beta = 0.5$)
• $N_r = 0$이면 $\beta \gamma_1 B N_r = 0$
∴ $q_u = 1.0 \times 20 \times 5.7 + 0 + 18 \times 3 \times 1.0$
    $= 168kN/m^2$

□□□ 산 89,91,92,98,03,06,07,13,15
04 20kN의 무게를 가진 낙추로서 낙하고 2m로 말뚝을 박을 때 최종적으로 1회 타격당 말뚝의 침하량이 20mm였다. 이 때 Sander 공식에 의한 말뚝의 허용지지력은?

① 100kN ② 200kN
③ 670kN ④ 250kN

| 해답 | ④
$Q_a = \dfrac{W_h H}{8S} = \dfrac{20 \times 2000}{8 \times 20} = 250kN$

□□□ 산 99,08,09,10,11,13,16
05 말뚝의 부마찰력에 대한 설명으로 틀린 것은?

① 말뚝이 연약지반을 관통하여 견고한 지반에 박혔을 때 발생한다.
② 지반에 성토나 하중을 가할 때 발생한다.
③ 지하수위 저하로 발생한다.
④ 말뚝의 타입 시 항상 발생하며 그 방향은 상향이다.

| 해답 | ④
부마찰력은 말뚝을 아래쪽으로 끌어내리는 마찰력으로 말뚝의 지지력이 감소한다.

□□□ 산 11,14,16
06 말뚝의 평균지름이 140cm, 관입깊이 15m일 때 군말뚝의 영향을 고려하지 않아도 되는 말뚝의 최소 간격은?

① 약 3m ② 약 5m
③ 약 7m ④ 약 9m

| 해답 | ②
$D_o = 1.5\sqrt{r \cdot L}$
$= 1.5\sqrt{0.70 \times 15} = 4.86m$ ∴ $D_o = 5m$

□□□ 산 90,96,99,03,07,12,15④, 20②
07 10개의 무리 말뚝기초에 있어서 효율이 0.8, 단항으로 계산한 말뚝 1개의 허용지지력이 100kN일 때 군항의 허용지지력은?

① 500kN ② 800kN
③ 1000kN ④ 1250kN

| 해답 | ②
$R_{ag} = E \cdot N \cdot R_a = 0.8 \times 10 \times 100 = 800kN$

알아두기

직접기초
- 독립푸팅기초
- 복합푸팅기초
- 연속푸팅기초
- 캔틸레버기초
- 전면기초

깊은기초
- 말뚝기초
- 피어기초
- 케이슨기초

피어공법의 종류
- 인공 피어공법
- Chicago 공법
- Gow 공법
- 기계 피어공법
- Benoto 공법
- Calwelde 공법
- Reverse circulation 공법

케이슨 기초
- 오픈 케이슨
- 공기 케이슨
- 박스 케이슨

극한 지지력 용어
α, β : 기초 형상계수
c : 기초저면 흙의 점착력
γ_1 : 기초저면 흙의 단위중량
γ_2 : 근입깊이 흙의 단위중량
D_f : 근입깊이
N_c, N_r, N_q : 지지력계수
(내부 마찰각(ϕ)에 의해 결정)

현장 말뚝공법
프렌키 공법, 페데스탈 공법, 레이몬드 공법

부마찰력
하향의 마찰력에 의해 말뚝을 아랫방향으로 작용하는 힘으로 말뚝의 지지력을 감소시킨다.

안전율 F_s
- Sander공식의 안전율 : $F_s = 8$
- Engineering-News의 안전율 : 6

17 얕은기초와 깊은기초

1 직접기초

(1) 기초의 분류
- 직접기초(얕은기초) : 후팅기초(확대기초), 전면기초(Mat기초)
- 깊은기초 : 말뚝기초, 피어기초, 케이슨기초

(2) 기초의 구비 조건
- 최소 기초 깊이를 유지할 것
- 상부 하중을 안전하게 지지해야 한다.
- 침하가 허용치를 넘지 않을 것
- 사용성, 경제성이 좋을 것
- 기초의 시공이 가능할 것

(3) Terzaghi의 기초파괴 형태
- Ⅰ의 △ACD구역은 탄성영역이다.
- Ⅱ의 △ADF, △CDE구역은 방사방향의 전단 영역이다.
- Ⅲ의 △CEG, △AFB구역은 Rankine의 수동 영역이다.
- 원호 DE와 FD는 대수 나선형의 곡선이다.

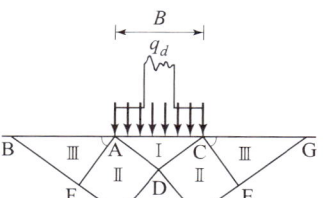

(4) 극한 지지력
$$q_u = \alpha c N_c + \beta B_{\gamma_1} N_\gamma + D_{f\gamma_2} N_q$$

2 깊은기초

(1) 단항과 군항
- 군항의 영향을 고려하지 않아도 좋은 최소 간격
$$D_o = 1.5\sqrt{r \cdot L}$$
- 군항의 효율
$$E = 1 - \phi\left(\frac{m(n-1) + n(m-1)}{90mn}\right)$$
- 군항의 허용지지력 $R_{ag} = ENR_a$

(2) 말뚝의 지지력 공식

정역학적 공식	동역학적 공식
• Terzaghi 공식 • Meyerhof 공식 • Dörr의 공식 • Dunham 공식	• Hiley 공식 • Weisbach 공식 • Engineering-News 공식 • Sander 공식

(3) Sander 공식
$$Q_a = \frac{W_h \cdot H}{F_s \cdot S} = \frac{W_h \cdot H}{8S}$$

핵심문제

☐☐☐ 산 07,15,16
01 표준관입시험에 관한 설명으로 틀린 것은?

① 해머의 질량은 63.5kg이다.
② 낙하고는 85cm이다.
③ 표준관입시험용 샘플러를 지반에 30cm 박아 넣는 데 필요한 타격횟수를 N값이라고 한다.
④ 표준관입시험값 N은 개략적인 기초 지지력 측정에 이용되고 있다.

| 해답 | ②
해머의 질량 63.5 ± 0.5kg의 드라이브 해머를 76 ± 1cm 자유 낙하시킨다.

☐☐☐ 산 92,10,12,13,15,17
02 점토지반에서 N치로 추정할 수 있는 사항이 아닌 것은?

① 상대밀도
② 컨시스턴시
③ 일축압축강도
④ 기초지반의 허용지지력

| 해답 | ①
상대밀도 : 모래지반

☐☐☐ 산 95,01,04,06,09,10,12,15,17
03 도로의 평판재하 시험에서 1.25mm 침하량에 해당하는 하중 강도가 250kN/m²일 때 지지력계수(K)는?

① 0.20N/mm³
② 0.25N/mm³
③ 0.30N/mm³
④ 0.35N/mm³

| 해답 | ①
$$K = \frac{\text{하중강도}(q)}{\text{침하량}(y)} = \frac{250}{1.25 \times \frac{1}{1000}}$$
$$= 200000 \text{kN/m}^3 = 0.20 \text{N/mm}^3$$

☐☐☐ 산 96,01,04,08,12,13,16
04 지름 30cm인 재하판으로 측정한 지지력계수 $K_{30} = 66$N/cm³일 때 지름 75cm인 재하판의 지지력계수 K_{75}은?

① 30N/cm³
② 35N/cm³
③ 40N/cm³
④ 45N/cm³

| 해답 | ①
$$K_{75} = \frac{1}{2.2} K_{30} = \frac{1}{2.2} \times 66 = 30 \text{N/cm}^3 = 0.03 \text{N/mm}^3$$

☐☐☐ 산 85,92,98,03,12,14,15
05 평판재하시험이 끝나는 조건에 대한 설명으로 잘못된 것은?

① 침하량이 15mm에 달할 때
② 하중강도가 현장에서 예상되는 최대 접지압을 초과할 때
③ 하중강도가 그 지반의 항복점을 넘을 때
④ 완전히 침하가 멈출 때

| 해답 | ④
평판재하 시험의 끝나는 조건 : ①, ②, ③

☐☐☐ 산 98,03,08,10,13,14
06 입도시험 결과 균등계수가 6이고 입자가 둥근 모래 흙의 강도시험 결과 내부마찰각이 32°이었다. 이 모래지반의 N치는 대략 얼마나 되겠는가?
(단, Dunham식 사용)

① 12
② 18
③ 22
④ 24

| 해답 | ④
토립자가 둥글고 입도분포가 불량
$\phi = \sqrt{12N} + 15 = \sqrt{12 \times N} + 15 = 32°$ ∴ $N = 24$

☐☐☐ 산 91,95,99,01,10,14,17②,20③
07 포화 점토지반에 대해 베인전단시험을 실시하였다. 베인의 직경은 60mm, 높이는 120mm, 흙이 전단파괴될 때 작용시킨 회전모멘트는 18N·m일 때, 점착력(c_u)은?

① 13kN/m²
② 23kN/m²
③ 32kN/m²
④ 42kN/m²

| 해답 | ②
$$c_u = \frac{M_{max}}{\pi D^2 \left(\frac{H}{2} + \frac{D}{6}\right)} = \frac{18 \times 10^3}{\pi \times 60^2 \times \left(\frac{120}{2} + \frac{60}{6}\right)}$$
$$= 0.023 \text{N/mm}^2 = 0.023 \text{MPa} = 23 \text{kN/m}^2$$

알아두기

N치와 모래의 상태

N치	모래의 상태
<4	대단히 느슨
4~10	느슨
10~30	중간
30~50	조밀
50이상	대단히 조밀

말뚝재하시험
연약점토지반인 경우는 pile의 타입 후 20여일이 지난 다음 말뚝재하시험을 하는 이유는 타입 시 말뚝 주변의 시료가 교란되었기 때문이다.

베인시험 용어
M_{max} : 우력모멘트
D : 베인날개 폭
H : 베인날개 높이

평판재하시험 용어
q : 재하판이 y 침하될 때의 하중강도
y : 지지력 계수를 구할 때의 재하판의 침하량(cm)
  보통 $y=0.125$cm를 표준으로 한다.

지지력과 침하량의 용어
$q_{u(F)}$: 놓일기초의 극한 지지력
$q_{u(P)}$: 시험평판의 극한 지지력
B_F : 기초의 폭
B_P : 시험평판의 폭
S_P : 재하판의 침하량
S_F : 기초의 침하량

---

16 토질조사시험

1 표준관입시험 S.P.T

(1) 해머의 질량 63.5±0.5kg의 드라이브 해머를 76±1cm 자유 낙하시킨다.
(2) 샘플러를 지반에 300mm 박아 넣는 데 필요한 타격 횟수를 N값이라고 한다.
(3) 모래의 내부마찰각과 N의 관계(Dunham공식)

• 토질입자가 둥글고 균일(불량)한 입경일 때	$\phi = \sqrt{12N} + 15$
• 토립자가 둥글고 입도 분포가 좋을 때 • 토립자가 모나고 균일(불량)한 입경일 때	$\phi = \sqrt{12N} + 20$
• 토립자가 모나고 입도 분포가 좋을 때	$\phi = \sqrt{12N} + 25$

(4) N치로부터 추정되는 사항

모래지반	점토지반
• 상대밀도 • 탄성계수 • 내부마찰각 • 지지력계수 • 침하에 대한 허용지지력	• 점착력 • 일축압축강도 • 컨시스턴시(연경도) • 기초에 대한 허용지지력 • 파괴에 대한 극한지지력

2 베인시험 vane test

(1) 현장에서 직접 연약한 점토층의 비배수 전단강도를 측정하는 것으로 흙이 전단할 때의 회전저항모멘트를 측정하여 점토의 점착력(비배수강도)을 측정하는 시험방법

(2) 점착력 $C = \dfrac{M_{max}}{\pi D^2 \left(\dfrac{H}{2} + \dfrac{D}{6} \right)}$

3 평판재하시험

(1) 지지력 계수
$K_{30} = \dfrac{q}{y}$, $k_{40} = \dfrac{1.7}{2.2} k_{30}$, $K_{75} = \dfrac{1}{2.2} K_{30}$, $K_{75} = \dfrac{1}{1.7} K_{40}$

(2) 재하판의 크기에 따른 지지력과 침하량

분류	점토지반	모래지반
지지력	• 재하판에 무관 $q_{u(F)} = q_{u(P)}$	• 재하판 폭에 비례 $q_F = q_u \times \dfrac{B_F}{B_P}$
침하량	• 재하판 폭에 비례 $S_F = S_P \times \dfrac{B_F}{B_P}$	• 재하판에 무관 $S_F = S_P \left(\dfrac{2B_F}{B_F + B_P} \right)^2$

(3) 평판재하 시험의 끝나는 조건
• 침하량이 15mm에 달할 때
• 하중강도가 그 지반의 항복점을 넘을 때
• 하중강도가 현장에서 예상되는 최대 접지압력을 초과할 때

핵심 문제

□□□ 산 01,04,06,08,09,15

01 다음 그림과 같은 샘플러(sampler)에서 면적비는?
(단, $D_s = 7.2cm$, $D_e = 7.0cm$, $D_w = 7.5cm$)

① 5.9%
② 12.7%
③ 5.8%
④ 14.8%

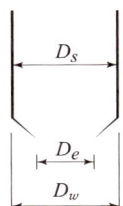

| 해답 | ④

$$A_r = \frac{D_w^2 - D_e^2}{D_e^2} \times 100 = \frac{7.5^2 - 7^2}{7^2} \times 100 = 14.8\%$$

□□□ 산 02,04,16④,20②

02 채취된 시료의 교란정도는 면적비를 계산하여 통상 면적비가 몇 % 이하이면 잉여토의 혼입이 불가능한 것으로 보고 불교란 시료로 간주하는가?

① 5%
② 7%
③ 10%
④ 15%

| 해답 | ③

면적비가 크면 시료 채취를 위한 관입시 지반의 교란 범위가 넓어지므로 교란되지 않은 시료를 채취하기 위해서는 면적비 10% 미만으로 하는 것이 좋다.

□□□ 산 03,07,11,12

03 암석시편을 얻기 위하여 시추조사를 실시하여 1.5m를 굴진하였다. 회수된 암석시편의 길이가 0.8m이며 그 중 길이 10cm 이상되는 시편길이의 합이 0.5m라고 할 때 이 암석시편의 회수율(rock recovery)는?

① 47%
② 53%
③ 33%
④ 67%

| 해답 | ②

$$회수율 = \frac{회수된\ 코어\ 길이}{\sum 시추\ 코어\ 길이} \times 100$$
$$= \frac{0.8}{1.5} \times 100 = 53\%$$

□□□ 산 89,99,08,10,12,13,17

04 Rod의 끝에 설치한 저항체를 땅 속에 삽입하여 관입, 회전, 인발 등의 저항으로 토층의 성질을 탐사하는 것을 무엇이라 하는가?

① Sounding
② Sampling
③ Boring
④ Wash boring

| 해답 | ①

사운딩(sounding)
Rod에 붙인 어떤 저항체를 지중에 넣어 타격 관입, 인발 및 회전할 때의 흙의 전단강도를 측정하는 원위치 시험

□□□ 산 90,98,11,16

05 토질조사 방법 중 Sounding에 대한 설명으로 옳은 것은?

① 표준관입시험(SPT)은 정적인 Sounding방법이다.
② Sounding은 Boring이나 시굴보다도 확실하게 지반 구성을 알 수 있다.
③ Sounding은 원위치 시험으로서 의의가 있으며 예비조사에 많이 사용된다.
④ 동적인 Sounding방법은 주로 점성토 지반에서 사용된다.

| 해답 | ③

• 표준관입시험(SPT) : 동적인 사운딩이다.
• 사운딩은 보링이나 시굴보다도 지반구성을 파악하기 곤란하다.
• 사운딩은 주로 원위치시험으로서 의의가 있고 예비 조사에 사용하는 경우가 많다.
• 동적인 사운딩 방법은 주로 사질토 지반, 정적 사운딩 방법은 점성토 지반에서 사용된다.

□□□ 산 84,00,05,09

06 다음 중에서 사운딩(sounding)이 아닌 것은?

① 표준 관입 시험(standard penetration test)
② 일축 압축 시험(unconfined compression test)
③ 원추 관입 시험(cone penetrometer test)
④ 베인 시험(vane test)

| 해답 | ②

전단강도측정시험
직접전단시험, 일축압축시험, 삼축압축시험

15 지반조사

1 보링조사

(1) 면적비

$$A_r = \frac{D_w^2 - D_e^2}{D_e^2} \times 100$$

여기서, A_r : 면적비
D_w : 샘플러의 외경
D_e : 샘플러의 내경

(2) 샘플러 주위의 여잉토의 혼입을 막기 위하여 면적비(A_r)를 10% 미만으로 한다.

2 사운딩(Sounding)

(1) 정의 : Rod의 끝에 설치한 저항체를 땅 속에 삽입하여 관입, 회전, 인발 등의 저항으로 토층의 성질을 탐사하는 것
- 사운딩은 보링이나 시굴보다도 지반구성을 파악하기 곤란하다.
- 사운딩은 주로 원위치 시험으로서 의의가 있고 예비 조사에 사용하는 경우가 많다.
- 동적인 사운딩 방법은 주로 사질토 지반, 정적 사운딩방법은 점성토 지반에서 사용된다.

(2) 사운딩의 종류

구 분	종 류	적용 토질
정적 사운딩	휴대용 원추관입시험	연약한 토질
	더치 콘(Dutch Cone) 관입시험	큰 자갈 이외의 일반적 흙
	스웨덴식 관입시험	큰 자갈, 조밀한 모래자갈 이외의 흙
	이스키 미터	연약한 점토
	베인시험	연약한 점토, 예민한 점토
동적 사운딩	동적원추관입시험	큰 자갈, 조밀한 모래, 자갈 이외의 흙에 사용
	표준관입시험	사질토에 적합하고 점성토시험도 가능

3 암반조사

암질지수의 평가항목
- 암석의 일축압축 강도
- RQD(암질지수)

(1) 회수율(TCR)

- 회수율 = $\dfrac{\text{회수된 코어의 길이}}{\text{굴착된 암석의 이론적 길이}} \times 100$

- RQD = $\dfrac{\Sigma 10\text{cm 길이 이상 회수된 부분의 길이 합}}{\text{굴착된 암석의 이론적 길이}} \times 100$

(2) 암질지수(RQD)
- 절리(불연속면)의 간격
- 절리(불연속면)의 상태
- 지하수 상태
- 불연속면 방향

핵 심 문 제

□□□ 산 04,12,15
01 활동면위의 흙을 몇 개의 연직 평행한 절편으로 나누어 사면의 안정을 해석하는 방법이 아닌 것은?

① Fellenius 방법 ② 마찰원법
③ Spencer 방법 ④ Bishop의 간편법

| 해답 | ②
마찰원법
동일한 토층중의 원호 활동에 적용한 것으로 원형 활동 면상에 적용한 마찰력의 합력의 작용선이 활동으로 활동 면상과 같은 중심의 적은 원에 접한 것을 고려한다.

□□□ 산 00,08,16
02 사면안정계산에 있어서 Fellenius법과 간편 Bishop법의 비교 설명으로 틀린 것은?

① Fellenius법은 간편 Bishop법보다 계산은 복잡하지만 계산결과는 더 안전측이다.
② 간편 Bishop법은 절편의 양쪽에 작용하는 연직 방향의 합력은 0(zero)이라고 가정한다.
③ Fellenius법은 절편의 양쪽에 작용하는 합력은 0(zero)이라고 가정한다.
④ 간편 Bishop법은 안전율을 시행착오법으로 구한다.

| 해답 | ①
Bishop의 간편법
Fellenius방법보다 계산이 훨씬 복잡하나 전산기 이용으로 근래 많이 적용하고 있다.

□□□ 산 11
03 절편법에 대한 설명으로 틀린 것은?

① 흙이 균질하지 않고 간극수압을 고려할 경우 절편법이 적합하다.
② 안전율은 전체 활동면상에서 일정하다.
③ 사면의 안정을 고려할 경우 활동파괴면을 원형이나 평면으로 가정한다.
④ 절편경계면은 활동파괴면으로 가정한다.

| 해답 | ④
절편경계면은 마찰, 전단면으로 가정한다.

□□□ 산 10,11,14,17
04 $\phi=33°$인 사질토에 25° 경사의 사면을 조성하려고 한다. 이 비탈면의 지표까지 포화되었을 때 안전율을 계산하면? (단, 사면 흙의 $\gamma_{sat}=18kN/m^3$, $\gamma_w=9.81 kN/m^3$)

① 0.63 ② 0.70
③ 1.12 ④ 1.41

| 해답 | ①
침투류가 지표면과 일치하는 경우
$$\therefore F_s = \frac{\gamma_{sub}\tan\phi}{\gamma_{sat}\tan i} = \frac{(18-9.81)\times\tan 33°}{18\times\tan 25°} = 0.63$$

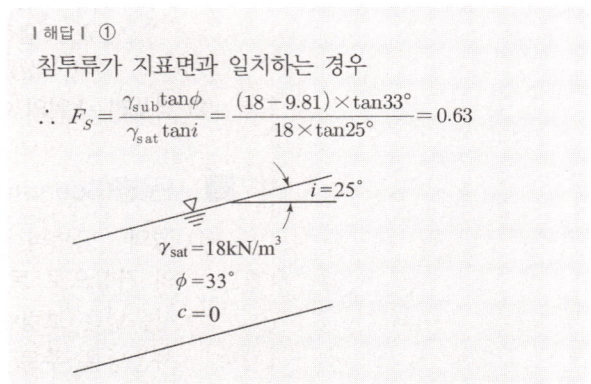

□□□ 산 97,02,16
05 암반층 위에 5m 두께의 토층이 경사 15°의 자연사면으로 되어 있다. 이 토층은 $c=15kN/m^2$, $\phi=30°$, $\gamma_{sat}=18kN/m^3$이고, 지하수면은 토층의 지표면과 일치하고 침투는 경사면과 대략 평행이다. 이 때의 안전율은? (단, 물의 단위중량 $\gamma_w=9.81kN/m^3$)

① 0.8 ② 1.1
③ 1.6 ④ 2.0

| 해답 | ③
$$F_s = \frac{c' + (\sigma-\mu)\tan\phi}{\tau} = \frac{S}{\tau}$$

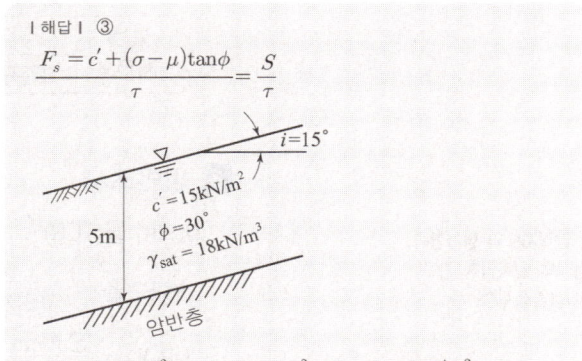

- $\sigma = \gamma_{sat}z\cos^2 i = 18\times 5\times\cos^2 15° = 83.97 kN/m^2$
- $\tau = \gamma_{sat}z\sin i\cos i = 18\times 5\times\sin 15°\times\cos 15° = 22.5 kN/m^2$
- $u = \gamma_w z\cos^2 i = 9.81\times 5\times\cos^2 15° = 45.76 kN/m^2$
- $S = c' + (\sigma-\mu)\tan\phi = 15 + (83.97-45.76)\tan 30°$
  $= 37.06 kN/m^2$
- $\therefore F_s = \frac{15+(83.97-45.76)\tan 30°}{22.5} = \frac{37.06}{22.5} = 1.64$

14 사면의 안정

1 사면의 안정해석법

(1) 질량법
- $\phi = 0$ 해석법 : 점토 지반의 비배수 강도만 고려한다.
- 마찰원법 : 동일한 토층중의 원호 활동에 적용한다.

분할법의 안정해석
- 펠레니우스(Fellenius) 방법 : 주로 단기안정해석에 이용된다.
- 비숍(Bishop)의 방법 : 주로 장기안정해석에 이용되며, 절편의 양측에 작용하는 연직방향의 합력이 0이라고 가정한다.
- Spencer방법

(2) 분할법(절편법)
- 가장 먼저 가상 활동면을 결정한다.
- 여러개의 가상 활동면으로부터 분할세편으로 분할하여 해석한다.

(3) Taylor의 해법
Taylor의 안전도표는 마찰원법에 기초를 둔것이다.

2 무한사면의 안정해석

(1) 응력
- 수직응력 $\sigma = \gamma_t Z \cos^2 i$
- 전단응력 $\tau = \gamma_t Z \cos i \cdot \sin i$

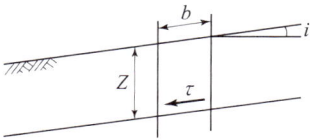

전단강도에 대한 안전율
$$F_s = \frac{S}{\tau} = \frac{c' + (\sigma - \mu)\tan\phi'}{\tau}$$

(2) 안전율
- 점착력 $c = 0$ 이고 지하수위가 지표면과 일치되어 있을 때
$$F_s = \frac{\gamma_{sub}}{\gamma_{sat}} \cdot \frac{\tan\phi'}{\tan i}$$
- 점착력 $c \neq 0$ 이고 지하수위가 지표면과 일치되어 있을 때
$$F_s = \frac{c'}{\gamma_{sat} Z \cos i \cdot \sin i} + \frac{\gamma_{sub} \tan\phi'}{\gamma_{sat} \tan i}$$

3 한계고

지반을 흙막이 없이 붕괴가 일어나지 않게 굴착할 수 있는 깊이

댐 사면의 위험한 경우

상류측	하류측
• 시공 직후	• 만수위일 때
• 수위 급강하시	• 정상 침투시

(1) 직접사면의 안정
$$H_c = 2Z_o = \frac{4c}{\gamma}\tan\left(45° + \frac{\phi}{2}\right) = \frac{2q_u}{\gamma} \quad \left(\because q_u = 2c\tan\left(45° + \frac{\phi}{2}\right)\right)$$

(2) 단순사면의 안정($\phi = 0$인 점성토)
- $H_c = 2Z_o = \frac{4c}{\gamma}\tan\left(45° + \frac{\phi}{2}\right) = \frac{2q_u}{\gamma} = \frac{4c}{\gamma}$, 점착력 $c = \frac{H_c \gamma}{4}$
- $H_c = \frac{N_s \cdot c}{\gamma_t}$ ($\phi = 0$일 때)
- 안전율 $F_s = \frac{H_c}{H}$

여기서, H_c : 한계고, Z_o : 인장균열깊이, q_u : 일축압축강도
N_c : 안정계수$\left(\frac{1}{안정수}\right)$, H : 사면의 높이

핵심문제

□□□ 산 96,02,04,09,11,12,16
01 도로포장 두께 설계시 필요한 시험은?

① 표준관입시험　② CBR시험
③ 콘관입시험　④ 현장베인시험

|해답| ②
CBR시험(노상토의 지지력비 시험)은 아스팔트 포장과 같은 연성포장 두께 결정에 사용되는 시험이다.

□□□ 산 92,96,99,13④,19④
02 현장 다짐도 90%란 무엇을 의미하는가?

① 실내다짐 최대건조밀도에 대한 90% 밀도를 말한다.
② 롤러로 다진 최대밀도에 대한 90% 밀도를 말한다.
③ 현장함수비의 90% 함수비에 대한 다짐밀도를 말한다.
④ 포화도가 90%인 때의 다짐밀도를 말한다.

|해답| ①
다짐도
$$C_d = \frac{현장의 건조밀도}{실험실의 최대건조밀도} = \frac{\gamma_d}{\gamma_{d\max}} \times 100$$
∴ 실험실의 최대건조밀도($\gamma_{d\max}$)의 90%에 해당하는 현장의 건조밀도(γ_d)

□□□ 산 96,00,01,14
03 실내다짐시험 결과 최대건조 단위무게가 15.6 kN/m³이고, 다짐도가 95%일 때 현장건조 단위무게는 얼마인가?

① 16.4kN/m³　② 16.0kN/m³
③ 14.8kN/m³　④ 13.6kN/m³

|해답| ③
$C_d = \frac{\gamma_d}{\gamma_{d\max}} \times 100$에서
$\gamma_d = \frac{C_d}{100} \times \gamma_{d\max} = \frac{95}{100} \times 15.6 = 14.82 \text{kN/m}^3$

□□□ 산 97,04,07,10,12,16
04 흙의 다짐효과에 대한 설명으로 옳은 것은?

① 부착성이 양호해지고 흡수성이 증가한다.
② 투수성이 증가한다.
③ 압축성이 커진다.
④ 밀도가 커진다.

|해답| ④
흡수성, 투수성, 압축성이 감소한다.

□□□ 산 09,12,14,15,17①,19②
05 다짐에 대한 설명으로 틀린 것은?

① 조립토는 세립토보다 최적함수비가 작다.
② 조립토는 세립토보다 최대건조밀도가 높다.
③ 조립토는 세립토보다 다짐곡선의 기울기가 급하다.
④ 다짐에너지가 클수록 최대건조밀도는 낮아진다.

|해답| ④
다짐에너지가(E_c)가 클수록 최대건조밀도($\gamma_{d\max}$)는 증가하고 최적함수비(W_{opt})는 작아진다.

□□□ 산 95,00,08,14,19②
06 현장도로 토공에서 모래치환에 의한 흙의 단위무게 시험을 했다. 파낸 구멍의 부피가 1980cm³이었고 이 구멍에서 파낸 흙무게가 3420g이었다. 이 흙의 토질 실험결과 함수비가 10%, 비중이 2.7, 최대 건조밀도가 1.65g/cm³이었을 때 이 현장의 다짐도는?

① 약 85%　② 약 87%
③ 약 91%　④ 약 95%

|해답| ④
다짐도 $C_d = \frac{\rho_d}{\rho_{d\max}} \times 100$

• $\rho_t = \frac{W}{V} = \frac{3420}{1980} = 1.73 \text{g/cm}^3$

• $\rho_d = \frac{\gamma_t}{1+w} = \frac{1.73}{1+0.10} = 1.57 \text{g/cm}^3$

∴ $C_d = \frac{1.57}{1.65} \times 100 = 95.15\%$

참고 $1\text{g/cm}^3 = 1\text{t/m}^3 = 10\text{kN/m}^3$
물의 밀도 $\rho_w = 1\text{g/cm}^3$
물의 단위중량 $\gamma_w = 9.81\text{kN/m}^3$

알아두기

▶ **다짐의 주된 효과**
- 부착력의 증대
- 전단강도의 증대
- 투수계수의 감소
- 흙의 밀도를 증대
- 향후 발생되는 침하량의 감소
- 투수성, 압축성, 흡수성이 감소

▶ **영공기간극곡선**
포화도 $S=100\%$, 포화 공극율 $V_a=0$ 일 때의 건조 밀도와 함수비 사이의 관계를 나타낸 영공기간극 곡선은 다짐 시험에서 얻어진다.

▶ **도로포장 설계시험**
 CBR 시험

▶ **CBR시험**
- 도로포장 두께 설계 시 필요한 시험
- CBR값의 단위 : %

---

13 흙의 다짐

1 흙의 다짐시험

(1) 다짐곡선
- 조립토(사질토)일수록 다짐 곡선은 급하고, 세립토(점성토)일수록 다짐 곡선은 완만하다.
- 조립토(사질토)일수록 최대건조밀도는 크고, 최적함수비는 작다.
- 세립토(점성토)일수록 최대건조밀도는 작고, 최적함수비는 크다.

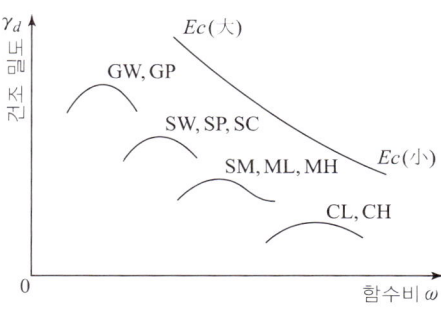

(2) 다짐에너지

$$다짐에너지\ E_c = \frac{W_R \cdot H \cdot N_B \cdot N_L}{V}$$

- 다짐 에너지(E_c)는 시료의 부피(V)에 반비례한다.
- 다짐 에너지(E_c)는 다짐층수(N_L)에 비례한다.

여기서, E_c : 다짐에너지 W_R : 램머의 중량 N_B : 타격수
  H : 낙하고 N_L : 다짐층수 V : 시료의 체적

(3) 다짐의 특성
- 점토를 최적함수비(W_{opt})보다 작은 함수비로 다지면 면모구조를 갖는다.
- 다짐 에너지가(E_c)가 클수록 최대 건조밀도($\gamma_{d\max}$)는 증가하고 최적 함수비(W_{opt})는 작아진다.

(4) 다짐도
현장다짐도 90%란 실험실의 최대 건조밀도($\gamma_{d\max}$)의 90%에 해당하는 현장의 건조밀도

$$다짐도\ C_d = \frac{\gamma_d}{\gamma_{d\max}} \times 100 = \frac{\rho_d}{\rho_{d\max}} \times 100$$

여기서, γ_d : 건조단위중량 ρ_d : 건조밀도
  $\gamma_{d\max}$: 최대건조단위중량 $\rho_{d\max}$: 최대건조밀도

2 CBR시험과 모래치환법 들밀도시험

(1) CBR 시험(노상토의 지지력비 시험)은 아스팔트 포장과 같은 연성포장 두께 결정에 사용되는 시험이다.

(2) $CBR(\%) = \dfrac{시험단위하중}{표준단위하중} \times 100 = \dfrac{시험하중}{표준하중} \times 100$

(3) 들밀도 시험 : No.10체를 통과하고 No.200체에 남는 모래(표준사)를 물로 씻어 건조시킨후 사용하여 시험 구멍(흙을 파낸 구멍)의 부피(V)를 구하는 방법이다.

핵심문제

산 09,12

01 랭킨 토압론의 가정 중 맞지 않는 것은?

① 흙은 비압축성이고 균질이다.
② 지표면은 무한히 넓다.
③ 흙은 입자간의 마찰에 의하여 평형조건을 유지한다.
④ 토압은 지표면에 수직으로 작용한다.

| 해답 | ④

토압은 지표면에 평행하게 작용한다.

산 90,03,04,06,12,15,16,17,18①,20③

02 주동토압을 P_A, 수동토압을 P_P, 정지토압을 P_O라고 할 때 크기의 순서는?

① $P_A > P_P > P_O$ ② $P_P > P_O > P_A$
③ $P_P > P_A > P_O$ ④ $P_O > P_A > P_P$

| 해답 | ②

• 토압의 크기 : $P_P > P_o > P_A$
• 토압계수 크기 : $K_P > K_o > K_A$

산 08,09,11,12,14,17,19①

03 아래 그림과 같은 옹벽에 작용하는 전 주동토압은 얼마인가?

① 162kN/m
② 172kN/m
③ 182kN/m
④ 192kN/m

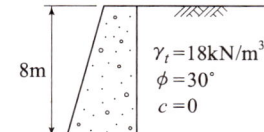

| 해답 | ④

$$P_A = \frac{1}{2}\gamma_t H^2 \tan^2\left(45° - \frac{\phi}{2}\right)$$
$$= \frac{1}{2} \times 18 \times 8^2 \tan^2\left(45° - \frac{30°}{2}\right) = 192\text{kN/m}$$

산 90,95,03,04,06,12,15,16

04 주동토압계수를 K_A, 수동토압계수를 K_P, 정지토압계수를 K_o라 할 때 그 크기의 순서로 옳은 것은?

① $K_A > K_o > K_P$ ② $K_P > K_o > K_A$
③ $K_o > K_A > K_P$ ④ $K_o > K_P > K_A$

| 해답 | ②

토압계수 크기 : $K_P > K_o > K_A$

산 90,98,99,01,15④

05 지표면이 수평이고 옹벽의 뒷면과 흙과의 마찰각이 0인 연직옹벽에서 Coulomb의 토압과 Rankine의 토압은 어떻게 되는가?

① Coulomb의 토압은 항상 Rankine의 토압보다 크다.
② Coulomb의 토압은 Rankine의 토압보다 클 때도 있고, 작을 때도 있다.
③ Coulomb의 토압과 Rankine의 토압은 같다.
④ Coulomb의 토압은 항상 Rankine의 토압보다 작다.

| 해답 | ③

지표면이 수평 $i=0$, 마찰각 $\phi=0$인 연직 옹벽에서 Coulomb의 토압과 Rankine의 토압은 같다.

산 84,01,03,07,13

06 그림과 같이 옹벽 배면의 지표면에 등분포하중이 작용할 때, 옹벽에 작용하는 전체 주동토압의 합력(P_a)와 옹벽 저면으로부터 합력의 작용점까지의 높이(h)는?

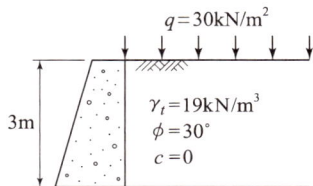

① $P_a = 28.5\text{kN/m}$, $h = 1.26\text{m}$
② $P_a = 28.5\text{kN/m}$, $h = 1.38\text{m}$
③ $P_a = 58.5\text{kN/m}$, $h = 1.26\text{m}$
④ $P_a = 58.5\text{kN/m}$, $h = 1.38\text{m}$

| 해답 | ③

■ $P_A = qHK_a + \frac{1}{2}\gamma H^2 K_a$

• $K_a = \tan^2\left(45° - \frac{30°}{2}\right) = \frac{1}{3}$

• $P_A = 30 \times 3 \times \frac{1}{3} + \frac{1}{2} \times 19 \times 3^2 \times \frac{1}{3} = 58.5\text{kN/m}$

■ $h = \frac{H}{3} \cdot \frac{3q + \gamma H}{2q + \gamma H}$

$= \frac{3}{3} \times \frac{3 \times 30 + 19 \times 3}{2 \times 30 + 19 \times 3} = 1.26\text{m}$

더 알아두기

토압의 크기

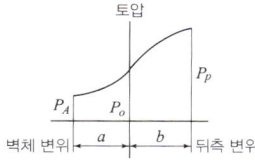

Rankine의 토압이론
- 흙은 비압축성이고 균질이다.
- 지표면은 무한히 넓게 존재한다.
- 토압은 지표면에 평행하게 작용한다.
- 지표에 하중이 있으면 등분포하중이다.
- 흙은 입자간의 마찰에 의하여 평형조건을 유지한다.

인장균열깊이
$$z_c = \frac{2c}{\gamma}\tan\left(45° + \frac{\phi}{2}\right)$$

12 토압

1 토압계수

- 주동토압계수 : $K_a = \tan^2\left(45° - \dfrac{\phi}{2}\right) = \dfrac{1-\sin\phi}{1+\sin\phi}$
- 수동토압계수 : $K_p = \tan^2\left(45° + \dfrac{\phi}{2}\right) = \dfrac{1+\sin\phi}{1-\sin\phi}$
- 토압계수의 크기
 수동토압계수(K_P) > 정지토압계수(K_o) > 주동토압계수(K_A)
- 토압의 크기
 수동토압(P_P) > 정지토압(P_o) > 주동토압(P_A)

2 토압계산

(1) 뒤채움흙이 수평이고 사질토의 토압($c=0$, $i=0$)

- 주동토압 $P_A = \dfrac{1}{2}\gamma H^2 K_a$
- 수동토압 $P_P = \dfrac{1}{2}\gamma H^2 K_p$
- 작용점 $y = \dfrac{H}{3}$

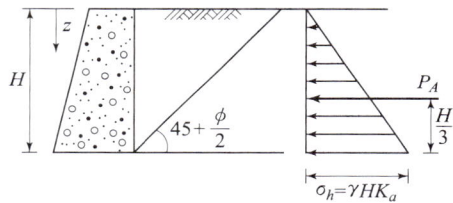

(2) 뒤채움흙이 수평이고 지하수위가 있는 경우의 토압

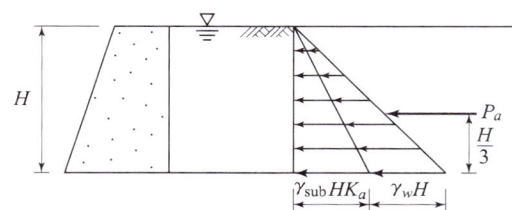

- 주동토압 $P_A = \dfrac{1}{2}\gamma_{sub} H^2 K_a + \dfrac{1}{2}\gamma_w H^2$
- 수동토압 $P_P = \dfrac{1}{2}\gamma_{sub} H^2 K_p + \dfrac{1}{2}\gamma_w H^2$
- 작용점 $y = \dfrac{H}{3}$

(3) 상재하중이 있을 때의 토압

- $P_A = qHK_a + \dfrac{1}{2}\gamma H^2 K_a$
- $P_P = qHK_p + \dfrac{1}{2}\gamma H^2 K_p$
- 작용점 $y = \dfrac{H}{3}\cdot\dfrac{3q+\gamma H}{2q+\gamma H}$

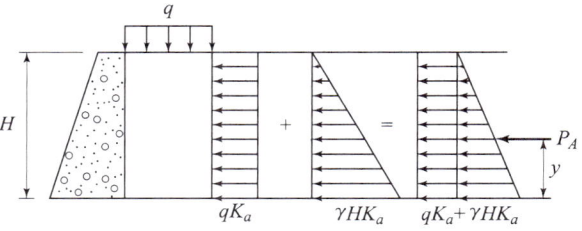

핵심문제

□□□ 산 11,16
01 다음 중 직접전단시험의 특징이 아닌 것은?

① 배수조건에 대한 완벽한 조절이 가능하다.
② 시료의 경계에 응력이 집중된다.
③ 전단면이 미리 정해진다.
④ 시험이 간단하고 결과 분석이 빠르다.

| 해답 | ①
배수조건에 대한 배수조절이 어렵다.

□□□ 산 92,99,04,05,08,12,13,14,16
02 건조한 흙의 직접전단시험 결과 수직응력이 0.4MPa일 때 전단저항은 0.3MPa이고 점착력은 0.05MPa이었다. 이 흙의 내부마찰각은?

① 30.2°   ② 32°
③ 36.8°   ④ 41.2°

| 해답 | ②
$\tau = c + \sigma \tan\phi$ 에서
$\phi = \tan^{-1}\dfrac{\tau - c}{\sigma}$
$= \tan^{-1}\dfrac{0.3 - 0.05}{0.4} = 32°$

□□□ 산 92,99,00,01,03,04,10,12,13,14,17
03 점토의 예민비(sensitivity ratio)를 구하는데 사용되는 시험방법은?

① 일축압축시험   ② 삼축압축시험
③ 직접전단시험   ④ 베인전단시험

| 해답 | ①
예민비 $S_t = \dfrac{q_u}{q_{ur}}$
∴ 점성토의 예민비는 일축압축시험에서 구할 수 있다.

□□□ 산 95,99,03,06,13,15
04 자연상태 흙의 일축압축강도가 $50kN/m^2$고 이 흙을 교란시켜 일축압축강도 시험을 하니 강도가 $10kN/m^2$이였다. 이 흙의 예민비는 얼마인가?

① 50   ② 10
③ 5   ④ 1

| 해답 | ③
예민비 $S_t = \dfrac{q_u}{q_{ur}} = \dfrac{50}{10} = 5$

참고 $1N/mm^2 = 1MPa = 1000kN/m^2$

□□□ 산 93,98,03,04,15
05 어떤 점토시료를 일축압축 시험한 결과 수평면과 파괴면이 이루는 각이 48°였다. 점토시료의 내부마찰각은?

① 3°   ② 6°
③ 18°   ④ 30°

| 해답 | ②
$\theta = 45° + \dfrac{\phi}{2}$
∴ $\phi = 2\theta - 90° = 2 \times 48° - 90° = 6°$

□□□ 산 93,03,04,06,08,11,16
06 내부마찰각이 영(零, zero)인 점토질 흙의 일축압축 시험시 압축강도가 $40kN/m^2$이었다면 이 흙의 점착력은?

① $10kN/m^2$ ② $20kN/m^2$
③ $30kN/m^2$ ④ $40kN/m^2$

| 해답 | ②
$c = \dfrac{q_u}{2\tan\left(45° + \dfrac{\phi}{2}\right)} = \dfrac{40}{2\tan(45° + 0°)} = 20kN/m^2$

□□□ 산 97,02,07,09,12,13,16,17
07 점토지반에 과거에 시공된 성토제방이 이미 안정된 상태에서, 홍수에 대비하기 위해 급속히 성토시공을 하고자 한다. 안정검토를 위해 지반의 강도정수를 구할 때, 가장 적합한 시험방법은?

① 직접전단시험   ② 압밀 배수시험
③ 압밀 비배수시험   ④ 비압밀 비배수시험

| 해답 | ③
압밀 비배수(CU)시험
• Pre-loading후(압밀진행 후)갑자기 파괴 예상될 때
• 성토하중에 의해 압밀된 후 다시 추가하중을 재하한 후의 안정검토하는 경우

알아두기

전단응력
- 수직응력 $\sigma = \dfrac{P}{A}$
- 1면 전단응력 $\tau = \dfrac{S}{A}$
- 2면 전단응력 $\tau = \dfrac{S}{2A}$

실내 전단강도시험의 종류
- 직접전단시험
- 일축압축시험
- 3축압축시험

예민비가 큰 점토
흙을 다시 이겼을 때 강도가 크게 감소하는 점토

$\phi = 0$인 포화된 점토
- $\phi = 0$일 때 일축압축강도
  : $q_u = 2c$
- $\phi = 0$이면 비배수 전단강도
  : $\tau_f = c_u = \dfrac{q_u}{2} = \dfrac{N}{16}$

$\phi = 0$인 포화된 점토 $q_u = \dfrac{N}{8}$

틱소트로피(Thixotrophy) 현상
교란된 흙이 시간이 지남에 따라 손실된 강도의 일부를 회복하는 현상

액상화현상(Liquefaction)
포화되어 있는 느슨하고 가는 모래가 지진이나 기타의 진동으로 인해 충격을 받아 전단강도가 감소되는 현상

---

11 전단강도시험

1 직접전단시험의 특징

(1) 배수조건에 대한 배수조절이 어렵다.
(2) 시료의 경계에 응력이 집중된다.
(3) 전단면이 미리 정해진다.
(4) 시험이 간단하고 결과 분석이 빠르다.

2 일축압축강도 시험

- 환산 단면적 $A = \dfrac{A_o}{1-\varepsilon} = \dfrac{A_o}{1-\dfrac{\Delta h}{h}}$

- 수평면과 파괴면과의 각도 $\theta = 45° + \dfrac{\phi}{2}$

- 일축압축강도 $q_u = 2c\tan\left(45° + \dfrac{\phi}{2}\right) = 2c \;(\because \phi = 0$일 때$)$

- 점착력 $c = \dfrac{q_u}{2\tan\left(45° + \dfrac{\phi}{2}\right)} = \dfrac{q_u}{2}\tan\left(45° - \dfrac{\phi}{2}\right) = \dfrac{q_u}{2} \;(\because \phi = 0$일 때$)$

- 예민비 $S_t = \dfrac{q_u}{q_{ur}}$

  여기서, q_u : 불교란 시료의 일축압축강도
  q_{ur} : 재성형한 시료의 일축압축강도

3 삼축압축강도시험

(1) 배수방법에 따른 분류

배수방법	적요
UU-test 비압밀비배수시험	• 포화점토가 성토직후 급속한 파괴가 예상될 때 • 점토의 단기간 안정검토시
CU-test 압밀비배수시험	• Pre-loading 후(압밀진행 후) 갑자기 파괴가 예상될 때 • 제방, 흙댐에서 수위가 급강하 할 때 안정 검토시
CD-test 압밀배수시험	• 점토지반의 장기간 안정검토시 • 압밀이 서서히 진행되고 파괴도 완만하게 진행될 때

(2) CU 삼축압축실험 결과

- $\sin\phi = \dfrac{\sigma_1 - \sigma_3}{\sigma_1 + \sigma_3}$ 에서 $\phi = \sin^{-1}\dfrac{\sigma_1 - \sigma_3}{\sigma_1 + \sigma_3}$

- $\theta = 45° + \dfrac{\phi}{2}$

- $\tau = \dfrac{\sigma_1 - \sigma_3}{2}\sin 2\theta$

여기서, 최대 주응력 $\sigma_1 = \sigma_{dt} + \sigma_3$, σ_3 : 구속 응력, σ_{dt} : 축차 응력

핵 심 문 제

□□□ 산 94,00,06,12,14④,19②

01 어떤 흙의 전단실험 결과 $c=0.18$MPa, $\phi=35°$, 토립자에 작용하는 수직응력이 $\sigma=0.36$MPa일 때 전단강도는?

① 0.489MPa
② 0.432MPa
③ 0.633MPa
④ 0.386MPa

| 해답 | ②
$\tau = c + \sigma\tan\phi$
$\quad = 0.18 + 0.36\tan35° = 0.432$MPa

□□□ 산 83,05,09,11,13,15

02 어떤 점성토에 수직응력 4MPa를 가하여 전단시켰다. 전단면상의 간극수압이 1MPa이고 유효응력에 대한 점착력, 내부마찰각이 각각 0.02MPa, 20°이면 전단 강도는?

① 0.64MPa
② 1.04MPa
③ 1.11MPa
④ 1.84MPa

| 해답 | ③
$\tau = c + (\sigma - u)\tan\phi$
$\quad = 0.02 + (4-1) \times \tan20° = 1.11$MPa

□□□ 산 00,02,06,12,16

03 그림과 같은 모래지반의 토질실험결과 내부마찰각 $\phi=30°$, 점착력 $c=0$일 때 깊이 4m되는 A점에서의 전단강도는? (단, 물의 단위중량 $\gamma_w = 9.81$kN/m³)

① 12.5kN/m²
② 17.2kN/m²
③ 21.7kN/m²
④ 28.6kN/m²

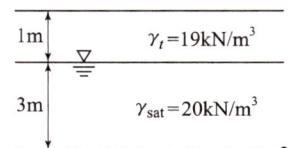

| 해답 | ④
$\tau = c + \overline{\sigma}\tan\phi$
• $\overline{\sigma} = \gamma_t h_1 + (\gamma_{sat} - \gamma_w)h_2$
$\quad = 19 \times 1 + (20 - 9.81) \times 3 = 49.57$kN/m²
∴ $\tau = 0 + 49.57\tan30° = 28.6$kN/m²

□□□ 산 13,14,15,16

04 다음 중 흙의 전단강도를 감소시키는 요인이 아닌 것은?

① 간극수압의 증가
② 수분증가에 의한 점토의 팽창
③ 수축, 팽창 등으로 인하여 생긴 미세한 균열
④ 함수비 감소에 따른 흙의 단위중량 감소

| 해답 | ④
증대요인
함수량 증가에 의한 단위중량 증가

□□□ 산 90,96,97,98,00,01,04,08,09,10,11,14

05 직접전단시험에서 수직응력이 1MPa일 때 전단저항이 0.5MPa이었고, 수직응력을 2MPa로 증가하였더니 전단저항이 0.7MPa이었다. 이 흙의 점착력 값은?

① 0.2MPa
② 0.3MPa
③ 0.5MPa
④ 0.7MPa

| 해답 | ②
전단강도 $\tau = c + \sigma\tan\phi$에서
$0.5 = c + 1\tan\phi$ ·················(1)
$0.7 = c + 2\tan\phi$ ·················(2)
(1)×2-(2)
$1 = 2c + 2\tan\phi$ ·················(3)
$0.7 = c + 2\tan\phi$ ·················(4)
(3)-(4)
∴ 점착력 $c = 0.3$MPa

□□□ 산 92,98,00,05,11,15

06 원주상의 공시체에 수직응력이 0.1MPa, 수평응력이 0.05MPa일 때 공시체의 각도 30° 경사면에 작용하는 전단응력은?

① 17kN/m²
② 22kN/m²
③ 35kN/m²
④ 43kN/m²

| 해답 | ②
$\tau = \dfrac{\sigma_1 - \sigma_3}{2}\sin2\theta$
$\quad = \dfrac{0.1 - 0.05}{2}\sin(2 \times 30°) = 0.022$MPa $= 22$kN/m²

참고 1N/mm² $= 1$MPa $= 1000$kN/m²

> 알아두기

▶ 내부마찰각
$$\phi = \tan^{-1}\left(\frac{\tau - c}{\sigma}\right)$$

10 흙의 전단강도

1 Mohr-coulomb의 파괴포락선

(1) 보통흙의 전단강도(a) : $\tau = c + \sigma\tan\phi$

(2) 사질토의 전단강도(b) : $\tau = \sigma\tan\phi$

(3) 점토의 전단강도(c) : $\tau = c$

 여기서, c : 점착력
  σ : 흙 중 어느 면에 작용하는 수직응력
  ϕ : 내부마찰각

(4) 간극수압이 발생할 때
$$\tau = c + (\sigma - u)\tan\phi = c + \overline{\sigma}\tan\phi$$

 여기서, c : 점착력
  $\overline{\sigma}$: 유효수직응력
  ϕ : 내부마찰각

■ 전단강도의 요인

증대요인	감소요인
• 외력의 작용 • 지진, 발파에 의한 충격 • 굴착에 의한 균열 발생 • 인장응력에 의한 균열의 발생 • 함수량 증가에 의한 단위중량 증가 • 자연 또는 인공에 의한 지하공동 현상 • 균열 내 물의 유입으로 수압증가	• 간극수압의 증가 • 흙 다짐의 불충분 • 느슨한 사질토 진동 • 흡수에 의한 점토지반의 팽창 • 수축, 팽창, 인장에 의한 미세한 균열 • 불안정한 흙 속에 발생하는 변형 • 동결된 흙이나 아이스렌즈의 융해

2 Mohr의 응력원

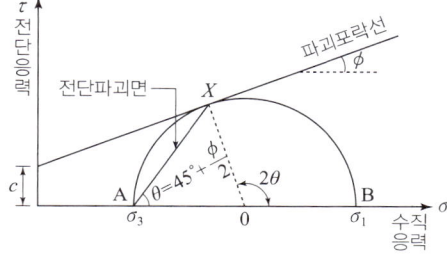

(1) 최대주응력면과 파괴면이 이루는 각 θ
$$\theta = 45° + \frac{\phi}{2} > 45°$$
∴ 내부마찰각 $\phi = 2\theta - 90°$

(2) 수직응력 : $\sigma = \dfrac{\sigma_1 + \sigma_3}{2} + \dfrac{\sigma_1 - \sigma_3}{2}\cos 2\theta$

(3) 전단응력 : $\tau = \dfrac{\sigma_1 - \sigma_3}{2}\sin 2\theta$

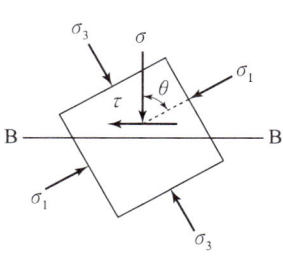

핵심문제

□□□ 산 16

01 테르쟈기(Terzaghi)압밀이론에서 설정한 가정으로 틀린 것은?

① 흙은 균질하고 완전히 포화되어 있다.
② 흙입자와 물의 압축성은 무시한다.
③ 흙속의 물의 이동은 Darcy의 법칙을 따르며 투수계수는 일정하다.
④ 흙의 간극비는 유효응력에 비례한다.

| 해답 | ④
흙의 간극비는 유효응력에 반비례한다.

□□□ 산 89,20

02 두께 3m의 점토층에 배수 조건은 단면(일면)배수이다. 이 점토를 채취하여 토질 시험한 결과 공극비 $e=1.0$, 압축계수 $a_v=2\times 10^{-3} m^2/kN$, 투수계수 $k=2\times 10^{-7} cm/sec$이었다. 이 점토가 50% 압밀에 요하는 시간을 구한 값은?

① 3,703일 ② 664.15일
③ 100.66일 ④ 38.57일

| 해답 | ③
$$t_{50}=\frac{0.197H^2}{C_v}$$
• 투수계수 $k=C_v m_v \gamma_w$
• $m_v=\dfrac{a_v}{1+e}=\dfrac{2\times 10^{-3}}{1+1.0}=1\times 10^{-3} m^2/kN$
• $C_v=\dfrac{k}{m_v \gamma_w}=\dfrac{2\times 10^{-7}\times 100}{1\times 10^{-3}\times 9.81}=2.0387\times 10^{-3} cm^2/sec$
∴ $t_{50}=\dfrac{0.197\times 300^2}{2.0387\times 10^{-3}}\times \dfrac{1}{60\times 60\times 24}=100.66$일

□□□ 산 99,06,08,11,17

03 두께 5m의 점토층이 있다. 압축 전의 간극비가 1.32, 압축 후의 간극비가 1.10으로 되었다면 이 토층의 압밀 침하량은 약 얼마인가?

① 68cm ② 58cm
③ 52cm ④ 47cm

| 해답 | ④
$\Delta H=\dfrac{e_1-e_2}{1+e_1}H=\dfrac{1.32-1.10}{1+1.32}\times 500=47.41cm$

□□□ 산 90,97,14

04 두께 2m의 포화 점토층의 상하가 모래층으로 되어 있을 때 이 점토층이 최종 침하량의 90%의 침하를 일으킬 때까지 걸리는 시간은? (단, 압밀계수(C_v)는 $1.0\times 10^{-5} cm^2/sec$, 시간계수($T_{90}$)는 0.848이다.)

① $0.788\times 10^9 sec$ ② $0.197\times 10^9 sec$
③ $3.392\times 10^9 sec$ ④ $0.848\times 10^9 sec$

| 해답 | ④
$$t_{90}=\frac{T_v H^2}{C_v}=\frac{0.848\left(\dfrac{H}{2}\right)^2}{C_v}$$
$$=\frac{0.848\times \left(\dfrac{200}{2}\right)^2}{1\times 10^{-5}}=0.848\times 10^9 sec$$

□□□ 산 02,04,10,16,17

05 양면배수 조건일 때 일정한 양의 압밀침하가 발생하는데 10년이 걸린다면 일면배수 조건일 때 같은 침하가 발생되는데 몇 년이나 걸리겠는가?

① 5년 ② 10년
③ 30년 ④ 40년

| 해답 | ④
$\left(\dfrac{H}{2}\right)^2 : 10 = H^2 : x$
∴ $x=\dfrac{H^2}{\dfrac{H^2}{4}}\times 10 = 40$년

□□□ 산 94,00,08,13①

06 어느 점토의 압밀 계수 $C_v=1.640\times 10^{-4} cm^2/sec$, 압축계수 $a_v=2.820\times 10^{-4} m^2/kN$일 때 이 점토의 투수계수는? (단, $e=1.0$, $\gamma_w=9.81 kN/m^3$)

① $8.014\times 10^{-9} cm/sec$ ② $6.646\times 10^{-9} cm/sec$
③ $4.624\times 10^{-9} cm/sec$ ④ $2.268\times 10^{-9} cm/sec$

| 해답 | ④
투수계수 $k=m_v C_v \gamma_w$
• $m_v=\dfrac{a_v}{1+e}$
 $=\dfrac{2.820\times 10^{-4}}{1+1.0}=1.41\times 10^{-4} m^2/kN$
∴ $k=1.41\times 10^{-4}\times 1.640\times 10^{-4}\times 9.81\times 10^{-2}$
 $=2.268\times 10^{-9} cm/sec$

> 알아두기

압축지수 C_c

- $C_c = \dfrac{e_1 - e_2}{\log p_2 - \log p_1}$
- 압밀곡선(e-logP)에서 처녀압축곡선의 기울기(직선부분)
- 목적 : 압밀 침하량을 결정하기 위함이다.

과압밀비

$OCR = \dfrac{\text{선행압밀하중}}{\text{유효상재하중}}$

$= \dfrac{P_c}{P_o}$

선행압밀 하중 P_c

- 현재 지반중에서 과거에 최대로 받았던 압밀 하중

압밀계수 용어

K : 투수계수
T_v : 시간계수
a_v : 압축계수
H : 배수거리
t : 압밀시간

압밀침하량

$\Delta H = \dfrac{e_1 - e_2}{1 + e_1} H$

$= \dfrac{C_c \cdot H}{1+e} \log \dfrac{P_2}{P_1}$

투수계수 용어

C_v : 압밀계수
m_v : 체적변화계수
a_v : 압축계수
e_0 : 초기간극비

09 흙의 압밀

1 Terzaghi의 1차원 압밀 이론에 대한 기본 가정

(1) 흙은 균질하다(투수계수는 동일).
(2) 흙의 간극은 완전히 포화되어 있다(포화도 100%).
(3) 물의 압축성은 무시한다.
(4) 흙 입자의 압축성도 무시한다.
(5) 물의 흐름은 1방향(연직 방향)으로만 발생한다.
(6) Darcy 법칙이 성립한다.
(7) 간극비는 유효응력에 반비례한다.

2 압밀의 기본식

(1) 압밀계수(C_v)
- 압밀계수(C_v)는 압밀도(U) 또는 압밀소요기간(t)을 구하는 필요한 값으로 압밀시험의 결과인 시간 – 변형량 곡선으로부터 구할 수 있다.

$$C_v = \dfrac{K}{m_v \gamma_w} = \dfrac{K(1+e)}{a_v \gamma_w} = \dfrac{T_v H^2}{t} \, (\text{cm}^2/\sec)$$

- $\sqrt{t}$ 방법 : $C_v = \dfrac{T_{90} H^2}{t_{90}} = \dfrac{0.848 H^2}{t_{90}}$

여기서, t_{90} : 압밀도 90%에 대한 압밀도

- $\log t$ 방법 : $C_v = \dfrac{T_{50} H^2}{t_{50}} = \dfrac{0.197 H^2}{t_{50}}$

여기서, t_{50} : 압밀도 50%에 대한 압밀도

(2) 체적변화계수 : $m_v = \dfrac{e_1 - e_2}{1 + e_1} \cdot \dfrac{1}{P_2 - P_1} = \dfrac{a_v}{1 + e_0} \, (\text{m}^2/\text{kN})$

(3) 투수계수(K) : $K = C_v m_v \gamma_w = C_v \left(\dfrac{a_v}{1 + e_0} \right) \gamma_w$

(4) Skempton의 경험식 : 예민비가 작은 점토에 적용
- 불교란 시료 : $C_c = 0.009(W_L - 10)$
- 교란 시료 : $C_c = 0.007(W_L - 10)$

여기서, W_L : 액성한계(%)

(5) 압밀 시간과 압밀층 두께의 관계

$t_1 : t_2 = H_1^2 : H_2^2 \quad \therefore \, t_2 = \left(\dfrac{H_2}{H_1} \right)^2 \times t_1$

여기서, H : 배수 거리(시료의 높이이며, 양면배수 $\left(\dfrac{H}{2} \right)$, 일면배수이면 H)

t_1와 H_1 : 시료의 압밀 시간과 압밀층 두께
t_2와 H_2 : 현장 흙의 압밀 시간과 압밀층 두께

핵심문제

□□□ 산 99,04,09,10,15

01 그림과 같은 지표면에 100kN의 집중하중이 작용했을 때 작용점의 직하 3m 지점에서 이 하중에 의한 연직응력은?

① 4.22kN/m^2
② 5.31kN/m^2
③ 6.41kN/m^2
④ 7.08kN/m^2

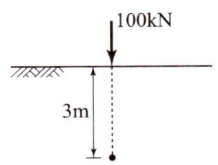

| 해답 | ②

$$\sigma_z = \frac{3Q}{2\pi Z^2} = \frac{3 \times 100}{2\pi \times 3^2} = 5.31\text{kN/m}^2$$

□□□ 산 93,96,98,03,04,07,10,11,12

02 지표면에 250kN의 집중하중이 작용하는 경우, 깊이 5m, 하중작용위치에서 2.5m 떨어진 점의 연직응력을 Boussinesq의 식으로 구한 값은?
(단, 영양계수(I)는 0.273을 적용한다.)

① 10.92kN/m^2
② 8.76kN/m^2
③ 5.46kN/m^2
④ 2.73kN/m^2

| 해답 | ④

$$\sigma_z = I_\sigma \frac{P}{Z^2} = 0.273 \times \frac{250}{5^2} = 2.73\text{kN/m}^2$$

□□□ 산 86,92,93,01,03,09,17

03 4m×6m크기의 직사각형 기초에 100kN/m^2의 등분포 하중이 작용할 때 기초 아래 5m 깊이에서의 지중응력 증가량을 2:1 분포법으로 구한 값은?

① 14.2kN/m^2
② 18.2kN/m^2
③ 24.2kN/m^2
④ 28.2kN/m^2

| 해답 | ③

$$\Delta\sigma_z = \frac{q \cdot B \cdot L}{(B+Z)(L+Z)}$$
$$= \frac{100 \times 4 \times 6}{(4+5)(6+5)} = 24.2\text{kN/m}^2$$

□□□ 산 92,96,99,05,06,07,08,09,13,14,15,17

04 접지압의 분포가 기초의 중앙부분에 최대응력이 발생하는 기초형식과 지반은 어느 것인가?

① 연성기초, 점성지반
② 연성기초, 사질지반
③ 강성기초, 점성지반
④ 강성기초, 사질지반

| 해답 | ④

강성기초의 접지압 분포
• 사질지반 : 기초의 중앙 부분에서 최대 응력이 발생
• 점토지반 : 기초의 모서리 부분에서 최대 응력이 발생

□□□ 산 02,10,12

05 기초에 작용하는 접지압 분포가 그림과 같이 되는 것은?

① 점토지반, 강성기초
② 점토지반, 연성기초
③ 모래지반, 강성기초
④ 모래지반, 연성기초

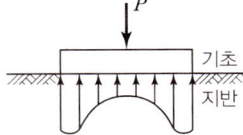

| 해답 | ①

강성기초의 접지압 분포
• 점토지반 : 기초의 모서리 부분에서 최대응력이 발생
• 모래지반 : 기초의 중앙부분에서 최대응력이 발생

□□□ 산 03,15

06 지표면에 집중하중이 작용할 때, 연직응력 증가량에 관한 다음 사항 중 옳은 것은? (단, Boussinesq 이론을 사용, E는 Young계수이다.)

① E에 무관하다.
② E에 정비례한다.
③ E의 제곱에 정비례한다.
④ E의 제곱에 반비례한다.

| 해답 | ①

Boussinesq의 지중 응력

$$\sigma_z = \frac{3P}{2\pi} \frac{Z^3}{R^5}$$

∴ 연직응력의 증가는 변형계수(E)을 고려하지 않는다.

08 지중응력

1 집중하중에 의한 집중응력

- 연직응력 : $\sigma_z = \dfrac{3Q}{2\pi Z^2} \dfrac{1}{\left[1+\left(\dfrac{r}{Z}\right)^2\right]^{5/2}} = I_\sigma \cdot \dfrac{Q}{Z^2}$

- 수평응력 : $\sigma_r = \dfrac{Q}{2\pi}\left\{\dfrac{3r^2 Z}{R^5} - (1-2\mu)\left(\dfrac{R-Z}{R\cdot r^2}\right)\right\}$

- 연직전단응력 : $\tau_{zr} = \dfrac{3Q}{2\pi}\cdot\dfrac{rZ^2}{R^5}$

- 즉시침하 : $S_i = qB\dfrac{1-\mu^2}{E}I_P$

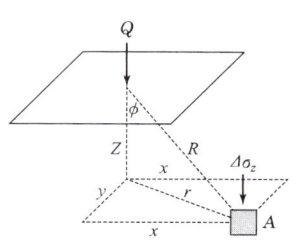

▶ 2:1 분포법
하중에 의한 지중응력이 2:1의 기울기로서 분포한다고 가정하여 그 분포면적으로 하중을 나누어 평균 지중응력을 구하는 방법이다.

2 2:1 분포도

(1) 장방형 기초(B, L)

$P = q_s \cdot B \cdot L = \Delta\sigma_z(B+Z)(L+Z)$

$\Delta\sigma_z = \dfrac{P}{(B+Z)(L+Z)}$

$\quad\quad = \dfrac{q_s \cdot B \cdot L}{(B+Z)(L+Z)}$

(2) 장방형 기초($B = L$)

$\Delta\sigma_z = \dfrac{q \cdot B^2}{(B+Z)^2}$

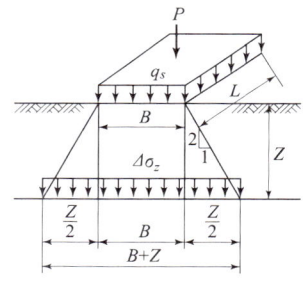

3 접지압과 침하량 분포

(1) 완전히 강성인 footing(강성기초지반)

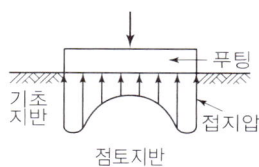 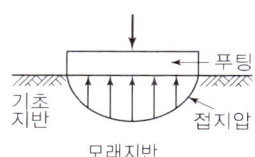

점토지반   모래지반

(2) 연성기초와 강성기초의 특징

		연성기초	강성기초
침하	모래지반	기초의 중앙부에서 침하가 적고 양끝단에서는 침하가 크게 발생	기초의 강성이 크므로 인해 균등하게 침하가 발생
	점토지반	기초의 중앙부에서 침하가 크게 발생	균등하게 침하가 발생
접지압	모래지반	모래의 강도가 크므로 중앙부에서 크게 분포	모래의 강도가 크므로 중앙부에서 최대 응력이 발생
	점토지반	기초 전체에 걸쳐 균등하게 분포	기초의 양측면에서 중앙부보다 최대 응력이 발생

핵 심 문 제

□□□ 산 97,99,00,08,10,11,14

01 다음 그림에 보인 바와 같이 지하수위면은 지표면 아래 2.0m의 깊이에 있고 흙의 단위중량은 지하수위면 위에서 19kN/m³, 지하수위면 아래에서 20kN/m³이다. 요소 A가 받는 연직 유효응력은?
(단, $\gamma_w = 9.81\text{kN/m}^3$)

① 198kN/m²
② 190kN/m²
③ 140kN/m²
④ 130kN/m²

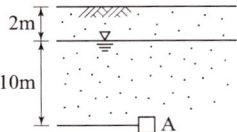

| 해답 | ③

[방법1] 유효응력 $\bar{\sigma} = \sigma - u$
• 전응력 $\sigma = \gamma_t h + \gamma_{sat} h = 19 \times 2 + 20 \times 10 = 238\text{kN/m}^2$
• 간극수압 $u = \gamma_w h = 9.81 \times 10 = 98.1\text{kN/m}^2$
∴ $\bar{\sigma} = \sigma - u = 238 - 98.1 = 139.9\text{kN/m}^2$
[방법2] $\bar{\sigma} = \gamma_t h_1 + \gamma' h$
$= 19 \times 2 + (20 - 9.81) \times 10 = 139.9\text{kN/m}^2$

□□□ 산 93,98,00,03,07,11,16

02 아래 그림과 같은 지반의 점토 중앙 단면에 작용하는 유효응력은? ($\gamma_w = 9.81\text{kN/m}^3$)

① 31.0kN/m²
② 32.7kN/m²
③ 35.3kN/m²
④ 37.1kN/m²

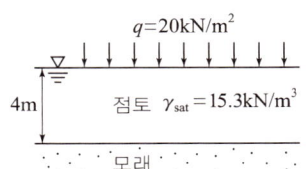

| 해답 | ①

$\bar{\sigma} = (\gamma_{sat} - \gamma_w)h + q$
$= (15.3 - 9.81) \times 2 + 20 = 31.0\text{kN/m}^2$
(∵ 중앙단면이므로 $h = 2\text{m}$)

□□□ 산 93,98,00,03,07,11,16

03 아래 그림에서 점토 중앙 단면에 작용하는 유효응력은 얼마인가?

① 12.5kN/m²
② 23.7kN/m²
③ 32.5kN/m²
④ 40.5kN/m²

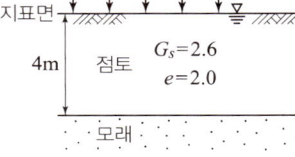

| 해답 | ④

$\bar{\sigma} = (\gamma_{sat} - \gamma_w)h + q$
$\gamma_{sat} = \dfrac{G_s + e}{1 + e}\gamma_w = \dfrac{2.60 + 2.0}{1 + 2.0} \times 9.81 = 15.04\text{kN/m}^3$
∴ $\bar{\sigma} = (15.04 - 9.81) \times 2 + 30 = 40.5\text{kN/m}^2$
(∵ 중앙단면이므로 $h = 2\text{m}$)

□□□ 산 03,06,07,12,16

04 점성토지반의 성토 및 굴착 시 발생하는 heaving 방지대책으로 틀린 것은?

① 지반개량을 한다.
② 표토를 제거하여 하중을 적게 한다.
③ 널말뚝의 근입장을 짧게 한다.
④ trench cut 및 부분 굴착을 한다.

| 해답 | ③

널말뚝의 근입장을 길게 한다.

□□□ 산 90,96,01,03,06,10,12,14,15,16,17,18②

05 비중이 2.65, 간극률이 40%인 모래지반의 한계 동수경사는?

① 0.99
② 1.18
③ 1.59
④ 1.89

| 해답 | ①

한계동수경사 $i = \dfrac{G_s - 1}{1 + e}$
• $e = \dfrac{n}{100 - n} = \dfrac{40}{100 - 40} = 0.667$
∴ $i = \dfrac{2.65 - 1}{1 + 0.667} = 0.99$

□□□ 산 11,13,16

06 어떤 모래층에서 수두가 3m일 때, 한계동수경사가 1.0이었다. 모래층의 두께가 최소 얼마를 초과하면 분사현상이 일어나지 않겠는가?

① 1.5m
② 3.0m
③ 4.5m
④ 6.0m

| 해답 | ②

$L = \dfrac{\Delta h}{i} = \dfrac{3}{1.0} = 3.0\text{m}$

알아두기

전응력
전체 흙에 작용하는 단위면적당 수직응력을 전 응력이라 한다.

간극수압
간극을 채우고 있는 물이 부담하는 응력으로 중립응력이라고 한다.

유효응력
흙입자가 부담하는 응력으로 흙입자의 접촉점에서 발생하는 단위면적당 작용하는 힘을 말한다.

분사현상
주로 사질토지반에 일어나는 현상으로 침투수압에 의해 모래가 물과 함께 유출하는 현상이다.

---

07 유효응력

1 흙의 자중응력

- 연직응력
  $\sigma_v = \gamma \cdot Z$
  여기서, γ : 흙의 단위중량
- 수평응력
  $\sigma_h = K_0 \cdot \sigma_v = K_0 \cdot \gamma \cdot Z$
  여기서, K_0 : 토압계수

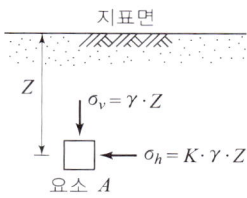

2 유효응력

- 전응력 $\sigma = h_1 \cdot \gamma + h_2 \cdot \gamma_{sat}$
- 간극수압 $u = \gamma_w \cdot h_2$
- 유효응력 $\overline{\sigma} = \sigma - u$
  $= (h_1 \cdot \gamma + h_2 \cdot \gamma_{sat}) - h_2 \cdot \gamma_w$
  $= h_1 \cdot \gamma + h_2(\gamma_{sat} - \gamma_w)$
  $= h_1 \cdot \gamma + h_2 \cdot \gamma_{sub}$

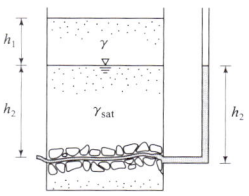

3 heaving 방지대책

- 지반을 개량한다.
- 설계 계획을 변경한다.
- 굴착면에 하중을 가한다.
- 널말뚝의 근입장을 길게 한다.
- 표토를 제거하여 하중을 작게 한다.
- Caisson공법, Island공법을 고려한다.
- Trench cut공법 또는 부분 굴착을 한다.

4 분사현상

(1) 한계동수경사 : $i_{cr} = \dfrac{\gamma_{sub}}{\gamma_w} = \dfrac{\gamma_{sat} - \gamma_w}{\gamma_w} = \dfrac{G_s - 1}{1 + e}$

(2) 동수경사 : $i = \dfrac{h}{L}$

(3) 분사현상의 조건
- 분사현상이 일어나는 조건 : $i > \dfrac{G_s - 1}{1 + e}$
- 분사현상이 일어나지 않는 조건 : $i < \dfrac{G_s - 1}{1 + e}$
- 안전율 : $F_s = \dfrac{i_{cr}}{i} = \dfrac{\dfrac{G_s - 1}{1 + e}}{\dfrac{h}{L}}$

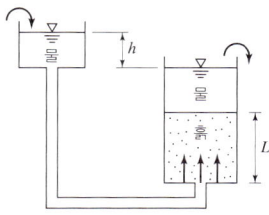

핵심문제

□□□ 산 90,91,96,01,13,15

01 어떤 퇴적지반의 수평방향 투수계수가 $4.0×10^{-3}$ cm/s이고, 수직방향 투수계수가 $3.0×10^{-3}$cm/s일 때 등가투수계수는 얼마인가?

① $3.46×10^{-3}$cm/s ② $5.0×10^{-3}$cm/s
③ $6.0×10^{-3}$cm/s   ④ $6.93×10^{-3}$cm/s

| 해답 | ①
$$K = \sqrt{K_h \cdot K_v}$$
$$= \sqrt{4×10^{-3}×3×10^{-3}} = 3.46×10^{-3} \text{cm/sec}$$

□□□ 산 90,98,99,12,15,18②

02 그림과 같이 2개층으로 구성된 지반에 대해 수평방향 등가투수계수는?

① $3.89×10^{-4}$ cm/sec
② $7.78×10^{-4}$ cm/sec
③ $1.57×10^{-3}$ cm/sec
④ $3.14×10^{-3}$ cm/sec

3m $k=3×10^{-3}$cm/sec
4m $k=5×10^{-4}$cm/sec

| 해답 | ③
$$K_h = \frac{1}{H}(k_1 h_1 + k_2 h_2)$$
$$= \frac{1}{300+400}(3×10^{-3}×300+5×10^{-4}×400)$$
$$= 1.57×10^{-3} \text{cm/sec}$$

□□□ 산 98,03,08,14

03 그림과 같은 흙댐의 유선망을 작도하는 데 있어서 경계조건으로 틀린 것은?

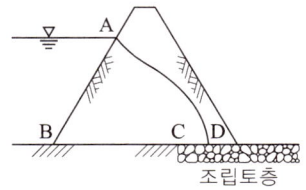

① $\overline{AB}$는 등수두선이다. ② $\overline{BC}$는 유선이다.
③ $\overline{AD}$는 유선이다.   ④ $\overline{CD}$는 침윤선이다.

| 해답 | ④
$\overline{CD}$: 유출면 CD는 전수두가 0인 등수두선이다.

□□□ 산 92,97,99,05,10,12,13,14

04 아래 그림과 같이 정수위 투수시험을 실시하였다. 30분 동안 침투한 유량이 500cm³일 때 투수계수는?

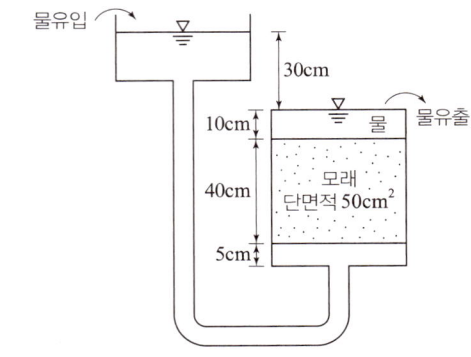

① $6.13×10^{-3}$cm/sec ② $7.41×10^{-3}$cm/sec
③ $9.26×10^{-3}$cm/sec ④ $10.02×10^{-3}$cm/sec

| 해답 | ②
$$K = \frac{Q \cdot L}{h \cdot A \cdot t}$$
$$= \frac{500×40}{30×50×(30×60)} = 7.41×10^{-3} \text{cm/sec}$$

□□□ 산 84,94,05,10,11,13

05 유선망을 이용하여 구할 수 없는 것은?

① 간극수압   ② 침투수량
③ 동수경사   ④ 투수계수

| 해답 | ④
• 유선망의 목적 : 침투수량, 간극수압 및 동수경사를 알기 위하여 작도
• 투수계수 : 정수위시험, 변수위시험, 압밀시험에서 구한다.

□□□ 산 80,84,86,90,91,93,96,97,12,13,16,17

06 유선망에 대한 설명으로 틀린 것은?

① 유선망은 유선과 등수두선(等水頭線)으로 구성되어 있다.
② 유로를 흐르는 침투수량은 같다.
③ 유선과 등수두선은 서로 직교한다.
④ 침투속도 및 동수구배는 유선망의 폭에 비례한다.

| 해답 | ④
침투속도 및 동수구배는 유선망의 폭에 반비례한다.

06 투수계수와 유선망

1 투수계수 측정방법

(1) 정수위 투수시험 : $K = \dfrac{Q \cdot L}{h \cdot A \cdot t}$

(2) 변수위 투수시험 : $K = 2.3 \dfrac{a \cdot L}{A \cdot t} \log \dfrac{H_1}{H_2}$

2 성토층의 투수계수

(1) 수평방향의 투수계수 : $K_h = \dfrac{1}{H}(K_1 H_1 + K_2 H_2 + \cdots + K_n H_n)$

(2) 연직방향의 투수계수 : $K_v = \dfrac{H}{\dfrac{H_1}{K_1} + \dfrac{H_2}{K_2} + \cdots + \dfrac{H_n}{K_n}}$

(3) 등방성의 투수계수 : $K = \sqrt{K_h \cdot K_v} \;\; (K_h > K_v)$

3 유선망

(1) 유선과 등수두선으로 이루어진 곡선군을 유선망(流線網 : flow net)이라고 한다.

(2) 유선망은 침투유량, 임의점의 간극수압 및 동수경사(구배) 등 지하수의 흐름 해석에 이용된다.

(3) 유선망의 성질
- 유선과 등수두선은 서로 직교한다.
- 각 유로를 흐르는 침투수량은 같다.
- 유선망으로 이루어진 사각형은 정사각형이다.
- 침투속도 및 동수구배는 유선망의 폭에 반비례한다.
- 인접한 2개의 등수두선 사이의 수두손실은 서로 동일하다.

■ 등수두선
- $\overline{AB}$: 경사 AB위의 전수두가 일정하므로 하나의 등수두선이다.
- $\overline{CD}$: 유출면 CD는 전수두가 0인 등수두선이다.

■ 유선
- $\overline{AD}$: 구하고자 하는 최상부 유선으로 침윤선이다.
- $\overline{BC}$: 불투수성 경계면 BC는 최하부 유선이다.

(5) 침투수량
- 등방성 흙($N_f = N_d$) : $Q = KH \dfrac{N_f}{N_d}$
- 이등방성 흙($N_f \neq N_d$) : $Q = \sqrt{K_h K_v} \cdot H \cdot \dfrac{N_f}{N_d}$

▶ 유선과 등수두선

▶ 침투수량 용어
Q : 단위 폭당 제체의 침투유량(cm³/sec)
K : 투수계수(cm/sec)
H : 상하류의 수두차(cm)
N_f : 유로의 수
N_d : 등수두면의 수

핵 심 문 제

□□□ 산 99,04,13

01 그림에서 흙의 단면적이 40cm²이고 투수계수가 0.1cm/sec일 때 흙속을 통과하는 유량은?

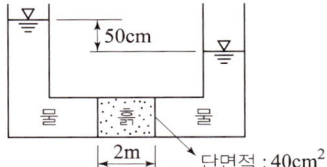

① 1m³/hr
② 1cm³/sec
③ 100m³/hr
④ 100cm³/sec

| 해답 | ②

$$Q = kiA = k \cdot \frac{h}{L} \cdot A$$
$$= 0.1 \times \frac{50}{200} \times 40 = 1 \text{cm}^3/\text{sec}$$

□□□ 산 93,04,14

02 모관상승 속도가 가장 느리고, 상승고는 가장 높은 흙은 다음 중 어느 것인가?

① 점토
② 실트
③ 모래
④ 자갈

| 해답 | ①
점성토
모관상승 속도는 대단히 느린 속도로 상승하지만 모관상승고는 상당히 높다.

□□□ 산 96,07,15

03 다음은 지하수 흐름의 기본 방정식인 Laplace 방정식을 유도하기 위한 기본 가정이다. 틀린 것은?

① 물의 흐름은 Darcy의 법칙을 따른다.
② 흙과 물은 압축성이다.
③ 흙은 포화되어 있고 모세관 현상은 무시한다.
④ 흙은 등방성이고 균질하다.

| 해답 | ②
흙은 비압축성이며 물이 흐르는 동안에 흙의 압축이나 팽창은 생기지 않는다.

□□□ 산 00,04,10,13

04 어떤 흙의 공극비(e)가 0.52이고, 흙속에 흐르는 물의 이론 침투속도(v)가 0.214cm/sec일 때 실제의 침투유속(v_s)는?

① 0.424cm/sec
② 0.525cm/sec
③ 0.626cm/sec
④ 0.727cm/sec

| 해답 | ③

$$n = \frac{e}{1+e} = \frac{0.52}{1+0.52} = 0.342$$
$$\therefore \text{침투유속 } v_s = \frac{v}{n} = \frac{0.214}{0.342} = 0.626 \text{cm/sec}$$

□□□ 산 90,92,99,01,02,03,09,12,18

05 직경 2mm의 유리관을 15℃의 정수중에 세웠을 때 모관상승고는 얼마인가? (단, 물과 유리관의 접촉각은 9°, 표면장력은 0.075g/cm)

① 0.15cm
② 1.1cm
③ 1.48cm
④ 15.0cm

| 해답 | ③

$$h_c = \frac{4T\cos\alpha}{\rho_w D}$$

• $D = 2\text{mm} = 0.2\text{cm}$

$$\therefore h_c = \frac{4 \times 0.075 \cos 9°}{1 \times 0.2} = 1.48\text{cm}$$

□□□ 산 94,98,02,06,08,11,12,17,18③,19②④

06 다음 중 흙의 투수계수에 영향을 미치는 요소가 아닌 것은?

① 흙의 입경
② 침투액의 점성
③ 흙의 포화도
④ 흙의 비중

| 해답 | ④

$$K = D_s^2 \cdot \frac{\gamma_w}{\mu} \cdot \frac{e^3}{1+e} \cdot C$$

D_s : 흙입자의 입경
μ : 물의 점성계수
e : 간극비
C : 합성형상계수

∴ 흙의 비중(G_s)은 흙의 투수계수(K)와 관계없다.

알아두기

▶ Darcy의 법칙
일반적으로 흙 속의 물의 속도가 느리기 때문에 속도수두는 무시한다. 전수두는 압력수두와 위치수두가 있으며, Darcy의 법칙은 층류에서 성립하는데, 지하수는 유속이 느리기 때문에 층류로 간주한다.

▶ Darcy의 법칙 용어
Q : 단위시간당의 유량(cm³/sec)
v : 물의 유속(cm/sec)
A : 단면적
k : 투수계수
i : 동수경사 $\left(\dfrac{\Delta h}{L}\right)$
L : 두 점 간의 거리

▶ 모세관 현상

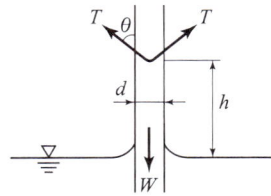

▶ A. Hazen의 투수계수
$K = C \cdot D_{10}^2$ (cm/s)
• C : 100~150(1/cm·S)
• D_{10} : 유효입경(cm)

05 Darcy의 법칙

1 Darcy의 법칙

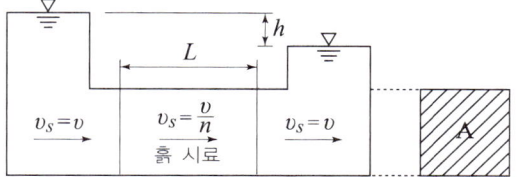

■ $Q = vA = kiA = k\dfrac{\Delta h}{L}A$

2 유출속도와 침투속도

• 실제 침투유속 $v_s = \dfrac{v}{n}$ 으로 평균유속(v)보다도 크다.

$Q = A \cdot v = A_v \cdot v_s$

$v_s = \dfrac{A}{A_v} \cdot v = \dfrac{AL}{A_v L} v = v\left(\dfrac{v}{v_s}\right) = \dfrac{v}{n}$

여기서, v_s : 실제 침투유속 v : 유출속도
A_v : 간극의 단면적 A : 시료의 전단면적
n : 간극률 $\left(\dfrac{v_v}{v}\right)$

3 흙의 모관성

(1) 모관 수두 : $h_c = \dfrac{4T\cos\alpha}{D \cdot \gamma_w} = \dfrac{4T\cos\alpha}{D \cdot \rho_w}$

여기서, T : 표면 장력 α : 접촉각
D : 모세관의 직경 $\gamma_w(\rho_w)$: 물의 단위 중량(밀도)

(2) Hazen의 모관 상승고의 근사식 : $h_c = \dfrac{C}{e \times D_{10}}$

여기서, C : 정수 e : 간극비
D_{10} : 유효 입경

(3) 투수 계수의 영향

$K = D_s^2 \cdot \dfrac{\gamma_w}{\mu} \cdot \dfrac{e^3}{1+e} \cdot C$ (Taylor 제안)

여기서, D_s : 흙의 입경 γ_w : 물의 단위중량
μ : 물의 점성계수 e : 간극비
C : 합성 형성계수

(4) 간극비와의 관계

• $K_1 : K_2 = \dfrac{e_1^3}{1+e_1} : \dfrac{e_2^3}{1+e_2}$

• $K_2 = K_1 \times \left(\dfrac{e_2}{e_1}\right)^2$

핵심문제

□□□ 산 92,96,10
01 조립토와 세립토의 비교 설명 중 옳지 않은 것은?

① 간극률은 조립토가 적고 세립토는 크다.
② 마찰력은 조립토가 적고 세립토는 크다.
③ 압축성은 조립토가 적고 세립토는 크다.
④ 투수성은 조립토가 크고 세립토는 적다.

| 해답 | ②
마찰력은 조립토가 크고, 세립토는 적다.

□□□ 산 05,10
02 입도분석 시험결과가 아래 표와 같다. 이 흙을 통일분류법에 의해 분류하면?

> 0.075mm체 통과율=3%, 2mm체 통과율=40%,
> 4.75mm체 통과율=65%, $D_{10}=0.10$mm,
> $D_{30}=0.13$mm, $D_{60}=3.2$mm

① GW ② GP
③ SW ④ SP

| 해답 | ④
- 조립토 : #200(0.075)체 통과량이 50% 미만(3%)
- 모래(S) : #4(4.75)체 통과량이 50% 이상(65%)
- ■ SP조건
- #200체 통과량이 5% 이하(3%)
- 균등계수 $C_u = \dfrac{D_{60}}{D_{10}} = \dfrac{3.2}{0.10} = 32 > 6$ (∵ 균등계수 6 이상)
- 곡률계수 $C_g = \dfrac{D_{30}^2}{D_{10} \times D_{60}} = \dfrac{0.13^2}{0.10 \times 3.2} = 0.05 < 1 \sim 3$
∴ SP를 만족한다.
(∵ SW에 해당되는 두 조건을 만족시키지 못함)

□□□ 산 80,96,13
03 다음 통일분류법에 의한 흙의 분류 중 압축성이 가장 큰 것은?

① SP ② SW
③ CL ④ CH

| 해답 | ④

세립토의 분류	실트[M]	점토[C]	유기질[O]
압축성이 낮은 흙[L]	ML	CL	OL
압축성이 높은 흙[H]	MH	CH	OH

□□□ 산 16
04 흙의 분류 중에서 유기질이 가장 많은 흙은?

① CH ② CL
③ MH ④ P_t

| 해답 | ④
유기질 함유 (관찰로 판별 ; P_t)

□□□ 산 03,06,11
05 어떤 흙의 입경가적곡선에서 $D_{10}=0.05$mm, $D_{30}=0.09$mm, $D_{60}=0.15$mm이었다. 균등계수 C_u와 곡률계수 C_g의 값은?

① $C_u=3.0, C_g=1.08$ ② $C_u=3.5, C_g=2.08$
③ $C_u=3.0, C_g=2.45$ ④ $C_u=3.5, C_g=1.82$

| 해답 | ①
- 균등계수 $C_u = \dfrac{D_{60}}{D_{10}} = \dfrac{0.15}{0.05} = 3.0$
- 곡률계수 $C_g = \dfrac{D_{30}^2}{D_{10} \times D_{60}} = \dfrac{0.09^2}{0.05 \times 0.15} = 1.08$

□□□ 산 91,15
06 통일분류법에 의한 흙의 분류에서 조립토와 세립토를 구분할 때 기준이 되는 체의 호칭번호와 통과율로 옳은 것은?

① No.4(4.75mm)체, 35%
② No.10(2mm)체, 50%
③ No.200(0.075mm)체, 35%
④ No.200(0.075mm)체, 50%

| 해답 | ④
- No.200(0.075mm) 통과율이 50% 미만이면 조립토
- No.200(0.075mm) 통과율이 50% 이상이면 세립토

□□□ 산 92,02,07,17②,20③
07 통일 분류법에서 실트질 자갈을 표시하는 약호는?

① GW ② GP
③ GM ④ GC

| 해답 | ③
실트질 자갈 : GM

> 알아두기

▼ 입경가적곡선
조립분 체가름 시험, 비중계 시험 및 세립분 체가름 시험에서 입경별 가적통과율을 반대수 방안지의 산술눈금에 표시하고 대수눈금에 입경을 잡아 입경가적곡선을 작성한다.

▼ 입경
D_{60} : 통과백분율 60%에 대응하는 입경
D_{10} : 통과백분율 10%에 대응하는 입경
D_{30} : 통과 백분율 30%에 대응하는 입경

▼ 양입도
- 입경가적곡선의 기울기가 완만하다.
- 균등계수가 크다.
- 투수계수가 작다.
- 간극비가 작다.
- 다짐에 적합하다.

▼ 빈입도
- 입경가적곡선의 기울기가 급하다.
- 균등계수가 작다.
- 투수성이 크다.
- 간극비가 크다.
- 다짐에 부적합하다.

04 흙의 분류

1 입도분포의 판정

(1) 유효입경 D_{10} : 가적통과율 10%에 해당하는 입경
(2) 균등계수(uniformity coefficient ; C_u)
   입도분포의 양부를 수량적으로 나타내기 위한 것
   $$C_u = \frac{D_{60}}{D_{10}} \quad (C_u > 10 : 양입도, \ C_u < 4 : 빈입도)$$
(3) 곡률계수(coefficient of curvature ; C_g)
   $$C_g = \frac{D_{30}^2}{D_{10} \times D_{60}} \quad (입도 분포가 좋은 조건 : 1 < C_g < 3)$$
(4) 세립토와 조립토의 비교
   - 간극률은 조립토가 적고 세립토는 크다.
   - 마찰력은 조립토가 크고, 세립토는 적다.
   - 압축성은 조립토가 적고 세립토는 크다.
   - 투수성은 조립토가 크고 세립토는 적다.

2 통일 분류법에 의한 분류방법

분류	토질	토질속성		기호	흙의 명칭
조립토 $P_{\#200} < 50\%$	자갈(G)	#4체통과량이 50% 미만 (#4<50%)		GW	입도분포가 양호한 자갈
				GP	입도분포가 불량한 자갈
				GM	실트질 자갈
				GC	점토질 자갈
	모래(S)	#4체통과량이 50% 이상 (#4≥50%)		SW	입도분포가 양호한 모래
				SP	입도분포가 불량한 모래
				SM	실트질 모래, 모래 실트 혼합토
				SC	점토질 모래, 모래 점토 혼합토
세립토 $P_{\#200} \geq 50\%$	실트(M) 및 점토(C)	$W_L < 50$		ML	압축성이 낮은 실트, 무기질 실트
				CL	압축성이 낮은 점토
				OL	압축성이 낮은 유기질 점토
		$W_L \geq 50$		MH	압축성이 높은 무기질 실트
				CH	압축성이 높은 무기질 점토
				OH	압축성이 높은 유기질 점토
유기질토	이탄	$W_L \geq 50$		P_t	이탄, 심한 유기질토

■ 군지수 $GI = 0.2a + 0.005ac + 0.01bd$
여기서, a : 0.075mm(No.200체) 통과율에서 35를 뺀 값(0~40의 정수)
b : 0.075mm(No.200체) 통과율에서 15를 뺀 값(0~40의 정수)
c : 액성한계(W_L)에서 40을 뺀 값(0~20의 정수)
d : 소성지수(I_P)에서 10을 뺀 값(0~20의 정수)

핵 심 문 제

□□□ 산 95,08,12

01 흙의 애터버그(Atterberg)한계는 어느 것으로 나타내는가?

① 공극비 ② 상대밀도
③ 포화도 ④ 함수비

| 해답 | ④
애터버그 한계 : 함수비(%)로 표시한다.

□□□ 산 84,85,13

02 흙 시료의 소성한계 측정은 몇 번체를 통과한 것을 사용하는가?

① 40번체 ② 80번체
③ 100번체 ④ 200번체

| 해답 | ①
액성한계, 소성한계시험 시료는 No.40(425μm)체를 통과한 시료를 사용한다.

□□□ 산 99,07,12,13

03 연경도 지수에 대한 설명으로 틀린 것은?

① 소성지수는 흙이 소성상태로 존재할 수 있는 함수비의 범위를 나타낸다.
② 액성지수는 자연상태인 흙의 함수비에서 소성한계를 뺀 값을 소성지수로 나눈 값이다.
③ 액성지수 값이 1보다 크면 단단하고 압축성이 작다.
④ 컨시스턴시지수는 흙의 안정성 판단에 이용하며, 지수값이 클수록 고체상태에 가깝다.

| 해답 | ③
• 액성지수(I_L) ≥ 1일 때
 액성상태로 강도가 매우 저하되는 아주 예민한 구조가 되어 압축성이 크다.
• 액성지수(I_L) ≤ 0일 때
 고체상태이므로 아주 단단하고 압축성이 작다.

□□□ 산 95,11,14

04 어느 흙의 자연함수비가 그 흙의 액성한계보다 높다면 그 흙은 어떤 상태인가?

① 소성상태에 있다. ② 액체상태에 있다.
③ 반고체상태에 있다. ④ 고체상태에 있다.

| 해답 | ②
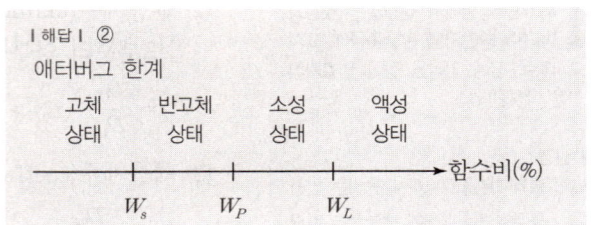

□□□ 산 94,02,07

05 어느 흙의 액성 한계 $w_L = 40\%$, 소성 한계 $w_P = 20\%$ 일 때 소성 지수(I_P)는?

① 20% ② 60%
③ 40% ④ 30%

| 해답 | ①
소성 지수 $I_P = w_L - w_P$
$= 40 - 20 = 20\%$

□□□ 산 15

06 체적이 19.65cm³인 포화토의 무게가 36g이다. 이 흙이 건조되었을 때 체적과 무게는 각각 13.50cm³과 25g이었다. 이 흙의 수축한계는 얼마인가?

① 7.4% ② 13.4%
③ 19.4% ④ 25.4%

| 해답 | ③
$$w = \frac{w_w}{W_s} \times 100 = \frac{36-25}{25} \times 100 = 44\%$$
$$W_s = w - \frac{(V-V_o)\rho_w}{W_o} \times 100$$
$$= 44 - \frac{(19.65-13.5) \times 1}{25} \times 100 = 19.4\%$$

03 흙의 연경도

1 흙의 연경도 Atterberg한계

액성한계
양쪽의 인공사면이 중앙부분에서 약 13mm 정도 합쳐지고 타격 횟수가 25회 해당부분의 함수비를 액성한계라 한다.

(1) 액성한계(W_L)
- 액체상태에서 소성상태로 변할 때의 함수비이다.
- 액성한계시험 : No.40체(0.42mm)를 통과한 시료가 1cm 낙하고에서 25회 낙하될 때 함수비이다.

(2) 소성한계(W_P)
흙이 소성상태에서 반고체 상태로 옮겨지는 한계이다.

(3) 수축한계(W_S)
- 반고체 상태에서 고체상태로 변할 때의 함수비로 수은을 사용하여 노건조시료의 체적(V_o)을 구한다.
- 수축 한계 : 흙의 함수량을 어떤 양 이하로 감하여도 그 체적이 감소하지 않고 함수량을 그 이상으로 하면 체적이 증대하는 한계
- 수축비 $R = \dfrac{W_o}{V_o \cdot \rho_w} = \dfrac{W_s}{V_o \cdot \gamma_w}$
- 수축한계 $w_s = w - \left\{ \dfrac{(V - V_0)\rho_w}{W_0} \times 100 \right\} = \left(\dfrac{1}{R} - \dfrac{1}{G_s} \right) \times 100$

여기서, w : 습윤 시료의 함수비(%)　　V : 습윤시료의 체적(cm³)
　　　　W_o : 노건조시료의 중량(g)　　V_o : 노건조시료의 체적(cm³)
　　　　G_s : 흙의 비중

2 연경도 지수

- 소성지수 : $I_P = W_L - W_P$
- 액성지수 : $I_L = \dfrac{w_n - W_P}{I_P} = \dfrac{w_n - W_P}{W_L - W_P}$
- 수축지수 : $I_S = W_P - W_S$
- 연경지수 : $I_C = \dfrac{W_L - w_n}{I_P} = \dfrac{W_L - w_n}{W_L - W_P}$
- 유동지수 : $I_f = \dfrac{w_1 - w_2}{\log N_2 - \log N_1}$
- 터프니스지수 : $I_t = \dfrac{I_P}{I_f}$

핵 심 문 제

□□□ 산 12
01 모래의 현장 간극비가 0.641, 이 모래를 채취하여 실험실에서 가장 조밀한 상태 및 가장 느슨한 상태에서 측정한 간극비가 각각 0.595, 0.685를 얻었다. 이 모래의 상대밀도는?

① 58.9% ② 48.9%
③ 41.1% ④ 51.1%

| 해답 | ②

$$D_r = \frac{e_{max} - e}{e_{max} - e_{min}} \times 100 = \frac{0.685 - 0.641}{0.685 - 0.595} \times 100 = 48.9\%$$

□□□ 산 00,05,07,09,10,13
02 모래 치환법에 의한 현장 흙의 밀도시험 결과 흙을 파낸 부분의 체적이 1800cm³이고 질량이 3870g이었다. 함수비가 10.8%일 때 건조밀도는?

① 1.94g/cm³ ② 2.94g/cm³
③ 1.84g/cm³ ④ 2.84g/cm³

| 해답 | ①

- 건조밀도 $\rho_d = \frac{\rho_t}{1+w}$
- 습윤밀도 $\rho_t = \frac{W}{V} = \frac{3870}{1800} = 2.15 \text{g/cm}^3$

$$\therefore \rho_d = \frac{2.15}{1+0.108} = 1.94 \text{g/cm}^3 = 1.94 \text{t/m}^3 = 19.4 \text{kN/m}^3$$

□□□ 산 04,14
03 현장에서 습윤단위중량을 측정하기 위해 표면을 평활하게 한 후 시료를 굴착하여 무게를 측정하니 1230g이었다. 이 구멍의 부피를 측정하기 위해 표준사로 채우는데 1037g이 필요하였다. 표준사의 밀도가 1.45g/cm³이면 이 현장 흙의 습윤밀도는?

① 1.72g/cm³ ② 1.61g/cm³
③ 1.48g/cm³ ④ 1.29g/cm³

| 해답 | ①

습윤밀도 $\rho_t = \frac{W}{V}$

- $V = \frac{W_s}{\rho_d} = \frac{1037}{1.45} = 715.17 \text{cm}^3$

$$\therefore \rho_t = \frac{1230}{715.17} = 1.72 \text{g/cm}^3 = 1.72 \text{t/m}^3 = 17.2 \text{kN/m}^3$$

□□□ 산 83,86,95,03,10
04 함수비가 18.0%, 습윤단위중량이 17.2kN/m³인 현장토(現場土)의 건조단위중량은?

① 14.6kN/m³ ② 17.5kN/m³
③ 19.4kN/m³ ④ 20.6kN/m³

| 해답 | ①

건조단위중량 $\gamma_d = \frac{\gamma_t}{1+w} = \frac{17.2}{1+0.18} = 14.6 \text{kN/m}^3$

□□□ 산 17
05 1m³의 포화점토를 채취하여 습윤단위무게와 함수비를 측정한 결과 각각 16.8kN/m³와 60%였다. 이 포화점토의 비중은 얼마인가? (단, $\gamma_w = 9.81 \text{kN/m}^3$)

① 2.14 ② 2.97
③ 1.58 ④ 1.31

| 해답 | ②

비중 $G_s = \frac{W_s}{V_s \gamma_w}$

- $V = 1\text{m}^3$
- 포화점토 무게 $W = \gamma_t V = 16.8 \times 1 = 16.8 \text{kN}$ ($\gamma_t = \frac{W}{V}$에서)
- 흙입자 무게 $W_s = \frac{W}{1+w} = \frac{16.8}{1+0.60} = 10.5 \text{kN}$
- 물무게 $W_w = W - W_s = 16.8 - 10.5 = 6.3 \text{kN}$
- 물부피 $V_w = \frac{W_w}{\gamma_w} = \frac{6.3}{9.81} = 0.64 \text{m}^3$
- 흙입자부피 $V_s = V - V_w = 1 - 0.64 = 0.36 \text{m}^3$

$$\therefore G_s = \frac{10.5}{0.36 \times 9.81} = 2.97$$

□□□ 산 83,96,08,12
06 어떤 모래의 건조단위중량이 17kN/m³이고, 이 모래의 $\gamma_{d\max} = 18 \text{kN/m}^3$, $\gamma_{d\min} = 16 \text{kN/m}^3$이라면, 상대밀도는?

① 47% ② 49%
③ 51% ④ 53%

| 해답 | ④

$$D_r = \frac{\gamma_d - \gamma_{d\min}}{\gamma_{d\max} - \gamma_{d\min}} \cdot \frac{\gamma_{d\max}}{\gamma_d} \times 100$$

$$= \frac{17-16}{18-16} \cdot \frac{18}{17} \times 100 = 53\%$$

02 흙의 단위중량

1 흙의 단위중량

어떤 상태에 있는 흙덩이의 무게를 이에 대응하는 부피로 나눈 값을 흙의 단위무게 또는 밀도라 한다.

- 습윤단위중량 : $\gamma_t = \dfrac{G_s + \dfrac{S \cdot e}{100}}{1+e}\gamma_w$, 습윤밀도 : $\rho_t = \dfrac{G_s + \dfrac{S \cdot e}{100}}{1+e}\rho_w$

- 건조단위중량 : $\gamma_d = \dfrac{\gamma_t}{1+w} = \dfrac{G_s}{1+e}\gamma_w$, 건조밀도 : $\rho_d = \dfrac{\rho_t}{1+w} = \dfrac{G_s}{1+e}\rho_w$

- 포화단위중량 : $\gamma_{sat} = \dfrac{G_s+e}{1+e}\gamma_w$, 포화밀도 : $\rho_{sat} = \dfrac{G_s+e}{1+e}\rho_w$

- 수중단위중량 : $\gamma_{sub} = \dfrac{G_s-1}{1+e}\gamma_w$, 수중밀도 : $\rho_{sub} = \dfrac{G_s-1}{1+e}\rho_w$

2 흙의 비중

- $G_s = \dfrac{W_s}{V_s \cdot \gamma_w} = \dfrac{\gamma_d}{\gamma_w}(e+1) = \dfrac{W_s}{V_s \cdot \rho_w} = \dfrac{\rho_d}{\rho_w}(e+1)$

- $G_s = \dfrac{W_s}{W_s + (W_a - W_b)}$

3 상대밀도

사질토가 느슨한 상태에 있는가 조밀한 상태에 있는가를 나타내는 것을 상대밀도라 한다.

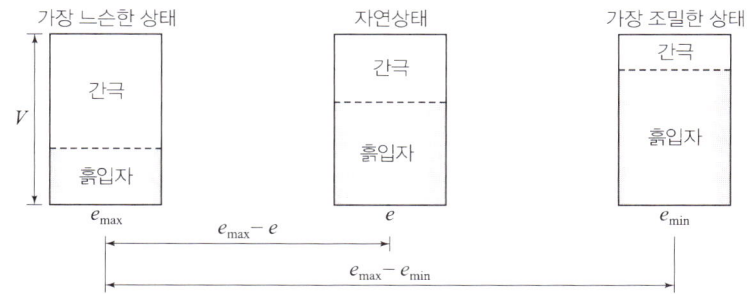

$D_r = \dfrac{e_{max} - e}{e_{max} - e_{min}} \times 100(\%)$

$= \dfrac{\gamma_{dmax}}{\gamma_d} \cdot \dfrac{\gamma_d - \gamma_{dmin}}{\gamma_{dmax} - \gamma_{dmin}} \times 100(\%) = \dfrac{\rho_{dmax}}{\rho_d} \cdot \dfrac{\rho_d - \rho_{dmin}}{\rho_{dmax} - \rho_{dmin}} \times 100(\%)$

알아두기

흙의 밀도 기호
- 습윤밀도 : ρ_t
- 건조밀도 : ρ_d
- 포화밀도 : ρ_{sat}
- 수중밀도 : ρ_{sub}
- 물의 밀도
  $\rho_w = 1\,\text{g/cm}^3$
  $= 1000\,\text{kg/m}^3$

흙의 단위중량 기호
- 습윤단위중량 : γ_t
- 건조단위중량 : γ_d
- 포화단위중량 : γ_{sat}
- 수중단위중량 : γ_{sub}
- 물의 단위중량 $\gamma_w = 9.81\,\text{kN/m}^3$

여기서
- W_s : 비중병에 넣은 흙의 건조무게
- W_a : (비중병+증류수)의 무게
- W_b : (비중병+노건조흙+증류수)의 무게

상대밀도 용어
공극 = 간극
- e_{max} : 가장 느슨한 상태의 공극비
- e_{min} : 가장 조밀한 상태의 공극비
- e : 자연 상태의 공극비
- γ_{dmax} : 가장 조밀한 상태에서의 건조 단위중량
- γ_{dmin} : 가장 느슨한 상태에서의 건조 단위중량
- γ_d : 자연 상태의 건조단위중량

핵심문제

□□□ 산 90,00,05,09,11,14,15,16
01 포화도 75%, 함수비 25%, 비중 2.70일 때 간극비는?
① 0.9   ② 8.1
③ 0.08   ④ 1.8

| 해답 | ①
공극비 $e = \dfrac{G_s \cdot w}{S} = \dfrac{2.70 \times 25}{75} = 0.9$

□□□ 산 90,00,05,14,15,16
02 흙의 건조단위중량이 16.0kN/m³이고 비중이 2.64인 흙의 간극비는? (단, 물의 단위중량 $\gamma_w = 9.81$kN/m³)
① 0.42   ② 0.62
③ 0.65   ④ 0.64

| 해답 | ②
$e = \dfrac{G_s \cdot \gamma_w}{\gamma_d} - 1 = \dfrac{2.64 \times 9.81}{16.0} - 1 = 0.62$

□□□ 산 92,08,16,17
03 어떤 흙의 건조밀도가 1.65g/cm³이고, 비중은 2.73일 때 이 흙의 간극률은?
① 31.2%   ② 35.5%
③ 39.4%   ④ 42.6%

| 해답 | ③
공극율 $n = \dfrac{e}{1+e} \times 100$
• $e = \dfrac{\rho_w}{\rho_d} G_s - 1 = \dfrac{1}{1.65} \times 2.73 - 1 = 0.65$
∴ $n = \dfrac{0.65}{1+0.65} \times 100 = 39.4\%$

□□□ 산 99,15
04 어떤 흙의 중량이 450g이고 함수비가 20%인 경우 이 흙을 완전히 건조시켰을 때 중량은 얼마인가?
① 360g   ② 425g
③ 400g   ④ 375g

| 해답 | ④
$W_s = \dfrac{W}{1+w} = \dfrac{450}{1+\dfrac{20}{100}} = 375g$

□□□ 산 91,06,09,14
05 직경 60mm, 높이 20mm인 점토시료의 습윤중량이 250g, 건조로에서 건조시킨 후의 중량이 200g이었다. 함수비는?
① 20%   ② 25%
③ 30%   ④ 40%

| 해답 | ②
$w = \dfrac{\text{물의 중량}}{\text{흙입자만의 중량}} = \dfrac{W_w}{W_s} \times 100$
$= \dfrac{250-200}{200} \times 100 = 25\%$

□□□ 산 91,96,99,00,01,05,08,10,11,12,15
06 함수비 20%의 자연상태의 흙 2400g을 함수비 25%로 하고자 한다면 추가해야 할 물의 양은?
① 100g   ② 120g
③ 400g   ④ 500g

| 해답 | ①
• 함수비 20% 인 흙의 물 양
$W_W = \dfrac{w \cdot W}{100+w} = \dfrac{20 \times 2400}{100+20} = 400g$
• 함수비 25%인 흙의 물 양
$20\% : 400g = 25\% : x$
$x = \dfrac{400 \times 25}{20} = 500g$
∴ 추가해야할 물의 양 : $500 - 400 = 100g$

□□□ 산 05,14
07 점토 광물 중에서 3층 구조로 구조결합 사이에 치환성 양이온이 있어서 활성이 크고, sheet 사이에 물이 들어가 팽창, 수축이 크고 공학적 안정성은 제일 약한 점토 광물은?
① kaolinite   ② illite
③ montmorillonite ④ vermiculite

| 해답 | ③
주요 점토광물의 특징

점토 광물	안전성	특징
montmorillonite	제일 약하다	수축 팽창이 크다
kaolinite	대단히 안전	수축 팽창이 없다
illite	중간 정도	수축 팽창이 거의 없다

02 토질 및 기초

01 흙의 기본적 성질

1 흙의 상대정수

- 간극비

$$e = \frac{V_v}{V_s} = \frac{n}{1-n} = \frac{\gamma_w G_s}{\gamma_d} - 1$$

$$= \frac{\rho_w G_s}{\rho_d} - 1 = \frac{G_s \cdot w}{S}$$

- 간극률 : $n = \frac{V_v}{V} \times 100 = \frac{e}{1+e} \times 100$

- 함수비 : $w = \frac{W_w}{W_s} \times 100$

- 포화도 : $S = \frac{V_w}{V_v} \times 100 = \frac{w \cdot G_s}{e}$

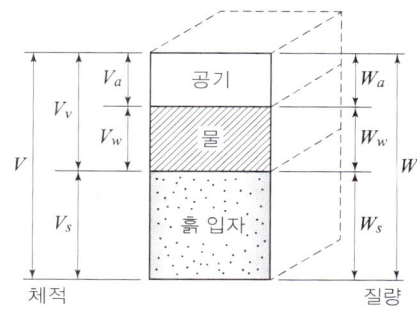

2 상대정수의 상호관계

- 간극비와 간극률과의 관계

$$e = \frac{n}{1-n}, \quad n = \frac{e}{1+e} \times 100$$

- 흙 전체의 무게(W)와 흙입자 무게(W_s)의 관계

$$W_s = \frac{100\,W}{100+w} = \frac{W}{1+\frac{w}{100}}$$

- 물 무게(W_w)와 흙 전체 무게(W)의 관계

$$W_w = \frac{w \cdot W}{100+w}$$

- 포화도와 비중의 상관관계

$$S \cdot e = G_s \cdot w$$

3 흙의 생성

(1) 흙의 구조
- 봉소구조 : 실트, 점토가 물속에서 침강하여 이루어진 구조이다.
- 면모구조 : 점토질 입자의 면모체가 침전하여 이루어진 구조이다.

(2) 주요 점토광물의 특징

점토 광물	안전성	특 징
montmorillonite	제일 약하다	수축 팽창이 크다
kaolinite	대단히 안전	수축 팽창이 없다
illite	중간 정도	수축 팽창이 거의 없다

알아두기

흙의 삼상도
흙은 크게 토립자(soil), 물(water), 공기(air)의 세 가지 성분으로 구성되어 있으며, 이 중 물과 공기가 차지하는 부분을 공극(간극, void)이라 한다. 이 세 가지 성분을 흙의 삼상도라 한다.

간극과 공극
- 간극 = 공극
- 간극비 = 공극비
- 간극률 = 공극률

함수율

$$w' = \frac{W_w}{W} \times 100$$

간극비(단위중량)

$$e = \frac{\gamma_w \cdot G_s}{\gamma_d} - 1$$

- 물의 단위중량
$\gamma_w = 9.81\,\text{kN/m}^3$

- 건조단위중량
$\gamma_d = \frac{\gamma_t}{1+w}$

간극비(밀도)

$$e = \frac{\rho_w \cdot G_s}{\rho_d} - 1$$

- 물의 밀도
$\rho_w = 1\,\text{g/cm}^3$

- 건조밀도
$\rho_d = \frac{\rho_t}{1+w}$

용어설명
- S : 포화도
- e : 간극비
- G_s : 흙 비중
- w : 함수비

핵심 문제

□□□ 산 14
01 하천측량의 고저측량에 해당되지 않는 것은?

① 종단측량　　② 유량관측
③ 횡단측량　　④ 심천측량

|해답| ②
하천측량의 고저(수준)측량
• 종단측량　• 횡단측량　• 심천측량

□□□ 산 11,12,13,16,18②
02 수위 관측소의 위치 선정 시 고려사항으로 옳지 않은 것은?

① 평시에는 홍수 때보다 수위표를 쉽게 읽을 수 있는 곳
② 지천의 합류점 및 분류점으로 수위의 변화가 뚜렷한 곳
③ 하안과 하상이 안전하고 세굴이나 퇴적이 없는 곳
④ 유속의 크기가 크지 않고 흐름이 직선인 곳

|해답| ②
지천에 의한 특별한 수위의 변화가 일어나지 않는 곳

□□□ 산 11,16
03 깊이가 10m인 하천의 평균유속을 구하기 위해 유속측량을 하여 다음의 결과를 얻었다. 3점법에 의한 평균유속은? (단, V_m : 수면에서부터 수심의 m인 곳의 유속)

$V_{0.0}$ =5m/s,　$V_{0.2}$ =6m/s,　$V_{0.4}$ =5m/s
$V_{0.6}$ =4m/s,　$V_{0.8}$ =3m/s

① 4.17m/s　　② 4.25m/s
③ 4.75m/s　　④ 4.83m/s

|해답| ②
3점법
수면에서 $\frac{1}{5}H$, $\frac{3}{5}H$, $\frac{4}{5}H$ 되는 곳의 유속을 평균유속으로 한다.
$V_m = \frac{1}{4}(V_{0.2} + 2V_{0.6} + V_{0.8})$
$= \frac{1}{4}(6+2\times4+3) = 4.25\text{m/sec}$

□□□ 산 12,17
04 하천측량 중 유속의 관측을 위하여 2점법을 사용할 때 필요한 유속은?

① 수면에서 수심의 20%와 60%인 곳의 유속
② 수면에서 수심의 20%와 80%인 곳의 유속
③ 수면에서 수심의 40%와 60%인 곳의 유속
④ 수면에서 수심의 40%와 80%인 곳의 유속

|해답| ②
• 2점법 : 수심 $\frac{1}{5}H$, $\frac{4}{5}H$가 되는 곳의 유속을 평균유속으로 한다.
$V_m = \frac{1}{2}(V_{0.2} + V_{0.8})$

□□□ 산 13
05 하폭이 큰 하천의 홍수 시 표면유속 측정에 가장 적합한 방법은?

① 표면부자에 의한 측정　② 수중부자에 의한 측정
③ 막대부자에 의한 측정　④ 유속계에 의한 측정

|해답| ①
표면부자
부자 일부분이 수면 밖으로 나오게 한 것으로 나무, 코르코 등 가벼운 것으로 만들어 이를 유하시켜 표면 유속을 측정하는 것으로 홍수시 급히 유속을 결정해야 할 경우에 사용하는 방법이다.

□□□ 산 11,17
06 수애선을 나타내는 수위로서 어느 기간 동안의 수위 중 이것보다 높은 수위와 낮은 수위의 관측수가 같은 수위는?

① 평수위　　② 평균수위
③ 지정수위　　④ 평균최고수위

|해답| ①
수애선
수면과 하안의 경계선으로 하천 수위의 변화에 따라 다르며 평수위에 의하여 결정된다.

15 하천측량

1 하천측량에서 고저(수준) 측량의 종류

(1) 거리표 설치 : 하천의 중심에서 직각방향으로 설치

(2) 종단측량 : 양안 5km마다 암반에 설치

(3) 횡단측량 : 100～200m마다의 거리표를 기준으로 하며, 간격은 소하천은 5m, 대하천은 10～20m마다 좌안을 기준으로 측량을 실시

2 수위관측소(양수표)의 설치장소

- 하상과 하안이 세굴, 퇴적이 안되는 곳
- 상하류 100m가량 직선인 곳
- 수위가 교각 등 구조물의 영향을 받지 않는 곳
- 홍수때에도 쉽게 양수표를 읽을 수 있는 곳
- 홍수때 관측소가 유실, 파손될 염려가 없는 곳
- 지천의 합류점과 같이 불규칙한 변화가 없는 곳
- 양수표는 5～10km마다 배치
  - 수애선 : 수면과 하애와의 경계선으로 하천 수위의 변화에 따라 다르며 평수위에 의하여 결정된다.

3 유속 관측

(1) 부자에 의한 방법 : 높은 정도를 요하지 않고 유속이 빨라 유속계를 사용할 수 없는 경우에 이용
- 표면부자 : 홍수시 급하게 유속관측을 필요로 하는 경우에 편리하여 주로 이용
- 부자의 유하거리 : 큰 하천 : 100～200m, 작은 하천 : 20～50m
  - 직류부의 길이는 하천폭의 2배～3배

(2) 하천의 평균 유속 측정법
- 1점법 : 수심 $\frac{6}{10}H$가 되는 곳의 유속을 평균유속으로 한다.
  $V_m = V_{0.6}$
- 2점법 : 수심 $\frac{1}{5}H$, $\frac{4}{5}H$가 되는 곳의 유속을 평균유속으로 한다.
  $V_m = \frac{1}{2}(V_{0.2} + V_{0.8})$
- 3점법 : 수면에서 $\frac{1}{5}H$, $\frac{3}{5}H$, $\frac{4}{5}H$되는 곳의 유속을 평균유속으로 한다.
  $V_m = \frac{1}{4}(V_{0.2} + 2V_{0.6} + V_{0.8})$
- 4점법 : 수면에서 $\frac{1}{5}H$, $\frac{2}{5}H$, $\frac{3}{5}H$, $\frac{4}{5}H$되는 곳의 유속을 평균유속으로 한다.
  $V_m = \frac{1}{5}\left[(V_{0.2} + V_{0.4} + V_{0.6} + V_{0.8}) + (\frac{1}{2}V_{0.2} + \frac{1}{2}V_{0.8})\right]$

해안선
해면이 약 최고 고조면에 달하였을 때의 육지와 해면의 경계(만조시의 해안)로 표시한다.

유속기호의 위치

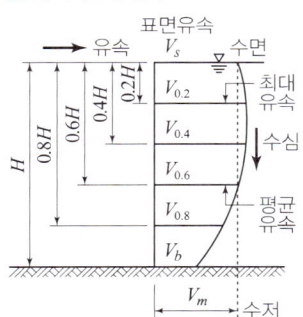

핵심문제

□□□ 산 03,08,14,16

01 도로의 단곡선 계산에서 노선기점으로부터 교점까지의 추가거리와 교각을 알고 있을 때 곡선시점의 위치를 구하기 위해서 계산되어야 하는 요소는?

① 접선장(T.L) ② 곡선장(C.L)
③ 중앙종거(M) ④ 접선에 대한 지거(Y)

| 해답 | ①

곡선시점 B.C = I.P − T.L
- I.P = 노선기점으로부터 교점까지의 거리
- 접선장 T.L = $R \tan \dfrac{I}{2}$

□□□ 산 12,13,17④,20③

02 노선측량에서 노선을 선정할 때 유의해야 할 사항으로 옳지 않은 것은?

① 배수가 잘 되는 곳으로 한다.
② 노선 선정시 가급적 직선이 좋다.
③ 절토 및 성토의 운반거리를 가급적 짧게 한다.
④ 가급적 성토 구간이 길고, 토공량이 많아야 한다.

| 해답 | ④

토공량이 적도록 하고 절토와 성토가 균형을 이룰 것

□□□ 산 10,16

03 곡선 설치에서 교각이 35°, 원곡선 반지름이 500m일 때 도로 기점으로부터 곡선 시점까지의 거리가 315.45m이면 도로 기점으로부터 곡선 종점까지의 거리는?

① 593.38m ② 596.88m
③ 620.88m ④ 625.36m

| 해답 | ③

E.C = B.C + C.L
- B.C = 315.45m
- C.L = $\dfrac{\pi}{180°} RI = \dfrac{\pi}{180°} \times 500 \times 35°$
  = 305.43m
∴ E.C = 315.45 + 305.43 = 620.88m

□□□ 산 11,16

04 노선측량의 순서로 옳은 것은?

① 도상 계획 − 예측 − 실측 − 공사 측량
② 예측 − 도상 계획 − 실측 − 공사 측량
③ 도상 계획 − 실측 − 예측 − 공사 측량
④ 예측 − 공사 측량 − 도상 계획 − 실측

| 해답 | ①

도상 계획 → 예측 → 실측 → 공사 측량

□□□ 산 11,13

05 편각법에 의하여 원곡선을 설치하고자 한다. 곡선 반지름이 500m, 시단현이 12.3m일 때 시단현의 편각은?

① 36′ 27″ ② 39′ 42″
③ 42′ 17″ ④ 43′ 43″

| 해답 | ③

$\delta = 1718.87' \dfrac{l}{R} = 1718.87' \times \dfrac{12.3}{500} = 0°42'17''$

또는 $\delta = \dfrac{180°}{\pi} \dfrac{l}{2R} = \dfrac{180°}{\pi} \times \dfrac{12.3}{2 \times 500} = 0°42'17''$

□□□ 산 10,11,13,16,17②,19④,20②

06 클로소이드 매개변수 $A = 60m$이고 곡선길이 $L = 50m$인 클로소이드의 곡률반지름 R은?

① 41.7m ② 54.8m
③ 72.0m ④ 100.0m

| 해답 | ③

$A^2 = RL$에서
$R = \dfrac{A^2}{L} = \dfrac{60^2}{50} = 72.0m$

□□□ 산 10,12,13,15,17

07 우리나라에서 일반 철도의 노선에 많이 이용되는 완화곡선은?

① 1차 포물선 ② 3차 포물선
③ 렘니스케이트 ④ 클로소이드

| 해답 | ②

3차 포물선 : 철도의 노선에 이용

14 노선측량

1 노선측량의 작업

(1) 노선측량의 작업순서 : 도상계획 → 예측 → 실측 → 공사측량

(2) 노선을 선정할 때 유의점
- 가능한한 직선으로 할 것
- 가능한한 경사가 완만할 것
- 절토의 운반거리가 짧을 것
- 토공량이 적게되고 절토와 성토가 짧은 구간에서 균형될 것
- 배수가 완전할 것

2 단곡선의 각 명칭

- 접선길이 $T.L = R \tan \dfrac{I}{2}$
- 곡선길이 $C.L = \dfrac{\pi}{180°} R I° = 0.0174533 R I°$
- 외할 $E = R \left(\sec \dfrac{I}{2} - 1 \right)$
- 중앙종거 $M = R \left(1 - \cos \dfrac{I}{2} \right)$
- 장현 $C = 2R \sin \dfrac{I}{2}$
- 편각 $\delta = \dfrac{180°}{\pi} \times \dfrac{l}{2R} = 1718.87' \dfrac{l}{R}$

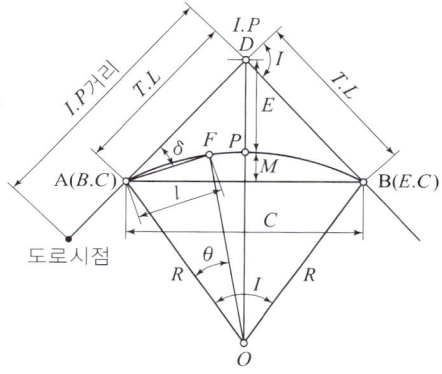

3 완화곡선

(1) 완화곡선의 성질
- 완화곡선의 접선은 시점에서 직선에, 종점에서 원호에 접한다.
- 완화곡선의 반지름은 그 시점에서 무한대, 종점에서는 원곡선과 같다.
- 완화곡선에 연한 곡선반지름의 감소율은 캔트의 증가율과 같다.

(2) 클로소이드 곡선
- 클로소이드곡선의 기본식 : $A^2 = R \cdot L$
- 매개변수 A가 증가하면 곡선반경(R)과 곡선길이(L)가 증가하는 완만한 곡선으로 자동차의 고속주행에 적합하다.
- 곡선길이가 일정할 때 곡률반경이 커지면 접선각은 작아진다.

(3) 캔트(Cant) : 곡선부를 통과하는 차량에 원심력이 발생하여 접선 방향으로 탈선하는 것을 방지하기 위해 바깥쪽의 노면을 안쪽보다 높이는 정도

(4) 확폭 : 곡선부분에서 차의 앞바퀴와 뒷바퀴가 항상 안쪽을 지나므로 내측을 넓게하는 것

알아두기

관계식
$\sec \theta = \dfrac{1}{\cos \theta}$

중앙종거법
1/4법으로 시가지의 곡선 설치, 보도 설치 및 도로, 철도 등의 기설곡선의 검사 또는 수정에 많이 사용된다.

시곡점(B.C)＝교점(I.P)거리－접선경(T.L)

종곡선(E.C)＝시곡점(B.C)＋곡선장(C.L)

캔트 $C = \dfrac{bV^2}{gR}$

확폭량 $\epsilon = \dfrac{L^2}{2R}$

핵심문제

□□□ 산 94,06,17②,20③

01 노선의 횡단측량에서 No.1+15m 측점의 절토 단면적이 $100m^2$, No.2 측점의 절토 단면적이 $40m^2$일 때 두 측점 사이의 절토량은? (단, 중심말뚝 간격=20m)

① $350m^3$
② $700m^3$
③ $1200m^3$
④ $1400m^3$

| 해답 | ①

양단면 평균법
$$V = \frac{A_1 + A_2}{2} \times L = \frac{100+40}{2} \times (20-15) = 350m^3$$

□□□ 산 15

02 체적계산에 있어서 양 단면의 면적이 $A_1=80m^2$, $A_2=40m^2$, 중간 단면적 $A_m=70m^2$이다. A_1, A_2 단면 사이의 거리가 30m이면 체적은? (단, 각주공식 사용)

① $2000m^3$
② $2060m^3$
③ $2460m^3$
④ $2640m^3$

| 해답 | ①

$$V = \frac{l}{6}(A_1 + 4A_m + A_2)$$
$$= \frac{30}{6}(80 + 4 \times 70 + 40) = 2000m^3$$

□□□ 산 12,16,18

03 종단면도를 이용하여 유토곡선(mass curve)을 작성하는 목적과 가장 거리가 먼 것은?

① 토량의 배분
② 교통로 확보
③ 토공장비의 선정
④ 토량의 운반거리 산출

| 해답 | ②

토적곡선의 작성 목적
- 토량의 분배
- 평균운반거리 산출
- 토공기계의 선정
- 시공방법 결정

□□□ 산 13,16

04 그림과 같은 표고의 지형을 평탄하게 정지작업을 하였을 때 평균표고는?

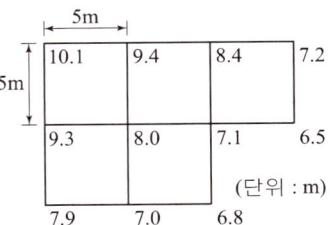

① 7.973m
② 8.000m
③ 8.027m
④ 8.104m

| 해답 | ②

$$H = \frac{V}{A \times n}$$

- $V = \frac{a \cdot b}{4}(\Sigma h_1 + 2\Sigma h_2 + 3\Sigma h_3 + 4\Sigma h_4)$
- $\Sigma h_1 = 10.1 + 7.2 + 6.5 + 6.8 + 7.9 = 38.5m$
- $\Sigma h_2 = 9.4 + 8.4 + 7.0 + 9.3 = 34.1m$
- $\Sigma h_3 = 7.1m$
- $\Sigma h_4 = 8.0m$

$$\therefore V = \frac{5 \times 5}{4} \times (38.5 + 2 \times 34.1 + 3 \times 7.1 + 4 \times 8.0)$$
$$= 1000m^3$$
$$\therefore H = \frac{1000}{(5 \times 5) \times 5} = 8.000m$$

□□□ 산 17

05 그림과 같은 지역의 토공량은? (단, 각 구역의 크기는 동일하다.)

① $600m^3$
② $1200m^3$
③ $1300m^3$
④ $2600m^3$

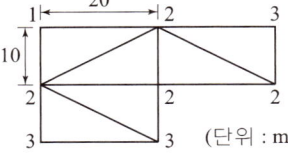

| 해답 | ③

$$V = \frac{a \cdot b}{6}(\Sigma h_1 + 2\Sigma h_2 + 3\Sigma h_3 + 4\Sigma h_4 + 5\Sigma h_5 + 6\Sigma h_6)$$

- $\Sigma h_1 = 1 + 3 + 3 = 7m$
- $\Sigma h_2 = 2 + 3 = 5m$
- $\Sigma h_3 = 2m$
- $\Sigma h_4 = 2 + 2 = 4m$

$$\therefore V = \frac{10 \times 20}{6}(7 + 2 \times 5 + 3 \times 2 + 4 \times 4) = 1300m^3$$

13 체적측량

1 단면법

(1) 양단면 평균법 : $V = \dfrac{A_1 + A_2}{2} \times L$

(2) 각주공식 : $V = \dfrac{h}{6}(A_1 + 4A_m + A_2)$

2 점고법

알아두기

▶ 사분법

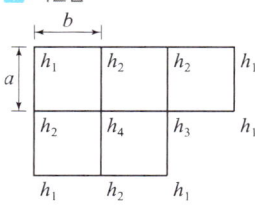

▶ 삼분법

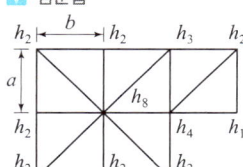

(1) 사분법

$V = \dfrac{a \times b}{4}(\Sigma h_1 + 2\Sigma h_2 + 3\Sigma h_3 + 4\Sigma h_4)$

- 토량
- 절·성토량의 같은 높이 $h = \dfrac{V}{A \cdot n}$

(2) 삼분법

$V = \dfrac{a \cdot b}{6}(\Sigma h_1 + 2\Sigma h_2 + 3\Sigma h_3 + 4\Sigma h_4 + 5\Sigma h_5 + 6\Sigma h_6 + 7\Sigma h_7 + 8\Sigma h_8)$

3 심프슨법칙

(1) 심프슨 1법칙 : 경계선을 2차 포물선으로 보고 지거의 두 구간을 한 조로하여 면적을 구하는 방법

$A_1 = \dfrac{d}{3}(h_o + 4h_1 + h_2)$

(2) 심프슨 2법칙 : 경계선을 3차 포물선으로 보고, 지거의 세구간을 한 조로하여 면적을 구하는 방법

$A_1 = \dfrac{3d}{8}(h_1 + 3h_2 + 3h_3 + h_4)$

4 토적곡선 유토곡선, Mass Curve

도로 공사나 철도 공사 등에서 토량 배분을 하기 위하여 절토량과 성토량을 누계하여 만든 곡선으로 유토곡선(mass curve)이라고도 한다.

(1) 유토곡선의 성질
  - 하향곡선 ↘(AC, EF)은 성토구간
  - 상향곡선 ↗(OA, CE)은 절토구간

(2) 토적곡선의 작성 목적
  - 토량의 분배
  - 평균운반거리 산출
  - 토공기계의 선정
  - 시공방법 결정

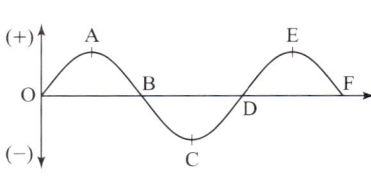

핵심문제

□□□ 산 13,14②,20③

01 축척이 1/5000인 도면상에서 택지개발지구의 면적을 구하였더니 34.98cm²이었다면 실면적은?

① 1749m²   ② 87450m²
③ 174900m²   ④ 8745000m²

| 해답 | ②

$$A_0 = A \cdot M^2$$
$$= 34.98 \times \left(\frac{1}{100}\right)^2 \times 5000^2 = 87450\text{m}^2$$

□□□ 산 10,12,17

02 삼각형 3변의 길이가 25.0m, 40.8m, 50.6m일 때 면적은?

① 431.57m²   ② 495.25m²
③ 505.49m²   ④ 551.27m²

| 해답 | ③

$$A = \sqrt{s(s-a)(s-b)(s-c)}$$
- $s = \frac{1}{2}(a+b+c) = \frac{1}{2} \times (25.0+40.8+50.6)$
  $= 58.2\text{m}$
∴ $A = \sqrt{58.2(58.2-25.0)(58.2-40.8)(58.2-50.6)}$
  $= 505.49\text{m}^2$

□□□ 산 12①,15②,16①,19④

03 축척 1:1000에서의 면적을 관측하였더니 도상면적이 3cm²이었다. 그런데 이 도면 전체가 가로, 세로 모두 1%씩 수축되어 있었다면 실제면적은?

① 29.4m²   ② 30.6m²
③ 294m²   ④ 306m²

| 해답 | ④

$$A_o = A(1 \pm \epsilon)^2$$
- $A = 3 \times 1000^2 = 3000000\text{cm}^2 = 300\text{m}^2$
∴ $A_o = 300 \times \left(1 + \frac{1}{100}\right)^2 = 306\text{m}^2$

[도면이 줄면 면적이 늘고(+), 도면이 늘면 면적이 준다(−)]

□□□ 산 06,10,11,14,16

04 그림과 같이 4점을 측정하였다. 면적은 얼마인가?

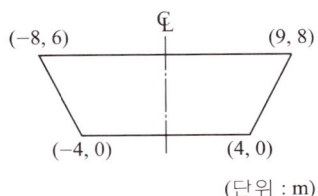

(단위: m)

① 87m²   ② 100m²
③ 174m²   ④ 192m²

| 해답 | ①

배면적 계산

측점	합위거	합경거	배면적$(X_{i-1} - X_{i+1})Y_i$
A	−4	0	$(4-(-8)) \times 0 = 0$
B	−8	6	$(-4-9) \times 6 = -78$
C	9	8	$(-8-4) \times 8 = -96$
D	4	0	$[9-(-4)] \times 0 = 0$
계			-174m^2

- 배면적 $2A = -174\text{m}^2$
∴ 면적 $A = \frac{|배면적|}{2} = \frac{|-174|}{2} = 87\text{m}^2$

□□□ 산 10,11,15,16

05 그림과 같이 △ABC의 토지를 한 변 BC에 평행한 DE로 분할하여 면적의 비율이 △ADE : □BCED = 2 : 3이 되게 하려고 한다면 AD의 길이는? (단, AB의 길이는 50m)

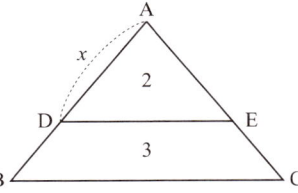

① 32.52m   ② 31.62m
③ 30m   ④ 20m

| 해답 | ②

$$AD = AB\sqrt{\frac{m}{m+n}}$$
$$= 50 \times \sqrt{\frac{2}{2+3}} = 31.62\text{m}$$

[∵ $\overline{AB}^2 : \overline{AD}^2 = (m+n) : m$]

알아두기

실제면적

조건	면적계산
축척 1/m일 때	$A_o = Am^2$
줄자로 측정할 때	$A_0 = A\left(1+\dfrac{\Delta l}{l}\right)^2$

12 면적측량

1 축척과 단위면적의 관계

$$M_0^2 : A_0 = M^2 : A \qquad \therefore A_o = \left(\dfrac{M_o}{M}\right)^2 A$$

여기서, M : 주어진 단위 단면의 축척 분모, A : 주어진 단위면적
M_0 : 구하는 단위 면적의 축척 분모, A_0 : 구하는 단위면적

2 삼각형법

삼사법	이변법	삼변법
$A = \dfrac{1}{2}ah$	$A = \dfrac{1}{2}ab\sin\gamma$	$A = \sqrt{s(s-a)(s-b)(s-c)}$ 여기서, $s = \dfrac{1}{2}(a+b+c)$

3 좌표에 의한 면적계산

측점순	x	y	$(x_{i-1}-x_{i+1})y$
A	x_1	y_1	$(x_5-x_2)y_1$
B	x_2	y_2	$(x_1-x_3)y_2$
C	x_3	y_3	$(x_2-x_4)y_3$
D	x_4	y_4	$(x_3-x_5)y_4$
E	x_5	y_5	$(x_4-x_1)y_5$
계			$\sum(x_{i-1}-x_{i+1})y$

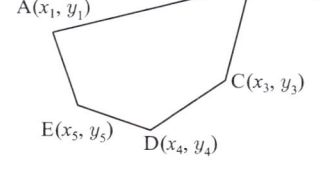

면적 $A = \dfrac{|\sum(x_{i-1}-x_{i+1})|}{2}$

4 면적분할법

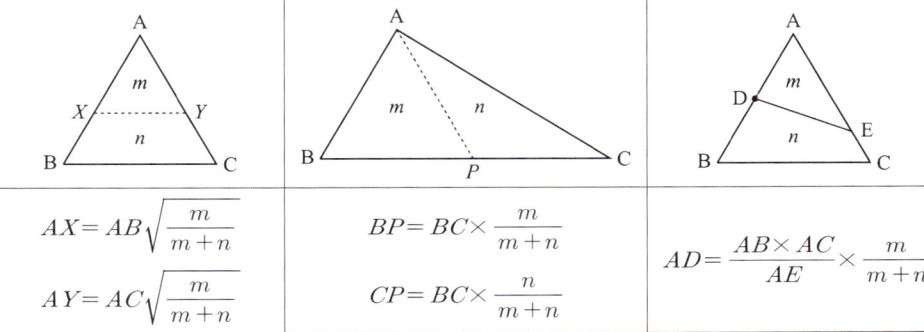

$AX = AB\sqrt{\dfrac{m}{m+n}}$ $AY = AC\sqrt{\dfrac{m}{m+n}}$	$BP = BC \times \dfrac{m}{m+n}$ $CP = BC \times \dfrac{n}{m+n}$	$AD = \dfrac{AB \times AC}{AE} \times \dfrac{m}{m+n}$

핵 심 문 제

□□□ 산 11,12,13,17①②,18①,20③

01 축척 1:5000 지형도(30cm×30cm)를 기초로 하여 축척이 1:50000인 지형도(30cm×30cm)를 제작하기 위해 필요한 축척 1:5000 지형도의 매수는?

① 50매
② 100매
③ 150매
④ 200매

| 해답 | ②

$$\frac{A_2}{A_1} = \left(\frac{M_2}{M_1}\right)^2 = \left(\frac{50000}{5000}\right)^2 = 100매$$

□□□ 산 10,17

02 지형도의 등고선 간격을 결정하는 데 고려하여야 할 사항과 거리가 먼 것은?

① 지형
② 축척
③ 측량목적
④ 측량거리

| 해답 | ④

등고선의 간격 결정시 고려사항
• 지도 축척
• 지형의 형태
• 측량시간과 경비
• 지형도 사용 목적
• 세부 지형지물의 표현가능정도

□□□ 산 05,07,08,10,12

03 그림의 등고선에서 AB의 수평거리가 50m일 때 AB의 기울기는 얼마인가?

① 10%
② 20%
③ 50%
④ 60%

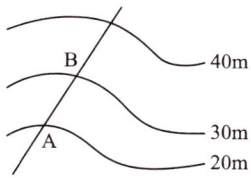

| 해답 | ②

기울기 $i = \frac{h}{D} \times 100$

$= \frac{30-20}{50} \times 100 = 20\%$

□□□ 산 13,17

04 도상에 표고를 숫자로 나타내는 방법으로 하천, 항만, 해안측량 등에서 수심측량을 하여 고저를 나타내는 경우에 주로 사용되는 것은?

① 음영법
② 등고선법
③ 영선법
④ 점고법

| 해답 | ④

점고법
하천, 항만, 해양 등에서 심천측량을 하여 1점에 숫자를 기입하여 높이를 표시하는 방법

□□□ 산 10,12,16,18②

05 A, B 두 점의 표고가 각각 102.3m, 504.7m 일 때 축척 1:25000 지형도상에 주곡선 간격으로 몇 개의 등고선을 삽입할 수 있는가?

① 8개
② 20개
③ 40개
④ 48개

| 해답 | ③

$$n = \frac{500-110}{10} + 1 = 40개$$

[주곡선 : 110m, 120m, 130m, ~ 470m, 480m, 490m, 500m]

□□□ 산 16

06 축척 1:25000 지형도에서 5% 경사의 노선을 선정하려면 등고선(주곡선) 사이에 취해야 할 도상거리는?

① 8mm
② 12mm
③ 16mm
④ 20mm

| 해답 | ①

• 축척 $\frac{1}{25000}$ 에서 주곡선은 10m

• 경사 $i = \frac{h}{D} \times 100 = \frac{10}{D} \times 100 = 5\%$

∴ 수평거리 $D = \frac{10 \times 100}{5} = 200m$

• $\frac{도상거리}{200} = \frac{1}{25000}$

∴ 도상거리 $= \frac{200}{25000} = 0.008m = 8mm$

알아두기

지형도의 매수
$$\frac{A_2}{A_1} = \left(\frac{M_2}{M_1}\right)^2$$

등고선법
동일 표고의 점을 연결한 곡선, 즉 등고선에 의하여 지표를 표시하는 비교적 정확한 지표의 표현방법

등고선의 간격 결정시 고려사항
- 지도 축척
- 지형의 형태
- 측량시간과 경비
- 지형도 사용 목적
- 세부 지형지물의 표현가능정도

경사가 일정한 곳에서는 평면상 등고선의 거리가 같고, 같은 경사의 평면일 때에는 평행한 선이 된다.

등고선이 골짜기를 통과할 때에는 한쪽을 따라 거슬러 올라가서 곡선을 직각 방향으로 횡단한 다음, 다른 곡선쪽을 따라 거슬러 올라간다.

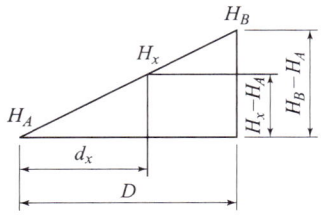

11 지형측량

1 지형도의 표시방법

(1) 영선법 : 짧은 선으로 지표의 기복을 나타내는 것으로 우모법이라고도 한다.
(2) 음영법 : 지표의 기복에 대하여 그 명암을 2~3색 이상으로 도면에 채색해 기복의 모양을 표시하는 방법
(3) 채색법 : 등고선의 지대에 같은 색을 칠하여 채색의 농도로 고저를 나타내는 방법
(4) 점고법 : 하천, 항만, 해양 등에서 심천측량을 하여 1점에 숫자를 기입하여 높이를 표시하는 방법

2 등고선

(1) 등고선의 종류와 간격(m)

종 류	표시방법(m)	1/1000	1/5000	1/10000	1/25000	1/50000
계곡선	굵은 실선	5	25	25	50	100
주곡선	가는 실선	1	5	5	10	20
간곡선	가는 긴 파선	0.5	2.5	2.5	5	10
조곡선	가는 짧은 파선	0.25	1.25	1.25	2.5	5

(2) 등고선의 성질
- 같은 등고선 상의 모든 점의 높이는 같다.
- 산능선은 보통 등고선과 직각으로 교차한다.
- 최대경사의 방향은 반드시 등고선과 직각으로 교차한다.
- 분수선(능선)과 합수선(곡선)은 등고선과 직각으로 만난다.
- 한 등고선은 도면내외에서 반드시 폐합되며, 도중에서 없어지지 않는다.
- 지표면상의 경사가 급한 경우는 등고선 간격은 좁고, 완경사지에서는 넓다.
- 높이가 다른 등고선은 절벽이나 동굴을 제외하고는 교차하거나 합치하지 않는다.

3 지성선의 3요소

(1) 능선(철선,凸), 분수선 : 지표면이 높은 곳을 연결한 선(V형)으로 빗물이 좌우로 흐르게 되므로 분수선이라고도 한다.
(2) 곡선(요선,凹), 합수선 : 지표면이 낮거나 음폭패인 점을 연결한 선으로 계곡선이라고도 하며, A, Y형으로 표시
(3) 경사변환선 : 동일 방향의 경사면에서 경사의 크기가 다른 두 면의 접합선
  - 최대경사선
    - 최대 경사선과 등고선은 반드시 직교한다.
    - 물이 흐르는 방향이라는 의미에서 유하선이라고도 한다.
    - 지표의 임의의 한 점에 있어서 그 경사가 최대로 되는 방향으로 표시한 선
  - 임의 점까지의 수평거리

$$H_B - H_A : D = H_x - H_A : d_s \quad \therefore \quad d_s = \frac{H_s - H_A}{H_B - H_A} \times D$$

핵심문제

□□□ 산 14,16,17,19,20

01 교호수준측량의 결과가 그림과 같을 때, A점의 표고가 55.423m라면 B점의 표고는?
[$a=2.665$m, $b=3.965$m, $c=0.530$m, $d=1.816$m]

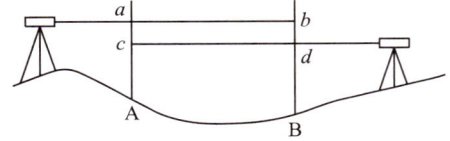

① 52.930m　　② 53.281m
③ 54.130m　　④ 54.137m

| 해답 | ③

- 고저차 $H = \frac{1}{2}[(a-b)+(c-d)]$
  $= \frac{1}{2}[(2.665-3.965)+(0.530-1.816)]$
  $= -1.293$m
- B점의 지반고 $H_B = H_A + H$
  ∴ $H_B = 55.423 + (-1.293) = 54.130$m

□□□ 산 11,16①,20②

02 A, B 두 사람이 어느 2점간의 고저측량을 하여 다음과 같은 결과를 얻었다면 2점간의 고저차에 대한 최확값은?

- A의 관측값 : 38.65±0.03m
- B의 관측값 : 38.58±0.02m

① 38.58m　　② 38.60m
③ 38.62m　　④ 38.63m

| 해답 | ②

최확치 $H_o = \dfrac{P_A H_A + P_B H_B}{P_A + P_B}$

- 경중률은 측정오차의 제곱에 반비례한다.
  $A:B = \dfrac{1}{3^2} : \dfrac{1}{2^2} = 4:9$
  ∴ $H_o = 38 + \dfrac{4 \times 0.65 + 9 \times 0.58}{4+9} = 38.60$m

□□□ 산 10,14

03 수준측량의 야장기입법 중 중간점(I.P)이 많을 경우 가장 편리한 방법은?

① 승강식　　② 횡단식
③ 고차식　　④ 기고식

| 해답 | ④

- 기고식 : 종단측량과 같이 중간점(I.P)이 많을 때 사용한다.
- 승강식 : 중간점이 많은 수준측량의 경우에는 계산이 복잡해지는 단점이 있다.
- 고차식 : 가장 간단한 방법으로 두 점 사이의 표고차만을 구하는 것이 주목적이다.

□□□ 산 10,11,13,15

04 수준측량에서 전·후시의 거리를 같게 취하는 가장 중요한 이유는?

① 시준선과 기포관축이 나란하지 않아 생기는 오차를 제거하기 위해
② 표척의 0눈금의 오차를 제거하기 위해
③ 시차에 대한 오차를 제거하기 위해
④ 표척의 기울기에 의해 생기는 오차를 제거하기 위해

| 해답 | ①

전시와 후시의 거리를 되도록 같게하면 시준선과 기포관축이 평행하지 않을 때 생기는 오차를 제거할 수 있다.
- 시준선과 기포관축이 평행하지 않을 때 생기는 오차
- 구차(球差)의 영향 제거
- 기차(氣差)의 영향 제거

□□□ 산 92,98,07,10,11,15

05 수준측량에서 담장 PQ가 있어, P점에서 표척을 QP방향으로 거꾸로 세워 아래 그림과 같은 결과를 얻었다. A점의 표고 $H_A = 51.25$m일 때 B점의 표고는?

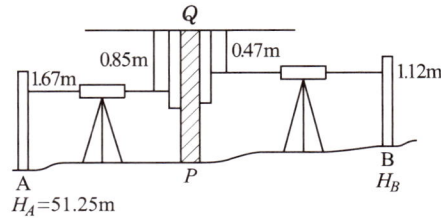

① 50.32m　　② 52.18m
③ 53.30m　　④ 55.36m

| 해답 | ②

$H_B = H_A + (\sum B.S - \sum F.S)$
- 전시 : $\sum B.C = 1.67 + (-0.47) = +1.20$m
- 후시 : $\sum F.S = -0.85 + 1.12 = +0.27$m
  ∴ $H_B = 51.25 + (1.20 - 0.27) = 52.18$m

10 수준측량

1 레벨의 구조

(1) 기포관의 감도 : 기포관의 1눈금이 곡률 중심에 낀 각으로 감도를 표시한다.

$$\rho'' = 206265'' \times \frac{L}{nD}$$

여기서, n : 기포가 움직인 눈금의 개수
L : 표척의 두 읽음값의 차이
S : 1눈금의 간격
D : 기계에서 표척을 세운 점까지의 수평거리

(2) 곡률 반지름

$$R = \frac{nSD}{L}$$

2 직접수준측량

(1) 야장기입법
- 고차식 : 두 점 사이의 표고차만을 구하는 것이 주목적이다.
- 기고식 : 중간점(I.P)이 많을 때 사용하는 방법으로 완전한 검사를 할 수 없다.
- 승강식 : 정밀한 측량에 적당하며, 중간점이 많을 때에는 계산이 복잡하다.

(2) 전시와 후시의 거리를 같게하는 이유(기계오차 소거)
- 기포관 축과 시준축이 평행되지 않았을 때 생기는 오차
- 레벨 조정의 불안정으로 생기는 오차 소거(시준축 오차)
- 구차(지구의 곡률에 의한 오차)소거
- 기차(광선의 굴절에 의한 오차)소거

(3) 수준측량의 방법
- 표고 : $H_B = H_A + \Sigma$후시(B.S) $- \Sigma$전시(F.S)
- 표고(지반고) : 기준면으로부터 지표면까지의 연직 거리를 말한다.
- 기계고=기지점 지반고(G.H)+후시(B.S)
- 지반고(G.H)=기계고(I.H)-전시(F.S)
- 두 점 간의 고저차 : H = ΣB.S $- \Sigma$F.S

(4) 교호수준 측량 : 두 점 간의 강, 호수, 하천 또는 협곡 등이 있어 그 두 점의 중간에 기계를 세울 수 없는 경우 실시하는 측량
- 두점간의 고저차 : $H = \frac{1}{2}[(a_1 - b_1) + (a_2 - b_2)]$
- B점의 지반고 : $H_B = H_A + H$
- 기계적 오차인 구차, 기차, 시준축 오차를 제거할 수 있다.

3 수준측량의 오차조정

- 경중률 : 경중률은 노선거리에 반비례한다.

$$P_A : P_B : P_C = \frac{1}{l_1} : \frac{1}{l_2} : \frac{1}{l_3}$$

- 최확값

$$H_P = \frac{P_A H_A + P_B H_B + P_C H_C}{P_A + P_B + P_C}$$

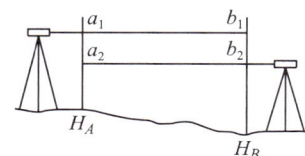

교호수준 측량

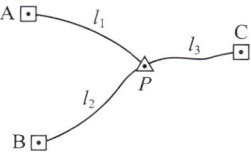

핵심문제

□□□ 산 10,11,14

01 평면직각좌표에서 A점의 좌표 $x_A=74.544\text{m}$, $y_A=36.654\text{m}$이고, B점의 좌표 $x_B=-52.271\text{m}$, $y_B=-81.265\text{m}$일 때 AB선의 방위각은?

① 42° 55′ 06″ ② 47° 04′ 54″
③ 222° 55′ 06″ ④ 227° 04′ 54″

|해답| ③

AB의 방위 $\theta = \tan^{-1}\dfrac{Y_B - Y_A}{X_B - X_A}$
$= \tan^{-1}\dfrac{-81.265 - 36.654}{-52.271 - 74.544} = \tan^{-1}\dfrac{-117.919}{-126.815}$
$= 42°55′06″ (\therefore 3$상한$)$
$\therefore$ AB의 방위각 $= 180° + 42°55′06″ = 222°55′06″$

□□□ 산 17

02 그림은 편각법에 의한 트래버스 측량 결과이다. DE 측선의 방위각은?
(단, ∠A = 48° 50′ 40″, ∠B = 43° 30′ 30″,
∠C = 46° 50′ 00″, ∠D = 60° 12′ 45″)

① 139° 11′ 10″
② 96° 31′ 10″
③ 92° 21′ 10″
④ 105° 43′ 55″

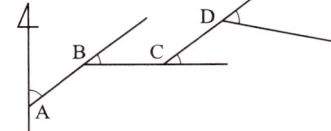

|해답| ④

AB의 방위각 = 48°50′40″
BC의 방위각 = 48°50′40″ + 43°30′30″ = 92°21′10″
CD의 방위각 = 92°21′10″ − 46°50′00″ = 45°31′10″
∴ DE의 방위각 = 45°31′10″ + 60°12′45″ = 105°43′55″

□□□ 산 12

03 측선길이가 100m, 방위각이 240° 일 때 위거와 경거는?

① 위거 : 80.6m, 경거 : 50.0m
② 위거 : 50.0m, 경거 : 86.6m
③ 위거 : −86.6m, 경거 : −50.0m
④ 위거 : −50.0m, 경거 : −86.6m

|해답| ④

• 위거 = 측선거리 × cos θ = 100cos240° = −50.0m
• 경거 = 측선거리 × sin θ = 100sin240° = −86.6m

□□□ 산 12,15

04 삼각측량에서 B점의 좌표 $X_B=50.000\text{m}$, $Y_B=200.000\text{m}$, BC의 길이 25.478, BC의 방위각 77° 11′ 56″일 때 C점의 좌표는?

① $X_C = 55.645\text{m}$, $Y_C = 175.155\text{m}$
② $X_C = 55.645\text{m}$, $Y_C = 224.845\text{m}$
③ $X_C = 74.845\text{m}$, $Y_C = 194.355\text{m}$
④ $X_C = 74.845\text{m}$, $Y_C = 205.645\text{m}$

|해답| ②

• $X_C = X_B + \overline{BC}\cos\alpha$
$= 50.000 + 25.478\cos77°11′56″ = 55.645\text{m}$ (위거)
• $Y_C = Y_B + \overline{BC}\sin\alpha$
$= 200 + 25.478\sin77°11′56″ = 224.845\text{m}$ (경거)
$\therefore C(55.645, 224.845)$

□□□ 산 17

05 다음 표는 폐합트래버스 위거, 경거의 계산 결과이다. 면적을 구하기 위한 CD측선의 배횡거는?

측선	위거(m)	경거(m)
AB	+67.21	+89.35
BC	−42.12	+23.45
CD	−69.11	−45.22
DA	+44.02	−67.58

① 360.15m ② 311.23m
③ 202.15m ④ 180.38m

|해답| ④

• 처음 측선의 배횡거 = 그 측선의 경거
• 어느 측선의 배횡거 = 하나 앞 측선의 배횡거 + 하나 앞 측선의 경거 + 그 측선의 경거
• AB측선의 배횡거 = +89.35m
• BC측선의 배횡거 = +89.35 + 89.35 + 23.45 = 202.15
∴ CD측선의 배횡거 = 202.15 + 23.45 − 45.22
= 180.38m

더 알아두기

방위각 계산시 주의점
- 어느 방위각이든 360°를 초과하면 −360°, −각이 나오면 +360°를 더한다.
- 방위각과 역방위각의 위상차는 180°이다.

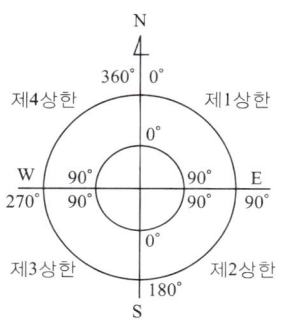

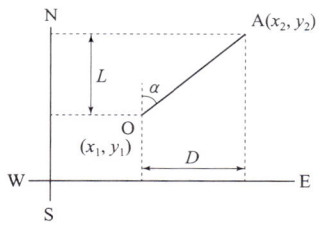

09 방위각과 방위 계산

1 방위각의 계산

- 방위각 : 진북(NS)을 기준으로 우회전했을 때 그 측선까지의 수평각
- 역방위각 = 방위각 + 180°

(1) 교각에서 방위각 계산
  어느 측선의 방위각 = 하나 앞 측선의 방위각 + 180° ± 그 측점의 교각

(2) 편각에서 방위각 계산
  어느 측선의 방위각 = 하나 앞 측선의 방위각 ± 그 측점의 편각

2 방위계산

- 방위 : 4개의 상한으로 나누어 NS선을 기준으로 90° 이하의 각도로 표시
- 역방위 : 방위에 180°를 더하며, 부호는 상대부호로 바꾼다.

상 한	방위각(α)	방위
제1상한	0° ~ 90°	NαE
제2상한	90° ~ 180°	S(180°−α)E
제3상한	180° ~ 270°	S(α−180°)W
제4상한	270° ~ 360°	N(360°−α)W

(1) 위거(L) : NS선에 투영된 거리(북쪽(N)+, 남쪽(S)−)
  $L = \overline{OA} \cos\alpha$

(2) 경거(D) : EW에 투영된 거리(동쪽(E)+, 서쪽(W)−)
  $D = \overline{OA} \sin\alpha$

(3) OA거리 : $\overline{OA} = \sqrt{(위거)L^2 + (경거)D^2} = \sqrt{(x_2-x_1)^2 + (y_2-y_1)^2}$

(4) 방위 : $\overline{OA} = \tan^{-1} \dfrac{경거(D)}{위거(L)} = \dfrac{y_2-y_1}{x_2-x_1}$

3 좌표계산

- $X_B = X_A + \overline{AB} \cos\alpha$
- $Y_B = Y_A + \overline{AB} \sin\alpha$

4 배횡거

- 제1측선의 배횡거 = 그 측선의 경거
- 제2측선 이하의 배횡거 = 하나 앞 측선의 배횡거 + 하나 앞 측선의 경거 + 그 측선의 경거
- 마지막 측선의 배횡거 = 그 측선의 경거에 부호는 반대
- 배면적 = 배횡거 × 위거

핵심문제

□□□ 산 12,17
01 트래버스측량의 일반적인 순서로 옳은 것은?

① 선점 – 방위각 관측 – 조표 – 수평각 및 거리 관측 – 답사 – 계산
② 선점 – 조표 – 답사 – 수평각 및 거리 관측 – 방위각 관측 – 계산
③ 답사 – 선점 – 조표 – 방위각 관측 – 수평각 및 거리 관측 – 계산
④ 답사 – 조표 – 방위각 관측 – 선점 – 수평각 및 거리 관측 – 계산

| 해답 | ③

계획 – 답사 – 선점 – 조표 – 방위각 관측 – 수평각 및 거리 관측 – 계산 및 제도

□□□ 산 11,17
02 트래버스 측량의 종류 중 가장 정확도가 높은 방법은?

① 폐합트래버스　② 개방트래버스
③ 결합트래버스　④ 종합트래버스

| 해답 | ③

결합 트래버스
어느 기지점으로부터 출발하여 다른 기지점으로 연결하는 측량방법으로 높은 정확도를 요구하는 대규모 지역의 측량에 이용되며 주로 삼각점을 사용한다.

□□□ 산 11,13,16
03 A점으로부터 폐합 다각측량을 실시하여 A점으로 되돌아 왔을 때 위거와 경거의 오차는 각각 20cm, 25cm이었다. 모든 측선 길이의 합이 832.12m이라 할 때 다각측량의 폐합비는?

① 약 1/2200　② 약 1/2600
③ 약 1/3300　④ 약 1/4200

| 해답 | ②

폐합비 $R = \dfrac{\sqrt{\sum(위거)^2 + \sum(경거)^2}}{거리총합}$

$\therefore R = \dfrac{\sqrt{0.20^2 + 0.25^2}}{832.12} = \dfrac{1}{2599} ≒ \dfrac{1}{2600}$

□□□ 산 15
04 트래버스 측량에서 발생된 폐합오차를 조정하는 방법 중의 하나인 컴퍼스법칙(Compass Rule)의 오차 배분 방법에 대한 설명으로 옳은 것은?

① 트래버스 내각의 크기에 비례하여 배분한다.
② 트래버스 외각의 크기에 비례하여 배분한다.
③ 각 변의 위·경거에 비례하여 배분한다.
④ 각 변의 측선 길이에 비례하여 배분한다.

| 해답 | ④

컴퍼스 법칙
각과 거리측량의 정밀도가 대략 같을 경우 이용되는 것으로 위거, 경거의 오차를 각 측선의 길이에 비례하여 배분한다.

□□□ 산 12
05 결합트래버스측량에서 그림과 같은 형태의 각관측 시 각관측 오차(E_a) 식은? (단, W_a, W_b는 A, B에서의 방위각, $[a]$는 교각의 합, n은 관측한 교각의 수)

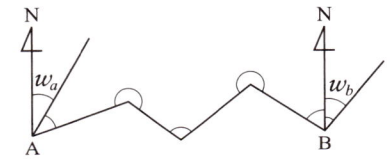

① $E_a = W_a - W_b + [a] - 180(n+3)$
② $E_a = W_a - W_b + [a] - 180(n-3)$
③ $E_a = W_a - W_b + [a] - 180(n+1)$
④ $E_a = W_a - W_b + [a] - 180(n-1)$

| 해답 | ④

L, M 한 점만 자오선(N) 밖에 있을 때
$E_a = W_a - W_b + [a] - 180(n-1)$

□□□ 산 13
06 트래버스측량에서는 각 관측의 정밀도와 거리관측의 정밀도가 균형을 이루어야 한다. 거리 100m에 대한 관측오차가 ±2mm일 때 각 관측 오차는?

① ±2″　② ±4″
③ ±6″　④ ±8″

| 해답 | ②

$\dfrac{\Delta l}{l} = \dfrac{\alpha}{206265″} = \dfrac{\pm 0.2}{10000}$

$\therefore \alpha = \dfrac{\pm 0.2}{10000} \times 206265″ = 4.13″$

08 다각측량(트래버스측량)

1 트래버스 측량의 종류

- 외업순서 : 계획 → 답사 → 선점 → 조표 → 관측 → 방위각 관측 → 계산 및 제도

(1) 결합 트래버스 : 측량 결과의 검사가 되며 가장 높은 정확도의 다각 측량을 할 수 있으며, 대규모 지역의 정확성을 요하는 측량에 좋다.

(2) 폐합 트래버스 : 측량 결과가 검사는 되나 결합 트래버스보다 정확도가 낮고 소규모 지역 측량에 좋다.

(3) 개방 다각형 : 연속된 측점에 있어서 출발점과 종점간에 아무런 관련이 없는 것으로 측량결과의 점검이 안되어 높은 정확도의 측량에는 사용하지 않으나 노선 측량의 답사에는 편리한 방법이다.

2 결합트래버스 측각오차

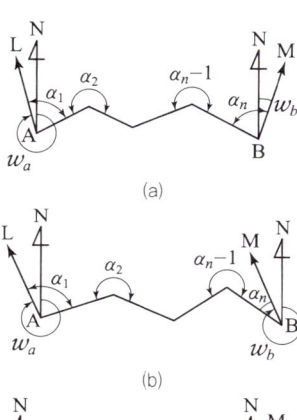

- L, M점이 자오선(N) 밖에 있을 때(그림 a)
  측각오차 $\Delta\alpha = W_a - W_b + [\alpha] - 180°(n+1)$

- L, M 한 점만 자오선(N) 밖에 있을 때(그림 b, c)
  측각오차 $\Delta\alpha = W_a - W_b + [\alpha] - 180°(n-1)$

- L, M점 모두 자오선(N) 안에 있을 때(그림 d)
  측각오차 $\Delta\alpha = W_a - W_b + [\alpha] - 180°(n-3)$
  여기서 W_a : AL의 방위각, W_b : BM의 방위각
  $[\alpha]$: $\alpha_1 + \alpha_2 + \cdots + \alpha_n$

3 폐합오차와 폐합비

- 폐합오차 $E = \sqrt{(위거오차량)^2 + (경거오차량)^2}$
  $= \sqrt{(E_L)^2 + (E_D)^2}$

- 폐합비 : $R = \dfrac{E}{\Sigma l} = \dfrac{1}{m}$

- 정밀도 : $\dfrac{1}{M} = \dfrac{\Delta\alpha}{\rho} = \dfrac{\Delta\alpha}{206265''}$

4 폐합오차의 조정

- 컴퍼스 법칙 : 각 관측 정밀도와 거리 관측 정밀도가 같을 경우에 사용된다.
  $e = \dfrac{(위거 \ 또는 \ 경거 \ 오차)}{거리의 \ 총합} \times 그 \ 해당 \ 측선의 \ 거리$

- 트랜싯 법칙 : 각 관측의 정밀도가 거리관측 정밀도보다 높을 경우에 사용된다.
  $e = \dfrac{(위거 \ 또는 \ 경거 \ 오차)}{(위거 \ 또는 \ 경거)의 \ 절대합} \times 그 \ 해당 \ 측선의 \ (위거 \ 또는 \ 경거)$

핵심문제

□□□ 산 15,16
01 정확도가 가장 높으나 조정이 복잡하고 시간과 비용이 많이 요구되는 삼각망은?

① 단열 삼각망 ② 개방형 삼각망
③ 유심 삼각망 ④ 사변형 삼각망

| 해답 | ④
사변형 삼각망의 특징
• 조건식의 수가 가장 많아 정확도가 가장 높다.
• 조정이 복잡하고 포함면적이 적으며 시간과 비용이 많이 요하는 것이 결점이다.
• 가장 높은 정밀도를 얻을 수 있으며, 특별히 높은 정밀도를 필요로 하는 측량이나 기선 삼각망 등에 사용된다.

□□□ 산 15
02 삼각측량을 위한 삼각점의 위치선정에 있어서 피해야 할 장소로서 중요도가 가장 적은 것은?

① 편심관측을 하여야 하는 곳
② 나무를 벌목하여야 하는 곳
③ 습지와 같은 연약지반인 곳
④ 측표의 높이를 높게 설치하여야 되는 곳

| 해답 | ①
정삼각형에 가깝게 선점하기 위하여 무리하게 나무를 많이 베거나, 높은 시준표와 관측대를 만들어 불필요한 노력과 경비를 낭비하지 않도록 한다.

□□□ 산 12
03 표고 45.2m인 해변에서 눈높이 1.7m인 사람이 바라볼 수 있는 수평선까지의 거리는? (단, 지구 반지름 : 6370km, 빛의 굴절계수 : 0.14)

① 12.4km ② 26.4km
③ 42.8km ④ 62.4km

| 해답 | ②
양차 $h = \dfrac{D^2}{2R}(1-K)$ 에서
• $h = 1.7 + 45.2 = 46.9\text{m} = 0.0469\text{km}$
∴ $D = \sqrt{\dfrac{2Rh}{1-K}} = \sqrt{\dfrac{2 \times 6370 \times 0.0469}{1-0.14}} = 26.4\text{km}$

□□□ 산 12,17
04 표고 236.42m의 평탄지에서 거리 500m를 평균해면상의 값으로 보정하려고 할 때, 보정량은? (단, 지구 반지름은 6370km로 한다.)

① -1.656cm ② -1.756cm
③ -1.856cm ④ -1.956cm

| 해답 | ③
$$C_h = -\dfrac{D \cdot h}{R}$$
$$= -\dfrac{500 \times 236.42}{6370 \times 1000} = -0.01856\text{m} = -1.856\text{cm}$$

□□□ 산 12,16
05 다음 중 삼각망 조정에서 조정 조건에 대한 설명으로 옳지 않은 것은?

① 1점 주위에 있는 각의 합은 180°이다.
② 검기선의 측정한 방위각과 계산된 방위각이 동일하다.
③ 임의 한 변의 길이는 계산 경로가 달라도 일치한다.
④ 검기선은 측정한 길이와 계산된 길이가 동일하다.

| 해답 | ①
1점 주위에 있는 각의 합은 360°이다.

□□□ 산 12,16
06 그림과 같은 단열삼각망의 조정각이 $\alpha_1 = 40°$, $\beta_1 = 60°$, $\alpha_2 = 50°$, $\beta_2 = 30°$, $\gamma_2 = 100°$ 일 때, $\overline{CD}$의 길이는? (단, $\overline{AB}$ 기선 길이가 600m이다.)

① 323.4m
② 400.7m
③ 568.6m
④ 682.3m

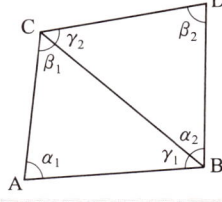

| 해답 | ④
• $\triangle ABC$에서
$\dfrac{\overline{BC}}{\sin 40°} = \dfrac{600}{\sin 60°}$ 에서
$\overline{BC} = \dfrac{\sin 40°}{\sin 60°} \times 600 = 445.34\text{m}$

• $\triangle BCD$에서
$\dfrac{\overline{CD}}{\sin 50°} = \dfrac{445.34}{\sin 30°}$ 에서
$\overline{CD} = \dfrac{\sin 50°}{\sin 30°} \times 445.34 = 682.30\text{m}$

07 삼각측량

1 삼각측량

(1) 삼각망의 종류와 특징
- **단열** 삼각망 : 노선측량, 하천측량, 터널측량 등과 같이 폭이 좁고 거리가 먼 지역에 적합하다.
- **사변형** 삼각망 : 조건식의 수가 가장 많기 때문에 가장 높은 정확도를 얻을 수 있어 삼각 측량이나 기선 삼각망 등에 사용된다.
- **유심** 삼각망 : 측점수에 비하여 피복 면적이 가장 넓기 때문에 광대한 지역의 측량에 적당한 삼각망
  - 정밀도가 가장 높은 순서 : 사변형삼각망 > 유심삼각망 > 단열삼각망

▶ 삼각망의 기하학적 조건
- 각 조건 : 삼각형 내각의 합은 180° 이다.
- 한 측점의 둘레있는 모든 각을 합한 것은 360° 이다.
- 변조건 : 삼각망 중의 한 변의 길이는 계산 순서에 관계없이 일정하다.
- 1측점에서 측정한 여러 각의 합은 그 전체를 한 각으로 관측한 각과 같다.

(2) 삼각점의 선점
- 가능한 측점수가 적어야 한다.
- 삼각형은 가능한 정삼각형이 되게한다.
- 지반이 견고하고 이동이나 침하가 되지 않는 곳을 택한다.
- 삼각점 상호간의 시준이 잘되고 기상의 영향을 받지 않는 곳이라야 한다.
- 삼각형은 정삼각형에 가깝고, 삼각형 내각은 30° ~ 120° 이내에 있도록 한다.
- 가능한 측점수가 적고, 세부측량 등 후속 측량에 이용가치가 큰 점이어야 한다.
- 높은 시준표와 관측대를 만들어 불필요한 노력과 경비를 낭비하지 않도록 한다.

2 삼각측량의 응용

(1) 편심관측의 방법
- $T + x_1 = T' + x_2$
- $x_1 = \sin^{-1}\dfrac{e}{S_1}\sin(360° - \phi)\rho''$
- $x_2 = \sin^{-1}\dfrac{e}{S_2}\sin(360° - \phi + T')\rho''$
- ∴ $T = T' + x_2 - x_1$

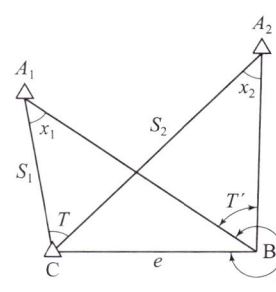

▶ 해면상의 보정량
$$C_h = -\dfrac{D \cdot h}{R}$$

(2) 삼각수준측량
- 구차 : 지구의 곡률에 의한 오차(+) : $+\dfrac{D^2}{2R}$
- 기차 : 대기의 밀도에 대한 오차(-) : $-\dfrac{KD^2}{2R}$
- 양차 : 구차 + 기차 : $\dfrac{D^2(1-K)}{2R}$

여기서, D : 거리
R : 지구곡률반경
K : 굴절계수(0.12 ~ 0.14)

(3) 변장계산(사인법칙)
$$\dfrac{a}{\sin\angle A} = \dfrac{b}{\sin\angle B} = \dfrac{c}{\sin\angle C}$$
$a = \dfrac{\sin\angle A}{\sin\angle B} \times b, \quad b = \dfrac{\sin\angle B}{\sin\angle A} \times a$

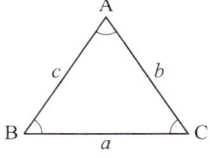

핵 심 문 제

□□□ 산 11,14

01 지반고 120.50m인 A점에 기계고 1.23m의 토털스테이션을 세워 수평거리 90m 떨어진 B점에 세운 높이 1.95m의 타겟을 시준하면서 부(-)각 30°을 얻었다면 B점의 지반고는?

① 65.36m ② 67.82m
③ 171.74m ④ 175.64m

| 해답 | ②

$$H_B = H_A + I + l\tan\theta - S$$
$$= 120.50 + 1.23 + 90\tan(-30°) - 1.95 = 67.82\text{m}$$

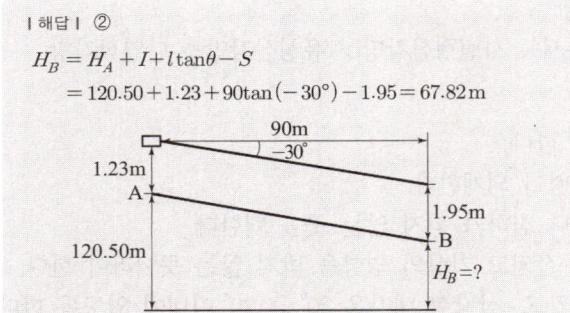

□□□ 산 11,12,13,16

02 그림과 같이 0점에서 같은 정확도로 각을 관측하여 오차를 계산한 결과 $x_3 - (x_1 + x_2) = -36''$의 식을 얻었을 때 관측값 x_1, x_2, x_3에 대한 보정값 V_1, V_2, V_3는?

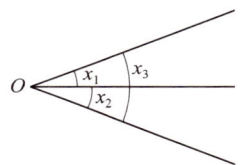

① $V_1 = -9''$, $V_2 = -9''$, $V_3 = +18''$
② $V_1 = -12''$, $V_2 = -12''$, $V_3 = +12''$
③ $V_1 = +9''$, $V_2 = +9''$, $V_3 = -18''$
④ $V_1 = +12''$, $V_2 = +12''$, $V_3 = -12''$

| 해답 | ②

- 각오차 $= x_3 - (x_1 + x_2) = -36''$
- 조정량 $= \dfrac{36''}{3} = 12''$ (각 관측값에 ±12″ 해준다.)
- 각오차 $x_3 < (x_1 + x_2)$이므로 작은 측정값에는 (+), 큰 측정값에는 (−)
  ∴ 작은 측정값 $V_1 = -12''$, $V_2 = -12''$
  큰 측정값 $V_3 = +12''$ 해준다.
  $x_1 = +12''$, $x_2 = +12''$, $x_3 = -12''$

□□□ 산 14

03 삼각점에서 행해지는 모든 각관측 및 조정에 대한 설명으로 옳지 않은 것은?

① 한 측점의 둘레에 있는 모든 각을 합한 것은 360°가 되어야 한다.
② 삼각망 중 어느 1변의 길이는 계산 순서에 관계없이 동일해야 한다.
③ 삼각형 내각의 합은 180°가 되어야 한다.
④ 각관측 방법은 단측법을 사용하여 최대한 정확히 한다.

| 해답 | ④

- 각관측 방법은 조합각관측법을 사용하여 최대한 정확히 한다.
- 조합각관측법 : 한 측점에서 모든 방향의 각을 전부 정·반위치에서 측정하는 방법으로서 1등 삼각 측량에 주로 사용하며 정도가 가장 높다.

□□□ 산 16

04 수평각을 관측하는 경우, 조정 불완전으로 인한 오차를 최소로 하기 위한 방법으로 가장 좋은 것은?

① 관측방법을 바꾸어 가면서 관측한다.
② 여러 번 반복 관측하여 평균값을 구한다.
③ 정·반위관측을 실시하여 평균한다.
④ 관측값을 수학적인 방법을 이용하여 조정한다.

| 해답 | ③
수평각 관측에서 조정 불완전에서 오는 오차를 소거하는 방법은 정·반위관측을 실시하여 평균한다.

□□□ 산 11

05 어떤 1개의 각을 구하기 위하여 2개의 서로 다른 기계를 사용하여 다음과 같은 관측 결과를 얻었다면 최확값은?

| 갑 : 24°13′36″ ±3.0″ | 을 : 24°13′24″ ±12.0″ |

① 24°13′24.7″ ② 24°13′26.4″
③ 24°13′33.6″ ④ 24°13′35.3″

| 해답 | ④

- 경중률은 측정오차의 제곱에 반비례한다.
$$P_갑 : P_을 = \dfrac{1}{3^2} : \dfrac{1}{12^2} = 144 : 9 = 16 : 1$$
- 최확값
$$M = 24°13′ + \dfrac{36'' \times 16 + 24'' \times 1}{16 + 1} = 24°13′35.3''$$

06 각관측

1 각의 종류

(1) 방위각 : 진북 방향과 측선이 이루는 우회각
 • 방위각＝방향각－진북 방향각

(2) 방향각은 기준선과 측선이 이루는 우회각

2 수평각 관측법

(1) 단측법(단각법) : 높은 정도를 요하지 않는 경우에 한 측점에서 1개의 각을 높은 정밀도로 측정할 때 사용한다.

(2) 배각법(반복법)
 • 한 각을 2회 이상 반복 측정하여 그 평균값을 구하는 방법으로 정밀한 측각을 할 경우에 사용한다.
 • 트래버스 측량과 같이 한 측점에서 1개의 각을 높은 정밀도로 측정할 때 사용하며, 시준할 때의 오차를 줄일 수 있고 최소 눈금 미만의 정밀한 관측값을 얻을 수 있다.

(3) 방향각법 : 한 측점에서 여러 개의 수평각을 측정하는 3등 이하의 삼각측량에 많이 이용한다.

(4) 조합각 관측법 : 한 측점에서 모든 방향의 각을 전부 정·반위치에서 측정하는 방법으로서 1등 삼각측량에 주로 사용하며 가장 정확도가 높다.
 • 대회수 n에 따라 초독의 위치를 $180°/n$씩 옮겨 읽는다.
 • 각 관측의 수 $N=\dfrac{1}{2}n(n-1)$

3 각측량의 오차

오차의 종류	원 인	처리방향
시준축 오차	시준축과 수평축이 직교하지 않는다.	망원경 正·反으로 관측하여 평균한다.
수평축 오차	수평축이 연직축에 직교하지 않는다.	
외심 오차	회전축에 대하여 망원경의 위치가 편심하여 있다.	
연직축 오차	연직축이 정확히 연직선에 있지 않다.	어떤 방향으로도 소거되지 않는다.

4 각의 최확값

같은 각을 관측 회수를 달리하였을 경우의 최확값, 경중률은 관측회수에 비례한다.

$$M_o=\dfrac{P_1\alpha_1+P_2\alpha_2+P_3\alpha_3}{P_1+P_2+P_3}=\dfrac{\sum P\cdot\alpha}{\sum P}$$

알아두기

각의 명칭

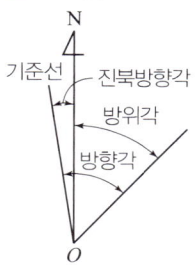

방향각법

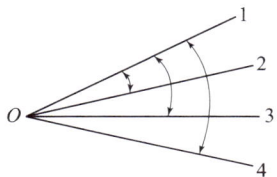

조합각 관측법

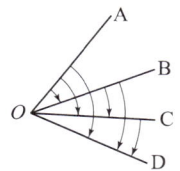

측거오차

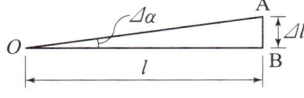

$\dfrac{\Delta l}{l}=\dfrac{\Delta\alpha}{\rho''}$

• 방향오차 $\Delta\alpha=206265''\dfrac{\Delta l}{l}$

• 측거오차 $\Delta l=\dfrac{\Delta\alpha}{206265''}\times l$

• 허용오차 $M=\pm e\sqrt{n}$
 (e : 각오차, n : 측각횟수)

핵심문제

□□□ 산 16
01 GPS 위성의 기하학적 배치상태에 따른 정밀도 저하율을 뜻하는 것은?

① 다중경로(Multipath)　② DOP
③ A/S　④ 사이클 슬립(Cycle Slip)

> |해답| ②
> 위성의 배치 상태에 따른 정밀도 저하율(DOP : Dilution Of Precision)

□□□ 산 12
02 다음의 GPS 현장관측방법 중에서 일반적으로 정확도가 가장 높은 관측방법은?

① 정적 관측법　② 동적 관측법
③ 실시간 동적 관측법　④ 의사 동적 관측법

> |해답| ①
> 정적 관측법
> 가장 높은 정밀도를 얻을 수 있어 모든 기준점 측량에 적용된다.

□□□ 산 10
03 범세계적 위치결정체계(GPS)에 대한 설명으로 옳지 않은 것은?

① 기상에 관계없이 위치결정이 가능하다.
② NNSS의 발전형으로 관측소요시간 및 정확도를 향상시킨 체계이다.
③ 우주부분, 제어부분, 사용자부분으로 구성되어 있다.
④ 사용되는 좌표계는 WGS72이다.

> |해답| ④
> 세계 측지 기준계(WGS84)좌표계를 사용하므로 지역 기준계를 사용하는 사용자에게는 다소 번거로움이 있다.

□□□ 산 11
04 GPS 측량의 기준이 되는 좌표계는?

① GRS 80　② WGS 84
③ International(1967)　④ Tm 90

> |해답| ②
> 세계 측지 기준계(WGS 84)좌표계를 사용하므로 지역 기준계를 사용하는 사용자에게는 다소 번거로움이 있다.

□□□ 산 12
05 해안지역의 장대교량 공사 중 교각의 정밀 위치 시공에 가장 유리한 측량방법은?

① 레이저측량
② GPS측량
③ 토털스테이션을 이용한 지상측량
④ 레벨측량

> |해답| ②
> GPS측량은 인공위성을 이용하여 정확하게 알고 있는 위성에서 발사하는 전파를 수신하여 관측점까지의 소요시간을 관측하여 지상 대상물의 위치를 결정하는 시스템

□□□ 산 14
06 수치영상자료는 대개 8비트로 표현된다. pixel 값의 밝기 값(grey level) 범위로 옳은 것은?

① 0~63　② 1~64
③ 0~255　④ 1~256

> |해답| ③
> 8비트의 pixel의 최대 밝기 값의 범위
> • 그레이스 스케일은 흑백영상을 백색과 흑색 그리고 그 중간 밝기의 회색으로 구분하는 단계이다.
> • 밝기의 단계는 0~255 사이의 정수값으로 파일에 저장된다.

□□□ 산 14
07 GPS 측량으로 측점의 표고를 구하였더니 89.123m이었다. 이 지점의 지오이드 높이가 40.150m라면 실제표고(정표고)는?

① 129.273m　② 48.973m
③ 69.048m　④ 89.123m

> |해답| ②
> 정표고=타원체고(h)−지오이드고(N)
> 　　　=89.123−40.150=48.973m

알아두기

GPS란
인공 위성을 이용한 범세계적 위치 결정의 체계로 정확히 위치를 알고 있는 위성에서 발사한 전파를 수신하여 관측점까지의 소요시간을 측정함으로써 관측점의 3차원 위치를 구하는 측량

좌표계
WGS84 라고하는 기준좌표계를 이용하며, 여러 가지 관측장비를 가지고 전세계적으로 측정해온 지구의 중력장과 지구모양을 근거로 해서 만들어진 좌표이다.

---

05 GPS 측량

1 GPS의 일반적 특성

- 3차원 측량을 동시에 할 수 있다.
- 지구상 어느 곳에서나 이용할 수 있다.
- GPS를 이용하여 취득한 높이는 타원체고이다.
- 기선 결정의 경우 두 측점 간의 시통에 관계가 없다.
- 기상의 영향을 거의 받지 않으며 야간에도 측량이 가능하다.
- 측량 거리에 비하여 상대적으로 높은 정확도를 지니고 있다.
- GPS신호기는 전리층과 대기권을 통하여 전달되기에 GPS 위성 신호를 지연시킨다.

2 GPS의 오차 측위 환경에 따른 오차

(1) 위성의 배치 상태에 따른 정밀도 저하율(DOP)
GPS의 오차는 수신기와 위상들 간의 기하학적 배치에 따라 영향을 받는다.

(2) 사이클 슬랩(cycle slip)
측위계산에 필요한 최소한의 건강한 위성신호가 수신기에 도달하지 않는 현상

(3) 다중경로(Multipath)에 의한 오차
다른 경로로 수신되는 경우 정상적인 측위계산이 되지 않는 현상을 멀티패수에 의한 오차

(4) 낮은 위성 고도각(elevation mask)
수평선을 기준으로 양각 15° 미만에 배치된 낮은 고도각의 위성신호를 수신할 경우 정확도가 떨어지게 되는 오차

(5) SA(selective availability)에 의한 오차
천체위치표에 의한 자료와 위성시계자료를 조작하여 위성과 수신기 사이에 거리오차가 생기도록 하는 방법, 군사목적으로 P코드를 암호화하는 것을 AS(antispoofing)라 한다.

3 GPS현장관측방법

(1) 정적관측법 : 두 개 또는 그 이상의 수신기를 사용하여 기준점 측량과 같이 매우 높은 정확도를 필요로 할때 사용하는 방법

(2) 동적관측법 : 두 개 또는 그 이상의 수신기가 필요하며 사용하고자 하는 모든 수신기를 관측전에 반드시 초기화를 해야한다.

(3) 실시간 동적관측법 : 두 개 또는 그 이상의 수신기가 필요하며 이동국이 다른 측점으로 이용하여 관측하는 실시간 동적관측법

(4) 의사동적관측법 : 잠금상태를 계속 유지할 필요가 있으며 짧은 두변의 관측시기를 약 한 시간 간격으로 각 측점에서 수행한다.

핵심문제

□□□ 산 11
01 GPS 측량의 기준이 되는 좌표계는?

① GRS 80　　　② WGS 84
③ International(1967)　④ Tm 90

| 해답 | ②
세계 측지 기준계(WGS84)좌표계를 사용하므로 지역 기준계를 사용하는 사용자에게는 다소 번거로움이 있다.

□□□ 산 19④
02 위성의 배치상태에 따른 GNSS의 오차 중 단독측위(독립측위)와 관련이 없는 것은?

① GDOP　　　② RDOP
③ PDOP　　　④ TDOP

| 해답 | ②
상대측위 : RDOP ; 상대정밀도 저하율

□□□ 예상
03 GNSS 측량으로 직접 수행하기 어려운 것은?

① 절대측위　　② 상대측위
③ 시각동기　　④ 터널 내 공사측량

| 해답 | ④
GNSS는 위성의 수신이 되지 않는 실내, 터널, 지하 등은 관측이 어렵다.

□□□ 예상
04 GNSS 수신데이터에 대한 공통데이터 포맷은?

① RINEX　　　② DGPS
③ NGIS　　　　④ RTCM

| 해답 | ①
라이넥스(Receiver Independent Exchange Format)
• GNSS 관측데이터의 저장과 교환에 사용되는 세계 표준의 GNSS 데이터 자료형식을 말한다.
• GNSS 측량기로부터 수신된 원시 데이터는 GNSS 공통 포맷인 라이넥스(RINEX)파일로 변환하여 원시데이터와 함께 관리하여야 한다.

□□□ 예상
05 GNSS 측량의 활용분야가 아닌 것은?

① 변위추정　　② 영상복원
③ 절대좌표해석　④ 상대좌표해석

| 해답 | ②
GNSS는 위치나 시간정보가 필요한 모든 분야에 이용될 수 있으나 영상복원 등의 분야에는 활동되지 않는다.

□□□ 산 19②
06 GNSS 관측오차 중 주변의 구조물에 위성신호가 반사되어 수신되는 오차를 무엇이라고 하는가?

① 다중경로 오차　② 사이클슬립 오차
③ 수신기시계 오차　④ 대류권 오차

| 해답 | ①
다중경로(Multipath)에 의한 오차
방송국에서 발사된 전파가 직접 또는 산악이나 건물 등에 반사되는 등 여러 다른 경로를 통해서 수신 안테나에 도달하는 다중 경로(멀티패스) 현상으로 발생되는 오차.

□□□ 예상
07 기준국을 고정하여 기계를 설치하고 이동국으로 측량하여 모뎀 등을 이용하여 실시간으로 좌표를 얻음으로써 현황측량 등에 이용하는 GNSS 측량 기법은?

① DGPS　　　② RTK
③ PPP　　　　④ PPK

| 해답 | ②
RTK(Real Time Kinematic)
위성신호 중 L_1/L_2의 반송파를 처리하여 1~2cm정도의 위치정확도를 얻는 방법이다.

□□□ 산 18①
08 GNSS 위성을 이용한 측위에 측점의 3차원적 위치를 구하기 위하여 수신이 필요한 최소 위성의 수는?

① 2　　　　　② 4
③ 6　　　　　④ 8

| 해답 | ②
수신기 1대를 이용하여 위치를 결정할 수 있는 GNSS측량 방법인 1점 측위는 시간 오차까지 보정하기 위해서 최소 4대 이상의 위성으로부터 수신하여야 한다.

알아두기

GNSS 정의
GNSS(Global Navigation Satellite System, 위성항법시스템)은 인공위성을 이용한 범세계적 위치 결정의 체계로 정확히 위치를 알고 있는 위성에서 발사한 전파를 수신하여 관측점까지의 소요시간을 측정함으로써 관측점의 3차원 위치를 구하는 측량

GNSS 측량의 특징
- 측량거리에 비하여 정확도가 높다.
- WGS84 좌표계를 사용한다.

GNSS의 구성 요소
- 위성에 대한 우주부분
- 지상 관제소에서의 제어부분
- 측량자가 사용하는 수신기에 대한 사용자 부분

단독측위(독립측위)
- GDOP : 기하학적 정밀도 저하율
- PDOP : 위치정밀도 저하율(3차원위치)
- HDOP : 수평 정밀도 저하율(수평위치)
- VDOP : 수직 정밀도 저하율(높이)
- TDOP : 시간정밀도 저하율

04 GNSS 측량

1 GNSS 측량

(1) GNSS를 이용한 측량 분야의 활용
- GNSS는 위치나 시간정보를 필요로 하는 모든 분야에 이용될 수 있기 때문에 매우 광범위하게 응용되고 있다.
- GNSS는 위성의 수신이 되지 않는 실내, 터널, 지하 등은 관측이 어렵다.

(2) GNSS위성측량시스템 : 미국의 GPS, 러시아의 GLONASS, 유럽의 GALILEO, 일본의 QZSS, 중국의 COMPASS 등이 이에 속한다.

2 GNSS 측위

(1) DOP(정밀도 저하율)
위성의 배치 상태에 따른 정밀도 저하율(DOP : Dilution Of Precision)
- 단독측위(독립측위) : GPS 수신기 1대에 의한 것으로 GPS 측위의 기본적인 방법
- 상대측위 : RDOP ; 상대정밀도 저하율

(2) GNSS 관측오차(측위 환경에 따른 오차)
- 다중경로(Multipath)에 의한 오차
  - 주변의 구조물에 위성신호가 반사되어 수신되는 오차
  - GNSS 안테나를 설치해 예방할 수 있다.
- 사이클 슬랩(cycle slip)
  - 반송파 위상 값을 순간적으로 놓쳐서 발생하는 오차
  - 주위의 지형물에 의한 신호단절, 신호 잡음, 낮은 신호 강도로 인해 발생한다.
- 전리층 오차
  약 350km 고도 상에 분포된 자유 전자와 위성 신호와의 간섭현상에 의해 발생
- 대류층 오차
  50km 고도까지의 대류층에서 위성 신호 굴절 현상으로 발생한다.
- 위성의 배치 상태에 따른 정밀도 저하율(DOP)
  GPS의 오차는 수신기와 위상들 간의 기하학적 배치에 따라 영향을 받는다.
- SA(selective availability)에 의한 오차
  천체위치표에 의한 자료와 위성시계자료를 조작하여 위성과 수신기 사이에 거리오차가 생기도록 하는 방법

(3) 주요 용어
- RTK(Real Time Kinematic) : 기준국을 고정하여 기계를 설치하고 이동국으로 측량하여 모뎀 등을 이용하여 실시간으로 좌표를 얻음으로써 현황측량 등에 이용하는 측량기법
- 라이넥스(RINEX) : 정지 측량시 GNSS 수신기의 기종에 관계없이 데이터의 호환이 가능 하도록 하는 공용포맷의 일종이다.
- DGPS : 상대측위방식의 GPS측량기법으로서 이미 알고 있는 기지점좌표를 이용하여 오차를 최대한 줄여서 정확도를 높이기 위한 위치 결정방식이다.

핵심문제

□□□ 산 16

01 50m의 줄자를 이용하여 관측한 거리가 165m이었다. 관측 후 표준 줄자와 비교하니 2cm 늘어난 줄자였다면 실제의 거리는?

① 164.934m ② 165.006m
③ 165.066m ④ 165.122m

| 해답 | ③

$$L_0 = L\left(1 \pm \frac{e}{s}\right) = 165\left(1 + \frac{0.02}{50}\right) = 165.066\,m$$

[표준길이보다 길면(+), 짧으면(-)]

□□□ 산 94,96,98,04,05,07,09,14,15

02 어떤 측선의 길이를 3군으로 나누어 관측하여 표와 같은 결과를 얻었을 때, 측선 길이의 최확값은?

관측군	관측값(m)	측정횟수
Ⅰ	100.350	2
Ⅱ	100.340	5
Ⅲ	100.353	3

① 100.344m ② 100.346m
③ 100.348m ④ 100.350m

| 해답 | ②

- 같은 관측값은 관측 회수가 다르게 측정했으므로 경중률은 관측 회수에 비례한다.
  $P_1 : P_2 : P_3 = 2 : 5 : 3$
- 최확치 $M_0 = \dfrac{P_1 L_1 + P_2 L_2 + P_3 L_3 + P_4 L_4}{P_1 + P_2 + P_3 + P_4}$
  $= 100 + \dfrac{0.35 \times 2 + 0.34 \times 5 + 0.353 \times 3}{2 + 5 + 3}$
  $= 100.346\,m$

□□□ 산 03,07,17

03 50m의 줄자를 사용하여 길이 1250m를 관측할 경우, 줄자에 의한 거리측량 오차를 50m에 대하여 ±5mm 라고 가정한다면 전체 길이의 거리 측정에서 생기는 오차는?

① ±20mm ② ±25mm
③ ±30mm ④ ±35mm

| 해답 | ②

우연오차 $E = \pm e\sqrt{n} = \pm 5\sqrt{\dfrac{1250}{50}} = \pm 25\,mm$

□□□ 산 10,16,18②

04 동일 지점간 거리 관측을 3회, 5회, 7회 실시하여 최확값을 구하고자 할 때 각 관측값에 대한 보정값의 비(3회 : 5회 : 7회)로 옳은 것은?

① $\dfrac{1}{3^2} : \dfrac{1}{5^2} : \dfrac{1}{7^2}$ ② $\dfrac{1}{3} : \dfrac{1}{5} : \dfrac{1}{7}$
③ $3 : 5 : 7$ ④ $3^2 : 5^2 : 7^2$

| 해답 | ②

- 경중률은 관측횟수에 비례한다.
- 관측값에 대한 보정값은 관측횟수에 반비례한다.
  즉, $\dfrac{1}{3} : \dfrac{1}{5} : \dfrac{1}{7}$

□□□ 산 10,12,14

05 거리와 각도의 조합을 통해 위치를 구하는 다각측량에서 거리의 정밀도가 1/10000일 때, 이와 같은 정도의 정밀도를 위한 관측각 오차는 약 얼마인가?

① 10″ ② 21″
③ 41″ ④ 100″

| 해답 | ②

$$\dfrac{\Delta l}{l} = \dfrac{\Delta \alpha}{206265″} = \dfrac{1}{10000}$$

$$\therefore \Delta \alpha = \dfrac{206265″}{10000} = 21″$$

□□□ 산 10,12,14

06 각측량시 방향각에 6″의 오차가 발생한다면 3km 떨어진 측점의 거리오차는 얼마인가?

① 5.6cm ② 8.7cm
③ 10.8cm ④ 12.6cm

| 해답 | ②

$$\dfrac{\Delta l}{l} = \dfrac{6″}{206265″}$$

$$\therefore \Delta l = \dfrac{6″}{206265″} \times 3 \times 100000 = 8.7\,cm$$

03 측량의 오차와 정밀도

1 오차의 종류

(1) 정오차(누적오차, 누차)
- 일정한 크기와 일정한 방향으로 생기는 오차
- 오차의 원인이 분명하여 소거방법도 분명하다.
- 정오차는 측정횟수에 비례한다.
- 정오차 $E_1 = \delta \cdot n$

(2) 우연오차(부정오차, 상차, 우차)
- 오차 크기와 방향(부호)이 불규칙적으로 발생하고 확률론에 의해 추정할 수 있는 오차
- 최소제곱법의 원리로 오차를 배분하여 오차론에서 다루는 오차
- 우연오차는 측정횟수의 제곱근에 비례한다.
- 우연오차 $E_2 = \pm \delta \sqrt{n}$

2 오차의 전파법칙

구간거리가 다르고 평균제곱근 오차가 다를 때	$L_0 = L \pm M$ • $L = L_1 + L_2 + L_3 + \cdots + L_n$ • $M = \pm \sqrt{m_1^2 + m_2^2 + m_3^2 + \cdots + m_n^2}$
평균제곱근 오차가 같다고 가정할 때	$L_0 = L \pm M$ • $L = L_1 + L_2 + L_3 + \cdots + L_n$ • $M = \pm \sqrt{m_1^2 + m_1^2 + m_1^2 + \cdots + m_1^2} = \pm m_1 \sqrt{n}$
면적관측시 최확값 및 평균제곱근 오차의 합	$A_0 = A \pm M$ • $A = L_1 \times L_2$ • $M = \pm \sqrt{(L_1 \cdot m_2)^2 + (L_2 \cdot m_1)^2}$

3 정밀도

구분	경중률을 고려하지 않은 경우	경중률을 고려한 경우
최확치 L_o	$\dfrac{l_A + l_B + l_C}{n}$	$\dfrac{P_A l_A + P_B l_B + P_C l_C}{P_A + P_B + P_C}$
중등오차 m_o	$\pm \sqrt{\dfrac{[vv]}{n(n-1)}}$	$\pm \sqrt{\dfrac{[Pvv]}{P(n-1)}}$
확률오차 r_o	$\pm 0.6745 \sqrt{\dfrac{[vv]}{n(n-1)}}$	$\pm 0.6745 \sqrt{\dfrac{[Pvv]}{P(n-1)}}$
정밀도 $\dfrac{1}{M}$	$\dfrac{r_o}{L_o}$ 또는 $\dfrac{m_o}{L_o}$	$\dfrac{r_o}{L_o}$ 또는 $\dfrac{m_o}{L_o}$

경중률
- 경중률은 관측횟수에 비례한다.
- 경중률은 측정 거리에 반비례한다.
- 경중률은 표준편차의 제곱과 반비례한다.
- 경중률은 관측값의 측정오차의 제곱에 반비례한다.
- 경중률은 분산과 반비례한다.

핵 심 문 제

□□□ 기 80
01 우리나라에 설치되어 있는 수준점의 표고는?

① 삼각점으로 부터의 높이를 나타낸다.
② 도로의 높이를 나타낸다.
③ 만조면으로부터의 높이를 나타낸다.
④ 평균 해수면으로부터의 높이를 나타낸다.

| 해답 | ④
수준점의 표고 : 평균해수면으로 부터의 높이를 나타낸다.

□□□ 예상
02 국토부장관(국토지리정보원장)이 전 국토를 대상으로 주요지점에 설치하는 점을 국가기준점이라 한다. 이 국가 기준점에 속하지 않은 점은?

① 삼각점　　　　② 수준점
③ 지적삼각점　　④ 지자기점

| 해답 | ③
국가기준점 : 삼각점, 수준점, 중력점, 지자기점

□□□ 예상
03 국가측지기준계를 정립하기 위하여 전 세계 초장거리간섭계와 연결하여 정한 기준점이란 무엇인가?

① 중력기준점　　② VLBI
③ 위성기준점　　④ 지평선

| 해답 | ②
우주측지기준점(VLBI)이라 한다.

□□□ 예상
04 수평위치 측량을 위하여 지구표면상의 약 10~20km 간격으로 상호위치와 수평위치(좌표)가 결정되어 있는 기준점은?

① 1등 삼각점　　② 2등 삼각점
③ 1등 수준점　　④ 2등 수준점

| 해답 | ①
1등 삼각점의 정의이다.

□□□ 예상
05 국토지리정보원장은 국가기준점의 관리계획을 매년 수립하여야 하며, 그 범위에 해당하지 않는 것은?

① 국가기준점의 설치
② 국가 기준점의 운영
③ 국가 기준점의 유지관리
④ 국가 기준점의 대여

| 해답 | ④
국토지리정보원장은 국가기준점의 관리계획 범위
• 국가기준점의 설치 및 운영
• 국가기준점의 정비 및 유지관리
• 그 밖의 국가기준점 관리에 필요한 사항

□□□ 예상
06 국가기준점과 관련된 용어에 대한 설명으로 틀린 것은?

① 우주측지기준점 : 공간적(3차원) 위치를 통합으로 관측하기 위하여 지구표면상의 수평위치, 수직위치(높이) 및 중력이 결정되어 있는 기준점
② 위성기준점 : GNSS측량장비로 인공위성의 신호를 받아 지구상의 위치(수평, 수직)를 결정한 기준점
③ 지자기기준점 : 지구표면상에서 측정한 지자기값이 결정되어 있는 기준점
④ 중력기준점 : 지구표면상에서 측정한 중력값이 결정되어 있는 기준점

| 해답 | ①
• 우주측지기준점(VLBI) : 국가측지기준계를 정립하기 위하여 전 세계 초장거리 간섭계와 연결아혀 정한 기준점
• 통합기준점 : 공간적(3차원) 위치를 통합으로 관측하기 위하여 지구표면상의 수평위치, 수직위치(높이) 및 중력이 결정되어 있는 기준점

□□□ 예상
07 GNSS측량장비로 인공위성의 신호를 받아 지구상의 위치(수평, 수직)를 결정한 기준점은?

① 우주측지 기준점　　② 위성 기준점
③ 통합기준점　　　　④ 중력기준점

| 해답 | ②
위성 기준점의 정의이다.

알아두기

삼각점

수준점

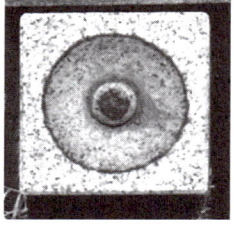

1등 삼각점
수평위치 측량을 위하여 지구표면상의 약 10~20km 간격으로 상호위치와 수평위치(좌표)가 결정되어 있는 기준점

2등 삼각점
수평위치 측량을 위하여 지구표면상의 약 2.5~5km 간격으로 상호위치와 수평위치가 결정되어 있는 기준점

1등 수준점
수평위치(높이) 측량(수준측량)을 위하여 수준원점을 기준으로 도로를 따라 약 4km 간격으로 높이 값이 결정되어 있는 기준점

2등 수준점
수평위치(높이) 측량(수준측량)을 위하여 수준원점을 기준으로 도로를 따라 약 2km 간격으로 높이 값이 결정되어 있는 기준점

02 국가기준점(國家基準點 ; ational Control Point)

1 국가 기준점의 개요

(1) 국가 기준점의 정의
측량의 정확도를 확보하고 효율성을 높이기 위하여 국토교통부장관 및 해양수산부장관이 전국토를 대상으로 주요 지점마다 정한 측량의 기본이 되는 측량기준점으로 국토지리정보원에서 측량에 의해 설치한 위치와 표고 등이 표시된 점이다.

(2) 국가기준점의 역할
- 국토에 대한 측량의 정확도 확보 및 효율성 향상, 모든 측량의 기초가 된다.
- 국토의 위치를 영구히 현지에 보존, 표현하는 시설물이다.
- 측량성과의 통일과 측량의 중복 배제한다.
- 관계법령 : 공간정보의 구축 및 관리 등에 관한 법률 제7조 및 시행령 제8조

(3) 측량기준점 구분(제7조)
- 국가기준점 : 국토부장관(국토지리정보원장)이 전 국토를 대상으로 주요지점에 설치(삼각점, 수준점, 중력점, 지자기점 등)
- 공공기준점 : 공공측량 시행자가 국가기준점을 기준으로 설치(공공삼각점, 공공수준점)
- 지적기준점 : 시도지사 및 지적소관청이 설치(지적삼각점, 지적삼각보조점, 지적도근점)

2 국가기준점의 종류와 관리계획 범위

(1) 국가기준점
- 경위도 원점 : 우리나라의 지리학적 경위도 결정을 위한 기준(시점)이 되는 점
- 수준원점 : 우리나라의 수직적 높이 값을 결정을 위한 기준(시점)이 되는 점
- 우주측지기준점(VLBI) : 국가측지기준계를 정립하기 위하여 전 세계 초장거리간섭계와 연결하여 정한 기준점
- 위성기준점 : GNSS측량장비로 인공위성의 신호를 받아 지구상의 위치(수평, 수직)를 결정한 기준점
- 통합기준점 : 공간적(3차원) 위치를 통합으로 관측하기 위하여 지구표면상의 수평위치, 수직위치(높이) 및 중력이 결정되어 있는 기준점
- 중력기준점 : 지구표면상에서 측정한 중력값이 결정되어 있는 기준점
- 지자기기준점 : 기구표면상에서 측정한 지가지값이 결정되어 있는 기준점

(2) 국가기준점의 관리계획 범위
- 국가기준점의 설치 및 운영
- 국가기준점의 정비 및 유지관리
- 그 밖에 국가기준점 관리에 필요한 사항 등

핵 심 문 제

□□□ 산 11,14①,19④,20③

01 측량지역의 대소에 의한 측량의 분류에 있어서 지구의 곡률로부터 거리오차에 따른 정확도를 $1/10^7$까지 허용한다면 반지름 몇 km이내를 평면으로 간주하여 측량할 수 있는가? (단, 지구의 곡률반경은 6370km이다.)

① 3.5km ② 7.0km
③ 11km   ④ 22km

| 해답 | ①

$\dfrac{d-D}{D} = \dfrac{D^2}{12R^2} = \dfrac{\Delta l}{l}$ 에서

- $\dfrac{1}{10000000} = \dfrac{D^2}{12 \times 6370^2}$
- 평면으로 볼 수 있는 한계 $D = \sqrt{\dfrac{12 \times 6370^2}{10000000}} = 7.0$km
- ∴ 반지름 $R = \dfrac{D}{2} = \dfrac{7.0}{2} = 3.5$km

□□□ 산 11,16

02 다음 중 물리학적 측지학에 속하지 않는 것은?

① 지구의 극운동과 자전운동
② 지구의 형상해석
③ 하해 측량
④ 지구조석측량

| 해답 | ③

하해 측량 : 기하학적 측지학

□□□ 산 16

03 지구전체를 경도 6°씩 60개의 횡대로 나누고, 위도 8°씩 20개(남위 80°~북위 84°)의 횡대로 나타내는 좌표계는?

① UPS 좌표계   ② 평면직각 좌표계
③ UTM 좌표계   ④ WGS 84 좌표계

| 해답 | ③

UTM 좌표계
- 경도 : 동경 180° 기준 6° 간격으로 60구분으로 나누고 경도원점은 중앙 자오선이다.
- 위도 : 8° 간격으로 20구분, 위도원점은 적도상에 있다.

□□□ 산 16

04 국토지리정보원에서 발행하는 1:50000지형도 1매에 포함되는 지역의 범위는?

① 위도 10′, 경도 10′   ② 위도 10′, 경도 15′
③ 위도 15′, 경도 10′   ④ 위도 15′, 경도 15′

| 해답 | ④
1매에 포함되는 도곽 크기

축척	도곽 크기
1:10000	위도 5′, 경도 5′
1:25000	위도 7′ 30″, 경도 7′ 30″
1:50000	위도 15′, 경도 15′

□□□ 산 13

05 기하학적 측지학의 3차원 위치 결정 요소로 옳은 것은?

① 위도, 경도, 높이
② 위도, 경도, 방향각
③ 위도, 경도, 자오선 수차
④ 위도, 경도, 진북 방위각

| 해답 | ①

기하학적 측지학의 3차원 위치결정 3요소
위도, 경도, 높이

□□□ 산 99,07,10,11

06 측지학 및 측지측량에 대한 설명으로 옳지 않은 것은?

① 측지학이란 지구 내부의 특성, 지구의 형상, 지구표면의 상호위치 관계를 정하는 학문이다.
② 기하학적 측지학에는 천문측량, 위성측지, 높이의 결정 등이 있다.
③ 물리학적 측지학에는 지구의 형상 해석, 중력의 측정, 지자기 측정 등을 포함한다.
④ 측지측량이란 지구의 곡률을 고려하지 않은 측량으로서 20km 이내를 평면으로 취급한다.

| 해답 | ④
평면측량(평지측량)이란 지구의 곡률을 고려하지 않은 측량으로서 11km 이내를 평면으로 취급한다.

01 측량학

알아두기

구과량

$$\epsilon'' = \frac{F}{r^2}\rho''$$
$$= \frac{F}{r^2} \times 206265''$$

F : 구면삼각형 면적
r : 구의 반지름
ρ'' : 206265''

물리학적 측지학
- 중력측정
- 지자기의 관측
- 탄성파 관측
- 지각변동 및 균형
- 지구의 열측정
- 대륙의 부동
- 해양의 조류
- 지구의 조석측량
- 지구의 형상 해석
- 지구의 극운동 및 자전운동

기하학적 측지학
- 3차원 위치결정
- 길이 및 시간의 측정
- 수평위치의 결정
- 높이의 결정
- 천문측량
- 사진측량
- 위성측지
- 하해측지
- 지도제작(지도학)
- 면적 및 체적 계산

01 측량학일반

1 측량의 분류

(1) 넓이에 따른 분류
- 평면측량 : 평지 측량 또는 소지 측량이라고도 하며, 반지름 11km(지름22km)까지의 범위에서 지구를 평면으로 보고 실시하는 측량으로 높은 정확도를 요구하지 않는 소지역에서의 측량이다.
- 측지측량 : 대지 측량이라고도 하며, 평면 측량에 대응되는 것으로 지구의 곡률을 고려하여 지표면을 곡면으로 간주하여 지구의 형상과 크기를 구하는 정밀 측량이다.

(2) 평면측량과 측지측량의 관계(Macraurain의 정리)
평면측량과 측지측량과의 오차를 계산하여 보면 반지름 11km(지름 22km)범위에서 약 1/1000000정도의 정밀도를 나타낸다.

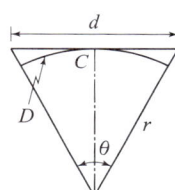

- 정밀도 : $\dfrac{\Delta l}{D} = \dfrac{d-D}{D} = \dfrac{D^2}{12R^2} = \dfrac{1}{M}$
- 거리오차 : $d - D = \dfrac{D^3}{12R^2}$

2 측지학의 대상한도

- 기하학적 측지학의 3차원 위치결정 3요소 : 위도, 경도, 높이

3 좌표계

(1) UTM좌표계
- 경도 : 동경 180° 기준 6° 간격으로 60구분으로 나누고 경도원점은 중앙 자오선이다.
- 위도 : 8° 간격으로 20구분, 위도원점은 적도상에 있다.

(2) 우리나라의 지도투영법
- 국토기본도는 TM도법을 사용하며 원점에서의 중앙 자오선에서 축척계수는 1.0000인 TM투영이다.
- 군용지도는 UTM좌표를 사용하며 중앙 자오선에서 축척계수는 0.9996인 UTM투영이다.

(3) 지자기 측정의 3요소
- 편각 : 지자기의 방향과 자오선과의 각
- 복각 : 지자기의 방향과 수평면과의 각
- 수평분력 : 수평면내에서 자기장의 크기

2 과목

CBT 핵심 스피드 마스터
측량 및 토질

01 측량학
02 토질 및 기초

| memo |

핵심문제

☐☐☐ 산 12,15,17

01 아래 그림과 같은 강판에서 순폭은?
(단, 강판에서의 구멍 지름(d)은 25mm이다.)

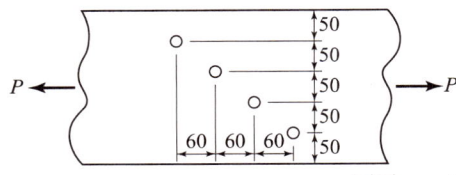

① 150mm ② 175mm
③ 204mm ④ 225mm

|해답| ③

순폭(b_n) : 두 값 중 작은 값

- $b_n = b_g - d = 50 \times 5 - 25 = 225mm$
- $b_n = b_g - d - 3\left(d - \dfrac{p^2}{4g}\right)$
  $= 50 \times 5 - 25 - 3 \times \left(25 - \dfrac{60^2}{4 \times 50}\right) = 204mm$

∴ $b_n = 204mm$ (두 값 중 작은 값)

☐☐☐ 산 92,07,11,19②

02 다음의 L형강에서 단면의 순단면을 구하기 위하여 전개한 총폭(b_g)은 얼마인가?

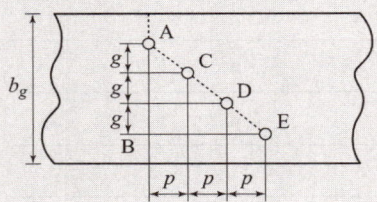

① 250mm ② 264mm
③ 288mm ④ 300mm

|해답| ③

L형강
총폭 $b_g = b_1 + b_2 - t = 150 + 150 - 12 = 288mm$

☐☐☐ 산 04,08,10,11,14,17,19②

03 그림과 같은 판형(Plate Girder)의 각부 명칭으로 틀린 것은?

① A – 상부판(Flange)
② B – 보강재(Sriffener)
③ C – 덮개판(Cover plate)
④ D – 횡구(Bracing)

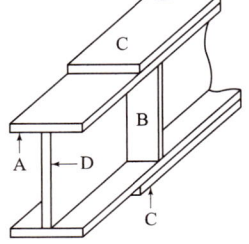

|해답| ④
D : 복부판(Web plate)

☐☐☐ 산 03,10,13,16

04 강교량에 주로 사용되는 판형(plate girder)의 보강재에 대한 설명으로 옳지 않은 것은?

① 보강재는 복부판의 전단력에 따른 좌굴을 방지하는 역할을 한다.
② 보강재는 단보강재, 중간보강재, 수평보강재가 있다.
③ 수평보강재는 복부판이 두꺼운 경우에 주로 사용된다.
④ 보강재는 지점 등의 이음부분에 주로 설치한다.

|해답| ③
- 수평보강재는 복푸판이 얇은 경우에 주로 사용된다.
- 보강재는 판 두께가 얇은 경우에 발생하는 좌굴을 방지하기 위해서 일어난다.

☐☐☐ 산 02,09,15

05 다음 중 용접이음을 한 경우 용접부의 결함을 나타내는 용어가 아닌 것은?

① 언더컷(undercut) ② 필릿(fillet)
③ 크랙(crack) ④ 오버랩(overlap)

|해답| ②

■ 용접부의 결함
- 언더컷(undercut) : 용접속도가 너무 빨라 용접의 면 끝을 따라 모재가 파이고, 용착 금속이 채워지지 않고 홈이 발생
- 크랙(crack) : 가열된 용접 부위가 냉각되어 수축, 변형, 균열 발생
- 오버랩(overlap) : 용접 전류에 비해 아크 전압이 너무 낮거나, 용접속도가 너무 느려 용착 금속이 기준이상으로 홈이 발생
■ 필릿(fillet) : 용접방법이다.

16 강구조 : 인장부재

1 순폭계산

(1) 리벳이 판형에 지그재그로 배치된 경우(이 중 최소값)

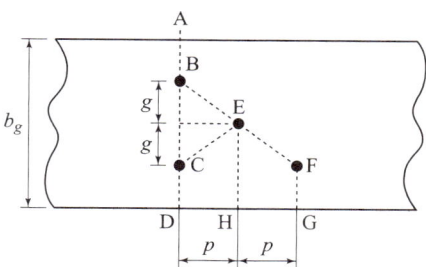

여기서, p : 리벳피치, g : 리벳선간 거리

- ABCD 단면 : $b_n = b_g - 2d$
- ABEH 단면 : $b_n = b_g - d - \left(d - \dfrac{p^2}{4g}\right)$
- ABECD 단면 : $b_n = b_g - d - 2\left(d - \dfrac{p^2}{4g}\right)$
- ABEFG 단면 : $b_n = b_g - d - 2\left(d - \dfrac{p^2}{4g}\right)$

(2) L형강의 경우

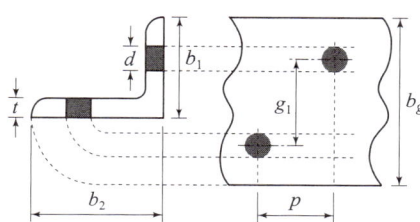

- $b_g = b_1 + b_2 - t$, $g = g_1 - t$
- $\dfrac{p^2}{4g} \geq d$ 인 경우 : $b_n = b_g - d$
- $\dfrac{p^2}{4g} < d$ 인 경우 : $b_n = b_g - d - w = b_g - d - \left(d - \dfrac{p^2}{4g}\right)$

2 판형교

(1) 판형(Plate Girder)의 명칭
- A : 상부판(Flange)
- B : 보강재(Stiffener) : 복부판의 좌굴을 방지하기 위하여
- C : 덮개판(Cover plate)
- D : 복부판(Web plate)

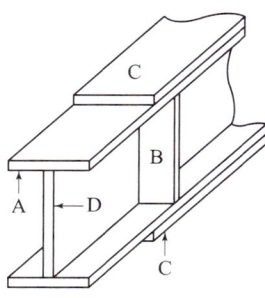

(2) 보강재 : 복부판의 좌굴을 막기 위하여 수직 보강재인 스티프너(stiffener)를 설치한다.

> **판형의 보강재**
> 복부판의 좌굴을 방지하기 위해 사용

핵 심 문 제

□□□ 산 97,00,03,07,09,12

01 그림과 같은 연결에서 리벳의 강도는? (단, 허용전단응력은 130MPa, 허용지압응력은 300MPa)

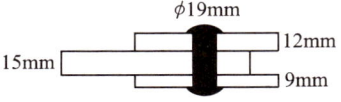

① 73.7kN ② 85.8kN
③ 89.4kN ④ 92.8kN

| 해답 | ①

- 전단세기 $\rho_s = v_a \dfrac{\pi d^2}{4} \times 2 = 130 \times \dfrac{\pi \times 19^2}{4} \times 2$
  $= 73717\text{N} = 73.7\text{kN}$
- 지압세기 $\rho_b = f_{ba} \cdot d \cdot t = 300 \times 19 \times 15$
  $= 85500\text{N} = 85.5\text{kN}$
  ∴ 리벳의 허용력 $= 73.7\text{kN}$(작은 값)

□□□ 산 06,11,14

02 다음 그림의 고장력 볼트 마찰이음에서 필요한 볼트 수는 몇 개인가? (단, 볼트는 M24(=φ24mm), F10T를 사용하며, 마찰이음의 허용력은 56kN이다.)

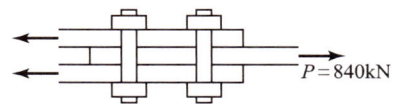

① 5개 ② 6개
③ 7개 ④ 8개

| 해답 | ④

$n = \dfrac{P}{2\rho_a} = \dfrac{840}{2 \times 56} = 7.5$ ∴ 8개

□□□ 산 02,04,06,10,11,14

03 다음 그림은 필릿(Fillet) 용접한 것이다. 목두께 a 를 표시한 것으로 옳은 것은?

① $a = S_2 \times 0.70$
② $a = S_1 \times 0.70$
③ $a = S_2 \times 0.60$
④ $a = S_1 \times 0.60$

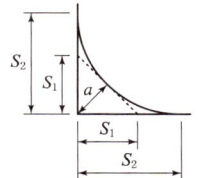

| 해답 | ②

용접부의 목두께(필릿용접)
필릿용접의 유효 목두께(a)는 모살치수의 0.7배로 한다.
∴ $a = S_1 \times 0.70$

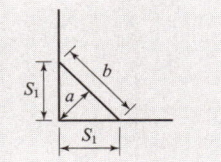

□□□ 산 97,00,08,09,12,13,14,15,16,19②

04 다음 그림에서 인장력 $P=400$kN이 작용할 때 용접이음부의 응력은 얼마인가?

① 96.2MPa
② 101.2MPa
③ 105.3MPa
④ 108.6MPa

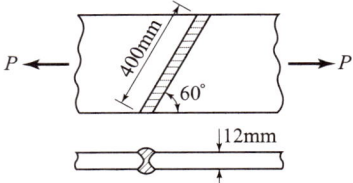

| 해답 | ①

$$f = \dfrac{P}{A} = \dfrac{P}{\sum a \cdot l_e}$$
$$= \dfrac{400 \times 10^3}{12 \times 400 \sin 60°} = 96.2\,\text{MPa}$$

□□□ 산 12,15

05 다음 필릿용접의 전단응력은 얼마인가?

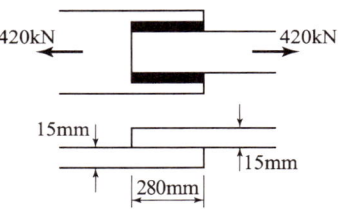

① 67.7MPa ② 70.7MPa
③ 72.7MPa ④ 80.0MPa

| 해답 | ④

$v = \dfrac{P}{\sum a l_e}$

- $a = 0.7S = 0.7 \times 15 = 10.5$mm
  $l_e = 280 - 2 \times 15 = 250$mm
  ∴ $v = \dfrac{420 \times 10^3}{10.5 \times 2 \times 250}$ (∵ 2면이 필릿용접)
  $= 80.0$MPa

15 강구조 : 이음

1 리벳이음

(1) 전단응력 및 강도계산

구분	응력상태	전단강도	지압강도
단전단 (1면 전단)		$\rho_{sa} = v_a A$ $= v_a \dfrac{\pi d^2}{4}$	$\rho_{ba} = f_{ba} \cdot d \cdot t$
복전단 (2면 전단)		$\rho_{sa} = 2 v_a A$ $= 2\left(v_a \dfrac{\pi d^2}{4}\right)$	$\rho_{ba} = f_{ba} \cdot d \cdot t$

(2) 리벳수 : $n = \dfrac{P}{\rho}$

여기서, 리벳값 ρ : 전단강도(ρ_{sa}), 지압강도(ρ_{ba}) 중에서 작은 값이 리벳값이다.

2 용접이음

(1) 용접부의 목두께(필릿용접)
- 필릿용접의 유효목두께(a)는 모살치수의 0.7배로 한다.
- 필릿용접의 유효길이(l_e)는 필릿용접의 총길이(l)에서 2배의 모살치수를 공제한 값으로 한다.
- 필릿용접의 유효면적은 유효길이에 유효목두께를 곱한 것으로 한다.
- 구멍모살과 슬로트필릿용접의 유효길이는 목두께의 중심을 잇는 용접중심선의 길이로 한다.

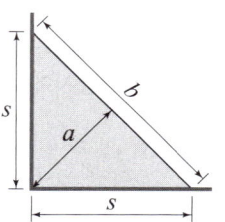

(2) 용접부의 유효길이

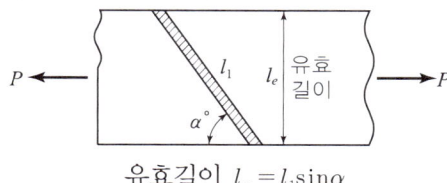

유효길이 $l_e = l_1 \sin\alpha$

(3) 용접부의 강도 및 응력 계산
- 용접부의 강도
  - 용접부의 강도=용접면적×허용응력
  - 용접부의 면적=목두께×유효길이
- 용접이음의 응력
  $f = \dfrac{P}{\sum a l_e}$

알아두기

▼ **리벳의 구멍지름(mm)**

리벳의 지름	리벳의 구멍지름
$d < 20$	$d + 1.0$
$d \geq 20$	$d + 1.5$

▼ **고장력 볼트구멍의 지름(mm)**

고장력볼트의 지름	볼트구멍의 지름
$d \leq 24$	$d + 2.0$
$d > 24$	$d + 3.0$

▼ **볼트의 지름(mm)**

볼트의 지름	볼트구멍의 지름
모든 볼트	$d + 0.5$

▼ **용접부의 목두께와 유효길이**
- 용접부의 목두께
  $a = 0.7s$
- 유효길이
  $l_e = l - 2 \times$모살치수

▼ **고장력볼트 이음의 종류**
- 마찰이음
- 지압이음
- 인장이음

▼ **휨모멘트를 받는 이음부의 응력**
$f = \dfrac{M}{I} y$

핵심문제

□□□ 산 14,17

01 PSC에서 프리텐션 방식의 장점이 아닌 것은?

① PS 강재를 곡선으로 배치하기 쉽다.
② 정착장치가 필요하지 않다.
③ 제품의 품질에 대한 신뢰도가 높다.
④ 대량 제조가 가능하다.

| 해답 | ①
프리텐션 방식의 단점
• 강재를 곡선으로 배치하기가 어려워 대형 구조물 제작에는 부적당하다.
• 단부에 프리스트레스의 도입이 어렵다.

□□□ 산 12,13,14,15,16,19②

02 다음의 프리스트레스 손실 원인 중 도입할 때 일어나는 손실(즉시 손실)이 아닌 것은?

① 콘크리트의 탄성수축에 의한 손실
② PS강재의 릴랙세이션에 의한 손실
③ 긴장재와 쉬스의 마찰에 의한 손실
④ 정착장치에서 긴장재의 활동에 의한 손실

| 해답 | ②
도입 후 손실=시간적 손실
• 콘크리트의 크리프
• 콘크리트의 건조수축
• 긴장재 응력의 릴랙세이션

□□□ 산 11,12,13,16,17,20③

03 콘크리트의 설계기준강도 $f_{ck}=35$MPa, 콘크리트의 압축강도 $f_c=8$MPa일 때 콘크리트의 탄성변형에 의한 PS강재의 프리스트레스 감소량은? (단, n은 7)

① 40MPa ② 48MPa
③ 56MPa ④ 64MPa

| 해답 | ③
$$\Delta f_p = E_p \cdot \frac{f_c}{E_c} = n \cdot f_c = 7 \times 8 = 56 \text{MPa}$$

□□□ 산 11,14,15

04 단면이 300×500mm이고, 150mm^{2}의 PS 강선 6개를 강선군의 도심과 부재단면의 도심축이 일치하도록 배치된 프리텐션 PC 부재가 있다. 강선의 초기 긴장력이 1000MPa일 때 콘크리트의 탄성변형에 의한 프리스트레스의 감소량은? (단, $n=6$)

① 36MPa ② 30MPa
③ 6MPa   ④ 4.8MPa

| 해답 | ①
$$\Delta f_p = n\frac{P_i}{A_c}$$
• $P_i = A_p n f_y = 150 \times 6 \times 1000 = 900000$N
∴ $\Delta f_p = 6 \times \frac{900000}{300 \times 500} = 36$MPa

□□□ 산 11,12,13,16

05 PS강재를 긴장할 때 강재의 인장응력을 다음 어느 값을 초과하면 안 되는가? (단, f_{pu} : 긴장재의 설계기준인장강도, f_{py} : 긴장재의 설계기준항복강도)

① $0.80f_{pu}$ 또는 $0.82f_{py}$ 중 작은 값
② $0.80f_{pu}$ 또는 $0.94f_{py}$ 중 작은 값
③ $0.74f_{pu}$ 또는 $0.82f_{py}$ 중 작은 값
④ $0.74f_{pu}$ 또는 $0.94f_{py}$ 중 작은 값

| 해답 | ②
긴장을 할 때 긴장재의 인장응력은 $0.80f_{pu}$ 또는 $0.94f_{py}$ 중 작은 값 이하로 하여야 한다.

□□□ 산 16

06 길이가 10m인 PSC보에서 포스트텐션 공법으로 설계할 때 강선에 1000MPa의 인장력을 가했더니 강선이 2.0mm 풀렸다. 이 때 프리스트레스의 감소량은? (단, $E_D=2.0\times10^5$MPa이고 일단정착이다.)

① 20MPa ② 30MPa
③ 40MPa ④ 50MPa

| 해답 | ③
$$\Delta f_p = E_p \cdot \frac{\Delta l}{l} = 2 \times 10^5 \times \frac{2}{10 \times 10^3} = 40 \text{MPa}$$

14. 프리스트레스의 손실

1 프리스트레스

(1) 장점
- 부재에 확실한 강도와 안전율을 갖게 할 수 있다.
- 설계하중하에서는 균열이 생기지 않으므로 내구성이 크다.
- 구조물의 자중이 가볍고 RC에 비해 탄력성과 복원력이 우수하다.

(2) 단점
- RC에 비해 단면이 작기 때문에 강성이 작아서 변형이 크게 일어나고 진동하기 쉽다.
- RC에 비해 내화성에서 불리하다.
- RC에 비해 공사비가 많이 든다.

(3) 프리텐션 방식의 장단점

장점	단점
• 대량 제조가 가능하다. • 정착장치가 필요하지 않다. • 제품의 품질에 대한 신뢰도가 높다.	• 강재를 곡선으로 배치하기가 어려워 대형 구조물 제작에는 부적당하다. • 단부에 프리스트레스의 도입이 어렵다.

2 프리스트레스의 손실

(1) 프리스트레스의 손실원인

도입 시 손실=즉시 손실	도입 후 손실=시간적 손실
• 정착장치의 활동 • 포스트텐션 긴장재와 덕트 사이의 마찰 • 콘크리트의 탄성수축	• 콘크리트의 크리프 • 콘크리트의 건조수축 • PS강재(긴장재 응력)의 릴랙세이션

(2) 탄성변형에 의한 손실

$$\Delta f_p = E_p \cdot \frac{f_c}{E_c} = n \cdot f_c = n \frac{P_i}{A_c}$$

- 초기 프리스트레싱 $P_i = A_p n f_y$

여기서, E_p : PS강재의 탄성계수 ($E_p = 2.0 \times 10^5 \, \text{MPa}$)
n : 탄성계수비
f_c : 프리스트레스 도입 후 강재 둘레 콘크리트의 응력
P_i : 초기 프리스트레스(긴장력)

(3) 프리스트레스의 감소량

$$\Delta f_p = E_p \cdot \frac{\Delta l}{l}$$

여기서, Δl : PS 강재의 활동량
l : 긴장재의 길이

3 긴장재의 허용응력

(1) 긴장을 할 때 긴장재의 인장응력은 $0.80 f_{pu}$ 또는 $0.94 f_{py}$ 중 작은 값 이하로 하여야 한다.
(2) 프리스트레스 도입 직후에 긴장재의 인장응력은 $0.74 f_{pu}$ 또는 $0.82 f_{py}$ 중 작은 값 이하로 하여야 한다.
(3) 정착구와 커플러의 위치에서 프리스트레스 도입 직후 포스트텐션 긴장재의 응력은 $0.70 f_{pu}$ 이하로 하여야 한다.

핵 심 문 제

□□□ 산 12,13,15,20③

01 그림과 같은 지간 6m인 단순보의 직사각형 단면에 계수하중 $w=30\text{kN/m}$이 작용한다. 하연의 콘크리트 응력이 0이 될 때 PS강재에 작용하는 긴장력은? (단, PS 강재는 단면의 도심에 위치함)

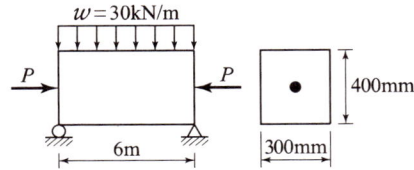

① 1654kN ② 1957kN
③ 2025kN ④ 3152kN

| 해답 | ③

$f = \dfrac{P}{A} - \dfrac{M}{I}y = 0$에서 $P = \dfrac{M \cdot A}{I}y$

- $M = \dfrac{wl^2}{8} = \dfrac{30 \times 6^2}{8} = 135\,\text{kN} \cdot \text{m}$
- $A = bh = 0.3 \times 0.4 = 0.12\,\text{m}^2$
- $I = \dfrac{bh^3}{12} = \dfrac{0.3 \times 0.4^3}{12} = 0.0016\,\text{m}^4$

∴ $P = \dfrac{135 \times 0.12}{0.0016} \times \dfrac{0.4}{2} = 2025\,\text{kN}$

□□□ 산 11②,15④,17②,19①

02 다음 그림과 같은 PSC 단순보에 프리스트레스 힘(P)을 4000kN 작용했을 때 프리스트레스에 의한 상향력은?

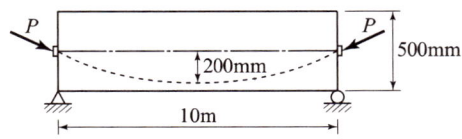

① 48kN/m ② 64kN/m
③ 80kN/m ④ 400kN/m

| 해답 | ②

긴장재가 포물선으로 배치된 경우
상향력 $u = \dfrac{8P \cdot s}{l^2}$
$= \dfrac{8 \times 4000 \times 0.20}{10^2} = 64\,\text{kN/m}$

□□□ 산 11,13,14,17

03 아래의 표에서 설명하고 있는 프리스트레스트 콘크리트의 개념은?

> 콘크리트에 프리스트레스를 도입하면 콘크리트가 탄성체로 전환된다는 생각으로서, 가장 널리 통용되고 있는 PSC의 기본적인 개념이다.

① 내력 모멘트의 개념 ② 외력 모멘트의 개념
③ 균등질 보의 개념 ④ 하중 평형의 개념

| 해답 | ③
균등질보의 개념(응력개념)
프리스트레스가 도입되면 콘크리트 부재를 탄성이론으로 해석할 수 있다는 개념

□□□ 산 14,17

04 프리스트레스트 콘크리트 해석상의 가정에 대한 설명으로 틀린 것은? (단, 균열발생 전의 단면응력을 해석할 경우)

① 단면의 변형률은 중립축으로부터의 거리에 반비례한다.
② 콘크리트의 총 단면을 유효하다고 본다.
③ 긴장재를 부착시키기 전의 단면의 계산에 있어서는 덕트의 단면적을 공제한다.
④ 콘크리트와 PS 강재 및 보강철근은 탄성체로 본다.

| 해답 | ①
단면의 변형률은 중립축으로부터 거리에 비례한다.

□□□ 산 12,15,16,17

05 PS 강재에 요구되는 일반적인 성질로 틀린 것은?

① 인장강도가 클 것
② 항복비가 클 것
③ 직선성이 좋을 것
④ 릴랙세이션(Relaxation)이 클 것

| 해답 | ④
릴랙세이션이 적을 것

13 PSC의 기본개념 및 재료

1 PSC의 기본 개념

(1) 응력개념(균등질보의 개념) : 콘크리트에 프리스트레스를 도입하면 콘크리트가 탄성체로 전환된다는 생각으로서, 가장 널리 통용되고 있는 PSC의 기본적인 개념
  - 긴장재를 도심에 배치한 경우
  $$f = \frac{P}{A} \pm \frac{M}{I}y$$
  - 긴장재를 편심으로 배치한 경우
  $$f_c = \frac{P_e}{A} \mp \frac{P_e \cdot e}{I}y \pm \frac{M}{I}y = \frac{P_c}{A_c} \mp \frac{P_e \cdot e_p}{Z_c} \pm \frac{M}{Z_c}$$

(2) 강도 개념(내력 모멘트 개념) : 포물선으로 배치된 PS강재에 의해 생긴 상향력이 보에 상향으로 작용하는 하중과 같다고 간주하는 설계 개념
  - 콘크리트의 응력 $f_c = \frac{P}{A} \mp \frac{P \cdot e'}{I}y$

(3) 하중 평형 개념(등가 하중 개념) : 프리스트레싱의 작용과 부재에 작용하는 하중을 비기도록 하자는데 목적을 둔 개념으로 등가하중의 개념
  - 긴장재가 절곡으로 배치된 경우 : 상향력 $u = 2P\sin\theta$
  - 긴장재가 포물선으로 배치된 경우
  $$P \cdot s = \frac{u \cdot l^2}{8}$$ 에서 ∴ 상향력 $u = \frac{8P \cdot s}{l^2}$

2 프리스트레스트 콘크리트 해석상의 가정

프리스트레스를 도입할 때, 사용하중이 작용할 때, 그리고 균열하중이 작용할 때의 응력계산은 다음과 같은 가정에 근거한 선형탄성 이론에 따라야 한다.
- 콘크리트의 총 단면을 유효하다고 본다.
- 단면의 변형률은 중립축으로부터 거리에 비례한다.
- 균열단면에서 콘크리트는 인장력에 저항할 수 없다.
- 콘크리트와 PS 강재 및 보강철근은 탄성체로 본다.
- 긴장재를 부착시키기 전의 단면의 계산에 있어서는 덕트의 단면적을 공제한다.

3 PS강재가 가져야 할 성질

- 인장강도가 커야 한다.
- 부착강도가 커야 한다.
- 항복비가 커야 한다.
- 릴랙세이션이 적을 것
- 적당한 연성(늘음)과 인성이 커야 한다.
- 응력 부식에 대한 저항성이 커야 한다.
- 곧게 퍼지는 신직선(직진성)이 좋아야 한다.
- 어느 정도의 피로강도를 가져야 한다.

■ 파셜 프리스트레스 보
- 사용하중 재하시 얼마간의 인장응력이 일어나도록 설계된 보
- 인장 받는 부분에 철근을 사용하도록 설계하는 프리스트레싱 방법

■ 긴장재가 절곡으로 배치

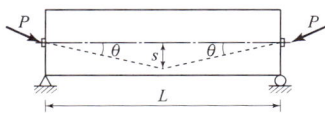

- $u = 2P\sin\theta$

■ 긴장재가 포물선으로 배치

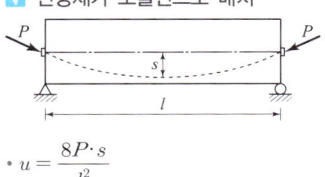

- $u = \dfrac{8P \cdot s}{l^2}$

핵심문제

□□□ 산 12,15
01 나선철근과 띠철근 기둥에서 축방향 철근의 순간격에 대한 설명으로 옳은 것은?

① 25mm 이상, 또한 철근 공칭지름의 0.5배 이상으로 하여야 한다.
② 30mm 이상, 또한 철근 공칭지름의 1배 이상으로 하여야 한다.
③ 40mm 이상, 또한 철근 공칭지름의 1.5배 이상으로 하여야 한다.
④ 50mm 이상, 또한 철근 공칭지름의 2.5배 이상으로 하여야 한다.

| 해답 | ③
나선철근과 띠철근 기둥에서 축방향 철근의 순간격
• 40mm 이상
• 철근 공칭지름의 1.5배 이상
• 굵은골재 최대치수의 $\frac{4}{3}$배 이상

□□□ 산 16,18②
02 나선철근으로 둘러싸인 압축부재의 축방향 주철근의 최소 개수는?

① 4개 ② 6개
③ 7개 ④ 8개

| 해답 | ②
압축부재의 축방향 주철근의 최소 개수
• 사각형이나 원형 띠철근으로 둘러싸인 철근 : 4개
• 삼각형 띠철근으로 둘러싸인 철근 : 3개
• 나선철근으로 둘러싸인 철근 : 6개

□□□ 산 12
03 휨부재를 설계할 때 긴장재를 제외한 철근의 설계기준 항복강도는 몇 MPa을 초과하지 않아야 하는가?

① 500MPa ② 600MPa
③ 650MPa ④ 700MPa

| 해답 | ②
휨부재 설계시 긴장재를 제외한 철근의 설계기준 항복강도(f_y)는 600MPa를 초과하지 않아야 한다.

□□□ 산 16
04 철근콘크리트 부재의 철근의 간격제한에 대한 일반적인 설명으로 틀린 것은?

① 나선철근 또는 띠철근이 배근된 압축부재에서 축방향 철근의 순간격은 40mm 이상, 또한 철근 공칭 지름의 1.5배 이상으로 하여야 한다.
② 벽체, 또는 슬래브에서 휨 주철근의 간격은 벽체나 슬래브 두께의 3배 이하로 하여야 하고, 또한 450mm 이하로 하여야 한다.
③ 상단과 하단에 2단 이상으로 배근된 경우 상하 철근은 동일 연직면내에 배치되어야 하고, 이 때 상하 철근의 순간격은 25mm 이상으로 하여야 한다.
④ 동일 평면에서 평행한 철근 사이의 수평 순간격은 50mm 이상, 또한 철근의 공칭지름 이상으로 하여야 한다.

| 해답 | ④
동일 평면에서 평행한 철근 사이의 수평 순간격은 25mm 이상, 또한 철근의 공칭지름 이상으로 하여야 한다.

□□□ 산 12,13
05 다음 띠철근 기둥이 받을 수 있는 최대 설계축하중강도($\phi P_{n(\max)}$)는 얼마인가? (단, $f_{ck}=20$MPa, $f_y=300$MPa, $A_{st}=4000$mm²이며 단주임)

① 2655kN
② 2406kN
③ 2157kN
④ 2003kN

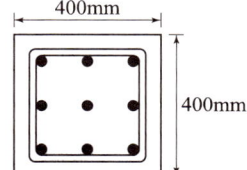

| 해답 | ④
$\phi P_n = \phi\alpha[0.85f_{ck}(A_g - A_{st}) + f_y \cdot A_{st}]$
• $A_g = 400 \times 400 = 160000$mm²
• $A_{st} = 4000$mm²
∴ $\phi P_{n,\max} = 0.65 \times 0.80[0.85 \times 20(160000-4000) + 300 \times 4000]$
$= 2003040$N $= 2003$kN

분류	보정계수 α	강도감소계수 ϕ
나선철근	0.85	0.70
띠철근	0.80	0.65

12 철근배치와 압축부재

1 철근의 배치

(1) 철근의 간격 제한
- 동일 평면에서 평행한 철근 사이의 수평 순간격은 25mm 이상, 철근의 공칭 지름 이상
- 상단과 하단에 2단 이상으로 배치된 경우 상·하철근은 동일 연직면 내에 배치, 이 때 상·하철근의 순간격은 25mm 이상
- 나선철근과 띠철근이 배근된 압축부재에서 축방향 철근의 순간격은 40mm 이상, 또한 철근 공칭지름의 1.5배 이상
- 벽체 또는 슬래브에서 휨 주철근의 간격은 벽체나 슬래브 두께의 3배 이하, 또한 450mm 이하

(2) 압축부재에 사용되는 나선철근의 규정
- 현장치기 콘크리트 공사에서 나선철근 지름은 10mm 이상
- 나선철근의 순간격은 25mm 이상, 75mm 이하
- 나선철근의 정착은 나선철근의 끝에서 추가로 1.5회전만큼 더 확보한다.

2 단주의 설계

(1) 압축부재의 축방향 주철근의 최소 개수
- 사각형이나 원형 띠철근으로 둘러싸인 철근 : 4개
- 삼각형 띠철근으로 둘러싸인 철근 : 3개
- 나선철근으로 둘러싸인 철근 : 6개

(2) 나선철근과 띠철근 기둥에서 축방향 철근의 순간격
- 40mm 이상
- 철근 공칭지름의 1.5배 이상
- 굵은골재 최대치수의 $\frac{4}{3}$배 이상

(3) 나선철근 기둥
- 압축부재의 설계축하중강도 $P_d = \phi P_n$
- 공칭(압)축강도(P_n)
$$P_n = 0.85 f_{ck}(A_g - A_{st}) + f_y \cdot A_{st}$$
- 나선철근을 갖고 있는 부재
$$P_d = \phi P_n = \alpha\phi\{0.85 f_{ck}(A_g - A_{st}) + f_y \cdot A_{st}\}$$

(4) 띠철근 기둥
$$\phi P_n = \alpha\phi\{0.85 f_{ck}(A_g - A_{st}) + f_y \cdot A_{st}\}$$

분 류	보정계수 α	강도감소계수 ϕ
나선철근	0.85	0.70
띠철근	0.80	0.65

알아두기

▶ 나선철근의 이음
- 이형철근 또는 이형철선 : $48d_b$
- 원형철근 또는 원형철선 : $72d_b$

▶ 나선철근 기둥

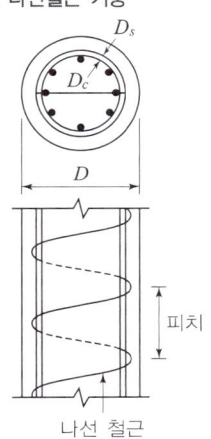

▶ 띠철근 부재

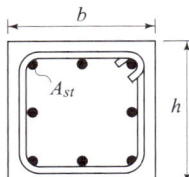

핵심문제

□□□ 산 12,14,16

01 뒷부벽식 옹벽을 설계할 때 뒷부벽에 대한 설명으로 옳은 것은?

① T형보로 설계하여야 한다.
② 캔틸레버보로 설계하여야 한다.
③ 직사각형보로 설계하여야 한다.
④ 3변 지지된 2방향 슬래브로 설계하여야 한다.

| 해답 | ①
뒷부벽은 T형보로 설계하여야 하며, 앞부벽은 직사각형보로 설계하여야 한다.

□□□ 산 14

02 옹벽설계시의 안정 조건이 아닌 것은?

① 전도에 대한 안정
② 지반 지지력에 대한 안정
③ 활동에 대한 안정
④ 마찰력에 대한 안정

| 해답 | ④
옹벽의 안정 조건
• 전도에 대한 안정
• 활동에 대한 안정
• 지반지지력(침하)에 대한 안정

□□□ 산 11,12,14,16,17

03 옹벽의 구조해석에서 앞부벽의 설계에 대한 설명으로 옳은 것은?

① 3변 지지된 2방향 슬래브로 설계하여야 한다.
② 저판에 지지된 캔틸레버보로 설계하여야 한다.
③ T형보로 설계하여야 한다.
④ 직사각형보로 설계하여야 한다.

| 해답 | ④
앞부벽은 직사각형보로 설계하여야 하며, 뒷부벽은 T형보로 설계하여야 한다.

□□□ 산 14,16,19④,20②

04 옹벽의 안정조건 중 활동에 대한 안정에 관한 설명으로 옳은 것은?

① 활동에 대한 저항력은 옹벽에 작용하는 수평력의 1.5배 이상이어야 한다.
② 전도에 대한 저항 휨모멘트는 횡토압에 의한 전도모멘트의 1.5배 이상이어야 한다.
③ 옹벽에 작용하는 수평력은 활동에 대한 저항력의 2.0배 이상이어야 한다.
④ 횡토압에 의한 전도 모멘트는 전도에 대한 저항 휨모멘트의 2.0배 이상이어야 한다.

| 해답 | ①
옹벽의 안정조건
• 활동에 대한 저항력은 옹벽에 작용하는 수평력의 1.5배 이상이어야 한다.
• 전도에 대한 저항 휨모멘트는 횡토압에 의한 전도모멘트의 2.0배 이상이어야 한다.
• 지반지지력에 대한 안정은 기초지반에 작용하는 지반반력이 지반의 허용지지력을 넘지 않도록 해야 한다.
• 횡토압에 의한 저항 휨모멘트 전도에 대한 전도모멘트는의 2.0배 이상이어야 한다.

□□□ 산 08,09,15

05 그림과 같은 독립확대기초에서 전단에 대한 위험 단면의 둘레길이는 얼마인가? (단, 2방향 작용에 의하여 펀칭전단이 발생하는 경우)

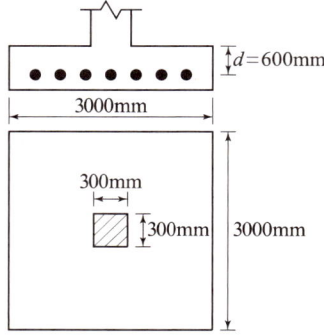

① 1600mm
② 2800mm
③ 3600mm
④ 4800mm

| 해답 | ③
• 위험 단면 : 기둥 전면에서 $\dfrac{d}{2}$ 만큼 떨어진 곳
• 위험 단면의 주변 길이
$b_p = 4B = 4(t+d) = 4(300+600) = 3600mm$

11 확대기초와 옹벽

1 확대기초

(1) 휨모멘트 계산
- $a-a$ 단면에 대한 휨모멘트
$$M_a = q_u\left(\frac{L-t}{2}S\right)\left(\frac{L-t}{4}\right) = \frac{q_u \cdot S}{8}(L-t)^2$$
- $b-b$ 단면에 대한 휨모멘트
$$M_b = q_u\left(\frac{S-t}{2}L\right)\left(\frac{S-t}{4}\right) = \frac{q_u \cdot L}{8}(S-t)^2$$

(2) 위험단면의 계수전단력
- 1방향의 경우
$$V_u = q_u S\left(\frac{L-t}{2}-d\right) = \frac{P_u}{A}S\left(\frac{L-t}{2}-d\right)$$
- 2방향의 경우
$$V_u = q_u(L \cdot S - B^2) = \frac{P_u}{A}\{L \cdot S - (t+d)^2\}$$

2 옹벽

(1) 옹벽의 안정조건
- 활동에 대한 저항력은 옹벽에 작용하는 수평력의 1.5배 이상이어야 한다.
- 전도 및 지반지지력에 대한 안전조건은 만족하지만, 활동에 대한 안정조건만을 만족하지 못할 경우에는 활동방지벽 혹은 횡방향 앵커 등을 설치하여 활동저항력을 증대시킬 수 있다.
- 전도에 대한 저항휨모멘트는 횡토압에 의한 전도모멘트의 2.0배 이상이어야 한다.
- 지반에 유발되는 최대지반반력은 지반의 허용지지력을 초과할 수 없다.

(2) 구조해석
① 전면벽
- 캔틸레버식 옹벽의 전면벽은 저판에 지지된 캔틸레버로 설계할 수 있다.
- 부벽식 옹벽의 전면벽은 3변 지지된 2방향 슬래브로 설계할 수 있다.
- 전면벽의 두께는 내력벽체의 최소두께 규정에 따라야 한다.
- 전면벽의 하부는 벽체로서 또는 캔틸레버로서도 작용하도록 연직방향으로 보강철근을 배치하여야 한다.

② 저판
- 저판의 뒷굽판은 정확한 방법이 사용되지 않는 한, 뒷굽판 상부에 재하되는 모든 하중을 지지하도록 설계하여야 한다.
- 캔틸레버식 옹벽의 저판은 전면벽과의 접합부를 고정단으로 간주한 캔틸레버로 가정하여 단면을 설계할 수 있다.
- 부벽식 옹벽의 저판은 정밀한 해석이 사용되지 않는 한, 부벽 사이의 거리를 경간으로 가정한 고정보 또는 연속보로 설계할 수 있다.

알아두기

▶ 전단에 대한 위험단면
- 1방향 작용하는 경우 : 기둥전면에서 d 만큼 떨어진 단면
- 2방향 작용하는 경우 : 기둥전면에서 $d/2$만큼 떨어진 단면

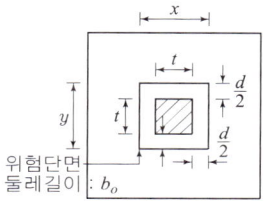

▶ 옹벽의 안정조건
- 전도에 대한 안정
- 활동에 대한 안정
- 지반지지력(침하)에 대한 안정

▶ 뒷부벽식 및 앞부벽식
- 뒷부벽은 T형보로 설계하여야 한다.
- 앞부벽은 직사각형보로 설계하여야 한다.

핵 심 문 제

□□□ 산 15,17

01 위험단면에서 1방향 슬래브의 정모멘트 철근 및 부모멘트 철근의 중심 간격 규정으로 옳은 것은?

① 슬래브 두께의 2배 이하이어야 하고, 또한 300mm 이하로 하여야 한다.
② 슬래브 두께의 2배 이하이어야 하고, 또한 400mm 이하로 하여야 한다.
③ 슬래브 두께의 3배 이하이어야 하고, 또한 300mm 이하로 하여야 한다.
④ 슬래브 두께의 3배 이하이어야 하고, 또한 400mm 이하로 하여야 한다.

| 해답 | ①
슬래브의 정모멘트 철근 및 부모멘트 철근의 중심간격은 위험단면에서 슬래브 두께의 2배 이하, 300mm 이하로 한다. 기타의 단면에서는 슬래브 두께의 3배 이하이고, 450mm 이하로 한다.

□□□ 산 13,16

02 슬래브의 설계에서 직접설계법을 사용하고자 할 때 제한사항으로 틀린 것은?

① 각 방향으로 3경간 이상 연속되어야 한다.
② 슬래브판들은 단변 경간에 대한 장변 경간의 비가 2 이하인 직사각형이어야 한다.
③ 연속한 기둥 중심선을 기준으로 기둥의 어긋남은 그 방향 경간의 10% 이하이여야 한다.
④ 모든 하중은 모멘트하중으로서 슬래브판 전체에 등분포되어야 하며, 활하중은 고정하중의 1/2 이상이어야 한다.

| 해답 | ④
모든 하중은 슬래브 판 전체에 걸쳐 등분포된 연직하중이어야 하며, 활하중은 고정하중의 2배 이하이어야 한다.

□□□ 산 11,13,14,16,17②④,19④

03 보의 유효높이 600mm, 복부의 폭 320mm, 플랜지의 두께 130mm, 양쪽의 슬래브의 중심간 거리 2.5m, 보의 경간 10.4m로 설계된 대칭 T형보가 있다. 이 보의 플랜지의 유효폭은?

① 2080mm ② 2400mm
③ 2500mm ④ 2600mm

| 해답 | ②
T형보(대칭)의 유효 폭(b_e)결정
• $16t+b_w = 16 \times 130 + 320 = 2400mm$
• 양쪽 슬래브의 중심간 거리 : $b_c = 2500mm$
• 보의 경간$\times \frac{1}{4}$: $10400 \times \frac{1}{4} = 2600mm$
∴ $b_e = 2400mm$ (∵ 작은 값)

□□□ 산 12①,16①,19①③,20③

04 철근콘크리트 1방향 슬래브에 대한 설명으로 틀린 것은?

① 마주보는 두 변에만 지지되는 슬래브는 1방향 슬래브로 설계하여야 한다.
② 4변이 지지되고 장변의 길이가 단변의 길이의 2배를 초과하는 경우 1방향 슬래브로 해석한다.
③ 슬래브의 두께는 최소 50mm 이상으로 하여야 한다.
④ 슬래브의 정모멘트 철근 및 부모멘트 철근의 중심간격은 위험단면에서는 슬래브 두께의 2배 이하이어야 하고, 또한 300mm 이하로 하여야 한다.

| 해답 | ③
1방향 슬래브의 두께는 100mm 이상이어야 한다.

□□□ 산 12①,19①④

05 철근콘크리트 1방향 슬래브에 대한 설명으로 틀린 것은?

① 1방향 슬래브에서는 정모멘트 철근 및 부모멘트 철근에 직각방향으로 수축·온도철근을 배치하여야 한다.
② 4변에 의해 지지되는 2방향 슬래브 중에서 단변에 대한 장변의 비가 2배를 넘으면 1방향 슬래브로 해석하며, 이 경우 일반적으로 슬래브의 장변방향을 경간으로 사용한다.
③ 슬래브의 두께는 최소 100mm 이상으로 하여야 한다.
④ 슬래브의 정모멘트 철근 및 부모멘트 철근의 중심 간격은 위험단면에서 슬래브 두께의 2배 이하이어야 하고, 또한 300mm 이하로 하여야 한다.

| 해답 | ②
4변에 의해 지지되는 슬래브 중에서 단변에 대한 장변의 비가 2배를 넘으면 1방향 슬래브로 설계하여도 좋으며 이때 슬래브의 경간은 단변방향으로 취하여야 한다.

10 슬래브

1 T형보의 유효폭 b

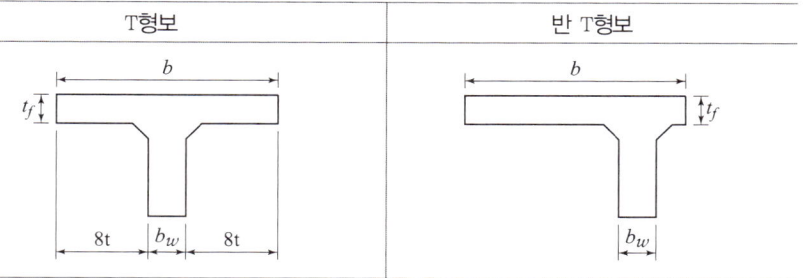

T형보	반 T형보
• (양쪽으로 각각 내민 플랜지 두께의 8배씩)+b_w • 양쪽 슬래브의 중심간 거리 • 보 경간의 $\dfrac{1}{4}$	• (한쪽으로 내민 플랜지 두께의 6배)+b_w • (보의 경간의 $\dfrac{1}{12}$)+b_w • (인접보와의 내측거리의 $\dfrac{1}{2}$)+b_w

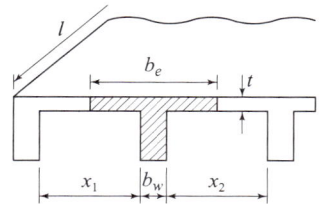

▶ 유효폭 b_e (3값 중 작은 값)
- $b = 16t + b_w$
- $b = \dfrac{x_1 + x_2}{2} + b_w$
- $b = \dfrac{l}{4}$

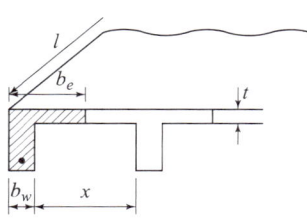

▶ 유효폭 b_e (3값 중 작은 값)
- $b = 6t + b_w$
- $b = \dfrac{x}{2} + b_w$
- $b = \dfrac{l}{12} + b_w$

2 슬래브의 설계원칙

구분	슬래브의 설계원칙	전단력에 대한 위험단면
1방향 슬래브	$\dfrac{L}{S} \geq 2,\ \dfrac{S}{L} \leq 0.5$	받침부에서 d 만큼 떨어진 곳
2방향 슬래브	$\dfrac{L}{S} \leq 2,\ 0.5 < \dfrac{S}{L} \leq 1.0$	받침부에서 $\dfrac{d}{2}$ 만큼 떨어진 곳

3 슬래브 구조의 상세

(1) 1방향 슬래브의 구조 상세
- 마주보는 두변에만 지지되는 슬래브는 1방향 슬래브로 설계하여야 한다.
- 4변이 지지되고 장변의 길이가 단변의 길이의 2배를 초과하는 경우 1방향 슬래브로 해석한다.
- 1방향 슬래브의 두께는 100mm 이상 이어야 한다.
- 1방향 슬래브의 정철근 및 부철근의 중심간격은 최대휨모멘트가 일어나는 단면에서 슬래브 두께의 2배 이하, 300mm 이하이어야 한다.
- 전단에 위함한 단면은 1방향 슬래브는 보와 같으므로 전단에 위한 단면은 받침부에서 d 만큼 떨어진 곳이다.

(2) 2방향 슬래브의 구조 상세
- 위험단면에서 철근의 간격은 슬래브 두께의 2배 이하, 또한 300mm 이하이어야 한다.
- 전단에 대한 위험단면은 집중하중이나 집중 반력을 받는 면의 주변에서 $\dfrac{d}{2}$ 만큼 떨어진 주변 단면이다.
- 모든 하중은 슬래브 판 전체에 걸쳐 등분포된 연직하중이어야 하며, 활하중은 고정하중의 2배 이하이어야 한다.

핵심문제

□□□ 산 16,17

01 인장 이형철근의 정착길이는 기본정착길이에 보정계수를 곱하여 산정한다. 이 때 보정계수 중 철근배치 위치계수(α)의 값으로 옳은 것은? (단, 상부철근으로서 정착길이 또는 겹침이음부 아래 300mm를 초과되게 굳지 않은 콘크리트를 친 수평철근인 경우)

① 1.2 ② 1.3
③ 1.4 ④ 1.5

| 해답 | ②
철근배치 위치계수 α
• 상부철근(정착길이 또는 겹침이음부 아래 300mm를 초과되게 굳지 않은 콘크리트를 친 수평철근 : 1.3
• 기타 철근 : 1.0

□□□ 산 14,16

02 철근의 겹침이음에서 A급 이음의 조건에 대한 설명으로 옳은 것은?

① 배근된 철근량이 이음부 전체 구간에서 해석결과 요구되는 소요 철근량의 2배 이상이고 소요 겹침이음 길이 내 겹침이음된 철근량이 전체 철근량의 1/3 이상인 경우
② 배근된 철근량이 이음부 전체 구간에서 해석결과 요구되는 소요 철근량의 2배 이하이고 소요 겹침이음 길이 내 겹침이음된 철근량이 전체 철근량의 1/2 이상인 경우
③ 배근된 철근량이 이음부 전체 구간에서 해석결과 요구되는 소요 철근량의 2배 이상이고 소요 겹침이음 길이 내 겹침이음된 철근량이 전체 철근량의 1/2 이하인 경우
④ 배근된 철근량이 이음부 전체 구간에서 해석결과 요구되는 소요 철근량의 2배 이하이고 소요 겹침이음 길이 내 겹침이음된 철근량이 전체 철근량의 1/3 이하인 경우

| 해답 | ③
겹침이음
• A급 이음 : 배근된 철근량이 이음부 전체 구간에서 해석결과 요구되는 소요 철근량의 2배 이상이고 소요 겹침이음 길이 내 겹침이음된 철근량이 전체 철근량의 1/2 이하인 경우
• B급 이음 : A급이음에 해당되지 않는 경우

□□□ 산 11,12,13,14,15,16,17,19④

03 $f_{ck}=24$MPa, $f_y=400$MPa일 때 인장을 받는 이형철근 D32($d_b=31.8$mm, $A_b=794.2$mm²)의 기본정착길이 l_{db}는?

① 1275mm ② 1326mm
③ 1558mm ④ 1742mm

| 해답 | ③
인장 이형철근의 기본정착길이(D35 이하의 철근의 경우)
$$l_{db} = \frac{0.6 d_b f_y}{\lambda \sqrt{f_{ck}}} = \frac{0.6 \times 31.8 \times 400}{1 \times \sqrt{24}} = 1558\text{mm}$$

□□□ 산 11,12,14

04 D-25(공칭직경 : 25.4mm)를 사용하는 압축이형철근의 기본정착길이는?
(단, $f_{ck}=27$MPa, $f_y=400$MPa이다.)

① 357mm ② 489mm
③ 745mm ④ 1174mm

| 해답 | ②
압축 이형철근의 정착길이
$$l_{db} = \frac{0.25 d_b f_y}{\lambda \sqrt{f_{ck}}}$$
$$= \frac{0.25 \times 25.4 \times 400}{1 \times \sqrt{27}} = 489\text{mm} \geq 0.043 d_b f_y$$
• $0.043 \times 25.4 \times 400 = 437\text{mm}$ ∴ $l_{db}=489\text{mm}$

□□□ 산 13,14,15,16

05 $f_{ck}=28$MPa, $f_y=400$MPa인 경우 표준갈고리를 갖는 인장이형철근의 기본정착길이(l_{hb})로 옳은 것은? (단, 사용 철근은 D25(공칭지름=25.4mm)이고, 도막되지 않은 철근이고, 사용하는 콘크리트는 보통중량 콘크리트이다.)

① 389mm ② 423mm
③ 461mm ④ 514mm

| 해답 | ③
표준갈고리를 갖는 인장 이형철근의 정착 철근의 설계기준항복강도가 400MPa인 경우 기본정착길이 다음 식으로 구한다.
$$\therefore l_{dh} = \frac{0.24 \beta d_b f_y}{\lambda \sqrt{f_{ck}}}$$
$$= \frac{0.24 \times 1 \times 25.4 \times 400}{1 \times \sqrt{28}} = 461\text{mm} \geq 150\text{mm}$$

09 철근의 정착과 이음

1 철근의 정착

(1) 정착방법에 따른 기본정착길이

정착 종류	기본정착길이	정착길이 조건
인장 이형철근의 정착	$l_{db} = \dfrac{0.6 d_b f_y}{\lambda \sqrt{f_{ck}}}$	300mm 이상
압축 이형철근의 정착	$l_{db} = \dfrac{0.25 d_b f_y}{\lambda \sqrt{f_{ck}}}$	200mm 이상 및 $0.043 d_b f_y$ 이상
표준갈고리를 갖는 인장 이형철근의 정착	$l_{hb} = \dfrac{0.24 \beta d_b f_y}{\lambda \sqrt{f_{ck}}}$	$8 d_b$ 이상 및 150mm 이상
확대머리 이형철근의 정착 (최상층을 제외한 부재 접합부에 정착된 경우)	$l_{ht} = 0.22 \dfrac{\beta f_y d_b}{\psi \sqrt{f_{ck}}}$	$8 d_b$ 이상 및 150mm 이상

> **정착길이**
> 정착길이(l_d) = 기본정착길이(l_{db}) × 보정계수

(2) 인장 이형철근의 정착
- 상부철근(정착길이 아래 300mm를 초과되게 굳지 않은 콘크리트를 친 수평철근)일 때 보정계수(α)는 1.3이다.
- 에폭시 도막철근으로 피복두께가 $3 d_b$ 미만 또는 순간격이 $6 d_b$ 미만인 경우 보정계수(β)는 1.5이다.
- 동일한 철근량을 사용할 경우, 가는 철근을 사용하는 것이 정착에 유리하다.
- 콘크리트의 평균 쪼갬인장강도(f_{sp})가 주어지지 않은 경량콘크리트의 보정계수(λ)는 0.75이다.

> **정착에 대한 위험단면의 안전검토**
> - 휨부재에서 최대응력점
> - 경간내에서 인장철근이 끝나거나 절곡된 곳
> - 모멘트 부호가 바뀌는 반곡점

2 인장 이형철근의 이음

(1) 인장력을 받는 이형철근 및 이형철선의 겹침이음길이는 A급과 B급으로 분류하며 다음 값 이상 또는 300mm 이상이어야 한다.
- A급 이음($1.0 l_d$) : 배치된 철근량이 이음부 전체 구간에서 해석결과 요구되는 소요철근량의 2배 이상이고 소요겹침이음길이 내 겹침이음된 철근량의 전체 철근량의 1/2 이하인 경우
- B급 이음($1.3 l_d$) : A급 이음에 해당되지 않는 경우
- 인장겹침이음

$\dfrac{\text{배근 } A_s}{\text{소요 } A_s}$	소요겹침이음길이 내의 이음된 철근 A_s의 최대값(%)	
	50 이하	50 초과
2 이상	A급	B급
2 미만	B급	B급

(2) 서로 다른 크기의 철근을 인장 겹침이음하는 경우, 이음길이는 크기가 큰 철근의 정착길이와 크기가 작은 철근의 겹침이음길이 중 큰 값 이상이어야 한다.

핵 심 문 제

□□□ 산 11,13,15,16

01 아래 그림과 같은 보에 D13(1본 단면적 $127mm^2$) 철근으로 수직스터럽을 250mm의 간격으로 설치하였다면, 전단철근에 의한 전단강도(V_s)는?
(단, f_{ck}=28MPa, f_y=400MPa)

① 164.8kN
② 186.3kN
③ 208.6kN
④ 223.5kN

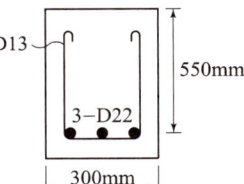

| 해답 | ④
부재축에 직각인 전단철근(수직스터럽)
$$V_s = \frac{A_v f_{yt} d}{s}$$
$$= \frac{(127 \times 2) \times 400 \times 550}{250} = 223520\,N = 223.5\,kN$$

□□□ 산 11,17

02 직사각형 보에서 계수 전단력 V_u=70kN을 전단철근 없이 지지하고자 할 경우 필요한 최소 유효깊이 d는 약 얼마인가? (단, b_w=400mm, f_{ck}=20MPa, f_y=350MPa)

① 426mm ② 587mm
③ 627mm ④ 751mm

| 해답 | ③
$V_u \leq \frac{1}{2}\phi V_c$ (전단철근의 필요없음 조건)
$V_u = \frac{1}{2}\phi V_c = \frac{1}{2}\phi \frac{1}{6}\lambda\sqrt{f_{ck}}b_w d$ 에서
$\therefore d = \dfrac{V_u}{\frac{1}{2}\phi\frac{1}{6}\lambda\sqrt{f_{ck}}b_w} = \dfrac{70\times 10^3}{\frac{1}{2}\times 0.75\times\frac{1}{6}\times\sqrt{20}\times 400}$
$= 626.1mm ≒ 627mm$

□□□ 산 12,13,15

03 f_{ck}가 24MPa, f_y=300MPa, b_w가 400mm, d가 500mm인 직사각형 철근콘크리트보에서 콘크리트가 부담하는 공칭전단강도(V_c)는 얼마인가?

① 105.7kN ② 110.1kN
③ 142.7kN ④ 163.3kN

| 해답 | ④
$V_c = \frac{1}{6}\lambda\sqrt{f_{ck}}b_w d$

• 전단력과 비틀림 모멘트의 강도감소계수 $\phi = 0.75$
$\therefore V_c = \frac{1}{6}\times 1\times\sqrt{24}\times 400\times 500$
$= 163299\,N = 163.3\,kN$

□□□ 산 16,17

04 철근콘크리트 부재에 전단철근으로 부재축에 직각으로 배치된 수직스터럽을 사용하였다. 이때 스터럽의 간격에 대한 기준으로서 옳은 것은?
(단, $V_s \leq (\sqrt{f_{ck}}/3)b_w d$인 경우)

① $0.8d$ 이상이어야 하고, 또한 600mm 이상이어야 한다.
② 50mm 이하이어야 한다.
③ $0.5d$ 이하이어야 하고, 또한 600mm 이하로 하여야 한다.
④ 600mm 이상이어야 한다.

| 해답 | ③
$V_s \leq \frac{1}{3}\lambda\sqrt{f_{ck}}b_w d$: $s = \frac{d}{2} = 0.5d$ 이하
또는 600mm 이하

□□□ 산 13,16

05 강도설계법에 의해서 전단철근을 사용하지 않고 계수하중에 의한 전단력 40kN을 지지할 수 있는 직사각형보의 최소 단면적($b_w \times d$)은 얼마인가?
(단, f_{ck}=28MPa)

① $102143mm^2$ ② $112512mm^2$
③ $120949mm^2$ ④ $134242mm^2$

| 해답 | ③
전단철근이 없는 경우
• $V_u \leq \frac{1}{2}\phi V_c = \frac{1}{2}\phi\left(\frac{1}{6}\lambda\sqrt{f_{ck}}\right)b_w d$ 에서
$\therefore b_w d = \dfrac{12V_u}{\phi\lambda\sqrt{f_{ck}}} = \dfrac{12\times 40\times 10^3}{0.75\times 1\times\sqrt{28}}$
$= 120949\,mm^2$
($\because$ 전단력과 비틀림 모멘트 $\phi = 0.75$)

알아두기

▶ 전단철근의 설계기준항복강도
- 전단철근의 설계기준항복강도는 500MPa을 초과할 수 없다.
- 다만, 용접 이형철망을 사용할 경우 전단철근의 설계기준항복강도는 600MPa을 초과할 수 없다.

▶ 부호
A_v : 거리 s 내의 전단철근의 전체단면적
f_y : 전단철근의 설계기준항복강도

▶ 전단강도 A_s
$0.2\left(1 - \dfrac{f_{ck}}{250}\right) f_{ck} \cdot b_w \cdot d$ 이하

▶ 스터럽

U형

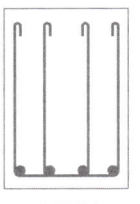
복 U형

08 전단철근의 상세

1 전단철근의 규정

(1) 전단철근(수직스터럽)의 간격제한
- 부재축에 직각으로 배치된 전단철근의 간격은 철근콘크리트 부재일 경우 $0.5d$ 이하
- 프리스트레스트 콘크리트 부재일 경우는 $0.75h$
- 어느 경우이든 600mm 이하로 하여야 한다.

(2) 부재축에 직각인 전단철근을 사용하는 경우 간격
$$V_s = \frac{A_v f_y d}{s} \text{에서} \quad \therefore s = \frac{A_v f_y d}{V_s}$$

(3) 최소전단철근량 규정
- $\dfrac{1}{2}\phi V_c < V_u \leq \phi V_c$ 인 경우
- $A_{v,\min} = 0.0625 \sqrt{f_{ck}} \dfrac{b_w s}{f_y} \geq 0.35 \dfrac{b_w s}{f_y}$

(4) 전단철근의 간격제한
- $V_s \leq \dfrac{1}{3} \lambda \sqrt{f_{ck}} b_w d$ 일 경우, 전단철근 간격(s)은 $\dfrac{d}{2}$ 이하, 600mm 이하
- $V_s > \dfrac{1}{3} \lambda \sqrt{f_{ck}} b_w d$ 일 경우, 전단철근 간격(s)은 $\dfrac{d}{4}$ 이하, 300mm 이하
- 부재축에 직각인 전단철근을 사용하는 경우
$$s = \frac{A_v f_{yt} d}{V_s}, \quad s = \frac{d}{2} \leq 600mm \quad (\because \text{두 값 중 가장 작은 값})$$

2 최소면적

(1) 전단철근을 사용하는 경우
$$V_u = \phi\left(\frac{1}{6}\lambda\sqrt{f_{ck}}\right)b_w d \text{에서} \quad \therefore b_w d = \frac{6V_u}{\phi\lambda\sqrt{f_{ck}}}$$

(2) 전단철근을 사용하지 않는 경우
$$V_u \leq \frac{1}{2}\phi V_c = \frac{1}{2}\phi\left(\frac{1}{6}\lambda\sqrt{f_{ck}}\right)b_w d \text{에서} \quad \therefore b_w d = \frac{12V_u}{\phi\lambda\sqrt{f_{ck}}}$$

3 유효깊이

(1) 전단철근이 있는 경우
$$V_u \leq \phi V_c = \phi\left(\frac{1}{6}\lambda\sqrt{f_{ck}}\right)b_w d \text{에서} \quad \therefore d = \frac{6V_u}{\phi\lambda\sqrt{f_{ck}}\times b_w}$$

(2) 전단철근이 없는 경우
$$V_u \leq \frac{1}{2}\phi V_c = \frac{1}{2}\phi\left(\frac{1}{6}\lambda\sqrt{f_{ck}}\right)b_w d \text{에서} \quad \therefore d = \frac{12V_u}{\phi\lambda\sqrt{f_{ck}}\times b_w}$$

핵심문제

□□□ 산 11,12,14,15,18②,20③

01 다음 철근 중 철근콘크리트 부재의 전단철근으로 사용할 수 없는 것은?

① 주인장 철근에 45°의 각도로 설치되는 스터럽
② 주인장 철근에 30°의 각도로 설치되는 스터럽
③ 주인장 철근에 30°의 각도로 구부린 굽힘철근
④ 주인장 철근에 45°의 각도로 구부린 굽힘철근

| 해답 | ②
- 주인장 철근에 45° 또는 그 이상의 각도로 배치하는 스터럽(굽힘철근)
- 주인장 철근에 30° 또는 그 이상의 각도로 구부린 굽힘철근(절곡철근)

□□□ 산 14,16①,19④

02 단면의 폭 400mm, 보의 유효깊이 600mm, 콘크리트의 설계기준강도 25MPa로 설계된 전단철근이 있는 보가 있다. 이 보의 콘크리트가 받을 수 있는 전단력(V_c)은?

① 50kN   ② 100kN
③ 150kN   ④ 200kN

| 해답 | ④
$$V_c = \frac{1}{6}\lambda\sqrt{f_{ck}}\,b_w d$$
$$= \frac{1}{6}\times 1\times \sqrt{25}\times 400\times 600 = 200000N = 200kN$$

□□□ 산 11,16

03 그림과 같은 단순보에서 자중을 포함하여 계수하중이 30kN/m 작용하고 있다. 이 보의 위험단면에서 전단력은?

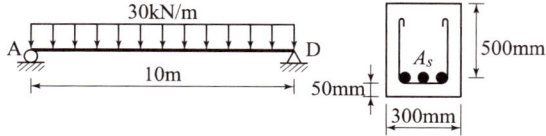

① 90kN   ② 115kN
③ 120kN   ④ 135kN

| 해답 | ④
지점에서 유효높이 d 만큼 떨어진 곳에서 위험한 계수 전단력
$$V_u = R_A - w_u d = \frac{w_u l}{2} - w_u d$$
$$= \frac{30\times 10}{2} - 30\times 0.5 = 135kN$$

□□□ 산 13,15

04 철근콘크리트 보에 전단력과 휨만이 작용할 때 콘크리트가 받을 수 있는 설계전단강도(ϕV_c)는 약 얼마인가? (단, $b_w = 300mm$, $d = 500mm$, $f_{ck}=24MPa$, $f_y = 350MPa$)

① 78.4kN   ② 84.7kN
③ 91.9kN   ④ 102.3kN

| 해답 | ③
$$\phi V_c = \phi\frac{1}{6}\lambda\sqrt{f_{ck}}\,b_w d$$
- 전단력과 비틀림 모멘트의 강도감소계수 $\phi = 0.75$
$$\therefore \phi V_c = 0.75\times\frac{1}{6}\times 1\times\sqrt{24}\times 300\times 500$$
$$= 91856N = 91.9kN$$

□□□ 산 12,16

05 경간이 6m, 폭 300mm, 유효깊이 500mm인 단철근 직사각형 단순보가 전단철근 없이 지지할 수 있는 최대 전단강도 V_u 는?
(단, 자중의 영향은 무시하며 $f_{ck}=21MPa$)

① 35.0kN   ② 43.0kN
③ 55.0kN   ④ 65.0kN

| 해답 | ②
$V_u \leq \frac{1}{2}\phi V_c$ 인 경우 전단철근이 필요없음
$$V_u = \frac{1}{2}\phi\frac{1}{6}\lambda\sqrt{f_{ck}}\,b_w d$$
$$= \frac{1}{2}\times 0.75\times\frac{1}{6}\times 1\times\sqrt{21}\times 300\times 500$$
$$= 42962N = 43.0kN$$

07 전단철근의 설계

1 전단철근의 종류

(1) 주인장 철근에 45° 또는 그 이상의 각도로 배치하는 스터럽(굽힘철근)
(2) 주인장 철근에 30° 또는 그 이상의 각도로 구부린 굽힘철근(절곡철근)
(3) 스터럽과 굽힘철근의 병용(조합)
(4) 부재축에 직각인 스터럽
(5) 부재축에 직각으로 배치한 용접철망
(6) 나선철근, 원형 띠철근 또는 후프철근

2 전단철근의 설계

(1) 전단설계원칙
- $V_u \leq \phi V_n$
- $V_n = V_c + V_s$
- $V_u = \phi(V_c + V_s)$

여기서, V_u : 단면에서 계수전단력
V_n : 단면의 공칭전단강도
V_c : 콘크리트에 의한 단면의 공칭전단강도
V_s : 전단철근에 의한 단면의 공칭전단강도

(2) 콘크리트의 공칭전단강도

$$V_c = \frac{1}{6} \lambda \sqrt{f_{ck}} b_w d$$

(3) 콘크리트의 설계 전단 강도

$$\phi V_c = \phi \frac{1}{6} \lambda \sqrt{f_{ck}} b_w d$$

(4) 전단철근의 전단 강도

$V_u = \phi(V_c + V_s)$ 에서 $\therefore V_s = \frac{V_u}{\phi} - V_c$

(5) 계수전단력

■ 전단철근이 없는 경우(휨모멘트에 대해서만 보강)

계수전단력 $V_u = \frac{1}{2} \phi V_c = \frac{1}{2} \phi \frac{1}{6} \sqrt{f_{ck}} b_w d$

■ 전단철근이 있는 경우

계수전단력 $V_u = \phi V_n = \phi(V_c + V_s)$

- $V_c = \frac{1}{6} \lambda \sqrt{f_{ck}} b_w d$
- $V_s = \frac{2}{3} \lambda \sqrt{f_{ck}} b_w d$

■ 위험 단면의 계수 전단력

$$V_u = \frac{w_u l}{2} - w_u d$$

알아두기

강도감소계수 ϕ
전단과 비틀림의 경우 0.75

핵 심 문 제

□□□ 산 16

01 단면 형상은 T형보이지만 설계 계산은 직사각형보와 같이 하는 경우는?

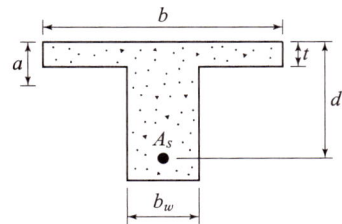

① $b_w \leq t$　　② $b_w > t$
③ $a \leq t$　　　④ $a > t$

|해답| ③

$a \leq t$: 폭을 b로 하는 직사각형보로 계산
$a > t$: T형보로 계산

□□□ 산 11,17

02 그림과 같은 T형보에서 $f_{ck}=21$MPa, $f_y=400$MPa, $A_s=3212$mm²일 때 공칭 휨강도(M_n)는?

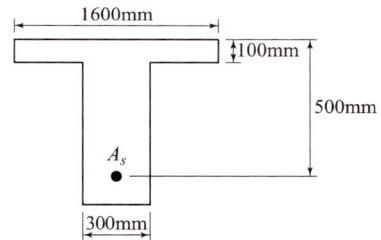

① 463.7kN·m　　② 521.6kN·m
③ 578.4kN·m　　④ 613.5kN·m

|해답| ④

$$M_n = f_y A_s \left(d - \frac{a}{2}\right)$$

• T형보의 판별

$$a = \frac{A_s f_y}{\eta(0.85f_{ck})b} = \frac{3212 \times 400}{1 \times 0.85 \times 21 \times 1600}$$

$$= 45\text{mm} < t = 100\text{mm}$$

∴ 직사각형보로 해석

$$M_n = 400 \times 3212\left(500 - \frac{45}{2}\right)$$

$$= 613492000\text{N·mm} = 613.5\text{kN·m}$$

□□□ 산 11,13,14

03 그림과 같은 T형보에 대한 등가직사각형 블록의 깊이(a)는 얼마인가? (단, $f_{ck}=21$MPa, $f_y=400$MPa이다.)

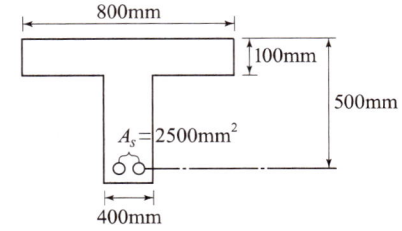

① 40mm　　② 70mm
③ 120mm　　④ 150mm

|해답| ②

$$a = \frac{A_s f_y}{\eta(0.85f_{ck})b}$$

$$= \frac{2500 \times 400}{1 \times 0.85 \times 21 \times 800} = 70\text{mm} < t_f = 100\text{mm}$$

∴ 직사각형보

□□□ 산 13

04 강도설계법에서 그림과 같은 T형보의 사선 친 플랜지 단면에 작용하는 압축력과 균형을 이루는 가상 압축철근의 단면적은 얼마인가? (단, $f_{ck}=21$MPa, $f_y=380$MPa임)

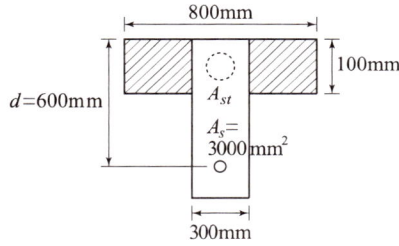

① 2011mm²　　② 2349mm²
③ 4021mm²　　④ 3525mm²

|해답| ②

$\eta(0.85f_{ck})(b-b_w)t_f = A_{sf}f_y$ ($\because C_f = T_f$)

$$\therefore A_{sf} = \frac{\eta(0.85f_{ck})(b-b_w)t_f}{f_y}$$

$$= \frac{1 \times 0.85 \times 21(800-300) \times 100}{380} = 2349\text{mm}^2$$

알아두기

T형보
교량이나 건물에는 보와 슬래브가 일체로 되도록 하여 외력에 저항하도록 만들어진 구조를 T형보 또는 T형보와 T형단면보라 한다.

T형보의 판정
$a = \dfrac{A_s f_y}{\eta(0.85 f_{ck})b}$

- 등가응력사각형이 복부에 작용할 때
  $a \leq t_f$: 폭이 b인 직사각형 단면으로 설계
- 등가응력사각형이 플랜지 내에 있을 때
  $a > t_f$: T형 단면으로 설계

06 T형 단면보

1 T형보의 단면해석

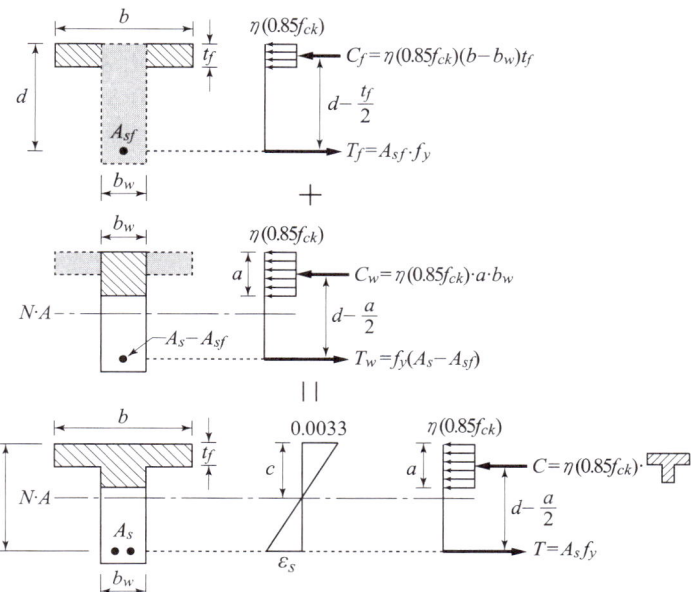

2 T형보의 단면설계

(1) 중립축의 위치(c)
- $t_f < c$이면 T형보로 해석
- $c = \dfrac{1}{\beta_1} \dfrac{f_y \cdot A_s}{\eta(0.85 f_{ck}) \cdot b}$

(2) 응력사각형의 깊이(a)
- $a = \dfrac{f_y(A_s - A_{sf})}{\eta(0.85 f_{ck}) \cdot b_w}$

(3) 플랜지 부분에 해당하는 철근량
- $\eta(0.85 f_{ck}) f_y t_f (b - b_w) = f_y A_{sf}$
- $A_{sf} = \dfrac{\eta(0.85 f_{ck})(b - b_w) t_f}{f_y}$

(4) 공칭휨강도(M_n)
- $M_n = A_{sf} f_y \left(d - \dfrac{t_f}{2}\right) + (A_s - A_{sf}) f_y \left(d - \dfrac{a}{2}\right)$

(5) 설계휨모멘트강도(M_d)
$M_d = \phi M_n$
$\quad\quad = 0.85 \left\{ A_{sf} f_y \left(d - \dfrac{t_f}{2}\right) + f_y (A_s - A_{sf}) \left(d - \dfrac{a}{2}\right) \right\}$

핵심문제

□□□ 산 20②

01 아래 그림과 같은 강도설계법에 의해 설계된 복철근 보에서 콘크리트의 극한변형률이 0.0033에 도달했을 때 압축철근이 항복하는 경우의 변형률(ϵ_s')은?

① 0.85×0.0033
② $\dfrac{1}{3} \times 0.0033$
③ $0.0033\left(\dfrac{c+d}{c}\right)$
④ $0.0033\left(\dfrac{c-d'}{c}\right)$

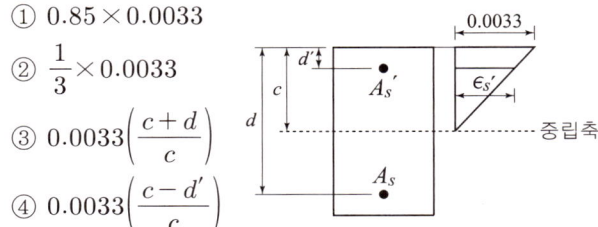

| 해답 | ④

$f_{ck} \leq 40\text{MPa}$일 때
$\epsilon_{cu} = 0.0033$, $\beta_1 = 0.80$, $\eta = 1.0$
$c : \epsilon_c = (c - d') : \epsilon_s'$
$\epsilon_s' = \epsilon_{cu} \cdot \dfrac{c - d'}{c} \geq \epsilon_y = \dfrac{f_y}{E_s}$
$\therefore 0.0033\left(\dfrac{c-d'}{c}\right) \geq \dfrac{f_y}{E_s}$

□□□ 산 12

02 아래 그림과 같은 복철근 직사각형 단면의 보에서 압축연단에서 중립축까지의 거리(c)값은?
(단, $A_s = 4765\text{mm}^2$, $A_s' = 1284\text{mm}^2$, $f_{ck} = 28\text{MPa}$, $f_y = 300\text{MPa}$)

① 129mm
② 146mm
③ 183mm
④ 197mm

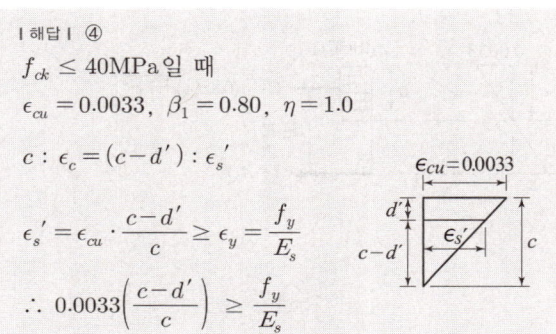

| 해답 | ③

$c = \dfrac{a}{\beta_1}$

• $a = \dfrac{f_y(A_s - A_s')}{\eta(0.85 f_{ck}) \cdot b} = \dfrac{300(4765 - 1284)}{1 \times 0.85 \times 28 \times 300} = 146.26\text{mm}$

• $f_{ck} = 28\text{MPa} \leq 40\text{MPa}$일 때 $\eta = 1.0$, $\beta_1 = 0.80$

$\therefore c = \dfrac{146.26}{0.80} = 183\text{mm}$

□□□ 산 15, 16, 18②

03 복철근 단면으로 설계하는 이유에 대한 설명으로 틀린 것은?

① 처짐을 억제하여야 할 경우
② 연성을 극소화시켜야 할 경우
③ 정(+), 부(−) 모멘트가 한 단면에서 반복되는 경우
④ 보의 높이가 제한되어 단철근 단면으로는 설계모멘트를 감당할 수 없을 경우

| 해답 | ②

압축응력의 깊이를 감소시켜서 연성의 증대

□□□ 산 12, 14, 16

04 그림과 같은 복철근 직사각형보 단면이 압축부에 3-D22($A_s' = 1161\text{mm}^2$)의 철근과 인장부에 6-D32 ($A_s = 4765\text{mm}^2$)의 철근을 갖고 있을 때의 등가 압축응력의 깊이(a)는? (단, $f_{ck} = 28\text{MPa}$, $f_y = 400\text{MPa}$이다.)

① 151.43mm
② 159.25mm
③ 164.72mm
④ 178.56mm

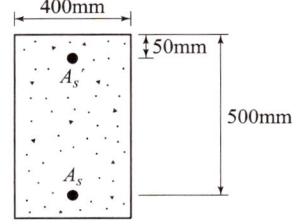

| 해답 | ①

$a = \dfrac{f_y(A_s - A_s')}{\eta(0.85 f_{ck}) \cdot b} = \dfrac{400(4765 - 1161)}{1 \times 0.85 \times 28 \times 400} = 151.43\text{mm}$

□□□ 산 15

05 보의 휨파괴에 대한 설명 중 틀린 것은?

① 과소철근보는 철근이 먼저 항복하게 되지만 철근은 연성이 크기 때문에 파괴는 단계적으로 일어난다.
② 과다철근보는 철근량이 많기 때문에 더욱 느린 속도로 파괴되고 위험예측이 가능하다.
③ 인장철근이 항복강도 f_y에 도달함과 동시에 콘크리트도 극한변형률에 도달하여 파괴되는 보를 균형철근보라 한다.
④ 인장으로 인한 파괴 시 중립축은 위로 이동한다.

| 해답 | ②

과다철근보는 철근량이 균형철근량보다 많아 콘크리트가 먼저 파괴되는 취성파괴가 발생하므로 위험예측이 어렵다.

05 보의 파괴 및 복철근보

1 보의 휨파괴

(1) 연성 파괴 : 철근의 항복으로 시작되는 보의 파괴는 철근의 항복 고원이 존재하므로, 사전에 붕괴의 징조를 보이면서 점진적으로 일어난다. 이와 같은 파괴 형태를 연성파괴라 한다.

(2) 취성파괴 : 철근비가 커서 보의 파괴가 압축측 콘크리트의 파쇄로 시작될 경우는 사전의 징조없이 갑자기 일어난다. 이러한 파괴형태를 취성파괴라 한다.
- 휨부재 단면에서 인장철근에 대한 최소철근량을 규정한 이유 : 인장측 콘크리트의 취성파괴(갑작스럼 파괴)를 방지하기 위해서다.

2 복철근 직사각형보

(1) 복철근 직사각형보로 설계하는 이유
- 처짐을 최소화하기 위한 경우
- 철근의 조립을 쉽게 하기 위해
- 정(+), 부(−) 휨모멘트가 한 단면에서 반복되는 경우
- 보의 높이가 제한되어 단철근 단면으로는 설계모멘트를 견딜 수 없는 경우

(2) 복철근 직사각형보의 단면해석

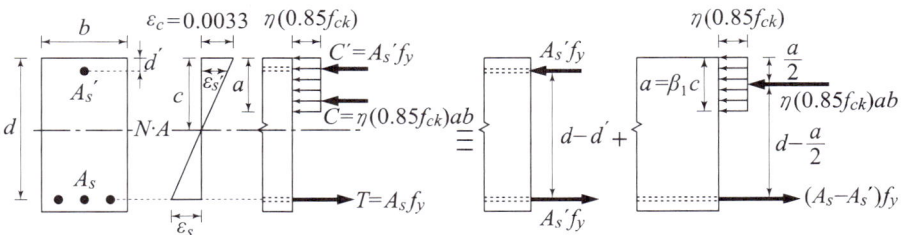

(3) 복철근보의 총응력
- 총압축력 : $C = \eta(0.85 f_{ck}) a \cdot b + f_y A_s'$
- 총인장력 : $T = f_y \cdot A_s$

(4) 등가응력사각형의 깊이

$$a = \frac{f_y(A_s - A_s')}{\eta(0.85 f_{ck}) b}$$

(5) 공칭휨강도

$$M_n = A_s' f_y (d - d') + (A_s - A_s') f_y \left(d - \frac{a}{2}\right)$$

(6) 설계휨강도

$$M_d = \phi M_n = \phi \left\{ A_s' f_y (d - d') + (A_s - A_s') f_y \left(d - \frac{a}{2}\right) \right\}$$

▌인장철근의 하한철근비

$$\rho_{\min} = \frac{\eta(0.85 f_{ck}) \beta_1}{f_y} \cdot \frac{660}{660 - f_y} + \rho'$$

▌인장철근의 상한

$$\rho_{\max} = \left(\frac{0.0033 + \frac{f_y}{E_s}}{0.007} \right) \rho_b + \frac{A_s'}{bd}$$

핵심문제

□□□ 산 92,03,05,08,12,13,14,16

01 단철근 직사각형보에서 $f_y=300\text{MPa}$, $d=600\text{mm}$ 일 때 중립축 거리 c는? ($f_{ck}=30\text{MPa}$)

① 412.5mm ② 447mm
③ 483mm   ④ 537mm

| 해답 | ①

$$c = \frac{660}{660+f_y}d = \frac{660}{660+300} \times 600 = 412.5\text{mm}$$

□□□ 산 14,15,16,17④,19④,20③

02 그림과 같은 직사각형 단면에서 등가 직사각형 응력블록의 깊이(a)는? (단, $f_{ck}=21\text{MPa}$, $f_y=400\text{MPa}$ 이다.)

① 107mm
② 112mm
③ 118mm
④ 125mm

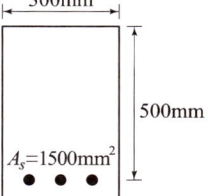

| 해답 | ②

$$a = \frac{A_s f_y}{\eta(0.85f_{ck})b} = \frac{1500 \times 400}{1 \times 0.85 \times 21 \times 300} = 112\text{mm}$$

□□□ 산 11,12,13,14,15,16

03 아래 표의 조건과 같은 단철근 직사각형보의 공칭모멘트강도(M_n)는?

| $b_w=300\text{mm}$, $d=600\text{mm}$, $A_s=1200\text{mm}^2$, |
| $f_{ck}=27\text{MPa}$, $f_y=300\text{MPa}$ |

① 206.6kN·m ② 214.1kN·m
③ 227.4kN·m ④ 301.2kN·m

| 해답 | ①

공칭모멘트강도 $M_n = f_y A_s \left(d - \frac{a}{2}\right)$

• $a = \frac{f_y A_s}{\eta(0.85f_{ck})b} = \frac{300 \times 1200}{1 \times 0.85 \times 27 \times 300} = 52.29\text{mm}$

∴ $M_n = 300 \times 1200\left(600 - \frac{52.29}{2}\right)$
$= 206587800\text{N·mm} = 206.6\text{kN·m}$

□□□ 산 12,13,14,15,16,17,18,19,20

04 단철근 직사각형보에서 $f_y=400\text{MPa}$, $f_{ck}=24\text{MPa}$ 일 때, 강도 설계법에 의한 균형철근비는?

① 0.0187 ② 0.0214
③ 0.0254 ④ 0.0321

| 해답 | ③

균형철근비 $\rho_b = \frac{\eta(0.85f_{ck})\beta_1}{f_y} \cdot \frac{660}{660+f_y}$

• $f_{ck} \leq 40\text{MPa}$일 때 $\eta=1$, $\beta_1=0.80$

∴ $\rho_b = \frac{1 \times 0.85 \times 24 \times 0.80}{400} \times \frac{660}{660+400} = 0.0254$

□□□ 산 12,14,15,17,16

05 $b_w=200\text{mm}$, $d=500\text{mm}$인 단철근 직사각형보의 균형철근량은? (단, $f_{ck}=24\text{MPa}$, $f_y=400\text{MPa}$)

① 2372mm² ② 2540mm²
③ 3271mm² ④ 3583mm²

| 해답 | ②

철근량 $A_s = \rho_b b d$

• $f_{ck} \leq 40\text{MPa}$일 때 $\eta=1$, $\beta_1=0.80$

• 균형철근비 $\rho_b = \frac{\eta(0.85f_{ck})\beta_1}{f_y} \cdot \frac{660}{660+f_y}$

$\rho_b = \frac{1 \times 0.85 \times 24 \times 0.80}{400} \times \frac{660}{660+400} = 0.02540$

∴ $A_s = 0.02540 \times 200 \times 500 = 2540\text{mm}^2$

□□□ 산 12,17

06 아래 그림과 같은 단철근 직사각형 보의 압축연단에서 중립축까지의 거리(c)는?
(단, $f_{ck}=21\text{MPa}$, $f_y=400\text{MPa}$, $A_s=2500\text{mm}^2$)

① 140.1mm
② 151.4mm
③ 167.2mm
④ 175.1mm

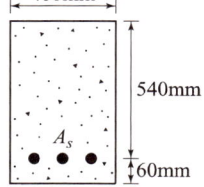

| 해답 | ④

$c = \frac{a}{\beta_1}$

• $f_{ck} \leq 40\text{MPa}$일 때 $\eta=1$, $\beta_1=0.80$

• $a = \frac{A_s f_y}{\eta(0.85f_{ck})b} = \frac{2500 \times 400}{1 \times 0.85 \times 21 \times 400} = 140.06\text{mm}$

• 중립축의 위치
$c = \frac{140.06}{0.80} = 175.08\text{mm}$

04 단철근 직사각형보 (KDS 14 20 20 적용)

1 단철근 직사각형보의 단면해석

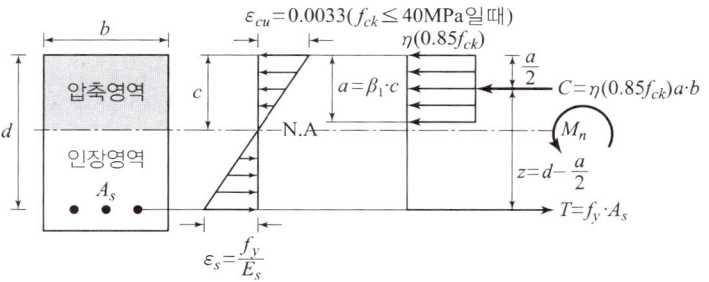

2 균형보의 단면설계

(1) 등가응력사각형의 깊이(a)

$$a = \frac{A_s \cdot f_y}{\eta(0.85f_{ck})b} = \frac{f_y \cdot \rho \cdot b \cdot d}{\eta(0.85f_{ck})b} = \frac{f_y \cdot \rho \cdot d}{\eta(0.85f_{ck})}$$

(2) 균형보의 중립축 위치(c_b)

$$c_b = \frac{0.0033}{0.0033 + \dfrac{f_y}{E_s}} \cdot d = \frac{660}{660 + f_y} \cdot d$$

(3) 균형철근비(ρ_b)

- 철근비 $\rho = \dfrac{A_s}{b \cdot d}$

- 균형철근비 $\rho_b = \dfrac{\eta(0.85f_{ck})\beta_1}{f_y} \cdot \dfrac{660}{660 + f_y}$

(4) 휨부재의 최소철근량

- $M_d = \phi M_n \geq 1.2 M_{cr}$

- $\phi M_n \geq \dfrac{4}{3} M_u$

- 휨균열모멘트 $M_{cr} = \dfrac{f_r \cdot I_y}{y_t} = \dfrac{0.63\lambda\sqrt{f_{ck}} \cdot \dfrac{b \cdot h^3}{12}}{h/2}$

(5) 공칭휨강도(M_n) 및 설계 휨강도(ϕM_n) 계산

- $M_n = \eta(0.85f_{ck})ab\left(d - \dfrac{a}{2}\right) = A_s f_y\left(d - \dfrac{a}{2}\right)$

- $M_u = \phi M_n = \phi \rho f_y b d^2\left(1 - 0.59\dfrac{\rho f_y}{\eta(f_{ck})}\right)$

  $= \phi \rho f_y b d^2(1 - 0.59q)$

  $= \phi \eta(f_{ck}) b d^2 q(1 - 0.59q)$

알아두기

단면설계
- 압축력 $C = \eta(0.85f_{ck}) \cdot a \cdot b$
- 철근량 $A_s = \rho_b \cdot b \cdot d$
- 중립축의 위치 $c = \dfrac{a}{\beta_1}$

휨부재의 허용값

철근의 설계기준 항복강도(f_y)	휨부재 허용값 최소 허용변형률	해당 철근비
300MPa	0.004	$0.658\rho_b$
350MPa	0.004	$0.692\rho_b$
400MPa	0.004	$0.726\rho_b$
500MPa	$0.005(2\epsilon_y)$	$0.699\rho_b$
600MPa	$0.006(2\epsilon_y)$	$0.677\rho_b$

q 값

$q = \dfrac{\rho f_y}{\eta(f_{ck})}$

핵 심 문 제

□□□ 산 12,14,15,16,17,18,19

01 강도설계법에서 $f_{ck}=35\text{MPa}$인 경우 β_1의 값은?

① 0.79 ② 0.80
③ 0.82 ④ 0.85

| 해답 | ②

$f_{ck} = 35\text{MPa} < 40\text{MPa}$
$\therefore \beta_1 = 0.80$

□□□ 산 13,14,15,16

02 강도설계법의 기본가정에 대한 설명으로 틀린 것은?

① 콘크리트의 응력은 변형률에 비례한다고 본다.
② 콘크리트의 인장강도는 휨계산에서 무시한다.
③ 항복강도 f_y 이하에서 철근의 응력은 그 변형률의 E_s배로 본다.
④ 콘크리트 압축측 연단에서 콘크리트의 설계기준압축 강도가 40MPa 이하인 경우에는 최대변형률은 0.0033으로 가정한다.

| 해답 | ①

• 철근과 콘크리트의 변형률은 중립축에서부터의 거리에 비례한다.
• 콘크리트의 응력은 중립축으로부터의 거리에 비례하지 않는 비선형 분포를 보인다.

□□□ 산 16

03 압축측 연단의 콘크리트 변형률이 0.0033에 도달할 때, 최외단 인장철근의 순인장변형률이 0.005 이상인 단면의 강도감소계수는? (단, $f_y \leq 400\text{MPa}$이다.)

① 0.85 ② 0.75
③ 0.70 ④ 0.65

| 해답 | ①

$\phi = 0.65 + (\epsilon_t - 0.002)\dfrac{200}{3}$
$\quad = 0.65 + (0.005 - 0.002)\dfrac{200}{3} = 0.85$

□□□ 산 14

04 그림에 나타난 직사각형 단철근 보는 과소철근 단면이다. 공칭 휨강도 M_n에 도달할 때 인장철근의 변형률은 얼마인가? (단, 철근 D22 4본의 단면적은 1548mm², $f_{ck}=28\text{MPa}$, $f_y=350\text{MPa}$이다.)

① 0.003
② 0.007
③ 0.091
④ 0.012

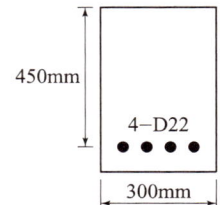

| 해답 | ④

$0.0033 : \epsilon_t = c : (d-c)$에서 $\epsilon_t = 0.0033\left(\dfrac{d-c}{c}\right)$

• 등가응력깊이
$a = \dfrac{A_s f_y}{\eta(0.85 f_{ck})b} = \dfrac{1548 \times 350}{1 \times 0.85 \times 28 \times 300} = 75.88\text{mm}$

• $f_{ck} \leq 40\text{MPa}$일 때 $\eta=1$, $\beta_1=0.80$, $\epsilon_{cu}=0.0033$

• 중립축의 위치
$c = \dfrac{a}{\beta_1} = \dfrac{75.88}{0.80} = 94.85\text{mm}$

$\therefore$ 인장철근의 변형률$(\epsilon_t) = 0.0033\left(\dfrac{450-94.85}{94.85}\right) = 0.012$

□□□ 산 16①,19①

05 강도설계법에 의한 휨부재 설계의 기본가정으로 옳지 않은 것은?

① 콘크리트의 압축측 연단에서 콘크리트의 설계기준압축강도가 40MPa 이하인 경우에는 최대 변형률은 0.0033으로 가정한다.
② 철근의 응력이 설계기준항복강도 f_y 이하일 때 철근의 응력은 그 변형률에 철근의 탄성계수(E_s)를 곱한 값으로 한다.
③ 콘크리트의 압축응력분포는 일반적으로 삼각형으로 가정한다.
④ 철근과 콘크리트의 변형률은 중립축에서의 거리에 직선 비례한다.

| 해답 | ③

콘크리트의 압축응력 분포도는 사각형, 사다리꼴, 포물선 또는 기타 다른 형상으로 가정할 수 있다.

03 콘크리트 구조 휨 및 압축설계기준

1 설계가정

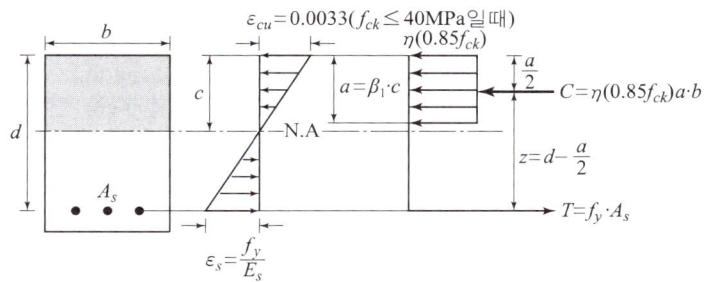

- 철근 및 콘크리트의 변형률은 중립축으로부터의 거리에 비례한다.
- 콘크리트의 응력은 중립축으로부터의 거리에 비례하지 않는 비선형 분포를 보인다.
- 휨모멘트 또는 휨모멘트와 축력을 동시에 받는 부재의 콘크리트 압축연단의 극한변형률은 콘크리트의 설계기준압축강도가 40MPa 이하인 경우에는 0.0033으로 가정한다. 40MPa를 초과하는 경우는 매 10MPa의 강도 증가에 대하여 0.0001씩 감소시킨다.
- 철근의 응력이 설계기준항복강도 f_y 이하일 때 철근의 응력은 E_s를 곱한 값으로 하고, 철근의 변형률이 f_y에 대응하는 변형률보다 큰 경우 철근의 응력은 변형률에 관계없이 f_y로 하여야 한다.
- 콘크리트의 인장강도는 KDS 14 20 60(4.21)의 규정에 해당하는 경우를 제외하고는 철근콘크리트 부재 단면의 축강도와 휨(인장)강도 계산에서 무시할 수 있다.
- 콘크리트 압축응력의 분포와 콘크리트 변형률 사이의 관계는 직사각형, 사다리꼴, 포물선형 또는 강도의 예측에서 광범위한 실험의 결과와 실질적으로 일치하는 어떠한 형식으로도 가정할 수 있다.

2 깊이 $a = \beta_1 c$

- 단면의 가장자리와 최대 압축변형률이 일어나는 연단부터 $a = \beta_1 c$ 거리에 있고 중립축과 평행한 직선에 의해 이루어지는 등가압축영역에 $\eta(0.85f_{ck})$인 콘크리트 응력이 등분포하는 것으로 가정한다.
- 최대 변형률이 발생하는 압축연단에서 중립축까지 거리 c는 중립축에 대해 직각방향으로 측정한 것으로 한다.
- 등가 직사각형 응력블록을 적용할 때에는 $0.85f_{ck}$에 응력블록의 크기를 나타내는 계수 η를 곱하여 응력의 크기를 구하고, 등가 직사각형 응력의 깊이는 중립축 깊이에 β_1을 곱하여 구한다.
- 계수 $\eta(0.85f_{ck})$와 β_1는 다음 값을 적용한다.

f_{ck}	≤40	50	60	70	80	90
η	1.00	0.97	0.95	0.91	0.87	0.84
β_1	0.80	0.80	0.76	0.74	0.72	0.70

알아두기

▶ 깊이 a
$0.85f_{ck} \cdot a \cdot b = A_s \cdot f_y$ 에서
$a = \dfrac{A_s \cdot f_y}{\eta(0.85f_{ck}) \cdot b}$
$= \beta_1 \cdot c$

▶ 순인장 변형률($f_{ck} \leq 40$MPa)
$\epsilon_t = \dfrac{(d_t - c)\epsilon_{cu}}{c}$
$= \dfrac{(d_t - c) \times 0.0033}{c}$

▶ 기타 ϕ값
$\phi = 0.65 + (\epsilon_t - 0.002)\dfrac{200}{3}$

▶ $f_c = 40$MPa를 초과하는 경우
- $\epsilon_{co} = 0.002 + \left(\dfrac{f_{ck} - 40}{100000}\right) \geq 0.002$
- $\epsilon_{cu} = 0.0033 - \left(\dfrac{f_{ck} - 40}{100000}\right) \leq 0.0033$

▶ 깊이
$a = \beta_1 c$
여기서,
c : 중립축으로부터 압축측 콘크리트 상단까지의 거리
β_1 : 콘크리트의 압축강도에 따라서 변하는 계수

▶ [구] β_1 계산
$\beta_1 = 0.85 - (f_{ck} - 28) \times 0.007 \geq 0.65$

핵심문제

□□□ 산 12,14,16,17

01 경간이 12m인 캔틸레버 보에서 처짐을 계산하지 않는 경우 보의 최소 두께로서 옳은 것은?
(단, 보통중량 콘크리트를 사용한 경우로서 $f_{ck}=28$MPa, $f_y=400$MPa이다.)

① 580mm　　② 750mm
③ 1200mm　　④ 1500mm

| 해답 | ④

최소 두께 $h = \dfrac{l}{8}$

∴ $h = \dfrac{12000}{8} = 1500$mm

□□□ 산 14,16

02 $A_s' = 1400\text{mm}^2$로 배근된 그림과 같은 복철근보의 탄성처짐이 10mm라 할 때 1년 후 장기처짐을 고려한 총 처짐량은? (단, 1년 후 지속하중 재하에 따른 계수 $\xi = 1.4$이다.)

① 10mm
② 13.25mm
③ 16.43mm
④ 18.24mm

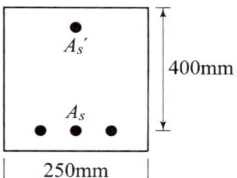

| 해답 | ④

- $\lambda = \dfrac{\xi}{1+50\rho'}$

  $\rho' = \dfrac{A_s'}{bd} = \dfrac{1400}{400 \times 250} = 0.014$

  ∴ $\lambda = \dfrac{1.4}{1+50 \times 0.014} = 0.824$ (∵ 1년 : $\lambda=1.4$)

장기처짐 = 순간처짐(탄성침하) × 장기처짐계수(λ)
　　　　 $= 10 \times 0.824 = 8.24$

∴ 총 처짐량 = 순간처짐 + 장기처짐
　　　　　　 $= 10 + 8.24 = 18.24$mm

□□□ 산 13,15

03 철근콘크리트 구조물에서 피로에 대한 검토를 하지 않아도 되는 구조 부재는?

① 단순보　　② 연속보
③ 슬래브　　④ 기둥

| 해답 | ④

보(단순보, 연속보) 및 슬래브의 피로는 휨 및 전단에 대하여 검토하여야 한다.

□□□ 산 14

04 다음 단면의 균열 모멘트 M_{cr}의 값은?
(단, $f_{ck}=24$MPa, 콘크리트의 파괴계수 $f_r = 3.09$MPa)

① 16.8kN·m
② 41.58kN·m
③ 83.43kN·m
④ 110.88kN·m

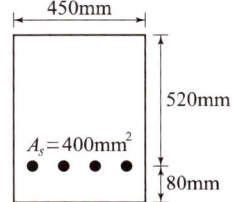

| 해답 | ③

$M_{cr} = \dfrac{f_r I_g}{y_t}$

- $f_r = 3.09$MPa $= 3.09$N/mm²
- $I_g = \dfrac{bh^3}{12} = \dfrac{450 \times 600^3}{12} = 8.1 \times 10^9$mm⁴
- $y_t = \dfrac{520+80}{2} = 300$mm

∴ $M_{cr} = \dfrac{3.09 \times 8.1 \times 10^9}{300}$
　　　　$= 83430000$N·mm $= 83.43$kN·m

□□□ 산 11,12,13,14,15,17

05 보통 콘크리트 부재의 해당 지속 하중에 대한 탄성 처짐이 30mm이었다면 크리프 및 건조 수축에 따른 추가적인 장기 처짐을 고려한 최종 총 처짐량은 몇 mm인가? (단, 하중 재하 기간은 10년이고, 압축 철근비 ρ'는 0.005이다.)

① 78　　② 68
③ 58　　④ 48

| 해답 | ①

- $\lambda = \dfrac{\xi}{1+50\rho'}$

  $= \dfrac{2}{1+50 \times 0.005} = 1.6$

  (∵ ξ : 시간 경과 계수(5년 이상 : 2.0, 12개월 : 1.4, 6개월 : 1.2, 3개월 : 1.0)

- 장기처짐 = 순간처짐(탄성침하) × 장기처짐계수(λ)
　　　　　 $= 30 \times 1.6 = 48$mm

∴ 총처짐량 = 순간 처짐 + 장기 처짐
　　　　　　 $= 30 + 48 = 78$mm

02 처짐

1 1방향 구조

(1) 사용성 검토는 균열, 처짐, 피로의 영향 등을 고려하여 이루어져야 한다.

(2) 큰 처짐에 의하여 손상되기 쉬운 칸막이벽이나 기타 구조물을 지지하지 않는 1방향 구조물의 경우 표에서 정한 최소값을 적용하여야 한다.

■ 처짐을 계산하지 않는 경우의 보 또는 1방향 슬래브의 최소 두께

부재	단순지지	1단연속	양단연속	캔틸레버
• 1방향 슬래브	$\dfrac{l}{20}$	$\dfrac{l}{24}$	$\dfrac{l}{28}$	$\dfrac{l}{10}$
• 보 • 리브가 있는 1방향 슬래브	$\dfrac{l}{16}$	$\dfrac{l}{18.5}$	$\dfrac{l}{21}$	$\dfrac{l}{8}$

■ 보통중량콘크리트($m_c = 2300\,\text{kg/m}^3$)와 설계기준항복강도 400MPa 철근을 사용한 부재에 대한 값이며, 다른 조건에서는 다음과 같은 보정한 값을 사용한다.

• $f_y = 400\,\text{MPa}$ 이하인 경우는 계산된 h 값에 $\left(0.43 + \dfrac{f_y}{700}\right)$을 곱한다.

(3) 연속부재인 경우에 정 및 부모멘트에 대한 위험단면의 유효 단면 2차 모멘트

$$I_e = \left(\dfrac{M_{cr}}{M_a}\right)^3 I_g + \left\{1 - \left(\dfrac{M_{cr}}{M_a}\right)^3\right\} I_{cr}$$

여기서, 균열 모멘트 $M_{cr} = \dfrac{f_r}{y_t} I_g$, $f_r = 0.63\lambda\sqrt{f_{ck}}$

2 처짐계산

(1) 탄성처짐(순간처짐) : 하중이 실리자마자 일어나는 처짐으로 부재가 탄성 거동을 한다고 보아서 역학적으로 계산한다.

(2) 장기처짐 : 콘크리트의 건조수축과 크리프로 인하여 시간의 경과와 더불어 진행되는 처짐이다.

■ 장기처짐계수 $\lambda = \dfrac{\xi}{1 + 50\rho'}$

여기서, $\rho' = \dfrac{A_s{'}}{b \cdot d}$: 압축철근비

ξ : 시간 경과 계수[(5년 이상(2.0), 12개월(1.4), 6개월(1.2), 3개월(1.0)]

• 장기처짐 = 순간처짐(탄성침하) × 장기처짐계수(λ)
• 총처짐량 = 순간처짐(탄성침하) + 장기처짐

3 피로

(1) 보(단순보, 연속보) 및 슬래브의 피로는 휨 및 전단에 대하여 검토하여야 한다.

(2) 기둥의 피로는 검토하지 않아도 좋다. 단, 휨모멘트나 축인장력이 큰 경우에는 보에 준하여 검토하여야 한다.

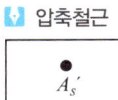
압축철근

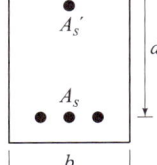

핵심문제

□□□ 산 13,14,16

01 철근콘크리트의 성립요건에 대한 설명으로 틀린 것은?

① 철근과 콘크리트의 부착강도가 크다.
② 부착면에서 철근과 콘크리트의 변형률은 같다.
③ 철근의 열팽창계수는 콘크리트의 열팽창계수보다 매우 크다.
④ 압축은 콘크리트가 인장은 철근이 부담한다.

| 해답 | ③
철근과 콘크리트의 열팽창계수가 거의 같다.

□□□ 산 11,12,15①,17,19④

02 전체 깊이가 900mm를 초과하는 휨부재 복부의 양 측면에 부재 축방향으로 배근하는 철근의 명칭은?

① 배력철근   ② 표피철근
③ 피복철근   ④ 연결철근

| 해답 | ②
• 표피철근(skin reinforcement) : 전체 깊이가 900mm를 초과하는 휨부재 복부의 양 측면에 부재 축방향으로 배치하는 철근
• 배력철근(distributing bar) : 하중을 분포시키거나 균열을 제어할 목적으로 주철근과 직각에 가까운 방향으로 배치한 보조철근

□□□ 산 15

03 다음 중 유효깊이의 정의로 옳은 것은?

① 콘크리트의 인장 연단부터 모든 인장철근군의 도심까지 거리
② 콘크리트의 압축 연단부터 모든 인장철근군의 도심까지 거리
③ 콘크리트의 인장 연단부터 최외단 인장철근의 도심까지의 거리
④ 콘크리트의 압축 연단부터 최외단 인장철근의 도심까지 거리

| 해답 | ②
유효깊이(effective depth of section) : 콘크리트의 압축 연단부터 모든 인장철근군의 도심까지 거리

□□□ 산 16

04 압축측 연단의 콘크리트 변형률이 0.0033에 도달할 때, 최외단 인장철근의 순인장변형률이 0.005 이상인 단면의 강도감소계수는? (단, $f_y \leq 400$MPa이다.)

① 0.85   ② 0.75
③ 0.70   ④ 0.65

| 해답 | ①
$$\phi = 0.65 + (\epsilon_t - 0.002)\frac{200}{3}$$
$$= 0.65 + (0.005 - 0.002)\frac{200}{3} = 0.85$$

□□□ 산 14,15,16

05 고정하중 10kN/m, 활하중 20kN/m의 등분포하중을 받는 경간 8m의 단순지지보에서 하중계수와 하중조합을 고려한 계수모멘트는?

① 352kN·m   ② 408kN·m
③ 449kN·m   ④ 497kN·m

| 해답 | ①
$$U = 1.2D + 1.6L = 1.2 \times 10 + 1.6 \times 20 = 44 \text{kN/m}$$
$$\therefore M_u = \frac{U \cdot l^2}{8} = \frac{44 \times 8^2}{8} = 352 \text{kN·m}$$

□□□ 산 12,13,14,15,16,18,19③

06 철근콘크리트 구조물의 강도설계법에서 사용되는 강도감소계수에 대한 다음 설명 중 틀린 것은?

① 인장지배 단면에 대한 강도감소계수는 0.85이다.
② 압축지배 단면 중 나선철근으로 보강된 철근콘크리트 부재의 강도감소계수는 0.65이다.
③ 전단력에 대한 강도감소계수는 0.75이다.
④ 무근콘크리트의 휨모멘트에 대한 강도감소계수는 0.55이다.

| 해답 | ②
압축지배 단면 중 나선철근으로 보강된 철근콘크리트 부재의 강도감소계수는 0.70이다.

02 철근콘크리트 및 강구조

01 설계일반

1 철근 콘크리트

(1) 철근콘크리트가 성립되는 조건
- 철근과 콘크리트 사이의 부착강도가 크다.
- 철근과 콘크리트의 열팽창계수가 거의 같다.
- 콘크리트 속에 묻힌 철근은 부식하지 않는다.
- 압축은 콘크리트가 인장은 철근이 부담한다.
- 철근의 탄성계수 E_s는 콘크리트의 탄성계수 E_c보다 n배 크다.

(2) 용어의 정의
- 표피철근(skin reinforcement) : 전체 깊이가 900mm를 초과하는 휨부재 복부의 양 측면에 부재 축방향으로 배치하는 철근
- 배력철근(distributing bar) : 하중을 분포시키거나 균열을 제어할 목적으로 주철근과 직각에 가까운 방향으로 배치한 보조철근

2 소요강도

(1) 계수하중(Factored Load ; U)
- $U = 1.2D + 1.6L$

(2) 계수모멘트
- $U_u = 1.2w_d + 1.6w_l$
- $M_u = M_{max} = \dfrac{U \cdot l^2}{8}$

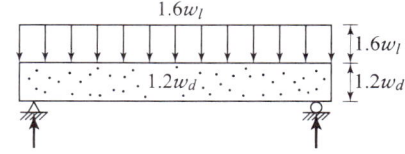

3 강도감소계수 ϕ

부재		강도감소계수
인장지배단면		0.85
압축지배단면	나선철근으로 보강된 철근 콘크리트 부재	0.70
	그 외의 철근콘크리트 부재	0.65
	변화구간단면(전이구역)	0.65(0.70) ~ 0.85
전단력과 비틀림모멘트		0.75
콘크리트의 지압력 (포스트텐션 정착부나 스트럿-타이 모델은 제외)		0.65
포스트텐션 정착구역		0.85
스트럿-타이 모델	스트럿, 절점부 및 지압부	0.75
	타이	0.85
무근콘크리트의 휨모멘트, 압축력, 전단력, 지압력		0.55

알아두기

▶ **철근의 종류**
- 주철근 : 주된 단면력이 작용하는 방향으로 휨모멘트와 축력에 저항하기 위하여 배치하는 철근
- 온도철근 : 온도변화에 의하여 콘크리트에 변화하는 균열을 방지하기 위한 목적으로 배치되는 철근

▶ **피복두께(cover thickness)**
콘크리트 표면과 그에 가장 가까이 배치된 철근 표면 사이의 콘크리트 두께

▶ **유효깊이(effective depth of section)**
콘크리트의 압축 연단부터 모든 인장철근군의 도심까지 거리

▶ **용어설명**
- D : 고정하중 또는 이에 의해서 생기는 단면력
- L : 활하중 또는 이에 의해서 생기는 단면력
- w_d : 고정하중모멘트
- w_l : 활하중모멘트
- U : 계수하중
- l : 지간

▶ **강도계수(ϕ) 적용 부재**
휨강도, 전단강도, 전단마찰, 비틀림강도, 축방향강도의 계산 등에 적용

핵 심 문 제

□□□ 산 91,02,04,06,15,18

01 지름이 D인 원형 단면의 기둥에서 핵(Core)의 직경은?

① $\dfrac{D}{2}$ ② $\dfrac{D}{3}$

③ $\dfrac{D}{4}$ ④ $\dfrac{D}{6}$

| 해답 | ③
원형단면에서의 핵의 직경

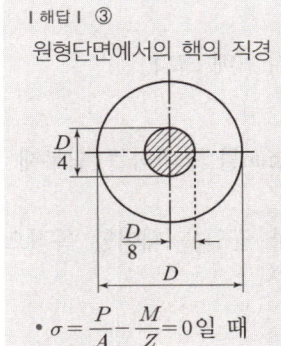

• $\sigma = \dfrac{P}{A} - \dfrac{M}{Z} = 0$ 일 때

$\dfrac{P}{\dfrac{\pi D^2}{4}} - \dfrac{P \cdot e}{\dfrac{\pi D^3}{32}} = 0$ ∴ 핵거리 $e = \dfrac{D}{8}$

∴ 핵의 직경 $= \dfrac{D}{8} \times 2 = \dfrac{D}{4}$

□□□ 산 11,13,14,15,16,18

02 그림(a)와 같은 장주가 100kN의 하중에 견딜 수 있다면 (b)의 장주가 견딜 수 있는 하중의 크기는? (단, 기둥은 등질, 등단면이다.)

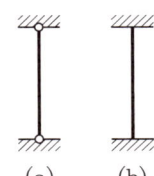

(a)   (b)

① 100kN ② 200kN
③ 300kN ④ 400kN

| 해답 | ④

$P_{cr} = \dfrac{n\pi^2 EI}{L^2}$

• 양단힌지 : $P_{cr} = 1\left(\dfrac{\pi^2 EI}{L^2}\right) = 100$kN

∴ $\dfrac{\pi^2 EI}{L^2} = 100$kN

• 양단고정 : $P_{cr} = 4\left(\dfrac{\pi^2 EI}{L^2}\right) = 4 \times 100 = 400$kN

□□□ 산 83,00,11,12,15

03 지름이 D이고 길이가 $50 \times D$인 원형 단면으로 된 기둥의 세장비를 구하면?

① 200 ② 150
③ 100 ④ 50

| 해답 | ①

세장비 $\lambda = \dfrac{\text{부재길이 } l}{\text{회전반경 } r}$

• 회전반경 $r = \dfrac{D}{4}$

∴ $\lambda = \dfrac{50D}{\dfrac{D}{4}} = 200$

□□□ 산 11,13,14,15,16,17

04 그림(A)와 같은 장주가 100kN의 하중에 견딜 수 있다면 그림(B)의 장주가 견딜 수 있는 하중의 크기는? (단, 기둥은 등질, 등단면이다.)

① 25kN
② 200kN
③ 400kN
④ 800kN

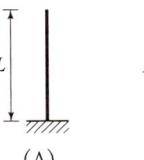

(A) (B)

| 해답 | ③

$P_{cr} = \dfrac{n\pi^2 EI}{L^2}$

• 일단고정 타단자유 : $P_{cr} = \dfrac{1}{4}\left(\dfrac{\pi^2 EI}{L^2}\right) = 100$kN

∴ $\dfrac{\pi^2 EI}{L^2} = 400$kN

• 양단힌지 : $P_{cr} = 1\left(\dfrac{\pi^2 EI}{L^2}\right) = 1 \times 400 = 400$kN

□□□ 산 95,05,07,15

05 그림과 같은 사각형 단면을 가지는 기둥의 핵 면적은?

① $\dfrac{bh}{9}$

② $\dfrac{bh}{18}$

③ $\dfrac{bh}{16}$

④ $\dfrac{bh}{36}$

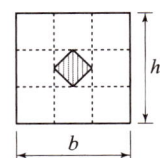

| 해답 | ②

$A = \left(\dfrac{b}{6} \times \dfrac{h}{6} \times \dfrac{1}{2}\right) \times 4 = \dfrac{bh}{18}$

13 기둥

1 단주의 핵

- 핵점 : 단면 내에 압축응력만이 일어나는 하중의 편심거리의 한계점을 말한다.
- 핵 : 핵점에 의하여 둘러싸인 부분

(1) 핵거리

■ 4각형 단주의 핵거리

$$\sigma = \frac{P}{A} - \frac{M}{Z} = \frac{P}{A} - \frac{P \cdot e}{\frac{hb^2}{6}} = \frac{P}{A} - \frac{6P \cdot e}{hb^2} = \frac{P}{A}\left(1 - \frac{6e}{b}\right) = 0$$

- $1 - \dfrac{6e}{b} = 0$ ∴ $e = \dfrac{b}{6}$

■ 원형단면의 핵거리(반지름) $e = \dfrac{Z}{A} = \dfrac{\frac{\pi D^2}{32}}{\frac{\pi D^2}{4}} = \dfrac{D}{8}$

(2) 빗금친 부분이 핵

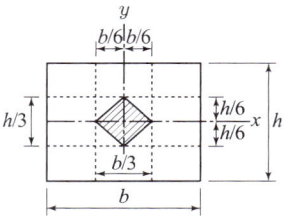 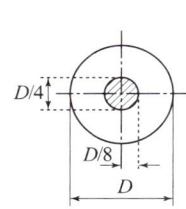 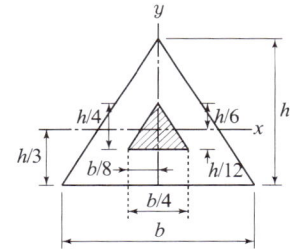

2 장주

(1) 세장비 : $\lambda = \dfrac{kl}{r_{min}} = \dfrac{기둥유효길이}{최소회전반경}$, $r_{min} = \sqrt{\dfrac{I_{min}}{A}}$

(2) 오일러 장주공식

■ 좌굴하중(임계하중, Euler하중) : $P_{cr} = \dfrac{n\pi^2 EI}{l^2} = \dfrac{\pi^2 EI}{(kl)^2}$

■ 좌굴응력(임계응력) : $\sigma_{cr} = \dfrac{P_{cr}}{A} = \dfrac{n\pi^2 E}{(l/r)^2} = \dfrac{n\pi^2 E}{\lambda^2}$

구분	1단고정 타단자유	양단힌지	1단고정 타단힌지	양단고정
양단지지상태				
유효길이계수(k)	2	1	0.7	0.5
좌굴 계수(n)	1/4	1	2	4
좌굴 길이(kl)	$2l$	l	$\dfrac{1}{\sqrt{2}}l$	$\dfrac{1}{\sqrt{4}}l$

핵 심 문 제

□□□ 산 86,77,11,14,15

01 재질 및 단면이 같은 다음의 2개의 외팔보에서 자유단의 처짐을 같게 하는 $\dfrac{P_1}{P_2}$의 값이 바른 것은?

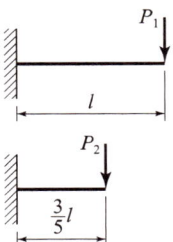

① 0.216 ② 0.325
③ 0.437 ④ 0.546

| 해답 | ①

$$y = \frac{Pl^3}{3EI}$$

- $y_A = \dfrac{P_1 l^3}{3EI}$, $y_B = \dfrac{P_2\left(\frac{3l}{5}\right)^3}{3EI}$

- $P_1 = \left(\dfrac{3}{5}\right)^3 P_2$ ∴ $\dfrac{P_1}{P_2} = 0.216$

□□□ 산 12,14

02 그림과 같은 단순보의 C점의 처짐은?

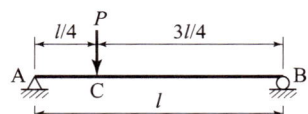

① $\dfrac{5Pl^3}{198EI}$ ② $\dfrac{7Pl^3}{198EI}$
③ $\dfrac{3Pl^3}{256EI}$ ④ $\dfrac{7Pl^3}{256EI}$

| 해답 | ③

$$y_c = \frac{Pa^2b^2}{3EIl} = \frac{P\times\left(\frac{l}{4}\right)^2\left(\frac{3l}{4}\right)^2}{3EIl}$$
$$= \frac{3^2Pl^2l^2}{4^2\times4^2\times3EI} = \frac{3Pl^4}{256EIl} = \frac{3Pl^3}{256EI}$$

□□□ 산 14

03 그림과 같은 보에서 C점의 처짐을 구하면?
(단, $EI = 2\times10^{10}\,\text{N}\cdot\text{cm}^2$)

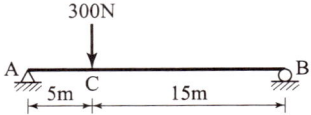

① 0.821cm   ② 1.406cm
③ 1.641cm   ④ 2.812cm

| 해답 | ②

$$y_c = \frac{Pa^2b^2}{3EIl} = \frac{300\times500^2\times1500^2}{3\times2\times10^{10}\times2000} = 1.406\text{cm}$$

□□□ 산 13

04 단면 폭 20cm, 높이 30cm이고, 길이 6m의 나무로 된 단순보의 중앙에 20kN의 집중하중이 작용할 때 최대처짐은? (단, $E = 1.0\times10^4\,\text{MPa}$ 이다.)

① 0.5cm   ② 1.0cm
③ 1.5cm   ④ 2.0cm

| 해답 | ④

$$y_{\max} = \frac{Pl^3}{48EI}$$

- $I = \dfrac{bh^3}{12} = \dfrac{200\times300^3}{12} = 450000000$

∴ $y_{\max} = \dfrac{20\times1000\times6000^3}{48\times1.0\times10^4\times450000000}$
$= 20\text{mm} = 2.0\text{cm}$

□□□ 산 11,15

05 그림의 보에서 C점의 수직처짐량은?

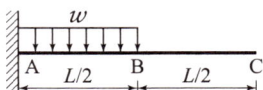

① $\dfrac{7wL^4}{384EI}$ ② $\dfrac{5wL^4}{384EI}$
③ $\dfrac{7wL^4}{192EI}$ ④ $\dfrac{5wL^4}{192EI}$

| 해답 | ①

$$\delta_C = \frac{7wl^4}{384EI}$$

12 보의 처짐각과 처짐공식

하중상태	처짐각	처짐
단순보 중앙집중하중 P (A─l/2─B, 길이 l)	$\theta_A = -\theta_B$ $\dfrac{Pl^2}{16EI}$	$y_{\max} = \dfrac{Pl^3}{48EI}$
단순보 등분포하중 w	$\theta_A = -\theta_B$ $\dfrac{wl^3}{24EI}$	$y_{\max} = \dfrac{5wl^4}{348EI}$
캔틸레버 자유단 집중하중 P	$\theta_B = \dfrac{Pl^2}{2EI}$ $\theta_C = \dfrac{3Pl^2}{8EI}$	$y_C = \dfrac{5Pl^3}{48EI}$ $y_B = \dfrac{Pl^3}{3EI}$
캔틸레버 중간 집중하중 P (a, b)	$\theta_C = \theta_B = \dfrac{Pa^2}{2EI}$	$y_B = \dfrac{Pa^2}{6EI}(3l-a)$
캔틸레버 중앙 집중하중 P ($l/2$)	$\theta_C = \theta_B = \dfrac{Pl^2}{8EI}$	$y_B = \dfrac{5Pl^3}{48EI}$ $y_C = \dfrac{Pl^3}{24EI}$
캔틸레버 등분포하중 w	$\theta_B = \dfrac{wl^3}{6EI}$	$y_B = \dfrac{wl^4}{8EI}$
캔틸레버 반만 등분포하중 w	$\theta_C = \theta_B = \dfrac{wl^3}{48EI}$	$y_B = \dfrac{7wl^4}{384EI}$
단순보 양단 모멘트 M_A, M_B	$\theta_A = \dfrac{l}{6EI}(2M_A + M_B)$ $\theta_B = -\dfrac{l}{6EI}(M_A + 2M_B)$	$M_A = M_B = M$ $y_{\max} = \dfrac{Ml^2}{8EI}$
캔틸레버 자유단 모멘트 M	$\theta_B = \dfrac{Ml}{EI}$	$y_B = \dfrac{Ml^2}{2EI}$
단순보 A단 모멘트 M_A	$\theta_A = \dfrac{M_A l}{3EI}$ $\theta_B = -\dfrac{M_A l}{6EI}$	
단순보 A단 모멘트 M_A (반대)	$\theta_A = -\dfrac{M_A l}{3EI}$ $\theta_B = \dfrac{M_A l}{6EI}$	

핵심문제

□□□ 산 11,16,18④,19④

01 아래 그림과 같은 단순보에 발생하는 최대 처짐은?

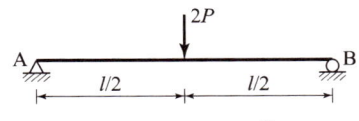

① $\dfrac{Pl^3}{6EI}$ ② $\dfrac{Pl^3}{12EI}$

③ $\dfrac{Pl^3}{24EI}$ ④ $\dfrac{Pl^3}{48EI}$

| 해답 | ③

$M_C = P \times \dfrac{l}{2} = \dfrac{Pl}{2}$ ($R_A = R_B = P$ ∴ 대칭)

■ 공액보에 의한 방법

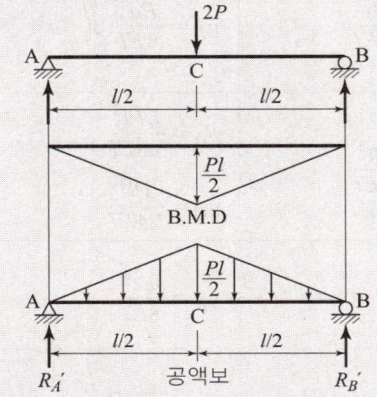

• $y_c = \dfrac{M_C'}{EI}$

• $R_A' = \dfrac{Pl}{2} \times \dfrac{l}{2} \times \dfrac{1}{2} = \dfrac{Pl^2}{8}$

$M_C' = \dfrac{Pl^2}{8} \times \dfrac{l}{2} - \dfrac{Pl^2}{8} \times \left(\dfrac{l}{2} \times \dfrac{1}{3}\right) = \dfrac{Pl^3}{24}$

∴ $y_c = \dfrac{Pl^3}{24EI}$

■ 공식에 의한 방법

$y_{max} = \dfrac{Pl^3}{48EI} = \dfrac{(2P)l^3}{48EI} = \dfrac{Pl^3}{24EI}$

□□□ 산 11,13,16,19

02 직사각형 단면의 단순보가 등분포하중 w를 받을 때 발생되는 최대처짐에 대한 설명으로 옳은 것은?

① 보의 폭에 비례한다.
② 보의 높이의 3승에 비례한다.
③ 보의 길이의 2승에 반비례한다.
④ 보의 탄성계수에 반비례한다.

| 해답 | ④

단순보의 등분포하중

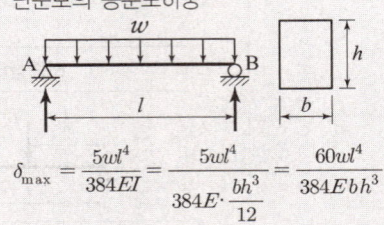

$\delta_{max} = \dfrac{5wl^4}{384EI} = \dfrac{5wl^4}{384E \cdot \dfrac{bh^3}{12}} = \dfrac{60wl^4}{384Ebh^3}$

• 보의 폭(b)에 반비례한다.
• 보의 높이(h)의 3승에 반비례한다.
• 보의 길이(l)의 4승에 비례한다.
  ∴ 보의 탄성계수(E)에 반비례한다.

□□□ 산 11,14

03 그림과 같은 내민보의 자유단 A점에서의 처짐 δ_A는 얼마인가? (단, EI는 일정하다.)

① $\dfrac{3Ml^2}{4EI}$ (↑)

② $\dfrac{3Ml}{4EI}$ (↑)

③ $\dfrac{5Ml^2}{6EI}$ (↑)

④ $\dfrac{5Ml}{6EI}$ (↑)

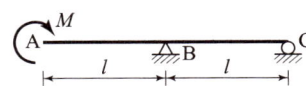

| 해답 | ③

공액보에 의해서

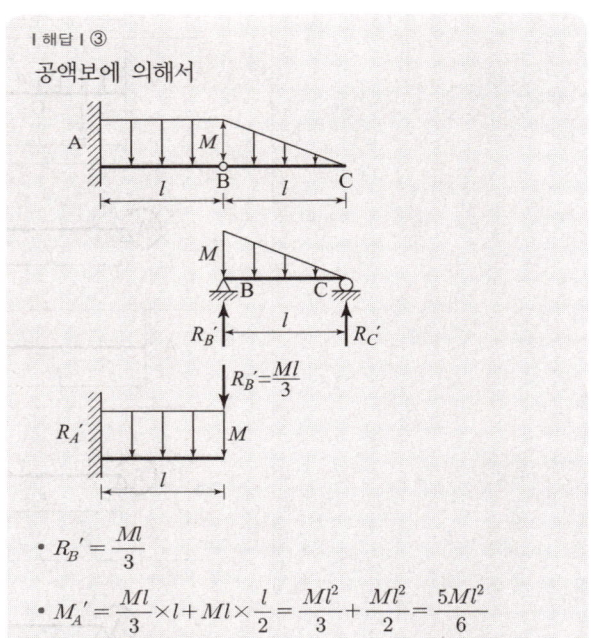

• $R_B' = \dfrac{Ml}{3}$

• $M_A' = \dfrac{Ml}{3} \times l + Ml \times \dfrac{l}{2} = \dfrac{Ml^2}{3} + \dfrac{Ml^2}{2} = \dfrac{5Ml^2}{6}$

∴ $\delta_A = \dfrac{M_A'}{EI} = \dfrac{5Ml^2}{6EI}$ (↑)

11 보의 처짐과 처짐각

1 단순보에 집중하중이 작용할 때

$$R_A' = \frac{1}{2} \cdot \frac{Pl}{4} \cdot \frac{l}{2} = \frac{Pl^2}{16} \text{ (좌우대칭)}$$

- 처짐각
$$\theta_A = \frac{S_A'}{EI} = \frac{Pl^2}{16} \times \frac{1}{EI} = \frac{Pl^2}{16EI}$$

- 처짐
$$M_C' = \frac{Pl^2}{16} \cdot \frac{l}{2} - \left(\frac{Pl}{4} \cdot \frac{l}{2} \cdot \frac{1}{2}\right) \frac{l}{2} \cdot \frac{1}{3} = \frac{Pl^3}{48}$$
$$y_C = M_C' \times \frac{1}{EI}$$
$$= \frac{Pl^3}{48EI}$$

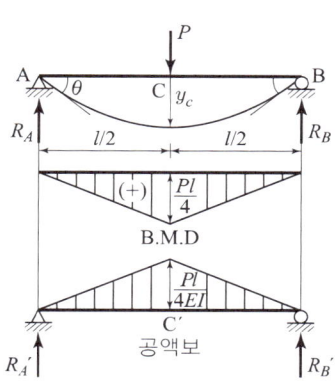

2 단순보에 등분포하중이 작용할 때

$$R_A' = \frac{l}{2} \times \frac{wl^2}{8} \times \frac{2}{3} = \frac{wl^3}{24} \text{ (좌우대칭)}$$

- 처짐각
$$\theta_A = \frac{S_A'}{EI} = \frac{wl^3}{24} \times \frac{1}{EI} = \frac{wl^3}{24EI}$$

- 처짐
$$y_C = M_C' \times \frac{1}{EI}$$
$$= \left\{R_A' \cdot \frac{l}{2} - A\left(\frac{l}{2} \cdot \frac{3}{8}\right)\right\} \frac{1}{EI}$$
$$= \left(\frac{wl^3}{24} \times \frac{l}{2} - \frac{wl^3}{24} \times \frac{3l}{16}\right) \frac{1}{EI} = \frac{5wl^4}{384EI}$$

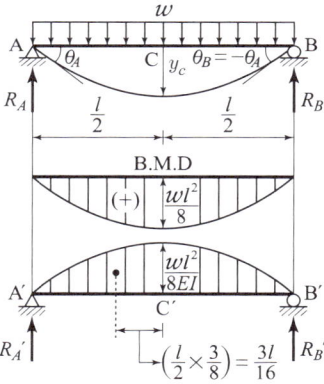

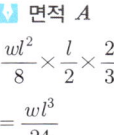
▶ 면적 A
$\frac{wl^2}{8} \times \frac{l}{2} \times \frac{2}{3}$
$= \frac{wl^3}{24}$

3 캔틸레버보에 집중하중이 작용할 때

$$M_A' = -Pl$$

- 처짐각
$$\theta_B = \frac{S_B'}{EI}$$
$$= \left(\frac{1}{2} Pl \cdot l\right) \times \frac{1}{EI} = \frac{Pl^2}{2EI}$$

- 처짐
$$y_B = M_B' \times \frac{1}{EI}$$
$$= \left\{\left(Pl \cdot \frac{l}{2}\right) \times \frac{2l}{3}\right\} \frac{1}{EI} = \frac{Pl^3}{3EI}$$

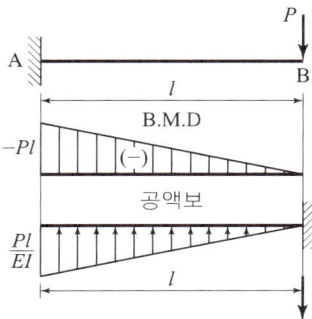

핵심문제

□□□ 산 11,13,14,16,17,18,20

01 그림과 같은 10m의 단순보에서 최대 휨응력은?

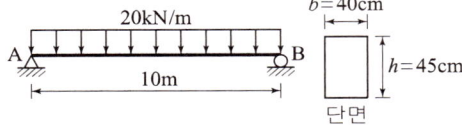

① 18.02MPa ② 18.52MPa
③ 19.02MPa ④ 19.52MPa

| 해답 | ②

최대휨응력 $\sigma = \dfrac{M_{max}}{I}y = \dfrac{M_{max}}{Z}$

• $M_{max} = \dfrac{wl^2}{8}$
$= \dfrac{20 \times 10^2}{8} = 250\,kN \cdot m = 250 \times 10^6\,N \cdot mm$

• $Z = \dfrac{bh^2}{6} = \dfrac{400 \times 450^2}{6} = 13500000\,mm^3$

∴ $\sigma = \dfrac{250 \times 10^6}{13500000} = 18.52\,N/mm^2 = 18.52\,MPa$

□□□ 산 12,17

02 평면응력을 받는 요소가 다음과 같이 응력을 받고 있다. 최대 주응력을 구하면?

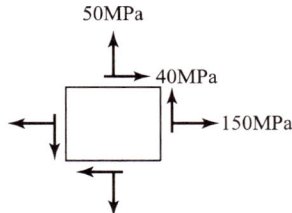

① 64.0MPa ② 164.0MPa
③ 360.0MPa ④ 136.0MPa

| 해답 | ②

$\sigma_{max} = \dfrac{\sigma_x + \sigma_y}{2} + \sqrt{\left(\dfrac{\sigma_x - \sigma_y}{2}\right)^2 + \tau_{xy}^2}$

$\sigma_x = 150\,MPa$
$\sigma_y = 50\,MPa$
$\tau_{xy} = 40\,MPa$

∴ $\sigma_{max} = \dfrac{150 + 50}{2} + \sqrt{\left(\dfrac{150-50}{2}\right)^2 + 40^2}$
$= 100 + 64.03 = 164.03\,MPa$

□□□ 산 11,15

03 그림과 같은 직사각형 단면에 전단력 $S = 45kN$가 작용할 때 중립축에서 5cm 떨어진 $a-a$면에서의 전단응력은?

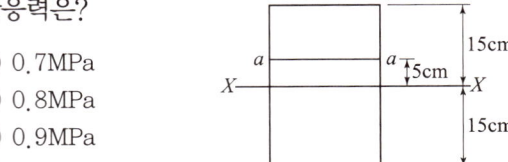

① 0.7MPa
② 0.8MPa
③ 0.9MPa
④ 1.0MPa

| 해답 | ④

$\tau = \dfrac{S \cdot G_x}{I \cdot b}$

• $S = 45kN = 45 \times 10^3\,N$
• $G_x = 200 \times (150-50) \times 100 = 2000000\,mm^3$
• $I = \dfrac{bh^3}{12} = \dfrac{200 \times 300^3}{12} = 450000000\,mm^4$

∴ $\tau = \dfrac{45 \times 10^3 \times 2000000}{450000000 \times 200} = 1.0\,N/mm^2 = 1.0\,MPa$

□□□ 산 83,11,14,16,17,18,19

04 30cm×40cm인 단면의 보에 90kN의 전단력이 작용할 때 이 단면에 일어나는 최대 전단응력은?

① 1.025MPa ② 1.125MPa
③ 1.225MPa ④ 1.325MPa

| 해답 | ②

최대전단응력 $\tau_{max} = \dfrac{3}{2}\dfrac{S}{A}$

• $S = 90kN = 90 \times 1000 = 90000\,N$
• $A = 30 \times 40 = 1200\,cm^2 = 1200 \times 10^2\,mm^2$

∴ $\tau_{max} = \dfrac{3 \times 90000}{2 \times 1200 \times 10^2} = 1.125\,N/mm^2 = 1.125\,MPa$

□□□ 산 87,08,12,16,18

05 지름 30cm인 단면의 보에 90kN의 전단력이 작용할 때 이 단면에 일어나는 최대 전단응력은 약 얼마인가?

① 0.9MPa ② 1.2MPa
③ 1.5MPa ④ 1.7MPa

| 해답 | ④

최대전단응력 $\tau_{max} = \dfrac{4}{3}\dfrac{S}{A}$

• $S = 90kN = 90 \times 1000 = 90000\,N$
• $A = \dfrac{\pi d^2}{4} = \dfrac{\pi \times 300^2}{4} = 70685.83\,mm^2$

∴ $\tau_{max} = \dfrac{4 \times 90000}{3 \times 70685.83} = 1.7\,N/mm^2 = 1.7\,MPa$

10 보의 응력

1 휨응력

- 휨응력 $\sigma = \dfrac{M}{I}y = \dfrac{M}{Z}$

- 최대휨응력 $\sigma_{\max} = \dfrac{M_{\max}}{I_{\min}}y = \dfrac{M_{\max}}{Z_{\min}}$

- 곡률반경 $R = \dfrac{M}{EI}$

2 전단응력

- 일반식 $\tau = \dfrac{S \cdot G}{I \cdot b}$

  여기서, S : 부재단면의 전단력
  G : 중립축에 대한 단면 1차 모멘트
  I : 단면 2차 모멘트
  b : 전단응력을 구하고자 하는 폭

- 최대전단응력 $\tau_{\max} = \dfrac{S_{\max} \cdot G_{\max}}{I \cdot b} = \alpha \dfrac{S_{\max}}{A}$

(1) 구형단면 $\tau_{\max} = \dfrac{3}{2} \cdot \dfrac{S}{bh} = \dfrac{3}{2} \cdot \dfrac{S}{A}$

(2) 원형단면 $\tau_{\max} = \dfrac{4}{3} \cdot \dfrac{S}{\pi r^2} = \dfrac{4}{3} \cdot \dfrac{S}{A}$

(3) 삼각형 단면

- 중앙점에 대한 전단력 $\tau_{\max} = \dfrac{12S}{bh^3}\left(\dfrac{h^2}{2} - \dfrac{h^2}{4}\right) = \dfrac{12}{4} \cdot \dfrac{S}{bh} = \dfrac{3}{2} \cdot \dfrac{S}{A}$

- 도심에 대한 전단력 $\tau_G = \dfrac{12S}{bh^3}\left(\dfrac{2h^2}{3} - \dfrac{4h^2}{9}\right) = \dfrac{24}{9} \cdot \dfrac{S}{bh} = \dfrac{4}{3} \cdot \dfrac{S}{A}$

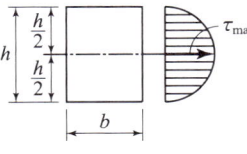
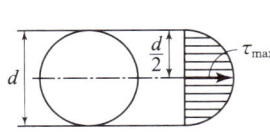
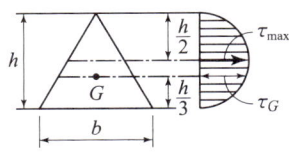

(a) 구형 단면　　(b) 원형 단면　　(c) 삼각형 단면

3 주응력

$\sigma_{\max} = \dfrac{\sigma_x + \sigma_y}{2} + \sqrt{\left(\dfrac{\sigma_x - \sigma_y}{2}\right)^2 + \tau_{xy}^2}$

$\sigma_{\min} = \dfrac{\sigma_x + \sigma_y}{2} - \sqrt{\left(\dfrac{\sigma_x - \sigma_y}{2}\right)^2 + \tau_{xy}^2}$

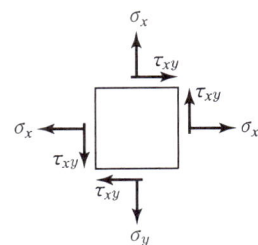

핵심문제

□□□ 산 12,13,16

01 그림과 같은 라멘(Rahmen)을 판별하면?

① 불안정
② 정정
③ 1차 부정정
④ 2차 부정정

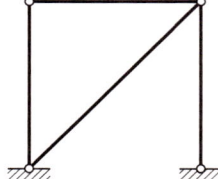

| 해답 | ②

$N = R + m + S - 2P$

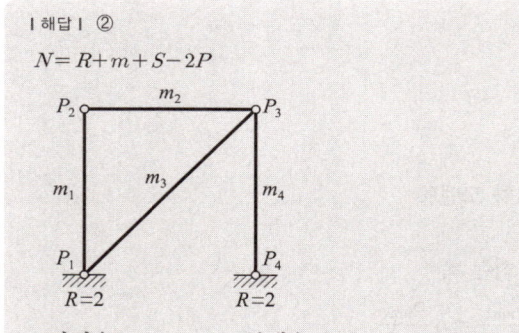

- 반력수 $R = 4$ • 부재수 $m = 4$
- 강접합수 $S = 0$ • 절점수 $P = 4$
  ∴ $N = 4 + 4 + 0 - 2 \times 4 = 0$ ∴ 정정

□□□ 산 99,00,03,08,16

02 그림과 같은 라멘은 몇 차 부정정인가?

① 1차 부정정
② 2차 부정정
③ 3차 부정정
④ 4차 부정정

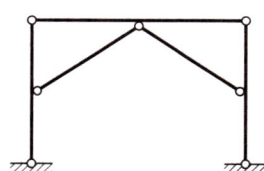

| 해답 | ①

$N = R + m + S - 2P$
- 반력수 $R = 4$
- 부재수 $m = 8$
- 강접합수 $S = 3$
- 절점수 $P = 7$
  ∴ $N = 4 + 8 + 3 - 2 \times 7 = 1$차 부정정

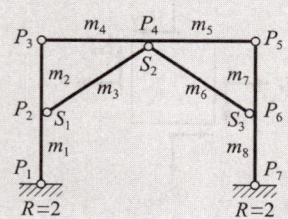

□□□ 산 93,13,17

03 그림과 같은 연속보에 대한 부정정 차수는?

① 1차 부정정   ② 2차 부정정
③ 3차 부정정   ④ 4차 부정정

| 해답 | ③

$N = R - 3 - h$

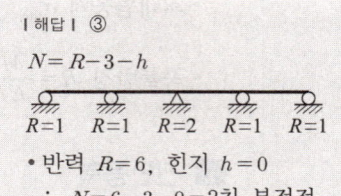

- 반력 $R = 6$, 힌지 $h = 0$
  ∴ $N = 6 - 3 - 0 = 3$차 부정정

□□□ 산 15,16

04 그림과 같은 단순보에 연행하중이 작용할 경우 절대최대휨모멘트는 얼마인가?

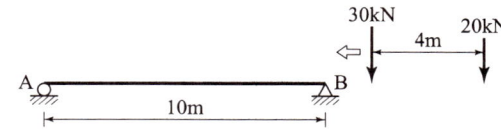

① $65.0 \text{kN} \cdot \text{m}$ ② $70.4 \text{kN} \cdot \text{m}$
③ $80.4 \text{kN} \cdot \text{m}$ ④ $88.2 \text{kN} \cdot \text{m}$

| 해답 | ④

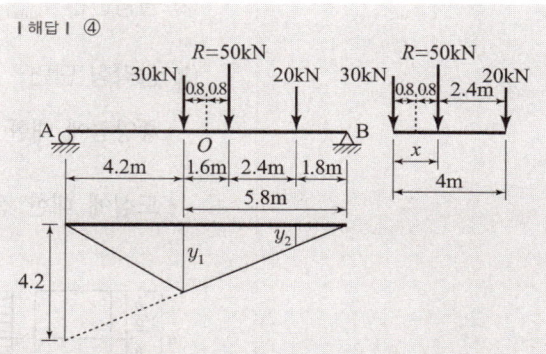

- 합력 $R = 30 + 20 = 50 \text{kN}$
- 합력위치 : $50x = 20 \times 4$ ∴ $x = 1.6 \text{m}$
- A점으로 부터의 거리 : $\dfrac{10}{2} - \dfrac{1.6}{2} = 4.2 \text{m}$

  B지점에서 왼쪽으로 5.8m 되는 점에 30kN의 재하점
  B지점에서 왼쪽으로 1.8m 되는 점에 20kN의 재하점

- $10 : 4.2 = 5.8 : y_1$ ∴ $y_1 = \dfrac{4.2 \times 5.8}{10} = 2.436$
- $10 : 4.2 = 1.8 : y_2$ ∴ $y_2 = \dfrac{4.2 \times 1.8}{10} = 0.756$
  ∴ $M_{\max} = 3 \times y_1 + 2 \times y_2$
  $= 30 \times 2.436 + 20 \times 0.756 = 88.2 \text{kN} \cdot \text{m}$

09 절대최대휨모멘트와 부정정 차수

1 절대최대휨모멘트

- 각 단면의 최대휨모멘트 중 가장 큰 휨모멘트를 절대최대휨모멘트라 한다.
- 절대최대휨모멘트는 전하중(R)의 합력의 작용선과 그와 가장 가까운 하중(P_2)과의 사이(x)가 보의 지간의 중앙($l/2$)인 O점에 의하여 2등분($x/2$)될 때 그 하중 바로 밑의 단면에서 생긴다.

$$M_{max} = P_1 \cdot y_1 + P_2 \cdot y_2$$

2 부정정 차수

(1) 지점의 종류 3가지
- 이동지점 : 상하로 움직이지 않고 회전할 수 있고, 수평으로만 움직일 수 있는 지점
- 회전지점 : 상하 좌우로 움직이지 않으며, 회전할 수만 있는 지점
- 고정지점 : 상하 좌우로 움직이지 않으며, 회전할 수 없는 지점

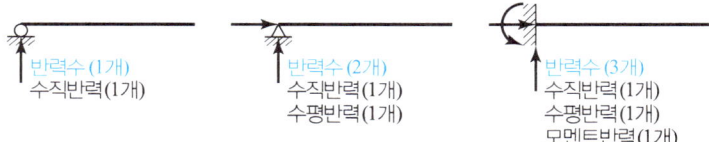

(2) 안정과 부정정
- 안정 : 어떤 외력을 받더라도 항상 비김상태에 있고 외력에 대해서 구조물 전체가 위치를 옮기지 않는 상태
- 불안정 : 외력을 받으면 구조물의 일부 또는 전체가 위치를 옮기는 상태
- 정정 : 정역학적 평형 3조건으로 해석할 수 있는 구조물
- 부정정 : 평형 3조건으로 해석할 수 없는 구조물

(3) 라멘 구조물 판별식
$N = R + m + S - 2P$
- 반력수 R
- 부재수 m
- 강접합수 S
- 절점수 P

▶ 보의 판별식
$N = R - 3 - h$
- h : 내부 힌지

핵심문제

□□□ 산 13,16
01 그림과 같은 라멘에서 C점의 휨모멘트는?

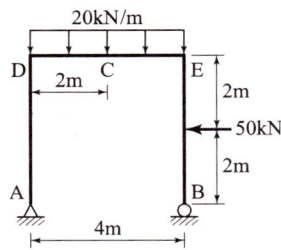

① $-110\text{kN} \cdot \text{m}$
② $-140\text{kN} \cdot \text{m}$
③ $-170\text{kN} \cdot \text{m}$
④ $-200\text{kN} \cdot \text{m}$

| 해답 | ①

- $\sum M_B = 0$
  $V_A \times 4 - 20 \times 4 \times 2 - 50 \times 2 = 0$ ∴ $V_A = 65\text{kN}(\uparrow)$
- $\sum H = 0$
  $H_A - 50 = 0$ ∴ $H_A = 50\text{kN}(\rightarrow)$
  ∴ $M_C = 65 \times 2 - 50 \times 4 - 20 \times 2 \times 1$
  $= -110\text{kN} \cdot \text{m}$

□□□ 산 89,08,13,15
02 그림과 같은 3활절 라멘에 일어나는 최대휨모멘트는?

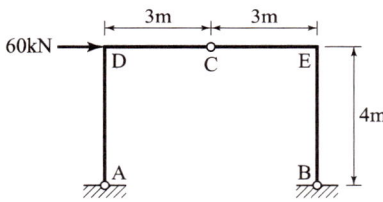

① $90\text{kN} \cdot \text{m}$
② $120\text{kN} \cdot \text{m}$
③ $150\text{kN} \cdot \text{m}$
④ $180\text{kN} \cdot \text{m}$

| 해답 | ②

- $\sum M_B = 0$
  $V_A \times 6 + 60 \times 4 = 0$ ∴ $V_A = -40\text{kN}(\downarrow)$
- $\sum V = -40 + V_B = 0$ ∴ $V_B = 40\text{kN}(\uparrow)$
- $\sum M_C = 0$
  $-40 \times 3 - H_A \times 4 = 0$ ∴ $H_A = -30\text{kN}(\leftarrow)$
- $\sum H = 60 - 30 - H_B = 0$ ∴ $H_B = 30\text{kN}(\leftarrow)$
  ∴ $M_{\max} = M_D = M_E = 30 \times 4 = 120\text{kN} \cdot \text{m}$

□□□ 산 04,11,18
03 그림과 같은 3활절 아치의 지점 A에서 지점반력 V_A와 H_A값이 옳은 것은?

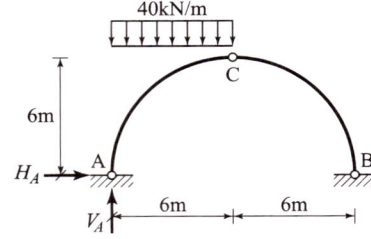

① $V_A = 180\text{kN}(\uparrow)$, $H_A = 180\text{kN}(\rightarrow)$
② $V_A = 180\text{kN}(\uparrow)$, $H_A = 60\text{kN}(\rightarrow)$
③ $V_A = 180\text{kN}(\downarrow)$, $H_A = 180\text{kN}(\leftarrow)$
④ $V_A = 180\text{kN}(\uparrow)$, $H_A = 60\text{kN}(\leftarrow)$

| 해답 | ②

$\sum M_B = 0$
$V_A \times 12 - 40 \times 6 \times \left(6 + \dfrac{6}{2}\right) = 0$ ∴ $V_A = 180\text{kN}(\uparrow)$
$\sum M_C = 0$(좌측)
$180 \times 6 - H_A \times 6 - 40 \times 6 \times \dfrac{6}{2} = 0$
$H_A = 60\text{kN}(\rightarrow)$

□□□ 산 12,16,17,19
04 다음 그림과 같은 정정 라멘의 C점에 생기는 휨모멘트는 얼마인가?

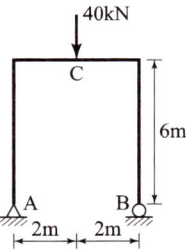

① $30\text{kN} \cdot \text{m}$
② $40\text{kN} \cdot \text{m}$
③ $50\text{kN} \cdot \text{m}$
④ $60\text{kN} \cdot \text{m}$

| 해답 | ②

$R_A = R_B = \dfrac{40}{2} = 20\text{kN}$ (∵ 대칭)
∴ $M_C = R_B \times 2 = 20 \times 2 = 40\text{kN} \cdot \text{m}$

08 정정구조물 (라멘과 아치)

1 집중하중을 받는 라멘

- 반력
$$\Sigma M_B = 0 : P \cdot b - V_A \cdot l = 0$$
$$V_A = \frac{P \cdot b}{l}, \quad V_B = \frac{P \cdot a}{l}$$

- 전단력
$$S_{C-B} = V_A = \frac{P \cdot b}{l}, \quad S_{E-D} = V_B = \frac{P \cdot a}{l}$$

- 휨모멘트
$$M_E = V_A \cdot a = \frac{P \cdot a \cdot b}{l}$$

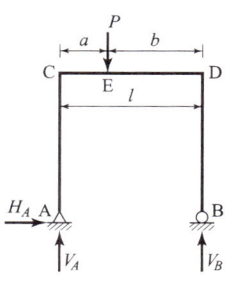
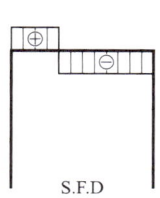
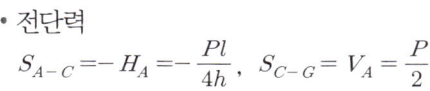
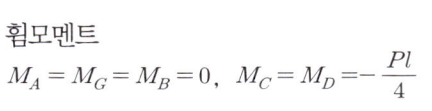

2 집중하중을 받는 라멘

- 반력
$$V_A = \frac{P}{2}, \quad V_B = \frac{P}{2}$$
$$H_A = \frac{Pl}{4h}, \quad H_B = \frac{Pl}{4h}$$

- 전단력
$$S_{A-C} = -H_A = -\frac{Pl}{4h}, \quad S_{C-G} = V_A = \frac{P}{2}$$
$$S_{G-D} = -V_A = -\frac{P}{2}, \quad S_{F-B} = H_A - P = -H_B$$

- 휨모멘트
$$M_A = M_G = M_B = 0, \quad M_C = M_D = -\frac{Pl}{4}$$

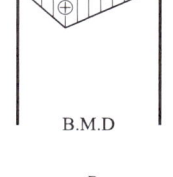
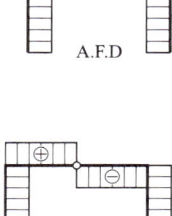
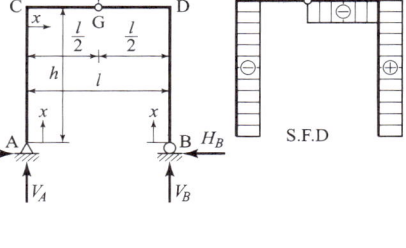
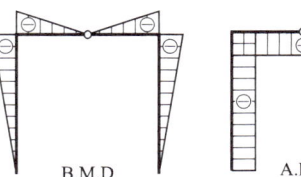

3 등분포하중의 3활절 아치

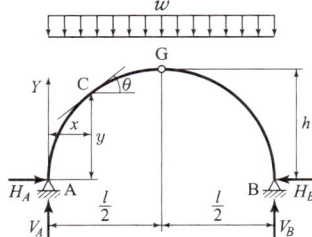

- 반력
$$\Sigma M_B = 0 : V_A \cdot l - \frac{wl^2}{2} = 0 \quad V_A = \frac{wl}{2}, \quad V_B = \frac{wl}{2}$$
$$\Sigma M_G = 0 : V_A \cdot \frac{l}{2} - H_A \cdot h - \frac{wl^2}{8} = 0, \quad H_A = H_B = \frac{wl^2}{8h}$$

- 전단력
$$S_x = (V_A - wx)\cos\theta - H_A \sin\theta = w\left\{\left(\frac{l}{2} - x\right) - \frac{l^2}{8h}\tan\theta\right\}\cos\theta$$

- 휨모멘트
$$M_x = V_A x - H_A y - \frac{wx^2}{2} = w\left(\frac{l-x}{2}x - \frac{l^2}{8h}y\right)$$

- 축방향력
$$A_x = -(V_A - wx)\sin\theta - H_A \cos\theta$$

핵심문제

□□□ 산 11,14

01 그림과 같은 보에서 C점의 전단력은?

① $-5kN$
② $5kN$
③ $-10kN$
④ $10kN$

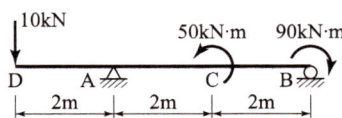

| 해답 | ①

$\sum M_A = 0$
$R_B \times 4 - 90 + 50 + 10 \times 2 = 0$ ∴ $R_B = 5kN(\uparrow)$
∴ C점의 전단력 $S_c = -R_B = -5kN$

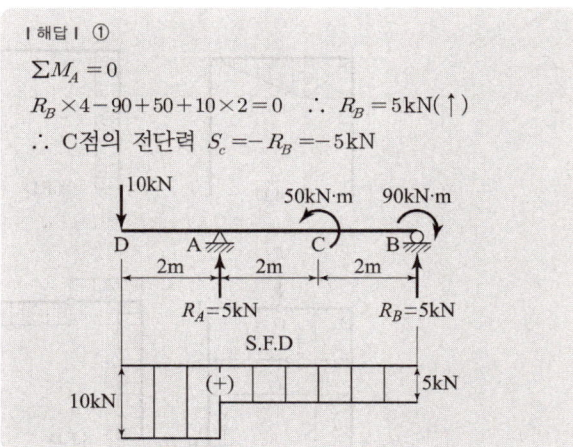

□□□ 산 14,19

02 그림과 같은 내민보에서 A지점에서 5m 떨어진 C점의 전단력 V_c와 휨모멘트 M_c는?

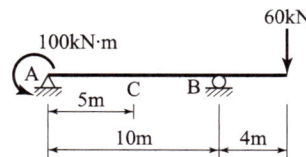

① $V_c = -14kN$, $M_c = -170kN \cdot m$
② $V_c = -18kN$, $M_c = -240kN \cdot m$
③ $V_c = 14kN$, $M_c = -240kN \cdot m$
④ $V_c = 18kN$, $M_c = -170kN \cdot m$

| 해답 | ①

$\sum M_B = 0$: $R_A \times 10 - 100 + 60 \times 4 = 0$
∴ $R_A = -14kN$
∴ 전단력 $V_c = -14kN$
∴ $M_c = -14 \times 5 - 100 = -170kN \cdot m$

□□□ 산 16

03 아래 그림과 같은 보에서 지점 A의 수직반력(R_A)은?

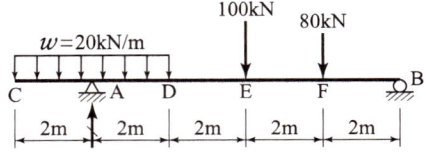

① $100kN(\uparrow)$
② $150kN(\uparrow)$
③ $180kN(\uparrow)$
④ $220kN(\uparrow)$

| 해답 | ②

$\sum M_B = 0$: $R_A \times 8 - 20 \times 4 \times 8 - 100 \times 4 - 80 \times 2 = 0$
∴ $R_A = \frac{1}{8}(640 + 400 + 160) = 150kN(\uparrow)$

□□□ 산 15

04 그림과 같은 내민보에서 지점 A에 발생하는 수직반력은?

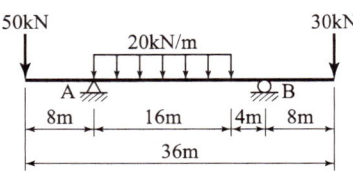

① $150kN$
② $200kN$
③ $250kN$
④ $300kN$

| 해답 | ③

$\sum M_B = 0$: $R_A \times 20 - 50 \times 28 - 20 \times 16 \times 12 + 30 \times 8 = 0$
∴ $R_A = \frac{1}{20}(50 \times 28 + 20 \times 16 \times 12 - 30 \times 8) = 250kN$

□□□ 산 14,18

05 다음 그림에서 지점 A의 반력이 영(零)이 되기 위해 C점에 작용시킬 집중하중의 크기(P)는?

① $120kN$
② $160kN$
③ $200kN$
④ $240kN$

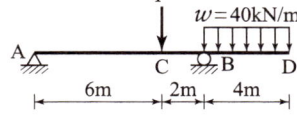

| 해답 | ②

$\sum M_B = 0$
$R_A \times 8 - P \times 2 + (40 \times 4) \times 2 = 0$ (∵ $R_A = 0$)
$0 \times 8 - P \times 2 + (40 \times 4) \times 2 = 0$ ∴ $P = 160kN$

07 정정구조물 (내민보)

1 집중하중을 받는 내민보

(1) 반력

$\sum M_B = 0$

$R_A \cdot l = P_1(l+a_1) + P \cdot b - P_2 \cdot b_1$

$R_A = \dfrac{1}{l}\{P_1(l+a_1) + P \cdot b - P_2 \cdot b_1\}$

$R_B = \dfrac{1}{l}\{P_2(l+b_1) + P \cdot a - P_1 \cdot a_1\}$

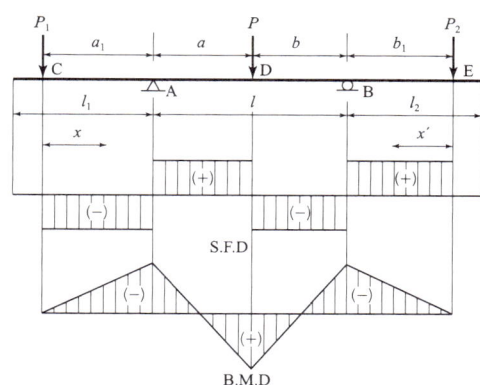

(2) 전단력

$S_{C-A} = S_x = -P_1$

$S_{A-D} = S_x = -P_1 + R_A$

$S_{D-B} = S_x = -P_1 + R_A - P$

$S_{B-E} = S_x = -P_1 + R_A - P + R_B = P_2$

(3) 휨모멘트

$M_A = -P_1 a_1$

$M_D = -P_1(a+a_1) + R_A \cdot a$

$M_B = -P_2 b_1$

2 등분포하중을 받는 내민보

(1) 반력

$\sum M_B = 0 : R_A l - w(l_1+l) \times \dfrac{(l_2+l)}{2} + w l_2 \dfrac{l_2}{2} = 0$

$\therefore R_A = \dfrac{wl}{2} + wl_1 + \dfrac{wl_1^2 - wl_2^2}{2l}$

$\therefore R_B = \dfrac{wl}{2} + wl_2 + \dfrac{wl_2^2 - wl_1^2}{2l}$

$\therefore R_A = R_B = w\left(\dfrac{l}{2} + l_1\right)$

($l_1 = l_2$ 인 경우)

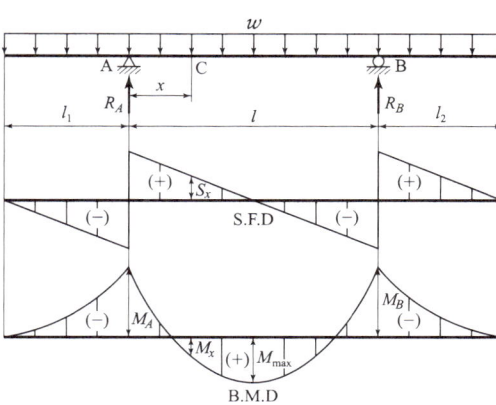

(2) 전단력

$S_A = -wl_1, \quad S_B = -wl_2$

$S_x = w\left(\dfrac{l}{2} - x\right) (l_1 = l_2 \text{ 인 경우})$

(3) 휨모멘트

$M_A = -\dfrac{wl_1^2}{2}, \quad M_B = -\dfrac{wl_2^2}{2}$

$M_x = \dfrac{w}{2}\{(l-x)x - l_0^2\} (l_1 = l_2 = l_o \text{ 인 경우})$

$M_{\max} = M_{x=\frac{l}{2}} = \dfrac{w}{8}(l^2 - 4l_o^2)$

핵 심 문 제

☐☐☐ 산 13
01 그림과 같은 겔버보의 C점에서 전단력의 절대값 크기는?

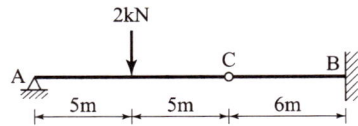

① 0kN   ② 0.5kN
③ 1kN   ④ 3kN

| 해답 | ③

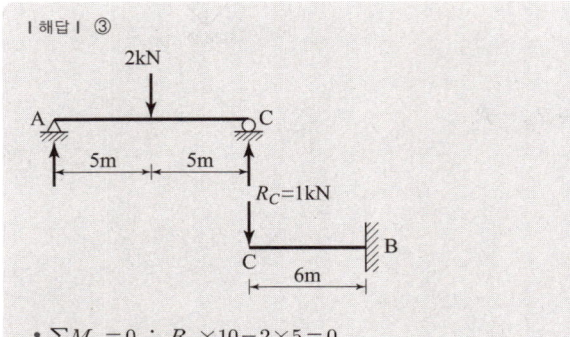

- $\sum M_A = 0$: $R_B \times 10 - 2 \times 5 = 0$
- $\therefore R_B = 1\text{kN}$
- $\therefore S_c = R_c = 1\text{kN}$

☐☐☐ 산 13,16
02 다음 그림의 캔틸레버에서 A점의 휨 모멘트는?

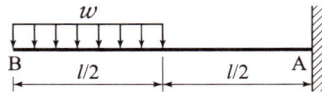

① $-\dfrac{wl^2}{8}$ ② $-\dfrac{2wl^2}{8}$
③ $-\dfrac{3wl^2}{4}$ ④ $-\dfrac{3wl^2}{8}$

| 해답 | ④

$M_A = -\left(w \times \dfrac{l}{2}\right) \times \left(\dfrac{l}{2} + \dfrac{l}{2} \times \dfrac{1}{2}\right)$
$= -\dfrac{wl}{2} \times \dfrac{3l}{4} = -\dfrac{3wl^2}{8}$

☐☐☐ 산 12
03 그림과 같은 캔틸레버보의 A점의 휨모멘트(bending moment)로 옳은 것은?

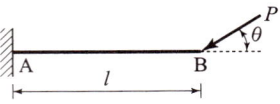

① $M_A = Pl\sin\theta$ ② $M_A = Pl\cos\theta$
③ $M_A = -Pl\sin\theta$ ④ $M_A = -Pl\cos\theta$

| 해답 | ③

$M_A = -P\sin\theta \times l = -Pl\sin\theta(\curvearrowright)$

$\therefore \quad (-) \quad (+)$

☐☐☐ 산 20
04 그림과 같은 내민보에서 D점에 집중하중 30kN이 가해질 때 C점의 휨모멘트값은?

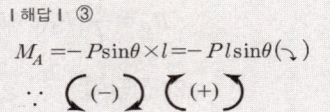

① $-30\text{kN}\cdot\text{m}$
② $-45\text{kN}\cdot\text{m}$
③ $-60\text{kN}\cdot\text{m}$
④ $-90\text{kN}\cdot\text{m}$

| 해답 | ②

$\sum M_D = 0$: $R_A \times 6 + 30 \times 3 = 0$
$\therefore R_A = -15\text{kN}$
$\therefore M_C = R_A \times 3 = -15 \times 3 = -45\text{kN}\cdot\text{m}$

☐☐☐ 산 06,17
05 다음 그림과 캔틸레버보에서 최대 휨모멘트는 얼마인가?

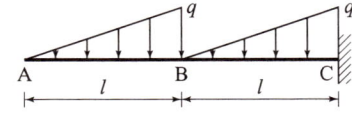

① $-\dfrac{1}{6}ql^2$ ② $-\dfrac{1}{2}ql^2$
③ $-\dfrac{1}{3}ql^2$ ④ $-\dfrac{5}{6}ql^2$

| 해답 | ④

$M_{\max} = -\dfrac{ql}{2} \times \left(l + \dfrac{l}{3}\right) - \dfrac{ql}{2} \times \left(\dfrac{l}{3}\right) = -\dfrac{5}{6}ql^2$

06 정정구조물 (캔틸레버보와 겔버보)

1 캔틸레버보

(1) 집중하중이 작용할 때
- 반력(reaction)
  $V_A = P$
- 전단력(shear force)
  $S_x = P$
- 휨모멘트(bending moment)
  $M_x = -P \cdot x$
  $M_B = 0$
  $M_A = -P \cdot l$

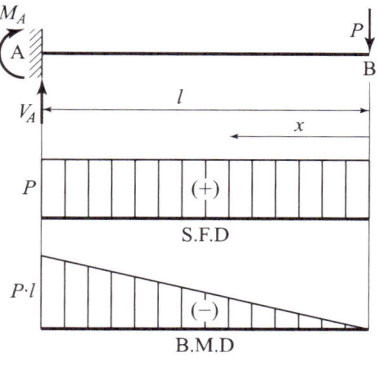

(2) 모멘트 하중이 작용할 때
- 반력
  $\sum V = 0 \ : \ V_A - w \cdot l = 0 \ \therefore \ V_A = w \cdot l$
  $M_A = -w \cdot l \cdot \dfrac{l}{2} = -\dfrac{w \cdot l^2}{2}$
- 전단력
  $S_x = -w \cdot x$ (1차식) $\therefore S_A = -w \cdot l$
- 휨모멘트
  $M_x = -w \cdot l \cdot \dfrac{x}{2} = -\dfrac{w \cdot x^2}{2}$ (2차식)
  $\therefore M_A = -\dfrac{w \cdot l^2}{2}$

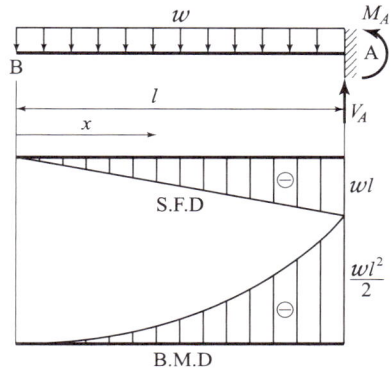

2 겔버보

- 반력
  $\sum M_B = 0 \ : \ R_C \cdot 2l - P \cdot l = 0 \ \therefore \ R_C = \dfrac{P}{2}$
  $R_A = P + \dfrac{P}{2} = \dfrac{3P}{2}, \ R_B = \dfrac{P}{2}$
- 전단력
  $S_B = -R_B = -\dfrac{P}{2}, \ S_E = -\dfrac{P}{2} + P = \dfrac{P}{2}$
  $S_D = \dfrac{P}{2}, \ S_A = R_A = \dfrac{P}{2} + P = \dfrac{3P}{2}$
- 휨모멘트
  $M_E = \dfrac{P}{2} \cdot l = \dfrac{P \cdot l}{2}, \ M_C = 0$
  $M_D = -\dfrac{P}{2} \cdot l = -\dfrac{P \cdot l}{2}$
  $M_A = -P \cdot l - \dfrac{P}{2} \cdot 2l = -2P \cdot l$

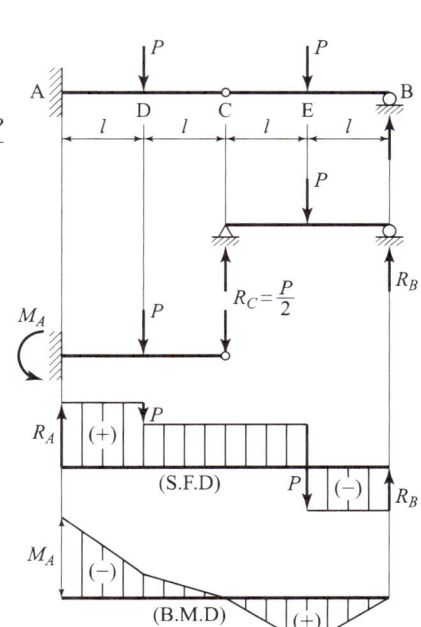

핵 심 문 제

□□□ 산 17

01 다음 단순보에서 B점의 반력(R_B)은?

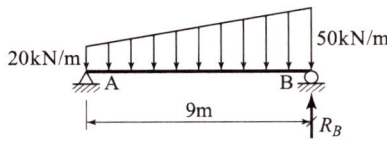

① 9t ② 13.5t
③ 18t ④ 21.5t

| 해답 | ③

[방법1]
$\sum M_A = 0$

- $R_B \times 9 - 20 \times 9 \times \dfrac{9}{2} - \dfrac{(50-20) \times 9}{2} \times \left(9 \times \dfrac{2}{3}\right) = 0$

  $R_B = \dfrac{1}{9}\left(20 \times 9 \times \dfrac{9}{2} + \dfrac{30 \times 9}{2} \times \dfrac{2 \times 9}{3}\right) = 180 \text{kN}$

[방법2]

$R_B = \dfrac{wl^2}{2} + \dfrac{wl^2}{3} = \dfrac{20 \times 9}{2} + \dfrac{30 \times 9}{3} = 180 \text{kN}$

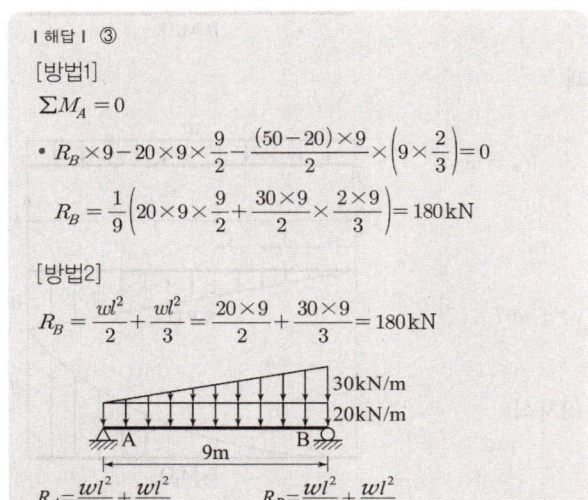

$R_A = \dfrac{wl^2}{2} + \dfrac{wl^2}{6}$ $R_B = \dfrac{wl^2}{2} + \dfrac{wl^2}{3}$

□□□ 산 12,17

02 다음 그림과 같은 단순보에서 전단력이 0이 되는 점은 A점에서 얼마 만큼 떨어진 곳인가?

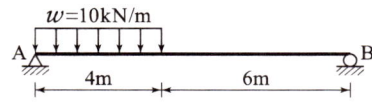

① 3.2m ② 3.5m
③ 4.2m ④ 4.5m

| 해답 | ①

- $\sum M_B = 0$: $R_A \times 10 - 10 \times 4 \times 8 = 0$

  $\therefore R_A = \dfrac{320}{10} = 32 \text{kN}(\uparrow)$

- $S_x = 32 - 10 \times x = 0$

  $\therefore x = 3.2 \text{m}$

□□□ 산 12,16②,20②

03 아래 그림과 같은 단순보의 중앙점의 휨모멘트는?

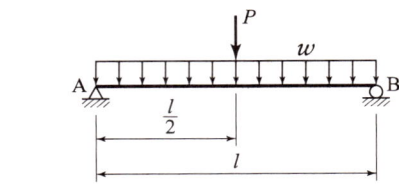

① $\dfrac{Pl}{2} + \dfrac{wl^2}{8}$ ② $\dfrac{Pl}{2} + \dfrac{wl^2}{4}$

③ $\dfrac{Pl}{4} + \dfrac{wl^2}{8}$ ④ $\dfrac{Pl}{4} + \dfrac{wl^2}{4}$

| 해답 | ③

$R_A = R_B = \dfrac{P}{2} + \dfrac{wl}{2}$ (∵ 대칭)

$\therefore M_{\max} = \left(\dfrac{P}{2} + \dfrac{wl}{2}\right) \times \dfrac{l}{2} - \dfrac{wl}{2} \times \dfrac{l}{2} \times \dfrac{1}{2}$

$= \dfrac{Pl}{4} + \dfrac{wl^2}{4} - \dfrac{wl^2}{8} = \dfrac{Pl}{4} + \dfrac{wl^2}{8}$

□□□ 산 12

04 그림과 같은 단순보에서 전단력이 0이 되는 점에서 휨모멘트는?

① 152.0 kN·m
② 140.6 kN·m
③ 120.0 kN·m
④ 0

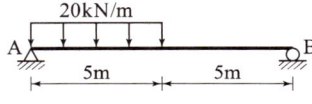

| 해답 | ②

- $\sum M_B = 0$: $R_A \times 10 - 20 \times 5 \times 7.5 = 0$

  $\therefore R_A = \dfrac{750}{10} = 75 \text{kN}(\uparrow)$

- $S_x = 75 - 20 \times x = 0$

  $\therefore x = 3.75 \text{m}$

  $\therefore M_{\max} = 75 \times 3.75 - 20 \times 3.75 \times \dfrac{3.75}{2} = 140.6 \text{kN} \cdot \text{m}$

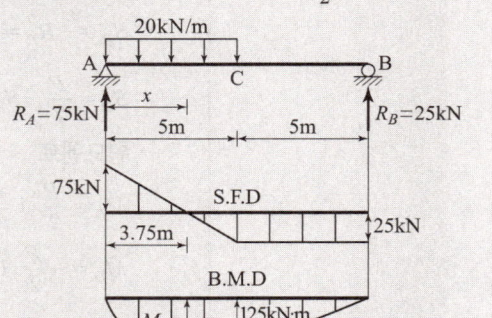

05 정정구조물 (단순보; 등분포하중)

1 등분포하중이 작용할 때

(1) 반력(reaction)

$$\sum M_B = 0 : R_A \cdot l - wl \cdot \frac{l}{2} = 0$$

$$\therefore R_A = \frac{w \cdot l}{2}$$

$$\sum V = 0 : R_A + R_B = w \cdot l$$

$$\therefore R_B = \frac{w \cdot l}{2}$$

(2) 전단력(shear force)

$$S_x = R_A - w \cdot x = \frac{w \cdot l}{2} - w \cdot x \, (x \text{에 관한 1차식})$$

$$\therefore S_A = \frac{w \cdot l}{2} = R_A, \; S_B = -\frac{w \cdot l}{2} = -R_B$$

(3) 휨모멘트(bending moment)

$$M_x = R_A \cdot x - (w \cdot x) \cdot \frac{x}{2} = \frac{w \cdot l}{2} x - \frac{w \cdot x^2}{2} \, (x \text{에 관한 2차식})$$

$$\therefore M_{max} = R_A \cdot x - (w \cdot x) \cdot \frac{x}{2} = \frac{w \cdot l}{2} \cdot \frac{l}{2} - \frac{w \cdot \left(\frac{l}{2}\right)^2}{2} = \frac{w \cdot l^2}{8}$$

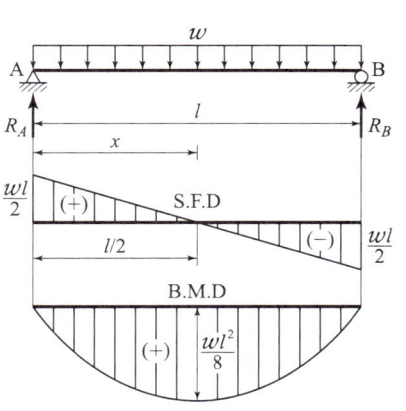

2 등변분포하중이 작용할 때

(1) 반력(reaction)

$$\sum M_B = 0 : R_A \cdot l - wl \times \frac{1}{2} \times \frac{l}{3} = 0$$

$$\therefore R_A = \frac{w \cdot l}{6}$$

$$\sum V = 0 : R_A + R_B = \frac{w \cdot l}{2}$$

$$\therefore R_B = \frac{w \cdot l}{3}$$

(2) 전단력(shear force)

$$S_x = R_A - q \cdot x \cdot \frac{x}{2} = \frac{wl}{6} - \frac{x}{l} \cdot w \cdot \frac{x}{2}$$

$$= \frac{wl}{6} - \frac{wx^2}{2l} = \frac{w}{2}\left(\frac{l}{3} - \frac{x^2}{l}\right) (x \text{에 관한 2차식})$$

$$\therefore S_A = \frac{wl}{6} = R_A, \; S_B = \frac{w}{2}\left(\frac{l}{3} - l\right) = -\frac{wl}{3} = -R_B$$

- $S_x = \frac{w}{2}\left(\frac{l}{3} - \frac{x^2}{l}\right) = 0, \; x^2 = \frac{l^2}{3} \quad \therefore x = \frac{l}{\sqrt{3}}$

(3) 휨모멘트(bending moment)

$$M_x = \frac{wl}{6} x - \frac{wx^2}{2l} \cdot \frac{x}{3} = \frac{wl}{6} x - \frac{w}{6l} x^3 \; (\because P_{A-x} = \frac{wx}{l} \cdot \frac{x}{2} = \frac{wx^2}{2l})$$

- $M_{max} = \frac{wl^2}{9\sqrt{3}} \; (S_x = 0, \; x = \frac{l}{\sqrt{3}} \text{일 때})$

핵 심 문 제

□□□ 산 17

01 아래 그림과 같은 단순보에서 지점 B의 반력은?

① 34kN(↑)
② 42kN(↑)
③ 50kN(↑)
④ 60kN(↑)

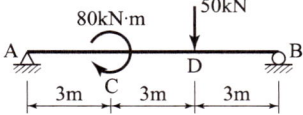

| 해답 | ②

$\sum M_A = 0 : R_B \times 9 - 80 - 50 \times 6 = 0$

$\therefore R_A = \frac{1}{9}(80+300) = 42\text{kN}(\uparrow)$

□□□ 산 13,16

02 그림과 같은 보에서 D점의 전단력은?

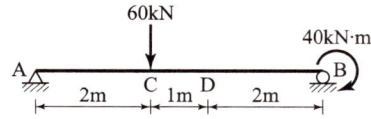

① +28kN
② -28kN
③ +32kN
④ -32kN

| 해답 | ④

$\sum M_B = 0 : R_A \times 5 - 60 \times 3 + 40 = 0$

$\therefore R_A = \frac{1}{5}(180-40) = 28\text{kN}$

$\therefore S_D = 28 - 60 = -32\text{kN}$

□□□ 산 15

03 구조계산에서 자동차나 열차의 바퀴와 같은 차륜하중은 어떤 형태의 하중으로 계산하는가?

① 집중하중
② 등분포하중
③ 모멘트하중
④ 등변분포하중

| 해답 | ①

구조계산에서 자동차나 열차의 바퀴와 같은 차륜하중은 집중하중으로 계산한다.

□□□ 산 11,14,16,17

04 다음과 같은 단순보에서 A점의 반력(R_A)으로 옳은 것은?

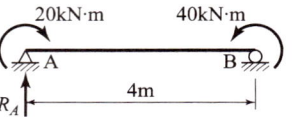

① 5kN(↓)
② 20kN(↓)
③ 5kN(↑)
④ 20kN(↑)

| 해답 | ③

$\sum M_B = 0$

$R_A \times 4 + 20 - 40 = 0$

$\therefore R_A = 5\text{kN}(\uparrow)$

□□□ 산 16

05 아래 그림과 같은 단순보에서 최대 휨모멘트는?

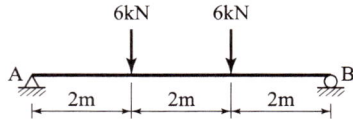

① 13.80kN·m
② 10.56kN·m
③ 12.60kN·m
④ 12.00kN·m

| 해답 | ④

- 반력 $R_A = R_B = 6\text{kN}(\because 대칭)$
- 전단력 $S_{A-C} = +6\text{kN},\ S_{B-D} = -6\text{kN}$

  $S_{C-D} = 0\text{kN}$
- 휨모멘트

  $M_A = M_B = 0$

  $M_C = M_D = 6 \times 2 = 12\text{kN·m}$

  $\therefore M_{max} = 12\text{kN·m}$

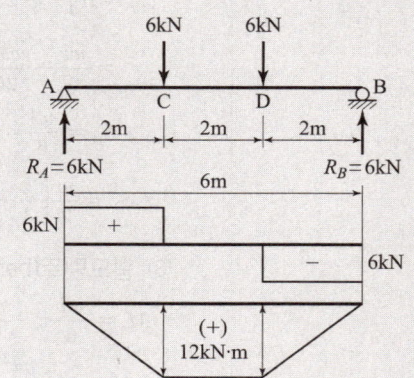

04 정정구조물 (단순보; 집중하중)

1 집중하중이 작용하는 단순보

(1) 반력(reaction)

$\sum M_B = 0 : R_A \cdot l - P \cdot b = 0$

$\therefore R_A = \dfrac{P \cdot b}{l}$

$\sum M_A = 0 : R_B \cdot l - P \cdot a = 0$

$\therefore R_B = \dfrac{P \cdot a}{l}$

(2) 전단력(shear force)

A-C : $S_x = R_A = \dfrac{P \cdot b}{l}$

C-B : $S_x = R_A - P = \dfrac{-P \cdot a}{l}$

(3) 휨모멘트(bending moment)

$M_A = 0$

$M_x = R_A \cdot x = \dfrac{P \cdot b}{l} x$ (x에 관한 1차식) $\therefore M_C = \dfrac{P \cdot a \cdot b}{l}$

$M_B = \dfrac{P \cdot b}{l} \times l - P \cdot b = 0$

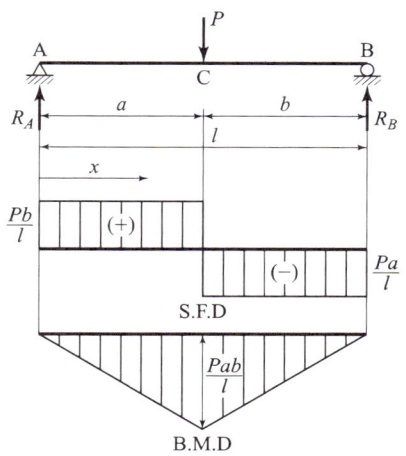

2 지점에 모멘트 하중이 작용하는 경우 ($M_1 > M_2$)

(1) 반력(reaction)

$\sum M_B = 0 : R_A \cdot l - M_1 + M_2 = 0$

$\therefore R_A = \dfrac{M_1 - M_2}{l} (\uparrow)$

$\sum M_A = 0 : R_B \cdot l + M_1 - M_2 = 0$

$\therefore R_B = \dfrac{-M_1 + M_2}{l} (\downarrow)$

(2) 전단력(shear force)

$S_A = R_A$, $S_B = -R_B$

(3) 휨모멘트(bending moment)

$M_x = R_A x - M_1 = \dfrac{M_1 - M_2}{l} x - M_1$

$M_A = -M_1$, $M_B = \dfrac{M_1 - M_2}{l} l - M_1 = -M_2$

핵심문제

□□□ 산 96,12,14,15,17,19,20

01 지름 10cm, 길이 25cm인 재료에 축방향으로 인장력을 작용시켰더니 지름은 9.98cm로, 길이는 25.2cm로 변하였다. 이 재료의 포아송(Poisson)의 비는?

① 0.25
② 0.45
③ 0.50
④ 0.75

| 해답 | ①

$$\nu = \frac{\beta}{\varepsilon} = \frac{\frac{\Delta d}{d}}{\frac{\Delta l}{l}} = \frac{l \cdot \Delta d}{d \cdot \Delta l}$$

- $l = 25\text{cm}$ $\Delta l = 25.2 - 25 = 0.2\text{cm}$
- $d = 10\text{cm}$ $\Delta d = 10 - 9.98 = 0.02\text{cm}$

$$\nu = \frac{25 \times 0.02}{10 \times 0.2} = 0.25$$

□□□ 산 06,13,16,18

02 포아송비(poisson's ratio)가 0.2일 때 포아송수는?

① 2
② 3
③ 5
④ 8

| 해답 | ③

포아송수 $m = \dfrac{1}{\nu} = \dfrac{1}{0.2} = 5$

□□□ 산 13,17,20

03 단면이 100mm×100mm인 정사각형이고, 길이 1m인 강재에 100kN의 압축력을 가했더니 길이가 1mm 줄어들었다. 이 강재의 탄성계수는?

① 1000MPa
② 10000MPa
③ 5000MPa
④ 50000MPa

| 해답 | ②

$\Delta l = \dfrac{Pl}{EA}$ 에서 $E = \dfrac{Pl}{A \Delta l}$

- $A = bh = 100 \times 100 = 10000 \text{mm}^2$

$$\therefore E = \frac{100 \times 10^3 \times 1000}{10000 \times 1} = 10000 \text{N/mm}^2 = 10000 \text{MPa}$$

□□□ 산 13,15,16

04 지름 $d=2$cm인 강봉을 $P=100$kN의 축방향력으로 인장시킬 때 봉의 횡방향 수축량은?
(단, 포아송비 $\nu = \dfrac{1}{3}$, $E = 2 \times 10^5$MPa)

① 0.0006cm
② 0.0011cm
③ 0.0071cm
④ 0.0832cm

| 해답 | ②

$$\nu = \frac{\beta}{\varepsilon} = \frac{\frac{\Delta d}{d}}{\frac{\Delta l}{l}} = \frac{l \Delta d}{d \Delta l} \left(\because \Delta l = \frac{Pl}{EA} \right)$$

$$= \frac{l \Delta d}{d \dfrac{Pl}{EA}} = \frac{\Delta d EA}{dP} = \frac{1}{3}$$

$$\therefore \Delta d = \frac{dP}{3EA} = \frac{20 \times 100 \times 10^3}{3 \times 2 \times 10^5 \times \dfrac{\pi \times 20^2}{4}}$$

$$= 0.011\text{mm} = 0.0011\text{cm}$$

□□□ 산 11,12,13,15,18

05 길이 10m, 지름 30mm의 철근이 5mm 늘어나기 위해서는 얼마의 하중이 필요한가?
(단, $E = 2 \times 10^5$MPa)

① 51476N
② 62150N
③ 70686N
④ 81316N

| 해답 | ③

$\Delta l = \dfrac{Pl}{EA}$ 에서 $P = \dfrac{EA \Delta l}{l}$

- $A = \dfrac{\pi d^2}{4} = \dfrac{\pi \times 30^2}{4} = 706.86 \text{mm}^2$

$$\therefore P = \frac{2 \times 10^5 \times 706.86 \times 5}{10000} = 70686 \text{N}$$

□□□ 산 11,12,15,17,19

06 탄성계수 $E = 2 \times 10^5$MPa이고 포아송 비 $\nu = 0.3$일 때 전단탄성계수 G는?

① 76923.1MPa
② 75137.2MPa
③ 73456.3MPa
④ 71020.1MPa

| 해답 | ①

- $E = 2 \times 10^5 = 200000$MPa, $\nu = 0.3$

$$\therefore G = \frac{E}{2(1+\nu)} = \frac{200000}{2(1+0.3)} = 76923.1 \text{MPa}$$

03 변형률과 탄성계수

1 변형률

소성변형 : 강재에 탄성한도보다 큰 응력을 가한 후 그 응력을 제거한 후 장시간 방치하여도 얼마간의 변형이 남게 되는 변형

(1) 세로변형도 $\epsilon = \pm \dfrac{\Delta l}{l}$

(2) 가로변형도 $\beta = \pm \dfrac{\Delta d}{d}$

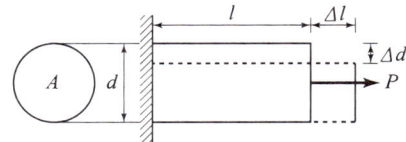

(3) 포아송비 $\nu = \dfrac{\beta}{\epsilon} = \dfrac{\dfrac{\Delta d}{d}}{\dfrac{\Delta l}{l}} = \dfrac{\Delta d \cdot l}{\Delta l \cdot d}$

- 포아송수 $m = \dfrac{1}{\nu} = \dfrac{\epsilon}{\beta} = \dfrac{\dfrac{\Delta l}{l}}{\dfrac{\Delta d}{d}} = \dfrac{d \cdot \Delta l}{l \cdot \Delta d}$

- 가로변형량 $\Delta d = \dfrac{d \cdot \Delta l \cdot \nu}{l} = d \cdot \nu \cdot \dfrac{\Delta l}{l} = d \cdot \nu \cdot \epsilon = d \cdot \nu \cdot \dfrac{\sigma}{E} = d \cdot \nu \dfrac{P}{E \cdot A}$

(4) 2축응력의 체적변형률 : $\varepsilon_v = \dfrac{\Delta V}{V} = \dfrac{(1-2\nu)}{E}(\sigma_x + \sigma_y)$

2 탄성계수

(1) 탄성계수 : $E = \dfrac{\sigma}{\epsilon} = \dfrac{\dfrac{P}{A}}{\dfrac{\Delta l}{l}} = \dfrac{Pl}{A \Delta l}$

- 탄성계수 $E = 2G(1+\nu) = 2G\left(1+\dfrac{1}{m}\right) = \dfrac{2G}{m}(m+1)$

- 온도상승에 의한 응력 : $\sigma = E \cdot \epsilon = E \cdot \alpha \cdot t$

(2) 전단탄성계수

$$G = \dfrac{E}{2(1+\nu)} = \dfrac{E}{2\left(1+\dfrac{1}{m}\right)} = \dfrac{E}{2\left(\dfrac{m+1}{m}\right)} = \dfrac{mE}{2(m+1)}$$

■ 전단응력 $\tau = \dfrac{S}{A} = G \cdot \gamma = G\dfrac{\lambda}{l}$

- 전단탄성계수 $G = \dfrac{\tau}{\gamma} = \dfrac{\dfrac{S}{A}}{\dfrac{\lambda}{l}} = \dfrac{S \cdot l}{A \cdot \lambda}$

- 전단변형량 : $\lambda = \dfrac{S \cdot l}{G \cdot A}$

여기서, S : 전단력, l : 부재의 길이, G : 전단탄성계수

(3) 체적탄성계수 $K = \dfrac{E}{3(1-2\nu)}$

알아두기

포아송비

$\nu = \dfrac{\text{가로변형률}}{\text{세로변형률}}$

$= \dfrac{\beta}{\epsilon}$

용어와 단위

α : 선 팽창계수(/℃)
t : 온도변화량(℃)

핵 심 문 제

□□□ 산 03①,16④,19①,20③,23②

01 그림과 같은 단면의 도심 $\bar{y}$ 는?

① 2.5cm
② 2.0cm
③ 1.5cm
④ 1.0cm

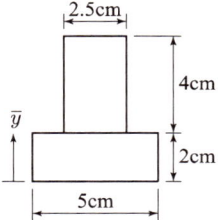

| 해답 | ①

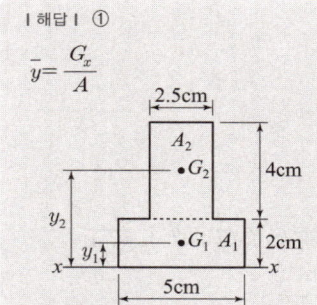

$$\bar{y} = \frac{G_x}{A}$$

- $G_x = A_1 \times y_1 + A_2 \times y_2$
  $= 5 \times 2 \times \frac{2}{2} + 2.5 \times 4 \times \left(\frac{4}{2} + 2\right) = 50\,cm^3$
- $A = 5 \times 2 + 2.5 \times 4 = 20\,cm^2$
- $\therefore \bar{y} = \frac{50}{20} = 2.5\,cm$

□□□ 산 11,14,20,23②

02 그림과 같은 단면의 x 축에 대한 단면 1차 모멘트는 얼마인가?

① 128cm³
② 138cm³
③ 148cm³
④ 158cm³

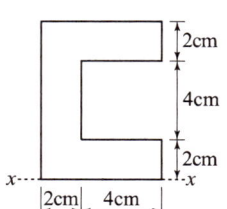

| 해답 | ①

$G_x = A_1 y_1 - A_2 y_2 = (6 \times 8) \times 4 - (4 \times 4) \times 4 = 128\,cm^3$

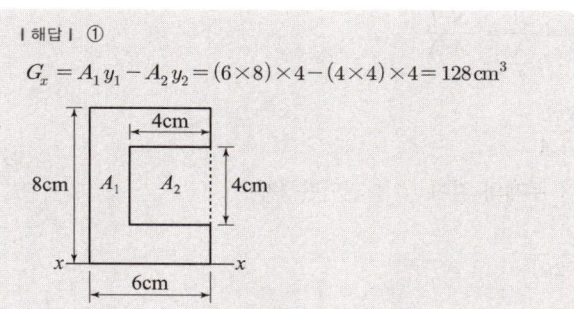

□□□ 산 11,14,17

03 그림과 같은 단면의 도심축($x-x$축)에 대한 단면 2차 모멘트는?

① 15004cm⁴
② 14004cm⁴
③ 13004cm⁴
④ 12004cm⁴

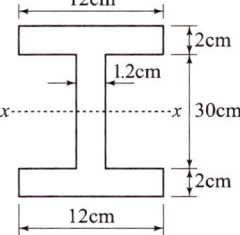

| 해답 | ①

$$I_X = I_{X1} - I_{X2}$$
$$= \frac{BH^3}{12} - \frac{bh^3}{12} = \frac{12 \times 34^3}{12} - \frac{(12-1.2) \times 30^3}{12} = 15004\,cm^4$$

□□□ 산 11,15

04 다음의 그림과 같은 직사각형 단면의 단면계수는?

① 800cm³
② 1000cm³
③ 1200cm³
④ 1400cm³

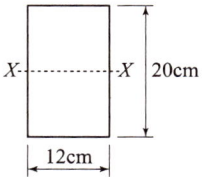

| 해답 | ①

단면계수 $Z = \dfrac{I}{y}$

- $I = \dfrac{bh^3}{12} = \dfrac{12 \times 20^3}{12} = 8000\,cm^4$
- $y = \dfrac{h}{2} = \dfrac{20}{2} = 10\,cm$
- $\therefore Z = \dfrac{8000}{10} = 800\,cm^3$

□□□ 산 86,97,98,20③

05 지름이 D 인 원형 단면의 도심 축에 대한 단면 2차 극모멘트는?

① $\dfrac{\pi D^4}{64}$ ② $\dfrac{\pi D^4}{32}$

③ $\dfrac{\pi D^4}{4}$ ④ $\dfrac{\pi D^4}{2}$

| 해답 | ②

단면 2차 극모멘트 $I_P = I_x + I_y$
$\therefore I_P = \dfrac{\pi D^4}{64} + \dfrac{\pi D^4}{64} = \dfrac{\pi D^4}{32}$

알아두기

사다리꼴

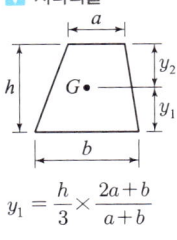

$y_1 = \dfrac{h}{3} \times \dfrac{2a+b}{a+b}$

$y_2 = \dfrac{h}{3} \times \dfrac{a+2b}{a+b}$

단면 1차 모멘트

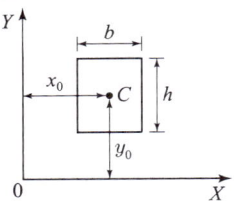

$A = bh$

$G_X = A \cdot y_o$

$G_Y = A \cdot x_o$

단면 2차 모멘트

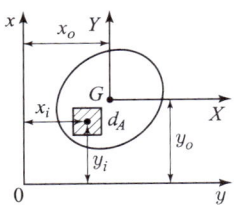

$= I_X + A \cdot y_o^2$
$= I_Y + A \cdot x_o^2$

---

02 단면의 성질

1 단면의 도심

도심 $\overline{x} = \dfrac{G_y}{A}$, 도심 $\overline{y} = \dfrac{G_x}{A}$

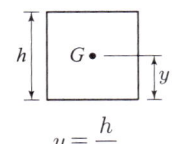

(a) 직사각형(대각선의 교차점) $y = \dfrac{h}{2}$

(b) 삼각형 $y_1 = \dfrac{h}{3}$, $y_2 = \dfrac{2h}{3}$

(c) 원 $y = \dfrac{D}{2}$

2 단면 모멘트

(1) 단면 1차 모멘트
- 단면 1차 모멘트 G = 면적 × 도심축에서 축까지의 거리
- 단위 : cm^3, m^3
- 도심축에 대한 단면 1차 모멘트는 0이다.
- 도심 1차 모멘트는 좌표축에 따라 (+),(−)의 부호를 갖는다.

(2) 단면 2차 모멘트

단면	사각형	삼각형	원형
도형	(사각형, 밑변 b, 높이 h)	(삼각형, 밑변 b, 높이 h)	(원, 지름 D)
도심축 I_X	$\dfrac{bh^3}{12}$	$\dfrac{bh^3}{36}$	$\dfrac{\pi D^4}{64} = \dfrac{\pi r^4}{4}$
상·하단축 I_x	$\dfrac{bh^3}{3}$	하단 : $\dfrac{bh^3}{12}$, 상단 : $\dfrac{bh^3}{4}$	$\dfrac{5\pi D^4}{64}$

(3) 단면 2차 극모멘트 : $I_P = I_x + I_y$

(4) 단면 2차 상승모멘트 : $I_{xy} = A \cdot x_o \cdot y_o$

3 단면계수와 단면 2차 반지름

(1) 단면계수
- 도형의 도심을 지나는 축에 대한 단면 2차 모멘트를 도형의 상하단까지의 거리로 나눈값

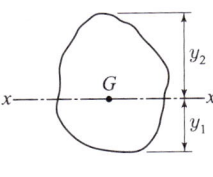

- $Z_1 = \dfrac{I_x}{y_1}$, $Z_2 = \dfrac{I_x}{y_2}$
- 단위 : cm^3, m^3

(2) 단면 2차 반지름(회전반경)
- 단면 2차 모멘트를 그 단면의 전면적으로 나눈값의 제곱근
- $r_x = \sqrt{\dfrac{I_x}{A}}$, $r_y = \sqrt{\dfrac{I_y}{A}}$, 단위 : cm, m

핵 심 문 제

□□□ 산 14,18②,23②

01 다음 중 힘의 3요소가 아닌 것은?

① 크기 ② 방향
③ 작용점 ④ 모멘트

| 해답 | ④

힘의 3요소 : 힘의 크기, 힘의 방향, 힘의 작용점

□□□ 산 12,15,16,17,19,20②,24①

02 동일 평면상의 한 점에 여러 개의 힘이 작용하고 있을 때, 여러 개의 힘의 어떤 점에 대한 모멘트의 합은 그 합력의 동일점에 대한 모멘트와 같다는 것은 다음 중 어떤 정리인가?

① Mohr의 정리 ② Lami의 정리
③ Castigliano의 정리 ④ Varignon의 정리

| 해답 | ④

Varignon의 원리
- 여러 힘의 한 점에 대한 모멘트의 대수합은 합력의 그 점에 대한 모멘트와 같다.
- 분력의 모멘트 합은 합력의 모멘트와 같다.
- 합력의 작용점을 구할 때 사용한다.

□□□ 산 12,16,23④,24②

03 다음 그림과 같이 한 점에 작용하는 세 힘의 합력의 크기는 얼마인가?

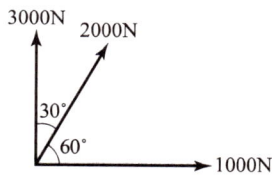

① 3742N ② 4264N
③ 5137N ④ 5974N

| 해답 | ③

$R = \sqrt{(\Sigma V)^2 + (\Sigma H)^2}$
- 연직력의 총합 $\Sigma V = 3000 + 2000\cos 30° = 4732\,\text{N}$
- 수평력의 총합 $\Sigma H = 1000 + 2000\cos 60° = 2000\,\text{N}$

$\therefore R = \sqrt{(4732)^2 + (2000)^2} = 5137\,\text{N}$

□□□ 산 13,15,16,17

04 다음 그림에서 힘들의 합력 R의 위치(x)는 몇 m인가?

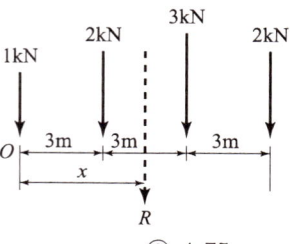

① 4.5m ② 4.75m
③ 5.0m ④ 5.25m

| 해답 | ④

- 합력 $R = 1 + 2 + 3 + 2 = 8\,\text{kN}(\downarrow)$
- 작용 위치 : $R \cdot x = 2 \times 3 + 3 \times 6 + 2 \times 9 = 42$

$\therefore x = \dfrac{\Sigma P \cdot l}{R} = \dfrac{42}{8} = 5.25\,\text{m}(\to)$

□□□ 산 11,13,14,16

05 그림과 같이 중량 3000N인 물체가 끈에 매달려 지지되어 있을 때, 끈 AB와 BC에 작용되는 힘은?

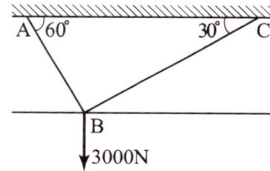

① AB = 2498N, BC = 1800N
② AB = 2598N, BC = 1500N
③ AB = 2698N, BC = 2400N
④ AB = 2398N, BC = 2000N

| 해답 | ②

sin법칙(라미의 정리)에 의해서

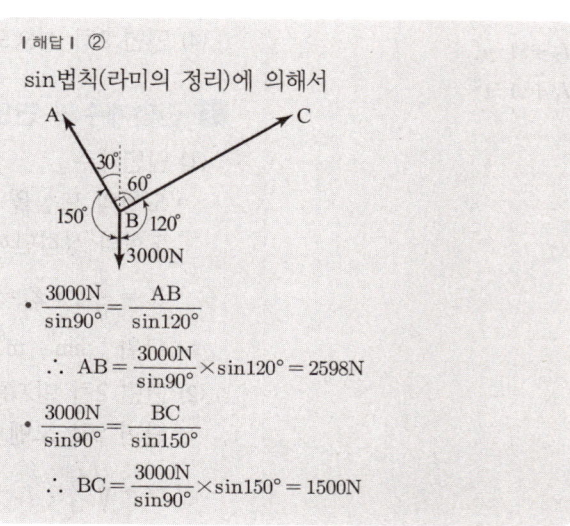

- $\dfrac{3000\text{N}}{\sin 90°} = \dfrac{AB}{\sin 120°}$

$\therefore AB = \dfrac{3000\text{N}}{\sin 90°} \times \sin 120° = 2598\,\text{N}$

- $\dfrac{3000\text{N}}{\sin 90°} = \dfrac{BC}{\sin 150°}$

$\therefore BC = \dfrac{3000\text{N}}{\sin 90°} \times \sin 150° = 1500\,\text{N}$

01 역학적인 개념 및 건설 구조물의 해석

01 힘과 모멘트

1 힘

(1) 힘의 3요소
- 힘의 크기, 힘의 방향, 힘의 작용점
- 힘과 변위는 벡터량(vector)으로 표시한다.

(2) Varignon의 원리
- 여러 힘의 한 점에 대한 모멘트의 대수합은 합력의 그 점에 대한 모멘트와 같다.
- 분력의 모멘트 합은 합력의 모멘트와 같다.
- 합력의 작용점을 구할 때 사용한다.

  ■ $R = P_1 + P_2 + P_3 + P_4 = \sum P$
  ■ O점에서 moment를 취하면
  $P_2 \cdot x_2 + P_3 \cdot x_3 + P_4 \cdot x_4 = R \cdot x$
  $\therefore x = \dfrac{P_2 \cdot x_2 + P_3 \cdot x_3 + P_4 \cdot x_4}{R} = \dfrac{\sum P \cdot x}{\sum P}$

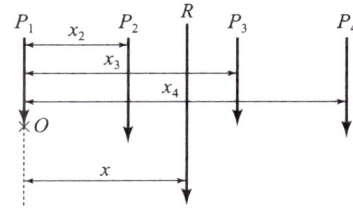

(3) 힘의 합성

■ $R = \sqrt{P_1^2 + P_2^2 + 2P_1 P_2 \cos\alpha}$
■ $\tan\theta = \dfrac{P_1 \sin\alpha}{P_2 + P_1 \cos\alpha}$
■ $R = \sqrt{(\sum V)^2 + (\sum H)^2}$
- 연직력의 총합 $\sum V$
- 수평력의 총합 $\sum H$

(4) 라미의 정리
3개의 힘이 평형을 이루고 있을 때 이 3개의 힘은 동일 평면상에 0이 되고, 또 한점에서 만난다.

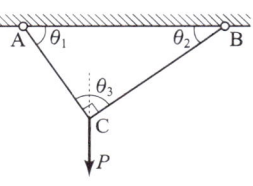 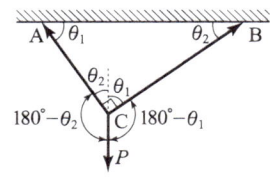 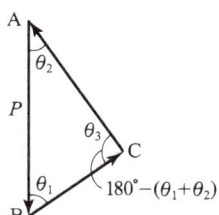

■ $\dfrac{P}{\sin(180-(\theta_1+\theta_2))} = \dfrac{AC}{\sin(180-\theta_1)} = \dfrac{BC}{\sin(180-\theta_2)}$

■ $\dfrac{P}{\sin\theta_3} = \dfrac{AC}{\sin\theta_1} = \dfrac{BC}{\sin\theta_2}$ $\quad \boxed{\therefore \sin(180-\alpha) = \sin\alpha}$

알아두기

힘의 3요소(힘의 표시)

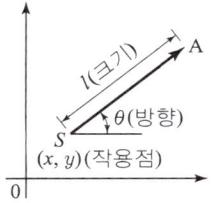

힘의 평행사변형의 법칙
힘 P_1과 힘 P_2의 합력은 평행사변형의 대각선의 길이가 된다.

라미의 정리

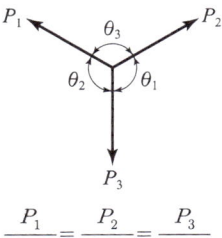

$\dfrac{P_1}{\sin\theta_1} = \dfrac{P_2}{\sin\theta_2} = \dfrac{P_3}{\sin\theta_3}$

1 과목

CBT 핵심 스피드 마스터
구조설계

01 역학적인 개념 및 건설 구조물의 해석
02 철근콘크리트 및 강구조

토·목·산·업·기·사·필·기

단계

Pick Remember
CBT 핵심 스피드 마스터

제1과목 **구조설계**
01 역학적인 개념 및 건설 구조물의 해석
02 철근콘크리트 및 강구조

제2과목 **측량 및 토질**
01 측량학
02 토질 및 기초

제3과목 **수자원설계**
01 수리학
02 상하수도 계획

SI단위 적용

1 읽기

- G(giga : 기가), M(mega : 메가), k(kilo : 킬로), N(newton)
- GPa : gigapacal, MPa : megapacal, kPa : kilopacal, kN : kilonewton

2 응력 또는 압력(단위면적당 하중)

- $1cc = 1mL$, $1mL = 1000mg = 1g$, $1m^3 = 1000l$
- $1kgf/cm^2 = 9.8N/cm^2 = 10N/cm^2 = 0.1N/mm^2 = 0.1MPa = 100kN/m^2 = 100kPa$
- $1kN/mm^2 = 1GPa = 1000N/mm^2 = 1000MPa$
- $1kgf/cm^2 = 9.8N/m^2 = 10N/m^2 = 10Pa(pascal)$
- $1tf/m^2 = 9.8kN/m^2 = 10kN/m^2 = 10kPa$
- 탄성계수 $E = 2.1 \times 10^5 kg/cm^2 \Rightarrow E = 2.1 \times 10^4 MPa$
  $$E = 2.1 \times 10^4 MPa = 21 \times 10^3 N/mm^2$$
  $$E = 21 \times 10^3 MPa = 21kN/mm^2 = 21GPa$$

3 단위 부피당 하중(단위중량)

- $1kgf/cm^3 = 9.8N/cm^3 = 10N/cm^3$
- $1kgf/m^3 = 9.8N/m^3 = 10N/m^3$
- $1tf/m^3 = 9.8kN/m^2 = 10kN/m^3$
- $1t/m^3 = 1g/cm^3 = 9.8kN/m^3 = 10kN/m^3$
- 물의 단위중량 $\gamma_w = 9.8kN/m^3 = 9.81kN/m^3$
- 물의 밀도 $\rho_w = 1g/cm^3 = 1000kg/m^3$
- $1PPM = 1mg/L = 10^{-3} kg/m^3$
- $1m^3/day = 10^3 L/day$
- $1km^2 = 100ha$
- $\dfrac{90°}{\pi} = 1718.87''$
- $1 radian = \dfrac{\pi}{180°} = 0.01745$
- $\sec \dfrac{I}{2} = \dfrac{1}{\cos \dfrac{I}{2}}$
- $\sin(180° - \theta) = \sin\theta$

[계산기 $f_x570\ ES$] SOLVE사용법

공학용계산기 기종 허용군

연번	제조사	허용기종군	[예] FX-570 ES PLUS 계산기
1	카시오(CASIO)	FX-901~999	
2	카시오(CASIO)	FX-501~599	
3	카시오(CASIO)	FX-301~399	
4	카시오(CASIO)	FX-80~120	
5	샤프(SHARP)	EL-501~599	
6	샤프(SHARP)	EL-5100, EL-5230, EL-5250, EL-5500	
7	유니원(UNIONE)	UC-600E, UC-400M	
8	캐논(Canon)	F-715SG, F-788SG, F-792SGA	

1 $h_c = \left(\dfrac{\alpha \times Q^2}{g \times d^2}\right)^{\frac{1}{3}}$

$1.33 = \left(\dfrac{1.0 \times Q^2}{9.8 \times 3^2}\right)^{\frac{1}{3}}$

먼저 1.33 ☞ ALPHA ☞ SOLVE = ☞ $\left(\dfrac{1.0 \times ALPHA\ X^2}{9.8 \times 3^2}\right)^{1/3}$

☞ SHIFT ☞ SOLVE ☞ = ☞ 잠시 기다리면

$X = 14.4049$ ∴ $Q = 14.4 \text{m}^3/\text{sec}$

2 $V_u = \dfrac{1}{2}\phi\left(\dfrac{1}{6}\lambda\sqrt{f_{ck}}\right)b_w d$

$50 \times 10^3 = \dfrac{1}{2} \times 0.75 \times \left(\dfrac{1}{6} \times 1 \times \sqrt{22}\right) \times 350 \times d$

먼저 50×10^3 ☞ ALPHA ☞ SOLVE = ☞ $\dfrac{1}{2} \times 0.75 \times \left(\dfrac{1}{6} \times 1 \times \sqrt{22}\right) \times 350 \times$

☞ ALPHA X ☞ SHIFT ☞ SOLVE ☞ = ☞ 잠시 기다리면

$X = 487.3$ ∴ $d = 488\text{mm}$

CONTENTS

3단계 CBT 과년도 실전 테스트

■ OMR 연습용 답안지

2021년 제1회 시행	………………	3-9
2021년 제2회 시행	………………	3-35
2021년 제4회 시행	………………	3-61
2022년 제1회 시행	………………	3-85
2022년 제2회 시행	………………	3-109
2022년 제4회 시행	………………	3-133
2023년 제1회 시행	………………	3-157
2023년 제2회 시행	………………	3-171
2023년 제4회 시행	………………	3-184
2024년 제1회 시행	………………	3-196
2024년 제2회 시행	………………	3-209
2024년 제3회 시행	………………	3-222
2025년 제1회 시행	………………	3-235
2025년 제2회 시행	………………	3-248
2025년 제3회 시행	………………	3-260

【CBT 필기시험문제 실전테스트】

홈페이지(www.bestbook.co.kr)에서 일부 필기시험문제를 CBT(컴퓨터기반) 실전테스트로 체험하실 수 있습니다.

- 2015년 제1회(A형)
- 2015년 제1회(B형)
- 2015년 제2회(A형)
- 2015년 제2회(B형)
- 2015년 제4회(A형)
- 2015년 제4회(B형)
- 2016년 제1회(A형)
- 2016년 제1회(B형)
- 2016년 제2회(A형)
- 2016년 제2회(B형)
- 2016년 제4회(A형)
- 2016년 제4회(B형)
- 2024년 제1회 시행
- 2024년 제2회 시행
- 2024년 제3회 시행
- 2025년 제1회 시행
- 2025년 제2회 시행
- 2025년 제3회 시행

4단계 CBT 필기시험대비 모의고사

CBT 시험대비 제1회 실전 모의고사 …… 4-3
CBT 시험대비 제2회 실전 모의고사 …… 4-15
CBT 시험대비 제3회 실전 모의고사 …… 4-27

별책부록 Pick Remember 300선

1Pick 60선	……………	5	4Pick 60선	……………	103
2Pick 60선	……………	39	5Pick 60선	……………	137
3Pick 60선	……………	71			

☑ 02 | 토질 및 기초

2018년 3월 4일 시행 ·················· 2-129	2020년 6월 6일 시행 ·················· 2-151
2018년 4월 28일 시행 ·················· 2-133	2020년 8월 22일 시행 ·················· 2-154
2018년 9월 15일 시행 ·················· 2-136	2020년 제4회 시행 ·················· 2-158
2019년 3월 3일 시행 ·················· 2-140	
2019년 4월 27일 시행 ·················· 2-143	
2019년 9월 21일 시행 ·················· 2-147	

CHAPTER 03 | 수자원설계

☑ 01 | 수리학

2018년 3월 4일 시행 ·················· 2-164	2020년 6월 6일 시행 ·················· 2-190
2018년 4월 28일 시행 ·················· 2-168	2020년 8월 22일 시행 ·················· 2-194
2018년 9월 15일 시행 ·················· 2-173	2020년 제4회 시행 ·················· 2-198
2019년 3월 3일 시행 ·················· 2-178	
2019년 4월 27일 시행 ·················· 2-182	
2019년 9월 21일 시행 ·················· 2-186	

☑ 02 | 상하수도 계획

2018년 3월 4일 시행 ·················· 2-203	2020년 6월 6일 시행 ·················· 2-226
2018년 4월 28일 시행 ·················· 2-206	2020년 8월 22일 시행 ·················· 2-230
2018년 9월 15일 시행 ·················· 2-210	2020년 제4회 시행 ·················· 2-234
2019년 3월 3일 시행 ·················· 2-214	
2019년 4월 27일 시행 ·················· 2-217	
2019년 9월 21일 시행 ·················· 2-221	

CONTENTS

2단계 CBT 과목별 스피드 마스터

CHAPTER 01 | 구조설계

☑ 01 | 역학적인 개념 및 건설 구조물의 해석

2018년 3월 4일 시행 ·········· 2-4	2020년 6월 6일 시행 ·········· 2-33
2018년 4월 28일 시행 ·········· 2-8	2020년 8월 22일 시행 ·········· 2-38
2018년 9월 15일 시행 ·········· 2-13	2020년 제4회 시행 ·········· 2-43
2019년 3월 3일 시행 ·········· 2-18	
2019년 4월 27일 시행 ·········· 2-22	
2019년 9월 21일 시행 ·········· 2-27	

☑ 02 | 철근콘크리트 및 강구조

2018년 3월 4일 시행 ·········· 2-48	2020년 6월 6일 시행 ·········· 2-75
2018년 4월 28일 시행 ·········· 2-52	2020년 8월 22일 시행 ·········· 2-80
2018년 9월 15일 시행 ·········· 2-57	2020년 제4회 시행 ·········· 2-84
2019년 3월 3일 시행 ·········· 2-62	
2019년 4월 27일 시행 ·········· 2-66	
2019년 9월 21일 시행 ·········· 2-70	

CHAPTER 02 | 측량 및 토질

☑ 01 | 측량학

2018년 3월 4일 시행 ·········· 2-90	2020년 6월 6일 시행 ·········· 2-116
2018년 4월 28일 시행 ·········· 2-94	2020년 8월 22일 시행 ·········· 2-120
2018년 9월 15일 시행 ·········· 2-99	2020년 제4회 시행 ·········· 2-125
2019년 3월 3일 시행 ·········· 2-103	
2019년 4월 27일 시행 ·········· 2-107	
2019년 9월 21일 시행 ·········· 2-111	

✓ 02 | 토질 및 기초

- 01 흙의 기본적 성질 ······ 1-94
- 02 흙의 단위중량 ······ 1-96
- 03 흙의 연경도 ······ 1-98
- 04 흙의 분류 ······ 1-100
- 05 Darcy의 법칙 ······ 1-102
- 06 투수계수와 유선망 ······ 1-104
- 07 유효응력 ······ 1-106
- 08 지중응력 ······ 1-108
- 09 흙의 압밀 ······ 1-110
- 10 흙의 전단강도 ······ 1-112
- 11 전단강도시험 ······ 1-114
- 12 토압 ······ 1-116
- 13 흙의 다짐 ······ 1-118
- 14 사면의 안정 ······ 1-120
- 15 지반조사 ······ 1-122
- 16 토질조사시험 ······ 1-124
- 17 얕은기초와 깊은기초 ······ 1-126
- 18 연약지반 개량공법 ······ 1-128

CHAPTER 03 | 수자원설계

✓ 01 | 수리학

- 01 물의 성질 ······ 1-132
- 02 정수압 ······ 1-134
- 03 전수압 ······ 1-136
- 04 부력 ······ 1-138
- 05 베르누이의 정리 ······ 1-140
- 06 흐름의 구분과 연속방정식 ······ 1-142
- 07 운동량 방정식 ······ 1-144
- 08 관수로 ······ 1-146
- 09 관수로의 일반사항 ······ 1-148
- 10 개수로 ······ 1-150
- 11 비에너지와 한계수심 ······ 1-152
- 12 오리피스 ······ 1-154
- 13 위어 ······ 1-156

✓ 02 | 상하수도 계획

- 01 상수도의 계획 ······ 1-158
- 02 수원 및 취수시설 ······ 1-160
- 03 수질 ······ 1-162
- 04 도·송수계획 ······ 1-164
- 05 배수·급수계획 ······ 1-166
- 06 정수방법 ······ 1-168
- 07 정수시설 ······ 1-170
- 08 하수도시설 계획 ······ 1-172
- 09 계획하수량 ······ 1-174
- 10 우수조정지 계획 ······ 1-176
- 11 하수처리 ······ 1-178
- 12 활성슬러지법 ······ 1-180
- 13 펌프장계획 ······ 1-182
- 14 펌프의 특성 ······ 1-184

CONTENTS

1단계　Pick Remember CBT 핵심

CHAPTER 01 | 구조설계

☑ 01 | 역학적인 개념 및 건설 구조물의 해석

01 힘과 모멘트 ······ 1-4	08 정정구조물 (라멘과 아치) ······ 1-18
02 단면의 성질 ······ 1-6	09 절대최대휨모멘트와 부정정 차수 ··· 1-20
03 변형률과 탄성계수 ······ 1-8	10 보의 응력 ······ 1-22
04 정정구조물 (단순보 ; 집중하중) ····· 1-10	11 보의 처짐과 처짐각 ······ 1-24
05 정정구조물 (단순보 ; 등분포하중) ····· 1-12	12 보의 처짐각과 처짐공식 ······ 1-26
06 정정구조물 (캔틸레버보와 겔버보) ····· 1-14	13 기둥 ······ 1-28
07 정정구조물 (내민보) ······ 1-16	

☑ 02 | 철근콘크리트 및 강구조

01 설계일반 ······ 1-30	09 철근의 정착과 이음 ······ 1-46
02 처짐 ······ 1-32	10 슬래브 ······ 1-48
03 콘크리트 구조 휨 및 압축설계기준 ··· 1-34	11 확대기초와 옹벽 ······ 1-50
04 단철근 직사각형보	12 철근배치와 압축부재 ······ 1-52
(KDS 14 20 20 적용) ······ 1-36	13 PSC의 기본개념 및 재료 ······ 1-54
05 보의 파괴 및 복철근보 ······ 1-38	14 프리스트레스의 손실 ······ 1-56
06 T형 단면보 ······ 1-40	15 강구조 : 이음 ······ 1-58
07 전단철근의 설계 ······ 1-42	16 강구조 : 인장부재 ······ 1-60
08 전단철근의 상세 ······ 1-44	

CHAPTER 02 | 측량 및 토질

☑ 01 | 측량학

01 측량학일반 ······ 1-64	09 방위각과 방위 계산 ······ 1-80
02 국가기준점 ······ 1-66	10 수준측량 ······ 1-82
03 측량의 오차와 정밀도 ······ 1-68	11 지형측량 ······ 1-84
04 GNSS 측량 ······ 1-70	12 면적측량 ······ 1-86
05 GPS 측량 ······ 1-72	13 체적측량 ······ 1-88
06 각관측 ······ 1-74	14 노선측량 ······ 1-90
07 삼각측량 ······ 1-76	15 하천측량 ······ 1-92
08 다각측량 (트래버스측량) ······ 1-78	

04 체크업과 출제연도
- □□□ 체크업을 활용
- 문제마다 "□□□ 기10,23"를 두어 체크업을 통해 실력평가를 하도록 하였고, 출제경향을 파악하여 사전·사후에 학습관리를 하도록 하였다.

05 즉석 즉답
- Speed Master하기
- 1단계와 2단계에서는 문제 하단에 해답을 두어 즉시 문제의 답을 확인 할 수 있도록 하여 스피드 마스터할 수 있도록 하였다.

06 핵심 Remember
- Remember를 숙지
- 반드시 기억하여 문제 풀이에 도움을 줄 수 있는 핵심은 Remember 를 두어 문제 풀이를 간편하게 하여 시간을 절약할 수 있도록 하였다.

▼ 2단계 : 과목별 스피드 마스터 ▼ 3단계 : 과년도 실전 테스트

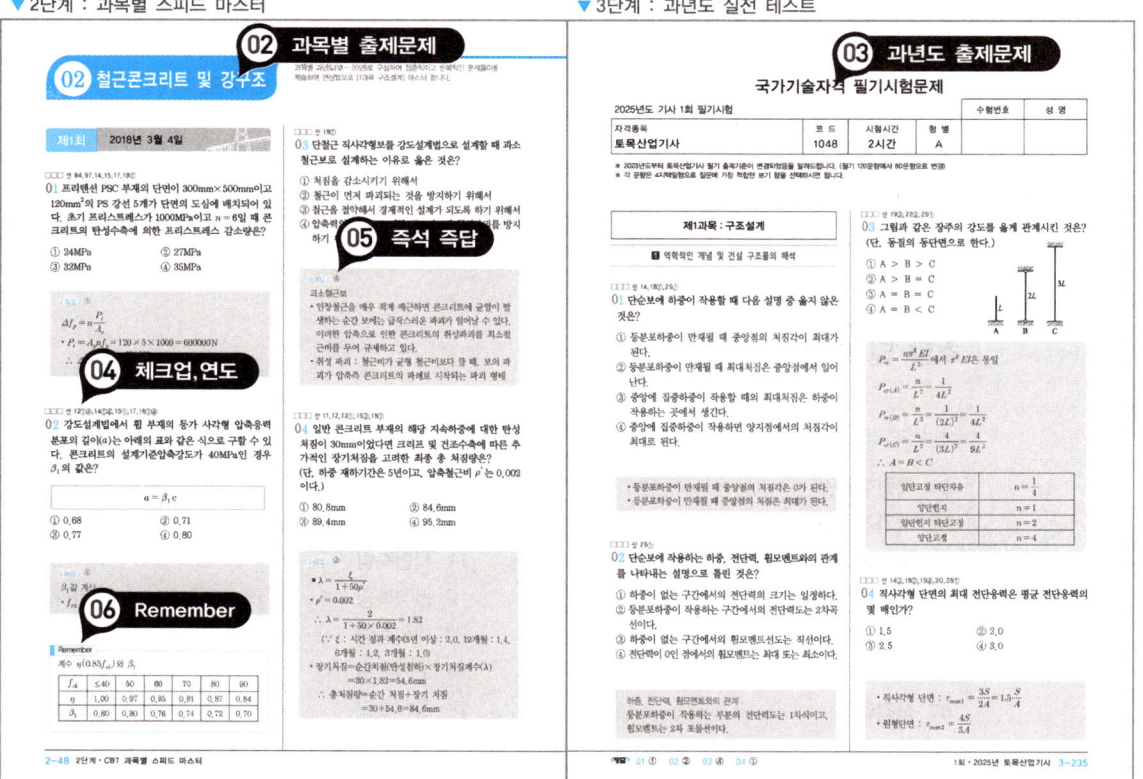

책의 구성

01 핵심요약 및 핵심문제
- 학습길잡이 역할
- 각 과목별 각 단원마다 핵심이론과 핵심 문제를 연계하여 단원별 이론을 쉽게 이해할 수 있도록 하여 각 과목을 기초적이고 중요한 핵심이론을 마스터 하도록 하였다.

02 과목별 과년도 구성
- 반복적인 연상법
- 과목별 과년도로 구성하여 과목마다 흐름이 끊기지 않고 집중적이고 반복적으로 문제풀이를 학습하여 연상법으로 각 과목을 마스터 할 수 있도록 하였다.

03 전 과목 과년도 구성
- 총체적인 마스터
- 과목별 2단계를 마스터한 후 전 과목을 년도 순으로 다루어 실전처럼 전과목을 일목요연하게 학습하고 마스터하여 총체적으로 실전에 대비하도록 하였다.

▼ 1단계 : 핵심 스피드 마스터

머리말

*당신의 말씀은
내발에 등불
나의 길을 비추는
빛이오이다.*

라이센스(license)의 꽃인 토목산업기사

토목산업기사 자격증을 취득하기 위한 방법은 여러 가지가 있을 수 있습니다. 또한 수험서도 여러 종류가 서점에 준비되어 있습니다.

저자는 여러분이 자격증의 필요성을 느끼고 계실 때 그 필요성에 충실히 임할 수 있는 방법을 제시해야 된다고 생각합니다.

그래서 토목산업기사 필기를 가장 단시간 내에 최종 마스터하여 수험자의 목적을 달성할 수 있도록 편집하였습니다. 혹시 오류가 있다면 신속히 보완하여 더욱 좋은 책으로 거듭날 수 있도록 최선을 다하겠으며, 항상 조언을 부탁드립니다. 또한 본 CBT 필기복원문제는 다양한 방식 (수험자의 기억, 랜덤 등)으로 복원한 문제이므로 실제문제와 다를 수 있음을 미리 알려드립니다. 이 수험서를 통하여 여러분의 목표가 반드시 이룩할 수 있기를 소망합니다.

앞으로도 꾸준히 라이센스(license)에 도전하십시오. 그리고 **"한솔아카데미가 답이다."** 와 함께 하십시요. 반드시 계획했던 모든 꿈을 이루실 겁니다.

본 교재의 특징

- 1단계는 핵심요약 및 핵심문제로 구성하여 전과목을 단시간에 숙지하도록 하였습니다.
- 2단계는 3개년 과목별 문제와 해설을 연상법으로 문제해결 능력을 기르도록 하였습니다.
- 3단계는 5개년 전과목을 실전 테스트 하도록 하여 토목산업기사 전과목을 스피드 마스터 하도록 하였습니다.
- `Remember` 에는 반드시 문제해결에 필요한 사항을 기억하도록 하였습니다.
- Pick Remember 300선을 통해 핵심문제를 완전 정복합니다.

한 권의 책이 나올 수 있도록 최선을 다해 도와주신 여러 교수님, 대학교 동문, 후배님들께 진심으로 감사드립니다. 토목산업기사 자격증을 취득하는 과정에서 필요 사항을 건의 해주고, 방향 설정을 해주신 여러분께도 감사드립니다.

한권의 책이 나올 수 있도록 최선을 다해 도와주신 한솔아카데미 편집부 직원 여러분, 이 책의 얼굴을 예쁘게 디자인 해주신 강수정 실장님, 한 시간을 하루처럼 편집에 정성을 쏟아주신 안주현 부장님, 언제나 가교 역할을 해 주시는 최상식 이사님, 항상 큰 그림을 그려 주시는 이종권 사장님, 사랑받는 수험서로 출판될 수 있도록 아낌없이 지원해 주신 한병천 대표이사님께 감사드립니다.

저자 드림

2026 CBT 8차개정판 시험대비
토목산업기사필기 필독서

Speed Master

토목산업기사 4주완성
8개년 과년도문제해설

이상도 · 정경동 · 고길용 · 안광호 · 한웅규 · 홍성협 공저

본 교재의 구성
- 1단계 핵심요약 핵심문제 스피드 마스터
- 2단계 과목별 과년도문제 스피드 마스터
- 3단계 전과목 과년도 실전 스피드 마스터
- 4단계 별책부록 PICK REMEMBER 300

홈페이지 : www.inup.co.kr
인터넷서점 : www.bestbook.co.kr

한솔아카데미

⑨ 시험 문제를 다 푸신 후 답안 제출을 하시거나 시험시간이 모두 경과되었을 경우 시험이 종료되며 시험결과를 바로 확인하실 수 있습니다.

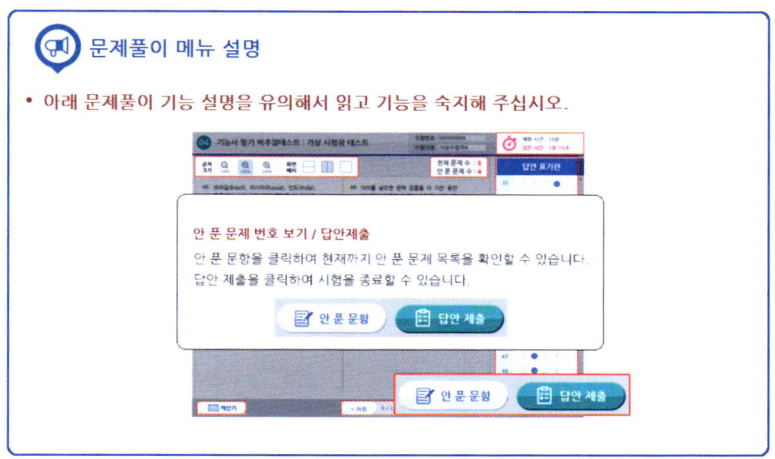

⑩ 상단 우측 [남은 시간 표시]란에서 현재 남은 시간을 확인할 수 있습니다.

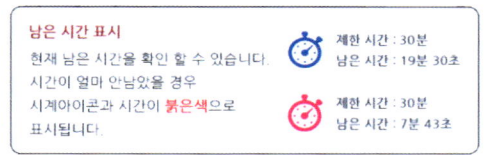

⑪ [답안 제출] 버튼을 클릭하면 답안제출 승인 알림창이 나옵니다. 시험을 마치려면 [예] 버튼을 클릭하고 시험을 계속 진행하려면 [아니오] 버튼을 클릭하면 됩니다.
⑫ 답안제출은 실수 방지를 위해 두 번의 확인 과정을 거칩니다.

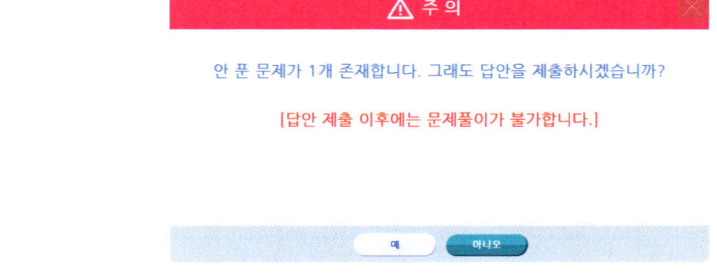

⑬ 시험 안내사항 및 문제풀이 연습까지 모두 마친 수험자는 [시험 준비 완료] 버튼을 클릭한 후 잠시 대기합니다.
⑭ 시험 시행 후 답안지를 제출하면 바로 합격여부를 확인할 수 있습니다.

⑥ 응시종목에 계산문제가 있을 경우 좌측 하단의 계산기 기능을 이용하실 수 있습니다.

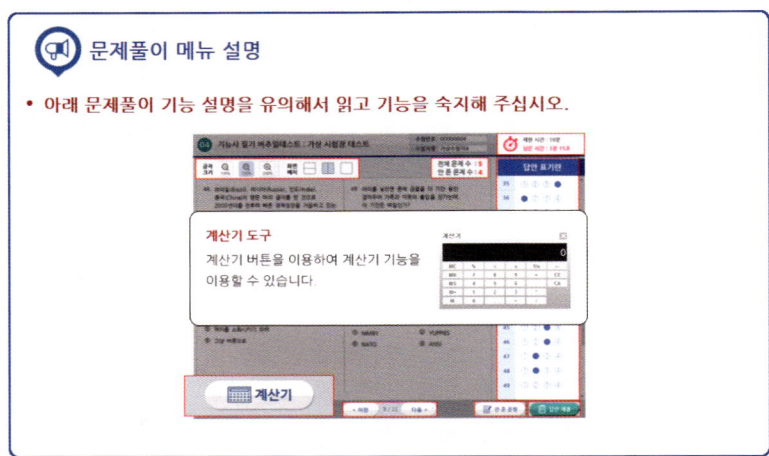

⑦ 안 푼 문제 확인은 답안 표기란 좌측에 안 푼 문제 수를 확인하시거나 답안 표기란 하단 [안 푼 문제] 버튼을 클릭하여 확인하실 수 있습니다.
⑧ 안 푼 문제 번호 보기 팝업창에 안 푼 문제 번호가 표시됩니다. 번호를 클릭하시면 해당 문제로 이동합니다.

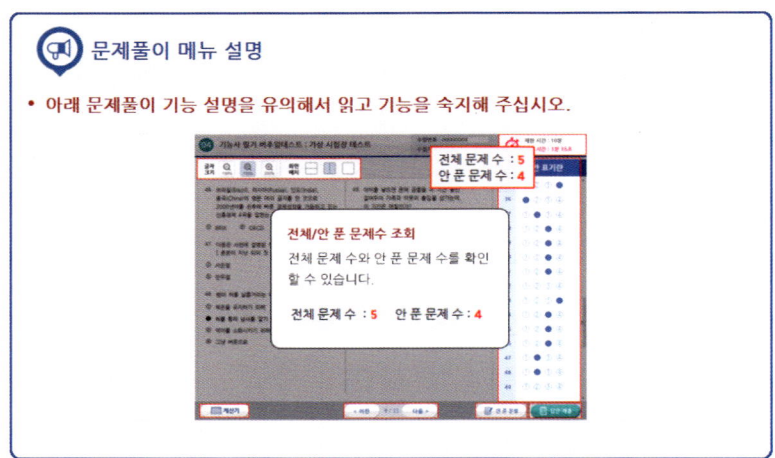

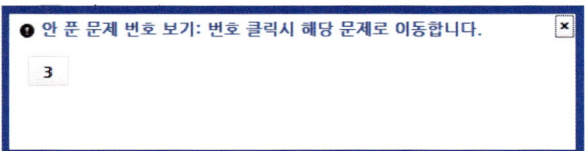

③ 답안은 문제의 보기 번호를 클릭하거나 답안표기란의 번호를 클릭하여 입력하실 수 있습니다.
④ 입력된 답안은 문제화면 또는 답안 표기란의 보기 번호를 클릭하여 변경하실 수 있습니다.

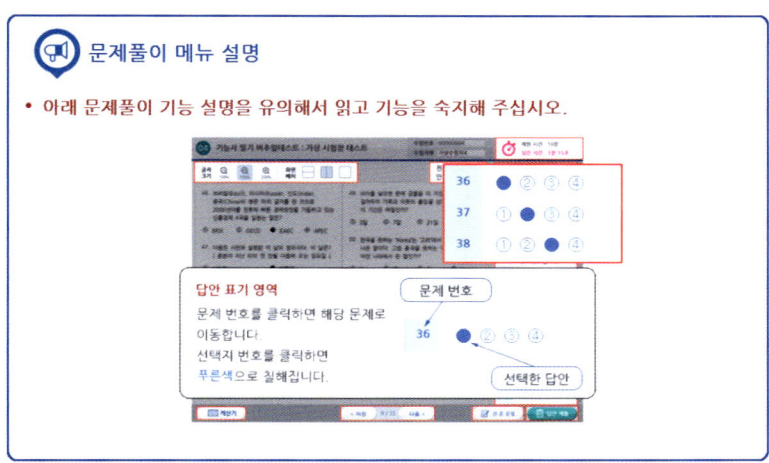

⑤ 페이지 이동은 아래의 페이지 이동 버튼(이전, 다음) 또는 답안 표기란의 문제번호를 클릭하여 이동할 수 있습니다.

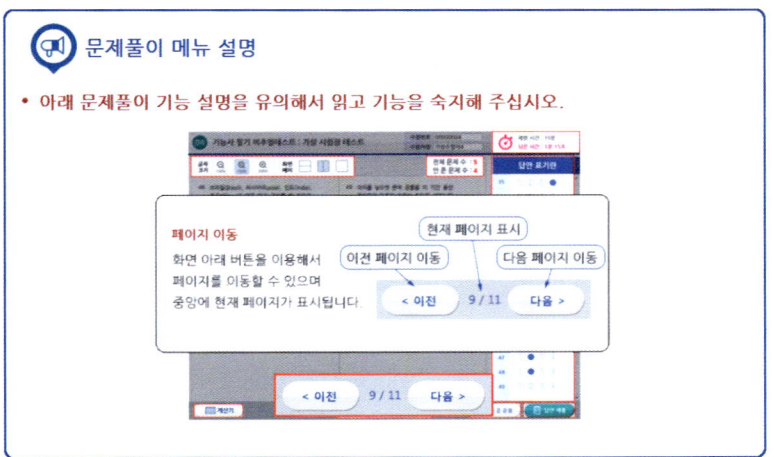

❷ 시험안내 진행

좌석배정과 신분증 확인 단계가 끝난 후 시험안내가 진행됩니다.
시험 안내사항, 유의사항, 메뉴설명, 문제풀이 연습, 시험준비완료 항목을 확인하고
실제 시험과 동일한 방식의 문제풀이 연습을 통해 CBT 시험을 준비합니다.

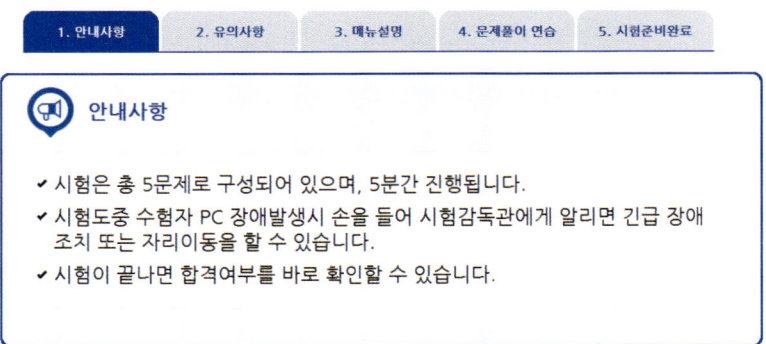

02 CBT 확인 점검

① CBT 시험 문제 화면의 기본 글자 크기는 150%입니다. 글자가 크거나 작을 경우 크기를 변경 하실 수 있습니다.
② 화면 배치는 1단 배치가 기본 설정입니다. 더 많은 문제를 볼 수 있는 2단 배치와 한 문제씩 보기 설정이 가능합니다.

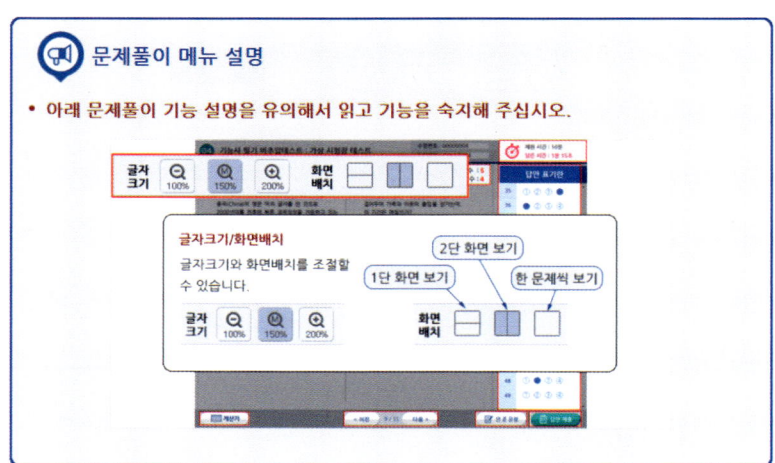

CBT 필기 자격시험 안내

CBT 시험이란?
(컴퓨터 이용 시험, computer based testing)

컴퓨터를 이용하여 시험 평가(testing)하는 것입니다.
2020년 4회부터 토목산업기사를 포함한
산업기사 전 종목이 CBT를 이용하여 필기시험 평가를 합니다.
CBT시험은 수험자가 답안을 제출하면 바로 합격여부를 확인할 수 있습니다.

01 CBT 철저한 준비

❶ 신분 확인절차

시험 시작 전 수험자에게 배정된 좌석에 앉아 있으면 신분 확인 절차가 진행됩니다.
시험장 감독위원이 컴퓨터에 나온 수험자 정보과 신분증이 일치하는지를 확인하는 단계입니다.

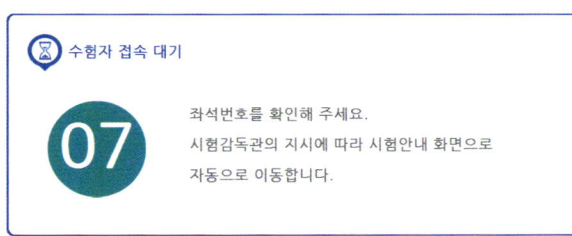

토목기사 4주완성 **학습안내**

有備無患
도전하면 합격한다

❶ **신분증** 지참은 반드시 필수입니다.
❷ **계산기**(SOLVE기능) 지참은 필수입니다.
❸ [**년도별·회별**] 표시로 출제빈도를 알 수 있습니다.
❹ Remember 는 문제해결에 필요한 사항을 기억하도록 하였습니다.

별책부록 — Pick Remember 300

- Pick Remember 300을 통하여 전과목을 단시간에 숙지할 수 있습니다.
- Pick Remember 300선은 각 과목에서 반드시 알아야 할 핵심문제입니다.

1단계 — 핵심 스피드 마스터

- 핵심이론 및 핵심문제를 서로 연계하여 이해하며 마스터합니다.
- 처음에는 완벽하게 하려하지 말고 2단계를 풀면서 반복하면 됩니다.

2단계 — 과목별 스피드 마스터

- 2단계는 1단계 핵심이론을 오가며 집중적 반복적으로 학습하여 문제해결 능력을 마스터합니다.
- 1단계 핵심이론을 오가며 2단계를 많이 반복할수록 시험에 유리합니다.

3단계 — 과년도 실전 테스트

- 전과목을 연습용 OMR 답안지를 이용하여 수시로 실전테스트합니다.
- 3단계는 기출된 문제로 구성되어 해설을 통해 문제 적응력과 실전 감각을 키울 수 있도록 하였습니다.

4단계 — CBT 필기시험 대비 테스트

- 3단계 마스터 후 수시로 CBT실전테스트를 익힙니다.
- 4단계를 반복학습하여 CBT에 대해 완전 자신감을 얻습니다.
- 홈페이지에서 일부 기출문제를 CBT실전테스트로 체험해 보세요.

2026 학습플랜 기본핵심문제 + 8개년 기출

토목산업기사 4주완성 **완전학습플랜**

4주 학습플랜 (28일 작전)

주차	일차	단계	중요 학습 내용	학습한 날	부족	완료
1주차	1일차	1단계 (기초 및 기본)	역학 01-06	월 일	☐	☐
	2일차		역학 07-13	월 일	☐	☐
	3일차		철근 01-08	월 일	☐	☐
	4일차		철근 09-16	월 일	☐	☐
	5일차		측량 01-07	월 일	☐	☐
	6일차		측량 08-15	월 일	☐	☐
	7일차		토질 01-09	월 일	☐	☐
2주차	8일차		토질 10-18	월 일	☐	☐
	9일차		수리 01-06	월 일	☐	☐
	10일차		수리 07-13	월 일	☐	☐
	11일차		상하 01-07	월 일	☐	☐
	12일차		상하 08-14	월 일	☐	☐
	13일차	2단계 (1단계 확인)	역학 18, 19	월 일	☐	☐
	14일차		역학 20, 18(철근)	월 일	☐	☐
3주차	15일차		철근 19, 20	월 일	☐	☐
	16일차		측량 18, 19	월 일	☐	☐
	17일차		측량 20, 18(토질)	월 일	☐	☐
	18일차		토질 19, 20	월 일	☐	☐
	19일차		수리 18, 19	월 일	☐	☐
	20일차		수리 20, 18(상하)	월 일	☐	☐
	21일차		상하 19, 20	월 일	☐	☐
4주차	22일차	3단계 (2,3단계 확인)	2021년(1,2,4회)	월 일	☐	☐
	23일차		2022년(1,2,4회)	월 일	☐	☐
	24일차		2023년(1,2,4회)	월 일	☐	☐
	25일차		2024년(1,2,3회)	월 일	☐	☐
	26일차		2025년(1,2,3회)	월 일	☐	☐
	27일차		과년도CBT 실전테스트	월 일	☐	☐
	28일차		☑☑ 문제 확인	월 일	☐	☐
CBT 모의고사			홈페이지에서 수시로 연습	월 일	☐	☐

7주 학습플랜 (50일 작전)

주차	일차	과목	중요 학습 내용	학습한 날	부족	완료
1주차	1일차	역학적인 개념	1단계 : 01-04	월 일	☐	☐
	2일차		1단계 : 05-09	월 일	☐	☐
	3일차		1단계 : 10-13	월 일	☐	☐
	4일차		2단계 : 18-19	월 일	☐	☐
	5일차		2단계 : 19-20	월 일	☐	☐
	6일차		1, 2단계 총정리	월 일	☐	☐
2주차	7일차	철근 콘크리트 및 강구조	1단계 : 01-05	월 일	☐	☐
	8일차		1단계 : 06-10	월 일	☐	☐
	9일차		1단계 : 11-16	월 일	☐	☐
	10일차		2단계 : 18-19	월 일	☐	☐
	11일차		2단계 : 19-20	월 일	☐	☐
	12일차		1, 2단계 총정리	월 일	☐	☐
3주차	13일차	측량학	1단계 : 01-05	월 일	☐	☐
	14일차		1단계 : 06-10	월 일	☐	☐
	15일차		1단계 : 11-15	월 일	☐	☐
	16일차		2단계 : 18-19	월 일	☐	☐
	17일차		2단계 : 19-20	월 일	☐	☐
	18일차		1, 2단계 총정리	월 일	☐	☐
4주차	19일차	토질 및 기초	1단계 : 01-06	월 일	☐	☐
	20일차		1단계 : 07-12	월 일	☐	☐
	21일차		1단계 : 13-18	월 일	☐	☐
	22일차		2단계 : 18-19	월 일	☐	☐
	23일차		2단계 : 19-20	월 일	☐	☐
	24일차		1, 2단계 총정리	월 일	☐	☐
5주차	25일차	수리학	1단계 : 01-04	월 일	☐	☐
	26일차		1단계 : 05-09	월 일	☐	☐
	27일차		1단계 : 10-13	월 일	☐	☐
	28일차		2단계 : 18-19	월 일	☐	☐
	29일차		2단계 : 19-20	월 일	☐	☐
	30일차		1, 2단계 총정리	월 일	☐	☐
	31일차	상하 수도 계획	1단계 : 01-04	월 일	☐	☐
	32일차		1단계 : 05-09	월 일	☐	☐
	33일차		1단계 : 10-14	월 일	☐	☐
	34일차		2단계 : 18-19	월 일	☐	☐
	35일차		2단계 : 19-20	월 일	☐	☐
	36일차		1, 2단계 총정리	월 일	☐	☐
6주차	37일차	3단계 평가 후 1,2단계로 보충	2021년(1,2,4회)	월 일	☐	☐
	38일차		2022년(1,2,4회)	월 일	☐	☐
	39일차		2023년(1,2,4회)	월 일	☐	☐
	40일차		2024년(1,2,3회)	월 일	☐	☐
	41일차		2025년(1,2,3회)	월 일	☐	☐
7주차	42일차	과목별 종합	응용(1,2,3단계)	월 일	☐	☐
	43일차		철근(1,2,3단계)	월 일	☐	☐
	44일차		측량(1,2,3단계)	월 일	☐	☐
	45일차		토질(1,2,3단계)	월 일	☐	☐
	46일차		수리(1,2,3단계)	월 일	☐	☐
	47일차		상하(1,2,3단계)	월 일	☐	☐
	48일차		과년도CBT 실전테스트	월 일	☐	☐
	49일차	Final	☑☑ 문제확인	월 일	☐	☐
	50일차		☑☑ 문제확인	월 일	☐	☐
CBT 모의고사			홈페이지에서 수시로 연습	월 일	☐	☐

한솔아카데미에서 제공하는
교재 학습플랜 길잡이

200% 학습법

3단계 전과목 마스터
1단계 이론과 2단계 문제의 종합편인
전과목을 총체적으로 실전문제 마스터

학습 Q&A
전용 홈페이지를 통한
365일 학습관리 시스템

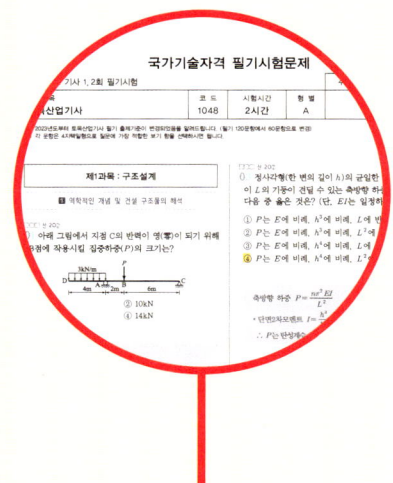

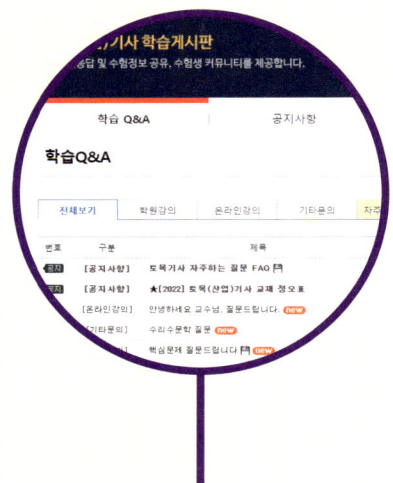

4 3단계 전과목 마스터　　**5** 4단계 CBT 실전테스트　　**6** 학습 Q&A

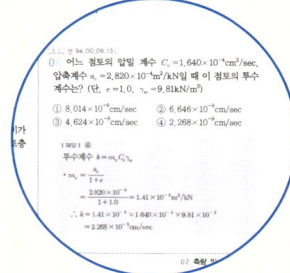

SI단위 적용
국제단위 변환규정
SI단위 적용

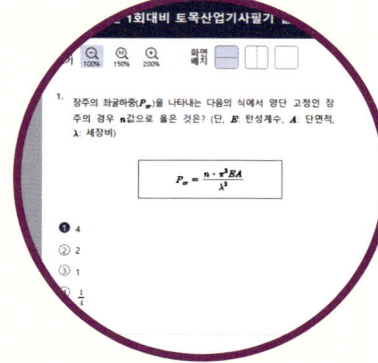

4단계 CBT 실전테스트
CBT 실전테스트를 통해 실전에
철저히 대비하여 합격 직코스

Pick Remember 300
빈출문제를 분석하여
자주 나오는 문제

2026년 대비 학습플랜
토목산업기사 4주완성
6단계 완전학습 커리큘럼

년도별 출제빈도표시
출제빈도를 참작하면 문제의 중요도를 알 수 있다.

2단계 과목별 마스터
1단계의 이론학습을 2단계의 문제풀이에 연상법을 적용

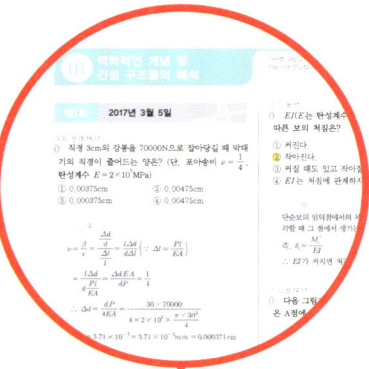

1 년도별 출제빈도표시   **2** 1단계 스피드 마스터   **3** 2단계 과목별 마스터

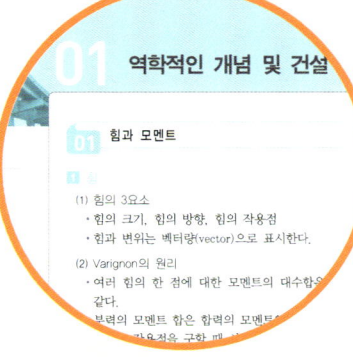

계산기(SOLVE기능)
[계산기 f_x 570 ES]를 활용하여 SOLVE 사용법을 수록하였다.

1단계 스피드 마스터
기본적인 이론학습과 출제문제의 연계성을 통해 전체의 흐름을 파악

KDS 적용
국가건설기준(KDS) 적용

교재 인증번호 등록을 통한 학습관리 시스템

❶ 365일 학습질의응답 ❷ CBT 대비 실전테스트
❸ 출제경향분석 무료동영상 ❹ 전국모의고사 실시

 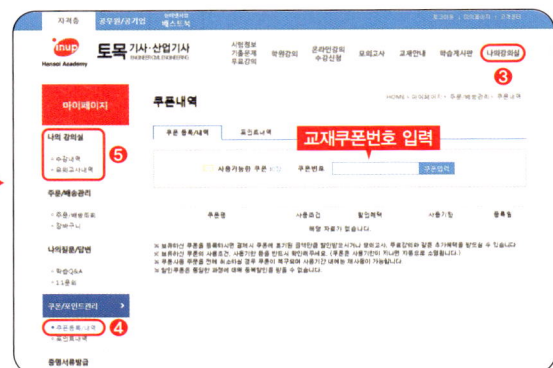

 **01 사이트 접속**
인터넷 주소창에 https://www.inup.co.kr 을 입력하여 한솔아카데미 홈페이지에 접속합니다.

 **02 회원가입 로그인**
홈페이지 우측 상단에 있는 **회원가입** 또는 아이디로 **로그인**을 한 후, [**토목**] 사이트로 접속을 합니다.

 **03 나의 강의실**
나의강의실로 접속하여 왼쪽 메뉴에 있는 [**쿠폰/포인트관리**]-[**쿠폰등록/내역**]을 클릭합니다.

 **04 쿠폰 등록**
도서에 기입된 **인증번호 12자리** 입력(-표시 제외)이 완료되면 [**나의강의실**]에서 학습가이드 관련 응시가 가능합니다.

■ 모바일 동영상 수강방법 안내

❶ QR코드 이미지를 모바일로 촬영합니다.
❷ 회원가입 및 로그인 후, 쿠폰 인증번호를 입력합니다.
❸ 인증번호 입력이 완료되면 [나의강의실]에서 강의 수강이 가능합니다.

※ QR코드를 찍을 수 있는 앱을 다운받으신 후 진행하시길 바랍니다.